건설기계설비 기사 필기

한홍걸 저

- 기초 이론
- 재료역학
- 기계열역학
- 유체역학
- 유체기계 및 유압기기
- 건설기계일반 및 플랜트 배관
- 기출문제

도서출판 한필

머리말

　본서는 그동안의 강의 경험을 토대로 건설기계설비기사 필기를 준비하는 수험생들이 효율적으로 짧은 시간에 대비할 수 있도록 출제경향에 맞춰서 구성 하였습니다.

이 책의 특징
기초가 부족한 수험생들을 위해 기초이론으로 기본을 익힐 수 있도록 하였습니다.
재료역학, 열역학, 유체역학의 역학부분에 대한 공식을 정리하고 엄선된 예상문제를 수록했으며 유체기계 및 유압기기, 건설기계 일반 및 플랜트 배관에 대한 내용을 첨가하여 정리하였으므로 충분히 시험에 대비가 될 것입니다.

활용방법
1. 3역학(재료역학, 열역학, 유체역학)은 공식을 이해하고 예상문제를 풀어가면서 공식을 암기하십시오.
2. 유체기계 및 유압기기, 건설기계 일반 및 플랜트배관 내용을 공부하면서 예제 문제를 확실히 이해하고 장 뒤의 문제를 충분히 숙지하십시오.
3. 기출문체는 시험시간(2시간 30분)을 정하여 해설을 가리고 풀어본 후 가채점을 통하여 틀린 부분이나 암기사항을 메모하여 정리합니다.
4. 시험 전 20일 전부터는 기출문제 위주로 시험 대비를 하시기 바랍니다.

　열심히 공부하여 목적을 달성하시기 바라며 내용 중 오류 및 잘못되거나 의심이 가는 부분은 저자메일(hongkirl@ naver.com)로 문의 주시면 성실히 답하며 최고의 수험서가 되도록 노력하겠습니다. 끝으로 이 책이 출간되기까지 노력해주신 모든 분들께 감사드리며 특히 도서출판 한필 사장님과 사원 여러분들께 감사드립니다.

저자 씀

PART 01　기초 이론

- SECTION 01　뉴턴의 법칙 ·· 003
- SECTION 02　기초 단위 환산 ·· 004
- SECTION 03　단위와 차원(Units and Dimensions) ······································ 006
- SECTION 04　밀도, 비중량, 비체적, 비중 ·· 010
- SECTION 05　벡터(Vector) ·· 012
- SECTION 06　벡터의 합과 차 ·· 014
- SECTION 07　비틀림과 보 속의 전단응력과 굽힘 모멘트 ··························· 010
- SECTION 08　완전가스(이상기체) ·· 026
- SECTION 09　열역학 기본 ·· 029
- SECTION 10　열역학적 과정과 단위환산 ·· 032

PART 02　재료역학

- SECTION 01　서 론 ·· 037
- SECTION 02　응력과 변형률 ··· 039
- SECTION 03　인장압축전단 및 Sin정리 ··· 060
- SECTION 04　조합응력과 모어원 ·· 081
- SECTION 05　평면도형의 성질 ·· 099
- SECTION 06　비틀림 ·· 111
- SECTION 07　보(Beam) ··· 125
- SECTION 08　보 속의 응력 ·· 135
- SECTION 09　보의 처짐 ·· 150
- SECTION 10　기둥 ·· 170
- ■ 재료역학 종합 연습문제 ··· 176

PART 03　기계열역학

- SECTION 01　서 론 ··· 223
- SECTION 02　열의 기본 개념 및 정의 ··· 225
- SECTION 03　일과 열 ··· 234
- SECTION 04　열역학 제 1법칙 ·· 239
- SECTION 05　완전가스(이상기체) ·· 249
  - 연습문제 ·· 265
- SECTION 06　열역학 제 2법칙 ·· 270
  - 연습문제 ·· 282
- SECTION 07　기체 압축기 ·· 293
  - 연습문제 ·· 297
- SECTION 08　내연기관 사이클 ·· 299
  - 연습문제 ·· 310
- SECTION 09　증 기 ·· 313
  - 연습문제 ·· 317
- SECTION 10　증기 원동소 사이클 ··· 322
  - 연습문제 ·· 329
- SECTION 11　냉동 사이클 ·· 335
  - 연습문제 ·· 341
  - ■ 열역학 종합 연습문제 ·· 346

PART 04 기계유체역학

- SECTION 01 유체의 정의와 기본성질 ········· 379
- SECTION 02 유체정역학 ········· 398
- SECTION 03 유체운동학 ········· 429
- SECTION 04 역적-운동량의 원리 ········· 459
- SECTION 05 실제유체의 흐름 ········· 481
- SECTION 06 관로유동 ········· 492
- SECTION 07 개수로유동 ········· 505
- SECTION 08 차원해석과 상사법칙 ········· 514
- SECTION 09 항력과 양력 ········· 523
- SECTION 10 압축성 유체의 흐름 ········· 531
- SECTION 11 유체의 계측 ········· 542
- 연습문제 ········· 557

PART 05　유체기계 및 유압기기

Chapter 01　유체기계

- SECTION 01　정의 및 분류 ········· 587
- SECTION 02　유동방향 분류 ········· 589
- SECTION 03　축류 펌프 ········· 603
- SECTION 04　왕복 펌프 ········· 606
- SECTION 05　회전 펌프 및 특수 펌프 ········· 609
- SECTION 06　수차 및 공기기계 ········· 611
- 연습문제 ········· 615

Chapter 02　유압기기

- SECTION 01　유압기기의 개요 ········· 632
- SECTION 02　유압의 기초지식 ········· 633
- SECTION 03　유압시스템의 특징 ········· 635
- SECTION 04　유압제어 밸브(Hydraulic Control Valve) ········· 652
- SECTION 05　구동기기(엑추에이터) ········· 686
- SECTION 06　부속기기(Accessories) ········· 696
- 연습문제 ········· 702

PART 06　건설기계일반 및 플랜트 배관

Chapter 01　건설기계일반

SECTION 01　건설기계일반 ······ 748

Chapter 02　플랜트 배관

SECTION 01　배관재료 ······ 779
연습문제 ······ 794

SECTION 02　배관의 이음 및 신축이음 ······ 797
연습문제 ······ 802

SECTION 03　밸브 및 배관지지 ······ 804
연습문제 ······ 813

PART 07 기출문제

- 2017.05.07. 건설기계설비기사 ········· 817
- 2018.03.04. 건설기계설비기사 ········· 854
- 2018.04.28. 건설기계설비기사 ········· 890
- 2019.03.03. 건설기계설비기사 ········· 923
- 2020.06.06. 건설기계설비기사 ········· 954
- 2020.08.22. 건설기계설비기사 ········· 987

PART 01 기초 이론

SECTION 01 뉴턴의 법칙

SECTION 02 기초 단위 표현

SECTION 03 단위와 차원 (Units and Dimensions)

SECTION 04 밀도, 비중량, 비체적, 비중

SECTION 05 벡터(Vector)

SECTION 06 벡터의 합과 차

SECTION 07 비틀림과 보 속의 전단응력과 굽힘 모멘트

SECTION 08 완전가스(이상기체)

SECTION 09 열역학 기본

SECTION 10 열역학적 과정과 단위환산

SECTION 01 뉴턴의 법칙

01 뉴턴의 운동 법칙

뉴턴의 운동 법칙 에는 운동 제1법칙, 운동 제2법칙, 운동 제3법칙이 있다.

① 뉴턴의 운동 제1법칙 은 관성의 법칙이라고하며 관성은 외부로부터 물체에 어떤 힘이 작용하지 않는 한, 그 물체가 자신의 운동 상태를 계속해서 유지하려고 하는 성질이다.

② 뉴턴의 운동 제2법칙은 힘과 가속도의 법칙이라고하며 힘과 가속도는 물체의 운동 상태는 물체에 작용하는 힘의 크기와 방향에 따라 변하며 이와 같은 운동 상태의 변화(속도의 변화)를 가속도라고 한다.

③ 뉴턴의 운동 제3법칙 작용과 반작용의 법칙이라고하며 작용과 반작용은 밀고 당기는 힘은 두 물체 사이에 일어나는 상호 작용이다.

02 연속체(Continuum)

물질에서 고체의 응집력이 가장 크고 액체는 분자간의 응집력이 기체보다 커서 통계적 특성이 유지되어 하나의 연속물질로 취급하여 액체분자의 거동을 해석할 수 있지만 기체의 분자는 무질서한 운동을 하면서 분자 상호간에 또 용기의 벽면과 충돌한다. 이와 같이 분자운동을 하면서 기체 전체는 어떤 유동을 갖는 데 기계 공학에서는 분자 개개의 운동보다는 유체 전체의 평균 거동을 해석한다. 즉, 유체를 하나의 등방성 질량체로 해석하여 연속체로 가정한다. 즉, 분자운동의 통계적 특성이 보존되는 경우이며 유체 분자 전체의 운동으로 인한 평균 효과를 다루는 학문을 연속체라고 한다. 유체를 연속체로 취급할 수 있는 조건은 다음과 같다.

분자간의 거리

분자의 평균자유행로(molecular mean free path)가 물체의 대표길이 (용기의 치수, 관의 지름 등)에 비해 매우 작은 경우(1% 미만)

충돌과 충돌사이에 소요되는 시간

충돌간의 소요 시간이 짧아서 통계적 특성이 보존되는 경우

분자간의 큰 응집력이 작용하는 유체

SECTION 02 기초 단위 환산

01 직선운동

질점이 직선을 따라 운동하는 것, 여기서 질점이란 질량은 있으나 크기, 모양이 무시될 정도로 작은 것을 말한다.

① (순간속도) $V = \dfrac{ds}{dt}$ 미소시간 동안의 위치의 변화량 단위 $[m/s]$

② (순간가속도) $a = \dfrac{dV}{dt}$ 미소시간 동안의 속도의 변화량 $a = \dfrac{dV}{dt} = \dfrac{d^2S}{d^2t}$

단위 $[m/s^2]$

③ 변위, 속도, 가속도의 관계

$$a \times ds = \frac{dV}{dt} \times ds,$$

$$a \times ds = \frac{ds}{dt} dV = v dV$$

02 kg_m 와 kg_f 의 구분 (질량으로 무게(힘) 구하는 방법)

$F = mg$ "무게(F) = 질량(m) × 중력가속도(g)" 공식을 사용해 무게에서 질량으로 변환하려면 무게는 특정 물체에 작용하는 중력의 힘이다.

- F = 무게를 의미하며 단위는 뉴턴이다, $[1 kg_f = 9.8 N]$
- m = 질량을 의미하며 단위는 킬로그램이다, $[kg_m]$
- g = 중력가속도를 의미하며 단위는 $[m/s^2]$ 이다.

EX 01
어떤 물체가 10kg의 질량을 가지고 있다. 지구 표면에서의 무게를 구하시오. (단, 질량은 10kg이고 중력가속도는 9.8 $[m/s^2]$ 이다.)

F = 10 kg × 9.8 m/s^2 = 98 N = 10 kg_f

SECTION 03 단위와 차원(Units and Dimensions)

01 단위

모든 물리량의 크기는 일정한 기본적인 크기(기준량)를 정해 놓고 기준량과의 비로서 표시하는 데 이 기준 양을 단위라고 한다.

기본 단위

물리적 현상을 다루는 데 필요한 기본량 즉, 질량 또는 힘, 길이, 시간 등의 단위를 기본 단위라고 하며 질량을 기본 단위로 택하는 경우를 절대 단위계, 힘을 기본 단위로 택하는 경우를 중력 단위계 또는 공학 단위계라고 한다. 즉, 중력 단위계의 기본 단위는 힘, 길이, 시간이며 절대 단위 계의 기본단위는 질량(kg_m), 길이(m), 시간(s), 전류(A), 온도(K), 광도(cd), 물질량(mol) 이다.

유도 단위

기본 단위를 조합하여 만들어지는 모든 단위 예를 들면 면적, 속도, 밀도, 에너지 등의 단위는 유도 단위라고 한다. 절대 단위계에서는 힘의 단위가 유도단위이고 중력 단위계에서는 질량이 유도 단위로 된다.

표 1.1 기본단위와 유도단위

단위계	기본 단위			유도 단위
중력	kg_f	m	s	$kg_5 m$, kg_f/m^2 등
절대	kg_m	m	s	N, N m, N/m^2 등

힘은 중력단위계에서는 단위가 kg_f로서 기본단위이나 절대단위계에서는
N = kg_m ·m/s이므로 유도단위이다.

조립 단위

단위 사용을 편리하게 하기 위한 접두어

표 1.2 조립단위

10^{12}	T(tera)	10^{-2}	c(centi)
10^{9}	G(giga)	10^{-3}	m(milli)
10^{6}	M(mega)	10^{-6}	μ(micro)
10^{3}	k(kilo)	10^{-9}	n(nano)
10^{2}	h(hecto)	10^{-12}	p(pico)
10^{1}	da(deka)	10^{-15}	f(femto)
10^{-1}	d(deci)	10^{-18}	a(atto)

02 단위계

CGS 단위계

길이, 질량, 시간의 기본 단위를 cm, g, sec로 하여 물리량의 단위를 유도하는 단위계

MKS 단위계

길이, 질량, 시간의 기본 단위를 m, kg, sec로 하여 물리량의 단위를 유도하는 단위계

03 차원

단위계에는 중력 단위계와 절대 단위계가 있는데 각각 기본 단위의 조합을 차원이라고 하며 절대 단위계의 차원을 MLT계 차원, 중력단위계의 차원을 FLT 차원이라고 한다.

▌▍▎ MLT계 차원

질량(M), 길이(L), 시간(T)을 기본차원으로 한다.

▌▍▎ FLT계 차원

힘(F), 길이(L), 시간(T)을 기본차원으로 한다.

표 1.3 각종 물리량의 차원

물리량 \ 차원	FLT 계	MLT계	물리량 \ 차원	FLT 계	MLT 계
힘	F	MLT^{-2}	밀 도	$FL^{-4}T^2$	ML^{-3}
길 이	L	L	운 동 량	FT	MLT^{-1}
질 량	$FL^{-1}T^2$	M	토 오 크	FL	ML^2T^{-2}
시 간	T	T	압 력	FL^{-2}	$ML^{-1}T^{-2}$
면 적	L^2	L^2	동 력	FLT^{-1}	ML^2T^{-3}
속 도	LT^{-1}	LT^{-1}	점성계수	$FL^{-2}T$	$ML^{-1}T^{-1}$
각 속 도	T^{-1}	T^{-1}	동점성 개수	L^2T^{-2}	L^2T^{-1}
비 중 량	FL^{-3}	$ML^{-2}T^{-2}$	에너지, 일	FL	ML^2T^{-2}

04 단위와 차원 연습

$kg_f \rightarrow kg_m \ m/s^2$ $\qquad [F] = [MLT^{-2}]$

$kg_m \rightarrow kg_f \ s^2/m$ $\qquad [M] = [FL^{-1}T^2]$

$kg_f/m^2 = kg_m \dfrac{m}{s^2} m^2$ $\qquad [FL^{-2}] = [ML^{-1}T^{-2}]$

$m^3/kg_m = \dfrac{m^3}{kg_f} \dfrac{m}{s^2}$ $\qquad [M^{-1}L^3] = [F^{-1}L^4T^{-2}]$

EX 01 질량의 차원을 MLT와 FLT계로 표시하여라.

$$kg_m \to [M]$$

$$kg_m \to \frac{kg_f\,S^2}{m} \to [FL^{-1}T^2]$$

EX 02 30[N]의 힘으로 2[m] 만큼 수평거리를 이동시켰을 때의 일을 [J], [kg·m], [erg]로 나타내어라.

$$30 \times 2 = 60[N \cdot m] = 60[J]$$

$$30\frac{1}{9.8} \times 2 = 6.12[kg \cdot m]$$

$$1[erg] = 1[dyne \cdot cm]$$

$$1[N] = 10^5[dyne]$$

$$60[N \cdot m]\frac{10^5[dyne]}{1[N]} \times 100 = 6 \times 10^8[dyne \cdot cm] = 6 \times 10^8[erg]$$

EX 03 밀도의 MLT와 FLT 차원은?

$$kg_m/m^3 \to [ML^{-3}]$$

$$kg_m \to \frac{kg_f\,S^2}{m\,m^3} \to kg_f \cdot s^2/m^4 \to [FL^{-4}T^2]$$

SECTION 04 밀도, 비중량, 비체적, 비중

01 비중량(Specific weight), [γ]

단위 체적이 갖는 유체의 중량을 비중량이라고 한다.

$$\gamma = \frac{W}{V} = \rho g \quad (W: \text{유체의 중량},\ g: \text{중력가속도})$$

$$\frac{\text{kg}_f}{\text{m}^3} = \frac{\text{kg}_m}{\text{s}^2}\frac{\text{m}}{\text{m}^3} = \frac{\text{kg}_m}{\text{s}^2\text{m}^2}$$

$$[FL^{-3}] = [ML^{-2}T^{-2}]$$

표준기압, 4°C의 순수한 물의 비중량은 $1{,}000[\text{kg}_f/\text{m}^3]$ ($9800[\text{N}/\text{m}^3]$)이다.

02 밀도(Density), [ρ]

단위 체적의 유체가 갖는 질량을 밀도라고 한다.

$$\rho = \frac{m}{V} \quad (m: \text{질량}, V: \text{체적})$$

$$\frac{\text{kg}_m}{\text{m}^3} = \frac{\text{kg}_f\ \text{s}^2}{\text{m}\ \text{m}^3} = \frac{\text{kg}_f\ \text{s}^2}{\text{m}^4}[ML^{-3}] = [FL^{-4}T^2]$$

물의 밀도를 기준으로 $102[\text{kg}_f\ \text{s}^2/\text{m}^4] = 1000[\text{kg}/\text{m}^3]$

03 비체적(Specific volume), $[v_s]$

절대 단위계

단위 질량의 유체가 갖는 체적

$$v_s = \frac{V}{m} = \frac{1}{\rho}$$

중력 단위계

단위 중량의 유체가 갖는 체적

$$v_s = \frac{V}{W} = \frac{1}{\gamma}$$

단, 차원은 절대 단위계로 한다 $[M^{-1}L^3]$.

04 비중(specific gravity), $[S]$

같은 체적을 갖는 물의 질량(m_W) 또는 중량(W_W)에 대한 어떤 물질의 질량(m) 또는 중량(W)의 비를 말하며 무차원(dimensionless number)이다.

$$S = \frac{m}{m_w} = \frac{W}{W_w} = \frac{\rho}{\rho_w} = \frac{\gamma}{\gamma_w}$$

ρ_w : 물의 밀도

γ_w : 물의 비중량

$\gamma = 1000\,S\,[kg_f/m^3] = 9800\,S\,[N/m^3]$

$\rho = 102S\,[kg_f S^2/m^4] = 1000S\,[NS^2/m^4]$

SECTION 05 벡터(Vector)

01 물리량

물리량은 물리에서 다루는 모든 단위들을 형성하는 것으로서 스칼라(Scalar)량과 벡터(Vector)량의 2가지로 구분된다.

02 단위 구성의 물리량

(1) 스칼라량

길이나 시간과 같이 그 크기만으로 정해지고 방향을 갖지 않는 물리량이며 스칼라라고도 한다. 시간, 길이, 질량, 온도, 밀도, 부피, 넓이, 속력, 일, 에너지 등

(2) 벡터량

작용점과 크기와 방향을 갖는 물리량이며 벡터라고도 한다. 힘, 모멘트, 속도, 가속도, 운동량, 충격량, 변위, 전기장, 자기장, 무게(중량) 등

03 벡터의 해석

(1) 벡터의 성분과 분해

1) 벡터의 성분

① 벡터 $\vec{a}$가 직각좌표계 원점에 있다고 할 때, 벡터 $\vec{a}$의 머리에서 X, Y축에 각각 수직선을 내려 얻은 양 $\vec{a_x}$, $\vec{a_y}$를 벡터 $\vec{a}$의 성분이라 한다.

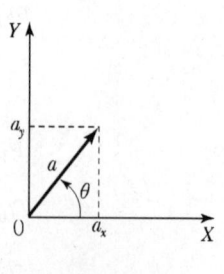

[벡터의 성분]

② X축에서 각 θ만큼 올라간 벡터 $\vec{a}$의 x, y성분을 나타내면 $\vec{a} = (\vec{a_x}, \vec{a_y})$로 쓸 수 있다. 즉 $a_x = |a|\cos\theta$, $a_y = |a|\sin\theta$이다. $|a| = \sqrt{a_x^2 + a_y^2}$이 성립한다.

2) 단위벡터(Unit Vector)

① 개념

㉠ 벡터 $a = [a]\vec{u}$로 쓸 때 $\vec{u}$를 벡터 a방향의 단위벡터라 한다.

㉡ 직각좌표계에서는 X, Y, Z축의 +방향의 단위벡터를 보통 $\vec{i}$, $\vec{j}$, $\vec{k}$로 표시한다.

② 단위벡터의 표시

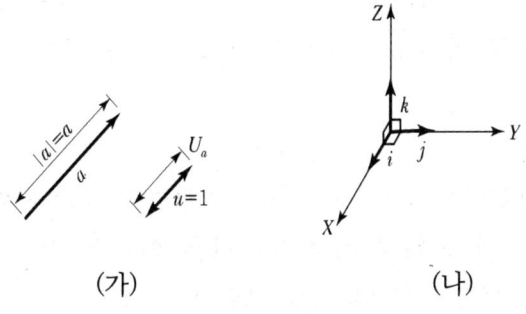

(가)   (나)

㉠ (가)의 $\vec{u}$는 a방향의 단위벡터이고 크기는 1이다.

㉡ (나)에서 X, Y, Z 방향의 단위벡터를 i, j, k로 나타내고 이 벡터는 각각 X, Y, Z 방향을 나타내며 서로 직각을 이룬다.

3) 벡터의 분해

① 벡터의 성분표기 : X, Y, Z 직각좌표계에서 벡터 a의 성분이 각각 a_x, a_y, a_z일 때 벡터 a는 다음과 같이 나타낼 수 있다.

$$\vec{a} = a_x\vec{i} + a_y\vec{j} + a_z\vec{k}$$

SECTION 06 벡터의 합과 차

01 벡터의 덧셈, 뺄셈, 곱셈

(1) 벡터의 덧셈

① 벡터의 크기 : 벡터를 기호로 표시할 때는 $\vec{a}$ 혹은 고딕체로 a와 같이 표시하며, 벡터의 크기만 생각할 때는 $|a|$라 쓰고, 벡터 a의 절대값이라 한다.

② 벡터의 덧셈 : 두 벡터 $\vec{a}$와 $\vec{b}$의 합성벡터를 $\vec{c}$라 하면 다음의 방법으로 벡터 c를 작도한다.

③ 벡터의 덧셈방법
   벡터의 덧셈방법에는 삼각형법, 평행사변형법과 직각해법이 있다.

   ㉠ 삼각형법 : 한 벡터의 시점에서 다른 벡터의 머리까지 그린다. 벡터 a의 머리에서 시작하여 벡터 b를 그린 다음, a의 시점에서 벡터 b의 머리까지 화살표를 그린다.

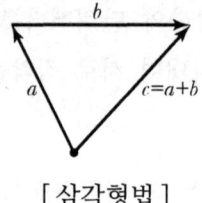

[삼각형법]

   ㉡ 평행사변형법 : 두 벡터의 시점을 일치시킨 뒤 두 벡터를 두 변으로 하는 평행사변형을 그린 다음 두 벡터의 시점에서 평행사변형 대각선 방향으로 그린다. $c=a+b$를 작도할 때 a, b 벡터의 시점을 일치시키고 평행사변형을 그려서 대각선 방향으로 그려준다.

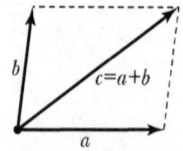

[평행사변형법]

ⓒ 직각해법 : 여러 개 힘을 직각성분으로 분리한 뒤, 각 성분을 합하여 합성하는 방법이다.

벡터의 성분

힘 F가 x축과 각 θ만큼 떨어져 있을 때 F의 X축 성분 $F_x = F\cos\theta$, F의 Y축 성분 $F_y = F\sin\theta$이다.

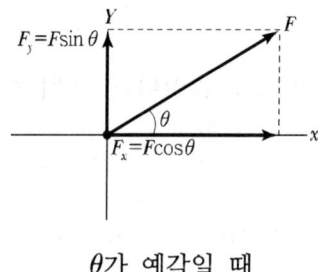

θ가 예각일 때

[직각해법]

직각성분에 의한 합성 : 두 힘 F_1, F_2가 한 작용점에서 작용할 때 두 힘의 합력을 구하기 위해서 먼저 F_1, F_2의 작용점을 좌표평면의 원점에 일치시키고, 각 힘의 X축, Y축 성분을 구한 다음 오른쪽 X성분과 위쪽 Y성분은 양, 왼쪽 X성분과 아래쪽 Y성분은 음으로 하여 대수적으로 합성하여 X, Y축의 단일성분을 구한다. 즉, 단일성분 $F_x = F_{1x} + F_{2x}$이며 $F_y = F_{1y} + F_{2y}$이다.

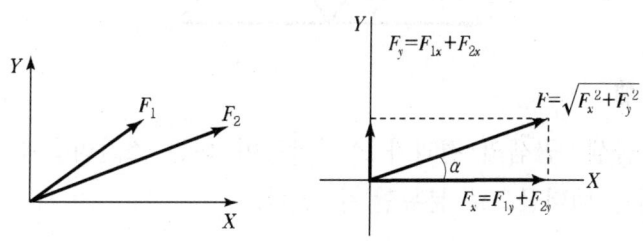

[직각성분의 합성]

합력의 크기 $|F| = \sqrt{F_x^2 + F_y^2}$

④ 덧셈의 법칙 : 벡터의 덧셈에서는 교환법칙이 성립한다.

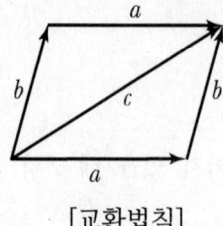

[교환법칙]

(2) 벡터의 뺄셈

① 벡터 a의 음벡터 : 벡터 a의 음벡터는 벡터 a 크기는 같으나 방향이 반대이며, $-a$로 나타낸다.

② 음벡터의 덧셈
  ㉠ 두 벡터의 차는 $a-b=a+(-b)$로 나타낼 수 있으며 작도법은 벡터의 덧셈과 동일하다.
  ㉡ 벡터 a의 음벡터 $-a$는 다음과 같이 나타낸다.

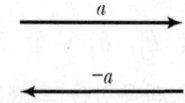

  ㉢ 벡터의 차 $a-b=a+(-b)$로 계산하여 작도한다.

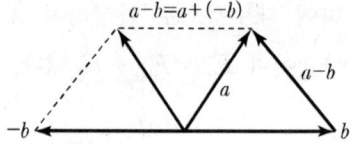

(3) 벡터의 곱셈

① 벡터의 곱셈 : 곱셈의 결과가 스칼라량이 되는 스칼라곱과 곱셈의 결과가 벡터가 되는 벡터곱으로 분류할 수 있다.

② 벡터와 스칼라와의 곱 : 벡터 $\vec{a}$에 스칼라 k를 곱하면 $k\vec{a}$가 되는데, 이는 벡터 $\vec{a}$의 k배인 벡터이다.

③ 벡터와 벡터의 곱
  ㉠ 벡터의 내적 : 두 벡터의 내적은 $\vec{a}\cdot\vec{b}$로 표시하고 수식은 다음과 같으며 결과는 스칼라값이 된다.

$$a \cdot b = |a||b|\cos\theta$$

ⓒ 단위벡터의 내적은 다음과 같이 된다.

$$\vec{i} \cdot \vec{i} = \vec{j} \cdot \vec{j} = \vec{k} \cdot \vec{k} = 1,$$
$$\vec{i} \cdot \vec{j} = \vec{j} \cdot \vec{k} = \vec{k} \cdot \vec{i} = 0$$

ⓒ 벡터곱 : 두 벡터 $\vec{a}, \vec{b}$의 벡터곱은 $\vec{a} \times \vec{b}$로 표시하며, 결과는 새로운 벡터 $\vec{c} = \vec{a} \times \vec{b}$가 된다. 이 때 벡터 $\vec{c}$의 크기는 다음과 같다.

$$\vec{c} = ab\sin\theta$$

ⓔ 단위벡터의 벡터곱(외적)은 다음과 같이 된다.

$$\vec{i} \times \vec{j} = \vec{k}, \quad \vec{j} \times \vec{k} = \vec{i}, \quad \vec{k} \times \vec{i} = \vec{j}$$
$$\vec{j} \times \vec{i} = -\vec{k}, \quad \vec{k} \times \vec{j} = -\vec{i}, \quad \vec{i} \times \vec{k} = -\vec{j}$$
$$\vec{i} \times \vec{i} = 0, \quad \vec{j} \times \vec{j} = 0, \quad \vec{k} \times \vec{k} = 0$$

02 사인정리

한 부재에 힘이 작용할 때 평형 방정식 ($\Sigma F=0$, $\Sigma M=0$)을 이용하여 반력을 구할 수 있다. 그러나 부재 2개에 다음과 같은 힘이 작용할 때는 사인정리를 이용하여 손쉽게 구할 수도 있다.

$$\frac{F_2}{\sin\alpha} = \frac{P}{\sin\beta} = \frac{F_1}{\sin\gamma}$$

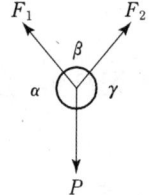 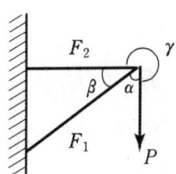

[사인정리]

03. 우력(짝힘)의 능률 = Moment = M

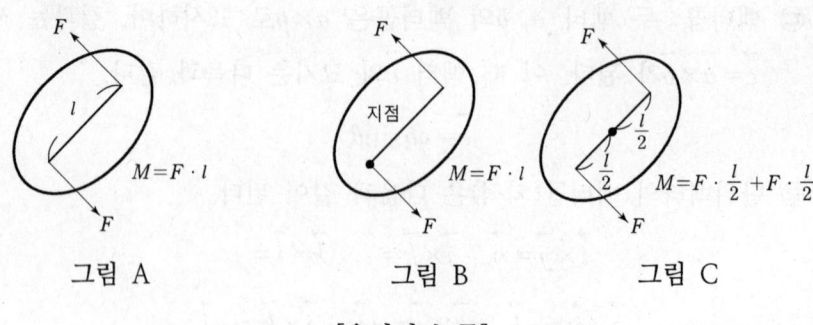

[우력의 능률]

그림 A에서의 물체는 힘에 의한 이동은 없이 회전만 발생하며 그림 B와 그림 C에서도 같은 모멘트가 발생한다. 그러므로 지점을 아무 곳에 잡아도 모멘트의 크기가 일정하다. 설계에서 문제를 풀이시 미지수가 있는 곳에 지점을 잡으면 방정식의 수가 줄어서 답을 구하는데 유리하다. 즉, 시간이 적게 소요된다.

EX 01
다음 그림의 반력 R_A와 R_B를 구하여라.

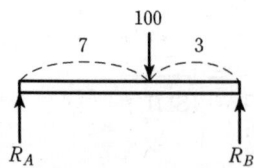

그림에서 반력 R_A와 R_B를 구하기 위해서 $\sum F=0$, $\sum M=0$의 순서보다는 지점을 잘 잡아서 $\sum M=0$를 먼저 한다.
$R_A \cdot (7+3) = 100 \times 3$ 다음에 $\sum F=0$를 한다.
$100 = R_A + R_B$, $R_B = 100 - R_A = 100 - 30 = 70$

EX 02 다음 그림의 반력 R_A와 R_B를 구하여라.

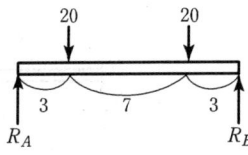

지점을 R_B로 택해 $\sum F = 0$

$R_A \cdot 13 = 20 \times 3 + 20 \times 10$

$R_A = \dfrac{20 \times 3 + 20 \times 10}{13} = 20$

다음 $\sum F = 0$에서 $R_A + R_B = 20 + 20$, 그러므로 $R_B = 20$

별해 : 좌우대칭이므로 $R_A = 20$, $R_B = 20$ (훨씬 편하다)

EX 03 다음 그림의 반력 R_A와 R_B를 구하여라.

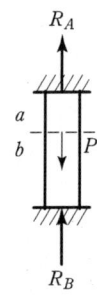

단순보의 모양으로 해석하면 편리하다.

$R_A + R_B = P$

$R_A = \dfrac{P \cdot b}{a+b}$, $R_B = \dfrac{P \cdot a}{a+b}$

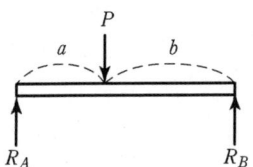

EX 04 다음 그림의 비틀림 모멘트 T_A와 T_B를 구하여라.

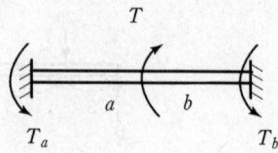

$T = T_a + T_b$

$T_a = \dfrac{T \cdot b}{a+b}$, $T_b = \dfrac{T \cdot a}{a+b}$ (단순보의 모양으로 해석하면 편리하다)

SECTION 07 비틀림과 보 속의 전단응력과 굽힘 모멘트

01 비틀림

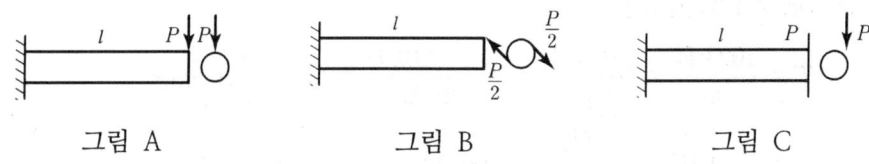

그림 A   그림 B   그림 C

그림 A는 $P \times l$의 굽힘모멘트만 받는 축으로서 $M = P \times l$이고 그림 B는 $\frac{P}{2} \times R \times 2$의 비틀림모멘트만 받는 축으로서 $T = PR$이고 그림 C는 굽힘과 비틀림이 동시에 작용하는 축이다. 그러므로 동일한 하중을 받는다면 안전하기 위해서는 그림 C의 축의 직경이 가장 커야 할 것이다.

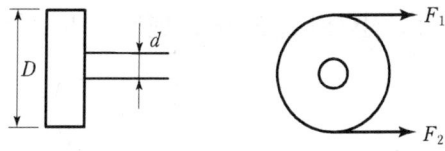

다음의 풀리를 돌리기 위해서는 벨트에서 F_1과 F_2가 당겨야 마찰에 의해 회전을 할 것이며 시계방향으로 돌리려면 F_1이 F_2보다 커야 한다.

그러므로 $T = PR = (F_1 - F_2)\dfrac{D}{2}$ 이며 굽힘하중은 $F_1 + F_2$의 합력이 작용한다.

$$\theta = \dfrac{Tl}{GI_P}\text{rad} \times \dfrac{180}{\pi}$$

$$\tau = \dfrac{T}{Z_P}$$

$$T = PR = \tau Z_P = 71{,}620\dfrac{HP}{N} = 97{,}400\dfrac{H_{kw}}{N}\text{kg·cm}$$

$1PS = 75\text{kgm/s}$

$1\text{kw} = 102\text{kgm/s}$

$$T = \dfrac{102\,kW}{w} = \dfrac{102\,kW}{\dfrac{2\pi N}{60}} = \dfrac{102 \times 60\,kW}{2\pi N} = 974\dfrac{kW}{N}\text{kgm}$$

$$= 974\dfrac{kW}{N} \times 9.8\text{N·m} = \dfrac{1000\,kW}{\omega} = \dfrac{60 \times 1000\,kW}{2\pi N}$$

02 전단력선도(SFD)와 모멘트 선도(BMD)

보의 반력을 구하는 것은 보의 강도를 구할 때의 기본이다. 왜냐하면 반력을 구해야 전단력 선도와 모멘트 선도를 작도할 수 있으며 이들 선도로부터 기계 설계의 시작이기 때문이다. 그러므로 전단력 선도와 모멘트 선도는 확실히 익혀두어야 한다.

EX 01

다음 그림의 SFD, BMD를 구하여라.

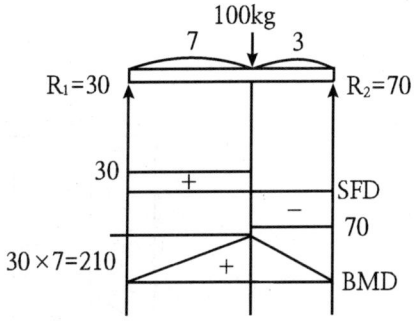

① 반력을 구한다.

$$R_1 = \frac{100 \times 3}{7+3} = 30 \quad R_2 = 70$$

② 반력을 그림에 도시한다.
③ 보의 길이와 같게 폭을 잡아 2개의 선을 그려 위의 선이 SFD 아래선이 BMD가 되게 작성
④ 하중이 있는 곳에 점선을 그린다.
⑤ 전단력 작성을 하는데 왼쪽부터 작성하여 앞절의 부호규약을 따른다. 즉, 왼쪽부터 올라가면 ⊕, 내려가면 ⊖이다.
⑥ BMD 작성시 부호규약에 따라 그린다

EX 02 다음 그림의 SFD, BMD를 구하여라

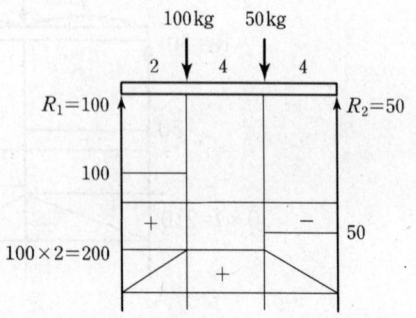

예제 1의 방법에 따르면 $\sum M=0$ 에서

$$R_1 \cdot 10 = 100 \times 8 + 50 \times 4 \qquad R_1 = \frac{100 \times 8 + 50 \times 4}{10} = 100\,\text{kg}$$

$\sum M=0$ 에서 $\qquad R_1 + R_2 = 100 + 50 \qquad R_2 = 50$

전단력이 0을 지나는 지점에서 모멘트는 최대값이 되며 이 지점에서 축은 가장 위험하다. 그러므로 전단력이 0이 되는 지점이 안전하면 모든 부분이 안전하다.

EX 04

그림과 같은 보의 전단력선도(S.F.D.) 및 굽힘 모멘트선도(B.M.D.)를 작도하고 R_B를 구하여라.

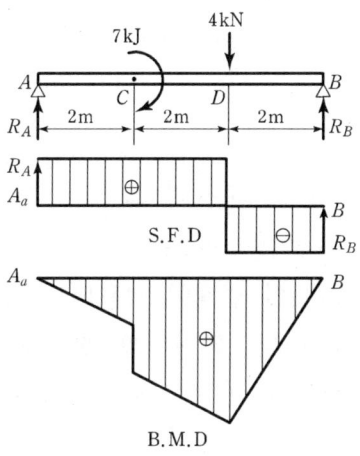

$$R_A = \frac{4 \times 2 - 7}{6} = 0.167 \text{kN} = 167 \text{N}$$

$$R_B = 3.833 \text{kN} = 3,833 \text{N}$$

EX 05

그림과 같은 보의 전단력선도(S.F.D.) 및 굽힘 모멘트선도(B.M.D.)를 작도하고 R_B를 구하여라.

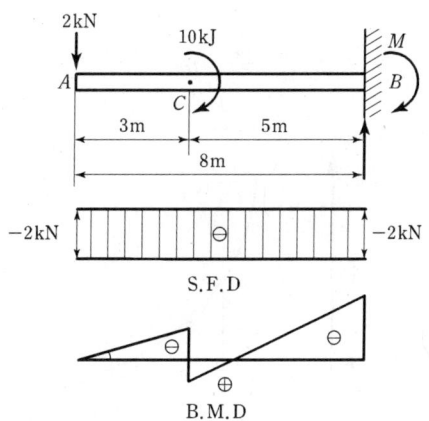

$$R_B = 2 \text{kN}$$

SECTION 08 완전가스(이상기체)

물질은 고체와 유체로 구분되며, 유체는 다시 액상과 기상으로 구분된다. 기상은 가스와 증기로 구분되며, 액화가 어려운 것을 가스라 하고 액화가 비교적 쉬운 것을 증기라 한다.

이상기체(완전가스)란 기체분자의 크기가 없으며 따라서 분자 상호간의 인력이 없다. 또한 충돌시는 완전 충돌로 본다. 그러나 보일(Boyle), 샤를(Charles), 게이루삭(Gay-Lussac) 및 Joule의 법칙이 적용되는 즉 완전가스의 상태 방정식을 만족하는 가스를 일컬으나 실제로는 존재하지 않는다. 그러나 원치수가 적은 기체나 온도가 높고 압력이 낮은 경우의 실제기체는 이상기체에 가까워진다.

01 보일-샤를의 법칙

(1) 보일의 법칙(Boyle 또는 Mariotte : 1662)

온도가 일정한 경우 가스의 비체적은 압력에 반비례한다.

$T_1 = T_2$

$$\frac{v_2}{v_1} = \frac{p_1}{p_2}, \quad p_1 v_1 = p_2 v_2 \quad 즉, \quad pv = c$$

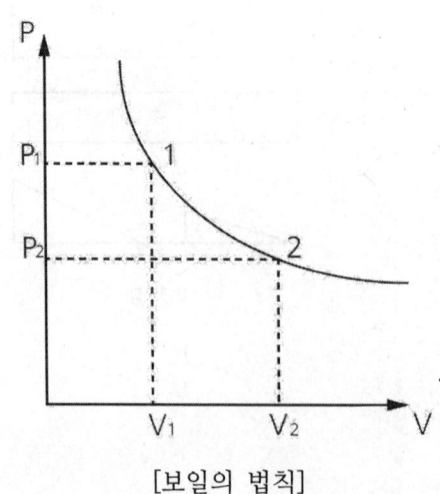

[보일의 법칙]

(2) 샤를의 법칙(Charle 혹은 Gay-Iussac의 법칙)

압력이 일정한 경우 가스의 비체적은 온도에 비례한다.

$$p_1 = p_2, \quad \frac{v_2}{v_1} = \frac{T_2}{T_1}, \quad \frac{v}{T} = c$$

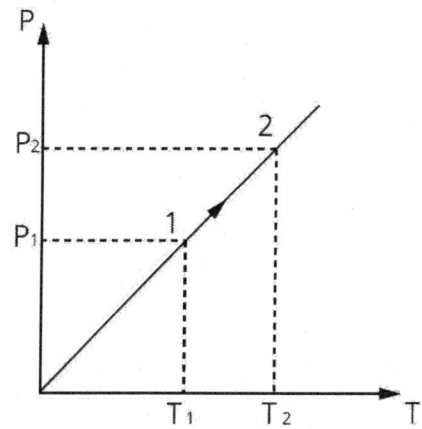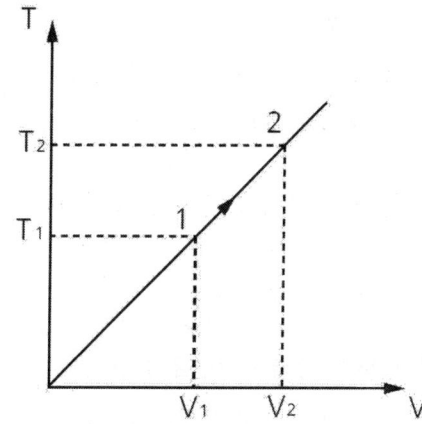

[샤를의 법칙]

(3) 보일-샤를의 법칙

일정량의 기체의 압력과 체적의 곱은 온도에 비례한다.

$$\frac{p_1 v_1}{T_2} = \frac{p_2 v_2}{T_2}, \quad \frac{pv}{T} = c$$

02 완전가스의 상태방정식

보일-샤를의 법칙에 의해서

$$\frac{PV}{T} = C$$

$PV = GRT$ (중력단위계)

$Pv = RT$, (v는 비체적)

이 식을 이상기체 상태방정식이라 한다.

$$R = \frac{Pv}{T}$$

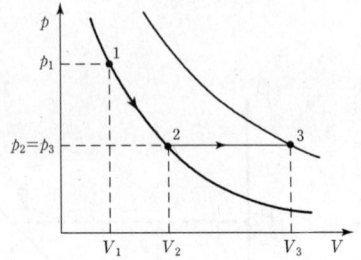

[완전가스의 상태변화]

일정량의 기체의 압력과 체적의 곱은 절대온도에 비례하며 비례상수 R(가스상수)은 1[kg]의 기체를 온도를 1[K] 올리는 동안 외부에 행한 일을 의미한다.

기체상수 (R)은 기체의 일정한 상태에서는 각각의 기체에 대하여 특유한 값을 가지며 정적과정, 정압과정 등의 과정에 따라 변하는 수치가 아니다. 가장 많이 사용하는 기체가 공기이며 공기의 값은 0[℃] 1[atm]에서의 값을 표준상태(STP)라 하고, 표준상태(Standard Temperature and Pressure)에서 공기의 기체상수 (R)를 구해보면,

$$R = \frac{P_0 V_0}{T_0} = \frac{1.0332 \times 10^4}{273} \times 0.7734 = 29.27 [\text{kg} \cdot \text{m/kgK}]$$

절대단위로 기체상수는

$29.27 \times 9.8 = 286.85 ≒ 287[\text{N} \cdot \text{m/kgK}] = 287[\text{J/kgk}] = 0.287[\text{kJ/kgK}]$ 이다.

그러므로 대부분의 기체상수는 표준상태에서의 값을 사용하며 STP 상태라고 한다. 동일한 온도 압력 체적 내의 가스의 분자수는 종류에 관계없이 모두 같다고 하는 아보가드로(Avogadro)법칙에 의해 STP 상태에서 분자량을 M이라 하면 M[kg/kmol]이며 체적 V(22.4[m³/kmol]이므로 위의 식에서

$= 848 = \overline{R}[\text{kgm/kmolK}]$

여기서 $\bar{R}$를 일반기체상수(Universal Gas Constant)라 한다. 절대단위로 환산하면 $\bar{R} = \dfrac{PV}{T} = \dfrac{101300 \times 22.4}{273} = 8312[\text{J/kmol}\cdot\text{K}] = 8.312[\text{kJ/kmol}\cdot\text{K}]$이다. 그러므로 절대단위계에서 이상기체의 상태방정식은 $PV = mRT$이다.

SECTION 09 열역학 기본

열역학은 열과 일 및 이들과 관계를 갖는 물질의 열역학적 성질을 다루는 학문이라 정의 할 수 있다.

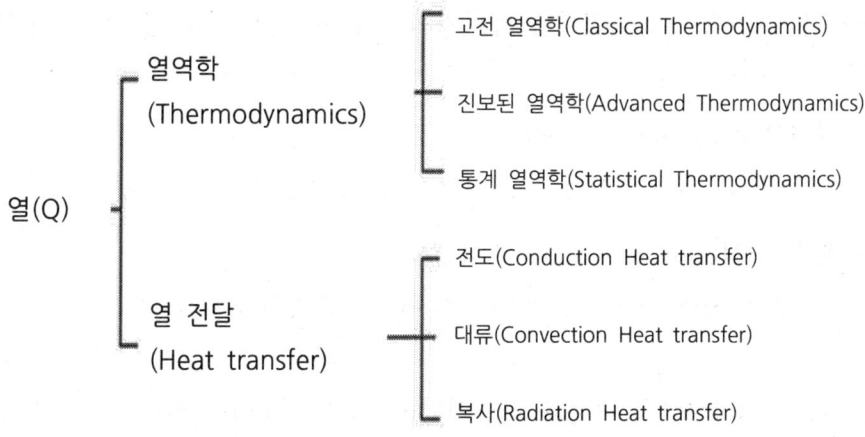

01 동작물질과 계

열기관에서 열을 일로 또는 일을 열로 전환시킬 때는 반드시 매개물질이 필요한데 주로 열에 의하여 압력이나 체적이 쉽게 변하거나 액화나 증발이 쉽게 일어나는 물질을 동작물질(working substance) 또는 작업물질이라고 한다.

열역학에서 대상으로 하는 이들 물질의 한정된 공간을 계(system)이라 하고 계의 주위와 계와의 구분을 경계라고 한다. 계의 종류로는 개방계(open system), 밀폐계(closed system), 절연계(isolated system)의 세 가지로 구분되며, 다시 개방계는 정상유와 비정상유로 구분되어 다음과 같다.

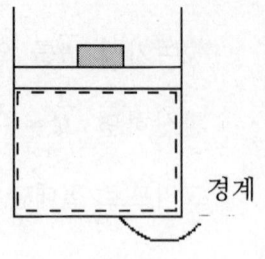

(1) 절연계(Isolated system)

계의 경계를 통하여 물질이나 에너지의 교환이 없는 계

(2) 밀폐계(closed system)

계의 경계를 통하여 물질의 교환은 없으나 에너지의 교환은 있는 계

(3) 개방계(open system)

계의 경계를 통하여 물질이나 에너지의 교환이 있는 계로 정상류와 비정상류로 구분할 수 있다.

① 정상유(Steady State Flow)

과정간의 계의 열역학적 성질이 시간에 따라 변하지 않는 흐름.

① 비정상유(NonSteady State Flow)

과정간의 계의 열역학적 성질이 시간에 따라 변하는 흐름.

정상유와 비정상유를 구분을 하면설명하기 가장 편리한 항이 속도이므로
속도로 표시하면 그림 (a)처럼 1점에서의 속도가 5[m/s]이고 그 점에서의 속도가 5[m/s]이면 정상유이다. 그림 (b)에서 1점에서의 속도가 5[m/s]이면 그 점에서는 속도가 빨라지므로 예를 들어 8[m/s]라고 하면 역시 정상유이다. 즉 정상유와 비정상유는 한 점에서 시간에 대한 변화량이므로 한 점에서 변화가 없이 일정하다면 정상유이다. 그러면 비정상유의 경우는 그림 (c)에서 1점에서의 속도가 예를 들면 5+0.001t[m/s]이고 그 점에서의 속도로 5+0.001t[m/s]이면 이러한 흐름은 한 점에서 시간에 따라 변하므로 비정상유이다. 그러면 그림 (a)와 그림 (b)는 거리 즉 두 점에서 속도의 변화이므로 그림 (a)는 등속류(등류)라고 하며 그림 (b)는 비등속류(비등류)라고 한다.

즉, 그림 (a)는 정상유 등류이며, 그림 (b)는 정상유 비등류이며, 그림 (c)는 비정상 등류인 것이다.

흐름은

비정상 $\left(\dfrac{\partial v}{\partial t} \neq 0\right)$ 비등류 $\left(\dfrac{\partial v}{\partial s} \neq 0\right)$ 이다.

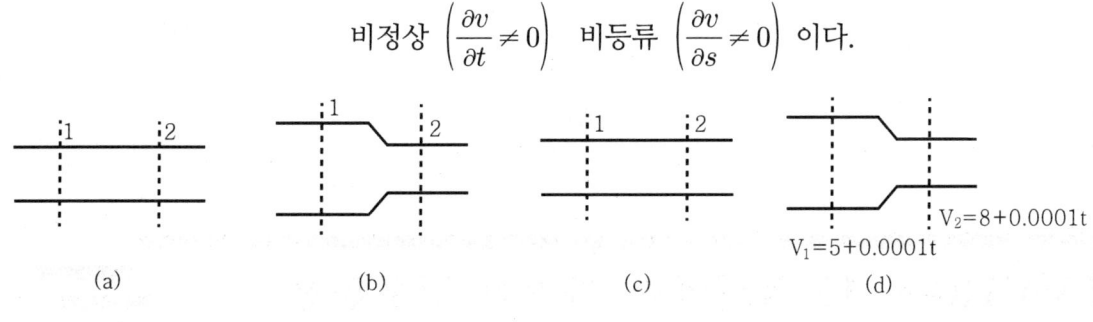

[그림 2-3 개방계]

02 열역학적 성질

평형 상태에서의 온도, 압력, 체적과 같은 성질들에 의해 정해지는 계를 상태(state)라 하며, 한 상태에서 다른 상태로 변화하는 것을 상태변화라 하고 이 경로를 과정(process)이라 한다. 한 상태에서 물질의 성질은 특정한 값을 가지며 상태에 도달하기 이전의 경로에는 무관하다. 즉, 성질은 경로에 관계없이 계의 상태에만 관계하는 함수이다.

성 질 ┬ 강도성질(Intensive Quantity of state)
│   예) 온도(T), 밀도(p), 압력(P), 비체적(v) 등
└ 종량성질(Extensive Quantity of state)
     예) 내부에너지(U), 엔탈피(H), 엔트로피(S), 체적(V) 등

따라서 성질은 강도성질과 종량성질로 구분된다. 위에서 열거한 상태, 과정, 상태 변화를 도식화하면 다음과 같다.

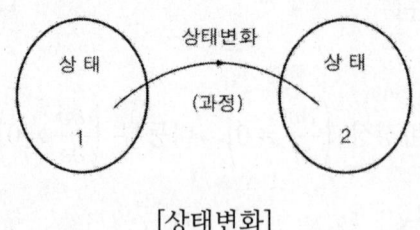

[상태변화]

SECTION 10 열역학적 과정과 단위환산

01 과정

어떤 계가 임의의 과정을 지나 다른 상태로 변화할 경우 주위에 아무런 변화도 남기지 않고 이루어지며 그 변화를 반대 방향으로도 원래상태로 돌아가는 과정을 가역과정 이라 하고 위의 조건이 만족하지 않는 과정을 비가역과정이라 한다. 가역과정은 실제로는 존재하지 않으나 열역학적인 견지에서 비가역과정에 대응하는 과정으로서 가정하여 받아들이고 있다. 과정의 종류는 다음과 같은 것들이 있다.

- 정압 과정 : 과정간의 압력이 일정한 과정. $\triangle p = 0$, $p_1 = p_2$
- 정적 과정 : 과정간의 체적 또는 비체적이 일정한 과정. $\triangle v = 0$, $v_1 = v_2$
- 등온 과정 : 과정간의 온도가 일정한 과정. $\triangle T = 0$, $T_1 = T_2$
- 단열 과정(등엔트로피 과정) : 과정간의 열량변화가 없는 과정.
- 폴리트로프 과정

다음과 같은 상이한 여러 과정이 일정한 주기로서 이루어지는 것을 사이클(cycle)이라 하며 사이클은 가역사이클(reversible cycle)과 비가역사이클(irreversible cycle)로 구분되며 실제 자연현상에서는 가역사이클은 존재하지 않으므로 준평형과정(guasi-eguilibrium process) 또는 준정적과정이라는 가정하에 가역사이클을 해석한다.

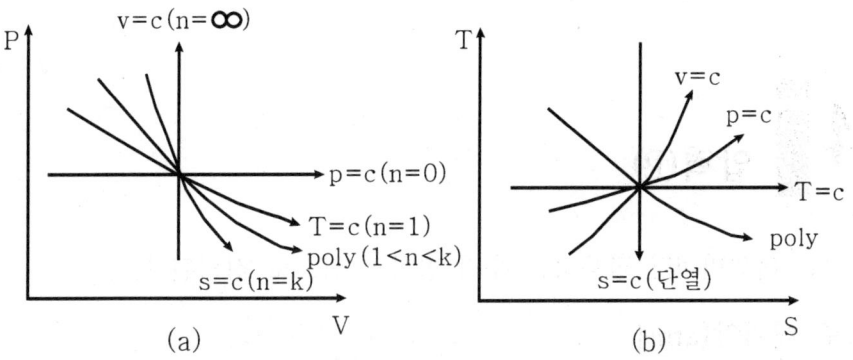

각 과정에 따른 P-V선도와 T-S선도

02 에너지

일을 할 수 있는 능력으로 표시되며, [kgm(Nm)]이다.

위치 에너지 $Gh(mgh)$

운동 에너지 $\dfrac{GV^2}{2g}\left(\dfrac{mv^2}{2}\right)$

$1[\text{kcal}] = 427[\text{kgm}] = 4.186[\text{kJ}]$

그러므로 열의 단위는[kcal(kJ)]이며 일의 단위도[kJ]이므로 열과 일은 에너지단위이다.

03 동력(Power)

동력은 일(에너지)의 시간에 대한 비율 즉, 단위시간당 일을 동력이라 한다.

$$1[Ps](Pferde\ Starke) = 75[kgm/s] = 735.5[W]$$
$$1[HP](Horse\ Power) = 76[kgm/s]$$
$$1[kW] = 1000[W] = 1000[J/s] = 102[kgm/s]$$
$$1[Psh] = 632.3[kcal]$$
$$1[kWh] = 860[kcal] = 3600[kJ]$$

04 압력(P)

압력이란 단위면적당 작용하는 수직 방향의 힘으로 정의된다.

(1) 표준 대기압[atm]

$$1[atm] = 1.0332[kg/cm^2] = 760[mmHg] = 10.33[mAq] = 1.013[bar] = 14.7[psi]$$
$$단, \ 1[bar] = 10^5[N/m^2] = 10^5[Pa]$$
$$1[Pa] = 1[N/m^2]$$

(2) 공학 기압[at]

$$1[at] = 1[kg/cm^2]$$

일반적으로 압력의 크기는 완전진공을 기준으로 하는 절대압력(Absolute pressure)과 국지 대기압을 기준으로 하는 계기압력(Gage pressure)이 있다.

(3) 절대 압력

$$절대\ 압력 = 대기압 + 계기압$$
$$= 대기압 - 진공압$$

(4) 진공도

$$진공도[\%] = \frac{계기압(진공압)}{대기압} \times 100\%$$

PART 02
재료역학

SECTION 01 서론

SECTION 02 응력과 변형률

SECTION 03 인장압축전단 및 sin정리

SECTION 04 조합응력과 모어원

SECTION 05 평면도형의 성질

SECTION 06 비틀림

SECTION 07 보(Beam)

SECTION 08 보 속의 응력

SECTION 09 보의 처짐

SECTION 10 기둥

SECTION 01 서론

01 재료역학(Strength of Materials)

재료역학이란 여러 부재들이 서로 연결되는 구조물 제작시 공업재료를 그 성질에 따라서 적재적소에 사용하여 적당한 안전율을 가지는 부재의 강도(Strength)와 강성도(Stiffness)의 물리적 또는 기하학적인 관계를 고려하여 합리적이고 이상적으로 구해 설계에 기여하는 학문이다. 그러므로 재료의 기본적인 변화를 다루는 재료역학에서는 재료의 성질과 하중의 영향 등에 대해서 다음과 같은 몇가지 가정을 함으로써 실제 문제를 이상적이고 단순화시켜 해석하게 된다.

- 재료역학에서 작용하는 모든 힘은 정역학적 평형상태를 유지한다. 따라서 재료는 외력을 받으면 이에 상응하는 내력(Internal Force)이 발생되며, 내력은 외력(External Force)이 작용하지 않는 한 존재하지 않는다.

- 재료역학에 이용되는 모든 재료는 연속(Continuous)의 고체이며, 등질(Homogeneous), 등방성(Isotropic)이다.

- 재료에 외력이 작용하게 도면 변형이 발생하게 되는데, 이 변형이 어느 한계 내에서는 작용 외력의 크기에 비례하며, 외력을 제거하게 되면 변형은 소멸하게 되며 원래의 형상으로 회복하게 된다. 즉, 탄성(Elastic)영역에서의 관계만 취급한다.

02 하중(Load)

변화상태
① 정하중
② 동하중 : 반복하중, 충격하중, 이동하중, 교번하중

분포상태
① 집중하중
② 분포하중 : 균일분포하중, 불균일분포하중

작용부위
① 표면하중 : 압력[P], 하중[P], $w[N/cm]$
② 물체력 : 중력, 관성력, 원심력

(1) 변화상태에 의한 분류

정하중은 하중의 크기나 방향이 시간의 흐름에 따라 변화하지 않는 하중이며, 동하중(Dynamic Load)은 시간의 변화에 따라 계속 변화되는 하중으로서 하중의 크기와 방향이 일정하게 되풀이 되는 반복하중(Repeated Load)과 하중의 크기와 방향이 변하면서 인장과 압축작용이 상호 연속적으로 되풀이되는 교번하중(Alternated Load), 그리고 정지해 있는 물체에 다른 물체가 갑자기 낙하되었을 때, 움직이고 있는 두 물체가 충돌하였을 때 또는 해머의 작용처럼 극히 짧은 시간 내에 순간적으로 가해지는 충격하중(Impulsive Load)과 체인, 롤러 또는 벨트와 같은 것을 이용하여 하중이 계속 이동하면서 작용하는 이동하중(Travelling Load)으로 분류한다.

(2) 분포상태에서 의한 분류

하중의 작용선이 재료의 한 점에 집중되어 있다고 가정하는 집중하중과 전체적으로 분포되어 있다고 가정하는 분포하중, 즉 무게를 고려했을 때 균일하다고 하는 균일분포하중과 균일하지 않은 불균일분포하중으로 구분된다.

(3) 작용부위에 의한 분류

부재 또는 구조물에 직접적으로 하중이 작용하는 표면하중과 물체에 운동이 발생 할 때 생기는 무체력으로 구분된다.

SECTION 02 응력과 변형률

01 응력과 변형률

기계 또는 구조물에 외력인 하중이 작용시 작용부분은 운동을 일으키려하고 인접 부위와는 응집력 또는 반발력이 있게 된다. 가상단면을 잘랐을 시 단위면적당의 힘을 응력(stress)이라 한다.

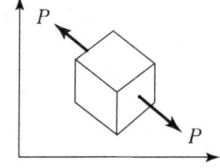

$$\sum_{n=1}^{\infty} \lim_{\Delta A \to 0} \frac{\Delta P}{\Delta A} = d\sigma, \ \sigma = \int d\sigma = \frac{P}{A} \text{N/m}^2$$

$$\sigma = \frac{P}{A} (\text{가상단면과 } 90°) \quad \tau = \frac{P}{A} (\text{가상단면과 같은 방향}) \cdots (2-1)$$

(1) 응력의 종류

1) 단순응력

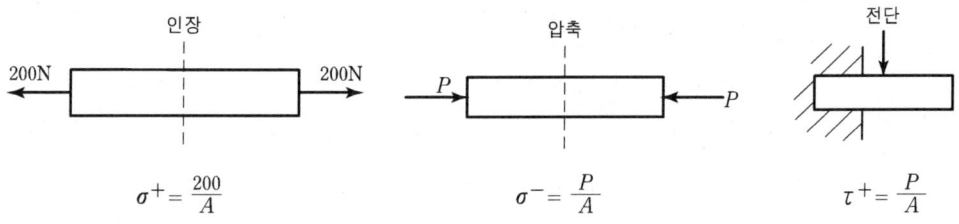

2) 조합응력 : 한 단면에 응력이 2개

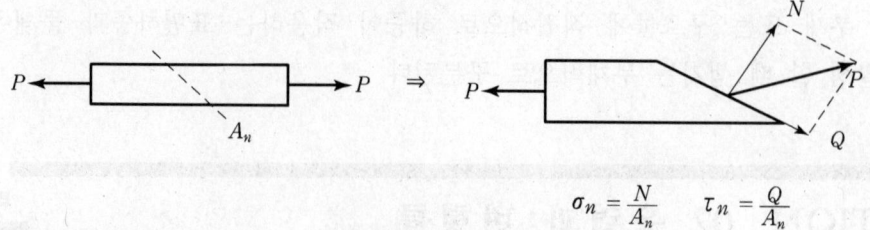

$$\sigma_n = \frac{N}{A_n} \qquad \tau_n = \frac{Q}{A_n}$$

3) 비틀림응력 : τ(단면에 불균일) 면과 힘은 같은 방향

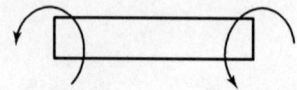

단순응력에서 인장이나 압축응력은 면에 대하여 각도가 90°인 힘으로 표시되며 전단응력은 면에 대하여 같은 방향의 힘이어야 한다.

EX 01 다음의 그림에서 인장응력과 전단응력을 나타내어라.

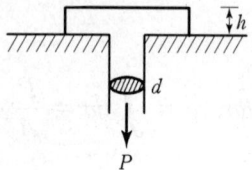

해설: $\sigma = \dfrac{P}{A} = \dfrac{4P}{\pi d^2}$ (면적과 힘의 각도는 90°)

$\tau = \dfrac{P}{A} = \dfrac{P}{\pi d h}$ (면적과 힘은 같은 방향이다)

EX 02 다음의 그림에서 인장응력과 전단응력을 나타내어라.

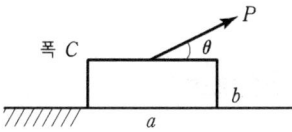

해설 : 잘리는 면을 기준으로 좌표를 선정하여
가상단면을 잡으면

$$P_x = P\cos\theta \quad P_y = P\sin\theta$$

$$\sigma = \frac{P_y}{A} = \frac{P\sin\theta}{ac} \quad \text{(면과 힘의 각도는 90°)}$$

$$\tau = \frac{P_x}{A} = \frac{P\cos\theta}{ac} \quad \text{(면과 힘은 같은 방향)}$$

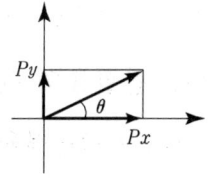

EX 03 전단강도가 4,000Pa인 연강판에 직경 2cm의 구멍을 펀치로 뚫고자 한다. 펀치의 압축강도를 12,000pa이라 하면 구멍을 뚫을 수 있는 판의 두께는 얼마인가?

① 1.5cm   ② 5.5cm   ③ 10.5cm
④ 15.5cm ⑤ 16cm

해설 : $\sigma = \frac{4W}{\pi d^2} \quad \tau = \frac{W}{\pi dt}$

$\sigma = 3\tau$ 이므로 $\frac{4W}{\pi d^2} = 3\frac{W}{\pi dt}$

$t = \frac{3}{4}d = \frac{3}{4} \times 2 = 1.5\text{cm}$

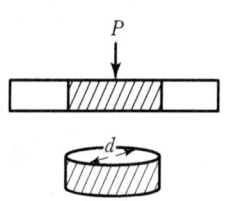

EX 04 축하중을 받는 볼트의 머리 높이 [h]는 지름 [d]의 몇 배로 설계하여야 하는가?
(단, 볼트의 허용전단응력은 허용인장응력의 1/2이다)?

해설 : $\sigma = \frac{P}{A} = \frac{4P}{\pi d^2} \quad \tau = \frac{P}{A} = \frac{P}{\pi dh}$

$\tau = \frac{\sigma}{2}$ 에서 $\frac{P}{\pi dh} = \frac{4P}{2\pi d^2}$

$\frac{1}{h} = \frac{2}{d} \qquad h = \frac{d}{2}$

02 변형률(Strain)

물체에 하중을 가하면 그 물체에는 응력이 발생하며 동시에 모양과 크기의 변화를 일으킨다. 원래 크기와 변형양의 비를 변형율(strain)이라 하며 항상 양의 값을 갖는다.

(1) 변형율의 종류

- 종변형율(ε)
- 횡변형율(ε')
- 전단변형율(γ)
- 면적변형율(ε_A)
- 체적변형율(ε_V)

1) 종변형율(ε) 및 횡변형율(ε')

① 인장하중 작용시

$$\varepsilon = \frac{l'-l}{l} = \frac{\delta}{l} \quad (\delta : \text{종 변형량}) \quad \cdots\cdots (2-2)$$

$$\varepsilon' = \frac{d-d'}{d} = \frac{\delta'}{d} \quad (\delta' : \text{횡 변형량}) \quad \cdots\cdots (2-3)$$

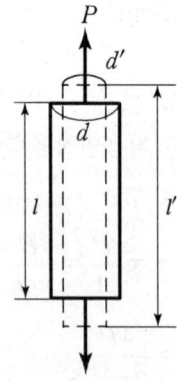

[그림 2.1 인장하중 작용시]

② 압축하중 작용시

$$\varepsilon = \frac{l-l'}{l} = \frac{\delta}{l} \qquad \varepsilon' = \frac{d'-d}{d} = \frac{\delta'}{d}$$

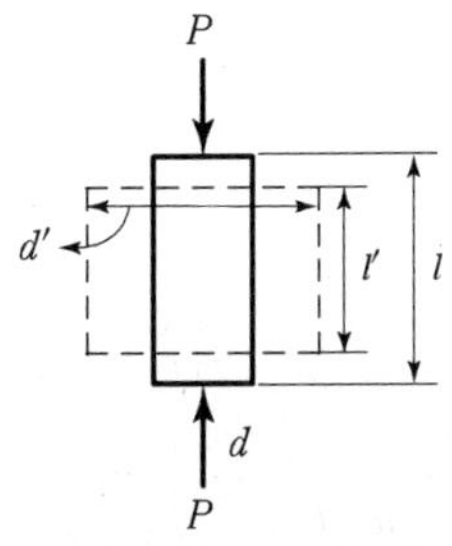

[그림 2.2 압축하중 작용시]

인장하중 작용시 수축량 0.008cm라고 하면 횡변형량(δ')이고 압축하중 작용시 수축량 0.008cm라고 하면 종변형량(δ)이다.

프아송비 $\mu(\nu) = \dfrac{1}{m} = \dfrac{\varepsilon'}{\varepsilon}$, m : 프아송 수

EX 01

Poisson's ratio(프아송의 비)의 설명이 아닌 것은?
① 일반적으로 1/2보다 작다.
② 가로변형율을 세로변형율로 나눈 값이다.
③ 가로변형량에 비례하고 세로변형량에 반비례한다.
④ 포아송수가 클수록 크다.
⑤ 푸아송비가 1/2일 때는 인장 시나 압축 시의 체적이 일정하다.

해설 : 프아송의 비 (μ)

$$\mu = \frac{\varepsilon'}{\varepsilon} = \frac{(가로변형율)}{(세로변형율)} = \frac{1}{m}$$

고무의 $\mu = 0.5$

$m =$ 프아송수(프아송비와 프아송수는 반비례 관계)

해답 : ④

EX 02 Poisson's ration(μ)가 옳은 것은?

① $\mu = \dfrac{d'-d}{l-l'}$

② $\mu = \dfrac{l(d-d')}{d(l'-l)}$

③ $\mu = \dfrac{l'-d'}{l-d}$

④ $\mu = \dfrac{d(l'-l)}{l(d-d')}$

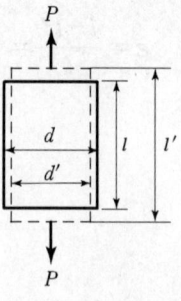

해설 : $\mu = \dfrac{\varepsilon'}{\varepsilon} = \dfrac{\delta'l}{d\delta} = \dfrac{(d-d')l}{d(l'-l)}$ 해답 : ②

2) γ : 전단 변형율 π rad = 180°

$$\tan\gamma = \dfrac{\delta}{l}$$

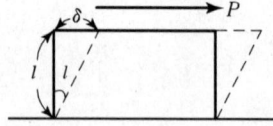 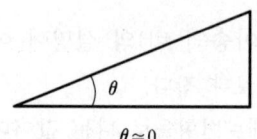

$\sin\theta \fallingdotseq \theta$
$\cos\theta \fallingdotseq 1$
$\tan\theta \fallingdotseq \theta$

[그림 2.3 전단응력 작용]

3) 면적변형율(ε_A)과 체적변형율(ε_V)

① 면적 변형율

$A_1 = a^2$

$A_2 = (a-\delta')^2 = a^2(1-\mu\varepsilon)^2$

$\quad = a^2(1-2\mu\varepsilon+\mu^2\varepsilon^2) \fallingdotseq a^2(1-2\mu\varepsilon)$

$\varepsilon_A = \dfrac{\Delta A}{A} = \dfrac{A_2-A_1}{A_1} = \dfrac{a^2(1-2\mu\varepsilon)-a^2}{a^2}$

$\quad = 1-2\mu\varepsilon-1 = |-2\mu\varepsilon| = 2\mu\varepsilon$

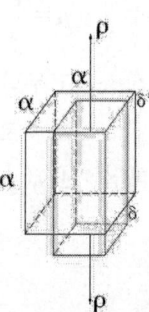

[그림 2.4 면적변형율과 체적변형율]

$$\varepsilon' = \frac{\delta'}{d} \quad \rightarrow \quad \delta' = d\varepsilon' = a\varepsilon' = a\mu\varepsilon$$

$$\varepsilon = \frac{\delta}{\ell} \quad \rightarrow \quad \delta = \ell\varepsilon = a\varepsilon$$

$$V_1 = A_1\ell_1 = a^2 a = a^3$$

$$V_2 = A_2\ell_2 = (a-\delta')^2(a+\delta) = (a-a\mu\varepsilon)^2(a+a\varepsilon) = a^3(1-\mu\varepsilon)^2(1+\varepsilon)$$

$$= a^3(1-2\mu\varepsilon+\mu^2\varepsilon^2)(1+\varepsilon) = a^3(1-2\mu\varepsilon+\mu^2\varepsilon^2+\varepsilon-2\mu\varepsilon^2+\mu^2\varepsilon^3)$$

$$\fallingdotseq a^3(1-2\mu\varepsilon+\varepsilon)$$

$$\varepsilon_v = \frac{\Delta V}{V} = \frac{V_2-V_1}{V_1} = \frac{a^3(1-2\mu\varepsilon+\varepsilon)-a^3}{a^3}$$

$$= 1-2\mu\varepsilon+\varepsilon-1 = \varepsilon(1-2\mu) \quad \cdots\cdots\cdots\cdots\cdots\cdots\cdots\cdots (2\text{-}4)$$

EX 02 변의 길이가 같은 상사형 내압 용기의 체적 탄성 변형은 탄성 변형의 몇 배인가?

① 2배   ② 3배
③ 4배   ④ 5배

해설 : ε_V (체적변형율) $= \dfrac{\Delta V (\text{변화된체적})}{V(\text{원래의체적})}$

$= \pm 3\varepsilon$ 3방향에서 같은 힘이 작용할 때

$= \varepsilon(1-2\mu)$ 1방향으로 작용할 때

해답 : ②

03 응력과 변형률의 관계

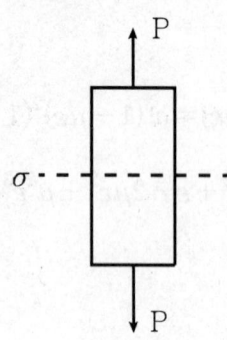 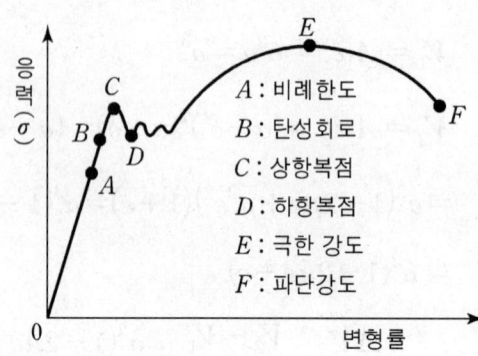

[그림 2.5 응력과 변형율]

$$\gamma = \frac{\delta}{l} \text{rad}$$

$$\sigma \propto \varepsilon$$

$$\sigma = E\varepsilon \quad \cdots\cdots\cdots\cdots\cdots\cdots\cdots\cdots\cdots\cdots\cdots\cdots\cdots\cdots\cdots\cdots\cdots\cdots\cdots\cdots\cdots\cdots (2-5)$$

E : 종탄성 계수(Young 계수)

연강의 경우 약 $2.1 \times 10^6 \text{kg/cm}^2 ≒ 210\text{GPa}$

SC 45   SC : 탄소강 주강

    최저 인장강도 45kg/mm^2 (공칭응력선도에서 측정한 극한강도임)

SC400

400 : 최저인장강도 400N/mm^2

$\tau = G\gamma$ G : 횡탄성 계수(전단탄성계수)

$G = 80\text{GPa}$(연강)

$\sigma = E\varepsilon = \dfrac{P}{A}$, $\varepsilon = \dfrac{\delta}{l}$ 에서

$$\delta = \frac{Pl}{AE} \text{(종변형양)} \quad \cdots\cdots\cdots\cdots\cdots\cdots\cdots\cdots\cdots\cdots\cdots\cdots\cdots\cdots\cdots\cdots (2-6)$$

$$\varepsilon' = \frac{\delta'}{d}, \quad \mu = \frac{\varepsilon'}{\varepsilon}, \quad \sigma = E\varepsilon \text{에서}$$

$$\delta' = d\varepsilon' = d\mu\varepsilon = \frac{d\mu\sigma}{E} = \frac{d\sigma}{mE} \quad \text{(횡변형양)} \quad \cdots\cdots\cdots\cdots\cdots\cdots\cdots (2-7)$$

▌▌▌ 면적변형율(ε_A)과 체적변형율($_V$)을 정리하면

$$\varepsilon_A = \frac{\Delta A}{A} = 2\mu\varepsilon$$

$$\left[\Delta A = 2\mu\varepsilon A = 2\mu \frac{p}{AE} A = \frac{2\mu p}{E} \right.$$

$$\varepsilon_v = \frac{\Delta V}{V} \quad \text{1방향 } \varepsilon(1-2\mu)$$

$$\text{3방향 } \varepsilon_x + \varepsilon_y + \varepsilon z$$

	인장의 경우		압축의 경우
$\mu < 0.5$	$\Delta V > 0$	$\mu < 0.5$	$\Delta V < 0$
$\mu = 0.5$	$\Delta V = 0$	$\mu = 0.5$	$\Delta V = 0$
$\mu > 0.5$	$\Delta V < 0$	$\mu > 0.5$	$\Delta V > 0$

일반적으로 물질의 프아송비는 0.5 이하이므로 인장할 때 체적은 증가하며 압축 시는 감소한다.

▌▌▌ 안전율(Safety Factor)

구조물이나 기계를 설게 할 때에는 설계된 무릇의 하중을 탄성영역 내에서 받을 수 있도록 하여야 한다. 그러므로 사용 중에 발생하는 응력을 사용응력(Working Stress) σ_w이라하고 사용응력 선정한 안전한 범위의 상한응력을 허용응력(Allowable Stress)σ_a라고 정한다. 일반적으로 인장강도는 공칭응력선도에서 가장 큰 응력으로서 극한응력(Ultimate Stress)σ_u라고 하면 안전율(Safety Fator)은 다음과 같다.

$$\text{안전율}(S) = \frac{\text{극한응력}(\sigma_u)}{\text{허용응력}(\sigma_a)}$$

EX 01 지름이 2cm이고 길이가 2m인 원형단면 연강봉에 500kN의 인장하중이 작용하여 길이가 1.5cm 늘어났다. 이 봉의 탄성계수는 몇 GPa인가?

해설 : $\delta = \dfrac{Pl}{AE}$

$E = \dfrac{Pl}{A\delta} = \dfrac{4Pl}{\pi d^2 \delta} = \dfrac{4 \times 500 \times 10^3 \times 2}{\pi \times 0.02^2 \times 1.5 \times 10^{-2}} \times 10^{-9} = 212\,\text{GPa}$

EX 02 지름이 22mm인 재료가 250kN의 전단하중을 받아 0.00075rad의 전단변형도가 생기면 이 재료의 전단탄성 계수는?
① 87GPa ② 877GPa
③ 8.7GPa ④ 0.87GPa

해설 : $\tau = G\gamma$ 에서 (G : 전단탄성계수, 횡탄성계수)

$\therefore\ G = \dfrac{\tau}{\gamma} = \dfrac{P}{A\gamma} = \dfrac{250 \times 4 \times 10^3 \times 10^{-9}}{\pi \times (22 \times 10^{-3})^2 \times 0.00075} = 877\,\text{GPa}$

EX 03 횡탄성계수(modulus of laternal elasticity)의 설명 중 옳게 표현한 것은 어느 것인가?
① 수직응력/전단응력 ② 전단응력/수직응력
③ 전단응력/전단변형율 ④ 전단변형률/전단응력

해설 : $\tau = G\gamma,\ G = \dfrac{\tau}{\gamma}$

해답 : ③

EX 04

지름 2cm 강봉에 50kN의 압축하중이 작용할 경우 봉의 지름은 몇 cm로 되는가? (단, $E=200\text{GPa}$, $\mu=0.3$)

해설 : $\delta' = \dfrac{d\sigma}{mE} = \dfrac{dP}{mEA} = \dfrac{4dP \times 0.3}{200 \times 10^9 \times \pi d^2} = \dfrac{4 \times 0.02 \times 50 \times 10^3 \times 0.3}{200 \times 10^9 \times \pi \times 0.02^2}$

$= 4.8 \times 10^{-6}\text{m} = 4.8 \times 10^{-4}\text{cm}$

그러므로 $d = 2 + 0.00048\text{cm} ≒ 2.00048\text{cm}$

EX 05

지름 22mm의 환봉이 250kN의 전단하중을 받아 0.00175rad의 변형률이 생겼다면 이 재료의 전단 탄성 계수는 몇 GPa인가?

① 8.775×10^2 ② 375
③ 11.4×10^3 ④ 29,300

해설 : $\tau = G$(전단탄성계수)$\times \gamma$(전단변형율)

$\therefore G = \dfrac{\tau}{\gamma} = \dfrac{4P}{\pi d^2 \gamma} = \dfrac{4 \times 250 \times 10^3}{\pi \times (22 \times 10^{-3})^2 \times 0.00175} \times 10^{-9} = 375.8\text{GPa}$

EX 06

지름 20mm, 길이 1,000mm의 연강봉이 300kN의 인장하중을 받을 때 발생하는 신장량의 크기는(단, $E=200\text{GPa}$)?

① 0.78mm ② 4.78mm
③ 0.0788mm ④ 0.00788mm

해설 : $\delta = \dfrac{Pl}{AE} = \dfrac{4 \times 300 \times 10^3}{\pi \times 0.02^2 \times 200 \times 10^9} = 4.78 \times 10^{-3} = 4.78\text{mm}$

EX 07 다음은 실제로 사용되고 있는 안전율에 대한 설명이다. 옳은 설명은 어느 것인가?
① 재료의 탄성한도와 허용응력이 비이다.
② 기준 강도를 항복점으로 하여 허용응력으로 나눈 값이다.
③ 극한강도를 허용응력으로 나눈 것이다.
④ 재료의 탄성한도를 기준강도로 하여 사용응력과 비교한 것이다.

해 설 : 허용안전률= $\dfrac{\text{인장응력}}{\text{허용응력}}$ 사용안전률= $\dfrac{\text{인장응력}}{\text{사용응력}}$

인장응력을 극한강도라고도 하며 허용안전율이 사용안전율보다 일반적으로 작다.

해답 : ③

EX 08 후크의 법칙이 적용되는 구간은?
① $O \sim A$
② $A \sim B$
③ $B \sim C$
④ $O \sim B$

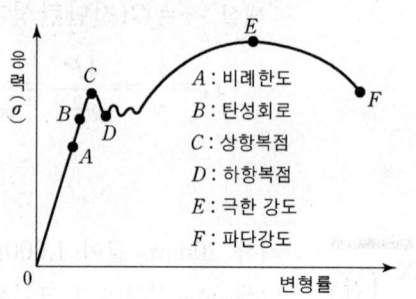

A : 비례한도
B : 탄성회로
C : 상항복점
D : 하항복점
E : 극한 강도
F : 파단강도

해답 : ①

EX 09 연강의 인장강도가 450MPa일 때, 이것을 안전율 5로 사용하면 허용응력은 얼마인가?

해설 : $\sigma_a = \dfrac{\sigma_u}{S} = \dfrac{450}{5} = 90\text{MPa}$

04 응력집중

단면이 균일한 봉이나 판에 인장하중이 작용하면 응력은 단면에 균일하게 분포한다. 그러나 턱, 구멍, 홈 등과 같이 단면의 모양이 급변하는 노치(Notch)가 단면에 있게 되면 이 부분에서는 마치 유체가 넓은 곳에서 좁은 곳으로 흐를 때 생기는 현상과 같이, 외력으로 인하여 발생될 응력분포상태가 대단히 불균일하게 되고 부분적으로 큰 응력이 매우 커진다. 이와 같이 노치가 있는 단면에서 부분적으로 큰 응력이 집중되어 일어나는 현상을 응력집중(Stress Concentration)이라고 한다.

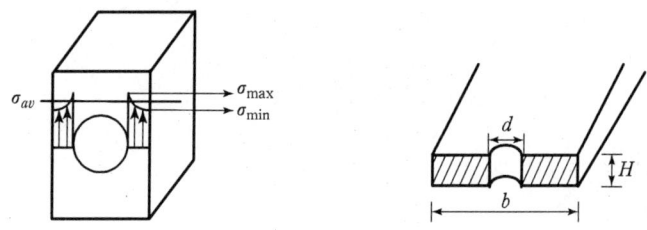

[그림 2.6 응력 집중계수]

$$\sigma_{av} = \frac{P}{A} = \frac{P}{(b-d)H} \quad \cdots\cdots (2-8)$$

$$\sigma_{max} = \alpha \sigma_{av}$$

α : 응력집중계수

응력집중의 완화방안

응력집중을 감소시키는 방법에는 형상의 개선, 응력집중부의 강화, 표면거칠기 개선 등의 방법이 있다.

(1) 형상의 개선

① 가능한 한 각진 부분을 없애고 원활히 연속된 형상으로 한다.
② 단붙이 평판은 필렛부의 형상을 개선하여 응력선의 밀집을 완화한다.
③ 단붙이 봉의 경우 필렛부의 둥글기 반경을 크게 하거나 원둘레 홈을 마련한다.
④ 키홈이 있는 경우 바닥 모서리부의 둥글기 반경을 크게 한다.

⑤ 축에 나사를 깎을 때 응력선이 나사부로 들어가지 않도록 한다.
⑥ 노치부 부근에 제 2, 제 3의 노치부를 추가한다.

(2) 응력집중부의 강화

단면변화부에 상온가공처리(shot peening, sand blasting, 냉간압연)하거나 단면경화 열처리(침탄, 질화, 고주파 quenching)등을 하여 응력집중부를 강화시킨다.

(3) 표면거칠기를 향상시킨다.

EX 01 노치(notch)가 있는 봉이 인장하중을 받을 때, 노치부의 최대 응력이 60MPa이었고, 노치부의 공칭응력이 24MPa이었다면 응력집중계수 α_x는 얼마인가?
① 0.4　　　　　　　　　　② 1.25
③ 2.0　　　　　　　　　　④ 2.5

해설 : $\sigma_{max} = K\sigma_{av}$, $K = \dfrac{\sigma_{max}}{\sigma_{av}} = \dfrac{60}{24} = 2.5$

해답 : ④

EX 02 다음 그림은 구멍이 뚫린 평판이 인장하중을 받을 때 생기는 응력의 분포곡선이다. 옳은 것은 어느 것인가?

① ② ③ ④

해답 : ①

EX 03

다음 그림은 노치(notch)가 있는 봉이 인장하중을 받을 때 생기는 응력의 분포 곡선이다. 옳은 분포 곡선은 어느 것인가?

① 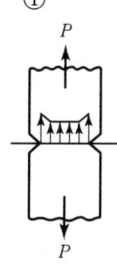　② 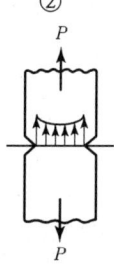　③ 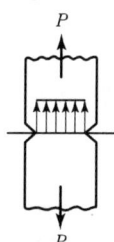　④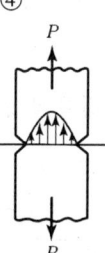

해답 : ②

EX 04

단면적이 A인 봉이 인장하중 W를 받았을 때 단면의 감소량 ΔA는 얼마인가? (단, 포아송의 비 : μ, 탄성계수 : E이다)

해설 : ε_A(면적변형율)$= \dfrac{\Delta A}{A} = 2\mu\varepsilon$

$\Delta A = 2A\mu\varepsilon$

$\quad = \dfrac{2A\mu\sigma}{E} = \dfrac{2A\mu W}{AE} = \dfrac{2\mu W}{E}$

EX 05

지름이 2cm인 강철봉에 축하중 60kN이 작용할 때 봉의 지름의 수축은 몇 cm인가 (단, $E = 205\text{GPa}$, $\dfrac{1}{m} = 0.3$이다)?

해설 : $\delta' = \dfrac{d\sigma}{mE} = \dfrac{dP}{mEA} = \dfrac{4dp}{mE\pi d^2}$

$\quad = \dfrac{4 \times 0.02 \times 60 \times 10^3 \times 0.3}{205 \times 10^9 \times 0.02^2 \times \pi} = 5.59 \times 10^{-6}\text{m} = 0.00056\text{cm}$

EX 06

단면이 3×5cm인 각 강봉에 200kN의 전단하중이 작용할 때 봉에 발생하는 변형률은(단, 횡탄성계수 G는 0.8GPa이다)?

해설 : $\tau = G\gamma$　$\gamma = \dfrac{\tau}{G} = \dfrac{P}{AG} = \dfrac{200 \times 10^3}{0.8 \times 10^9 \times 0.03 \times 0.05} = 166 \times 10^{-3}\text{rad}$

EX 07 길이 1m 한 변의 길이 4cm인 연강강봉에 150kN의 인장하중이 작용할 경우 단면적과 체적 변형량을 계산하라
(단, 종탄성계수 $E=210\text{GPa}$, 포아송의 수 $m=3$이다).

해설 : 한 방향에 인장하중만 작용하는 경우이므로

$$\varepsilon_A = \frac{\Delta A}{A} = 2\mu\epsilon$$

$$\Delta A = A2\mu\varepsilon = \frac{\pi d^2}{4} \times 2 \times \frac{1}{3} \times \frac{P}{AE} = \frac{2P}{3E} = \frac{2 \times 150 \times 10^3}{3 \times 210 \times 10^9}$$

$$= 476 \times 10^{-9} = 0.00476\text{cm}^2$$

$$\Delta V = \varepsilon(1-2\mu)V = \frac{P}{AE}(1-2\mu)A \cdot l = \frac{P}{E}(1-2\mu)l$$

$$= \frac{150 \times 10^3}{210 \times 10^9} \times \left(1 - \frac{2}{3}\right) \times 100^3 = 0.238\text{cm}^3$$

EX 08 그림과 같은 단붙임 원축에서 $d_1 : d_2 = 3:2$라 하면 d_1면에 생기는 응력 σ_1과 d_2면에 생기는 응력 σ_2의 비는 다음 중 어느 것인가?

① 2:7
② 1:5
③ 3:8
④ 4:9

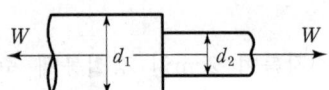

해설 : $d_1 : d_2 = 3 : 2$　　$\sigma_1 = \dfrac{4W}{\pi d_1^2}$　$\sigma_2 = \dfrac{4\pi}{\pi d_2^2}$

$3d_2 = 2d_1$　　$\therefore \sigma_1 : \sigma_2 = 4 : 9$

$\therefore d_2 = \dfrac{2}{3}d_1$

EX 09

지름이 5cm 길이 1m인 강봉에 10kN의 인장하중을 가할 경우 봉에 발생하는 종변형률과 지름 변화량은 (단, 종탄성 계수 $E = 200\text{GPa}$, 프아송의 비 $\mu = 1/3$이다)?

해설 : $\varepsilon = \dfrac{P}{AE} = \dfrac{4P}{\pi d^2 E} = \dfrac{4 \times 10 \times 10^3}{\pi \times 0.05^2 \times 200 \times 10^9} = 2.55 \times 10^{-5}$

$= 4.2 \times 10^{-7} \text{m} = 4.2 \times 10^{-4} \text{mm}$

$\delta' = \dfrac{d\sigma}{mE} = \dfrac{d \times 4P}{mE\pi d^2} = \dfrac{d \times 4P}{3E\pi d^2} = \dfrac{0.05 \times 4 \times 10 \times 10^3}{3 \times 200 \times 10^9 \times \pi \times 0.05^2}$

05 자중에 의한 응력과 변형

봉의 자체무게는 외부에서 작용하는 하중에 비해 일반적으로 적으므로 응력의 계산에서는 생략하지만, 단면이 크고 긴 봉의 응력계산에서는 자중의 영향이 크므로 이를 고려해야 한다.

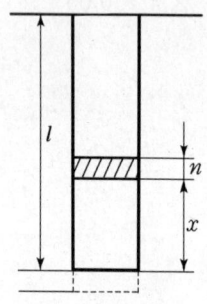

[그림 2.7 자체무게만 고려한봉]

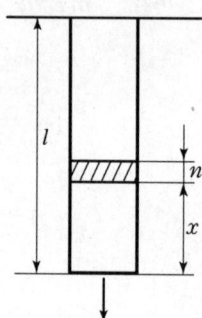

[그림 2.8 자체무게와 하중을 함께 고려한 봉]

하중은 작용하지 않고 자체무게만 고려하는 경우, 봉의 단위체적당의 중량을 γ라 하면, 하단으로부터 x의 거리에 있는 단면 mn의 아래부분의 중량은 γAx가 되므로 mn단면이 받는 인장력은

$$P_x = \gamma A x$$

γ는 비중량으로서 단위 체적당의 중량 N/m³이며 자중(G)은 $\gamma \cdot V \left(\dfrac{\mathrm{N}}{\mathrm{m}^3}, \mathrm{m}^3 \right)$이다. 이 인장력으로 인한 길이 dx요소의 미소 신장량 $d\delta$는

$$d\delta = \frac{p_x dx}{AE}$$

이 미소 신장량을 전 길이에 걸쳐 적분하면

$$\delta = \int_0^l \frac{P_x}{AE} dx = \int_0^l \frac{\gamma A x}{AE} dx = \frac{\gamma}{E} \int_0^l x dx = \frac{\gamma l^2}{2E} \quad \cdots\cdots\cdots\cdots\cdots (2\text{-}9)$$

봉의 전체 중량을 P로 하면 $P=\gamma Al$이므로 윗식에 대입하면

$$\delta = \frac{Pl}{2AE} \quad \cdots\cdots\cdots\cdots\cdots\cdots\cdots\cdots\cdots\cdots\cdots\cdots\cdots\cdots\cdots\cdots\cdots\cdots (2-10)$$

이 식은 봉에 하중은 작용하지 않고 자체무게에 의한 신장만을 구하는 식이다. 자체무게와 봉의 하중 P를 함께 고려하는 경우, 그림 1-8에서와 같이 mn단면에서의 응력은 하중 P와 단면 mn아래 부분의 자체무게와 같이 작용하므로

$$\delta = \frac{P+\gamma Ax}{A}$$

또한, 상단에 발생하는 최대응력은

$$\sigma_{max} = \frac{P+\gamma Al}{A} = \frac{P}{A} + \gamma l \quad \cdots\cdots\cdots\cdots\cdots\cdots\cdots\cdots\cdots\cdots\cdots (2-11)$$

▌▌ 균일강도의 봉

자중을 고려할 때 각 단면에 발생하는 수직응력의 크기를 균일하게 하려면 각 단면의 모양을 변화시켜야 된다.

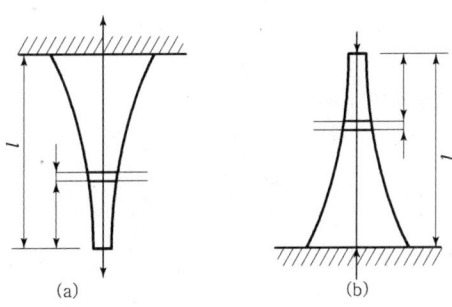

[그림 2.9 균일강도의 봉]

전신잔량 δ는 σ가 일정하므로 다음과 같아야 된다.

$$\delta = \frac{\sigma}{E} l \quad \cdots\cdots\cdots\cdots\cdots\cdots\cdots\cdots\cdots\cdots\cdots\cdots\cdots\cdots\cdots\cdots\cdots\cdots (2-14)$$

EX 01 강선을 자중하에 연직하게 매달려고 할 때 재료의 비중량 $\gamma = 8\text{g/cm}^3$, 허용인장응력 $\sigma_w = 120\text{MPa}$이라 하면 얼마나 긴 강선을 매달 수 있는가?

① 1,730m ② 1,530m
③ 173m   ④ 153m

해설 : 자중이 작용할 경우이므로 $\gamma = 9,800 \times 8 = 78,400\text{N/m}^3$

$$\sigma = \gamma l, \quad l = \frac{\sigma}{\gamma} = \frac{120 \times 10^6}{78,400} = 1,530\text{m}$$

EX 02 다음 그림과 같이 자중을 받는 원추형봉의 길이가 l, 고정단의 직경이 d_0일 때, 이 원추형봉의 신장은? (단, 단위 체적의 중량은 γ이다.)

① 신장은 같은 길이의 균일 단면봉 신장의 $\frac{1}{2}$과 같다.

② 신장은 같은 길이의 균일 단면봉 신장의 $\frac{1}{4}$과 같다.

③ 신장은 같은 길이의 균일 단면봉 신장의 $\frac{1}{3}$과 같다.

④ 신장은 같은 길이의 균일 단면봉 신장의 $\frac{3}{4}$과 같다.

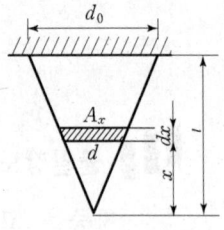

해설 : x단면의 직경 $d = \frac{d_0}{l}x$ ∴ $A_s = \frac{\pi}{4}\frac{d_0^2}{l^2}x^2$

체적 $V_x = \frac{1}{3}A_x \cdot x = \frac{1}{3}\frac{\pi d_0^2}{4l^2}x^2$

자중에 의한 응력 $\sigma_x = \frac{V_x \gamma}{A_x} = \frac{\gamma}{3}x$

$d\lambda = \frac{\sigma_x}{E}dx = \frac{\gamma}{3E}xdx$ ∴ $\lambda = \frac{\gamma}{3E}\int_0^1 xdx = \frac{\gamma l^2}{6E}$

균일단면의 봉은 $d\lambda = \frac{A\gamma}{AE}xdx = \frac{\gamma}{E}xdx$

∴ $\lambda = \frac{\gamma}{E}\int_0^1 xdx = \frac{\gamma l^2}{2E}$

이 두 신장량을 비교하면 1/3이다.

EX 03 다음 그림과 같은 균일강도의 봉 허용응력 $\sigma_a = 260[\text{kPa}]$, 길이 $l = 5[\text{m}]$, 탄성계수 $E = 200[\text{GPa}]$일 때 전신장량 δ은 몇 [mm]인가?

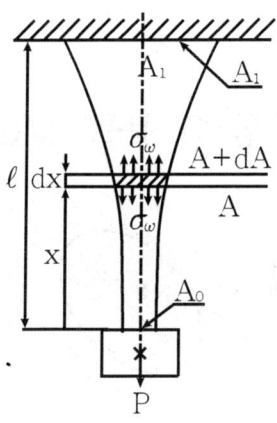

① 0.0065 ② 0.0032
③ 0.083   ④ 0.143

해설 : $\delta = \dfrac{\sigma_a}{E} l = \dfrac{260 \times 10^3 \times 5}{200 \times 10^9} \times 1000 = 0.0065$

SECTION 03 인장압축전단 및 Sin정리

 우력(짝힘)의 능률=Moment=M

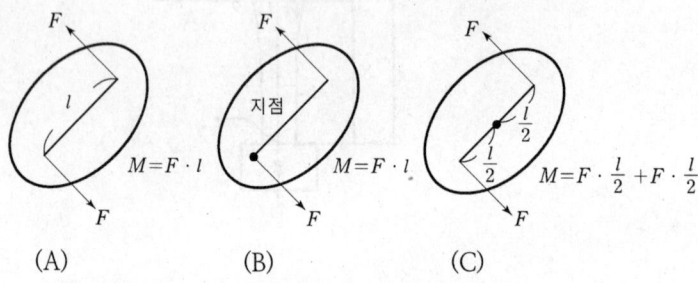

[그림 3.1 우력의 능률]

그림 A에서의 물체는 힘에 의한 이동은 없이 회전만 발생하며 그림 B와 그림 C에서도 같은 모멘트가 발생한다. 그러므로 지점을 아무 곳에 잡아도 모멘트의 크기가 일정하다. 설계에서 문제를 풀이 시 미지수가 있는 곳에 지점을 잡으면 방정식의 수가 줄어서 답을 구하는데 유리하다. 즉, 시간이 적게 소요된다.

EX 01 다음 그림의 반력 R_A와 R_B를 구하여라.

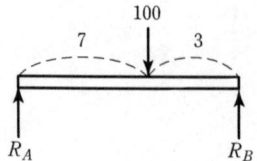

해설 : 그림에서 반력 R_A와 R_B를 구하기 위해서 $\sum F=0$, $\sum M=0$의 순서보다는 지점을 잘 잡아서 $\sum M=0$를 먼저 한다.

$R_A \cdot (7+3) = 100 \times 3$ 다음에 $\sum F=0$를 한다.
$100 = R_A + R_B$, $R_B = 100 - R_A = 100 - 30 = 70$

EX 02 다음 그림의 반력 R_A와 R_B를 구하여라.

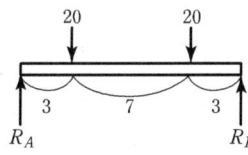

해설 : 지점을 R_B로 택해 $\Sigma F = 0$

$$R_A \cdot 13 = 20 \times 3 + 20 \times 10$$

$$R_A = \frac{20 \times 3 + 20 \times 10}{13} = 20$$

다음 $\Sigma F = 0$에서 $R_A + R_B = 20 + 20$, 그러므로 $R_B = 20$

별해 : 좌우대칭이므로 $R_A = 20$, $R_B = 20$ (훨씬 편하다)

EX 03 다음 그림의 반력 R_A와 R_B를 구하여라.

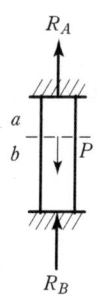

해설 : 단순보의 모양으로 해석하면 편리하다.

$$R_A + R_B = P$$

$$R_A = \frac{P \cdot b}{a+b}, \quad R_B = \frac{P \cdot a}{a+b}$$

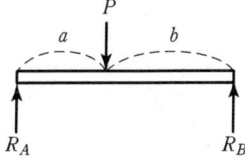

EX 04 다음 그림의 비틀림 모멘트 T_A와 T_B를 구하여라.

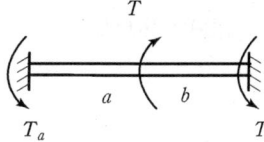

해설 : $T = T_a + T_b$

$$T_a = \frac{T \cdot b}{a+b}, \quad T_b = \frac{T \cdot a}{a+b} \text{ (단순보의 모양으로 해석하면 편리하다)}$$

한 부재에 힘이 작용할 때 평형 방정식 ($\Sigma F=0$, $\Sigma M=0$)을 이용하여 반력을 구할 수 있다. 그러나 부재 2개에 다음과 같은 힘이 작용할 때는 사인정리를 이용하여 손쉽게 구할 수도 있다.

$$\frac{F_2}{\sin\alpha} = \frac{P}{\sin\beta} = \frac{F_1}{\sin\gamma} \quad \cdots\cdots\cdots\cdots\cdots\cdots (3-1)$$

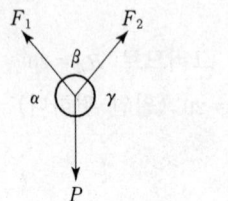 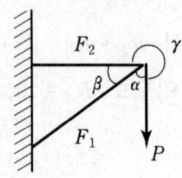

[그림 3.2 사인정리]

EX 05 그림에서 보여 주는 구조물의 부재 AB에 작용하는 힘은?

① 115N
② 141.4N
③ 200N
④ 283N

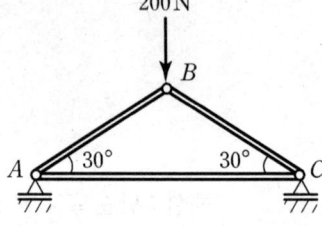

해설 :

중앙에서 하중이 작용하므로
$R_A = R_C = 100$
Sin 법칙에 의하면
$F_{AB} = \dfrac{R_A}{\sin 30} \cdot \sin 90 = 200 N$

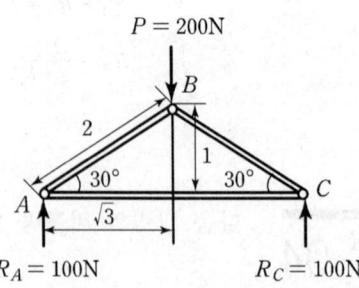

EX 06

다음 구조물에 작용하는 힘 F_1과 F_2는 몇 kg인가?

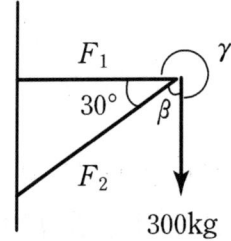

해설 : $\alpha = \tan^{-1} \dfrac{1}{\sqrt{3}} = 30,$

$\beta = 90 - 30 = 60, \ \gamma = 270$

sin정리를 이용하면

$\dfrac{300}{\sin\alpha} = \dfrac{F_1}{\sin\beta} = \dfrac{F_2}{\sin\gamma}$

$F_1 = \dfrac{300}{\sin\alpha} \sin\beta = \dfrac{300}{\sin 30} \sin 60 = 519.6$

$F_2 = \dfrac{300}{\sin\alpha} \sin\gamma = \dfrac{300}{\sin 30} \sin 270 = -600$

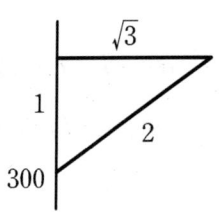

삼각형의 평형식을 이용하면 길이와 하중은 비례한다.

$1 : 2 : \sqrt{3} = 300 : F_2 : F_1,$

$F_2 = 600, \ F_1 = 300\sqrt{3}$

02 열응력

물체에 온도를 증가시키면 팽창하고 감소시키면 축소한다. 이 물체를 팽창 또는 수축을 방해하면 그 물체는 응력이 발생한다. 이 응력을 열응력이라 한다.

$$\varepsilon = \alpha \Delta T \quad \alpha(\text{선팽창계수}) = \frac{\varepsilon}{\Delta T}$$

$$\sigma = E\varepsilon = E\alpha \Delta T$$

$$\delta = l\alpha \Delta T \quad \cdots\cdots\cdots\cdots\cdots\cdots\cdots\cdots\cdots\cdots\cdots\cdots\cdots\cdots\cdots\cdots (3-2)$$

(1) 조임새

원형봉에 륜을 끼울 때 봉의 크기보다 약간 작게 제작하여 열을 가해 신장을 시켜 끼워 맞춤을 하는 것을 가열끼움이라하며 이때의 변형율을 조임새라고 한다.

$$\varepsilon = \frac{\pi d - \pi d_1}{\pi d_1} = \frac{d - d_1}{d_1} \quad \cdots\cdots\cdots\cdots\cdots\cdots\cdots\cdots\cdots\cdots (3-3)$$

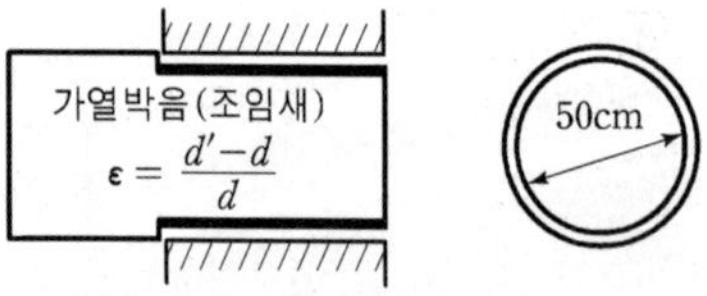

가열박음(조임새)
$\varepsilon = \dfrac{d' - d}{d}$

50cm

[그림 3.3 열응력]

EX 01 지름 20mm인 원형단면축에 온도를 20°C 상승시켰다면 온도변화에 따르는 변형율은 얼마인가(단, 선팽창계수는 6.5×10^{-6}이다)?

① 1.3×10^{-4}
② 2.6×10^{-4}
③ 3.9×10^{-4}
④ 5.2×10^{-4}

해설 : $\varepsilon = \alpha \Delta T = 6.5 \times 10^{-6} \times 20 = 0.00013$

EX 02 탄성계수 $E=210\text{GPa}$, 선팽창계수 $\alpha=11\times10^{-6}$인 철도 레일을 15°C에서 양단을 고정하였다. 허용응력을 85MPa로 제한하려 할 때 열응력에 의한 온도변화의 허용범위는 다음 중 어느 것인가?

① $-10.2° \sim 50.2°$ ② $20.2° \sim 30.5°$
③ $-21.82° \sim 51.8°$ ④ $-20.2° \sim 30.5°$

해설 : 열응력식에서, $\sigma = E\alpha\Delta T$에서

$$\Delta T = \frac{\alpha}{E a} = \frac{85\times10^6}{210\times10^9\times11\times10^{-6}} = 36.8°C$$

$15°C \pm 36.8$

∴ 온도변화의 허용범위는 $-21.8 \sim 51.8$

EX 03 다음 그림에서 반력 R_1과 R_2의 비를 구하여라.

① $\dfrac{R_1}{R_2} = 1.5$ ② $\dfrac{R_1}{R_2} = 1$

③ $\dfrac{R_1}{R_2} = 2.25$ ④ $\dfrac{R_1}{R_2} = 1.22$

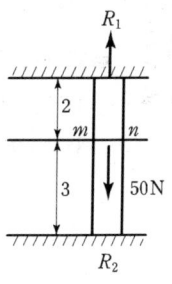

해설 : 보로 생각

$R_1 = \dfrac{50\times3}{5} = 30\text{N}$ $R_2 = \dfrac{50\times2}{5} = 20\text{N}$

$\delta_2 = \dfrac{\sigma_1 l_1}{E_1}$ $\delta_1 = \dfrac{\sigma_2 l_2}{E_2}$ $\dfrac{R_1}{R_2} = \dfrac{30}{20} = 1.5$

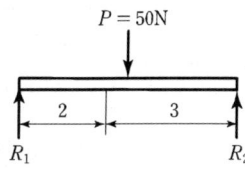

EX 04 지름 4.5cm, 길이 115cm의 둥근 축이 있다. 그 양단을 수직 벽에 고정하였다. 온도 증가가 70°C일 때 벽에 작용하는 힘 P는 몇 MN인가?
(단, 이 봉은 온도가 100°C 올라갈 때 1.4mm 늘어나고, 세로 탄성계수 $E = 210 \text{GPa}$이다)

① $P = 29$　　　　　　　　② $P = 2.9$
③ $P = 0.29$　　　　　　　④ $P = 0.029$

해설 : $\varepsilon = \dfrac{\delta}{l} = \dfrac{0.14}{115} = 1.22 \times 10^{-3}$　　$\alpha = \dfrac{\varepsilon}{\Delta T} = \dfrac{1.22 \times 10^{-3}}{100} = 1.22 \times 10^{-5}$

$\sigma = E\alpha \Delta T$에서

$P = AE\alpha \Delta T = \dfrac{\pi \times 0.045^2}{4} \times 210 \times 10^9 \times 1.22 \times 10^{-5} \times 70$

$= 285227.9 \text{N} = 0.29 \text{MN}$

EX 05 지름 50cm의 연강축에 두께 2cm의 부시를 가열박음시 부시에 생기는 응력을 30MPa이라면 지름은 몇 cm인가(단, $E = 110 \text{GPa}$)?

① 51.24cm　　　　　　　② 50.25cm
③ 49.986cm　　　　　　　④ 48.99cm

해설 : $\sigma = E\epsilon$에서

$\sigma = E\dfrac{\pi d_2 - \pi d_1}{\pi d_1} = E\dfrac{d_2 - d_1}{d_1}$

$30 \times 10^6 = 110 \times 10^9 \times \dfrac{0.5 - d_1}{d_1}$

$d_1 = 49.986 \text{cm}$

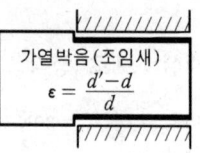
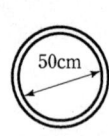

03 에너지

운동에너지 $\left(\frac{mV^2}{2}\right)$와 위치에너지 [mgh]는 단위가 [N·m]이다. 그러므로 재료내의 에너지도 단위는 [N·m]이어야 하며 탄성에너지 소성에너지, 파괴에너지로 구분할 수 있다. 탄성에너지에는 인장, 압축, 전단에너지와 비틀림 에너지가 있다. 빗금친 부분이 탄성에너지이다.

$$U = \frac{P\delta}{2}$$

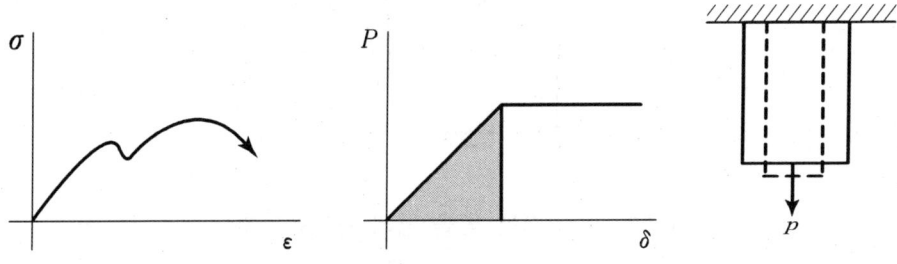

[그림 3.4 인장 또는 압축 시의 탄성에너지]

훅의 법칙 $\left(\delta = \frac{Pl}{AE}\right)$을 이용하여 이 식을 다시 쓰면 다음과 같이 된다.

$$u = \frac{P^2 l}{2AE} = \frac{1}{2}\left(\frac{P}{A}\right)^2 \frac{Al}{E} = \frac{\sigma^2}{2E} \cdot Al = \frac{\sigma^2}{2E} V \quad \cdots\cdots\cdots\cdots (3-5)$$

이 식을 레질리언스계수(단위체적당 최대탄성에너지)라고 하며 실제에 있어서는 단위체적에 대한 탄성에너지(u)값이 유용하게 쓰일 경우가 많다. 즉, $u = \frac{U}{V}$는 동하중이 작용할 때의 재질에 대한 저항의 대소를 판별하는 데 대단히 중요하다. 또한 탄성한계 내에서 단위체적에 저장할 수 있는 탄성에너지의 최대량은 식에서 σ 대신 그 재료의 탄성점에서의 응력값(σ_e)을 대입함으로써 얻을 수 있으며, 이 단위체적당 탄성에너지의 최대값 $\left(U = \frac{\sigma_e^2}{2E}\right)$을 탄성에너지계수 또는 탄력계수(modulus of resilience)라고 한다.

그러므로 탄력계수는 탄성한계에 비례하며, 탄성계수에 반비례한다. 고무나 스프링은 탄성변화를 크게 일으키므로 외부로부터 에너지를 많이 흡수하게 되어 충격하중을 받을 경우에 큰 완충의 역할을 하게 된다.

전단력에 의한 탄성에너지

전단력에 의한 탄성에너지도 같은 방법으로 구할 수 있으며, 아래 그림과 같이 전단하중을 P_s, 전단변형률 또는 전단각을 γ, 전단하중의 작용 범위를 l이라 하고 탄성한계 내에서 변형이 일어났다고 하면, 전단하중에 의한 탄성에너지는 다음과 같이 표현할 수 있다.

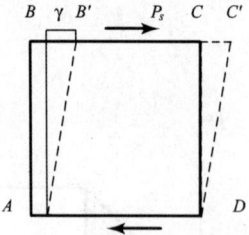

[그림 3.5 전단 받을 때의 탄성에너지]

따라서 전단하중이 작용할 때의 전단 탄성에너지는 다음과 같다.

$$U = \frac{P_s \delta}{2} = \frac{1}{2} \cdot \tau A \cdot \frac{\tau l}{G} = \frac{\tau^2}{2G} Al = \frac{\tau^2}{2G} V \cdots\cdots\cdots\cdots (3-5)$$

탄성에너지의 탄력계수는 $U = \dfrac{\tau^2}{2G}$ 이다.

EX 01

세로탄성계수가 $E = 2.0 \times 10^6 [kg/cm^2]$인 강봉이 인장하중을 받았을 때 변형률이 0.0006이 발생하였다. 이 봉의 단위체적 속에 저장된 탄성에너지는 얼마인가? $[kg \cdot cm/cm^3]$

해설 : $u = \dfrac{\sigma^2}{2E} = \dfrac{(Ee)^2}{2E} = \dfrac{Ee^2}{2}$

$= \dfrac{2 \times 10^6 \times 0.0006^2}{2} = 0.36$

EX 02 단면적이 $6[A^2]$, 길이가 $60[cm]$인 연강봉이 인장하중을 받고 $0.06[cm]$만큼 신장되었다. 이 봉에 저장된 탄성에너지는 얼마인가$[J]$? (단, $E = 200[GPa]$이다.)

해설 : $U = \dfrac{\sigma^2}{2E}Al = \dfrac{(E\varepsilon)^2}{2E}Al = \dfrac{E\varepsilon^2}{2}Al$

$= \dfrac{200 \times 10^9 \left(\dfrac{0.06}{60}\right)^2}{2} \times 6 \times 10^{-4} \times 0.6 = 36[Nm] = 36[J]$

EX 03 그림과 같이 강봉이 하중 P를 받고 있을 때 변형 에너지는 얼마인가? (단, 자중은 무시하고 탄성계수는 E이다)

① $U = \dfrac{2P^2l}{\pi Ed^2}$

② $U = \dfrac{P^2l}{\pi Ed^2}$

③ $U = \dfrac{\pi P^2l}{2Ed^2}$

④ $U = \dfrac{\pi P^2l}{Ed^2}$

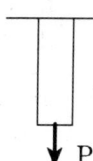

해설 : $U = \dfrac{P\delta}{2} = \dfrac{P^2l}{2AE} = \dfrac{4P^2l}{2\pi d^2 E} = \dfrac{2P^2l}{\pi d^2 E}$

(1) 레질리언스 계수(단위체적당 최대 탄성 에너지)

$u = \dfrac{U}{V} = \dfrac{P\delta}{2Al} = \dfrac{P^2l}{2AEAl} = \dfrac{p^2}{2A^2E} = \dfrac{\sigma^2}{2E}$ (인장, 압축)

$u = \dfrac{\tau^2}{2G}$ (전단), $\quad u = \dfrac{\tau^2}{4G}$ (비틀림)

그러므로 레질리언스 계수는 탄성계수에 반비례하며 탄성한도에 비례한다.
또한, 응력의 제곱에 비례하므로 인장이거나 압축이거나 항상 ⊕값이다.

EX 03 연강에 인장하중이 작용하여 10MPa의 응력이 발생했다. 단위 체적의 저장에너지는 몇 J/m³ 인가(단, $E = 210$GPa이다)?

해설 : u(단위체적당 최대탄성에너지, 레질리언스 계수)

$$u = \frac{U}{V} = \frac{\sigma^2}{2E} = \frac{(10 \times 10^6)^2}{2 \times 210 \times 10^9} = 238.1 \text{J/m}^3$$

04 충격응력

$$U = W(h+\delta) = \frac{P\delta}{2} = u \times V = \frac{\sigma^2 Al}{2E} = \frac{WV^2}{2g}$$

$$\delta_0 = \frac{Wl}{AE} \quad \sigma_0 = \frac{W}{A} \text{ (정하중시의 처짐}(\delta_0) \text{ 및 응력}(\sigma_0))$$

$$\frac{AE\delta_0}{l}(h+\delta) = \frac{P\delta^2 AE}{2Pl}$$

$$\delta_0 h + \delta_0 \delta = \frac{\delta^2}{2}$$

$$\delta^2 - 2\delta_0 \delta - 2\delta h = 0$$

$$X = \frac{-b \pm \sqrt{b^2 - 4ac}}{2a} \text{ (근의 공식)}$$

$$\delta = \frac{2\delta_0 \pm \sqrt{4\delta_0^2 + 4 \times 2\delta_0 h}}{2} = \delta_0 \pm \sqrt{\delta_0^2 + 2\delta_0 h}$$

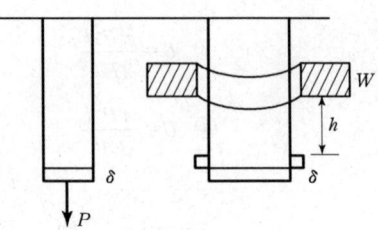

[그림 3.6]

충격 받을 때의 처짐

$$\delta = \delta_0 \left(1 + \sqrt{1 + \frac{2h}{\delta_0}}\right)$$

$$\sigma = \sigma_0 \left(1 + \sqrt{1 + \frac{2h}{\delta_0}}\right)$$

$\delta \gg h$: 급히 가할 때 〈속히 가할 때〉 $\delta_0 \geqq 2\delta$,

EX 01 지름 5cm, 길이 2m의 연강봉에 10kN의 인장하중이 급속하게 가해질 때 생기는 응력은 몇 MPa인가?

① 3.4　　　　　　　　　② 5.6
③ 7.2　　　　　　　　　④ 10.18

해설 : 충격응력$(\sigma) = 2\sigma_0$

$$\sigma = \sigma_0 \left(1 + \sqrt{1 + \frac{2h}{\delta_0}}\right) \quad \delta = \delta_0 \left(1 + \sqrt{1 + \frac{2h}{\delta_0}}\right)$$

$$\sigma = \frac{4 \times 10 \times 10^3}{\pi\, 0.05^2} = 5.09 \text{MPa}$$

∴ $\sigma_0 = 2 \times 5.09 = 10.18 \text{MPa}$

EX 02 그림과 같이 강선위 한 끝에 있는 중량 $W = 400[N]$의 물체가 c점에서 자유로이 낙하하여 갑자기 강선의 운동을 정지시킬 때 강선에 생기는 최대인장응력을 구하여라
(단, 높이 $h = 12\text{m}$, 단면적 $A = 2\text{cm}^2$, 속도 $v = 1\text{m/sec}$, 탄성계수 $E = 210\text{GPa}$이다).

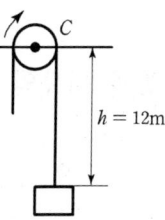

해설 : $\sigma_0 = \dfrac{W}{A} = \dfrac{400}{2 \times 10^{-4}} = 2 \times 10^6 \text{Pa}$

$\delta_0 = \dfrac{Wh}{AE} = \dfrac{400 \times 12}{2 \times 10^{-4} \times 210 \times 10^9} = 1.14 \times 10^{-4} [\text{m}]$

$V = \sqrt{2gh}$ 에서

$h = \dfrac{V^2}{2g} = \dfrac{1^2}{2 \times 9.8} = 5.1 \times 10^{-2} \text{m}$

$\sigma = \sigma_0 \left(1 + \sqrt{1 + \dfrac{2h}{\delta_0}}\right) = 2 \times 10^6 \left(1 + \sqrt{1 + \dfrac{2 \times 5.1 \times 10^{-2}}{1.14 \times 10^{-4}}}\right) = 6.2 \times 10^7 \text{Pa} = 62 \text{MPa}$

05 두 개 이상의 재질로 된 직렬, 병렬 봉의 응력과 변형률

그림 3.7은 같은 길이의 봉 A와 원통 B를 같은 축으로 놓고 양쪽 끝을 두터운 판 C로 견고하게 결합한 봉으로, 여기에 압축하중 P를 가한다. 봉과 원통의 단면적을 각각 A_1과 A_2, 탄성계수를 각각 E_1과 E_2, 압축응력을 σ_1과 σ_2하면 힘의 평형조건에서

$$P = \sigma_1 A_1 + \sigma_2 A_2 \quad\cdots\cdots (3-6)$$

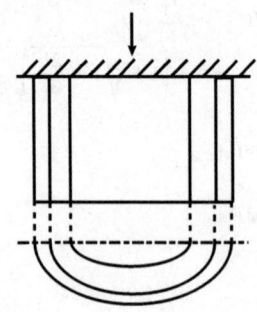

[그림 3.7 병렬 연결의 봉]

봉과 원통의 수축을 각각 δ_1, δ_2이라 하고 원래 길이를 l이라 하면

$$\delta_1 = \frac{\sigma_1 l}{E_1} \quad \delta_2 = \frac{\sigma_2 l}{E_2} \quad\cdots\cdots (3-7)$$

이 되고 이들의 수축은 같아야 하므로 σ_1과 σ_2와의 관계는 다음과 같다.

$$\sigma_1 = \frac{E_1 l}{E_2} \sigma_2 \quad \sigma_2 = \frac{E_2}{E_1} \sigma_1 \quad\cdots\cdots (3-8)$$

식 (3-8)를 식 (3-7)에 대입하면

$$P = \sigma_1 A_1 + \sigma_1 \frac{E_2}{E_1} A_2 = \sigma_1 \left(A_1 + \frac{E_2}{E_1} A_2 \right)$$

$$\sigma_1 = \frac{PE_1 l}{A_1 E_2 + A_2 E_2} \quad \sigma_2 = \frac{PE_2}{A_1 E_1 + A_2 E_2} \quad \cdots\cdots\cdots\cdots (3-9)$$

따라서 수축량 δ 는

$$\delta = \frac{\sigma_1}{E_1} l = \frac{\sigma_2}{E_2} l = \frac{Pl}{A_1 E_1 + A_2 E_2} \quad \cdots\cdots\cdots\cdots (3-10)$$

EX 01

다음 그림에서 압축판의 면적에 작용하는 하중(P)이 20kN일 때 각 봉에 작용하는 응력과 전체 신장량을 구하시오.
(단, $E_A = 200\,GPa$, $E_B = 100\,GPa$, $E_C = 50\,GPa$, $l = 50\,cm$,
단면적 $A = 10\,cm^2$, $B = 20\,cm^2$, $C = 40\,cm^2$)

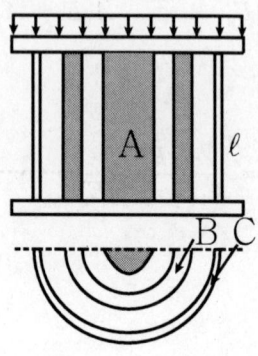

해설

$$\sigma_A = \frac{PE_A}{A_A E_A + A_B E_B + A_C E_C}$$

$$= \frac{20 \times 10^3 \times 200 \times 10^3}{1000 \times 200 \times 10^3 + 2000 \times 100 \times 10^3 + 4000 \times 50 \times 10^3}$$

$$= 6.67\,MPa$$

$$\sigma_B = \frac{PE_B}{A_A E_A + A_B E_B + A_C E_C}$$

$$= \frac{20 \times 10^3 \times 100 \times 10^3}{1000 \times 200 \times 10^3 + 2000 \times 100 \times 10^3 + 4000 \times 50 \times 10^3}$$

$$= 3.3\,MPa$$

$$\sigma_C = \frac{PE_C}{A_A E_A + A_B E_B + A_C E_C} = 1.67\,MPa$$

$$\delta = \frac{Pl}{A_A E_A + A_B E_B + A_C E_C} = 0.0167\,mm$$

EX 02 직경 22[mm]의 철근 9개가 박혀있고 유효단면적 1600[cm²]인 철근 콘크리트의 짧은 기둥이 있다. 콘크리트의 사용응력 $\sigma_c = 500[GPa]$이라 하면 이 기둥은 얼마의 하중에 견딜 수 있는가?
(단, 콘크리트의 탄성계수 $E_c = 140[GPa]$ 철근의 탄성계수 $E_s = 200[GPa]$이다.)

해설 : 콘크리트의 유효단면적은 A_c는 $1600[cm^2]$이고

철근 9개의 전체 단면적은 $A_s = \frac{\pi}{4} \times 2.2^2 \times 9 = 34.2 [cm^2]$이므로

$$P = \sigma_c A_c + \frac{E_s}{E_c} \sigma_c A_s$$

$$= 500 \times 10^9 \times 1600 \times 10^{-4} + \frac{200}{140} \times 500 \times 10^9 \times 34.2 \times 10^{-4}$$

$$= 8.24 \times 10^{10} N = 82.4 [GN]$$

06 직렬연결의 봉

양단을 고정한 균일단 면봉의 임의단면 mn에서 축하중 W가 작용할 경우를 고찰해 보기로 하자. 하중 W로 인하여 양 고정단에서 발생될 반력을 각각 R_1 및 R_2라 하고, 힘의 평형조건을 이용해서 방정식을 세우면 다음과 같다.

$$W = R_1 + R_2$$

R_1과 R_2의 2개의 미지수를 구하려면 방정식이 한 개 더 필요하게 되며, 이를 위해서 봉의 변형을 고려해 본다. 하중 W는 반력 R_1과 더불어 봉의 윗부분을 신장시키며, R_2와 더불어 봉의 아랫부분을 수축시킨다. 그러나 봉의 양단은 고정되어 있어 길이 l은 변화가 없으므로 윗부분의 늘어난 길이와 아랫부분의 줄어든 길이는 같아야 한다. 따라서

$$\delta = \frac{R_1 a}{AE} = \frac{R_2 b}{AE}$$

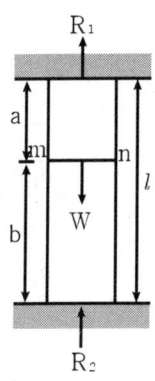

[그림 3.8 직렬연결의 봉]

$$\therefore \frac{R_1}{R_2} = \frac{b}{a}$$

식 (e)와 (f)를 연립시켜 풀면 반력의 크기는 다음과 같다.

$$R_1 = \frac{b}{a+b}W = \frac{b}{l}W$$

$$R_1 = \frac{b}{a+b}W = \frac{b}{l}W \quad \cdots\cdots\cdots\cdots\cdots\cdots\cdots\cdots\cdots\cdots\cdots\cdots\cdots\cdots (3-11)$$

EX 01 다음과 같은 봉에 100kN의 압축하중을 받을 시 각 부위의 압축응력과 수축량 및 전체의 수축량을 구하시오.
(단, $d_1 = 30mm$, $d_2 = 200mm$, $l_1 = 200mm$, $l_2 = 300mm$, $E = 200GPa$)

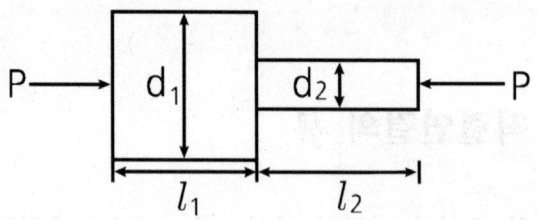

해설

$$\sigma_1 = \frac{P_1}{A_1} = \frac{4 \times 100 \times 10^3}{\pi \times 30^2} = 141.47 N/mm^2 = 141.47 MPa$$

$$\sigma_2 = \frac{P}{A_2} = \frac{4 \times 100 \times 10^3}{\pi \times 20^2} = 318.31 N/mm^2 = 318.31 MPa$$

$$\delta_1 = \frac{Pl_1}{A_1 E_1} = \frac{\sigma_1 l_1}{E_1} = \frac{141.47 \times 200}{200 \times 10^3} = 0.14 mm$$

$$\delta_2 = \frac{\sigma_2 l_2}{E_2} = \frac{318.31 \times 300}{200 \times 10^3} = 0.478 mm$$

전체 수축량 $\delta = \delta_1 + \delta_2 = 0.618 mm$

07 내압을 받는 원통($D > 10t$)

압력용기는 대부분 강판으로 이루어지는데, 이 강판이 내압에 견디지 못할 경우에는 파괴가 발생하게 된다. 이 때 원통이 원주방향(축이음)과 축 방향(원주이음)으로 파괴될 두 가지 경우를 생각해 보기로 하자.

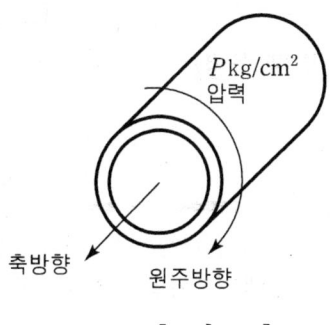

[그림 3.9]

1) 축방향응력

$$W = P \times \frac{\pi D^2}{4}$$

$$\sigma = \frac{W}{A}$$

$$A = \frac{\pi(D+2t)^2}{4} - \frac{\pi D^2}{4} = \pi Dt + \pi t^2$$

πt^2은 작으므로 무시

$$\sigma = \frac{W}{A} = \frac{\frac{P \times \pi D^2}{4}}{\pi Dt} = \frac{PD}{4t} \text{ (축방향 응력)}$$

2) 원주방향응력

$$P \times Rd\theta l$$

$$W = \int_0^\pi dF\sin\theta = \int_0^\pi PRd\theta l\sin\theta$$

$$= PRl\int_0^\pi \sin\theta d\theta = PRl[-\cos\theta]_0^\pi$$

$$= PRl[1+1] = PRl \times 2 = PDl$$

⇒ 투상면적 〈그림자〉

$$\sigma = \frac{PDl}{2tl} = \frac{PD}{2t} \text{(원주방향 응력)}$$

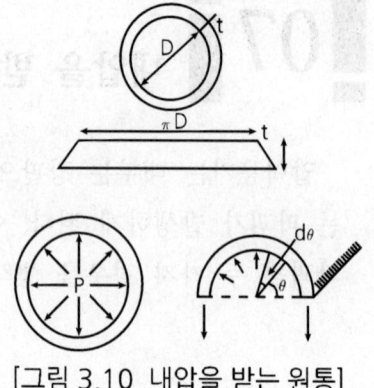

[그림 3.10 내압을 받는 원통]

　원주방향응력이 축방향응력의 2배가 됨을 알 수 있다. 이 응력의 크기를 정확하게 표현한다면 원통벽의 내측에서 가장 크고 외측으로 갈수록 감소한다고 생각할 수 있으나, 원통의 지름에 비하여 두께가 매우 얇을 때는 내·외측의 응력분포가 균일하다고 보는 것이 일반적이다. 이와 같은 원통을 얇은 원통(thin Palled cylinder)이라고 한다. 재료의 파괴에 대한 강도는 약한 쪽에 대해서 우선 생각해야 하며, 외력에 대하여 충분한 강도를 갖도록 해야 한다. 따라서 압력을 받는 얇은 원통의 문제에서는 설계시에 원주방향 응력이 축방향 응력의 2배임에 유의하여 원통관을 리벳이음 또는 용접이음으로 제작할 경우 축방향(longitudinal joint)을 원주방향(girth joint)의 2배의 강도가 되도록 설계해 주어야 한다.

08 얇은 회전 원환의 응력

얇은 원통을 회전시켰다고 생각하면 아래 그림 (a)에서와 같이 내압 대신에 원심력(centrifugal force) q가 발생하는 단면을 생각해 볼 수 있다. 이러한 원심력을 이용하여 원환이 회전체로 작용하는 예로서

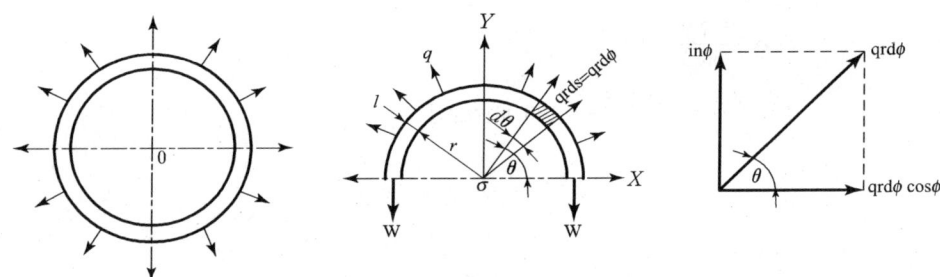

[그림 2.9 얇은 회전 원환]

원환의 회전수를 N이라 하면,

$$v = \frac{2\pi r N}{60} = \frac{\pi D N}{60}$$

이 되어 원환응력을 다음과 같이 표현할 수도 있다.

$$\sigma = \frac{\gamma}{g} v^2 = \frac{\gamma}{g}\left(\frac{2\pi r N}{60}\right)^2 \quad \cdots\cdots (2\text{-}20)$$

EX 01 원환의 평균 반지름 $R=24$[cm] 반지름방향의 두께가 t인 얇은 원환의 중심축의 주위를 각속도 w[rad/s]로 회전한다. 이 재료의 비중 7.8 사용응력 $\sigma_m = 500$[kPa]일 때 원주속도 v[m/s]를 구하고 N[rpm]을 구하라.

해설 : $\sigma = \dfrac{\gamma}{g} v^2$ 에서

$$\therefore v = \sqrt{\dfrac{g\sigma}{\gamma}} = \sqrt{\dfrac{9.8 \times 500 \times 10^3}{9800 \times 7.8}} = 8 \,[\text{m/s}]$$

$$v = \dfrac{2\pi R N}{60}$$

$$\therefore N = \dfrac{60v}{2\pi R} = \dfrac{60 \times 8}{2\pi \times 0.24} = 180.96 \,[\text{rpm}]$$

EX 02 지름 1m의 보일러 동판에 2MPa의 증기 압력이 작용하면 동판의 두께는 몇 mm로 하여야 하는가?(단, 재료의 허용 응력을 85MPa로 한다)

① 11.8   ② 22.4   ③ 7.8
④ 5.8   ⑤ 2.24

해설 : $t = \dfrac{PD}{2\sigma} = \dfrac{2 \times 1}{2 \times 85} = 0.0118\text{m} = 11.8\text{mm}$

SECTION 04 조합응력과 모어원

01 부호 개념

응력에는 인장을 받을시 ⊕, 압축을 받을시 ⊖로 표시하나 좌표에 대한 개념을 정해야 한다.

$$\sigma_{xx} = \frac{P_x}{A_x}$$

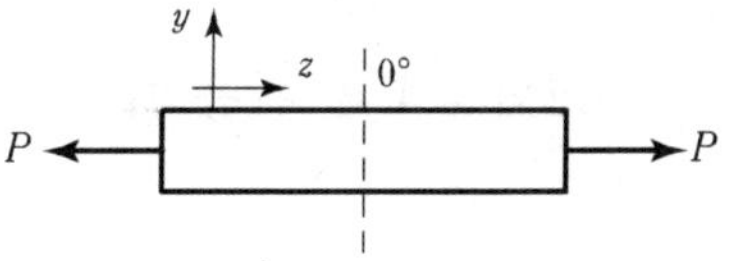

[그림 4.1 1축 응력]

[그림 4.1]에서 기상단면은 x 좌표축을 전단하는 축의 면을 A_x라 하고 P는 힘의 방향으로 표시하여 P_x라고 한다. 그러면 응력 σ는 먼저 면적의 좌표 x를 쓰고 다음 힘의 좌표 x를 쓴다. 그러므로 σ_x라고 하며 좌표가 같을 시 σ_x라고 표기하며 전단 응력도 다음의 규칙에 따른다. [그림 4.1]를 일축(단축)응력, [그림 4.2]를 2축 응력, [그림 4.3]를 평면 응력이라 한다.

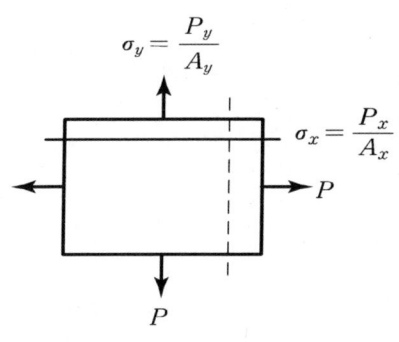

[그림 4.2 2축 응력]

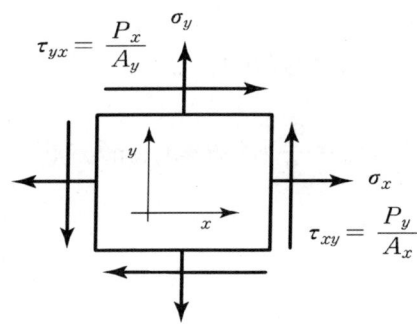

[그림 4.3 평면 응력]

02 일축 응력(경사단면 위의 응력)과 모어원

$A_n \cos\theta = A_x$

$P\cos\theta = N$

$P\sin\theta = Q$

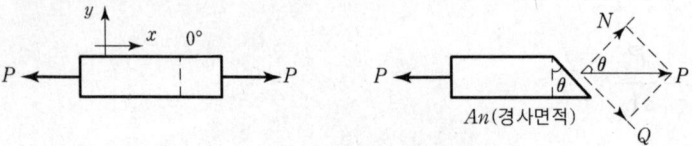

[그림 4.4 일축 응력]

(1) 경사단면의 응력

$$\sigma_n = \frac{N}{A_n} = \frac{P\cos\theta}{\frac{A_x}{\cos\theta}} = \frac{P(\cos\theta)^2}{A_x} = \sigma_x \cos^2\theta$$

$$\tau_n = \frac{Q}{A_n} = \frac{P\sin\theta}{\frac{A_x}{\cos\theta}} = \frac{P}{A_x}\sin\theta\cos\theta = \sigma_x \frac{\sin2\theta}{2} = \frac{\sigma_x}{2}\sin2\theta$$

(2) 일축 응력식과 공액 응력

$$\sigma_n = \sigma_x \cos^2\theta$$

$$\tau_n = \frac{\sigma_x}{2}\sin2\theta = \sigma_x \sin\theta\cos\theta$$

최대 · 최소 응력을 구해보면 각도가 원의 성질임을 알 수 있다.

$(\sigma_n)_{max} = \sigma_x$ $(\sigma_n)_{min} = 0$ $(\tau_n)_{max} = \dfrac{\sigma_x}{2}$ $(\tau_n)_{min} = -\dfrac{\sigma_x}{2}$

$\cos\theta = 1$ $\cos\theta = 0$ $\sin 2\theta = 1$ $\sin 2\theta = -1$

$\theta = 0$ $\theta = 90$ $2\theta = 90$ $2\theta = 270$

$\theta = 45$ $\theta = 135$

단축 응력 Mohr's circle(도시방법은 뒷장의 2축 응력을 참조할 것)

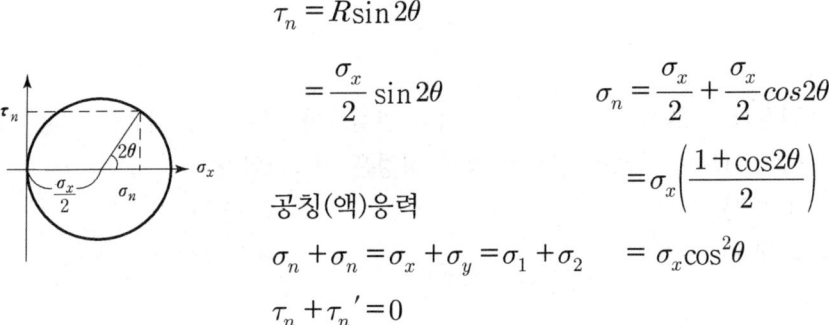

$\tau_n = R\sin 2\theta$

$= \dfrac{\sigma_x}{2}\sin 2\theta$

공칭(액)응력

$\sigma_n + \sigma_n = \sigma_x + \sigma_y = \sigma_1 + \sigma_2$

$\tau_n + \tau_n' = 0$

$\sigma_n = \dfrac{\sigma_x}{2} + \dfrac{\sigma_x}{2}\cos 2\theta$

$= \sigma_x\left(\dfrac{1+\cos 2\theta}{2}\right)$

$= \sigma_x \cos^2\theta$

EX 01 다음 그림에서 하중을 급히 가할 때의 최대 전단 응력을 구하여라.

해설 : $\sigma_0 = 10$ $\sigma(충격) \geq 2\sigma_0$

$\sigma(충격) = 20$

$\tau_{max} = \dfrac{\sigma_0}{2} \times 2 = 10$ (충격 전단 응력)

EX 02 직경 4cm의 봉에 120kN의 인장력이 작용하였을 경우 봉내에 생긴 최대 전단 응력의 크기는?
① 4.77MPa
② 9.55MPa
③ 47.7MPa
④ 95.5MPa

해설 : $\tau = \dfrac{\sigma}{2} = \dfrac{4P}{\pi d^2} \times \dfrac{1}{2} = \dfrac{4 \times 120}{\pi \times 0.04^2} \times \dfrac{1}{2} = 47,746 \text{kPa} = 47.7 \text{MPa}$

EX 03 인장하중 2kN을 받는 원형단면을 만들고자 한다. 이 재료의 허용 전단 응력을 60MPa으로 하려면 필요한 봉의 직경은 몇 cm인가?
① 0.23
② 0.39
③ 0.46
④ 0.92

해설 : $\sigma = 2\tau = 2 \times 60 = 120$

$\sigma = \dfrac{4 \times 2 \times 1,000}{\pi \times d^2}$

$\therefore d = \sqrt{\dfrac{4 \times 2 \times 1,000}{60 \times 10^6 \times 2\pi}} = 0.0046 = 0.46 \text{cm}$

03 이축 응력(2軸 應力)과 모어원

 이축 응력 상태는 한 요소에 작용하는 수직응력들이 x축 y축 방향으로 동시에 작용하는 상태로서 내압을 받는 용기 또는 회전체 및 보(Beam) 등의 임의요소에 작용하는 응력들을 고찰하여 보면, 직각방향으로 인장력과 압축력이 동시에 작용하게 되므로 이에 대응되는 반력인 인장응력과 압축응력, 즉 조합응력이 동시에 작용하게 된다.

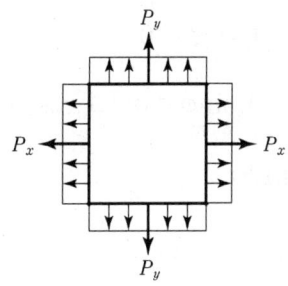

[그림 4.5 이축 응력]

 즉 위의 그림처럼 두 방향으로의 하중이 작용하는 경우 임의의 각도에 발생하는 응력을 이축 응력이라 한다. 미소면적의 힘의 분포는 [그림 4.6]과 같다.

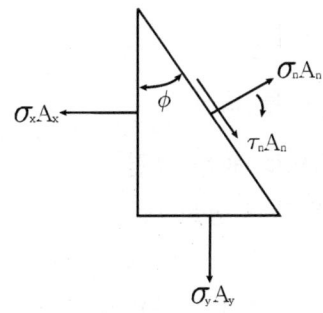

[그림 4.6 이축 응력의 응력분포]

[그림 4.6]과 같은 재료의 한 요소에 x, y축 방향으로 수직응력 σ_x 및 σ_y가 동시에 작용하는 경우를 1차원응력 또는 단순응력 상태와 구별하기 위하여 2축 응력(Biaxial Stress)이라고 한다. 이때 σ_z는 무시하고 $\sigma_x > \sigma_y$라고 가정한다.

법선방향 n축이 x축과 ϕ를 이루는 경사면 ac에서의 응력을 고찰하기 위하여 그림과 같은 3각형 abc를 분리한 후, 이 3각형 요소에서의 힘의 평형관계를 고려해 보기로 한다. 면 ab, bc 및 ca에서의 면적을 각각 A_x, A_y, A_n이라 하면, 면 ab, bc 및 ca의 전체 면 위에 작용하는 힘은 $\sigma_x A_x$ 및 $\sigma_n A_n$이 된다. 이들 힘들을 법선방향과 전단방향의 성분으로 분해한 후 힘의 평형관계를 작용하면 다음과 같다. 즉, 법선성분(n축 방향)의 힘들의 평형조건에서

$$\sigma_n A_n - \sigma_x A_x \cos\phi - \sigma_y A_y \sin\phi = 0$$

$$\sigma_n A_n = \sigma_x A_x \cos\phi + \sigma_y A_y \sin\phi = \sigma_x (A_n \cos\phi)\cos\phi + \sigma_y (A_n \sin\phi)\sin\theta$$

$$= \sigma_x A_x \cos^2\phi + \sigma_y A_y \sin^2\phi$$

$$\sigma_n = \frac{\sigma_x + \sigma_y}{2} + \frac{\sigma_x - \sigma_y}{2}\cos 2\theta \quad \cdots\cdots (4-3)$$

$$\tau_n = \frac{\sigma_x - \sigma_y}{2}\sin 2\theta \quad \cdots\cdots (4-4)$$

1축 응력과 마찬가지로 최대 응력은 45°에서 발생한다.

(1) 모어원으로 표시하는 방법

① 최대 응력인 σ_x를 도시
② 최소 응력인 σ_y를 도시
③ 평균 응력 $\sigma_a = \frac{\sigma_x + \sigma_y}{2}$를 도시
④ 평균 응력을 중심점으로 원을 그림
⑤ 2θ의 각도를 취해 원과 교점을 잡음
⑥ σ 축의 교점이 σ_n, τ축의 교점이 τ_n이 됨
⑦ 연장선이 원과 만나는 교점의 좌표가 공액응력이 됨

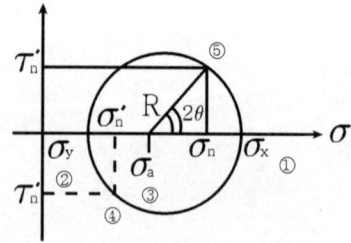

[그림 4.7 2축 응력의 모어원]

EX 01

$\sigma_x = 120\text{MPa}$, $\sigma_y = -40\text{MPa}$이 직각으로 작용하는 2축 응력상태하에서 생기는 최대 전단 응력은 몇 MPa인가?

① 40MPa ② 80MPa
③ 120MPa ④ 180MPa

해설 : $\tau = \dfrac{\sigma_x - \sigma_y}{2} = \dfrac{120 - (-40)}{2} = 80\text{MPa}$

EX 02

푸와송의 수를 m, 영계수를 E, 전단탄성계수를 G라 할 때, G는 다음 중 어느 것으로 표시되는가?

① $G = \dfrac{m+1}{2mE}$ ② $G = \dfrac{3(m+2)}{mE}$
③ $G = \dfrac{mE}{3(m+2)}$ ④ $G = \dfrac{mE}{2(m+1)}$

해설 : G(전단탄성계수) $= \dfrac{mE}{2(m+1)} = \dfrac{E}{2(1+\mu)}$ (암기해야 함)

04 평면응력(平面應力)과 모어원

단순응력이나 2축 응력 상태도 사실은 평면응력(Plane Stress)이라고 불리는 좀 더 일반적인 응력상태의 특별한 경우였으나 복잡성을 피하고 평면응력에 대한 이해를 돕기 위해서 분리하여 고찰하였던 것이다.

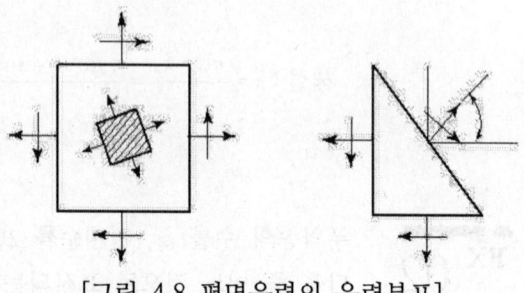

[그림 4.8 평면응력의 응력분포]

여기서는 실제 문제에 해당되는 두 직각방향의 응력과 전단응력의 합성에 대해서 살펴보기로 한다. [그림 4.8]과 같은 구형요소에서 x축과 ϕ의 각을 이루는 경사단면에 작용하는 법선응력 σ_n과 전단응력 τ를 고찰해 봄으로써 이들의 최대응력의 크기와 방향을 구할 수 있다. 앞 절에서와 동일한 방법으로 3각형요소로 분리하여 법선방향과 전단방향의 힘들이 평형상태에 있어야 한다는 조건을 이용하자.

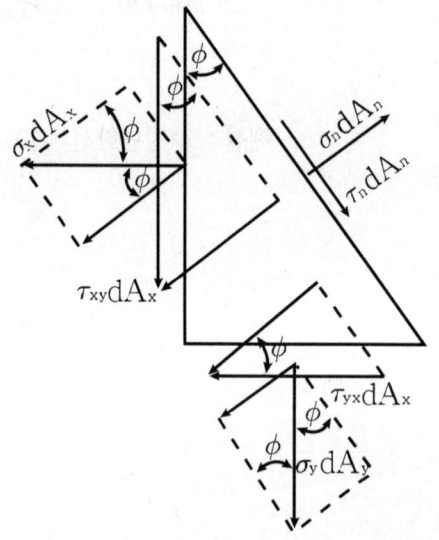

[그림 4.9 삼각 단면에서의 평면응력 분포]

즉, 평면응력을 정리하면 다음과 같다. 2축 응력에 전단 응력이 작용하면 평면응력이라고 한다.

$$\sigma_{\max} = \frac{\sigma_x + \sigma_y}{2} \pm \sqrt{\left(\frac{\sigma_x - \sigma_y}{2}\right)^2 + \tau^2}$$

$$\tau_{\max} = \sqrt{\left(\frac{\sigma_x - \sigma_y}{2}\right)^2 + \tau^2} \quad \text{if} \quad \sigma_y = 0$$

$$\tau_{\max} = \sqrt{\left(\frac{\sigma}{2}\right)^2 + \tau^2} = \frac{1}{2}\sqrt{\sigma^2 + 4\tau^2} \quad \text{(설계에서 잘 나옴)}$$

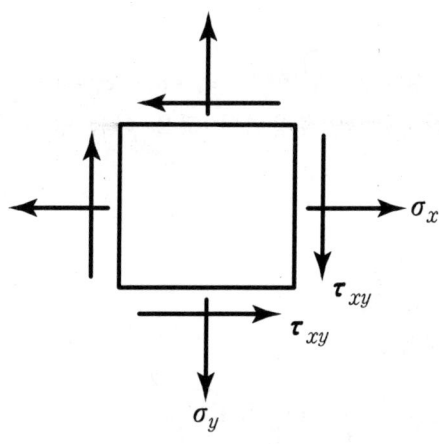

[그림 4.10 평면응력]

공칭 응력

공칭 응력이란 경사단면의 응력 또는 전단 응력과 90° 되는 면의 응력이며 공액 응력이라고도 한다.

$$\sigma_n + \sigma_n' = \sigma_x + \sigma_y = \sigma_1 + \sigma_2$$

$$\tau_n + \tau_n' = 0$$

그러므로 주면에는 주응력이 발생하며 그 면에서의 전단 응력은 존재하지 않는다.

EX 01

σ_x, σ_y, τ_{xy} 가 작용하고 있는 상태에서 최대 주응력의 크기를 구하기 위하여 모어 응력 원을 그렸다. 그림에서 최대 주응력의 크기를 나타내는 것은 어느 것인가?

① BC   ② AD
③ AD   ④ OD

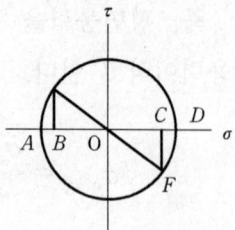

해설 : 최대의 주응력의 크기 : $\overline{OD}$와 $\overline{OA}$

$$\sigma_{1,2} = \frac{\sigma_x + \sigma_y}{2} \pm \sqrt{\left(\frac{\sigma_x - \sigma_y}{2}\right)^2 + \tau^2} \cdot \tan 2\theta = \frac{-2\tau_{xy}}{\sigma_x - \sigma_y}$$

EX 02

그림과 같이 정방형 단면에 $\sigma_x = 0$, $\sigma_y = 0$, $\tau_{xy} = 15\text{MPa}$이 작용할 때 주응력의 값을 다음 중에서 골라라.

① 150MPa, 0MPa
② 300MPa, 150MPa
③ 150MPa, -150MPa
④ 15MPa, -15MPa

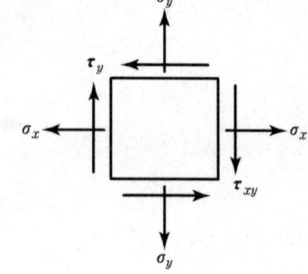

해설 : $\sigma_{1,2} = \frac{\sigma_x + \sigma_y}{2} \pm \sqrt{\left(\frac{\sigma_x - \sigma_y}{2}\right)^2 + \tau_{xy}^2}$

문제상에 $\sigma_x = 0$, $\sigma_y = 0$이므로

$\sigma_{1,2} = \pm \sqrt{\tau_{xy}^2}$ 에서 $\tau_{xy} = 15\text{MPa}$이므로

     $= \pm 15\text{MPa}$

EX 03

주평면(Principal plane)에 대한 다음 설명 중 옳은 것은?
① 주평면에는 전단 응력과 수직 응력의 합이 작용한다.
② 주평면에는 전단 응력만이 작용하고 수직 응력은 작용하지 않는다.
③ 주평면에는 전단 응력은 작용하지 않고 최대 및 최소의 수직 응력만이 작용한다.
④ 주평면에는 최대의 수직 응력만이 작용한다.

해답 : ③ (주평면의 정의임)

EX 04 어떤 재료가 $\sigma_x = 30\text{MPa}$, $\sigma_y = 20\text{MPa}$, $\tau = 20\text{MPa}$의 응력이 발생하고 있다면 주응력은?

① 25.6MPa
② 35.3MPa
③ 45.6MPa
④ 55MPa

해설 : $\sigma_{1,2} = \dfrac{\sigma_x + \sigma_y}{2} \pm \sqrt{\left(\dfrac{\sigma_x - \sigma_y}{2}\right)^2 + \tau^2}$

$\dfrac{30+20}{2} \pm \sqrt{\left(\dfrac{30-20}{2}\right)^2 + 20^2} = 25 \pm 20.6 = 45.6$ 또는 4.4

EX 05 주평면에 관한 다음 설명 중 옳은 것은 어느 것인가?

① 주평면에서는 전단 응력의 최대값은 주응력의 차의 $\dfrac{1}{2}$과 같다.
② 주평면에서 수직 응력은 작용하지 않고 최대 전단 응력만 작용한다.
③ 주평면은 반드시 한 개의 평면만을 갖는다.
④ 주평면에는 전단 응력은 작용하지 않고 주응력만이 작용한다.

해설 : 주평면에는 전단 응력은 작용하지 않고 주응력만이 작용한다.

05 3축 응력과 모어원

아래 그림과 같은 재료의 한 요소를 3축 응력(triaxial stress)상태에 있다고 한다. 이 요소에서 그림 4-11처럼 z축에 평행한 경사면을 잘라내면, 그 경사면 위에 작용하는 응력들은 σ_θ와 τ_θ뿐이며 이들은 앞에서 2축응력에 대하여 해석했던 응력들과 같은 응력들이다. 이들 응력은 $x-y$ 평면에서의 평형조건 식으로 구해지므로 응력 σ_z와는 무관하다. 그러므로 응력 σ_θ 및 τ_θ를 결정할 때 Mohr의 응력원은 물론 평면 응력의 식들을 사용할 수 있다. 그 요소에서 x 및 y축에 평행하게 잘라낸 경사평면 위에 작용하는 수직 및 전단응력에 대해서도 같은 결론이 적용된다.

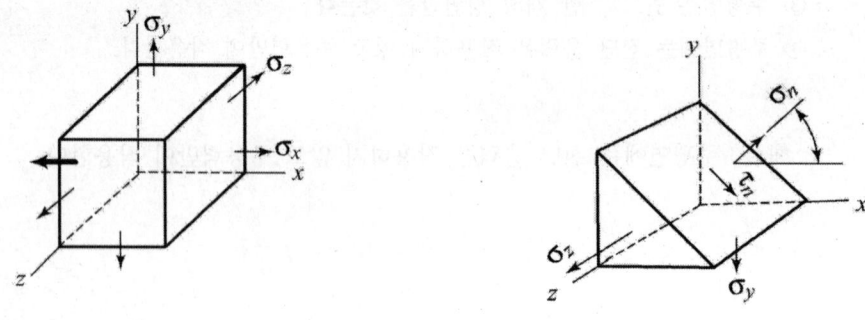

[그림 4.11 3축 응력을 받는 요소]

그림에서 σ_x, σ_y 및 σ_z는 이 요소의 주응력이라는 것을 할 수 있다. 또한 최대전단응력은 한 좌표축에 평행하도록 그 요소에서 잘라낸 45°평면 위에 존재할 것이며, σ_x, σ_y 및 σ_z의 크기에 의하여 좌우될 것이다. 예를 들어, [그림 4.13]처럼 z축에 평행한 평면만을 생각한다면 최대 전단응력의 식은 다음과 같다.

$$(\tau_{\max})_z = \frac{\sigma_x - \sigma_y}{2} \quad \cdots\cdots (4-13)$$

마찬가지로 x 및 y축에 평행한 평면 위에 최대전단응력들은 다음과 같이 된다.

$$(\tau_{\max})_x = \frac{\sigma_y - \sigma_z}{2} \quad \cdots\cdots (4-14)$$

$$(\tau_{\max})_y = \frac{\sigma_x - \sigma_z}{2} \quad \cdots\cdots (4-15)$$

절대 최대전단응력은 위 식으로부터 결정된 응력 중 가장 큰 값이다.

이 응력은 세 주응력 중 대수적으로 가장 큰 것과 가장 작은 것과의 차이의 절반과 같다. 이와 똑같은 결과를 Mohr 응력원에 면에 대하여 의하여 편리하게 나타낼 수 있다. z축에 평행한 응력 σ_x 및 σ_y는 모두 인장이고 $\sigma_x > \sigma_y$라고 가정하면, 이 원은 아래 그림의 원 A가 될 것이다.

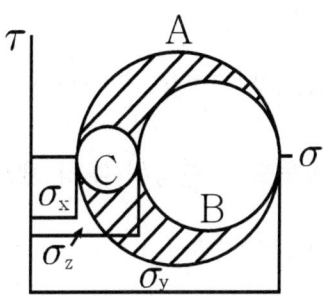

[그림 4.12 3축 응력에 대한 Mohr 응력원]

마찬가지로 x 및 y축에 평행한 평면들에 대하여는 각각 원 B 및 원 C를 얻게 된다. 이 세 원반지름들은 식 a, b, c로 주어지는 최대전단응력들을 나타내며, 절대 최대전단응력들을 가장 큰 원의 반지름과 같다. [그림 4.12]의 요소로부터 비대칭방향으로 절단해 낸 평면 위의 전단 및 수용응력은 좀 더 복잡한 3차원해석에 의하여 구해진다. 비대칭면 위의 수직응력은 항상 대수직으로 최대인 주응력과 최소인 주응력 사이의 값을 가지며, 전단응력은 식에 얻어지는 수치적으로 최대인 전단응력보다 항상 작다.

3축 응력에서의 변형률 3축 응력에 대한 x, y 및 z방향의 변형률은 그 재료가 Hooke의 법칙을 따른다고 하면 2축응력에 대하여 사용했던 것과 똑같은 방법으로 구할 수 있다. 따라서 다음과 같이 된다.

$$\varepsilon_x = \frac{\sigma_x}{E} - \frac{v}{E}(\sigma_y + \sigma_z)$$

$$\varepsilon_y = \frac{\sigma_y}{E} - \frac{v}{E}(\sigma_y + \sigma_x)$$

$$\varepsilon_z = \frac{\sigma_z}{E} - \frac{v}{E}(\sigma_x + \sigma_y)$$

이 식에서 σ와 ε에 보호규약은 일반적인 경우와 같이 인장응력 σ와 늘어나는 변형률 ε을 양(+)으로 잡는다. 앞의 식들을 응력에 대하여 정리하면 다음과 같다.

$$\sigma_x = \frac{E}{(1+v)(1-2v)}[(1-v)\varepsilon_x + v(\varepsilon_y + \varepsilon_z)]$$

$$\sigma_y = \frac{E}{(1+v)(1-2v)}[(1-v)\varepsilon_y + v(\varepsilon_z + \varepsilon_x)] \quad \cdots\cdots\cdots (4-16)$$

$$\sigma_z = \frac{E}{(1+v)(1-2v)}[(1-v)\varepsilon_z + v(\varepsilon_x + \varepsilon_y)]$$

이 요소의 체적변형률은 변형률은 변형된 후의 체적이 V_f이므로 다음과 같다.

$$V_f = (1+\varepsilon_x)(1+\varepsilon_y)(1+\varepsilon_z)$$

$$\frac{\Delta V}{V_0} = \frac{V_f - V_0}{V_0} \approx \varepsilon_x + \varepsilon_y + \varepsilon_z = \varepsilon_v$$

이 $\varepsilon_x, \varepsilon_y, \varepsilon_z$의 함은 팽창률(dilatation)이라고도 하면, ε_v 혹은 e로 표시된다. 변형률 $\varepsilon_x, \varepsilon_y, \varepsilon_z$의 값을 체적변형율 식에 대입하면 다음과 같다.

$$\varepsilon_v = \frac{\Delta V}{V_0} = \frac{1-2v}{E}(\sigma_x + \sigma_y + \sigma_z) \quad \cdots\cdots\cdots (4-17)$$

위의 식으로 2축 변형율에 관한 모어원은 다음과 같다.

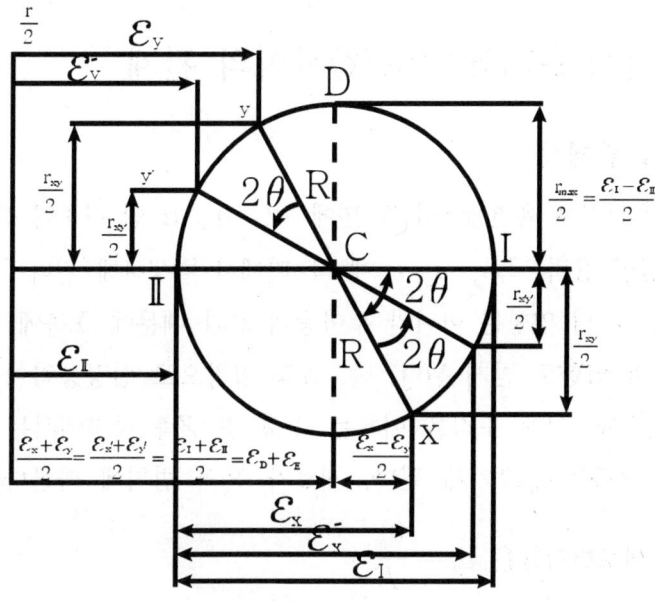

[그림 4.13 2축 변형율의 모어원]

06 탄성계수(弾性係数)사이의 관계

(1) E, K, ν의 관계식

아래 그림과 같은 육면체에서 각 면에 W_x, W_y, W_z인 하중이 작용하게 되면 이에 대응되는 힘인 응력, 즉 σ_x, σ_y, σ_z가 각 면에서 발생하게 된다. 한편 X축 방향의 변형률 ε_x는 δ_x의 영향뿐 아니라 푸아송의 효과 때문에 Y축에 수직을 이루는 Y축 및 Z축의 영향도 받게 된다. 즉, X축 방향으로 인장응력이 작용하여 신장을 일으키게 될 때, 이에 수직을 이루는 Y축 및 Z축 방향에서는 압축응력이 작용하게 되어 수축을 일으키게 된다. 재료가 훅의 법칙에 따른다면 σ_x로 인한 X축 방향의 세로변형률은 $\varepsilon_x = \dfrac{\sigma_x}{E}$

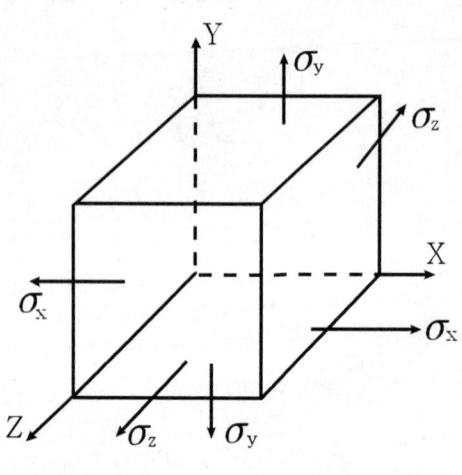

[그림 4.13 3축 응력]

이고, σ_y 및 σ_z에 의하여 발생되는 X축 방향의 가로변형률은 푸아송의 비를 이용하면

$$\varepsilon' = -\nu\varepsilon' = -\frac{\nu\sigma_y}{E} \text{ 및 } -\frac{\nu\sigma_z}{E}\text{로 표시할 수 있다.}$$

따라서 각 면의 변형률은 다음과 같이 표시된다.

$$\varepsilon_x = \frac{\sigma_x}{E} - \frac{v}{E}(\sigma_y + \sigma_z)$$

$$\varepsilon_y = \frac{\sigma_y}{E} - \frac{v}{E}(\sigma_x + \sigma_z) \quad \cdots\cdots\cdots\cdots\cdots (4\text{-}18)$$

$$\varepsilon_z = \frac{\sigma_z}{E} - \frac{v}{E}(\sigma_x + \sigma_y)$$

이 관계식들은 단일 축 방향에 대해서만 고려하였던 식인 훅의 법칙을 3축 방향의 응력과 변형률로 표시한 것이므로 훅의 법칙의 일반형(General form of Hook's Law)이라고 한다. 한편 앞에서 언급한 육면체에 대한 변형률을 고려하면 체적변형률의 식 (4-18)은 다음과 같다.

$$\varepsilon_v = \varepsilon_x + \varepsilon_y + \varepsilon_z$$

$$= \frac{\sigma_x}{E} - \frac{v}{E}(\sigma_y + \sigma_z) + \frac{\sigma_y}{E} - \frac{v}{E}(\sigma_x + \sigma_z) + \frac{\sigma_z}{E} - \frac{v}{E}(\sigma_x + \sigma_y)$$

$$= \frac{1}{E}(\sigma_x + \sigma_y + \sigma_z) - \frac{2v}{E}(\sigma_x + \sigma_y + \sigma_z) = \frac{1-2v}{E}(\sigma_x + \sigma_x + \sigma_z) \cdot (4\text{-}19)$$

균일한 유체압력이 작용하는 경우와 같이 특별한 경우에는 다음과 같이 생각할 수 있다.

$$\sigma_x = \sigma_y = \sigma_z = \sigma, \quad \varepsilon_x = \varepsilon_y = \varepsilon_z = \varepsilon$$

따라서 식(4-19)는 다음과 같이 표현된다.

$$\varepsilon_v = 3\varepsilon = \frac{E}{3(1-2v)}\sigma$$

식 (4-20)를 식 (4-19)에 대입하여 정리하면 체적탄성계수 (K)는

$$K = \frac{\Delta P}{\varepsilon_v} = \frac{E}{3(1-2v)} = \frac{mE}{3(m-2)}$$

가 되며, v와 E만 알면 K를 구할 수 있는 E, K, v의 관계식이 된다.

SECTION 05 평면도형의 성질

01 1차 관성모멘트($G_x = \int ydA,\ G_y = \int xdA$)

$W = \gamma \cdot V = \gamma \cdot A \cdot l = \gamma \cdot A$ (단위 길이임)

$\int dW = \int \gamma dA$

$M = W \cdot \overline{X} = \int \gamma dA \cdot x$

$\overline{x} = \dfrac{\int \gamma x dA}{W} = \dfrac{\gamma \int x dA}{\gamma \cdot A}$

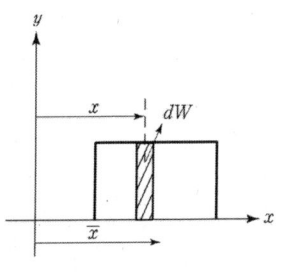

[그림 5.1 1차 관성모멘트]

$\overline{x} = \dfrac{\int x dA}{\int dA} \quad G_y = \int x dA$ (단면1차 관성모멘트)

$\overline{y} = \dfrac{\int y dA}{\int dA} \quad G_x = \int y dA$ (단면1차 관성모멘트)

그러므로 재료역학에서 도심의 정의는 1차관성 모멘트($\int xdA, \int ydA$)가 0이 되는 위치이다.

EX 01 다음 도형의 도심을 구하여라.

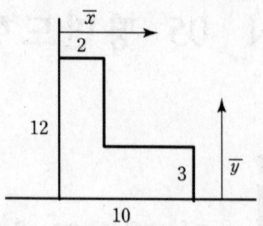

해설 : $\bar{y} = \dfrac{\sum A\bar{y}}{\sum A} = \dfrac{12\times 2\times 6 + 8\times 3\times 1.5}{12\times 2 + 8\times 3} = 3.75$

$\bar{x} = \dfrac{\sum A\bar{x}}{\sum A} = \dfrac{12\times 2\times 1 + 8\times 3\times 6}{12\times 2 + 8\times 3} = 3.5$

EX 01

그림과 같은 반원의 도심을 구하라.

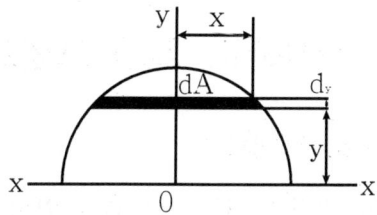

해설 : 그림에서 $y=0$이면 $\phi=0$, $y=R$이면 $\phi=\dfrac{\pi}{2}$이며,

$x=R\cos\phi$, $y=R\sin\phi$, $dy=R\cos\phi d\phi$이다.

$dA=2xdy=2\cdot R\cos\phi \cdot R\cos\phi d\phi=2R^2\cos^2\phi d\phi$

또 3각함수의 3배각공식에서 $\sin 3\phi=3\sin\phi-4\sin^3\phi$를 참고로 하여 도심을 구한다.

$$G_x=\int_0^R R\sin\phi \cdot 2R^2\cos^2\phi d\phi=2R^3\int_0^{\frac{\pi}{2}}\sin\phi\cos^2\phi d\phi$$

$$=2R^3\int_0^{\frac{\pi}{2}}\sin\phi(1-\sin^2\phi)d\phi=2R^3\left(\int_0^{\frac{\pi}{2}}\sin\phi d\phi-\int_0^{\frac{\pi}{2}}\sin^3\phi d\phi\right)$$

$$=2R^3\left[\int_0^{\frac{\pi}{2}}\left(\sin\phi d\phi-\int_0^{\frac{\pi}{2}}\left(\frac{3}{4}\sin\phi-\frac{1}{4}\sin 3\phi d\phi\right)\right)\right]$$

$$=2R^3\left[(-\cos)_0^{\frac{\pi}{2}}-\frac{3}{4}(-\cos\phi)_0^{\frac{\pi}{2}}+\frac{1}{4}\left(\frac{-\cos 3\phi}{3}\right)_0^{\frac{\pi}{2}}\right]$$

$$=2R^3-\frac{6R^3}{4}+\frac{2R^3}{12}=\frac{2R^3}{3}$$

$$\therefore \tilde{y}=\frac{G_x}{A}=\frac{2R^3}{3}\cdot\frac{2}{\pi R^2}=\frac{4R}{3\pi}$$

02 단면 2차(斷面 2次) 모멘트

(1) 단면 2차(斷面 2次)모멘트

아래 그림 같이 면적이 A인 도형을 무한히 작은 면적으로 나누어 그 중 임의의 한 미소면적 dA의 도심으로부터 X, Y축에 이르는 거리를 각각 y, x라 할 때 미소면적 dA와 축까지의 거리 x 또는 y의 제곱을 서로 곱해서 도형 전체에 대하여 합해 준 것을 그 도형의 그축에 대한 단면 2차 모멘트(Second Moment of Area : I) 또는 관성모멘트(Moment of Inertia)라고 한다. 이를 식으로 표현하면 다음과 같다.

$$I_X = \int_A y^2 dA \quad I_Y = \int_A x^2 dA \quad \cdots\cdots (5-1)$$

관성모멘트의 단위는 차원이 L^4이므로 m^4, cm^4, mm^4 등으로 표시된다. 도형이 복잡한 경우에는 간단한 기본도형으로 나누어서 각각의 관성모멘트를 구한 후 이 결과들을 합하여 줌으로써 전체 도형의 관성모멘트를 구할 수 있다.

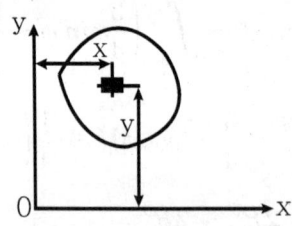

[그림 5.2 2차 관성모멘트]

(2) 평행축 정리(平行軸 整理)

[그림 5.3]과 같은 평면도형에서 도심을 지나는 축 X에 대한 관성모멘트를 I_X, 도형의 면적을 A라 하면, 축 X로부터 거리 d만큼 떨어진 동일 평면 내의 평행축 X'에 관한 관성모멘트 I_X'는 I_X와 면적 A에 평행축 간 거리 y_0의 제곱을 곱한 것의 합과 같다. 이것을 평행축(Parallel Axis Theorem)이라고 한다.

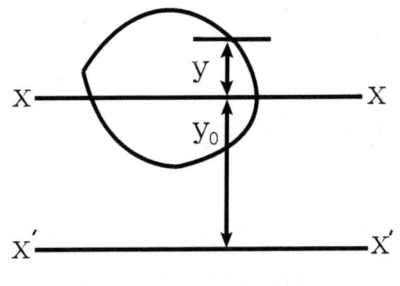

[그림 5.3 평행축정리]

$$I_x = I_x + Ay_0^2 \quad \cdots\cdots (5-2)$$

이 정리는 다음과 같이 증명할 수 있다.

$$I_X = \int_A (y+y_0)^2 dA = \int_A y^2 dA + 2y_0 \int_A y dA + y_0^2 \int_A dA \cdots (5-3)$$

도심을 지나는 축에 대한 단면 1차 모멘트 값은 0이 되므로, 위 식으로 두 번째 항은 0이 되므로 정리하면 평행축 이동식에 일치하게 된다. 그러므로 평행축 이동정리식도 다음과 같이 된다.

$$k'^2 = k^2 + y_0^2 \quad \cdots\cdots (5-4)$$

여기서 k'는 평행축 X'에 대한 회전반지름이고, k는 도심을 지나는 축에 대한 회전반지름이다. 한편 I_X의 값은 $y_0 = 0$일 때 최소가 되고, y_0의 증가에 따라서 증가가 된다는 것을 알 수 있다. 따라서 최소의관성모멘트는 도심을 지나는 축에 대한 관성모멘트가 된다.

03 단면계수(斷面係數)

[그림 5.4]에서 도심을 지나는 X축으로부터 도형의 상단 또는 하단에 이르는 거리를 각각 e_1, e_2라고 하자. 이때 도심을 지나는 축에 대한관성모멘트 I_x를 거리 e_1 또는 e_2로 나눈어 준 것을 이 축에 대한 단면계수(Modulus of Section ; Z) 라고 하며, 단위는 차원이 L^3이므로 m^3, cm^3, mm^3 등으로 표시된다.

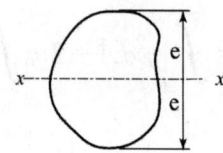

[그림 5.4 단면계수]

$$Z_1 = \frac{I_x}{e_1} \quad Z_2 = \frac{I_x}{e_2} \quad \cdots\cdots\cdots\cdots (5-5)$$

만일 도형이 대칭축으로 되었다면 그 축에 대한 단면계수는 하나만이 존재하나, 대칭이 아닐 경우에는 2개의 단면계수가 존재하게 된다.

구형단면 내용을 정리하면 다음과 같다.(암기)

$$I_x = \int y^2 dA, \ I_y = \int x^2 dA$$

$$I = \int y^2 dA = 2\int_0^{\frac{h}{2}} y^2 b dy = 2b\left[\frac{y^3}{3}\right]_0^{\frac{h}{2}} = \frac{bh^3}{12}(중심)$$

$$I = \int_0^h yb dy = b\left[\frac{y^3}{3}\right]_0^h = \frac{bh^3}{3}(저변)$$

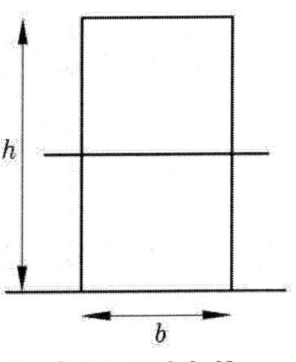

[그림 5.5 구형단면]

(1) 평행축 이동정리

$$I_{임의} = \int (y+y_0)^2 dA = \int (y^2 + 2yy_0 + y_0^2) dA$$

$$= \int y^2 dA + 2y_0 \int y dA + y_0^2 \int dA = \frac{bh^3}{12} + y_0^2 \times A$$

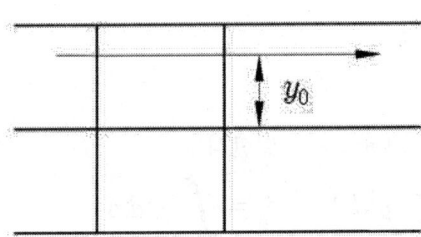

[그림 5.6 평행축 이동정리]

$$\therefore I_{임의} = I_{중심} + Ay_0^2 \qquad y_0 = 중심축에서 임의축까지 수직길이$$

$$I_{윗변} = \frac{bh^3}{3}$$

$$I_{중심} = \frac{bh^3}{12}$$

$$I_{저변} = \frac{bh^3}{3}$$

$$I_{꼭} = \frac{bh^3}{36} + \frac{bh}{2} \times \left(\frac{2h}{3}\right)^2 = \frac{bh^3}{4} \text{(꼭지점)}$$

$$I_{중} = \frac{bh^3}{36} \text{(중심)}$$

$$I_{저} = \frac{bh^3}{36} + \frac{bh}{2}\left(\frac{h}{3}\right)^2 = \frac{bh^3}{12} \text{(저변)}$$

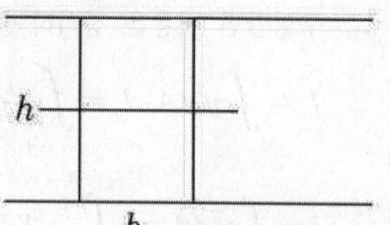

[그림 5.7 구형 단면의 2차 관성모멘트]

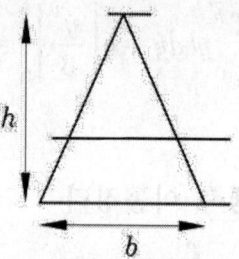

[그림 5.8 삼각형 단면의 2차 관성모멘트]

EX 01 단면 2차 모멘트의 일반식은?

① $I_x = \int_A xy^2 dA$ ② $I_x = \int_A y^3 dA$

③ $I_x = \int_A y^2 dA$ ④ $I_x = \int_A y^2 x^2 dA$

⑤ $I_x = \int_A xy dA$

해설 : 단면2차 Moment의 일반식

$$I_x = \int_A y^2 dA, \quad I_y = \int_A x^2 dA$$

(2) 단면계수(Z=I/y)

단면계수란 단면중심의 2차 관성모멘트(I)를 중심축에서 끝단까지의 거리로 나눈 값으로 보의 강도 계산에 중요하므로 반드시 숙지하여야 하며 설계에서도 자주 언급된다.

$$Z = \frac{I}{y} = \frac{bh^3 2}{12h} = \frac{bh^2}{6} \text{(구형)[矩形]}$$

$$Z = \frac{I}{y} = \frac{\pi d^4 2}{64d} = \frac{\pi d^3}{32} \text{(원형)}$$

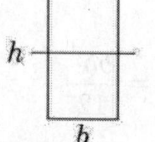

구형단면   원형단면

[그림 5.9]

04 극2차 관성모멘트($I_P = \int R^2 dA$)와 극단면계수($Z_P = I_P/y$)

$$I_P = \int R^2 dA = \int (x^2 + y^2) dA = \int y^2 dA + \int x^2 dA = I_x + I_y$$

$$I_P = I_x + I_y$$

$$I = \frac{\pi d^4}{64} \quad I_P = \frac{\pi d^4}{32}$$

$$Z = \frac{\pi d^3}{32} \quad Z_P = \frac{\pi d^3}{16}$$

중공축   중실축

$$I = \frac{\pi(d_2^4 - d_1^4)}{64} \quad I_P = \frac{\pi(d_2^4 - d_1^4)}{32}$$

$$Z = \frac{\pi d_2^3}{32}(1 - X^4) \quad Z_P = \frac{\pi d_2^3}{16}(1 - X^4) \quad (단, \ X = \frac{d_1}{d_2})$$

구형 단면의 극단면계수

$$Z_P = \frac{3b + 1.8h}{b^2 h^2}$$

(1) 회전반경

한편 도형의 전체 면적이 어떠한 일정한 점에 집중하였다고 생각하고, 주어진 축에 대한 이 점의 관성모멘트의 크기가 주어진 축에 대한 분포된 면적의 관성모멘트와 같은 크기가 되는 경우, 이 점을 도형의 단면 2차중심(Center of Gyration of Area)이라고 한다. 또 단면 2차중심으로부터 주어진 축까지의 거리를 단면 2차반지름(Radius of Gyration), 회전반지름은 관성반지름이라고도 하며 k로 표기한다. 즉, 관성모멘트를 단면의 목적으로 나눈 값의 제곱근을 그 단면에 대한 회전반지름이라고 한다. 단위는 차원이 [L]이므로 $m(cm, mm)$ 등으로 표시된다.

$$k = \sqrt{\frac{I}{A}} \left(K_x = \sqrt{\frac{I_x}{A}},\ K_r = \sqrt{\frac{I_r}{A}} \right) \quad \cdots\cdots (5-6)$$

위 식에서 K_x, K_y는 각각 X, Y축에 대한 회전반지름을 의미한다. 회전반경이란 2차 관성모멘트를 단면적으로 나눈 값의 이승근이다.

$$K = \sqrt{\frac{I}{A}}$$

(2) 원형단면의 회전반경

$$K = \sqrt{\frac{I}{A}} = \sqrt{\frac{\pi d^4 \times 4}{64 \times \pi d^2}} = \frac{d}{4}$$

EX 01 그림과 같은 4각형 단면에서 X 및 Y'축에 대한 2차모멘트를 구하고, 또 4각형 단면의 회전반지름 및 단면계수도 구하라.

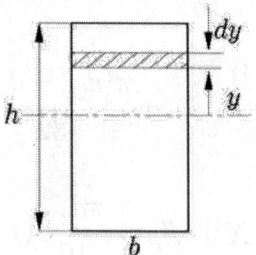

해설 : 1) 구형 단면 밑변을 지나는 X'축에 대한 관성모멘트는

$$I_x = \int_A y^2 dA = \int_0^h y^2 b dy = b\left\{\frac{y^3}{3}\right\}_0^h = \frac{bh^3}{3}$$

2) 도심을 지나는 X축에 대한 관성모멘트는

$$I_x = \int_A y^2 dA = \int_{-\frac{h}{2}}^{\frac{h}{2}} y^2 b dy = b\left[\frac{y^3}{3}\right]_{-\frac{h}{2}}^{\frac{h}{2}} = \frac{bh^3}{12}$$

또는 $I_x = 2\int_0^{\frac{h}{2}} y^2 b dy = \frac{bh^3}{12}$

3) 단면계수는

$$Z_x = \frac{I_x}{e_1} = \frac{bh^3}{12} \times \frac{h}{2} = \frac{bh^2}{6}$$

같은 방법으로 Y축에 대해서도 구할 수 있다.

05 단면의 관성상승모멘트(Product of Inertia)

평면도형 내의 미소면적 dA에서 X, Y축까지의 거리 x, y의 상승 적을 그 단면의 관성상승모멘트(Product of Inertia) I_{XY}라 한다.

$$I_{XY} = \int_A xy\,dA \quad \cdots\cdots\cdots\cdots\cdots\cdots\cdots\cdots\cdots\cdots\cdots\cdots\cdots\cdots\cdots (5-7)$$

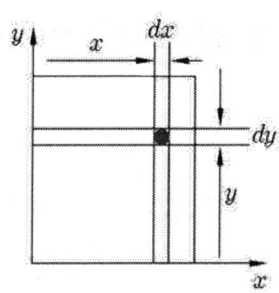

[그림 5.10 단면의 관성상승모멘트]

여기서 두 축 중 어느 한 축이라도 대칭이 있으면, 그 축에 대한 상승모멘트는 0이 된다. 임의 미소단면적 dA에 대하여 대칭 위의 미소면적 dA가 반드시 존재하므로 각 요소의 상승모멘트는 상쇄되기 때문이다.

$$I_{XY} = \int_A xy\,dA = \int_0^{+x} xy\,dA + \int_{-x}^0 -xy\,dA = 0$$

이와 같이 도형의 도심을 지나고 $I_{xy} = 0$이 되는 직교축을 그 단면의 주축(Principal Axis)이라 한다. 그러므로 도형의 대칭축에 대한 상승모멘트는 반드시 0이 되고, 그 축은 주축이 된다. 또한 도심을 지나고 대칭축에 직각인 축도 주축이 된다. 관성상승모멘트의 평행축 정리는 다음과 같이 된다.

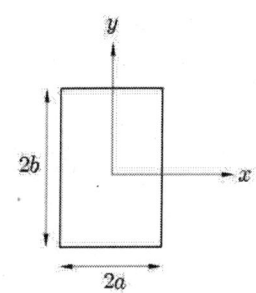

[그림 5.11 평행축 이동정리]

$$I_{XY} = \int_A (x+a)(y+b)dA$$

$$= \int_A xy\,dA + b\int_A x\,dA + a\int_A y\,dA + ab\int_A dA$$

여기서 $\int_A xy\,dA$는 도심축에 관한 면적의 관성상승모멘트이고 $\int_A y\,dA$ 및 $\int_A x\,dA$는 도심 축에 대한 면적 A의 단면 1차 모멘트이므로 0이 된다.

따라서

$$I_{XY} = I_{XY} + abA \quad \cdots\cdots\cdots (5-8)$$

축, 도심축 X, Y축에 각각 평행하게 a, b만큼 떨어져 있는 X', Y'축에 대한 관성상승모멘트를 구하려면, 그 단면의 도심축에 관한 관성상승모멘트와 이 면적에 도심 축으로부터 이동된 거리인 a, b를 곱한 것의 합과 같다.

SECTION 06 비틀림

01 비틀림의 개요

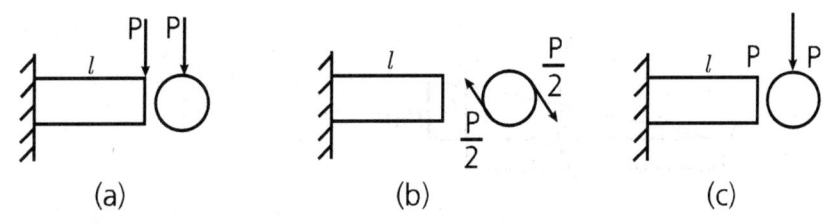

[그림 6.1 굽힘과 비틀림]

그림 A는 $P \times l$의 굽힘모멘트만 받는 축으로서 $M = P \times l$이고 그림(c)는 $\frac{P}{2} \times R \times 2$의 비틀림모멘트만 받는 축으로서 $T = PR$이고 그림(c)는 굽힘과 비틀림이 동시에 작용하는 축이다. 그러므로 동일한 하중을 받는다면 안전하기 위해서는 그림(c)의 축의 직경이 가장 커야 할 것이다.

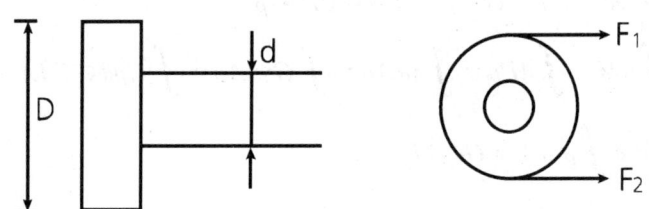

[그림 6.2 벨트에서의 하중]

다음의 풀리를 돌리기 위해서는 벨트에서 F_1과 F_2당겨야 마찰에 의해 회전을 할 것이며 시계방향으로 돌리면 F_1이 F_2보다 커야 한다. 그러므로 $T = PR = (F_1 - F_2)\frac{D}{2}$ 이며 굽힘하중은 $F_1 + F_2$의 합력이 작용한다.

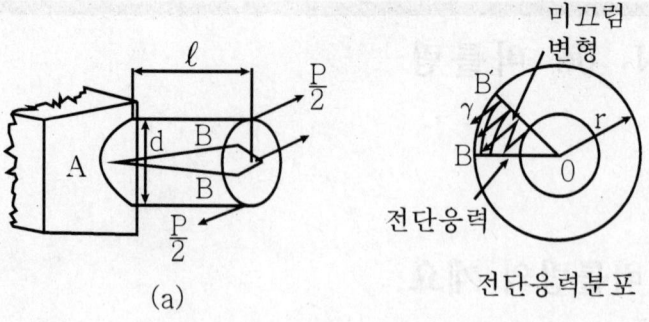

(a)

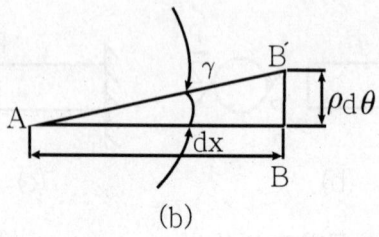

(b)

[그림 6.3 비틀림과 응력분포]

$$\tan r = \frac{pd\theta}{dx} = pd\theta \quad \text{여기서} \quad d\varnothing = \frac{d\theta}{dx} \text{ (상수)}$$

$$r = \frac{P}{A} \text{에서} \quad dP = \tau \cdot dA$$

위의 식을 정리하면

$$r = p \cdot d\theta \qquad \tau = G\gamma \qquad dM = dP \cdot \rho$$

$$T = \int dM = \int dP\rho = \int \tau dA\rho = \int G\gamma dA\rho = \int G\rho d\varnothing\, PdA$$

$$= Gd\varnothing \int \rho^2 dA = Gd\varnothing\, I_p$$

$$d\theta = \frac{T}{GI_p} = \frac{d\theta}{dx}$$

$$\theta = \frac{Tl}{GI_p} rad \times \frac{180}{\pi} \qquad \tau = \frac{T}{Z_p} \quad \cdots\cdots\cdots\cdots (6-1)$$

$$T = PR = \tau Z_P = 71620\frac{HP}{N} = 97400\frac{H_{kw}}{N} kg \cdot cm$$

$$1PS = 75kgm/s \qquad 1kW = 102kg \cdot m/s$$

$$T = \frac{102H_{kw}}{\omega} = \frac{102H_{kw}}{\frac{2\pi N}{60}} = \frac{102 \times 60 H_{kw}}{2\pi N} = 974\frac{H_{kw}}{N} kg \cdot m$$

$$= 974\frac{H_{kw}}{N} \times 9.8 \, N \cdot m = \frac{1000kW}{\omega} = \frac{60 \times 1000 kW}{2\pi N} \quad \cdots\cdots\cdots\cdots (6-2)$$

EX 01

같은 재료의 원형 중실축의 지름이 두 배로 되면 비틀림 강도는 몇 배로 커지는가?

① 2배   ② 4배   ③ 6배
④ 8배   ⑤ 16배

해설 : $T = \tau Z_P$ 에서

$$T_1 = \tau_1 \frac{\pi d^3}{16}, \quad T_2 = \tau_2 \frac{\pi(2d^3)}{16} \quad \therefore \frac{\tau_1}{\tau_2} = \frac{\frac{16T}{\pi d^3}}{\frac{16T}{8\pi d^3}} = 8$$

EX 02 지름 d_1인 전동축의 동력을 지름 d_2의 축에 $\frac{1}{8}$로 감속시켜서 전달하려면 d_2는 d_1의 몇 배이어야 하는가? (단, 양축의 허용전단응력은 같다.)

① 1.2   ② 1.5   ③ 2
④ 2.5   ⑤ 3.5

해설 : $T_1 = 716.2 \dfrac{HP}{N} = \tau \dfrac{\pi d_1^3}{16}$

$T_2 = 716.2 \dfrac{8HP}{N} = \tau \dfrac{\pi d_2^3}{16}$

∴ $\dfrac{d_2}{d_1} = \sqrt[3]{8} = 2$

회전수가 많아지면 d는 적어진다.
예) $d_1 \rightarrow d_2$가 3배 증가, N은 27배 감속

EX 03 연강(Mild Steel)을 파단될 때까지 비틀었을 때 파단형태는 다음 중 어느 것인가?

① ② ③

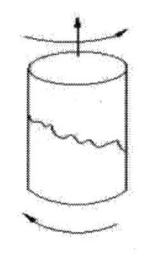 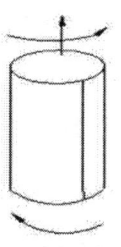

④ ⑤

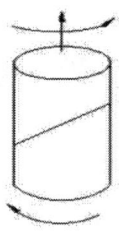

해설 :

 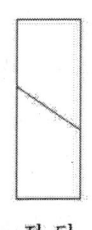 

　인장　　전 단　　비틀림

EX 04 동일 재료로 만들 길이 l, 지름 d인 축 A와 길이 $2l$, 지름 $2d$인 B축을 같은각도 만큼 비틀림 변형시키는 데 필요한 비틀림 모멘트의 비 T_A/T_B의 값은 다음중 어느 것인가?

① 1/4 ② 1/8 ③ 1/16
④ 1/32 ⑤ 1/64

해설 : $\theta = \dfrac{Tl}{GI_p}$ 에서

$$T_A = \frac{\theta \cdot G \cdot \pi d^4}{32l} \quad T_B = \frac{\theta G \pi 16 d^4}{64l}$$

$$\frac{T_A}{T_B} = \frac{\dfrac{\theta G \pi d^4}{32l}}{\dfrac{\theta G \pi 16 d^4}{64l}} = \frac{64}{16 \times 32} = \frac{1}{8}$$

EX 05 길이 314cm, 원형 단면축의 지름이 40mm일 때 이 축의 끝에 100J의 비틀림 모멘트를 받는다면 이때의 비틀림각은?
(단, 전단탄성계수 G=80GPa이다.)

① 0.25° ② 0.015° ③ 0.156°
④ 0.894° ⑤ 0.15°

해설 : $\theta = \dfrac{T}{G}\dfrac{l}{I_P}\dfrac{180}{\pi} = \dfrac{100 \times 3.14 \times 180 \times 32}{80 \times 10^9 \times \pi \times 0.04^4 \times \pi} = 0.895°$

EX 06

직경이 6cm인 축이 길이 1m당 1°의 비틀림각이 생기고 매분 300 회전할 때의 전달마력(PS)은? (단, G=80GPa)

① 26 ② 46 ③ 76
④ 95 ⑤ 120

해설 : $\theta = \dfrac{Tl\,180}{GI_P\pi}$ 에서

$$T = \dfrac{\theta GI_P\pi}{180\,l} = \dfrac{1\times 80\times 10^9 \times \pi \times 0.06^4 \times \pi}{180\times 1\times 32} = 1776.53\,J$$

$T = 716.2\dfrac{PS}{N}\times 9.8$ 에서

$$PS = \dfrac{TN}{716.2\times 9.8} = \dfrac{1776.53\times 300}{716.2\times 9.8} = 75.9\,PS$$

EX 07

다음 설명 중 옳지 않은 것은?

① 삼각형의 도심은 밑변에서 1/3 높이에 있다.
② 회전반경은 단면 2차 모멘트를 면적으로 나눈 값이다.
③ 단면 2차 모멘트는 길이의 4승의 차원을 갖는다.
④ 단면계수는 단면 2차 모멘트를 단면의 중심축에서 제일 먼 연직거리로 나눈 값이다.
⑤ 원형단면의 회전반경은 d/4이다.

해설 : 회전반경(K)는 $\sqrt{\dfrac{I}{A}}$ 이다.

해답   ②

02 비틀림 탄성에너지

탄성한도 내에서 축이 비틀림을 받으면 비틀림을 받는 축은 토크에 의하여 생긴 에너지를 축 속에 저장시킨다. 이 에너지를 변형에너지 또는 탄성에너지라 한다. 직경 d, 길이가 l인 원형축이 비틀림 모멘트 T를 받아 ϕ만큼 비틀려 졌다면, 이때 T가 축에 한 일과 비틀림으로 인한 탄성에너지는 [그림 6.4]에 나타낸 것과 같이 $T-\phi$선도로 표시할 수 있다. 이 그림에서 삼각형 AOB의 면적은 축에 저장된 전체 탄성에너지의 양을 말하며 다음과 같이 된다.

$$U_1 = \frac{1}{2}T\phi$$

여기서 $\phi = \dfrac{Tl}{GI_P}$ 이므로

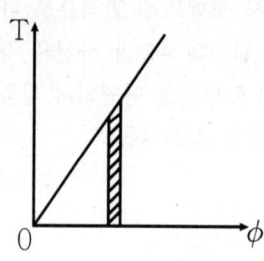

[그림 6.4 $P-\phi$ 선도]

$$U_t = \frac{T^2 l}{2GI_P} \quad \cdots\cdots (6-3)$$

이 축이 원형단면인 경우 $T = \dfrac{\pi d^3}{16}\tau$, $I_P = \dfrac{\pi d^3}{32}$ 을 대입하면

$$U_t = \frac{(\frac{\pi d^3}{16}\tau)^2 l}{2G(\frac{\pi d^4}{32})} = \frac{\tau^2}{4G} \cdot \frac{\pi d^2}{4}l = \frac{\tau^2}{4G}Al \quad \cdots\cdots (6-4)$$

그러므로 단위체적당 탄성에너지 u는 다음과 같이 된다.

$$u = \frac{\tau^2}{4G}$$

이 결과, 비틀림에 의한 탄성에너지는 인장, 압축을 받아 저장할 수 있는 탄성에너지의 $\frac{1}{2}$이 됨을 알 수 있다. 속빈 원형축의 경우 내경을 d_i, 외경을 d_0라 하면 $T = \frac{\pi(d_0^4 - d_i^4)}{16 d_0}\tau$, $I_P = \frac{\pi(d_0^4 - d_i^4)}{32}$ 를 비틀림 에너지 식에 대입하면

$$\begin{aligned} U_t &= \frac{\left[\dfrac{\pi(d_0^4 - d_i^4)}{16 d_0}\right]^2 \times l}{2G \cdot \dfrac{\pi(d_0^4 - d_i^4)}{32}} \\ &= \frac{(d_0^2 + d_i^2)\tau^2}{4G d_0^2} \cdot \frac{\pi}{4}(d_0^2 - d_i^2) l \\ &= \frac{\tau^2}{4G}\left[1 + \left(\frac{d_i}{d_0}\right)^2\right] \cdot \frac{\pi}{4}(d_0^2 - d_i^2) l \end{aligned}$$

단위 체적 당 변형에너지는

$$U_t = \frac{\tau^2}{4G}\left[1 + \left(\frac{d_i}{d_0}\right)^2\right]$$ 이 됨을 알 수 있다.

03 스프링

비틀림 이론의 한 응용예로 나선형 밀착 코일스프링(Coil Spring)을 들 수 있다. 스프링은 하중의 에너지 저축용으로 자주 쓰이는 기계요소로서, 기본적인 비틀림의 개념을 이용하여 스프링의 응력과 처짐을 계산할 수 있다. 그림과 같이 코일스프링에 축방향으로 인장하중 P가 작용할 때, 코일의 평면이 나선의 축에 거의 수직하다고 하면, 코일의 소선 위에는 수직하중 P와 우력 T = PR이 작용한다. 스프링의 직경을 D, 스프링 소선의 직경을 d라 하면 스프링의 최대비틀림응력 τ_{max} 는 다음과 같다. 여기서 τ_1 은 우력에 의해 발생하는 응력이며, τ_2 는 하중 P에 의해 스프링 소재에서 발생하는 응력이다.

$$\tau_1 = \frac{T}{Zp} = \frac{PR}{\frac{\pi d^3}{16}} = \frac{16PR}{\pi d^3}$$

$$\tau_2 = \frac{P}{A} = \frac{P}{\frac{\pi d^2}{4}} = \frac{4P}{\pi d^2}$$

$$\tau_{max} = \tau_1 + \tau_2 = \frac{16PR}{\pi d^3} + \frac{4P}{\pi d^2} \quad \cdots\cdots\cdots\cdots\cdots\cdots\cdots\cdots (6-5)$$
$$= \frac{16PR}{\pi d^3}(1 + \frac{d}{4R})$$

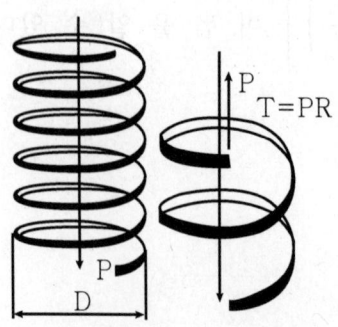

[그림 6.5 스프링]

이 식에서 d/R의 값이 커질수록 전단응력이 증가함을 알 수 있다. [그림 6.6]에서 비틀림에 의한 응력은 소재의 단면에서 중심부터 바깥으로 갈수록 증가함을 알 수 있다.

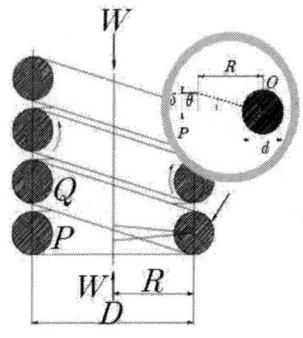

[그림 6.6 코일스프링]

또한 그림에서 미소수직변위량 $d\delta$는 다음과 같다.

$$d\delta = Rd\phi = R \cdot \frac{PRdl}{GI_P} = \frac{PR^2 dl}{G \cdot \frac{\pi d^4}{32}} = \frac{32PR^2}{\pi G d^4} dl \quad \cdots\cdots (6-6)$$

스프링의 전체처짐 δ를 구하기 위하여 전체길이 $2\pi nR$에 걸쳐 적분하면

$$\delta = \int_0^{2\pi nr} \frac{32PR^2}{\pi G d^4} dl = \frac{64nPR^3}{Gd^4} = \frac{8nPD^3}{Gd^4} \quad \cdots\cdots (6-7)$$

여기에서 구해진 처짐 δ는 스프링상수(Spring Constant)와 같이 쓰이며, k는 스프링의 강성을 나타내는 것으로 다음과 같은 관계식이 성립한다.

$$\kappa = \frac{P}{\delta} = \frac{Gd^4}{64R^3 n} = \frac{Gd^4}{8D^3 n} \quad \cdots\cdots (6-8)$$

EX 01 지름이 6cm이고 소선의 지름이 6mm인 코일스프링이 있다. 이 재료의 전단응력이 $60kg_f/mm^2$이고 스프링상수 k = 10kg/cm일 때, 이 스프링의 안전하중 P와 유효 감김수 n을 구하여라. (단, 이 재료의 전단탄성계수 $G = 8.4 \times 10^5 kg_f/cm^2$이다.)

해설 : $\tau = \dfrac{16PR}{\pi d^3}$ 에서

$$P = \dfrac{\pi d^3 \tau}{16R} = \dfrac{\pi \times 6^3 \times 6000}{16 \times 3} = 84.82 kgf$$

$$K = \dfrac{P}{\delta} = \dfrac{Gd^4}{8D^3 n} \text{ 에서 } n = \dfrac{Gd^4}{8D^3 k} = \dfrac{8.4 \times 10^5 \times 0.6^4}{8 \times 6^3 \times 10} = 6.4회$$

요소설계에서는 실험식으로

$$\tau = K \dfrac{16PR}{\pi d^3}$$

K는 왈의 응력 수정 계수

$$K = \dfrac{4C-1}{4C-4} + \dfrac{0.615}{C} \text{ 여기서, C는 스프링지수로서 } \dfrac{D}{d} \text{이다.}$$

$$U = \dfrac{P\delta}{2} = \dfrac{T\theta}{2}, \quad l = 2\pi Rn$$

$$\delta = \dfrac{64nPR^3}{Gd^4} \quad \cdots\cdots\cdots\cdots\cdots\cdots\cdots\cdots\cdots\cdots\cdots\cdots\cdots (6-9)$$

$$U = \dfrac{T\theta}{2} = \dfrac{T^2 l}{2GI_p} = \dfrac{32P^2 R^2 2\pi R_n}{2G \cdot \pi d^4} \quad \cdots\cdots\cdots\cdots\cdots\cdots (6-10)$$

EX 02 평균직경 24cm 코일수 10 소선의 직경 1.25cm인 원통형 Coil Spring이 200N의 압축 하중을 받을 때 스프링 상수는? (단, G = 80GPa 이다.)

해설 : $P = \kappa \delta \quad \delta = \dfrac{64nPR^3}{Gd^4}$

$$k = \dfrac{Gd^4}{64nR^3} = \dfrac{80 \times 10^9 \times (0.0125)^4}{64 \times 10 \times (\dfrac{0.25}{2})^3} = 1562.5 N/m = 1.563 kN/m$$

· 조합스프링

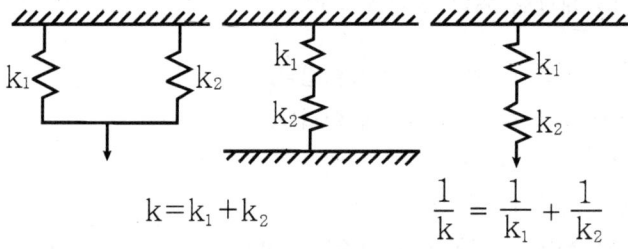

[그림 6.7 조합스프링]

EX 03 지름 d_1=4cm, d_2=2cm인 두 개의 원형 단면 축에서 같은 길이와 같은 재질로 만들어져 있으며 같은 비틀림 모멘트 T를 받을 때 각 축에 저장되는 탄성에너지의 비 U_1/U_2는 얼마인가?

① $U_1/U_2 = \frac{1}{2}$ ② $U_1/U_2 = \frac{1}{4}$

③ $U_1/U_2 = \frac{1}{8}$ ④ $U_1/U_2 = \frac{1}{16}$

해설 : $U = \dfrac{P\delta}{2} = \dfrac{T\theta}{2} = \dfrac{32\,T^2 l}{2\,G\pi d^4} = \dfrac{16\,T^2 l}{G pi d^2}$ $\theta = \dfrac{Tl}{GI_P}$

$$\dfrac{U_1}{U_2} = \dfrac{\dfrac{16\,T^2 l}{G\pi d_1^4}}{\dfrac{16\,T^2 l}{G\pi d_2^4}} = \dfrac{d_2^4}{d_1^4} = \dfrac{2^4}{4^4} = \dfrac{1}{16}$$

EX 04

원형 단면 축을 비틀 때 어느 것이 어렵겠는가?
(단, G는 재료의 전단 탄성계수이다.)

① 직경이 작고 G가 작을수록 어렵다.
② 직경이 크고 G가 작을수록 어렵다.
③ 직경이 크고 G가 클수록 어렵다.
④ 직경이 작고 G가 클수록 어렵다.
⑤ 직경과 관계 없으며 G가 클수록 어렵다.

해설 : $\theta = \dfrac{TI}{GI_P}$ rad 원형의 $I_P = \dfrac{\pi d^4}{32}$ 비틀기가 어렵다는 것은 θ가 작다는 의미이다.

해답 : ③

EX 05

극 단면 계수 $Z_P = 60\text{cm}^3$ 인 전동축이 매분 200회전으로 60마력이 전달될 때 이 축의 표면에 일어나는 최대 전단응력은(MPa)?

① 5 ② 10 ③ 15
④ 30 ⑤ 35

해설 : $T = 716.2 \dfrac{PS}{N} \times 9.8 = \tau Z_P$ 에서

$$\tau = \dfrac{716.2 PS \times 9.8}{N Z_P} = \dfrac{716.2 \times 60 \times 9.8}{200 \times 60 \times 10^{-6}} \times 10^{-6} = 35\,MPa$$

SECTION 07 보(Beam)

01 보의 만곡

(1) 지점의 종류

① 가동지점(move) - 1방향 구속, 모멘트 자유

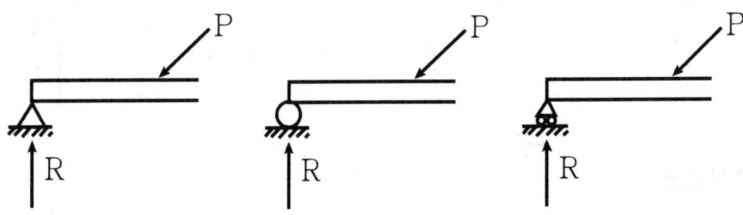

② 회전지점(hinge)-2방향 구속   ③ 고정지점(fix)-2방향 구속,
　　모멘트 자유　　　　　　　　　　　모멘트 구속

[그림 7.1 지점의 종류]

(2) 보의 종류

보는 정정보와 부정정보로 구분되며 정정보에는 외팔보(Cantilever Beam), 단순(Simple Beam), 돌출보(Overhang Beam), 겔버보(Gerber Beam) 그리고 부정정보에는 고정지지보, 양단고정보, 연속보가 있다. 하중이 작용 시에 힘의 평형식($\Sigma F=0$)과 모멘트 평형식으로 미지수를 해결하는 보가 정정보이고 미지수가 많아서 경계조건이나 초기 조건 등을 이용하여 해결하면 부정정보이다.

※ 정정보

※ 부정정보

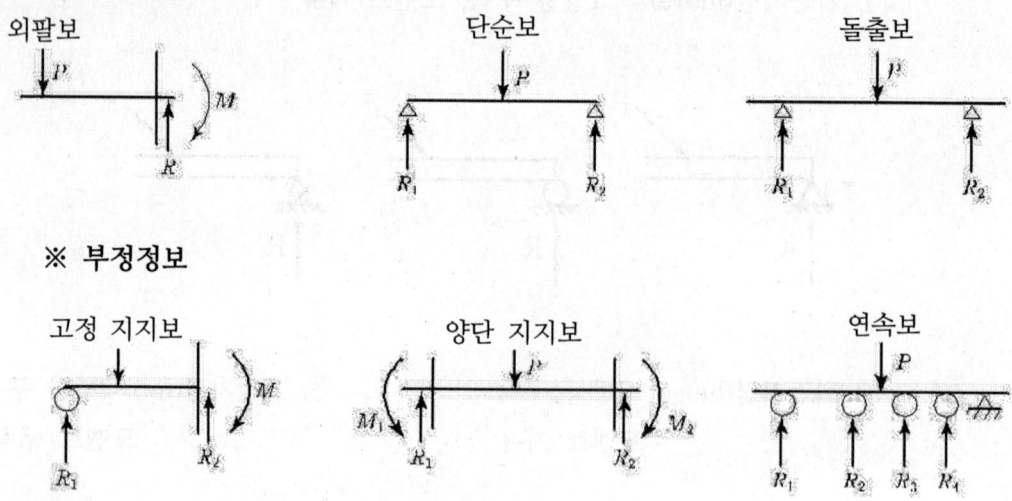

[그림 7.2 보의 종류]

02 부호규약

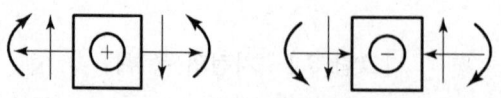

[그림 7.3 부호 규약]

03 굽힘모멘트를 구하는 방법

※ 단순보의 경우

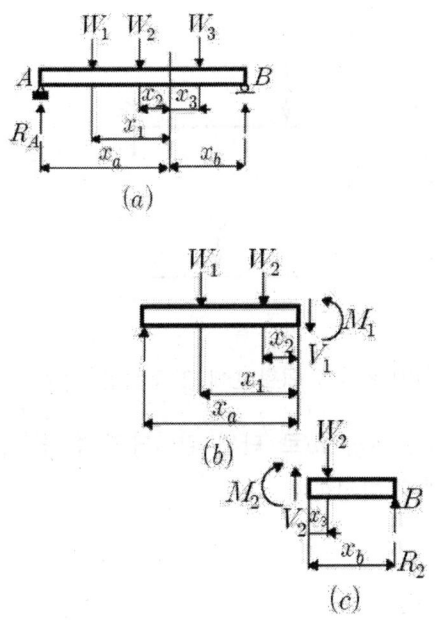

[그림 7.4]

그림에 표시된 바와 같이 단순보에 3개의 집중하중이 작용 할 때 지점 A 및 B에서는 반력 R_A 및 R_B가 발생되며, 이들의 힘들은 서로 평행을 가진다. 즉, 보가 평형이 되어야 하므로 작용하는 모든 힘의 합은 0이 되어야 하고, 임의단면에 대한 힘의 모멘트의 합 역시 0이 되어야 한다. 그러므로 그림 (a)의 임의단면인 mneksaus을 절단하여 자유물체도(free body diagram)로 표시하면 그림 (b) 및 (c)와 같다. 이 자유물체도의 왼쪽 부분과 오른쪽 부분이 사로 평형을 유지하기 위해서는 mn의 단면을 따라 전단력이 작용하고 동시에 모멘트의 작용이 일어나게 된다. 하중(W)과 반력(R)에 대응되는 임의단면에 발생하는 전단력(V)과 모멘트(M)는 평형조건으로부터 다음과 같이 된다.

$$\sum F = 0, \quad R_A - W_1 - W_2 - W_3 + R_B = 0 \quad \cdots \cdots (7-1)$$

$$\sum M = 0, \quad R_A x_a - W_1 x_1 - W_2 x_2 + W_3 x_3 - R_B x_b = 0 \quad \cdots \cdots (7-2)$$

외팔보의 경우

A지점의 모멘트는 [그림 7.5]의 (a)에서는 $M_A = P \cdot l\,(-)$, [그림 7.5]의 (b)에서는 $M_Z = -\dfrac{Pl}{2}$, 왼쪽을 자유단으로 하여 내려 누르면 (-)올리면 (+)이다.

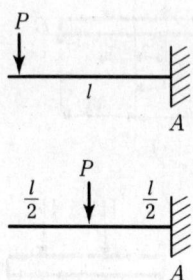

[그림 7.5 외팔보에 집중하중 작용]

분포하중 작용시 ω는 kg/cm로 단위 길이당의 힘이므로 면적이 집중하중이며 면적의 중심에서 작용한다고 가정한다.

$$M = -\omega l \cdot \frac{l}{2} = \frac{-\omega l^2}{2}$$

$$M = -\frac{wl}{2} \cdot \frac{l}{3} = -\frac{wl^2}{6}$$

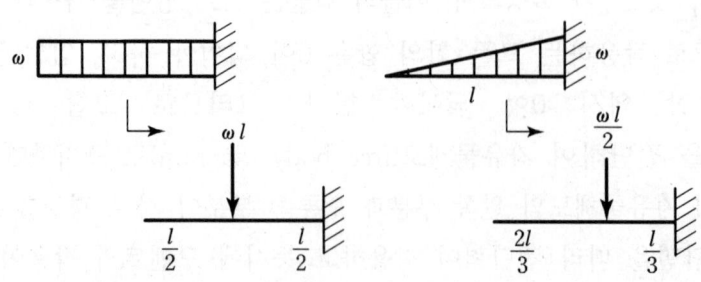

[그림 7.6 외팔보에 분포하중 작용]

EX 01 그림과 같은 스팬(span) 길이 L에 생기는 최대 굽힘 모멘트는 얼마인가?

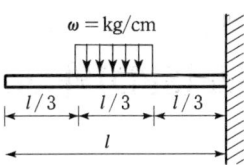

① $M_{max} = \dfrac{\omega L^2}{4}$ ② $M_{max} = \dfrac{\omega L^2}{3}$

③ $M_{max} = \dfrac{\omega L^2}{6}$ ④ $M_{max} = \dfrac{\omega L^2}{24}$

⑤ $M_{max} = \dfrac{\omega L^2}{18}$

해설 : $P = \omega \times \dfrac{l}{3}$

$M = \dfrac{-\omega l}{3} \times \dfrac{l}{2}$

$= \dfrac{-\omega l^2}{6}$

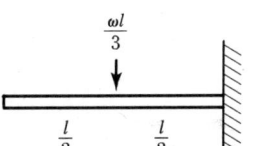

EX 02 그림과 같은 등분포 하중을 받는 외팔보의 최대 굽힘 모멘트는?

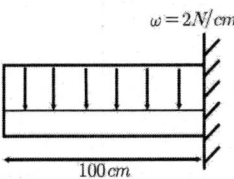

① 1,000 N·m ② 10,000 N·m
③ 1,000 N·cm ④ 10,000 N·cm
⑤ 100,000 N·cm

해설 : $P = \omega l = 2 \times 100 = 200\text{N}$

$M = \dfrac{200 \times 100}{2} = 10,000 \text{N·cm}$

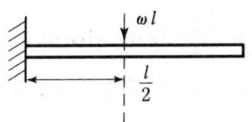

04 전단력선도(SFD)와 모멘트선도(BMD)

보의 반력을 구하는 것은 보의 강도를 구할 때의 기본이다. 왜냐하면 반력을 구해야 전단력 선도와 모멘트 선도를 작도할 수 있으며 이들 선도로부터 기계 설계의 시작이기 때문이다. 그러므로 전단력 선도와 모멘트 선도는 확실히 익혀두어야 한다.

EX 01
다음 그림의 SFD, BMD를 구하여라.

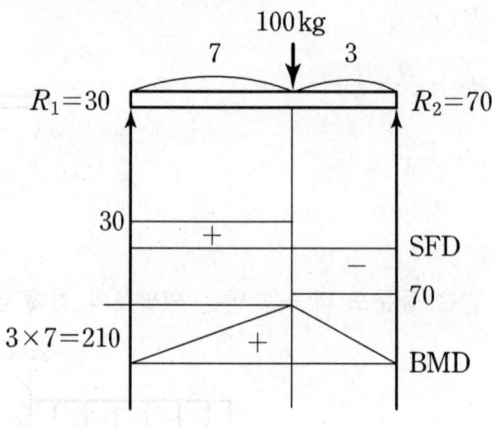

해설 : 앞 절에서 언급한 것처럼 반력을 구한다.

$$R_1 = \frac{100 \times 3}{7+3} = 30 \quad R_2 = 70$$

② 반력을 그림에 도시한다.

③ 보의 길이와 같게 폭을 잡아 2개의 선을 그려 위의 선이 SFD 아래선이 BMD가 되게 작성

EX 02 다음 그림의 SFD, BMD를 구하여라.

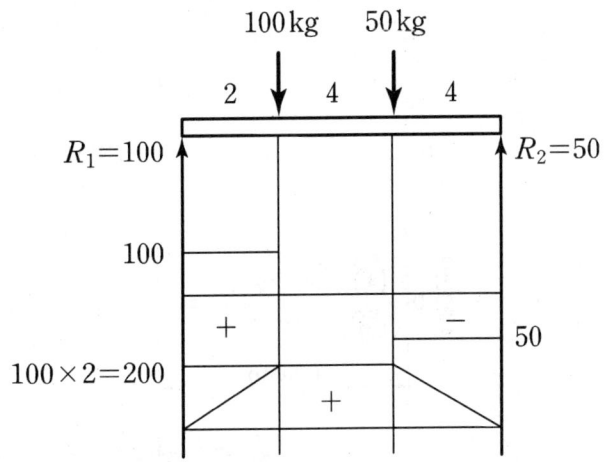

해설 : 예제 1의 방법에 따르면 $\sum M=0$ 에서

$$R_1 \cdot 10 = 100 \times 8 + 50 \times 4$$

$$R_1 = \frac{100 \times 8 + 50 \times 4}{10} = 100 \text{kg}$$

$\sum M = 0$ 에서 $R_1 + R_2 = 100 + 50$ $R_2 = 50$

참고: 전단력이 0을 지나는 지점에서 모멘트는 최대값이 되며 이 지점에서 축은 가장 위험하다. 그러므로 전단력이 0이 되는 지점이 안전하면 모든 부분이 안전하다.

EX 03

그림 같은 단순보에서 길이 L=120(cm), 균일분포하중 $w=3$(kN/m)을 받고 있을 경의 전단력선도와 굽힘모멘트 선도를 구하여라.

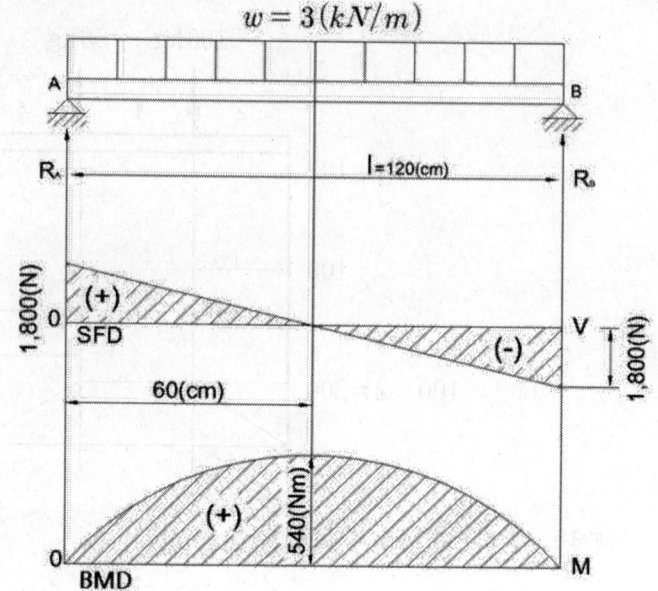

해설: $\sum F=0, \quad R_A + R_B - \omega L = 0$

$$\sum M_B = 0, \quad R_A L - \frac{\omega L^2}{2} = 0$$

$$\therefore R_A = R_B = \frac{\omega L}{2} = \frac{3000 \times 1.2}{2} = 1800 (N)$$

임의단면에 대한 전단력과 굽힘모멘트

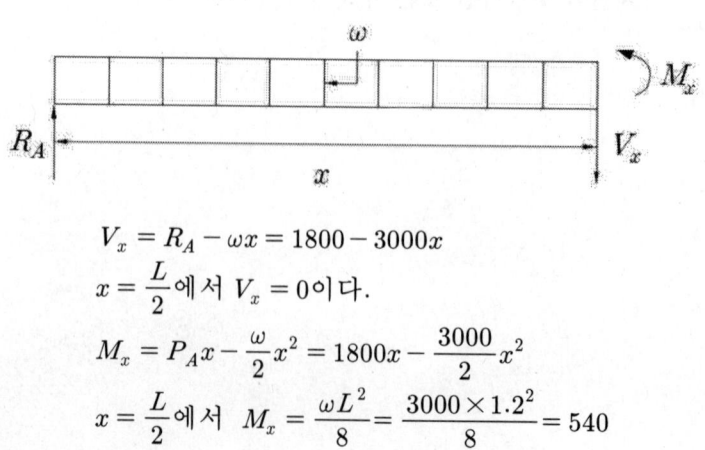

$V_x = R_A - \omega x = 1800 - 3000x$

$x = \dfrac{L}{2}$ 에서 $V_x = 0$ 이다.

$M_x = P_A x - \dfrac{\omega}{2} x^2 = 1800x - \dfrac{3000}{2} x^2$

$x = \dfrac{L}{2}$ 에서 $M_x = \dfrac{\omega L^2}{8} = \dfrac{3000 \times 1.2^2}{8} = 540$

EX 04 그림 같은 외팔보에서 지점반력, 각 점의 전단력 및 굽힘모멘트를 구하고 전단력선도와 굽힘모멘트 선도를 구하여라.

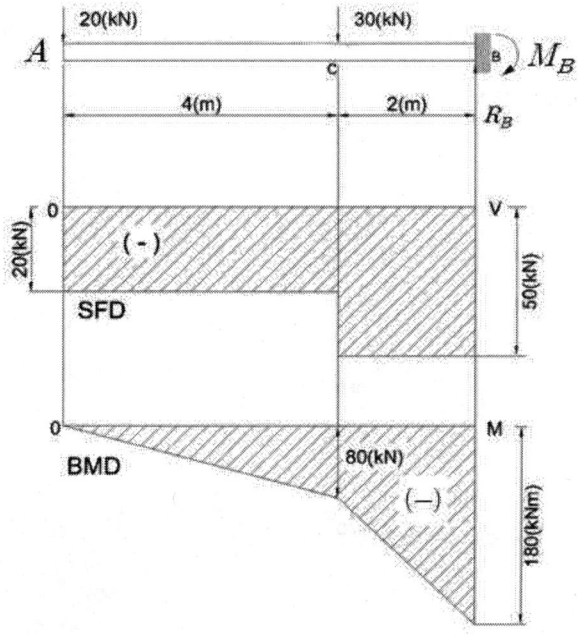

해설 : $\sum F = 0, \ -20 - 30 + R_B = 0$

$\therefore R_B = 20(kN)$

$\sum M_B = 0, \ -20 \times 6 - 30 \times 2 - M_B = 0$

$\therefore M_B = -180(kNm)$

임의단면에 대한 전단력과 굽힘모멘트
1) $0 \leq x \leq 4$
    $V_x = -20(kN)$
    $M_x = -20x$
    $x = 4$에서
    $M_x = -20 \times 4 = -80 kNm$

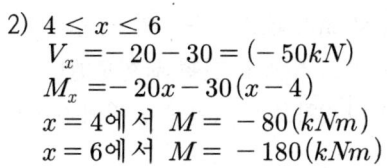

2) $4 \leq x \leq 6$
    $V_x = -20 - 30 = (-50 kN)$
    $M_x = -20x - 30(x-4)$
    $x = 4$에서 $M = -80(kNm)$
    $x = 6$에서 $M = -180(kNm)$

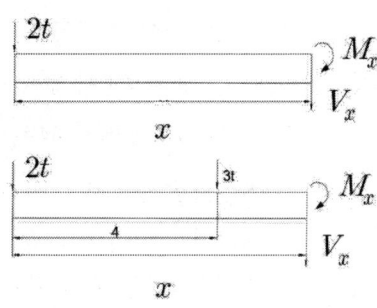

EX 05

균일분포하중이 작용하는 경우 그림 (a)와 같은 길이 L인 외팔보 AB가 전길이에 걸쳐 등분포하중 ω를 받을 경우에 고정단 B에 생기는 반력 R_B와 굽힘모멘트 M_B는 평행조건에서 $R_B = \omega L$ $M_B = -\dfrac{\omega L^2}{2}$ 임의 단면에 대한 전단력과 굽힘모멘트는?

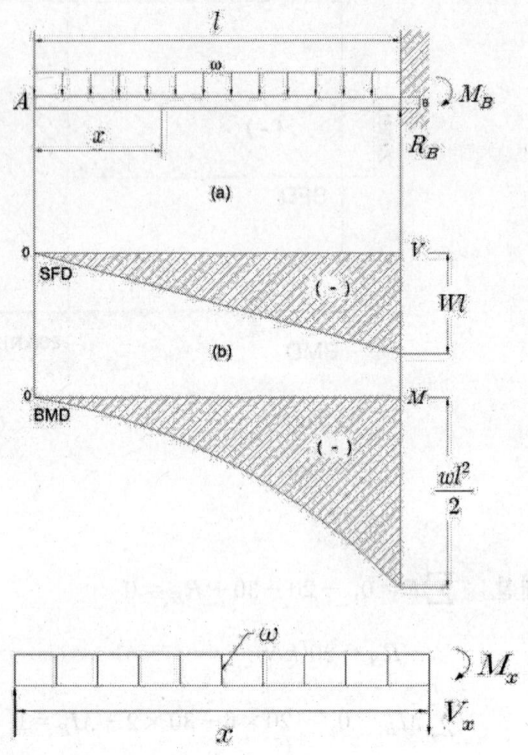

해설 : $V_x = -\omega x$ ············· (a)

$x = 0$에서 $V = 0$
$x = L$에서 $V = -\omega L$

$M_x = -\dfrac{\omega}{2} x^2$ ············· (b)

$x = 0$에서 $M = 0$
$x = L$에서 $M = -\dfrac{\omega L^2}{2}$

전단력선도는 식 (a)의 1차함수로 표현되므로 (-) 의 기울기를 갖는 직선으로 표시되어 그림(b)와 같은 3각형으로 그려진다. 한편 굽힘모멘트선도는 식 (b)의 2차함수로 표현되며 위쪽으로 볼록한 2차포물선(면적이 작아지는 선)으로 그려진다. 최대값은 역시 고정단에서 발생된다

즉, $M_{\max} = -\dfrac{\omega L^2}{2}$

SECTION 08 보 속의 응력

01 보 속의 굽힘응력

　재질은 균일하고 중심축에 대해서 대칭이며, 최초에 평면이었던 단면은 변화 후에도 역시 평면 그대로를 유지하며, 구부러진 축선에 수직한다. 또한 재료는 훅(Hooke)의 법칙에 따른다고 가정한다. 이러한 가정하에서 수수굽힘 상태의 해석을 위하여 그림 8.1의 CD부분의 임의의 요소를 절단하여 확대하면 그림 8.2와 같이 표시된다. 그림에서 CD의 윗부분 섬유는 압축력을 받아 줄어들고, 아랫부분 섬유는 인장력을 받아 늘어나게 된다.

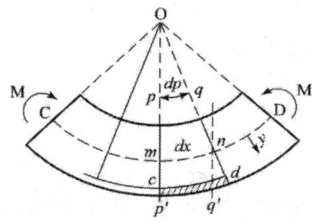
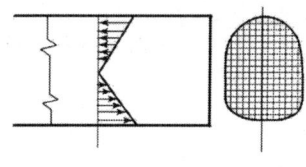

[그림 8.1 보속의 굽힘응력]　　[그림 8.2 보속의 굽힘응력 선도]

정리하면

ρ : 곡률반경　　　　$\dfrac{E}{\rho} = \dfrac{\sigma}{y} = \dfrac{M}{I}$

$\dfrac{1}{\rho}$: 곡률　　　　$\sigma = \dfrac{My}{I} = \dfrac{M}{I/y} = \dfrac{M}{Z}$

[그림 8.2 단순보에서의 굽힘응력]

EX 01 그림과 같은 지름 2mm의 강관을 지름 1m의 원통에 감을 때 강관에 일어나는 최대 굽힘 응력과 굽힘 모멘트를 구하라.
(단, 강판의 탄성계수를 $E=200\text{GPa}$로 한다.)

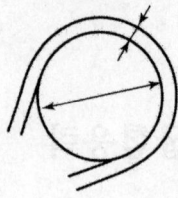

① 399, 0.03 ② 420, 0.01
③ 410, 0.02 ④ 410, 0.03

해설 : $\sigma = \dfrac{Ey}{\rho} = E \cdot \dfrac{\dfrac{d}{2}}{\dfrac{D+d}{2}} = \dfrac{Ed}{D+d}$

$= \dfrac{200 \times 10^9 \times 2 \times 10^{-3}}{1 + 2 \times 10^{-3}} \times 10^{-6} = 399.2\text{MPa}$

$M = \sigma Z = 399.2 \times 10^{-6} \times \dfrac{\pi \times 0.002^3}{32} = 0.03\text{J}$

EX 02 그림과 같은 높이 30cm, 나비 20cm의 구형단면을 가진 길이 200cm의 외팔보가 있다. 자유단에 1000 N의 집중하중이 작용할 때 최대 굽힘 응력을 구하라.

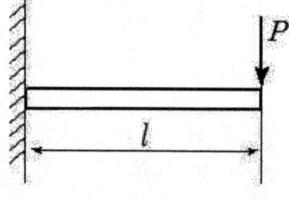 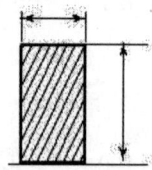

① 40 ② 55
③ 60 ④ 0.67

해설 : $\sigma_{max} = \dfrac{M_{max}}{Z} = \dfrac{1000 \times 2 \times 10^{-6}}{\dfrac{0.2 \times 0.3^2}{6}} = 0.67(\text{MPa})$

- 다음 보들의 최대 굽힘 모멘트는 필히 암기하여야 한다.

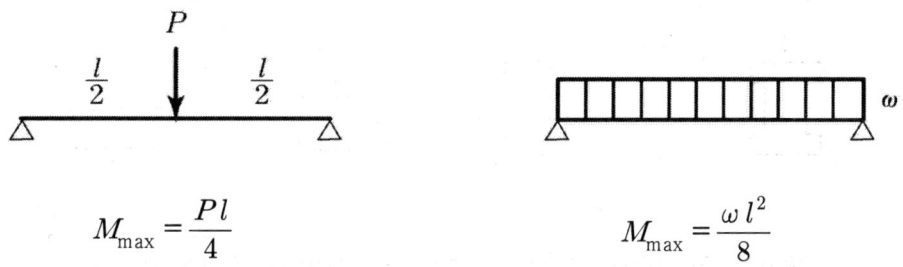

[그림 8.3 단순보의 최대 굽힘 모멘트]

EX 03 높이 20cm, 폭 15cm 스팬이 5m인 단순지지보에 500kN/m의 균일 등분포 하중이 작용할 때 최대 굽힘응력 크기는[GPa]?

① 156GPa ② 15.6GPa ③ 1.56GPa
④ 0.156GPa ⑤ 0.015GPa

해설 : $\sigma = \dfrac{M}{Z}\left(M = \dfrac{\omega l^2}{8},\ Z = \dfrac{bh^2}{6}\right)$

$= \dfrac{6\omega^2 l}{8bh^2} = \dfrac{6 \times 500 \times 10^3 \times 5^2}{8 \times 0.15 \times 0.2^2} \times 10^{-9} = 1.56\,\mathrm{GPa}$

EX 04 보의 재질이 같고 동일한 단면적을 같은 여러 가지 형상의 보에 굽힘하중을 작용할 때 가장 강한 보의 모양은 어느 것인가?

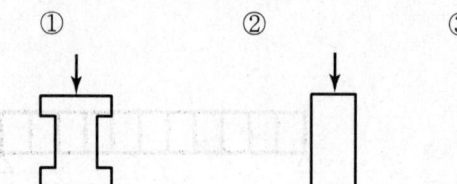

해설 : 굽힘하중이 작용할 때 가장 강한 보(Beam)는 I형 보이다.

EX 05 그림과 같은 외팔보의 단면의 높이가 10일 때 폭b는[cm]?
(단, 허용응력 σ=3.6MPa)

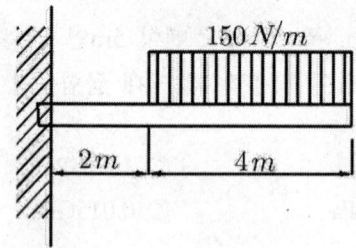

① 5cm   ② 10ccm   ③ 20cm
④ 40cm   ⑤ 60cm

해설 :
$M = 600 \times 4 = 2400 Nm$
$\sigma = \dfrac{M}{Z} = \dfrac{6M}{bh^2}$ 에서
$b = \dfrac{6M}{\sigma h^2} = \dfrac{6 \times 2400}{3.6 \times 10^6 \times 0.1^2} = 0.4 = 40cm$

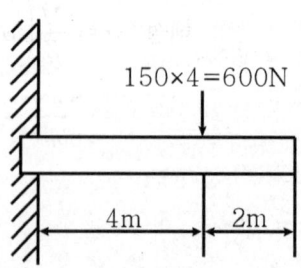

EX 06

보의 탄성곡선의 곡률 ($\frac{1}{\rho}$)은? (단, M:굽힘모멘트, EI:보의 굽힘강성계수)

① $\frac{1}{\rho} = \frac{EI}{M}$ ② $\frac{1}{\rho} = \frac{M}{EI}$ ③ $\frac{1}{\rho} = \frac{E}{MI}$

④ $\frac{1}{\rho} = \frac{I}{ME}$ ⑤ $\frac{1}{\rho} = \frac{MI}{E}$

해설 : 보의 탄성곡선에서

$\frac{E}{\rho} = \frac{\sigma}{y} = \frac{M}{1}$ 에서 $\frac{1}{\rho}$(곡률) $= \frac{\sigma}{Ey} = \frac{M}{EI}$

EX 07

그림과 같이 지름 5mm의 강선을 495mm 지름의 원에 밀착시켜 감았을 때, 강선에 발생하는 최대 굽힘응력[MPa]은 얼마나 되겠는가?
(단, 강선의 종탄성 계수는 200GPa이다.)

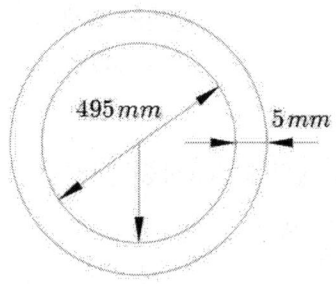

① $0.01 MPa$ ② $2000 MPa$ ③ $10000 MPa$
④ $20000 MPa$ ⑤ $3000 MPa$

해설 : 문제상에 "감았을 때"라고 주어지면 무조건 아래 식으로 한다.

$\frac{E}{\rho} = \frac{\sigma}{y} = \frac{M}{I}$

ρ : 곡률반경, $1/\rho$: 곡률, E : 종탄성계수

y : 중심선에서 끝단까지의 거리

$\sigma = y\frac{E}{\rho} = \frac{5 \times 10^{-3}}{2} \times \frac{200 \times 10^9}{\frac{495 \times 10^{-3} + 5 \times 10^{-3}}{2}} \times 10^{-6} = 2000 MPa$

EX 08 굽힘모멘트 M을 받는 직경 d인 원형단면의 보에서 굽힘응력은 d와 어떤 관계가 있는가?

① 직경과 반비례한다.
② 직경의 2승에 반비례한다.
③ 직경의 3승에 반비례한다.
④ 직경의 4승에 반비례한다.
⑤ 직경의 5승에 반비례한다.

해설 : $\sigma(\text{보의 응력}) = \dfrac{M}{Z} = \dfrac{32M}{\pi d^3}$

∴ 굽힘정도는 직경(d)의 3승에 반비례

EX 09 길이 2m의 단순보가 중앙에 집중하중 P를 받아서 최대 굽힘응력이 12MPa으로 되었다. 보의 단면은 직경 20cm의 원형이라 할 때 하중 P의 값은?

① 18.8kN   ② 188.5kN   ③ 18,849kN
④ 188,495kN   ⑤ 1884956kN

해설 : 단순보 중앙에 집중하중일 때

$M = \dfrac{Pl}{4}$ 에서

$\sigma = \dfrac{M}{Z}$ 에서

$= \dfrac{32Pl}{\pi d^3 4}$

∴ $P = \dfrac{\sigma \pi d^3}{8l} = \dfrac{12 \times 10^6 \times \pi \times 0.2^3}{8 \times 2} = 18.8\text{kN}$

02 보 속의 전단응력

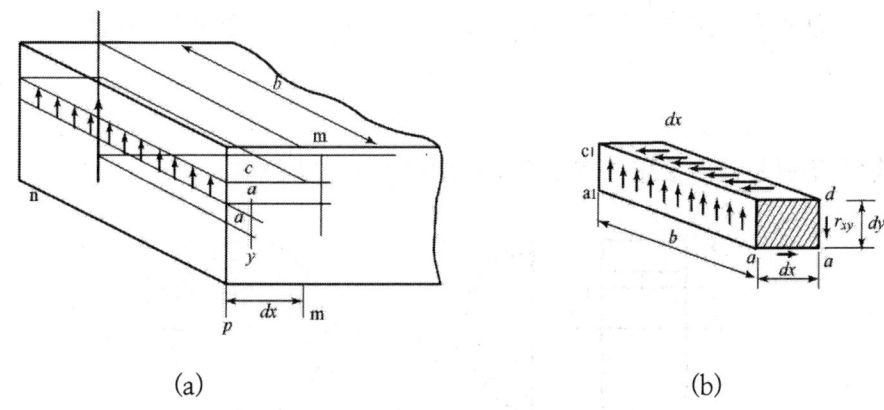

(a)　　　　　　　　　　　　(b)

[그림 8.3 보 속의 전단응력]

만일, 단면 mn과 m_1n_1에서의 굽힘모멘트가 동일하다면, 즉 보가 순수굽힘 상태에 있다면 측변 np와 n_1p_1에 작용하는 σ_x 역시 동일하게 되어야 한다. 그러나 굽힘모멘트가 서로 다른 좀더 일반적인 경우에 한하여 단면 mn과 m_1n_1에 작용하는 굽힘모멘트를 각각 M과 $M+dM$으로 표시하기로 한다.

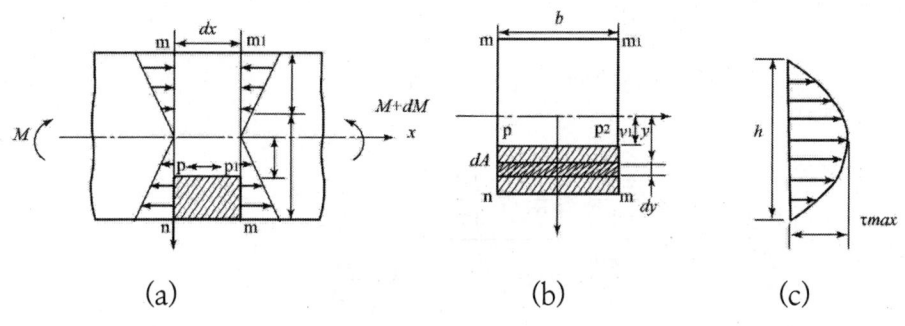

(a)　　　　　　(b)　　　　　　(c)

[그림 8.4 보 속의 인장응력과 전단응력선도]

보속의 최대전단응력을 정리하면

$$\tau = \frac{VQ}{Ib} \quad (V: \text{전단력}, \quad I: \text{중심에서의 2차관성모멘트}, \quad b: \text{폭})$$

$$Q = \int_y^e y\,dA = \text{음영부분면적} \times \text{중심축에서 음영부분 중심까지 길이}$$

보속의 전단응력은 2차 포물선으로 중립선에서 최대이다.

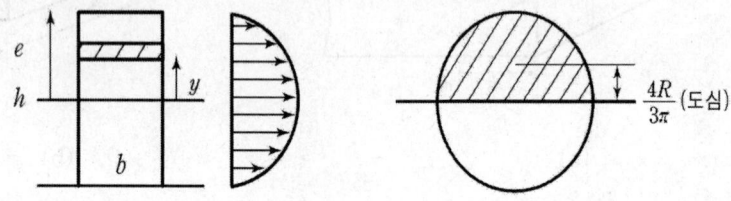

[그림 8.5 보 속의 최대전단응력]

$$\tau = \frac{VQ}{Ib}$$

$$\tau_{\max} = \frac{V \cdot b \times \frac{h}{2} \times \frac{1}{4}}{\frac{bh^3}{12} \times b} = \frac{3V}{2bh} = \frac{3V}{2A}$$

$$\tau_{\max} = \frac{3}{2}\frac{V}{A}$$

$$\tau = \frac{VQ}{Ib} = \frac{V \times \frac{\pi d^2}{4} \times \frac{1}{2} \times \frac{2d}{3\pi}}{\frac{\pi d^4}{64} \times d} = \frac{4V}{3 \cdot \frac{\pi d^2}{4}}$$

$$\tau_{\max} = \frac{4}{3}\frac{V}{A}$$

EX 01

단순보(simple beam)에 있어서 원형단면에 분포되는 최대 전단응력은 평균 전단응력 $\left(\dfrac{F}{A}\right)$의 몇 배가 되는가?

① $\dfrac{2}{3}$배 ② 1배 ③ $\dfrac{3}{2}$배

④ $\dfrac{4}{3}$배 ⑤ $\dfrac{3}{4}$배

해설 : $\tau = \dfrac{VQ}{Ib}$ (V : 는 전단력, b : 구하고 싶은 곳의 자른 길이)

구형단면 : $\tau = \dfrac{3V}{2A}$, 원형단면 : $\tau = \dfrac{4V}{3A}$

EX 02

단순보가 그림과 같이 중앙에 집중하중 30kN를 받을 때 최대 전단 응력은 몇 MPa인가(단, 이 보의 폭 높이 = 30cm×50cm이다)?

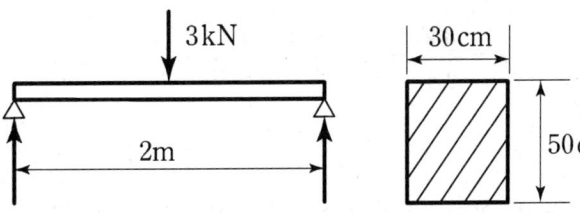

① 0.015 ② 1.5 ③ 3.0
④ 0.15   ⑤ 0.3

해설 : $\tau = \dfrac{3V}{2A} = \dfrac{3 \times 1.5 \times 1000 \times 10^{-6}}{2 \times 0.3 \times 0.5} = 0.015\text{MPa}$

EX 03 그림과 같은 단순보에서 최대 전단응력을 나타나는 식은?

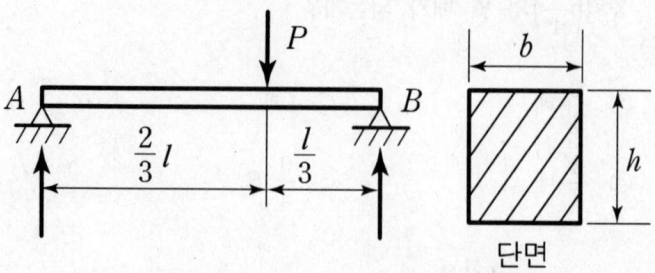

① $\dfrac{8P}{9bh}$ ② $\dfrac{P}{bh}$ ③ $\dfrac{2P}{3bh}$

④ $\dfrac{3P}{2bh}$ ⑤ $\dfrac{4P}{3bh}$

해설 : V 값은 최대값으로 한다.

$$R_A = \frac{P}{3} \text{ 와 } R_B = 2\frac{P}{3} \text{ 중 } R_B \text{ 값으로 한다.}$$

$$\tau = \frac{3V}{2A} = \frac{3 \times 2 \times P}{2 \times b \times h \times 3} = \frac{P}{bh}$$

EX 04 단면의 폭 5cm×높이 3cm, 길이 100cm의 단순지지보가 중앙에 집중하중 4kN을 받을 때 발생하는 최대 굽힘 응력은 얼마인가(MPa)?

① 133   ② 155   ③ 143
④ 125   ⑤ 100

해설 : $\sigma = \dfrac{M}{Z} = \dfrac{6Pl}{bh^2 4} = \dfrac{6 \times 4 \times 10^3 \times 1 \times 10^{-6}}{0.05 \times 0.03^2 \times 4} = 133 \text{MPa}$

EX 05

단면 $b \times h = 4 \times 6$mm, 길이 1m의 외팔보가 자중으로 인하여 생긴 최대 굽힘 응력이 2.4MPa일 때 보의 체적당 중량은 몇 N/m³인가?

① 48　　　　　② 480　　　　　③ 4800
④ 48000　　　⑤ 480000

해설 : $\sigma = \dfrac{M}{Z} = \dfrac{6\omega l^2}{2bh^2}$

$\omega = \dfrac{2bh^2 \sigma}{6l^2} = \dfrac{2 \times 4 \times 10^{-3} \times (6 \times 10^{-3})^2 \times 2.4 \times 10^6}{6 \times 1}$

$= 0.1152\text{N/m}$

비중량　$\gamma = \dfrac{\omega}{A} = \dfrac{0.1152}{4 \times 10^{-3} \times 6 \times 10^{-3}} = 4800\text{N/m}^3$

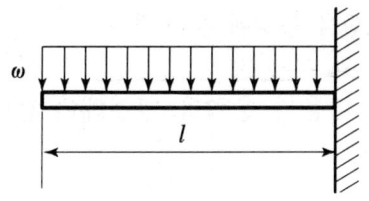
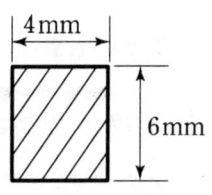

EX 06

6m의 단순보의 중앙에 20kN이 작용할 때 단면의 폭 8cm, 높이 16cm일 때의 굽힘 응력은 몇 MPa인가?

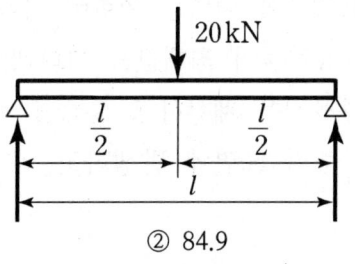

① 78.9　　　　② 84.9　　　　③ 69.5
④ 87.9　　　　⑤ 92.8

해설 : $\sigma = \dfrac{M}{Z} = \dfrac{6Pl}{bh^2 4} = \dfrac{6 \times 20 \times 6 \times 10^{-3}}{0.08 \times 0.16^2 \times 4} = 87.89\text{MPa}$

03 굽힘과 비틀림을 동시에 받는 축

다음의 그림은 굽힘과 비틀림을 동시에 받는 축으로서 순수굽힘을 받거나 순수비틀림을 받는 경우보다 더욱 위험하므로 축지름을 크게 하여야 한다.

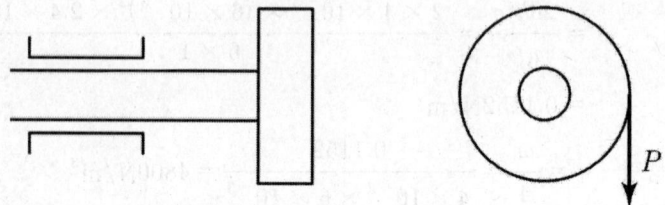

[그림 8.6 굽힘과 비틀림을 동시에 받는 축]

보속에 발생하는 최대응력을 구하려면 다음과 응력을 고려해야 한다.

① 비틀림 모멘트 T로 인한 전단응력

② 굽힘모멘트 M로 인한 굽힘응력

③ 전단력 V에 의한 전단응력

이 세가지 고려 사항 중 ③에 대한 전단응력은 굽힘응력이 0인 중립면에서 최대이고, 다른 응력들에 비하여 회전축에 미치는 영향이 극히 적으므로 일반적으로 무시한다. 따라서 ①과 ②의 각 응력들이 최대값을 나타내는 최대굽힘응력이 발생하는 축의 표면에 대하여 최대주응력을 계산하고 설계의 기준으로 해야 한다. 비틀림으로 인한 최대전단응력은 축의 표면에 발생하고, 비틀림 식에서 다음과 같이 된다.

$$\tau_{\max} = \frac{T}{Z_P} = \frac{16T}{\pi d^3} \quad \cdots\cdots\cdots\cdots\cdots\cdots\cdots\cdots\cdots\cdots\cdots\cdots\cdots\cdots\cdots\cdots\cdots\cdots\cdots\cdots\cdots\cdots\cdots\cdots\cdots\cdots \text{(a)}$$

굽힘모멘트로 인한 최대굽힘응력은 굽힘모멘트가 발생하는 단면의 중립면에서 가장 먼 표면에 발생하고, 식 (8-3)에서 다음과 같이 된다.

$$(\sigma_b)_{\max} = \frac{M}{Z} = \frac{32M}{\pi d^3} \quad \cdots\cdots (b)$$

따라서 최대조합응력은 τ와 σ_b의 합성응력이 최대로 되는 단면에서 일어나게 된다. 식 (a) 및 식 (b) 두 응력의 합성에 의한 최대 및 최소주응력은 식을 적용하면 다음과 같이 된다.

$$\sigma_{\max} = \frac{\sigma_x}{2} + \sqrt{\left(\frac{\sigma_x}{2}\right)^2 + \tau^2} = \frac{16}{\pi d^3}(M + \sqrt{M^2 + T^2})$$

$$= \frac{1}{2Z}(M + \sqrt{M^2 + T^2}) \quad \cdots\cdots (8-9)$$

$$\sigma_{\min} = \frac{\sigma_x}{2} - \sqrt{\left(\frac{\sigma_x}{2}\right)^2 + \tau^2} = \frac{16}{\pi d^3}(M^2 - \sqrt{M^2 + T^2})$$

$$= \frac{1}{2Z}(M - \sqrt{M^2 + T^2})$$

등을 얻을 수 있다. 이 $\sigma_{\max}$와 똑같은 크기의 최대굽힘응력을 발생시킬 수 있는 순수굽힘모멘트를 상당굽힘모멘트(equivalent bending moment)라 하고, 그 크기는 다음과 같다.

$$M_e = \frac{1}{2}(M + \sqrt{M^2 + T^2}) \quad \cdots\cdots (8-10)$$

즉, $\sigma_{\max} = \frac{M_x}{Z} = \frac{32}{\pi d^3} M_e \quad \cdots\cdots (8-11)$

이 식은 주응력이 어떤 값에 달했을 때 파손이 일어난다는 최대주응력설(maximum principal stress theory)에 의한 것이며, 축의 안전지름을 구할 때는 최대응력(σ_{max})대신 허용응력(σ_a)을 대입하면, 식 (8-11)에서

$$d = \sqrt[3]{\frac{32M_e}{\pi\sigma_a}} \fallingdotseq \sqrt[3]{\frac{10.2M_e}{\sigma_a}} \quad \cdots\cdots (8-12)$$

두 응력의 합성에 의한 최대전단응력은 식 (a)에 의하여 다음과 같이 된다.

$$\tau_{max} = \sqrt{\left(\frac{\sigma_x}{2}\right)^2 + \tau^2} = \frac{16}{\pi d^3}\sqrt{M^2 + T^2} = \frac{1}{Z_p}(\sqrt{M^2 + T^2}) \quad \cdots (8-13)$$

이 τ_{max}과 똑같은 크기의 비틀림 최대전단응력을 발생시킬 수 있는
비틀림모멘트를 상당비틀림모멘트(equivalent twisting moment)라 하고, 그 크기는

$$T_e = (\sqrt{M^2 + T^2}) \quad \cdots\cdots (8-14)$$

즉, $\tau_{max} = \dfrac{T_e}{Z_p} = \dfrac{16}{\pi d^3} T_e \quad \cdots\cdots (8-15)$

이 식은 최대전단응력이 어떤 값에 달했을 때 파손이 일어난다는 최대전단응력설(maximum shearing stress theory)에 의한 것이며, 축의 안전지름을 구할 때는 τ_{max}대신 τ_a를 대입하면 식 (h)에서

$$d = \sqrt[3]{\frac{15T_e}{\pi\tau_a}} \fallingdotseq \sqrt[3]{\frac{5T_e}{\tau_a}} \quad \cdots\cdots (8-16)$$

축의 재료가 강재와 같은 연성 재료인 경우에는 최대전단응력으로 파단된다고 생각하여 $\tau = \frac{1}{2}\sigma$로 택하고, 주철과 같은 취성재료인 경우에는 최대주응력으로 파단된다고 생각하여 계산한다.

(1) 최대 전단응력설

$$Te = \tau Z_p$$

$$Te = \sqrt{M^2 + T^2}$$

여기서 Te는 상당 비틀림모멘트이다.

(2) 최대 주응력설

$$Me = \sigma \cdot Z$$

$$Me = \frac{1}{2}\left(M + \sqrt{M^2 + T^2}\right)$$

여기서 Me는 상당 굽힘모멘트이다.

SECTION 09 보의 처짐

01 보의 처짐의 개요

보가 하중을 받으면, 처음에는 가로 축방향으로 직선이었던 보가 [그림 9.1]과 같이 곡선 모양으로 된다. 이 곡선은 처짐곡선(deflection curve) 또는 탄성곡선(elastic curve)이라 하며 응력이 0인 선으로 중립선 또는 중립면이라 한다. 이장에서는 처짐곡선의 방정식을 구하고 보의 임의 구간 점에서의 처짐을 구하는 방법에 대하여 기술한다.

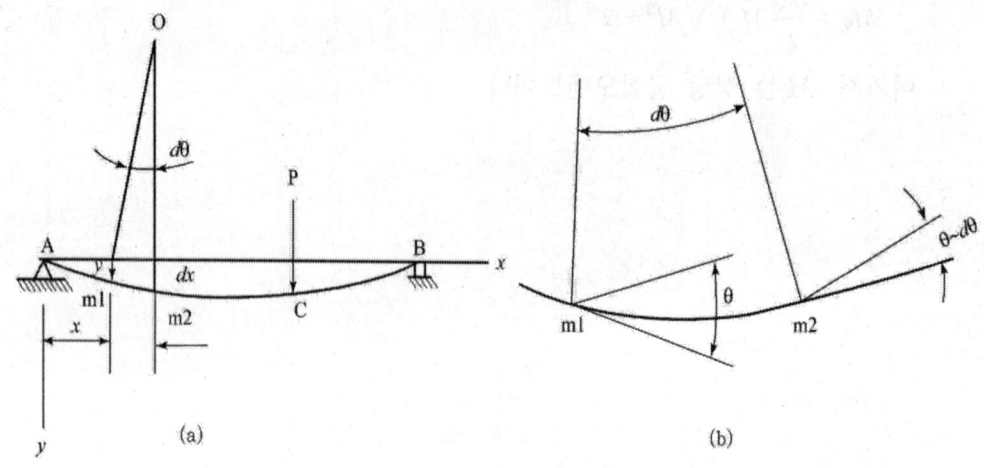

[그림 9.1 보의 처짐곡선]

먼저 처짐 곡선에 대한 일반식을 구하기 위하여 그림 9.1과 같은 단순보의 처짐 곡선 중에서 dx(곡선에서는 ds)부분을 생각한다. 곡선상의 점 m_1과 m_2점에서 처짐곡선에 대한 접선들에 수직선을 그리면 그 교점은 곡률중심 O가 되며, O에서 중립선까지의 거리를 곡률반경(radius of curvature) ρ라 한다.

$$x = \frac{1}{\rho} = \frac{d\theta}{ds} \quad \cdots\cdots (9-1)$$

보는 하중을 받으면 탄성영역에서는 아주 작은 처짐만 나타나기 때문에 처짐곡선은 매우 평평하여 각 θ와 기울기는 매우 작으므로 다음과 같이 가정할 수 있다.

$$ds \approx dx \quad \theta \approx \tan\theta = \frac{dy}{dx} \quad \cdots\cdots (9-2)$$

여기서 y는 그림에서처럼 초기 위치로부터의 처짐이다. 이 식을 식 (9-1)에 적용하면

$$x = \frac{1}{\rho} = \frac{d\theta}{ds} = \frac{d^2y}{dx^2} \quad \cdots\cdots (9-3)$$

모멘트와 굽힘 강성계수 EI에 관한 식은 $\frac{1}{\rho} = -\frac{M}{EI}$ 이므로 정리하면

$$\frac{d^2y}{dx^2} = -\frac{M}{EI} \quad \cdots\cdots (9-4)$$

부호규약에 의해 곡선의 기울기 $\frac{dy}{dx}$의 증감과 굽힘 모멘트 M과의 관계는 그림 9.2와 같은 관계가 있다.

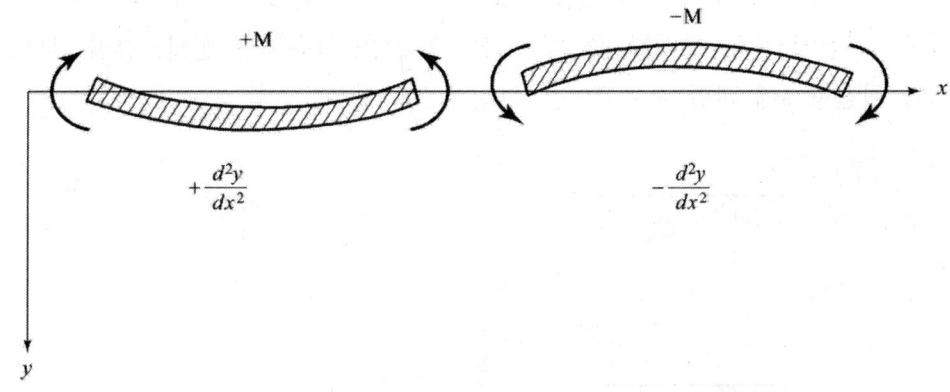

[그림 9.2]

식 (9-4)를 대칭면 내에서 굽힘 작용을 받는 보의 처짐곡선에 대한 미분방정식이라 한다. 일반적으로 보의 처짐은 굽힘 모멘트 M과 전단력 V에 의해 일어나지만 전단력에 의한 처짐은 굽힘 모멘트에 의한 처짐에 비해 매우 작으므로 무시하고 순수 굽힘이란 가정하에서 식 (9-4)를 적분하여 여러 종류의 보의 처짐각 및 처짐량을 구할 수 있다. 즉, 식 (9-4)를 x에 대하여 미분하고 전단력과 모멘트의 관계식을 이용하면 다음과 같은 관계식을 얻을 수 있다.

$$\frac{d^3y}{dx^3} = -\frac{V}{EI} \qquad \frac{d^4y}{dx^4} = \frac{w}{EI} \quad \cdots\cdots\cdots\cdots\cdots\cdots\cdots (9-5)$$

앞에서 표시한 식들을 간단히 하기 위하여 미분 대신 프라임(prime)을 사용하기도 한다.

$$y' = \frac{dy}{dx} \quad y'' = \frac{d^2y}{dx^2} \quad y''' = \frac{d^3y}{dx^4} \quad y'''' = \frac{d^4y}{dx^4} \quad \cdots\cdots\cdots\cdots (9-6)$$

이것을 사용하면 주어진 미분방정식들은 다음과 같이 표시할 수 있다.

$$EIy'' = -M \quad EIy''' = -V \quad EIy'''' = -w \quad \cdots\cdots\cdots\cdots\cdots (9-7)$$

이 식을 식 (9-3)과 비교하면, 기울기가 작은 평평할 처짐곡선의 가정은 $(y')^2$의 값이 1과 비교하여 무시할 수 있으므로 식 (9-8)의 분모는 1이 됨을 알 수 있다. 보의 큰 처짐에 관한 문제를 풀 때는 식 (9-8)을 사용해야 한다. 한편, 보의 처짐각 θ와 처짐량 δ에 관한 부호규약은 그림 9.3과 같다.

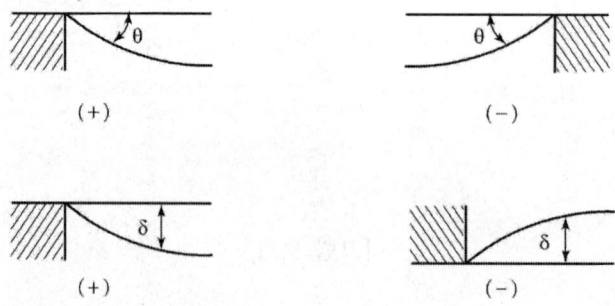

[그림 9.3 처짐과 처짐각의 부호규약]

02 외팔보의 처짐

(1) 자유단에 집중하중을 받는 경우

[그림 9.4]와 같이 길이 l인 외팔보의 자유단에 집중하중 P가 작용할 때 자유단으로부터 x거리에 있는 임의 단면에서의 굽힘모멘트는 $M=-Px$이므로 식 (9-4)에 대입하면 다음과 같다.

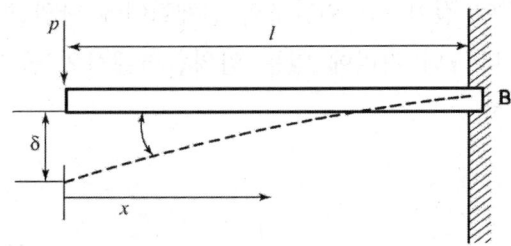

[그림 9.4 자유단에 집중하중을 받는 외팔보]

$$EI\,d^2y/dx^2 = Px \quad\cdots\cdots\cdots\cdots\cdots\cdots\cdots\cdots\cdots\cdots\cdots\cdots\cdots\cdots\cdots\cdots\text{(a)}$$

식 (a)를 x에 관해 두 번 적분하면 다음과 같이 된다.

$$EI\,dy/dx = Px^2/2 + C_1 \quad\cdots\cdots\cdots\cdots\cdots\cdots\cdots\cdots\cdots\cdots\cdots\text{(b)}$$

$$EIy = Px^3/6 + C_1 x + C_2 \quad\cdots\cdots\cdots\cdots\cdots\cdots\cdots\cdots\cdots\cdots\text{(c)}$$

여기서 보의 고정단 $(x=l)$에서는 기울기 및 처짐이 발생하지 않는다는 경계조건을 이용하면 적분상수 C_1과 C_2를 구할 수 있다.

즉, $x=l$에서

$dy/dx = 0$이므로 $C_1 = -Pl^2/2$

$y = 0$이므로 $C_2 = Pl^3/3$

그러므로

$$dy/dx = P/2EI(x^2 - l^2) \qquad y = P/6EI(x^3 - 3l^2x + 2l^3)$$

최대처짐각 및 처짐량은 $x=0$인 자유단에서 생기며, 그 값들은 다음과 같다.

$$\theta_{\max} = (dy/dx)x = 0 = -Pl^2/2EI$$

$$\delta_{\max} = yx = 0 = Pl^3/3EI$$

(2) 균일분포하중을 받는 경우

[그림 9.5]와 같이 길이 l인 외팔보의 전체길이에 단위길이당 w의 하중이 작용할 때, 자유단으로부터 x의 거리에 있는 임의단면에서의 굽힘모멘트는 $M=-wx^2/2$이 므로 식 (9-4)에서

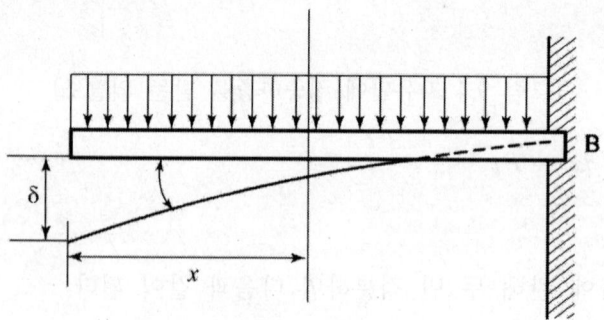

[그림 9.5 균일분포하중을 받는 외팔보]

$$EI\,d^2y/dx^2 = wx^2/2 \quad\cdots\cdots\cdots\cdots\cdots\cdots\cdots\cdots\cdots\cdots\cdots\cdots\cdots\cdots\cdots \text{(a)}$$

식 (a)를 x에 관해 두 번 적분하면

$$EI\,dy/dx = wx^3/6 + C_1 \quad\cdots\cdots\cdots\cdots\cdots\cdots\cdots\cdots\cdots\cdots\cdots\cdots \text{(b)}$$

$$EIy = wx^4/24 + C_1 x + C_2 \quad\cdots\cdots\cdots\cdots\cdots\cdots\cdots\cdots\cdots\cdots \text{(c)}$$

여기서 적분상수 C_1과 C_2는 다음과 같이 구해진다.

$x=1$에서

$dy/dx = 0$이므로 $C_1 = -wl^3/6$

$y=0$이므로 $C_2 = wl^4/8$

그러므로

$$dy/dx = w/6EI(x^3 - l^3) \quad y = w/24EI(x^4 - 4l^3x + 3l^4)$$

최대처짐각 및 처짐량은 $x=0$인 자유단에서 생기므로

$$\theta_{max} = (dy/dx)x = 0 = -wl^3/6EI$$

$$\delta_{max} = yx = 0 = wl^4/8EI$$

(3) 자유단에서 굽힘모멘트를 받는 경우

[그림 9.5]과 같이 자유단에 굽힘모멘트 M_0가 작용하는 경우 어느 단면에나 $M = -M_0$가 일정하게 작용하므로

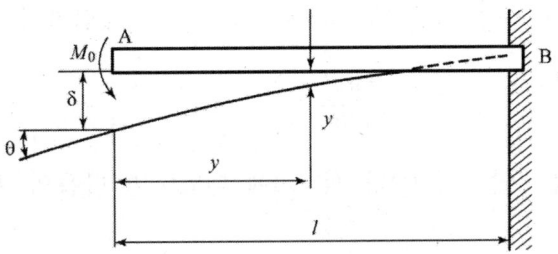

[그림 9.6 우력을 받는 외팔보]

$$EI\frac{d^2y}{dx^2} = M_0 \quad \cdots\cdots\cdots\cdots\cdots\cdots\cdots\cdots\cdots\cdots\cdots\cdots\cdots\cdots\cdots\cdots\cdots \text{(a)}$$

$$EI\frac{dy}{dx} = M_0 x + C_1 \quad \cdots\cdots\cdots\cdots\cdots\cdots\cdots\cdots\cdots\cdots\cdots\cdots\cdots\cdots \text{(b)}$$

$$EIy = \frac{M_0 x^2}{2} + C_1 x + C_2 \quad \cdots\cdots\cdots\cdots\cdots\cdots\cdots\cdots\cdots\cdots\cdots \text{(c)}$$

$x = l$ 에서

$$\frac{dy}{dx} = 0 \text{이므로} \quad C_1 = -M_0 l$$

$$y = 0 \text{이므로} \quad C_2 = \frac{M_0 l^2}{2}$$

그러므로

$$\frac{dy}{dx} = \frac{M_0}{EI}(x = l) \quad \cdots\cdots\cdots\text{(d)}$$

$$y = \frac{M_0}{2EI}(x^2 - 2lx + l^2) \quad \cdots\cdots\cdots\text{(e)}$$

최대처짐각 및 처짐량은 $x=0$인 자유단에서 생기므로

$$\theta_{\max} = \left(\frac{dy}{dx}\right)_{x=0} = -\frac{M_0 l}{EI} \quad \cdots\cdots\cdots\text{(f)}$$

$$\delta_{\max} = y_{x=0} = \frac{M_0 l^2}{2EI} \quad \cdots\cdots\cdots\text{(g)}$$

고정단에서의 고정조건 $y'(0) = \theta = 0 = \delta = 0$을 대입하여 C_3와 C_4를 구하면

$$C_3 = \frac{q_0 l}{24} \qquad C_4 = \frac{-q_0 l^4}{120}$$

미지수 C_3와 C_4를 식 (f)와 식 (g)에 대입하면 다음의 처짐각과 처짐방정식이 구해진다.

$$y' = \theta = \frac{q_0 x}{24 lEI}(4l^3 - 6l^2 x + 4lx^2 - x^3) \quad \cdots\cdots\cdots\text{(h)}$$

$$y = \delta = \frac{q_0 x}{120 lEI}(10l^3 - 10l^2 x + 5lx^2 - x^3) \quad \cdots\cdots\cdots\text{(i)}$$

자유단($x = l$)에서는

$$\theta = \frac{q_0 l^3}{24EI}, \quad \delta = \frac{q_0 l^4}{30EI} \quad \cdots\cdots\cdots\text{(j)}$$

03 면적모멘트 법을 이용한 처짐

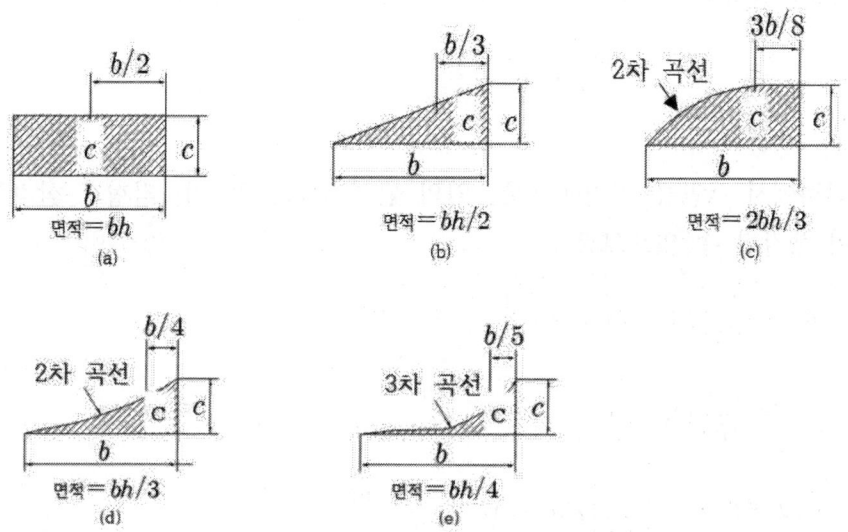

[그림 9.7 BMD의 면적과 도심]

(1) 집중하중을 받는 외팔보

[그림 9.8]과 같이 외팔보의 자유단에 집중하중이 작용할 때 굽힘모멘트 선도는 아래 그림과 같이 표현된다. B점에서의 처짐각 θ_b는 다음과 같이 구할 수 있다.

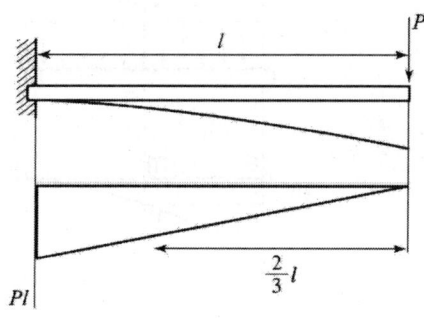

[그림 9.8 외팔보]

$$\theta_b = \frac{A_m}{EI} = \frac{2l \cdot l}{2} \times \frac{1}{EI} = \frac{pl^2}{2EI} \quad \text{..} \text{(a)}$$

B점에서의 처짐량 δ는 굽힘모멘트의 면적과 A점에서의 모멘트선도의 도심길이(x)를 곱하고 b EI로 나누어 주면 다음과 같이 된다.

$$\delta = \frac{A_m}{EI} \cdot \overline{x} = \frac{pl^2}{2EI} \cdot \frac{2l}{3} = \frac{pl^3}{3EI}$$

A점에서 x만큼 거리에 있는 임의 단면 $mnaa_1$을 직사각형과 삼각형으로 나누어 생각할 수 있으므로

$$\theta_x = \frac{1}{EI}\left[P(l-x) \cdot x + \frac{1}{2} \cdot x \cdot Px\right]$$

$$= \frac{Px^2}{2EI}(2l-x)$$

$$\delta_x = \theta \cdot \overline{x} = \frac{1}{EI}\left[P(l-x)x \cdot \frac{x}{2} + \frac{px^2}{2} \cdot \frac{2x}{3}\right]$$

$$= \frac{Px^2}{6EI}(3l-x)$$

(2) 균일분포하중을 받는 외팔보

[그림 9.9]와 같이 외팔보에 균일분포하중 ω가 작용할 할 때 모멘트 면적법을 이용하여 처짐을 구하기로 한다.

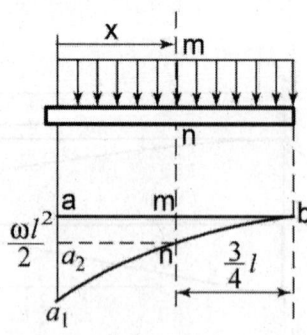

[그림 9.9 균일분포하중을 받는 외팔보]

먼저 보의 A점에서 x만큼 떨어진 임의단면 mn에서의 처짐을 구하려면 그림 (b)에서 $amna_2$의 사각형과 a_2na_1의 포물선으로 이루어진 도형 두 부분으로 나누어 생각하여 처짐각은 다음과 같이 구할 수 있다.

$$\theta_x = \frac{A_m}{EI} = \frac{1}{EI}\left[x \cdot \frac{\omega(l-x)^2}{2} + \frac{1}{3} \cdot x \cdot \frac{\omega x(2l-x)}{2}\right]$$

$$= \frac{\omega x}{6EI}(2x^2 - 4lx + 3l^2)$$

또한 임의단면에서의 처짐은 처짐 각에서 도형의 도심으로부터 처짐을 구하고자 하는 임의단면까지의 거리를 곱해주면 된다.

$$\delta_x = \theta_x \cdot x = \frac{1}{EI}\left[\frac{\omega x(l-x)^2}{2} \cdot \frac{x}{2} + \frac{\omega x^2(2l-x)}{6} \cdot \frac{3}{4}x\right]$$

$$= \frac{\omega x^2}{8EI}(x^2 - 2lx + 2l^2)$$

한편 최대 처짐은 $x=l$인 자유단에서 발생하므로 위의 식에 $x=l$을 대입하여 구할 수 있다. 그러므로

$$\theta_{\max} = \frac{A_m}{EI} = \frac{1}{EI} \cdot \frac{1}{3} \cdot \frac{\omega l^2}{2} \cdot l = \frac{\omega l^3}{6EI}$$

$$\delta_{\max} = \theta \cdot x = \frac{\omega l^2}{8EI} = \frac{3l}{43} = \frac{\omega l^4}{8EI}$$

이 식들은 부정계수법을 이용하여 구한 값과 일치한다.

(3) 카스틸리아노 정리

보가 순수 굽힘 모멘트를 받는 경우 굽힘모멘트는 보의 전길이에 걸쳐 균일하고 탄성곡선이 연속성을 유지하면 모멘트가 하는 일은 $\frac{M\theta}{2}$ 로 표시되며 유지하면 모멘트가 하는 일은 $\frac{M\theta}{2}$ 로 표시되며 $dU = Md\phi$가 된다. 여기서 보의 전 길이에 대한 에너지 U는 다음과 같이 된다.

$$U = \int_o^L \frac{1}{2} m d\phi = \int_o^L \frac{M^2}{2EI} dx$$

EX 01 카스틸리아노 정리에서 하중점의 처짐과 처짐각을 구하는 식은?

해설 : $\theta = \frac{\partial U}{\partial M}, \delta = \frac{\partial U}{\partial P}$

EX 02 그림과 같은 봉 AB의 끝단에 하중 P를 매달고 당겼을 때 B단의 수직 처짐을 구하시오.

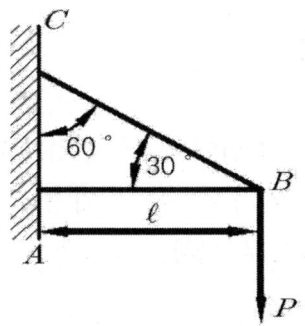

해 설 : $F_{AB} = \dfrac{P}{\sin 30°} \cdot \sin 240° = -\sqrt{3}P$

$F_{BC} = \dfrac{P}{\sin 30°} = 2P$

$U = \dfrac{P\delta}{2} = \dfrac{\sigma^2 Al}{2E} = \dfrac{F^2 \cdot l}{2EA}$ 이므로

$U = U_{AB} + U_{BC} = \dfrac{F_{AB}^2 \cdot l_{AB}}{2EA} + \dfrac{F_{BC}^2 \cdot l_{BC}}{2EA} = \dfrac{(\sqrt{3}P)^2 \cdot l}{2EA} + \dfrac{(2P)^2 \cdot \dfrac{2l}{\sqrt{3}}}{2EA}$

$= \dfrac{P^2 l (\dfrac{3}{2} + \dfrac{4}{\sqrt{3}})}{2EA}$

$\delta_u = \dfrac{\partial U}{\partial P} = \dfrac{Pl(\dfrac{3}{2} + \dfrac{4}{\sqrt{3}})}{EA}$

04 처짐정리

보의 처짐을 구하는 방법에는 ⓐ 부정계수법, ⓑ 특이해법, ⓒ 면적모멘트법, ⓓ 에너지법이 있으나 기사시험에서 가장 간략하고 이해하기 쉬운 면적 모멘트법에 관해서만 설명하기로 한다.

$EIy = EI\delta$

$EIy' = EI\theta$

$EIy'' = EI\dfrac{d^2 y}{dx^2} = -M(\text{BMD})$

$EIy''' = \dfrac{d(M)}{dy} = -V(\text{SFD})$

$EIy^{(4)} = -P(\omega)$

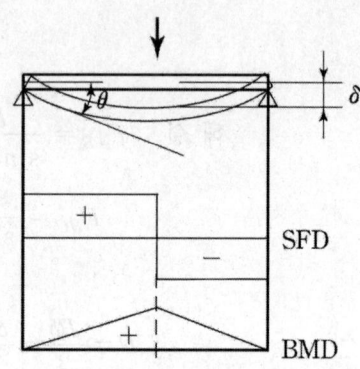

EX 01 그림과 같은 좌표하에서 보의 탄성곡선의 미분 방정식(처짐곡선의 미분 방정식)을 구하면?
(단, M은 굽힘 모멘트, E는 세로 탄성계수, I는 단면의 2차 관성 모멘트, ρ는 곡률 반지름이다)

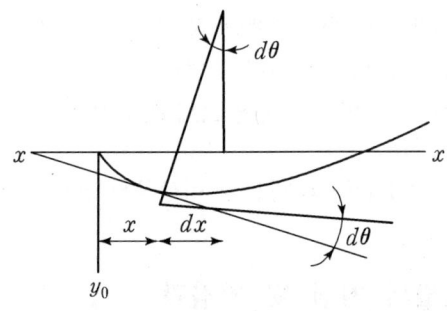

① $\dfrac{d^2y}{dx^2} = \dfrac{M}{EI}$ ② $\dfrac{d^2y}{dx^2} = -\dfrac{M}{EI}$ ③ $\dfrac{d^2y}{dx^2} = \dfrac{1}{\rho}$

④ $\dfrac{d\theta}{ds} = \dfrac{1}{\rho}$ ⑤ $EI\dfrac{d^2y}{dx^2} = M\theta$

해 설 : $EIy'''' = -\dfrac{dV}{dx} = \omega\ (P)$

$EIy''' = -\dfrac{dM}{dx} = -V$

$EIy'' = -M$

$EIy' = EI\theta$

$EIy = EI\theta$

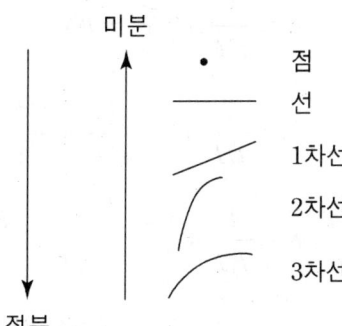

EX 02 전단력 선도(S.F.D)와 굽힘 모멘트 선도(B.M.D)의 관계를 가장 타당성 있게 나타낸 것은?

① S.F.D는 B.M.D의 미분 곡선이다.
② S.F.D는 B.M.D의 적분 곡선이다.
③ S.F.D가 기준선에 평행한 직선일 경우 B.M.D는 포물선을 그린다.
④ S.F.D와 B.M.D는 아무런 연관성이 없다.
⑤ S.F.D를 두 번 적분하면 B.M.D의 곡선이다.

해 설 : S.F.D는 B.M.D의 미분곡선이다.

(1) 면적 모멘트법의 처짐 및 처짐각

$$\theta = \frac{1}{EI} A_m$$

A_m : BMD 선도의 면적

$$\delta = \frac{1}{EI} A_m \, \overline{x} = \theta \cdot \overline{x}$$

$$\theta = \frac{1}{EI} A_m = \frac{1}{EI} \times \frac{Pl^2}{2} = \frac{Pl^2}{2EI}$$

$$\delta = \frac{1}{EI} A_m \, \overline{x} = \frac{1}{EI} \times \frac{Pl^2}{2} \times \frac{2}{3} l = \frac{Pl^3}{3EI}$$

$\overline{x}$: 끝단에서 BMD 도심까지 길이

$$\theta = \frac{1}{EI} \times \frac{Pl}{2} \times \left(\frac{l}{2} \times \frac{1}{2} \right) = \frac{Pl^2}{8EI}$$

$$\delta = \frac{1}{EI} \times \frac{Pl^2}{8} \times \left(\frac{l}{2} + \frac{l}{2} \times \frac{2}{3} \right) = \frac{5Pl^3}{48EI}$$

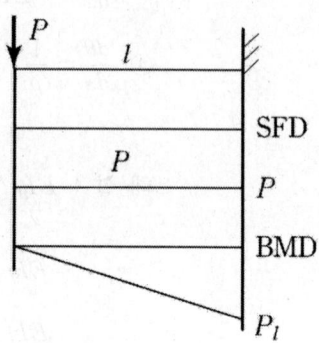

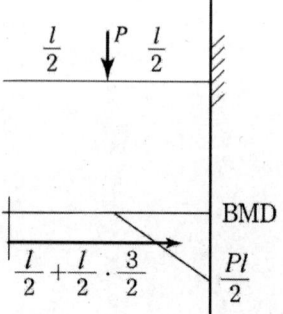

BMD의 모양	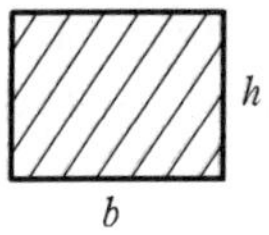 (직사각형, b×h)	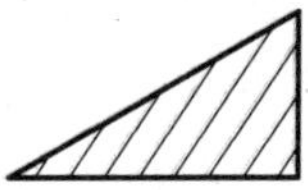 (삼각형)	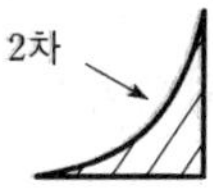 2차	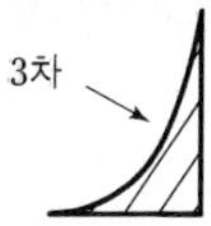 3차	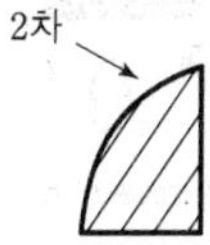 2차
A (면적)	bh	$\dfrac{1}{2}bh$	$\dfrac{1}{3}bh$	$\dfrac{1}{4}bh$	$\dfrac{2}{3}bh$
$\bar{x}$ (도심)	$\dfrac{1}{2}b$	$\dfrac{2}{3}b$	$\dfrac{3}{4}b$	$\dfrac{4}{5}b$	$\dfrac{5}{8}b$

[그림 9.12]

EX 03 단면이 $b \times h = 4\,\text{cm} \times 8\,\text{cm}$인 직사각형이고 스팬(span) 2m의 단순보의 중앙에 집중하중이 작용할 때 그 최대처짐을 0.4cm로 제한하려면 하중은 몇 N으로 제한하여야 하는가 (단, 탄성계수는 $E = 200\,\text{GPa}$이다)?

① 4316 ② 6436 ③ 8192
④ 12853 ⑤ 13000

해 설 : 단순보 중앙에 집중하중이 작용할 때 $\delta = \dfrac{Pl^3}{48EI}$에서

$$P = \dfrac{48EI\delta}{l^3} = \dfrac{48 \times 200 \times 10^9 \times 0.04 \times 0.08^3 \times 0.4 \times 10^{-2}}{2^3 \times 12}$$
$$= 8192\,\text{N}$$

EX 04 균일 분포하중 qN/m를 받고 있는 외팔보가 있다. 자유단에서 처짐이 $\delta = 3$cm 이고 그 지점에서 탄성곡선의 기울기가 0.01rad일 때 이 보의 길이는 얼마인가? (단, 재료의 탄성계수 $E = 205$GPa이다)

① 100cm ② 200cm ③ 300cm
④ 400cm ⑤ 800cm

해설 : $\delta = \dfrac{1}{EI} A_m \overline{x} = \theta \cdot \overline{x}$

$3 = 0.01 \times \dfrac{3}{4} l$ 에서

$l = \dfrac{3 \times 4}{0.01 \times 3} = 400$cm

참고 : $\delta = \theta \cdot \overline{x}$

$\dfrac{wl^4}{8EI} = \theta \cdot \dfrac{3}{4} l$

$\theta = \dfrac{\delta}{\overline{x}} = \dfrac{wl^4}{8EI} \dfrac{4}{3l} = \dfrac{wl^3}{6EI}$

EX 05 길이가 l 인 외팔보에 균일 분포하중 ω 가 작용하고 있을 때 최대 처짐량은 다음 중 어느 것인가?

① $\dfrac{\omega l^3}{6EI}$ ② $\dfrac{\omega l^4}{8EI}$ ③ $\dfrac{\omega l^4}{3EI}$
④ $\dfrac{5\omega l^4}{384EI}$ ⑤ $\dfrac{\omega l^4}{384EI}$

해설 : 외팔보 균일 분포하중

$\theta = \dfrac{1}{EI} A_m = \dfrac{1}{EI} \dfrac{wl^2}{2} \cdot l \cdot \dfrac{1}{3} = \dfrac{wl^3}{6EI}$

$\delta = \theta \cdot \overline{x} = \dfrac{1}{EI} A_m \overline{x} = \dfrac{wl^3}{6EI} \cdot \dfrac{3l}{4} = \dfrac{wl^4}{8EI}$

참고 : 단순보 균일 분포하중일 때:

$\delta = \dfrac{5\omega l^4}{384EI}$

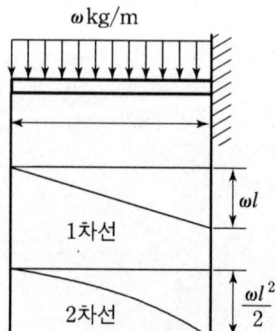

05 부정정보의 처짐과 반력

(1) 양단 고정보가 집중하중을 받는 경우

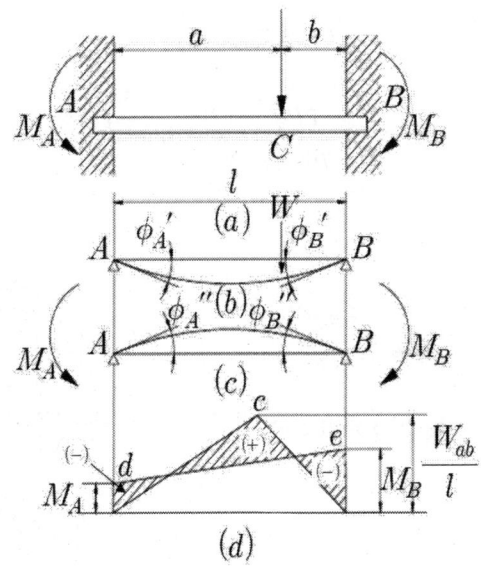

[그림 9.10 양단고정보]

부정정보 요약

① 일단 고정지지보

$$R_A = \frac{Pb}{2l^3}(3l^2 - b^2) = \frac{11}{16}P \quad \left(a = b = \frac{l}{2}\right)$$

$$R_B = \frac{Pa^2}{2l^3}(3l - a) = \frac{5}{16}P \quad \left(a = b = \frac{l}{2}\right)$$

$$\delta = \frac{Pb}{96EI}(3l^2 - 5b^2) = \frac{7Pl^3}{768EI} \quad \left(a = b = \frac{l}{2}\right)$$

$$M_{\max} = \frac{3Pl}{16} \quad \left(a = b = \frac{l}{2}\right)$$

$$R_A = \frac{5\omega l}{8} \qquad R_B = \frac{3\omega l}{8}$$

모멘트가 최대인 지점 : A 지점에서 $\frac{5l}{8}$

$$M_{\max} = \frac{\omega l^2}{8}$$

$$\delta_{\max} = \frac{wl^4}{184.6EI}$$

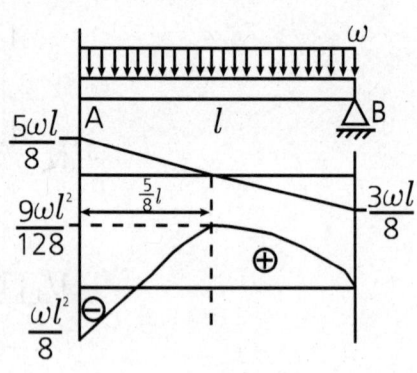

② 양단 고정보

$$R_A = \frac{Pb^2}{l^3}(3a + b) = \frac{P}{2} \quad (a = b\text{인 지점에서 하중 작용시})$$

$$R_B = \frac{Pa^2}{l^3}(a + 3b) = \frac{P}{2} \quad (a = b\text{인 지점에서 하중 작용시})$$

$$M_A = -\frac{Pab^2}{l^2} = \frac{Pl}{8} \quad (a = b\text{인 지점에서 하중 작용시})$$

$$M_B = -\frac{Pa^2b}{l^2} = \frac{Pl}{8} \quad (a = b\text{인 지점에서 하중 작용시})$$

$$\delta = \frac{Pa^3b^3}{3l^3EI} = \frac{Pl^3}{192EI} \quad (a = b\text{인 지점에서 하중 작용시})$$

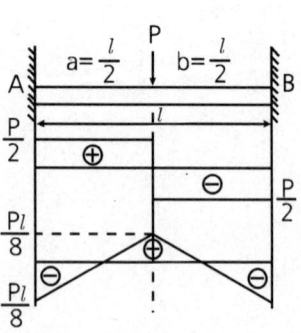

$$R_A = R_B = \frac{\omega l}{2}$$

$$M_A = M_B = \frac{\omega l^2}{12}$$

$$M_C = \frac{\omega l^2}{24} \quad (중앙점)$$

$$\delta = \frac{\omega l^4}{384 EI}$$

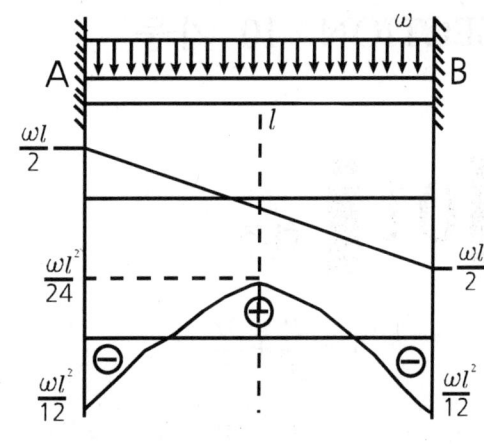

③ 연속보

$$R_A = R_B = \frac{3\omega l}{16}$$

$$R_C = \frac{5\omega l}{8}$$

$$M_C = -\frac{\omega l^2}{32}$$

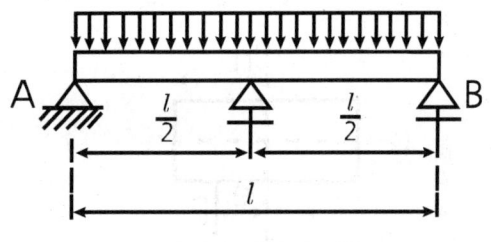

SECTION 10 기둥

01 단주

$$\sigma = \frac{P}{A} + \frac{M}{Z}$$

$$\sigma = \frac{P}{A} + \frac{M}{Z} = \frac{P}{bh} + \frac{6P \cdot e}{bh^2} = \frac{P}{bh}\left(1 + \frac{6e}{h}\right)$$

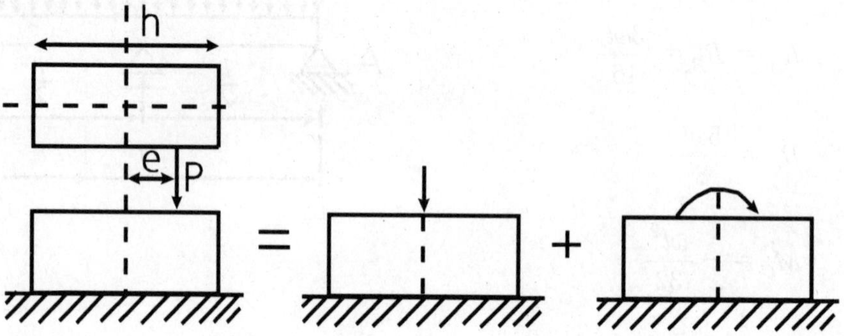

$$-\frac{h}{6} < e < \frac{h}{6} \quad -\frac{b}{6} < e < \frac{b}{6}$$

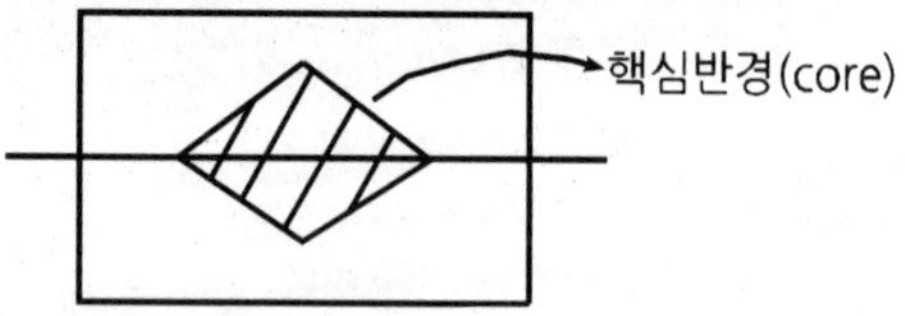

[그림 10.1 단주에서의 응력과 핵심반경]

하중이 핵심반경 내에 있어야만 압축응력이 발생하며 허용압축응력 이내시 안전하다.

(1) 원형단면의 단주

$$\sigma = \frac{P}{A} + \frac{M}{Z} = \frac{4P}{\pi d^2} + \frac{32P \cdot e}{\pi d^3} = \frac{4P}{\pi d^2}\left(1 + \frac{8e}{d}\right), \quad -\frac{d}{8} < e < \frac{d}{8}$$

(2) 하중의 위치에 대한 응력 분포

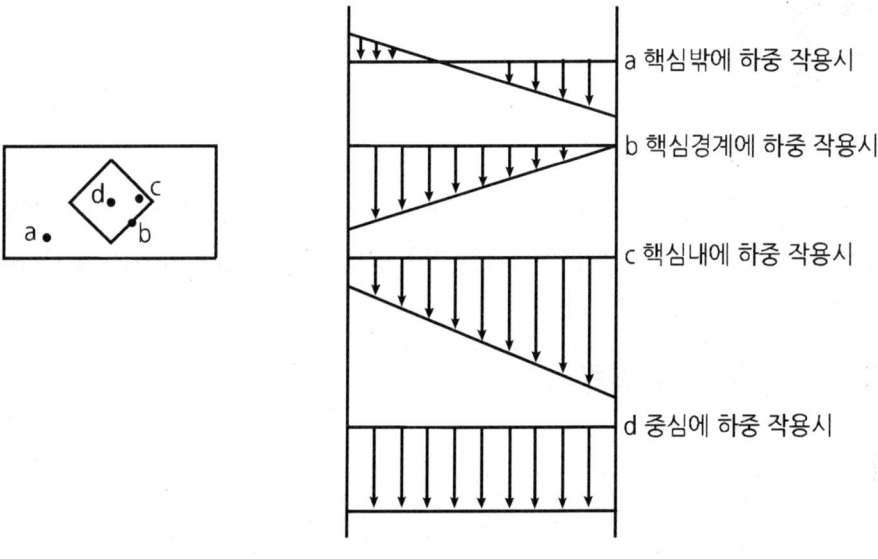

[그림 10.2 단주의 응력분포]

EX 01 그림과 같은 구형 단면의 기둥에 $e = 2\text{mm}$의 편심거리에 $P = 1\text{kN}$이 작용할 때 발생되는 응력 σ_{max}는 몇 MPa인가?

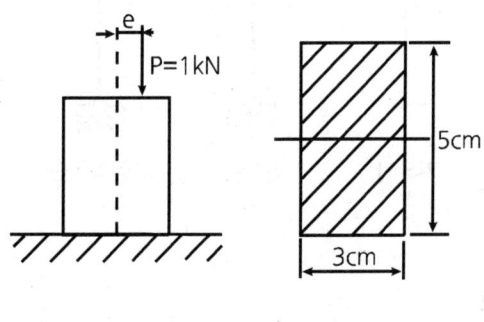

① 0.16 ② 0.27
③ 0.93 ④ 1.6

해설 : 단주

$$\sigma_{max} = \frac{P}{bh} + \frac{6Pe}{bh^2} = \frac{1 \times 10^3 \times 10^{-6}}{0.03 \times 0.05} + \frac{6 \times 1 \times 10^3 \times 2 \times 10^{-3}}{0.05 \times 0.03^2} \times 10^{-6}$$
$$= 0.93\text{MPa}$$

02 장주

(1) 오일러 가정

장주는 지름에 비해 길이가 긴 봉이 축방향으로 하중을 받는 것을 일컬으며 길이가 매우 길 경우 오일러식이 적용되며 굽힘은 존재하나 압축은 무시하여 정리한 식이다. (오일러 가정)

(2) 장주의 오일러 식 정리

▮▮ 임계하중

$$P_{cr} = \frac{n\pi^2 EI}{l^2}$$

n = 단말 계수

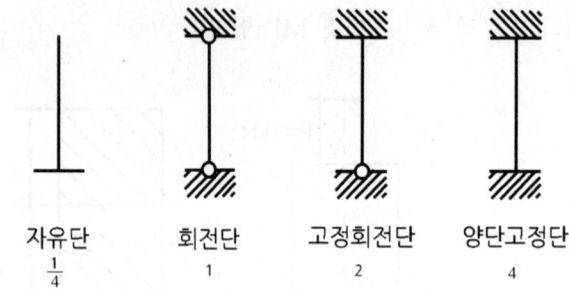

	자유단	회전단	고정회전단	양단고정단
n	$\frac{1}{4}$	1	2	4

▮▮ 임계응력

$$\sigma_{ac} = \frac{P_{cr}}{A} = \frac{n\pi^2 EI}{Al^2} = n\pi^2 \frac{EK^2}{l^2} = \frac{n\pi^2 E}{\lambda^2} \quad (\lambda : 세장비)$$

위의 식을 오일러의 식이라 하며 세장비 (λ)에 의해 식의 대입을 결정한다.

연강의 경우

$$\lambda > 102 \qquad \lambda = \frac{l}{K} = \frac{l}{\sqrt{\dfrac{I}{A}}} > 102$$

그러므로 원형봉에서는 $l > 25.5d$ 이다.

EX 01 폭 15cm, 높이 20cm의 직사각형 단면을 가진 길이 2.5m의 기둥에서 세장비는?

① 4.   ② 5.8
③ 6.5 ④ 58

해 설 : $\lambda = \dfrac{l}{K} = \dfrac{l}{\sqrt{\dfrac{I}{A}}} = \dfrac{250}{\sqrt{\dfrac{20 \times 15^3}{12 \times 15 \times 20}}} = 57.735$

EX 02 길이 l인 장주의 재질과 단면적이 동일할 때 축하중이 그림과 같이 작용할 때 가장 먼저 좌굴이 일어나는 것은 어느 것인가?

① 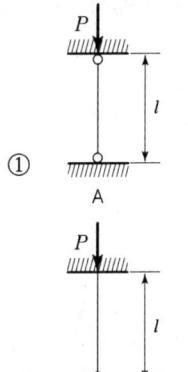 A

② 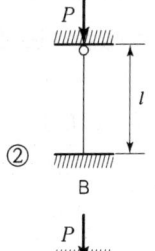 B

③ C

④ 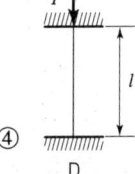 D

해 설 : P_{Cr}(좌굴임계하중) $= \dfrac{n\pi^2 EI}{l^2}$ 에서 n값에 의해 결정

자유단 : $n = \dfrac{1}{4}$ 양단회전단 : $n = 1$

회전단고정단 : $n = 2$ 양단고정단 : $n = 4$

단말계수가 작을수록 좌굴이 먼저 발생한다.

해 답 : ①

EX 03

3cm×6cm의 직사각형 단면인 양단고정의 연강 기둥에서 오일러의 식을 적용시킬 수 있는 최소 길이는 얼마인가 (단, $E=200\text{GPa}$이다)?

① 0.008m
② 0.08m
③ 0.88m
④ 8.8m

해 설 : 연강에서의 최대 세장비는 102이다.

회전반경 $K = \sqrt{\dfrac{I}{A}} = \sqrt{\dfrac{bh^3}{bh \times 12}} = \sqrt{\dfrac{h^2}{12}} = \sqrt{\dfrac{0.03^2}{12}} = 0.0086$

$\lambda = \dfrac{l}{K}$에서 $l = \lambda \cdot K = 102 \times 0.0086 = 0.88\text{m}$

EX 04

3cm×6cm의 직사각형 단면인 양단고정의 연강 기둥에서 오일러의 식을 적용시킬 수 있는 하중을 구하는 식은 어느 것인가?

① $W_B = \dfrac{\pi^2 E\, 3 \times 6^3}{4\ell^2}$

② $W_B = \dfrac{\pi^2 E\, 6 \times 3^3}{\ell^2\, 3}$

③ $W_B = \dfrac{\pi^2 E\, 6 \times 3^3}{4\ell^2}$

④ $W_B = \dfrac{\pi^2 E\, 3 \times 6^3}{3\ell^2}$

해 답 : ②

EX 05 긴 기둥에 관한 설명 중에서 옳지 않은 것은?

① 좌굴응력은 세장비의 제곱에 정비례한다.
② 세장비가 어느 한도 이하인 기둥에서의 좌굴하중은 랭킨(rankine)의 공식을 사용한다.
③ 좌굴하중은 굽힘 강성 계수와 재료의 압축강도에 따라서 변화된다.
④ 세장비가 큰 기둥이 역학적으로 가장 좋다.
⑤ 길이가 직경의 25.5배 이상인 연강의 기둥은 오일러식을 적용할 수 있다.

해 설 : $\sigma = \dfrac{n\pi^2 E}{\lambda^2}$ 좌굴 응력은 세장비의 제곱에 반비례한다.
해 답 : ①

EX 06 길이 l인 장주의 재질과 단면적이 동일할 때 축압력이 그림과 같이 작용할 때 가장 먼저 좌굴이 일어나는 것은 어느 것인가?

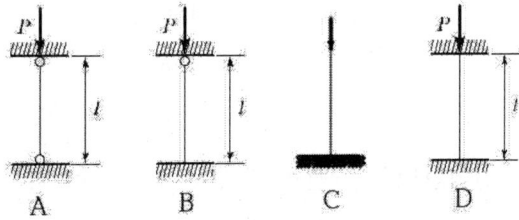

① 양단 회전단(그림 A) $n = 1$
② 일단고정 타단자유단(그림 B) $n = 2$
③ 자유단(그림 C) $n = \dfrac{1}{4}$
④ 양단 고정단(그림 D) $n = 4$

해 설 : 단말계수가 작을수록 좌굴이 먼저 발생한다.
해 답 : C

재료역학 종합 연습문제

01 단순보(simple beam)에 있어서 원형단면에 분포되는 최대전단응력은 평균전단응력$\left(\dfrac{F}{A}\right)$의 몇 배가 되는가?

① $\dfrac{2}{3}$배 ② 1배

③ $\dfrac{3}{2}$배 ④ $\dfrac{4}{3}$배

1. $\tau_{max} = \dfrac{4}{3}\dfrac{F}{A}$

02 단면적이 20cm²인 균일단면봉에 인장하중 10KN이 작용하고 있다. 임의의 서로 직교하는 두 경사면 위에 작용하는 수직응력의 합은?

① 5kPa ② 15kPa
③ 5MPa ④ 15MPa

2. $\sigma_x = \dfrac{P}{A} = \dfrac{10 \times 10^3}{20 \times 10^4}$
 $= 5\text{MPa}$

03 지름이 5cm의 원형단면의 단면계수는?

① $12.3 cm^3$ ② $15.4 cm^3$
③ $16.2 cm^3$ ④ $17.1 cm^3$

3. $Z = \dfrac{\pi d^3}{32} = \dfrac{\pi \times 5^3}{32}$
 $= 12.27 cm^3$

04 굽힘모멘트 M을 받는 직경 d인 원형단면의 보에서 굽힘정도는 d와 어떤 관계가 있는가?

① 직경에 반비례한다.
② 직경의 2승에 반비례한다.
③ 직경의 3승에 반비례한다.
④ 직경의 4승에 반비례한다.

4. $\sigma_x = \dfrac{M}{Z} = \dfrac{32M}{\pi d^3}$

정답 01 ④ 02 ③ 03 ① 04 ③

05 3cm×6cm의 직사각형 단면인 양단고정의 기둥에서 오일러식을 적용시킬 수 있는 최소 길이는 몇 m인가?
(단, $E=205\,GPa$, 좌굴응력은 $2MPa$이다)

① 14.72 ② 15.27
③ 17.42 ④ 21.21

5. $\sigma_{cr} = \dfrac{n\pi^2 EI}{Al^2}$

$\ell = \sqrt{\dfrac{n\pi^2 EI}{\sigma_{cr} \cdot A}}$

$= \sqrt{\dfrac{4 \times \pi^2 \times 205 \times 10^9 \times 0.06 \times 0.03^3}{2 \times 10^6 \times 0.03 \times 0.06 \times 12}}$

$= 17.42\,m$

06 높이가 20cm, 폭 15cm, 스팬이 5m인 단순지지보에 500 kN/m의 균일 등분포 하중이 작용할 때 최대굽힘응력 크기는 얼마인가?

① $1.53\,GPa$ ② $1.56\,GPa$
③ $2.53\,GPa$ ④ $2.56\,GPa$

6. $M_{max} = \dfrac{1}{8}wl^2$

$= \dfrac{1}{8} \times 500 \times 10^3 \times 5^2$

$= 1562500\,N\,m$

$\sigma_{max} = \dfrac{Mmax}{Z}$

$= \dfrac{6Mmax}{bh^2}$

$= \dfrac{6 \times 156,2500}{0.15 \times 0.2^2}$

$= 1.56\,GPa$

07 균일분포하중 q N/m를 받고 있는 외팔보가 있다. 자유단에서 처짐이 $\delta = 3cm$이고 그 지점에서 탄성곡선의 기울기가 $0.01\,rad$일 때 이 보의 길이는 얼마인가(m)?
(단, 재료의 탄성계수 $E=205\,GPa$이다)

① 2 ② 3
③ 4 ④ 5

7. $\theta = \dfrac{pl^3}{6EI}$ $\delta = \dfrac{ql^4}{8EI}$

$\delta = \theta \cdot \dfrac{6l}{8}$

$l = \dfrac{8\delta}{6\theta} = \dfrac{8 \times 3}{6 \times 0.01} = 400\,cm$

08 연강에서 오일러 공식에 적용시킬 수 있는 세장비의 한계치에 가장 가까운 것은?

① 70 ② 80
③ 90 ④ 120

09 극단면계수 $Z_P = 60cm^3$인 전동축이 매분 200회전으로 60마력(PS)이 전달될 때 이 축의 표면에 일어나는 최대전단응력은 몇 MPa인가?

① 30MPa ② 32MPa
③ 35MPa ④ 40MPa

9. $T = 716.2 \times \dfrac{HP}{N} \times 9.8$

$= \tau \cdot Z_P(N \cdot m)$

$\tau = \dfrac{716.2 \times HP \times 9.8}{Z_P \times N}$

$= \dfrac{716.2 \times 60 \times 9.8}{60 \times 10^{-6} \times 200}$

$= 35.09\,MPa$

정답 05 ③ 06 ② 07 ③ 08 ④ 09 ③

10 보의 재질이 같고 동일한 단면적을 갖는 여러 가지 형상의 보에 굽힘하중을 작용할 때 가장 강한 보의 모양은 어느 것인가?

①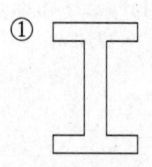
②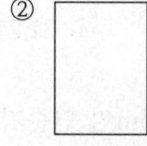
③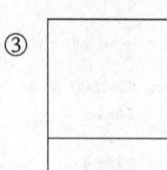
④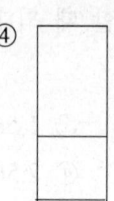

10. I형강이 2차관성 모멘트가 가장 크다.

11 지름 d인 원의 접선에 대한 단면 2차 관성모멘트(I'_x)를 구하여라.

① $I'_x = \dfrac{5\pi d^4}{64}$

② $I'_x = \dfrac{3\pi d^4}{64}$

③ $I'_x = \dfrac{\pi d^4}{32}$

④ $I'_x = \dfrac{\pi d^4}{64}$

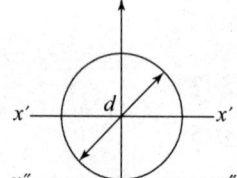

11. $I'_x = I_x + Ay^2$
$= \dfrac{\pi d^4}{64} + \left(\dfrac{d}{2}\right)^2 \cdot \dfrac{\pi d^2}{4}$
$= \dfrac{5\pi d^4}{64}$

12 직사각형 단면의 단순보($b=20$cm, $h=15$cm)가 중앙 단면에서 집중하중 P를 받고 있다. 이 재료의 인장 또는 압축에 대한 허용응력은 $\sigma_\omega = 7$GPa이고 그 세로 섬유에 평행하는 전단에 대한 허용 사용응력은 $\tau = 1.2$GPa이다. 하중 P의 안전치는 몇 MN인가? (단, 보의 길이는 2m이다.)

① 5 ② 7
③ 9 ④ 10

12. $\sigma_\omega = \dfrac{6M_{max}}{bh^2} = \dfrac{6Pl}{bh^2 \cdot 4}$
$P = \dfrac{4bh^2\sigma}{6l} = 10.5$MN
$\tau_\omega = \dfrac{3}{2} \cdot \dfrac{V}{A} = \dfrac{3}{2} \times \dfrac{I}{A} \times \dfrac{P}{2}$
$= \dfrac{3P}{4A}$
$P = \dfrac{4A\tau}{3} = 48$MN
그러므로 $P = 10.5$MN

정답 10 ① 11 ① 12 ④

13 단면이 $b \times h = 4\text{cm} \times 8\text{cm}$인 직사각형이고 스팬(span) 2m의 단순보의 중앙에 집중하중이 작용할 때 그 최대 처짐을 0.4cm로 제한하려면 하중은 몇 kN으로 제한하여야 하는가? (단, 탄성계수 $E = 200\text{GPa}$이다)

① 6.3　　② 7.5
③ 8.2　　④ 10

13. $\delta_{max} = \dfrac{Pl^3}{48EI} = \dfrac{12Pl^3}{48Ebh^3}$
$P = \dfrac{48Ebh^3\delta_{max}}{12l^3}$
$= \dfrac{48 \times 200 \times 10^9 \times 0.04 \times 0.08^3 \times 0.004}{12 \times 2^3}$
$= 8.2\text{kN}$

14 다음 중 포아송비를 바르게 표시한 것은?

① $\dfrac{\text{세로 변형도}}{\text{가로 변형도}}$　　② $\dfrac{\text{가로 변형도}}{\text{세로 변형도}}$

③ $\dfrac{\text{세로 변형도}}{\text{전단 변형도}}$　　④ $\dfrac{\text{전단 변형도}}{\text{세로 변형도}}$

14. $\mu = \dfrac{\varepsilon'}{\varepsilon}$

15 그림과 같은 스팬(span)의 길이 L에 생기는 최대 굽힘 M은 max 값으로 얼마인가?

① $M\text{max} = \dfrac{Wl^2}{9}$

② $M\text{max} = \dfrac{Wl^2}{3}$

③ $M\text{max} = \dfrac{Wl^2}{6}$

④ $M\text{max} = \dfrac{Wl^2}{24}$

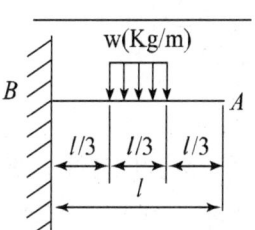

15. $H_{max} = \dfrac{Wl}{3} \cdot \left(\dfrac{l}{3} + \dfrac{l}{6}\right)$
$= \dfrac{1}{6}Wl^2$

정답　13 ③　14 ②　15 ③

16 그림과 같은 단순보에 삼각 분포하중이 작용할 때 A점의 반력 R_A는?

① $R_A = \dfrac{W(l+b)}{6}$

② $R_A = \dfrac{W(l+a)}{6}$

③ $R_A = \dfrac{W(a+b)}{6}$

④ $R_A = \dfrac{W(l+a)}{3}$

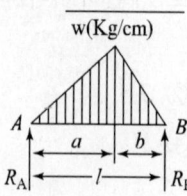

16.
$$R_A = \dfrac{\frac{1}{2}aW(\frac{1}{3}a+b) + \frac{1}{2}bW(\frac{2b}{3})}{\ell}$$
$$= \dfrac{W(a^2+2b^2)+3abW}{6\ell}$$
$$= \dfrac{W(a+b)(a+2b)}{6(a+b)}$$
$$= \dfrac{W(a+2b)}{6} = \dfrac{W(\ell+b)}{6}$$

17 한변이 10cm인 정사각형에 그림과 같은 지름 $d=3$cm의 구멍 있고 원의 중심은 $\overline{AC}$대각선의 $\dfrac{1}{4}$인 지점에 있다. 도심의 위치는 $\overline{AC}$상의 G_1에서 몇 cm 떨어진 곳인가?

① 2.7cm

② 0.27cm

③ 1.27cm

④ 3.27cm

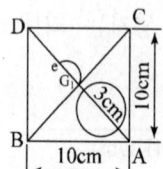

17. $\bar{x} = \dfrac{\sum A\bar{x}}{\sum A}$

$$\dfrac{10\times10\times5 - \frac{\pi}{4}3^2(10-10\sqrt{2}\times\frac{1}{4}\cos45°)}{10\times10-\frac{\pi}{4}3^2}$$
$= 4.81$cm
$\dfrac{(5-4.81)}{\cos45} = 0.269$

18 그림과 같은 단붙임 원축에서 $d_1:d_2=3:2$라 하면 d_1면에 생기는 응력 σ_1과 d_2면에 생기는 응력 σ_2의 비는 다음 중 어느 것인가?

① 2:7

② 1:5

③ 3:8

④ 4:9

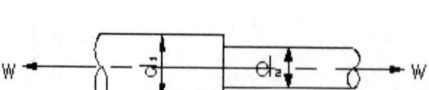

18. $\sigma_1:\sigma_2 = \dfrac{1}{d_1^2}:\dfrac{1}{d_2^2}$
$= \dfrac{1}{9}:\dfrac{1}{4} = 4:9$

정답 16 ① 17 ③ 18 ④

19 포아송의 수를 m, 영계수를 E, 전단탄성 계수를 G라 할 때, G는 다음 중 어느 것으로 표시되는가?

① $G = \dfrac{m+1}{2mE}$ ② $G = \dfrac{3(m+2)}{mE}$

③ $G = \dfrac{mE}{3(m+2)}$ ④ $G = \dfrac{mE}{2(m+1)}$

19. $G = \dfrac{E}{2(1+\mu)}$
$= \dfrac{E}{2(1+\frac{1}{m})}$
$= \dfrac{mE}{2(m+1)}$

20 지름 20mm인 원형단면축에 온도를 20℃ 상승시켰다면 온도변화에 따르는 변형율은 얼마인가?
(단, 선팽창 계수는 6.5×10^{-6}이다)

① 1.3×10^{-4} ② 2.6×10^{-4}

③ 3.9×10^{-4} ④ 5.2×10^{-4}

20. $\varepsilon = \alpha \Delta T = 6.5 \times 10^{-6} \times 20$
$= 1.3 \times 10^{-4}$

21 단면의 폭 5cm×높이 3cm 길이 100cm의 단순지지보가 중앙에 집중하중 4KN을 받을 때 발생하는 최대 굽힘응력은 얼마인가(MPa)?

① 53 ② 95

③ 120 ④ 133

21. $M_{max} = \dfrac{1}{4} Pl$
$\sigma_{max} = \dfrac{6Pl}{bh^2 \cdot 4}$
$= \dfrac{6 \times 4 \times 10^3 \times 1}{0.05 \times 0.03^2 \times 4}$
$= 133.33 \, MPa$

22 오른쪽 그림과 같은 단순보에서 최대전단응력을 나타내는 식은?

① $\dfrac{8P}{9bh}$

② $\dfrac{P}{bh}$

③ $\dfrac{2P}{3bh}$

④ $\dfrac{3P}{2bh}$

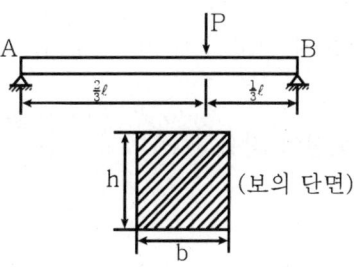

(보의 단면)

22. $V_{max} = \dfrac{2}{3} P$
$\tau = \dfrac{3}{2} \times \dfrac{V_{max}}{A}$
$= \dfrac{3}{2} \times \dfrac{1}{bh} \times \dfrac{2P}{3} = \dfrac{P}{bh}$

정답 19 ④ 20 ① 21 ④ 22 ②

23 양단 단순지지의 원형 단면의 강제보가 자중에 의하여 항복되는 경우 보의 길이(l)와 지름(d)간에는 어떤 관계가 있는가?
(단, 비중량은 ρ이다)

① $d = \rho/\sigma_y$
② $d = \rho l/\sigma_y$
③ $d = \rho l^2/\sigma_y$
④ $d = \rho l^2 \sigma_y$

23. $\omega = \rho \cdot \dfrac{\pi d^2}{4}$ (kg/m)

$Mmax = \dfrac{1}{8}\omega l^2$

$\sigma_y = \dfrac{Mmax}{z}$

$= \dfrac{32 \cdot l^2 \cdot \rho \pi d^2}{\pi d^3 \quad 8 \cdot 4}$

$= \dfrac{\rho l^3}{d}$

$d = \dfrac{\rho l^3}{\sigma_y}$

24 Poisson's ration(μ)가 옳은 것은?

① $\mu = \dfrac{d'-d}{l'-l}$

② $\mu = \dfrac{l(d-d')}{d(l'-l)}$

③ $\mu = \dfrac{l'-d'}{l-d}$

④ $\mu = \dfrac{d(l'-l)}{l(d'-d)}$

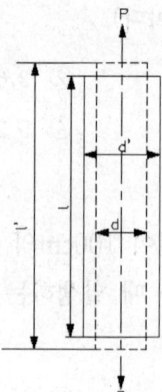

24. $\mu = \dfrac{\dfrac{d-d'}{d}}{\dfrac{l'-l}{l}} = \dfrac{l(d-d')}{d(l'-l)}$

25 주평면(Principla plane)에 대한 다음 설명 중 옳은 것은?

① 주평면에는 전단응력과 수직응력의 합이 작용한다.
② 주평면에는 전단응력만이 작용하고 수직응력은 작용하지 않는다.
③ 주평면에는 전단응력은 작용하지 않고 최대 및 최소의 수직응력만이 작용한다.
④ 주평면에는 최대의 수직 응력만이 작용한다.

26 연강(mild steel)을 파단될 때까지 비틀었을 때 파단형태는 다음 중 어느 것인가?

① 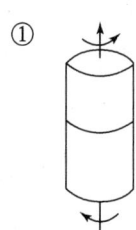 ②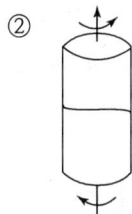

③ 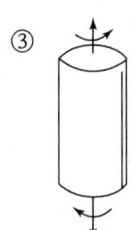 ④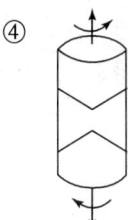

27 $b \times h = 2cm \times 4cm$의 직사각형단면을 가진 길이 1m 되는 외팔보의 자유단에 집중하중을 작용시켰더니 5mm의 처짐이 생겼다. 이 보에 발생하는 최대굽힘응력[kPa]은 얼마인가?
(단, 탄성계수 $E = 205 GPa$이다)

① 50
② 56
③ 61.5
④ 65

27. $P = \dfrac{3EI\delta}{\ell^3}$

$= \dfrac{3 \times 205 \times 10^9 \times 0.02 \times 0.04^3 \times 5 \times 10^{-3}}{1^3 \times 12}$

$= 328 N$

$\sigma_{max} = \dfrac{M_{max}}{Z} = \dfrac{6 \cdot P \cdot \ell}{bh^2}$

$= \dfrac{6 \times 328 \times 1}{0.02 \times 0.04^2} = 61.5 \, kPa$

정답 26 ② 27 ③

28 그림과 같은 2개의 봉 AC, BC를 힌지로 연결한 구조물에 연직하중 $P=8KN$이 작용할 때, 봉 AC 및 BC에 작용하는 하중의 크기 T_1, T_2는 어느 것이 옳은가?
(단, $\overline{AC}=4m$, $\overline{BC}=3m$, $\overline{AB}=5m$이며, 봉의 자중은 무시한다)

① $T_1=6.4$ $T_2=4.8$
② $T_1=4.6$ $T_2=4.8$
③ $T_1=6.4$ $T_2=8.4$
④ $T_1=6.4$ $T_2=8.4$

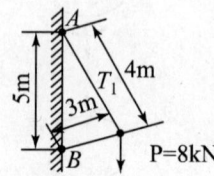

28. $5:4=P:T_1$
$T_1=\frac{4}{5}P=\frac{4}{5}\times 8=6.4kN$
$5:4=P:T_2$
$T_2=\frac{3}{5}P=\frac{3}{5}\times 8=4.8kN$

29 그림과 같이 집게끝을 500N의 힘으로 누를 때에 견딜 수 있는 연결 볼트 A의 알맞은 단면적의 크기[cm^2]는 어느 것인가?
(단, 허용전단응력 $\tau=30$ MPa)

① 2.3
② 1.2
③ 0.5
④ 4.2

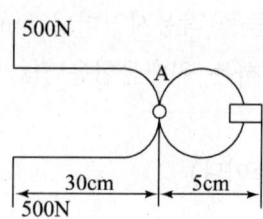

29. $500\times 30=Q\times 5$
$Q=\frac{500\times 30}{5}=3000N$
$\tau=\frac{500+Q}{A}$
$A=\frac{500+Q}{\tau}=\frac{500+3000}{30\times 10^6}$
$=1.167\times 10^{-4}m^2$
$=1.167cm^2$

정답 28 ① 29 ②

30 그림과 같이 정삼각형 형태의 크러스가 길이 l인 두 개의 봉으로 조립되어 접점 A에서 수직하중 P를 받고 있다. 이 두 봉의 축강도 EA는 일정하다면 A점의 수직변위 δ_V는?

① $\delta_V = \dfrac{Pl}{2AE}$

② $\delta_V = \dfrac{Pl}{AE}$

③ $\delta_V = \dfrac{2Pl}{AE}$

④ $\delta_V = \dfrac{3Pl}{AE}$

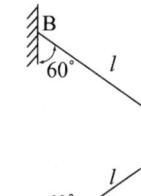

30.
AB에 작용력과 AC의 작용력은 P이다.

전체에너지
$$U = \dfrac{P^2 l}{2AE} \times 2 = \dfrac{P^2 l}{AE}$$
$$\delta_V = \dfrac{\partial U}{\partial P} = \dfrac{\partial}{\partial P}\left(\dfrac{P^2 l}{AE}\right)$$
$$= \dfrac{2Pl}{AE}$$

31 단면적 A의 중립축에 대한 이 단면의 2차 모멘트를 I_G 중립축에서 y 거리만큼 떨어진 축에 대한 단면 2차 모멘트를 I라고 하면 다음 중 옳은 식은?

① $I = I_G - Ay^2$
② $I_G = I + A^2 y^3$
③ $I_G = I - Ay^2$
④ $I = I_G + Ay$

31. $I = I_G + y^2 A$
$I_G = I - y^2 A$

32 직경 $d = 1\,\text{cm}$인 강으로된 중심축에 AB에 고정되어 있고 C에 디스크(disk)가 그림과 같이 고정되어 있다. 만약, 허용 전단 응력이 $70\,\text{MPa}$일 때 이 디스크에 가할 수 있는 최대허용 비틀림각은? (단, $G = 80000\,\text{MPa}$)

① $0.02°$
② $0.12°$
③ $5°$
④ $2.5°$

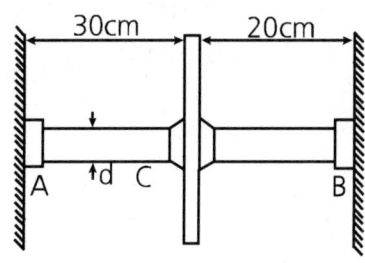

32.
$$T_1 = \dfrac{Tb}{a+b} = \dfrac{T \times 20}{30+20}$$
$$\theta_1 = \dfrac{32\,T_1\,a}{G\,\pi\,d^4}$$
$$= \dfrac{32\,(T \times 20) \times 30}{G\,\pi\,d^4 (30+20)}$$
$$= \dfrac{32\,(\tau\dfrac{\pi d^3}{16} \times 20) \times 30}{G\,\pi\,d^4 (30+20)}$$
$$= \dfrac{2 \times \tau \times 20 \times 30}{G\,d\,(30+20)}$$
$$= \dfrac{2 \times 70 \times 20 \times 30}{80000 \times 10 \times (30+20)}$$
$$= 2.1 \times 10^{-3}\,rad = 0.12°$$

정답 30 ③ 31 ③ 32 ②

33 바깥지름 $d_2 = 2\text{cm}$, 안지름 $d_1 = 1\text{cm}$인 중공축 단면의 단면 2차극 모멘트 I_y를 구한 값은?

① $0.68\,\text{cm}^4$ ② $1.47\,\text{cm}^4$
③ $1.37\,\text{cm}^4$ ④ $2.94\,\text{cm}^4$

33. $I_y = \dfrac{\pi}{32}(d_2^4 - d_1^4)$
$= \dfrac{\pi}{32}(2^4 - 1^4)$
$= 1.47\,\text{cm}^4$

34 그림과 같은 클램프(clamp)에서 $m-n$ 단면의 높이 h는 얼마인가?
(단, $P = 2\text{KN}$, $b = 1\text{cm}$, $e = 6\text{cm}$, $\sigma_w = 160\text{MPa}$이다.)

① 1.5cm
② 2.2cm
③ 2.4cm
④ 3.5cm

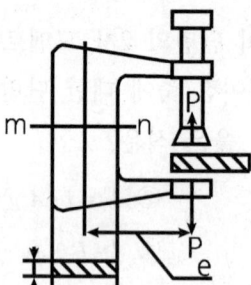

34. $\sigma_w = \dfrac{P \cdot h}{bh \cdot h} + \dfrac{6Pe}{bh^2}$
$= \dfrac{Ph + 6Pe}{bh^2}$
$b\sigma_w h^2 - Ph - 6Pe = 0$
$h = \dfrac{P \pm \sqrt{P^2 + 4 \cdot \sigma_w \cdot 6Pe}}{2b\sigma_w}$
$= \dfrac{2 \times 10^3 \pm \sqrt{\begin{array}{c}(2\times10^3)^2 + 4\times 0.01\times 160\\ \times 10^6 \times 6\times(2\times 10^3)\times 0.01\end{array}}}{2\times 0.01\times 160\times 10^6}$
$= 2.18\,\text{cm}$

35 지름 20mm 길이 1000mm의 연강봉이 3KN의 인장하중을 받을 때 발생하는 신장량의 크기는(mm)?
(단, 종탄성계수는 200GPa이다.)

① 47.7   ② 4.77
③ 0.477 ④ 0.0477

35. $\delta = \dfrac{Pl}{AE} = \dfrac{4Pl}{\pi d^2 E}$
$= \dfrac{4\times 3\times 10^3 \times 1}{\pi \times (0.02)^2 \times 200\times 10^9}$
$= 0.0477\,\text{mm}$

정답 33 ② 34 ② 35 ④

36 풀리에 벨트가 감겨져 있을 때. 벨트 양단의 인장력은 모두 알려져 있다. 이 때 벨트가 풀리에서 미끄러지지 않기 위해서는 마찰계수의 값은 최소한 얼마가 되어야 하는가?

(단, 접촉각은 60°이며 긴장측장력은 1200N이고 이완측장력은 720N이다.)

① 0.512 ② 0.494
③ 0.488 ④ 0.478

36. $e^{\mu\theta} = \dfrac{T_1}{T_2}$

$\mu = \dfrac{1}{\theta} \ln \dfrac{T_1}{T_2}$

$= \dfrac{180}{60 \times \pi} \ln \dfrac{1200}{720}$

$= 0.488$

37 그림과 같은 보의 단면 중에서 굽힘 강도가 가장 큰 것은 어느 것인가?
(단, 재질은 모두 같으며, 하중은 연직 하방향으로 작용한다.)

① 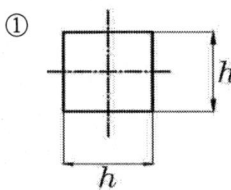 ②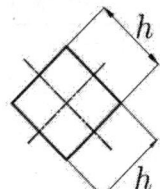

③ 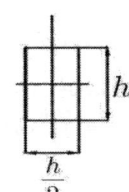 ④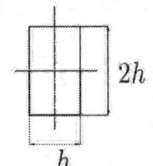

37. $\sigma = \dfrac{M}{Z}$

단면계수(Z)가 큰 값이 굽힘강도가 크다

38 같은 재료의 원형 중심축의 지름이 두 배로 되면 비틀림 강도는 몇 배로 커지는가?

① 2배 ② 4배
③ 6배 ④ 8배

38. $T = \tau \cdot Z_P = \tau \dfrac{\pi d^3}{16}$

$\tau = \dfrac{16T}{\pi d^3}$

정답 36 ③ 37 ④ 38 ④

39 반지름이 r인 원형 단면의 극단면 2차 모멘트는?

① $\dfrac{\pi r^4}{4}$ ② $\dfrac{\pi r^4}{2}$

③ $\dfrac{\pi r^4}{16}$ ④ $\dfrac{\pi r^4}{32}$

39. $I_P = \dfrac{\pi(2r)^4}{32} = \dfrac{16\pi r^4}{32}$
   $= \dfrac{\pi r^4}{2}$

40 길이 1m인 단순보가 아래 그림처럼 $q=5\text{N/m}$의 균일 분포하중과 집중하중으로 $p=1\text{KN}$을 받고 있을 때 최대 굽힘 모멘트는 얼마이며 그 발생되는 지점은 A점에서 얼마 되는 곳인가?

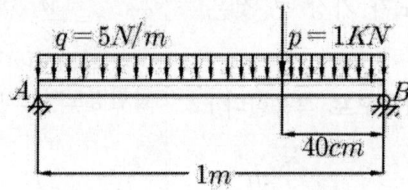

① 0.5 ② 0.6
③ 0.7 ④ 0.8

40. $R_A = 5(0.5) + (1 \times 10^3 \times 0.4)$
   $= 402.5 N$
   $R_B = (5+100) - 402.5$
   $= 602.5 \text{ N}$
   M_{max}
   $= R_A(0.6) - q(0.6) \times \dfrac{0.6}{2}$
   $= 402.5 \times 0.6 - 5 \times 0.6 \times \dfrac{0.6}{2}$
   $= 240 \text{ N} \cdot \text{m}$
   $x = 0.6\text{m}$(전단력이 0인 위치)

41 그림과 같은 보의 단면의 단면계수는 얼마인가?

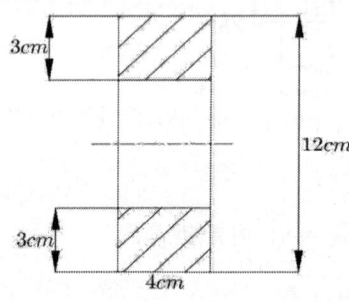

① 72cm^3 ② 78cm^3
③ 84cm^3 ④ 504cm^3

41. $I = \dfrac{1}{12} \times 4 \times 12^3 - \dfrac{1}{12} \times 4 \times 6^3$
   $= 504 \text{ cm}^4$
   $z = \dfrac{I}{y} = \dfrac{504}{6} \text{ cm}^3 = 84\text{cm}^3$

정 답   39 ①   40 ②   41 ③

42 그림과 같은 구조물의 AC강선이 받고 있는 힘은 다음 중 어느 것인가?

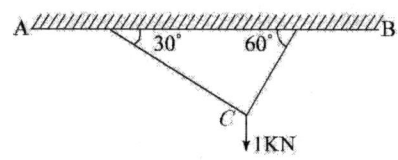

① 314
② 500
③ 628
④ 920

42. $\dfrac{1000}{\sin 90} = \dfrac{T_{AC}}{\sin 150}$
$T_{AC} = 1000\ \sin 150 = 500\,N$

43 그림과 같이 T형 구조물이 수평력 2kN을 받고 있을 때 B점의 반력 R_b는 얼마인가(kN)?

① 2
② 3
③ 4
④ 6

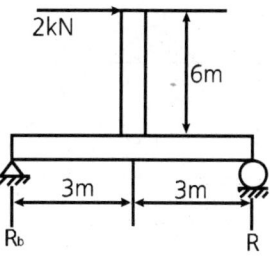

43. $R_b = \dfrac{2 \times 6}{6} = 2\,kN$

44 그림과 같은 손집게에 $p = 200\,N$가 작용할 때 연결부(joint) A의 볼트 지름은 얼마인가?
(단, $\tau = 1.2\,MPa$이다.)

① 4.03
② 5.04
③ 40.3
④ 50.4

44. $\Sigma M_A = 0$
$200 \times 0.2 = Q \times 0.03$
$Q = 1333.33\,N$
$d = \sqrt{\dfrac{4(P+Q)}{\tau \pi}}$
$= \sqrt{\dfrac{4 \times (200 + 1333.33)}{1.2 \times 10^{6} \times \pi}}$
$= 40.34\,mm$

정답 42 ② 43 ① 44 ③

45 탄성계수 $E=205\text{GPa}$ 선팽창계수 $a=11\times10^{-6}$인 철도 레일을 15℃에서 양단을 고정하였다. 발생응력을 85MPa로 제한하려 할 때 열응력에 의한 온도 변화의 허용범위는 다음 중 어느 것인가?

① $-32.69° < T < 52.69°$
② $-22.69° < T < 42.69°$
③ $-32.69° < T < 42.69°$
④ $-22.69° < T < 52.69°$

45. $\sigma = E \cdot a \cdot \delta T$
$\delta T = \dfrac{\sigma}{E \cdot a}$
$= \dfrac{85\times10^{-6}}{205\times10^9 \times 11\times10^{-6}}$
$= 37.69°$
$22.69° < T < 52.69°$

46 양단 고정보의 중앙에 집중하중 W가 작용할 때 굽힘모멘트 선도(BMD) 모양은 다음 중 어느 것인가?

①    ②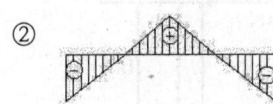

③    ④

46. 양단고정보는 양단에 굽힘모멘트가 작용하며 중앙에서 최대모멘트가 작용한다.

47 그림과 같이 지름 5mm의 강선을 495mm 지름의 원통에 밀착시켜 감았을 때, 강선에 발생하는 최대 굽힘 응력은 얼마나 되겠는가(MPa)?
(단, 강선의 종탄성 계수는 205GPa이다)

① 207
② 208
③ 2070
④ 2080

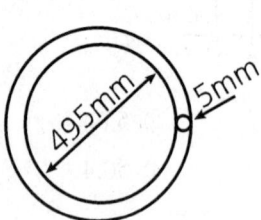

47. $\dfrac{E}{\rho} = \dfrac{\sigma}{y} = \dfrac{M}{I}$
$\sigma = \dfrac{yE}{\rho}$
$= \dfrac{2\times2.5\times10^{-3}\times205\times10^9}{495\times10^{-3}}$
$= 2070.7\text{MPa}$

48 단면계수 $100cm^3$의 4각형 단면의 보가 $2m$의 길이를 가지고 있다. 양단을 고정시킬 때 중앙에 몇 kN의 집중하중을 받칠 수 있겠는가?
(단, 재료의 허용응력을 80MPa라 한다)

① 23
② 32
③ 43
④ 52

48. $\sigma = \dfrac{M_{\max}}{Z} = \dfrac{P \cdot \ell}{Z \cdot 8}$

$P = \dfrac{8\sigma Z}{\ell}$

$= \dfrac{8 \times 80 \times 10^6 \times 100 \times 10^{-6}}{2}$

$= 32000 N$

$= 32 kN$

49 길이가 l인 외팔보에 균일분포 하중 w가 작용하고 있을 때 최대 처짐량은 다음 중 어느 것인가?

① $wl^3/6EI$
② $wl^4/8EI$
③ $wl^4/3EI$
④ $5wl^4/384EI$

49. $\delta = \dfrac{w\ell^4}{8EI}$

50 그림과 같은 타원 단면에 순수 비틀림 모멘트를 주었을 때 최대 비틀림 응력이 일어나는 곳은?

① A
② B
③ E
④ F

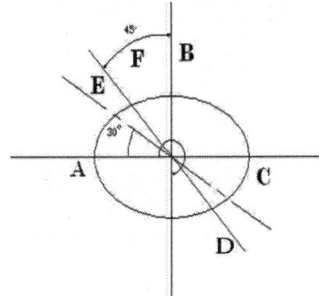

50.
짧은 쪽이 최대 비틀림이 발생

정답 48 ② 49 ② 50 ②

51 길이가 *l*인 장주의 재질과 단면적이 동일할 때 축압력이 그림과 같이 작용할 때 가장 먼저 좌굴이 일어나는 것은 어느 것인가?

① 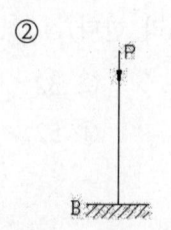　②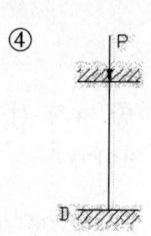

③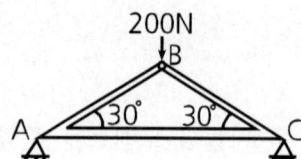

51.
단말계수가 작을 수록 좌굴이 먼저 발생한다.
각 단말계수는 다음과 같다.
① 1　② $\frac{1}{4}$　③ 2　④ 4

52 그림에서 보여주는 구조물의 부재 *AB*에 작용하는 힘은?

① 200
② 150
③ 130
④ 120

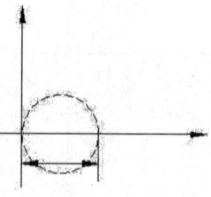

52. $\dfrac{200}{\sin 120} = \dfrac{F_{AB}}{\sin 120}$
$F_{AB} = 200\,N$

53 그림과 같은 모아원(Mohr's circle)의 σ, 축 위에 한점으로 나타나는 평면응력상태(平面應力狀態)는 어느 것인가?

① σ₀로써 이축(二軸) 압축
② σ₀로써 이축 인장
③ σ₀로써 단축(單軸) 인장
④ σ₀로써 단축인장, $\tau_{\theta_0} = \sigma_0$로써 전단

정답　51 ②　52 ①　53 ②

54 정4각형 단면 $(b \times h)$의 극 단면계수 Z_P와 단면계수 Z의 비 Z_P/Z는 다음 중 어느 것인가?

① 1.5 ② 2 ③ 1.7 ④ 1.25

54. $\dfrac{Z_P}{Z} = \dfrac{6b^2h^2}{bh^2(3b+1.8h)}$
$= \dfrac{6b}{3b+1.8h} = \dfrac{6}{4.8}$
$= 1.25$

55 그림과 같은 외팔보(cantilever)의 자유단(端) $100J$의 모멘트가 주어질 때 자유단에서의 처짐은(mm)?
(단, 이 보의 굽힘강성계수(bending modulus or flexural rigidity)는 5×10^6 MN−m²이다.)

① 0.12
② 0.21
③ 0.25
④ 0.28

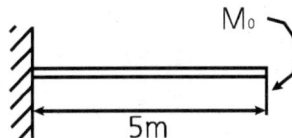

55. $\delta = \dfrac{M_O l^2}{2EI} = \dfrac{100 \times 5^2}{2 \times 5 \times 10^6}$
$= 0.25$ mm

56 보의 탄성곡선의 곡률 $\left(\dfrac{1}{\rho}\right)$은?
(단, M: 굽힘모멘트, EI: 보의 굽힘 강성계수)

① $\dfrac{1}{\rho} = \dfrac{EI}{M}$

② $\dfrac{1}{\rho} = \dfrac{M}{EI}$

③ $\dfrac{1}{\rho} = \dfrac{E}{MI}$

④ $\dfrac{1}{\rho} = \dfrac{I}{ME}$

56. $\dfrac{E}{\rho} = \dfrac{\sigma}{y} = \dfrac{M}{I}$
$\dfrac{1}{\rho} = \dfrac{M}{EI}$

정답 54 ④ 55 ③ 56 ②

57 그림과 같은 정방형 단면에 $\sigma_x = 0$, $\sigma_y = 0$, $\tau = 2\,\text{MPa}$이 작용할 때 주응력의 값은(MPa)?

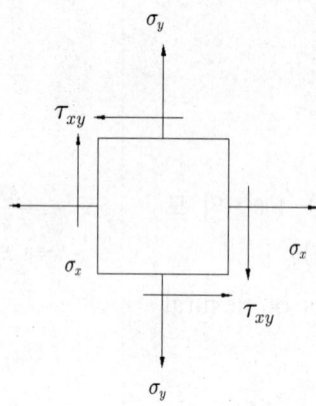

① 2
② −2
③ ±2
④ ±4

57. $\sigma_{1,2} = \pm\sqrt{\tau^2} = \pm 2\,\text{MPa}$

58 그림과 같이 홈이 파인 철판이 있다. 단면에 평행한 도심축에 대한 단면 2차 모멘트는 몇 cm^4인가?

① 168337
② 184661
③ 705306
④ 268373

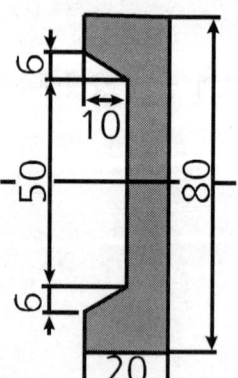

58.
$I = \dfrac{20 \times 80^3}{12}$
$- \left(\dfrac{10 \times 50^3}{12} + \left(\dfrac{10 \times 6^3}{36} + \dfrac{10 \times 6}{2} \times 27^2 \right) \times 2 \right)$
$= 705306.67$

59 그림과 같이 무게가 20N이고 길이가 1m인 균일의 철제 봉이 두개의 저울 위에 놓여 있다. 이때 왼편 저울에서 0.25m의 거리에 80N의 벽돌을 놓았다면 오른편 저울 눈금은 몇 N을 가르키겠는가?

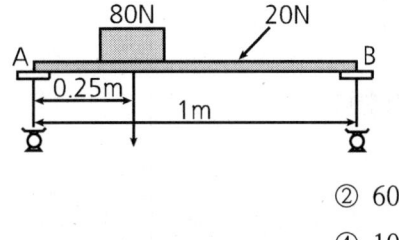

① 30 ② 60
③ 80 ④ 100

59.
$R_B = 80 \times 0.25 + 20 \times 0.5 = 30\,N$

60 동일한 길이와 동일한 재질로서 만들어진 두 개의 원형단면 실측이 있다. 각각의 지름이 d_1, d_2일 때 각측에 저장되는 에너지의 비는?
(단, 두 측은 모두 비틀림 모멘트 T를 받고 있다)

① $u_1/u_2 = (d_2/d_1)^4$ ② $u_2/u_1 = (d_2/d_1)^3$
③ $u_1/u_2 = (d_2/d_1)^3$ ④ $u_2/u_1 = (d_2/d_1)^4$

60. $U = \dfrac{1}{2} T \dfrac{T\ell}{GI_p} = \dfrac{T}{2} \dfrac{32T\ell}{G\pi d^4}$

$U \propto \dfrac{1}{d^4}$ $\dfrac{u_2}{u_1} = \left(\dfrac{d_1}{d_2}\right)^4$

61 그림과 같은 손집게에 0.5KN이 작용할 때 A부분 볼트의 면적(cm^2)은 얼마인가?
(단, 전단응력은 1.2MPa이다.)

① 0.03
② 0.3
③ 3
④ 30

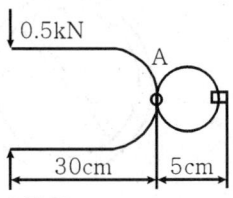

61. $\sum M_A = 0$
$0.5 \times 0.3 = Q \times 0.05 = 0$
$Q = 3\text{kN}$
$A = \dfrac{(0.5+3) \times 10^3}{\tau}$
$ = \dfrac{(0.5+3) \times 10^3}{1.2 \times 10^6}$
$ = 0.0029\,m^2 = 29.17\,cm^2$

정답 59 ① 60 ① 61 ④

62 주 평면(principal plune)에 대한 설명 중 맞는 것은?

① 주 평면에는 전단응력과 수직응력의 합이 작용한다.
② 주 평면에는 전단응력만 작용하고 수직응력은 작용하지 않는다.
③ 주 평면에는 전단응력은 작용하지 않고 최대 및 최소의 수직응력만 작용한다.
④ 주 평면에는 최대의 수직응력만이 작용한다.

63. $P = \dfrac{3\delta EI}{\ell^3} = \dfrac{3\delta Ebh^3}{12\ell^3}$
$= \dfrac{3 \times 5 \times 10^{-3} \times 200 \times 10^9 \times 0.02 \times 0.04^3}{12 \times 0.1^3}$
$= 320 \, kN$
$\sigma = \dfrac{M}{Z} = \dfrac{6P\ell}{bh^2}$
$= \dfrac{6 \times 320 \times 10^3 \times 0.1}{0.03 \times 0.04^2}$
$= 6000 \, MPa$

63 $b \times h = 2\text{cm} \times 4\text{cm}$의 직사각형 단면을 가진 길이 0.1m 되는 외팔보의 자유단에 집중하중을 작용하였더니 5mm의 처짐이 생겼다. 이 보에 발생하는 최대 굽힘응력은 몇 MPa인가?
(단, 탄성계수 $E = 200\,GPa$이다.)

① 60 ② 600 ③ 6000 ④ 6

64. $\dfrac{E}{\rho} = \dfrac{\sigma}{y}$
$\sigma = \dfrac{Ey}{\rho}$
$= \dfrac{2 \times 205 \times 10^9 \times 2.5 \times 10^{-3}}{495 \times 10^{-3}}$
$= 2070.7 \, MPa$

64 그림과 같이 지름이 5mm의 강선을 495mm 지름의 원통에서 밀착시켜 감았을 때, 강선에 발생하는 최대 굽힘응력은 몇 MPa인가? (단, $E = 205\,GPa$이다)

① 2070
② 1080
③ 2080
④ 1060

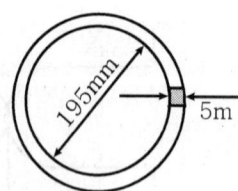

정답 62 ③ 63 ③ 64 ①

65 그림과 같이 T형 구조물이 수평력 2kN 받고 있을 때 B점의 반력 R_b 얼마인가?

① 2kN
② 4kN
③ 6kN
④ 8kN

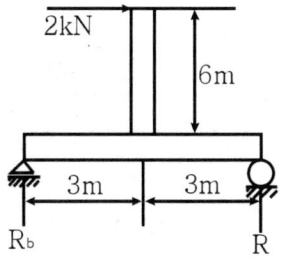

65. $R_b = \frac{2 \times 6}{6} = 2\text{KN}$

66 단면계수 $100cm^3$의 4각형 단면의 보가 2m의 길이를 가지고 있다. 양단을 고정시켰을때 중앙에 몇 kg의 집중하중을 바칠 수 있겠는가?
(단, 재료의 허용 응력을 80MPa라 한다)

① 8 ② 16
③ 32 ④ 64

66. $M_{max} = \frac{1}{8} P\ell$

$\sigma = \frac{M_{max}}{Z} = \frac{P \times 2}{100 \times 100^{-3} \times 8}$

$P = \frac{100 \times 100^{-3} \times 8 \times 80 \times 10^6}{z}$

$= 32\text{kN}$

67 반지름 r인 원형 단면의 도심축에 대한 극단면 2차 모멘트는 어느 것인가?

① $\frac{\pi r^4}{16}$ ② $\frac{\pi r^4}{8}$
③ $\frac{\pi r^4}{4}$ ④ $\frac{\pi r^4}{2}$

67. $I = \frac{\pi d^4}{64} = \frac{\pi (2r)^4}{64} = \frac{\pi r^4}{4}$

$I_P = \frac{\pi d^4}{32} = \frac{\pi r^4}{2}$

정답 65 ① 66 ③ 67 ④

68 그림과 같은 외팔보 (a), (b)에서 최대굽힘 모멘트의 비 M_A/M_B의 값은 얼마인가?

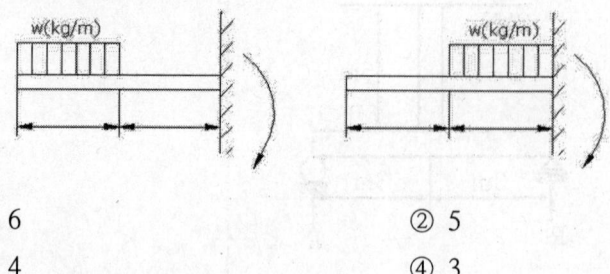

① 6 ② 5
③ 4 ④ 3

68. $M_A = \frac{1}{2} wl \times \frac{3}{4} l = \frac{3}{8} l^2$
$M_B = \frac{1}{2} wl \times \frac{1}{4} l = \frac{1}{8} wl^2$
$\frac{M_A}{M_B} = 3$

69 어떤 봉이 인장력 P를 받아서 세로 변형율 ε이 0.02가 되었다. 이 봉의 세로 탄성 계수가 205GPa라면 가로변형율 ε'는? (단, 이 재료의 포와송수는 3이다)

① 0.002 ② 0.004
③ 0.005 ④ 0.006

69. $\mu = \frac{1}{m} = \frac{\varepsilon'}{\varepsilon}$
$\varepsilon' = \frac{1}{m}\varepsilon = \frac{1}{3} \times 0.02 = 0.006$

70 그림과 같은 단순보(stmple beam)의 자유단에 경사각 θ_A를 구하는 식은? (단, E는 탄성계수, I는 2차 관성모멘트이다)

① $\frac{M_A L}{2EI}$

② $\frac{M_A L}{3EI}$

③ $\frac{M_A L}{6EI}$

④ $\frac{M_A L}{8EI}$

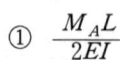

70. $\theta_A = \frac{M_A L}{3EI}$

정답 68 ④ 69 ④ 70 ②

71 그림과 같은 순수 굽힘(pure bending)을 받는 보에 해당되지 않는 특성은?

① 굽힘 모멘트가 일정하다.
② 전단력이 0이다.
③ 전단력이 중앙에서 제일 크다.
④ 곡률이 일정하다.

72 보의 탄성곡선의 곡률은 다음 중 어느 것인가?
(단, E : 세로탄성계수, I : 단면2차모멘트, M : 굽힘모멘트)

① $\dfrac{EI}{M}$ ② $\dfrac{M}{EI}$

③ $\dfrac{E}{MI}$ ④ $\dfrac{I}{ME}$

72. $\dfrac{E}{\rho} = \dfrac{\sigma}{y} = \dfrac{M}{I}$
$\dfrac{1}{\rho} = \dfrac{M}{EI}$

73 길이 1m의 연강봉이 4MPa 인장응력을 받고 있을 때 신장량은 다음 수치 중 어느 것에 가장 가까운가?
(단, 연강봉의 세로탄성계수 $E = 205\,\mathrm{GPa}$이다)

① 0.02mm   ② 0.2mm
③ 0.0002mm   ④ 0.002mm

73. $\delta = \dfrac{P\ell}{AE} = \dfrac{\sigma\ell}{E}$
$= \dfrac{4\times 10^{6}\times 1}{205\times 10^{9}}\times 10^{3}$
$= 0.02\,\mathrm{mm}$

74 다음 도형에서 x–x 축에 관한 단면계수는?

① $\dfrac{bh^2}{4}$
② $\dfrac{bh^2}{6}$
③ $\dfrac{bh^2}{12}$
④ $\dfrac{bh^3}{12}$

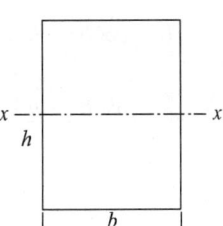

74. $Z = \dfrac{1}{6}bh^2$

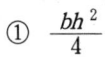 71 ④   72 ②   73 ①   74 ②

75 원형단면축이 비틀림 모멘트를 받을 때 생기는 비틀림각에 대한 설명 중 틀린 것은?

① 비틀림 모멘트에 정비례한다.
② 전단탄성계수에 반비례한다.
③ 극단면 2차 모멘트에 정비례한다.
④ 축지름의 네제곱에 반비례한다.

75. $\theta = \dfrac{T\ell}{GIp} = \dfrac{32T\ell}{G\pi d^4}$

76 오일러의 식에서 탄성 좌굴하중에 대한 설명 중 맞는 것은?

① 탄성계수에 반비례한다.
② 단면 2차 모멘트에 정비례한다.
③ 좌굴길이의 자승에 비례한다.
④ 단말계수 (n)에 반비례한다.

76. $Pcr = \dfrac{n\pi^2 EI}{\ell^2}$

77 단면적을 A, 최소단면 2차 모멘트를 I, 최소단면 2차 반지름을 K라고 하면 이들 사이의 관계식이 옳은 것은 다음 중 어느 것인가?

① $I = K^2 A$
② $I = A^2 k$
③ $I^2 = AK$
④ $I = A/k^2$

77. $K = \sqrt{\dfrac{I}{A}}$ $I = K^2 A$

78 폭 b, 높이 h인 사각단면의 도심에 대한 극단면 2차 모멘트를 옳게 나타낸 식은?

① $\dfrac{b^2 h^2 (b+h)}{12}$
② $\dfrac{bh(b^2 + h^2)}{12}$
③ $\dfrac{b^2 h^2 (b+h)}{6}$
④ $\dfrac{bh(b^2 + h^2)}{6}$

78. $I_p = I_x + I_y$
$= \dfrac{1}{12} bh^3 + \dfrac{1}{12} hb^3$
$= \dfrac{1}{12} bh(h^2 + b^2)$

정 답   75 ③ 76 ② 77 ① 78 ②

79 2축 응력에 대한 Mohr원에서 σ_x가 인장응력, σ_y가 압축응력으로 작용할 때 $-\sigma_x = \sigma_y$이면 Mohr원의 지름은 얼마인가?

① 0
② σ_x
③ $2\sigma_x$
④ $\dfrac{\sigma_x}{2}$

79. $d = \sigma_x - \sigma_y = \sigma_x + \sigma_x = 2\sigma_x$

80 외팔보에 집중하중 P가 작용하여 자유단에 처짐량 $= 2\text{cm}$ 처짐각이 $= 0.02\text{radian}$일 때 보의 길이는 얼마인가?

① 100cm
② 150cm
③ 200cm
④ 250cm

80. $\delta = \theta \times \bar{x} = \theta \times \dfrac{2}{3}\ell$

$\ell = \dfrac{3\delta}{2\theta} = \dfrac{3 \times 2}{2 \times 0.02} = 150\,\text{cm}$

81 최대 탄성에너지에 대한 설명이다. 옳은 것은?

① 최대 탄성에너지가 클수록 재료는 피로에 대하여 강하다.
② 최대 탄성에너지가 클수록 재료는 충격에 대하여 강하다.
③ 최대 탄성에너지가 클수록 재료는 편성이 크다.
④ 최대 탄성에너지가 클수록 탄성계수가 크다.

81. $U = \dfrac{P\delta}{2}$

82 두 단면 P_b와 $P_1 b_3$ 사이의 지름거리가 $l = 10\text{mm}$이고 단면적 $A = 4\text{cm}^2$, 경사각 $\phi = 45°$일 때 축하중 $P = 10\text{kN}$으로 인한 단면 P_b와 $P_1 b_3$ 사이의 거리의 변화는 몇 mm인가?
(단, $E = 200\,\text{GPa}$이다)

① 0.625
② 0.0625
③ 0.000625
④ 0.0000625

82. $\sigma_n = \sigma_x \cos^2\theta = \dfrac{P}{A}\cos^2\theta$

$= \dfrac{10 \times 10^3}{4 \times 100^{-2}} \times \cos^2 45$

$= 12.5\,\text{MPa}$

$\delta = \dfrac{P\ell}{AE}$

$= \dfrac{12.5 \times 10^6 \times 10 \times 10^{-3}}{200 \times 10^9}$

$= 0.000625\,mm$

정답 79 ③ 80 ② 81 ② 82 ③

83 다음 그림은 단순보의 전단력 선도 (S.F.D)이다. 이 보의 D점의 하중은 얼마인가?

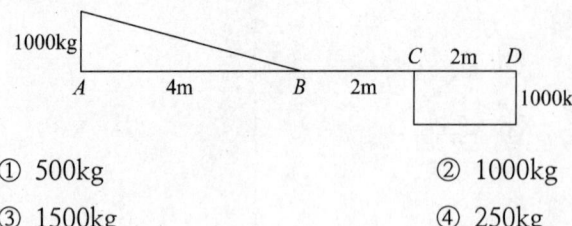

① 500kg
② 1000kg
③ 1500kg
④ 250kg

84 도면과 같은 직사각형 단면의 단순보가 중앙 단면에서 집중하중 P를 받고 있다. 이 재료의 인장 또는 압축에 대한 허용 응력은 $\sigma_w = 7\text{MPa}$이고 그 세로 섬유에 평행하는 전단에 대한 허용사용 응력을 $\tau_w = 1\text{MPa}$이다. 하중 P의 안전치는 몇 kN인가?

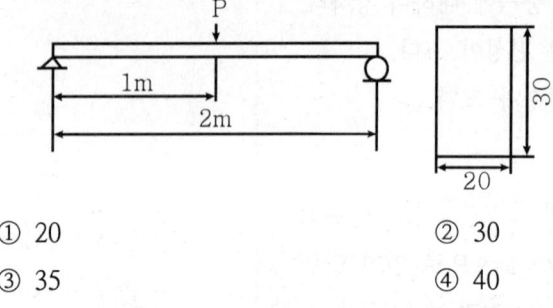

① 20
② 30
③ 35
④ 40

84. $\sigma_w = \dfrac{M_{\max}}{Z} = \dfrac{6Pl}{bh^2 4}$

$P = \dfrac{4bh^2 \sigma_w}{6\ell}$

$= \dfrac{4 \times 0.2 \times 0.3^2 \times 7 \times 10^6}{6 \times 2}$

$= 42\text{KN}$

$\tau_w = \dfrac{3}{2}\dfrac{P}{A}$

$P = \dfrac{2A\tau_w}{3}$

$= \dfrac{2 \times 0.2 \times 0.3 \times 1 \times 10^6}{3}$

$= 40\text{KN}$

$P = 40\text{KN}$

정답 83 ② 84 ④

85 그림과 같은 단순보에서 최대 처짐에 대한 설명 중 틀린 것은?

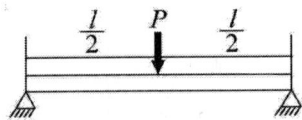

① 보의 높이 (h)의 제곱에 반비례한다.
② 보의 길이 (l)의 세제곱에 비례한다.
③ 작용하는 하중에 정비례한다.
④ 보의 나비 (b)에 반비례한다.

85. $\delta = \dfrac{Pl^3}{48EI} = \dfrac{12Pl^3}{48Ebh^3}$

86 둥근봉을 압축하였더니 길이가 20cm로 되었다. 변형율이 0.006일 때 변형전의 길이는 얼마인가?

① 20.14cm
② 20.05cm
③ 20.52cm
④ 20.12cm

86. $\varepsilon = \dfrac{l - l'}{l} = 1 - \dfrac{l'}{l}$
$l = \dfrac{l'}{1-\varepsilon} = \dfrac{20}{1-0.006}$
$= 20.12\,cm$

87 내압 3MPa 안지름 100cm의 보일러의 원통판의 두께는 몇 mm인가?
(단, 재료의 허용응력을 90MPa이고 이음의 효율을 70%이라 한다)

① 24 ② 48 ③ 2.4 ④ 4.8

87. $t = \dfrac{PD}{2\sigma \eta}$
$= \dfrac{3 \times 10^6 \times 1}{2 \times 90 \times 10^6 \times 0.7}$
$= 23.81\,mm$

정답 85 ① 86 ④ 87 ①

88 길이가 *l*인 단순보 *AB*의 한 단에 그림과 *k*같이 우력 *M* 이 작용할 때, *A*단의 처짐각 θ_A의 값은?
(단, 탄성계수 *E*, 단면 2차 모멘트 *I*이다.)

① $\frac{Ml}{8EI}$ ② $\frac{Ml}{6EI}$

③ $\frac{Ml}{3EI}$ ④ $\frac{Ml}{2EI}$

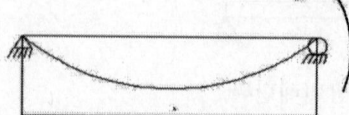

88. $\theta_A = \frac{M\ell}{6EI}$

89 무게 100KN인 물체가 두 개의 줄 *AC*, *BC*에 의해서 평형을 이루고 있다. 줄 *BC*에 걸리는 장력은 얼마인가?

① 51.3KN
② 62.5KN
③ 73.2KN
④ 89.3KN

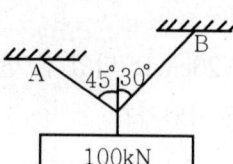

89. $\frac{100}{\sin 75} = \frac{T_{BC}}{\sin 135}$
$T_{BC} = \frac{\sin 135}{\sin 75} \times 100$
$= 73.21\,KN$

90 최대 사용강도(σ_{max}) = 240MPa, 내경 1.5m, 두께 3mm의 강재 원통형 용기가 견딜 수 있는 최대 압력은 몇 kPa인가? (단, 안전계수는 2이다.)

① 240
② 480
③ 960
④ 1920

90.
$P = \frac{2\sigma t}{DS}$
$= \frac{2 \times 240 \times 10^6 \times 0.003}{1.5 \times 2} \times 10^{-3}$
$= 480\,kPa$

정답 88 ② 89 ③ 90 ②

91 반지름이 r인 원형 단면의 극단면 2차 모멘트는?

① $\dfrac{\pi r^4}{4}$ ② $\dfrac{\pi r^4}{2}$

③ $\dfrac{\pi r^4}{16}$ ④ $\dfrac{\pi r^4}{32}$

91. $I_p = I_x + I_y = \dfrac{\pi d^4}{64} + \dfrac{\pi d^4}{64}$
$= \dfrac{\pi d^4}{32} = \dfrac{\pi(2r)^4}{32}$
$= \dfrac{\pi r^4}{2}$

92 그림에서 보여주는 구조물의 AB부재에 작용하는 힘은?

① 115 N
② 141.4 N
③ 200 N
④ 283 N

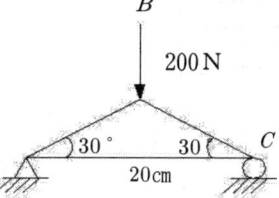

92. $\dfrac{200}{\sin 120} = \dfrac{F_{AB}}{\sin 120}$
$F_{AB} = 200$ N

93 지름 10cm의 둥근 강봉에 6000 N의 인장하중을 작용시키면 지름은 몇 cm 가늘어지는가? 다음 중에서 고르시오. (단, $E = 208$ GPa 프와송비 $\dfrac{1}{m} = \dfrac{1}{3}$이라 한다.)

① 0.0012 ② 0.000012
③ 0.0024 ④ 0.000024

93. $\mu = \dfrac{1}{m} = \dfrac{\varepsilon'}{\varepsilon}$
$\varepsilon' = \mu\varepsilon = \mu \cdot \dfrac{P}{AE}$
$= \dfrac{1}{3} \times \dfrac{4 \times 6000}{\pi(0.1)^2 \times 205 \times 10^9}$
$= 0.012 \times 10^{-4}$
$\varepsilon' = \dfrac{\delta'}{d}$
$\delta' = d\varepsilon' = 10 \times 0.012 \times 10^{-4}$
$= 0.000012$ cm

94 최대 굽힘 모멘트 900 J를 받는 원형단면의 최대굽힘응력을 7 MPa로 하려면 지름을 몇 mm로 하여야 하는가?

① 10.9 ② 109
③ 0.109 ④ 0.0109

94. $\sigma = \dfrac{M}{Z} = \dfrac{32M}{\pi d^3}$
$d = \sqrt[3]{\dfrac{32M}{\pi\sigma}}$
$= \sqrt[3]{\dfrac{32 \times 900}{\pi \times 7 \times 10^6}} \times 10^4$
$= 109.41$ mm

정답 91 ② 92 ③ 93 ② 94 ②

95 그림과 같은 직사각형 단면의 목재 외팔보에 집중하중 P가 C점에 작용하고 있다. 목재의 허용압축응력을 8MPa, 끝단 B점에서의 허용 처짐량을 23.9mm라고 할 때 허용압축응력과 허용 처짐량을 모두 고려하여 이 목재에 가할 수 있는 집중하중 P의 최대값은 약 몇 kN인가?
(단, 목재의 탄성계수는 12GPa, 단면2차모멘트 $1022 \times 10^{-6} \mathrm{m}^{-4}$, 단면계수는 $4.601 \times 10^{-3} \mathrm{m}^3$이다.)

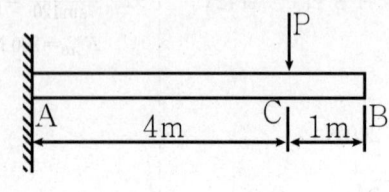

① 7.8   ② 8.5   ③ 9.2   ④ 10.0

96 길이가 l인 단순보의 전체 길이에 분포하중 w가 작용하고 있을 때 최대 처짐량은 다음 중 어느 것인가?

① $\dfrac{5wl^4}{384EI}$ ② $\dfrac{PL^2}{2EI}$

③ $\dfrac{5PL^2}{8EI}$ ④ $\dfrac{3PL^2}{4EI}$

97 길이가 5m인 기둥의 세장비는?
(단, 폭 (b)은 3cm, 높이가 (h)가 2cm이다.)

① 686   ② 866
③ 720   ④ 420

95.
$\delta = \dfrac{1}{EI} A_m \bar{x}$
$= \dfrac{1}{EI} \dfrac{4 \times 4P}{2} \times (1 + 4 \times \dfrac{2}{3})$
$= \dfrac{16P}{2EI} \times \dfrac{11}{3}$

$23.9 \times 10^{-3} = \dfrac{16P}{2 \times 12 \times 10^9 \times 1022 \times 10^{-6}} \times \dfrac{11}{3}$

$P = \dfrac{3 \times 23.9 \times 10^{-3} \times 2 \times 12 \times 10^9 \times 1022 \times 10^{-6}}{16 \times 11}$
$= 9992 N = 9.992 kN$

$\sigma = \dfrac{M}{Z}$
$= \dfrac{4P}{4.601 \times 10^{-3}} = 8 \times 10^6$ 에서
$P = \dfrac{4.601 \times 10^{-3} \times 8 \times 10^6}{4}$
$= 9202 N = 9.2 kN$

96. $\delta = \dfrac{5wl^4}{384EI}$

97. $\lambda = \dfrac{l}{\sqrt{\dfrac{I}{A}}} = \dfrac{l}{\sqrt{\dfrac{bh^3}{12 \times bh}}}$
$= \dfrac{l}{\sqrt{\dfrac{h^2}{12}}} = \dfrac{500}{\sqrt{\dfrac{4}{12}}}$
$= 866$

정답   95 ③   96 ①   97 ②

98 다음은 탄성(elasticity)을 설명한 것이다. 옳은 것은?
① 물체의 변형을 표시화는 것
② 물체에 가해진 외력이 제거되는 동시에 원형으로 되돌아 가려는 성질
③ 물체에 영구변형을 일으키려는 성질
④ 물체에 작용하는 외력의 크기

99 다음 글 중 그 값이 항상 0인 것은?
① 구형단면의 회전 반지름
② 원형단면의 단면계수
③ 도심축에 관한 단면 2차 모멘트
④ 도심축에 관한 단면 1차 모멘트

100 삼각형 단면의 밑면과 높이가 $b \times h = 20cm \times 30cm$일 때 밑면에 평행하고 도심을 지나는 축에 대한 단면 2차 모멘트는 몇 cm^4인가?
① 150
② 15000
③ 300
④ 370

100. $I = \frac{1}{36} bh^3$
$= \frac{1}{36} \times 20 \times 30^3$
$= 15000 \, cm^4$

101 길이 20m인 양단 고정보에 등분포하중 $w = 5N/m$가 작용할 때 중앙의 굽힘 모멘트는 몇 J인가?
① 320
② 249
③ 83
④ 52.33

101. $M = \frac{wl^2}{24} = \frac{5}{24} \times 20^2$
$= 83.33 J$

정답 98 ② 99 ④ 100 ② 101 ③

102. 지름이 6mm강선을 500mm지름의 원통에 밀착시켜 감았을 때 강선에 발생하는 최대 굽힘응력은 몇 MPa인가? (단, 강선의 종탄성계수는 205GPa이다.)

① 2.46　　② 246
③ 2460　　④ 24600

102. $\dfrac{E}{\rho} = \dfrac{\sigma}{y} = \dfrac{M}{I}$

$\sigma = \dfrac{Ey}{\rho}$

$= \dfrac{205 \times 10^9 \times 3 \times 10^{-3}}{250 \times 10^{-3}}$

$= 2460 \text{ MPa}$

103. 그림과 같이 원형단면 보에(지름 d) 집중하중 P와 토크 T가 자유단에 작용할 때 주전단응력(최대 전단응력)의 올바른 식은?

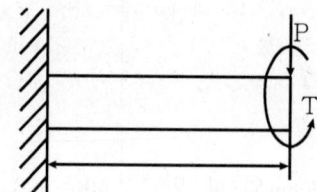

① $\tau_{max} = \dfrac{16}{\pi d^3}\sqrt{M^2 + T^2}$

② $\tau_{max} = \dfrac{8}{\pi d^3}\sqrt{M^2 + T^2}$

③ $\tau_{max} = \dfrac{32}{\pi d^3}(M + \sqrt{M^2 + T^2})$

④ $\tau_{max} = \dfrac{64}{\pi d^3}(M + \sqrt{M^2 + T^2})$

103. $\tau_{max} = \dfrac{16}{\pi d^3}(\sqrt{M^2 + T^2})$

정답 102 ③　103 ①

104 그림과 같이 집중하중 P를 받는 외팔보가 있다. 모멘트 선도가 그림과 같을 때 B점에서의 처짐은 어떻게 나타내는가?

(단, E는 탄성계수, I는 단면 2차 모멘트이다.)

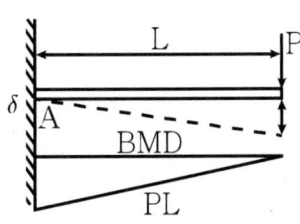

① $\dfrac{2Pl^3}{3EI}$ ② $\dfrac{Pl^3}{EI}$

③ $-\dfrac{Pl^3}{EI}$ ④ $-\dfrac{Pl^3}{3EI}$

104. $\delta = \dfrac{Pl^3}{3EI}$

105 그림과 같은 구조물의 C점에서 $P=200\,\mathrm{N}$이 작용할 때 부재 a에 발생하는 힘은 몇 N인가?

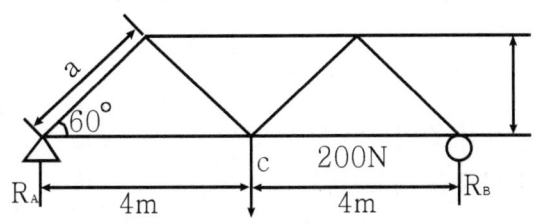

① 120   ② 115.5
③ 141.4 ④ 180

105. $R_A = 100\,\mathrm{N}$
$a = \dfrac{100}{\sin 60} = 115.47$

정 답 104 ④ 105 ②

106 $3Hz$로 돌고 있는 중실원형축이 $200\,kW$의 동력을 전달해야 된다고 한다. 허용전단응력이 $200\,MPa$일 때 요구되는 최소 지름은 몇 mm인가?

① 39   ② 139
③ 56   ④ 560

106. $3Hz = 180\,rpm$
$T = 974 \times \dfrac{Hkw}{N} \times 9.8$
$= 10605.78\,N\cdot m$
$d = \sqrt[3]{\dfrac{16T}{\pi\tau}}$
$= \sqrt[3]{\dfrac{16 \times 10605.78}{\pi \times 20 \times 10^6}}$
$= 0.139\,m = 139\,mm$

107 다음 그림과 같이 길이 10m의 단순보의 중앙에 $200\,N\cdot m$의 우력(couple)이 작용할 때 B지점의 반력은 몇 N인가?

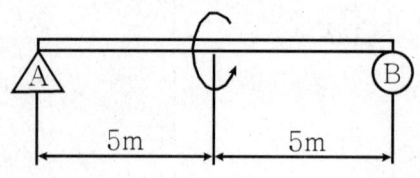

① 10 N   ② 20 N
③ 30 N   ④ 40 N

107. $R_B = \dfrac{200}{10} = 20\,N$

108 높이 30cm, 폭 20cm의 사각단면을 가진 길이 3m의 강재외팔보가 있다. 자유단에 몇 kN의 하중을 작용시킬 수 있는가? (단, $\sigma_a = 1.5\,MPa$)

① 0.15   ② 1.5
③ 15   ④ 150

108. $P = \dfrac{\sigma_\mu bh^2}{6l}$
$= \dfrac{1.5 \times 10^6 \times 0.2 \times 0.3^2}{6 \times 3}$
$= 1.5\,kN$

정답 106 ② 107 ② 108 ②

109 정역학적으로 부정정인 구조물에 대하여 다음과 같이 말할 수 있다. 맞는 것은?

① 적용할 수 있는 정역학적인 평형 방정식의 수보다 미지력의 수가 적다.
② 적용할 수 있는 정역학의 평형 방정식의 수보다 미지력의 수가 많다.
③ 적용할 수 있는 정역학의 평형 방정식의 수와 미지력의 수가 같다.
④ 트러스 구조물은 정역학으로 부정정이다.

110 반지름 a인 원의 단면계수의 값은?

① $\frac{\pi}{4}a^4$ ② $\frac{\pi}{4}a^3$
③ $\frac{\pi}{32}a^4$ ④ $\frac{\pi}{32}a^3$

110. $Z = \frac{\pi d^3}{32} = \frac{\pi(8a^3)}{32} = \frac{\pi a^3}{4}$

111 그림과 같이 정사각형 요소에 $\sigma_x = 135\,\text{MPa}$, $\sigma_y = -25\,\text{MPa}$이 작용하는 2축 응력 상태를 mohr의 원으로 표시할 때, 원점에서 응력원의 중심까지의 거리는 다음의 어느 것을 나타내는가?

① 55MPa
② 55MPa
③ 70MPa
④ 75MPa

111. $\frac{\sigma_x + \sigma_y}{2} = \frac{135-25}{2} = 55$

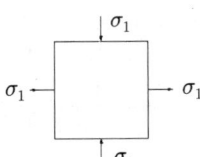

정답 109 ② 110 ② 111 ①

112 그림과 같이 2개의 봉 *AC*, *BC*를 힌지로 연결한 구조물에 연직하중 $p=800\text{N}$이 작용할 때, 봉 *AC* 및 *BC*에 작용하는 하중의 크기 T_1, T_2는 어느 것이 옳은가?
(단, $AC=4\text{m}$, $BC=3\text{m}$, $AB=5\text{m}$이며, 봉의 자중은 무시한다.)

① $T_1=640\text{N}$, $T_2=480\text{N}$
② $T_1=480\text{N}$, $T_2=640\text{N}$
③ $T_1=800\text{N}$, $T_2=640\text{N}$
④ $T_1=800\text{N}$, $T_2=480\text{N}$

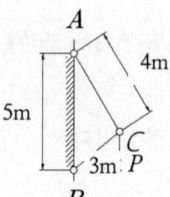

112. $5:4=800:T_1$
$T_1=\dfrac{4\times 800}{5}=640\text{N}$
$T_2=\dfrac{3\times 800}{5}=480\text{N}$

113 주철제 플라이휠이 1500rpm으로 회전할 때 플라이휠의 원주응력은 얼마인가?
(단, 플라이휠 지름 100cm, 주철의 비중은 7.5이다.)

① 463MPa ② 46.3MPa
③ 4.63MPa ④ 0.463MPa

113. $\sigma=\dfrac{\gamma v^2}{g}=\dfrac{9800\times 7.5}{9.8}$
$\times(\dfrac{\pi\times 100\times 1500}{60\times 100})^2\times 10^{-6}$
$=46.3\text{MPa}$

114 보의 탄성곡선의 곡률 ($\dfrac{1}{\rho}$)은?
(단, *M*: 굽힘모멘트, *EI*: 보의 굽힘강성계수)

① $\dfrac{1}{\rho}=\dfrac{M}{EI}$ ② $\dfrac{1}{\rho}=\dfrac{E}{MI}$
③ $\dfrac{1}{\rho}=\dfrac{EI}{M}$ ④ $\dfrac{1}{\rho}=\dfrac{MI}{E}$

114. $\dfrac{E}{\rho}=\dfrac{\sigma}{y}=\dfrac{M}{I}$
$\dfrac{1}{\rho}=\dfrac{M}{EI}$

정답 112 ① 113 ② 114 ①

115 철도용 레일이 양단이 고정되어 기온 30℃에서 15℃로 내려가면 열응력은 얼마인가?
(단, 레일재료의 선팽창계수 $a = 0.000012$ 탄성계수 $E = 205\,\text{GPa}$이다.)

① 3690 MPa ② 369 MPa
③ 36.9 MPa ④ 3.69 MPa

115. $\sigma = Ea\Delta T$
$= 205 \times 10^9 \times 0.000012 \times 15$
$= 36.9\,\text{MPa}$

116 스팬(길이 l)에 등분포하중 w를 받는 직사각형 단순보의 최대 처짐에 대하여 옳은 설명은?

① 보의 폭에 정비례한다.
② l의 3제곱에 정비례한다.
③ 탄성계수에 반비례한다.
④ 보의 높이의 2제곱에 반비례한다.

116. $\delta = \dfrac{12 \times 5 \times wl^4}{384\,E\,b\,h^3}$

117 그림과 같은 단면 x의 축에 대한 단면 2차 모멘트는 다음 중 어느 것인가?

① a^4 ② $\dfrac{a^4}{12}$
③ $\dfrac{a^4}{6}$ ④ $\dfrac{a^4}{4}$

117. $I_x = \dfrac{1}{12}(2a)a^3 = \dfrac{1}{6}a^4$

118 일단고정, 타단힌지로 지지된 기둥이 Euler의 공식을 적용받을 세장비의 한계 값은?
(단, 연강의 비례한계와 탄성계수는 각각 $\sigma_p = 40\,\text{MPa}$, $E = 204\,\text{GPa}$이다.)

① 317 ② 210 ③ 180 ④ 120

118. $\sigma_p = \dfrac{n\pi^2 EI}{Al^2} = \dfrac{n\pi^2 Ek^2}{l^2}$
$\left(k = \sqrt{\dfrac{I}{A}}\right) = \dfrac{n\pi^2 E}{\lambda^2}\left(\lambda = \dfrac{l}{k}\right)$
$\lambda = \sqrt{\dfrac{n\pi^2 E}{\sigma_p}}$
$= \sqrt{\dfrac{2 \times \pi^2 \times 204 \times 10^9}{40 \times 10^6}} = 317$

정답 115 ③ 116 ③ 117 ③ 118 ①

119 탄성한도, 허용응력 및 사용응력 사이의 관계 중 옳은 것은?

① 탄성한도 > 허용응력 ≥ 사용응력
② 탄성한도 > 사용응력 ≥ 허용응력
③ 허용응력 ≥ 사용응력 ≥ 탄성한도
④ 사용응력 ≥ 허용응력 ≥ 탄성한도

120 $\sigma_x = 500\,MPa$, $\sigma_y = -200\,MPa$인 2축응력 상태에서 경사각 $\theta = -20°$로 정의되는 단면의 수직응력은?

① 418 ② 350 ③ 320 ④ 150

120.
$\sigma_n = \frac{1}{2}(\sigma_x + \sigma_y) + \frac{1}{2}(\sigma_x - \sigma_y)\cos 2\theta$
$= \frac{1}{2}(500 + 200) + \frac{1}{2}(500 - 200)$
$\cos(-40) = 418.1$

121 그림과 같은 계에 하중 F가 작용하고 있을때 전체 변위 δ는?
(단, 상수는 각각 k_A, k_B이고, 무부하상태에서 길이는 모두 l 이다.)

① $\delta = \dfrac{k_A + k_B F}{k_A k_B}$

② $\delta = \dfrac{k_A + k_B F}{k_A + k_B}$

③ $\delta = \dfrac{F}{k_A + k_B}$

④ $\delta = \dfrac{F}{k_A k_B}$

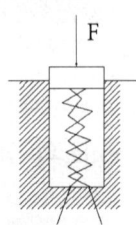

K_A K_B

121. $k = k_A + k_B$ $F = k\delta$ 이므로
$\delta = \dfrac{1}{k_A + k_B}F$

정답 119 ② 120 ① 121 ③

122 지름 $d=50\,\text{cm}$의 원형단면에서 저변 $(x'-x')$에 대한 단면 2차모멘트는?

① $\dfrac{1}{64}\pi d^4$ ② $\dfrac{3}{64}\pi d^4$

③ $\dfrac{5}{64}\pi d^4$ ④ $\dfrac{7}{64}\pi d^4$

122. $I = \dfrac{\pi d^4}{64} + \left(\dfrac{d}{2}\right)^2 \cdot \dfrac{\pi}{4}d^2$
$= \dfrac{5}{64}\pi d^4$

123 단순보에 있어서 길이가 10m, 중앙점에 20 kN의 집중하중이 작용하고 자중이 5 kN/m일 때, 집중하중이 작용하는 부분의 좌측전단력(V_L)과 우측의 전단력(V_R)은 각각 몇 kN인가?

① $V_L = 10\,\text{kN},\ V_r = 10\,\text{kN}$
② $V_L = -10\,\text{kN},\ V_r = 10\,\text{kN}$
③ $V_L = -10\,\text{kN},\ V_r = -10\,\text{kN}$
④ $V_L = 10\,\text{kN},\ V_r = -10\,\text{kN}$

123. $V_L = R_A - wx = 35 - 5 \times 5$
$= 10\,\text{kN}$
$V_R = V_L - P = 10 - 20$
$= -10\,\text{kN}$

124 1변의 길이가 a인 정사각형 단면을 그림과 같이 놓았을 때 사용하는 보의 단면계수의 비 Z_A/Z_B의 값은?

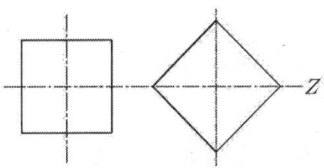

① 1   ② $\sqrt{2}$
③ 2   ④ $2\sqrt{2}$

124. $Z_A = \dfrac{1}{6}a^3\ \ Z_B = \dfrac{1}{6\sqrt{2}}a^3$
$\dfrac{Z_A}{Z_B} = \sqrt{2}$

정답 122 ③ 123 ④ 124 ②

125 전단력선도(S.F.D)와 굽힘모멘트 선도(B.M.D)의 관계를 가장 타당성 있게 나타낸 것은?

① S.F.D는 B.M.D의 미분곡선이다.
② S.F.D는 B.M.D의 적분곡선이다.
③ S.F.D가 기준선의 평행한 직선일 경우 B.M.D는 포물선을 그린다.
④ S.F.D와 B.M.D는 아무런 연관성이 없다.

126 다음과 같은 수직 빔에 하중을 가했더니 오른쪽 그림과 같이 좌굴이 일어났다. 이 때 오일러 좌굴하중 P_{cr}은 어느 것인가? (단, 종탄성계수는 E, 관성모멘트는 I, 길이는 L이다)

① $\dfrac{\pi^2 EL}{4L^2}$

② $\dfrac{\pi^2 EL}{L^2}$

③ $\dfrac{4\pi^2 EL}{L^2}$

④ $\dfrac{9\pi^2 EL}{L^2}$

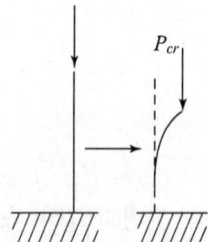

126. $Pcr = \dfrac{n\pi^2 EI}{L^2} = \dfrac{\pi^2 EI}{4L^2}$

127 철도용 레일이 양단이 고정된 후 온도가 30℃에서 15℃로 내려가면 영응력은 몇 MPa인가?
(단, 레일재료의 선팽창계수 $a = 0.000012$이며, 탄성계수 $E = 210\,GPa$이다.)

① 50.4 ② 37.8
③ 31.2 ④ 28.0

127. $\sigma = E \cdot a \cdot \Delta t$
   $= 210 \times 10^9 \times 0.000012 \times 15$
   $= 37.8\,MPa$

정답 125 ① 126 ① 127 ②

128 안지름 18 cm, 바깥지름 50 cm인 주철재 속빈 기둥에 900 KN의 하중이 작용한다. 이 기둥의 잉단이 힌지로 되어있을 경우 오일러의 좌굴이 생기는 기둥의 길이는 약 몇 cm인가?

(단, 탄성계수 $E = 50\,\mathrm{GPa}$이다.)

① 20 ② 35.27
③ 40.56 ④ 43.27

128. $I = \dfrac{\pi}{64}(d_1^4 - d_2^4)$
$= \dfrac{\pi}{64}(0.5^4 - 0.18^4)$
$= 0.003\,\mathrm{m}^4$
$Pcr = \dfrac{\pi^2 EI}{\ell^2}$
$\ell = \sqrt{\dfrac{\pi^2 EI}{Pcr}}$
$= \sqrt{\dfrac{\pi^2 \times 50 \times 10^9 \times 0.003}{900 \times 10^3}}$
$= 40.56\,\mathrm{m}$

129 그림과 같이 2차곡선으로 이루어진 분포하중 $w.(x) = 12\left(\dfrac{x}{l}\right)^2\,\mathrm{N/m}$을 받고 있는 단순보 R_1의 반력은 약 몇 N인가?

① 5
② 8
③ 10
④ 15

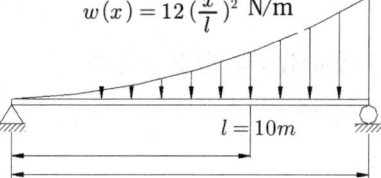

129. $R_A = \dfrac{1}{3} \times 10 \times 12 \times \dfrac{1}{4}$
$= 10\,\mathrm{N}$

130 그림과 같이 단주에서 편심거리 $e = 2\,\mathrm{mm}$에 하중 $P = 1\,\mathrm{kN}$의 압축하중이 작용할 때 발생하는 최대 응력은 몇 MPa인가?

① 1.184
② 11.84
③ 118.4
④ 1184

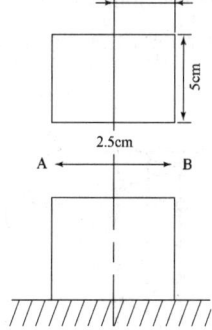

130. $\sigma = \dfrac{P}{A} + \dfrac{M}{Z}$
$= \dfrac{1 \times 10^3}{0.025 \times 0.05}$
$+ \dfrac{6 \times 10^3 \times 2 \times 10^{-3}}{0.05 \times 0.025^2}$
$= 1.184\,\mathrm{MPa}$

정답 128 ③ 129 ③ 130 ④

131 배의 프로펠러축의 지름이 20cm이다. 회전 모멘트 700N·m 추력 200kN의 압축력을 받고 있을 때, 이 축에 발생하는 최대 전단응력은 몇 kPa인가?

① 337 ② 394
③ 416 ④ 445.9

131. $\tau_{max} = \dfrac{16T}{\pi d^3} = \dfrac{16 \times 700}{\pi \times 0.2^3}$
     $= 445.63 \, kPa$

132 지름 100mm인 강철선 15m가 수직으로 매달려 있을 때 자중에 의한 처짐량은 몇 mm인가?
(단, $E = 205\,GPa$ 강철선의 비중은 7.8이다.)

① 4.2 ② 0.42
③ 0.042 ④ 0.0042

132. $\delta = \dfrac{\gamma l^2}{2E}$
     $= \dfrac{9800 \times 7.8 \times 15^2}{2 \times 205 \times 10^9}$
     $= 0.042 \, mm$

133 어떤 요소가 $\sigma_x = 400\,MPa$, $\sigma_y = 200\,MPa$의 인장응력과 전단응력 34MPa을 받고 있다. 이 때 이 요소 내부에 발생하는 최대 전단응력(τ_{max})은?

① $\tau_{max} = 50\,MPa$ ② $\tau_{max} = 100\,MPa$
③ $\tau_{max} = 150\,MPa$ ④ $\tau_{max} = 300\,MPa$

133. $\tau_{max} = \sqrt{(\dfrac{\sigma_x - \sigma_y}{2})^2 + \tau_{xy}^2}$
     $= \sqrt{(\dfrac{600}{2})^2 + 34^2}$
     $= 301.92 \, MPa$

134 반지름 $R = 10cm$, 코일 와이어의 지름 $d = 5mm$의 코일 스프링에 하중 $P = 100N$을 줄 때 와이어 단면에 생기는 비틀림 응력은 몇 MPa인가?

① 47
② 37
③ 407
④ 307

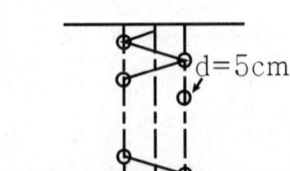

134. $\tau = \dfrac{8WD}{\pi d^3}$
     $= \dfrac{8 \times 100 \times 0.2}{\pi \times 0.005^3} \times 10^{-6}$
     $= 407 \, MPa$

정답 131 ④ 132 ③ 133 ④ 134 ③

135 스프링 소선의 지름 5cm, 스프링의 평균지름 20cm 권수 30인 코일스프링을 사용할 때, 허용하중에 대한 처짐 δ는 몇 mm인가? (단, 스프링 재료의 허용전단응력 $\tau_a = 40\text{MPa}$ 전단탄성계수 $G = 80\text{GPa}$이다.)

① 0.037
② 0.37
③ 3.7
④ 37

135. $W = \dfrac{\tau \pi d^3}{8D}$

$= \dfrac{40 \times 10^6 \times \pi \times 0.05^3}{8 \times 0.2}$

$= 9817.5\text{N}$

$\delta = \dfrac{8nWD^3}{Gd^4}$

$= \dfrac{8 \times 30 \times 9817.5 \times 0.2^3}{80 \times 10^9 \times 0.05^4} \times 10^3$

$= 37.7\text{mm}$

136 다음 중 그 값이 항상 0인 것은?

① 사각형 단면의 회전 반지름
② 원형 단면의 단면계수
③ 도심축에 관한 단면 2차 모멘트
④ 도심축에 관한 단면 1차 모멘트

정답 135 ④ 136 ④

PART 03 기계열역학

SECTION 01 　서론

SECTION 02 　열의 기본 개념 및 정의

SECTION 03 　일과 열

SECTION 04 　열역학 제 1법칙

SECTION 05 　완전가스(이상기체)
　　　　　　　연습문제

SECTION 06 　열역학 제 2법칙
　　　　　　　연습문제

SECTION 07 　기체 압축기
　　　　　　　연습문제

SECTION 08 　내연기관 사이클
　　　　　　　연습문제

SECTION 09 　증기
　　　　　　　연습문제

SECTION 10 　증기 원동소 사이클
　　　　　　　연습문제

SECTION 11 　냉동 사이클
　　　　　　　연습문제

SECTION 01 서론

01 열역학의 정의

열역학(thermodynamics)은 자연과학의 중요한 부분을 차지하며 에너지와 이들 사이의 변환 및 물질의 성질과의 관계를 조사라는 과목으로 기계분야에 응용 열적인 성질이나 작용 등에 관해 조사하는 학문을 공업열역학(engineering thermodynamics)이라 하고 화학적 변화에 대한 것은 화학열역학(chemical thermodynamics)에서 다룬다.

즉, 공업열역학은 각종 열기관(heat engine) 즉 내연기관(internal combustion engine)이나 증기원동소(steam power plant), 가스터빈(gas turbine), 공기압축기(air compressor), 송풍기(blower) 및 냉동기(refrigerator) 등을 배우는데 있어서 기초적인 이론지식과 공업열역학과 열전달의 개념을 익히는데 그 기본을 두는 학문이다. 즉, 어떤 물질이 한 형태에서 다른 형태로 변화할 때 그 변화가 열에 의한 것이라면 열역학과 열전달의 범위에 속하며, 상태 변화 전후의 일어난 상황을 조사하는 학문을 열역학, 종료사이의 일을 조사하는 것을 열전달이라 한다. 여기서 상태변화 전과 후란 열적평형을 이룬 상태를 말한다. 일반적으로 물질을 분자 및 원자의 집합체로 고려하여 미소입자의 운동을 통계적으로 전개하는 미시적 방법과 온도, 압력, 체적 등을 계측기를 이용 직접 측정가능한 양을 대상으로 하는 거시적 방법으로 구분되며 수식전개에서 편미분을 이용하는 진보된 방법으로 구분된다.

위의 내용을 도표화하면 다음과 같다.

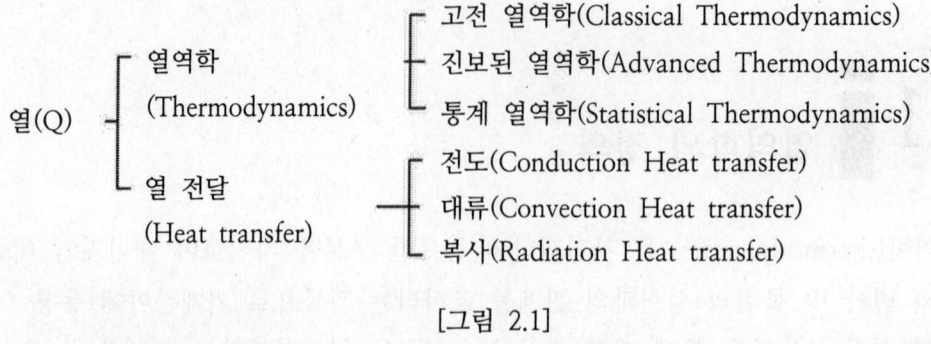

[그림 2.1]

다시 말해서 열역학은 열과 일 및 이들과 관계를 갖는 물질의 열역학적 성질을 다루는 학문이라 정의 할 수 있다.

SECTION 02 열의 기본 개념 및 정의

01 동작물질과 계

열기관에서 열을 일로 또는 일을 열로 전환시킬 때는 반드시 매개물질이 필요한데 주로 열에 의하여 압력이나 체적이 쉽게 변하거나 액화나 증발이 쉽게 일어나는 물질을 동작물질(working substance) 또는 작업물질이라고 한다. 열역학에서 대상으로 하는 이들 물질의 한정된 공간을 계(system)이라 하고 계의 주위와 계와의 구분을 경계라고 한다. 계의 종류로는 개방계(open system), 밀폐계(closed system), 절연계(isolated system)의 세 가지로 구분되며, 다시 개방계는 정상유와 비정상유로 구분되어 다음과 같다.

(1) 절연계(Isolated system)

계의 경계를 통하여 물질이나 에너지의 교환이 없는 계

2) 밀폐계(closed system)

계의 경계를 통하여 물질의 교환은 없으나 에너지의 교환은 있는 계

3) 개방계(open system)

계의 경계를 통하여 물질이나 에너지의 교환이 있는 계로 정상류와 비정상류로 구분할 수 있다.

① 정상유(Steady State Flow)

과정간의 계의 열역학적 성질이 시간에 따라 변하지 않는 흐름.

① 비정상유(NonSteady State Flow)

과정간의 계의 열역학적 성질이 시간에 따라 변하는 흐름.

정상유와 비정상유를 구분을 하면 설명하기 가장 편리한 항이 속도이므로 속도로 표시하면 그림 2-2(a)처럼 1점에서의 속도가 5[m/s]이고 그 점에서의 속도가 5[m/s]이면 정상유이다. 그림 2-2(b)에서 1점에서의 속도가 5[m/s]이면 그 점에서는 속도가 빨라지므로 예를 들어 8[m/s]라고 하면 역시 정상유이다. 즉 정상유와 비정상유는 한 점에서 시간에 대한 변화량이므로 한 점에서 변화가 없이 일정하다면 정상유이다.

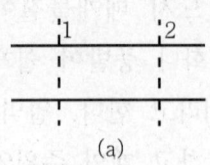

(a)

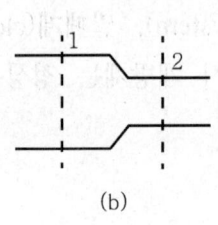

(b)

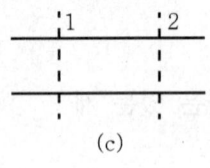

(c)

[그림 2.2 개방계]

그러면 비정상유의 경우는 그림 2-2(c)에서 1점에서의 속도가 예를 들면 $5+0.001t$[m/s]이고 그 점에서의 속도로 $5+0.001t$[m/s]이면 이러한 흐름은 한 점에서 시간에 따라 변하므로 비정상유이다. 그러면 그림 2-2(a)와 그림 2-2(b)는 거리 즉 두 점에서 속도의 변화이므로 그림 2-1(a)는 등속류(등류)라고 하며 그림 2-2(b)는 비등속류(비등류)라고 한다. 즉, 그림 2-2(a)는 정상유 등류이며, 그림 2-2(b)는 정상유 비등류이며, 그림 2-2(c)는 비정상 등류인 것이다.

그림 2-3과 같은 흐름은

비정상 $\left(\dfrac{\partial v}{\partial t} \neq 0\right)$

비등류 $\left(\dfrac{\partial v}{\partial s} \neq 0\right)$ 이다.

$v_2 = 8 + 0.0001t$
$v_1 = 5 + 0.0001t$

[그림 2.3 개방계]

02 열역학적 성질

평형 상태에서의 온도, 압력, 체적과 같은 성질들에 의해 정해지는 계를 상태(state)라 하며, 한 상태에서 다른 상태로 변화하는 것을 상태변화라 하고 이 경로를 과정(process)이라 한다. 한 상태에서 물질의 성질은 특정한 값을 가지며 상태에 도달하기 이전의 경로에는 무관하다. 즉, 성질은 경로에 관계없이 계의 상태에만 관계하는 함수이다.

성 질
- 강도성질(Intensive Quantity of state)
  예) 온도(T), 밀도(p), 압력(P), 비체적(v) 등
- 종량성질(Extensive Quantity of state)
  예) 내부에너지(U), 엔탈피(H), 엔트로피(S), 체적(V) 등

따라서 성질은 강도성질과 종량성질로 구분된다.
위에서 열거한 상태, 과정, 상태 변화를 도식화하면 다음과 같다.

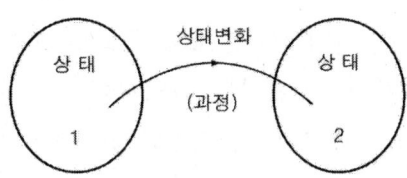

[그림 2.4 상태변화]

03 과정

어떤 계가 임의의 과정을 지나 다른 상태로 변화할 경우 주위에 아무런 변화도 남기지 않고 이루어지며 그 변화를 반대 방향으로도 원래상태로 돌아가는 과정을 가역과정 이라 하고 위의 조건이 만족하지 않는 과정을 비가역과정이라 한다. 가역과정은 실제로는 존재하지 않으나 열역학적인 견지에서 비가역과정에 대응하는 과정으로서 가정하여 받아들이고 있다.

과정의 종류는 다음과 같은 것들이 있다.

- 정압 과정 : 과정간의 압력이 일정한 과정. $\triangle p = 0$, $p_1 = p_2$
- 정적 과정 : 과정간의 체적 또는 비체적이 일정한 과정. $\triangle v = 0$, $v_1 = v_2$
- 등온 과정 : 과정간의 온도가 일정한 과정. $\triangle T = 0$, $T_1 = T_2$
- 단열 과정(등엔트로피 과정) : 과정간의 열량변화가 없는 과정.
- 폴리트로프 과정

다음과 같은 상이한 여러 과정이 일정한 주기로서 이루어지는 것을 사이클(cycle)이라 하며 사이클은 가역사이클(reversible cycle)과 비가역사이클(irreversible cycle)로 구분되며 실제 자연현상에서는 가역사이클은 존재하지 않으므로 준평형과정(guasi-eguilibrium process) 또는 준정적과정이라는 가정 하에 가역사이클을 해석한다.

04 열평형 및 온도

(1) 열평형

분자 운동론에서의 온도는 분자의 운동에너지에 관련한 양으로서 기체 분자의 운동에너지에 비례하는 물질이다. 두 물질의 열 전달이 일어나지 않는다면 두 물질은 서로 열평형 상태에 있다고 할 수 있으며, 이것을 열역학 제0법칙(the zeroth law of thermodynamic)이라 하며 온도계원리 또는 열평형 법칙이라고 한다.

(2) 온도

온도를 표시하는 계측기로 온도계(Thermometer)가 있으며, 섭씨온도[℃], 화씨온도[℉], 절대온도[K], 랭킨온도[°R] 등이 있다.

1) 섭씨온도[℃]

표준대기압(1.0332 [kg/cm^2]) 하에서 빙점을 0[℃], 비등점을 100[℃]로 하여 100등분한 눈금

2) 화씨온도[℉]

빙점을 32[℉], 비등점을 212[℉]로 하여 180등분한 눈금

3) 절대온도[K]

이론적으로 물체가 도달할 수 있는 최저온도를 기준으로 하여 물의 삼중점(1atm하에서 물, 얼음, 수증기가 평형되어 공존하는 온도)을 273.16[K]로 정한 온도

$$\frac{[℃]}{100} = \frac{[℉]-32}{180} \qquad [℃] = \frac{5}{9}([℉]-32)$$

$$[K] = [℃] + 273.16 \qquad [°R] = 459.6 + [℉]$$

05 압력(P)

압력이란 단위면적당 작용하는 수직 방향의 힘으로 정의된다.

1) 표준 대기압[atm]

$$1[atm] = 1.0332[kg/cm^2] = 760[mmHg] = 10.33[mAq] = 1.013[bar] = 14.7[psi]$$

단, $1[bar] = 10^5[N/m^2] = 10^5[Pa]$

$1[Pa] = 1[N/m^2]$

2) 공학 기압[at]

$1[at] = 1[kg/cm^2]$

일반적으로 압력의 크기는 완전진공을 기준으로 하는 절대압력(Absolute pressure)과 국지 대기압을 기준으로 하는 계기압력(Gage pressure)이 있다.

3) 절대 압력

절대 압력
= 대기압 + 계기압
= 대기압 − 진공압

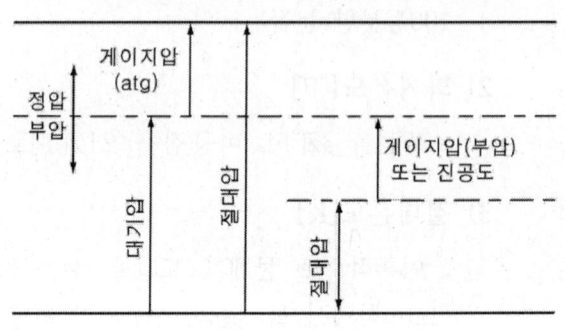

[그림 2.5 절대압력과 게이지 압력과의 관계]

4) 진공도

$$진공도[\%] = \frac{계기압(진공압)}{대기압} \times 100[\%]$$

06 열량과 비열

물질에 열을 가하면 일반적으로 온도는 가한 열에 따라 증가하는 성질이 있으나 열을 가하여도 온도가 변하지 않는 구역이 있는데 그 구역을 잠열이라 하고 온도가 변하는 구역을 현열로 구분한다. 현열 구역에서 1[kg]의 물체를 1[℃] 높이는데 필요한 열량을 비열이라 하며 기준을 4[℃] 물로 하여 1[kcal/kg℃]로 하고 있다. 또한 절대단위로 표현하면 1[kcal]가 4.18[kJ]이므로 4.18[kJ/kgK]이다.

① kcal

kilogram-calorie의 약어이며 1[kcal]는 표준대기압하에서 순수한 물 1[kg]을 14.5[℃]에서 15.5[℃]까지 높이는데 필요한 열량

② Btu

British thermal unit의 약어이며 1[Btu]는 표준대기압하에서 순수한 물 1[lb]를 32[℉]에서 212[℉]까지 올리는데 필요한 열의 $\frac{1}{180}$이다.

③ Chu

Centigrade heat unit의 약어로서 [kcal]와 [Btu]의 조합단위로서 순수한 물 1[lb]를 14.5[℃]에서 15.5[℃]까지 상승시키는데 필요한 열량으로 [pcu](pound celsius unit)로도 표시한다.

$1[\text{kcal}] = 3.9868[\text{Btu}] = 2.205[\text{Chu}] = 4.1867[\text{kJ}]$

$1[\text{kg}] = 2.2046[\text{lb}](\text{pound})$

1) 잠열

열을 가하게되면 일반적으로 물질의 온도는 증가한다. 그러나 어느 구간에서는 열을 아무리 가해도 온도의 변화가 일어나지 않게 된다. 즉 표준대기압 (1[atm])하에서 물은 아무리 많은 열을 가해도 100[℃]이상은 올라가지 않게 된다. 열을 가하거나 감할시 온도변화가 있는 구역을 감열 구역이라 하고 열을 가하거나 감하더라도 온도변화가 없는 구역을 잠열 구역이라 한다. 0[℃]의 얼음이 0[℃]의 물로 변할 때의 잠열을 융해잠열이라고 하며 79.8[kcal/kg](79.8× 4.18 = 333.5 [kJ/kg])이고 표준대기압에서 100[℃]의 물이 100[℃]의 증기로 변할 때의 증발잠열(539[kcal/kg] = 539×4.18 = 2253[kJ/kg])이라 한다. 이는 상태가 변할 때 에너지가 필요하거나 방출해야만 하기 때문이다. 예를 들면 100[℃]의 물로 변하며 0[℃]의 얼음이 열을 받으면 0[℃]의 물로 변하고 온도의 변화는 없을 것이다. 그림으로 표시하면 다음과 같다.

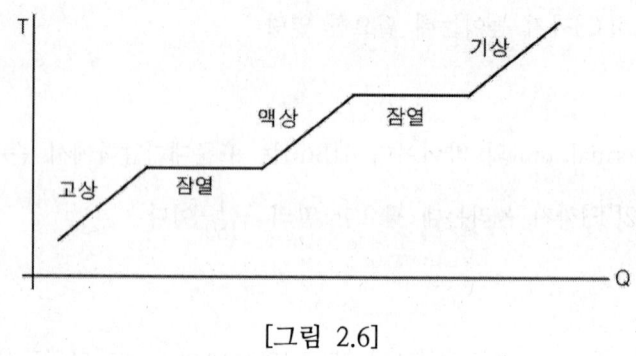

[그림 2.6]

즉 잠열이란 고상에서 액상으로 액상에서 기상으로 변할 때 혹은 반대의 현상이 될 때 분자간의 길이를 늘이거나 줄이는데 에너지가 필요하기 때문이다.

2) 열역학 제0법칙

열역학에는 제0법칙부터 제3법칙까지 4개의 법칙으로 구성된 학문으로서 열역학의 핵심이라 하며 모든 열역학의 기본이 된다.

열역학 제0법칙은 실험법칙으로서 어떤 물질이 또 다른 물질과 열평형을 이루고 있으면 그 두 물질은 서로 열평형 상태에 있다고 한다. 즉 열역학은 종료 전후의 일을 조사하는 학문이므로 시작점도 열평형을 이루어야하며 종료상태로 열평형을 이루어야 열역학의 범위에 든다고 할 수 있다. 즉, 열역학 제0법칙을 열평형 법칙 또는 온도계 원리라고 할 수 있다.

3) 사이클(cycle)

어떤 임의 상태의 계가 몇 개의 상이한 과정을 지나서 최초 상태로 돌아올 때 그 계는 사이클을 이루었다고 한다. 따라서 사이클(cycle)을 이룬 계의 성질은 최초의 성질들과 그 값이 같아야하며 시계방향으로 회전하면 사이클이라 하고 반시계 방향으로 회전하면 역사이클이라고 한다.

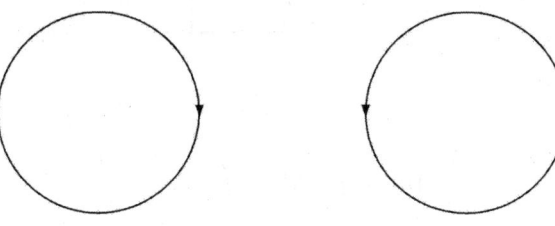

[그림 2.7 (a) 사이클(cycle)   (b) 역사이클(Reverse cycle)]

4) 함수(Function)

열역학적으로 함수에는 점함수(point function)와 경로함수(path function)가 있다. 점함수는 경로에 따라서 값의 변화가 없는 함수이며 완전 미분이고, 경로함수는 경로에 따라서 값이 변화하는 함수로 불완전 미분이다.

SECTION 03 일과 열

01 일(work)

만약 계(system) 외부의 물체에 대한 전 효과가 무게를 올리는 것이라면 그 계는 일을 한 것이라 한다. 즉 일은 힘과 거리의 곱으로 나타내며 중력단위제에서는 $[kg_f \cdot m]$이며 절대단위제에서는 $[N \cdot m]$로 나타낸다.

즉, $1[kg_f \cdot m] = 9.8[N \cdot m] = 9.8[J]$이다. 열역학에서는 힘을 얻기 위해 주로 압력을 사용하므로 $F = P \cdot A$ 그림 3-1에서 상태가 P1에서 P2로 V1에서 V2로 변했으므로 시작점 1점에서 종료점 2점으로 피스톤이 후퇴했을 때의 일을 나타내면

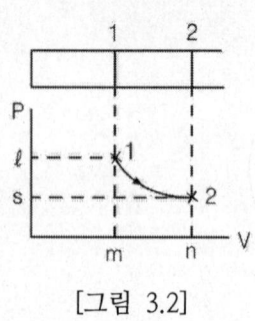

[그림 3.2]
절대일과 공업일

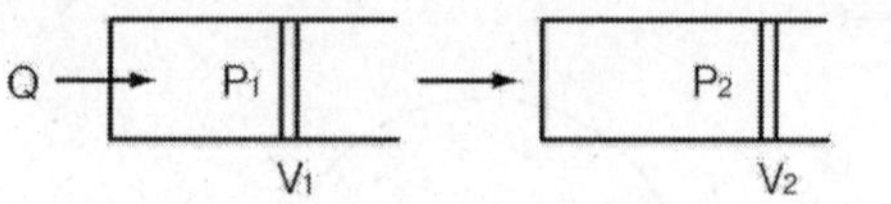

[그림 3.1 밀폐계 일(절대일)]

$$_1W_2 = \int_1^2 \delta W = \int_1^2 F dx = \int_1^2 PA dx = \int_1^2 P dv$$

즉, $_1W_2 = \int_1^2 P dv$

다음의 식을 좌표로 나타내기 위해서는 P-V 선도가 필요하다.

V축에 투상한 면적, 즉 1, 2, n, m을 절대일(absolute work)이라고 하며

$$_1W_2 = \int_1^2 \delta W = \int_1^2 P dv$$

절대일은 비유동일(밀폐계일=팽창일)이라고도 한다. P축에 투상한 면적 즉 ℓ, 1, 2, s, l을 공업일(technical work)이라고 한다.

$$W_t = \int_1^2 \delta W = -\int_1^2 v dP \text{ (면적에는 (−)가 없으므로 (+)값으로 만든다.)}$$

공업일은 유동일(정상유일=압축일)이다.

EX 01 기체가 0.2[MPa]의 일정한 압력하에서 체적이 2.5[m³]이 4[m³]으로 마찰없이 팽창되었을 때의 절대일은 몇 [kJ]인가?

해 설: 절대일은 $_1W_2 = \int_1^2 Pdv$ 이며 일정한 압력하에서는

$$_1W_2 = P(v_2 - v_1) = 0.2 \times 10^6 (4-2.5) = 300,000[J] = 300[kJ]$$

EX 02 게이지 압력 1.2[atg]의 이상기체가 표준대기압하에서 용적 1.2[m³]에서 압력의 변화 없이 용적이 5[m³]으로 마찰 없이 팽창하였다. 절대일은 몇 [kJ]이며 열량의 단위로는 몇 [kcal]인가?

해 설: 압력은 항상 절대압력으로 해야 하므로
절대압력 = 대기압 + 계기압

$$= 1.013 \times 10^5 [Pa] + 1.2 \frac{1.013 \times 10^5}{1.0332} = 2.19 \times 10^5 [Pa]$$

절대일 $_1W_2 = \int_1^2 Pdv = P(v_2 - v_1)$

$$= 2.19 \times 10^5 (5-1.2) = 832,200[J] = 832.2[kJ]$$

1[kcal] = 4.18[kJ]이므로

$$_1W_2 = 832.2[kJ] \frac{1[kcal]}{4.18[kJ]} = 199.1[kcal]$$

02 열(Heat)

앞에서 기술한 일은 열에 의해 발생한 것이다. 열이란 온도차 ($T_1 - T_2$) 혹은 온도구배(dT)에 의해 계의 경계를 이동하는 에너지 형태이다.

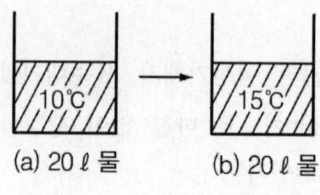

(a) 20 ℓ 물   (b) 20 ℓ 물

[그림 3.3 에너지 변화]

그림 3-3의 (a)에서 (b)로 되기 위해서

$Q \propto G \triangle T$

즉 열량은 질량과 온도차에 비례하므로

$Q = GC \triangle T$ 로 표현하고

$C = \dfrac{Q}{G \triangle T}$ [kcal/kg℃] 이다.

여기서 C는 비열이라 하며 단위 중량의 물질을 1℃ 올리는 데 필요한 열량이라고 정의되며 절대단위제의 단위로 전환하면 [kJ/kgK]이다. 비열은 물질의 고유한 성질로서 같은 열을 가해도 각각의 온도 증가는 다르기 때문에 4[℃]의 물을 기준으로 하여 측정을 한다. 4[℃] 물의 비열 $C = 1$[kcal/kg℃] $= 4.18$[kJ/kgK]으로 하며 주요한 물질의 비열과 비중은 다음과 같다.

EX 03 어떤 액체 500[kg]을 10[℃]에서 30[℃]까지 가열시 7[MJ]의 열량이 소모되었다. 이 액체의 비열은 몇 [kJ/kgK]인가

해 설: $_1Q_2 = mc(T_2 - T_1)$

$$C = \frac{_1Q_2}{m(T_2 - T_1)} = \frac{7 \times 10^6}{500(30-10)} = 700 \text{ [J/kgk]} = 0.7 \text{[kJ/kgK]}$$

◎ 주의

　　예제 3.3과 예제 3.4에서 물 10[kg]는 지구에서 10[kg_m]는 10[kg_f]인 것을 숙지하고 단위관계를 조심해야 한다. 또한 온도차는 20[℃]-5[℃]=15[℃]이며 절대 온도로 하여도 (20 + 273) - (5 + 273) = 15[K]로 변화가 없다. 그러나 앞의 실험에서 10[℃]에서 15[℃]까지 올리는데 필요한 열량과 30[℃]에서 35[℃]까지 올리는 데에 필요한 열량이 약간의 차이가 있는 것을 알게 되었다.

즉 비열은 상수가 아니며 온도의 함수이므로

$$_1Q_2 = \int_1^2 \delta Q = \int_1^2 mcdT = m\int_1^2 cdT \quad \text{이다.}$$

그러나 온도차에 대한 비열의 변화가 미세하므로

$$_1Q_2 = m\int_1^2 cdT = mC_m(T_2 - T_1) \quad \text{으로 하며}$$

이 때 C_m을 평균 비열이라고 하면

$$C_m = \frac{_1Q_2}{m\int_1^2 dT} = \frac{m\int_1^2 cdT}{m\int_1^2 dT} = \frac{\int_1^2 cdT}{t_2 - t_1} \quad \text{이다.}$$

열과 일은 열역학에서 매우 중요하므로 다시 정리하면 다음과 같다.

03 열과 일의 비교

① 열과 일은 둘 다 전이현상 (Q[kcal] ↔ W[kgm])이다.
② 열과 일은 경계현상이다. 이들은 계의 경계에서만 측정되고 또한 경계를 이동 하는 에너지이다.
③ 열과 일은 모두 경로함수(=과정함수)이며, 불완전 미분이다.
④ 열은 급열시(+) 방열시(-)이며, 일은 할 때가(+) 받을시(-)이다.
그림으로 표시하면 다음과 같다.

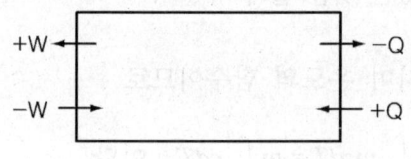

[그림 3.4 열과 일의 비교]

SECTION 04 열역학 제 1 법칙

01 에너지 보존의 원리

영국의 J. Watt가 열을 기계적 일로 바꾸는 장치인 소형 증기기관을 발명한 이후 열과 일의 관계를 알아내려는 연구가 활발하였다. J. P. Joule은 1847년 실험장치를 통해 열이 일로 전환되는 변수 즉, 열상당량을 구할 수 있는 실험을 하였으며 열의 관계를 양적으로 표현하였다. "어떤 계가 임의의 사이클(cycle)을 이룰 때 이루어진 열전달의 합은 이루어진 일의 합과 같다."라고 표현하며 이를 열역학 제1법칙(The first law of thermodynamics)이라 하여 에너지 보존 원리라고도 한다. 중력단위제에서는

$Q = AW$ 이다.

여기서

$$A = \frac{Q}{W} = \frac{1}{427} \frac{[\text{kcal}]}{[\text{kg}] \cdot [\text{m}]} \quad (A:일의\ 열당량)$$

$W = JQ$ 이다.

여기서

$$J = \frac{W}{Q} = 427\ [\text{kg m/kcal}] \quad (J:열의\ 일당량)$$

절대단위계에서는 열이나 일이 모두 에너지 단위이므로 A(일의 열당량), J(열의 일당량)이 필요 없이 Q=W, W=Q로 사용된다.

(1) 제 1종 영구운동(perpetual motion of the first kind) 기관

열역학 제1법칙을 위배하는 기관을 일컬으며 에너지의 소비 없이 연속적으로 동력을 발생하는 기관 즉, 스스로 에너지를 창출해서 효율이 100%를 넘는 존재할 수 없는 기관이다.

(2) 계의 상태 변화에 대한 에너지 보존 원리

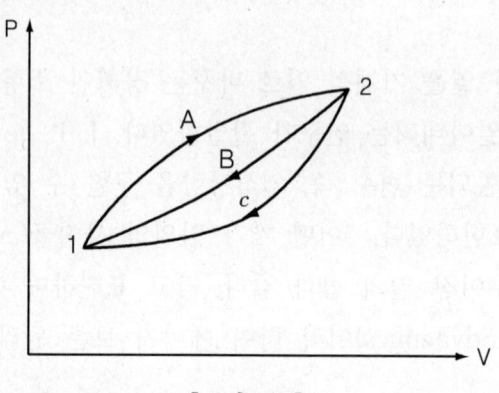

[그림 4.1]

열역학적 상태량 에너지의 존재의 설명

Joule의 에너지 보존 원리에 의하면

$\oint \delta Q = \oint \delta W$

$\int_{1A}^{2} \delta Q + \int_{2B}^{1} \delta Q = \int_{1A}^{2} \delta W + \int_{2B}^{1} \delta W$ ······ ①

$\int_{1A}^{2} \delta Q + \int_{2C}^{1} \delta Q = \int_{1A}^{2} \delta W + \int_{2C}^{1} \delta W$ ······ ②

① - ②

$\int_{2B}^{1} \delta Q - \int_{2C}^{1} \delta Q = \int_{2B}^{1} \delta W - \int_{2C}^{1} \delta W$ ······ ③

$\int_{2B}^{1} (\delta Q - \delta W) = \int_{2C}^{1} (\delta Q - \delta W)$

그러므로 Joule 에너지 보존 원리를 정리하면 $\oint \delta Q = \oint \delta W$ 이다.

열 [Q]과 일 [W] 각각은 도정함수이지만, 열 [Q] - 일 [W]은 점함수가 된다.

$$\therefore \delta Q - \delta W = dE$$
$$= d(\text{내부 에너지} + \text{유동 에너지} + \text{운동 에너지} + \text{위치 에너지})$$
$$= d\left(U + PV + \frac{V^2}{2g} + Z\right)$$

절대단위계에서는

$$\delta Q - \delta W = dE$$
$$\delta Q = d(u) + d(\triangle pv) + d\left(\frac{mv^2}{2}\right) + d(mgz) + \delta W$$

(3) 계에서의 에너지 방정식의 적용

1장에서 전술한 바와 같이 계에는 절연계, 밀폐계, 개방계가 있으며 열과 일의 유동성이 없다. 계방계에는 정상류와 비정상류가 있는데 여기서는 정상류에 관해서만 설명한다.

① 절대단위제

$$_1Q_2 = m(u_2 - u_1) + \int_1^2 \triangle PV + \frac{m(v_2^2 - v_1^2)}{2} + mg(Z_2 - Z_1) + W_t$$

엔탈피는 내부 에너지와 유동 에너지의 합이므로

$$\triangle H = \triangle U + \triangle PV$$

$$m(h_2 - h_1) = m(u_2 - u_1) + \int pdv + \int vdp$$

$v = c$ 인 정적과정에서 $\triangle h = (u_2 - u_1) + v(p_2 - p_1)$

$p = c$ 인 정압과정에서 $\triangle h = (u_2 - u_1) + p(v_2 - v_1)$

$v \neq c$, $p \neq c$ 인 2점의 상태에서 $\triangle h = (u_2 - u_1) + (p_2 v_2 - p_1 v_1)$

1점의 상태에서 $h = u + \triangle pv$ 이다.

② 밀폐계 에너지 방정식(비유동 에너지 방정식)

밀폐계에서는 유동 에너지 ($\triangle PV$)의 변화가 없으며 운동 에너지와 위치 에너지의 크기는
다른 에너지 변화에 비해 작으므로 무시하면

$$\delta q = du + pdv$$

$$_1Q_2 = m(u_2 - u_1) + p(v_2 - v_1) \cdots\cdots\cdots\cdots\cdots\cdots\cdots\cdots\cdots\cdots\cdots\cdots\cdots\cdots\cdots\cdots ⓐ$$

식 ⓐ를 비유동에너지 방정식이라고 한다.

EX 01 공기가 압력 일정하에서 변화할 때 그 비열이 $C = 1.1 + 0.000019t$ [kJ/kgK]의 식으로 주어진다. 이 경우 3[kg]의 공기를 0[℃]에서 200[℃]까지 가열할 경우에 열량과 평균 비열은 얼마인가?

해 설: $Q = m \int c\,dT = 3 \int_0^{200} (1.1 + 0.000019t)\,dt$

$= 3 \left[1.1t + 0.000019 \dfrac{t^2}{2} \right]_0^{200}$

$= 3 \left(1.1 \times 200 + 0.000019 \dfrac{200^2}{2} \right) = 661.14 \text{[kJ]}$

$C = \dfrac{Q}{m(200-0)} = \dfrac{661.14}{3 \times 200} = 1.1019 \text{[MPa]}$

EX 02 어느 증기 터빈에서 입구의 평균 게이지 압력이 2[MPa]이고 터빈 출구의 증기 평균 압력은 진공계로서 700[mmHg]이었다. 대기압이 760[mmHg]이라면 터빈 입구 및 출구의 절대 압력은 얼마인가[MPa]?

해 설: 터빈 입구 (절대 압력=대기압+계기압)

절대 압력 $= 101.3 \times 10^{-3} + 2 = 2.1012$ [kJ/kg K]

터빈 출구 (절대 압력=대기압－진공압)

절대 압력 $= 101.3 \times 10^{-3} - 700 \times \dfrac{101.3 \times 10^{-3}}{760} = 0.008$ [MPa]

EX 03 어느 증기 터빈에 매시 2,000[kg]의 증기가 공급되어 80[PS]의 출력을 낸다. 이 터빈의 입구 및 출구에서의 증기의 속도가 각각 800[m/s], 150[m/s]이다. 터빈의 매시간의 열손실은 얼마인가?
(입구 및 출구에서의 엔탈피가 각각 3140[kJ/kg], 2763[kJ/kg]이다.)

해 설: $_1Q_2 = m(h_2 - h_1) + \dfrac{m(v_2^2 - v_1^2)}{2} + mg(z_2 - z_1) + W_t$

$\qquad = 2000(2763 - 3140) + \dfrac{2000(150^2 - 800^2)}{2 \times 1000} + 80 \times 0.735 \times 3600$

$\qquad = -754000 - 617500 + 211680$

$\qquad = -1159820 [\text{kJ/hr}]$

※ 참고   1[psh] = 0.735×3600 = 2646[kJ]

(4) 과정에 따른 열량의 변화

① 비열(specific heat)

앞 절에서 4[℃]의 물의 비열을 기준량 1[kcal/kg℃]로 하여 각각 물질의 비열을 정하였으며 일(W)은 압력(P)과 체적(V)의 함수로 표기할 수 있으나 열을 함수로 표시하는 데는 적합치가 않아 정확한 실험을 통해 비열이 상수가 아님을 찾아내었다.

수식으로 표기하면

$$_1Q_2 = \int \delta Q = \int mCdT$$

여기서 질량(m)은 상수이나 비열은 온도의 함수이므로 상수화 할 수 없었다. 그러므로

$_1Q_2 = m \int CdT$ 로 표기되었다.

그러나 고상이나 액상에서는 온도차에 의한 비열이 거의 변화가 없기 때문에 평균비열[Cm]의 개념을 적용하기로 하였다.

$_1Q_2 = m \int cdt = mCm \int dt = mCm(T_2 - T_1)$

$$C_m = \frac{{}_1Q_2}{m(T_2-T_1)} = \frac{m\int CdT}{m(T_2-T_1)} = \frac{\int CdT}{\triangle T} \ [\text{kJ/kgK}]$$

그러나 고상이나 액상에서는 과정에 따른 비열이 거의 일정하여 열량의 차가 없으나 기상에서는 비열의 차이가 큰 것을 알았다.

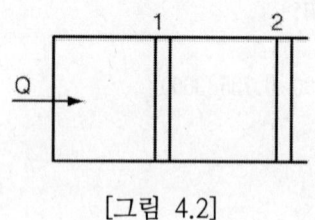

[그림 4.2]
정압과정의 실린더

즉, 다음의 두 과정에서의 비열의 차는 시작점(1점) 상태에서 열이 들어오면 피스톤은 마찰을 무시하는 상태에서 끝점(2점)의 상태로 밀려나므로 정압과정이라고 할 수 있다. 이때의 열량을 수식으로 표기하면

$${}_1Q_2 = \int mCdT = mC(T_2-T_1) \ \text{이다.}$$

위의 피스톤은 정압과정이므로 정압과정의 표기를 하면

$$Q_p = m\,C_p\triangle T \ \text{이다.}$$

여기서 $C_p = \dfrac{Q_p}{m\triangle T}$ [kJ/kgK] 이며 C_p를 정압비열이라 하며 정압과정에서 단위질량을 1[℃] 올리는 데 필요한 열량이라 정의한다.

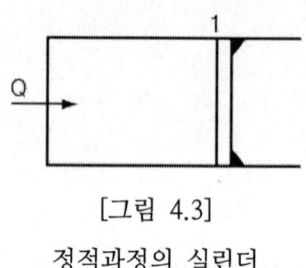

[그림 4.3]
정적과정의 실린더

피스톤이 열을 공급받았을 때 옆의 그림은 압력[P] 증가, 온도[T]는 증가하나 체적[V]는 일정하므로 정적과정이라 하면 이 때의 열량은 $Q_v = m\,C_v\triangle T$ 이다.

여기서 $C_v = \dfrac{Q_v}{m\triangle T}$ 이며

C_v를 정적비열이라 하고 정적과정에서 단위질량을 1[℃] 올리는 데 필요한 열량이라 하며 기상의 상태에서는 동일 온도를 올리는데 정적과정의 비열과 정압과정의 비열이 다르다는 것을 실험으로 알 수 있었다.

EX 04 −10[℃] 얼음 3[kg]을 120[℃]의 증기로 만드는 데 필요한 열량은 몇 [kJ]인가?
(단, 표준대기압 상태이며 증기의 비열은 1.88[kJ/kgK], 얼음의 비열은 2.1[kJ/kgK]이고 0[℃]의 잠열은 334[kJ/kg], 100℃ 잠열은 2256[kJ/kg]이다.)

해 설: $Q = mc(T_2 - T_1) + 잠열 + mc(T_2 - T_1)$
$= 3 \times 2.1(0+10) + 3 \times 334 + 3 \times 4.18 \times (100-0)$
$\quad + 3 \times 2256 + 3 \times 1.88 \times (120-100)$
$= 9200[kJ] = 9.2[MJ]$

EX 05 한 계가 외부로부터 105[kJ]의 열과 8.4[kJ]의 일을 받았다. 계의 내부 에너지의 변화는?

해 설: $Q = U + W$
$\triangle U = Q - W = 105 + 8.4 = 113.4[kJ]$

EX 06 윈치로 15[ton]의 하중을 마찰제동하여 20[m] 아래에서 정지시켰다. 이 때 베어링의 마찰 및 그 밖의 손실을 무시하면 제동기로부터 발생하는 열량은 얼마인가?[kJ]

해 설: $Q = \dfrac{mgz}{1000} = \dfrac{15 \times 10^3 \times 9.8 \times 20}{1000} = 2940[kJ]$

EX 07 압력 2[MPa], 온도 460[℃], 엔탈피 $h_1=3366[kJ/kg]$인 증기가 유입하여서 압 1[MPa], 온도 310[℃], 엔탈피 $h_1=3073[kJ/kg]$인 상태로 유출된다. 노즐 내의 유동을 정상유로 보고 증기의 출구속도 V_2를 구하여라.
(단, 노즐 내에서의 열손실은 없으며, 초속 V_1은 10[m/s]이다.)

해 설: $_1Q_2 = m(h_2-h_1) + \dfrac{m(V_2^2-V_1^2)}{2\times 1000} + W_t$

열과 일의 유동이 없으므로

$Q = (h_2 - h_1) + \dfrac{(V_2^2 - V_1^2)}{2\times 1000}$

$Q = (3073 - 3366) + \dfrac{(V_2^2 - 10^2)}{2\times 1000}$

$V_2 = 762.27\,[m/s]$

(5) 정상류 과정에서 노즐의 에너지 방정식

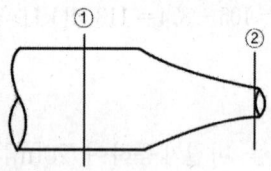

[그림 4.4 정상유과정]

① 절대단위(SI)

$$_1Q_2 = m(h_2 - h_1) + \dfrac{m(V_2^2 - V_1^2)}{2\times 1000} + mg(z_2 - z_1) + W_t$$

단열유동을 하며 노즐이 수평이라고 하면

$$0 = m(h_2 - h_1) + \dfrac{m(V_2^2 - V_1^2)}{2}$$

초속도(V_1)은 출구 속도(V_2)에 비해 작으므로 무시하면

$$h_1 - h_2 = \dfrac{V_2^2}{2}$$

그러므로

$$\therefore V_2 = \sqrt{2(h_1 - h_2)} = \sqrt{2\triangle h} \quad \text{이다.}$$

② 단위로 표기하면

$$\triangle h = J/kg = \frac{Nm}{kg} = \frac{kg_m \cdot m^2}{s^2 kg_m}$$

$$= m^2/s^2 \quad \text{의 차원이 되므로} \quad V_2^2 \text{의 차원과 같다.}$$

그러나 실제 노즐에서는 완전한 단열유동 변화는 일어나지 않으므로 출구 속도는 약간의 저하가 발생한다. 속도 계수는 이러한 속도의 차를 수정하기 위한 계수이다.

$$\psi = \frac{V_R}{V_{th}} \quad \psi : \text{속도계수}$$

$$V_R : \text{실제 속도}$$

$$V_{th} : \text{이론 속도}$$

EX 08 어느 계의 동작 유체인 가스가 42[kJ]의 열을 공급받고 동시에 외부에 대해서 39[kJ]의 일을 하였다. 이 때 가스의 내부 에너지의 변화는 얼마인가?

해 설: $Q = \triangle U + W$ 에서
$\triangle U = Q - W = 42 - 39 = 3[kJ]$

EX 09 1[kg]의 가스가 압력 0.05[MPa], 체적 2.5[m³]의 상태에서 압력 1.2[MPa], 체적 0.2[m³]의 상태로 변화하였다. 만약 가스의 내부 에너지는 일정하다고 하면 엔탈피의 변화량은 얼마인가?

해 설: $\triangle H = \triangle U + \triangle PV$
$= O + (P_2 V_2 - P_1 V_1)$
$= 1.2 \times 10^6 \times 0.2 - 0.05 \times 10^6 \times 2.5$
$= 115000[J]$
$= 115[kJ]$

EX 10 가스가 50[kJ]의 일을 받아 100[kJ]의 열을 방출했을 때 가스의 내부에너지는?

해 설: $\triangle U = Q - W = -100 + 50 = -50 [kJ]$

SECTION 05 완전가스(이상기체)

물질은 고체와 유체로 구분되며, 유체는 다시 액상과 기상으로 구분된다. 기상은 가스와 증기로 구분되며, 액화가 어려운 것을 가스라 하고 액화가 비교적 쉬운 것을 증기라 한다. 이상기체(완전가스)란 기체분자의 크기가 없으며 따라서 분자 상호간의 인력이 없다. 또한 충돌 시는 완전 충돌로 본다. 따라서 보일(Boyle), 샤를(Charles), 게이루삭(Gay-Lussac) 및 Joule의 법칙이 적용되는 즉, 완전가스의 상태방정식을 만족하는 가스를 일컬으나 실제로는 존재하지 않는다. 그러나 원자수가 적은 기체나 온도가 높고 압력이 낮은 경우의 실제기체는 이상기체에 가까워진다.

01 보일-샤를의 법칙

(1) 보일의 법칙(Boyle 또는 Mariotte : 1662)

온도가 일정한 경우 가스의 비체적은 압력에 반비례한다.

$T_1 = T_2$

$\dfrac{v_2}{v_1} = \dfrac{p_1}{p_2},\ p_1 v_1 = p_2 v_2$

즉, $pv = c$

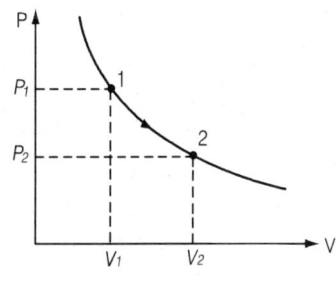

[그림 5.1 보일의 법칙]

(2) 샤를의 법칙(Charle 혹은 Gay-lussac의 법칙)(1802)

압력이 일정한 경우 가스의 비체적은 온도에 비례한다.

$$p_1 = p_2, \quad \frac{v_2}{v_1} = \frac{T_1}{T_2}, \quad \frac{v}{T} = c$$

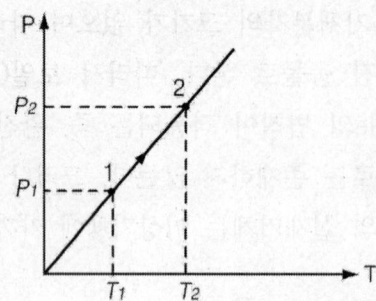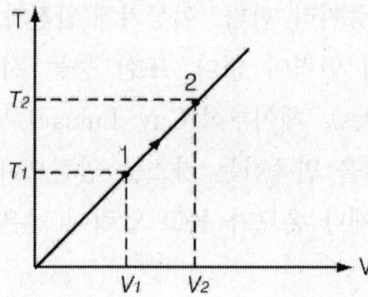

[그림 5.2 샤를의 법칙]

(3) 보일-샤를의 법칙

일정량의 기체의 압력과 체적의 곱은 온도에 비례한다.

$$\frac{p_1 v_1}{T_1} = \frac{p_2 v_2}{T_2}, \quad \frac{pv}{T} = c$$

02 완전가스의 상태방정식

보일-샤를의 법칙에 의해서

$$\frac{PV}{T} = C$$

$$PV = GRT$$

$$Pv = RT \quad (v\text{는 비체적})$$

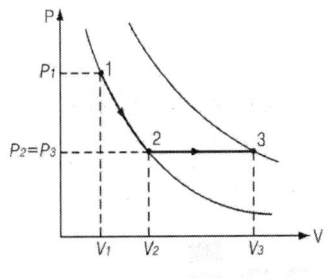

[그림 5.4]
완전가스의 상태변화

이 식을 이상기체 상태방정식이라 한다.

$$R = \frac{Pv}{T}$$

일정량의 기체의 압력과 체적의 곱은 절대온도에 비례하며 비례상수 R(가스상수)은 1[kg]의 기체를 온도 1[K] 올리는 동안 외부에 행한 일을 의미한다. 기체상수(R)은 기체의 일정한 상태에서는 각각의 기체에 대하여 특유한 값을 가지며 정적과정, 정압과정 등의 과정에 따라 변하는 수치가 아니다. 가장 많이 사용하는 기체가 공기이며 공기의 값은 0[℃] 1[atm]에서의 값을 표준상태(STP)라 하고, 표준상태(Standard Temperature and Pressure)에서 공기의 기체상수(R)를 구해보면,

$$R = \frac{P_0 V_0}{T_0} = \frac{1.0332 \times 10^4}{273} \times 0.7734 = 29.27 [\text{kg·m/kgK}]$$

절대단위로 기체상수는

$29.27 \times 9.8 = 286.85 ≒ 287[\text{N·m/kgK}] = 287[\text{J/kgK}] = 0.287[\text{kJ/kgK}]$이다. 그러므로 대부분의 기체상수는 표준상태에서의 값을 사용하며 STP 상태라고 한다. 동일한 온도 압력 체적 내의 가스의 분자수는 종류에 관계없이 모두 같다고 하는 아보가드로(Avogadro) 법칙에 의해 STP 상태에서 분자량을 M이라 하면 M[kg/kmol]이며 체적 V(22.4[m³/kmol])이므로 위의 식에서

$$RM = 848 = \overline{R}\,[\text{kgm/kmolK}]$$

여기서 $\overline{R}$를 일반기체상수(Universal Gas Constant)라 한다. 절대단위로 환산하면

$$\overline{R} = \frac{PV}{T} = \frac{101300 \times 22.4}{273} = 8312\,[\text{J/kmol}\cdot\text{K}]\ \text{이다.}$$
$$\qquad = 8.312\,[\text{kJ/kmol}\cdot\text{K}]$$

그러므로 절대단위로서 이상기체의 상태방정식은 $PV = mRT$이다.

03 완전가스의 비열

열역학 제1법칙에서

$$\delta Q = du + \delta W = du + pdv$$
$$\delta Q = dh - vdp$$
$$\delta Q = CdT$$

여기에서

$$C_v = \left(\frac{\partial Q}{\partial T}\right)_v = \frac{\partial U}{\partial T} \qquad C_p = \left(\frac{\partial Q}{\partial T}\right)_p = \frac{\partial h}{\partial T}$$

위의 식에서

$$\triangle h = \triangle U + \triangle pv$$
$$C_p dT = C_v dT + RdT$$
$$C_p = C_v + R$$
$$\therefore C_p - C_v = R$$

양비열의 비를 비열비(k)라 하면

$$k = \frac{C_p}{C_v}, \quad C_p - C_v = R$$

$$kC_v - C_v = R$$

$$C_v = \frac{R}{k-1} \quad C_p = \frac{kR}{k-1} \quad C_p - C_v = R$$

비열비 k는 같은 원자수의 기체분자에서는 같다.

1원자 가스 $k = \frac{5}{3} \fallingdotseq 1.667$

2원자 가스 $k = \frac{7}{5} = 1.4$

3원자 가스 $k = \frac{4}{3} \fallingdotseq 1.333$

위의 유도식에서 보면 정적비열, 정압비열 기체상수는 온도만의 함수이나 정압비열과 정적비열의 비는 원자수만의 함수임을 알 수 있다. 즉 산소(O_2)의 비열비와 질소(N_2)의 비열비는 2원자 기체로서 1.4인 것을 알 수 있으며 대부분의 조성이 산소와 질소로 이루어진 공기의 비열비로 1.4인 것을 알 수 있다.

04 이상기체의 상태변화

앞절에서의 유도식들은 모두 이상기체에 대한 식들이므로 상태변화에 대한 항을 상태변화의 과정의 관점에서 다시 관찰해볼 필요성이 있다. 상태변화에는 가역변화와 비가역변화가 있는데 표로 표시하면 다음과 같다.

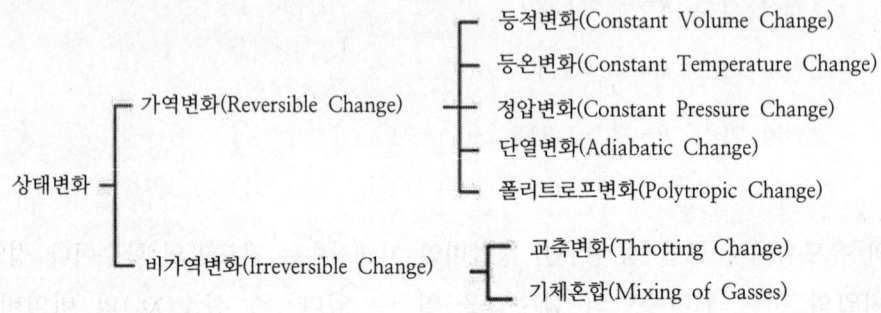

즉 이상기체에 관한 식은 모두 가역변화에 관한 식이며 비가역변화의 식은 교축변화, 기체혼합 이외에 마찰 등의 현상이 있다. 다시 말해 우주에서 일어나는 변화는 대부분 비가역 변화라고 할 수 있으나 이상기체는 가역과정이라고 가정하는 과정이다.

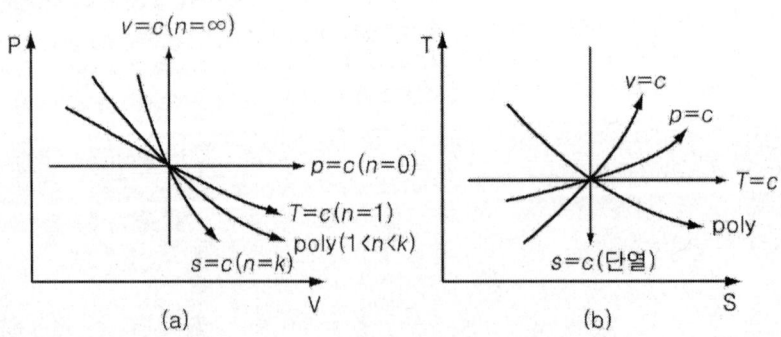

[그림 5.5 각 과정에 따른 P-V선도와 T-S선도]

표 5-1 (a) 이상 기체 공식

	$P=C$	$V=C$	$T=C$
P.V.T	$P=P_1=P_2=C$ $\dfrac{v}{T}=c \quad \dfrac{v_1}{T_1}=\dfrac{v_2}{T_2}$	$v=v_1=v_2=c$ $\dfrac{P}{T}=c \quad \dfrac{P_1}{T_1}=\dfrac{P_2}{T_2}$	$T=T_1=T_2=C$ $pv=C \quad p_1v_1=p_2v_2$
C	$C_p=\dfrac{k}{k-1}R$	$C_v=\dfrac{R}{k-1}$	$C=\infty$
n	0	∞	1
$\int pdv$	$P(v_2-v_1)$	$P(v_2-v_1)=0$	$p_1v_1\ln\dfrac{v_2}{v_1}$
$-\int vdp$	$-v(p_2-p_1)=0$	$-v(p_2-p_1)$	$-p_1v_1\ln\dfrac{v_2}{v_1}$
$_1U_2=u_1-u_2$	$du=C_v dT$ $mC_v(T_2-T_1)$	$du=C_v dT$ $mC_v(T_2-T_1)$	0
$_1H_2=H_2-H_1$	$dh=C_p dT$ $mC_p(T_2-T_1)$	$dh=C_p dT$ $mC_p(T_2-T_1)$	0
Q	$dQ=dh-Avdp$ $mC_p(T_2-T_1)$	$dQ=dh+Avdp$ $mC_v(T_2-T_1)$	$p_1v_1\ln\dfrac{v_2}{v_1}$
S	$mC_p\ln\dfrac{T_2}{T_1}$	$mC_v\ln\dfrac{T_2}{T_1}$	$mR\ln\dfrac{v_2}{v_1}$

표 5-1 (b) 이상 기체 공식

	$S=C$	$n=n$(폴리트로프)
P.V.T	$pv^k=c \quad Tv^{k-1}=c$ $\dfrac{T_2}{T_1}=\left(\dfrac{p_2}{p_1}\right)^{\frac{k-1}{k}}=\left(\dfrac{v_1}{v_2}\right)^{k-1}$	$pv^n=c \quad Tv^{n-1}=c$ $\dfrac{T_2}{T_1}=\left(\dfrac{p_2}{p_1}\right)^{\frac{n-1}{n}}=\left(\dfrac{v_1}{v_2}\right)^{n-1}$
C	$C=0$	$C_n=C_v\dfrac{n-k}{n-1}$
n	k	$1 < n < k$
$\int pdv$	$\dfrac{p_1v_1-p_2v_2}{k-1}$	$\dfrac{p_1v_1-p_2v_2}{n-1}$
$-\int vdp$	$\dfrac{-k(p_1v_1-p_2v_2)}{k-1}$	$\dfrac{-n(p_1v_1-p_2v_2)}{n-1}$
$_1U_2=u_1-u_2$	$du=C_v\,dT$ $mC_v(T_2-T_1)$	$du=C_v\,dT$ $mC_v(T_2-T_1)$
$_1H_2=H_2-H_1$	$dh=C_p\,dT$ $mC_p(T_2-T_1)$	$dh=C_p\,dT$ $mC_p(T_2-T_1)$
Q	0	$mC_n(T_2-T_1)$
S	0	$mC_n\ln\dfrac{T_2}{T_1}$

EX 01 어떤 이상기체 3[kg]을 400[℃] 상승시키는 데 필요한 열량이 압력일정의 경우와 체적일정의 경우에 500[kJ]의 차가 있다. 이 기체의 기체상수를 구하라.

해 설: $Q_p - Q_v = mc_p \triangle T - mc_v \triangle T = (c_p - c_v)m\triangle T$

$$R = c_p - c_v = \frac{Q_p - Q_v}{m\triangle T} = \frac{500 \times 10^3}{3 \times 400} = 416.67 \text{J/kgK}$$

EX 02 압력 p=7[bar]인 산소 2[kg]의 최초 온도 T_1=300[℃]이였다. 이것을 정압하에서 냉각열량 500[kJ]만큼 냉각했더니 체적이 1/2로 줄었다. 이 산소의 정압비열, 정적비열을 구하고, 또 외부에 한 일량, 내부 에너지의 변화량, 엔탈피의 변화량을 각각 구하라.

해 설: 기체상수 $R = \dfrac{R_0}{M} = \dfrac{8312}{32} = 259.75 [\text{J/kgK}]$

압력일정시

$$T_2 = T_1 \frac{V_2}{V_1} = (300+273) \times \frac{1}{2} = 286.5[\text{K}] = 13.5[℃]$$

$$\therefore V_1 = \frac{mRT_1}{p} = \frac{2 \times 259.75 \times (300+273)}{7 \times 10^5} = 0.425[\text{m}^3]$$

$Q_p = mC_p(T_2 - T_1)$ 에서

$$C_p = \frac{Q_p}{m(T_2 - T_1)} = \frac{-500}{2(13.5-300)} = 0.87[\text{kJ/kgK}]$$

$$C_v = C_p - R = 0.87 - \frac{259.25}{1000} = 0.61[\text{kJ/kgK}]$$

$$_1W_2 = P(V_2 - V_1) = 7 \times 10^5 \left(\frac{0.425}{2} - 0.425\right) = -148750 J = -148.75[\text{kJ}]$$

$$\triangle U = mC_v(T_2 - T_1) = 2 \times 0.61 \times (13.5 - 300) = -349.53[\text{kJ}]$$

$$\triangle H = mC_p(T_2 - T_1) = 2 \times 0.87 \times (13.5 - 300) = -498.51[\text{kJ}]$$

EX 03 체적 $2[m^3]$의 밀폐용기에 공기가 $T_1=20[℃]$, $p_1=500[kPa]$이었다. 이 용기를 가열하여 내압이 $p_2=1000[kPa]$까지 상승하였다면 최종온도와 가열량을 구하라. (단, 공기의 가스상수 및 정적비열은 각각 $0.2872[kJ/kgK]$, $0.7171[kJ/kgK]$이다.)

해 설: 체적일정이므로

$$T_2 = T_1 \frac{p_2}{p_1} = (20+273) \times \frac{1000}{500} = 586[K] = 313[℃]$$

$$m = \frac{p_1 V}{RT_1} = \frac{500 \times 2}{0.2872 \times 293} = 11.88[kg]$$

$$\therefore {}_1Q_2 = mc_v(T_2 - T_1) = 11.88 \times 0.7171 \times (131-20) = 2497.4[kJ]$$

EX 04 어떤 이상기체가 초압 $p_1=1500[kPa]$, 체적 $V_1=0.1[m^3]$의 상태에서 등온팽창을 하여 팽창비가 3이었다. 이 과정에서 기체가 차지하는 최종체적, 외부에 한 일량, 외부로부터 받은 열량을 구하여라.

해 설: $V_2 = 3V_1 = 3 \times 0.1 = 0.3[m3]$

$$_1W_2 = p_1 V_1 \ln \frac{V_2}{V_1} = 1500 \times 0.1 \ln 3 = 164.79[kJ]$$

$$_1Q_2 = {}_1W_2 = 164.79[kJ]$$

EX 05 초기상태 $p_1 = 1[\text{bar}]$, $T_1 = 15[℃]$인 공기 $10[\text{m}^3]$를 최종상태 $p_2 = 7[\text{bar}]$까지 $n=1.3$의 폴리트로프 압축을 할 때 최종체적 및 온도, 압축에 필요로 하는 일, 가열량을 각각 구하라. (단, 공기의 정적 비열은 $0.7171[\text{kJ/kgK}]$이다.)

해 설: P-V-T 관계식에서 폴리트로프 과정이므로

$$V_2 = V_1 \left(\frac{p_1}{p_2}\right)^{1/n} = 10 \times \left(\frac{1}{7}\right)^{1/1.3} = 2.24[\text{m}^3]$$

$$T_2 = T_1 \left(\frac{p_2}{p_1}\right)^{\frac{n-1}{n}} = (15 + 273.15) \times 7^{0.3/1.3} = 451.48\text{K} = 178.33[℃]$$

$$m = \frac{p_1 V_1}{RT_1} = \frac{1 \times 10^2 \times 10}{0.2872 \times (15 + 273.15)} = 12.084[\text{kg}]$$

$$_1W_2 = \frac{m}{n-1} R(T_1 - T_2) = \frac{12.084}{1.3-1} \times 0.2872 \times (15 - 178.33)$$
$$= -1889.5[\text{kJ}]$$

$$_1Q_2 = m c_v \frac{n-k}{n-1}(T_2 - T_1) = 12.084 \times 0.7171 \times \frac{1.3-1.4}{1.3-1}(178.33 - 15)$$
$$= -471.78[\text{kJ}]$$

05 반완전 가스

 반완전 가스 및 실제기체를 이해하는 데 있어서는 이상기체의 제반식을 이해하는 것이 필수적이다. 이상기체에서는 상태 방정식 $PV=RT$를 따르며, 내부 에너지 및 엔탈피는 온도만의 함수라고 하였다. 반완전 가스는 이상기체 상태식을 반 이론적으로 수정한 것으로 1873년에 Van der walls 상태식이 발표되었다. 즉, 이상기체의 상태식에서 압축성 계수

$$Z = \frac{PV}{RT} \text{ 를}$$

 실제가스의 이상기체에 얼마나 접근하는가를 측정하는 척도로 사용하여 압축성 계수(Z)는 압력(P)이 0에 접근하면 압축성 계수는 모든 등온선에 대하여 1에 접근한다는 것을 알 수 있으며, 압축성 계수가 1이면 잔류체적(Residual Volume)과 Joule-Thomson 계수는 항상 0이다. 순수물질에 대한 압축성 계수는 임계점을 포함하며 임계점을 정해주면 임계압력(P_c), 임계온도(T_c), 임계비체적(V_c)이 존재한다.

$$\frac{P}{P_c} \text{ (환산압력)} \quad \frac{T}{T_c} = T_r \text{ (환산온도)} \quad \frac{V}{V_c} = v_r$$

 반완전 가스의 상태방정식으로는 Van der walls식으로 이상기체식의 수정식이다.

$$P = \frac{RT}{v-b} - \frac{a}{v^2}$$

 여기서 상수 b는 분자가 점유하는 체적에 대한 수정이며, $\frac{a}{v^2}$는 분자간의 인력을 고려한 수정이다. a와 b는 일반상태식의 상수이다. 특히, 이 상수는 임계점에서의 기울기가 0이라는 사실에서 구할 수 있다.

$$\left(\frac{\partial P}{\partial v}\right)_T = -\frac{RT}{(v-b)^2} + \frac{2a}{v^3}$$

$$\left(\frac{\partial^2 P}{\partial v^2}\right)_T = \frac{2RT}{(v-b)^3} + \frac{6a}{v^4}$$

위의 도함수는 임계점에서 0이 되므로

$$\frac{-RT_c}{(v_c-b)^2}+\frac{2a}{v_c^3}=0 \quad \frac{2RT_c}{(v_c-b)^3}+\frac{6a}{v_c^4}=0 \quad P_c=\frac{RT_c}{(v_c-b)}-\frac{a}{v_1^2}$$

3개의 방정식을 풀면

$$v_v=3b \quad a=\frac{27\,R^2\,T_c^2}{64P_c},\quad b=\frac{RT_c}{8P_c}$$

그러므로 Van der walls의 임계점에 대한 압축성 계수는 $\frac{3}{8}$이다. 그러나 Van der walls 식보다도 실제 기체에 더 많이 접근한 식이 많이 제안되어 사용되고 있다. 이러한 각종의 상태식은 각종 물질의 P-V-T 거동을 나타내기 위해 사용되고 있다.

06 혼합가스

2종 이상의 기체혼합은 달톤(Dalton)의 법칙이 적용된다. 두 가지 이상의 다른 이상기체를 하나의 용기에 혼합시킬 경우 혼합기체의 전압력은 각 기체의 분압의 합과 같다.

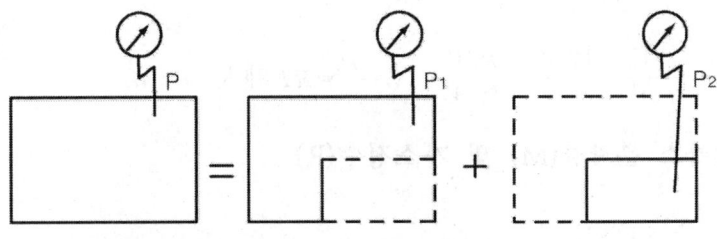

[그림 5.6 달톤의 분압법칙]

위의 그림과 같이 동일한 체적과 동일한 온도에서는

$PV = mRT$ 에서

$$P = \frac{mRT}{V} \quad P = P_1 + P_2 + P_3 \cdots$$

$$\frac{mRT}{V} = \frac{m_1 R_1 T_1}{V_1} + \frac{m_2 R_2 T_2}{V_2} + \cdots$$

$$mR = m_1 R_1 + m_2 R_2 + \cdots$$

$$m\frac{848}{M} = m_1 \frac{848}{M_1} = m_2 \frac{848}{M_2} + \cdots$$

1) 혼합가스의 비중량 (γ)

혼합가스 비중량을 각각 $r_1, r_2, r_3, \cdots\cdots r_n$이라 하면

$G = rV$ 에서

$$G = G_1 + G_2 + \cdots\cdots + G_n = r_1 V_1 + r_2 V_2 + \cdots\cdots + r_n V_n = rV$$

즉, $rV = r_1 V_1 + r_2 V_2 + \cdots\cdots + r_n V_n = \sum_{i=1}^{n} r_i V_i$

$$\gamma = \sum_{i=1}^{n} \gamma_i = \gamma_1 \frac{V_1}{V} + \gamma_2 \frac{V_2}{V} + \cdots + \gamma_n \frac{V_n}{V} = \sum_{i=1}^{n} \gamma_i \frac{P_i}{P} = \gamma_1 \frac{P_1}{P} + \gamma_2 \frac{P_2}{P} + \cdots + \gamma_n \frac{P_n}{P}$$

2) 혼합가스 중량비 $\left(\dfrac{G_i}{G}\right)$

중량비 $\left(\dfrac{G_i}{G}\right)$는 체적비 $\left(\dfrac{V_i}{V}\right)$와 비중량비 $\left(\dfrac{\gamma_i}{\gamma}\right)$의 곱으로 표시되므로

$$\frac{G_i}{G} = \frac{\gamma_i}{\gamma}\frac{V_i}{V} = \frac{M_i}{M}\frac{V_i}{V} = \frac{R}{R_i}\frac{V_i}{V} \quad (\because \frac{P}{\gamma r} = RT \text{ 에서 } \gamma \propto M)$$

3) 혼합가스 분자량(M) 및 가스정수(R)

$\gamma V = \sum_{i=1}^{n} \gamma_i V_i$ 에서

$$\gamma V = \sum_{i=1}^{n} \gamma_i \frac{V_i}{V} = \sum_{i=1}^{n} \gamma \frac{M_i}{M}\frac{V_i}{V} = \sum_{i=1}^{n} r \frac{M_i}{M}\frac{P}{P} \quad \text{로 되므로}$$

혼합가스 분자량(M)은

$$M = \sum_{i=1}^{n} M_i \frac{V_i}{V} = \sum_{i=1}^{n} M_i \frac{P_1}{P} \text{ 이다.}$$

가스정수 $R = \frac{8312}{M}$ 이므로

$$R = \frac{848}{\sum_{i=1}^{n} M_1 \frac{V_1}{V}} = \frac{848}{\sum_{i=1}^{n} M_1 \frac{P_1}{P}}$$

4) 혼합가스의 비열(C)

혼합가스의 단위 질량당 비열과 질량을 각각 C, m라 하고 각 가스의 단위 질량당

비열과 질량을 각각 C_i, m_i라 하면

$$Cm = \sum_{i=1}^{n} C_i m_i \quad \therefore C = \sum_{i=1}^{n} C_i \frac{m_i}{m}$$

5) 혼합가스의 온도(T)

각 가스 온도를 T_i라 하고 혼합 후 온도를 T라 하면 열역학 0법칙에 의하여

$$\sum_{i=1}^{n} m_i C_i (T - T_i) = 0 \quad \therefore T = \sum_{i=1}^{n} \frac{m_i C_i T_i}{m_i C_i}$$

EX 01

압력 5[bar], 온도 50[℃], 체적 1[m³]의 메탄가스 (CH_4)와 압력 2[bar], 온도 10[℃], 체적 1.5[m³]의 공기를 혼합했을시의 온도와 압력을 구하시오.
(단, 메탄가스의 정적비열 (C_v)은 1.6376[kJ/kgK]이며 공기의 정적비열 (C_v)은 0.717[kJ/kgK]이다.)

해 설: 메탄가스를 첨자1, 공기를 첨자2로 표시하면

$$R_1 = \frac{8312}{M_1} = \frac{8312}{16} = 519.5[\,J/kgK]$$

$$R_2 = 287[\,J/kgK]$$

상태방정식에서

$$m_1 = \frac{P_1 V_1}{R_1 T_1} = \frac{5 \times 10^5 \times 1}{519.5 \times (50+273)} = 2.98[\,kg]$$

$$m_2 = \frac{P_2 V_2}{R_2 T_2} = \frac{2 \times 10^5 \times 1.5}{287 \times (10+273)} = 3.69[\,kg]$$

혼합기체 온도식에서

$$T = \frac{m_1 C_{v1} T_1 + m_2 C_{v2} T_2}{m_1 C_{v1} + m_2 C_{v2}}$$

$$= \frac{2.98 \times 1.6376 \times (50+273) + 3.69 \times 0.7171 \times (10+273)}{2.98 \times 1.6376 + 3.69 \times 0.7171}$$

$$= 308.9[K] = 35.9[℃]$$

혼합기체 기체상수식에서

$$R = R_1 \frac{m_1}{m} + R_2 \frac{m_2}{m} = 519.5 \frac{2.98}{2.98+3.69} + 287 \frac{3.69}{2.98+3.69}$$

$$= 390.88[\,J/kgK]$$

$$P(V_1 + V_2) = (m_1 + m_2)RT$$

그러므로

$$P = \frac{(m_1 + m_2)RT}{V_1 + V_2} = \frac{(2.98+3.69) \times 390.88 \times 312.56}{1+1.5} = 814897[\,N/m^2]$$

$$= 814.9[kPa]$$

연습문제

01 어떤 용기에 온도 20[℃], 압력 190[kPa]의 공기를 0.1[m^3] 투입하였다. 체적의 변화가 없다면 온도가 50[℃]로 상승했을 경우 압력은 몇 [kPa]로 되겠는가?
또 압력을 처음 압력으로 유지하려면 몇 [kg]의 공기를 뽑아야 하는가?

① 209.45, 0.021
② 200.5, 0.21
③ 172.35, 0.021
④ 172.35, 021

02 어떤 이상기체 3kg이 400[℃]에서 가역단열팽창하여 그 온도가 200[℃]로 강하하였고, 또 체적은 2배로 되었다면, 이 때 외부에 대해서 93[kJ]의 일을 했을 때 기체상수와 C_v, C_p을 구하여라.

① $R=788.75$[J/kgK]
　$C_v=0.155$[kJ/kgK] 5109-9454
　$C_p=0.26$[kJ/kgK]

② $R=78.875$[J/kgK]
　$C_v=0.155$[kJ/kgK]
　$C_p=0.234$[kJ/kgK]

③ $R=0.78$[J/kgK]
　$C_v=0.155$[kJ/kgK]
　$C_p=0.234$[kJ/kgK]

④ $R=78.875$[J/kgK]
　$C_v=0.16$[kJ/kgK]
　$C_p=0.26$[kJ/kgK]

---

1. $\dfrac{P_1}{T_1} = \dfrac{P_2}{T_2}$　$P_2 = \dfrac{P_1}{T_1}$

$T_2 = \dfrac{190}{293} \times 323$

$\quad = 209.45$[kPa]

$m_1 = \dfrac{P_1 V_1}{RT_1}$

$\quad = \dfrac{190 \times 0.1}{0.287 \times (20+273)}$

$\quad = 0.226$[kg]

$m_3 = \dfrac{P_3 V_3}{RT_3}$

$\quad = \dfrac{190 \times 0.1}{0.287 \times (50+273)}$

$\quad = 0.2049$[kg]

$\triangle m = m_3 - m_1$

$\quad = 0.0211$[kg]

2. $\dfrac{T_2}{T_1} = \left(\dfrac{V_1}{V_2}\right)^{k-1} = \left(\dfrac{P_2}{P_1}\right)^{\frac{k-1}{k}}$

$\ln\left(\dfrac{T_2}{T_1}\right) = (k-1)\ln\left(\dfrac{V_1}{V_2}\right)$

$K = \dfrac{\ln\left(\dfrac{T_2}{T_1}\right)}{\ln\left(\dfrac{V_1}{V_2}\right)} + 1$

$\quad = \dfrac{\ln\left(\dfrac{200+273}{400+273}\right)}{\ln\left(\dfrac{1}{2}\right)} + 1$

$\quad = 1.509$

$W = \dfrac{mR(T_1-T_2)}{k-1}$

$R = \dfrac{W(k-1)}{m(T_1-T_2)}$

$\quad = \dfrac{93 \times 10^3 (1.509-1)}{3(400-200)}$

$\quad = 78.875$[J/kgK]

$C_v = \dfrac{R}{k-1} = \dfrac{78.875}{1.509-1}$

$\quad = 155$[J/kgK]

$\quad = 0.155$[kJ/kgK]

$C_p = k \cdot C_v = 1.509 \times 0.155$

$\quad = 0.234$[kJ/kgK]

정답　01 ①　02 ②

03 체적 500[ℓ]인 탱크 속에 초압과 초온이 0.2[MPa], 200[℃]인 공기가 들어 있다. 이 공기로부터 126[kJ]의 열을 방열시킨다면 압력 [MPa]은 얼마로 되는가?

① 9.9
② 0.99
③ 0.099
④ 0.0099

3. $P_1 V_1 = mRT_1$
$m = \dfrac{P_1 V_1}{RT_1} = \dfrac{0.2 \times 10^6 \times 0.5}{287 \times (200 + 273)}$
$= 0.737[\text{kg}]$
$Q_v = mC_v(T_2 - T_1)$
$T_2 = \dfrac{Q}{mC_v} + T_1$
$= \dfrac{-126}{0.737 \times 0.717} + (200 + 273)$
$= 234[\text{K}]$
$\dfrac{P_1}{T_1} = \dfrac{P_2}{T_2}$
$P_2 = T_2 \dfrac{P_1}{T_1} = 234 \dfrac{0.2}{473}$
$= 0.099[\text{MPa}]$

04 어느 가스 4[kg]이 압력 0.3[MPa], 온도 40[℃]에서 2 [m^3]의 체적을 점유한다. 이 가스를 정적하에서 온도를 40[℃]에서 150[℃]까지 올리는데 209[kJ]의 열량이 필요하다. 만일 이 가스를 정압하에서 동일 온도까지 온도를 상승시킨다면 필요한 가열량은 얼마인가? [kJ]

① 209   ② 290
③ 420   ④ 500

4. $p = c$에서 $\dfrac{V_1}{T_1} = \dfrac{V_3}{T_3}$
$V_3 = \dfrac{V_1}{T_1} T_3$
$= \dfrac{2}{40 + 273}(150 + 273)$
$= 2.703[m^3]$
같은 온도범위이므로
$\triangle H = \triangle U + \triangle PV$
$Q_p = Q_v + P(V_3 - V_1)$
$= 209 + 0.3 \times 10^3 (2.703 - 2)$
$= 419.9 = 420[kJ]$

05 0.2[MPa], 30[℃]인 공기 4[kg]을 정압하에서 586[kJ]의 열을 가할 경우 가열 후의 온도를 구하여라. 그리고 이 공기를 정적 과정으로서 처음의 온도까지 하강시키려면 몇 [kJ]의 열량을 방출해야 하는가?

① 176.5, -420
② 449.5, -420
③ 449.5, 420
④ 76.5, -420

5. $Q_p = mC_p(T_2 - T_1)$
$T_2 = \dfrac{Q}{mC_p} + T_1$
$= \dfrac{586}{4 \times 1} + (30 + 273)$
$= 449.5[\text{K}]$
$Q_v = mC_v(T_3 - T_2)$
$= 4 \times 0.717 \times (303 - 449.5)$
$= -420$
방열한 열은 420[kJ]

정답 03 ③ 04 ③ 05 ②

06 어느 압축공기 탱크에 공기가 40루베 채워져 있다. 공기 밸브를 열었을 때의 압력이 0.7[MPa], 얼마 후에 압력이 0.3[MPa]로 저하했다면 처음의 공기 중량과 최종의 공기 중량은 몇 [%] 감소하겠는가?
(단, 공기의 온도는 26[℃]이다.)

① 42.8 ② 45.2
③ 55.2 ④ 57.1

6.
$$m_1 = \frac{P_1 V_1}{RT_1}$$
$$= \frac{0.7 \times 10^6 \times 40}{287 \times (26+273)} = 326.3$$
$$m_2 = \frac{P_2 V_2}{RT_2}$$
$$= \frac{0.3 \times 10^6 \times 40}{287 \times (26+273)} = 140$$
$$\frac{m_1 - m_2}{m_1} \times 100$$
$$= \frac{326.3 - 140}{326.3} \times 100 = 57[\%]$$

07 초온 50[℃]인 공기 3[kg]을 등온팽창시킨 다음 다시 처음의 압력까지 가역단열팽창시켰더니 공기의 온도가 95[℃]로 되었다고 한다. 등온변화 중 공기에 가해진 열량은 얼마인가?

① 1.57
② 15.7
③ 27
④ 127

7. $\frac{T_3}{T_2} = \left(\frac{P_3}{P_2}\right)^{\frac{k-1}{k}}$
$$\frac{P_3}{P_2} = \left(\frac{T_3}{T_2}\right)^{\frac{k}{k-1}} = 1.579$$
$$Q = P_1 V_1 \ln\frac{V_2}{V_1} = mRT_1 \ln\frac{P_1}{P_2}$$
$$= mRT_1 \ln\frac{P_3}{P_2}$$
$$= 3 \times 0.287 \times (50+273) \ln 1.579$$
$$= 127[kJ]$$

08 온도 30[℃], 압력 1[atm]인 공기 3[kg]이 단열압축 되어서 체적이 0.6[m^3]로 되었다. 압축일량을 구하여라.[kJ]

① 722.1
② 555
③ -722.1
④ -555

8. $V_1 = \frac{mRT_1}{P_1}$
$$= \frac{3 \times 0.287 \times (30+273)}{101.3}$$
$$= 2.575[m^3]$$
단열과정이므로
$$T_2 = T_1 \left(\frac{V_1}{V_2}\right)^{k-1}$$
$$= (30+273)\left(\frac{2.575}{0.6}\right)^{1.4-1}$$
$$= 542.62[K]$$
$$W = \frac{k(P_1 V_1 - P_2 V_2)}{k-1}$$
$$= \frac{kmR(T_1 - T_2)}{k-1}$$
$$= \frac{1.4 \times 3 \times 0.287(303 - 542.62)}{1.4-1}$$
$$= -722.1[kJ]$$
압축일이므로
W = 722.1[kJ]

정답 06 ④ 07 ④ 08 ①

09 어느 가스 10[kg]을 50[℃] 만큼 온도 상승시키는데 필요한 열량은 압력 일정인 경우와 체적 일정인 경우에는 837[kJ]의 차가 있다. 이 가스의 가스상수를 구하라.[kJ/kgK]

① 16.74
② 8.4
③ 1.674
④ 0.84

10 압력 0.3[MPa], 20[℃]의 공기 5[kg]이 폴리트로프 변화하여 335[kJ]의 열량을 방출하고, 그 온도는 200[℃]로 되었다. 이 변화에서 최종 체적과 압력을 구하여라.

① 2.2[m^3], 30.5[MPa]
② 2.2[m^3], 3.05[MPa]
③ 0.22[m^3], 30.5[MPa]
④ 0.22[m^3], 3.05[MPa]

---

9. $Q_p - Q_v = m(C_p - C_v)\triangle T = 837$
$C_p - C_v = \dfrac{837}{m\triangle T} = \dfrac{837}{10 \times 50}$
$\qquad = 1.674$
$C_p - C_v = R = 1.674[\text{kJ/kgK}]$

10. $Q = mC_n(T_2 - T_1)$
$\quad = mC_v\dfrac{n-k}{n-1}(T_2 - T_1)$
$\dfrac{n-k}{n-1} = \dfrac{Q}{mC_v(T_2 - T_1)}$
$\quad = \dfrac{-335}{5 \times 0.717 \times (200-20)}$ 에서
$n = 1.26$
$\dfrac{T_2}{T_1} = \left(\dfrac{P_2}{P_1}\right)^{\frac{n-1}{n}} = \left(\dfrac{V_1}{V_2}\right)^{n-1}$
$V_2 = \left(\dfrac{T_1}{T_2}\right)^{\frac{n}{n-1}} \cdot V_1$
$\quad = \left(\dfrac{20+273}{200+273}\right)^{\frac{1}{1.26-1}}$
$\quad \times 1.4 = 0.22[m^3]$
$P_2 = \left(\dfrac{T_2}{T_1}\right)^{\frac{n}{n-1}} \cdot P_1$
$\quad = \left(\dfrac{200+273}{20+273}\right)^{\frac{1.26}{1.26-1}} \times 0.3$
$\quad = 3.05[\text{MPa}]$

정답 09 ③ 10 ④

11 5[kg]의 공기를 20[℃], 1[atg]의 상태로부터 등온변화하여 압력 8[atg]로 한 다음 정압변화시키고, 다시 단열변화시켜 처음 상태로 되돌아왔다. 정압변화 후의 온도 및 변화에 가해진 열량을 구하라. (단, 단위는 [kJ])

① 77.83
② 778.3
③ 1186.8
④ 18.68

12 체적 56[ℓ]인 탱크 속에 압력 0.7[MPa], 온도 32[℃]인 공기가 들어있고, 다른 쪽 탱크(체적 64[ℓ]) 속에는 압력 0.35[MPa], 온도 15[℃]인 공기가 들어있다. 양 탱크 사이에 설치되어 있는 밸브가 열려서 공기가 평행상태로 되었을 때의 공기의 온도가 21[℃]로 되었다면 압력은 얼마인가?[kPa]

① 5.01
② 50.1
③ 501
④ 5013

---

11. 문제를 도식화하면
$T_1 = (20+273) = 293[K]$
$P_1 = (1+1.0332) \times \dfrac{101.3}{1.0332}$
$\quad = 199.4[KPa]$

$\underline{T=C}$
$P_2 = (8+1.0332) \times \dfrac{101.3}{1.0332}$
$\quad = 885.66[KPa]$
$T_2 = 20+273 = 293[K]$

$\underline{P=C} \quad T_3 = ?$
$P_3 = 885.66[KPa]$

$\underline{S=C} \quad P_4 = 199.34[KPa]$
$T_4 = 293[K]$

$\dfrac{T_4}{T_3} = \left(\dfrac{P_4}{P_3}\right)^{\frac{k-1}{k}}$ 에서

$T_3 = T_4 \left(\dfrac{P_4}{P_3}\right)^{-\frac{k-1}{k}}$

$\quad = 293 \left(\dfrac{885.66}{199.34}\right)^{\frac{1.4-1}{1.4}}$

$\quad = 448.66[K]$

$Q_P = mC_P(T_3 - T_2)$
$\quad = 5 \times 1 \times (448.66 - 293)$
$\quad = 778.3[kJ]$

12. $m_1 = \dfrac{P_1 V_1}{R_1 T_1}$

$\quad = \dfrac{7 \times 10^5 \times 56 \times 10^{-3}}{287 \times 305}$

$\quad = 0.447[kg]$

$m_2 = \dfrac{P_2 V_2}{RT_2}$

$\quad = \dfrac{0.35 \times 10^6 \times 64 \times 10^{-3}}{287 \times 288} = 0.266$

$\therefore P = \dfrac{(m_1 + m_2)RT}{V_1 + V_2}$

$\quad = \dfrac{(0.447 + 0.266) \times 287 \times 294}{(56+64) \times 10^{-3}}$

$\quad = 501345[J/m^2] = 501[kPa]$

정답   11 ②   12 ③

SECTION 06 열역학 제2법칙

　열역학 제1법칙은 계 내에서 임의의 cycle 중의 열전달의 합은 일의 합과 같다는 것을 말하는 즉, 하나의 에너지 형태에서 다른 형태의 에너지로 변화할 때의 양적 관계를 표시한 것이다. 그러나 열이나 일이 흐르는 방향에 대해서는 아무런 제한도 없었다. 그러한 일이 일어난다는 것은 있을 수 없으므로 제2법칙이 공식화되었으며 임의의 사이클에서 열역학 제1법칙과 제2법칙을 만족할 때에만 실제로 일어난다. 즉, 제2법칙은 과정이 어떤 한 방향으로만 진행하고 반대방향으로는 진행되지 않는 에너지 변환의 방향성과 비가역성임을 명시했다. 즉 자연계의 현상과 에너지의 변화는 평형상태를 이루며 한 방향으로만 변화하며 그 반대방향으로의 변화는 일어나지 않으며 열을 역학적 에너지로 변환하는 것은 제약을 받아 완전하게 변할 수 없는 비가역과정이라는 것이다.

01 열역학 제2법칙의 표현

◎ **열저장소**

　열용량이 무한대이어서 아무리 많은 열을 주거나 받아도 온도의 변화가 없는 저장소로서 이상기체의 등온변화와 같은 물질이 지구상에는 존재하지 않기 때문에 질량이 거의 무한대인 물질을 열저장소로 가정한 것이다. 예를 들면 대기나 바다 등을 그 예로 들을 수 있다. 즉 열저장소의 단위는 $Q=mc\Delta T$에서 질량(m)과 비열(c)의 곱을 열용량이라 하며 단위는 [kcal/℃] 혹은 [kJ/K]로써 단위온도를 높이는데 필요한 에너지를 열용량으로 정의한다.

(1) Kelvin-Plank의 표현

　사이클로 작동하면서 아무런 효과도 내지 않고 단일 열저장소에서 기계장치를 구성하여 일을 하는 것은 불가능하다. 즉, 열기관이 동작유체의 의해서 일을 발생시키려면 공급열원보다 더 온도가 낮은 열원이 필요하게 된다는 것이다. 따라서 100[%]의 열효율을 갖는 열기관을 만드는 것은 불가능하다.

(2) Clausius의 표현

사이클로 작동하면서 저온 열저장소로부터 고온 열저장소로 열을 전달하는 것 외에 아무 효과도 내지 않는 기계 장치를 만드는 것은 불가능하다. 즉, 냉동기 또는 열펌프에 관련한 표현이다. 이 두 가지 표현에 대해서 열역학 제2법칙을 정리하면

① 열은 자연적으로는 저온 물체로부터 고온 물체로는 흐르지 않는다.

따라서 저온물체로부터 고온물체로의 열의 이동은 반드시 일의 소비가 따른다.

② 열이 일로 변하기 위해서는 열원 이 외에 이것보다 낮은 열저장소가 있을 것. 즉, 저장소간 온도의 차이가 있어야 한다.

③ 사이클 과정에서 열원의 열이 모두 일로 변화할 수 없다.

그림 6-1에서 처럼 단일 열저장소에서 열교환은 일어날 수가 없다.

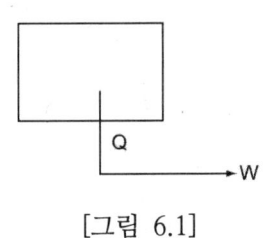

[그림 6.1]
제2종 영구기관

열역학 제2법칙에 근거하면 열교환이 일어나려면 최소한 2개 이상의 열저장소가 필요하며 고온체에서 저온체로 열이동을 하며 일(W_A)이 만들어지며 저온체에서 고온체로 열이동이 일어나기 위해서는 일(W_l)이 필요하다는 것이다. 다시 그림 6-2(a)를 우리는 열기관이라고 하나 저온체에서 고온체로 가는데 필요한 일(W_l)이 매우 적다고 가정하면 다음과 같은 그림 6-2(b)로 된다. 그림 6-2(b)를 사이클(cycle)로서 도시하면 (c)와 같다.

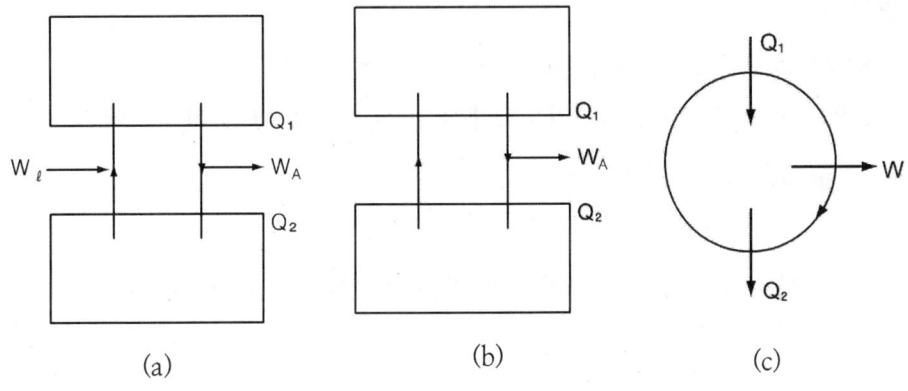

[그림 6.2 가역 사이클]

그림 6-2의 사이클을 열기관 사이클이라고 한다. 클라우지우스(Clausius)의 표현은 냉동기 사이클의 정의가 된다. 그림으로 표시하면 6-3(a)와 같이 되며 사이클(cycle)로 표시하면 (b)와 같이 된다. 이를 역사이클(irreverse cycle)이라고 하며 냉동 또는 열펌프 사이클의 기본이다.

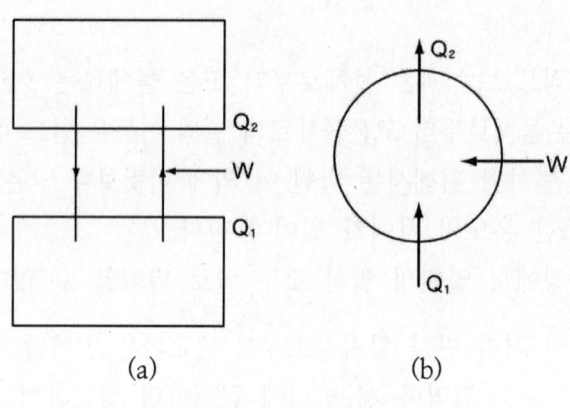

[그림 6.3 역 가역 사이클]

02 열효율, 성능계수, 가역과정

(1) 열기관

열역학 제2법칙에 의해서 열을 일로 변환시키기 위해서는 고온체와 저온체가 있어야 하며, 이와 같은 원리에 의해 일을 발생하는 장치를 열기관이라 한다.

(2) 열효율

열기관이 발생하는 일의 양은
고온체에서 준 열(Q_1)과 저온체에서 받은 열(Q_2)과의 차이이며,

$W = Q_1 - Q_2$ 이다.

여기에서 유효열량과 공급열량의 비를 열효율(Thermal Efficiency)이라 한다.

$$열효율\,(\eta) = \frac{유효일}{공급\,열량} = \frac{AW}{Q_1} = \frac{Q_1-Q_2}{Q_1} = 1-\frac{Q_2}{Q_1} = 1-\frac{T_2}{T_1}$$

η : 열효율
Q_1 : 공급된 열량 [kcal]
Q_2 : 일의 열당량 (1/427[kcal/kg·m])
W : 유효일 [kg·m]
T_1 : 고온체 온도 [K]
T_2 : 저온체 온도 [K]

절대단위의 표현으로는 열과 일의 단위를 [kJ]로 표기하므로 다음과 같다.

$$\eta = \frac{W}{Q_1} = 1-\frac{Q_2}{Q_1} = 1-\frac{T_2}{T_1}$$

(3) 성적 계수(성능 계수)

역사이클로 작동하면서 저온체에서 열을 받아 고온체로 열이동을 성취시키는 기구로 냉동기와 열펌프로 구분된다.

$$\text{cop}(\varepsilon_R) = \frac{Q_저}{Aw} = \frac{Q_저}{Q_고-Q_저} = \frac{T_저}{T_고-T_저}$$

$$\text{cop}(\varepsilon_h) = \frac{Q_고}{Aw} = \frac{Q_고}{Q_고-Q_저} = \frac{T_고}{T_고-T_저}$$

$|\varepsilon| > 1 \quad \varepsilon_h - \varepsilon_R = 1$

절대단위로 표시하면

$$\text{cop}\,(\varepsilon_R) = \frac{Q_저}{W} = \frac{Q_저}{Q_고-Q_저} = \frac{T_저}{T_고-T_저}$$

$$\text{cop}\,(\varepsilon_h) = \frac{Q_고}{W} = \frac{Q_고}{Q_고-Q_저} = \frac{T_고}{T_고-T_저}$$

(4) 가역과정

열적 평형을 유지하며 이루어지는 과정이며, 계나 주위에 영향을 주거나 아무런 변화도 남기지 않고 이루어지며 역과정으로 원상태로 되돌려질 수 있는 과정

◎ **가역사이클(reversible cycle)**

사이클의 상태변화가 모두 가역변화로 이루어지는 사이클

◎ **비가역사이클(irreversible cycle)**

사이클의 상태변화가 일부분이라도 비가역변화를 포함하는 사이클로서
실제의 사이클은 마찰이나 열전달 등의 비가역변화를 피할 수 없으므로
모두 비가역사이클이다.

03 영구기관

열역학 제1법칙을 위배하는 기관, 즉 일을 창조하는 혹은 주어진 일보다 많은 일을 하여 효율이 100[%] 이상인 기관을 말하며 존재하지 않는 기관으로 열역학 제2법칙을 위배하는 기관을 제2종 영구기관이라고 한다. 즉, 열역학 제2법칙은 에너지 전환의 방향성과 비가역성을 명시한 법칙이므로 열기관에서는 효율이 100[%]의 기관은 존재할 수가 없으며 냉동기에서는 성능계수가 1이하는 존재할 수가 없는 기관이므로 혹시 결과치가 제2종 영구기관의 효율이 나온다면 가정을 잘못 선정한 것으로 생각하여야 한다.

제1종 영구기관 : 열역학 제1법칙 위배 기관
제2종 영구기관 : 열역학 제2법칙 위배 기관

03 카르노 사이클(Carnot cycle : 1824)

효율이 100%로서 열이 일로 전환되는 것은 열역학 제1법칙을 위배하는 제1종 영구기관이며 불가능하므로 공급열량을 일로 치환시키는 데는 전 과정을 가역과정으로 하여 에너지 손실을 적게 한 사이클로서 이상적 가역사이클이라고도 하며 존재하지 않으며 사이클의 개념을 이해하는 데 중요한 사이클이다.

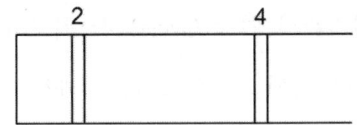

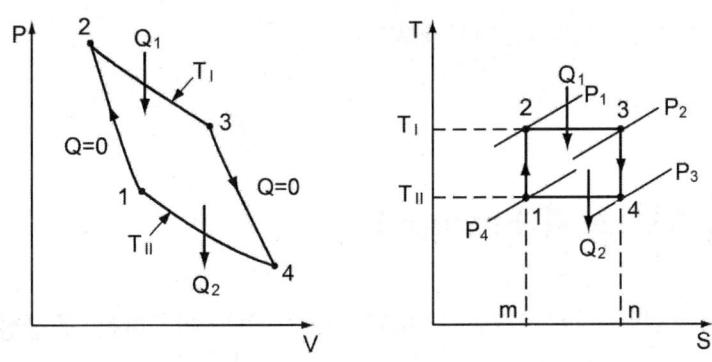

[그림 6.4 카르노 열기관 사이클의 P-V, T-S 선도]

(1) 카르노 사이클의 열효율

카르노 사이클의 열효율을 도식적으로 살펴보면

$$\eta = \frac{12341}{m1234nm} = 1 - \frac{m14nm}{m1234nm}$$

$m1234nm$: 가한 열(Q_A)

$m14nm$: 방출한 열(Q_R)

12341 : 한 일(W)

수식적으로 표기하면

$$\eta = \frac{W}{Q_A} = \frac{Q_A - Q_R}{Q_A} = 1 - \frac{Q_R}{Q_A} = 1 - \frac{mRT_4 \ln \frac{V_1}{V_4}}{mRT_2 \ln \frac{V_3}{V_2}}$$

즉 카르노 사이클의 효율은 온도만의 함수이며 가역 과정 기관의 효율식과 일치함을 알 수 있다. 따라서 카르노 사이클의 기관보다 효율이 좋은 기관은 제2종 영구기관으로서 존재할 수가 없다.

Carnot Cycle을 요약하면

① Carnot Cycle은 열기관의 이상 Cycle로서 최고의 열효율을 갖는다.

만약 η가 Carnot Cycle의 η보다 크다면 제2종 영구운동계이다.

② 같은 두 열원에서 작동되는 모든 가역 Cycle은 효율이 같다.

③ 역 Cycle도 성립된다.(가역과정)

05 엔트로피(Entropy)

열과 가장 밀접한 강도성질은 온도(T)이며, 이에 대응하는 종량성질은 엔트로피(S)이다.

단위 : S[kcal/K], s[kcal/kgK],

절대단위 : [kJ/K], [kJ/kgK]

$$\frac{Q_1}{T_1} - \frac{Q_2}{T_2} = 0$$

(1) Clausius의 적분

① 가역일 때

$$\eta_R = 1 - \frac{Q_2}{Q_1} = 1 - \frac{T_2}{T_1}$$

$$\frac{Q_2}{Q_1} = \frac{T_2}{T_1}, \quad \frac{T_1}{Q_1} = \frac{T_2}{Q_2}$$

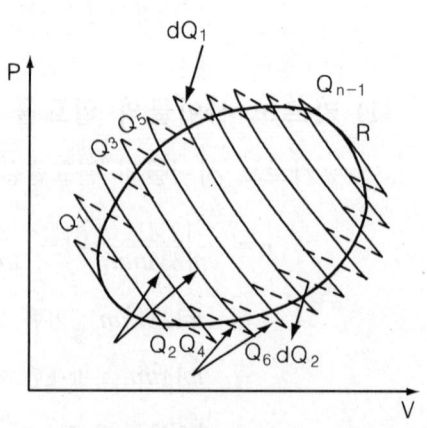

[그림 6.5]
임의의 가역사이클을 미소한 카르노 사이클의 집합으로 나타냄

$$\frac{Q_1}{T_1} = \frac{Q_2}{T_2}, \quad \frac{Q_1}{T_1} - \frac{Q_2}{T_2} = 0$$

$$\Rightarrow \oint_{R(가역)} \frac{\delta Q}{T} = 0$$

② 비가역일 때

$$\eta_{R(가역과정)} > \eta_{비가역} \quad 1 - \frac{T_2}{T_1} > 1 - \frac{Q'_2}{Q_1}$$

$$\frac{T_2}{T_1} < \frac{Q'_2}{Q_1}, \quad \frac{T_2}{T_1} < \frac{Q'_2}{Q_1} \quad \frac{Q_1}{T_1} - \frac{Q'_2}{T_2} < 0$$

$$\Rightarrow \oint_{IR(비가역)} \frac{\delta Q}{T} < 0 \quad 그러므로$$

Clausius의 적분은 $\oint \frac{\delta Q}{T} \leq 0$ 이다.

◎ 참고

가역 과정에서 엔트로피(S)의 적분 : $\int_{net} \frac{\delta Q}{T} = 0$

비가역 과정에서 엔트로피(S)의 적분 : $\int_{net} \frac{\delta Q}{T} > 0$

(2) 엔트로피의 유도

$$\int_1^2 \frac{\delta Q}{T} = \int_1^2 \frac{m \cdot C \cdot dt}{T} = m \cdot C \cdot \ln \frac{T_2}{T_1} = S_2 - S_1$$

$$= \triangle S [kJ/K] (절대값은 없다.)$$

일을 하지 않은 에너지 단위로서 비교치만 준다.

06 비가역 과정에서의 엔트로피 변화

$$\oint_R \frac{\delta Q}{T} = \int_{1A}^{2} \frac{\delta Q}{T} + \int_{2B}^{1} \frac{\delta Q}{T} = 0 \quad \oint_{1R} \frac{\delta Q}{T} = \int_{1A}^{2} \frac{\delta Q}{T} + \int_{2C}^{1} \frac{\delta Q}{T} = 0$$

첫 번째 식에서 두 번째 식을 빼고 정리하면

$$\int_{2B}^{1} \frac{\delta Q}{T} < \int_{2C}^{1} \frac{\delta Q}{T}$$

경로 B는 가역적이고 엔트로피는 상태량이므로

$$\int_{2B}^{1} \frac{\delta Q}{T} = \int_{2B}^{1} dS_B < \int_{2C}^{1} dS_c = \int_{2C}^{1} \frac{\delta Q}{T}$$

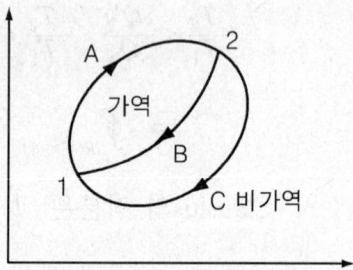

[그림 6.6 가역 비가역 사이클]

그러므로

$$dS_c - dS_B > 0 \quad \text{이다.}$$

정리하면 가역 과정에서 $dS_c - dS_B = 0$ 이면, 비가역 과정에서는 $dS_c - dS_B > 0$ 로서 열의 변화가 없거나 증가, 감소일지라도 엔트로피 변화는 항상 증가한다.

1) 열 이동의 경우
2) 마찰의 경우
3) 교축의 경우

07 유효 에너지와 무효 에너지

열량 Q_1을 받고 열량 Q_2를 방열하는 열기관에서 기체적 에너지로 전환된 에너지를 유효 에너지(Available Energy) E_a라 하면

$$E_a = Q_1 - Q_2 \text{ 이다.}$$

따라서 무효 에너지(Unavailable Energy)는 $Q_2 = Q_1 - E_a$로 표시된다. 고열원 T_1에서의 엔트로피 변화 $\triangle S_1$은

$$\triangle S_1 = \frac{Q_1}{T_1}$$

또 저열원의 엔트로피 변화 $\triangle S_2$는

$$\triangle S_2 = \frac{Q_2}{T_2}$$

Carnot 사이클이므로 $\triangle S_1 = \triangle S_2$

즉, $\dfrac{Q_1}{T_1} = \dfrac{Q_2}{T_2}$ 이다.

따라서 무효 에너지

$$Q_2 = T_2 \frac{Q_1}{T_1} = T_2 \triangle S_1$$

주위 온도를 T_0라 하면

$$E_u(Q_2) = T_0 \triangle S_1$$

유효 에너지

$$E_a(W) = Q_1 - Q_2 = Q_1 - T_0 \triangle S_1$$

또 Carnot 사이클의 효율을 n_c라 하면

$$n_c = 1 - \frac{T_2}{T_1} = 1 - \frac{Q_2}{Q_1} = \frac{W(E_a)}{Q}$$

$$W(E_a) = n_c Q_1 = Q_1(1 - \frac{T_0}{T_1})$$

$$E_u(Q_2) = Q_1(1 - n_c) = Q_1 \frac{T_0}{T_1} = T_0 \triangle S$$

$$W = Q_1 - Q_2 = Q_1 - T_0 \triangle S_1$$

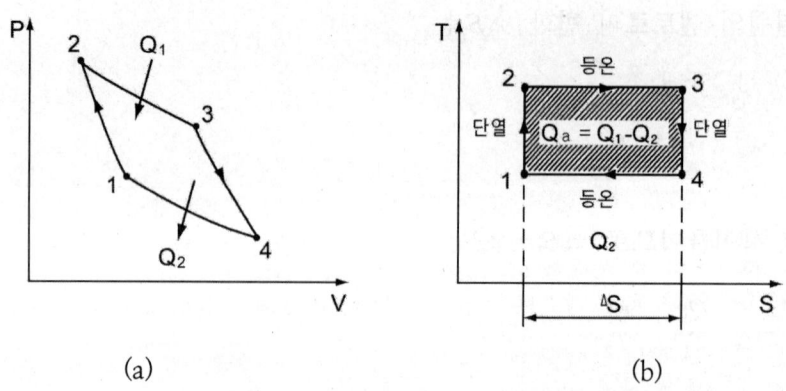

[그림 6.7 카르노 사이클의 유효, 무효 에너지]

08 교축과정 및 줄 톰슨 계수

(1) 교축과정(Throttling Process)

교축 과정은 대표적인 비가 역 과정으로서 열전달이 전혀 없고 일을 하지 않는 과정으로서 h-s 선도에서는 수평선으로 표시되는 즉, 엔탈피가 일정한 과정으로서 엔트로피는 항상 증가하며 압력이 감소되는 과정이다. 종류로는 노즐, 오리피스, 팽창밸브 등이 있다.

(2) 줄 톰슨(Joule Thomson) 계수

유체가 단면적이 좁은 곳을 정상유 과정으로 지날 때인 교축과정에서의 흐름은 매우 급속하게 그리고 엔탈피는 일정하게 흐르게 되므로 유체가 가스일 경우는 비체적이 언제나 증가하게 되며, 운동 에너지는 증가하게 된다.

$$\mu = \left(\frac{\partial T}{\partial P}\right)_h \quad \mu : 줄\ 톰슨\ 계수$$

줄 톰슨 계수의 값이 (+)값이면 교축 중에 온도가 감소한다는 것이며, (-)값이면 온도가 증가한다는 것을 의미한다.

09 열역학 제3법칙

열역학 제3법칙은 20세기(1906) 초에 공식화되었으며, W.H. Nernst(1864 ~ 1941)와 Max Planck(1858 ~ 1947)에 의해서 이루어졌다. 순수물질(완전결정)의 온도가 절대영도(-273℃)에 도달하면 엔트로피는 영에 접근한다는 것이다. 그러므로 각 물질의 엔트로피를 측정할 수 있는 절대 기준을 만들어 주며 이를 엔트로피의 절대값 정리라고도 한다.

$$\lim_{\triangle T \to 0} \frac{\triangle Q}{\triangle T} = 0$$

연습문제

01 어느 냉동기가 1[ps]의 동력을 소모하여 시간당 13395[kJ]의 열을 저열원에서 제거한다면 이 냉동기의 성능계수는 얼마인가?

① 3.06 ② 4.06
③ 5.06 ④ 6.06

1. $\varepsilon_R = \dfrac{Q_{\text{저}}}{W}$
   $= \dfrac{13395 \times 10^3}{735 \times 3600} = 5.06$

02 어느 발전소가 65000[KW]의 전력을 발생한다. 이 때 이 발전소의 석탄소모량이 시간당 35[ton]이라면 이 발전소의 열효율은 얼마인가?
(단, 이 석탄의 발열량은 27209[kJ/kg]이라 한다.)

① 72 ② 52
③ 25 ④ 15

2. $\eta = \dfrac{W}{Q_{\text{고}}}$
   $= \dfrac{65000 \times 3600}{35000 \times 27209} \times 100 = 24.57$

03 물 5[kg]을 0[℃]에서 100[℃]까지 가열하면 물의 엔트로피 증가는 얼마인가?

① 6.52 ② 65.2
③ 652   ④ 6520

3. $\triangle S = \dfrac{\triangle Q}{T} = \dfrac{m \cdot C \cdot \triangle T}{T}$
   $= m \cdot C \ln \dfrac{T_2}{T_1}$
   $= 5 \times \ln \dfrac{373}{237} \times 4.18$
   $= 6.523 [\text{kJ/kgK}]$

정답　01 ③　02 ③　03 ①

04 완전가스 5[kg]이 350[℃]에서 150[℃]까지 $n=1.3$ 상수에 따라 변화하였다. 이 때 엔트로피 변화는 몇 [kJ/kgK]가 되는가?
(단, 이 가스의 정적비열은 $C_v = 0.67$[kJ/kg], 단열지수 = 1.4)

① 0.086
② 0.03
③ 0.02
④ 0.01

4. $ds = C_p \cdot \dfrac{dT}{T}$

$\therefore S_2 - S_1 = C_n \int_{T_1}^{T_2} \dfrac{dT}{T}$

$= C_v \cdot \dfrac{n-k}{n-1} \ln \dfrac{T_2}{T_1}$

$= 0.67 \times \dfrac{1.3-1.4}{1.3-1} \times \ln \dfrac{423}{623}$

$= 0.086 [\text{kJ/kgK}]$

05 어느 열기관이 1사이클당 126[kJ]의 열을 공급받아 50[kJ]의 열을 유효일로 사용한다면 이 열기관의 열효율은 얼마인가?

① 30
② 40
③ 50
④ 60

5. $\eta = \dfrac{W}{Q_1} = \dfrac{50}{126}$

$= 0.4 \times 100\% = 40\%$

06 공기 2[kg]을 정적과정에서 20[℃]로부터 150[℃]까지 가열한 다음에 정압과정에서 150[℃]로부터 200[℃]까지 가열했을 경우의 엔트로피 변화와 무용 에너지 및 유용 에너지를 구하라. (단, 주위 온도는 10[℃]이다.)

① $\triangle S = 0.75$[kJ/K]
  $E_u = 21.25$[kJ]
  $E_a = 72.35$[kJ]

② $\triangle S = 75$[kJ/K]
  $E_u = 21.2$[kJ]
  $E_a = 72.3$[kJ]

③ $\triangle S = 75$[kJ/K]
  $E_u = 212.25$[kJ]
  $E_a = 72.35$[kJ]

④ $\triangle S = 0.75$[kJ/K]
  $E_u = 212.25$[kJ]
  $E_a = 72.35$[kJ]

6. $Q = mC_v(T_2 - T_1) + mC_p(T_3 - T_2)$

$= 2 \times 0.71 \times (423 - 293) + 2 \times 1 \times (473 - 423)$

$= 284.6 [\text{kJ}]$

$\triangle S = \triangle S_1 + \triangle S_2$

$= mC_v \ln \dfrac{T_2}{T_1} + mC_p \ln \dfrac{T_3}{T_2}$

$= 2 \times 0.71 \times \ln \left(\dfrac{423}{293}\right) + 2 \times 1 \times \ln \left(\dfrac{473}{423}\right)$

$= 0.75 [\text{kJ/K}]$

$E_u = T_0 \triangle S$

$= 283 \times 0.75 = 212.25 [\text{kJ}]$

$E_a = Q_A - E_u$

$= 284.6 - 212.25 = 72.35 [\text{kJ}]$

정답 04 ① 05 ② 06 ④

07 20[℃]의 주위 물체로부터 열을 받아서 -10[℃]의 얼음 50[kg]이 융해하여 20[℃]의 물이 되었다고 한다. 비가역 변화에 의한 엔트로피 증가를 구하라.[kJ/K]
(단, 얼음의 비열은 2.1[kJ/kgK], 융해열은 333.6[kJ/kg])
① 79.79　　　② 74.78
③ 50.1　　　④ 5.01

08 열역학 제2법칙을 옳게 표현한 것은?
① 에너지의 변화량을 정의하는 법칙이다.
② 엔트로피의 절대값을 정의하는 법칙이다.
③ 저온체에서 고온체로 열을 이동하는 것 외에 아무런 효과도 내지 않고 사이클로 작동되는 장치를 만드는 것은 불가능하다.
④ 온도계의 원리를 규정하는 법칙이다.

09 어떤 사람이 자기가 만든 열기관이 100[℃]와 20[℃] 사이에서 419[kJ]의 열을 받아 167[kJ]의 유용한 일을 할 수 있다고 주장한다면, 이 주장은?
① 열역학 제1법칙에 어긋난다.
② 열역학 제2법칙에 어긋난다.
③ 실험을 해보아야 판단할 수 있다.
④ 이론적으로는 모순이 없다.

---

7. $Q = m_{얼}C_{얼}(T_2 - T_1)$
$\quad + mQ_융 + m_물 C_물 (T_3 - T_2)$
$= 50 \times 2.1 \times (273 - 263) + 50$
$\times 333.6 + 50 \times 4.18 \times (293 - 273)$
$= 21910 [kJ]$
$\triangle S_1 = m_{얼} C_{얼} \ln \dfrac{T_2}{T_1}$
$\quad + \dfrac{Q}{T_2} + m_물 C_물 \ln \dfrac{T_3}{T_2}$
$= 50 \times 2.1 \ln \left(\dfrac{273}{263}\right) + \dfrac{50 \times 333.6}{273}$
$\quad + 50 \times 4.18 \times \ln \left(\dfrac{293}{273}\right)$
$= 79.79 [kJ/K]$
$\triangle S_2 = \dfrac{-21910}{20 + 273}$
$\quad = -74.78 [kJ/K]$
그러므로 $\triangle S = \triangle S_1 - \triangle S_2$
$= 79.79 - 74.78 = 5.01 [kJ/K]$

9. $\eta = \dfrac{W}{Q_h} = \dfrac{167}{419} = 39.85[\%]$
$\eta = 1 - \dfrac{T_저}{T_고} = 1 - \dfrac{20 + 273}{100 + 273}$
$\quad = 0.21 \times 100[\%] = 21[\%]$

정답　07 ④　08 ③　09 ②

10 제2종 영구운동 기관이란?

① 영원히 속도변화 없이 운동하는 기관이다.
② 열역학 제2법칙에 위배되는 기관이다.
③ 열역학 제2법칙에 따르는 기관이다.
④ 열역학 제1법칙에 위배되는 기관이다.

11 열역학 제2법칙은 다음 중 어떤 구실을 하는가?

① 에너지 보존 원리를 제시한다.
② 어떤 과정이 일어날 수 있는가를 제시해 준다.
③ 절대 0도에서의 엔트로피값을 제공한다.
④ 온도계의 원리를 규정하는 법칙이다.

11. ① 제1법칙
    ③ 제3법칙

12 열역학 제2법칙을 설명한 것 중 틀린 것은?

① 제2종 영구기관은 동작물질의 종류에 따라 존재할 수 있다.
② 열효율 100[%]인 열기관은 만들 수 없다.
③ 단일 열저장소와 열교환을 하는 사이클에 의해서 일을 얻는 것은 불가능하다.
④ 열기관에서 동작물질에 일을 하게 하려면 그 보다 낮은 열 저장소가 필요하다.

정답   10 ②   11 ②   12 ①

13 비가역 과정이 되는 원인이 아닌 것은?
① 압력
② 비탄성 변형
③ 자유 팽창
④ 혼합

14 Clausius의 열역학 제2법칙을 설명해 주는 것은?
① 열은 그 자신으로서는 저온체에서 고온체로 흐를 수 없다.
② 모든 열교환은 계 내에서만 이루어진다.
③ 자연계의 엔트로피값 결정요소는 온도강하이다.
④ 엔탈피와 엔트로피의 관계는 항상 밀접하다.

15 Carnot 사이클은 어떠한 가역변화로 구성되며, 그 순서는?
① 단열팽창 → 등온팽창 → 단열압축 → 등온압축
② 단열팽창 → 단열압축 → 등온팽창 → 등온압축
③ 등온팽창 → 단열팽창 → 등온압축 → 단열압축
④ 등온팽창 → 등온압축 → 단열팽창 → 단열압축

16 어떤 변화가 가역인지 또는 비가역인지를 알려면?
① 열역학 제1법칙을 적용한다.
② 열역학 제3법칙을 적용한다.
③ 열역학 제2법칙을 적용한다.
④ 열역학 제0법칙을 적용한다.

정답 13 ① 14 ① 15 ③ 16 ③

17 다음 과정 중 카르노 사이클에 포함되는 것은?
① 가역등압 과정　　② 가역등온 과정
③ 가역등적 과정　　④ 비가역 과정

18 카르노 사이클(Carnot Cycle)의 열효율을 높이는 방법에 대한 설명 중 틀린 것은?
① 저온쪽의 온도를 낮춘다.
② 고온쪽의 온도를 높인다.
③ 고온과 저온간의 온도차를 작게 한다.
④ 고온과 저온간의 온도차를 크게 한다.

19 고온 열원의 온도 500[℃]인 카르노 사이클(Carnot Cycle)에서 1사이클(Cycle)당 1.3[kJ]의 열량을 공급하여 0.93[kJ]의 일을 얻는다면, 저온열원의 온도는?[℃]
① 53　　　　　　② -53
③ 70.264　　　　④ 73.263

19. $\eta = \dfrac{W}{Q_1} = 1 - \dfrac{T_\text{저}}{T_\text{고}}$
$T_\text{저} = \left(1 - \dfrac{W}{Q_1}\right) \cdot T_\text{고}$
$= 773 \times \left(1 - \dfrac{0.93}{1.3}\right)$
$= 220 = -53$

20 Carnot 사이클 기관은?
① 가솔린 기관의 이상 사이클이다.
② 열효율은 좋으나 실용적으로 이용되지 않는다.
③ 기계효율은 좋고 크기 때문에 많이 이용된다.
④ 평균유효압력이 다른 기관에 비하여 크기 때문에 많이 이용된다.

정답　17 ②　18 ②　19 ②　20 ②

21 증기를 교축(throttling) 시킬 때 변화 없는 것은?

① 압력(Pressure)
② 엔탈피(Enthalpy)
③ 비체적(Specific Volume)
④ 엔트로피(Entropy)

22 어떤 냉매액을 교축밸브(Expansion Valve)를 통과하여 분출시킬 경우 교축 후의 상태가 아닌 것은?

① 엔트로피는 감소한다.
② 온도는 강하한다.
③ 압력은 강하한다.
④ 엔탈피는 일정 불변이다.

22. 교축과정은 비가역 과정이므로 엔트로피는 증가한다.

23 Carnot 사이클로 작동되는 열기관에 있어서 사이클마다 2.94[kJ]의 일을 얻기 위해서는 사이클마다 공급열량이 8.4[kJ], 저열원의 온도가 27[℃]이면 고열원의 온도는 몇 도가 되어야 하는가?[℃]

① 350   ② 650
③ 461.5   ④ 188.5

23. $\eta = \dfrac{W}{Q} = 1 - \dfrac{T_2}{T_1}$

$\dfrac{2.94}{8.4} = 1 - \dfrac{27+273}{T_1}$

$T_1 = 461.5 - 273 = 188.5$

24 공기 1[kg]의 작업물질이 고열원 500[℃], 저열원 30[℃]의 사이에 작용하는 카르노 사이클 엔진의 최고 압력이 0.5[MPa]이고, 등온팽창하여 체적이 2배로 된다면 단열팽창 후의 압력은 얼마인가?[kPa]

① 19   ② 25
③ 2.5   ④ 9.43

24. $P_3 = P_2 \left(\dfrac{V_2}{V_3} \right)$

$= 0.5 \times \dfrac{1}{2} = 0.25 \, MPa$

$P_4 = P_3 \left(\dfrac{T_4}{T_3} \right)^{\frac{k}{k-1}}$

$= 0.25 \left(\dfrac{30+273}{500+273} \right)^{\frac{1.4}{0.4}}$

$= 9.427 [\, kPa]$

정답 21 ② 22 ① 23 ④ 24 ④

25 고열원 300[℃]와 저열원 30[℃] 사이에 작동하는 카르노 사이클의 열효율은 몇 [%]인가?

① 40.1 ② 43.1
③ 47.1 ④ 50.1

25. $\eta_c = 1 - \dfrac{T_\text{저}}{T_\text{고}} = 1 - \dfrac{303}{573}$
$= 0.4712 \times 100[\%]$
$= 47.1[\%]$

26 2[kg]의 공기가 Carnot 기관의 실린더 속에서 일정한 온도 70[℃]에서 열량 126[kJ]를 공급받아 가역 등온팽창한다고 보면 공기의 수열량의 무효 부분은?
(단, 저열원의 온도는 0[℃]로 한다.)[kJ]

① 100.28 ② 116
③ 126   ④ 200.6

26. $E_u = T_0 \triangle S = 273 \dfrac{126}{70+273}$
$= 100.28[\text{kJ}]$

27 우주간에는 엔트로피가 증가하는 현상도 감소하는 현상도 있다. 우주의 모든 현상에 대한 엔트로피 변화의 총화에 대하여 가장 타당한 설명은?

① 우주간의 엔트로피는 차차 감소하는 현상을 나타내고 있다.
② 우주간의 엔트로피 증감의 총화는 항상 일정하게 유지된다.
③ 우주간의 엔트로피는 항상 증가하여 언젠가는 무한대가 된다.
④ 산업의 발달로 우주의 엔트로피 감소 경향을 더욱 크게 할 수 있다.

정답   25 ③   26 ①   27 ③

28 온도-엔트로피 선도가 편리한 점을 설명하는 데 관계가 가장 먼 것은?

① 면적이 열량을 나타내므로 열량을 알기 쉽다.
② 단열변화를 쉽게 표시할 수 있다.
③ 랭킨 사이클을 설명하기에 편리하다.
④ 면적계(planimeter)를 쓰면 일량을 직접 알 수 있다.

29 비가역 반응에서 계의 엔트로피는?

① 변하지 않는다.
② 항상 변하며 감소한다.
③ 항상 변하며 증가한다.
④ 최소상태와 최종상태에만 관계한다.

30 다음은 엔트로피의 원리를 설명했다. 틀린 것은?

① 등온등압하에서의 엔트로피의 총합는 0이다.
② 모든 작동유체가 열교환을 할 경우 비가역 변화의 엔트로피 값은 증가한다.
③ 가역 사이클에서 엔트로피의 총합는 0이다.
④ 지구상의 엔트로피는 계속 증가한다.

정답 28 ④ 29 ③ 30 ①

31 절대온도가 T_1 및 T_2인 두 물체가 있다. T_1에서 T_2에 Q의 열이 전달될 때 이 두 개의 물체가 이루는 체계의 엔트로피의 변화는?

① $\dfrac{Q(T_2-T_1)}{T_1T_2}$ ② $\dfrac{Q(T_1-T_2)}{T_1T_2}$

③ $\dfrac{Q(T_2-T_1)}{T_1}$ ④ $\dfrac{Q(T_1-T_2)}{T_2}$

31. 고열원 T_1의 엔트로피 감소는 $\dfrac{Q}{T_1}$

저열원 T_2의 엔트로피 감소는 $\dfrac{Q}{T_2}$

$\therefore S = \dfrac{Q}{T_1} + \dfrac{-Q}{T_2} = \dfrac{Q(T_1-T_2)}{T_1+T_2}$

32 10[kg]의 공기가 압력 $P_1 = 0.5$[MPa]로부터 $V_1 = 5$[m²]에서 등온팽창하여 931[kJ]의 일을 하였다. 엔트로피의 증가량은 얼마인가?[kJ/K]

① 0.698 ② 1.07
③ 10.7   ④ 69.8

32. $T = \dfrac{PV}{mR} = \dfrac{0.5\times10^3\times5}{10\times0.287}$
$= 871$
$\triangle S = \dfrac{Q}{T} = \dfrac{931}{871} = 1.07$

33 300[℃]의 증기가 1674[kJ/kg]의 열을 받으면서 가역 등온적으로 팽창한다. 엔트로피의 변화는 얼마인가?[kJ/K]

① 5.58 ② 3.58
③ 2.92 ④ 1.02

33. $\triangle S = \dfrac{Q}{T} = \dfrac{1674}{300+273}$
$= 2.92$

34 물 5[kg]을 0[℃]로부터 100[℃]까지 가열하면 물의 엔트로피 증가는?

① 6.52   ② 6.52
③ 96.25 ④ 962

34. $\triangle S = mC\ln\dfrac{T_2}{T_1}$
$= 5\times4.18\times\ln\dfrac{373}{273}$
$= 6.52$

정답 31 ② 32 ② 33 ③ 34 ①

35 2[kg]의 산소가 일정 압력 밑에서 체적이 0.4[m]에서 2.0[m]로 변했을 때 산소를 이상기체로 보고 산소의 $C_p = 0.88$[kJ/kgK]이라 할 경우 엔트로피 증가는?[kJ/K]

① 88
② 8.8
③ 4.8
④ 2.8

35. $\Delta S = mC_p \ln \dfrac{T_2}{T_1}$
$= mC_p \ln \dfrac{V_2}{V_1}$
$= 2 \times 0.88 \ln \dfrac{2}{0.4}$
$= 2.83$[kJ/K]

정답 35 ④

SECTION 07 기체 압축기

동작물질(작동유체)가 외부에서 일을 공급받아 저압의 유체를 압축하여 고압으로 송출하는 기계를 압축기(Compressor)라 하며, 작동유체의 대표적인 것은 공기이다. 압축기의 이론적 해석을 위한 가정은 다음과 같다.

(1) 작동유체는 비열이 일정한 완전가스이다.

(2) 정상유동으로 한다.

$$W_t = -\int vdp$$
$$= mn21m$$

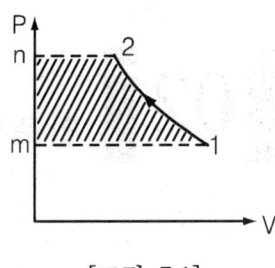

[그림 7.1]

01 왕복피스톤의 공통용어

① 직경(Bore) : 실린더의 직경
② 상사점(Top Dead Center) : 실린더 체적이 최소일 때의 피스톤 위치(TDC)
③ 하사점(Bottom Dead Center) : 실린더 체적이 최대일 때의 피스톤의 위치(BDC)
④ 행정(Stroke) : 피스톤이 이동하는 거리 즉, 상사점과 하사점의 사이 길이(l.s)
⑤ 통극체적(V_c) : 피스톤이 상사점에 있을 때 가스가 차지하는 체적
⑥ 행정체적(V_s) : 상사점과 하사점 사이의 가스가 차지하는 체적

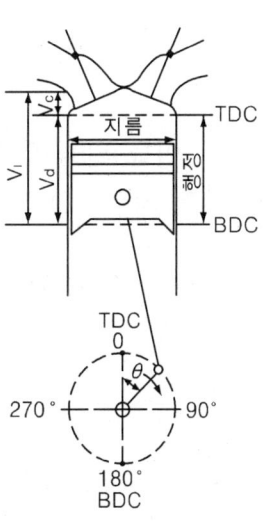

[그림 7.2]

⑦ 통극 (λ) : 통극체적과 행정체적의 백분율

$$\lambda = \frac{V_c}{V_s} \times 100$$

⑧ 압축비(ε) : 실린더 전체체적과 통극체적과의 비

$$\varepsilon = \frac{V_s + V_c}{V_c} = \frac{V_c}{V_c} + \frac{1}{V_c/V_s} = 1 + \frac{1}{\lambda}$$

$$V_s = \frac{\pi}{4} D^2 \cdot S$$

02 압축일

통극 또는 간극체적(Clearance Volume)이 없는 1단 압축기나 원심 압축기에 의하여 기체를 압력 P_1에서 P_2까지 압축하는데 필요한 압축일은

$$W = -\int_1^2 V dp$$

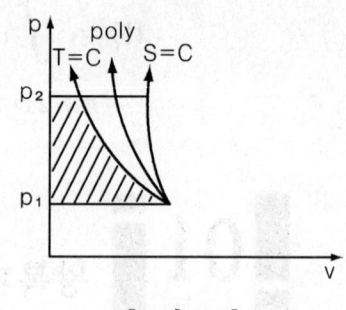

[그림 7.3]

이들 일을 압축기에서는 등온압축일 때가 최소이고, 단열압축일 때가 최대이다. 즉, 지수 (n)가 증가할수록 압축일은 증가하며, 감소할수록 압축일은 감소한다.

03 압축기의 효율

압축기의 효율은 기계효율(n_m)과 체적효율(n_v)로 되며, 전효율은 $n = n_m \cdot n_v$ 이다.

(1) 기계효율(n_m)

압축기의 기계효율은 제동일(W_B)과 지시일(W_I)의 비이다.

$$n_m = \frac{W_I}{W_B}$$

그러나 열기관에서의 기계효율은 지시일(W_I)과 제동일(W_B)의 비이다.

$$n_m = \frac{W_B}{W_I}$$

효율은 항상 1보다 작아야 한다.

(2) 체적효율(n_v)

$$n_v = \frac{\text{행정당 실제 흡입체적}}{\text{행정체적}} = \frac{V_1 - V_4}{V_s}$$

$$= \frac{V_1 - V_4}{V_s} = \frac{V_s(1+\lambda) - V_4}{V_s}$$

$$= 1 + \lambda - \frac{V_4}{V_s} = 1 - \lambda \left[\left(\frac{P_2}{P_1}\right)^{\frac{1}{n}} - 1 \right]$$

$$= 1 - \lambda \left(\frac{V_4}{V_s} - 1\right) = 1 + \lambda - \lambda \left(\frac{P_2}{P_1}\right)^{\frac{1}{n}}$$

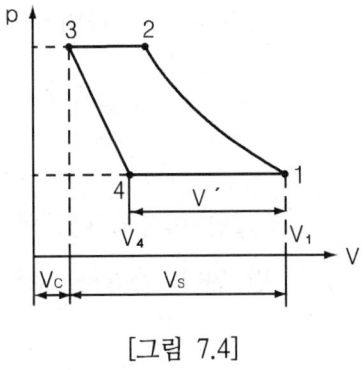

[그림 7.4]
이론적인 압축기 지압선도

04 다단 압축 사이클

압력비를 크게 하면 체적효율이 저하되고 배출온도가 높아져 윤활과 기밀에 문제가 발생한다. 그러므로 압력비를 높이고자 할 때와 체적효율의 감소를 방지하기 위해 다단 압축을 한다.

$$W = \int_1^a vdp + \int_a^2 vdp$$

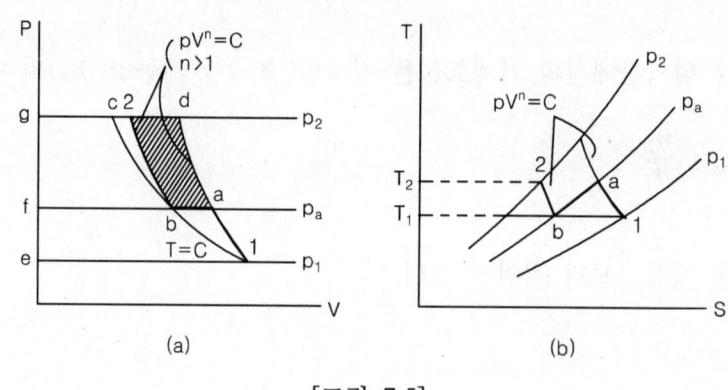

[그림 7.5]

각 단의 압력비가 같아서

$\left(\dfrac{P_2}{P_1}\right)^{\frac{1}{2}}$ 일 때 압축일은 최소가 된다.

2단 이상의 다단의 경우에도 동일하며, 각 단의 압력비를 $\sqrt[3]{P_1 P_2}$, $\sqrt[4]{P_1 P_2}$ … 로 하면 된다. 따라서 N단 압축을 행할 경우 압축일 W는

$$W = \dfrac{n \cdot N}{n-1} RT_1 \left\{ \left(\dfrac{P_2}{P_1}\right)^{\frac{n-1}{Nn}} - 1 \right\}$$ 이 되고

각 단에 있어서 요하는 일은 W/N 이다.

연습문제

01 통극비 λ는 다음 중 어느 것인가?
(단, V_c : 통극체적, V_s : 행정체적)

① $\lambda = \dfrac{V_c}{V_s}$ ② $\lambda = \dfrac{V_s}{V_c}$

③ $\lambda = \dfrac{V_c + V_s}{V_3}$ ④ $\lambda = \dfrac{V_c}{V_s} - 1$

02 왕복식 압축기의 체적효율은 어느 것인가?
① 행정체적에 대한 간극체적의 비
② 단위체적당의 일
③ 실제의 토출량과 입구상태로 행정체적을 차지하는 기체의 무게와의 비
④ 행정체적에 대한 정미흡입체적의 비

2.
$\eta_v = \dfrac{V_1 - V_4}{V_s}$

03 다음 중 정상류의 압축이 최소인 것은?
① 등온 과정
② 폴리트로프 과정
③ 등엔트로피 과정
④ 단열 과정

3.
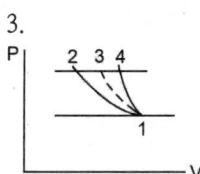

1-2 : 등온 과정
1-3 : 폴리트로프 과정
1-4 : 단열(등엔탈피) 과정

정답 01 ① 02 ④ 03 ①

04 압축기가 폴리트로프 압축을 할 때 폴리트로프 지수 n이 커지면 압축일은 어떻게 되는가?

① 작아진다.
② 커진다.
③ 클 수도 있고 작을 수도 있다.
④ 마찬가지이다.

05 공기를 같은 압력까지 압축할 때 비가역 단열압축 후의 온도는 가열 단열압축 후의 온도에 비하여 어떠한가?

① 낮다.
② 높다.
③ 같다.
④ 높을 수도 있고 낮을 수도 있다.

5.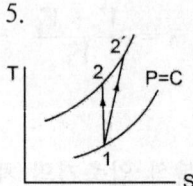
1-2 : 가역단열 과정
1-2′ : 비가역단열 과정
∴ $T_2' > T_2$

06 행정체적 20[ℓ], 극간비 5[%]인 1단 압축기에 의하여 0.1[MPa], 20[℃]인 공기를 0.7[MPa]로 압축할 때 체적효율은 몇 [%]인가? (단, $n=1.3$이다.)

① 75.2[%] ② 82.66[%]
③ 88.24[%] ④ 90.21[%]

6. $\eta_v = 1 + \lambda - \lambda \left(\dfrac{P_2}{P_1}\right)^{\frac{1}{n}}$

$= 1 + 0.05 - 0.05 \times \left(\dfrac{0.7}{0.1}\right)^{\frac{1}{1.3}}$

$= 0.8266 \times 100[\%]$

$= 82.66[\%]$

07 극간비가 증가하면 체적효율은?

① 증가 또는 감소 ② 불변
③ 감소 ④ 증가

7. 극간비 $\lambda = \dfrac{V_c}{V_s}$

SECTION 08 내연기관 사이클

　열기관(Heat Engine)은 연료의 연소에 의해 발생되는 열에너지를 기계적 에너지로 바꾸는 기관으로 내연기관(Internal Combustion Engine)과 외연기관(External Combustion Engine)으로 구분된다.

(1) 내연기관
　연소가 동작물질 내에서 연소하는 기관으로 실제 사용기관으로 가솔린 엔진, 디젤 엔진, 로터리 엔진, 가스터빈 및 제트 엔진 등이 이에 속한다.

(2) 외연기관
　동작물질 외에서 연소가 일어나 보일러, 기타 열교환기를 통해 열을 공급받는 기관으로 증기기관 및 밀폐 사이클의 가스터빈 등이다.

01 공기 표준 사이클

　내연기관의 동작물질은 공기와 연료의 혼합물 및 잔류가스의 혼합기체이며 연소 후에는 잔류 연소 생성가스도 포함되어 열역학적 기본 특성을 알기 위해서는 공기 표준 사이클이라는 가정이 필요하다.
　① 동작물질은 이상기체인 공기이며, 비열은 일정하다.
　② 연소과정은 가열과정을 대치하고 밀폐된 상태에서 외부에서 열을 공급받고 외부로 열을 방출한다.
　③ 압축 및 팽창과정은 가역단열과정이다.
　④ 각 과정은 가역과정으로 역 cycle로 성립한다.

　대표적인 cycle의 종류는 왕복내연기관의 기본 사이클(Otto, Diesel, Sabathe), 가스터빈의 기본 사이클(Braton), 기타 사이클(Ericsson, Stiring, Atkinson, Lenoir cycle) 등이 있다.

02 공기 표준 오토 사이클

공기 표준 오토 사이클은 전기점화기관(Spark Ignition Internal Combustion Engine)의 이상 사이클로서 열공급 및 방열이 정적하에서 이루어지므로 정적 사이클이라고도 한다. 가솔린기관의 기본 사이클이다.

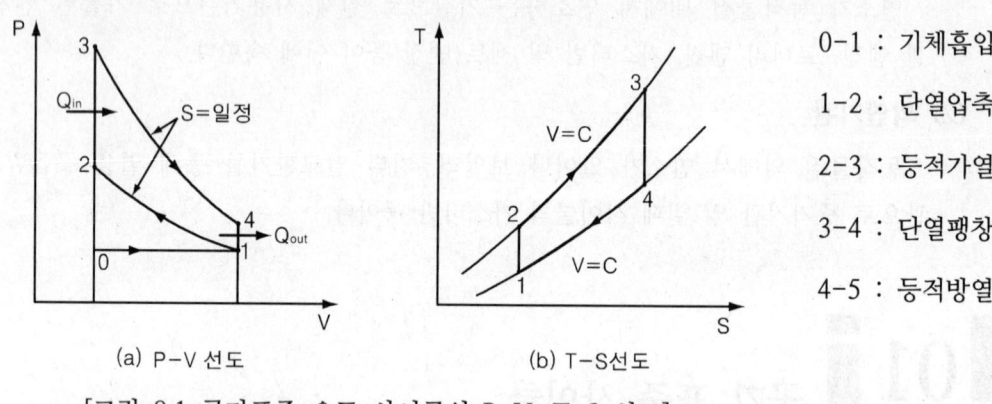

0-1 : 기체흡입
1-2 : 단열압축
2-3 : 등적가열
3-4 : 단열팽창
4-5 : 등적방열

[그림 8.1 공기표준 오토 사이클의 P-V, T-S 선도]

(1) 열효율

$$\eta_0 = \frac{W}{q_1} = 1 - \frac{q_2}{q_1} = 1 - \frac{T_4 - T_1}{T_3 - T_2} = 1 - \left(\frac{1}{\varepsilon}\right)^{k-1}$$

여기서 ε은 압축비로서 압축 전후의 체적비로 정의된다.

즉, $\varepsilon = \dfrac{v_1}{v_2}$

오토 사이클의 이론 열효율은 압축비만의 함수이다. 그러나 실제 사이클 기관에서 압축비가 클 경우 이상 폭발현상(Engine Knock)이 발생하므로 압축비는 5~10으로 제한을 한다.

03 공기 표준 디젤 사이클

공기표준디젤사이클은 압축착화기관(Compression Ignition Engine)의 저속 디젤기관 기본 사이클로서 이론적으로 연소가 등압하에서 이루어지므로 등압 사이클이라고 한다.

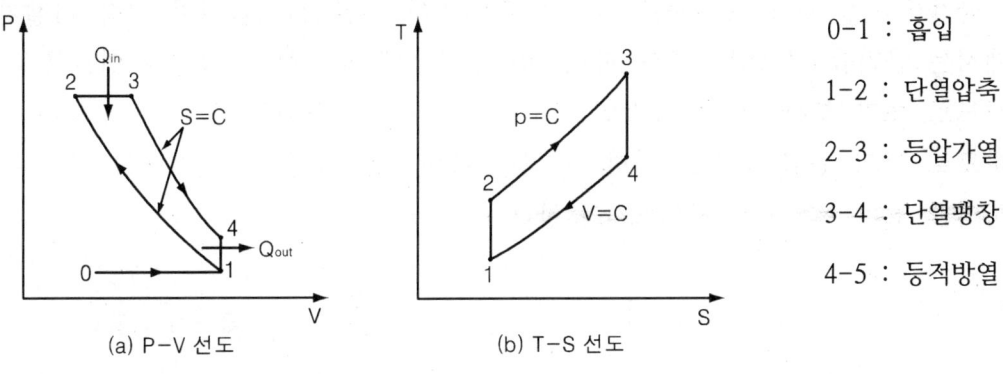

0-1 : 흡입
1-2 : 단열압축
2-3 : 등압가열
3-4 : 단열팽창
4-5 : 등적방열

(a) P-V 선도   (b) T-S 선도

[그림 8.2 공기표준 디젤 사이클의 P-V, T-S 선도]

(1) 디젤 사이클의 이론 열효율

$$n_d = \frac{W}{q_1} = 1 - \frac{q_2}{q_1} = 1 - \frac{C_v(T_4 - T_1)}{C_p(T_3 - T_2)}$$

$$= 1 - \frac{(T_4 - T_1)}{k(T_3 - T_2)} = 1 - \left(\frac{1}{\varepsilon}\right)^{k-1} \frac{\sigma^k - 1}{k(\sigma - 1)}$$

여기서,

$\sigma = \dfrac{v_3}{v_2} = \dfrac{T_3}{T_2}$: 단절비(cut off ratio)

또는 팽창비 디젤 사이클의 이론 열효율(n_d)에서 σ와 k는 항상 1보다 크므로

$\dfrac{\sigma^k - 1}{k(\sigma - 1)}$ 항은 1보다 크다.

그러므로 압축비(ε)가 동일할 경우 오토 사이클의 열효율이 디젤 사이클의 열효율보다 크나 디젤 사이클에서는 압축비를 오토 사이클보다 더 크게 할 수 있어서 열효율을 증가시킬 수 있다. 디젤 기관에 주로 사용되는 실용상 압축비는 13~20의 범위이다.

04 공기 표준 사바데 사이클

공기표준 Sabathe Cycle은 고속 디젤기관의 기본 사이클이며 고속 디젤기관에서는 공기를 압축하는데서 피스톤이 상사점에 도달하기 직전에 연료를 분사하므로 초기 분사연료는 등적연소가 되며, 다음 분사되는 연료는 용적이 증가하므로 거의 등압 연소로 된다. 이러한 사이클을 일명 복합 사이클, 등적·등압 사이클 또는 2중 연소 사이클이라 한다.

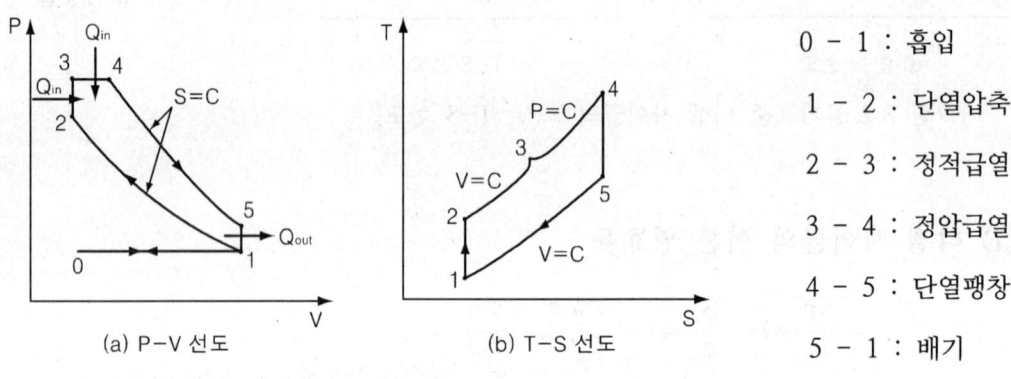

0 - 1 : 흡입
1 - 2 : 단열압축
2 - 3 : 정적급열
3 - 4 : 정압급열
4 - 5 : 단열팽창
5 - 1 : 배기

[그림 8.3 공기표준 복합 사이클의 P-V, T-S 선도]

(1) 열효율

Sabathe 사이클의 이론 열효율

$$n_s = A\frac{W}{q_1} = 1 - \frac{q_2}{q_1} = 1 - \frac{(T_5 - T_1)}{(T_3 - T_2) + k(T_4 - T_2)}$$

$$= 1 - \left(\frac{1}{\varepsilon}\right)^{k-1} \frac{\rho\sigma^k - 1}{(\rho - 1) + k\rho(\sigma - 1)}$$

여기서,

$\rho = \dfrac{P_3}{P_2}$: 압력비 또는 폭발비이다.

Sabathe 사이클의 이론 열효율은 ε, σ, ρ, k의 함수이고 ε와 ρ가 클수록, σ는 적을수록 열효율이 높아진다. 또한 $\rho = 1$일 때 Sabathe 사이클의 이론 열효율은 디젤 사이클의 열효율이 된다.

05 공기 표준(오토, 디젤, 사바데) 사이클의 비교

내연기관의 기온 cycle은 오토 사이클, 디젤 사이클, 사바데 사이클을 비교해 보면 일을 생성하는 과정은 전부 단열팽창 과정인 것을 알 수 있으며 열을 공급받는 과정은 각기 다르지만 열을 배출하는 과정은 전부 정적과정인 것을 알 수 있으며 열효율은 압축비 일정시에는 그림 8-4에서 나타내는 바와 같이 오토 cycle이 가장 좋다. 또한 최고 압력 일정시에는 그림 8-5에서 나타내는 바와 같이 디젤 cycle이 가장 좋은 것을 알 수 있다. 그러므로 압축비가 같을 때는 오토 사이클의 열효율이 디젤 사이클의 열효율보다 크지만, 디젤 사이클에서는 압축비를 더 높게 할 수 있어 열효율은 더욱 증가시킬 수 있다.

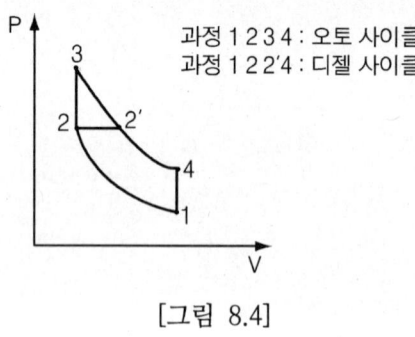

[그림 8.4]

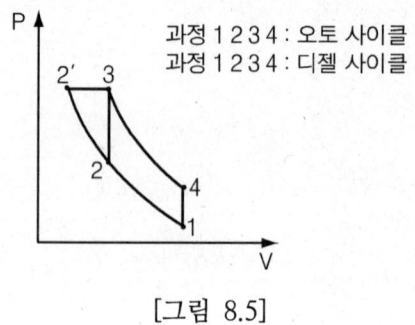

[그림 8.5]

06 가스터빈사이클

가스터빈은 터빈의 깃에 직접 연소가스를 분출시켜 회전일을 얻어 동력을 발생시키는 열기관으로서 3대 기본요소에는 압축기, 연소기, 터빈으로 구성되며, 가스터빈의 공기 표준 사이클을 브레이톤(Braton) 사이클이라 한다.

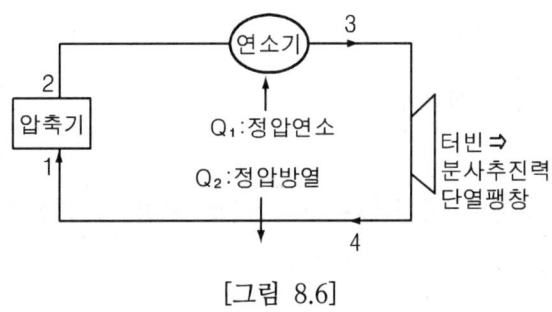

[그림 8.6]
공기표준 브레이톤 사이클의 계통도

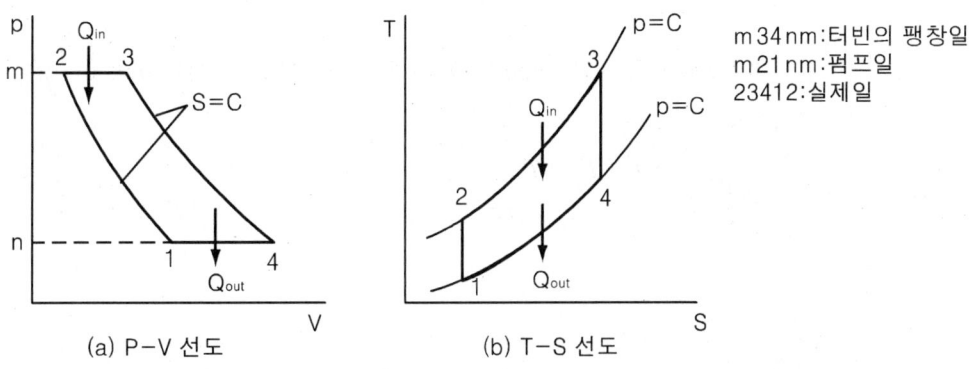

(a) P-V 선도   (b) T-S 선도

m34nm : 터빈의 팽창일
m21nm : 펌프일
23412 : 실제일

[그림 9.7 공기표준 브레이톤 사이클의 P-V, T-S 선도]

(1) 열효율

열효율 (η_b)은

$$\eta_b = \frac{AW}{q_1} = 1 - \frac{h_4 - h_1}{h_3 - h_2} = 1 - \frac{T_4 - T_1}{T_3 - T_2} = 1 - \frac{1}{\left(\frac{P_2}{P_1}\right)^{\frac{k-1}{k}}}$$

$$= 1 - \left(\frac{1}{\gamma}\right)^{\frac{k-1}{k}} = 1 - \frac{T_1}{T_2}$$

여기서,

$\gamma = \dfrac{P_2}{P_1}$: 압력비

γ가 클수록 효율은 좋아지나 γ가 너무 크면 출력이 적어지므로 적당한 온도 T_2를 정해야 한다.

(2) 최대 출력을 내는 온도

$$\frac{T_4}{T_1} = \frac{T_3}{T_2} \qquad T_4 = \frac{T_1 T_3}{T_2}$$

$$W = mC_p(T_3 - T_2) - mC_p(T_4 - T_1) = mC_p(T_3 - T_2) - mC_p\left(\frac{T_1 T_3}{T_2} - T_1\right)$$

$$\frac{\delta W}{dT_2} = \frac{mC_p(T_3 - T_2 - \frac{T_1 T_2}{T_2} - T_1)}{dT_2} = 0 \qquad \therefore T_2 = \sqrt{T_1 \cdot T_3}$$

(3) 실제기관에서의 단열효율

실제 기관에서는 압축과 팽창이 비가역으로 일어나므로 실제일과 가역단열일을 비교한 것을 단열효율이라고 한다.

① 터빈의 단열효율

$$n_t = \frac{h_3 - h_4'}{h_3 - h_4} = \frac{T_3 - T_4'}{T_3 - T_4}$$

② 압축기의 단열효율

$$n_c = \frac{h_2 - h_1}{h_2' - h_1} = \frac{T_2 - T_1}{T_2' - T_1}$$

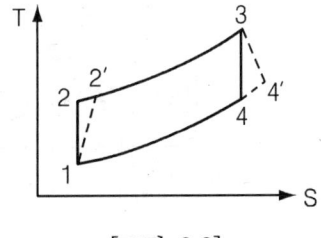

[그림 8.8]
실제기관의 T-S 선도

07 기타 사이클

(1) 에릭슨 사이클(Ericsson Cycle)

Braton Cycle의 단열과정을 등온과정으로 대치한 Cycle로서 실현이 곤란한 사이클이다.

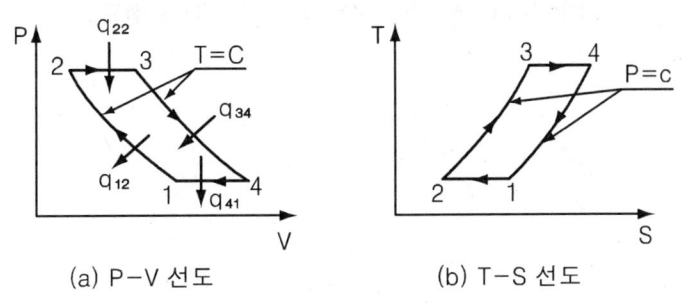

(a) P-V 선도   (b) T-S 선도

[그림 8.9 에릭슨 사이클의 P-V, T-S 선도]

(2) 스털링 사이클(Stirling Cycle)

2개의 등온과정과 2개의 등적과정으로 구성된 이상적 사이클로서 역스털링 사이클은 헬륨(H_e)를 냉매로 하는 극저온용 기온 냉동사이클이다.

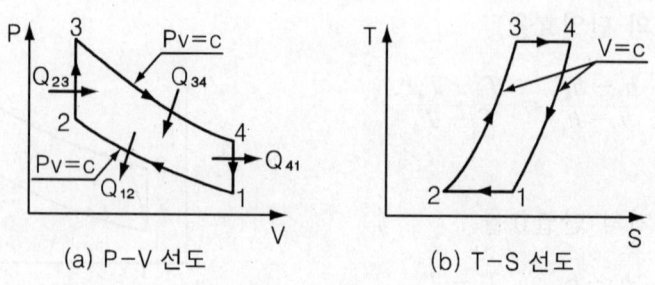

[그림 8.10 스털링 사이클의 P-V, T-S 선도]

(3) 아트킨슨 사이클(Atkinson Cycle)

일명 등적 Braton Cycle 이라고 하며 2개의 단열과정과 등적, 등압과정으로 구성된다.

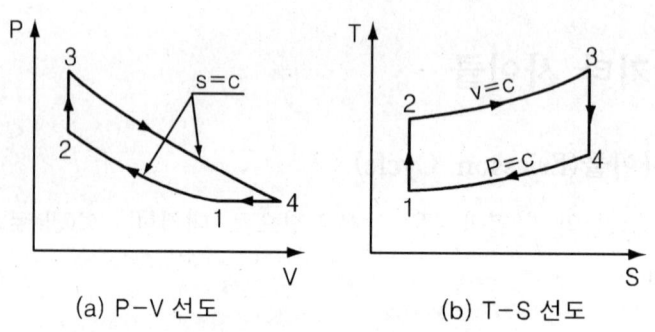

[그림 8.11 아트킨슨 사이클 P-V, T-S 선도]

(4) 르누아르 사이클(Lenoir Cycle)

펄스-제트(Pulse-jet) 추진 계통의 사이클과 비슷하며 동작물질의 압축과정이 없이 정적하에서 급열하여 압력상승시켜 일을 한 후 정압하에 배출하는 사이클이다.

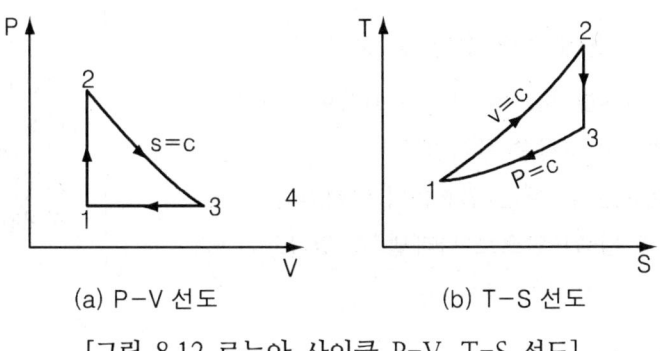

(a) P-V 선도   (b) T-S 선도

[그림 8.12 르누아 사이클 P-V, T-S 선도]

연습문제

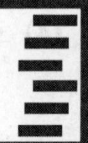

01 디젤 사이클의 효율에 대한 설명 중 옳은 것은?

① 분사단절비(噴射斷切比)가 클수록 효율이 증가한다.
② 압축비가 적으면 효율은 증가한다.
③ 부분부하 운전을 할 때는 열효율이 나빠진다.
④ 분사단절비와 압축비만으로 나타낼 수 있다.

02 가솔린 기관의 기본 과정은 다음 중 어느 것인가?

① 정압정온 과정
② 정적정압 과정
③ 정적정온 과정
④ 정적단열 과정

03 오토 사이클의 열효율에 대한 설명 중 맞는 것은?

① 단절비가 증가할수록 감소한다.
② 압력상승비가 증가할수록 감소한다.
③ 압축비가 증가할수록 증가한다.
④ 압축비가 증가하고 체절비가 증가할수록 증가한다.

04 어느 가솔린 기관의 압축비[ε]가 8일 때, 이 기관의 이론 열효율은?(단, 비열비 $k=1.4$이다.)

① 40.11
② 56.47
③ 61.49
④ 70.65

---

1. $\eta_d = 1 - \left(\dfrac{1}{\varepsilon}\right)^{k-1} \cdot \dfrac{\sigma^k - 1}{k(\sigma - 1)}$

   디젤 사이클에서는 압축비가 크면 효율이 커지고, 분사 단절비가 커지면 효율은 적어진다.

2. 가솔린 기관에서는 오토 사이클이 기본이 된다. 오토 사이클은 2개의 정적 과정과 2개의 단열 과정으로 이루어져 있다.

3. $\eta_o = 1 - \left(\dfrac{1}{\varepsilon}\right)^{k-1}$

4. $\eta_o = 1 - \left(\dfrac{1}{\varepsilon}\right)^{k-1} = 1 - \left(\dfrac{1}{8}\right)^{1.4-1}$
   $= 0.5647 \times 100[\%]$
   $= 56.47[\%]$

정답 01 ④ 02 ④ 03 ③ 04 ②

05 다음 열기관 사이클(cycle)이 2개인 정적 과정, 2개의 단열 과정으로 이루어진다. 이 사이클은 다음 중 어느 것인가?
① 카르노 사이클
② 오토 사이클
③ 디젤 사이클
④ 브레이톤 사이클

06 디젤 사이클의 열효율은 압축비를 ε, 체절비를 σ 라 할 때 어떻게 되겠는가?
① ε, σ이 클수록 증가된다.
② ε, σ이 작을수록 증가된다.
③ ε이 크고, σ가 작을수록 증가한다.
④ ε이 작고, σ가 클수록 증가한다.

6.
$$\eta_d = 1 - \left(\frac{1}{\varepsilon}\right)^{k-1} \cdot \left(\frac{\sigma^k - 1}{k(\sigma - 1)}\right)$$

07 Otto Cycle의 구성요소로서 그 과정이 맞는 것은?
① 단열압축 → 정압가열 → 단열팽창 → 정압방열
② 단열압축 → 정적가열 → 단열팽창 → 정압방열
③ 단열압축 → 정적가열 → 단열팽창 → 정적방열
④ 단열압축 → 정압가열 → 단열팽창 → 정적방열

08 다음 중 2개의 정압 과정과 2개의 등온 과정으로 구성된 사이클은?
① 브레이톤 사이클(Brayton Cycle)
② 에릭슨 사이클(Ericsson Cycle)
③ 스털링 사이클(Stirling Cycle)
④ 디젤 사이클(Diesel Cycle)

정답 05 ② 06 ③ 07 ③ 08 ②

09 통극체적(Clearance Valume)이란 피스톤이 상사점에 있을 때 기통의 최소 체적을 말한다. 만약, 통극이 5[%]라면 이 기관의 압축비는 얼마일까?

① 16   ② 19
③ 21   ④ 24

9. 압축비
$$= \frac{행정체적 + 통극체적}{통극체적}$$
$$= 1 + \frac{행정체적}{통극체적}$$
$$= 1 + \frac{1}{0.05} = 21$$

10 내연 기관에서 실린더의 극간체적(Clearance Volume)을 증가시키면 효율은 어떻게 되겠는가?

① 증가한다.
② 감소한다.
③ 변화가 없다.
④ 출력은 증가하나 효율은 감소한다.

10. 압축비
$$= \frac{행정체적 + 극간체적}{극간체적}$$

11 브레이톤 사이클의 급열과정은?

① 등온과정   ② 정압과정
③ 단열과정   ④ 정적과정

12 압력비가 8인 브레이톤 사이클의 열효율은 몇 [%]인가? (단, $k = 1.4$이다.)

① 45   ② 50
③ 55   ④ 60

12.
$$\eta = 1 - \left(\frac{1}{r}\right)^{\frac{k-1}{k}}$$
$$= 1 - \left(\frac{1}{8}\right)^{\frac{1.4-1}{1.4}} = 0.448$$
$$= 44.8\%$$

정답   09 ③   10 ②   11 ②   12 ①

SECTION 09 증기

01 증기의 분류와 용어

열기관에서의 작동유체는 가스와 증기로 구분되는데 내연기관의 연소가스와 같이 액화와 증발현상이 잘 일어나지 않는 것을 가스라 하고, 증기 원동기의 수증기와 냉동기에서의 냉매와 같이 액화와 기화가 용이한 작동유체를 증기라 한다. 따라서 증기는 이상기체와 구분되므로 이상기체의 상태방정식을 비롯한 모든 관계식을 증기에는 적용시킬 수가 없다. 그러므로 증기는 실험치로서 구한 값에 기초하여 도표 또는 선도 등을 이용하게 된다.

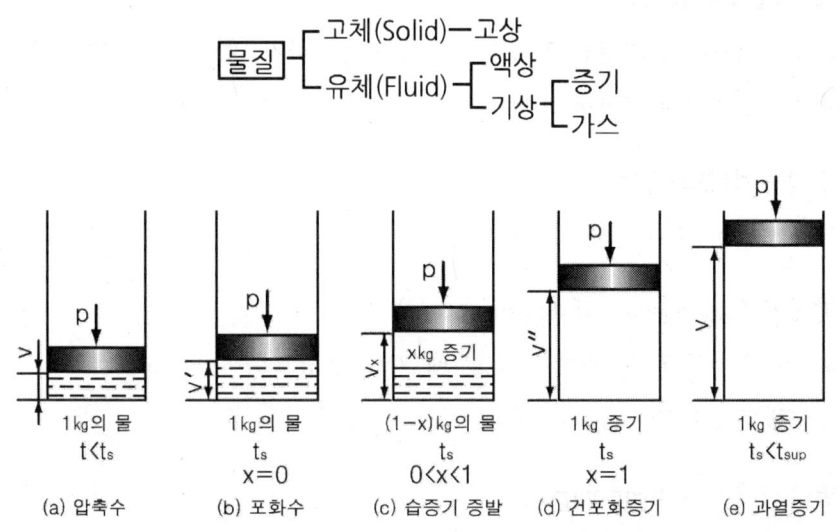

[그림 9.1 증발과정(등압가열)의 상태변화]

그림 9-1은 일정 압력하에서 물이 증발하여 과열증기가 될 때까지의 상태변화를 나타낸 것이다.

① 과냉액(압축액)

　가열하기 전의 상태에 있는 것으로 이 때 온도는 포화온도보다 낮은 상태이다.

② 포화온도

　주어진 압력하에서 증발이 일어나는 온도(1[atm] 100[℃])

③ 포화수(포화액)

　과냉액을 가열하면 온도가 점점 상승하며, 그 때 작용하는 압력에서 해당되는 포화온도까지 상승한다.

④ 액체열(감열)

　포화수 상태까지 가한 열이다.

⑤ 습증기(습포화증기)

　포화수 상태에서 가열을 계속하면 온도는 상승하지 않으며 증발에 의해 체적이 현저히 증가하여 외부에 일을 하는 상태이다.

⑥ 건포화증기(포화증기)

　액체가 모두 증기로 변한 상태이다.

⑦ 증발잠열(latent heat of vaporization)

　포화액에서 건포화증기까지 변할 때 가한 열량으로서 1[atm]에서 2256[kJ/kg](539[kcal/kg])이다.

⑧ 과열증기(Super heat vapor)

　건포화증기 상태에서 계속 열을 가하면 증기의 온도는 다시 상승하여 포화온도 이상이 되는 증기로 과열증기의 압력과 온도는 독립성질이어서 열을 가할수록 압력이 유지되는 동안 온도는 증가한다.

⑨ 건도(질)

　습증기의 전중량에 대한 증발된 증기중량의 비

$$x = \frac{증기중량}{전중량}$$

⑩ 습도(Percentage moisture)

전중량에 대한 남아 있는 액체 중량의 비율

$y = 1 - x$

⑪ 과열도(Degree of super heat)

과열증기의 온도와 포화온도와의 차, 과열도가 증가할수록 증기의 성질은 이상기체의 성질에 가까워진다.

⑫ 임계점(Critical point)

주어진 압력 또는 온도 이상에서는 습증기가 존재할 수 없는 점

02 증기의 열적 상태량

증기의 값은 0[℃] 포화액을 기준으로 구한다. 즉, 물의 경우 0[℃]의 포화액(포화압력 $0.00622[kg/cm^2]$)에서의 엔탈피와 엔트로피를 0으로 가정하고 이것을 기준으로 하나 냉동기에서는 0[℃]의 포화액 엔탈피를 100[kcal/kg], 엔트로피를 1[kcal/kgK]로 한다. 일반적으로 포화액의 비체적, 내부 에너지, 엔탈피, 엔트로피를 $v'(V_f)$, $u'(u_f)$, $h'(h_f)$, $s'(s_f)$로 표시하며 건포화증기의 비체적, 내부 에너지, 엔탈피, 엔트로피를 $v''(v_g)$, $u''(u_g)$, $h''(h_g)$, $s''(s_g)$로 표시한다.

03 증기선도

증기 선도에서 널리 사용하는 선도는 P-V 선도, T-S 선도, h-s 선도, P-h 선도이다. 그러므로 각기 기관에서 편리한 선도를 선택하여야 한다.

(1) h-s(Mollier chart) 선도

열량을 구할 때는 T-S 선도의 면적이며, 일량을 구할시는 P-V 선도의 면적이지만 증기에서의 가열은 정압과정이므로 열량과 엔탈피의 크기와 같으므로 h-s 선도가 단열변화에 따른 열량의 차를 쉽게 구할 수가 있어서 고안자의 이름을 따 증기 몰리에르(Mollier) 선도라 한다.

(2) P-h 선도

암모니아나 프레온 가스 등의 냉동기의 작동유체인 냉매의 상태변하 P-h 선도를 많이 사용하며, 이 선도를 냉동 몰리에르 선도라 부록에 수록하였다.

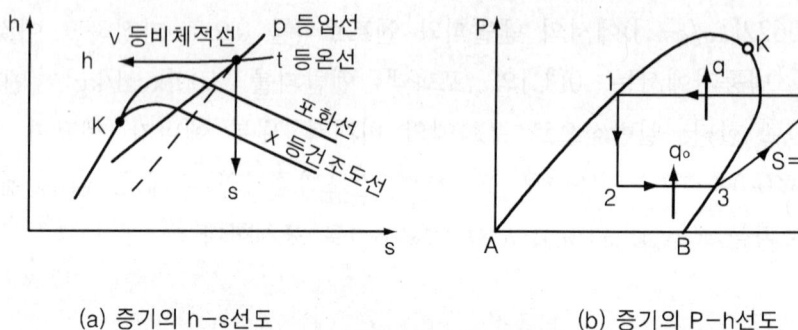

(a) 증기의 h-s선도　　　　　　(b) 증기의 P-h선도

[그림 9.2 증기선도]

연습문제

01 증발잠열(增發潛熱)에 대한 설명 중 옳은 것은?
① 포화압력이 높을수록 증발잠열은 감소한다.
② 포화압력이 높을수록 증발잠열은 증가한다.
③ 증발잠열의 증감은 포화압력과 아무 관계없다.
④ 정답이 없다.

02 물의 임계온도는 몇 [℃]인가?
① 427.1   ② 374.1
③ 225.5   ④ 100

03 수증기의 임계압력은?
① 374.1[ata]   ② 255.5[ata]
③ 225.5[ata]   ④ 213.8[ata]

04 수증기에 대한 설명 중 틀린 것은?
① 물보다 증기의 비열이 적다.
② 수증기는 과열도가 증가할수록 이상기체에 가까운 성질을 나타낸다.
③ 포화압력이 높아질수록 증발잠열은 감소된다.
④ 임계압력 이상으로는 압축할 수 없다.

정답 01 ① 02 ② 03 ③ 04 ④

05 포화증기를 정적하에서 압력을 증가시키면 어떻게 되는가?
① 고상(固相)이 된다.
② 과냉액체가 된다.
③ 습증기가 된다.
④ 과열증기가 된다.

5.
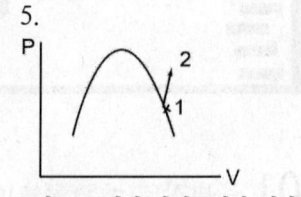
2점으로 되어 과열증기가 된다.

06 포화증기를 단열압축하면?
① 포화액체가 된다.
② 압축액체가 된다.
③ 과열증기가 된다.
④ 증기의 일부가 액화된다.

6.
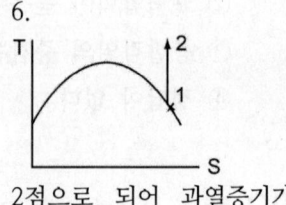
2점으로 되어 과열증기가 된다.

07 증기를 교축시킬 때 변화 없는 것은?
① 압력
② 엔탈피
③ 비체적
④ 엔트로피

7. 교축과정에서
$\triangle h = 0$
$\triangle S > 0$
$\triangle T < 0$
$\triangle v > 0$

08 증기의 Mollier chart는 종축과 횡축을 무슨 양으로 표시하는가?
① 엔탈피와 엔트로피
② 압력과 비체적
③ 온도와 엔트로피
④ 온도와 비체적

8.
증기의 몰리에르 선도는 h-s선도이다.

09 증발잠열을 설명한 것 중 맞는 것은?
① 증발잠열은 내부잠열과 외부잠열로 이루어진다.
② 증발잠열은 증발에 따르는 내부 에너지의 증가를 뜻한다.
③ 체적의 증가로서 증가하는 일의 열상당량을 뜻한다.
④ 건포화 증기의 엔탈피와 같다.

9. ② 내부 증발잠열
   ③ 외부 증발잠열

정답 05 ④ 06 ③ 07 ② 08 ① 09 ①

10 수증기의 Mollier chart에서 다음과 같은 두 개의 값을 알아도 습증기의 상태가 결정되지 않는 것은?

① 비체적과 엔탈피
② 온도와 엔탈피
③ 온도와 압력
④ 엔탈피와 엔트로피

11 압력 2[MPa], 포화온도 211.38[℃]의 건포화 증기는 포화수의 비체적이 0.001749, 건포화증기의 비체적이 0.1016이라면 건도 0.8인 습포화증기의 비체적은?

① 0.00546[m3/kg]　　② 0.08163[m3/kg]
③ 0.13725[m3/kg]　　④ 0.41379[m3/kg]

11.
② $v = v' + x(v'' - v')$

$= 0.001749$
$+ 0.8(0.1016 - 0.001749)$
$= 0.08163 [\text{m}^3/\text{kg}]$

12 h-s 선도에서 교축과정은 어떻게 되는가?

① 원점에서 기울기가 45[°]인 직선이다.
② 직각 쌍곡선이다.
③ 수평선이다.
④ 수직선이다.

12.
교축과정은 엔탈피불변이다.

13 증기의 Mollier chart에서 잘 알 수 없는 것은?

① 포화수의 엔탈피
② 과열증기의 과열도
③ 과열증기의 단열팽창 후의 습도
④ 포화증기의 엔트로피

정답　10 ③　11 ②　12 ③　13 ①

14 수증기의 Mollier chart에서 과열증기 영역에서 기울기가 비슷하여 정확한 교점을 찾기 어려운 선은?

① 등엔탈피선과 등엔트로피선
② 비체적선과 포화증기선
③ 등온선과 정압선
④ 비체적선과 정압선

15 압력 1.2[MPa], 건도 0.6인 습포화증기 10[m^3]의 질량은? (단, 포화액체의 비체적은 $0.0011373 m^3/kg$, 포화증기의 비체적은 0.1662[m^3/kg]이다.)

① 약 60.5[kg]　　　　② 약 83.6[kg]
③ 약 73.1[kg]　　　　④ 약 99.8[kg]

15.
④ $v = v' + x(v'' - v')$
　 $= 0.0011373$
　 $+ 0.6(0.1662 - 0.0011373)$
　 $= 0.10017492$
∴ $G = \dfrac{V}{v} = \dfrac{10}{0.10017492}$
　 $\fallingdotseq 99.8[kg]$

16 2[MPa], 211.38[℃]인 포화수의 엔탈피가 905[kJ/kgK], 건포화증기의 엔탈피가 2798[kJ/kgK], 건도 0.8인 습증기의 엔탈피는?[kJ/kg]

① 241.94　　　　② 2419.4
③ 189.3　　　　　④ 1893

16.
$h_1 = h' + x(h'' - h')$
　 $= 905 + 0.8(2798 - 905)$
　 $= 2419.1[kJ/kg]$

17 압력 0.2[MPa]하에서 단위 [kg]의 물이 증발하면서 체적이 0.9 [m^3]로 증가할 때 증발열이 2177[kJ]이면 증발에 의한 엔트로피 변화는?[kJ/kgK]
(단, 0.2MPa일 때, 포화 온도는 약 120[℃]이다.)

① 0.18　　　　② 1.8
③ 5.54　　　　④ 18.14

17.
$\triangle S = \dfrac{\gamma}{T} = \dfrac{2177}{120 + 273}$
　 $= 5.54 [kJ/kgK]$

정답　14 ④　15 ④　16 ②　17 ③

18 일정압력 1[MPa]하에서 포화수를 증발시켜서 건포화증기를 만들 때 증기 1[kg] 당 내부 에너지의 증가는?[kJ/kg] (단, 증발열은 2018[kJ/kg], 비체적은 $v'=0.001126$, $v''=0.1981[m^3/kg]$)

① 2018
② 1821
③ 2×10^6
④ 2.07×10^6

18.
$$\Delta U = \Delta H - \Delta PV$$
$$= (h'' - h') - P(v'' - v')$$
$$= 2018 - 1000 \times (0.1981 - 0.001126)$$
$$= 1821 [kJ/kg]$$

19 온도 300[℃], 체적 0.01[m^3]의 증기 1[kg]이 등온하에서 팽창하여 체적이 0.02[m^3]가 되었다. 이 증기에 공급된 열량은?[kJ] (단, $x_1=0.425$, $x_2=0.919$, $s'=3.252$, $s''=5.7$이다.)

① 573
② 1402.7
③ 693
④ 14027

19.
$$Q = T(S'' - S')$$
$$= 573 \times (5.7 - 3.252)(x_2 - x_1)$$
$$= 1402.7(0.919 - 0.425)$$
$$= 693 [kJ]$$

20 물의 임계온도는 몇 [℃]인가?

① 100
② 225.56
③ 374.15
④ 427.15

정답 18 ② 19 ③ 20 ③

SECTION 10 증기 원동소 사이클

증기 사이클 열기관에서는 작동유체가 주로 물을 사용하며 수증기 원동소(steam power Plant)의 작동유체는 수증기(steam)으로 생각한다. 이 열기관에는 고열원에서 열을 얻기 위한 보일러 과열기 재열기와 일을 발생하는 터빈이나 피스톤, 저열원으로 열을 방출하는 복수기(응축기) 등이 필요하며, 이를 구성하는 전체를 증기원동소라 한다.

01 랭킨 사이클(1854)

증기원동소의 기본 사이클은 랭킨 사이클(Rankine Cycle)이라 하며, 그림과 같이 2개의 단열과정과 2개의 등압과정으로 구성된다.

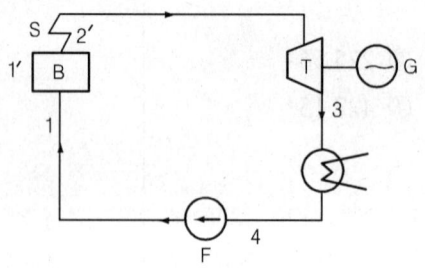

B:보일러(Boiler)
S:과열기(Super heater)
T:터빈(Turbine)
G:발전기(Generator)
C:복수기(Condenser)
F:급수 펌프(Feed pump)

[그림 10.1 랭킨 사이클의 구성]

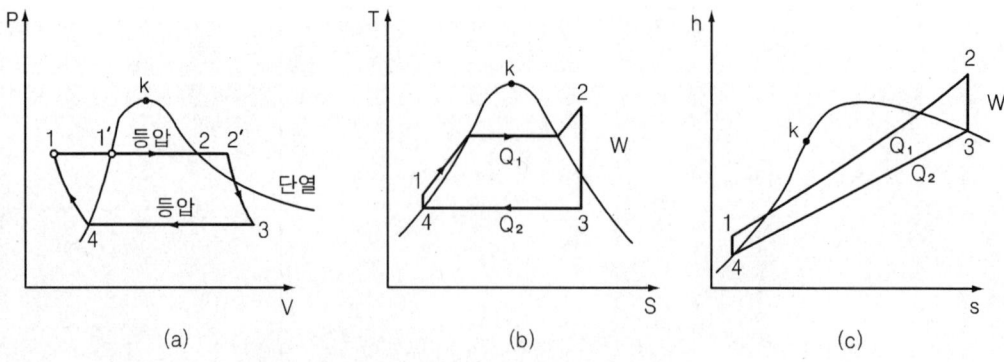

[그림 10.2 랭킨 사이클의 P-V, T-S, h-s 선도]

① 등압가열(1-2) : 급수펌프에서 이송된 압축수를 보일러에서 등압가열하여 포화수가 되고, 계속 가열하여 건포화 증기가 되고, 과열기(Super heater)에서 다시 가열하여 과열증기가 된다.
② 단열팽창(2-3) : 과열증기는 터빈에 유입되어 단열 팽창으로 일을 하고 습증기가 된다.
③ 등압방열(3-4) : 터빈에서 유출된 습증기는 복수기에서 등압방열되어 포화수가 된다.
④ 단열압축(4-1) : 일명 등적압축과정이며, 복수기에서 나온 포화수를 복수펌프로 대기압까지 가압하고 다시 급수펌프로 보일러 압력까지 보일러에 급수한다.

◎ Rankine Cycle의 열효율

$$\eta_R = \frac{\text{사이클 중 일에 이용된 열량}}{\text{사이클에서의 가열량}} = \frac{W}{Q_1}$$

$$= \frac{Q_1 - Q_2}{Q_1} = 1 - \frac{Q_2}{Q_1} = \frac{m43nm}{m4123nm}$$

$$= 1 - \frac{h_3 - h_4}{h_2 - h_1} = \frac{h_2 - h_1 - (h_2 - h_4)}{h_3 - h_1}$$

$$= \frac{(h_2 - h_3) - (h_1 - h_4)}{h_2 - h_1} = \frac{(h_2 - h_3) - (h_1 - h_4)}{(h_2 - h_4) - (h_1 - h_4)}$$

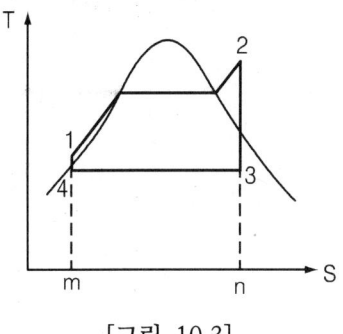

[그림 10.3]
랭킨 사이클의 T-S 선도

여기서 펌프일 $(h_1 - h_4)$은 터빈일에 비하여 대단히 적으므로 터빈일을 무시하면

$$\eta_R \fallingdotseq \frac{h_2 - h_3}{h_2 - h_4}$$ 이다.

그러므로 랭킨 사이클의 η_R은 초온 및 초압이 높을수록 배압이 낮을수록 증가한다.

02 재열 사이클(Reheative Cycle)

Rankine cycle의 열효율은 초온, 초압이 증가될수록 높아진다. 그러나 열효율을 높이기 위해서 초압을 높게 하면 터빈에서 팽창 중 증기의 건도가 감소되어 터빈날개의 마모 및 부식의 원인이 된다. 그러므로 터빈 팽창 도중 증기를 터빈에서 전부 추출하고 재열기에서 다시 가열하여 과열도를 높인 후 터빈에서 다시 팽창시키면 습도가 감소되므로 습도에 의한 터빈 날개의 부식을 방지 또는 감소시킬 수 있다. 이와 같이 터빈날개의 부식을 방지하고 팽창일을 증대시키는 목적으로 이용되는 사이클이 재열 사이클이다.

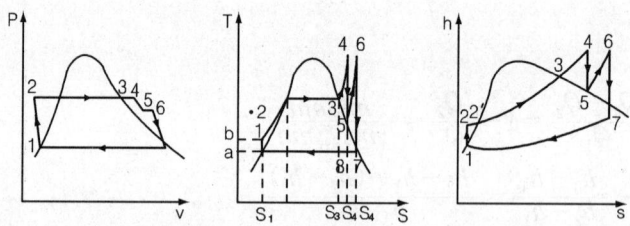

[그림 10.4 재열 사이클의 P-V, T-S, h-s 선도]

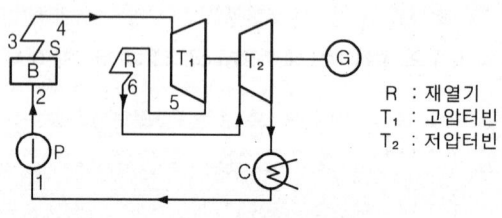

[그림 10.5 재열 사이클의 구성]

재열 사이클(reheat cycle)의 이론적 열효율 η_{Re}는

$$\eta_{Re} = 1 - \frac{Q_2}{Q_1} = 1 - \frac{h_7 - h_1}{(h_4 - h_2) + (h_6 - h_5)}$$

$$= \frac{(h_4 - h_2) + (h_6 - h_5) - (h_7 - h_1)}{(h_4 - h_2) + (h_6 - h_5)}$$

$$= \frac{(h_4 - h_5) + (h_6 - h_7) - (h_2 - h_1)}{(h_4 - h_2) + (h_6 - h_5) + (h_1 - h_1)}$$

$$= \frac{(h_4 - h_2) + (h_6 - h_5) - (h_2 - h_1)}{(h_4 - h_2) + (h_6 - h_5) - (h_2 - h_1)}$$

펌프일을 무시하면

$$\boxed{\eta_{Re} \fallingdotseq \frac{(h_4 - h_5) + (h_6 - h_7)}{(h_4 - h_2) + (h_6 - h_5)}}$$

03 재생 사이클(Regenerative Cycle)

증기원동소에서 복수기에서 방출되는 열량이 많으므로 열손실이 크다. 이 열손실을 감소시키기 위하여 터빈에서 팽창 도중의 증기를 일부 추출하여 보일러에 공급되는 물을 예열하고 복수기(Condensor)에서 방출되는 증발기의 일부 열량을 급수가열에 이용한다. 이와 같이 방출열량을 회수하여 공급열량을 감소시켜 열효율을 향상시키는 사이클을 재생 사이클이라 한다. 즉 이러한 추기급수가열(bledsteam feedwater heating)을 행하는 사이클을 재생 사이클이라 한다.

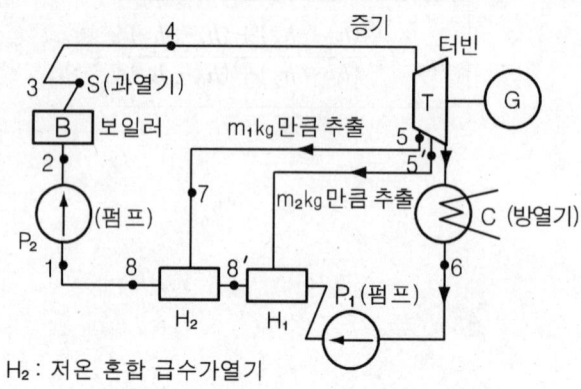

H_2 : 저온 혼합 급수가열기
H_1 : 고온 혼합 급수가열기

[그림 10.6 재생 사이클의 구성]

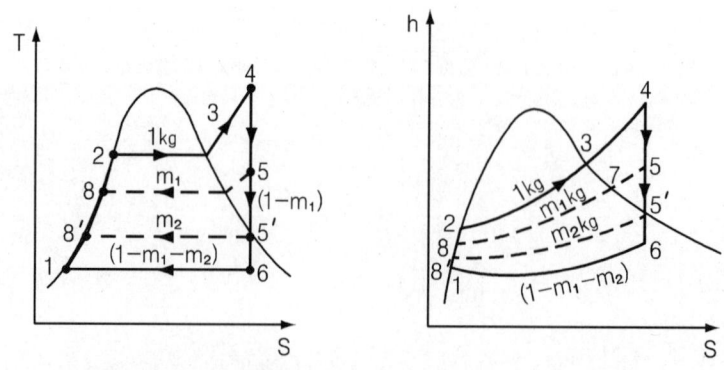

[그림 10.7 재생 사이클의 T-S 선도와 h-s 선도]

증기 1[kg]에 대하여 터빈이 한 일

$$W = (h_2 - h_3) + (1-m)(h_3 - h_4')$$

가열량 $Q_1 = h_2 - h_1$ 그러므로 재생 사이클의 열효율은

$$\eta = 1 - \frac{Q_2}{Q_1} = \frac{W}{Q_1} = \frac{(h_2 - h_3) + (1-m)(h_3 - h_4)}{h_2 - h_1}$$

단, 제1추출구에서의 증기추기량은 혼합급수가열기에서의 열교환으로부터

$$m(h_3 - h_6) = (1-m)(h_6 - h_5)$$

04 재생 재열 사이클

터빈의 팽창 도중 증기를 재가열하는 재열 사이클과 팽창 도중 증기의 일부를 방출시키는 추기 급수가열을 하는 재생 사이클이 두 가지 사이클을 조합한 것으로 이것을 재열·재생 사이클(reheating and regenerative cycle)이라 한다.

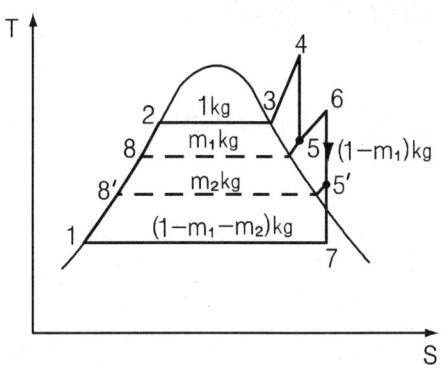

[그림 10.8 1단 재열 2단 재생사이클]

05 2유체 사이클(Binary Cycle)

증기원동소 사이클에서 온도부는 응축기의 냉각수 온도에 의하여 제한을 받고, 고온부는 재료의 강도에 의하여 제한을 받는다. 이와 같이 양열원은 어느 한계를 벗어나지 못함을 알 수 있다. 그러므로 이 같은 결점을 보완하기 위하여 2종의 다른 동작물질로 각각의 사이클을 형성하게 하고 고온측의 배열을 저온측이 가열에 이용하도록 한 사이클을 2유체 사이클이라 하고 이는 작동압력을 높이지 않고 작동유효 온도범위를 증가시킬 수 있는 특징이 있다. 즉, 동작물질로서 물의 결점을 보완하기 위해서 이다. 고온도에서 포화압력이 낮은 수은을 이용, 저온부에서 수증기 사용 수은 cycle에서 팽창일을 얻은 후 수은이 증발하는 잠열로서 또 다른 팽창일을 얻어 열효율 증대한다.

◎ 단점 : 수은은 금속면을 적시지 않으므로 보일러에서 열이동이 불량하다.
　　　　수은 증기는 유해하므로 취급에 주의를 요하며 값이 비싸다.

06 증기소비율과 열소비율

증기소비율(Specific steam consumption)은 단위 에너지(1kwh)를 발생하는 데 소요되는 증기량으로

$$SR = \frac{3600}{W} [kg/kWh]$$
　　W : 출력(kw)
　　SR : 증기소비율(steam ration)

로 표시하며

열소비율(specific Heat consumption)은 단위 에너지당의 증기에 의해 소비되는 열량으로 열율이라고도 한다.

$$HR = \frac{3600}{\eta} [kJ/kWh]$$
　　HR : 열율
　　η : 열효율

연습문제

01 랭킨 사이클의 각 과정은 다음과 같다. 부적당한 것은?
① 터빈에서 가역 단열팽창 과정
② 응축기에서 정압방열 과정
③ 펌프에서 단열압축 과정
④ 보일러에서 등온가열 과정

1. 보일러는 정압가열 과정

02 다음은 랭킨 사이클에 관한 표현이다. 부적당한 것은?
① 응축기(복수기)의 압력이 낮아지면 배출 열량이 적어진다.
② 응축기(복수기)의 압력이 낮아지면 열효율이 증가한다.
③ 터빈의 배기온도를 낮추면 터빈효율은 증가한다.
④ 터빈의 배기온도를 낮추면 터빈날개가 부식한다.

2. 터빈 배기온도를 낮추면 이론열효율은 증가하나 터빈효율은 감소한다.

03 다음은 랭킨 사이클에 관한 표현이다. 부적당한 것은?
① 보일러 압력이 높아지면 배출열량이 감소한다.
② 주어진 압력에서 과열도가 높으면 열효율이 증가한다.
③ 보일러 압력이 높아지면 열효율이 증가한다.
④ 보일러 압력이 높아지면 터빈에서 나오는 증기의 습도도 감소한다.

3. 보일러와 터빈은 부속기기이다.

정답 01 ④ 02 ③ 03 ④

04 다음은 재생 사이클을 사용하는 목적을 들고 있다. 가장 적당한 것은?

① 배열을 감소기켜 열효율 개선
② 공급 열량을 적게 하여 열효율 개선
③ 압력을 높여 열효율 개선
④ 터빈을 나오는 증기의 습도를 감소시켜 날개의 부식방지

05 다음은 2유체 사이클에 관한 표현이다. 부적당한 것은?

① 수은이 응축하는 잠열로써 수증기를 증발시킨다.
② 고온부에서는 수은의 증기를 사용하면 터빈에서 나오는 증기의 습도가 감소한다.
③ 고온에서는 포화 압력이 높은 수은같은 것을 사용한다.
④ 수은의 응축기가 수증기의 보일러 역할을 한다.

5.
고온에서는 포화압력이 낮은 수은을 사용한다.

06 재열 사이클은 다음과 같은 것을 목적으로 한 것이다. 부적당한 것은?

① 터빈일이 증가
② 공급 열량을 감소시켜 열효율 개선
③ 높은 압력으로 열효율 증가
④ 저압축에서 습도를 감소

07 랭킨 사이클에서 열효율이 25[%]이고 터빈일이 418.6[kJ/kg]이라고 하면 1[kWh]의 일을 얻기 위하여 공급되어야 할 열량은?[kJ/kg]

① 104.65
② 313.95
③ 860
④ 1674.4

7. $\eta = \dfrac{W}{Q}$

$Q = \dfrac{W}{\eta} = \dfrac{418.6}{0.25}$
$= 1674.4 [\text{kJ/kg}]$

정답   04 ②   05 ③   06 ②   07 ④

08 랭킨 사이클에 있어서 터빈에서 0.7[MPa], 엔탈피 3530[kJ/kg]로부터 복수기압력 0.004[MPa]까지 등엔트로피 팽창한다. 펌프일을 고려하여 이론열효율을 구하여라. (단, 보일러 출구엔탈피는 3530kJ/kg복수기압력하의 포화수의 엔탈피는 120[kJ/kg], 비체적은 0.001[m^3/kg]이고, 터빈출구에서의 증기의 엔탈피는 2096[kJ/kg]이다.)

① 41.2[%] ② 42[%]
③ 42.8[%] ④ 43.9[%]

8.
$$W_P = V(P_2 - P_1)$$
$$= 0.001 \times (0.7 - 0.004) \times 10^3$$
$$= 0.696$$
$$\eta_R = \frac{h_2 - h_3 - W_P}{h_2 - h_4 - W_P}$$
$$= \frac{3530 - 2096 - 0.696}{3530 - 120 - 0.696}$$
$$= 0.42 = 42[\%]$$

09 랭킨 사이클에서 등적이면서 동시에 단열변화인 과정은 어느 것인가?

① 보일러 ② 터빈
③ 복수기 ④ 펌프

10 랭킨 사이클을 맞게 표시한 것은?

① 등온변화 2, 등압변화 2
② 등압변화 2, 단열변화 2
③ 등압변화 2, 등온변화 1, 단열변화 1
④ 등압변화 1, 등온변화 1, 단열변화 1, 등적변화 1

11 증기 사이클에서 보일러의 초온과 초압이 일정할 때 복수기 압력이 낮을수록 다음 어느 것과 관계 있는가?

① 열효율 증가 ② 열효율 감소
③ 터빈출력 감소 ④ 펌프일 감소

정답 08 ② 09 ④ 10 ② 11 ①

12 T-S 선도에서의 보일러에서 가열하는 과정은?

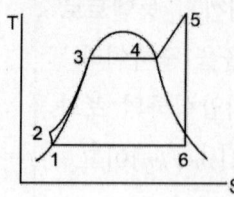

① 612
② 1234
③ 2345
④ 3456

13 10마력의 엔진을 2시간 동안 제동시험하여 생긴 마찰열이 20[℃]의 주위공기에 전해졌다면 엔트로피의 증가는?[kJ/K]

① 735.5
② 293
③ 181
④ 29.3

13.
$$\triangle S = \frac{10 \times 735.5 \times 3600 \times 2}{293}$$
$$= 180737.2[J/K]$$
$$= 180.7372[kJ/K]$$

14 랭킨 사이클은 다음 어느 사이클인가?
① 가스터빈의 이상사이클
② 디젤 엔진의 이상사이클
③ 가솔린 엔진의 이상사이클
④ 증기원동소의 이상사이클

정답   12 ③   13 ③   14 ④

15 T-S 선도에서 재열 재생수를 맞게 표시한 것은?

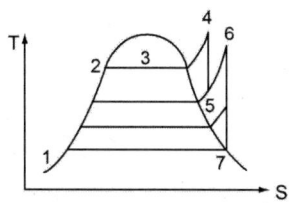

① 3단 재열, 4단 재생 ② 2단 재열, 3단 재생
③ 1단 재열, 3단 재생 ④ 1단 재열, 2단 재생

16 h-s 선도에서 응축과정은?

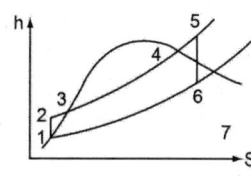

① 1-2 ② 5-6
③ 6-1 ④ 2-5

17 재열 사이클을 시키는 주목적은?
① 펌프일을 줄이기 위하여
② 터빈출구의 증기건도를 상승시키기 위하여
③ 보일러의 효율을 높이기 위하여
④ 펌프의 효율을 높이기 위하여

정 답 15 ④ 16 ③ 17 ②

18 재생 사이클을 시키는 주목적은?

　① 펌프일을 감소시키기 위하여
　② 터빈출구의 증기의 건도를 상승시키기 위하여
　③ 보일러용 공기를 예열하기 위하여
　④ 추기를 이용하여 급수를 가열하기 위하여

19 증기터빈에서 터빈효율이 커지면 맞는 것은?

　① 터빈출구의 건도가 커진다.
　② 터빈출구의 건도가 작아진다.
　③ 터빈출구의 온도가 올라간다.
　④ 터빈출구의 압력이 올라간다.

정답　18 ④　19 ①

SECTION 11 냉동 사이클

냉동(Refrigeration)이란 어떤 물체나 계로부터 열을 제거하여 주위온도보다 낮은 온도로 유지하는 조작을 말하며 방법으로는 얼음의 융해열이나 드라이아이스의 승화열 혹은 액체질소의 증발열 등을 이용할 수가 있다. 이러한 조작을 분류하면 다음과 같다.

- 냉각(Cooling) : 상온보다 낮은 온도로 열을 제거하는 것
- 냉동(Freezing) : 냉각작용에 의해 물질을 응고점 이하까지 열을 제거하여 고체상태로 만드는 것
- 냉장(Storage)
  - Icing Storage : 얼음을 이용하여 0[℃] 근처에서 저장하는 것
  - Cooler Storage : 냉각장치를 이용 0[℃] 이상의 일정한 온도에서 식품이나 공기를 상태 변화 없이 저장하는 것
  - Freezer Storage : 동결장치를 이용, 물체의 응고점 이하에서 상태를 변화시켜 저장하는 것
- 냉방 : 실내공기의 열을 제거하여 주위온도보다 낮추어 주는 조작

열역학 제2법칙에 의하면 저온측에서 고온측으로 열을 이동시킬 수 있는 사이클에서 저온측을 사용하는 장치를 냉동기(Refrigerator)라 하며, 동일장치로서 고온측을 사용하는 장치를 열펌프(Heat Pump)라 한다.

01 냉동 사이클

열역학 제2법칙에서 언급했듯이 냉동과 냉각을 위해서는 역 Cycle이 성립하여, 저온체에서 고온체로 열이동을 하여야 한다. 그러므로 이상적 가역 Cycle인 Carnot Cycle을 역회전시키면 역카르노 사이클이 된다. 그림 11-1은 역카르노 사이클의 P-V 선도 및 T-S 선도이다.

1-2 과정 : 등온팽창
2-3 과정 : 단열압축
3-4 과정 : 등온압축
4-1 과정 : 단열팽창

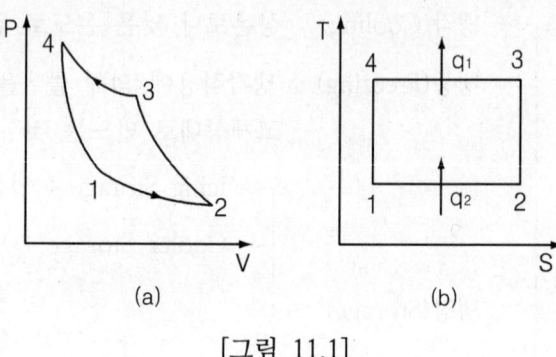

[그림 11.1]

냉동기의 효과는 성적계수 또는 성능계수(Coefficient of performance)로 나타내며 다음과 같이 정의된다.

◎ **냉동기의 성능계수**

$$\epsilon_r = \frac{q_2}{W} = \frac{\text{저온체에서의 흡수열량(냉동효과)}}{\text{공급일}} = \frac{T_저}{T_고 - T_저}$$

◎ **열펌프의 성능계수**

$$\epsilon_h = \frac{q_1}{W} = \frac{\text{고온체에 공급한 열량}}{\text{공급일}} = \frac{T_고}{T_고 - T_저}$$

역 Carnot 사이클 즉 이상 냉동 사이클의 성능계수는 동작물질에 관계없이 양 열원의 절대 온도에 관계되고, 냉동기의 성능계수는 열펌프의 성능 계수보다 항상 1이 적음을 알 수 있다. 즉 $\varepsilon_h - \varepsilon_r = 1$, $|\varepsilon| > 1$

02 냉동능력

냉동기의 냉동능력은 냉동톤으로 표시하며, 1냉동톤(1[RT])이란 0[℃]의 물 1[ton]을 24시간 동안에 0[℃]의 얼음으로 만드는 능력이다.

$$1[RT] = \frac{79.68 \times 1000}{24} = 3320[kcal/hr] = \frac{333.7 \times 1000}{24 \times 3600} = 3.862[kW] = 5.18[ps]$$

그러므로 $1[RT] = 3.862[kW] = 5.18[ps] = 3320[kcal/hr]$

03 공기 냉동 사이클(Air-refrigeratior Cycle)

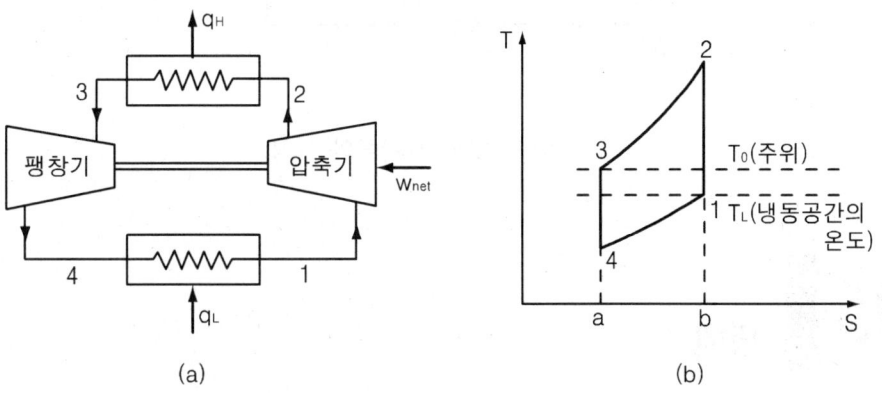

[그림 11.2 공기 표준 냉동 사이클의 구성 및 T-S 선도]

공기 냉동 사이클은 가스 터빈의 이상 사이클인 Brayton 사이클의 역이다. 공기 냉동 사이클의 P-h 및 T-S이다.

04 증기 압축 냉동 사이클

 액체와 기체의 이상으로 변하는 물질을 냉매로 하는 냉동 사이클 중에서 증기를 이용하는 사이클을 증기 압축 냉동 사이클이라 한다. 냉동기에서 증발기를 나간 건포화증기가 압축기에 송입되는 도중에 과열증기가 되어 과열증기를 압축하는 사이클을 압축 냉동 사이클이라 한다.

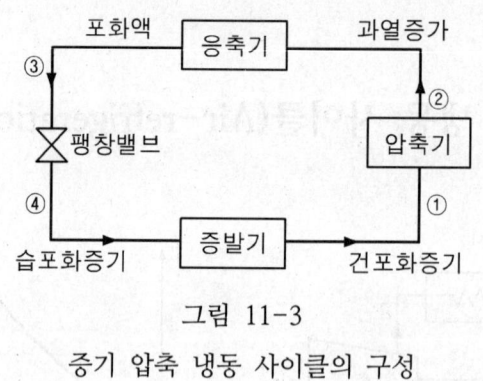

그림 11-3

증기 압축 냉동 사이클의 구성

05 냉매

 냉동 사이클 내를 순환하는 동작유체로서 냉동공간 또는 냉동물질로부터 열을 흡수하여 다른 공간 또는 다른 물질로 열을 운반하는 작동유체이며, 화학적으로 다음과 같이 분류한다.

    무기 화합물 : NH_3, CO_2, H_2O

    탄화수소 : CH_4, C_2H_6, C_3H_8

    할로겐화 탄화수소 : freon

    공비(共沸) 혼합물(azetrope) : R_{500}, R_{501}, R_{502} 등

(1) 냉매의 종류

① 1차 냉매(직접 냉매)

냉동 사이클 내를 순환하는 동작유체로서 잠열에 의해 열을 운반하는 냉매(NH_3, freon 등)

② 2차 냉매(간접 냉매)

통칭 ($NaCl$, $CaCl_2$, $MgCl_2$ 등)을 말하며, 제빙장치의 브라인, 공조장치의 냉수 등이 이에 속한다. 감열에 의해 열을 운반한다.

(2) 냉매의 구비조건

① 물리적인 조건

- 저온에서도 높은 포화온도(대기압 이상)을 가지고 상온에서 응축액화가 용이할 것
- 임계온도가 높을 것(상온 이상)
- 응고온도가 낮을 것
- 증발잠열이 크고 액체비열이 작을 것
- 윤활유, 수분 등과 작용하여 냉동작용에 영향을 미치는 일이 없을 것
- 전열작용이 양호할 것
- 점도와 표면장력이 작을 것
- 누설발견이 쉬울 것
- 비열비가 작을 것
- 전기적 절연내력이 크고 전기절연물질을 침식시키지 않을 것
- 증기와 액체의 비체적이 작을 것(밀도가 클 것)
- 터보 냉동기용 냉매는 가스 비중이 클 것

② 화학적인 조건
- 화학적인 결합이 안정될 것
- 금속을 부속하지 말 것
- 인화, 폭발성이 없을 것

③ 생물학적인 조건
- 인체에 무해할 것
- 냉장품에 닿아도 냉장품을 손상시키지 않을 것
- 악취가 없을 것

④ 경제적인 조건
- 가격이 저렴하고 구입이 용이할 것
- 자동운전이 용이할 것
- 동일 냉동능력에 대하여 소요동력이 적게 들 것(피스톤 압출량이 적을 것)

연습문제

01 어떤 냉동기가 2[kW]의 동력을 사용하여 매시간 저열원에서 21000[kJ]의 열을 흡수한다. 이 냉동기의 성능계수는 얼마인가? 또, 고열원에서 매시간 방출하는 열량은 얼마인가?

① 3.96, 6270[kJ]
② 4.96, 6270[kJ]
③ 2.92, 28224[kJ]
④ 3.92, 32320[kJ]

1.
$$\varepsilon_R = \frac{Q_2}{W} = \frac{21000[kJ]}{2[kW \cdot h]}$$
$$= \frac{21000}{2 \times 3600} = 2.92$$
$$\varepsilon_h = \varepsilon_R + 1 = 3.92$$
$$\therefore Q_1 = W \cdot \varepsilon_h = 2 \times 3600 \times 3.92$$
$$= 28224[kJ]$$

02 이상적인 냉동 사이클의 기본 사이클인 것은?

① 카르노 사이클
② 역카르노 사이클
③ 랭킨 사이클
④ 역브레이톤 사이클

03 압축 냉동 사이클에서 다음 기기 중 냉매의 엔탈피가 일정치를 유지하는 것은?

① 컴프레서
② 응축기
③ 팽창밸브
④ 증발기

3.
팽창밸브 :
교축과정, 비가역 과정,
엔탈피 불변

04 어떤 냉매액을 팽창밸브를 통과하여 분출시킬 경우 교축 후의 상태가 아닌 것은?

① 엔트로피가 감소한다.
② 압력은 강하한다.
③ 온도가 강하한다.
④ 엔탈피는 일정불변이다.

4.
교축 후 엔트로피는 항상 증가한다.

정답 01 ③ 02 ② 03 ③ 04 ①

05 냉동기의 성능계수는?

① 온도만의 함수이다.
② 고온체에서 흡수한 열량과 공급된 일과의 비이다.
③ 저온체에서 흡수한 열량과 공급된 일과의 비이다.
④ 열기관의 열효율 역수이다.

5. $\varepsilon_R = \dfrac{Q_저}{W}$

06 이상냉동 사이클에서 응축기 온도가 40[℃], 증발기 온도가 −20[℃]인 이상 냉동사이클의 성능계수는?

① 5.22   ② 4.22
③ 3.22   ④ 2.22

6. $\varepsilon_R = \dfrac{T_2}{T_1 - T_2}$
$= \dfrac{253}{313 - 253} = 4.22$

07 성능계수가 3.2인 냉동기가 20톤의 냉동을 하기 위하여 공급해야 할 동력은 몇 [kW]인가?

① 14.14   ② 18.14
③ 20.14   ④ 24.14

7. 1[RT] = 3.862[kW]
$\varepsilon_R = \dfrac{Q_저}{W}$
$3.2 = \dfrac{20 \times 3.862}{[kW]}$
$[kW] = \dfrac{20 \times 3.862}{3.2} = 24.14$

08 100[℃]와 50[℃] 사이에서 냉동기를 작동한다면 최대로 도달할 수 있는 성능계수는 약 얼마 정도인가?

① 6.46   ② 7.46
③ 8.46   ④ 9.46

8. $Cop = \dfrac{T_2}{T_1 - T_2}$
$= \dfrac{323}{373 - 323} = 6.46$

정답 05 ③ 06 ② 07 ④ 08 ①

09 역카르노 사이클(Carnot Cycle)은 어떠한 과정으로 이루어졌는가?

① 등온팽창 → 단열팽창 → 등온압축 → 단열압축
② 등온팽창 → 단열압축 → 등온압축 → 단열팽창
③ 등온팽창 → 등온압축 → 단열압축 → 단열팽창
④ 단열팽창 → 등온압축 → 단열팽창 → 등압팽창

9.
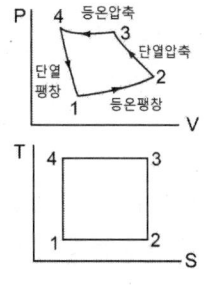

10 공기냉동 사이클을 역으로 작용시키면 무슨 사이클이 되는가?

① 오토 사이클 ② 카르노 사이클
③ 사바테 사이클 ④ 브레이톤 사이클

11 이론증기압축 냉동 사이클에서 냉매의 순환경로로 맞는 것은?

① 팽창변 → 응축기 → 압축기 → 증발기
② 증발기 → 압축기 → 응축기 → 팽창변
③ 증발기 → 응축기 → 팽창변 → 압축기
④ 응축기 → 팽창변 → 압축기 → 증발기

11.
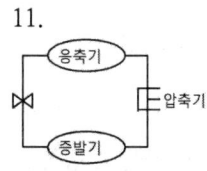

12 냉장고가 저온체에서 1255[kJ/h]의 율로 열을 흡수하여 고온체에 1700[kJ/h]의 율로 열을 방출하면 냉장고의 성능계수는 얼마인가?

① 1.82 ② 2.82
③ 3.82 ④ 8.32

12.
$$\varepsilon_R = \frac{Q_2}{Q_1 - Q_2}$$
$$= \frac{1255}{1700 - 1255} = 2.82$$

정답 09 ② 10 ④ 11 ② 12 ②

13 표준 공기 냉동 사이클에서 냉동효과가 일어나는 과정은?
① 등온과정　　　　　　② 정압과정
③ 단열과정　　　　　　④ 정적과정

13.
냉동효과
(등압팽창
$q_2 = C_v(T_1 - T_2)$)

14 성적계수가 4.8, 압축기일의 열상당량이 235[kJ/kg]인 냉동기의 냉동톤당 냉매순환량은 얼마인가?
① 0.8[kg/h]　　　　　② 8.4[kg/h]
③ 12.26[kg/h]　　　　④ 16.26[kg/h]

14. $\varepsilon_R = \dfrac{Q}{W}$

$W = \dfrac{Q}{\varepsilon_R} = \dfrac{1[RT]}{4.8}$

$= \dfrac{3.862}{4.8} = 0.8[kW]$

$m = \dfrac{0.8}{235} \times 3600$

$= 12.26[kg/h]$

15 20[℃]의 물로 0[℃]의 얼음을 매시간 30[kg] 만드는 냉동기의 능력은 몇 냉동톤인가?(단, 물의 잠열은 335[kJ/kg], 물의 비열은 4.18[kJ/kg]이다.)
① 0.9[RT]　　　　　　② 1.2[RT]
③ 3.15[RT]　　　　　　④ 3.35[RT]

15. 1[RT] = 3.862[kW]
$Q = mC\Delta T + m \times 335$
$= 12558[kJ/h]$
$12558[kJ/h] = 3.488[kW]$
$[RT] = \dfrac{3.488}{3.862} = 0.9$

16 냉동 용량 5냉동톤인 냉동기의 성능계수가 3이다. 이 냉동기를 작동하는 데 필요한 동력은 얼마인가?[kW]
① 3.87　　　　　　　　② 4.78
③ 3.49　　　　　　　　④ 6.44

16.
$W = \dfrac{Q_{저}}{\varepsilon_R} = \dfrac{5 \times 3.862}{3} = 6.44$

17 역카르노 사이클로 작동하는 냉동기가 30[kW]의 일을 받아서 저온체로부터 85[kJ/s]의 열을 흡수한다면 고온체로 방출하는 열량은 얼마인가?[kJ/s]
① 2.8　　　　　　　　② 28
③ 85　　　　　　　　④ 115

17. $\varepsilon_n = 1 + \varepsilon_R$
$\dfrac{Q_{고}}{W} = 1 + \dfrac{Q_{저}}{W}$
$Q_{고} = W\left(1 + \dfrac{Q_{저}}{W}\right)$
$= 30\left(1 + \dfrac{85}{30}\right)$
$= 115[kJ/s]$

정답　13 ②　14 ③　15 ①　16 ④　17 ④

18 냉매의 순환량을 조절하는 것은?

① 증발기　　　　② 응축기
③ 압축기　　　　④ 팽창밸브

19 1냉동톤은?

① 1[kW]　　　　② 3.86[kW]
③ 3330[kcal/h]　　④ 1000[kcal/h]

19. 1[RT] = 3.862[kW]
　　　 = 5.18[Ps]
　　　 = 3320[kcal/hr]

정답　18 ④　19 ②

열역학 종합 연습문제

01 150kg의 물을 18℃에서 100℃로 가열하는데 필요한 열량은 몇 kJ인가?

① 55419　　　　　　② 54141
③ 52421　　　　　　④ 51414

1. $Q = mc(T_2 - T_1)$
   $= 150 \times 4.18 \times (100 - 18)$
   $= 51515 \text{kJ}$

02 공기 10kg을 정압 과정으로 10℃에서 210℃까지 가열시 내부에너지 변화는?

① 1532　　　　　　② 1434
③ 1356　　　　　　④ 1251

2. $U = mC_v(T_2 - T_1)$
   $= 10 \times 0.717 \times (210 - 10)$
   $= 1434 \text{kJ}$

03 공기 1kg이 체적 0.85m³에서 압력 4.96bar 온도 300℃로 변했다면 체적은 얼마인가?(m³)

① 0.32　　　　　　② 0.68
③ 0.81　　　　　　④ 1.23

3. $P_2 V_2 = mRT_2$
   $V_2 = \dfrac{mRT_2}{P_2}$
   $= \dfrac{1 \times 287 \times (300 + 273)}{4.96 \times 10^5}$
   $= 0.33 \text{m}^2$

04 분자량 44인 완전 기체의 절대압력이 2bar 온도가 100℃일 때 비체적은 몇 m³/kg인가?

① 0.86　　　　　　② 0.612
③ 0.347　　　　　　④ 0.21

4. $PV = RT = \dfrac{\overline{R}}{M} T$
   $V = \dfrac{\overline{R} T}{PM}$
   $= \dfrac{8312 \times (100 + 273)}{2 \times 10^5 \times 44}$
   $= 0.352 \text{m}^3/\text{kg}$

정답　01 ④　02 ②　03 ①　04 ③

05 노즐 유동중 엔탈피 감소가 493kJ/kg이다. 입구의 속도를 무시할 때 출구속도는 얼마인가?

① 1000 ② 992
③ 750   ④ 665

5. $V = \sqrt{2 \Delta h} = \sqrt{2 \times 493 \times 10^3}$
   $= 992.97 \text{ m/s}$

06 카르노 사이클을 이루는 기관에서 매 사이클당 5kJ의 일을 하기 위해 공급열량이 40kJ이고, 저열원의 온도가 15℃일 때 고열원의 온도는 몇 k인가?

① 300   ② 400
③ 329   ④ 647

6. $\eta = \dfrac{T_1 - T_2}{T_1} = \dfrac{W}{Q}$
   $= 1 - \dfrac{T_2}{T_1}$
   $T_1 = \dfrac{Q}{Q-W} \times T_2$
   $= \dfrac{40}{40-5} \times (15+273)$
   $= 329.14 \text{ k}$

07 다음중 1냉동톤(1RT)을 옳게 나타낸 값은?

① 3.1kW   ② 4.18kW
③ 3.86kW ④ 5.4kW

7. $1\text{RT} = 3320 \text{kcal/hr}$
   $= 3320 \times 4.18/3600 \text{kW}$
   $= 3.85 \text{ kW}$

08 0.08m3의 물에 700℃ 철괴 3kg을 투입하였더니, 그 공통온도가 18℃로 되었다면, 이때의 물의 상승온도는 얼마인가?
(단, 철의 비열은 0.61kJ/kg·k이고, 물의 용기와의 열교환은 무시한다.)

① 약 3.7k   ② 약 4.8k
③ 약 276.7k   ④ 약 310k

8. $m_{물} c_{물} \Delta T$
   $= m_{철} c_{철} (T_1 - T_2)$
   $\Delta T = \dfrac{3 \times 0.61 \times (700-18)}{0.08 \times 10^3 \times .18}$
   $= 3.73 \text{k}$

정답   05 ②   06 ③   07 ③   08 ①

09 어느 내연기관에서 피스톤의 흡입운동으로 실린더속에 0.2kg의 기체가 들어 왔다. 이것을 압축할 때 15kJ의 일이 필요하였고, 10kJ의 열을 방출하였다고 한다면, 이 기체 1kg당의 내부에너지증가는?

① $10 \dfrac{kJ}{kg}$
② $25 \dfrac{kJ}{kg}$
③ $50 \dfrac{kJ}{kg}$
④ $5 \dfrac{kJ}{kg}$

9. $Q = U + W$
$U = Q - W = -10 - (-15)$
$\quad = 5 kJ$
$u = 5 kJ / 0.2 kg$
$\quad = 25 kJ/kg$

10 수직으로 세워진 노즐에서 30℃의 물이 15m/sec의 속도로 15℃의 공기 중에 뿜어 올려진 다면 물은 얼마나 올라가겠는가?
(단, 외부와의 마찰에 의한 에너지 손실은 없다.)

① 약 7.7m
② 약 12.12m
③ 약 11.47m
④ 약 21m

10. $H = \dfrac{V^2}{2g} = \dfrac{15^2}{2 \times 9.8}$
$\quad = 11.48 \, m$

11 공기 10kg을 정압하 10℃에서 210℃까지 가열할 때 내부에너지의 변화는?
(단, 공기의 정압비열 $C_P = 1.0 kJ/kgK$ 비열비 k는 1.4이다.)

① 1428kJ
② 1434kJ
③ 2.257kJ
④ 2.675kJ

11. $\dfrac{C_p}{C_v} = k = 1.4$
$C_V = \dfrac{1}{1.4}$
$\quad = 0.714 \, kJ/kgK$
$U = mC_v \Delta T$
$\quad = 10 \times 0.714 \times 200$
$\quad = 1428 \, kJ$

12 내부에너지가 30kJ인 물체에 열을 가하여 내부에너지가 50kJ로 증가하는 동시에 외부에 대하여 10kJ의 일을 하였다. 이 물체에 가해진 열량은?

① 10kJ
② 20kJ
③ 30kJ
④ 60kJ

12. $Q = U + W = (50 - 30) + 10$
$\quad = 30 \, kJ$

정답   09 ②   10 ③   11 ①   12 ③

13 공기 1kg의 체적 0.85m3로부터 압력 4.9bar 온도 300℃로 변하였다면 체적의 변화는?

① 약 0.356m³증가　② 약 0.335m³증가
③ 약 0.514m³증가　④ 약 0.565m³증가

13. $V_2 = \dfrac{mRT_2}{P_2}$

$= \dfrac{1 \times 287 \times 573}{4.9 \times 10^5} = 0.335 \, m^3$

$V_2 - V_1 = 0.335 - 0.85$
$= -0.515 \, m^3$

14 어느 계가 20kJ의 열을 외부로부터 공급받아 이 계가 외부에 29.3kJ의 일을 하였다. 이 계의 내부 에너지의 변화량은 몇 kJ인가?

① -8.4kJ　② 29.3kJ
③ 8.4kJ　④ 50.2kJ

14. $Q = U + W$
$U = Q - W = 20.9 - 29.3$
$= -8.4 \, kJ$

15 공기 9kg이 정압하 15℃에서 55℃까지 온도가 상승하였다면, 이 사이의 내부 에너지 증가에 얼마인가?
(단, 공기의 가스상수 및 정압비열은 각각 287J/kg·k, Cp는 1kJ/kg·k이다.)

① 약 200kJ　② 약 128kJ
③ 약 250kJ　④ 약 228kJ

15. $U = mC_V \Delta T = m(C_P - R)\Delta T$
$= 8 \times (1 - 0.287) \times 40$
$= 288.16 \, kJ$

16 분자량 28.5 완전가스의 압력 2bar, 온도 100℃에 있어서 비용적 v의 값은?

① 0.33　② 0.18
③ 0.66　④ 0.55

16. $v = \dfrac{\overline{R}T}{PM} = \dfrac{8312 \times 373}{2 \times 10^5 \times 28.5}$
$= 0.54 \, m^3/kg$

정답　13 ③　14 ①　15 ④　16 ④

17 공기 5kg이 온도 $t_1 = 20℃$, 압력 $P_1 = 0.7MPa$의 상태로 봉입된 후 $t_2 = 10℃$, $P_2 = 0.4MPa$로 변화하였다면 몇 kg의 공기가 누출되었는가?

① 2.760kg ② 2.045kg
③ 2.240kg ④ 2.142kg

17. $V = \dfrac{mRT}{P} = \dfrac{5 \times 287 \times 293}{0.7 \times 10^6}$
$= 0.6 \, m^3$

$m_2 = \dfrac{PV}{RT} = \dfrac{0.4 \times 10^6 \times 0.6}{287 \times 283}$
$= 2.955 \, kg$

$m_1 - m_2 = 5 - 2.955$
$= 2.045 \, kg$

18 어느 노즐에서 단열 열낙차는 400kJ/kg이고, 노즐속도 계수는 0.943이다. 실제의 열낙차는 몇 kJ/kg인가?

① 355 ② 350
③ 345 ④ 340

18. $V이 = \sqrt{2\Delta h} = \sqrt{2 \times 400 \times 10^3}$
$= 894.43 \, m/s$

$V실 = \psi V이 = 0.943 \times 894.43$
$= 843.45 \, m/s$

$\Delta h실 = \dfrac{V_{실}^2}{2}$
$= \dfrac{(843.45)^2}{2}$
$= 355.7 \, kJ/kg_m$

19 초기 온도와 압력이 50℃, 600kPa인 단위 질량의 질소가 100kPa까지 단열팽창하였다. 이때 온도는 몇 k인가? (단, 비열비 k = 1.4이다.)

① 194 ② 294
③ 467 ④ 539

19. $T_2 = \left(\dfrac{P_2}{P_1}\right)^{\frac{k-1}{k}} \times T_1$
$= \left(\dfrac{100}{600}\right)^{\frac{0.4}{1.4}} \times (50 = 273)$
$= 193.59 \, k$

20 카르노 사이클 기관에서 사이클당 2.45kJ의 일을 얻기 위하여 필요로 하는 열량이 4.18kJ, 저열원의 온도가 15℃라 하면 고열원의 온도는 몇 ℃가 되는가?

① 422.8℃ ② 594.8℃
③ 694.8℃ ④ 721.8℃

20. $\eta = \dfrac{W}{Q} = \dfrac{Q_고 - Q_저}{Q_고}$
$= \dfrac{T_고 - T_저}{T_고} = 1 - \dfrac{T_저}{T_고}$
$T_고 = \dfrac{Q}{Q - W} T_저$
$= \dfrac{4.18}{4.18 - 2.45} \times (15 \times 273)$
$= 695.86 \, k = 422.86 \, ℃$

정답 17 ② 18 ① 19 ① 20 ①

21 카르노 사이클의 열기관이 500℃인 열원으로부터 500kJ를 받고 25℃에서 열을방출한다.이 사이클의 효율과 일을 계산하면, 그 값은 각각 얼마 정도나 되겠는가?

① W = 20372kJ, η th = 0.5748
② W = 307.2kJ, η th = 0.6143
③ W = 250.3kJ, η th = 0.8316
④ W = 401.5kJ, η th = 0.6517

21. $\eta = \dfrac{W}{Q} = \dfrac{T_\text{고} - T_\text{저}}{T_\text{고}}$

$W = (\dfrac{T_\text{고} - T_\text{저}}{T_\text{고}}) \times Q$

$= (\dfrac{475}{773}) \times 500 = 307.24 kJ$

$\eta = \dfrac{475}{773} = 0.614 \; 61.4\%$

22 카르노사이클의 고열원의 온도 T_1 = 1,000 k 저열원의 온도 T_2 = 295 k이다. 공급열량은 Q_1 = 20kJ/cycle이다. 사이클 일(kJ/cycle)은 다음 중 어느 것인가?

① 16 ② 15
③ 14 ④ 13

22. $W = (\dfrac{T_1 - T_2}{T_1})$

$Q = \dfrac{705}{1000} \times 20$

$= 14.1 \, kJ/cycle$

23 분자량이 44인 완전기체의 절대압력이 2bar, 온도가 100℃일 때 m^3/kg로 계산한 비체적은 다음 수치 어느 것에 가장 가까운가?

① 0.352m^3/kg ② 15.813m^3/kg
③ 8.418m^3/kg ④ 0.273m^3/kg

23. $v = \dfrac{\overline{R}T}{PM} = \dfrac{8312 \times 373}{2 \times 10^5 \times 44}$

$= 0.352 \, m/kg$

24 산소 3kg과 질소 2kg이 혼합되어 체적 2m^3의 용기에 온도가 80℃의 상태로 있을 때, 이 동 기내의 압력은 다음 중 어느 것에 가장 가까운가?
(단, 산소와 질소는 완전 기체로 취급하고 산소와 질소의 기체상수는 각각 0.2598kJ/kg·k, 0.2969kJ/ kg·k이다.)

① 54.9kPa ② 109.8kPa
③ 121.5kPa ④ 242.3kPa

24. $P = P_1 + P_2$에서
$mR = m_1 R_1 + m_2 R_2$
$3 \times 0.2598 + 2 \times 0.2969$
$= 1.3732$
$P = \dfrac{mRT}{V}$
$= \dfrac{1.3732 \times (80 + 273)}{2}$
$= 242.34 \, kPa$

정답 21 ② 22 ③ 23 ① 24 ④

25 비열 1.254kJ/kg·k인 고체 10kg이 20℃로부터 85℃ 까지 가열될 때 고체의 엔트로피 증가량은 얼마 정도인가?

① 0.88　　② 2
③ 2.51　　④ 25.12

25. $\Delta S = mC \ln \dfrac{T_2}{T_1}$
$= 10 \times 1.254 \ln \dfrac{85+273}{20+273}$
$= 2.504 \fallingdotseq 2.51$

26 100℃의 열원으로 물에 100kJ의 열을 가하여 물의 엔트로피가 0.3kJ/k만큼 증가했다. 대기 온도가 27℃ 일 때 에너지의 손실은 몇 kJ인가?

① 100　　② 90
③ 80.4　　④ 9.6

26. $E_u = T_0 \Delta S = (27+273) \times 0.3$
$= 90 kJ$

27 디젤 기관의 압축비가 16일 때 압축전의 공기 온도가 90℃라면, 압축후의 공기의 온도는 얼마인가?
(단, 공기의 비열비 k=1.4이다.)

① 1.101℃　　② 798℃
③ 808℃　　④ 828℃

27. $T_2 = T_1 \left(\dfrac{V_1}{V_2}\right)^{k-1}$
$= (90=273)(16)^{1.4-1}$
$= 1100 K$
$1100 - 273 = 827°C$

28 압축전후의 온도가 383℃와 561℃이며 터빈 전후의 온도가 1010℃와 690℃ 일 때 공기표준 브레이턴 사이클의 이론 열효율을 구하시오.

① 0.388　　② 0.425
③ 0.316　　④ 0.412

28. $\eta = 1 - \dfrac{T_4 - T_1}{T_3 - T_2}$
$= 1 - \dfrac{690-383}{1010-561} = 0.316$

정답　25 ③　26 ②　27 ④　28 ③

29 실린더 지름이 7.5cm이고 피스톤 행정이 10cm인 압축기의 지압선도로부터 구한 평균 유효 압력이 2bar일 때 한 사이클당 압축일은 얼마인가?

① 2.20J　　　　　② 8.84J
③ 88.4J　　　　　④ 22.0J

29. $W = PV = 2 \times 10^5 \times \frac{\pi}{4} \times 0.1$
$= 88.35 \text{ J}$

30 압력 14ata, 건도 0.8인 습포화증기 $5m^3$의 질량은?
(단, 14ata의 습포화 증기의 $V'=0.001147 m^3/kg$, $V''=0.1436 m^3/kg$이다.)

① 33.44kg　　　　② 43.44kg
③ 53.44kg　　　　④ 63.44kg

30. $v_x = v' + x(v'' - v')$
$= 0.115 \text{ m}^3/\text{kg}$

$m = \frac{V}{v} 5 \times \frac{1}{0.115} = 43.47$

$m = 43.47$

31 500L의 탱크에 압력 2MPa의 수증기 5.2kg이 들어 있다면, 이 수증기의 건도는 얼마인가?
(단, $20kg/cm^2$에서 포화액과 포화증기의 비체적은 각각 $v'=0.0011749 m^3/kg$, $v''=0.1015 m^3/kg$이다.)

① 약 98%　　　　② 약 95%
③ 약 92%　　　　④ 약 90%

31.
$v = \frac{V}{m} = \frac{0.5}{5.2} = 0.096 \text{ m}^3/\text{kg}$
$v_x = v' + x(v' - v)$
$x = \frac{V - V'}{V'' - V'}$
$= \frac{0.096 - 0.0011749}{0.1015 - 0.0011749}$
$= 0.945$
94.5%

32 20℃의 물 $2m^3$중에 100℃의 건포화 증기를 도입하여 그 온도가 40℃가 되었다. 물속에 도입된 증기량을 구하면 몇 kg인가?
(단, 증발열은 2250kJ/kg이다.)

① 66.7　　　　　② 74.2
③ 84.6　　　　　④ 6.47

32.
$m = \frac{2000 \times 4.18 \times (40 - 20)}{4.18 \times (100 - 40) + 2250}$
$= 66.86 \text{ kg}$

정답　29 ③　30 ②　31 ②　32 ①

33 압력 10ata, 건도 0.9의 습증기 10kg의 총열량은 몇 kJ 인가?
(단, 10ata 포화증기의 엔텔피는 2,270.922kJ/kg, 포화수의 엔탈피는 757.625kJ/kg으로 한다.)

① 2,119
② 21,195
③ 212
④ 21.2

33. $Q = h' + x(h'' - h')$
$= 757.625 + 0.9$
$(2270.922 - 757.625)$
$= 2119.59 \text{ kJ/kg}$
$Q_{10kg} = 21195.9 \text{ kJ}$

34 복수기(응축기)에서 10kPa, 건도 $x = 0.96$인 수증기를 매시 1,000kg 응축시키는데 필요한 냉각수의 유량은?
(단, 냉가수는 15℃에서 들어오고 25℃에서 나간다. 그리고 10kPa, 포화액과 포화증기의 엔탈피는 각각 hf=191.83kJ/kg, hg= 2,584kJ/kg이며 물의 비열은 4.2kJ/kg℃이다.)

① 약 27,400 kg/h
② 약 34,800 kg/h
③ 약 51,275 kg/h
④ 약 75,500 kg/h

34.
$1000 \times 0.9 \times (2584.7 - 191.83)$
$= m \times 4.2 \times (25 - 15)$
$m = 51275 \text{ kg/h}$

35 수축-확산 노즐(Convergent-Divegent Nozzle) 내를 포화증기가 가역단열 과정으로 흐른다. 유동중 엔탈피 감소는 493kJ/kg이고, 입구에서의 속도는 무시할 정도로 작다면 출구속도는 얼마인가?

① 약 693 m/sec
② 약 703 m/sec
③ 약 894 m/sec
④ 약 993 m/sec

35. $V = \sqrt{2 \triangle h} = \sqrt{2 \times 493 \times 10^3}$
$= 993 \text{ m/sec}$

정답 33 ② 34 ③ 35 ④

36 압력 20bar, 온도 400℃인 증기를 배기압 0.5bar까지 단열 팽창시킬 때 랭킨사이클의 열효율을 구하면?
(단, 펌프일은 무시하고, h_1=3,247.6kJ/kgm, h_2=2,480kJ/kg, h_3=340.47kJ/kg이다. 여기서 첨자 1은 터빈의 입구, 첨자 2는 터빈 출구, 첨자 3은 펌프에서의 상태를 뜻한다.)

① 26.4 %
② 43.2 %
③ 58.25 %
④ 72.2 %

36. $\eta = \dfrac{h_1 - h_2}{h_1 - h_3}$
$= \dfrac{3247.6 - 2480}{3247.6 - 340.47}$
$= 0.264 = 26.4\%$

37 유속 250m/s로 유동하는 공기의 온도가 15℃라고 하면 마하수는 얼마인가?

① 0.435
② 0.520
③ 0.620
④ 0.735

37. $C = \sqrt{kRT}$
$= \sqrt{1.4 \times 287 \times (15 + 273)}$
$= 340 \, m/s$
$M = \dfrac{V}{C} = \dfrac{250}{340} = 0.735$

38 노즐에서 증기가 압력 30bar에서 1bar까지 팽창할 때 임계압력은 몇 bar인가? (단, k=1.135이다.)

① 17.3
② 27.3
③ 37.3
④ 0.05

38. $\dfrac{P_c}{P_1} = \left(\dfrac{2}{k+1}\right)^{\frac{k}{k-1}}$
$= 0.528$
$\dfrac{T_c}{T_1} = \left(\dfrac{2}{k+1}\right) = 0.833$

$\dfrac{\rho_c}{\rho_1} = \left(\dfrac{2}{k+1}\right)^{\frac{1}{k-1}} = 0.634$

$G = F_e \sqrt{gk \dfrac{P_c}{V_c}}$

$P_c = 30 \left(\dfrac{2}{1.135 + 1}\right)^{\frac{1.135}{0.135}}$
$= 17.32$

39 5ton 얼음을 만드는데 160kWh를 소비하는 냉동 장치에서 공급되는 물의 온도가 20℃이고, 0℃ 얼음을 얻는다면 성적계수는 얼마인가? (단, 융해열은 333.4kJ/kg이다.)

① 3.62
② 4.62
③ 5.25
④ 6.47

39.
$\epsilon_R = \dfrac{Q}{W}$
$= \dfrac{5000(4.18 \times 20 + 333.4)}{160 \times 3600}$
$= 3.62$

정답 36 ① 37 ④ 38 ① 39 ①

40 어떤 냉동기에서 0℃의 물에서 0℃의 얼음 2ton 만드는데 50kwh이 일이 소요된다면 이 냉동기의 성능계수는? (단. 물의 용해열은 334.4kJ/kg이다.)

① 2.05　　　　　　② 2.32
③ 2.65　　　　　　④ 3.72

40. $\varepsilon_R = \dfrac{Q}{W} = \dfrac{2 \times 10^3 \times 333.4}{50 \times 3600}$
　　$= 3.7$

41 동작 계수(cop)가 0.8인 냉동기로서 7,200kJ/h로 냉동하면 이에 필요한 동력은?

① 약 0.9 kW　　　② 약 1.6 kW
③ 약 2.5 kW　　　④ 약 5.7 kW

41. $0.8 = \dfrac{7200}{W \times 3600}$
　　$W = \dfrac{7200}{0.8 \times 3600} = 2.5 \text{ kW}$

42 0℃와 50℃의 온도사이에서 역 카르노 사이클로 가동되는 가열 목적을 위한 열펌프에서 1사이클당 Q=12.54kJ의 열량이 공급될 때 사이클당의 일은?

① 10.65 kJ　　　　② 1.94 kJ
③ 6.47 kJ　　　　 ④ 14.8 kJ

42. $\varepsilon_R = \dfrac{Q}{W}$
　　$W = Q \cdot \left(\dfrac{T_\text{고} - T_\text{저}}{T_\text{고}}\right)$
　　$= 12.54 \times \left(\dfrac{50}{323}\right) = 1.94 \text{ kJ}$

43 두께 10mm, 열전도율 $188.1 kJ/mhk$인 강판 두면의 온도가 각각 300℃, 50℃일 때 전열면 $1m^2$당 1시간에 전달되는 열량은 몇 kJ인가?

① 4,702,500　　　 ② 44,250,000
③ 9,250,000　　　 ④ 46,250,000

43. $Q = KA \dfrac{dT}{dx}$
　　$= 188.1 \times 1 \times \dfrac{250}{10 \times 10^{-3}}$
　　$= 4702500 \text{ kJ}$

정답　40 ④　41 ③　42 ②　43 ①

44 탄소 1kg이 완전연소될 때 생성되는 이산화탄소의 양은 몇 kg 정도인가?

① 2.36kg   ② 2.86kg
③ 3.667kg   ④ 4.667kg

44. $C + O_2 = CO_2$
12kg 32kg 44kg 1kg
3.67kg

45 피스톤-실린더로 된 용기내에 압력이 20kPa, 체적이 0.04 m^3의 상태로 이상기체가 들어 있다. 기체의 온도를 일정하게 유지하며 피스톤이 이동하여 최종체적이 0.1m^3가 되었다면 이동한 기체가 행한 일의 양은?

① 0.0318N·m   ② 0.0733N·m
③ 318N·m   ④ 733N·m

45. $W = P_1 V_1 \ln$
$W = P_1 V_1 \ln \dfrac{V_2}{V_1}$
$= 20 \times 10^3 \times 0.04 \times \ln \dfrac{0.1}{0.04}$
$= 733 \, N \cdot m$

46 카르노 사이클로 작동하는 열기관이 5000k의 고온 열저장소에서 100kJ의 열을 받아서 200k의 저온 열저장소에 열을 방출한다. 이 사이클의 참일은?

① 60kJ   ② 80kJ
③ 100kJ   ④ 40kJ

46.
$\eta = \dfrac{W}{Q_고} = \dfrac{T_고 - T_저}{T_고}$
$W = \dfrac{4800}{5000} \times 100 = 96 \, kJ$

47 어느 가스 10kg이 압력 98kPa, 온도 30℃의 상태에서 체적 8m^3을 점유한다면 이 가스의 가스 상수는 몇 $N \cdot m/kg_m k$인가?

① 25.8   ② 258
③ 49   ④ 490

47.
$R = \dfrac{PV}{mT} = \dfrac{98 \times 10^3 \times 8}{10 \times (30 + 273)}$
$= 258.75 \, N \cdot m/kg_m k$

정답   44 ③   45 ②   46 ③   47 ②

48 랭킨 사이클(rankine cycle)의 각점의 증가 엔탈피는 다음과 같다. 이때 사이클의 열효율은?

① 16.4 %
② 20.6 %
③ 26.8 %
④ 30.4 %

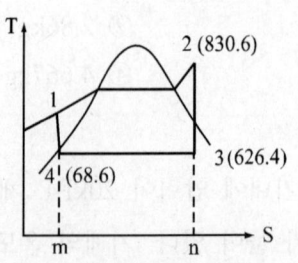

48. $\eta = \dfrac{h_2 - h_3}{h_2 - h_4}$

$= \dfrac{830.6 - 626.4}{830.6 - 68.6} = 26.8\%$

49 공기 $10 kg_f$가 압력 196kPa, 체적 $5m^3$인 상태에서 압력 392kPa, 온도300℃인 상태로 변했다면 체적의 변화는? (단, 기체상수 $R=287 N \cdot m/kg_m k$이다.)

① 약 $+0.6m^3$ ② 약 $+0.8m^3$
③ 약 $-0.6m^3$ ④ 약 $-0.8m^3$

49. $V_2 = \dfrac{mRT_2}{P_2} = \dfrac{10 \times 287 \times 573}{392 \times 10^3}$

$= 4.12\ m^3$

$V_2 - V_1 = 4.12 - 5$

$= -0.8\ m^3$

50 노즐에서 단열팽창하였을 때 비가역과정에서보다 가역과정의 경우 출구속도는?

① 늦다.
② 빠르다.
③ 변화가 없다.
④ 가역, 비가역과 무관하다.

50. 비가역과정에서의 속도는 손실 때문에 항상 느리다.

51 392kPa, 500℃의 공기를 노즐에서 팽창시킬 때 임계압력은?

① 207 kPa   ② 250 kPa
③ 271.4 kPa ④ 314.2 kPa

51. $P_c = P \times 0.528$

$= 392 \times 0.528 = 207\ kPa$

정답 48 ③ 49 ④ 50 ② 51 ①

52 비열비 $k=C_p/C_v$의 값은?

① 1보다 작다.
② 1보다 크다.
③ 1보다 크기도 하고 작기도 하다.
④ 1이다.

52.
$k=\dfrac{C_p}{C_v}>1$ 비열비는 항상 1보다 크다.

53 봄베(bomb) 열량계의 봄베내에 연료와 산소를 채우고 연소 실험을 하였다. 실험도중 수조내의 물의 온도가 상승함을 관찰할 수 있었다. 봄베내의 연료와 산소의 혼합물을 열역학적 계로 생각할 때 내부에너지는?

① 증가하였다.
② 감소하였다.
③ 변하지 않았다.
④ 증가하였는지 감소하였는지 알 수 없다.

53.
온도가 상승했으므로 증가한다.

54 공기 1kgf를 정적변화 밑에서 40℃에서 120℃까지 가열하고, 다음에 정압변화 밑에서 120℃에서 220℃까지 가열한다면, 전체 가열에 요한 열량은?
(단, C_p=1.004kJ/kg℃, C_v=0.72kJ/kg℃이다.)

① 158 kJ/kgf
② 182 kJ/kgf
③ 194 kJ/kgf
④ 200 kJ/kgf

54. $Q = mC_V \Delta T + mC_P \Delta T$
$= 1 \times 0.72 \times 80 + 1 \times 1.004 \times 100$
$= 158 \, kJ/kg$

55 산소를 이상기체로 보면 가스정수는 얼마인가?

① 150 $J/kg_m \cdot k$
② 260 $J/kg_m \cdot k$
③ 320 $J/kg_m \cdot k$
④ 420 $J/kg_m \cdot k$

55. $R = \dfrac{\overline{R}}{M} = \dfrac{8312}{32}$
$= 259.75 \, J/kg_m \cdot k$

정답 52 ② 53 ① 54 ① 55 ②

56 다음 중 이상기체의 상태방정식이 가장 정확히 적용될 수 있는 경우는?

① 높은 온도, 높은 압력
② 높은 온도, 낮은 압력
③ 낮은 온도, 높은 압력
④ 낮은 온도, 낮은 압력

56.
이상기체 상태방정식은 온도 높고 압력 낮을시 성립

57 이상적 냉동 사이클에서 응축기 온도가 40℃, 증발기 온도가 -10℃이면, 성적계수는 얼마인가?

① 5.26
② 4.26
③ 2.65
④ 6.26

57. $\varepsilon_R = \dfrac{Q_저}{W} = \dfrac{T_저}{T_고 - T_저}$
$= \dfrac{263}{50} = 5.26$

58 다음 사항 중 틀린 것은?

① 냉동 사이클의 경우 저온 열원으로부터 흡수한 열량이 클수록 경제성이 높다고 할 수 있다.
② 1냉동톤은 0℃의 물 1톤을 1시간에 0℃의 얼음으로 만드는 냉동능력을 말한다.
③ 냉매에 관한 증기선도는 압력-엔탈피 선도를 이용하면 편리하다.
④ 냉동 사이클은 등엔탈피 과정을 포함한다.

58.
1RT는 1일 24시간 기준이다.

59 15℃인 공기 20kgf를 10kPa에서 30kPa까지 가역적으로 등온 압축을 할 경우 압축일은 약 몇 kJ인가?

① 1816
② -1816
③ 181.6
④ -181.6

59. $W = P_1 V_1 \ln \dfrac{V_2}{V_1}$
$= mRT_1 \ln \dfrac{P_2}{P_1}$
$= \times 20 \times 0.287 \times (15+273) \times \ln \dfrac{10}{30}$
$= -1816.14 \text{ kJ}$
압축일은 ⊖를 붙여 계산한다.

정답 56 ② 57 ① 58 ② 59 ①

60 카르노 사이클(carnot cycle)에 관한 사항 중 올바른 것은?
① 2개의 정온변화와 2개의 정적변화로 이루어진다.
② 2개의 정온변화와 2개의 단열변화로 이루어진다.
③ 2개의 정온변화와 1개의 정적변화로 이루어진다.
④ 2개의 정온변화와 2개의 정압변화로 이루어진다.

61 증기 엔탈피-엔트로피 선도(Mollier chart)에서 압력 1ata, 건도 0.9인 포화증기의 엔트로피 값은 압력 1ata, 건도 0.8인 포화증기의 엔트로피값보다 어떻게 되는가?
① 크다.   ② 작다.
③ 같다.   ④ 비교할 수 없다.

62 오토 사이클과 디젤 사이클에 있어서 최고 압력과 최고 온도가 동일하다면, 두 사이클의 압축비는?
① 디젤 사이클의 압축비가 크다.
② 오토 사이클의 압축비가 크다.
③ 두 사이클의 압축비는 같다.
④ 이 조건만으로는 비교할 수 없다.

63 단열지수, 폴리트로프지수가 각각 1.4, 1.3일 때 정적비열이 0.655kJ/kgk이면 이 가스의 폴리트로프 비열은 얼마인가?
① 0.034 kJ/kg℃   ② 0.049 kJ/kg℃
③ 0.2184 kJ/kg℃   ④ 0.028 kJ/kg℃

63. $C_n = \dfrac{n-k}{n-1} C_V$
$= \dfrac{1.3-1.4}{1.3-1} \times 0.655$
$= -0.2183$

정답   60 ②   61 ①   62 ①   63 ③

64 건포화 증기를 정적하에서 압력을 낮추면 건도는 어떻게 되는가?

① 증가한다.   ② 감소한다.
③ 불변이다.   ④ 증가할 수도 있다.

65 계(系)가 사이클을 이룰 때 사이클에 관련된 $\frac{\delta Q}{T}$ 의 적분은? (단, Q는 열량, T는 절대온도이다.)

① $\oint \frac{\delta Q}{T} \geq 0$ ② $\oint \frac{\delta Q}{T} \leq 0$
③ $\oint \frac{\delta Q}{T} = 0$ ④ $\oint \frac{\delta Q}{T} > 0$

65. Clasius 적분 $\oint \frac{\delta Q}{T} \leq 0$

66 다음 중 완전가스의 상태식을 적용하기에 가장 적절한 상태는?

① 100℃의 포화수증기
② 5기압, 200℃의 가열수증기
③ 임계상태의 포화수증기
④ 1기압 200℃, 상대습도 70%의 습공기 중의 수증기

66. 1기압 200°C상대습도 70%의 수증기는 과열증기 상태

67 공기 1kg을 정적과정으로 40℃에서 120℃까지 가열하고 다음에 정압과정으로 120℃에서 220℃까지 가열한다면 전체 가열에 필요한 열량은 다음 중 어느 것에 가장 가까운가? (단, C_p=1kJ/kg·k, C_v=0.71kJ/kgk)이다.)

① 156.8 kJ/kg   ② 151.0 kJ/kg
③ 127.8 kJ/kg   ④ 180.0 kJ/kg

67. $Q = mc_v \Delta T + mc_p \Delta T$
    $= 1 \times 0.71 \times 80 + 1 \times 1 \times 100$
    $= 156.8$ kJ

정답   64 ②   65 ②   66 ④   67 ①

68 노즐로 유체가 25m/s의 속도로 들어가서 400m/s의 속도로 분출된다. 열손실이 없다고 할 때 엔탈피 변화는 몇 kJ/kg로 되는가?

① 79.69 감소
② 159.38 감소
③ 79.69 증가
④ 159.38 증가

68. $\Delta h = \dfrac{V_2^2 - V_1^2}{2}$

$= \dfrac{400^2 - 25^2}{2} = 79.69 \text{kJ}$

69 산소 2kg과 질소 6kg으로 된 혼합기체의 정dkq비열은?
(단, 산소의 정압비열은 0.9216kJ/kg·k, 질소의 정압비열은 1.0416 kJ/kg·k이다.)

① 약 0.952 kJ/kg·k
② 약 0.240 kJ/kg·k
③ 약 0.937 kJ/kg·k
④ 약 1.012 kJ/kg·k

69. $c_p(m_1 + m_2)$
$= c_{p_{o_1}} m_1 + c_{pn_2} m_2$

$c_p = \dfrac{2 \times 0.9216 + 6 \times 1.0416}{2+6}$
$= 1.0116 \text{kJ/kg} \cdot \text{k}$

70 오토사이클(otoo cycle)의 이론열효율 η라 할 때 어떻게 표시되는가?

① $\eta = 1 - \left(\dfrac{1}{\varepsilon}\right)^{k-1}$
② $\eta = 1 - \varepsilon^{k-1}$
③ $\eta = 1 - (\varepsilon)$
④ $\eta = 1 - \varepsilon k$

70. $\eta = 1 - (\dfrac{1}{\varepsilon})k - 1$

71 압력 P_1 및 P_2 사이에서 $(P_1 > P_2)$ 작용하는 이상공기 냉동기의 성능계수는 얼마인가?
(단, P2/P1 = 0.5, k = 1.4이다.)

① 1.22
② 3.32
③ 4.57
④ 5.57

71.
$\varepsilon_R = \dfrac{T_2}{T_1 - T_2} = \dfrac{1}{\dfrac{T_1}{T_2} - 1}$

$= \dfrac{1}{(\dfrac{P_1}{P_2})^{\frac{k-1}{k}} - 1}$

$= \dfrac{1}{2^{\frac{0.4}{1.4}} - 1} = 4.565$

정답 68 ① 69 ④ 70 ① 71 ③

72 효율이 85%인 터빈에 들어갈 때의 증기의 엔탈피가 3390kJ/kg이고, 가역 단열과정에 의해 팽창할 경우에 출구에서의 엔탈피가 2135kJ/kg이 된다고 한다. 이 터빈의 실제 일은 몇 kJ/kg인가?

① 1476　　② 1255
③ 1067　　④ 906

72. $W = \eta(h_1 - h_2)$
　　$= 0.85 \times (3390 \times 2135)$
　　$= 1066.75 \, kJ/kg$

73 복합 사이클(sabathe cycle)의 이론열효율 $\eta = 1 - (\frac{1}{\varepsilon})^{k-1} \frac{\sigma^k \rho - 1}{(\rho - 1) + k\rho(\sigma - 1)}$ 이다. 어떠할 때 디젤 사이클의 이론 열효율과 일치하는가?
(단, ε=압축비, ρ=압력비, σ=연료단절비, k=비열비이다.)

① ρ=1　　② k=1
③ ε=1　　④ σ=1

73. $\eta_{디젤} = 1 - (\frac{1}{\varepsilon})^{k-1}$
　　$\frac{\sigma^k - 1}{k(\sigma - 1)}$

74 1kg의 물을 정압하에서 가열할 때의 상태변화를 나타내는 P-V 선도는 다음 그림과 같다. 이 그림에서 포화수를 나타내는 점은?

① C점
② E점
③ A점
④ B점

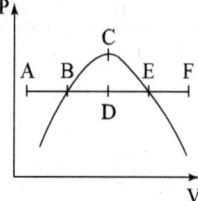

정답　72 ③　73 ①　74 ④

75 다음은 이론 공기 사이클인 오토 사이클(ηtho), 디젤 사이클(ηthd), 사바테 사이클(ηths)을 비교하여 설명한 것이다. 이 중 맞지 않는 것은?

① 오토 사이클에 있어서 공급열량에는 관계없이 압축비의 증가만으로써 효율 (ηtho)은 높아진다.
② 디젤 사이클에 있어서는 압축비의 증가와 더불어 효율 (ηthd)은 높아지나 반대로 차단 비의 증가와 더불어 효율 (ηtho)은 감소함으로 공급 열량에 관계된다.
③ 사바테 사이클에 있어서 압축비 및 압력비의 증가와 더불어 효율 (ηths)은 높아진다.
④ 공급열량 및 최대 압력이 일정할 때 각 효율의 크기는 $\eta tho < \eta thd < \eta ths$이다.

75. $\eta_d > \eta_s > \eta_0$

76 점함수(point function)란 무엇을 말하는가?

① 일과 같은 것을 말한다.
② 열과 같은 것을 말한다.
③ 계의 상태량을 말한다.
④ 상태 변화의 경로(path)에 관계되는 것을 말한다.

77 T-S 선도에서의 면적은 무엇을 나타내는가?

① 엔탈피　　　　② 엔트로피
③ 일량　　　　　④ 열량

정답　75 ④　76 ④　77 ④

78 어떤 증기 터빈에 0.4kg/s로 증기가 공급되어 260kW의 출력을 낸다. 입구의 증기 엔탈피 및 속도는 각각 h_1 =3000kJ/kg v_1=720m/s, 출구의 증기 엔탈피 및 속도는 각각 h_2=2500 kJ/kg v_2=120 m/s이면 이 터빈의 열량변화는 몇 kW가 되는가?

① 15.9 kW ② 40.8 kW
③ 20.0 kW ④ 78.2 kW

78. $_1Q_2 = (U_2 - U_1) + \Delta PV$
$\quad + \frac{1}{2}m(V_2^2 - V_1^2) + {_1W_2}$
$= m(h_2 - h_1) + \frac{1}{2}m(V_2^2 - V_1^2)$
$\quad + {_1W_2}$
$= 0.4 \times (2500 - 3000) + \frac{1}{2} \times 0.4$
$\quad \times (120^2 - 720^2) \times 10^{-3} + 260$
$= 40.8 \text{kW 감소}$

79 완전히 단열된 밀실에서 냉장고를 계속 가동시키고 있다. 만일 냉장고의 문이 열려있고 밀실내에서 이상적인 교반이 이루어진다고 한다. 시간당 2kW의 전력을 냉장고가 소모한다고 한다. 다음 중 옳은 것은?

① 밀실내의 온도는 일정하게 유지된다.
② 밀실내의 온도는 올라간다.
③ 밀실내의 온도는 내려간다.
④ 온도가 올라갔다 내려갔다 한다.

79. 체계의 ΔS는 비가역과정이므로 증가한다.

80 가역 냉동기의 능력이 100RT이고, +15℃ −15℃ 사이에서 작동하고 있다. 이 냉동기가 10℃의 물로부터 얼음을 24시간 만들어 내고 있을 때 성능계수는 얼마인가?

① 11.30 ② 12.30
③ 8.6   ④ 14.40

80. 가역냉동기이므로
$\varepsilon = \frac{T_2}{T_1 - T_2} = \frac{273 - 15}{15 + 15}$
$= 8.6$

정답 78 ② 79 ② 80 ③

81 무게 1kg의 강구를 50m 높이에서 낙하시킬 때 운동에너지는 전부 강구의 온도를 높여준다고 할 때 강구의 온도상승은 얼마인가? (단, 강구의 비열은 0.42kJ/kg°C이다.)

① 0.585°C ② 0.854°C
③ 8.54°C   ④ 1.17°C

81.
$mgh = mc\Delta T \quad \Delta T = \dfrac{gh}{c}$

$= \dfrac{9.8 \times 50}{0.42 \times 10^3} = 1.17°C$

82 물 10kg을 1기압 하에서 20℃로부터 60℃까지 가열할 때 엔트로피의 증가량은?
(단, 물의 정압 비열은 4.18kJ/kg·k이다.)

① 9.78kJ/k   ② 5.35kJ/k
③ 8.32kJ/k   ④ 41.8kJ/k

82. $\Delta S = mc_P \ln \dfrac{T_2}{T_1}$

$= 10 \times 4.18 \times \ln \dfrac{(333)}{(293)}$

$= 5.35 \, kJ/k$

83 단열상태를 유지하는 노즐에서 저속으로 입구에 들어오는 수증기의 엔탈피는 700kJ/kg이고 출구에서의 엔탈피는 491kJ/kg이다. 출구에서 수증기의 속도는 얼마인가?

① 14m/sec   ② 206m/sec
③ 457m/sec   ④ 647m/sec

83.
$V_2 = \sqrt{2\Delta h} = \sqrt{2 \times 209 \times 10^3}$
$= 646.5 \, m/s$

84 프레온 12를 냉매로 하는 표준 냉동 사이클에서 증발온도 −15℃, 응축온도 30℃이고, 포화액체의 엔탈피 $h' = 427$ kJ/kg, 포화증기의 엔탈피 $h'' = 482$ kJ/kg이라면, 성능계수는?

① 4.23   ② 5.73
③ 6.47   ④ 3.86

84.
$\varepsilon_R = \dfrac{(273-15)}{(273+30)-(273-15)}$
$= 5.73$

정답 81 ④ 82 ② 83 ④ 84 ②

85 다음은 냉동톤(ton of refrigeration)에 대한 사항을 열거한 것이다. 이중 틀린 것은?

① 1냉동톤은 0℃의 물 1ton을 1일간(24시간)에 0℃ 얼음으로 냉동시키는 능력으로 정의한다.
② 1냉동톤은 3.86 kW이다.
③ 표준 냉동톤은 32°F의 얼음 1ton(2200lb)을 24시간에 32°F 의 물로 용해시키는데 요하는 열량을 말한다.
④ 1냉동톤은 3320kJ/h이다.

86 0℃의 물 50g과 100℃의 물 20g이 대기압하에서 혼합될 때 엔트로피의 변화량은? (단, 물의 비열은 4.2kJ/kg·k이다.)

① 0.00498 kJ/k 증가
② 0.00425 kJ/k 증가
③ 0.003 kJ/k 증가
④ 0.00923 kJ/k 증가

87 엔탈피 126 kJ/kg인 물을 보일러에서 가열하여 엔탈피 2952kJ/kg인 증기 G=10ton/h를 만들고, 이것을 증기터빈에 송입하였더니 출구엔탈피가 2583kJ/kg이었다. 이 경우 보일러에서의 가열량을 구하면 그 값은?
(단, 보일러에서는 정압가열이면 터빈에서는 단열팽창이다.)

① 7850kW   ② 6742kW
③ 640kW   ④ 570kW

88 습증기를 가역단열압축하면 건도는 어떻게 변하는가?

① 감소 또는 증가   ② 감소
③ 증가   ④ 불변

86. $50 \times 10^{-3} \times 4.2 \times (t-0)$
$= 20 \times 10^{-3} \times 4.2 \times (100-t)$
$t = 28.57℃$
$\Delta S_1 = m_1 c \ln \frac{T_2}{T_1} = 50 \times 10^{-3}$
$\times 4.18 \times \ln \frac{301.57}{273}$
$= 0.0208 \text{ kJ/k}$
$\Delta S_2 = m_2 c \ln \frac{T_2}{T_1}$
$= 20 \times 10^{-3} \times 4.18 \times \ln \frac{301.57}{373}$
$= -0.0177 \text{ kJ/k}$
$\Delta S_{*t} = \Delta S_1 + \Delta S_2$
$= 0.0031 \text{ kJ/k}$

87.
$P = m(h_2 - h_1)$
$= 10 \times 10^3 \times \frac{1}{3600} \times (2952 - 126)$
$= 7850 \text{kJ/s} = 7850 \text{kW}$

정답 85 ④ 86 ③ 87 ① 88 ①

89 1kg의 공기가 압력 36kPa, 체적 $0.3m^2$의 상태에서 정압 팽창하여 체적이 $0.6m^3$로 되었다면, 이때 공기가 한 일은 얼마인가?

① 98 kN·m ② 10.8 kN·m
③ 1187 kN·m ④ 12.8 kN·m

89. $W = P(V_2 - V_1)$
$= 36 \times 10^3 \times (0.6 - 0.3)$
$= 10.8 \text{kN} \cdot \text{m}$

90 대기압 상태에서 1kg의 공기를 27℃에서 177℃까지 가열하는데 변화하는 공기의 엔트로피의 변화량은?
(단, 공기의 정압비열은 1.004kJ/kg℃k이다.)

① 0.4kJ/k ② 0.45kJ/k
③ 3.6kJ/k ④ 36kJ/k

90. $\Delta S = mc_P \ln \dfrac{T_2}{T_1}$
$= 1 \times 1.004 \times \ln \dfrac{450}{300}$
$= 1 \times 1.004 \times 0.405$
$= 0.407 \text{ kJ/k}$

91 압축된 이상기체 용기와 동일 부피의 진공용기를 밸브로 연결시켰다. 온도가 평형이 되었을 때 밸브를 열어 팽창시킨다. 팽창 후에도 온도의 변화가 없었다면 내부 에너지는 어떻게 되겠는가?

① 변화가 없다.
② 2배로 증가한다.
③ $\dfrac{1}{2}$로 감소한다.
④ 증가하니 그 양을 계산하기에는 자료가 불충분하다.

91. 내부에너지는 온도만의 함수

92 압력 일정하에서 -50℃의 수소가스 체적은 10℃일 때의 몇 배인가?

① 0.859 ② 0.823
③ 0.788 ④ 0.762

92. $\dfrac{V_2}{V_1} = \dfrac{T_2}{T_1} = \dfrac{223}{283} = 0.788$

정답 89 ② 90 ① 91 ① 92 ③

93 증기를 가역 단열과정을 거쳐 팽창시키면 증기의 엔트로피는?

① 증가한다.
② 감소한다.
③ 변하지 않는다.
④ 경우에 따라 증가도 하고, 감소도 한다.

93.
가역단열과정에서 엔트로피는 불변

94 분자량 40인 알곤 70kg을 15℃에서 용적 $5m^3$의 탱크속에 넣으려면, 압력이 얼마이어야 되겠는가? (kPa)

① 8.38   ② 83.8
③ 837   ④ 8378

94.
$$PV = m\frac{\overline{R}}{M}T$$
$$P = \frac{m\overline{R}T}{VM}$$
$$= \frac{70 \times 8312 \times (15+273)}{5 \times 40} \times 10^{-3}$$
$$= 837 kPa$$

95 10mol의 탄소(C)를 완전연소 시키는데 필요한 최소산소량은 몇 mol인가?

① 5   ② 15
③ 10   ④ 20

95. $C + O_2 = CO_2$

96 다음 중 랭킨 사이클(rankine cycle)에 관한 사항으로 부적당한 것은?

① 복수기의 압력이 낮아지면 방출열량이 적어진다.
② 복수기의 압력이 낮아지면 열효율이 증가한다.
③ 터빈의 배가 온도를 낮추면 터빈 효율이 증가한다.
④ 터빈의 배기 온도를 낮추면 터빈 날개가 부식한다.

정답   93 ③   94 ③   95 ③   96 ③

97 랭킨 사이클에서 보일러 압력과 온도가 일정하고 복수기 압력이 낮을수록 어떤 현상이 발생하겠는가?

① 열효율이 증가한다.
② 터빈 효율이 증가한다.
③ 열효율이 감소한다.
④ 터빈 출구의 증기의 건도가 높아진다.

98 카르노(carnot) 사이클에서 열이 방출되는 과정은?

① 등온팽창
② 단열팽창
③ 등온압축
④ 단열압축

99 오토 사이클에 있어서 압축비의 값을 6에서 8로 올리면 그 이론 열효율은 약 몇 %증가하는가?
(단, 비열비 k=1.4이다.)

① 10%   ② 8%
③ 6%   ④ 4%

99. $\eta = 1 - (\frac{1}{\varepsilon})^{k-1}$

$\frac{\eta_{\varepsilon=8}}{\eta_{\varepsilon=6}} = \frac{1-(\frac{1}{8})^{0.4}}{1-(\frac{1}{6})^{0.4}} = \frac{0.56}{0.51}$

$\frac{0.56-0.51}{0.51} \times 100 = 9.8\%$

100 기체의 경우 압력이 0에 가까워지면 $Z = \frac{PV}{RT}$의 값은 어떻게 되는가?

① 1에 가까워진다.
② 0에 가까워진다.
③ ∞의 값에 갖는다.
④ 온도 T에 따라 값이 달라진다.

정답 97 ① 98 ③ 99 ① 100 ①

101 80kPa인 압력을 일정하게 유지하면서 0.6m³의 공기가 팽창하여 그 체적이 2배가 되었다면 외부에 대한 일량은?

① 38000N·m
② 48000N·m
③ 42000N·m
④ 36000N·m

101. $W = P(V_2 - V_1)$
$= 80 \times 10^3 \times (1.2 - 0.6)$
$= 48000 \text{N} \cdot \text{m}$

102 산화 탄소(CO)를 공기 중에서 연소할 때 과잉 공기의 양이 많을수록 평행 연소생성물 중에는 어떤 현상이 일어나게 되는가?

① 일산화탄소(CO)의 양이 감소한다.
② 이산화탄소(CO_2)의 양이 감소한다.
③ 일산화탄소(CO)와 이산화탄소(CO_2)의 양이 증가한다.
④ 이산화탄소(CO_2)의 양은 감소하고, 일산화탄소(CO)의 양은 증가한다.

102. 공기양이 많을수록 CO는 감소하고 CO_2는 증가한다.

103 10℃에서 160℃까지의 공기의 평균 정적 비열은 0.73kJ/k이다. 이 온도 범위에서 공기 3kg의 내부에너지의 변하는 몇 kJ/kg인가?

① 105.6
② 109.5
③ 115.7
④ 119.8

103. $\triangle U = mC_v \triangle T$
$= 3 \times 0.73 \times 150$
$= 328.5 \text{kJ/k}$
$\triangle u = 109.5 \text{kJ/kg}$

정답 101 ② 102 ① 103 ②

104 $S+O_2 \rightarrow SO_2$에서 반응물은?
① S나 O2 또는 SO_2중의 하나를 말한다.
② S나 O2를 말한다.
③ S나 O2 및 SO_2를 통틀어 말한다.
④ SO_2를 말한다.

105 축소확대 노즐에서 노즐 안을 포화증기가 가역 단열과정으로 흐른다. 유동중 엔탈피의 감소는 426kJ/kg이고, 입구에서의 속도 W_1은 무시할 정도로 작다면 노즐의 출구 속도 W_2는 몇 m/sec인가?
① 46.4 ② 49.0
③ 678.5 ④ 923

105.
$V_2 = \sqrt{2\Delta h} = \sqrt{2 \times 426 \times 10^3}$
$\quad = 923 \text{m/s}$

106 다음 그림은 임의의 냉동 사이클이다. Q_1은 냉매가 고열원 방출하는 열량, Q_2는 냉매가 흡수하는 열량이라 할 때 성적계수 COP는? (단, W = 공급 에너지이다.)

106. $COP = \dfrac{Q_2}{Q_1 - Q_2}$

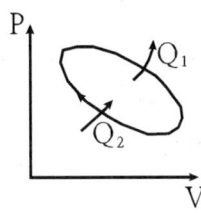

① $COP = \dfrac{Q_1 - Q_2}{Q_1}$ ② $COP = \dfrac{W}{Q_2}$
③ $COP = Q_2 W$ ④ $COP = \dfrac{Q_2}{Q_1 - Q_2}$

정답 104 ② 105 ④ 106 ④

107 일정 압력하에서 0℃의 물에 540kJ/kg의 열을 가하여 압력이 8kPa인 증기의 건조도는?
(단, 8kPa의 h'=171.35 kJ/kg, h''=660.8kJ/kg이다.)

① 약 0.753
② 약 0.558
③ 약 0.952
④ 약 0.884

107. $h = h' - (h'' - h')$
$x = \dfrac{h - h'}{h - h'}$
$= \dfrac{540 - 171.35}{660.8 - 171.35}$
$= 0.753$

108 임계압력이 0℃에서 760mmHg인 때의 공기의 임계속도는 약 몇 m/s인가?

① 323
② 331
③ 329
④ 647

108. $V = \sqrt{kRT}$
$= \sqrt{1.4 \times 287 \times (0 + 273)}$
$= 331$ m/s

109 30℃에서 상대습도가 70%로 알려져 있다. 이에 해당하는 노점온도는? 다음의 포화증기 표를 사용하여 가장 가까운 온도를 찾으시오.

온도(℃)	20	22	24	26	28	30
포화압력(mmHg)	17.5	19.8	22.4	25.2	28.3	31.8

① 22℃
② 24℃
③ 26℃
④ 28℃

109. $0.7 = \dfrac{P}{31.8} P$
$= 22.26$ mmHg

정답 107 ① 108 ② 109 ②

110 압력 600kPa의 물의 포화온도는 274℃, 건포화 증기의 비체적은 $0.033m^3/kg_m$이다. 이 압력하에서 건포화증기의상태로부터 75℃만큼 과열되면, 비체적은 $0.043m^3/kg_f$가 된다. 과열의열량은 몇 kJ/kg인가?
(단, 이때 평균 정압비열은 3.4kJ/kg·k로 한다.)
① 255　　　　　　② 227
③ 194　　　　　　④ 150

110.
$Q_P = mc_P \Delta T$
$\quad\ = 1 \times 3.4 \times 75$
$\quad\ = 225 \text{kJ/kg} \cdot \text{k}$

111 포화수가 갖는 열량에서 액체열은?
① 포화수가 갖는 엔탈피와 같다.
② 포화수가 갖는 내부에너지보다 크다.
③ 포화수의 엔탈피보다 작다.
④ 잠열량과 같다.

정답　110 ①　111 ①

PART 04 기계유체역학

SECTION 01 유체의 정의와 기본성질
SECTION 02 유체정역학
SECTION 03 유체운동학
SECTION 04 역적-운동량의 원리
SECTION 05 실제유체의 흐름
SECTION 06 관로유동
SECTION 07 개수로유동
SECTION 08 차원해석과 상사법칙
SECTION 09 항력과 양력
SECTION 10 압축성 유체의 흐름
SECTION 11 유체의 계측
　　　　　　연습문제

SECTION 01 유체의 정의와 기본성질

01 유체의 정의

물질은 유체(fluid)와 고체(solid)로 구분하며 유체는 액상(liquid)과 기상(gas)로 구분되나 보통 액상을 액체, 기상을 기체라고도 한다. 유체역학에서는 마찰력(전단력)으로 발생되는 물질입자의 상대변위의 크기와 흐름으로 고체와 유체를 분류한다. 즉, 고체는 마찰력(전단력)이 작용하면 비교적 작은 변형을 한 후 물질 내부의 응력(전단응력)이 외력과 평형을 이룬 상태에서 정지하지만 유체는 아무리 작은 전단력이라도 작용하면 변형을 일으키며 마찰력이 없어지지 않는 한 계속해서 변형한다(흐름발생). 따라서 유체의 정의는 다음과 같다.

> 아무리 작은 마찰력(전단력)이라도 존재하면 연속적으로 변형하는 물질이다.

02 유체의 분류

(1) 압축성에 따른 분류

압축성 유체(compressible fluid)

유체에 힘이나 압력이 가해졌을 때 밀도, 비체적 등의 성질의 변화를 쉽게 일으키는 유체 (예: 기체, 고속의 강제흐름)

비압축성 유체(incompressible fluid)

유체에 힘이 가해졌을 때 밀도, 비체적 등의 성질의 변화를 무시할 수 있는 유체
 (예: 상온의 액체, 저속의 자유흐름)

☞ 물의 밀도가 $102\,[kg_f s^2/m^4]$, $1000\,[kg_m/m^3]$ 또는 비중량이 $1000\,[kg_f/m^3]$, $9800\,[N/m^3]$이라는 것은 상수이므로 비압축성이라는 것이고 압력이나 힘에 따라 값이 변하면 압축성 유체라고 생각하면 편리하다.

(2) 점성에 따른 분류

▊▊▊ 비점성 유체
마찰의 원인인 점성이 없는 유체(예 이상유체)
이상유체 : 점성이 없는 비압축성 유체로서 실제로는 존재하지 않는 유체

▊▊▊ 점성 유체
점성이 있는 유체로서 뉴톤유체와 비뉴톤유체로 구분한다. 뉴톤유체는 점성이 일정한 유체를 말하며 비뉴톤유체는 점성이 일정하지 않은 유체이다.

☞ 이상유체와 이상기체는 성질상 전혀 다르므로 혼동하면 안 된다.
  이상기체는 다음에 언급하기로 한다.

03 점성(Viscosity)

유체입자와 입자사이 혹은 유체와 고체면 사이에 상대운동이 생길 때 이 상대 운동을 방해하는 마찰력 즉, 상대운동을 유발하는 외력에 저항하는 전단력이 생기게 하는 성질을 점성이라고 한다. 점성은 인접한 유체층 사이에 상대운동이 존재할 때 분자간의 응집력과 분자의 운동에 기인하는데 액체의 경우는 분자간의 응집력, 기체의 경우는 분자의 운동, 즉 운동에너지가 주된 원인이 된다. 따라서 액체는 온도가 상승하면 점성이 감소하는 경향이 있으나 기체는 온도와 더불어 점성이 증가한다.

(1) Newton의 점성법칙

그림 1·1에서 두 평행한 평판 사이에 점성유체가 있을 때 이동평판에 수평력 F를 작용하여 속도 u로 운동시키면 힘 F는 이동평판의 면적 A와 이동평판의 속도 u에 비례하고 두 평판 사이의 수직거리 Δy에 반비례한다는 사실이 실험에 의하여 입증되었다.

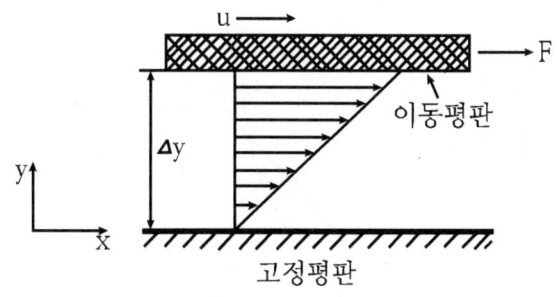

[그림 1.1 newton의 점성법칙]

$$F \propto A \cdot \frac{u}{\Delta y}$$

식은 다음과 같이 쓸 수 있다.

$$\frac{F}{A} \propto \frac{u}{\Delta y}$$

$$\tau = \frac{F}{A} = \mu \frac{u}{\Delta y}$$

μ : 절대점성계수(absolute viscosity)

τ : 벽에서의 수직거리의 전단응력

$\dfrac{u}{\Delta y}$: 속도구배 또는 각 변형속도

즉, Newton의 점성법칙은 유체 내에서 발생하는 전단응력은 점성계수(μ)에 비례하며 유체의 속도구배(각 변형속도)에 비례한다. 또한 뉴턴 유체는 이 관계를 만족하며 점성계수가 상수인 유체이다. 뉴턴 유체를 그림으로 표시하면 그림 1·2와 같다. 그러나 그림 1-2는 Δy가 극히 작을 시에 성립하며 실제 유체에서는 구배가 있음을 실험을 통해 알 수 있다.

$$\tau = \mu \cdot \left(\frac{du}{dy}\right)$$

$\tau : h = y$인 지점의 전단응력

$\left(\dfrac{du}{dy}\right) : h = y$인 지점에서의 속두구배

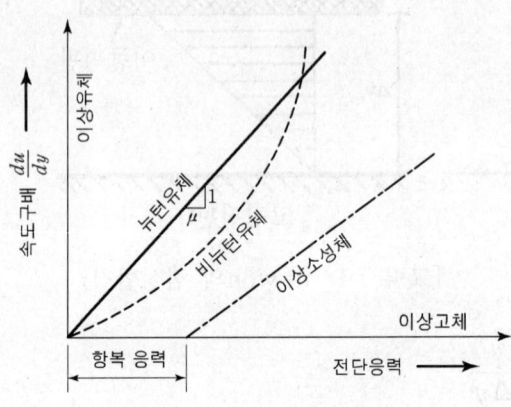

[그림 1.2 유체의 종류]

(2) 점성계수(Absolute viscosity)의 차원과 단위

뉴턴의 점성법칙에서 점성계수 μ는

$$\mu = \frac{\tau}{(du/dy)}$$

따라서, 점성계의 차원은 다음과 같다.

▮▮ FLT계 차원

$$\mu = \frac{[\text{FL}^{-2}]}{[\text{LT}^{-1}]/[\text{L}]} = [\text{FL}^{-2}\text{T}]$$

▌▌▌ MLT계 차원

$$\mu = \frac{[ML^{-1}T^{-2}]}{[LT^{-1}]/[L]} = [ML^{-1}T^{-1}]$$

▌▌▌ 점성계수의 단위

$[kg_f \cdot sec/m^2]$, $[N \cdot sec/m^2]$, $[dyne \cdot sec/cm^2]$, $[lb_f \cdot sec/ft^2]$

$[kg/m \cdot sec]$, $[g/cm \cdot sec]$

이들 단위의 관계는 다음과 같다.

$1[P] = 1[poise] = 1[dyne \cdot sec/cm^2] = 1[g/cm \cdot sec] = 100[cp]$

$1[kg_f \cdot sec/m^2] \fallingdotseq 98[poise]$

$1[N \cdot sec/m^2] \fallingdotseq 10[poise] = 1[kg/m \cdot sec]$

$1[lb_f \cdot sec/ft^2] \fallingdotseq 479[poise]$

정리하면

$1[kg_f s/m^2] = 9.8[Ns/m^2] = 98[dyne \cdot s/cm^2] = 98P = 9800cp$

(3) 동점성계수(Kinematic viscosity), [ν]

점성계수를 그 유체의 밀도로 나눈 값의 차원은 운동학적 차원을 가지므로 동점성계수라고 한다.

$$\nu = \frac{\mu}{\rho}$$

▌▌▌ 동점성계수의 차원

$$\nu = \frac{[ML^{-1}T^{-1}]}{[ML^{-3}]} = [L^2 T^{-1}]$$

질량이나 힘의 차원이 없이 길이의 차원과 시간의 차원이 조합된 유도차원이므로 FLT계나 MLT계 차원이 모두 $[L^2T^{-1}]$로서 같다.

▮▮ 동점성계수의 단위

$[m^2/sec]$, $[ft^2/sec]$, $[cm^2/sec]$

이들 단위 사이의 관계는 다음과 같다.

$1[m^2/sec] = 1\,[R](Reynold) = 10^4\,[stokes]$

$1[cm^2/sec] = 1\,[stokes] = 100\,[cst]$

$1[ft^2/sec] = 929[stokes]$

정리하면

$1[m^2/s] = 10^4\,[cm^2/s] = 10^4\,[stokes](st) = 10^6\,[cst]$

EX 01

무게가 $3000[\text{kg}_f]$이고 체적이 $5[\text{m}^3]$일 때 유체의 밀도, 비중량, 비체적, 비중을 중력단위계와 절대단위계로 각각 구하여라.

해설 :

중력단위계

$$비중량(\gamma) = \frac{G}{V} = \frac{3000}{5} = 600[\text{kg}_f/\text{m}^3]$$

$$밀도(\rho) = \frac{r}{g} = \frac{600}{9.8} = 61.224[\text{kg}_f \text{S}^2/\text{m}^4]$$

$$비체적(v) = \frac{1}{r} = \frac{1}{600} = 1.67 \times 10^{-3}[\text{m}^3/\text{kg}_f]$$

$$비중(s) = \frac{r}{r_w = \frac{600}{1000} = 0.6}$$

절대단위계

$$밀도(\rho) = \frac{m}{v} = \frac{3000}{5} = 600[\text{kg}_m/\text{m}^3]$$

비중량

$$(\gamma) = \rho g = 600 \times 9.8 = 5880[\text{N}/\text{m}^3] = 5880[\text{kg}_m/\text{m}^2 \text{S}^2]$$

$$비체적(v) = \frac{1}{\rho} = \frac{1}{600} = 1.67 \times 10^{-3}[\text{m}^3/\text{kg}_m]$$

$$비중(s) = \frac{\rho}{\rho_w = \frac{600}{1000} = 0.6}$$

주 : 중력이 작용시 $1[\text{kg}_m]$는 $1[\text{kg}_f]$이다.

04 Newton 유체와 비 Newton 유체

(1) Newton 유체

Newton의 점성법칙에 만족하며 점성계수가 압력의 영향은 무시하며 속도구배와는 무관하다. 즉, 상수로서 취급되는 유체이다. 실험에 의하면 모든 기체와 분자량이 작은 대부분의 액체는 뉴턴 유체로 가정하여도 무방하다.

(2) 비 Newton 유체

Newton의 점성법칙을 만족하지 않는 유체로서 점성특성에 따라 여러 가지가 있으나 대표적인 것은 다음과 같다.

이상소성 유체(Ideal plastic)

$$\tau = (\mu + \eta)\frac{du}{dy}$$

Bingham 유체라고 하며 전단응력이 항복응력전단응력보다 작을 때는 강체과 같이 변형하지 않으나 전단응력이 크면 Newton 유체와 같이 유동하는 유체이며 η는 와점성계수(eddy viscosity)로서 난류의 정도와 유체 밀도에 의하는 함수이다. (ex : 기름, 페인트, 치약 등)

EX 01

평형한 두 평판사이의 간격이 18[mm]이고, 16[poise]인 유체가 가득차 있다. 아래평판을 고정시키고 윗평판을 6[m/sec]의 속도로 이동시킬 때 평판에 발생하는 전단응력은 몇 [hPa]인가?

해설:

$16[\text{poise}] = 1.6[\text{NS}/m^2]$

$\tau = \mu \dfrac{du}{dy} = 1.6 \times \dfrac{6}{18 \times 10^{-3}} = 533.3 = 5.33[\text{hPa}]$

EX 02

그림과 같이 평판사이가 100[mm]인 틈새 속에 두께를 무시할 수 있는 얇은 평판이 놓여있다. 평판의 점성계수는 μ인 유체가 있을 때 이판을 수평으로 5[m/sec]의 속도로 움직이는데 100[N]의 힘이 필요하면 점성계수는 몇 [N·sec/m²]인가? (단, 면적은 1[m²]이다.)

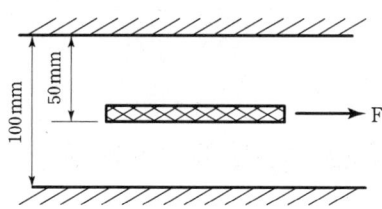

해설:
윗면에 작용하는 힘 (F_1)

$\tau = \mu \dfrac{du}{dy} = \dfrac{F_1}{A}$

$F_1 = \mu A \dfrac{du}{dy} = \mu \times 1 \dfrac{5}{50 \times 10^{-3}} = 100\mu$

아래면에 작용하는 힘과 윗면의 작용하는 힘은 같으므로

$F = 2F_1 = 2 \times 100\mu = 200\mu$

$\therefore \mu = \dfrac{F}{200} = \dfrac{100}{200} = 0.5[\text{NS}/m^2]$

EX 03 점성계수가 $0.25[kg/m \cdot s]$인 유체가 지면과 수평으로 놓인 평판 위를 흐른다. 평판근방의 속도 분포가 $u = 5.0 - 100(0.3-y)^2$일 때 평판에서의 전단응력은? (단, $y[m]$는 평판면에 수직 방향의 좌표이고, $u[m/s]$는 평판 금방에서 유체가 흐르는 방향의 속도이다.)

해 설:
$$u = 5.0 - 100(0.3-y)^2$$
$$= 5.0 - 100(0.3^2 - 2 \times 0.3y + y^2)$$
$$\tau = \mu \frac{du}{dy}\bigg)_{y=0}$$
$$= 0.25(100 \times 2 \times 0.3)$$
$$= 15 Pa$$

05 유체의 탄성과 압축성

유체는 외부에서 압력을 받으면 압축되고 탄성영역의 압축과정에서 유체에 가해진 에너지는 탄성에너지로 유체내부에 저장된다. 이 탄성에너지는 외부의 압력을 제거하면 가역과정으로 가정시 유체를 완전히 압축하기 전의 상태로 되돌아가게 한다. 가역과정이란 열적 평형을 유지하며 이루어지는 과정으로 계나 주위에 영향을 주거나 아무런 변화도 남기지 않고 이루어진다. 다시 말해 역과정으로 원상태로 되돌려 질수 있는 과정을 말한다. 즉, 모든 유체는 압력이 작용하면 압축이 되는데 고체와 같은 형상에 의한 강성의 탄성계수를 갖지 않으므로 유체에서는 체적을 기준으로 하는 체적 탄성계수를 사용한다.

(1) 압축율(Compressibility)

체적탄성계수의 역수로 정의된다.
그림 1-3에서

$$\beta = -\frac{dv}{v} \cdot \frac{1}{dp} = \frac{d\rho}{\rho} \cdot \frac{1}{dp}$$

v : 기체의 체적(압력 p일 때)

p : 압력

dv : 압력의 변화 dp에 따른 체적변화

dp : 압력의 변화

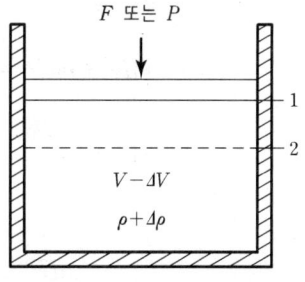

[그림 1.3 체적탄성계수]

여기서 - 부호는 압력이 증가하면 체적이 감소한다는 것을 의미하며 압축율을 계산한 값은 항상 + 값이 된다. 압축율은 유체에 따라 크기가 다르며 압축율이 크다는 것은 압축하기가 쉽다는 것을 의미한다.

(2) 체적탄성계수(Bulk modulus of elasticity)

체적변형율에 대한 압력의 변화율을 말하며 다음 식으로 정의한다.

$$K = -\frac{dp}{dv/v} = \frac{dp}{d\rho/\rho} \quad \cdots\cdots (a)$$

식 (a)를 변형하면

$$dp = -K\frac{dv}{v} = K\frac{d\rho}{\rho} \quad \cdots\cdots (b)$$

식 (b)는 유체에 압력이 가해지면 가해진 압력과 체적변화율$\left(\varepsilon_v = \frac{dv}{v}\right)$은 비례하며 체적탄성계수는 비례상수가 된다는 것을 의미한다.

등온 변화

$$Pv = c$$

$$Pdv + vdP = 0$$

$$dP = \frac{-Pdv}{v}$$

$$K = -\frac{dP}{\frac{dv}{v}} = -\frac{\left(\frac{-Pdv}{v}\right)}{\frac{dv}{v}} = P$$

$$K = P$$

즉, 등온 변화과정일 때 유체의 체적탄성계수는 그 때의 절대압력과 같다.

단열 변화

$$Pv^k = c$$

$$Pkv^{k-1}dv + dPv^k = 0$$

$$dP = \frac{-Pkv^{k-1}dv}{v^k}$$

$$dP = \frac{-Pkdv}{v}$$

$$K = -\frac{dP}{\frac{dv}{v}} = -\frac{\left(\frac{-Pkdv}{v}\right)}{\frac{dv}{v}} = kP$$

$$K = kP$$

압력파의 전파속도

$$c = \sqrt{\frac{dp}{d\rho}} = \sqrt{\frac{d\rho}{\frac{d\rho}{\rho}\rho}} = \sqrt{\frac{K}{\rho}}$$

공기중에서의 밀도변화는 가역단열과정 ($s=c$)으로 가정할 수 있으므로

$$a = \sqrt{kp/\rho}$$

따라서 완전기체내에서의 음속은 상태방정식 ($pv=RT$)을 대입하여 다음과 같이 쓸 수 있다.

$$a = \sqrt{kRT}$$

R : 기체상수 $[J/kg_m K]$

T : 절대온도 $[°c+273]$

또는

$$a = \sqrt{kg\,RT}$$

R : 기체상수 $[kg_f \cdot m/kg_f \cdot K]$

Mach수

Mach수는 물체(유체)속도의 음속에 대한 비로서 무차원이다.

$$M = \frac{v}{c}$$

여기에서 v는 물체 혹은 유체의 속도이고, c는 음속, K는 체적탄성계수, ρ는 유체의 밀도이다. $M>1$는 초음속(supersonic velocity), $M=1$는 음속(sonic velocity), $M<1$는 아음속(subsonic velocity)이다. Mach수가 작은 값을 가지면 같은 u값에 대하여 K가 상대적으로 큰 값을 가지므로 유동은 비압축성유동을 한다. 일반적으로 Mach수가 다음과 같을 때 비압축성유동을 한다고 한다.

$$\frac{1}{2}M^2 \ll 1$$

06 표면장력과 모세관현상

(1) 표면장력(Surface tension)

대기 또는 물체와 접촉하는 액체에서 내부에 있는 분자들은 서로 인력을 작용하여 분자간에 힘의 평형을 이루지만 자유표면상에 있는 액체분자들은 한쪽에서만 분자인력을 받으므로 힘의 불평형이 생긴다. 이 불평형력을 액체분자들을 자유표면까지 가져오는데 한 일을 자유표면 에너지라하고 단위 면적당 자유표면에너지를 표면장력이라고 한다.

1) 내부초과압력

그림 1-4과 같이 곡률반경이 R_1, R_2인 2차곡면의 미소면적요소 $dx \cdot dy$를 생각하자. 2차곡면의 내부압력 P_1과 외부압력 P_0의 차에 의한 힘은 표면장력으로 인한 힘과 평형을 이루어야 한다. 즉, 면적요소에 수직방향으로 작용하는 힘의 평형방정식을 세우면

$$(P_1 - P_0) dx \cdot dy = 2\sigma \sin\alpha + 2\sigma\, dx \sin\beta$$

σ : 표면장력

그림 1·13에서 $\sin\alpha = \dfrac{dx/2}{R_1}$, $\sin\beta = \dfrac{dy/2}{R_2}$ 이므로 식은 다음과 같이 된다.

$$(P_1 - P_0) = \sigma \left(\dfrac{1}{R_1} + \dfrac{1}{R_2} \right)$$

이 $(P_1 - P_0)$를 내부초과압력이라고 하며 액면이 구면인 경우는 $R_1 = R_2 = R$이 되어

$$P_1 - P_0 = 2\dfrac{\sigma}{R}$$

액면이 원주면인 경우는 $R_1 = R$, $R_2 = \infty$가 되어

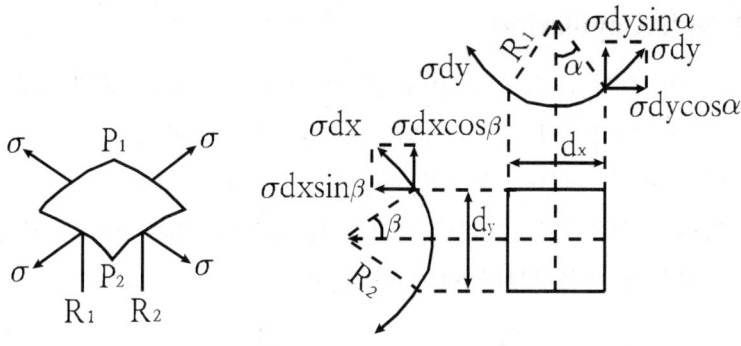

[그림 1.4 표면장력]

$$P_1 - P_0 = \frac{\sigma}{R}$$ 이 된다.

따라서 반지름이 작을수록 내부초과압력은 상승하게 되며 표면장력은 분자간의 응집력에 직접 의존하므로 온도가 상승함에 따라 감소하며 액체표면과 접촉하고 유체의 종류에 따라 다른 값을 갖는다.

2) **구면에서의 내부초과 압력**

$$A = 4\pi R^2, \ dA = 8\pi R dR$$

$$\sigma dA = \sigma \pi 8 R dR$$

$$\sigma dA = (P_1 - P_0) 4\pi R^2 dR$$

$$\sigma 8\pi R dR = \Delta P 4\pi R^2 dR$$

$$\Delta P = \frac{\sigma 8\pi R dR}{4\pi R^2 dR} = \frac{2\sigma}{R}$$

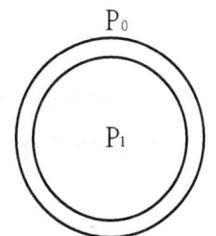

[그림 1.5 구면의 표면장력]

3) **단위**

표면장력의 단위는 표면장력의 정의에 의해서 단위면적당의 에너지 또는 단위 길이당의 힘으로 나타낸다.

$$\mathrm{kg_f/m} = \frac{\mathrm{kg_m \cdot m}}{\mathrm{S^2 \, m}} = \mathrm{kg_m/S^2}$$

$$[FL^{-1}] = [MT^{-2}]$$

(2) 모세관 현상(Capillarity)

그림 1-6와 같이 직경이 d인 가는 관을 물이나 수은 등과 같은 액체 속에 넣으면 응집력과 부착력의 작용에 의해 액면은 관의 벽면을 따라 상승하거나 하강하게 되는데 이러한 현상을 모세관현상이라고 한다. 액면이 상승하거나 하강하는 것은 응집력과 부착력의 크기에 따라 결정되는데 부착력이 응집력보다 크면 상승하고 응집력이 부착력보다 크면 하강한다.

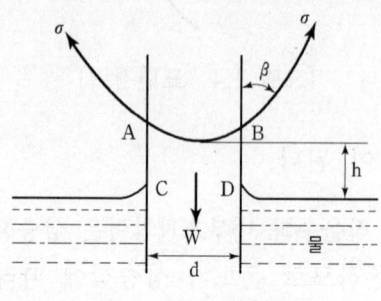

[그림 1.6 모세관 현상]

- 응집력[1] < 부착력[2] : 액면상승　　예: H_2O
- 응집력　 > 부착력 : 액면강하　　예: Hg

모세관현상으로 인한 액면의 상승(또는 하강)높이를 생각하여 보자. 그림 1-6에서 표면장력으로 인한 수직분력과 상승된 액체의 무게는 서로 평형을 유지하므로

$$F = \pi D \sigma \cos\theta = \frac{\pi}{4} D^2 \gamma h$$

$$H = \frac{4\sigma \cos\theta}{\gamma d}$$

　　σ : 표면장력
　　θ : 접촉각
　　γ : 유체의 비중량
　　D : 관의 직경

---

1) 같은 종류의 분자끼리 끌어당기는 인력
2) 서로 다른 분자끼리 끌어당기는 인력

유체의 접촉각 θ는 액체와 고체의 종류 및 서로 접하는 유체의 종류에 따라 다르며 H의 값이 [-]값이 되면 하강되는 것을 의미한다.

표 1-1는 유체의 접촉각을 나타낸다.

표 1-1 유체의 접촉각

고 체	액 체	표면유체	온 도	접 촉 각
유 리	수 은	공 기	실 온	139°
	수 은	물	실 온	41°
	물	오레인산	실 온	80°
철(Fe)	올리브유	공 기	실 온	27° 33′
	물	공 기	실 온	5° 10′
운 모	수 은	공 기	실 온	126°
	물	아밀알코올	실 온	0°
구리(Cu)	물	공 기	실 온	6° 41′
납(Pb)	물	공 기	실 온	2° 36′

EX 01 직경 2[mm]의 유리관이 접촉각 10°인 유체가 담긴 그릇 속에 세워져 있다. 유리와 액체 사이의 표면장력이 0.06[N/m], 유체밀도가 800[kg/m^3]일 때 액면으로부터의 모세관 액체의 높이는 몇 [mm]인가?

해 설 : 모세관 현상에 의한 상승높이

$$h = \frac{4\sigma \cos\beta}{rd}$$

$$= \frac{4 \times 0.06 \times \cos 10}{800 \times 9.8 \times 0.002}$$

$$= 0.015[m] = 15[mm]$$

07 증기압(Vaper Pressure)

모든 액체는 기체와 접촉하고 있을 때 그 접촉면을 통하여 증발하려고 하며 증발속도는 액체분자의 운동에너지에 의존한다. 즉 액체의 종류와 온도에 따라 다르다. 즉 증발을 하기 위해서는 압력이 그 액체의 포화증기압보다 낮아야 하는데 방법은 속도를 증가시켜 압력을 증기압 이하로 하거나 온도를 증가시켜 증기압을 증가시켜 상태의 증기압을 낮춰야 한다.

(1) 비등(Boiling)

격렬한 증발현상, 즉 액체질량 전체에서 증기기포가 형성되는 현상을 비등이라고 하며 온도를 높여서 증기압을 액체표면에 작용하는 압력 보다 높게 하든가 액체표면에 작용하는 압력을 그 온도에서의 증기압보다 낮게 함으로써 비등이 일어난다.

(2) 공동현상(Cavitation)

액체의 압력이 그 온도에서의 증기압보다 낮아질 때 국부적으로 비등 현상이 일어나서 많은 증기공동을 만드는 현상을 공동현상이라고 하며 액체의 압력이 증기압 보다 높아지면 공동이 없어지는 동시에 고온, 고압의 충격파를 발생시켜 소음, 진동, 재료의 피로, 부식의 원인이 된다.

▌▌▌ 비등이나 공동현상은 온도를 높이거나 압력을 낮추는 방법으로 발생하며 자연현상이므로 적절히 자유롭게 이용할 수 있어야 한다.

EX 01 지름이 50[mm]인 비누방울이 내부초과압력이 4.6[kPa]이다. 이때 비누방울의 표면장력은 얼마인가?

해 설 : $\Delta P = \dfrac{4\sigma}{d}$ 에서

$$\sigma = \dfrac{\Delta P \cdot d}{4} = \dfrac{4.6 \times 10^3 \times 50 \times 10^{-3}}{4} = 57.5\,[\text{N/m}]$$

EX 02 표면장력이 0.08[N/m]인 물방울의 내부압력이 외부압력보다 20[N/m²] 크게 되려면 물방울의 지름은 얼마인가?

해 설 : $\Delta P = \dfrac{4\sigma}{d}$ 에서

$$d = \dfrac{4\sigma}{d} = \dfrac{4 \times 0.08}{20} = 0.016\,[\text{m}] = 1.6\,[\text{cm}]$$

EX 03 직경이 2[mm]인 유리관 속을 상승하는 물의 높이는 몇 [mm]인가 (단, 표면장력은 7×10^{-2} [N/m]이고, 그때의 접촉각 (θ)는 2° 이다)?

해 설 : $H = \dfrac{4\sigma \cos\theta}{\gamma d} = \dfrac{4 \times 7 \times 10^{-2} \cos 2°}{9800 \times 2 \times 10^{-3}} = 0.01427 = 14.27\,[\text{mm}]$

SECTION 02 유체정역학

유체역학을 역학적으로 구분하면 유체 정역학(fluid statics)과 유체 동력학(fluid dyna- mics)으로 구분할 수 있는데 유체 정역학이란 유체요소사이에 상대운동이 없는 유체들을 다루는 학문이라고 하며, 이 경우는 점성이 고려되지 않으므로 마찰력이나 전단력이 존재하지 않는다. 따라서 유체가 면에 미치는 압력에 의한 힘은 면에 수직방향으로만 작용한다(정적상태). 유체 동력학은 상대운동에 있어서 마찰을 고려하는 유체, 즉 점성을 고려하는 유체(동적상태)로서 3장과 4장에서 언급한다.

01 압력

유체가 정지하고 있을 때 유체 속의 한 부분에 가상적인 입체를 가정하면 각각의 면에는 수직력이 작용한다. 이 때 면의 미소면적을 ΔA, 수직력, 즉 전압력을 ΔF라고 하면 압력은 다음 식으로 표시할 수 있다.

$$p = \lim_{\Delta A \to 0} \frac{\Delta F}{\Delta A} = \frac{dF}{dA}$$

전압력 F가 면에 균일하게 작용할 때 윗 식은 다음과 같이 된다.

$$p = \frac{F}{A}$$

(1) 정지유체 속에서의 압력의 성질

1) 임의의 한 점에 작용하는 압력의 크기는 모든 방향에서 같다

그림 2-1과 같이 정지유체 속에서 미소직각삼각기둥을 취하면 그 각각의 면에 작용하는 힘은 서로 평형을 유지할 것이다. 따라서 각 면에 작용하는 압력을 각각 P_1, P_2, P_3라고 하면 다음과 같은 평형방정식이 성립된다.

x방향 : $P_2 dy dz - P_s dz ds \sin\theta = 0$

y방향 : $P_1 dx dz - P_s dz ds \cos\theta = 0$

$dy = ds\sin\theta$, $dx = ds\cos\theta$ 이므로

$P_1 = P_2 = P_3$

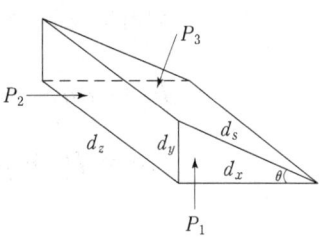

[그림 2.1]

2) 동일 수평면상의 임의의 두 점에 작용하는 압력의 크기는 같다

그림 2-2와 같이 정지유체 속에서 미소면적 dA인 수평 자유물체도를 생각하면 수평력의 평형조건에서

$P_1 dA = P_2 dA$

$\therefore P_1 = P_2$

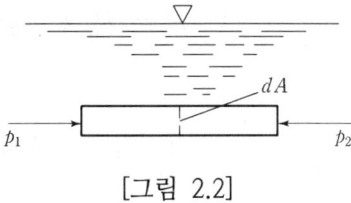

[그림 2.2]

3) 수직방향의 압력의 변화율은 유체비중량의 크기에 비례한다

중력만이 작용하는 정지유체 속의 한 점에 대한 압력과 길이의 관계를 생각하자. 그림 2-3과 같은 유체의 미소 원기둥을 생각하고 z축을 수직방향으로 놓으면 다음과 같은 힘의 평형방정식이 성립된다.

$PdA - \left(P + \dfrac{\partial P}{\partial Z}dZ\right)dA - \gamma dA \cdot dz = 0$

$\therefore \dfrac{dP}{dZ} = -\gamma$

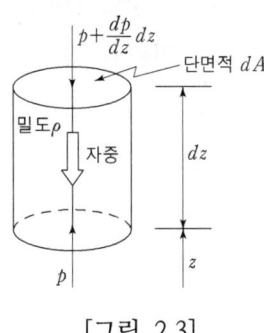

[그림 2.3]

위 식은 유체의 압력과 높이 z와의 관계를 나타내는 식이다. 정지유체 속에서의 압력을 취급할 경우는 온도를 일정하다고 하면 밀도 p가 일정하므로 위 식을 적분하면 다음과 같이 된다.

$$P = -\rho g \int dz + c = -\rho g z + c$$

여기서 c는 적분상수로서 그림 2-4에서 경계조건 $z=z_0$일 때 $P=P_a$를 생각하면

$$P_a = \rho g z_0 + c$$

$$\therefore c = P_a + \rho g z_0$$

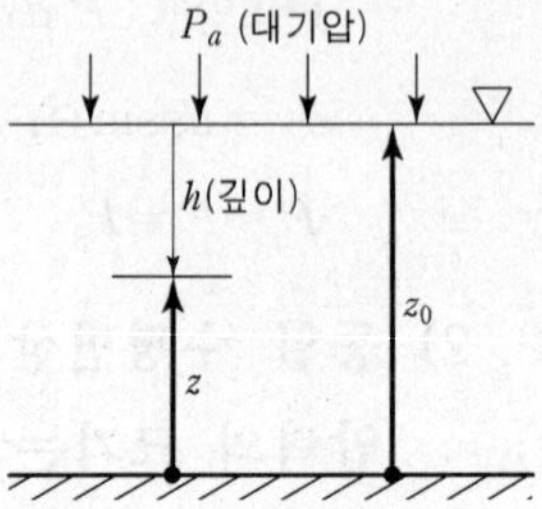

따라서 정지액체 속의 임의의 점에 대한 압력은

$$P = P_a + \rho g(z_0 - z) = P_a + \rho g h = P_a + \gamma h$$

[그림 2.4]

대기압, 즉 P_a를 기준으로 하여 압력을 측정하면

$$P = \rho g h = \gamma h$$

정지액체 속의 압력은 깊이만의 함수이고 용기의 형상이나 크기에는 무관하며 압력과 깊이는 서로 비례한다.

4) 밀폐된 용기 속에 있는 유체에 가한 압력이나 힘은 모든 방향에 같은 크기로 전달된다. - (Pascal 원리)

$$p_1 = p_2$$

$$\frac{F_1}{A_1} = \frac{F_2}{A_2}$$

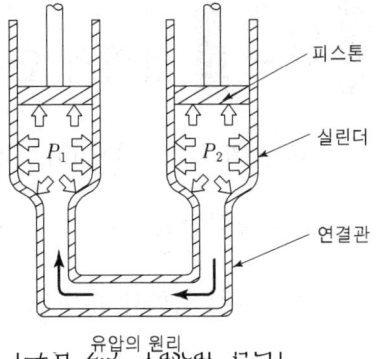

[그림 2.9] Pascal 원리

02 절대압력과 계기압력

압력의 크기는 완전진공을 기준으로 하는 절대압력(absolute pressure)과 대기압을 기준으로하는 계기압력(gage pressure)이 있다.

절대압력 = 대기압 + 계기압 = 대기압 - 진공압

03 압력의 단위

- SI 단위 : [Pa], [N/m], [bar]
- 미터중력단위 : $[kg_f/m^2]$
- 영국단위 : [PSI], $[lb/∈^2]$

표 2-1 압력의 단위

bar	kg/cm²(= at)	PSI	Hg(0[°C])		atm
			1[mmHg] = 1[Torr]	in Hg	
1	1.0197	14.5038	750.06	29.53	0.9869
0.9806	1	14.2234	735.56	28.96	0.9678
0.0689	0.0703	1	51.71	2.03	0.0680
0.00133	0.00136	0.0193	1	0.0394	0.00131
0.0338	0.0345	0.491	25.4	1	0.0334
1.01325	1.03323	14.696	760	29.92	1

$1\,[bar] = 10^5[Pa] = 10^6[dyne/cm^2]$

표준대기압

$$1\,[atm] = 760[mmHg] = 10.33\,[mAq]$$
$$= 101325\,[N/m^2] = 101.325[kPa]$$
$$= 1.03323\,[kg/cm^2]$$

공학기압

$$1[at] = 735.52[mmHg] = 98066.5\,[N/m^2]$$
$$= 98.0665[kPa]$$
$$= 1\,[kg_f/cm^2]$$

EX 01 어떤 용기 속의 계기압력이 $5[\text{kg}_f/\text{cm}^2]$일 때 절대압력을 다음의 단위로 각각 구하여라 ($[\text{kg}_f/\text{cm}^2]$, $[\text{mmHg}]$, $[\text{Pa}]$, $[\text{MPa}]$).
(단, 대기압은 $970[\text{hPa}]$이다.)

해설:

절대압력 = 대기압 + 계기압

$$970 \times 10^2 \frac{1.0332}{101.3 \times 10^3} + 5 = 5.989 \, [\text{kg/cm}^2]$$

$$970 \times 10^2 \frac{760}{101.3 \times 10^3} + 5 \frac{760}{1.0332} = 4405.63 \, [\text{mmHg}]$$

$$970 \times 10^2 + 5 \frac{101.3 \times 10^3}{1.0332} = 587319.46 \, [\text{Pa}]$$

$$587319.46 \, [\text{Pa}] = 0.587 \, [\text{MPa}]$$

EX 02 $2[\text{kW}]$는 몇 $[\text{PS}]$인가?

해설:

$$1\,[\text{kW}] = 1000\,[\text{J/S}] = 1000\,[\text{N} \cdot \text{m/s}]$$

$$= \frac{1000}{9.8}\,[\text{kg m/s}] = \frac{1000}{9.8 \times 15}[\text{PS}] \fallingdotseq 1.36\,[\text{PS}]$$

$$2\,[\text{kW}] = 1.36 \times 2 = 2.72\,[\text{PS}]$$

EX 03 $10^5[\text{Pa}]$(pascal)을 $[\text{kg/cm}^2]$, $[\text{mmHg}]$, $[\text{bar}]$로 각각 환산하여라.

해설:

$$10^5\,[\text{Pa}] \frac{1.0332}{101.3 \times 10^3[\text{Pa}]} = 1.02\,[\text{kg/cm}^2]$$

$$10^5\,[\text{Pa}] \frac{760}{101.3 \times 10^3[\text{Pa}]} = 750.25\,[\text{kg/cm}^2]$$

$$10^5\,[\text{Pa}] = 1\,[\text{bar}]$$

04 액주계

유체의 압력은 밀도를 알고있는 액체의 액주높이를 측정함으로써 알 수 있는데 이 방법을 이용한 압력계를 액주계라고 한다. 액주계에 사용하는 관은 모세관현상으로 인한 오차를 작게 하기 위하여 내경이 일정하고 직경 15[mm] 이하의 관을 사용하는 경우가 많다. 액주계 종류로는 피에조메타(piezometer)와 마노메타(manometer)와 시차액주계(differential manometer) 등이 있다.

(1) 기압계

$$p_0 = \gamma_{Hg} \cdot h + p_v$$

p_0 : 대기압

γ_{Hg} : 수은의 비중량

p_v : 수은의 절대압

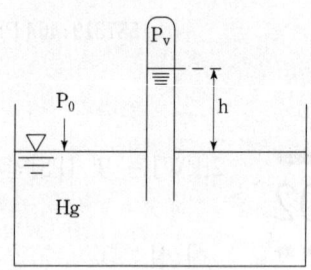

[그림 2.6]

(2) 피에조미터(Piezometer)

액주계의 액체가 압력을 측정하려고 하는 유체와 같은 경우(1종류의 유체)를 피에조미터라고 한다. 그림 2-7에서 A점과 B점의 절대압력은

$$p_A = p_0 + \gamma(h' - y) = p_0 + \gamma h$$
$$p_B = p_0 + \gamma h'$$

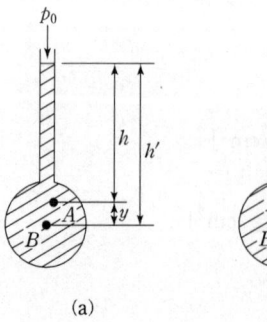 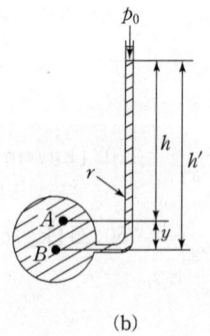 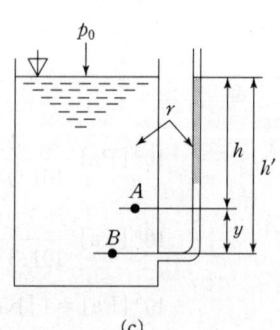

(a) (b) (c)

[그림 2.7]

(3) 마노미터(Manometer)

액주계의 액체가 압력을 측정하려고 하는 유체와 다른 경우(2종류 이상의 유체)를 마노미터라고 한다.

1) U자관 마노미터

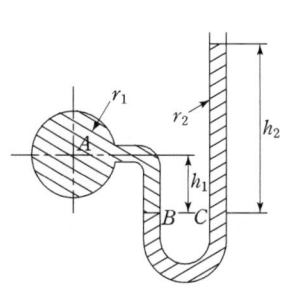
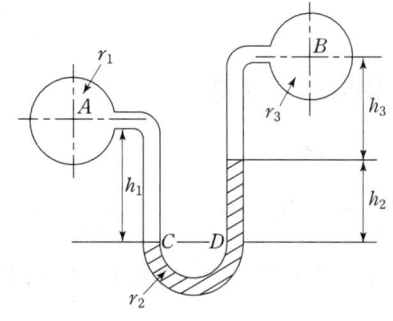

[그림 2.8 마노미터]　　　　[그림 2.9 U자관 차압계]

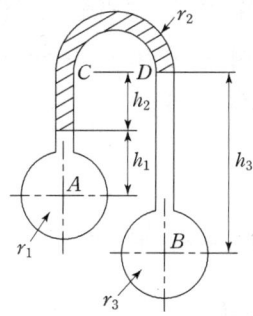

[그림 2.10 역 U자관 차압계]

$P_B = P_C$　　　　　　[∴ 정지유체이고 동일 수평면이므로]

$P_A + r\,h_1 = r_2\,h_2$

∴ $P_A = r_2 h_2 - r_1 h_1$

2) U자관 차압계

$$P_C = P_D$$
$$P_A + \gamma_1 h_1 = P_B + \gamma_2 h_2 + \gamma_3 h_3$$
$$P_A - P_B = \gamma_2 h_2 + \gamma_3 h_3 - \gamma_1 h_1$$

3) 역 U자관 차압계

$$P_C = P_D$$
$$P_A - r_1 h_1 - r_2 h_2 = P_B - \gamma_3 h_3$$
$$P_A - P_B = r_1 h_1 + r_2 h_2 - r_3 h_3$$

(4) 벤츄리 미터

벤츄리 관내의 직경차이에 의해 생기는 압력차를 시차액주계를 이용하여 구하는 계기이다. 그림 2-11에서는 C점과 D점에서의 압력은 같으므로 다음 그림의 $P_A - P_B$인 압력차를 구할 수 있다.

$$P_C = P_D$$
$$: P_A + \gamma(k+h) = P_B + \gamma k + \gamma_s h$$
$$P_A - P_B = (\gamma_s - \gamma)h$$

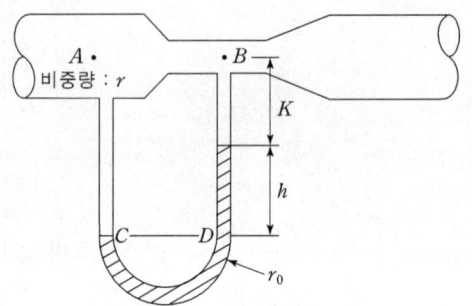

[그림 2.11 벤츄리 미터]

1) 미압계(Micro manometer)

그림 2-12와 같이 육안으로 측정이 불가능한 압력의 수두차를 미압계를 설치하여 미소한 압력차를 측정하는 계기이다.

$P_C = A_A = P_O$

$P_D = P_B + \gamma h = P_B + \gamma l \sin\theta \qquad \therefore h = l \sin\theta$

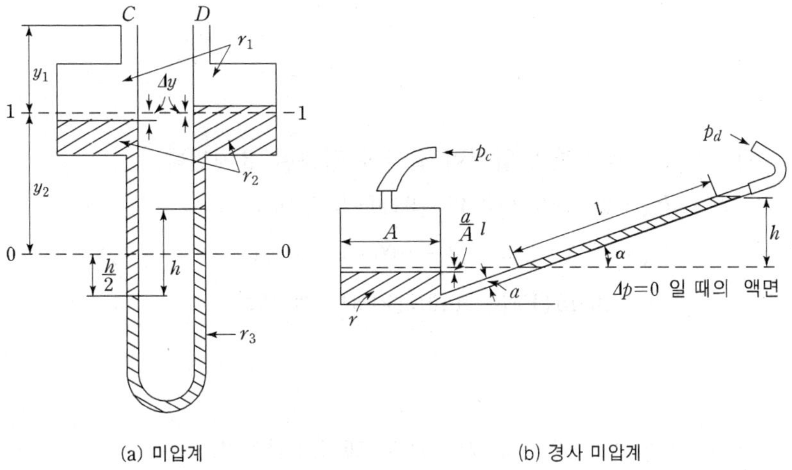

(a) 미압계   (b) 경사 미압계

[그림 2.12 미압계]

EX 01

그림과 같은 수직관 속에서의 게이지 압력(P_x)를 구하여라([kPa]).

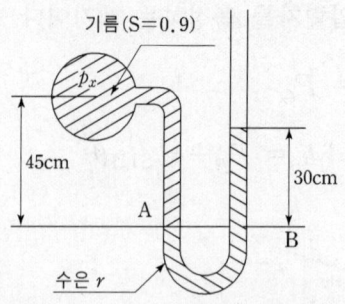

해 설 : A면과 B면의 압력이 같아야 평형이 유지된다.

$P_A + 9800 \times 0.9 \times 0.45 = 9800 \times 13.6 \times 0.3$

$P_A = 9800 \times 13.6 \times 0.3 - 9800 \times 0.9 \times 0.45$

$= 36015\,[Pa] = 36.015[kPa]$ (계기압)

EX 02

그림과 같은 차압계에서 $P_x - P_y$는 몇 [kPa]인가
(단, 수은의 비중은 13.6이다)

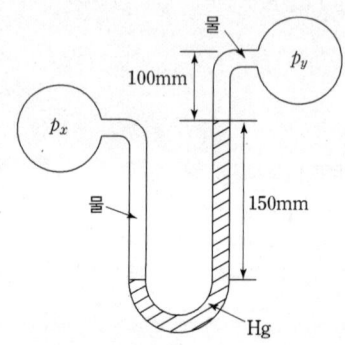

해 설 : $P_x + 9800 \times 0.15 = P_y + 9800 \times 0.1 + 9800 \times 13.6 \times 0.15$

$P_x - P_y = 9800 \times 0.1 + 9800 \times 13.6 \times 0.15 - 9800 \times 0.15$

$= 19502\,[Pa] = 19.5[kPa]$

EX 03 그림과 같은 피에죠메터(piezometer)의 A점의 절대 압력을 구하여라([bar]).
(단, P_0는 표준 대기압(980[hPa])이고, 액체는 비중 0.8인 기름이다.)

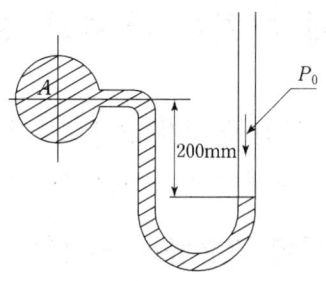

해 설 : $P_A + 9800 \times 0.8 \times 0.2 = 980 \times 10^2$

$P_A = 980 \times 10^2 - 9800 \times 0.2 = 96432 = 0.96\,[\text{bar}]$

EX 04 그림과 같은 역 U자관 마노미터에서 $P_x - P_y$는 몇 [kPa]인가?

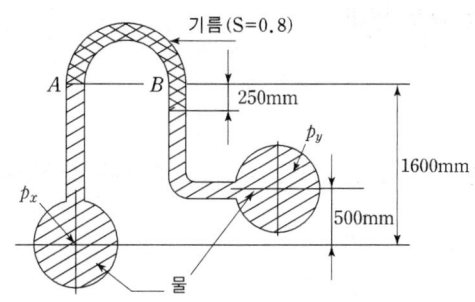

해 설 :

$P_x - 9,800 \times 1.6 = P_y - 9,800(1.6 - 0.5 - 0.25) - 9,800 \times 0.8 \times 0.25$

$P_x - P_y = 9,800 \times 1.6 - 9,800(1.6 - 0.5 - 0.25) - 9,800 \times 0.8 \times 0.25$

$= 5,390\,[\text{Pa}] = 5.39\,[\text{kPa}]$

05 평면에 미치는 유체의 전압력

전압력은 유체 속에 잠긴 물체가 유체로부터 받는 힘의 벡터 합으로서 크기와 방향을 갖는다. 그러므로 물체에 작용하는 전압력의 크기, 방향 작용점을 구한다.

(1) 수평면의 한쪽 면에 작용하는 전압력

그림 2-13에서 전압력 F는

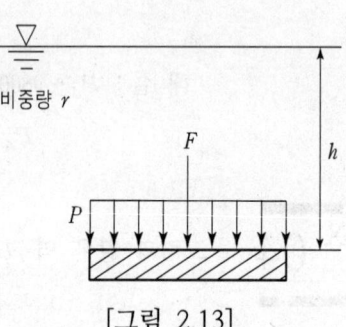

[그림 2.13]
수평면에 작용하는 전압력

■ 크기

$$F = PA = \gamma h_c A$$

A : 평면의 한쪽 면적

■ 작용점

면에 수직한 방향으로 압력프리즘의 중심이 작용점이다.

■ 깊이

물체중심에서 수면까지의 수직높이이다.

(2) 수직면에 작용하는 전압력

그림 2-14와 같이 수직면에 작용하는 전압력은 깊이의 차이가 발생하므로 위치에 따라 압력차가 발생한다. 그러므로 전압력을 구할 시에는 산술평균으로 구한다.

$$F = \int p\, dA = \frac{P_1 + P_2}{2} \cdot A = \gamma \frac{h_1 + h_2}{2} A = \gamma h_c A$$

h_p : 수평면에서 압력프리즘의 도심까지의 연직거리

$$h_p = h_c + \frac{I_G}{A h_c}$$

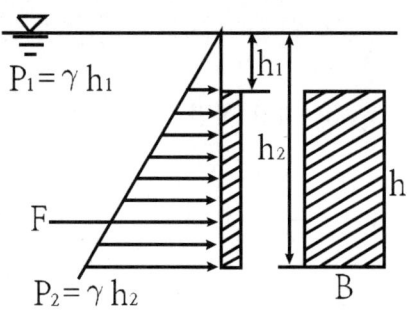

[그림 2.14 수직면에 작용하는 전압력]

(3) 경사진 평면의 한쪽 면에 작용하는 전압력

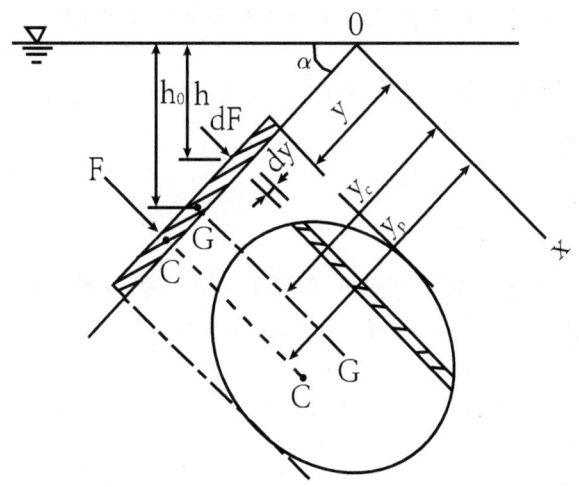

[그림 2.15 경사면에 작용하는 전압력]

그림 2-15에서

▮▮▮ 전압력의 크기

$$F = \int_A dF = \int_A \gamma y \sin\theta\, dA = \gamma \sin\theta \int_A y\, dA = \gamma \sin\theta\, \overline{y}\, A$$
$$= \gamma h_c A$$

γ : 유체의 비중량 ($\int_A y\, dA = \overline{y} A$: 단면 1차 모멘트)

▮▮▮ 작용방향

면에 수직한 방향이다.

작용점

작용점 P의 좌표를 (x_p, y_p)라고 하면

$$x_p = \frac{I_{Gx}}{Ax_c} + x_c$$

$$y_p = \frac{I_{Gy}}{Ay_c + y_c}$$

I_{Gx} : 도심점(중심)을 지나고 y축과 평행한 축에 관한 단면 2차 모멘트
I_{Gy} : 도심점(중심)을 지나고 x축과 평행한 축에 관한 단면 2차 모멘트

Varignon의 정리 : 어떤 축에 관한 분력의 모멘트의 합이 그 축에 관한 합력의 모멘트와 같다.

EX 01

그림과 같이 정사각형 평판이 수면과 수직으로 놓여 있을 때 평판 한쪽에 작용하는 전압력의 크기는 얼마인가? 또, 작용점은 도심보다 얼마 아래 있는가?

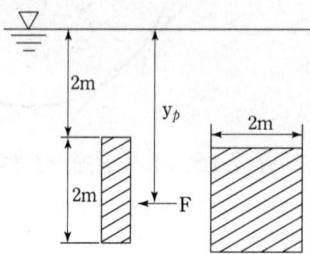

해설 :

$$F = \gamma h_c A = 9800 \times 3 \times 2 \times 2 = 117600 \, [\text{N}]$$

$$h_p - h_c = \frac{I_G}{Ah_c} = \frac{\frac{2 \times 2^3}{12}}{2 \times 2 \times 3} = 0.111 \, [\text{m}]$$

EX 02

그림과 같은 경사진 수문에 작용하는 전압력과 작용점을 구하여라.

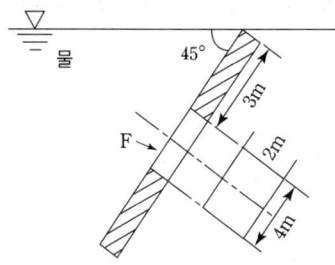

해 설 :

$$F = \gamma h_c A = 9800 \times (3+2)\sin 45° \times 2 \times 4 = 277185.8\,[\text{N}] \fallingdotseq 277.2\,[\text{kN}]$$

$$y_p = y_c + \frac{I_G}{Ay_c} = 3 + 2 + \frac{\frac{2 \times 4^3}{12}}{2 \times 4 \times (3+2)} = 5.267\,[\text{m}]$$

EX 03 그림과 같이 폭 1.2[m], 높이[m]의 수문이 수압에 의하여 열리지 못하도록 하기 위하여 수문의 하단 B에 받쳐 주어야 할 최소한의 힘 P는 몇 [kN] 정도인가?

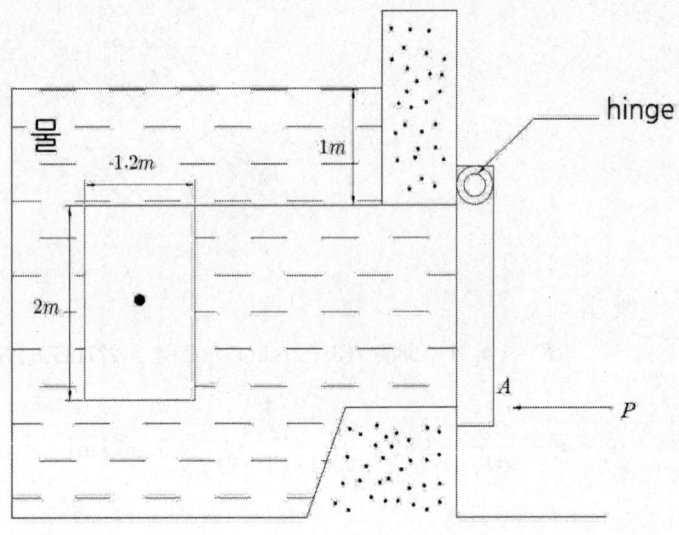

해 설: 전압력

$$F = \gamma h_c A = 9.8 \times 2 \times 1.2 \times 2$$
$$= 47.04 [kN]$$

$$h_p = h_c + \frac{I_c}{h_c A}$$

$$= 2 + \frac{1.2 \times 2^3}{2 \times 2 \times 1.2 \times 12} = 2.16$$

$$\therefore F \times (h_p - 1) = P \times 2$$

$$P = \frac{47.04 \times 1.16}{2} = 27.4 [kN]$$

06 곡면의 한쪽 면에 미치는 유체의 전압력

그림 2-16에서 곡면 A-B에 작용하는 전압력은 면에 수직으로 작용하기 때문에 벽에 작용하는 힘은 수평분력과 수직분력으로 분해하여 구한 다음에 이들을 합성함으로써 구할 수 있다.

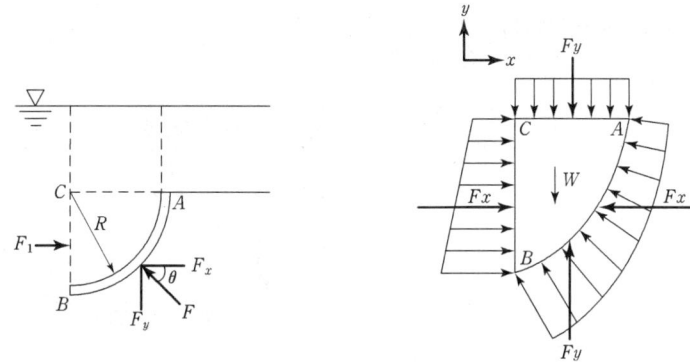

[그림 2.16 곡면에 작용하는 전압력]

(1) 수평분력

곡면을 수직평면에 투영시켰을 때 생기는 수평투영면적에 작용하는 전압력과 같다.

$$F_x = \gamma h_c A$$

h_c : 투상면적 중심에서 수면까지 수직깊이

A : 수평투영면적

(2) 수직분력

수평면 $A-C$에 작용하는 전압력의 크기와 ABC의 자중(W)의 합으로 나타낼 수 있다. 따라서 수직분력은 곡면 $A-B$의 연직상방향에 있는 유체의 무게와

같다는 것을 알 수 있다.

$$F = G = \gamma \cdot V$$

(3) 합성력

$$F = \sqrt{F_x^2 + F_y^2}$$

$$\theta = \tan^{-1} \frac{F_y}{F_x}$$

EX 01 다음 곡면($\widehat{AB}$)에 작용하는 전압력의 크기는 얼마인가?
(단, 폭은 4[m]이다)

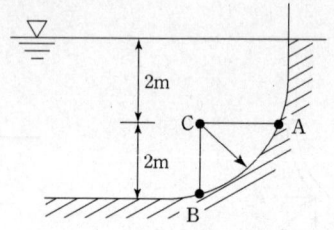

해 설 : 수평방향분력은 수평방향투상면적에 작용하는 힘과 같으므로

$$F_x = \gamma\, h_c A = \gamma \times 3 \times 2 \times 4 = 24\gamma$$

수직방향분력은 연직상방의 유체무게와 같다.

$$F_y = G = \left(\frac{\pi R^2}{4} + 2 \times 2\right) \times 4 \times \gamma = \left(\frac{\pi \times 2^2}{4} + 2 \times 2\right) \times 4 \times \gamma$$

$$= (\pi + 4) \times 4 \times \gamma = 28.75\gamma$$

$$F = \sqrt{F_x^2 + F_y^2} = \sqrt{(24\gamma)^2 + (28.57\gamma)^2} = 37.313\gamma$$

EX 02

그림과 같이 폭이 2[m]인 탱크에 물이 가득 차 있을 때 탱크의 바닥면과 AB면에 작용하는 전압력([kN])을 구하여라.

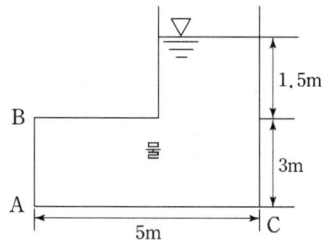

해 설 :

$F_{AC} = \gamma h_c A = 9800 \times 4.5 \times 5 \times 2 = 441000 = 441 \, [kN]$

$F_{AB} = \gamma h_c A = 9800 \times 3 \times 3 \times 2 = 176400 = 176.4 \, [kN]$

EX 03 그림과 같은 수문(ABC)에서 A점은 한지로 연결되어 있다. 수문을 그림과 같은 닫은 상태로 유지하기 위해 필요한 힘(F)은 몇 $[kN]$인가?

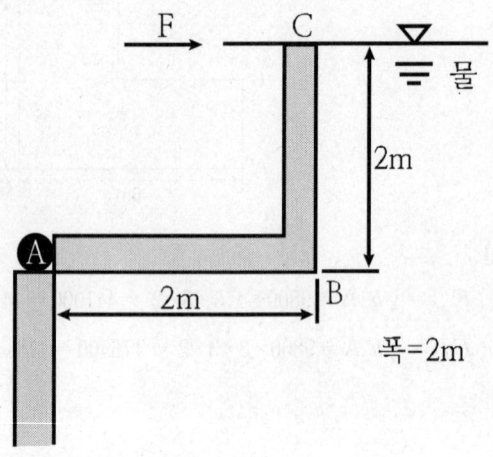

해설 :

$$F_{AB} = rh_c A$$
$$= 9800 \times 2 \times 2 \times 2 \times 10^{-3}$$
$$= 78.4 kN$$
$$F_{BC} = 9800 \times 1 \times 2 \times 2 \times 10^{-3}$$
$$= 39.2 kN$$

$\Sigma M = 0$에서

$$78.4 \times 1 + 39.2 \times \frac{2}{3} = F \cdot 2$$
$$F = 52.26 kN$$

07 부력(Buoyant force)

정지하고 있는 유체 속에 잠겨있거나 떠 있는 물체가 유체로부터 받는 전압력을 부력(Buoyant force)이라고 하며 아르키메데스의 원리에 의하면 유체 속에 있는 물체는 그 물체가 배제한 유체의 무게만큼 부력을 받아 그만큼 가벼워진다.

(1) 부력의 크기

그림 2-17과 같이 수면에 x축, 수면과 수직방향으로 y축을 취하고 그 속에 잠겨 있는 물체가 받는 부력을 생각하자. 물체에 수직방향으로 미소원통 dv를 취하면 물체의 윗 부분 dA_1에 작용하는 전압력은 $dF_1 = \gamma y_1 dA_1$이고 물체의 아랫부분 dA_2에 작용하는 전압력은 $dF_2 = \gamma y_2 dA_2$이다.

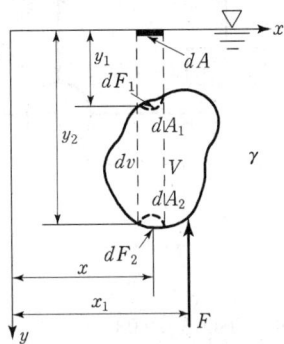

[그림 2.17 부력의 크기]

또 이들 힘의 수직방향 성분은 각각 다음과 같다.

$dF_1 = \gamma y_1 dA$

$dF_2 = \gamma y_2 dA$

따라서 물체의 윗 부분과 아랫부분이 받는 전압력차, 즉 부력은

$$F = \int_1 (dF_2 - dF_1) = \gamma \int_1 (y_2 - y_1) dA = \gamma V$$

V : 유체 속이 잠긴 물체의 체적
γ : 유체의 비중량

(2) 부력의 작용점

부력의 중심 또는 부심이라고도 하며 유체 속에 잠긴 물체에 의해 배제된 유체의 중심이 된다.

$$x_G = \frac{1}{V}\int x\,dV$$

(3) 부력의 작용방향

부심을 지나면서 연직 상방향으로 작용한다.

EX 01 부피가 $0.03[m^3]$인 구가 그림과 같이 반쪽이 물에 잠겨 있다. 이 때 구의 밀도는 몇 $[kg/m^3]$인가?

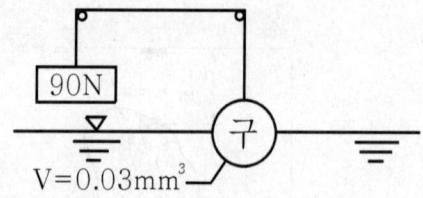

해 설 :

$$9800 \times \frac{0.03}{2} + 90 = 9800 S \times 0.03$$

$S = 0.806$

$\rho = 1000 S = 806$

EX 02 공기 중에서 무게가 900[N]인 돌이 물에 잠겨 있다. 물 속에서의 무게가 400[N]이라면, 이 돌의 체적과 비중은 각각 얼마인가?
(단, 물의 밀도는 1000[kg/m^3]이다.)
해 설 :

$$\text{부력} = \text{공기 속 무게} - \text{물 속 무게}$$
$$= 900 - 400 = 500[N]$$
$$= 9800 \times V$$
$$V = \frac{500}{9800} = 0.051[m^3]$$
$$r = \frac{w}{V} = \frac{900}{0.051} = 17640$$
$$s = \frac{r}{r_w} = \frac{17640}{9800} = 1.8$$

08 부양체의 안정

부양체는 부력에 의하여 액체에 떠 있는 물체로서 이 부양체가 평형상태에 있는 상태에서 약간의 변위를 가했을 때 원래의 위치로 되돌아오면 이 부양체는 안정 평형상태에 있다고 한다.

(1) 메타센터의 높이

그림 2-18에서 돌기부분의 증가에 의한 y축에 관한 모멘트를 구하면, 돌기부분의 미소체적 $x\theta dA$이고, 부력(F_B) = $\gamma x \theta dA$, y축에 관한 모멘트 $\gamma x \theta dA \cdot x$이므로 다음과 같이 표현할 수 있다.

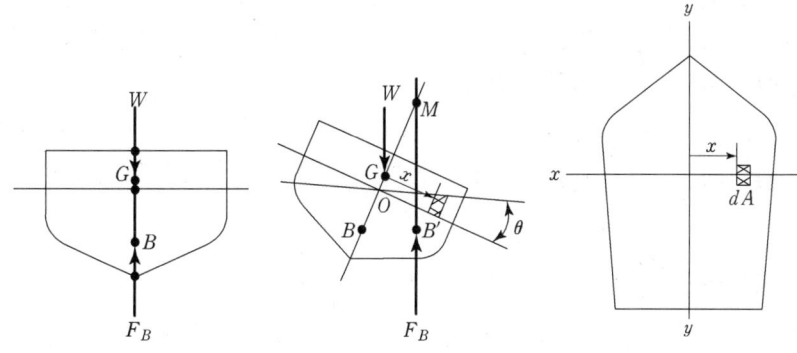

[그림 2.18 부양체의 안정]

- M(경심 : metacenter) : 부력 F_B의 작용선과 부양축 GB와의 교점
- G(무게중심), B(부력중심)
- 경심고(Matacentric height) : 무게중심(G)에서 경심(B)까지의 높이($\overline{GM}$)

$$\therefore \int_A \gamma x \theta dAx = \gamma \theta \int_A x^2 dA$$

여기에서 B점에 관한 모멘트를 생각하면 다음과 같이 표현된다.

$$F_B \cdot \overline{BB'} = \gamma \theta \int_A x^2 dA$$

부력(F_B)과 $\int_A x^2 dA$을 단면 2차 모멘트 I_y로 표현하여 정리하면 다음과 같다.

$$\gamma V \overline{MB} \cdot \theta = \gamma \theta I_y$$

따라서, 경심고의 높이는 다음과 같다.

$$\overline{MG} = \overline{MB} - \overline{GB} = \frac{I_y}{V} - \overline{GB}$$

(2) 부양체의 안정조건

위의 식에 의하여 부양체의 안전성을 고려하면 M(경심)이 무게중심의 위에 존재하여 경심고가 양의 값을 가져야 복원력이 있어서 안정화 됨을 알 수 있고 다음과 같다.

$$\overline{MG} > 0, \quad \frac{I_y}{V} > \overline{GB} \quad \text{안정}$$

$$\overline{MG} = 0, \quad \frac{I_y}{V} = \overline{GB} \quad \text{중립}$$

$$\overline{MG} < 0, \quad \frac{I_y}{V} < \overline{GB} \quad \text{불안정}$$

(3) 복원 모멘트

부양체가 안정상태에서 약간의 변형의 발생이 이것을 복원시켜주는 힘의 모멘트를 복원 모멘트라 한다.

$$T = W\overline{MG}\sin\theta \fallingdotseq W \cdot \overline{MG} \cdot \theta$$

EX 01 가로, 세로의 높이가 각각 7×5×3[m]인 상자의 무게가 50[kN]이다. 다음 물음에 답하여라.

① 상자를 물에 띄웠을 때 수면으로부터 가라앉는 깊이를 계산하여라.
② 상자를 완전히 물에 잠기게 하려면 몇 [N]의 물체를 상자에 올려놓아야 하는가?

해 설 :

① 부력은 물체가 배제한 유체의 무게이므로
$50 \times 10^3 = 9800 \times 7 \times 5 \times h$

$h = \dfrac{50 \times 10^3}{9800 \times 7 \times 5} = 0.1458\,[\text{m}]$

② 높이의 차는
$\Delta h = 3 - 09.1458 = 2.8542$

무게는 $G = 9800 \times 7 \times 5 \times 2.8542 = 9.79 \times 10^5\,[\text{N}]$

EX 02 어떤 금속의 무게가 공기 중에서 5[kN]이고, 물 속에서는 2.5[kN]이다. 다음 사항에 답하여라.

① 금속의 체적을 계산하여라.
② 금속의 비중을 구하여라.

해 설:

① $G = \gamma \cdot V + 2.5 \times 10^3$

$$V = \frac{(5-2.5) \times 10^3}{9800} = 0.255 \, [\text{m}^3]$$

② $S = \dfrac{G}{G_w} = \dfrac{5 \times 10^3}{9800 \times 0.255} = 2.267$

EX 03 비중이 0.9인 얼음 덩어리가 해수면 위로 나와있는 체적이 70 [m³]이다. 해수의 비중이 1.025일 때 빙산의 전체체적은 몇 [m³]인가?

해 설:

$$9800 \times 1.025 \times (V-70) = 9800 \times 0.9 \times V$$
$$1.025\,V - 1.025 \times 70 = 0.9\,V$$
$$V = \frac{1.025 \times 70}{1.025 - 0.9} = 574 \, [\text{m}^3]$$

09 정적상태유체

유체입자 사이에 상대속도가 없어서 전단응력이 발생하지 않는 운동을 하고 있는 유체를 정적상태 유체에 있다고 말하며 이 때 유체 내부의 압력분포는 정역학적으로 해석할 수 있다.

(1) 수평 등가속도를 받는 유체

그림 2-19와 같이 용기와 함께 수평등가속도 a_x를 받는 유체에 대해서 생각하자.

1) 수평방향의 압력변화

$$\sum F_x = ma_x$$

$$p_1 A - p_2 A = \rho l A a_x$$

$$\gamma(h_1 - h_2)A = \frac{\gamma}{g} l A a_x$$

$$\frac{h_1 - h_2}{l} = \frac{a_x}{g} = \tan\theta$$

$$\therefore \theta = \tan^{-1}\frac{a_x}{g}$$

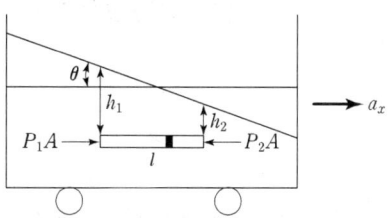

[그림 2.19]
수평 등가속도를 받는 유체

(2) 연직방향으로 등가속도를 받는 유체

그림 2-20과 같이 용기와 함께 등가속도 a_y를 받는 유체를 생각하자.

$$\sum F_y = ma_y$$

$$P_2 A - P_1 A - \gamma h A = \rho h A a_y$$

$$\Delta P = rh\left(1 + \frac{a}{g}\right)$$

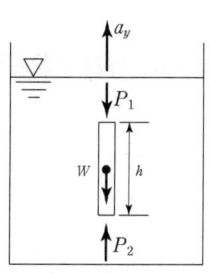

[그림 2.20]
수직 등가속도를 받는 유체

따라서 유체를 담은 용기가 자유낙하 ($a_y = -g$)할 경우는

$$P_2 - P_1 = 0$$

즉, 유체 내부에 압력변화는 없다.

(3) 등속원운동을 받고 있는 유체

그림 2·21과 같이 유체를 담은 용기가 각속도 ω로 회전하는 경우를 생각하자. 반지름 r인 방향에 대한 압력의 기울기

$$\frac{\partial P}{\partial r} = \rho r \omega^2$$

수직방향에 대한 압력의 기울기

$$\frac{\partial P}{\partial z} = -\rho g = -r$$

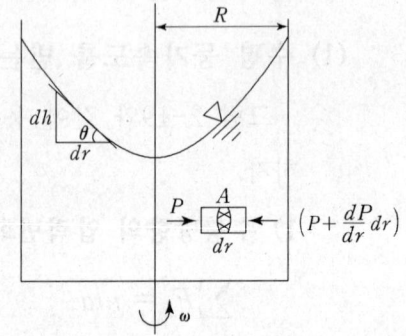

[그림 2.21]
등가속 회전운동을 하는 유체

따라서 등압면의 방정식은 다음과 같이 쓸 수 있다.

$$\frac{\partial P}{\partial r}dr + \frac{\partial P}{\partial z}dz = \rho r \omega^2 dr - \rho g dz = 0$$

등압면의 기울기는

$$\frac{\partial z}{\partial r} = \frac{r \omega^2}{g}$$

윗 식을 적분하여 $r = 0$, $z = z_0$를 대입하면

$$H = z - z_0 = \frac{r^2 \omega^2}{2g} = \frac{v^2}{2g}$$

EX 01 그림과 같은 물탱크에 물 1[m]을 채우고 수평방향으로의 가속도를 주었다면 수면과 수평과의 기울기는 얼마인가? 또한 폭이 4[m]라면 AB면에 작용하는 전압력은 몇 [kN]인가?

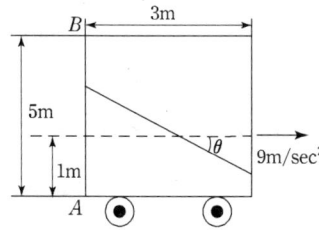

해 설 :

$$\tan\theta = \frac{a}{g} = \frac{H}{l}$$

$$\theta = \tan^{-1}\frac{a}{g} = \tan^{-1}\frac{9}{9.8} = 42.56°$$

$$H = l\tan\theta = 3\tan 42.56 = 2.755$$

AB면 수면의 높이는

$$1 + \frac{2.755}{2} = 2.378$$

$$\therefore F = \gamma h_c A = 9800 \times \frac{2.378}{2} \times 2.378 \times 4$$

$$= 110835.7\,[N] = 110.8\,[kN]$$

EX 02 지름이 35[cm]인 원통 속에 물을 넣고 60[rpm]으로 회전시킬 경우에 수면의 높이차는 얼마인가?

해 설 :

$$H = \frac{V^2}{2g} = \frac{1}{2 \times 9.8}\left(\frac{\pi \times 0.35 \times 60}{60}\right)^2 = 0.0617\,[m] = 6.17\,[cm]$$

EX 03

그림과 같이 물이 담겨진 두레박을 $7[m/sec^2]$의 가속도로 위로 끌어올릴 때 A점의 계기 압력은 얼마인가?

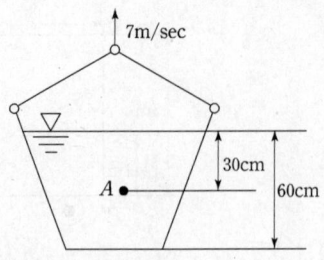

해 설:
$$\Delta P = \gamma h \left(1 + \frac{a}{g}\right) = 9800 \times 0.3 \times \left(1 + \frac{7}{9.8}\right) = 5040 \,[Pa]$$

EX 04

반경 $2[m]$인 실린더에 담겨진 물이 실린더의 중심축에 대하여 일정한 속도 60 $[rpm]$으로 회전하고 있다. 실린더에서 물이 넘쳐 흐르지 않을 경우 물의 중심점과 실린더 벽면 사이의 수면의 수직 최고거리는 몇 $[m]$인가?

해 설:
$$\Delta h = \frac{R^2 w^2}{2g}$$
$$= \frac{2^2}{2 \times 9.8} \times (\frac{2\pi 60}{60})^2$$
$$= 8.04 [m]$$

SECTION 03 유체운동학

01 유체유동

(1) 정상류와 비정상류

1) 정상류(Steady flow)

어느 한 점에서 시간에 대한 유동특성의 변화량이 없는 흐름을 정상류라고 하며 다음 조건을 만족한다.

$$\frac{\partial P}{\partial t}=0,\ \frac{\partial \rho}{\partial t}=0,\ \frac{\partial T}{\partial t}=0,\ \frac{\partial u}{\partial t}=0$$

$$P(t) = c,\ \rho(t) = c,\ T(t) = c,\ u(t) = c$$

2) 비정상류(Unsteady flow)

어느 한 점에서의 시간에 대한 유동특성이 변화하는 흐름을 비정상류라고 한다.

$$\frac{\partial P}{\partial t} \neq 0,\ \frac{\partial \rho}{\partial t} \neq 0,\ \frac{\partial T}{\partial t} \neq 0,\ \frac{\partial u}{\partial t} \neq 0$$

$$P(t) \neq c,\ \rho(t) \neq c,\ T(t) \neq c,\ u(t) \neq c$$

P: 압력, ρ: 밀도, T: 온도, u: 속도, t: 시간

(2) 등류와 변류

1) 등류(Uniform flow)

주어진 영역하에서 거리에 대한 속도의 변화량이 없는 경우의 흐름을 등류 또는 균속도 흐름이라고 하며 다음과 같이 표현한다.

$$\frac{\partial v}{\partial s}=0,\ v(s)=c$$

2) 비균속도 유동(Nonuniform flow)

한 유동장의 주어진 영역 하에서 거리에 대한 속도의 변화량이 있는 경우의 흐름을 비등류 또는 변류라고 하며 다음과 같이 표현한다.

$$\frac{\partial v}{\partial s} \neq 0, \; v(s) \neq c$$

정리하면 다음과 같다.

① 정상 균속도 유동 ·················· $\dfrac{\partial u}{\partial s} = 0, \; \dfrac{\partial u}{\partial t} = 0$

② 비정상 균속도 유동 ·················· $\dfrac{\partial u}{\partial s} = 0, \; \dfrac{\partial u}{\partial t} \neq 0$

③ 정상 비균속도 유동 ·················· $\dfrac{\partial u}{\partial s} \neq 0, \; \dfrac{\partial u}{\partial t} = 0$

④ 비정상 비균속도 유동 ·················· $\dfrac{\partial u}{\partial s} \neq 0, \; \dfrac{\partial u}{\partial t} \neq 0$

여기서 s는 거리의 좌표, t는 시간이다. 정상류와 비정상류를 구분하면 설명하기 가장 편리한 항이 속도이므로 속도로 표시하면 그림 3-1(a)처럼 1점에서의 속도가 5[m/s]이고 그 점에서의 속도가 5[m/s]이면 정상류이다. 그림 3-1(b)에서 1점에서의 속도가 5[m/s]이면 그 점에서는 속도가 빨라지므로 예를 들어 8[m/s]라고 하면 역시 정상류이다. 즉 정상류와 비정상류는 한 점에서 시간에 대한 변화량이므로 한 점에서 변화가 없이 일정하다면 정상류이다. 그러면 비정상류의 경우는 그림 3·1(c)에서 1점에서의 속도가 예를 들면 5+0.001t[m/s]이고 그 점에서의 속도로 5+0.001t[m/s]이면 이러한 흐름은 한 점에서 시간에 따라 변하므로 비정상류이다.

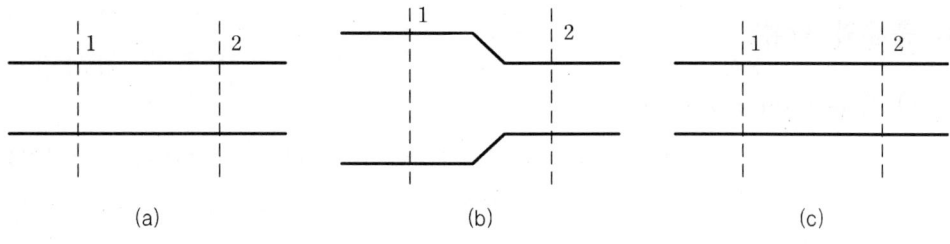

[그림 3.1 유체 유동(a)]

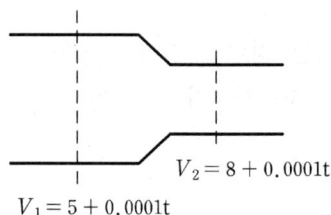

[그림 3.2 유체 유동(b)]

그러면 그림 3-1(a)는 그림 3-1(b)는 거리, 즉 두 점에서 속도의 변화이므로 그림 3-1(a)는 등속류(등류)라고 하며 그림 3-1(b)는 비등속류(비등류)라고 한다. 즉, 그림 3-1(a)는 정상류 등류이며, 그림 3-1(b)는 정상유 비등류이며, 그림 3-1(c)는 비정상 등류인 것이다.

그림 3-2와 같은 흐름은

비정상 $\left(\dfrac{\partial v}{\partial t} \neq 0\right)$

비등류 $\left(\dfrac{\partial v}{\partial s} \neq 0\right)$ 이다.

(3) 층류와 난류

1) 층류(Laminar flow)

유체가 그 분자의 응집을 풀고 유체입자들이 층상을 이루면서 미끄러지는 운동을 층류라고 하며 이웃하는 층 사이에 분자의 교환은 있으나 유체의 큰 입자가 서로 교환되지는 않는다. Newton유체가 층류로 흐를 때는 Newton의 점성법칙을 만족하며 이 흐름에서는 점성력이 난류에 비해 크게 작용한다.

2) 난류(Turbulent flow)

유체입자들이 불규칙한 경로를 따라 회전하면서 불규칙하게 흐르는 흐름을 난류라고 하며 유동속도가 불규칙하다. 난류에서의 점성법칙은 다음과 같이 표시된다.

$$\tau = (\mu + \eta)\frac{du}{dy}$$

η : 와점성계수(난류도와 유체밀도에 의해 결정되며 일반적으로 점성계수 보다 크다.)
u : 평균속도

3) 천이유동(Transition flow)

층류로부터 난류로 성장되는 유동상태를 말하며 이 유동은 층류와 난류의 중간상태 흐름이다.

02 1차원, 2차원, 3차원 유동

(1) 1차원 유동(One dimensional flow)

모든 유체의 특성(밀도, 압력, 온도, 속도 등)이 하나의 공간좌표(x좌표)와 시간의 함수로 표시될 수 있는 유동을 1차원 유동이라고 한다.

- 원관이나 임의 단면의 폐수로에서 모든 유체의 특성은 각 단면에서의 평균값으로 균일하게 분포되었다고 가정하는 경우의 흐름
- 중앙에서와 벽면에서의 속도가 같을 시는 평균값이므로 1차원 유동이다.

(2) 2차원 유동(Two dimensional flow)

모든 유체의 특성이 2개의 공간좌표(x, y좌표)와 시간의 함수로 표시될 수 있는 유동을 2차원 유동이라고 한다.

① 단면이 일정하고 길이가 무한히 긴 날개 주위의 유동
② 길이가 무한히 길고 단면이 일정한 댐(dam)위를 넘쳐 흐르는 흐름
③ 두 평행 평판사이의 점성유동

(3) 3차원 유동(Three dimensional flow)

모든 유체의 특성이 3개의 공간좌표(X, Y, Z 좌표)와 시간의 함수로 표시될 수 있는 유동을 3차원 유동이라고 한다.

① 관류입구 근방에서의 유동
② 유한한 길이를 갖는 날개의 끝점 부근의 유동
③ 원관 내의 점성유동

03 유선과 유적선

(1) 유선(Streamline)

유동장에서 어느 한 순간에 각 점에서의 속도방향과 접선방향이 일치하는 연속적인 가상곡선을 유선이라고 한다. 유선의 정의로부터 유선의 방정식은 다음과 같이 쓸 수 있다.

$$\vec{u} \times \vec{ds} = 0$$

$\vec{u}$: 속도벡터
$\vec{ds}$: 유선 방향의 미소변위벡터

또는

$$(u_x \vec{i} + u_y \vec{j} + u_z \vec{k}) \times (dx\vec{i} + dy\vec{j} + dz\vec{k}) = 0$$

즉, $\dfrac{dx}{u_x} = \dfrac{dy}{u_y} = \dfrac{dz}{u_z}$

(2) 유관(Stream tube)

유동장 속에서 폐곡선을 통과하는 유선들에 의해 형성되는 공간을 유관이라고 하며 유관은 유체가 지나는 관이므로 유선관이라고 하며 유관에 직각 방향의 유동성분은 없다.

(3) 유적선(Path line)

일정한 기간 내에 유체분자가 흘러간 경로 또는 자취를 유적선이라고 하며 정상류에서의 유선은 시간이 경과하더라도 변하지 않으며 유적선(path line)과 일치하고 비정상류에서는 유선의 모양이 시간이 경과함에 따라 변화한다. 정상류인 경우는 유선과 일치한다. 그러므로 비정상류에서는 유선과 유적선은 일치하지 않는다.

(4) 유맥선(Streak line)

유동장내의 어느 점을 통과하는 모든 유체가 어느 순간에 점유하는 위치, 즉 유체의 순간 체적을 나타내는 선을 유맥선이라고 한다.

04 연속 방정식(Continuity Equation)

(1) 질량보존의 법칙

흐르는 유체에 질량보존의 법칙을 적용하여 얻은 방정식을 연속 방정식이라고 한다.

(2) 1차원 정상류의 연속 방정식

그림 3-3에서 질량보존의 법칙을 적용하면 정상류이므로 단면 ①과 ②사이의 질량은 일정 하게 유지되어야 한다. 따라서 단위 시간에 단면 ①을 들어가는 질량과 단면 ②을 통해 나가는 질량은 다음과 같다($[kg_m/s]$).

$$\rho_1 A_1 V_1 = \rho_2 A_2 V_2$$

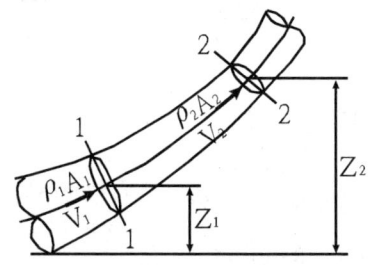

[그림 3.3 1차원 정상류의 흐름]

이 식을 1차원 정상류의 연속방정식이라고 하며 다음과 같이 쓸 수 있다.

$$\rho A V = c$$

양변에 log를 취하면

$$\ln \rho + \ln A + \ln V = \ln C$$

이 식을 미분하면

$$\frac{d\rho}{\rho} + \frac{dA}{A} + \frac{dV}{V} = 0$$

(1) 질량유량(Mass flowrate), [$\dot{m}$][kgm/s]

$$\dot{m} = \rho A V = \rho_1 A_1 V_1 = \rho_2 A_2 V_2$$

(2) 중량유량(Weight flowrate), [$\dot{G}$]

$$\dot{G} = \gamma A V = \gamma_1 A_1 V_1 = \gamma_2 A_2 V_2$$

(3) 체적유량(Volumetric flowrate), [Q] [m³/s]

비압축성 유체일 경우는 $\rho_1 = \rho_2$, $\gamma_1 = \gamma_2$ 이므로

$$Q = AV = A_1 V_1 = A_2 V_2$$

EX 01 그림과 같이 3[kN/sec]의 물이 흐르는 관로유동에서 각각의 속도를 구하여라.

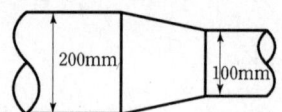

해 설 : $\dot{G} = \gamma A_1 V_1 = \gamma A_2 V_2$

$$V_1 = \frac{\dot{G}}{\gamma A_1} = \frac{3 \times 10^3 \times 4}{9800 \times \pi \times 0.2^2} = 9.744 \,[\text{m/s}]$$

$$V_2 = \frac{\dot{G}}{\gamma A_2} = \frac{3 \times 10^3 \times 4}{9800 \times \pi \times 0.1^2} = 39 \,[\text{m/s}]$$

EX 02 단면 0.4[m]×0.6[m]인 덕트 속을 유량이 0.50[m³/sec]인 공기가 흐른다. 이때 공기의 질량유량 $\dot{m}$ 과 평균속도 V를 구하여라.
(단, 공기의 밀도는 $\rho = 2\,[\text{kg/m}^3]$이다)

해 설 : $\dot{m} = \rho Q = 2 \times 0.5 = 1\,[\text{kg}_m/\text{s}]$

$Q = AV$에서

$$V = \frac{Q}{A} = \frac{0.5}{0.4 \times 0.6} = 2.08\,[\text{m/s}]$$

EX 03 안지름 50[mm]인 원관에 수소가 0.02[kg_f/sec]로 흐르고 있다. 이때 수소의 평균속도는 몇 [m/sec]인가?
(단, 수소의 압력 300[kPa](abs), 온도 10[°C]이다)

해설 : $R = \dfrac{8312}{M} = \dfrac{8312}{2} = 4156 \,[\text{J/kg K}]$

$\rho = \dfrac{P}{RT} = \dfrac{300 \times 10^3}{4156 \times (10+273)} = 0.255 \,[\text{kg}_m/\text{m}^3]$

$V = \dfrac{\dot{m}}{\rho A} = \dfrac{0.02}{0.255 \times \dfrac{\pi \times 0.05^2}{4}} = 39.94 \,[\text{m/s}]$

(3) 일반적 연속 방정식

압축성 유체의 3차원 비정상류에 대한 연속 방정식을 일반적 연속 방정식이라고 한다.

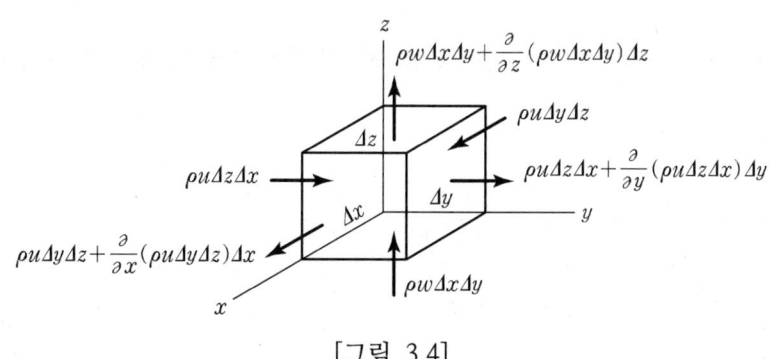

[그림 3.4]

그림 3-4에서 직육면체의 검사체적에 대하여 외부에서 흘러 들어가는 질량 유량과 흘러나오는 질량 유량의 차이는 검사체적 내의 질량의 변화율과 같다.

따라서

$$-\dfrac{\partial}{\partial x}(\rho u \Delta y \cdot \Delta z)\Delta x - \dfrac{\partial}{\partial y}(\rho v \Delta z \cdot \Delta x)\Delta y - \dfrac{\partial}{\partial y}(\rho \omega \Delta x \cdot \Delta y)\Delta z$$

$$= \dfrac{\partial}{\partial x}(\rho \Delta x \cdot \Delta y \cdot \Delta z)$$

Δx, Δy, Δz는 상수이므로 윗식을 $\Delta x \cdot \Delta y \cdot \Delta z$로 나누고 정리하면

$$\frac{\partial}{\partial x}(\rho u) + \frac{\partial}{\partial y}(\rho v) + \frac{\partial}{\partial z}(\rho \omega) + \frac{\partial \rho}{\partial t} = 0$$

윗 식을 일반적 연속 방정식이라고 한다.

만약 정상유라면 $\dfrac{\partial \rho}{\partial t} = 0$이므로

$$\frac{\partial}{\partial x}(\rho u) + \frac{\partial}{\partial y}(\rho v) + \frac{\partial}{\partial z}(\rho \omega) = 0$$

또한 비압축성 유체라면 $\dfrac{\partial \rho}{\partial p} = 0$, $\rho(p) = c$이므로

$$\frac{\partial}{\partial x}u + \frac{\partial}{\partial y}v + \frac{\partial}{\partial z}\omega = 0$$

위의 식을 3차원 정상유 비압축성 연속방정식이라 하며 다음과 같이 표현한다.

$$\nabla \cdot \vec{V} = 0$$

$$\nabla = \left(\frac{\partial}{\partial x}i + \frac{\partial}{\partial y}j + \frac{\partial}{\partial z}k\right)$$

$$\vec{v} = (ui + vj + \omega k) \quad \text{이다.}$$

EX 04 어떤 2차원 유동장 내에서 속도벡터가 $\vec{V} = -x\vec{i} + y\vec{j}$ 일 때 점(1,1)을 지나는 유선의 방정식을 구하여라.

해 설: $u = -x, \ v = y$

2차원 유선방정식 $\left(\dfrac{dx}{u} = \dfrac{dy}{v}\right)$ 에서

$$\dfrac{dx}{-x} = \dfrac{dy}{y}$$

양변을 적분하면 $-\ln x = \ln y + \ln c$

$\ln xy = \ln c$

$x = 1$에서 $y = 1$이므로 $c = 1$

그러므로 유선 방정식은

$xy = 1$

EX 05 3차원 유동의 속도장이 $V = -xi + 2yj + (5-Z)K$와 같이 주어질 때 점 (2,1,1)을 지나는 유선의 방정식을 구하여라.

해 설: $\dfrac{dx}{u_x} = \dfrac{dy}{u_y} = \dfrac{dz}{u_z}$

$\dfrac{1}{-x}dx = \dfrac{1}{2y}dy = \dfrac{1}{(5-z)}dz$, (2,1,1)을 지남

① $\dfrac{1}{-x}dx = \dfrac{1}{2y}dy$

$-\ln x = \ln\sqrt{y} + c$

$\ln x\sqrt{y} = c$

$x\sqrt{y} = c$

$c = 2 \times 1 = 2$

$x\sqrt{y} = 2$

$x^2 y = 4$

② $\dfrac{1}{-x}dx = \dfrac{1}{(5-z)}dy$

$-\ln x = \ln(5-z) + c$

$\ln \dfrac{(5-z)}{x} = c$

$\dfrac{(5-z)}{x} = c$

$c = \dfrac{5-1}{2} = 2$

$5 - z = 2x$

그러므로 $x^2 y = 4, \ z + 2x = 5$

EX 06 2차원 속도장이 다음과 같이 주어졌을 때 유선의 방정식을 구하시오.
(여기서 C는 상수이다.)

$$u = -2x, \; v = 2y$$

해 설: 2차원 유선 방정식

$$\frac{dx}{u} = \frac{dy}{v}$$

$$\frac{dx}{-2x} = \frac{dy}{2y}$$

$$\ln x + \ln y = C$$

$$xy = C$$

EX 07 유동점 안에서 속도가 $V(x,y,z,t) = 10x^2 y\, t\, i$로 표현될 때 위치 $x=1, y=1, z=1$, 시각 $t=1$에서의 x방향 가속도 성분 a_x는?
(단, $V = V_x i + V_y j + V_z k, \; a = a_x i + a_y j + a_z k$)

해 설: x방향의 가속도

$$dV = \frac{\partial V}{\partial x} \cdot dx + \frac{\partial V}{\partial t} \cdot dt$$

$$a_x = \frac{dV}{dt} = \frac{\partial V}{\partial x} V + \frac{\partial V}{\partial t}$$

$$= 20xyt \cdot (10x^2 yt) + 10x^2 y$$

($x=1, y=1, z=1$을 대입하면)

$$a_x = 210$$

05 오일러(Euler)의 방정식

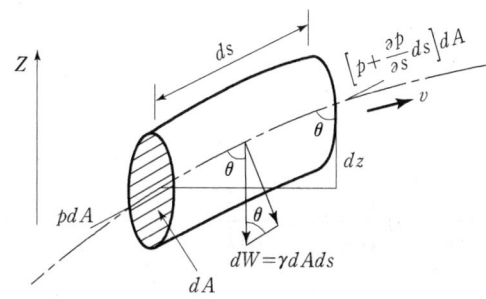

[그림 3.5 유선 위의 유체입자에 작용하는 힘]

유선 또는 미소단면적의 유관을 따라 움직이는 비점성유체요소에 Newton의 제2운동법칙을 적용하여 얻은 미분방정식을 Euler의 운동방정식이라고 한다. 그림 3-5에서 비정상류에 대한 운동방정식을 구하기 위해서 유선방향속도 V는 변위 s와 시간 t의 함수로 생각한다.

따라서

$$V = V(s, t)$$

$$dV = \frac{\partial V}{\partial s}ds + \frac{\partial V}{\partial t}dt$$

$$\frac{dV}{dt} = \frac{\partial V}{\partial s} \cdot \frac{\partial S}{\partial t} + \frac{\partial V}{\partial t}$$

또 유선방향의 가속도 a_s는 $\frac{dV}{dt}$이므로

$$a_s = \frac{dV}{dt} = \frac{\partial V}{\partial s} \cdot V + \frac{\partial V}{\partial t}$$

그림 3-5에서 $\sum F_s = ma_s$를 적용하면

$$pdA - \left(p + \frac{\partial p}{\partial s}ds\right)dA - \rho g dA ds \sin\theta = \rho dA ds \left(\frac{\partial V}{\partial s} \cdot V + \frac{\partial V}{\partial t}\right)$$

$\sin\theta = \frac{\partial z}{\partial s}$ 이고 양변을 $\rho \cdot dA \cdot ds$로 나누어 단위 질량의 유체에 대해 생각하면

$$V\frac{\partial V}{\partial s} + \frac{1}{\rho}\frac{\partial p}{\partial s} + g\frac{\partial z}{\partial s} = -\frac{\partial V}{\partial t}$$

윗 식은 단위 질량의 비점성유체에 관한 유선방향의 Euler의 운동 방정식이다. 유체가 정상류인 경우는 $\frac{\partial V}{\partial t} = 0$이고, 또 V, p, z 등이 s만의 함수이므로 윗 식은 다음과 같이 쓸 수 있다.

$$V\frac{dV}{ds} + \frac{1}{\rho}\frac{dp}{ds} + g \cdot \frac{dz}{ds} = 0$$

$d(V^2) = 2VdV$이고 양변에 $\frac{ds}{g}$를 곱하여 단위 중량의 유체에 대해 생각하면

$$\frac{d(V^2)}{2g} + \frac{1}{\rho}\frac{dp}{g} + dz = 0$$

윗 식은 단위 중량의 비점성 유체가 정상류로 흐를 때 유선 방향에 대한 Euler의 운동방정식이며 보통 다음과 같이 표현한다.

$$\frac{dP}{\rho g} + \frac{d(v^2)}{2g} + dz = 0$$

06 베르누이 방정식(Bernoulli's equation)

Euler의 운동방정식을 변위 s에 대해 적분한 것이 베르누이 방정식이다.
오일러의 운동방정식은 단위중량 비점성, 정상유, 유선을 따라서 흐르는 유체의 식이며 다음과 같다.

$$\frac{dP}{\rho g} + \frac{d(v^2)}{2g} + dz = 0$$

(1) 비압축성유체인 경우

$\rho = $ const이므로 윗식을 s에 대해 적분하면

$$\frac{P}{\gamma} + \frac{V^2}{2g} + Z = H$$

위 식을 비압축성 유체에 대한 베르누이(Bernoulli)의 방정식이라고 한다.

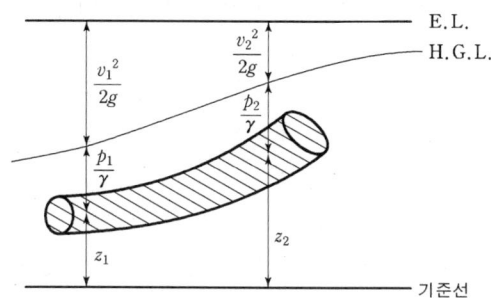

[그림 3.6 원관 속의 수두]

그러므로 베르누이 방정식의 가정은 단위중량, 비점성, 정상유 비압축성 유선을 따라서 흐르는 방정식이며 그림 3·6에서 위의 식은 다음과 같이 쓸 수 있다.

$$\frac{P_1}{\gamma} + \frac{v_1^2}{2g} + z_1 = \frac{P_2}{\gamma} + \frac{v_2^2}{2g} + z_2$$

$\dfrac{p}{\gamma}$: 압력수두, $\dfrac{v^2}{2g}$: 속도수두

z : 위치수두, H : 전수두

▌▌▌ 에너지선(E. L)

유동하는 유체의 각 위치에서 $\dfrac{p}{\gamma} + \dfrac{V^2}{2g} + z$를 연결한 선으로서 손실이 없으면 폐수로에서는 기준선과 평행한다.

▌▌▌ 수력구배선(H. G. L)

유동하는 유체의 각 위치에서 $\dfrac{p}{\gamma} + z$를 연결한 선으로서 유체의 유동은 수력구배선이 높은 곳에서 낮은 곳으로 이동한다.

(2) 압축성유체인 경우

압축성유체이면 ρ가 p의 함수이므로 식 오일러식을 적분하면

$$\int \frac{dp}{\rho g} + \frac{V^2}{2g} + Z = \text{const}$$

이 식이 압축성유체에 대한 베르누이 방정식이다.

07 베르누이 방정식의 응용

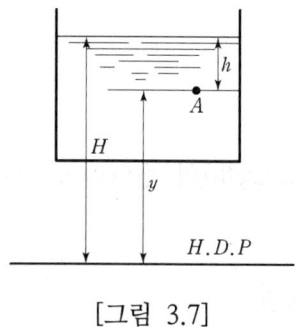

[그림 3.7]

그림 3-7과 같이 단면적이 큰 수조나 저수지에 있는 유체의 임의의 한 점 A에 베르누이 방정식을 적용하면 저수지나 용적이 큰 저장탱크의 유체는 단위중량당의 에너지가 어느 점에서나 일정(H)하므로 동일유선상의 점으로 보아 베르누이 방정식을 적용할 수 있다.

$$\frac{V^2}{2g} + \frac{p}{\gamma} + z = 0 + h + (H-h) = H$$

(1) 오리피스(Orifice)

용적이 큰 저장 탱크의 어떤 부분에 예리한 끝을 가지는 원형구멍을 오리피스라고 하며 유량을 측정하기 위해 이용된다. 그림 3-8의 점 ①과 점 ② 사이에 베르누이 방정식을 적용시키면

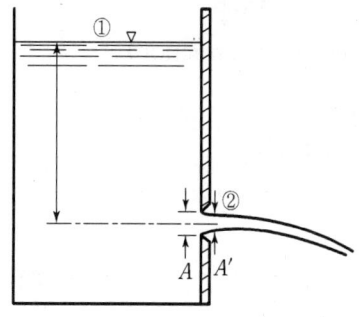

[그림 3.8 자유흐름의 오리피스]

$$0 + 0 + z_1 = \frac{V_2^2}{2g} + 0 + z_2$$

$$\frac{V_2^2}{2g} = z_1 - z_2 = h$$

$$\therefore V_2 = \sqrt{2gh}$$

위의 식을 토리첼리(Torricelli)의 정리라고 한다.

1) 이론유량(Q)

$$Q = A \cdot V = A \cdot \sqrt{2gh}$$

2) 실제유량

점성의 영향 등을 고려하면 이론유량보다 작다.

실제속도 [V_a]

$$V_a = C_v V = C_v \sqrt{2gh}$$

C_v = 유속계수(coefficient of velocity)

실제단면적 [A_a]

$$A_a = C_c A \quad \text{혹은} \quad d^2_a = C_c d^2$$

C_c = 수축계수(coefficient of contraction)

실제유량 [Q_a]

$$Q_a = A_a V_a = C_c A \cdot C_v V = C_c C_v AV = CAV = CA\sqrt{2gh}$$

$C = C_v \cdot C_c$ (물의 경우) : 유량계수(coefficient of discharge)

EX 01

수면의 높이가 지면에서 h인 물통벽에 구멍을 뚫고 지면에 분출시킬 때 지면을 기준으로 구멍을 어디에 뚫어야 가장 멀리 떨어질 것인가?

해 설 : $V = \sqrt{2g(h-y)}$ 낙하높이

$y = \dfrac{1}{2}gt^2$ 에서 $t = \sqrt{\dfrac{2y}{g}}$

수평거리 = $x = vt$

$\therefore v = \dfrac{x}{t} = \sqrt{2g(h-y)}$

$\therefore x = t\sqrt{2h(h-y)} = \sqrt{\dfrac{2y}{g}} \times \sqrt{2g(h-y)} = 2\sqrt{y(h-y)}$

가장 멀리 갈 조건

$\dfrac{dx}{dy} = 2 \cdot \dfrac{[y(h-y)]'}{2\sqrt{y(h-y)}} = \dfrac{h-2y}{\sqrt{y(h-y)}} = 0$

$h = 2y : y = \dfrac{h}{2}$ 일 때이다.

(2) 피토정압관(Pitot-static tube)

유속이 매우 빠르면 피토관의 높이가 매우 높아야 측정이 가능하므로 보통 그림 3-9와 같은 피토 정압관의 액주계 내에 비중이 큰 액체를 채워서 측정높이 (Z)를 작게 하여 측정한다.

여기에서 ①~② 사이에 베르누이 방정식을 적용하면 $Z_1=Z_2$이고 $V_2=0$이므로 다음과 같다.

$$\frac{V_1^2}{2g} + \frac{P_1}{\gamma} = \frac{P_2}{\gamma}$$

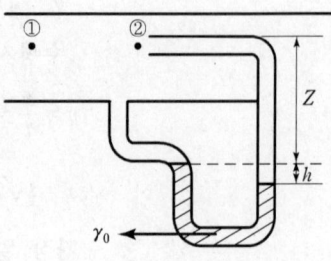

[그림 3.9 피토 정압관]

위의 식을 다시 정리하면 다음과 같다.

$$\frac{V_1^2}{2g} = \frac{P_2 - P_1}{\gamma}$$

여기에서 압력차 (P_2-P_1)은 다음과 같다.

$$P_2 - P_1 = h(\gamma_0 - \gamma)$$

윗 식들을 연관시켜 정리하면 다음과 같다.

$$\frac{V^2}{2g} = h \cdot \frac{\gamma_0 - \gamma}{\gamma}$$

앞의 식에서 속도(V)를 구하면 다음과 같이 표현된다.

$$V = \sqrt{2gh\left(\frac{\gamma_0}{\gamma} - 1\right)}$$

EX 01

그림과 같은 피토우관의 액주계 눈금이 $h=150[mm]$이고 관속의 유속이 $6.09[m/s]$로 물이 흐르고 있다면 액주계 액체의 비중은 얼마인가?

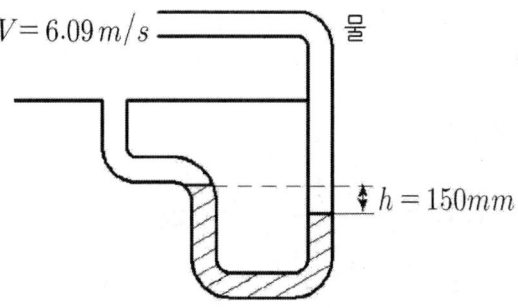

해설 :

$$V = \sqrt{2gR\left(\frac{S_s}{S}-1\right)}$$

$$S_0 = 1 + \frac{6.09^2}{2\times 9.8 \times 0.15} = 13.6$$

(3) 벤츄리계(Venturi meter)

축소·확대관에서 정압을 측정함으로써 유량을 구할 수 있도록 만든 관으로서 그림 3·10과 같다.

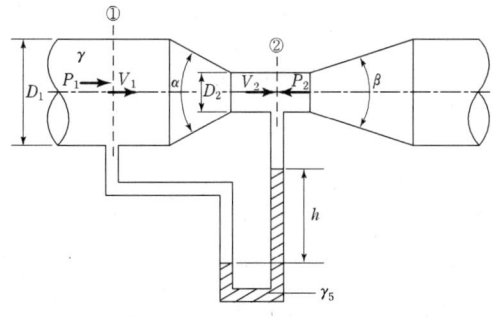

[그림 3.10 벤츄리관]

그림 3-10에서 점 ①과 점 ② 사이에 베르누이 방정식을 세우면 $z_1 = z_2$이므로

$$\frac{p_1 - p_2}{\gamma} = \frac{V_2^2 - V_1^2}{2g} = \frac{1}{2g}\left[1 - \left(\frac{d_2}{d_1}\right)^4\right] \cdot V_2^2$$

$$\therefore V_2 = \sqrt{\dfrac{2g\dfrac{p_1-p_2}{\gamma}}{1-\left(\dfrac{d_2}{d_1}\right)^4}}$$

따라서 유량은

$$Q = A_2 V_2 = \dfrac{A_2}{1-\left(\dfrac{d_2}{d_1}\right)^4} \cdot \sqrt{2g \cdot \dfrac{p_1-p_2}{\gamma}}$$

그림 3-9의 Manometer에서

$$\dfrac{p_1-p_2}{\gamma} = \dfrac{\gamma_s}{\gamma}h - h = h\left(\dfrac{\gamma_s}{\gamma}-1\right)$$

위 식을 대입하면 $Q = A_2 V_2 = A_2 \cdot \sqrt{2gh\dfrac{\left(\dfrac{\gamma_s}{\gamma}-1\right)}{1-\left(\dfrac{d_2}{d_1}\right)^4}}$

(4) 피토관(Pitot tube)

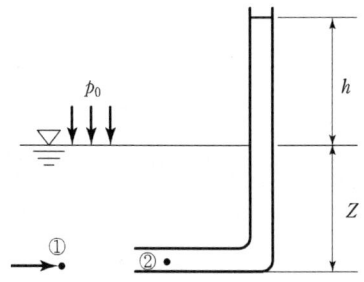

[그림 3.11 피토관]

그림 3-10의 점 ①과 점 ②사이에 베르누이 방정식을 세우고 $z_1 = z_2$, $V_2 = 0$, $P_2 = P_s$로 놓으면

$$\frac{V_1^2}{2g} + \frac{p_1}{\gamma} = \frac{p_s}{\gamma}$$

$$\therefore p_s = p_1 + \frac{\rho V_1^2}{2} : 정체압 또는 전압$$

따라서 $V_1 = \sqrt{2gh}$ 가 되며 P_1을 정압 $\frac{\rho V_1^2}{2}$을 동압이라 한다.

(5) 사이펀 관(Siphin tube)

그림 3-12에서 사이펀 관은 유체의 위치에너지로 인한 유체의 유동을 나타내는 장치로서 ①~② 사이에 베르누이 정리를 적용하면 다음과 같다.

$$\frac{P_1}{\gamma} + \frac{V_1^2}{2g} + Z_1 = \frac{P_2}{\gamma} + \frac{V_2^2}{2g} + Z_2$$

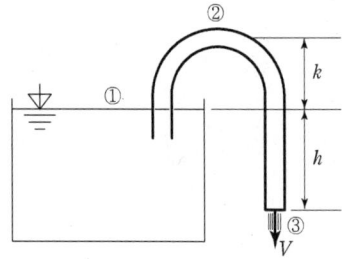

[그림 3.12 사이펀 관]

여기에서 $P_1=P_3$(대기압), $V_1 \ll V_3$이므로 V_1은 무시, Z_1-Z_3는 h로 표현되므로 다음과 같이 전개할 수 있다.

$$\frac{V_3^2}{2g} = Z_1 - Z_3 = h$$

여기서 출구속도 (V_3)는 토리첼리의 정리와 같음을 알 수 있다.

$$V_3 = \sqrt{2gh}$$

EX 01 그림과 같은 사이펀에서 마찰손실을 무시할 때, 흐를 수 있는 이론적인 최대 유속은 몇 $[m/s]$인가?

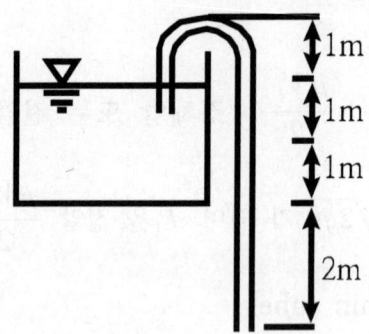

해 설 :
$$V = \sqrt{2g\Delta h} = \sqrt{2 \times 9.8 \times 4}$$
$$= 8.854 m/s$$

08 손실수두와 동력

베르누이 방정식은 비점성유체에 대해 성립하는 방정식이다.
실제 유체의 점성효과를 고려하면 에너지손실이 있으므로 베르누이 방정식은 다음 식으로 쓸 수 있다.

$$\frac{V_1^2}{2g}+\frac{p_1}{\gamma}+z_1 = \frac{V_2^2}{2g}+\frac{p_2}{\gamma}+z_2+H_l$$

H_l : 손실수두

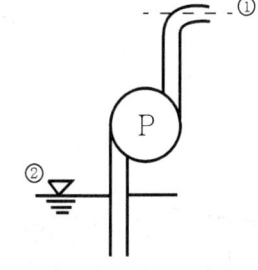

[그림 3.13 펌프수두]

①과 ② 사이에 Pump를 설치할 경우

$$\frac{V_1^2}{2g}+\frac{p_1}{\gamma}+z_1+E_p = \frac{V_2^2}{2g}+\frac{p_2}{\gamma}+z_2+H_l$$

E_p : pump 에너지

①과 ② 사이에 Turbine이 있을 경우

$$\frac{V_1^2}{2g}+\frac{p_1}{\gamma}+z_1 = \frac{V_2^2}{2g}+\frac{p_2}{\gamma}+z_2+E_r+H_l$$

E_r : turbine 에너지

pump에너지가 E_p이면 pump의 동력은

$$P = E_p \times \gamma Q$$

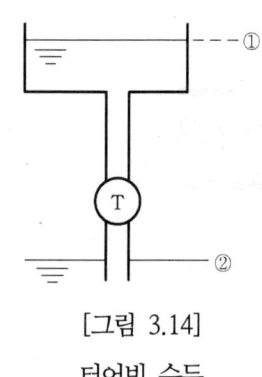

[그림 3.14]
터어빈 수두

(1) 수동력(Power)

펌프의 작동으로 단위 중량의 유체에 에너지를 공급받을 때에 단위시간당의 에너지를 동력이라 한다.

$$P = \gamma QH [\text{kg}_f \text{m/sec}][Nm/\text{sec}]$$

EX 01
유속 3[m/sec]인 관에 매초 50 [*l*]의 물을 유출할 때 관의 안지름은 얼마인가?

해 설 :
$$Q = 50[l/s] = 50 \times 10^{-3}[m^3/s]$$
$$Q = \frac{\pi d^2}{4} V \text{에서}$$
$$d = \sqrt{\frac{4Q}{\pi V}} = \sqrt{\frac{4 \times 50 \times 10^{-3}}{\pi \times 3}} = 0.1456 = 14.56[cm]$$

EX 02
7[m]의 높이에 있는 물의 수압은 1[bar]이고 9[m/sec]의 속도로 흐르고 있다. 이 유수의 전수두는 몇 [m]인가?

해 설 :
$$H = \frac{P}{\gamma} + \frac{V^2}{2g} + Z = \frac{10^5}{9800} + \frac{9^2}{2 \times 9.8} + 7 = 21.337[m]$$

EX 03
그림과 같은 사이펀 관에서의 유량은 얼마인가(단, 관로손실은 무시한다)?

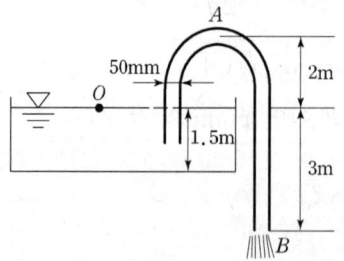

해 설 :
$$V = \sqrt{2gh} = \sqrt{2 \times 9.8 \times 3} = 7.67[m/s]$$
$$Q = AV = \frac{\pi \times (50 \times 10^{-3})^2}{4} \times 7.67 = 0.015[m^3/s]$$

EX 04 압력의 차를 측정하기 위하여 그림과 같이 수은을 넣은 U자관을 부착시켰다. U자관의 수은의 차가 $h=500\text{[mm]}$를 가리켰을 때 P_1-P_2는 몇 [kPa]인가?

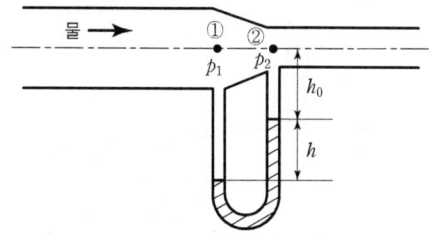

해설:
$$P_1 - P_2 = h(\gamma_s - r) = 500 \times 10^{-3} \times (13.6-1) \times 9800$$
$$= 61740 = 61.74\text{[kPa]}$$

EX 05 그림과 같은 피토우트 정압관의 액주계 눈금이 $h=500\text{[mm]}$이고, 관속의 유속이 6.09[m/sec]로 흐르고 있다면, 액주계 액체의 비중은 얼마인가?

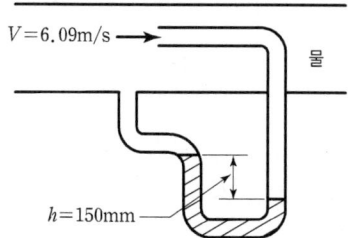

해설:
$$V = \sqrt{2gh\left(\frac{S_s}{S}-1\right)} \text{에서}$$
$$S_s = S\left(1 + \frac{V^2}{2gh}\right) = 1 + \frac{6.09^2}{2g \times 0.15} = 13.615$$

EX 06

그림과 같은 관에 유리관 A, B를 세우고 물을 흐르게 했을 때, 유리관 B의 상승높이 h_2는 약 몇 [cm]인가?

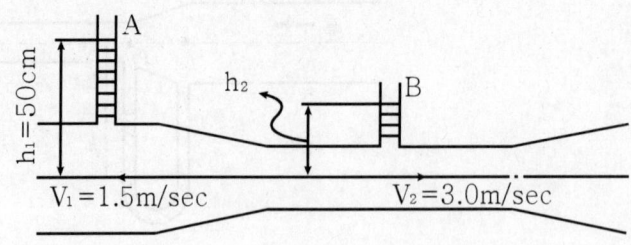

해 설 :

$$\frac{P_1}{r} + \frac{V_1^{\,2}}{2g} = \frac{P_2}{r} + \frac{V_2^{\,2}}{2g} \text{에서}$$

$$h_1 + \frac{V_1^{\,2}}{2g} = h_2 + \frac{V_2^{\,2}}{2g}$$

$$h_2 = h_1 + \frac{V_1^{\,2}}{2g} - \frac{V_2^{\,2}}{2g}$$

$$= 0.5 + \frac{1.5^2}{2g} - \frac{3^2}{2g} = 15.56$$

09 공동현상(Cavitation)

액체 속에는 압력에 비례하여 기체가 용해되어 있는데 압력이 액체의 증기압 이하로 내려가면 기체가 유리되면서 기포를 발생한다. 이와 같은 증기의 발생이나 흡수공기의 유리 등으로 인하여 흐름이 고체 벽면에서 떨어지는 기체의 모임을 공동(cavit)이라고 하고 이것이 생기는 현상을 공동현상이라고 한다.

캐비테이션 계수

그림 3-15에서 ①과 ②사이에 베르누이 방정식을 적용하면

$$\frac{p}{\gamma} + \frac{v^2}{2g} = \frac{p_{min}}{\gamma} + \frac{v^2_{max}}{2g}$$

$$\therefore p_{min} = p - \frac{\gamma}{2g}(v^2_{max} - v^2) = p - k\frac{\gamma v^2}{2g}$$

k : 흐름의 단면이나 익형의 상태에 따라 변하는 계수로서 캐비테이션 계수라고 한다.

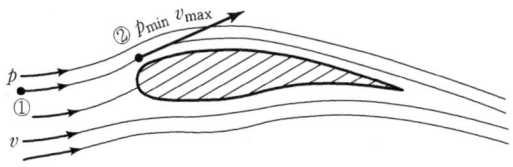

[그림 3.15 공동현상]

EX 01 그림에서 $h=0.5[m]$일 때 직경 50[mm]인 관로의 수축부에서 공동현상이 일어 난다면 물의 증기압은 몇 [kPa]인가
(단, 이때 대기압은 101.3[kPa]이다)?

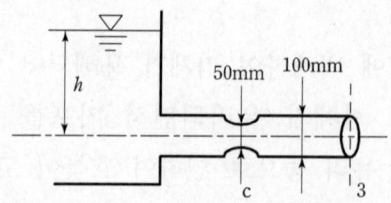

해 설 :

관로수축부와 관끝에서의 유속을 V_c와 V_3, 압력을 P_c와 P_3로 하면
$P_3 = 101.3[kPa]$이고 연속방정식에 의하면 $V_c = 4V_3$이다.
$$V_3 = \sqrt{2g\Delta h} = \sqrt{2 \times 9.8 \times 0.5} = 3.13[m/s]$$

베르누이의 식을 수축부와 관 끝에 적용시키면
$$\frac{P_c}{\gamma} + \frac{V_c^2}{2g} = \frac{P_3}{\gamma} + \frac{V_3^2}{2g}$$
$$P_c = \gamma(\frac{P_3}{\gamma} + \frac{(1-16)V_3^2}{2g}) = 101.3 \times 10^3 + \frac{1000 \times (1-16) \times 3.13^2}{2}$$
$$= 27823.25[Pa] = 27.8[kPa]$$

SECTION 04 역적-운동량의 원리

01 역적과 운동량

(1) 운동량(Momention)

질량 m인 물체가 속도 V로 운동할 때 $m \cdot V$를 운동량이라고 한다.

(2) 운동량의 법칙

Newton의 제2운동법칙에 의하면 물체에 작용한 외력의 힘은 그 물체의 시간에 대한 운동량의 변화율과 같다.

$$\sum F = \frac{d}{dt}(m \cdot V)$$

또는

$$\sum F dt = d(m \cdot V)$$

F, V : 힘 벡터 및 속도벡터
$\sum F \cdot dt$: 역적(impulse)

앞의 식을 시간에 대해 적분하면

$$\sum F t = m(V_2 - V_1)$$

이 식을 운동량방정식(Momentum equation)이라고 한다.

(3) 곡관속의 1차원 정상류에 대한 운동량 방정식

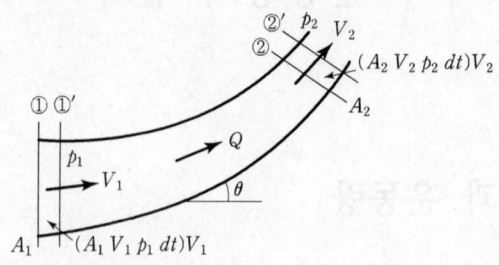

[그림 4.1 유체의 운동량 변화]

그림 4-1에서 어느 순간에 단면 ①과 단면사이에 있던 유체가 dt시간 후에 단면 ①′와 단면②′ 사이의 유체로 이동하였다면 dt시간 동안의 운동량 변화는 (단면 ②와 ②′ 사이의 유체운동량) - (단면 ①와 ①′ 사이의 유체운동량) 따라서 역적 - 운동량의 원리를 적용하면

$$\sum F \cdot dt = (A_2 V_2 \rho_2 dt) V_s - (A_1 V_1 \rho_1 dt) V_t$$
$$= (Q_2 \rho_2 dt) V_2 - (Q_1 \rho_1 dt) V_1$$
$$= Q \rho (V_2 - V_1) dt$$

그러므로 유체에 작용하는 동적인 힘은

$$F = \rho Q (V_2 - V_1)$$

02 관에 작용하는 힘

(1) 직관의 경우

그림 4-2와 같이 유체가 단면적인 변화하는 수평관속을 흐를 때 단면 사이에 있는 유체에 운동량방정식을 적용하면 $\Sigma F_x = \rho Q(V_{2x} - V_{1x})$에서

$$F + P_1 A_1 - P_2 A_2 = \rho Q(V_1 - V_2)$$

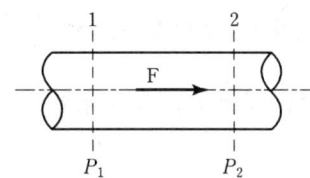

[그림 4.2 직관에 작용하는 힘]

$$\therefore F = \rho Q(V_2 - V_1) + P_2 A_2 - P_1 A_1$$

반력 F의 방향은 임의로 정한 후 계산 결과가 (+) 값이면 그대로이고 (-)값이면 반대방향으로 정한다.

(2) 곡관의 경우

그림 4-3과 같이 유체가 곡관 속을 흐를 때 단면 사이의 유체에 운동량방정식을 적용하면

$$\Sigma F_x = \rho Q(V_{2x} - V_{1x})에서$$

$$P_1 A_1 - P_2 A_2 \cos\theta - F_x = \rho Q(V_2 \cos\theta - V_1)$$

$$\therefore F_x = P_1 A_1 - P_2 A_2 \cos\theta - \rho Q(V_2 \cos\theta - V_1)$$

$$\Sigma F_y = \rho Q(V_{2y} - V_{1y})에서$$

$$F_y - W - P_2 A_2 \sin\theta = \rho Q(V_2 \sin\theta - 0)$$

$$\therefore F_y = W + P_2 A_2 \sin\theta + \rho Q V_2 \sin\theta$$

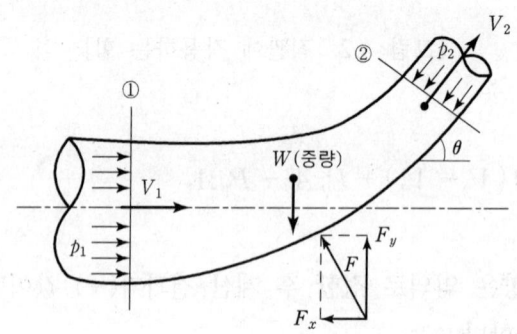

[그림 4.3 곡관에 작용하는 힘]

따라서 반력의 크기 F은

$$F = \sqrt{F_x^2 + F_y^2}$$

$$\alpha = \tan^{-1} \frac{F_y}{F_x}$$

EX 01

그림과 같은 점차 축소관을 통하여 18[N/sec]의 물이 정상류로 흐르고 있다. 단면 1과 2 사이의 수축부가 받는 힘은 몇 [N]인가?

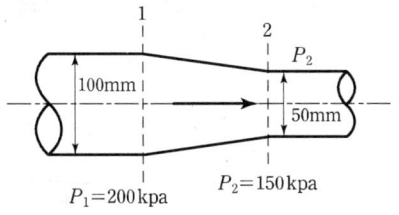

해설 :

$$V_1 = \frac{\dot{G}}{\gamma A_1} = \frac{18 \times 4}{9800 \times \pi \times 0.1^2} = 0.234 [\text{m/s}]$$

$$V_2 = \frac{\dot{G}}{\gamma A_2} = \frac{18 \times 4}{9800 \times \pi \times 0.05^2} = 0.935 [\text{m/s}]$$

$$F = P_1 A_1 - P_2 A_2 + \rho Q (V_1 - V_2) = P_1 A_1 - P_2 A_2 + \frac{\dot{G}}{g}(V_1 - V_2)$$

$$= 200 \times 10^3 \times \frac{\pi \, 0.1^2}{4} - 150 \times 10^3 \times \frac{\pi \, 0.05^2}{4}$$

$$+ \frac{18}{9.8}(0.234 - 0.935)$$

$$= 1274.98 [\text{N}]$$

EX 02

그림에서 $P_1=20\,[\text{N/cm}^2]$, $P_2=50\,[\text{N/cm}^2]$, $d_1=50\,[\text{cm}]$, $d_2=40\,[\text{cm}]$, $\theta=60°$이고 $980[\text{N/sec}]$의 물이 관속을 흐른다. 이때 유체의 자중을 무시할 때 관에 작용하는 힘과 각도를 구하여라.

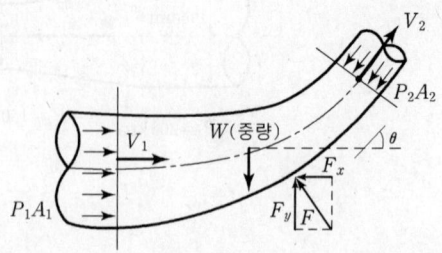

해설 :

$$V_1 = \frac{4\dot{G}}{\gamma\pi d_1^2} = \frac{4 \times 980}{9800 \times \pi \times 0.5^2} = 0.51[\text{m/s}]$$

$$V_2 = \frac{4\dot{G}}{\gamma\pi d_2^2} = \frac{4 \times 980}{9800 \times \pi \times 0.4^2} = 0.796[\text{m/s}]$$

$$\begin{aligned}
F_x &= P_1A_1 - P_2A_2\cos\theta + \rho Q(V_1 - V_2\cos\theta) \\
&= 20 \times 10^4 \times \frac{\pi \times 0.5^2}{4} - 50 \times 10^4 \times \frac{\pi \times 0.4^2}{4}cos60 \\
&\quad + \frac{980}{9.8}(0.51 - 0.794\cos60) \\
&= 7865.28[\text{N}]
\end{aligned}$$

$$\begin{aligned}
F_y &= P_2A_2\sin\theta + \rho QV_2\sin\theta \\
&= 50 \times 10^4 \times \frac{\pi \times 0.4^2}{4}sin60 + \frac{980}{9.8} \times 0.794\sin60 \\
&= 54482.7
\end{aligned}$$

$$F = \sqrt{F_x^2 + F_y^2} = \sqrt{7865.28^2 + 54482.7^2} = 55047.5[\text{N}]$$

$$\theta = \tan^{-1}\frac{F_y}{F_x} = \tan^{-1}\frac{55047.5}{7865.28} = 81.87°$$

03 분류가 날개에 작용하는 힘

분류가 날개에 작용하는 힘은 다음과 같은 가정 하에서 생각하기로 한다.

① 벽면과 분류 사이의 마찰력은 무시한다.

② 분류의 단면적은 일정하다.

③ 분류의 정압은 대기압으로서 일정하다.

(1) 고정 평판에 작용하는 힘

그림 4-4에서는 운동량 방정식을 적용하는 x성분만이 존재한다.

$$\sum F_x = -F = \rho Q(V_{2x} - V_{1x}) = \rho Q(-V_{1x})$$

여기에서 $V_{1x} = V$이므로 다음과 같이 F_x를 구할 수 있다.

$$\therefore F_x = \rho A V^2$$

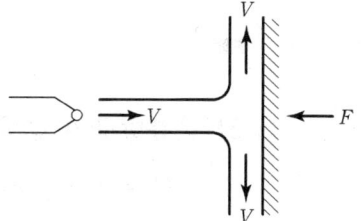

[그림 4.4]
고정평판에 작용하는 힘

(2) 경사 평판에 작용하는 힘

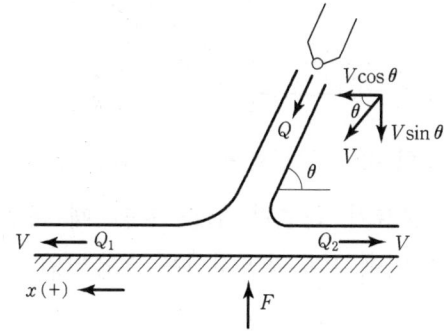

[그림 4.5 경사평판에 작용하는 힘]

그림 4-5의 평판에 미치는 힘을 구하면 다음과 같다.

1) x 성분의 분력

$$\sum F_x = \rho Q_1 V - \rho Q_2 V = \rho Q V \cos\theta$$

$$\therefore Q_1 - Q_2 = Q\cos\theta$$

연속방정식에 의해 $Q_1 + Q_2 = Q$이므로 Q_1과 Q_2를 구하면 다음과 같다.

$$Q_1 = \frac{Q}{2}(1+\cos\theta), \quad Q_2 = \frac{Q}{2}(1-\cos\theta)$$

2) y 성분의 분력

$$F_y = \rho Q V \sin\theta$$

3) 분류방향의 분력

$$F_j = F_y \sin\theta = \rho Q V \sin^2\theta$$

(3) 고정 곡면판에 작용하는 힘

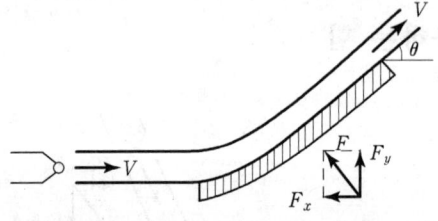

[그림 4.6 고정곡면에 작용하는 분류]

그림 4-6와 같이 분류가 곡면판 위를 흐를 때 곡면판에 미치는 힘을 구하기 위해 단면 ①과 ② 사이에 운동량방정식을 적용하면

$$\sum F_x = -F_x = \rho Q(V_2 \cos\theta - V_1)$$

$V_2 = V_1$이므로 V로 놓으면

$$F_x = \rho Q V(1 - \cos\theta)$$

$$\Sigma F_y = F_y = \rho Q(V_2 \sin\theta - 0)$$

$$\therefore F_y = \rho Q V \sin\theta$$

따라서 수평력 F_x와 수직력 F_y를 합성하면 합력 F가 된다.

$$\begin{pmatrix} F = \sqrt{F_x^2 + F_y^2} \\ \alpha = \tan^{-1}\dfrac{F_y}{F_x} \end{pmatrix}$$

(4) 움직이는 평판에 작용하는 힘

그림 4-7과 같이 분류의 방향으로 V의 속도로 움직이는 평판에 분류가 충돌할 때 분류의 충돌속도는 $V-u$이고, 단위시간당 평판에 충돌하는 유량은 $A(V-u)$이므로 평판에 미치는 힘은

$$\Sigma F_x = -F = \rho Q(V-u)$$

$$\therefore F = \rho Q(V-u) = \rho A(V-u)^2$$

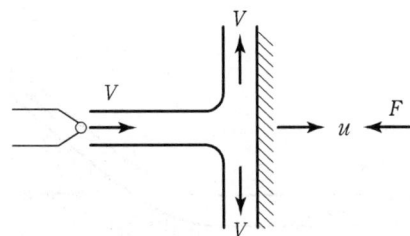

[그림 4.7 이동평판에 작용하는 분류]

(5) 움직이는 곡면판에 작용하는 힘

그림 4-8은 곡면판이 분류방향으로 속도 u로 움직일 때 속도 V의 분류가 곡면판에 충돌하는 경우이다. 이 때 곡면판의 입구와 출구에서 분류의 평판에 대한 상대속도는 각각 다음과 같다.

$$U_1 = V_1 - u$$

$$U_2 = V_2 - u = V_1 - u_1 \quad (\because V_1 = V_2)$$

따라서 곡면판에 작용하는 힘은

$$\sum F_x = -F_x = \rho A U_1 (U_2 \cos\theta - U_1)$$

$$\therefore F_x = \rho A U_1 (U_1 - U_2 \cos\theta) = \rho A (V-u)^2 (1-\cos\theta)$$

$$\sum F_y = F_y = \rho A U_1 (U_2 \sin\theta - 0)$$

$$\therefore f_y = \rho A U_1 U_2 \sin\theta = \rho A (V-u)^2 \sin\theta$$

또 곡면판이 얻는 동력은

$$P = F_x \cdot U = \rho A (V-u)^2 (1-\cos\theta) \cdot u$$

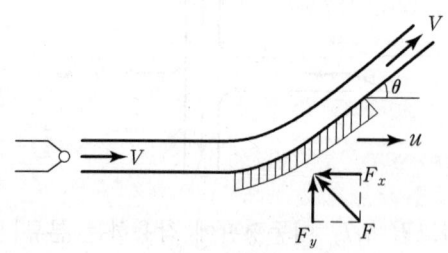

[그림 4.8 움직이는 경사면에 작용하는 분류]

(6) 상대속도와 절대속도

1) 상대속도(Relative velocity)

운동좌표계에 대한 물체의 속도, 즉 비교속도이다.

2) 절대속도(Absolute velocity)

정지좌표계에 대한 물체의 속도, 즉 고유속도이다. 예를 들어 고속도로 상에 A라는 버스가 50[m/sec]로 B라는 승용차가 65[m/sec]로 달리고 있을 때 버스 속에 사람이 승용차를 보면 $65-50=15$[m/sec]로 움직일 것이다. 즉 A인 버스에서 본 B의 상대속도 $V_{B/A}$는 $V_B - V_A$로서 나타내면 다음과 같다.

$$V_{B/A} = V_B - V_A, \quad V_{A/B} = V_A - V_B$$

운동량 $\Sigma F = \rho Q(v_2 - v_1)$의 가정

① 비압축성유체 ($\rho(p) = c$)

② 정상류

③ 각 단면의 속도분포는 균일

EX 01 그림과 같이 분류의 직경이 15[cm]인 노즐이 고정평판에 작용하는 힘[kN]은 얼마인가? (단, 분류의 속도는 15[m/sec]이다)

해설 : $F = \rho Q V = \rho A V^2 = 1000 \times \dfrac{\pi \times 0.15^2}{4} \times 15^2 = 3976$[N]

EX 02 그림과 같이 물이 고정된 곡면판에 충돌할 때 판을 지지하기 위해 필요한 힘은 몇 [N]인가(단, 분류의 속도는 15[m/sec]이다)?

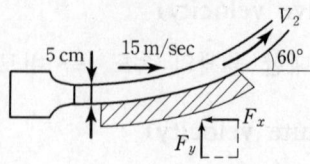

해 설 : $F_x = \rho QV(1-\cos\theta) = \rho AV^2(1-\cos\theta)$

$$= 1000 \times \frac{\pi 0.05^2}{4} \times 15^2(1-\cos 60)$$

$$= 220.89[\text{N}]$$

$F_y = \rho AV^2 \sin\theta = 1000 \times \frac{\pi 0.05^2}{4} \times 15^2 \sin 60$

$$= 382.6[\text{N}]$$

$F = \sqrt{F_x^2 + F_y^2} = \sqrt{220.89^2 + 382.6^2}$

$$= 441.79[\text{N}]$$

EX 03 그림과 같은 경사평판에서 충돌로 인한 지지력은 얼마이고, 분류와 같은 방향의 힘은 얼마이며, 이때 유량 Q_1과 Q_2는 얼마인가?
(단, 유량은 90 [l/sec], 물의 비중량 9800 [N/m³], 분류의 속도는 100[m/sec]이다)

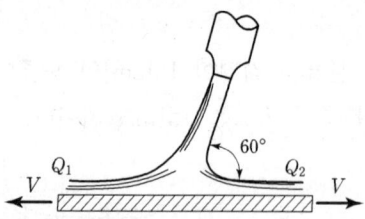

해 설 :

$F_j = \rho QV \sin^2\theta = 1000 \times 90 \times 10^{-3} \times 100 \sin^2 60 = 6750[\text{N}]$

$Q_1 = \frac{Q}{2}(1+\cos\theta) = \frac{90}{2}(1+\cos 60) = 67.5[l/\sec]$

$Q_2 = \frac{Q}{2}(1-\cos\theta) = \frac{90}{2}(1-\cos 60) = 22.5[l/\sec]$

EX 01

그림과 같은 평판에 받는 힘은 몇 [N]인가
(단, 분류의 직경은 10[cm]이다)?

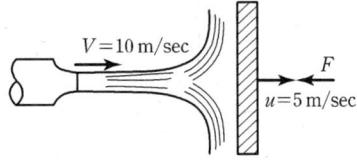

해설:

$$F = \rho QV = \rho A(V-u)^2 = 1000 \times \frac{\pi\, 0.1^2}{4}(10-5)^2 = 196.25\,[\text{N}]$$

04 분사추진

(1) 탱크의 벽에 설치한 노즐에 의한 추진

그림 4-9과 같은 수조차의 벽에 설치된 노즐에서 분류가 속도 V로 분출할 때 탱크에서 단위시간에 잃게 되는 운동량은 ρQV이다. 따라서 탱크는 분류의 방향과 반대방향으로 ρQV의 추력을 받는다.

즉, $F_{th} = \rho QV$

그런데 노즐에서 분출하는 분류의 속도는

$V = C_v \sqrt{2gh}$ (C_v : 유속계수)

또 유량은

$Q = C_c A \cdot V$ (C_c : 수축계수)

$\therefore F_{th} = \rho C_c A \sqrt{2gh} \cdot C_v \sqrt{2gh} = 2C\gamma Ah$ ($C = C_v \cdot C_c$: 유량계수)

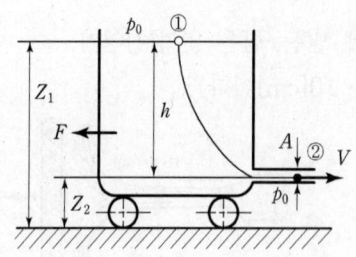

[그림 4.9 탱크차의 추진]

노즐에서 유량계수는 $C ≒ 1$이므로

$$F_{th} = 2\gamma A h$$

즉, 탱크는 분류에 의하여 노즐의 면적에 작용하는 정압의 2배에 해당하는 힘을 받아 분류와 반대방향으로 움직인다.

(2) 제트비행기의 추진

그림 4-10는 공기의 질량유량 $\rho_1 Q_1$이 V_1의 속도로 제트기에 흡입되어 기체 내에서 연료와 혼합하고 연소된 다음 연소가스의 질량유량 $\rho_2 Q_2$이 V_2의 속도로 배출하는 경우를 나타낸 것이다. 이 때 제트기는 입구에서 단위시간당 $\rho_1 Q_1 V_1$의 운동량을 얻고 출구에서는 $\rho_2 Q_2 V_2$의 운동량을 잃는다.

따라서 제트기가 받는 추력은

$$F_{th} = \rho_2 Q_2 V_2 - \rho_1 Q_1 V_1$$

$\rho_1 Q_1 V_1$: 제트기 입구에서 공기의 밀도, 유량, 유속

$\rho_2 Q_2 V_2$: 제트기에서 나오는 연소가스의 밀도, 유량, 유속

연속방정식 $\rho_1 Q_1 = \rho_2 Q_2 = \rho Q$가 성립하는 경우는

$$F_{th} = \rho Q (V_2 - V_1)$$

제트기의 추진동력은

$$P = F_{th} \cdot V_1 = \rho Q (V_2 - V_1) \cdot V_1$$

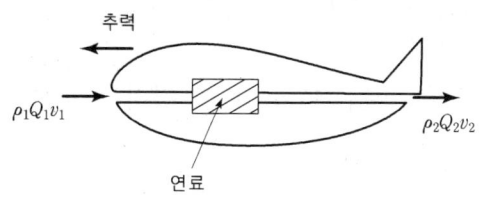

[그림 4.10 제트 비행기의 추진]

(3) 로케트 추진

로케트에서 분출되는 질량유량 ρQ을 분출속. 추진력 F_{th}는

$$F_{th} = \rho Q V$$

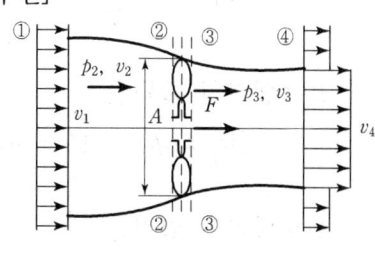

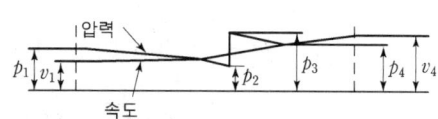

[그림 4.12 프로펠러]

 프로펠러(Propeller) 이론

그림 4-12은 유속 V_1의 유체가 프로펠러의 회전에 의해 유속 V_4로 되는 경우를 나타낸 것이다. 프로펠러를 지나는 동안 유속 V는 변화하지 않으며 운동량방정식을 적용하면 프로펠러가 유체에 가해준 힘은

$$\begin{aligned} F_{th} &= (P_3 - P_2)A \\ &= \rho Q(V_4 - V_1) \\ &= \rho A V(V_4 - V_1) \end{aligned}$$

따라서

$$P_3 - P_2 = \rho V(V_4 - V_1)$$

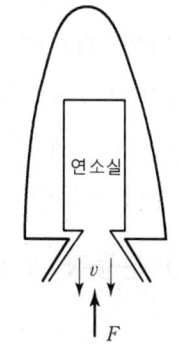

[그림 4.11 로켓추진]

또, 단면 ①과 ②, ③과 ④사이에 각각 베르누이 방정식을 적용하고 $P_1 = P_4$를 대입하면

$$P_3 - P_2 = \frac{1}{2}\rho(V_4^2 - V_1^2)$$

프로펠러를 지나는 유속 V는 V_2와 V_3를 같다고 하면
$$V = V_2 = V_3 \text{ 가 된다.}$$
$$V = \frac{V_1 + V_4}{2}$$

프로펠러의 출력은
$$P_o = F_{th} \cdot V_1 = \rho Q(V_4 - V_1) \cdot V_1$$

프로펠러의 입력은
$$P_i = \frac{\rho Q}{2}(V_4^2 - V_1^2)$$
$$= \rho Q(V_4 - V_1) \cdot V$$

06 운동량 모멘트의 원리

유체 회전기계의 이론은 분류와 날개 사이의 관계에 기초를 두고 있다. 날개가 회전운동을 하고 있을 때 운동량 방정식에 의한 힘의 작용은 회전 중심으로부터의 거리에 따라 회전력의 크기가 다르므로 미소운동량 변화에 의한 접선방향 힘들에 각각의 반지름을 곱하여 회전력을 계산한다.

즉, 임의의 한 점을 중심으로 물체에 작용한 힘의 모멘트는 그 점을 중심으로 한 물체의 운동량 모멘트의 시간에 대한 변화율과 같다는 원리이다.

(1) 운동량 모멘트

그림 4-13에서 모멘트(T)를 생각하면, 질량 m에 힘 F가 가해지고 원주속도가 v라 하면 그때의 수평성분과 수직성분의 힘은 다음과 같다.

$$F_x = m\frac{d^2x}{dt^2}$$

$$F_y = m\frac{d^2y}{dt^2}$$

이 때 원점을 중심으로 하는 모멘트는 다음과 같다.

$$T = xF_y - yF_x$$

$$= m\left[x\frac{d^2y}{dt^2} - y\frac{d^2x}{dt^2}\right] = m\frac{d}{dt}\left(x\frac{dy}{dt} - \frac{dx}{dt}\right)$$

여기에서 $x = \gamma\cos\theta$, $y = \gamma\sin\theta$로 치환하면,

$$T = m\frac{d}{dt}\left(r^2\frac{d\theta}{dt}\right) = m\frac{d}{dt}(rv)$$

따라서 일반적인 관계식을 계산하면 다음과 같이 표현된다.

$$T = \frac{d}{dt}(mrv)$$

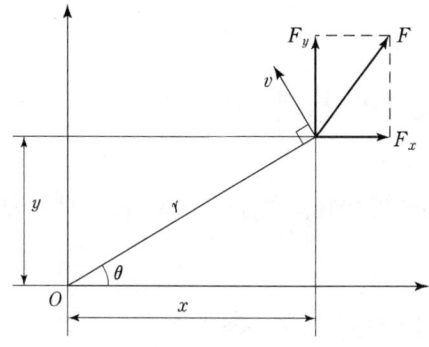

[그림 4.13 운동량 모멘트]

(2) 임펠라(Impellar)에 작용하는 각 운동량

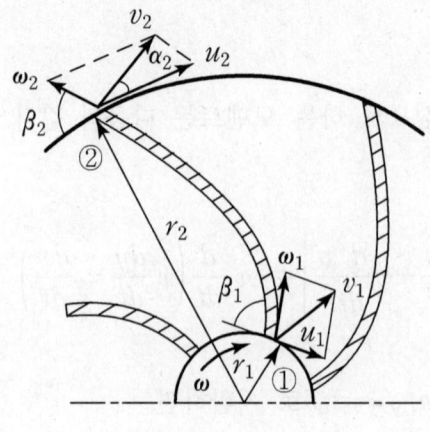

[그림 4.14]

회전하고 있는 물체에 토크가 작용하면 이때 물체에 작용하는 힘의 모멘트(T)는 다음과 같다.

$$T = F \cdot \gamma = \frac{d}{dt}(mrv)$$

여기에서 운동량 모멘트의 원리를 그림 4·14에 적용하면 그때의 힘의 모멘트(T)는 다음과 같다.

$$T = \rho Q (r_2 V_{2u} - r_1 V_{1u})$$

앞의 식에서 $V_{2u} = V_2 \cos\alpha_2$, $V_{1u} = V_1 \cos\alpha_1$을 대입하여 정리하면 다음과 같이 표현된다.

$$T = \rho Q (r_2 V_2 \cos\alpha_2 - r_1 V_1 \cos\alpha_1)$$

이러한 모멘트의 원리를 이용하여 동력(L)을 구하면 다음과 같다.

$$L = T\omega = \rho Q (r_2 V_2 \cos\alpha_2 - r_1 V_1 \cos\alpha_1) \cdot \omega$$

EX 01

깃은 노즐을 향하여 12[m/sec]로 운동하고 노즐에서 분출하는 분류는 15[m/sec]의 속도를 가진다. 깃 각도를 90°라 할 때 깃을 떠나는 분류의 절대 속도의 분류와 평행한 성분은 몇 [m/sec]인가?

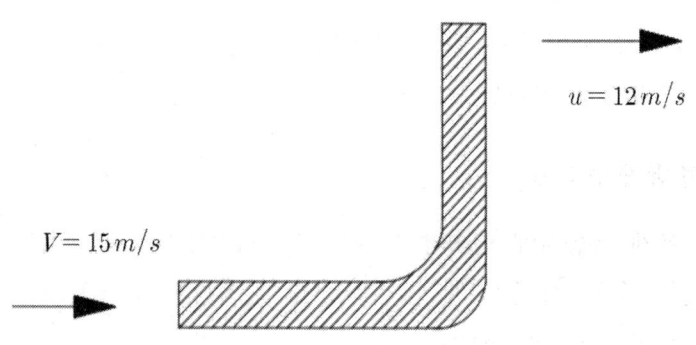

해 설 :

깃에 작용하는 분류의 절대 속도와 상대 속도의 크기는 속도 사변형을 그려서 해결하면 편리하다. 일반적인 경우 깃 각도를 θ라 하면 깃과 같은 방향을 따라서 깃에 대한 상대 속도 w를 그리고, 깃의 운동 방향에 따라 깃의 속도 u를 작도하여 두 개의 속도 벡터를 합성하면 깃을 떠나는 분류의 절대 속도 V가 구하여진다. 따라서, 절대속도 V의 분류 방향 성분은, 분류의 수직 방향 성분은

$$V_x = V\cos a = u + w\cos\theta \quad V_y = w\sin\theta$$

여기서 상대 속도는 $w = v - u$가 된다.
그런데, 문제에서는 $\theta = 90°$이고 깃의
속도 u의 방향이 분류의 방향과 속도 사변형은 그림과 같이 된다.
따라서

$$V_x = u + w\cos\theta$$
$$= -12 + (15 + 12)\cos 90°$$
$$= -12 + 0 = -12 [m/\sec]$$

즉, 절대 속도 분류 방향 성분은 분류와 반대 방향으로 12[m/sec]이다.

07 운동에너지 수정계수와 운동량 수정계수

유체의 운동에너지 및 운동량을 계산하는데 있어서 실제속도로 계산하지 않고 평균속도로 계산함으로써 생기는 오차를 보정해 주기 위한 계수를 말한다.

(1) 유량계수 : α_1

유체 유동시에 연속방정식에 의한 체적유량의 관계식을 미소부분에 대하여 정적분을 수행 시에 전체 체적유량과 일치하지 않으므로 유량계수(α_1)을 도입하여 다음과 같이 표현한다.

$$Q = \int_A u \, dA = \alpha_1 A V$$

여기에서 유량계수(α_1)을 구하면 다음과 같고 속도비가 1승임을 알 수 있다.

$$\therefore \alpha_1 = \frac{1}{AV} \int_A u \, dA = \frac{1}{A} \int_A \left(\frac{u}{V}\right) dA$$

(2) 운동량 수정계수 : α

뉴턴의 제2법칙에서 다음과 같은 관계식을 유추할 수 있다.

$$F = ma = m\frac{dv}{dt}$$

여기에서 다시 다음 식과 같은 Fdt인 역적(impulse)과 mdv인 운동량으로 나눌 수 있다.

$$Fdt = mdv$$

앞의 식에서 초당 운동량의 표현으로 나타내면 다음과 같다.

$$Fdt/\sec = mdv/\sec = M \cdot dv = \rho dAu \cdot u$$

여기에서 운동량의 미소부분에 대한 정적분과 전체 운동량과의 관계식에 운동량 수정계수(α)를 도입하면 다음과 같다.

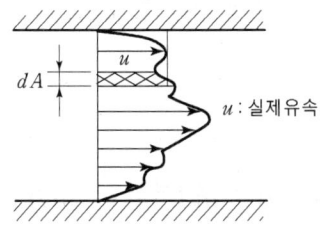

[그림 4.15 유동장 내의 속도분포]

$$\int_A \rho u^2 dA = \alpha MV = \alpha \rho AV \cdot V$$

위의 식에서 운동량 수정계수(α_2)를 구하면 다음과 같이 속도비의 2승임을 알 수 있다.

$$\therefore \alpha = \frac{1}{\rho AV^2}\rho \int_A u^2 dA = \frac{1}{A}\int_A \left(\frac{u}{V}\right)^2 dA$$

$$\alpha = \begin{cases} 층류 : \dfrac{4}{3} \\ 난류 : 1.01 \sim 1.05 \end{cases}$$

(3) 운동 에너지 수정계수 : β

운동 에너지를 단위시간에 대하여 계산하면, 다음과 같이 미소부분에 대한 정적분과 전체의 운동 에너지 관계식이 같도록 하기 위해서 운동 에너지 수정계수(β)를 도입한다.

$$K_\epsilon / S = \beta \frac{1}{2} mv^2/s = \alpha \frac{1}{2} mV^2 = \frac{1}{2}\beta \rho A V^3 = \int \frac{1}{2} \rho u^3 dA$$

여기에서 운동 에너지 수정계수(β)를 구하면 속도비에 3승임을 알 수 있다.

$$\therefore \beta = \frac{1}{A} \int \left(\frac{u}{V}\right)^3 dA$$

$$\beta = \begin{cases} 층류 : 2 \\ 난류 : 1.01 \sim 1.10 \end{cases}$$

V : 평균속도, u : 실제속도, A : 유동단면적

SECTION 05 실제유체의 흐름

 층류와 난류

(1) 층류(Laminar flow)

유체입자들이 유체층 사이에 교환이 없이 유선을 따라 흐르는 유동상태를 층류라고 하며 이 상태는 Newton의 점성법칙이 성립한다.

$$\tau = \mu \frac{du}{dy}$$

τ : 전단응력

μ : 점성계수

$\frac{du}{dy}$: 속두구배

(2) 난류(Turbulent flow)

유체입자들이 유체층 사이에 교환이 일어나 불규칙하게 난동을 일으키면서 흐르는
유동상태를 난류라고 하며 이 때의 전단 응력은 다음과 같다.

$$\tau = (\mu + \eta) \frac{du}{dy}$$

η : 와점성계수(eddy viscosity)

μ : 점성계수

와점성계수는 난류도와 유체의 밀도에 따라 정해지는 계수이다.

02 레이놀드 수(Reynolds Number)

그림 5-1과 같이 실제유체의 유동상태는 두 가지의 아주 상이한 흐름인 층류와 난류로 구분되는데 이 구분의 척도를 레이놀드 수라고 한다.

레이놀드 수는 층류와 난류를 구분하는 척도가 되는 무차원 수로서 직경이 일정한 수평원관 내의 유동에서는 다음과 같이 정의된다.

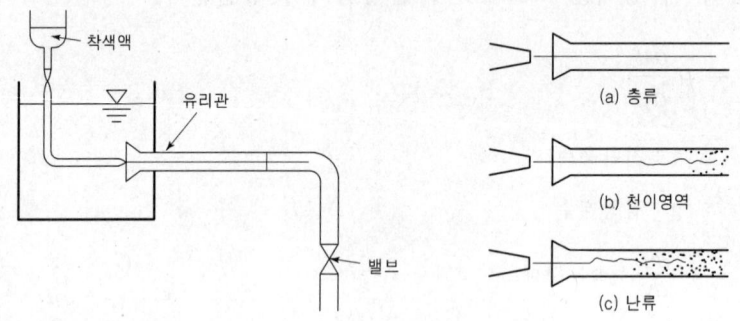

[그림 5.1 레이놀드의 실험]

$$Re = \frac{\rho VD}{\mu} = \frac{VD}{\nu}$$

ρ : 유체의 밀도, μ : 유체의 점성계수
ν : 유체의 동점성계수, V : 유속
D : 관의 직경

즉, 레이놀드 수는 실제유체의 유동에 있어서 점성력과 관성력의 비를 나타낸다. 실험결과에 의하면 수평원관 내의 유동에서 층류와 난류는 다음과 같이 구분된다.

$Re < 2100$: 층류

$2100 < Re < 4000$: 천이영역

$Re > 4000$: 난류

$Re = 4000$: 상임계 레이놀드수(층류에서 난류로 변하는 레이놀드수)

$Re = 2100$: 하임계 레이놀드수(난류에서 층류로 변하는 레이놀드수)

EX 01

직경 5[cm]인 수평원관에 평균속도 0.5[m/sec]로 0[°C] 물이 흐르고 있다. 이때 레이놀드 수를 구하고 층류와 난류를 판별하여라(단, 0[°C]일 때 물의 동점성 계수는 $v = 1.78 \times 10^{-6}$ [m²/sec]이다).

해 설 : $Re = \dfrac{vd}{\nu} = \dfrac{0.5 \times 0.05}{1.78 \times 10^{-6}} = 14044.9$

레이놀드 수가 4000 이상이므로 난류이다.

EX 02

비중이 0.95이고 점성계수가 0.27[poise]인 기름이 안지름 45[cm]의 파이프(pipe)를 통하여 0.4[m²/sec]의 유량으로 흐른다. 이때 Re 수를 구하고 층류와 난류를 판별하여라.

해 설 : $v = \dfrac{Q}{A} = \dfrac{0.4 \times 4}{\pi \times 0.45^2} = 2.515$[m/s]

$Re = \dfrac{vd}{\nu} = \dfrac{\rho v d}{\mu} = \dfrac{1000 \times 0.95 \times 2.515 \times 0.45}{0.27/10}$

$= 39820.8$ (난류)

03 평행평판 사이의 층류

그림 5-2와 같이 평행평판 사이를 흐르는 점성유체의 층류 유동에서의 유량과 평균속도를 구하는 자유 물체도는 다음과 같다. 단위 길이의 평행평판 사이에 길이 dl, 두께 $2y$인 미소체적에 미치는 힘은 정상류의 경우 다음과 같은 평형방정식을 만족한다.

$$2py - 2\left(p + \frac{dp}{dl}\right)y - 2\tau \cdot dl = 0$$

$$\therefore \tau = -\left(\frac{dp}{dl}\right)y$$

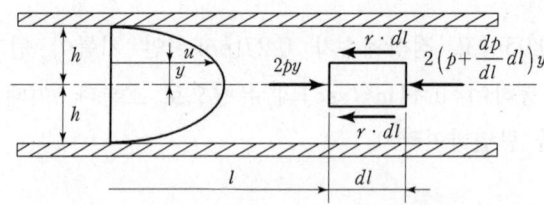

[그림 5.2 평형평판 사이의 층류]

또, 유동상태가 층류이고 y가 증가함에 따라 속도 u가 감소하므로 Newton의 점성법칙은

$$\tau = -\mu \frac{du}{dy}$$

위의 식에서 τ를 같다고 하면

$$\frac{du}{dy} = \frac{y}{\mu}\frac{dp}{dl}$$

유동방향에 대한 압력 기울기 $\frac{dp}{dl}$는 y와 무관하므로 y에 대해 적분하면

$$u = \frac{1}{2\mu}\frac{dp}{dl}y^2 + c$$

$y=\pm h$일 때, 즉, 벽면에서는 $u=0$이므로 적분상수 c는

$$c = -\frac{1}{2\mu}\frac{dp}{dl}h^2$$

따라서 속도분포는

$$u = -\frac{1}{2\mu}\frac{dp}{dl}(h^2-y^2)$$

위 식을 평행평판에서의 속도분포식에서 속도분포곡선은 포물선임을 알 수 있고 $y=0$에서 최대속도가 된다.

$$u_{max} = -\frac{h^2}{2\mu}\frac{dp}{dl}$$

단위폭당 유량은

$$Q = \int_A udA = \int_{-h}^{h} udy = -\frac{1}{2\mu}\frac{dp}{dl}\int_{-h}^{h}(h^2-y^2)dy$$

$$= -\frac{2h^3}{3\mu}\frac{dp}{dl}$$

평균속도 V는

$$V = \frac{Q}{A} = \frac{Q}{2h} = -\frac{h^2}{3\mu}\cdot\frac{dp}{dl} = \frac{2}{3}u_{max}$$

길이 l인 평행평판 사이의 층류 흐름에서 압력강하를 Δp라고 하면 $\frac{dp}{dl} = \frac{\Delta p}{l}$ 이므로

$$\Delta p = \frac{3}{2}\frac{\mu Ql}{h^3}$$

평판이 경사진 경우는 위치수두를 고려하여 $-\frac{dp}{dl}$를 $-\frac{d(p+\gamma z)}{dl}$로 놓으면 된다.

04 원관 속의 층류

직경이 일정한 직관 속에서 정상류인 비압축성 유체의 층류 흐름에서의 유량과 평균속도를 구하기 위해서는 관의 단면적이 유동방향에 따라 일정하므로 속도가 일정하고 점성에 의한 마찰손실은 압력에너지와 위치에너지의 감소로 전환된다. 그림 5-3에서 유체의 운동량 변화는 없으므로 [$\rho Q(V_2 - V_1) = 0$]검사 체적 내의 유체에 작용하는 모든 외력의 유동방향성분은 0이다. 따라서 힘의 평형방정식을 적용하면

$$p\pi r^2 - (p + dp)\pi r^2 - 2\pi r dl \tau = 0$$

$$\tau = -\frac{r}{2}\frac{dp}{dl}$$

newton의 점성법칙 $\tau = \mu \frac{du}{dy} = -\mu \frac{du}{dr}$ 를 위의 식에 대입하고 속도 u에 대해 정리하고 적분하면

$$u = -\frac{1}{4\mu}\frac{dp}{dl}(r_0^2 - r^2)$$

위 식이 원관속에서의 층류흐름 속도 분포식이다.

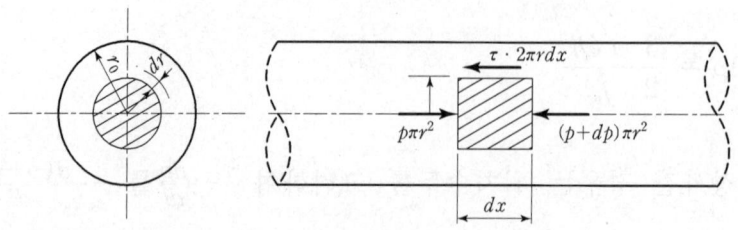

[그림 5.3 수평원관 속에서의 층류유동]

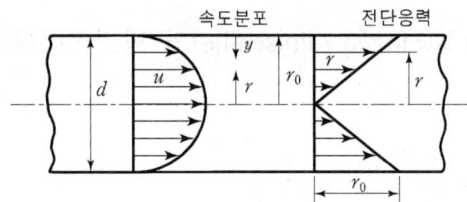

[그림 5.4 속도분포와 전단응력분포]

최대속도는 관의 중심($r=0$) 속도이므로

$$u_{max} = -\frac{r_0^2}{4\mu}\frac{dp}{dl}$$

그림 5-4에서 미소단면적을 통과하는 유량은

$$dQ = 2\pi r\, dr \cdot u$$

속도분포식을 위 식에 대입하고 원관의 단면적 전체에 대해 적분하면

$$Q = -\frac{\pi}{2\mu}\frac{dp}{dl}\int_0^{r_0}(r_0^2 - r_2)r\,dr = -\frac{\pi r_0^4}{8\mu}\frac{dp}{dl}$$

관의 길이 L에 대해 압력강하를 Δp라고 하면 $-\frac{dp}{dl} = \frac{\Delta p}{L}$ 이므로

$$Q = \frac{\pi r_0^4 \Delta p}{8\mu L} = \frac{\pi D^4 \Delta p}{128\mu L}$$

위 식을 하겐-포아젤(Hagen-Poiseuille)의 방정식이라고 한다. 또, 관속의 평균 속도를 V라고 하면

$$V = \frac{Q}{\pi r_0^2} = \frac{r_0^2 \Delta p}{8\mu L} = \frac{1}{2} u_{\max}$$

경사진 관로에서의 유량은 위치수두를 고려하여 다음과 같이 표현된다.

$$Q = -\frac{\pi r_0^4}{8\mu} \frac{d}{dl}(p + \gamma h)$$

05 난류(Turbulent flow)

(1) 전단응력

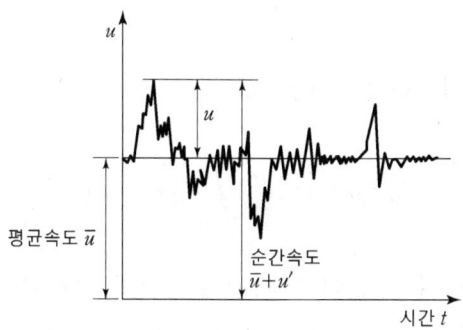

[그림 5.5 난류에서의 속도분포]

난류 유동에서는 그림 5-5에 나타낸 바와 같이 x방향의 평균속도 $\bar{u}$에 대해 난동이 일어나며 순간속도 u는 다음과 같이 표시될 수 있다.

$$u = \bar{u} + u' \qquad u': \text{변동속도(fluctuating velocity)}$$

같은 방법으로 y방향으로 순간속도 v는 다음과 같다.

$$v = \bar{v} + v'$$

그림 5-6과 같이 x축에 평행한 2차원 난류 흐름을 생각하자.

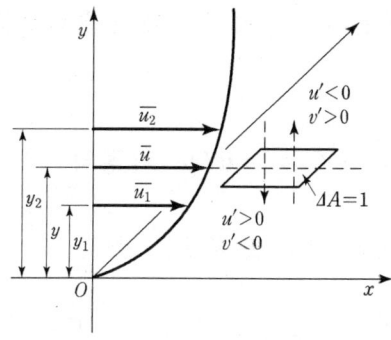

[그림 5.6]

벽에서부터 거리 y만큼 떨어진 위치에 단위면적 ($\Delta A=1$)을 가상하면 ΔA를 통과하는 유체의 y 방향속도는 v' 이므로 단위시간에 통과하는 유체의 질량은 $\rho v'$ 즉, $\rho A = \rho v'$이다. 이 유체는 x 방향의 속도 $u = \overline{u} + u$를 가지고 있으므로 유체가 수송하는 운동량의 시간 T에 대한 평균차는

$$\frac{1}{T}\int_0^T \rho v'(\overline{u}+u')dt = \frac{\rho \overline{u}}{T}\int_0^T v' dt + \frac{\rho}{T}\int_0^T u' v' dt$$

여기서 $\overline{v'} = \frac{1}{T}\int_0^T v' dt = 0$이므로

$$\frac{1}{T}\int_0^T \rho v'(\overline{u}+u')dt = \frac{\rho}{T}\int_0^T u' v' dt = \rho\overline{u'v'}$$

이 운동량에 상당하는 힘이 단위면적 ΔA의 상하로 저항하는 힘이 된다. 그림 5-6의 단위면적에서 $u'>0$의 유체가 이동하면 그 면은 $-x$방향의 힘을 받는다. 따라서 전단응력은 다음과 같이 나타낸다.

$$\tau_t = -\rho \overline{u'v'}$$

위 식 Reynolds 응력(Reynolds stress)이라고 한다. 여기서 $\overline{u'v'}$는 상승평균을 표시한다. 따라서 전체의 전단응력은

$$\tau = \mu\frac{du}{dy} - \rho\overline{u'v'} = (\mu+\eta)\left(\frac{du}{dy}\right)$$

여기서 η을 와점성계수(eddy viscosity)라고 하며 난류의 정도와 유체 밀도의 함수이다. Prandtl은 난류에서 유체의 혼합에 대하여 기체분자운동론을 평균자유행로와 같은 이치로 혼합거리 l을 도입하였다. 이것은 유체의 운동량이 어떤 거리 l만큼 수송되면 주위의 유체와 융화해서 물리량을 얻는다고 한 가정이다.

여기서

$$u' \approx \pm l\frac{d\overline{u}}{dy}, \quad v' \approx -u'\text{로 가정되고}$$

Reynolds응력을 다음과 같이 표현하고 있다.

$$\tau_t = \rho l^2 \left|\frac{d\overline{u}}{dy}\right|\frac{d\overline{u}}{dy}, \quad \tau = \mu\frac{du}{dy} + \rho l^2 \left|\frac{d\overline{u}}{dy}\right|\frac{d\overline{u}}{dy}$$

l은 상수로서 흐름의 상태에 의존한다. 예를 들면 경계층의 벽근처에 대해서 $l=k\cdot y$ (k=0.4, Karman 상수)이고 자유분류에서는 유동방향 거리가 일정한 단면 내에서 일정하고 분류 폭에 비례한다. 즉, Prandtl은 l을 벽으로부터 잰 수직거리 y에 비례한다.

(2) 원관속의 난류 속도분포

1) 매끈한 원관인 경우

매끈한 원관속의 난류속도 분포는 실용적으로 간단하고 쉬운 속도분포의 근사식으로서 Prandtl-Karman의 7승근의 (1/7승)법칙이라고 하는 지수법칙을 사용한다.

$$\frac{\overline{u}}{u_{max}} = \left(\frac{y}{r_0}\right)^{\frac{1}{7}}$$

여기서 u_{max}는 최대속도이다. 또 지수 1/7은 $Re=3\times 10^3 \sim 10^4$에서의 값으로서 Re수에 따라 변화한다. 층류와 난류의 속도분포는 하류방향으로 속도분포가 변화하지 않는 영역으로서 충분히 발달한 관 속의 흐름에대해 성립하는 것이다. 예를 들면 큰 탱크에서 원관으로 흐르는 경우 흐름이 충분히 발달하기에는 상당한 거리를 필요로 한다. 이와 같이 흐름이 발달하고 있는 영역을 조주구간이라고 하고 층류와 난류에서의 거리는 각기 다르다. 그 거리는 다음과 같다.

층류 : $0.065d\times Re$, 직경의 150~300배

난류 : 직경의 20배

이와 같은 거리는 관 속으로 유입하는 경우뿐만 아니라 구부러지거나, 오리피스나 노즐을 지난 후에도 상당한 거리를 지나서야 처음 발달한 흐름으로 된다.

2) 거친 원관인 경우

관벽의 거칠기는 속도분포에 영향을 미치고 압력손실을 증가시키는 원인이 된다. 그러나 층류에서는 압력손실 등의 영향은 나타나지 않으며 난류의 경우에는 돌출부의 영향은 점성저층의 두께와의 상대비에 의해 결정된다.

SECTION 06 관로유동

01 원형관로에서의 압력 손실

그림 6-1과 같이 단면이 균일한 수평원관 속의 흐름에서 흐름이 충분히 발달한 정상류라고하면 유체흐름 종류에 관계없이 관벽의 전단응력은 다음과 같다.

$$\tau = -\frac{dp}{dl} \cdot \frac{r_0}{2} = \frac{\Delta p}{L} \cdot \frac{r_0}{2}$$

양변을 동압으로 나누면 레이놀드수의 함수로 된다. 따라서 압력손실은

$$\Delta p = \frac{1}{2} f(Re) \frac{L}{r_0/2} \rho V^2$$

이 식을 손실수두 H_l로 나타내면

$$H_l = \frac{\Delta p}{\rho g} = \lambda \frac{L}{D} \frac{V^2}{2g}, \quad V = \frac{4Q}{\pi D^2}$$

이 식을 달시·바이스바하(Darcy-Weisbach)의 식이라고 하며 λ는 관마찰계수(pipe friction coefficient)이며 일반적으로 레이놀드 수와 상대조도의 함수이다.

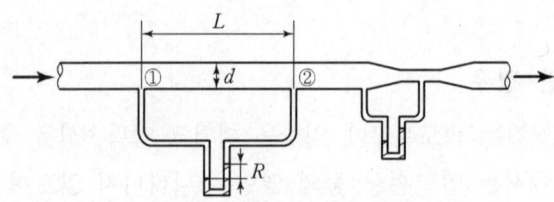

[그림 6.1 원형관로의 압력손실]

(1) 매끈한 관의 경우

1) 층류 ($Re < 2100$)

층류 흐름인 경우에는 Hagen-Poiseuille의 방정식이 성립하므로 압력손실은 다음 식으로 나타낼 수 있다.

$$\Delta p = \frac{128 \mu L Q}{\pi D^4}$$

이 식을 달시·바이스바하 식과 연립하면

$$\lambda = \frac{64}{Re}$$

2) 천이구역 ($2100 < Re < 4000$)

관마찰계수가 레이놀드 수와 상대조도와의 함수인 영역이다.

3) 난류 ($Re > 4000$)

난류 흐름인 경우 구해진 관마찰계수는 광범위한 레이놀드 수 범위에서 실험 결과와 잘 일치한 여러 가지 식이 있다. 그러나 좀더 간단한 식으로서 Blasius의 실험식이 있다.

$$\begin{pmatrix} \lambda = 0.3164\, Re^{-\frac{1}{4}} \\ Re = 3 \times 10^3 \sim 10^5 \end{pmatrix}$$

브라시우스의 실험식은 레이놀드 수가 10^5을 초과하면 오차가 크므로 적용하는 데 있어서 주의가 필요하며 무디선도를 이용하여 구하여야 한다.

(2) Moody 선도

관의 마찰계수를 구하는데 있어서 Moody는 관의 종류와 직경으로부터 상대조도, $\frac{e}{D}$를 구하고 상대조도와 레이놀드 수와의 관계에서 관마찰계수를 구하는 선도를 작성하였는데 이 선도를 Moody선도라고 한다. 그림 6-2에 각종 관의 상대조도를 구하는 선도, 그림 6-3에 Moody선도를 나타낸다.

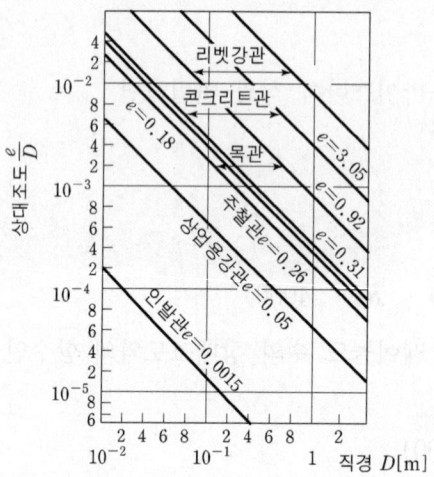

[그림 6.2 각종 관의 상대조도]

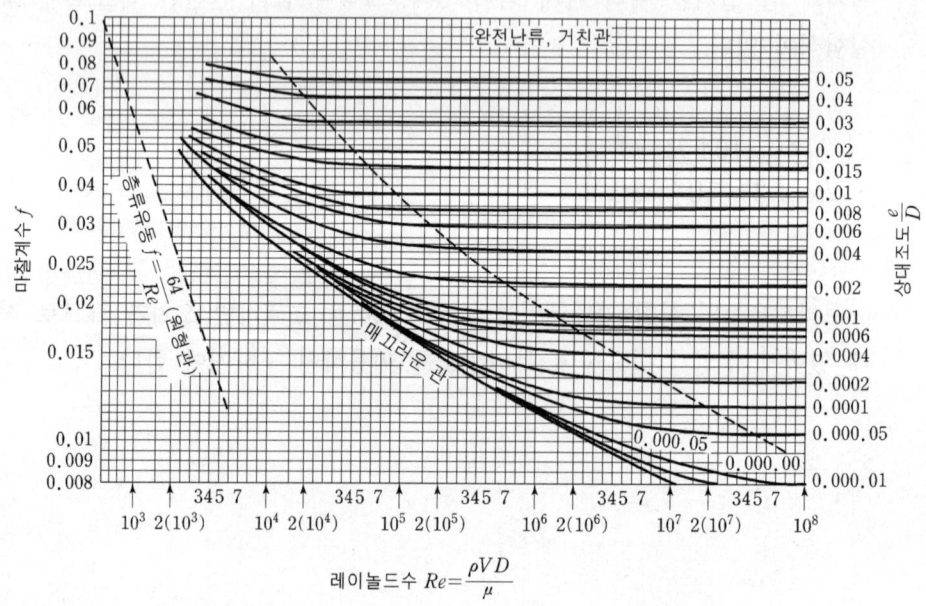

[그림 6.3 파이프에 대한 마찰계수(무디선도)]

EX 01 원형관의 길이가 300[m]이고, 지름이 20[cm]일 때, 이 관의 평균속도가 2.34[m/sec]이다. 관의 마찰손실이 6[m]이면 손실계수는 얼마인가?

해 설: $H = f \dfrac{l}{d} \dfrac{v^2}{2g}$

$$f = \frac{2Hdg}{lv^2} = \frac{2 \times 6 \times 0.2 \times 9.8}{300 \times 2.34^2} = 0.0143$$

EX 02 지름이 10[cm]인 원관 속의 기름의 비중이 0.90이고, 동점성계수가 $1.37 \times 10^{-4} [m^2/sec]$이다. 이 원형관 속에 $0.02 [m^3/sec]$의 유량이 흐른다면 관마찰 계수는 얼마인가?

해 설: $Q = \dfrac{\pi d^2}{4} \cdot V$

$V = \dfrac{4Q}{\pi d^2} = \dfrac{4 \times 0.02}{\pi \times 0.1^2} = 2.55 [m/s]$

$Re = \dfrac{Vd}{\nu} = \dfrac{2.55 \times 0.1}{1.37 \times 10^{-4}} = 1861.3$

레이놀드수가 2100 이하이므로 층류이다.

$f = \dfrac{64}{Re} = \dfrac{64}{1861.3} = 0.0344$

EX 03 길이가 45[m]이고, 지름이 5[cm]인 미끈한 원관 속에 동점성 계수가 1.25×10^{-6} [m²/s]인 유체가 3[m/sec]의 속도로 흐르고 있을 때 손실수두는 몇 [m]인가?

해 설: $Q = \dfrac{\pi d^2}{4} \cdot V$

레이놀드수가 4000 이상이므로 난류이다.
브라시우스식을 적용하면

$$f = 0.3164 Re^{-\frac{1}{4}} = 0.3164 \times 120000^{-\frac{1}{4}} = 0.017$$

$$H = f \dfrac{l}{d} \dfrac{V^2}{2g} = 0.017 \times \dfrac{45}{0.05} \times \dfrac{3^2}{2 \times 9.8}$$
$$= 7.03[m]$$

EX 04 주철관의 길이가 2500[cm]이고, 지름이 25[cm]이고, 그 속에 점성계수가 15[poise], 비중이 0.87인 기름이 0.015 [m³/sec]의 유량으로 흐른다. 이때 관의 손실계수를 구하여라.

해 설: $15[\text{Poise}] = 1.5[\text{Ns/m}^2]$

$$V = \dfrac{4Q}{\pi d^2} = \dfrac{4 \times 0.015}{\pi \times 0.25^2} = 0.31[\text{m/s}]$$

$$Re = \dfrac{vd}{\nu} = \dfrac{\rho vd}{\mu} = \dfrac{1000 \times 0.87 \times 0.31 \times 0.25}{1.5} = 44.95$$

$$f = \dfrac{64}{Re} = \dfrac{64}{44.95} = 1.424$$

02 비원형 관로에서의 압력손실

장방형 관과 같이 비원형 단면을 갖는 관로의 경우 유동상태는 원형관과는 다르고 각진 부분에서는 2차원 흐름이 나타나서 복잡하게 된다. 이와 같은 경우에는 압력손실과 벽면마찰응력을 생각하여야 한다. 흐름이 층류인 경우는 비원형 관로의 단면형상을 갖는 관에 대해서 속도분포 및 압력손실을 이론적으로 구할 수 있지만 난류의 경우는 불가능하다. 그래서 원관 속의 흐름과 비교하여 각각의 단면형상에 대해 계산하는 것이 일반적이다. 그림 6-4와 같이 길이 L 사이의 압력 손실을 Δp, 유체의 접수길이를 P, 평균전단응력을 τ_0라고 하면

$$\Delta p A = \tau_0 P L$$

여기서 λ'는 비원형 단면형상의 관마찰계수이다. 원관에서의 손실수두와 비교하면

$$\frac{\Delta p}{\rho g} = H_l = \lambda' \frac{L}{A/P} \frac{V^2}{2g} = \lambda' \frac{L}{R_h} \frac{V^2}{2g}$$

$$R_h = \frac{A}{P}$$

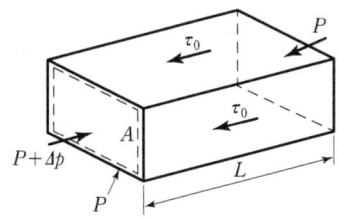

[그림 6.4 비원형관로의 흐름]

여기서 P는 접수길이 A는 접수면적이고 R_h는 수력반경 또는 유체평균 깊이라고 한다. λ'를 원관의 λ와 비교하면 원관의 경우 수력반경은

$$R_h = \frac{A}{P} = \frac{\pi D^2/4}{\pi D} = \frac{D}{4}$$

원관의 수력반경을 전장에서 설명한 달시·바이스바하 식에 대입하면

$$\frac{\Delta p}{\rho g} = H_l = \lambda' \frac{L}{(D/4)} \frac{V^2}{2g} = 4\lambda' \frac{L}{D} \frac{V^2}{2g}$$

그러므로 원관의 마찰손실수두와 비교하면 $\lambda = 4\lambda'$ 이다. 따라서 비원형관에서의 손실수두는 다음과 같이 표현된다.

$$\frac{\Delta p}{\rho g} = H_l = \lambda \frac{L}{4R_h} \frac{V^2}{2g}$$

이것은 비원형 단면형상을 갖는 관에 대한 마찰손실수두를 나타내고 Fanning의 식이라고 한다. 여기서 λ는

$$Re = V \frac{4R_h}{\nu}$$

$$\lambda = \left(Re, \frac{e}{4R_h}\right)$$

여기서 $\frac{e}{4R_h}$는 상대조도이다.

03 돌연확대, 돌연축소관에서의 손실

(1) 돌연확대관에서의 손실수두

그림 6-5에서 보는 바와 같이 유료 단면이 갑자기 확대된 부분에서는 와류가 발생하고 마찰 손실이 크기 때문에 속도 수두가 줄어든 양만큼 압력수두가 상승하지 못한다. 이때 발생된 큰 와류가 사라지면서 다시 정상적인 난류로 회복되는 거리는 관 지름의 약 50배 정도가 된다. 돌연확대관에서 손실수두를 구하려면 돌연 확대하기 전과 후의 ①, ② 단면을 검사체적으로한다.

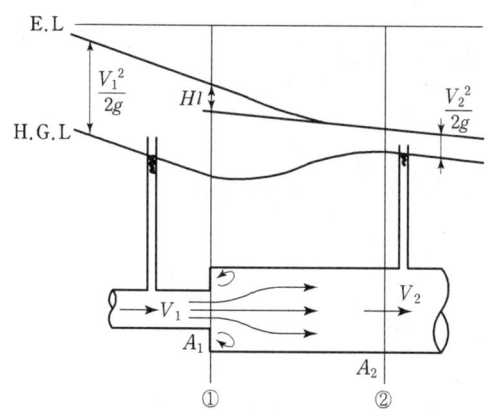

[그림 6.5 돌연 확대관]

압력과 속도는 각 단면 내에서 일정하다고 가정하면 연속방정식은

$$Q = A_1 V_1 = A_2 V_2$$

y방향의 흐름은 없으므로 x방향의 흐름만 생각하면 운동량의 법칙에서

$$\rho Q(V_2 - V_1) = (P_1 - P_2) A_2$$

확대된 측면압력을 P_1이라고 놓은 이유는 그 부분에 와류가 발생하여 압력이 P_2까지 상승하지 않고 P_1이 그대로 유지된다고 가정했기 때문이다. 돌연 확대부분에서는 흐름이 넓게 퍼져서 와류가 생기고 손실이 발생한다.

따라서 베르누이 방정식을 적용하면

$$\frac{V_1^2}{2g}+\frac{p_1}{\gamma}=\frac{V_2^2}{2g}+\frac{p_2}{\gamma}+\frac{\Delta p}{\gamma}$$

연속방정식과 베르누이 방정식을 연립하면

$$p_1 A_1 - p_2 A_2 = \rho Q V_2 - \rho Q V_1 = \rho A_2 V_2^2 - \rho A_1 V_1^2$$

양변을 A_2로 나누면

$$p_1 - p_2 = \rho V_2^2 - \rho V_1 V_1 \frac{A_1}{A_2}$$

연속의 식에서 $V_1 \frac{A_1}{A_2} = V_2$이므로 양변을 r로 나누어서 정리하면

$$\frac{p_1 - p_2}{r} = \frac{V_2^2 - V_2 V_1}{g} \ (r = \rho g)$$

$$\frac{p_1}{\gamma}+\frac{V^2}{2g}=\frac{p_2}{\gamma}+\frac{V_2^2}{2g}+hl$$

$$\frac{p_1 - p_2}{\gamma} = \frac{V_2^2 - V_1^2}{2g} + hl$$

위의 두식에서

$$\frac{V_2^2 - V_2 V_1}{g} = \frac{V_2^2 - V_1^2}{2g} + hl$$

$$hl = -\frac{V_2^2 - V_1^2}{2g} + \frac{V_2^2 - V_2 V_1}{g} = \frac{-V_2^2 + V_1^2 + 2V_2^2 - 2V_2 V_1}{2g}$$

$$= \frac{(V_1 - V_2)^2}{2g}$$

$$H_l = \frac{\Delta p}{\gamma} = \frac{(V_1 - V_2)^2}{2g} = \left(1 - \frac{A_1}{A_2}\right)^2 \frac{V_1^2}{2g} = k \frac{V_1^2}{2g}$$

$$k = \left(1 - \frac{A_1}{A_2}\right)^2 = \left[1 - \left(\frac{D_1}{D_2}\right)^2\right]^2$$

여기서 k는 돌연확대관에서의 손실계수이다.

(2) 돌연축소관에서의 손실수두

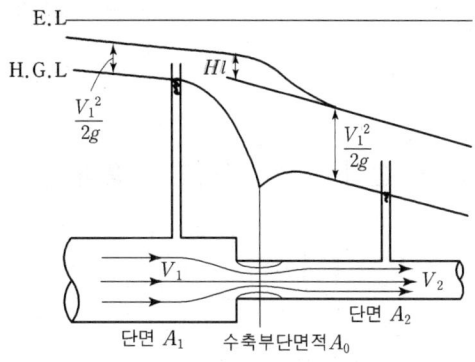

[그림 6.6 돌연 축소관]

그림 6-6과 같이 단면적이 갑자기 감소하는 경우의 손실수두도 돌연 확대관의 경우와 같이 생각하여 구할 수 있다. 먼저 축소부분에서 다시 확대되는 구간이 존재하므로 0과 2 구간은 돌연 확대관에서 같은 손실수두를

다음과 같이 구할 수 있다.

$$h_L = \frac{(V_0 - V_2)^2}{2g}$$

이 때 연속방정식을 이용하여 속도에 대한 면적비를 구할 수 있다.

$$A_0 V_0 = A_2 V_2,$$

$$\therefore V_0 = \frac{A_2}{A_0} V_2$$

여기에서 수축계수(contraction coeffcient)을 도입한다.

$$C_C = \frac{A_0}{A_2}$$

수축계수를 적용하면 다음과 같다.

$$V_0 = \left(\frac{1}{C_c}\right)V_2$$

수축계수를 적용하여 손실수두를 구하면 다음과 같은 식이 된다.

$$h_L = \frac{1}{2g}\left(\frac{1}{C_C}\cdot V_2 - V_2\right)^2 = \frac{V_2^2}{2g}\left(\frac{1}{C_C}-1\right)^2 = K\cdot\frac{V_2^2}{2g}$$

여기에서 K는 확대축소관에서의 부차적 손실계수로서 다음과 같다.

$$K = \left(\frac{1}{C_C}-1\right)^2$$

04 점차 확대, 점차 축소관에서의 손실

점차 확대관에서의 손실은 그림 6-7과 같다. 여기서 손실계수가 최소인 점은 확대각 $\theta = 6\sim7°$, 손실이 최대인 점은 확대각이 $62°\sim65°$ 전후임을 알 수 있다. 여기에서 점차 확대관에서의 손실수두는 다음과 같이 구한다.

$$h_l = \frac{(V_1-V_2)^2}{2g} = K\frac{V_1^2}{2g}$$

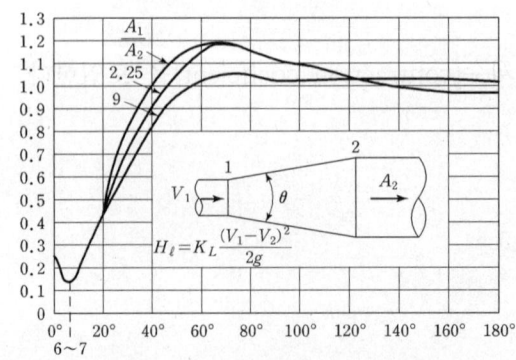

[그림 6.7 점차 확대관의 손실계수]

05 부차적 손실

압력강하에 의해 발생되는 관마찰 계수에 의한 손실수두 이외에도 굽힘(bend), 엘보우(elbow), 단면적 변화부, 그리고 밸브와 같은 부품 등에서의 부차적인 저항 손실을 부차적 손실이라 한다. 이러한 부차적 손실수두는 계산시 속도수두항에 손실계수(loss coefficient)를 취하거나 관로 내의 손실일 때의 관의 길이로서 표현한다.

(1) 속도수두항으로의 표현

부차적 손실수두를 속도수두항으로 표시하고, 손실계수(K)로서 알맞게 수정한다.

$$h_L = K \cdot \frac{V_1^2}{2g}$$

K : 손실계수(loss coefficient)로서 관의 기하학적 형상에 따라 다르며 실험에 의해 구한다.

(2) 관의 상당길이(L_e)에 의한 표현

원형관 내의 부차적 손실에 해당되는 관의 길이로 표시할 수 있으므로 Darcy-Weisbach식과 속도수두항에 같게 놓으면 다음과 같다.

$$f \cdot \frac{L_e}{D} \cdot \frac{V^2}{2g} = K \cdot \frac{V^2}{2g}$$

여기에서 관의 상당길이(L_e)는 다음과 같이 구할 수 있다.

$$L_e = \frac{K \cdot D}{f}$$

여기서 구한 관의 등가길이(L_e)를 실제의 관 길이에 더하여 줌으로서 부분적 손실을 고려하게 된다.

EX 01 다음 그림에서 관입구의 부차적 손실계수 [K]는?
(단, 관의 안지름은 [mm], 관마찰 계수 $f=0.0188$이다.)

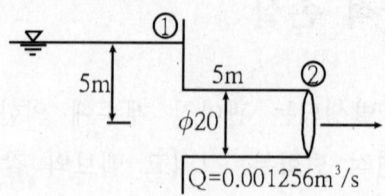

해 설 : $Q = \dfrac{\pi d^2}{4} V$ 에서

$$V = \dfrac{4Q}{\pi d^2} = \dfrac{4 \times 0.001256}{\pi \times (20 \times 10^{-3})^2}$$
$$\fallingdotseq 4[m/s]$$

$$0 + 0 + 5 = 0 + \dfrac{4^2}{2 \times 9.8} + 0 + k\dfrac{4^2}{2 \times 9.8} + 0.0188\dfrac{5}{0.02}\dfrac{4^2}{2 \times 9.8}$$
$$k = 0.425$$

EX 02 동점성계수가 $0.1 \times 10^{-5}[m^2/s]$인 유체가 안지름 10[cm]인 원관 내에 1[m/s]로 흐르고 있다. 관마찰계수가 $f=0.022$이며 등가길이가 200[m]일 때의 손실수두는 몇 [m]인가? (단, 비중량은 $\gamma = 9800[N/m^3]$이다.)

해 설 : $l = \dfrac{kd}{f}$ 에서

$$k = \dfrac{lf}{d} = \dfrac{200 \times 0.022}{0.1} = 44$$
$$h_1 = k\dfrac{v_2}{2g} = 44 \times \dfrac{1^2}{2 \times 9.8}$$
$$= 2.24[m/s]$$

SECTION 07 개수로유동

01 개수로의 흐름상태

관로 즉, 폐수로와 달리 자유표면(대기와 접하는 면)을 갖는 유로를 개수로라고 한다. 관로유동은 유동의 원인이 높이차와 압력차에 있지만 개수로에서의 압력은 대기압이므로 수로의 기울기 즉, 높이차에 의해서만 흐른다. 또, 관 속의 흐름이라도 자유표면을 가질 때에는 개수로 해석한다.

(1) 층류와 난류

레이놀드 수 : $R_e = \dfrac{VR_h}{\nu}$, R_h : 수력반경

층류 : $Re < 500$

난류 : $Re > 2{,}000$

천이영역 : $500 < Re < 2{,}000$

개수로에서는 폐수로 보다 수력반경이 크므로 Re 수가 커져서 대부분의 흐름은 난류이다. 그러므로 벽에서의 전단응력은 속도의 제곱에 비례하고 마찰계수는 벽의 조도에 의해서만 정해지므로 개수로에서는 Re 수가 별로 중요하지 않다.

(2) 등류(Uniform flow)와 비등류(Nonuniform flow)

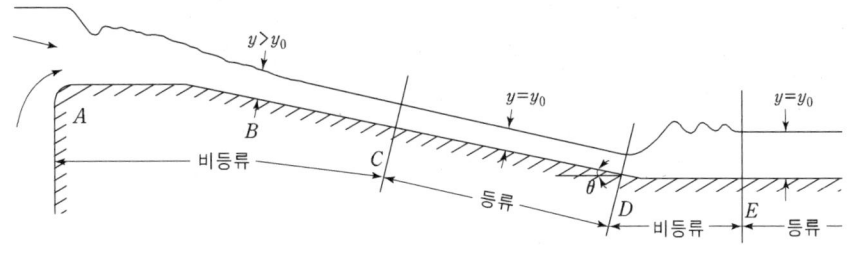

[그림 7.1 등류와 비등류]

▌▌▌ 등류(균속도 유동)

유속이 일정한 흐름으로 가속하려는 힘과 마찰력이 서로 평형을 이룰 때의 흐름.

$$\left(\frac{\partial V}{\partial s}=0\right)$$

▌▌▌ 비등류(비균속도 유동)

유속이 변하는 흐름.

$$\left(\frac{\partial V}{\partial s}\neq 0\right)$$

개수로 흐름에서 이상유체는 하류로 갈수록 유속이 계속 증가하므로 비등류이지만 실제유체는 마찰 때문에 비등류로 시작되어 일정한 구간에는 등류를 유지하다가 다시 비등류가 된다.

(3) 개수로 흐름의 특성

① 수력구배선(H. G. L.)은 항상 수면과 일치한다.
② 에너지선(E. L)은 수면보다 속도수두만큼 위에 있다.
③ 에너지선의 기울기를 S, 개수로를 따르는 길이 L 사이의 손실수두를 H_l 이라고 하면 다음 식이 성립한다.

$$S = \sin\theta = \frac{H_L}{L}$$

④ 등류에서는 수면(자유표면)과 에너지선이 평행하다.

02 등류흐름

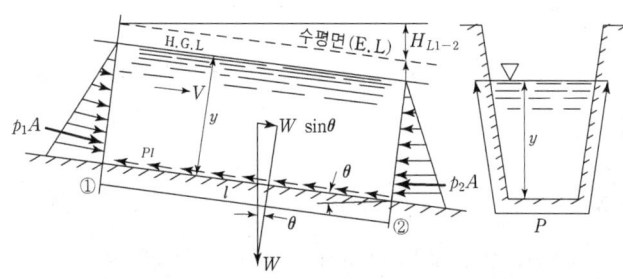

[그림 7.2 개수로에서의 등류흐름]

등류로 흐르는 개수로에서 개수로의 단면적 A, 거리 L인 자유물체도에 대한 힘의 평형을 도시하면 그림 7-2와 같다. 등류이므로 단면 ①과 ②에 미치는 압력에 의한 힘 P_1A과 P_2A는 평형을 이룬다. 따라서 유동방향으로 작용하는 힘은 물의 중량에 대한 유동방향성분 뿐이고, 이 힘은 개수로 벽면의 마찰력과 같아야 한다. 접수길이를 P, 벽면에서의 평균전단응력을 τ_0라고 하면

$$\gamma AL\sin\theta = \tau_0 PL$$

또 $\sin\theta = \dfrac{H_L}{L} = S$이므로 수력반경은 $R_h = \dfrac{A}{P}$ 이므로

$$\tau_0 = \gamma\left(\dfrac{A}{P}\right)S = \gamma R_h S$$

τ_0를 마찰계수 λ를 써서 $\tau_0 = \lambda\dfrac{\rho V^2}{2}$ 으로 놓으면 속도는 다음식이 된다.

$$V = \sqrt{\dfrac{2gR_h S}{\lambda}}$$

또한 손실수두를 Darcy방정식 $H_L = \lambda \dfrac{L}{4R_h} \dfrac{V^2}{2g}$ 로 표시하면 $\dfrac{H_L}{L} = S$ 이므로 속도는

$$V = \sqrt{\dfrac{8gR_h S}{\lambda}}$$ 로 표시된다.

1) Chezy의 식

$$V = C\sqrt{R_h \cdot S}$$

C : Chezy 상수 또는 유속계수

앞절의 속도식과 비교하면 유속계수 $C = \sqrt{\dfrac{8g}{\lambda}}$ 이고

보통 상대조도만의 함수이며 유량은 $Q = AC\sqrt{R_h \cdot S}$ 이다.

EX 01 유동단면이 7×18[cm]인 폐수로에 유체가 가득차 흐를 때 수력반경은 얼마인가?

해 설 : $R_h = \dfrac{접수면적}{접수길이} = \dfrac{7 \times 18}{(7+18) \times 2} = 2.52[\text{cm}]$

EX 02 다음 그림과 같은 중공형 원통에 유체가 흐를 때 수력반경을 구하여라.

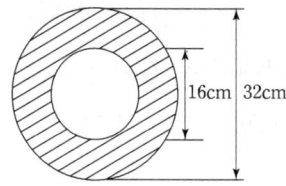

해 설 : $R_h = \dfrac{\pi(32^2 - 16^2)}{\pi \times 32 + \pi \times 16)4} = 4[\text{cm}]$

EX 03 수력반경이 0.085[m]인 기름이 가득찬 관이 유체속도가 5[m/sec]일 때 손실수두를 구하여라
(단, 관마찰 계수는 0.012이고, 관의 길이는 10[m]이다).

해 설 : $H = f \dfrac{l}{4R_h} \dfrac{V^2}{2g} = 0.012 \dfrac{10}{4 \times 0.085} \dfrac{5^2}{2 \times 9.8} = 0.45[\text{m}]$

03 최적 수력 단면

개수로에서 주어진 기울기와 벽면조건에서 유량을 최대로 하는 단면, 즉 주어진 유량에 대하여 최대수력반경 혹은 최소접수길이를 갖는 단면을 최적 수력 단면 (most efficient cross section) 또는 최량 수력 단면 이라고 한다. 일정한 경사도와 유동 단면적을 갖는 개수로 유동에서 최대유량은 chezy의 식 ($V = C\sqrt{R_h S}$)에서 볼 수 있듯이 수력반경(R_h)가 최대일 때이다. 즉, 주어진 유동단면적에 대하여 수력반경이 최대가 되기 위해서는 접수길이(P)가 최소가 되어야 하는데 이렇게 하여 얻어진 단면적은 최량수력단면이라 한다.

(1) 직사각형 단면

그림 7-3과 같은 사각형 단면에서 최량수력단면을 적용하면 다음과 같다. 유동단면적은 항상 유체가 흐를 때에 유체의 단면적이므로 그림 7·3에서 구하면 다음과 같다.

$$A = b \cdot y$$

또 접수길이 (P)는 다음과 같이 구할 수 있다.

$$P = b + 2y = \frac{A}{y} + 2y$$

여기에서 접수길이 (P)값이 최소가 될 때의 조건은 $\frac{\partial p}{\partial y} = 0$이므로 최적 수력 단면은 접수길이가 유동단면 높이의 4배, 즉, 폭이 깊이의 2배인 사각단면임을 알 수 있다.

$$P = 4y = 2b$$
$$y = \frac{b}{2}$$

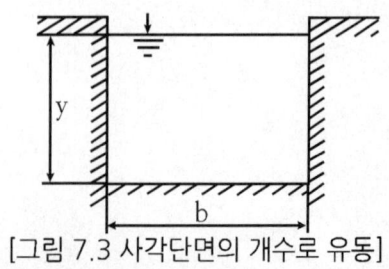

[그림 7.3 사각단면의 개수로 유동]

(2) 사다리꼴 단면

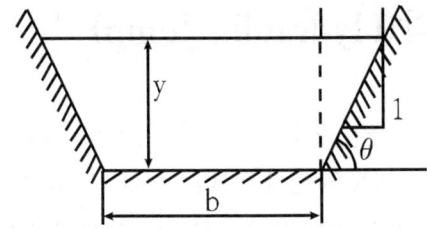

[그림 7.4 사다리꼴 단면의 개수로 유동]

그림 7-4와 같은 사다리꼴 단면의 개수로에서 단면적 A와 접수길이 P는

$$A = y(b + y\cot\theta)$$

$$P = b + \frac{2y}{\sin\theta}$$

$$P = \frac{A}{y} - y\cot\theta + \frac{2y}{\sin\theta}$$

위의 두 식에서 y에 대한 접수길이 P의 극소치를 구하면

$$\frac{\partial P}{\partial y} = 0$$ 에서 접수길이가 최소가 된다.

따라서 사다리꼴 단면의 최적조건은 $\theta = 60°$일 때 $B = 2b$인 경우,
즉 정육각형의 절반과 같은 형상일 때이다.

(3) 원형수로

원관이라도 물이 관 속을 꽉 차서 흐르지 않을 때에는 개수로로 취급하며 이것을 원형수로라고 한다. 즉, 그림 7-5와 같은 수로를 원형수로라 하며 수리 특성 곡선에 의하면 유량은 $y = 0.94D$일 때 최대이고 유속은 $y = 0.8D$일 때 최대이다.

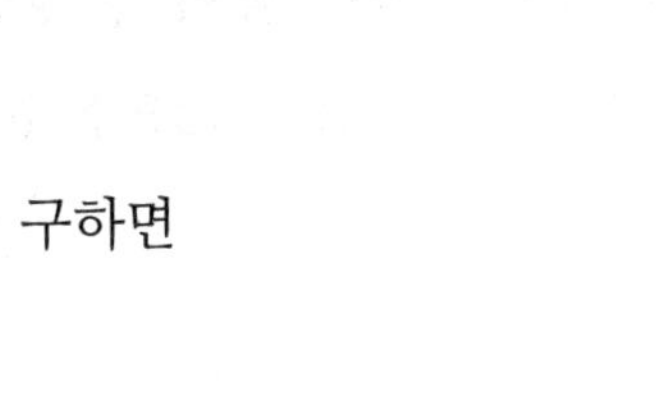

[그림 7.5 원형수로]

04 수력도약(Hydraulic Jump)

개수로에서 액체의 유동이 빠른 흐름에서 느린 흐름으로 변할 때 수면이 갑자기 상승하는 현상을 수력도약이라 한다. 이때 깊이가 증가하고 속도가 감소하며 손실 에너지가 존재하여 운동에너지의 일부가 위치에너지로의 변환이 발생한다. 즉 개수로 유동에서 사류가 상류로 변할 때 수심이 깊어지는데 이것은 곧 운동에너지가 위치에너지로 변하는 현상이다. 이 현상을 수력도약이라고 한다.

(1) 발생조건
① 개수로의 경사가 급경사에서 완만한 경사로 변할 때
② 사류에서 상류로 변할 때

(2) 수력도약이 발생한 후의 수심
그림 7-6에서 수력도약이 발생한 후의 수심 y_2는

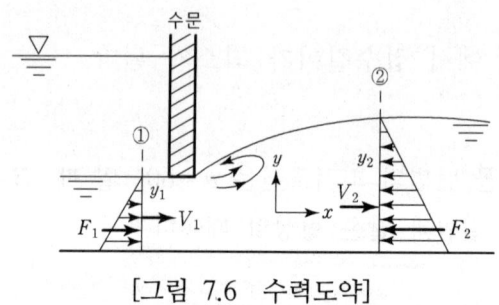

[그림 7.6 수력도약]

$$y_2 = \frac{y_1}{2}\left[-1 + \sqrt{1 + (8q^2/gy_1^3)}\right]$$

또는

$$y_2 = \frac{y_1}{2}\left(-1 + \sqrt{1 + \left(\frac{8V_1^2}{gy_1}\right)}\right)$$

(3) 수력도약에 의한 손실수두

$$H_L = \frac{(y_2 - y_1)^3}{4 y_1 y_2}$$

손실수두의 식으로부터 다음 결과식이 유도된다.

① $\dfrac{q^2}{g y_1^3} = 1$, $\left(\dfrac{V_1^2}{g y_1}\right) = F = 1$이면 $y_1 = y_2$ (임계)

② $\dfrac{q^2}{g y_1^3} > 1$, $\left(\dfrac{V_1^2}{g y_1}\right) = F > 1$이면 $y_1 < y_2$ (초임계)

③ $\dfrac{q^2}{g y_1^3} < 1$, $\left(\dfrac{V_1^2}{g y_1}\right) = F < 1$이면 $y_1 > y_2$ (아임계)

수력도약이 발생하면 $y_1 < y_2$ 이므로 ②의 경우가 수력도약의 발생조건이다.

SECTION 08 차원해석과 상사법칙

01 차원해석

물리적 관계를 나타낼 때 관계되는 물리량의 각종 변수와의 함수관계를 결정하는 방법을 차원해석(Dimensional analysis)이라고 하며 좌변과 우변의 차원은 같아야 한다. 이 원리를 동차성의 원리라 한다.

(1) 동차성의 원리

물리적 관계를 나타내는 방정식에서 좌변과 우변의 각 항은 동일한 차원을 갖는다. 예를 들면 베르누이 방정식에서 전수두는

$$H = \frac{P}{\gamma} + \frac{V^2}{2g} + Z$$

좌변의 차원 : $[L]$

우변의 차원 : $\dfrac{P}{\gamma} = \dfrac{[FL^{-2}]}{[FL^{-3}]} = [L]$

$\dfrac{V^2}{2g} = \dfrac{[L^2 T^{-2}]}{[L T^{-2}]} = [L]$

$Z = [L]$

따라서,

$$[L] = [L] + [L] + [L]$$

좌변과 우변 각 항은 동일한 차원이다.

(2) 차원해석 방법

Darcy방정식을 차원해석법에 의해 구해보면 원관에서의 압력손실은 관의 길이(L), 속도(V), 관의 직경(D), 점성계수(μ), 유체의 밀도(ρ), 관의 절대조도(e) 등의 함수라는 것이 실험을 통해서 알려졌다. 즉,

$$\Delta P = f(L, V, D, \mu, \rho, e)$$

따라서

$$\Delta P = f(L^a \cdot V^b \cdot D^c \cdot \mu^d \cdot \rho^e \cdot e^f)$$

실험에 의하면 $\Delta p \propto L$ 이므로 $a=1$이고 좌변과 우변을 MLT계 차원으로 나타내면

$$ML^{-1}T^{-2} = L^a [LT^{-1}]^b \cdot L^c \cdot [ML^{-1}T^{-1}]^d \cdot [ML^{-3}]^e L^f$$
$$= M^{d+e} L^{a+b+c-d-3e+f} T^{-b-d}$$

동차성의 원리를 적용시켜 각 변의 지수를 정리하면

$M : 1 = d + e$

$L : -1 = a + b + c - d - 3e + f$

$T : -2 = -b - d$

$\therefore b = 2 - d$

$c = -1 - d - f, \ (\because a=1, \ e=1-d, \ b=2-d)$

$e : 1 - d$

각 지수의 값을 위의 식에 대입하면(여기서 k는 비례상수이다)

$$\Delta P = kL \cdot V^{2-d} \cdot D^{-1-d-f} \cdot \mu^d \cdot \rho^{1-d} \cdot e^f$$

$$= 2k \frac{L}{D} \cdot \frac{\rho V^2}{2} \cdot \left(\frac{\mu}{\rho VD}\right)^d \cdot \left(\frac{e}{D}\right)^f$$

$$\therefore H_l = \frac{\Delta P}{\gamma} = 2k \cdot \left(\frac{1}{R_e}\right)^d \left(\frac{e}{D}\right)^f \frac{L}{D} \frac{V^2}{2g} = f \cdot \frac{L}{D} \cdot \frac{V^2}{2g}$$

$f = f\left(R_e, \dfrac{e}{d}\right)$: 마찰계수는 레이놀즈 수와 상대조도의 함수로서 무차원수이다.

02 π 정리

복잡한 유동장을 해석할 때는 독립 무차원수를 알면 편리하게 해석할 수 있는데 이것은 m개의 기본차원을 갖는 n개의 물리량은 $(n-m)$개의 독립 무차원 매개변수로 정리될 수 있다는 것이다. 즉, 어떤 물리적인 현상에 물리량

$x_1, x_2, x_3, \cdots\cdots, x_n$이 관계하고 있다면

$$F(x_1, x_2, x_3, \cdots\cdots, x_n) = 0$$

이 때 기본차원의 수가 m개이면 독립 무차원 매개변수는 $(n-m)$개이므로 다음과 같은 무차원 함수로 나타낼 수 있다.

$$f(\pi_1, \pi_2, \pi_3, \cdots\cdots, \pi_{n-m}) = 0$$

이것을 Buckingham의 π 정리라고 한다.

(1) 독립 무차원 매개변수 π의 결정방법

① n개의 물리량 중에서 기본차원의 수 m개만큼 반복변수를 결정한다.

기본차원을 M, L, T로 하면 물리량 $x_1, x_2, x_3, \cdots\cdots, x_n$ 중에서 MLT를 포함하는 물리량 3개(x_1, x_2, x_3가 M, L, T를 포함하고 있다면 x_1, x_2, x_3)를 반복변수로 결정한다.

② 반복변수는 관례에 따라 다음과 같이 결정한다.

㉠ 주어진 물리량 중에 가장 중요한 물리량을 반복 변수로 한다.
  · 기하학적 상사의 기본 변수(길이)
  · 운동학적 상사의 기본 변수(속도)
  · 역학적 상사의 기본 변수(밀도)

㉡ 반복변수의 개수는 기본차원 수(m)와 같게 하고 반복변수는 기본차원(M, L, T)을 모두 포함해야 한다.

ⓒ 종속변수는 반복변수로 택하지 않는다.

EX 01 물체의 자유낙하 거리는 초기 속도, 중력 가속도, 시간의 함수라고 알려져 있다. 이 문제를 버킹햄의 π-정리를 사용하여 해석할 때 무차원수는 몇 개를 구성할 수 있는가?

해 설: 물리량수(L, V, a, t) : 4개
기본차원수(L, T) : 2개
무차원수: 4−2=2개

03 상사법칙(Law of Similarity)

유체역학에서 해석시 실제크기를 모형으로 실험하는데는 너무 많은 시간과 장비가 필요하다. 그러나 물리량을 예측할 수 있어서 차원해석 등의 방법을 이용하여 함수관계를 알며 유체요소에 작용하는 힘의 비로부터 구해지는 무차원 수의 영향(예를 들면 Reynolds수의 영향)을 아는 것이 이 결과를 이용 모형실험을 하여 실제문제를 해결하는 것이 일반적이다. 모형실험시 실제의 흐름상태를 모형(Prototype)에 대해서도 실현되어야 한다는 것이다. 이것을 행하기 위해서는 실형과 모형 사이에 어떤 조건이 필요하게 되는데 이 조건을 상사법칙이라고 한다. 모형실험을 할 경우에 어떠한 상사법칙을 사용하면 실형과 모형사이에 유동장이 대응하는가를 생각해 보자. 이때에는 다음과 같은 3가지 상사법칙을 고려해야 한다.

① 기하학적 상사(Geometric similarity)
② 운동학적 상사(Kinematic similarity)
③ 역학적 상사(Dynamic similarity)

(1) 기하학적 상사

실형과 모형의 대응하는 모든 치수의 비가 일정할 때 실형과 모형은 기하학적 상사를 이루었다 한다. 실형과 모형에 각각 p, m의 첨자를 붙이면

$$\text{길이} : \frac{L_m}{L_p} = L_r$$

$$\text{넓이} : \frac{A_m}{A_p} = \frac{L_m^2}{L_p^2} = L_r^2$$

$$\text{체적} : \frac{V_m}{V_p} = \frac{L_m^2}{L_p^2} = L_r^3$$

(2) 운동학적 상사

실형과 모형의 유동사이에 유선이 기하학적으로 상사할 때 즉, 각각의 대응점에서 속도의 방향이 같고 크기의 비가 일정할 때 이 두 유동은 운동학적 상사를 이루었다 한다. 따라서 실형과 모형 사이에 대응하는 두 점 사이에는 속도와 가속도, 유량 등의 비가 일정하다.

속도 : $\dfrac{U_m}{U_p} = \dfrac{L_m / T_m}{L_p / T_p} = \dfrac{L_r}{T_r}$

가속도 : $\dfrac{a_m}{a_p} = \dfrac{L_m / T_m}{U_p / T_p} = \dfrac{L_m / T^2}{L_p / T_p^2} = \dfrac{L_r}{T_r^2}$

유량 : $\dfrac{Q_m}{Q_p} = \dfrac{L_m^3 / T_m}{L_p^3 / T_p} = \dfrac{L_r^3}{T_r}$

(3) 역학적 상사

서로 대응하는 점에 작용하는 힘(점성력, 압력, 중력, 표면장력, 탄성력 등)의 방향이 같고 크기의 비가 같을 때 역학적 상사를 이루었다 한다.

역학적 상사의 조건은 Newton의 제2법칙 $\Sigma F = ma$에서 유도할 수 있다.

각종 무차원 수와 정의와 물리적인 의미를 표로 나타내면 다음과 같다.

명칭	정의	물리적 의미
레이놀드수	$Re = \dfrac{\rho VL}{\mu}$	관성력 / 점성력
프루우드수	$Fr = \dfrac{V^2}{Lg}$	관성력 / 중력
마하수	$M = \dfrac{V}{a}$	속도 / 음파속도
오일러수	$Eu = \dfrac{\rho V^2}{p}$	관성력 / 압력
웨버수	$We = \dfrac{\rho V^2 L}{\sigma}$	관성력 / 표면장력
코우시수	$Ca = \dfrac{\rho V^2}{K}$	관성력 / 탄성력
압력계수	$P = \dfrac{\Delta P}{\rho V^2 / 2}$	압력 / 동압
비열비	$K = \dfrac{C_p}{C_v}$	엔탈피 / 내부에너지

V : 속도, a : 음속, L : 길이, σ : 표면장력, μ : 점성계수, P : 압력
K : 체적탄성계수, ρ : 밀도, g : 중력가속도

EX 01

실형이 1/90인 강모형에서 표면의 유속이 0.7[m/sec]이다. 역학적 상사를 이루려면 실형의 표면유속은 얼마인가?

해 설 : 배 모형의 역학적 상사는 프루우드수가 같아야 한다.

$$\frac{V^2}{90g} = \frac{0.7^2}{1g}$$

$$V = \sqrt{90 \times 0.7^2} = 6.64[\text{m/s}]$$

EX 02

실형이 4각형인 덕트를 1/20인 모형으로 만들 때 폭이 1[m]이면, 실형의 높이가 16[m]일 때 모형의 높이는 얼마인가?

해 설 : 기하학적 상사이므로

$$16 \times \frac{1}{20} = 0.8[\text{m}]$$

EX 03

모형잠수함의 실험에서 실형이 10[m/sec]로 운전될 때 모형의 속도는 얼마인가? (단, 모형과 실형의 비는 1 : 30이다)

해 설 : 모형잠수함은 레이놀드수가 같아야 하므로

$$Re = \frac{vd}{\nu}$$

$$V_1 = \frac{v_2 d_2}{d_1} = \frac{10 \times 30}{1} = 300[\text{m/s}]$$

EX 04

온도가 15[°C]인 상공을 2500[km/hr]의 속도로 나는 제트기의 마하수는 얼마인가?

해 설: $C = \sqrt{KRT} = \sqrt{1.4 \times 287 \times (15+273)} = 340.2 [\text{m/s}]$

$M = \dfrac{V}{C} = \dfrac{2500 \times 10^3}{3600 \times 340.2} = 2.04$

EX 05

그림에서 지름 75[cm]인 관에서 레이놀즈수가 20000일 때, 지름 150[cm]인 관에서의 레이놀즈수는(단, 모든 손실은 무시한다)?

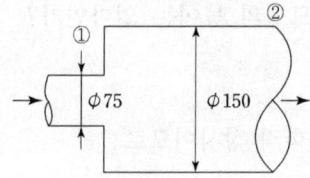

해 설: $\dfrac{Re_2}{Re_1} = \dfrac{V_2 d_2/\nu_2}{v_1 d_1/\nu_1} = \dfrac{v_2 d_2}{v_1 d_1} = \dfrac{Q\, 4\, d_2\, \pi\, d_1^{\,2}}{\pi\, d_2^{\,2}\, Q\, 4\, d_1} = \dfrac{d_1}{d_2}$

$\dfrac{Re_2}{20000} = \dfrac{75}{150}$

$Re_2 = 20000 \times \dfrac{75}{100} = 10000$

SECTION 09 항력과 양력

01 항력과 양력

유동하는 유체 속에 물체가 놓여 있을 때 또는 정지하고 있는 유체 속에서 물체가 움직일 때 그림 9-1에서와 같이 물체에 미치는 힘 R의 유동방향 성분 D를 그 물체의 항력(Drag)이라고 하며 유동방향과 직각방향 성분 L을 양력(Lift)이라고 한다.

(1) 마찰저항(Frictional resistance)

물체의 표면부근에 있어서 유체의 전단 때문에 생기는 항력을 마찰항력이라고 한다.

(2) 압력저항(Pressure resistance)

물체가 놓인 상류와 하류에서 물체의 표면에 미치는 압력차로 인하여 생기는 항력을 말하며 물체의 형상에 따라 크게 좌우되기 때문에 이것을 형상항력(Form resistance)이라고도 한다.

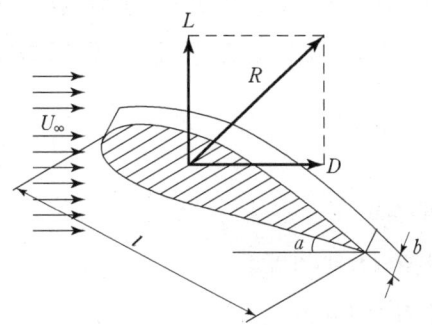

[그림 9.1 날개의 양력 항력 및 영각]

02 경계층

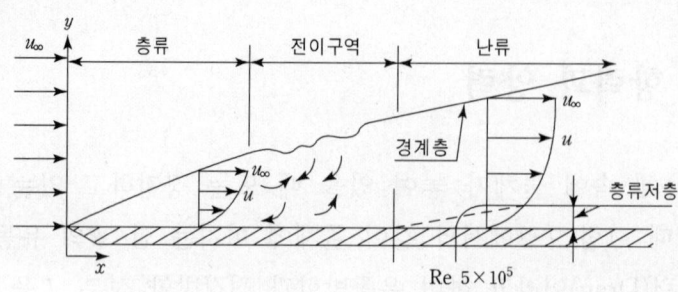

[그림 9.2 유체 경계층]

점성유체가 물체주위를 흐를 때 물체근방에서는 점성의 영향을 받으나 물체에서 멀리 떨어질수록 점성의 영향은 거의 없어져서 이상유체의 흐름과 거의 같아지는데 이러한 흐름을 포텐셜(Potential)흐름이라 하며 선단으로부터 점성의 영향이 미치는 얇은층은 경계층(boundary layer)이라고 한다. 그림 9-2와 같이 유체가 평판과 평행하게 흐르는 경우 평판의 선단 근방에서 층류의 성질을 갖는 경계층을 층류 경계층(Laminar boundary layer), 평판의 하류에서 난류의 성질을 갖는 경계층을 난류 경계층(Tubulent boundary layer), 층류 경계층에서 난류경계층으로 변하는 과도구역을 천이구역(Transition zone)이라고 한다. 또 난류 경계층이 시작되는 부근에서 벽면 근방에 얇은 층류층이 발생하는데 이것을 층류저층(Laminar sublayer)이라고 하며 속도분포는 선형적이다. 평판인 경우 임계 Reynolds수는 상류의 흐름상태나 평판선단의 형상, 판의 표면조도 등에 따라 달라지지만 대개 다음과 같다.

$$Re = \frac{Vx_c}{\nu} = 5 \times 10^5$$

V : 포텐셜 흐름

x : 평판 선단에서의 거리

ν : 유체의 동점성계수

Re수가 5×10^5이면 경계층 임계레이놀즈수라고 하며 Re수가 5×10^5이하의 흐름을 층류경계층이라고 하고 임계 레이놀드 수 이상에서의 흐름을 난류 경계층이라고 한다. 난류 경계층에서 층류저층이 발생한다.

(1) 경계층의 두께 [δ]

실제적으로 경계층 내의 최대속도가 자유흐름속도 즉, 포텐셜 흐름과 같아질 때의 두께를 두께로 정의하나 경계층의 내부와 외부와의 속도변동은 점차적으로 이루어지므로 경계층 두께의 한계가 명확하지 않다. 따라서 경계층 내부와 외부와의 유속을 각각 u, V라고 할 때 $\frac{u}{V}=0.99$가 되는 지점까지의 y좌표를 경계층의 두께라고 한다.

층류 경계층 두께

$$\delta = \frac{5x}{\sqrt{Re}}$$

난류 경계층 두께

$$\delta = \frac{0.376x}{\sqrt[5]{Re}} = \frac{0.376x}{Re^{\frac{1}{5}}}$$

(2) 경계층의 박리

그림 9-3과 같이 원주 주위의 실제유체의 흐름을 생각하자. 그림 9-3의 1-2 구간은 $\frac{dp}{dx} < 0$, $\frac{du}{dx} > 0$가 되고, 2-4 구간에서 변화가 일어나 $\frac{dp}{dx} > 0$, $\frac{du}{dx} < 0$가 된다. 따라서 2-4 구간에서는 벽에서 멀리 떨어진 유체는 유속과 관성이 크기 때문에 높은 압력에 견디면서 하류까지 진행할 수 있으나 벽 근방의 유속이 느린 유체는 점성 때문에 관성이 작아서 압력을 견디면서 하류까지 진행하기가 곤란하다. 즉, 3점에서는 $\frac{du}{dy}=0$가 되며 1점의 정체압과 같은 압력이 생기고 그 하류에서는 $\frac{du}{dy}<0$가 되어 역류가 생긴다.

EX 01 평판에서 층류 경계층의 두께를 선단으로부터의 거리 x로 표시하시오.

해 설 : $\delta = \dfrac{5x}{\sqrt{Re}} = \dfrac{5x}{\sqrt{\dfrac{vx}{\nu}}}$

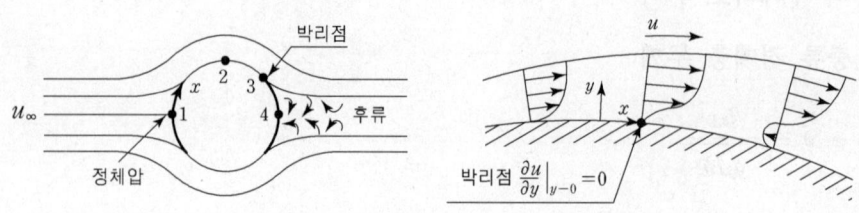

[그림 9.3 원통주위의 흐름]

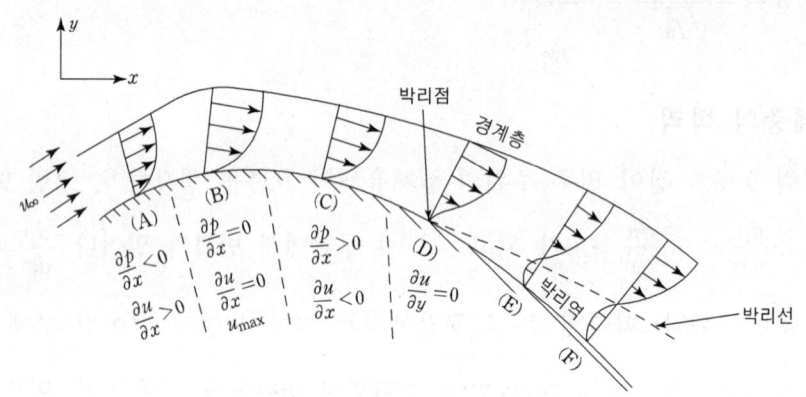

[그림 9.4 역압력 구배와 박리현상]

따라서 유체 흐름이 고체표면으로부터 떨어져 그 뒤에 소용돌이가 생긴다. 이와 같이 유체가 압력상승이 일어나 정체압과 같아지는 어느 점에서 고체표면으로부터 경계층이 떨어지는 현상을 경계층의 박리라고 한다. 박리현상이 생기면 흐름이 혼란해져서 에너지 손실을 유발한다.

03 유동장 속에 놓인 물체가 받는 항력

(1) 압력항력

그림 9-5와 같이 물체가 균일한 속도 V인 흐름 속에 놓여 있을 경우 물체의 표면에 미소면적 d_s를 잡고 이 면적에 미치는 압력 p, 그 표면에 세운 법선과 유동방향이 이루는 각을 θ라고 하면 압력항력은

$$D_p = \int_s p\cos\theta \cdot ds$$

(2) 마찰항력

유체의 점성에 의하여 물체 표면에 미치는 전단응력을 τ_0라고 하면 미소면적 (ds)에 미치는 전단력은 $\tau_0 ds$이고 이 힘의 유동방향 성분은 $\tau_0 ds \sin\theta$이므로 이 힘을 표면전체에 대하여 적분하면 마찰항력을 구할 수 있다.

$$D_f = \int_s \tau_0 \sin\theta\, ds$$

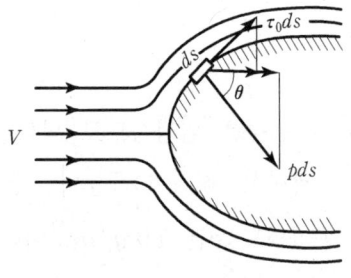

[그림 9.5 물체에 작용하는 압력과 전단응력]

(3) 전항력

압력항력과 마찰항력의 합을 전항력 또는 유체저항이라고 하며 다음과 같다.

$$D = D_p + D_f$$

물체의 표면에 작용하는 압력은 유체의 동압 $\frac{\rho V^2}{2}$ 에 비례하고 또 전단응력 τ_0 도 동압 $\frac{\rho V^2}{2}$ 에 비례하므로 전항력은 다음과 같다.

$$D = C_D \left(\frac{1}{2}\rho V^2 A\right) = (C_p + C_f)\left(\frac{1}{2}\rho V^2 A\right)$$

ρ : 유체의 밀도
A : 투상면적(유동방향에 직각인 평면에 물체를 투영한 면적)
C_p : 압력항력계수
C_f : 마찰항력계수
C_v : 항력계수 또는 전항력계수

항력계수는 물체의 형상, 유동방향, 유체의 점성, 물체의 표면조도 등에 따라 변한다.

EX 01 조종사가 $200[m]$의 상공을 일정속도로 낙하산으로 강하하고 있다. 조종사의 무게가 $1000[N]$, 낙하산 직경이 $7[m]$, 항력계수가 1.3일 때 속도는 몇 $[m/s]$인가? (단, 공기밀도 ρ는 $1[kg/m^3]$이다.)

해 설 : $F = \frac{1}{2}C_D \rho V^2 A$

$$V = \sqrt{\frac{2F}{C_D \rho A}}$$

$$= \sqrt{\frac{2 \times 1000 \times 4}{1.3 \times 1 \times \pi \times 7^2}}$$

$$= 6.32\, m/s$$

(4) Stokes의 법칙

구 주위에 점성 비압축성 유체가 유동할 때 레이놀드 수가 1이하이면 항력 (D)은 스토크스의 법칙에 따른다.

$$D = 3\pi\mu d V$$

d : 구의 직경

04 양력과 익형

(1) 익형

큰 양력이 발생하도록 만든 날개의 형상을 익형(Wing or airfoil)이라고 한다. 그림에 익형의 각 부분에 대한 명칭을 나타낸다. 익형의 전선과 후선을 맺는 직선을 익현(Wing chord), 익현의 길이를 익현길이(Chord length), 익현과 유체의 유동방향과 이루는 각을 영각(Angle of attack), 익형의 윗면과 아랫면의 중앙을 잇는 선을 골격선(camber line)이라고 한다. 또, 날개의 폭을 b, 날개의 최대 투상면적을 s라고 할 때 b^2/s를 종횡비(aspect ratio)라 하며 익현의 길이를 l이라고 하면 사각형의 익형에서는 종횡비가 b/l이다.

(2) 익형에 미치는 힘

익형에 작용하는 양력을 L, 항력을 D라고 하면

$$L = C_L \frac{\rho}{2} V^2 S$$

$$D = C_D \frac{\rho}{2} V^2 \cdot S$$

여기서 C_L, C_D는 각각 양력계수와 항력계수로서 영각 a의 함수이고 S는 날개의 최대 투상면적이다. 즉, 사각형 날개에서 단위폭당 면적은 익현길이 l이다.

그림 9-6 에서 영각 a에 따른 익형의 성능곡선에서 양력계수 C_L은 항력 C_D에 비해 매우 크고 그 값은 익형과 영각에 따라 다르다. C_L/C_D가 클수록 비행기의 성능은 좋다.

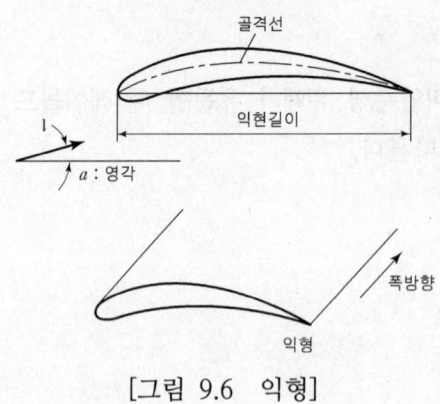

[그림 9.6 익형]

EX 01 익폭 10[m], 익현의 길이 1.8[m]인 날개로 된 비행기가 112[m/s]의 속도로 날고 있다. 익현의 영각이 1[°], 양력계수 0.326, 항력계수 0.0761일 때 비행에 필요한 동력은 몇 [kW]인가?
(단, 공기의 밀도는 1.2173[kg/m³]이다.)

해 설 : $D = C_p \dfrac{\rho A V^2}{2} = 0.0761 \times \dfrac{1.2173 \times 10 \times 1.8 \times 112^2}{2}$

$\qquad = 10458.29[N]$

$H = D \cdot V = 10458.29 \times 112 = 1171[kW]$

SECTION 10 압축성 유체의 흐름

01 음파의 전파속도

음파가 어떤 유체 속에서 전파되는 속도를 음속(Acoustic velocity)이라고 한다. 이것은 연속방정식과 운동량방정식을 이용하여 구할 수 있다. 그림과 같이 작은 압력파가 왼쪽에서 오른쪽으로 전파되는 경우에 검사체적을 정하여 연속방정식을 적용하면

$$\rho A V = (\rho + d\rho)(V + dV)A$$
$$\rho V = \rho v + \rho dV + d\rho dV$$

$d\rho dV \fallingdotseq 0$ 이므로

$$\rho dV + V d\rho = 0 \quad \cdots\cdots\cdots (a)$$

또 운동량방정식을 적용하면

$$PA + \rho QV = (P + dP)A + \rho Q(V + dV)$$
$$pA - (p + dp)A = \rho VA(V + dV - V)$$
$$\therefore dp = -\rho V dV \quad \cdots\cdots\cdots (b)$$

식(a)과 식(b)로부터 압력파의 전파속도 V는

$$V = \sqrt{dp/d\rho}$$

음속은 압력파이다. 따라서 음속 a는

$$a = \sqrt{dp/d\rho}$$

음파의 전파로 인한 유체의 압력과 온도의 변화를 무시하고 속도는 매우 빠르므로 등엔트로피 과정으로 가정한다.

$$Pv^k = C$$

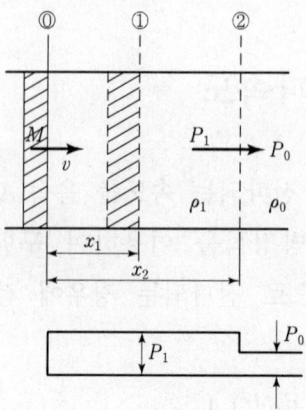

[그림 10.1 음파의 속도]

$$P\frac{1}{\rho^k} = C$$

$$P = C\rho^k$$

$$\frac{dp}{d\rho} = kc\rho^{k-1} = \frac{kc\rho^k}{\rho} = \frac{kp}{\rho}$$

위의 식들을 정리하여 음속을 구하면 다음과 같다.

$$a = \sqrt{dp/d\rho} = \sqrt{\frac{kp}{\rho}}$$

완전기체의 상태방정식을 적용하면 $p = \rho RT$이므로

$$a = \sqrt{kRT}$$

완전기체가 아닌 경우는 체적탄성계수 K를 적용하면 다음과 같다.

$$a = \sqrt{\frac{K}{\rho}}$$

체적 탄성계수 (k)는 단열과정에서 kP 등온 과정에서 P이다.

02 Mach수와 Mach각

(1) 마하(Mach) 수

$$M = \frac{V}{a} \frac{V}{\sqrt{kRT}}$$

V : 물체의 속도

A : 음속

$M < 1$: 아음속 흐름

$M > 1$: 초음속 흐름

(2) 마하(Mach) 각

물체가 공기 속을 움직이는 경우 공기의 압력변화가 생겨 물체주위의 공기 속에 음속으로

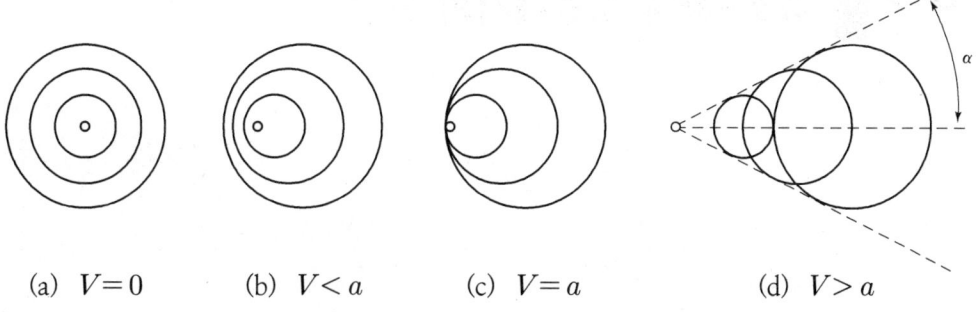

(a) $V = 0$ (b) $V < a$ (c) $V = a$ (d) $V > a$

[그림 10.2 물체속도와 압축파]

전파된다. 물체의 이동속도가 음속보다 아주 작은 경우는 압축파의 영향이 균일하다고 볼 수 있으나 속도가 빨라서 비압축성으로 해석해야 할 경우 압축파의 영향이 물체 주위에서 균일하지 않게 된다. 그림 10-2의 a는 물체가 정지상태인 경우, b는 물체의 속도가 아음속인 경우, c는 물체의 속도가 음속인 경우를 나타내며 d는 물체의 속도가 초음속인 경우를 낸다.

1) 물체가 정지한 경우($V=0$)

물체주위의 압축파의 영향은 균일하다.

2) 아음속 흐름($V < a$)

물체 주위의 압축파의 영향이 움직이는 물체의 전방에도 후방에서 일어나나 후방의 영향이 더 크게 나타난다.

3) 초음속 흐름($V > a$)

물체의 전방에서는 후방에서 일어난 영향이 없어진다. 그림 d의 원뿔면을 마하파(Mach wave)라고 하며 중심선과 원뿔면이 이루는 각 α를 마하각(Mach angle)이라고 한다.

$$\sin\alpha = \frac{a}{V}$$

03 축소-확대 노즐에서의 흐름

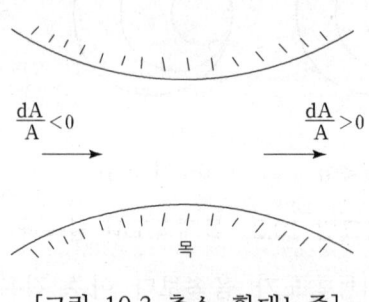

[그림 10.3 축소-확대노즐]

그림 10-3과 같은 축소-확대 노즐에서의 완전기체에 대한 1차원 정상류에서 위치에너지를 무시하면 Euler의 운동방정식은

$$\frac{dp}{\rho} + VdV = 0$$

연속방정식은

$$\frac{dp}{\rho} + \frac{dV}{V} + \frac{dA}{A} = 0$$

음속은 $a = \sqrt{dp/d\rho}$ 이므로 $dp = a^2 d\rho$이다. 따라서 오일러의 운동방정식은

$$\frac{a^2 d\rho}{\rho} + VdV = 0$$

연속방정식과 운동방정식

$$\frac{dA}{dV} = \frac{A}{V}\left(\frac{V^2}{a^2} - 1\right) = \frac{A}{V}(M^2 - 1)$$

(1) 아음속 흐름 ($M < 1$)

$M < 1$의 경우이며 $\frac{dA}{dV} < 0$가 된다. 따라서, $dV > 0$이면 $dA < 0$이어야 한다. 즉, 속도를 증가시키려면 단면적을 감소시켜야 한다.

(2) 음속 흐름 ($M = 1$)

$M = 1$의 경우이며 $\frac{dA}{dV} = 0$가 된다. 따라서, 단면적의 변화가 없는 목 부분에서 음속을 얻을 수 있다.

(3) 초음속 흐름 ($M > 1$)

$M > 1$의 경우이며 $\frac{dA}{dV} > 0$이 된다. 따라서, $dV < 0$이면 $dA > 0$이 된다. 즉, 속도를 증가시키려면 단면적을 증가시켜야 한다. 그림 10-4은 축소-확대노즐에서의 아음속 흐름과 초음속 흐름을 나타낸다. 위의 식에서 알 수 있듯이 축소노즐에서는 아음속 흐름을 초음속 흐름으로 가속시킬 수 없으므로 초음속 흐름을 얻으려면 반드시 축소-확대노즐을 통과시켜야 한다.

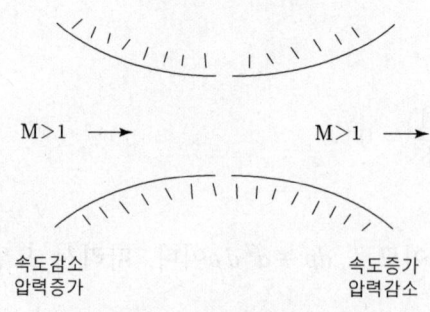

[그림 10.4 초음속 흐름]

04 등엔트로피 흐름

비점성 유체의 단열흐름, 즉 마찰이 없고 열전달이 없는 흐름을 등엔트로피 흐름이라고 한다.

(1) 등엔트로피 흐름의 에너지 방정식

단위질량의 유체에 대한 에너지 방정식은

$$Q = (i_2 - i_1) + \frac{1}{2}(V_2^2 - V_1^2) + g(z_2 - z_1) + W_t$$

등엔트로피 흐름이므로 $Q=0$, $W_t=0$ 이고 $z_1=z_2$로 놓으면

$$i_1 + \frac{V_1^2}{2} = i_2 + \frac{V_2^2}{2}$$

또는 $i = C_p T$ 이므로

$$C_p T_1 + \frac{V_1^2}{2} = C_p T_2 + \frac{V_2^2}{2}$$

윗 식을 단위중량의 유체에 대해 생각하면

$$i_1 + \frac{V_1^2}{2g} = i_2 + \frac{V_2^2}{2g}$$

또는

$$C_p T_1 + \frac{V_1^2}{2g} = C_p T_2 + \frac{V_2^2}{2g}$$

(2) 전온, 정체압력, 정체밀도

외부와 열의 출입이 없는 단열용기 속의 기체가 단열적으로 점차 축소하는 관을 통하여 흐를 때 에너지방정식을 생각하자. 그림 10·9에서 단열용기의 단면적은 관의 단면적에 비해 매우 크므로 용기 속의 기체속도는 거의 없다고 생각한다.

$$V_1 = V_0 = 0, T_1 = T_0 \text{이고 } C_p = \frac{k}{k-1}R$$

또한 등엔트로피 흐름이므로

$$T_0 = T + \frac{k-1}{kR}\frac{V^2}{2}$$

여기서 T를 전온(Total temperature) 또는 정체온도(Stagnation temperature)라고 한다. 윗 식에 $M = \frac{V}{a}$, $a = \sqrt{kRT}$인 관계를 대입하면

$$\frac{T_0}{T} = 1 + \frac{k-1}{2}M^2$$

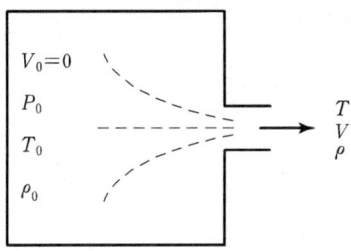

[그림 10.5 밀폐탱크의 기체분출]

또한 등엔트로피 과정에서는 $\frac{T_2}{T_1} = \left(\frac{p_2}{p_1}\right)^{k-1} = \left(\frac{\rho_2}{\rho_1}\right)^{k-1}$ 의 관계가 성립하므로 이 관계를 대입하면

$$\frac{p_0}{p} = \left(1 + \frac{k-1}{2}M^2\right)^{\frac{k}{k-1}}$$

$$\frac{\rho_0}{\rho} = \left(1 + \frac{k-1}{2}M^2\right)^{\frac{1}{k-1}}$$

위의 식에서 p_0와 ρ_0를 각각 정체압력(Stagnation pressure), 정체밀도(Stagnation density)라고 한다.

(3) 임계압력, 임계속도, 임계온도, 임계밀도

유속이 노즐의 목에서 음속인 상태를 임계상태라 하고 이때의 압력, 속도, 온도, 밀도를 각각 임계압력, 임계속도, 임계온도, 임계밀도라 하고 [*]로 표시하면 $k = 1.4$인 경우 다음과 같은 값을 얻는다.

1) 임계압력비

$$\frac{P^*}{p_0} = \left(\frac{2}{k+1}\right)^{\frac{k}{k-1}} \fallingdotseq 0.528$$

2) 임계속도비

$$\frac{V^*}{a_0} = \frac{a^*}{a_0} = \sqrt{\frac{2}{k+1}} \fallingdotseq 0.913$$

3) 임계온도비

$$\frac{T^*}{T_0} = \frac{2}{k+1} \fallingdotseq 0.833$$

4) 임계밀도비

$$\frac{\rho^*}{\rho_0} = \left(\frac{2}{k+1}\right)^{\frac{1}{k-1}} ≒ 0.634$$

05 수격작용(Water hammering)

그림 10-6과 같이 저장탱크에 수평으로 연결된 도관 속을 물이 점성류로 흐르는 경우 밸브를 갑자기 닫을 경우, 물이 감속되는 만큼의 운동에너지가 압력에너지로 변하기 때문에 밸브 직전의 위치에서 고압이 발생한다.

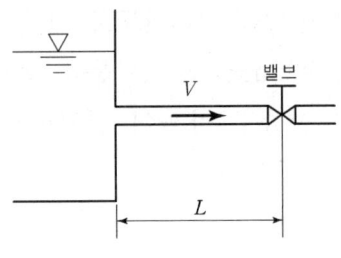

[그림 10.6 수격작용]

이 압력은 탱크와 도관 사이에서 가장 높은 압력으로 되어 탱크 쪽으로 압력파를 전파하게 된다. 이 압력파가 탱크까지 전달되는 동안 유체는 탱크 쪽으로 잠시 역류하게 되고 이 때 밸브와 접한 부분의 압력은 낮아지게 되어 다시 다음에는 부압으로 된다. 그러나 밸브가 닫혀 있으므로 이 곳의 압력은 다시 상승하여 또 다른 압력파가 탱크 쪽으로 전달되어 이 과정이 반복된다. 이와 같이 유체의 속도가 갑자기 감소함으로써 급격한 압력상승과 진동을 일으키는 현상을 수격작용이라고 한다. 수격작용에서 한 사이클을 행하는 시간, 즉 주기와 속도는 다음과 같다.

$$a = \sqrt{\frac{k/\rho}{1+\frac{kD}{E\delta}}}$$

$$t = \frac{2L}{a}$$

L : 도관의 길이　k : 유체의 체적탄성계수　ρ : 밀도
a : 압력파의 속도　E : 관의 종탄성 계수　D : 관의 안지름
δ : 관벽의 두께

또 밸브를 닫는데 걸리는 시간이 $\frac{2L}{a}$ 보다 작거나 같을 때, 즉 급폐쇄할 때 관 속의 압력상승의 최대치는

$$P_{max} - P_0 = \Delta P_{max} = \rho a V$$

또한 밸브를 닫는데 걸리는 시간이 $\frac{2L}{a}$ 보다 클 경우 즉, 밸브를 서서히 닫는 경우는 유체기계 책을 참조하기 바란다. 수격작용(Water hammer)의 원인은 압력상승이 원인이고 이러한 현상을 최대한도로 억제해야 한다. 그 방법으로는 관성차(Flywheel) 설치와 조압수조(Surge tank) 등을 관로에 설치하는 방법이 있으나 일반적으로 밸브를 펌프의 송출구 가까이 설치하는 방법을 많이 사용한다.

06 충격파(Shock wave)

유체의 흐름이 ($M>1$)으로부터 갑자기 아음속 ($M<1$)으로 변할 때 압력, 온도 및 밀도의 급격한 상승을 동반하는데 이 급격한 변화를 일으키는 파(波)는 매우 얇으므로 단일불연속선으로 취급한다. 불연속선을 충격파(Shock wave)라고 한다. 충격파가 유동방향과 수직방향이면 수직 충격파(Normal shock wave), 경사진 방향이면 경사 충격파(Oblique shock)라 한다. 수직 충격파의 전·후의 연속방정식, 운동량법칙, 에너지방정식을 적용하면 다음과 같은 관계가 성립한다. 충격파의 앞부분에 있어서 압력(p_1), 온도(T_1), 유속(q_1), 밀도(ρ_1), 마하수(M_1)으로 하고, 뒷부분에서의 각각을 p_2, T_2, q_2, ρ_2, M_2라 하면 곧은 관에 있어서의 단위면적당 유량(G/A)은 일정하므로 Fanno의 방정식에 의해 다음과 같이 구해진다.

$$\frac{G}{A} = \frac{P}{\sqrt{T_0}\sqrt{\frac{\kappa}{R}}\, M\sqrt{1+\frac{\kappa-1}{2}M^2}}$$

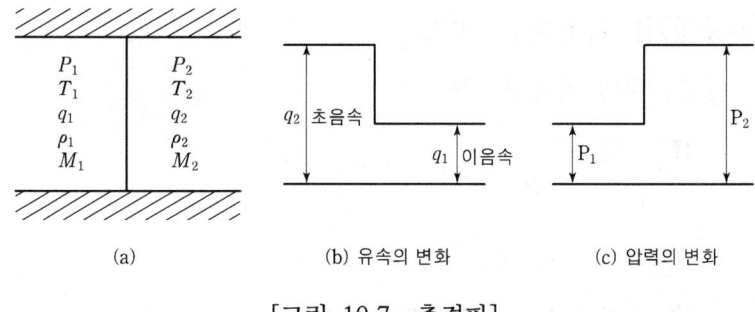

[그림 10.7 충격파]

EX 01 온도가 20[°C]인 공기 속에 물체가 20°의 마하각으로 날고 있다. 이 때 물체의 속도는 몇[m/sec]인가?

해 설 : $C = \sqrt{KRT} = \sqrt{1.4 \times 287 \times (20+273)} = 343.1[\text{m/s}]$

$\sin\alpha = \dfrac{C}{V}$

$V = \dfrac{C}{\sin\alpha} = \dfrac{343.1}{\sin 20°} = 1003.16[\text{m/s}]$

SECTION 11 유체의 계측

01 밀도 및 비중의 측정

(1) 용기(비중병)를 이용하는 방법

온도 $t[\degree C]$ 때의 비중량 γ는

$$\gamma = \frac{W_2 - W_1}{V} = \rho \cdot g$$

W_1 : 체적(V)를 알고 있는 용기의 무게

W_2 : 용기에 유체를 채운 상태의 무게

ρ : 온도 $t[\degree C]$ 때의 유체의 밀도

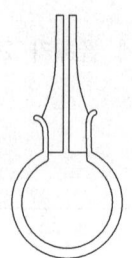

[그림 11.1 비중병]

(2) 추를 이용하는 방법(아르키메데스의 원리 이용)

온도 $t[°C]$ 때의 비중량 γ는

$$\gamma = \frac{W_a - W_l}{V} = \rho \cdot g$$

W_a : 체적(V)를 알고 있는 추의 공기 속에서의 무게

W_l : 측정하고자 하는 유체 속에서의 추의 무게

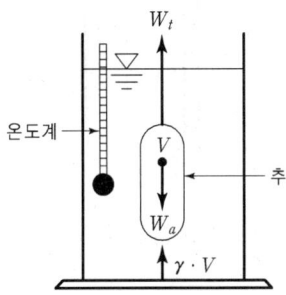

[그림 11.2 부력을 이용하여 비중량 측정방법]

(3) 비중계를 이용하는 방법

그림 11-3과 같이 가늘고 긴 유리관의 아랫부분에 수은이나 납을 넣어 유체 속에서 바로 서게 만든 것을 비중계라 한다. 비중계를 측정하고자 하는 유체 속에 넣어 수면과 일치하는 눈금을 읽으면 된다.

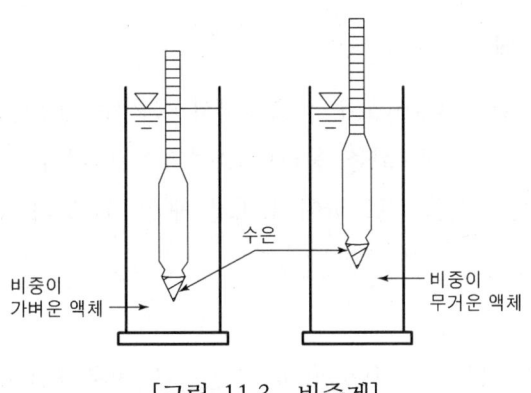

[그림 11.3 비중계]

(4) U자관을 이용하는 방법

그림 11-4와 같이 U자관의 한쪽에 비중을 알고 있는 유체 γ_1를 넣고 다른 한쪽에 측정하려고 하는 유체 γ_2를 넣어서 l_1과 l_2를 측정하면 비중량을 계산할 수 있다.

$$\gamma_2 = \frac{l_1}{l_2}\gamma_1$$

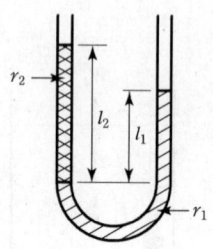

[그림 11.4 U자관]

02 점도의 측정

점도계의 종류에는 Ostwald 점도계와 세이볼트 점도계는 하겐-포아젤의 방정식을 기초로 했으며 낙구식 점도계는 스토크스 법칙을 맥미첼 점도계와 스토머 점도계는 뉴턴의 점성법칙을 기초로 하였다.

(1) Ostwald 점도계

그림 11-5와 같은 Ostward 점도계에서 유기구 V의 B위치까지 시료액을 넣고 이것이 가는 관(직경 d)을 통하여 A점까지 내려가는데 걸리는 시간 t를 측정하면 유리구의 체적을 V로 하여 유량을 구할 수 있다.

$$Q = \frac{V}{t}$$

유량을 구한 후 Hagen-Poiseuille의 법칙을 적용하면 점도를 구할 수 있다.

$$Q = \frac{\Delta P \pi r^4}{8\mu l}$$

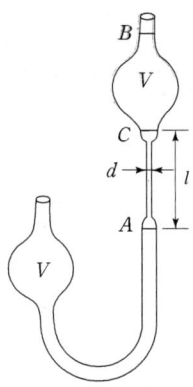

[그림 11.5 오스트발드 점도계]

$$\mu = \frac{\Delta P \pi r^4}{8lQ} = \frac{\rho g h \pi r^4 t}{8lV} = k\rho t$$

r_0 : 모세관의 반경 $\left(=\frac{d}{2}\right)$

K : 점도계에 관한 상수

따라서 $\mu=\mu_0$, $\rho=\rho_0$로 알고 있는 표준액에 대한 시간 t_0를 구해 놓으면 다음과 같이 구할 수 있다.

$$\frac{\mu}{\mu_0} = \frac{\rho t}{\rho_0 t_0}$$

따라서

$$\mu = \frac{\rho t}{\rho_0 t_0}\mu_0 \quad \text{또는} \quad \nu = \frac{t}{t_0}\nu_0$$

이들 식은 뉴턴유체인 경우만 성립하고 비뉴턴 유체일 경우는 정확하지를 않다.

(2) 낙구식 점도계

그림 11-6과 같이 측정하고자 하는 유체 속에 구를 낙하시켜 구가 낙하하는 속도를 측정 Stokes의 법칙을 이용하여 점성계수를 구하며 계산식은 다음과 같다.

$$3\pi\mu dV = \frac{1}{6}\pi d^3 g(\rho_s - \rho_l)$$

따라서

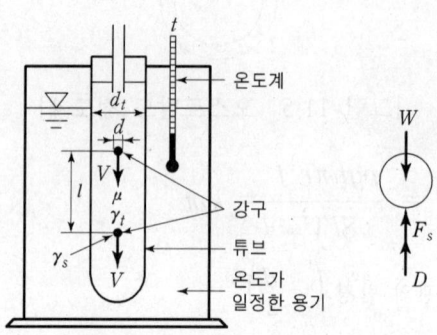

[그림 11.6 낙구식 점도계]

$$\mu = \frac{d^2(\gamma_s - \gamma_l)}{18V}$$

μ : 점성계수 d : 구의 직경

γ_s : 구의 비중량 γ_l : 액체의 비중량

V : 낙하속도

(3) 세이볼트 점도계

그림 11-7에서 측정기 밑의 구멍을 막고 액체를 A점까지 채운 다음 막은 구멍을 열어서 용기 B에 액체가 채워지는데 걸리는 시간을 측정하여 동점성계수를 구한다.

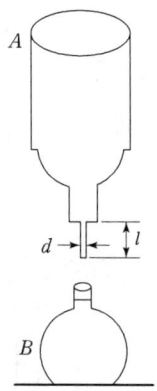

[그림 11.7 세이볼트(saybolt) 점도계]

(4) 회전식 점도계

두 동심원통 사이에 점성계수를 측정하려고 하는 액체가 들어있고 외부원통이 일정한 속도로 회전하면 내부원통도 점성작용에 의해 회전하는데 스프링의 복원력과 점성력이 평형이 될 때 내부원통은 정지한다. 이러한 성질을 이용하여 원통의

토크(T)와 회전각속도(w)를 이용 점성계수를 구하는 방법이다.

02 정압측정

(1) 피에조미터 구멍을 이용하는 방법

그림 11-8과 같이 흐름의 방향에 수직이 되도록 작은 피에조미터 구멍을 뚫어서 액주계나 압력변환기에 연결하여 정압을 측정한다. 이 때 피에조미터 구멍은 작을수록 좋고 관의 표면은 매끈해야 한다.

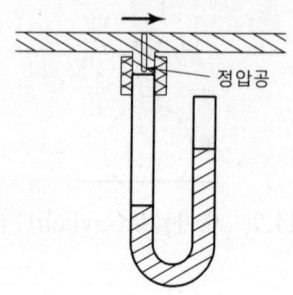

[그림 11.8 피에조미터]

(2) 정압관을 이용하는 방법

관의 표면이 매끈하지 않아서 피에조미터 구멍을 뚫을 수 없을 경우에는 그림 11-9와 같이 앞이 둥글게 막힌 작은 원통의 측면에 피에조미터 구멍이 뚫린 정압관을 액주계에 연결하여 정압을 측정한다.

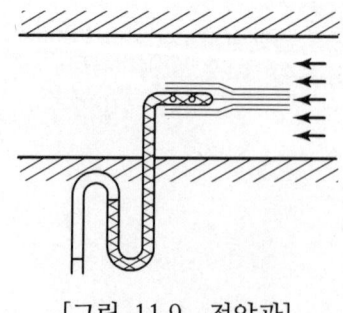

[그림 11.9 정압관]

04 유동측정

(1) 피토관(Pitot tube)

그림 11-10과 같이 직각으로 된 가는 관의 선단에 구멍을 뚫어서 구멍이 유체가 흘러오는 방향을 향하도록 설치하여 Δh를 측정함으로써 다음과 같이 유속을 계산할 수 있다.

$$V = \sqrt{2g\Delta h}$$

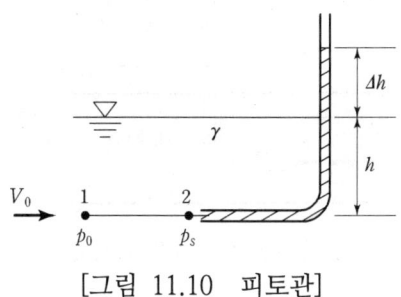

[그림 11.10 피토관]

(2) 시차 액주계

그림 11-11과 같이 시차액주계에서 R값을 측정함으로써 다음과 같이 유속을 계산할 수 있다.

$$V = \sqrt{2gR\left(\frac{S_0}{S} - 1\right)}$$

S_0 : 액주계 속에 있는 액체의 비중
S : 관 속을 흐르는 유체의 비중

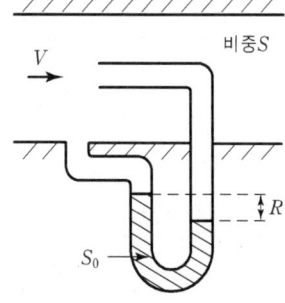

[그림 11.11 시차 액주계]

(3) 피토-정압관(Pitot-static tube)

그림 11-12와 같은 피토-정압관에서 R값을 측정함으로써 다음과 같이 음속이 계산된다.

$$V = C\sqrt{2gR\left(\frac{S_0}{S} - 1\right)}$$

C : 유속계수
S : 측정유체의 비중
S_0 : 액주계 속에 있는 유체의 비중

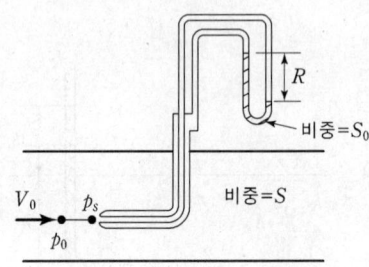

[그림 11.12 피토 정압관]

05 유량측정

(1) 오리피스(Orifice)

오리피스는 그림 11-13과 같이 관의 도중에 설치된 오리피스에서 r값을 측정 면적을 구하면 유량을 구할 수 있다.

$$Q = CA_0 \sqrt{2g\left(\frac{p_1 - p_2}{\gamma}\right)} = CA_0 \sqrt{2gR\left(\frac{S_0}{S} - 1\right)}$$

C : 유량계수 $\qquad A_0$: 오리피스의 단면적

S_0 : 액주계 속에 있는 액체의 비중 $\qquad S$: 유동유체의 비중

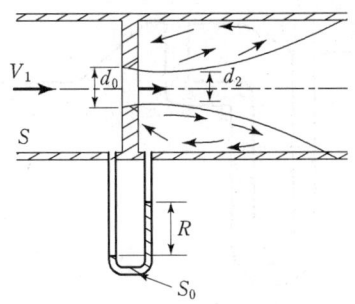

[그림 11.13 관에서의 오리피스]

(2) 노즐(Nozzle)

유량을 측정하기 위하여 노즐을 사용할 경우 그림 11·14와 같이 관에 설치된 노즐의 전·후에 액주계를 설치하여 압력차 R값을 읽음으로써 유량을 계산할 수 있다.

$$Q = CA \sqrt{2g\left(\frac{p_1 - p_2}{\gamma}\right)}$$
$$= CA \sqrt{2gR\left(\frac{S_0}{S} - 1\right)}$$

유량계수
A_0 : 오리피스의 단면적

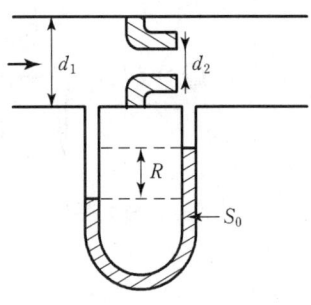

[그림 11.14 노즐]

(3) 벤츄리미터(Venturi meter)

그림 11-15와 같은 벤츄리미터에서 단면 ①, ②의 압력 p_1, p_2를 측정하면 다음 식으로부터 유량을 구할 수 있다.

$$Q = C \frac{A_2}{\sqrt{1-\left(\frac{d_2}{d_1}\right)^4}} \sqrt{\frac{2g}{\gamma}(p_1 - p_2)}$$

C : 유량계수 $\qquad d_1$, d_2 : 단면의 직경
γ : 측정유체의 비중량 $\qquad A_2$: 단면 ②의 단면적

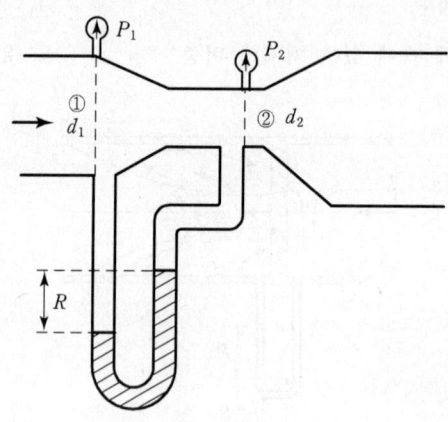

[그림 11.15 벤츄리 미터]

또한 두 단면 사이에 액주계를 설치하여 R값을 측정하면 압력계가 없이 유량을 계산할 수 있다.

$$Q = C A_2 \sqrt{\frac{2gR\left(\frac{S_0}{S}-1\right)}{1-\left(\frac{d_2}{d_1}\right)^4}}$$

S_0 : 측정 유체의 비중 $\qquad S$: 액주계 속에 있는 액체의 비중

(4) 위어(Weir)

개수로에서의 유량측정은 그림 와 같은 위어를 이용한다. 그림 11-16과 같이 수로의 도중에 위어판을 설치하여 그 위를 물이 흘러넘칠 때 위어판의 봉우리에서 수면까지의 높이 H를 측정함으로써 유량을 구할 수 있다. 그림 11·16에서 D를 봉우리 높이, H를 위어의 수두, b를 위어의 폭, B를 수로의 폭이라고 한다.

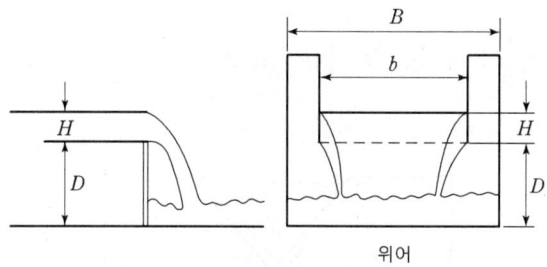

[그림 11.16 위어]

1) 전폭위어(suppressed weir)

그림 11-16에서 위어의 폭 b가 수로의 폭 B와 같을 때 이것을 전폭위어라고 하며 대유량의 측정에 사용된다.

유량 Q는

$$Q = kbH^{\frac{3}{2}} [\mathrm{m}^3/\mathrm{min}]$$

2) 4각 위어(Rectangular weir)

그림 11-17에서 위어의 폭 b가 수로의 폭 B보다 작은 경우를 4각 위어라고 하며 중간 정도의 유량측정에 사용된다. 유량은 다음 식은 전폭 위어식과 동일하다.

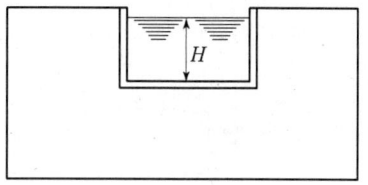

[그림 11.17 4각 위어]

3) 3각 위어(Triangular weir)

3각 위어는 적은 유량의 경우에 사용되며 그림 11-18에서

유량 Q는

$$Q = \frac{8}{15} C \sqrt{2g} \, tan\frac{\theta}{2} H^{\frac{5}{2}}$$

$\theta = 90°$ 인 직각 3각 위어일 경우는

$$Q = \frac{8}{15} C \sqrt{2g} \, H^{\frac{5}{2}} [\text{m}^3/\text{min}]$$

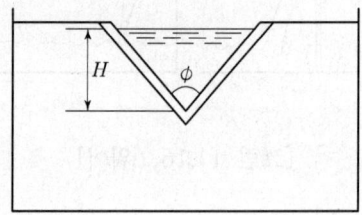

[그림 11.18 V-노치 위어]

4) 열선 속도계(Hot-wire anemometer)

그림 11-19와 그림 11-20과 같이 열선 속도계와 열필름 속도계로 나누어진다. 여기에서 열선 속도계의 단점을 보완하기 위해 열필름 속도계를 사용하는데 이것은 유체의 흐름속에 이물질이 열선에 끼이면 측정이 불가능하나 열필름이 이물질이 끼지 않기 때문에 측정이 가능하다. 그리고 열필름은 밀도가 크고 부유물이 많은 흐름에서도 측정이 가능하다.

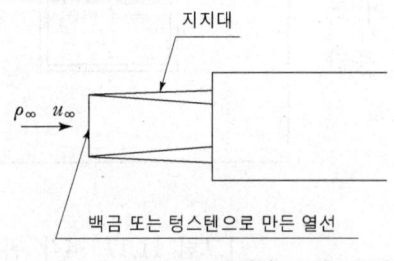 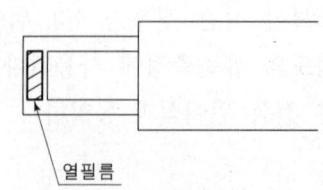

[그림 11.19 열선속도계 그림]   [그림 11.20 열필름 속도계]

EX 01 그림과 같은 피토관에서 유속(V)을 구하여라.
(단, 유체의 비중은 0.9이고, $\Delta h = 60$[mm], $h = 70$[mm]이다).

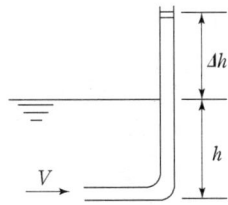

해 설 : $V = \sqrt{2g\Delta h} = \sqrt{2 \times 9.8 \times 60 \times 10^{-3}} = 1.08\,[\text{m/s}]$

EX 02 그림과 같은 시차액주계에서 유속(V)을 구하여라(단, $\Delta h = 2$[cm]이다).

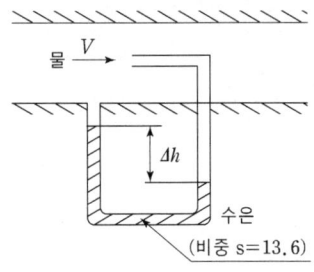

해 설 : $V = \sqrt{2g\Delta h\left(\dfrac{S_S}{S} - 1\right)}$
$= \sqrt{2 \times 9.8 \times 0.02 \times \left(\dfrac{13.6}{1} - 1\right)} = 2.22[\text{m/s}]$

EX 03 그림과 같은 피토-정압관에서 $R=2\,[\text{cm}]$일 때 유속(V)은 얼마인가?

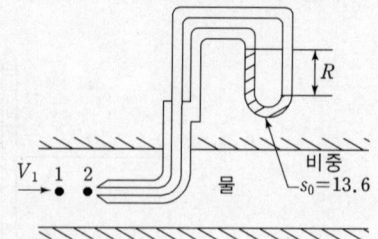

해 설 : $V = \sqrt{2gR\left(\dfrac{S_0}{S}-1\right)} = \sqrt{2\times 9.8\times 0.02(13.6-1)} = 2.22\,[\text{m/s}]$

연습문제

01 기하학적으로 상사(相似)한 두 물체가 동일 액체중을 운동할 때 물체 둘레를 흐르는 유체가 역학적으로 상사를 이루려면 다음 중 무엇이 같아야 하는가?

① 프르두수
② 관성력과 압력의 비
③ 점성력에 대한 압력의 비
④ 레이놀즈수

1.
두 물체가 동일 액체속을 흐르므로 Re가 같아야 한다.

02 비중 0.8인 알콜이 든 U자관 압력계가 있다. 이 압력계의 한 끝은 피토(potot)관의 전압부에 다른 끝을 정압부에 연결하여 피토관으로 기류의 속도를 재려고 한다. U자관의 읽음의 차가 80mm, 대기압이 1.013bar, 온도 20℃일 때 기류의 속도는?

① 32.32   ② 3.23
③ 104.3   ④ 1043

2.
$\rho_1 = 1000 S = 1000 \times 0.8 = 800$
$\rho_2 = \dfrac{P}{RT} = \dfrac{1.013 \times 10^5}{287 \times (20+273)}$
$= 1.2$
$V = \sqrt{2g\Delta h \left(\dfrac{\rho_1}{\rho_2} - 1\right)}$
$= \sqrt{2 \times 9.8 \times 80 \times 10^{-3} \times \left(\dfrac{800}{1.2} - 1\right)}$
$= 32.32 \text{m/s}$

03 액체속에 잠겨있는 곡면(AB)에 작용하는 힘의 수평분력은?

① 곡면의 수직상방에 있는 액체의 무게와 같다.
② 곡면에 의하여 유지된 무게와 같다.
③ 곡면의 수직평면에 투상된 면에 작용하는 힘과 같다.
④ 곡면의 수평평면에 투상된 면에 작용하는 힘과 같다.

3. $Fx = \gamma \cdot hc \cdot A$
(A는 수직평면에 투상한 면적, hc는 투상면적 중심에서 수면까지 수직길이)

정답   01 ④   02 ①   02 ③

04 180° 베인이 지름 10Cm, 속도 30m/s의 물 분류를 받으며 15m/s의 속도로 분류방향으로 운동하는 경우, 이 베인의 동력은 얼마 정도인가?

① 53kW
② 5.3kW
③ 353kW
④ 3534kW

4.
$Fx = \rho A(v-u)^2(1-\cos\theta)$
$= 1000 \times \frac{\pi}{4}(0.1)^2 \times (30-15)^2$
$\times (1-\cos 180°)$
$= 3534.29 N$
$P = Fx \times u = 3534.29 \times 15$
$= 53014.38W = 53.01kW$

05 유체의 성질 중 체적탄성계수와 가장 관계있는 것은?

① 온도와 무관하다.
② 압력의 증가에 따라 증가한다.
③ 점성계수에 비례한다.
④ 비중량과 같은 단위를 가진다.

5.
$K = \frac{\Delta P}{\varepsilon_v}$ 체적탄성계수는 압력의 단위이다.

06 저항계수 C=0.2 운동방향의 투영면적 A=0.3m²인 물체가 속도 20m/sec로 물속을 움직일 때 물체가 받는 힘은 몇 kN인가?

① 12　② 15　③ 18　④ 20

6. $D = \frac{1}{2}C_o \rho V^2 A$
$= \frac{1}{2} \times 0.2 \times 1000 \times 20^2 \times 0.3$
$= 12 kN$

07 피토 정압관 (pitot static tube)은 주로 무엇을 측정하는가?

① 유동하고 있는 유체에 대한 정압
② 유동하고 있는 유체에 대한 동압
③ 유동하고 있는 유체에 대한 전압
④ 유동하고 있는 유체의 잔압

7.
피토 정압관은 유속의 측정에 사용한다.
$P(동압) = \frac{1}{2}\rho V^2$

정답　04 ①　05 ②　06 ①　07 ②

08 3차원 유동의 속도장이 $V = -xi + 2yj + (5-z)k$와 같이 주어질 때 점(2, 1, 1)을 지나는 유선의 방정식은?

① $x^2y = 4, 2z + x = 5$
② $xy^2 = 4, 2z + x = 5$
③ $x^2y = 4, z + 2x = 5$
④ $xy^2 = 4, z + 2x = 5$

09 운동량(momentum)의 차원은?

① $ML^{-1}T$ ② MLT^{-2}
③ MLT^{-1} ④ ML^2T

10 점성계수 $\mu = 0.7 \text{N} \cdot \sec/m^2$인 유체가 수평벽면 위를 평행하게 흐른다. 벽면 근방에서의 속도 분포가 $u = 0.5 - 150(0.1-y)^2$ 이라고 할 때 벽면에서의 전단응력은 몇 N/m^2인가?
(단, y(m)는 벽면에 시작한 방향의 좌표를, u는 벽면 근방에서의 접선속도(m/sec)이다.)

① 10   ② 18
③ 21   ④ 26

11 안지름 0.1m인 파이프 내를 평균 유속 5m/sec로 물이 흐르고 있다. 길이 100m 사이의 손실 수두는 얼마인가?
(단, 관내의 흐름으로 레이놀즈수(Reynolds number)는 700이다.)

① 105   ② 110
③ 116   ④ 120

---

8. $\dfrac{dx}{u_x} = \dfrac{dy}{u_y} = \dfrac{dz}{u_z}$

$\dfrac{1}{-x}dx = \dfrac{1}{2y}dy = \dfrac{1}{(5-z)}dz$, (2.1.1)을 지남.

i) $\dfrac{1}{-x}dx = \dfrac{1}{2y}dy$
$-l_n\,x = l_n\sqrt{y} + c$
$l_n\,x\sqrt{y} = c$
$c = 2 \times 1 = 2$

ii) $\dfrac{1}{-x}dx = \dfrac{1}{(5-z)}dz$
$-l_n\,x = -l_n(5-z) + c$
$l_n\dfrac{(5-z)}{x} = c$
$\dfrac{5-z}{x} = c$

9. $F \times \Delta t = m \times \Delta V \ (kg_m \cdot \dfrac{m}{s})$
$[MLT^{-1}]$

10. $\dfrac{du}{dy} = 2 \times 150(0.1-y)$
$\tau = \mu \cdot \dfrac{du}{dy}$
$= 0.7 \times 2 \times 150(0.1-y)$
$\tau_{y=0} = 0.7 \times 2 \times 150 \times 0.1$
$= 21 \dfrac{N}{m^2}$

11. $H_L = f \cdot \dfrac{l}{d} \cdot \dfrac{v^2}{2g}$
$= \dfrac{64}{Re} \cdot \dfrac{l}{d} \cdot \dfrac{V^2}{2g}$
$= \dfrac{64}{700} \times \dfrac{100}{0.1} \times \dfrac{5^2}{2 \times 9.8}$
$= 116.61m$

정답   08 ③   09 ③   10 ③   11 ③

12 제트기가 시속 2400km로 비행할 때 마하각은 얼마인가? (단, 공기의 기체상수 287 N·m/kg·°K, 단열지수 1.4, 온도는 25°C이다.)

① 25   ② 31.3
③ 34.6   ④ 66

13 평판에서 생기는 층류 경계층의 두께 δ는 평판선단으로 부터의 거리 x와 어떤 관계가 있는가?

① x에 비례한다.
② $x^{\frac{1}{2}}$에 비례한다.
③ $x^{\frac{1}{3}}$에 비례한다.
④ $x^{\frac{1}{2}}$에 비례한다.

14 천이구역에서의 관마찰계수 f는?

① 언제나 레이놀즈수만의 함수가 된다.
② 상대조도와 오일러의 함수가 된다.
③ 마하수와 코우지수의 함수가 된다.
④ 레이놀즈수와 상대조도의 함수가 된다.

15 압력계의 눈금이 500KPa를 나타내고 있다. 이때 실험실에 놓여진 수은 기압계의 수은의 높이는 755mm이였다. 이때 절대압력은 얼마인가?

① 500KPa   ② 600KPa
③ 700KPa   ④ 800KPa

---

12. $c = \sqrt{kRT}$
$= \sqrt{1.4 \times 287 \times (25+273)}$
$= 346.03 \frac{m}{s}$

$V = 2400 \times \frac{10^3}{3600} = 666.67 \frac{m}{s}$

$m = \frac{V}{C} = \frac{666.67}{346.03} = 1.92$

$\sin \alpha = \frac{1}{m}$

$\alpha = \sin^{-1}(\frac{1}{1.92})$
$= 31.27°$

13. $\delta = \frac{5x}{\sqrt{Re}} = \frac{5x}{\sqrt{\frac{vx}{\nu}}}$

$\propto x^{\frac{1}{2}}$

14.
층류 : 레이놀즈수만의 함수

거친관 난류 : 상대조도만의 함수

일반적 : 상대조도와 레이놀즈의 함수

15. P = 국지대기압 + 계기압
$= 755 \times \frac{101.3}{760} + 500$
$= 600.63$ kPa

정답   12 ② 13 ② 14 ④ 15 ②

16 그림과 같이 단면적이 $0.15m^2$로 균일한 원관 속을 속도 2m/s의 물이 흐르고 있을 때 관을 지지하는 데 필요한 힘은 몇 kN인가?
(단, 관의 입구(1의점)과 출구(2의 점)에서의 압력은 게이지 압력으로 120KPa이다)

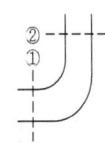

① 16　　② 26　　③ 36　　④ 46

16. $F_1 = P_1A_1 + \rho AV^2$
$= 120 \times 10^3 \times 0.15 \times 2^2$
$= 18.6 \text{kN}$
$F_2 = F_1 = 18.6 \text{kN}$
$F = \sqrt{F_1^2 + F_2^2}$
$= 26.30 \text{kN}$

17 길이 80m의 기선이 8m/sec의 속도로 항해한다. 물 속에서 조파저항을 연구하는 경우 길이 2m의 기하학적으로 닮은 모형선의 속도는 몇 m/sec로 해야 하는가?

① 0.8　　② 1.2　　③ 1.5　　④ 2.0

17. $Fr = \dfrac{V^2}{lg}$　$\dfrac{V_1^2}{l_1g} = \dfrac{V_2^2}{l_2g}$
$V_2 = \sqrt{\dfrac{l_2g}{l_1g}} \cdot V_1 = \sqrt{\dfrac{2}{80}} \times 8$
$= 1.26 \text{m/s}$

18 수력도약이 일어나기 전·후의 수심이 각각 3m, 5m이었다. 수력도약에 의한 손실수두는 몇 m인가?

① 0.133　② 0.423　③ 1.212　④ 1.683

18. $H_L = \dfrac{(y_2 - y_1)^3}{4y_1y_2}$
$= \dfrac{(5-3)^3}{4 \cdot 3 \cdot 5} = 0.133 \text{m}$

19 압력이 105KPa인 상온의 공기가 단열가역 변화를 할 때 체적탄성계수는 몇 pa인가?

① 125000　　　　② 130000
③ 1380000　　　④ 147000

19. $K = \dfrac{\Delta P}{\varepsilon_V}$
$K_{S=C} = kP = 1.4 \times 105 \times 10^3$
$= 147000 \text{Pa}$

정답　16 ②　17 ②　18 ①　19 ④

20 시속 800Km의 속도로 비행하는 제트기가 400m/sec의 속도로 배기가스를 노즐에서 분출할 때의 추진력은?
(단, 이때 흡기량은 25kg/sec이고, 배기되는 연소가스는 흡기량에 비해 2.5%증가하는 것으로 본다.)

① 3920N ② 4694N
③ 4870N ④ 7340N

20.
$\dot{m}_1 = 25 kg/s$
$\dot{m}_2 = (1+0.025) \cdot 25 kg/s$
$F = \dot{m}_2 V_2 - \dot{m}_1 V_1$
$= (1.025)25 \cdot 400$
$\quad - 25 \cdot 800 \cdot 10^3/3600$
$= 4694.4N$

21 안지름 30cm의 원관 속을 절대압력 0.32MPa, 온도 27℃인 공기가 4kg/s로 흐를때 이 원관 속을 흐르는 공기의 평균 속도는? (단, 공기의 기체상수 R=287J/kgK이다.)

① 약 15.2m/s ② 약 20.3m/s
③ 약 25.2m/s ④ 약 32.5m/s

21. $\dot{m} = \rho AV = \dfrac{P}{RT} \cdot A \cdot V$
$V = \dfrac{\dot{m}RT}{AP}$
$= \dfrac{4 \times 4 \times 287 \times (27+273)}{\pi (0.3)^2 \times 0.32 \times 10^6}$
$= 15.23 \, m/s$

22 액체의 자유표면에서부터 2.5m 깊이의 게이지 압력이 0.03 MPa일 때 이 액체의 비중은?

① 0.8 ② 1.2 ③ 8.3 ④ 4.93

22. $P = \gamma h = 9800 S \cdot h$
$S = \dfrac{P}{9800h} = \dfrac{0.03 \times 10^6}{9800 \times 2.5}$
$= 1.22$

23 레이놀드수가 1000인 원형관에 대한 마찰계수는?

① 0.064 ② 0.022 ③ 0.032 ④ 0.016

23. $f = \dfrac{64}{Re} = \dfrac{64}{1000} = 0.064$

24 지름 2m, 높이 1m의 직원뿔형 용기에 깊이 0.5m까지 물을 넣었다. 밑변이 받는 힘은 약 얼마인가?

① 76.9kN
② 37.5kN
③ 30.8kN
④ 15.4kN

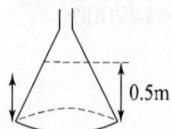

24. $F = \gamma h_c A$
$= 9800 \times 10^{-3} \times 0.5 \times \dfrac{\pi 2^2}{4}$
$= 15.4 \, kN$

25 안지름 200mm의 90° 엘보우에 물이 1MPa으로 가압된 상태에서 물이 흐르지 않고있다. 이 엘보우를 지지하는데 필요한 힘의 크기는 몇 kN인가?
(단, 물과 엘보우의 무게는 무시하며, x, y방향의 힘들을 모두 고려한다.)

① 38   ② 44   ③ 50   ④ 56

25.
$F_1 = P_1 A_1$
$= 1 \times 10^6 \times \frac{\pi}{4} \times (0.2)^2 \times 10^{-3}$
$= 31 \text{kN}$
$F_2 = 31 \text{kN}$
$F = \sqrt{F_1^2 + F_2^2} = 44 \text{kN}$

26 어떤 잠수정이 시속 12km의 속도 접함하는 상태를 관찰하기 위하여 실물의 1/10의 길이의 모형을 만들어 같은 바닷물을 넣은 탱크안에서 실험하려고 한다. 모형의 속도는 몇 km/min으로 움직여야 성립하는가?

① 8   ② 6   ③ 2   ④ 4

26.
$Re = \frac{Vd}{v} \quad \frac{V_1 d_1}{v} = \frac{V_2 d_2}{v}$
$V_2 = \frac{d_1}{d_2} \cdot V_1 = 10 \cdot 12$
$= 120 \text{ km/hr}$
$= \frac{120}{60} \text{ km/min}$
$= 2 \text{ km/min}$

27 그림에서 물이 흐를 때 관로 ACD와 관로 ABD사이에서 발생하는 손실 수두는?

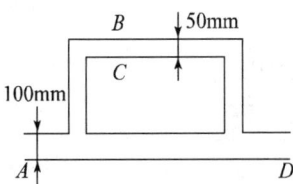

① 관로 ACD와 ABD사이에서 생기는 손실은 같다.
② ACD에서 생기는 손실이 ABD에서 보다 2배 크다.
③ ACD에서 생기는 손실이 ABD에서 보다 4배 크다.
④ ABD에서 생기는 손실이 ACD에서 보다 2배 크다.

28 4℃ 물의 체적 탄성 계수는 $2 \times 10^9 \text{N/m}^2$이다. 이 물에서의 음속은 몇 m/s인가?

① 141   ② 341   ③ 19300   ④ 1414

28. $k = 2 \times 10^9 \frac{N}{m^2}$
$c = \sqrt{\frac{dp}{d\rho}} = \sqrt{\frac{dp}{\frac{d\rho}{\rho} \cdot \rho}}$
$= \sqrt{\frac{K}{\rho}} = \sqrt{\frac{2 \times 10^9}{1000}}$
$= 1414 \text{ m/s}$

정답 25 ② 26 ③ 27 ① 28 ④

29 원관속을 30℃ 압력 190kPa의 공기가 흐르고 있을 때 피토관(pitot tube) 속의 물의 높이차가 2cm일 때 관속을 흐르는 공기의 속도는?
(단, 공기의 기체 상수 R=287J/kgK 이다.)

① 10.3   ② 11.3   ③ 12.3   ④ 13.3

29.
$$\rho = \frac{P}{RT} = \frac{190 \times 10^3}{287 \times (30+273)}$$
$$= 2.18 \text{ kg}_m/m^3$$
$$V = \sqrt{2g\triangle h(\frac{\rho_s}{\rho}-1)}$$
$$= \sqrt{2 \times 9.8 \times 0.02 \times (\frac{1000}{2.18}-1)}$$
$$= 13.38 \text{ m/s}$$

30 A, B 두 원관 속을 기체가 미소한 압력차로 흐르고 있을 때 이 압력차를 측정하려면 어떤 압력계를 쓰는 것이 가장 적당한가?

① 간섭계   ② 오리피스
③ 마노미터   ④ 부르돈 압력계

30.
마이크로 마노메타: 기상의 압력 측정

브르돈 압력계 : 액상의 압력 측정

31 그림과 같은 관로 내를 흐르는 물의 유량은?
(단, 관벽에서는 마찰이 없다고 가정한다.)

① 0.005 m³/s
② 0.035 m³/s
③ 0.07 m³/s
④ 0.01 m³/s

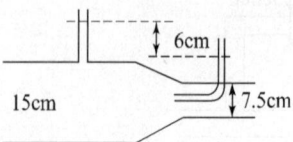

31.
$$\frac{P_1}{\gamma_1} + \frac{V_1^2}{2g} = \frac{P_2}{\gamma_1} + \frac{V_2^2}{2g}$$
$$A_1V_1 = A_2V_2$$
$$V_2 = \frac{A_1}{A_2}V_1 = \frac{15^2}{7.5^2}V_1$$
$$= 4V_1 \quad \frac{V_2^2-V_1^2}{2g} = \frac{P_1-P_2}{\gamma_1}$$
$$V_1 = \sqrt{\frac{1}{15}(\frac{P_1-P_2}{\gamma_1}) \cdot 2g}$$
$$= \sqrt{\frac{1}{15}(0.06) \times 2 \times 9.8}$$
$$= 0.28 \text{ m/s}$$
$$Q = A_1V_1 = \frac{\pi}{4}(0.15)^2 \times 0.28$$
$$= 0.00494 \text{ m}^3/s$$

32 다음 중 강제 회전운동(forced vortex motion)을 맞게 설명한 것은 무엇인가?

① 자유회전(freevortex)운동과 반대방향으로 회전한다.
② 유체가 강체(rigid body)처럼 회전할 때 일어난다.
③ 항상 자유회전운동과 함께 일어난다.
④ 속도가 반지름에 따라서 감소한다.

정답 29 ④ 30 ③ 31 ① 32 ②

33 비중 0.9 점성계수 50×10^{-2} N/m·s 인 기름이 지름 15cm인 원관 속을 0.6m/sec 의 속도로 흐르고 있을 때 이 흐름은?

① 비마찰유동　　　　② 층류
③ 난류　　　　　　　④ 아음속류

33.
$$Re = \frac{Vd}{\nu} = \frac{\rho Vd}{\mu}$$
$$= \frac{1000 \times 0.9 \times 0.6 \times 0.15}{50 \times 10^{-2}}$$
$$= 162$$

34 물을 담는 그릇을 수평방향으로 98m/s² 으로 운동시킬 때 수평에 대하여 몇 도로 기울어지겠는가?

① 45°　　② 84.2°　　③ 65°　　④ 30.5°

34.
$$\tan\theta° = \frac{a}{g}$$
$$\theta = \tan^{-1}(\frac{98}{9.8}) = 84.29°$$

35 역학적 상사성이 성립하기 위해 프루우드(froude)수를 같게 해야 되는 흐름은?

① 두 가지 혼합될 수 없는 유체가 접촉하는 흐름
② 점성계수가 큰 유체의 흐름
③ 표면 장력이 문제가 되는 흐름
④ 압축성을 고려해야 되는 유체의 흐름

35.
프루우드 수는 중력과 관성력의 비

36 비중 8.16의 금속을 비중 13.6의 수은에 담근다면 수은속에 잠기는 금속의 체적은 전체 체적의 몇 %인가?

① 40%　　　　　　② 50%
③ 60%　　　　　　④ 70%

36.
$$9800 \times 8.16 \times V = 9800 \times 13.6 \times V$$
$$\frac{V'}{V} = \frac{8.16}{13.6} = 0.6 = 60\%$$

37 후류(wake)에 대한 설명 중 옳은 것은?

① 표면 마찰이 주 원인이다.
② 항상 박리점 후방에 생긴다.
③ 항상 마찰 항력이 지배적일 때 생긴다.
④ 압력 기울기가 양(+)인 포텐셜 흐름이다.

정답　33 ②　34 ②　35 ①　36 ③　37 ②

38 지름이 1cm의 원통관에 0℃의 물이 흐르고 있다. 평균속도가 1.2m/s이고 0℃의 물의 동점성계수가 $1.788 \times 10^{-6} m^2/sec$ 일 때, 이 흐름의 레이놀드수는?

① 2356　　　　　② 4282
③ 6711　　　　　④ 7801

38. $Re = \dfrac{Vd}{v} = \dfrac{1.2 \times 0.01}{1.788 \times 10^{-6}}$
$= 6711.4$

39 지름이 25mm인 노즐에서 물이 15m/s의 속도로 분류하고 40° 경사한 평판에 분출하여 충돌할 때 분류방향의 분력은 얼마인가?

① 45.6N　　　　② 4.56N
③ 71N　　　　　④ 7.1N

39. $Fy = \rho QV \sin\theta$
$= 1000 \times \dfrac{\pi}{4} \times (0.025)^2$
　　$\times 15^2 \times \sin 40$
$= 71N$
$F_j = F \sin\theta = 71 \times \sin 40$
$= 45.63N$

40 길이 100m의 기선이 15km/hr로 항해할 때의 물속에서의 조파저항을 연구하기 위해서 길이 2m의 기하학적으로 닮은 모형의 속도를 구하면?(km/hr)

① 1.52x　　　　② 2.12
③ 3.52　　　　　④ 4.77

40. $Fr = \dfrac{V^2}{lg} \quad \dfrac{Vl^2}{l_1 g} = \dfrac{V_2^2}{l_2 g}$
$V_2 = \sqrt{\dfrac{l_2}{l_1} V_1^2} = \sqrt{\dfrac{2}{100} \times 15^2}$
$= 2.12 km/hr$

41 유속 3m/s인 물의 흐름 속에 피토관을 흐름의 방향에 수직하게 세웠을 때 그 수주의 높이는 몇 m인가?

① 0.92　　　　　② 0.46
③ 9.2　　　　　　④ 4.8

41. $V = \sqrt{2g\Delta h}$
$\Delta h = \dfrac{V^2}{2g} = \dfrac{3^2}{2 \times 9.8} = 0.46 m$

정답　38 ③　39 ①　40 ②　41 ②

42 경계층(boundray layer)에 관한 설명 중 틀린 것은?

① 경계층 바깥의 흐름은 포텐셜 흐름이다.
② 균일속도가 크고, 유체의 점성이 클수록 경계층의 두께는 얇아진다.
③ 경계층 내에서는 점성의 영향이 크다.
④ 경계층은 평판에 따라 하류로 갈수록 두꺼워 진다.

43 계기압력(gauge pressure)이란 무엇인가?

① 측정위치에서 대기압을 기준으로 하는 압력
② 표준대기압을 기준으로 하는 압력
③ 절대압력 0을 기준으로 하여 측정하는 압력
④ 임의의 압력을 기준으로 하는 압력

44 경계층 밖의 포텐셜 흐름의 속도가 10m/s일 때 경계층의 두께는 속도가 얼마일 때의 값으로 잡아야 하는가?

① 10m/s ② 7.9m/s
③ 8.9m/s ④ 9.9m/s

44. $\delta = \dfrac{u}{u_\infty} = 0.99$
$u = 10 \times 0.99 = 9.9 \, m/s$

45 피토 정압관을 이용하여 흐르는 물의 속도를 측정하려고 한다. 액주계에는 비중 13.6인 수은이 들어있고 액주계 내의 수주의 높이가 28cm일 때 흐르는 물의 속도는 얼마인가? (단, 피토 정압관의 보정계수 C=0.96이다.)

① 6.87m/s ② 7.98m/s
③ 7.54m/s ④ 5.47m/s

45. $V = C\sqrt{2g\triangle h(\dfrac{\gamma_s}{\gamma} - 1)}$
$= 0.96$
$\times \sqrt{2 \times 9.8 \times 0.28(\dfrac{9800 \times 13.6}{9800} - 1)}$
$= 7.98 \, m/s$

정답 42 ② 43 ① 44 ④ 45 ②

46 지름 3.8cm인 20℃ 글리세린($\rho = 1261 \ kg/m^3$)의 제트가 단일 깃(vane)에 의하여 60°의 각도만큼 변형되었다. 제트의 속도는 15m/s이고 깃은 입사되는 제트 방향으로 2m/s의 속도로 노즐로부터 퇴거하고 있다. 마찰이 없는 유동이라 가정하고 깃에 작용하는 전체힘을 계산한 힘 (KN)값은?

① 120.8   ② 12.08
③ 209   ④ 241.7

46.
$F_x = \rho A (V-u)^2 (1-\cos\theta)$
$= 1261 \times \frac{\pi}{4}(0.038)^2$
$\quad \times (15-2)^2 \times (1-\cos 60)$
$= 120.84 N$
$F_y = \rho A (V-u)^2 \sin\theta$
$= 1261 \times \frac{\pi}{4}(0.038)^2$
$\quad \times (15-2)^2 \sin 60$
$= 209.3 W$
$F = \sqrt{F_x^2 + F_y^2} = 241.69 N$

47 동점성 계수가 $8.39 \times 10^{-6} m/sec^2$인 원유가 안지름 1000mm 관 속을 평균유속 2.8m/s로 흐른다. 이것을 기하학적으로 상사인 안지름 100mm의 관으로 물을 사용하여 모형실험을 할 때 다음중 제일 적당한 물의 속도는 어느 것인가?
(단, 물의 동점성계수는 $1.141 \times 10^{-6} m^2/s$ 이다.)

① 3.39m/s   ② 3.80m/s
③ 205.80m/s ④ 20.58m/s

47. $Re = \frac{Vd}{\gamma}$
$V_2 = \frac{V_1 d_1}{\gamma} \times \frac{\gamma_2}{d_2}$
$= \frac{2.8 \times 1}{8.39 \times 10^{-3}} \times \frac{1.141 \times 10^{-3}}{0.1}$
$= 3.81 m/s$

48 관 속에서 유체가 흐를 때 유동이 난류라면 수두손실은?
① 속도에 정비례한다.
② 속도의 제곱에 반비례한다.
③ 지름의 제곱에 반비례하고 속도에 정비례한다.
④ 대략 속도의 제곱에 비례한다.

48. $H_L = f \times \frac{l}{d} \times \frac{V^2}{2g}$

정답   46 ④   47 ②   48 ④

49 관 속에서 액체가 흐르고 있을 때 관마찰에 가장 많이 관계되는 것은?

① 레이놀드수와 상대조도
② 마하수와 레이놀드수
③ 웨버수와 레이놀드수
④ 프루드수와 레이놀드수

50 원관 속을 유체가 흐르고 있다. 다음의 레이놀드수 중에서 층류는 어느 경우인가?

① 4000
② 20000
③ 40000
④ 1000

51 15℃에서 물체의 속도가 960m/sec일 때 마하수(mach number)는 어느 것이 맞는가?

① 6.5
② 5.3
③ 4.4
④ 2.8

51. $C = \sqrt{kRT}$
$= \sqrt{1.4 \times 287 \times (15+273)}$
$= 340.17 \text{ m/s}$

52 액체 속에 잠겨진 경사면에서 작용되는 힘의 크기는?
(단, 면적을 A, 액체의 비체적을 γ, 면의 중심까지의 깊이를 hc라 한다.)

① hcA
② hcA/γ
③ γhcA
④ γhcA^2

52. $F = \gamma hc \cdot A$

정답 49 ① 50 ④ 51 ④ 52 ③

53 어느 바닷속의 압력이 968.45bar이다. 이 바다속의 깊이는? (단, 해수의 비중은 1.2이다)

① 8.2m ② 15m
③ 82m   ④ 150m

53. $P = \gamma hc$
$h_c = \dfrac{1}{\gamma} P = \dfrac{968.45 \times 10^5}{9800 \times 1.2}$
$= 8235.12 \text{ m}$

54 비중량이 $\gamma(N/m^3)$이고3, 비체적이 $(V_S m^3/kg)$일 때 그 관계가 옳은 것은?

① $\gamma V_S = 9.8$ ② $V_S = \dfrac{1}{\gamma}$
③ $\gamma = 1000 V_S$ ④ $\gamma = \dfrac{102}{V_S}$

55 액체가 등각속도로 수직원통 내에서 중심축에 대하여 ω의 각속도로 회전하고 있을때 액면의 경사각 θ는 다음 어느 식으로 표시되는가?

① $\tan\theta = \dfrac{\omega^2 \gamma}{g}$ ② $\tan\theta = \dfrac{\gamma^2 \omega^2}{2g}$
③ $\tan\theta = \dfrac{\gamma\omega}{g}$ ④ $\tan\theta = \dfrac{\gamma\omega^2}{2g}$

55. $H = \dfrac{V^2}{2g} = \dfrac{r^2\omega^2}{2g}$
$\tan\theta = \dfrac{H}{r} = \dfrac{r\omega^2}{2g}$

56 간격이 10mm인 평행평판 사이에 점성계수가 25poise인 기름이 가득차 있다. 아래쪽 판을 고정하고 위의 평판을 3m/s 속도로 움직일 때, 평판에 발생하는 전단응력은 몇 Pa인가?

① 0.075   ② 7500
③ 750   ④ 7.5

56. $\tau = \mu \cdot \dfrac{du}{dy}$
$= 25 \times 10^{-1} \times \dfrac{3}{10 \times 10^{-3}}$
$= 750 \text{ pa}$

정답 53 ③ 54 ① 55 ④ 56 ③

57 다음 원형 오리피스(Orifice)에서 분류가 분출하고 있다. 오리피스 면적은 $A = 1\text{cm}^2$, 속도계수는 $C_v = 0.9$, 수축계수는 $C_c = 0.8$이라 한다. 오리피스에서 분출하는 물의 유량은 얼마인가? (단, 수면은 일정하게 유지되어 있다.)

① $0.7 \times 10^3 \text{cm}^3/\text{s}$
② $1 \times 10^3 \text{cm}^3/\text{s}$
③ $1.25 \times 10^3 \text{cm}^3/\text{s}$
④ $1.4 \times 10^3 \text{cm}^3/\text{s}$

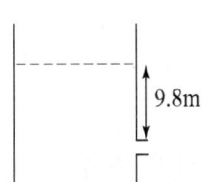

57. $V = C_V \sqrt{2g\Delta h}$
$= 0.9 \times \sqrt{2 \times 9.8 \times 9.8}$
$= 12.47 \text{m/s}$
$Q = C_c A V = 0.8 \times 1 \times 1247$
$= 997.86 \text{cm}^3/\text{s}$
$= 1 \times 10^3 \text{cm}^3/\text{s}$

58 안지름이 각각 300mm와 400mm의 원관이 직접 연결되어 있다. 지름 300mm 관에서 400mm 관의 방향으로 매초 230 l의 물이 흐르고 있다. 이 때 돌연 확대 부분에서 수두손실은 약 얼마인가?

① 2.25m ② 0.35m
③ 0.269m ④ 0.89m

58.
$V_1 = \dfrac{Q}{A_1} = \dfrac{4 \times 230 \times 10^{-3}}{\pi(0.3)^2}$
$= 3.25 \text{m/s}$
$V_2 = \dfrac{Q}{A_2} = \dfrac{4 \times 230 \times 10^{-3}}{\pi(0.4)^2}$
$= 1.83 \text{m/s}$
$H_L = \dfrac{(V_1 - V_2)^2}{2g}$
$= \dfrac{1.42^2}{2 \times 9.8} = 0.1 \text{m}$

59 지름 d인 원형단면과 1변의 길이가 b인 정사각형 단면의 관길이, 흐름의 단면적, 유량, 관마찰계수가 각각 같다고 하고 원형단면의 수두손실을 h_1 정사각형 단면의 수두 손실을 h_2라고 할 때, 수두손실의 비 h_1/h_2는?

① 0.996 ② 1.023
③ 0.886 ④ 1.130

59.
$H_L = f \cdot \dfrac{l}{d} \cdot \dfrac{V^2}{2g}$
$b^2 = \dfrac{\pi d^2}{4}$
$d = \sqrt{\dfrac{4}{\pi}} b$

$\dfrac{h_1}{h_2} = \dfrac{b}{d} = \sqrt{\dfrac{\pi}{4}} = 0.886$

정답 57 ② 58 ④ 59 ③

60 다음 사항 중 틀린 것은?
① 하겐-포아젤 방정식은 충류에만 적용된다.
② 관내 층류흐름에서 관마찰계수는 64/Re이다.
③ 달시(Darcy)식은 층류, 난류 흐름에 모두 적용할 수 있다.
④ 완전한 난류구역에서 관마찰계수 f는 레이놀드수에만 관계된다.

61 경계층(boundary layer)에 관한 설명 중 틀린 것은?
① 경계층 바깥의 흐름은 포텐셜 흐름이다.
② 균일 속도가 크고, 유체의 점성의 클수록 경계층의 두께는 얇아진다.
③ 경계층 내에서는 점성의 영향이 크다.
④ 경계층은 평판에 따라 하류로 갈수록 두꺼워진다.

62 실린더 속에 액체가 흐르고 있다. 내벽에서 수직거리 y에서의 속도가 $u = 5y - y^2$ (m/s)일 때 벽면에서의 마찰전단응력은 몇 N/m² 인가?
(단, 액체의 점성계수는 0.0382N·S/m², 실린더의 안지름은 10cm이다.)
① 19.1　　② 0.191
③ 3.82　　④ 0.382

62. $\tau = \mu \dfrac{du}{dy} = 0.0382 \times 5$
$\quad = 0.191 \text{N/m}^2$

정답　60 ④　61 ②　62 ②

63 체적 0.2m³인 물체를 물 속에 잠겨있게 하는 데 394N의 힘이 필요하다. 만약 이물체를 어떤 유체 속에 잠겨 있게 하는데 196N의 힘이 필요하다면 이 유체의 비중은 얼마인가? (단, 물의 비중량은 $9800 N/m^3$이다.)

① 0.85　　② 0.95
③ 1.05　　④ 1.1

63.
$394 + 9800 \times 0.2 = 196 + 9800 \times S \times 0.2$
$S = \dfrac{394 + 9800 \times 0.2 - 196}{9800 \times 0.2}$
$= 1.10$

64 1/100의 모형 배를 설계속도에서 실험한 결과 조파저항(wave resistance)이 1.25N일 때 실형배의 조파저항은? (단, 점성저항은 무시하며, 프루드의 상사법칙을 만족시키고, 모형배와 실형배는 동일한 유체를 사용한다고 가정한다.)

① 1.25N　　② 125N
③ 1.25×10^6N　　④ 1.25×10^4N

64. $D = D_m \dfrac{A_p}{A_m}(\dfrac{V_p}{V_m})^2$
$= 1.25 \dfrac{100^2}{l^2}(10)^2$
$= 1.25 \times 10^4$N
$Fr = \dfrac{V}{\sqrt{lg}}$
$V_p = V_m \sqrt{\dfrac{l_p}{l_m}} = V_m \sqrt{100}$
$= 10 V_m$

65 압력강하 $\triangle P$, 밀도 ρ, 길이 L, 유량 Q에서 얻을 수 있는 무차원수는?

① $\dfrac{\rho Q}{\triangle P L^2}$　　② $\dfrac{\rho L}{\triangle P Q^2}$
③ $\dfrac{\triangle P L Q}{\rho}$　　④ $\sqrt{\dfrac{\rho}{\triangle P}} \cdot \dfrac{Q}{L^2}$

66 유속 3m/s인 물의 흐름 속에 피토관을 흐름의 방향에 수직하게 세웠을 때 그 수주의 높이는?

① 0.92m　　② 0.46m
③ 9.2m　　④ 4.6m

66.
$H = \dfrac{V^2}{2g} = \dfrac{9}{2 \times 9.8} = 0.46$m

정답　63 ④　64 ④　65 ④　66 ②

67 길이 400m, 안지름이 25cm인 곧고 긴 관속을 평균속도 1.62 m/sec로 물이 흐르고 있을 경우의 손실수두는 몇 m 정도인가? (단, 관마찰계수는 0.0422이다.)

① 6　　　　　　　　② 8
③ 9　　　　　　　　④ 12

68 그림과 같은 직각 삼각형으로 된 평판이 자유표면에 한 변을 두고 물 속에 수직으로 놓여 있을 때 비중량을 γ라고 하면, 이 평판에 작용하는 전압력은?

① $\gamma h^3/12$
② $\gamma h/2$
③ $\gamma h^2/6$
④ $\gamma h^3/8$

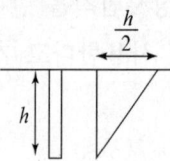

69 다음 중 가속도를 나타내는 편 미분 방정식은?
(s는 위치, t는 시간, v는 속도)

① $a = v \cdot \dfrac{\partial v}{\partial t} + v \cdot \dfrac{\partial v}{\partial s}$

② $a = v \cdot \dfrac{\partial v}{\partial s} + \dfrac{\partial v}{\partial t}$

③ $a = v \cdot \dfrac{\partial v}{\partial s} + \dfrac{\partial v}{\partial s}$

④ $a = v \cdot \dfrac{\partial v}{\partial t} \cdot v + \dfrac{\partial v}{\partial s}$

---

67. $H_L = f \times \dfrac{l}{d} \times \dfrac{V^2}{2g}$
　　$= 0.0422 \times \dfrac{400}{0.25} \times \dfrac{1.62^2}{2 \times 9.8^2}$
　　$= 9.04$ m

68. $F = \gamma hc \cdot A$
　　$= \gamma \cdot \dfrac{1}{3}h \cdot \dfrac{1}{2} \times h \times \dfrac{h}{2}$
　　$= \dfrac{\gamma h^3}{12}$

69. $V = V(s, t)$
　　$\dfrac{dv}{dt} = \dfrac{\partial v}{\partial s}\dfrac{ds}{dt} + \dfrac{\partial v}{\partial t}$
　　$= \dfrac{\partial v}{\partial s}\dfrac{ds}{dt} + \dfrac{\partial v}{\partial t}$
　　$= V\dfrac{\partial v}{\partial s} + \dfrac{\partial v}{\partial t}$

정답 67 ③　68 ①　69 ②

70 어떤 물체가 공기 중에서의 무게는 800N이고, 수중에서의 무게는 120N이었다. 이 물체의 체적과 비중은?

① V=0.016, S=0.8
② V=0.069, S=1.2
③ V=0.69, S=1.5
④ V=0.8, S=0.5

70. $G = \gamma V + 120$
$V = \dfrac{(G-120)}{\gamma} = \dfrac{(800-120)}{9800}$
$= 0.069 \text{m}^3$
$G = \gamma V = 9800 S \cdot V$
$S = \dfrac{800}{9800 \times 0.069} = 1.183 ≒ 1.2$

71 음속 341m/sec인 공기 속을 초음속으로 나는 총알의 마하(mach)각이 40°일 때 이 총알의 속도는 몇 m/s인가?

① 219
② 500
③ 530
④ 580

71. $V = \dfrac{C}{\sin \alpha} = \dfrac{341}{\sin 40}$
$= 530.5 \text{ m/s}$

72 표준상태에서 물의 체적을 1% 감축시키려면 얼마의 압력을 가해야 하는가? (단, 물의 체적탄성계수는 $2 \times 10^9 \text{N/m}^2$이다.)

① $2 \times 10^9 \text{N/m}^2$
② $2 \times 10^{11} \text{N/m}^2$
③ $2 \times 10^5 \text{N/m}^2$
④ $2 \times 10^7 \text{N/m}^2$

72. $\triangle P = K \epsilon_v = 2 \times 10^9 \times 0.01$
$= 2 \times 10^7 \text{N/m}^2$

73 대기중을 500m/s의 속도로 비행하고 있는 물체 표면의 이론적인 온도증가는 얼마인가?
(단, 비열비 $k=1.4$ 공기의 기체상수 $R=287\text{N/kg°K}$)

① 631.3℃
② 124.5℃
③ 82.7℃
④ 43.9℃

73.
$\triangle T = T_0 - T = \dfrac{K-1}{KR} \cdot \dfrac{V^2}{2}$
$= \dfrac{(1.4-1) \cdot 500^2}{(1.4 \times 287) \cdot 2}$
$= 124.4.2 \text{K}$

정답 70 ② 71 ③ 72 ④ 73 ②

74 비중 0.9 점성계수 $49 \times 10^{-3} \text{N} \cdot \text{s/m}^2$의 기름이 안지름 15cm의 원형관 속을 0.6m/s 의 속도로 흐를 때 레이놀드 수는 얼마인가?

① 1653
② 2755
③ 1690
④ 3120

75 원판을 유동 방향에 직각으로 놓았을 때의 항력계수가 1.12 이다. 0.3m 지름의 원판을 위의 경우와 같이 하여 물 속을 48km/h로 운동 시키는데 필요한 동력은?

① 93.8kW
② 140.8kW
③ 7.07kW
④ 16.13kW

76 기하학적으로 상사(相似)한 두 물체가 동일 액체중을 운동 할 때 물체 둘레를 흐르는 유체가 역학적으로 상사를 이루 려면 다음 중 무엇이 같아야 하는가?

① 프루드수
② 관성력과 압력의 비
③ 점성력에 대한 압력의 비
④ 레이놀즈수

77 비중 0.8인 알콜이 든 U자관 압력계가 있다. 이 압력계의 한 끝은 피토(pitot)관의 전압부(全壓部)에 다른 끝을 정압 부(靜壓部)에 연결하여 피토관으로 기류의 속도를 재려고한 다. U자관의 읽음의 차가 78.8mm, 대기압력이 1.0266bar, 온도 210℃ 일 때 기류의 속도는?

① 38.8m/sec
② 27.5m/sec
③ 40.8m/sec
④ 31.8m/sec

---

74. $Re = \dfrac{\rho V d}{\mu}$
$= \dfrac{1000 \times 0.9 \times 0.6 \times 0.15}{49 \times 10^{-3}}$
$= 1653$

75. $D = \dfrac{1}{2} C_D \rho V^2 A$
$= \dfrac{1}{2} \times 1.12 \times 1000$
$\times (\dfrac{48000}{3600})^2 \times \dfrac{\pi}{4}(0.3)^2$
$= 7037.17 \text{N}$
$H = D \times V$
$= 7073.17 \times (\dfrac{48000}{3600})$
$= 93.23 \text{kW}$

76. Re = 관성력 / 점성력

77. $P = \rho RT$
$\rho = \dfrac{P}{RT} = \dfrac{1.0266 \times 10^5}{287 \times 483}$
$= 0.74$
$V = \sqrt{2g\Delta h(\dfrac{\rho_s}{\rho} - 1)}$
$= \sqrt{2 \times 9.8 \times 78.8 \times 10^{-3} \times (\dfrac{0.8 \times 1000}{0.74} - 1)}$
$= 40.84 \text{ m/s}$

정답 74 ① 75 ① 76 ④ 77 ③

78 액체속에 잠겨있는 곡면(AB)에 작용하는 힘의 수평분력은?

① 곡면의 수직상방에 있는 액체의 무게와 같다.
② 곡면에 의하여 유지된 액체의 무게와 같다.
③ 곡면의 수직평면에 투상된 면에 작용하는 힘과 같다.
④ 곡면의 수평평면에 투상된 면에 작용하는 힘과 같다.

79 180° 베인이 지름 5cm, 속도 30m/s의 물 분류를 받으며 15m/s의 속도로 분류방향으로 운동하는 경우, 이 베인의 동력은 얼마 정도인가?

① 13.3kw
② 14.7kw
③ 18.1kw
④ 19.6kw

79. $Fx = \rho A (V-u)^2 (1-\cos\theta)$
$= 1000 \times \frac{\pi}{4}(0.05)^2$
$\times (30-15)^2 (1-\cos 180)$
$= 883.57\text{N}$
$H = Fx \times u = 883.57 \times 15$
$= 13.25\text{kW}$

80 유체의 성질 중 체적탄성계수와 가장 관계있는 것은?

① 온도와 무관하다.
② 압력의 증가에 따라 증가한다.
③ 점성계수에 비례한다.
④ 비중량과 같은 단위를 가진다.

80. $k = \frac{\Delta P}{\varepsilon_V}$

81 저항계수 $C_P = 0.2$ 운동방향의 투영면적 $F = 0.25\text{m}^2$인 물체가 속도 20m/sec로 물속을 움직일 때 물체가 받는 힘은 몇 kN인가?

① 0.1
② 0.5
③ 10
④ 20

81. $D = \frac{1}{2} C_P \rho V^2 A$
$= \frac{1}{2} \times 0.2 \times 1000 \times 20^2 \times 0.25$
$= 10 \text{ kW}$

정답 78 ③ 79 ① 80 ② 81 ③

82 피토 정압관(pitot static tube)은 주로 무엇을 측정하는가?
① 유동하고 있는 유체에 대한 정압(靜壓)
② 유동하고 있는 유체에 대한 동압(動壓)
③ 유동하고 있는 유체에 대한 전압(全壓)
④ 유동하고 있는 유체의 잔압(殘壓)

83 (x, y)좌표계의 비회전 2차원 유동장에서 속도 포텐션 (potential) Φ는 $\Phi = 2x^2y$로 주어졌다.
이때 점(3, 2)인 곳에서 속도 벡터는?
(단, 속도포텐셜 Φ는 $\vec{V} \equiv \nabla \Phi = grad\ \Phi$로 정의된다.)
① $24\vec{i} + 18\vec{j}$
② $-24\vec{i} + 18\vec{j}$
③ $12\vec{i} + 9\vec{j}$
④ $-12\vec{i} + 9\vec{j}$

83.
$(\frac{\partial}{\partial x}\vec{i} + \frac{\partial}{\partial y}\vec{j} + \frac{\partial}{\partial z}\vec{k}) \cdot (2x^2y)$
$= (4xy\vec{i} + 2x^2\vec{j})$
at, (3,2),
$(4 \times 3 \times 2\vec{i} + 2 \times 3^2\vec{j})$
$= (24\vec{i} + 18\vec{j})$

84 운동량(momontum)의 차원은?
① $ML^{-1}T$
② MLT^{-2}
③ MLT^{-1}
④ ML^2T

84. $F \times \Delta t = m \cdot \Delta V[MLT^{-1}]$

85 점성계수 $\mu = 0.98N \cdot s/m^2$인 뉴톤 유체가 수평벽면 위를 평행하게 흐른다. 벽면 근방에서의 속도 분포가 $u = 0.5 - 150 (0.1-y)^2$이라고 할 때 벽면에서의 전단응력은 몇 N/m^2인가?
(단, y(m)는 벽면에 수직한 방향의 좌표를, u는 벽면 근방에서의 접선속도(m/sec)이다.)
① 3
② 29.4
③ 0
④ 0.306

85.
$\tau = \mu \cdot \frac{du}{dy} = 0.98 \times 150 \times 2 \times 0.1$
$= 29.4 N/m^2$

정답   82 ②   83 ①   84 ③   85 ②

86 안지름 0.1m인 파이프 내를 평균 유속 5m/s로 물이 흐르고 있다. 길이 100m 사이의 손실수두는 얼마인가?
(단, 관 내의 흐름으로 레이놀즈수(Reynolds number)는 1000이다.)

① 81.6m   ② 40m
③ 16.32m   ④ 50m

86.
$$H_L = \frac{64}{Re} \times \frac{l}{d} \times \frac{V^2}{2g}$$
$$= \frac{64}{1000} \times \frac{100}{0.1} \times \frac{25}{2 \times 9.8}$$
$$= 81.63 \text{m}$$

87 평판에서 생기는 층류 경계층의 두께 δ는 평판선단으로 부터의 거리 x와 어떤 관계가 있는가?

① x에 비례한다.
② $x^{\frac{1}{2}}$에 비례한다.
③ $x^{\frac{1}{3}}$에 비례한다.
④ $x^{\frac{2}{1}}$에 비례한다.

87.
$$\delta = \frac{5x}{\sqrt{Re}} = \frac{5x}{\sqrt{\frac{vx}{\gamma}}} \propto x^{\frac{1}{2}}$$

88 천이구역에서의 관마찰계수 f는?

① 언제나 레이놀즈수만의 함수가 된다.
② 상대조도와 오일러수의 함수가 된다.
③ 마하수와 코우지수의 함수가 된다.
④ 레이놀즈수와 상대조도의 함수가 된다.

89 압력계의 눈금이 392KPa를 나타내고 있다. 이때 실험실에 놓여진 수은 기압계의 수은의 높이는 750mm이였다. 이때 절대압력은 얼마인가?

① 288KPa   ② 492KPa
③ 532KPa   ④ 598KPa

89. $P = P(국지) + P(계)$
$$= 392 + \frac{750 \times 101.3}{760}$$
$$= 491.97 \text{kpa}$$

정답 86 ① 87 ② 88 ④ 89 ②

90 길이 150m의 기선이 8m/s의 속도로 항해한다. 물 속에서 조파저항을 연구하는 경우 길이 1.5m의 기하학적으로 닮은 모형선의 속도는 몇 m/s로 해야 하는가?

① 12　　　　　　　② 8
③ 800　　　　　　 ④ 0.8

90.
$$Re = \frac{Vd}{\nu} \quad V_1 l_1 = V_2 l_2$$
$$V_2 = \frac{l_1}{l_2} \times V_1 = \frac{150}{1.5} \times 8$$
$$= 800$$

91 수력도약이 일어나기 전·후의 수심이 각각 3m, 5m이었다. 수력도약에 의한 손실수두는 몇 m인가?

① 0.133　　　　　② 0.423
③ 1.212　　　　　④ 1.683

91.
$$H_L = \frac{(y_1 - y_2)^3}{4 y_1 y_2} = \frac{2^3}{4 \times 3 \times 5}$$
$$= 0.133 \, m$$

92 압력이 101.25kPa인 상온의 공기가 단열가역 변화를 할 때 체적탄성계수는 몇 ps이인가?

① 101250　　　　② 141750
③ 14175500　　　④ 10125400

92. $K = kp = 1.4 \times 101.25 \times 10^3$
$= 141750 \, Pa$

93 시속 800km의 속도로 비행하는 제트기가 400 m/sec의 속도로 배기가스를 노즐에서 분출할 때의 추진력은?
(단, 이때 흡기량은 25 kg/sec이고, 배기되는 연소 가스는 흡기량에 비해 2.5% 증가하는 것으로 본다.)

① 3920N　　　　② 4694N
③ 4870N　　　　④ 7340N

93. $F = m_2 v_2 - m_1 v_1$
$= 25(1 + 0.025)400$
$- 25 \left(\frac{800 \times 10^3}{3600} \right)$
$= 4694.44 N$

정답　90 ③　91 ①　92 ②　93 ②

94 안지름 30cm의 원 관 속을 절대압력 0.32MPa, 온도 27℃인 공기가 4kg/s로 흐를때 이 원 관 속을 흐르는 평균 속도는?
(단, 공기의 기체상수 $R=287\text{J/kgK}$이다.)

① 15.2 m/s ② 20.3 m/s
③ 25.2 m/s ④ 32.5 m/s

94.
$$\rho = \frac{P}{RT} = \frac{0.32 \times 10^6}{287 \times (27+273)}$$
$$= 3.72 \text{kg/m}^3$$
$$\dot{m} = \rho A V$$
$$V = \frac{\dot{m}}{A\rho} = \frac{4 \times 4}{\pi(0.3)^2 \times 3.72}$$
$$= 15.2 \text{m/s}$$

95 액체의 자유표면에서부터 2.5m 깊이의 게이지 압력이 $0.2\text{kg}_f/\text{cm}^2$일 때 이 액체의 비중은?

① 0.8 ② 1
③ 8.3 ④ 4.93

95. $P = \gamma h_C = 1000 S \times hc$
$$S = \frac{P}{1000 h_C} = \frac{0.2 \times 10^4}{1000 \times 2.5}$$
$$= 0.8$$

96 레이놀수가 1000인 원통관에 대한 마찰계수는?

① 0.064 ② 0.022
③ 0.032 ④ 0.016

96. $f = \dfrac{64}{Re} = \dfrac{64}{1000} = 0.064$

97 안지름 100mm의 90° 엘보우에 물이 1MPa으로 가압된 상태에서 물이 흐르지 않고 있다. 이 엘보우를 지지하는데 필요한 힘의 크기는 얼마 정도인가?
(단, 물과 엘보우의 무게는 무시하며, x, y 방향의 힘들을 모두 고려한다.)

① 24500N ② 11100N
③ 7690N ④ 0

97. $Fx = P_1 A_1$
$$= 1 \times 10^6 \times \frac{\pi}{4}(0.1)^2$$
$$= 7853\text{N}$$
$Fy = Fx = 7853\text{N}$

$F = \sqrt{Fx^2 + Fy^2} = 11105.8\text{N}$

정답 94 ① 95 ① 96 ① 97 ②

98 어떤 잠수정이 시속 12km의 속도로 잠항하는 상태를 관찰하기 위하여 실물의 1/10의 길이의 모형을 만들어 같은 바닷물을 넣은 탱크안에서 실험하려고 한다. 모형의 속도는 몇 km/hr로 움직여야 성립하는가?

① 10　　② 20
③ 100　　④ 120

98. $Re = \dfrac{Vd}{\nu}$　$V_1 l_1 = V_2 l_2$
$V_2 = \dfrac{l_1}{l_2} \times V_1 = 10 \times 12$
$= 120 \text{km/hr}$

99 4℃물의 체적 탄성 계수는 $2 \times 10^9 \text{N/m}^2$이다. 이 물에서의 음속은 몇 m/s인가?

① 141　　② 341
③ 19300　　④ 1414

99. $C = \sqrt{\dfrac{k}{\rho}} = \sqrt{\dfrac{2 \times 10^9}{1000}}$
$= 1414 \text{m/s}$

100 물을 담은 그릇을 수평방향으로 98m/s^2으로 운동시킬 때 수평에 대하여 몇 도로 기울여지겠는가?

① 45°　　② 84.2°
③ 65°　　④ 30.5°

100. $\tan\theta = \dfrac{a}{g}$
$\theta = \tan^{-1}\left(\dfrac{98}{9.8}\right) = 84.29°$

정답　98 ④　99 ④　100 ②

101 속도 U의 균일 유동 중에 놓인 반지름 a의 회전하는 실린더가 있고 주변 유동의 속도 포텐셜은 다음과 같다. (가)에 정체점이 존재할 때 순환은 얼마인가?

$$\varnothing = Ur(1+\frac{a^2}{r^2})\cos\theta + \frac{\Gamma}{2\pi}\theta$$

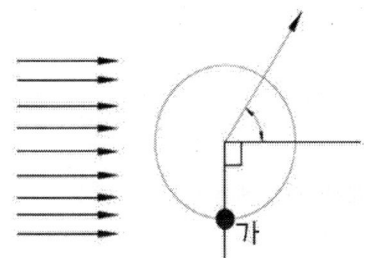

① 0
② $-\pi Ua$
③ $2\pi Ua$
④ $-4\pi Ua$

101.
$\phi = Hr(1+\frac{a^2}{r^2})\cos\theta + \frac{\Gamma}{2\pi}\theta$

$\frac{\partial \phi}{\partial \theta} = Hr(1+\frac{a^2}{r^2})\cos\theta + \frac{\Gamma}{2\pi}$

가점의 $\theta = 270°$
$= Ha(1+\frac{a^2}{a^2})\sin 270 + \frac{\Gamma}{2\pi}$
$= -2Ha + \frac{\Gamma}{2\pi} = 0$

그러므로 $\Gamma = 4\pi Ha$

102 비중 8.16의 금속을 비중 13.6의 수은에 담근다면 수은속에 잠기는 금속의 체적은 저체 체적의 몇 %인가?
① 40%
② 50%
③ 60%
④ 70%

102. $9800 \times 8.16 \times V$
$= 9800 \times 13.6 \times V_{잠}$
$V_{잠}/V_{전} \frac{8.16}{13.6} = 0.6$
60%

103 후류(wake)에 대한 설명 중 옳은 것은?
① 묘면 마찰이 주 원인 이다.
② 항상 박리점 후방에 생긴다.
③ 항상 마찰 항력이 지배적일 때 생긴다.
④ 압력 기울기가 양(+)인 포텐셜 흐름이다.

정답 101 ④ 102 ③ 103 ②

104 지름이 1cm의 원통관에 0℃의 물이 흐르고 있다. 평균속도가 1.2m/s이고 0℃의 물이 $v = 1.788 \times 10^{-6} m^2/sec$일 때, 이 흐름의 레이놀드수는?

① 2356 ② 4282
③ 6711 ④ 7801

104.
$$Re = \frac{Vd}{\nu} = \frac{1.2 \times 0.01}{1.788 \times 10^{-6}}$$
$$= 6711$$

105 경계층(boundray layer)에 관한 설명 중 틀린 것은?

① 경계층 바깥의 흐름은 포텐셜 흐름이다.
② 균일속도가 크고, 유체의 점성이 클수록 경계층의 두께는 얇아진다.
③ 경계층 내에서는 점성의 영향이 크다.
④ 경계층은 평판에 따라 하류로 갈수록 두꺼워진다.

정답 104 ③ 105 ②

PART 05
유체기계 및 유압기기

CHAPTER 01　유체기계

SECTION 01　정의 및 분류

SECTION 02　유동방향 분류

SECTION 03　축류 펌프

SECTION 04　왕복 펌프

SECTION 05　회전 펌프 및 특수 펌프

SECTION 06　수차 및 공기기계

CHAPTER 02　유압기기

SECTION 01　유압기기의 개요

SECTION 02　유압의 기초지식

SECTION 03　유압시스템의 특징

SECTION 04　유압제어 밸브 (Hydraulic Control Valve)

SECTION 05　구동기기(액추에이터)

SECTION 06　부속기기(Accessories)

CHAPTER 01 유체기계

SECTION 01 정의 및 분류

(1) 정의
유체를 작동 물질로 취급하여 이 유체에 대하여 에너지를 이루는 기계

(2) 유체기계 분류
유체기계를 크게 나누면 수력기계와 공기기계로 분류되나 원칙적인 분류법은 다음과 같다.

1) 취급유체의 분류
① 수력 기계 : 취급유체가 액상(주로 물)
② 공기 기계 : 취급유체가 기상(주로 공기)

2) 에너지 변환 방식에 의한 분류
① 원동기와 펌프 : 원동기는 열에너지를 기계적 에너지로 전환하는 장치이며 펌프는 기계적 에너지를 유체에너지로 전환시키는 장치이다.
② 토오크 변환기 : 토크(torque)변화없이 속도만을 변하게 하는 유체커플링(hydraulic coupling)과 토크가 변화는 토크컨버터(torque converter)가 있다.

3) 작동원리상의 분류
① 터어보기계(turbo machine) : 회전하는 깃(vane)에 의하여 연속적으로 에너지의 전환이 이루어진다(대동력용).
② 용적식기계 : 피스톤 또는 플런지에 의해 정압으로 에너지 정압을 이용한다.
③ 특수유체기계 : 터어보기계나 용적식기계가 아닌 경우(큰 압력 필요시)

4) 유체 유동방향에 의한 분류

① 반경류형(radial flow type)

② 축류형(axially flow type)

③ 사류형(mixed flow type)

다음과 같이 분류하여 세분하면 다음과 같다.

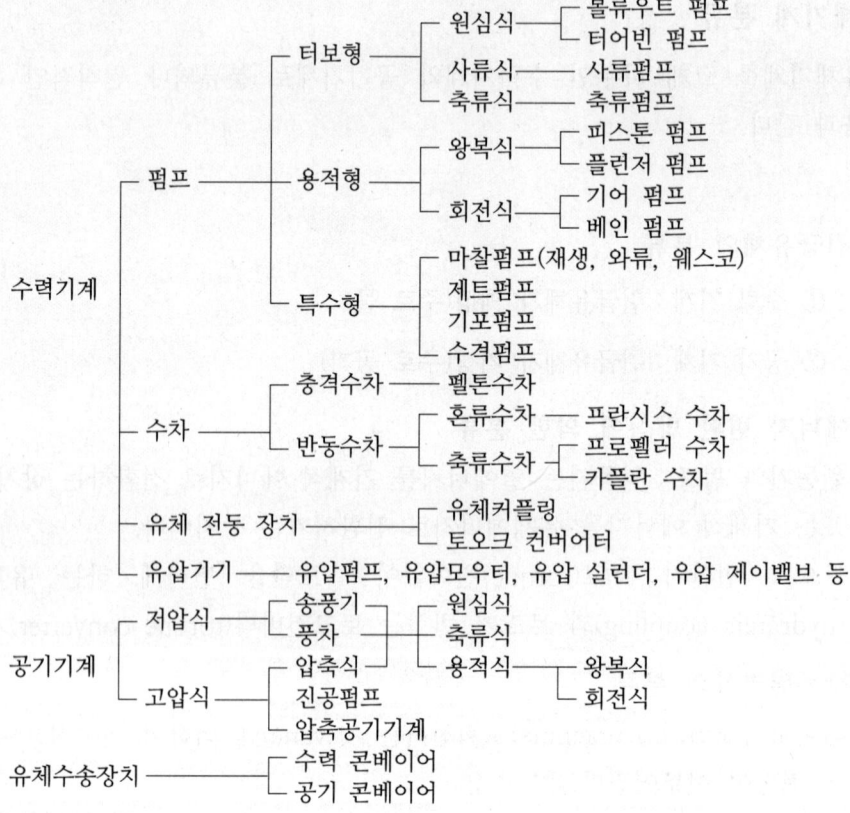

SECTION 02 유동방향 분류

수력 기계 속에서 에너지 변환이 이루어지는 부분에서의 유동방향을 기준으로 분류하면 반경류형과 축류형, 사류형으로 구분된다. 반경류형은 외향 반경류형(radially outward flow)인 펌프와 송풍기, 내향 반경류형(radially inward flow)인 프란시스 터어빈으로 구분된다. 축류형은 축과 평행하게 흐르는 형식이며, 사류형은 반경류형과 축류형의 중간형식으로 흐르는 형식이다. 출구에서의 흐름형식으로 혼류형과 사류형으로 구분한다. 혼류형은 회전차 출구에서의 유동방향이 반경류 성분만을 갖는 형으로 프란시스 형이라고도 한다. 사류형은 회전차 출구에서의 유동방향이 입구와 같이 반경류와 축류성분을 함께 갖는 형이다.

- 원심펌프 : 회전차가 밀폐된 케이싱 내에서 회전할 때 발생하는 원심력을 이용
- 사류펌프 : 회전차가 밀폐된 케이싱 내에서 회전할 때 발생하는
  원심력 및 양력을 이용
- 축류펌프 : 회전차가 밀폐된 케이싱 내에서 회전할 때 발생하는 양력을 이용하여
  액체에 압력 및 속도 energy를 주어 액체를 저압부에서 고압부로 이송하는 기계

(1) 원심 펌프

1) 기본 구조
1. 양수 장치의 구성 : 흡입관, 송출관, 푸트 밸브, 케이트 밸브
2. 구성 요소 : 회전차(임펠러), 펌프 본체, 안내날개, 와류실, 주축, 축이음, 베어링

(2) 원심 펌프의 계통도 및 분류

1. 원심 펌프의 계통도

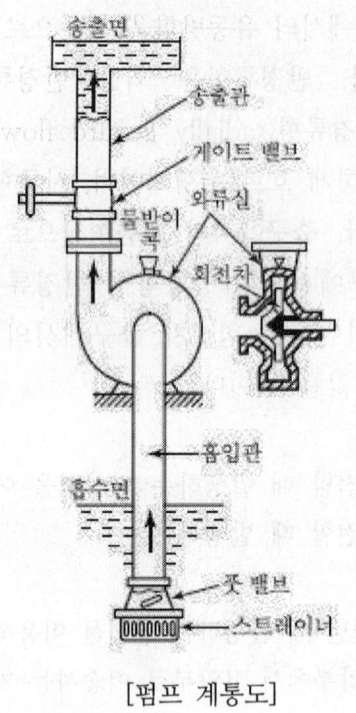

[펌프 계통도]　　　　　　　　　[원심펌프의 구성요소]

2) 원심 펌프의 분류

1. 안내날개 유무에 따른 분류

① 볼류트 펌프 : 안내날개 없음, 대유량

② 터빈 펌프 : 안내날개 있음, 고압력

2. 흡입구에 의한 분류

① 단흡입 펌프 : 흡입구가 한쪽만 설치된 것(소용량)

② 양흡입 펌프 : 양쪽에 흡입구를 설치한 것(대용량)

3. 단(段)수에 의한 분류

① 단단 펌프 : 펌프 한 대에 회전차 한 개를 단 것(저양정)

② 다단 펌프 : 한 개의 축에 여러 개의 회전차를 설치한 것(고양정)

3) 펌프의 전양정

1. 실양정

$$H_a = H_s + H_d$$

H_s : 흡입 실양정 H_d : 송출 실양정

2. 전양정

① 펌프 자체에 대한 양정

$$H = H_a + h_l = (H_s + H_a) + H_l = \frac{P_d - P_s}{r} + y\frac{U_d^2 - U_s^2}{2g}$$

P_d : 송출 노즐의 압력,
P_s : 흡입 노즐의 압력
y : 압력계와 진공계의 압력차,
U_d, U_s : 송출·흡입관의 유속,
h_l : 손실 수두

② 펌프의 전관로를 고려한 양정

$$H_r = H_a + h_l + \frac{P_2 - P_1}{r} + \frac{U_d^2 - U_s^2}{2g}$$

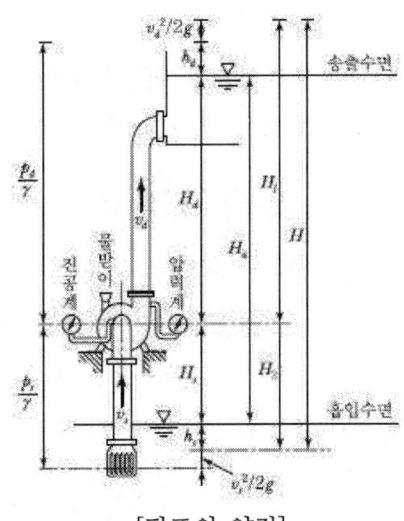

[펌프의 양정]

▋▋ 회전차 내에서의 유체유동

속도 3각형
- V : 절대속도 : 유체입자의 지면과의 상대속도
- W : 상대속도 : 유체입자의 회전차에 대한 상대속도
- u : 주속도 : 회전차의 원주속도

절대속도 V는 상대속도(W)와 주속도(u)와의 Vector 합

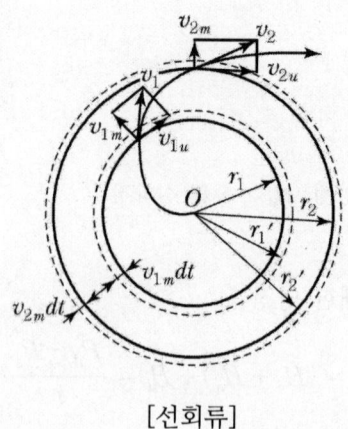

[선회류]

회전차의 회전운동으로 깃과 유체 사이에 energy 전달이 이루어지려면 깃의 전면과 후면에 압력차가 생겨야 한다.

회전수 일정, 즉 u_2가 일정할 때 H_{th}의 값 여하에 따라 유량 Q의 변화와 함께 다음과 같이 변한다.

① $\beta_2 > 90°$ 일 때: $v_{2m}\cot\beta_2 < 0$으로서 $H_{th\infty}$는 유량이 증대함에 따라 증가한다.

② $\beta_2 > 90°$ 일 때: $v_{2m}\cot\beta_2 = 0$으로서 $H_{th\infty}$는 유량과 관계없이 일정하다.

③ $\beta_2 < 90°$ 일 때: $v_{2m}\cot\beta_2 < 0$으로서 $H_{th\infty}$는 유량이 증대함에 따라 감소한다.

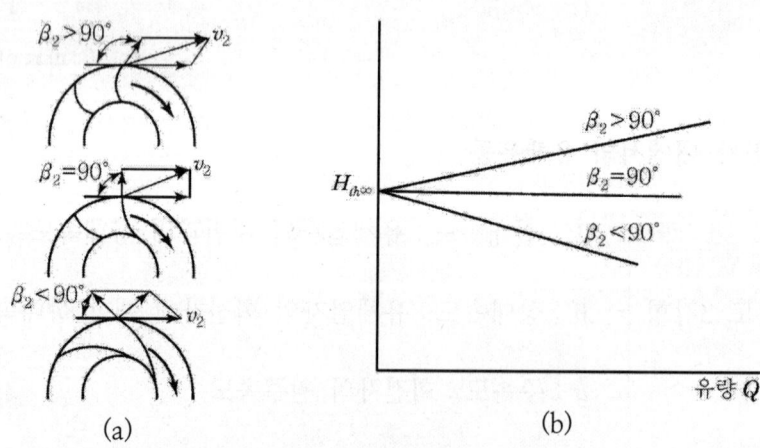

EX 01 비중이 0.988인 물을 20m 높은 곳으로 양수 하자면 펌프의 전양정을 몇 m로 하면 되는가?
(단, 흡수면에는 대기압, 송수면에는 5atg의 압력이 작용하고, 전손실수두는 4m이며, 흡입, 송출판단의 유속은 다음과 같다.)

해 설 : 계기압으로 계산하면 $p_x = 0$, 송수면의 압력 $p'' = 5kg/cm^2$,
$H_a = 20m$, $h = h_d + h_s = 4m$, $u_d - u_s = 0$

$$H = H_a + h + \frac{p''}{\gamma} = 20 + 4 + \frac{5 \times 10^4}{988} = 74.6[m]$$

EX 02 운전 중인 펌프의 압력계가 송출쪽은 4m, 흡입쪽은 5m의 진공이었다. 송출쪽 압력계는 흡입쪽의 압력계보다 300mm 높은 곳에 있다고 하면, 펌프의 전양정은 몇 m가 되는가?(단, 흡입관과 송출관의 안지름은 같다.)

해 설 : $H = \dfrac{p_d + p_s}{\gamma} + \dfrac{u_d^2 - u_s^2}{2g} + z_s = 4 + 5 + 0 + 0.5 = 9.3[m]$

(4) 원심 펌프의 이론 수도 및 운동량 모멘트

1) 날개수 무한인 경우의(Euler의) 이론 수두

$$H_{lh\infty} = \frac{1}{g}(u_2 v_2 \cos\alpha_2 - u_1 v_1 \cos\alpha_1)$$ 실제의 경우는 $\alpha_1 \fallingdotseq 90°$ 이므로

$$\therefore H_{lh} = \frac{1}{g}(u_2 v_2 \cos\alpha_2)$$

2) 날개수 유한인 경우의 이론 수두

$$H_{th} = \mu H_{th\infty}$$

μ: 미끄럼 계수 ($\mu = 0.8 \sim 0.9$)

3) 전양정

$$H = \eta_k H_{th\infty}$$

η_k: 수력 효율

4) 운동량 모멘트

운동량 모멘트는 $T = F \cdot \gamma$ 이므로 $T = \dfrac{d(mv_u\gamma)}{dt} = \dfrac{(2\pi\gamma_2 v_{2m} dt \rho_2)}{dt}$ 이 성립한다. 지금 반지름 γ_1, γ_2의 두 원을 지나는 유체의 유량을 각각 Q_1, Q_2라 하면 $Q_2 = 2\pi\gamma_1 v_{1m'}$ $Q_2 = 2\pi\gamma_2 v_{2m}$ 이므로, 이것을 위식에 대입하면 $T = \rho_2 Q_2 v_{2u} \gamma_2 - \rho_1 Q_1 v_{1u} \gamma_1$ 이 된다. 또한 운동량 모멘트 T가 반지름 γ_1, γ_2 사이에 작용하지 않는다면 $T=0$ 이므로 $\gamma_1 v_{1u} = \gamma_2$, $v_{2u} = C$ 이 되고, 다시 연속의 식($\rho_1 = \rho_2 = \rho$로 한다)에서 $2\pi\gamma_1 v_{1m}\rho$ $\therefore \gamma_1 v_{1m} = \gamma_2 v_{2m}$ 이 되고, 일반적으로는 $\gamma v_m = $ 일정이 된다. 그러므로 $\dfrac{U_m (\text{반경속도})}{U_u (\text{접선속도})} = C$ 이 된다. 즉, 흐름은 항상 원주와 일정한 각도를 가지고 확대되어 간다. 이와 같은 흐름은 自由소용돌이(free vortex)라고 한다.

5) 원심 펌프의 동력

1. 수동력

$$L_w(PS) = \dfrac{rQH}{75 \times 60} \qquad L_w = (kW) = \dfrac{rQH}{102 \times 60}$$

r: 유체의 비중량[kg/m^3], Q: 송출량[m^3/min], H: 전양전[m]

2. 축동력

$$L = \dfrac{rQH}{\eta} = \dfrac{L_w}{\eta}$$

6) 펌프의 전효율

1. 전효율

$$\eta = \dfrac{(\text{수동력})L_w}{(\text{축동력})L} = 0.65 \sim 0.85, \qquad \eta = \eta_k \eta_v \eta_m$$

2. 수력 효율

$$\eta_k = \dfrac{H(\text{펌프의 전양정})}{H_{lh}(\text{날개수 유한인 경우의 이론 수두})} = 0.8 \sim 0.96$$

3. 체적 효율

$$\eta_v = \frac{\text{펌프와 토출유량}}{\text{회전차를 지나는 유량}} = \frac{Q}{Q+\Delta Q} = 0.9 \sim 0.95$$

4. 기계 효율

$$\eta_m = \frac{L-(\Delta L_m + \Delta L_d)}{L} = 0.9 \sim 0.97$$

EX 01 자유소용돌이의 궤적을 주좌표(γ, θ)로서 표시하시오.

해 설 : $v_m = \dfrac{dr}{dt}$, $v_u = \dfrac{rd\theta}{dt}$ 이므로, $\dfrac{v_m}{v_u} = \dfrac{d\gamma/dt}{\gamma d\theta/dt} = C$

$\therefore \dfrac{d\gamma}{\gamma} = Cd\theta$ (단, C=상수)

양변을 적분하여 $\theta = 0$일 때 $\gamma = \gamma_0$의 조건을 대입하면 $\log\gamma = n\theta + C$

그러므로 $\gamma = \gamma_0^{\pi\theta}$

펌프의 크기와 흡입송출구경

펌프의 크기 : 펌프의 흡입구경 D_1 (mm), 송출구경 D_2 (mm)로 표시

예 : 200×175 원심펌프 : 흡입구경 200 mm, 송출구경 175 mm

200원심펌프 : 흡입, 송출구경 모두 200mm

 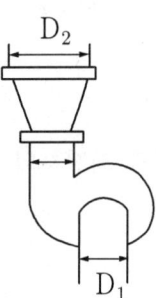

종래, 현재 소형펌프 $D_1 = D_2$ 최근 대형펌프, 고양정펌프의 경향 $D_2 < D_1$ 구경이 같은 치수의 펌프에서는 송출구에 원추확대관을 붙여 위속이 점차 떨어지도록 배관

- 송출구 치수 → 펌프의 용량과 직접적인 관계가 없게되어 용량을 표시하는데 쓰이지 않음

- 흡입구경 → 최근 펌프의 양수량을 흡입구경으로 표시, 일반적으로 양정에 관해서 정함

펌프 구경결정에서는 제일먼저 흡입구와 송출구의 유속을 결정한다.

유속 대 → 마찰손실 대

유속 소 → 구경이 커지기 때문에 비경제적

일반적으로 점성이 큰 액체, 고온수, 흡입양정이 커서 공동현상이 발생할 염려가 있을 때는 유속을 느리게 하여 손실수두가 적어지도록 굵은관 사용

7) 펌프에서의 각종 손실

1. 수력 손실

① 회전차 유로에서의 마찰 손실과 부차적 손실과 충돌 손실로서 펌프 자체 내에서 발생하는 손실이다.

② 양정의 손실을 뜻하며 펌프의 성능에 가장 큰 영향을 미친다.

2. 누설 손실

① 누설된 유체에 펌프가 준 에너지를 말한다.

② 누설 부분

(회전차 입구의 웨어링 부분, 축추력 평행장치부, 패킹박스, 봉수용에 쓰이는 압력수, 부시)

3. 기계손실

① 마찰 손실과 회전차의 케이싱 사이의 원판 마찰 손실을 합한 동력의 손실이다.

펌프의 최대 설치높이

$h_{max} = \dfrac{P_a}{r} = 10.33 \text{m}$ ($p=0$, 완전진공)

실제 : 펌프 내부 완전진공 불가능
　　　흡입관 속의 손실수두
　　　양수액체의 증기압
　　　설치 위치의 표고
　　　　　　　　　　　　　등의 영향으로

$h_{max} ≒ 7\text{m}$ 정도

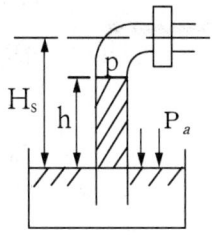

EX 01

회전차의 바깥지름이 460m인 원심펌프가 1150rpm으로 회전하고 있다. 펌프의 전양정 및 수동력을 구하시오. 단, 물은 회전차 입구에서는 반지름 방향으로 들어오고, 회전차 출구에서 상대유속은 반지름 방향인 것으로 한다. $H/H_{th\infty}=0.85$이며 유량은 $5.1\text{m}^3/\text{min}$이다.

해 설: 물은 회전차 입구에서 반지름 방향으로 들어오므로 $\alpha_\alpha = 90°$이다. 또한

$u_2 = \dfrac{\pi D_2 N}{60} = \dfrac{\pi \times 0.46 \times 1150}{60} = 27.7 [\text{m/s}]$이며 회전차 출구에서

상대유속은 반지름 방향이므로 $v_2 \cos \alpha_2 = u_2$이다.

그러므로 $H_{th\infty} = \dfrac{1}{g} u_2 v_2 \cos\alpha_2 = \dfrac{1}{g} U_2^2 = \dfrac{27.7^2}{9.80} = 78.1[\text{m}]$

구하는 전양정 H는 다음과 같다.

$H = 0.85 H_{th\infty} = 0.85 \times 78.1 = 66.4[\text{m}]$

수동력 L_w는 $L_2 = \gamma H Q = \dfrac{9.8 \times 66.4 \times 5.1}{60} = 55.3[\text{kW}]$

EX 02 3000rpm으로 회전하고 있는 직경 980mm의 1단 축류펌프가 있다. 물론 $v_1 = 4.01$m/s의 속도로서 축방향으로 회전차 입구에서 들어오고, $v_2 = 4.48$m/s의 속도로 회전차 출구에서 나가며 전양정은 3m일 때, 수력효율을 구하시오.

해 설: $u = \dfrac{\pi DN}{60} = \dfrac{\pi \times 0.980 \times 300}{60} = 15.4 \text{[m/s]}$

축방향으로 유입되므로, $v_{1n} = 0 \text{[m/s]}$

$v_{2u} = \sqrt{v_2^2 - v_m^2} = \sqrt{v_2^2 - v_1^2} = \sqrt{4.48^2 - 4.01^2} = 2 \text{[m/s]}$

$H_{lh} = \dfrac{1}{g} u(v_{2u} - v_{1u}) = \dfrac{1}{g} u v_{2u} = \dfrac{1}{9.8} \times 15.4 \times 2 = 3.14 \text{[m]}$

$\eta_k = \dfrac{H}{H_{th}} = \dfrac{3}{3.14} = 0.956 = 95.6 \text{[\%]}$

8) 펌프와 상사 법칙

1. 한 개의 회전차의 경우

① 유량　　　　　② 양정　　　　　③ 축동력

$\dfrac{Q'}{Q} = \dfrac{n'}{n}$ 　　$\dfrac{H'}{H} = \left(\dfrac{n'}{n}\right)^2$ 　　$\dfrac{L'}{L} = \left(\dfrac{n'}{n}\right)^3$

2. 두 개의 회전차인 경우

① 유량: $\dfrac{Q_1}{D_1^3 N_1} = \dfrac{Q_2}{D_2^3 N_2}$

② 양정: $\dfrac{H_1}{D_1^2 N_1^2} = \dfrac{H_2}{D_2^2 N_2^2}$

③ 축동력: $\dfrac{L_1}{r_1 D_1^5 N_1^3} = \dfrac{L_2}{r_2 D_2^5 N_2^3}$

3. 비교 회전도(비속도)

$n_s = \dfrac{N Q^{\frac{1}{2}}}{H^{\frac{3}{4}}} \text{[m}^2\text{/min, m, rpm]}$

EX 01 어떤 펌프가 매분 2000 회전으로 전양정 100m에 대하여 0.17m³인 수량을 방출한다. 이것과 상사로서 치수가 2배인 매분 1500 회전이고, 다른 조건은 동일상태로 운전될 때의 전양정을 구하시오.

해 설: $H_2 = H_1 \left(\dfrac{D_2}{D_1}\right)^2 \left(\dfrac{N_2}{N_1}\right)^2 = 100 \times \left(\dfrac{2}{1}\right)^2 \times \left(\dfrac{1500}{2000}\right)^2 = 225[m]$

EX 02 어떤 펌프 2000rpm으로서, 전양정 100m에 대하여 0.2m³/s의 유량을 방출하고, 축동력은 200kW이다. 이 펌프와 상사로서 치수가 2배인 펌프가 1500rpm으로서 회전하면서 다른 조건은 동일 상태로 운전되고 있을 때의 축동력을 계산하시오.

해 설: $L_2 = L_1 \left(\dfrac{D_2}{D_1}\right)^5 \left(\dfrac{N_2}{N_1}\right)^3 = 200 \times \left(\dfrac{2}{1}\right)^2 \times \left(\dfrac{1500}{2000}\right)^3 = 2700[kW]$

비속도

회전차 형상을 나타내는 척도로서 펌프의 성능을 나타내거나 최적합한 회전수를 결정하는데 이용 상사인 두 대의 회전차에서 유동상태가 상사일 때 한 회전차를 형상과 운전상태를 상사하게 유지하면서 그 크기를 바꾸어 단위 송출량에서 단위양정을 내게 할 때 그 회전차에 주어져야 할 회전수 비속도가 같은 회전차는 모두 상사형 Q, H →일반적으로 성능곡선 상에서 최고효율점(회전차 형상 설계 기준)에 대한 값을 나타내게 되어 있음. 양흡입일 경우 $Q \rightarrow \dfrac{Q}{2}$ 다단일 경우 H→H/Z사용

4. 누설 방지 장치

패킹상자
- 그랜드 패킹(grand packing) : 축둘레 틈에 패킹 끼움(일반용)
- 메카니칼 시일(mechanical seal) : 사용액의 독성, 인체해독, 또는 가연성일 경우 많이 사용
- 브레이크다운 부슈(breakdown bush) : 밀봉균형을 미는 스프링이 축과 함께 회전하는 방식(고압용)

5. 공동현상(cavitiation)과 최대 허용 흡입 높이

관속유동액체 → 어느 부분의 압력이 포화증기압 이하 → 기포발생
→ 유로 벽면의 고압부분에서 파괴

㉠ 진동 및 소음발생

㉡ 침식 및 부식작용(기계적, 화학적 손상)

원심펌프 : 깃입구, 슈라우드

터빈펌프 : 안내깃 입구

축류펌프 : 깃후면, 안내깃 입구

㉢ 펌프 효율 저하

② cavitation 발생조건

㉠ 펌프와 흡수면의 수직거리(흡입높이)가 너무 길 때

㉡ 과속운전으로 인하여 유량이 증가할 때

㉢ 유동액체의 어느 부분이 고온일 때

㉣ 저항이 클 때(strainer, valve 등)→ 압력 강하

③ cavitation 방지책
㉠ 펌프 설치높이를 될 수 있는 대로 낮춤
㉡ 압축 펌프사용, 회전과 수중에 잠금
㉢ 펌프의 회전수 낮춤
㉣ 양흡입 펌프사용
㉤ 두 대 이상 펌프 사용
㉥ 저항을 작게 하여 손실수두를 줄임(밸브 적게, 흡입관 구경 크게 등)

6. 서징현상(surging)
유체기체 운전시 송출량 및 압력이 주기적으로 변화하는 현상
(진동을 일으키고 숨을 쉬는 것 같은 현상)

① 발생조건
㉠ H-Q곡선이 우향상승 특성을 가진 펌프
㉡ 관로 중 수조나 공기조가 있을 때
㉢ 수조 다음에 송출밸브가 있을 때

② 방지책
㉠ 배관시 주의하여 발생조건을 피한다.
㉡ By pass 관로를 설치하여 운전점이 항시 우향하강 특성이 있게 한다.
㉢ 깃출구각 (β_2)을 될 수 있는대로 작게 →효율이 저하하므로 잘 이용하지 않는다.

7. 수격현상(water hammering)

밸브를 갑자기 닫으면 속도가 줄면서 감량된 운동에너지가 압력에너지로 변화되어 A부에서 고압이 발생하고 음속으로 B부로 진행 → 다시A → B A부는 상당한 고압을 받아 위험한 상태에 이른다.

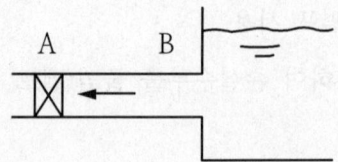

① 방지책
㉠ 유속을 작게(관지름 크게)
㉡ 밸브 닫는 속도 천천히
㉢ 펌프에 fly wheel 설치(관성을 주기 위해, 정전시)
㉣ surge tank를 관선에 설치
㉤ 밸브를 펌프 송출구 가까운 곳에 설치, 밸브를 적당히 조작

9) 축추력 및 방지법

1. 축추력
단흡입 회전차에 있어서 전면축벽과 후면축벽에 작용하는 정압에 차이가 있어 축방향으로 작용한 힘을 축추력이라 한다.

2. 축추력 방지법
① 드러스트 베어링을 사용한다.
② 평형공을 설치한다.
③ 후면측벽에 방사상의 리브를 설치한다.
④ 평형 원판을 사용한다.
⑤ 다단 펌프인 경우, 회전차의 수를 서로 반대방향으로 배열한다.

10) 펌프의 특성 곡선
   (1) 특성 곡선

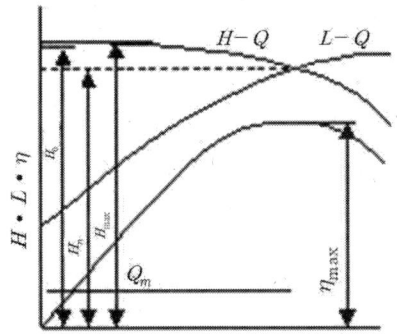

$H-Q$: 양정 곡선
$L-Q$: 축동력 곡선
$\eta-Q$: 효율 곡선

SECTION 03 축류 펌프

(1) 축류 펌프의 개요

1) 원리

선풍기의 fan과 같은 형상의 회전차가 회전함으로써 발생하는 양력에 의해 유체에 압력, 속도에너지공급, 속도에너지는 고정 안내깃에 의하여 압력에너지로 변환

2) 용도

$ns = 1200 \sim 2200$

$H \Rightarrow 10$ m이하 구경 $\varnothing 300$ 이상 대용량

증기터빈 복수기 순환수펌프, 상하수도용, 농업용 양수 배수용

3) 구조

회전차, 축, 안내깃, 동체, 베어링

회전차 : 전면슈라우드 없고 깃수는 2~6매(단면 익형)

안내깃 : boss와 casing 결합되어 지지 깃수 3~8매

casing $\begin{cases} \text{입축형} \rightarrow \text{나팔관·안내깃 등, 송출곡 등} \\ \text{횡축형} \rightarrow \text{흡입곡 등(나팔관 부분에)} \end{cases}$

4) 분류

1. 축방향에 따라
① 입축형
- 회전차 수중에 있어 시동 용이
- 흡입조건이 좋아 cavitation 특성 양호
- 회전차 원주장 위치에서 압력차 없음
- 대구경에 적합, 설치, 진동기 배치에 이점

② 횡축형
- 분해, 수리 점점 용이
- 펌프실의 높이 낮아도 됨
- 전동기가 표준형으로 족함

2. 회전차 날개 각도변화에 따라
① 고정익 축류펌프
② 가동익 축류펌프

5) 축류 펌프의 특징

(1) 대유량, 저양정에 적합하다.

(2) 비속도가 크며 저양정에 대해서도 고속운전 가능하여 원동기와 직결 가능하다.

(3) 양정 변화에 대해 유량 변화가 적고 효율 저하도 적다.

(4) 소형 경량 구조간단 취급 용이, 가격이 싸다.

(5) 가동익으로 하면 양정에 관계없이 축동력을 일정하게 하여 넓은 유량에 걸쳐 높은 효율을 얻을 수 있다.

(6) 체절점에서 양점 및 축동력이 급상하여 체절운전 불가능하다.

(2) 익(날개)형의 양력과 항력

1) 양력(揚力)

$$L = C_L l \rho \frac{w_\infty^2}{2}$$

G_L : 양력 계수, w_∞ : 유동의 유효 상대 속도
b : 날개폭, l : 날개현의 길이, A : 날개 면적($= b.l$)

2) 항력(抗力)

$$D = C_D l \rho \frac{w_\infty^2}{2}$$

C_D : 항력계수

(3) 축류 펌프의 특성 곡선

1) 양정 곡선
2) 동력 곡선
3) 효율 곡선

축류펌프의 이론

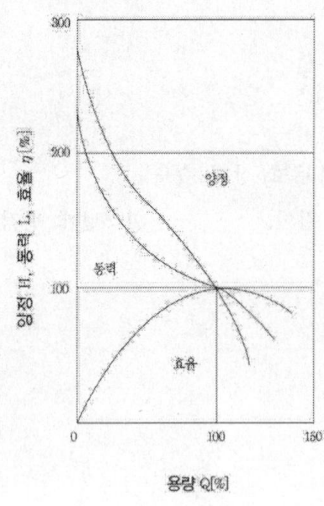
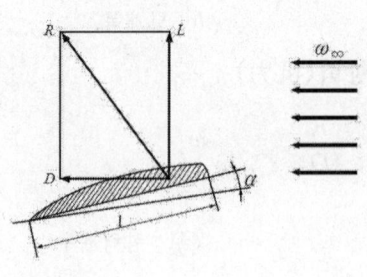

ℓ: 익현장(chord length) b: 익폭(span)
c: 최대점(max camber) L: 양력(lift)
h: 최대두께(max thickness) D: 항력(drag)
x: 익선단에서 최대점까지 거리 b/ℓ: 종횡비(aspect ratio)
α: 영각(attack angle) R: 합력
w_∞: 깃의 영향을 받지 않는 곳의 깃에 대한 상대속도

SECTION 04 왕복펌프

(1) 왕복 펌프의 개요

1) 용적식 펌프이며 피스톤이나 플런저의 왕복운동에 의하여 액체를 흡입하고 고속으로 송출하는 펌프이다.

2) 분류

- 피스톤 형상 {
  - 피스톤 펌프
  - 플런저 펌프(초고압에 사용)
  - 버킷 펌프

3) 구성

피스톤, 플런저, 실린더, 흡입 밸브, 송출 밸브 등이 주체로 구성

4) 특징

(1) 구조상 저속운전, 동일유량을 낼 때 원심펌프에 비해 대형

(2) 회전수에 제한을 받지 않아 고양정을 낼 수 있음

(3) 소유량, 고양정에 적합
    (원심 펌프로서 미칠 수 없는 만큼 고압요구시 왕복 펌프가 적당)

(4) 송출 압력이 매우 클 때 플런저 펌프 사용

(2) 왕복 펌프의 효율

1) 체적 효율

$$\eta_v = \frac{V}{V_0} = \frac{V_0 - \Delta V}{V_0}$$

V : 피스톤 1왕복 중 실제로 송출한 양,
V_0 : 행정 용적,
ΔV : 왕복 중 누수량

2) 수력 효율

$$\eta_m = \frac{p}{p_m}$$

p : 펌프에 의한 최종적으로 얻어진 압력증가량
p_m : 평균유효압력

3) 기계 효율

$$\eta_k = \frac{L_1}{L} = \frac{p_m V_0 N/60}{L}$$

4) 전 효율

$$\eta = \eta_v \eta_k \eta_m$$

(3) 송출량의 변화

1) 순간 송출량

$$Q_i = Ar\omega\sin\theta$$

A : 피스톤 단면적, r : 크랭크 반지름, w : 크랭크 각속도

2) 순간 최대 유량

$$Q_{\max} = AR\omega = \frac{\pi V_0 N}{60} = \pi Q_{ih}$$

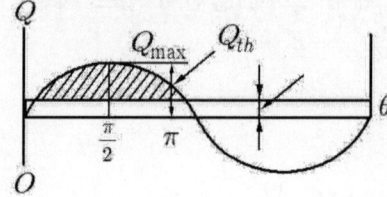

3) 이론 평균 유량

$$Q_{ik} = \frac{AlN}{60} = \frac{V_0 N}{60}$$

4) 과잉 송출 제적비

$$\delta = \frac{\Delta}{Q_{th}} = \frac{\Delta}{Al}$$

(4) 공기실(air chamber)

1) 개요

피스톤 또는 플런저가 송출하는 유량변동을 일정하게 하기 위해 실린더 뒤쪽에 설치하는 상부가 공기로 충만된 밀폐용기 평균 배수량을 넘은 과잉 배수체적 ΔV는 공기실의 공기를 압축하여 저장하고 평균 배수량보다 적게 되었을 때 저장된 물이 송출관으로 송수

SECTION 05 회전 펌프 및 특수 펌프

(1) 회전 펌프

1) 회전 펌프의 개요

1. 특징
① 저유량, 고압의 양정에 적합
② 맥동이나 서어징 현상이 없음
③ 원동기로서 역작용이 가능

2. 종류
① 기어 펌프(gear pump)
② 베인 펌프(vane pump)
③ 나사 펌프(screw pump)

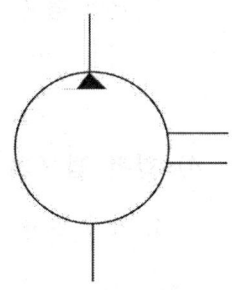

[유압 회전 펌프]

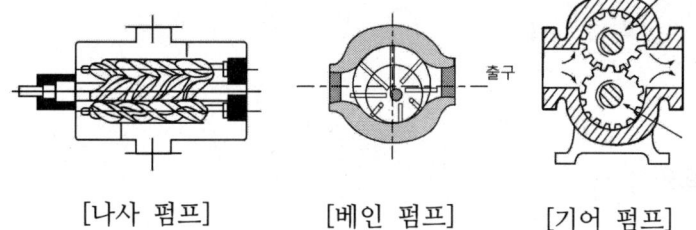

[나사 펌프]　　[베인 펌프]　　[기어 펌프]

(2) 펌프의 용량

1) 기어 펌프

① 송출 압력 : 100 [kg/cm^2] 이상

② 송출량 : 보통 3~100 [m^3/hr]

③ 효율 : η =70~80 [%]

3) 회전 펌프의 이론 토출량

1. 기어펌프

$$V_{lh} ≒ 2\pi m^2 bZN$$

a: 골의 단면적, b: 이폭, Z: 잇수, m: 모듈, N: 회전수

2. 베인 펌프

$$V_{lh} = 2\pi DbeN$$

D: 케이싱 안지름, b: 날개폭, e: 편심량, N: 회전수

4) 회전 펌프의 동력과 효율

1. 체적 효율

$$\eta_v = \frac{V}{V_{lh}} = \frac{V_{ih} - \Delta V}{V_{lh}}$$

V: 펌프 1회전 당의 유량, V_{ih}: 펌프 1회전 당의 이론 송출량
ΔV: 누설량

2. 기계 효율

$$\eta_m = \frac{L_{lh}}{L} = \frac{pV}{60}$$

L_{lh}: 이론 동력, L: 축 동력

3. 전효율

$$\eta = \eta_v \eta_m = \frac{PQ}{60L}$$

(2) 특수 펌프

1) 마찰 펌프

1. 특징

① 소형, 가정용 우물 펌프에 적합하다.
② 구조가 간단하다.
③ 저용량이나 원심 펌프에 비하여 고양정을 얻을 수 있다.

2) 분사 펌프

제트 펌프라고도 하며, 고압의 액체 분출시 분사류에 따라 송출되게 하는 펌프

3) 기포 펌프·수격 펌프

1. 기포 펌프

① 구조가 간단하며 고장이 거의 없으며 효율이 낮다.

2. 수격 펌프

① 관성 작용을 이용하여 높은 높이로 수송하는 무동력 펌프를 수격 펌프라고 한다.

SECTION 06 수차 및 공기기계

(1) 수차

1) 수차의 분류

1. 충격 수차

펠톤 수차

2. 반동 수차

프란시스 수차

3. 축류 수차

카플란 수차, 프로펠러 수차

2) 충격 수차

1. 노즐로부터 분출된 분류를 버킷(bucket)에 충돌시켜 회전력을 발생시키는 수차이다.

2. 대표적인 수차는 펠톤(Pelton) 수차

3. 소유량, 고낙차(H=200~1800 [m])에 적합

3) 반동 수차

1. 속도 에너지와 압력 에너지를 기계적 일로 변화시키는 수차이다.

2. 중낙차(H=30~400 [m])이며 이용도가 높다.

3. 대표적인 수차는 프란시스(Francis) 수차이다.

4) 프로펠러 수차

1. 저낙차(H=30 [m] 이하), 대유량인 곳에 적합하다.

2. 대표적인 수차는 카플란(Kaplan) 수차이다.

3. 가동날개형과 고정날개형이 있어 운전중에도 회전차의 날개각을 조정할 수 있다.

5) 펌프 수차

1. 개요

회전차의 회전방향을 바꾸어 펌프와 수차의 역할을 하는 기계

2. 용도

양수 발전소에 주로 사용

6) 수차의 법칙

수차의 상사 법칙

① $\dfrac{Q_1}{D_1^3 N_1} = \dfrac{Q_2}{D_2^3 N_2}$ [유량]   ② $\dfrac{H_1}{D_1^2 N_1^2} = \dfrac{H_2}{D_2^2 N_2^2}$ [낙차]

③ $\dfrac{L_1}{D_1^5 N_1^3} = \dfrac{L_2}{D_2^5 N_2^3}$ [출력]   ④ $N_1 \dfrac{L_1^{\frac{1}{2}}}{H_1^{5/4}} = N_2 \dfrac{L_2^{\frac{1}{2}}}{H_2^{5/4}}$ [회전수]

⑤ 비교회전수 $n_s = N \dfrac{L^{\frac{1}{2}}}{H^{5/4}}$

$$\therefore L = \dfrac{n \gamma H Q}{102} \text{ [kW]}$$

(2) 공기기계

1) 공기 기계의 분류

공기기계는 사용 풍량에서의 압력 기준으로 송풍기와 압축기로 구분하며, 송풍기는 팬(fan)과 블로워(blower)로 구분하며 팬(fan)은 $1,000 mmAq$ 미만을, 블로워 (blower)는 $1,000 \sim 10,000 mmAq$로 분류하며, $10,000 mmAq$ 이상을 압축기로 분류한다(혹은 압력 상승이 $1\ kg/cm^2$ 이상인 것을 말한다).

한편 압축기의 경우 온도의 상승이 크므로 냉각방법을 고려해야지만 블로어의 압력범위에서는 보통 냉각을 고려할 필요가 없다.

1. 저압식 공기 기계

조압식 공기기계는 비압축성으로 해석한다.

① 송풍기　　② 풍차

2. 고압식 공기 기계

① 압축기　　② 진공펌프　　③ 압축 공기 기계

2) 공기 기계의 특징

1. 왕복 압축기

① 구조가 간단하며, 대형인데 비하여, 시설비가 비싸다.

② 풍량이 작고 초고압에 널리 사용되고 있다.

2. 회전 압축기

① 가스에 관계없이 압력 상승의 변화가 없다.

② 회전수가 일정해도 풍량 변화가 없다.

3. 축류 압축기

① 회전속도가 크며 최고 송출 압력은 $4\ [kg/cm^2]$ 정도이다.

② 소형 경량으로 할 수 있으며, 소음을 수반한다.

4. 축류 송풍기

① 송출 압력이 $1.1\ [kg/cm^2]$ 이상이며, 성능이 좋다.

5. 원심 송풍기

① 소음이 작고 큰 용량이다.

(3) 원심 송풍기

1) 다익 팬

① 이 회전차는 풍압이 10~100 [mmHg]에 적합하다.

② 구조는 대형이나 효율이 다익 팬보다 높다.

③ 반지름 방향 날개형의 대표적 송풍기이다.

2) 터보 팬

① 레이디얼 팬과 비슷하나 날개수가 다익 팬과 레이디얼 팬의 중간이다.

② 원심송풍기 중 가장 대형이며 효율도 가장 높다.

③ 후경사 날개형 송풍기이다.

3) 에어포일 팬(airfoil fan)

① 날개가 비행기 날개 모양으로 제작된 송풍기이다.

② 효율이 좋고 소음이 적으나 고가이다.

(4) 축류 송풍기

1. 저압, 대풍량에 적합하다.
2. 원심 송풍기에 비해 소음이 크고 효율이 낮다.
3. 프로펠러 팬은 도풍관이 없는 가장 간단한 축류 송풍기이다.

연습문제

01 왕복 압축기의 특징이 아닌 것은?
① 압력비가 낮다.
② 대풍량에 적합하다.
③ 기계적 접촉 부분이 많다.
④ 압력 변화에 따라 풍량의 변화가 없다.

1.
왕복 압축기의 특징
① 압력비가 높다.
② 회전 속도가 낮으며 공기탱크가 필요하다.

02 고압식 공기 기계가 아닌 것은?
① 송풍기
② 압축기
③ 진공펌프
④ 압축 공기 기계

2.
① 저압식 공기 기계 : 송풍기, 풍차

03 공기 기계의 설명으로서 옳지 않은 것은?
① 공기 터빈 : 회전력을 이용한 압축 공기 기계
② 송풍기 : 압력과 속도 에너지를 기계적인 에너지로 변환시키는 기계
③ 진공 펌프 : 절대 진공에 가까운 저압의 기체를 대기압까지 압축하는 기계
④ 압축 공기 기계 : 압축기에 의하여 얻은 압축공기를 동력원으로 하여 일을 하는 기계

3.
기계적 에너지를 기체에 공급, 기체를 압력 및 속도 에너지를 증가시키는 장치

정답　01 ①　02 ①　03 ②

04 풍량의 변화에 대한 축동력이 변화가 가장 큰 송풍기는?
① 다익 팬
② 한계부하 팬
③ 레이디얼 팬
④ 터보 팬

4.
축동력의 변화는 다익팬이 가장 크며 터보팬이 가장 적다.

05 원심 송풍기를 분류한 팬에 들지 않는 것은?
① 다익 팬
② 레이디얼 팬
③ 터보 팬
④ 축류 팬

5.
축류 팬은 축류 송풍기에 속한다.

06 풍량의 단위는?
① kg/m^3
② m^3/hr
③ m^3/kg
④ $kg-sec^2/m^4$

07 축류 송풍기에 관한 설명 중 틀린 것은?
① 날개수가 증가하면 비속도가 감소한다.
② 날개의 두께는 풍압·풍량에 큰 영향을 준다.
③ 날개의 설치각이 증가하면 풍량은 증가하나 효율은 변하지 않는다.
④ 원호 날개 모양의 정익은 출구 설치각이 변하여도 축동력, 소음은 변하지 않는다.

7.
축류 송풍기에서 동익의 두께는 풍압, 풍량 및 효율에 영향이 없다.

정답 04 ① 05 ④ 06 ② 07 ②

08 200~1,800 [m]의 고낙차 지점에 적용되는 수차는?

① 카플란 수차

② 펠톤 수차

③ 프로펠러 수차

④ 프란시스 수차

8.
① 프로펠러, 카플란 수차 : 3~70 [m]의 저낙차

② 프란시스 수차 : 40~600 [m]의 중낙차

09 축류 수치는 보통 어느 정도의 낙차 범위에서 사용되는가?

① 20~40 [m]

② 40~180 [m]

③ 40~600 [m]

④ 500~1,000 [m]

9.
축류 수차는 저낙차, 대유량에 적합하다.

10 사류 수차에 대한 설명이 아닌 것은?

① 반동 수차에 속한다.

② 200 [m] 이상의 중낙차에 적용된다.

③ 비교적 유량이 많은 경우에 사용된다.

④ 기본적인 구조는 축류 수차와 비슷하다.

10.
사류 수차는 40~180 [m]의 중낙차에 적용된다.

11 수차의 유효 낙차를 바르게 설명한 것은?

① 총낙차에서 도수로의 손실 수두를 뺀 것

② 총낙차에서 방수로의 손실 수두를 뺀 것

③ 총낙차에서 수압 관내의 손실 수두를 뺀 것

④ 총낙차에서 도수로, 수압관, 방수로의 손실 수두를 뺀 것

정답   08 ②   09 ①   10 ②   11 ④

12 낙차를 H[m], 유량을 Q[m2/sec], 출력을 L[PS]라 할 때 펌프의 비교 회전도 n_s를 나타낸 공식은?

① $n_s = \dfrac{n\sqrt{Q}}{H^{\frac{3}{4}}}$ ② $n_s = \dfrac{n\sqrt{L}}{H^{\frac{3}{4}}}$

③ $n_s = \dfrac{n\sqrt{Q}}{H^{\frac{5}{4}}}$ ④ $n_s = \dfrac{n\sqrt{L}}{H^{\frac{3}{4}}}$

12.
① 수차의 비교 회전도
$n_s = \dfrac{n\sqrt{L}}{H^{\frac{5}{4}}}$
② 펌프의 비교 회전도
$n_s = \dfrac{n\sqrt{Q}}{H^{\frac{3}{4}}}$

13 회전식 펌프에 속하는 것은?
① 축류 펌프   ② 사류 펌프
③ 왕복 펌프   ④ 기어 펌프

13.
회전식 펌프는 기어 펌프, 베인 펌프, 나사 펌프이다.

14 기어 펌프에 사용하는 치형 곡선은 인벌류트 곡선 외에 여러 가지 특수 치형이 사용된다. 따라서 특수 치형 곡선이 아닌 것은 어느 것인가?
① 정접(正接) 곡선   ② 트로코이드 곡선
③ 정현(正弦) 곡선   ④ 슈크로이드 곡선

15 수력 발전소에 대한 설명으로 잘못된 것은?
① 수로식 : 주로 고중 낙차의 발전소에 많이 사용된다.
② 댐식 : 주로 조석 간만의 차를 이용하여 해수의 위치 에너지로 수차로 구동시키는 방법을 말한다.
③ 댐-수로식 : 일반적으로 서징 탱크를 설치하는 것이 특징이다.
④ 펌프 양수식 : 저수지와 댐 사이에 압력 관로에 의해서 연결되어 있어 경제적으로 높은 이용가치가 있다.

15.
댐식 :
조석간만의 차는 조력 발전소이다.

정 답 12 ① 13 ④ 14 ① 15 ②

16 충격 수차의 대표적인 것은?
① 카플란 수차　　② 펠톤 수차
③ 프란시스 수차　④ 프로펠러 수차

16.
중력 수차에는 펠톤 수차, 빵끼 수차가 있다.

17 발전용 댐-수로식의 특징은 어느 것인가?
① 서징 탱크를 설치한다.
② 산간의 고층 낙차와 발전소에 많이 사용된다.
③ 하천의 상류에서 기울기가 큰 지점에 적합하다.
④ 물탱크에서 수압관을 거쳐 터빈실로 물을 유도한다.

17.
일반적으로 댐-수로식은 수로가 압력 수로가 되고 서징 탱크를 설치한다.

18 수차란 물이 지니고 있는 에너지를 무엇으로 변화하는 기계인가?
① 운동 에너지　　② 전기 에너지
③ 열 에너지　　　④ 기계적 에너지

18.
수차는 물이 가지고 잇는 위치 에너지를 기계적 에너지로 전환시키는 기계이다.

19 물의 흐름이 반경류인 수차는?
① 프란시스 수차　② 카플란 수차
③ 펠톤 수차　　　④ 프로펠러 수차

19.

수 차	흐름의 방향
펠톤 수차	접 선
카플란 수차	축 류
프란시스 수차	
프로펠러 수차	축 류

20 물의 중력에 관계없이 물의 회전차를 지나는 사이에 물이 가지는 압력과 속도의 에너지를 수차에 주어서 수차를 회전시키는 수차는?
① 충격 수차　　② 중력 수차
③ 반동 수차　　④ 펠톤 수차

20.
반동 수차 : 프란시스 수차, 프로펠러 수차, 카플란 수차

정답　16 ②　17 ①　18 ④　19 ①　20 ③

21 단동 왕복 펌프의 평균 송출량 q_{mean}과 순간 최대 송출량 q_{max}은 어떤 관계가 있는가?

① $q_{max} = q_{mean}$
② $q_{max} = \pi q_{mean}$
③ $\pi q_{max} = q_{mean}$
④ $q_{max} = \pi^2 q_{mean}$

22 왕복 펌프에 있어서 피스톤의 단면적으로 $A\,[m^2]$, 행정을 $L\,[m]$, 회전수를 $n\,[rpm]$이라 할 때 펌프의 이론 송출량 $Q_{lh}\,[m^3/\text{sec}]$를 나타낸 식은?

① $Q_{lh} = \dfrac{ALn}{60}$
② $Q_{lh} = \dfrac{1}{60}AL^2n$
③ $Q_{lh} = \dfrac{\frac{\pi}{4}D^2n}{60}$
④ $Q_{lh} = ALD^2n$

22. $Q_{ih} = \dfrac{ALn}{60}\,[m^3/\text{sec}]$

23 공기실을 설계하기 위하여 압력 변동률은 대략 얼마 정도로 해야 하는가?

① $\beta = 0.01 \sim 0.02$
② $\beta = 0.01 \sim 0.03$
③ $\beta = 0.1 \sim 0.5$
④ $\beta = 0.5 \sim 0.7$

23. 일반적으로 압력 변동률 β는 0.01~0.03로 한다.

정 답 21 ② 22 ① 23 ②

24 다음 그림은 왕복 펌프에 따른 배수 곡선을 나타낸 것으로 복동 단식형식인 것은?

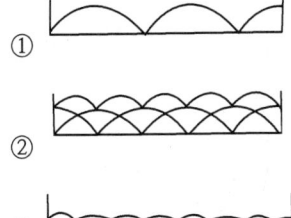

24.
② 복동 곡선(위상차 90°)
③ 단동 3연식
　(위상차 120°)
④ 단동 4연식
　(위상차 72°)

25 다음은 회전 펌프의 특징을 설명한 것으로서 틀린 것은?
① 밸브가 필요 없다.
② 소유량 고압의 양정에 적합하다.
③ 송출량의 맥동이 거의 없다.
④ 구조는 간단하나 취급이 어렵다.

25.
회전 펌프는 용적형으로 구조가 간단하고 취급이 편리하다.

26 나사 펌프의 특징을 설명한 것이 아닌 것은?
① 체적 효율이 비교적 좋다.
② 고속 회전이 가능하므로 소형이 되고 값이 싸다.
③ 왕복동 부분이 없으므로 흐름은 정적이고, 소음 진동이 적다.
④ 양축이 좌우 나사이므로 추력이 생기기 쉽다.

26.
양축이 좌우 나사이므로 수압이 평형되어 추력이 발생하지 않는다.

정답　24 ①　25 ④　26 ④

27 기어 펌프의 결점이 아닌 것은?
① 효율이 낮다.
② 소음과 진동이 심하다.
③ 고점액의 수송 성능이 좋다.
④ 기름 속에 기포가 발생한다.

27.
기어펌프의 장점은 고점액의 수송성능이다.

28 베인 펌프의 특징으로서 옳지 않은 것은?
① 본질적으로 소유량의 기름 수송에 알맞다.
② 10매 정도의 베인을 가지며 송출 압력에 맥동이 적다.
③ 펌프의 구동 동력에 비하여 형상이 소형이다.
④ 베인의 선단이 마모해도 압력저하가 일어나지 않는다.

28.
베인 펌프는 대유량의 기름 수송에 적합하다.

29 축류 펌프의 날개형에서 익현 길이 l 과 익렬의 피치 t 와의 비를 무엇이라 하는가?
① 간접계수
② 항력
③ 종횡비
④ 솔리디티

29.
솔리디티(solidity)
$= \dfrac{\text{익현 길이}(l)}{\text{익렬 피치}(t)}$

30 다음 중 왕복식 펌프에 속하는 것은?
① 기어 펌프
② 배인 펌프
③ 터빈 펌프
④ 플런저 펌프

정답 27 ③ 28 ① 29 ④ 30 ④

31 왕복 펌프에 있어서 공기실의 작용은 다음 중 어느 것인가?
① 피스톤이나 플런저의 운동을 원활하게 하기 위하여
② 송출관 속의 유량을 일정하게 하기 위하여
③ 송출관 내의 공기를 한 곳에 모아 놓기 위하여
④ 액체를 저장하였다가 필요시에 대비하기 위하여

31.
왕복펌프인 피스톤이나 플런저가 송출하는 유량은 변동이 심하므로 유량을 일정하게 하기 위하여 송출관측에 공기실을 설치한다.

32 왕복 펌프의 밸브로서 구비하여야 할 조건에 해당하지 않는 것은?
① 내구성이 있을 것
② 밸브의 개폐가 정확해야 할 것
③ 누설물을 막기 위하여 밸브의 중량이 클 것
④ 물이 밸브를 지날 때의 저항을 최소한으로 할 것

33 왕복 펌프에 있어서 실제 송출 유량을 Q, 체적 효율을 η_v이라 할 때 이론 송출량 Q_{lh}을 나타낸 식은?

① $Q_{lh} = \dfrac{\eta_v}{Q}$

② $Q_{lh} = \dfrac{Q}{\eta_v}$

③ $Q_{lh} = Q\eta_v$

④ $Q_{lh} = (\eta_v - 1)Q$

33.
왕복 펌프의 체적 효율
$\eta_v = \dfrac{Q}{Q_{lh}}$ 이다.
$\therefore Q_{lh} = \dfrac{Q}{\eta_v}$

34 왕복 펌프의 효율은 보통 몇 [%]인가?
① 60~65   ② 65~70
③ 70~75   ④ 77~90

정답 31 ② 32 ③ 33 ② 34 ④

35 축류 펌프의 특징이 아닌 것은?
① 유량이 매우 크고, 양정이 높은 경우에 적합하다.
② 구조가 간단하고 효율이 크면 원심 펌프보다 훨씬 크다.
③ 양수 펌프, 배수 펌프, 상하수도용 펌프 등에 사용된다.
④ 일반적으로 고속 운전에 적합하며 형태가 적다.

35.
축류 펌프는 유량이 매우 크고, 저양정에 적합하다.

36 축류 펌프에 있어서 송출관 밸브를 닫고서 시동할 때의 경우가 아닌 것은?
① 펌프를 물 없이 공운전하여 배기 만수하며 펌프를 사용한다.
② 최초 저속도로 시동 운전하고 밸브를 연 후 회전 속도를 규정 속도로 상승시킨다.
③ 저속도로 운전을 시작하여 회전 속도가 상승비율에 따라 밸브를 연다.
④ 시동시 바이패스관에 의해 방수함으로써 양정의 과도상승을 방지한다.

36.
②, ③, ④항은 송출관 밸브를 닫고 시동할 때이며, ①은 송출관 밸브를 열어 놓고 시동할 때이다.

37 축류 펌프에 대한 설명 중 옳지 않은 것은?
① 양정의 변화에 대한 유량의 변화가 적다.
② 고정익 축류 펌프와 왕복 펌프는 체질 상태로 시동할 수 있다.
③ 공동 현상은 날개의 선단 상면에서 발생한다.
④ 비속도가 작기 때문에 저양정에서도 회전 속도를 크게 할 수 있다.

37.
축류 펌프는 비속도가 크다.

정답 35 ① 36 ① 37 ④

38 다음 중 축류 펌프에 속하는 것은 어느 것인가?

① 플런저 펌프
② 기어 펌프
③ 프로펠러 펌프
④ 피스톤 펌프

38.
① 축류 펌프 : 프로펠러 펌프
② 왕복식 펌프 : 피스톤 펌프, 플런저 펌프
③ 회전 펌프 : 기어 펌프, 베인 펌프

39 축류 펌프의 날개형에 있어서 C_D를 항력 계수라고 할 때 항력 D를 나타내는 식은?

① $D = C_D \rho \dfrac{w_\infty^2}{2}$

② $D = C_D l \rho \dfrac{w_\infty}{2}$

③ $D = C_D l^2 \rho \dfrac{w_\infty^2}{2}$

④ $D = C_D l \rho \dfrac{w_\infty^2}{2}$

40 사류 펌프의 양정은 대략 어느 범위에 속하는가?

① 1~5 [m]
② 5~8 [m]
③ 10~12 [m]
④ 20~30 [m]

40.
· 축류 펌프 : 1~5 [m]
· 사류 펌프 : 5~8 [m]
· 볼류트 펌프(혼류형) : 10~12 [m]
· 터빈 펌프 : 20~30 [m]

정답 38 ③ 39 ④ 40 ②

41 다음 그림은 회전차의 형상을 표시한 것이다. 터빈 펌프에 해당되는 것은?

① 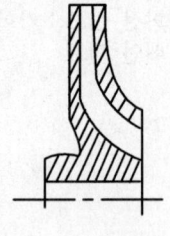 ②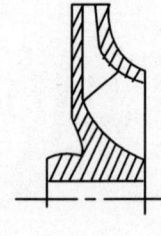

③  ④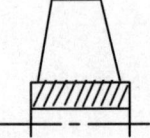

41.
① : 터빈 펌프(반경유형)
② : 볼류트 펌프(혼류형)
③ : 사류 펌프(사류형)
④ : 축류 펌프(축류형)

42 다음 중 축추력 방지법이 아닌 것은?
① 평형 원판을 사용한다.
② 회전차 축의 지름을 크게 한다.
③ 드러스트 베어링을 장치한다.
④ 양흡입형의 회전차를 사용한다.

43 원심 펌프의 연합 운전시 직렬로 연결하여 운전하면 무엇이 증가하는가?
① 유속   ② 양정
③ 유량   ④ 효율

43.
직렬로 결합한 경우는 다단 펌프로 양정이 증가하며, 병렬로 연결시키면 다연 펌프로 유량이 증가한다.

정답   41 ①   42 ②   43 ②

44 캐비테이션 방지책이 될 수 없는 것은?

① 펌프의 설치 높이를 될 수 있는 대로 낮춘다.
② 양흡입 펌프를 사용한다.
③ 펌프의 회전수를 높게 한다.
④ 압축 펌프를 사용하고, 회전차를 수중에 완전히 잠기게 한다.

44.
펌프의 회전수를 낮추어 비교 회전도를 작게 하여 속도를 적게 하고 압력을 증가시킨다.

45 다음 그림은 회전수와 양정이 일정할 때 원심 펌프의 성능 곡선이다. ②는 무슨 곡선에 해당하는가?

① 축동력 곡선
② 효율 곡선
③ 양정 곡선
④ 유량 곡선

45.
① 양정곡선
② 효율 곡선
③ 축동력 곡선

46 수동력 L_w[PS], 축동력 L[PS], 펌프의 효율 η 사이의 관계를 옳게 나타낸 식은 다음 중 어느 것인가?

① $\eta = \dfrac{L + L_w}{L}$

② $\eta = L_w \times L$

③ $\eta = \dfrac{L}{L_w}$

④ $\eta = \dfrac{L_w}{L}$

46.
효율 = $\dfrac{\text{출력}}{\text{입력}}$ = $\dfrac{\text{수동력}}{\text{축동력}}$

정답   44 ③   45 ②   46 ④

47 기계 효율을 η_m, 체적 효율을 η_v, 수력 효율을 η_h이라 할 때 펌프의 전효율 η를 구하는 식은?

① $\eta = \eta_m \times \eta_v \times \eta_h$

② $\eta = \eta_v \times \dfrac{\eta_m}{\eta_h}$

③ $\eta = \dfrac{\eta_m}{\eta_h \times \eta_v}$

④ $\eta = \eta_m \times \eta_v \eta_k$

47.
전효율은 각효율의 곱이다.

48 회전차 출구 속도를 u_2, 양정을 H라 할 때 양정 계수 ϕ를 나타내는 식은?

① $\phi = \dfrac{H}{u/g}$

② $\phi = \dfrac{H}{u_2{}^2/g}$

③ $\phi = \dfrac{u}{H/g}$

④ $\phi = \dfrac{g}{u \cdot H}$

49 실양정 36 [m], 총 손실 양정 6 [m]인 펌프 장치에서 전양정은 몇 [m]인가?

① 25　　　② 30
③ 36　　　④ 42

49.
$H = H_a + h_i = 36 + 6 + 42$ [m]

정답　47 ①　48 ②　49 ④

50 축류 펌프의 비교 회전도는 대략 어느 범위의 것에 쓰이는가?

① 120~350
② 200~700
③ 500~1,500
④ 1,200~2,500

50.
n_s =120~350 : 터빈펌프
n_s =200~700 : 사류형 벌류트 펌프
n_s =500~1,500 : 사류 펌프
n_s =1,200~2,500 : 축류 펌프

51 흡입 비교 회전도를 S, 비교 회전도를 n_s라고 할 때 토오마의 캐비테이션 계수 σ는 어느 것인가?

① $\sigma = \left(\dfrac{n_s}{S}\right)^{1/2}$
② $\sigma = \left(\dfrac{n_s}{S}\right)^{1/3}$
③ $\sigma = \left(\dfrac{n_s}{S}\right)^{5/4}$
④ $\sigma = \left(\dfrac{n_s}{S}\right)^{3/4}$

52 80 [m/sec]의 속도로 흐르는 물의 속도 수두는 약 몇 [m]인가?

① 300
② 327
③ 430
④ 510

52.
$h_v = \dfrac{v^2}{2g} = \dfrac{80^2}{2 \times 9.8} = 326.5[\text{m}]$

53 용적식 기계에 속하는 것은?

① 회전형
② 축류형
③ 사류형
④ 혼류형

53.
① 용적식 기계 : 회전형, 왕복형
② 터보식 기계 : 사류형, 혼류형, 축류형

54 동력을 이용하여 물 등의 액체에 에너지를 주는 기계는?

① 공기 기계
② 펌프
③ 수차
④ 유압기계

정 답　50 ④　51 ④　52 ②　53 ①　54 ②

55 다음 중 특수형 펌프에 속하는 것은?
① 사류 펌프, 분사 펌프, 베인 펌프, 축류 펌프
② 볼류트 펌프, 터빈 펌프, 사류 펌프, 축류 펌프
③ 피스톤 펌프, 플런저 펌프, 기어 펌프, 베인 펌프
④ 제트 펌프, 마찰 펌프, 기포 펌프, 수격 펌프

55.
특수 펌프는 분사 펌프, 재생 펌프, 기포 펌프(air lift pump), 마찰 펌프, 제트 펌프, 수격 펌프 등이 있다.

56 원심 펌프를 케이싱에 의하여 분류한 것이 아닌 것은?
① 원통형 펌프
② 원뿔형 펌프
③ 배럴형 펌프
④ 상하 분할형 펌프

56.
케이싱에 의한 분류는 분할형, 상하분할형, 원통형, 배럴형이 있다.

57 임펠러(회전차)의 바깥둘레에 안내깃이 달린 펌프는?
① 베인 펌프
② 터빈 펌프
③ 벌류트 펌프
④ 피스톤 펌프

57.
터빈 펌프를 디퓨져 펌프라고 하며 안내깃이 있다.

58 원심 펌프의 양수 장치에 구성되어 있지 않은 것은?
① 흡입관
② 송출관
③ 게이트 밸브
④ 니들 밸브

58.
니들 밸브는 펠톤 수차 부품이다.

59 펌프 운전 중 수격 작용의 발생을 방지하기 위한 방법으로서 맞지 않는 것은?
① 관로에서 일부는 고압수를 방출한다.
② 회전체의 관성 모우먼트를 크게 한다.
③ 조압 수조(surge tank)를 관로에 설치한다.
④ 펌프 송출측에 푸트 밸브를 단다.

59.
푸트 밸브(foot valve)는 흡입측 입구에 설치해서 액체의 누설을 방지하는 밸브이며 보통 스트레이너 위에 있다.

정답 55 ④ 56 ② 57 ② 58 ④ 59 ④

60 펌프의 송출 유량이 $Q\,[m^3/\text{sec}]$, 양정이 $H\,[m]$, 액체의 비중량이 $r\,[kg/m^3]$일 때 펌프의 수동력 $L_w\,[kW]$를 구하는 식은?

① $L_w = \dfrac{rHQ}{75}$

② $L_w = \dfrac{rHQ}{102}$

③ $L_w = \dfrac{rHQ}{550}$

④ $L_w = \dfrac{rHQ}{4,500}$

60.
$L_w = \dfrac{rHQ}{102}$ [kW]

$L_w = \dfrac{rHQ}{75}$ [PS] [HP]

61 원심 펌프에서 실제적으로 날개 출구 각도 β_2는 몇 도 범위인가?

① $25° > \beta_2 > 20°$

② $30° > \beta_2 > 25°$

③ $50° > \beta_2 > 15°$

④ $60° > \beta_2 > 45°$

61.
날개 출구 각도는 대략
$25° > \beta_2 > 20°$

입구 안내깃 범위는
$50° > \beta_1 > 15°$ 정도이다

62 원판 주위에 다수의 버킷(bucket)을 노즐로부터 분출되는 분류의 충격력으로 날개차를 회전시키는 충동수차는?

① 펠턴 수차(Pelton Turbine)

② 프란시스 수차(Francis Turbine)

③ 카프란 수차(Kaplan Turbine)

④ 프로펠러 수차(Propeller Turbine)

정답　60 ②　61 ①　62 ①

CHAPTER 01 유압기기

SECTION 01 유압기기의 개요

(1) 유압이란

유압은 알맞은 성질을 가진 작동 유체(Working Fluid)를 매개체로 하여 동력원(Power Unit)으로 부터 출력된 동력을 작동유체의 압력에너지로 변환시키고 작동유체의 적절한 제어와 흐름을 통 하여 기계적으로 변환시켜서 필요한 일(Work)을 수행하는 결합체이다. 즉, 유압이란 유체역학에서 언급하는 힘과 운동량을 제어하여 동력을 전달하는 것으로서 유압을 이용한 구성품을 유압기기라고 한다.

(2) 유압시스템의 구성요소(Components of Hydraulic System)

① 동력원(Power Unit) : 전기에너지를 기계적 에너지로 변화시켜서 유압펌프를 구동시키는 전동 기와 유압유에 압력에너지를 공급하는 유압펌프로 구성된다.
② 유압제어 밸브(Hydraulic Control Valves) : 유압제어 밸브에는 펌프에서 나오는 유체의 압력을 제어하는 압력제어, 밸브유량을 제어하는 유량제어 밸브와 방향을 제어하는 방향제어 밸브가 있다. 즉 제어 밸브에는 압력제어 밸브, 유량제어 밸브, 방향제어 밸브의 3가지가 있다.

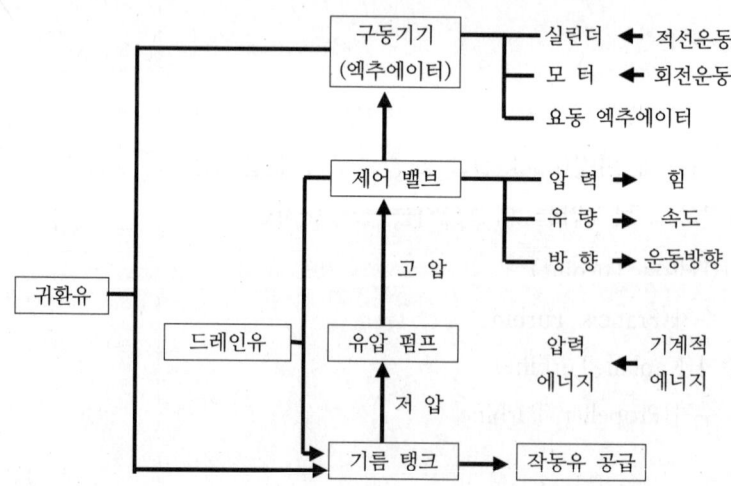

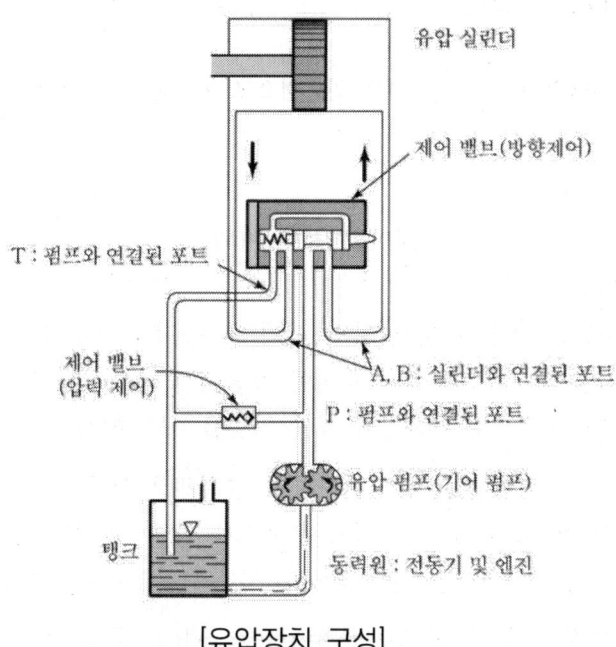

[유압장치 구성]

③ 유압구동기기(Hydraulic Actuator) : 유압유의 압력에너지를 기계적 에너지로 변화시켜서 필요한 일을 하는 것으로 유압모터, 유압실린더, 요동액추에이터가 있다.
④ 부속기기(Accessories) : 유압유를 저장하는 오일탱크(Oil Tank)와 작동유체를 순환시키기 위한 배관, 압력게이지, 축압기, 냉각기, 피트 등의 부속기기가 있다.

SECTION 02 유압의 기초지식

(1) 유체의 정의

물질은 유체(fluid)와 고체(solid)로 구분하며 유체는 액상(liquid)과 기상(gas)로 구분되나 보통 액상을 액체, 기상을 기체라고도 한다. 유체역학에서는 마찰력(전단력)으로 발생되는 물질입자의 상대변위의 크기와 흐름으로 고체와 유체를 분류한다. 즉, 고체는 마찰력(전단력)이 작용하면 비교적 작은 변형을 한 후 물질 내부의 응력(전단응력)이 외력과 평형을 이룬 상태에서 정지하지만 유체는 아무리 작은 전단력이라도 작용하면 변형을 일으키며 마찰력이 없어지지 않는 한 계속해서 변형한다(흐름발생).

따라서 유체의 정의는 다음과 같다.

"아무리 작은 마찰력(전단력)이라도 존재하면 연속적으로 변형하는 물질이다."

1) 연속체 (Continuum)

액체는 분자 간의 응집력이 기체보다 커서 분자와 분자가 서로 연결되어 있으므로 하나의 연속물질로 취급하여 액체분자의 거동을 해석할 수 있지만 기체의 분자는 무질서한 운동을 하면서 분자 상호 간에 또 용기의 벽면과 충돌한다. 이와 같이 분자운동을 하면서 기체 전체는 어떤 유동을 갖는데 대부분의 공학에서는 분자 개개의 운동보다는 유체 전체의 평균 거동을 해석한다.

즉, 유체를 하나의 등방성 질량체로 해석하여 연속체란 분자운동의 통계적 특성이 보존되는 경우이며 유체 분자 전체의 운동으로 인한 평균효과를 다루는 학문을 연속체라고 한다. 유체를 연속체로 취급할 수 있는 조건은 다음과 같다.

① 분자 간의 거리: 분자의 평균자유행로(Molecular Mean Free Path)가 문제의 대표길이(용기의 치수, 관의 지름 등)에 비해 매우 작은 경우(1%) 미만
② 충동과 충돌 사이에 소요되는 시간: 충동 간의 시간이 충분히 짧은 경우

2) 압축성에 따른 분류

▮▮▮ 압축성 유체(compressible fluid)

유체에 힘이나 압력이 가해졌을 때 밀도, 비체적 등의 성질의 변화를 쉽게 일으키는 유체 (예: 기체, 고속의 강제흐름)

▮▮▮ 비압축성 유체(incompressible fluid)

유체에 힘이 가해졌을 때 밀도, 비체적 등의 성질의 변화를 무시할 수 있는 유체 (예: 상온의 액체, 저속의 자유흐름)

☞ 물의 밀도가 $102\,[\mathrm{kg_f s^2/m^4}]$, $1000\,[\mathrm{kg_m/m^3}]$ 또는 비중량이 $1000\,[\mathrm{kg_f/m^3}]$, $9800\,[\mathrm{N/m^3}]$이라는 것은 상수이므로 비압축성이라는 것이고 압력이나 힘에 따라 값이 변하면 압축성 유체라고 생각하면 편리하다.

SECTION 03 유압시스템의 특징

동력전달 방식에는 유압, 전기, 공압 등의 여러 가지 방식이 있지만 각 방식마다 장단점을 충분히 고려하여 가장 적합한 방식을 선택해야 한다. 유압방식은 이들 방법 중 대동력의 전달에 적합하므로 주로 유압방식과 전기방식 혹은 공압을 조합하여 사용한다.

〈장점〉

① 소형으로 대동력의 전달이 가능하며 전달의 응답이 빠르다.
② 출력의 크기와 속도를 무단으로 간단히 제어할 수 있다.
③ 자동제어, 원격제어가 가능하다.
④ 여러 가지 움직임을 동시에 일어나게 하거나 연속운동이 가능하다.
⑤ 과부하 안전장치가 간단하다.
⑥ 가동 시의 관성이 작아 가동, 정지를 빠르게 할 수 있다.
⑦ 동력의 축적이 가능하다(어큐레이터).

〈단점〉

① 기름의 점도 변화 시 출력부의 속도가 변하기 쉽다.
② 동력전달 효율이 나빠 손실동력이 크다.
③ 배관 시 주의를 요한다.
④ 소음, 진동이 발생하기 쉽다.
⑤ 작동유의 선정 시 주의해야 한다.

(1) 유압유

1) 유압유의 역할

① 다양한 사용조건에서 동력을 정확하게 전달하여야 한다 (동력전달작용).

② 요소의 운동부분에 대한 윤활작용이 좋아야 한다 (윤활작용).

③ 유압장치에서 발생된 열을 방출하여야 한다 (냉각작용).

④ 압력을 유지하도록 유압류는 쉽게 누설되지 않아야 한다 (밀봉작용).

⑤ 유압시스템 요소에 대한 방청성, 방식성이 좋아야 한다.

2) 유압유의 조건

① 동력을 정확하게 전달하고 유압시스템의 성능이 최적인 상태로 운전될 수 있도록 적당한 점성(Viscosity)을 갖추어야 한다.

② 온도의 변화에 따른 점성의 변화가 작아야 한다. (점도지수가 커야 한다.)

③ 유동점(Pour Point)이 낮아야 한다.

④ 요소의 운동을 원활하게 하기 위하여 윤활성(Lubricity)이 좋아야 한다.

⑤ 동력의 전달이 정확하고 제어계에서 응답성을 좋게 하기 위해서 압축성(Compressibility)이 작아야 한다. (체적 탄성계수가 커야 한다.)

⑥ 장시간의 사용에 대하여 물리적·화학적 변화가 작아야 한다. 즉, 열안정성(Thermal Stability), 전단안정성(Shear Stability), 산화안정성(Oxidation Stability) 등이 좋아야 한다.

⑦ 수분 등의 불순물과 분리성이 좋고 소포성이 좋아야 한다.

⑧ 방청·방식성이 좋아야 한다.

⑨ 화기에 쉽게 연소되지 않도록 내화성(耐火性)이 좋아야 한다.(인화점, 연소점이 높아야 한다.)

⑩ 발생된 열이 쉽게 방출될 수 있도록 열전달률이 높아야 한다.

⑪ 열에 의한 유압유의 체적변화가 크지 않도록 열팽창계수가 작아야 한다.

⑫ 값이 싸고 이용도가 높아야 한다. 즉, 다시 말해서 유압유(작동유)로서 고려해야 할 사항은 밀도, 압축률, 점도, 유동점, 인화 점, 소포성, 산가, 내유화성 등이다.

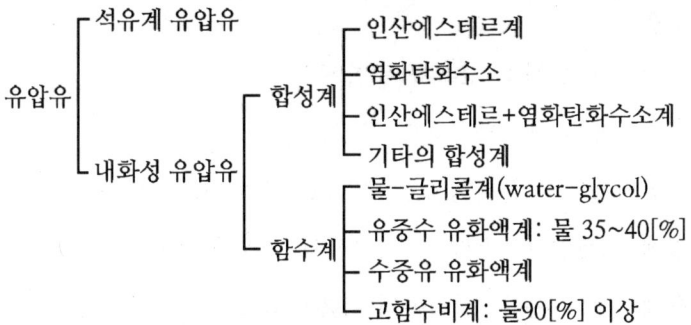

4) 유압유의 성질

① 점도

㉮ 점도가 너무 높은 경우

㉠ 유압유의 내부 마찰이 증대하고 온도가 상승한다.

㉡ 에너지의 손실이 증대한다.

㉢ 관내 유동저항에 의한 압력이 상승한다.

㉣ 유압유의 유동성이 저하된다.

㉤ 기계효율이 저하한다.

㉯ 점도가 너무 낮은 경우

㉠ 유압유의 누설이 증가한다.

㉡ 윤활성능의 저하에 따라 마찰부분의 마모가 심해진다.

㉢ 유압펌프의 체적효율이 저하한다.

㉣ 필요한 압력의 발생이 곤란하므로 정확한 작동과 정밀한 제어가 어려워진다.

㉰ 점도는 온도에 따른 영향이 크기 때문에 작동유의 적정온도는 30~55°C이다.

② 점도지수 유압유의 온도 변화에 대한 점도변화의 관계를 나타내는 값을 점도지수(VI)라 한다. 점도지수가 높다는 것은 온도 변화에 따른 점도 변화의 값이 작다는 것이다.

$$VI = \frac{L-U}{L-H} \times 100$$

L : 210°F에서 시료유와 같은 점도인 VI=0인 유압유(Naphthen계 유)의 100°F에서의 점도(SSU)

H : 210°F에서 시료유와 같은 점도인 유압유(Paraffin계 유)의 100°F에서의 점도(SSU)

U : 점도지수 VI 를 구하기 위한 유압유의 100°F에서의 점도(SSU)

③ 첨가제
  ㉮ 점도지수 향상제 : 고분자 중합체
  ㉯ 마찰방지제 : 에스테르류의 극성화합물
  ㉰ 산화방지제 : 이온화합물, 인산화합물, 아민 및 페놀화합물
  ㉱ 방청제 : 유기산에스테르, 지방산염, 유기인화합물
  ㉲ 소포제 : 실리콘유, 실리콘의 유기화합물
  ㉳ 유동점 강하제 : 파라핀, 유동점 강하제(결정의 성장방지)

5) 점도의 측정방법

점성계수를 측정하는 점도계로는 스토크스 법칙을 기초로한 낙구식 점도계, 하겐-포아젤의 법칙을 기초로 한 Ostwald 점도계와 세이볼트 점도계, 뉴턴의 점성법칙을 기초로 한 MacMichael 점도계와 Stomer 점도계 등이 있다.

6) 윤활유

① 윤활유의 종류
  ㉮ S.A.E 분류법 미국 자동차 공학협회(Society of Automotive Engineer)의 분류방법으로 분류번호가 클수록 점도가 커진다.

▎▎S.A.E(Society of Automotive Engineer) 분류 점도에 따른 분류

10, 20 ·· 점도가 묽은 오일(동계용)

30 ··· 춘추용

40 ·· 점도가 높은 오일(하계용)

② A.P.I 분류법과 S.A.E 신분류법

㉮ 미국석유협회(American Petroleum Gas Institite)

구분	S.A.E 신분류	A.P.I 구분류	사용도
가솔린	SA	ML	경화중, 보통 운전조건
	SB	MM	중하중
	SC, SD	MS	가장 가혹한 조건 시(중화중 고속회전)
디젤기관	CA	DG	경부하 조건에 사용(유화분이 적은 연료)
	CB, CC	DM	중간부하
	CD	DS	가장 가혹한 조건 시 사용 (고온, 고부하, 장시간)

■ API 신분류

(가솔린) SJ > SK > SL > SM > SN(최신)

(디 젤) CH-4 > CL-4 > CJ-4(최신)

　　　 4 = 4 cycle

㉑ 기타 용어(유압적용)

에어레이션(Airation)	공기가 유압유에 미세한 기포로 혼입되어 있는 상태
플레싱(Flashing)	작동유를 새로운 오일로 교환하는 작업
채터링	릴리프 밸브 등으로 밸브시트를 두들겨서 비교적 높은 음을 발생시키는 일종의 자력진동(自力 振動)현상
점핑	유량제어밸브(압력보상 붙이)에서 유체가 흐르기 시작할 때 유량이 과도적으로 설정값을 넘어서는 현상
정격압력	연속하여 사용할 수 있는 최고 압력
정격유량	일정한 조건하에서 정해진 보증 유량
유압(동력)원	▶—
공기압(동력)원	▷—
전동기	Ⓜ=
원동기	[M]=

(2) 유압펌프(Hydraulic Pump)

1) 유압펌프란 전동기나 내연기관 등의 원동기로부터 공급받은 기계적 에너지(축토크)를 밀폐된 케이싱(Casing) 내에서 회전차(Rotor)의 회전이나 실린더(Cylinder) 내에서 피스톤의 왕복운동에 의해 기계적 에너지를 유압유의 압력에너지로 변환시키는 기능을 한다.

2) 성능상의 분류

① 용적형 펌프(Hydrostatics Pump : 정적펌프) 입구부와 출구부가 분리되어 토출량이 일정하고 기계 제어에 이용된다. 즉, Pump의 구동회전수에 결정하는 토출량이 부하 압력에 관계없이 일정하기 때문에 동력원으로 이용된다.

② 비용적형 펌프(Hydrodynamics Pump : 동적펌프) 입구부와 출구부가 통해 있어 토출량이 변화하는 펌프로서 유체수송용으로 이용된다. 즉, 펌프의 구동회전수에 결정되는 토출량이 부하 압력에 따라 변한다.

③ 펌프의 종류 구분

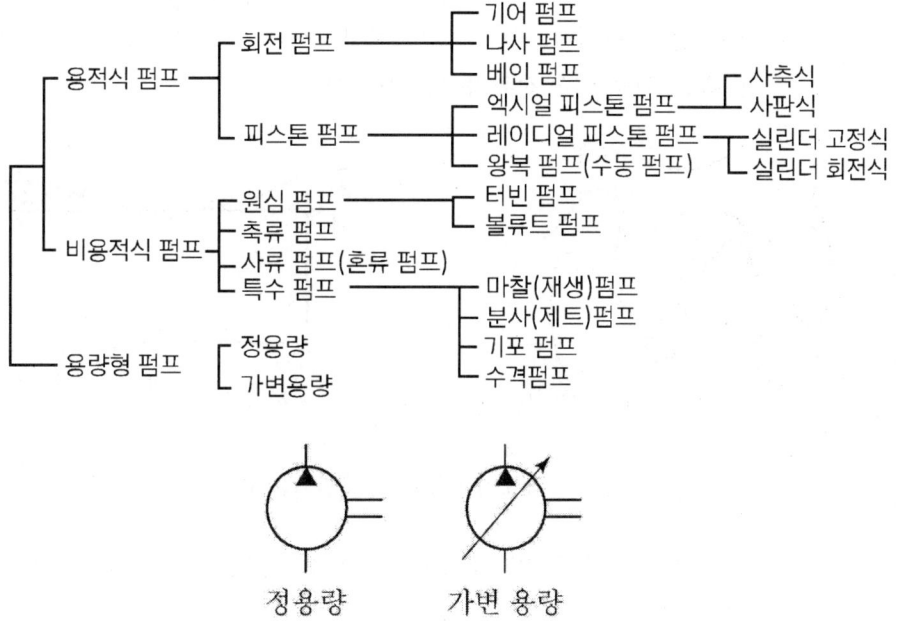

3) 용적식 펌프

① 기어펌프:

케이싱 안에서 물리는 두 개 이상의 기어에 의하여 액체를 흡입쪽으로부터 토출쪽으로 밀어내는 형식의 펌프이다.

㉮ 장단점
  ㉠ 장점 : 구조가 간단하고 운전보수가 용이하며 가격이 저렴하다.
  ㉡ 단점 : 정토출량이며 저압·소토출량이다.

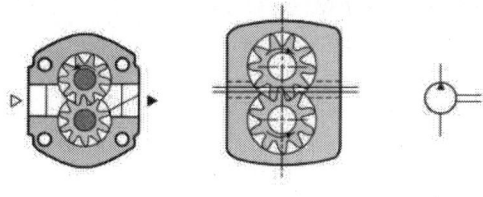

[기어펌프]

㉴ 폐입현상 두 개의 이가 동시에 접촉하는 경우에 두 점 사이의 밀폐공간에 유체가 유입되고 밀폐 된 공간은 흡입구나 송출구로 통하지 않으며 폐입된 유체의 압력이 밀폐용적의 변화에 의하여 변화하는데, 이러한 현상을 폐입현상(Trapping)이라 한다. 폐입용적의 변화를 그대로 두면 유체의 압축, 팽창이 반복되고 압력의 변화에 의하여 베어링의 하중의 증 대, 기어의 진동, 소음 등의 원인이 된다. 제거방법은 케이싱 측벽이나 측판에 릴리프 토출용 홈을 만들거나 전위기어를 사용한다.

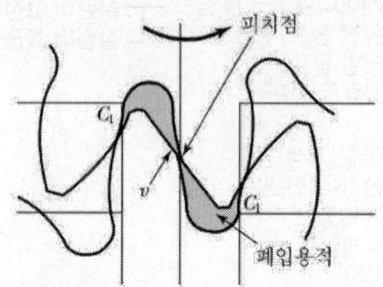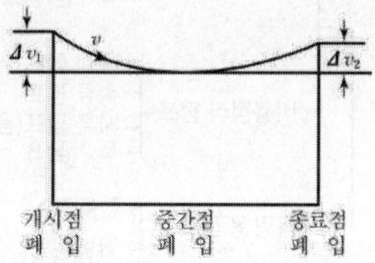

[폐입현상과 용적변화]

㉵ 기어 펌프의 송출유량 외접현 기어 펌프의 1회전 토출유량(Displacement)은 다음과 같다.

$$D_p = \frac{\pi}{4}(d_u^2 - d_d^2) \cdot b$$

여기서, D_u: 이끝원의 지름

D_d: 이뿌리원의 지름

b: 기어 이의 폭

그러므로 단위시간당 이론적 송출량 Q_{th}은 다음과 같다.

$$Q_{th} = \frac{\pi(D_u^2 - D_d^2)}{4}bN$$

여기서, $D\left(=\dfrac{D_u + D_d}{2}\right)$: 기어의 피치원지름

Z : 잇수

$m(=D/Z)$: 모듈(Module)

이라 놓으면 다음과 같이 구할 수 있다.

$$Q_{th} = 2\pi m^2 Zb N \text{ (무부하유량)}$$

$$Q_{th} = 2\pi m^2 Zb N \eta \text{ (부하유량)}$$

공기혼입	액체에 공기가 아주 작은 기포 상태로 섞여져 있는 현상	Airation
공동현상	유동하고 있는 액체의 압력이 국부적으로 저하되어, 포화 증기압 또는 공기 분리압에 달하여 증기를 발생시키거나 또는 용해 공기 등이 분리되어 기포를 일으키는 현상, 이것들이 흐르면서 터지게 되면 국부적으로 초고압이 생겨 소음 등을 발생시키는 경우가 많다.	Cavitation

② 베인펌프:

베인을 사용하여 체적의 증감을 이용하여 액체를 송출하는 펌프

㉮ 장점 및 단점

㉠ 장점

- 적당한 입력포트, 캠링을 사용하므로 송출 압력에 맥동이 작다.
- 펌프의 구동동력에 비하여 형상이 소형이다.
- 베인의 선단이 마모되어도 압력저하가 일어나지 않는다.
- 비교적 고장이 적고 보수가 용이하다.
- 가변 토출량형으로 제작이 가능하다.

㉡ 단점

- 베인, 로터, 캠링 등이 접촉 활동을 하므로 공작 정도를 높게 해야 하고 좋은 재료를 선택할 필요가 있다.
- 사용 유압유의 점성계수, 청결도 등에 세심한 주의가 필요하다.
- 부품수가 많고 가공도가 높아서 고가이다.
- 베인과 캠링의 접촉으로 가공 정도를 높게 하고, 양질의 재료를 선택해야 한다.

㉯ 분류

㉠ 로터 주위의 압력분포에 의한 분류 압력 평형형과 압력 비평형형으로 나뉜다.

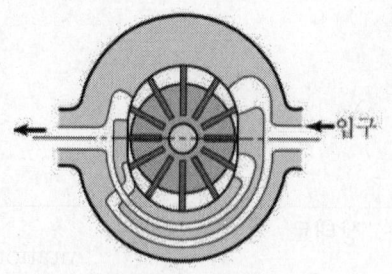
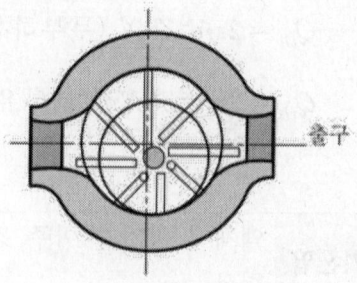

(a) 압력 평형 베인 펌프   (b) 압력 비평형 베인 펌프

[베인펌프]

㉑ 송출유량

㉠ 비평형형 베인펌프

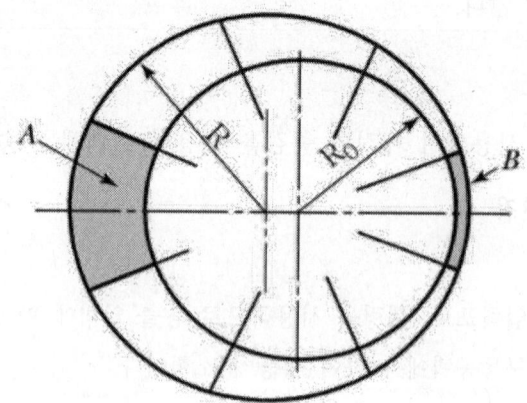

비평형형 베인펌프의 1회전당 배제 용적(V_{lk})은 다음과 같다.

$$V_{lk} = Z(V_A - V_B)$$

여기서, Z : 깃의 수

V_A와 V_B : 캠링과 깃 사이의 배제되는 유체의 용적

그리고 V_A와 V_B는 다음과 같이 설계된다.

$$V_A = b\left[\frac{1}{Z}\pi(R+e) - \pi R_0^2 - (R+e-R_0)t\right]$$

$$V_A = b\left[\frac{1}{Z}\pi(R-e)^2 - \pi R_0^2 - (R-e-R_0)t\right]$$

여기서, R : 캠링의 내경에 대한 반지름

R_0 : 로터의 반지름

b : 로터의 폭

e : 편심량

t : 두께

간단하게 정리하면 배제 용적은 다음과 같다.

$$V_{lk} = 2eb(2\pi R - Z_t)$$

이때 이론송출량(Q_{lk})은 다음과 같이 정리된다.

$$Q_{lk} = V_{lk} \cdot N = 2eb(2\pi R - Zt) \cdot N$$

위 식에서 $2R = D$ 라 하고 다시 정리하면 다음과 같다.

$$Q_{lk} = 2\pi DbeN$$

③ 피스톤 펌프

㉮ 특징

㉠ 장점
- 피스톤의 상하운동에 의한 펌핑작용으로 높은 압력을 발생한다.
- 가변 토출량형이며, 피스톤 수는 보통 9개 정도이다.
- 고효율(85~95[%])을 낼 수 있고, 수명이 길고 소음이 작다.

㉡ 단점 구조가 복잡하여 제작단가가 높다.

㉢ 사용규격
- 압력 : 140~350kgf/cm²
- 토출량 : 2~1350l/min

㉯ 분류

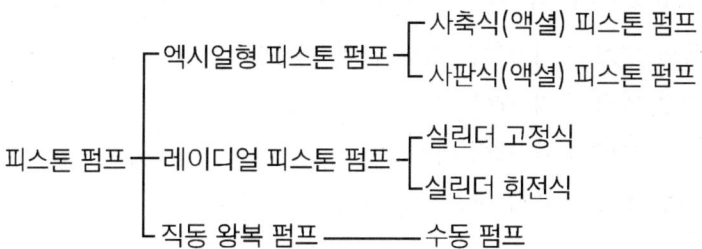

㉠ 레이디얼 피스톤 펌프(Radial Piston Pump)
- 로터가 축을 중심으로 회전하면서 그 반경방향으로 삽입된 플런저(피스톤)가 왕 복운동으로 펌핑 작용을 한다.
- 실린더블록(Cylinder Block)의 회전, 비회전에 의한 분류 : 회전실린더형과 고정실 린더형
- 배제용적의 가변기구의 유무에 의한 분류 : 정용량형과 가변용량형

㉡ 엑시얼 피스톤 펌프(Exial Piston Pump)
- 여러 개의 피스톤이 동일원주상의 축방향에 평형하게 배열된 펌프이다.
- 피스톤에 왕복운동을 주는 기구에 의한 분류 : 경사판식과 경사축식
- 사축식 : 사축식 경사에 의하여 왕복운동이 일어난다.
- 사판식 : 사판캠의 경사각에 의하여 왕복운동을 하며 진동에 대한 안정성이 좋으나 사축식에 비해 구조가 복잡하다.
- 배제용적의 가변기구 유무에 의한 분류 : 정용량형과 가변용량형
- 실린더의 회전, 비회전에 의한 분류 : 회전실린더형과 고정실린더형

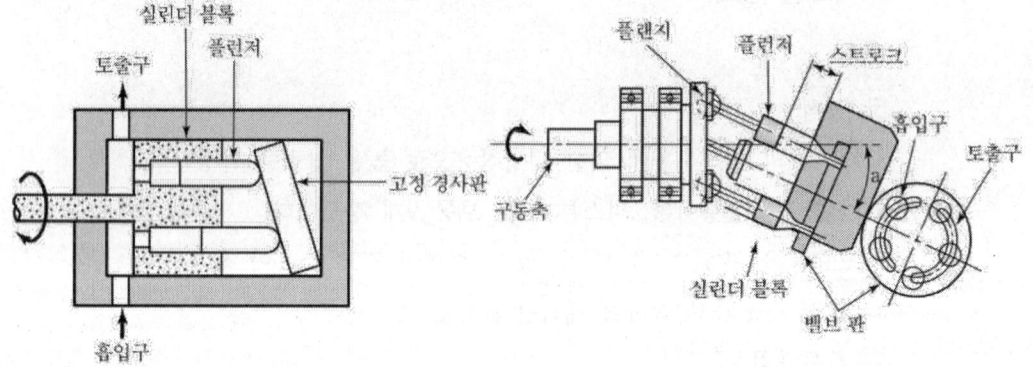

(a) 경사판식 플런저펌프   (b) 경사축식 플런저펌프

[엑시얼 피스톤 펌프]

㉢ 가변용량형 펌프, 모터의 제어A방식
- 출력 일정 제어 방식 – 가장 많이 이용함
- 일정 압력 유지 제어 방식
- 일정 유량 유지 제어 방식
- 외부 파일럿 제어 방식
- 전동 제어

- 수동 제어
- 기계식 제어

④ 나사펌프

㉮ 특징

㉠ 장점

- 송출유가 연속 이송이 되어 진동이나 소음을 동반하지 않고 고속운동에서도 매우 조용하다(대용량에 적합).
- 나사가 맞물려 회전하면 유체를 폐입한 부분이 축방향으로 이동하면서 연속적으로 펌핑작용을 한다.

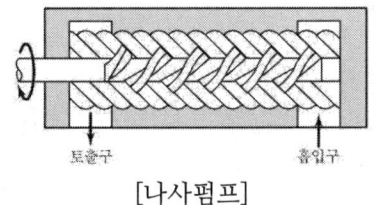

[나사펌프]

㉡ 단점

축방향으로 하중이 걸리므로 설계 시 추력을 고려해야 한다.

㉢ 사용규격

- 최고압력 : $175 kg_f/cm^2$
- 용량 : $2 \sim 900 l/min$

㉯ 송출유량

$$Q_{lk} = ApN$$

여기서, A : 송유단면적, p : 나사의 피치, N : 회전수

⑤ 펌프의 연결방식

㉮ 다단 펌프 동일축상에 2개 펌프 작용 요소를 가지며, 제각기 독립하여 펌프 작용을 하는 형식의 펌프로서 2개 이상의 펌프를 직렬로 연결하는 것으로 부하를 균일하게 할 때 사용한다.

㉯ 다연 펌프 2개 이상의 펌프를 동일축으로 구동시키며 각각이 독립된 펌프 작용을 하는 펌프에서 고압과 저압을 동시에 사용하고자 할 때 사용한다. 고압축에 R형 펌프 저압축에 기어 펌프를 조합시킨 고저압 2연 펌프이다.

㉰ 복합 펌프 동일 케이싱 속에 2개 이상의 펌프의 작용 요소를 가지며, 부하의 상태에 따라서 각 요소의 운전을 상호 관련시켜 제어하는 기능을 가지는 펌프로서 부하의 상태에 따라 펌프를 운전한다.

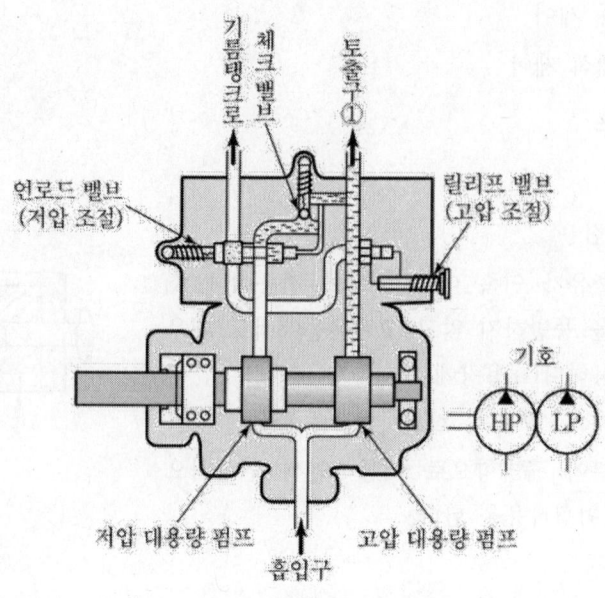

(a) 다연펌프

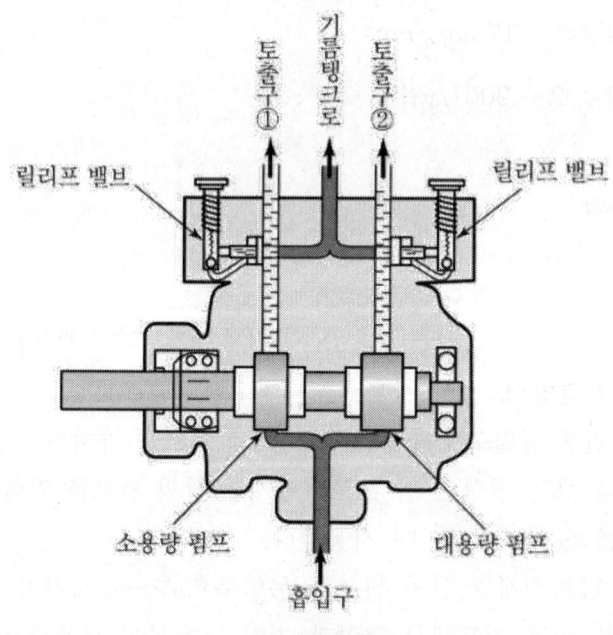

(b) 복합펌프

[펌프 연결 방식]

(3) 동력과 효율

1) 동력

① 축동력(Shaft Power) 유압펌프가 전동기로부터 받아들인 단위 시간당 기계적 에너지를 말한다.

② 유동력(Oil Power) 유압유가 유압펌프로부터 얻은 동력이다.

$$L_P = \rho Q kg_f m/\sec$$

동력 : $\gamma QH \rightarrow 1\,HP = 75\,kg_f m/s$

$$1[kW] = 102\,kg_f m/s$$

펌프동력(L_p) : 실제로 펌프에서 기름에 전달되는 동력

$$L_P = \frac{PQ_\alpha}{75}ps = \frac{PQ_\alpha}{102}kW$$

P : 실제 송출 압력(kg_f/m^2)

Q_α : 실제 송출 유량(m^3/s)

펌프 축동력(L_s) : 펌프로 운전하는데 필요한 동력

$$L_P = \frac{PQ_\alpha}{75\eta}[ps] = \frac{PQ_\alpha}{102}kW$$

이론동력(L_{th}) : 펌프 내부의 누설손실이 전혀 없을 때의 동력

$$L_{th} = \frac{PQ_{th}}{75}ps = \frac{PQ_{th}}{102}kW$$

2) 효율

① 체적 효율(Volumetric Efficiency)

유압펌프로 유입되는 이론적 유량과 펌프로부터 송출되는 실제유량의 비를 말한다.

$$\eta_v = \frac{Q}{Q_{th}} = 1 - \frac{\Delta Q}{Q_{th}}$$

$$\Delta Q = C_s V_{th} \frac{\Delta p}{\mu} \qquad C_s : \text{무차원의 누설 계수}$$

② 토크 효율(Torque Efficiency)

유압펌프의 축이 작용하는 이론적 토크와 실제로 작용하는 토크와의 비를 말한다.

$$\eta_T = \frac{T_{th}}{T} = \frac{T_{th}}{T_{th} + \triangle T}$$

③ 기계 효율(Mechanical Efficiency)

축동력과 이론동력의 비이다.

$$\eta_m = \frac{L_{th}}{L}$$

$$\eta_m = \frac{L_{th}}{L} = \frac{T_{th}}{T} = \eta_m$$

④ 전 효율(Total Efficiency)

유압펌프가 축을 통하여 받은 축동력과 유압유에 준 유동력의 비이다.

$$\eta = \frac{L_o}{L}$$

$$\eta = \eta_v \, \eta_T = \eta_p \, \eta_m$$

(4) 유압펌프의 고장원인

1) 펌프에서 유압유가 나오지 않는 경우

① 펌프의 회전방향과 원동기의 회전방향이 다른 경우

② 유압유가 탱크 내에서 유면이 기준 이하로 내려가 있는 경우

③ 흡입관이 막히거나 공기가 흡입되고 있는 경우

④ 펌프의 회전수가 너무 작은 경우

⑤ 유압유의 점도가 너무 큰 경우

⑥ 여과기(Strainer)가 막혀 있는 경우

2) 설정된 압력이 형성되지 않는 경우

① 릴리프 밸브의 설정압이 잘못되었거나 작동불량인 경우

② 유압회로 중 실린더 및 밸브에서 누설이 되고 있는 경우

③ 펌프 내부의 고장에 의해 압력이 새고 있는 경우

3) 펌프가 소음을 내는 경우

① 펌프의 회전이 너무 빠른 경우

② 유압유의 점도가 너무 큰 경우

③ 여과기가 너무 작은 경우

④ 흡입관이 막혀 있는 경우

⑤ 유중에 기포가 있는 경우

⑥ 흡입과의 접합부에서 공기를 빨아들이는 경우

⑦ 펌프축과 원동기축의 중심이 맞지 않는 경우

4) 펌프의 외부로 유압유가 누설되는 경우

① 실(Seal)과 패킹(Packing)이 마모 또는 파손된 경우

② 펌프 접합부의 볼트가 풀려진 경우

(5) 유압펌프의 소음 절감방법

① 펌프 내부의 급격한 압력 변화를 주지 않는다.
② 맥동을 흡수하기 위해 펌프출구에 머플러를 설치한다.
③ 방진고무를 설치한다.
④ 송출 관로의 일부에 고무호스를 설치한다.
⑤ 공동 현상이 일어나지 않도록 한다.

(6) 기타 용어

① 유효 차압 : 입구축과 출구측의 압력차가 1기압일 때의 압력
② 토크 정수 : 유효 차압이 가해졌을 때 발생하는 출력 토크
③ 정격성능 : 심한 수명저하를 가져오지 않는 범위에서 연속 운전이 가능한 한계치

SECTION 04 유압제어 밸브
(Hydraulic Control Valve)

(1) 개요(Introduction)

유압작동기가 필요한 일을 정확하게 하기 위해서는 유압유의 유량, 압력, 흐름의 방향을 제어해야 한다. 이와 같이 유압을 필요한 목적에 맞도록 제어하기 위하여 사용되는 기기를 유압제어 밸브라 한다.

(2) 유압제어 밸브의 분류(Types of Hydraulic Control Valve)

1) 기능상 분류
① 압력제어 밸브(Pressure Control Valve) : 압력 일정 유지. 최고압력을 제한한다.
② 방향제어 밸브(Directional Control Valve) : 유로차단, 연결 그리고 변환한다.
③ 유량제어 밸브(Flow Control Valve) : 유압 작동기의 운동속도를 제어한다.

2) 구조상의 분류
① 시트밸브 - 볼밸브 : 볼의 방향을 제어하여 흐름방향 전환
         - 포펫밸브 : 볼을 이용하여 흐름의 방향 및 양을 조절
② 슬라이드밸브 - 스풀밸브 : 스풀이 왕복 이동하여 유로를 개폐
            - 회전밸브 : 스풀이 회전 이동하여 유로를 개폐

3) 밸브의 제어방법에 따른 분류
① 밸브에 레버를 부착하여 작동시키는 수동적인 방법
② 전기·전자적인 신호에 의한 전자력에 의한 방법
③ 유·공압을 이용한 자동적인 방법

4) 조작방식상의 분류
① 수동조작 밸브(Manually Operated Valve) 스풀(Spool) 끝단에 레버, 페달 등을 접속하여 인력에 의하여 스풀 등을 이동시켜서 조작하는 형식의 밸브이다.
② 기계조작 밸브(Mechanical Operated Valve) 기계조작 밸브는 캠(Cam), 링크(Link)와 같은 기계적인 조작기구로서 밸브를 조작하는 밸브이다.

③ 파일럿조작 밸브(Pilot Operated Valve) 유압의 힘을 이용하여 파일럿라인에 유압을 공급하여 스풀이 이동함으로써 밸브를 제어하는 방법으로서 큰 조작력이 얻어지는 점에서 대용량의 밸브에 적합하다.
④ 전자조작 밸브(Solenoid Operated Valve) 유압제어 밸브에 전기적인 신호를 입력하여 전자입력으로 솔레노이드(Solenoid)를 움직여서 밸브의 스풀을 조작하는 전자변환 밸브이다.

5) 유압기호 및 기능요소와 접속구

① 기호요소

〈기호요소〉

명칭	기호	용도
선, 실선	———————	(1) 주관로(귀한관로 포함) (2) 파일럿 밸브에의 공급관로 (3) 전기신호선
파선	— — — — —	(1) 파일럿 조작관로 (2) 드레인 관로 (3) 필터 (4) 밸브의과도위치
1점 쇄선	—·—·—·—	포위선 (2개 이상의 기능을 갖는 유닛을 나타내는 포위선)
복선	$\frac{1}{5}l$	기계적 결함
원, 대원	l ⭕	에너지 변환기기 (펌프, 압축기, 전동기 등)
중간원	$\frac{1}{2} \sim \frac{3}{4}l$	(1) 계측기 (2) 회전이음
소원	$\frac{1}{4} \sim \frac{1}{3}l$	(1) 체크밸브 (2) 링크 (3) 롤러(중앙에 점을 찍는다).
점	$\frac{1}{8} \sim \frac{1}{5}l$	(1) 관로의 접속 (2) 롤러의 축
반원	l	회전 각도가 제한을 받는 펌프 또는 액추에이터

모양	도형	용도
정사각형	(변 l)	(1) 제어기기 (2) 전동기 이외의 원동기
	(45° 회전, 변 l)	유체 조정기기 (필터, 드레인 분리기, 주유기, 열교환기 등)
	($\frac{1}{2}l \times \frac{1}{2}l$)	(1) 실린더 내의 쿠션 (2) 어큐레이터 내의 추
직사각형	($m \times l$)	(1) 실린더 (2) 밸브
	(세로 l)	피스톤
	($m \times \frac{1}{2}l$)	특정의 조작방법
기타, 요형(대)	(m, $\frac{1}{2}l$)	유압유 탱크(통기식)
요형(소)	($\frac{1}{2}l$, $\frac{1}{4}l$)	유압유 탱크(통기식)의 국소 표시
캡슐형	($2l \times l$)	(1) 유압유 탱크(밀폐식) (2) 공기압 탱크 (3) 어큐레이터 (4) 보조가스용기

② 기능요소와 접속구

〈기능요소와 접속구〉

명칭	기호	용도
정삼각형	■ 유체 에너지의 방향 ■ 유체의 종류 ■ 에너지원의 표시	
흑	▶	유압
백	▷	공기압 또는 기타의 기체압
화살표 표시 직선 또는 사선	 ↗ ↑ ↕	(1) 직선 운동 (2) 밸브 내의 유체의 경로와 방향 (3) 열류의 방향
곡선	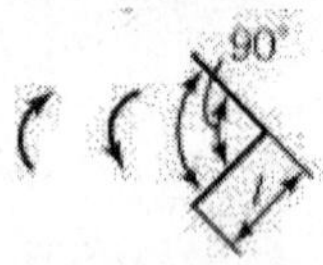 ⌒ ⌒ ⟲90°	회전 운동
사선	 ↗	가변조작 또는 조정수단
접속	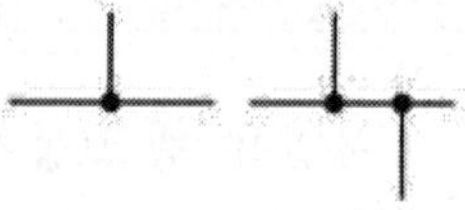 ┼• ┼•	
교차 (·접속하고 있지 않음)	 ┼ ┼	
처짐 관로 (·호스)	 •‿•	

공기구멍	· 연속적으로 공기를 빼는 경우  · 어느 시기에 공기를 빼고 나머지 시간은 닫아놓는 경우 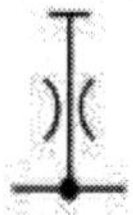 · 필요에 따라 체크 기구를 조작하여 공기를 빼는 경우 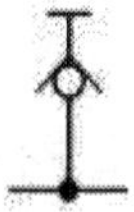	
배기구 (·공기압 전용)	(·접속구가 없는 경우) (·접속구가 있는 경우)	
급속이음	(·체크밸브 없음) 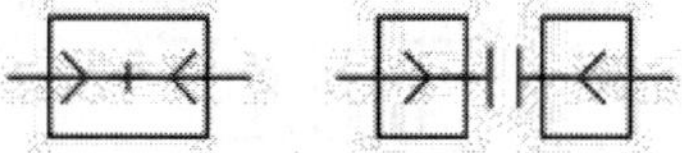 (·체크밸브 붙이(셀프실이음)) 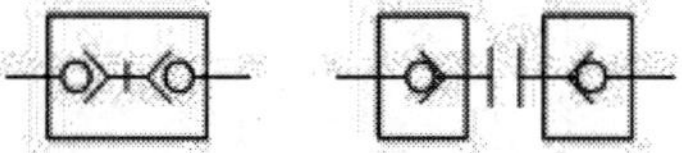	
회전이음 1관로 3관로	(·스위블 조인트 및 로터리 조인트) (1방향 회전) 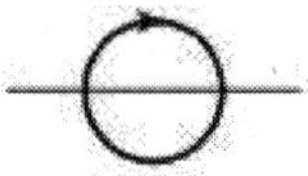 (2방향 회전) 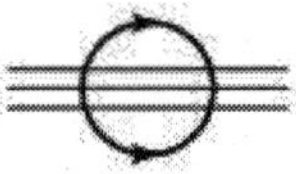	

6) 조작 기구와 기기의 관계

① 단일 조작기구와 기기의 관계

㉮ 밸브의 조작기호는 조작하는 기호요소에 접하는 임의의 위치에 써도 좋다.

㉯ 가변기기의 가변조작을 나타내는 화살표는, 조작기호와 관련되어 있으면 늘리거나 구부려도 좋다.

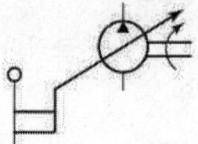

㉰ 2방향 조작의 조작요소가 실제로 하나인 경우에는, 조작기호는 원칙적으로 하나 밖에 쓰지 않는다.

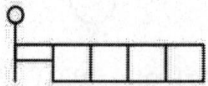

㉱ 복동 솔레노이드로 조작되는 밸브의 기호에서, 전기신호와 밸브의 상태와의 관계를 명확히 할 필요가 있는 경우에는, 복동 솔레노이드의 기호를 사용하지 않고 2개의 단동 솔레노이드의 기호를 사용하여 그린다.

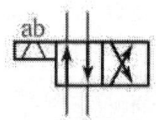 전기신호와의 관계를 나타낼 필요가 없는 경우
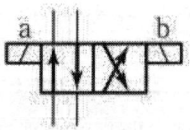 전기신호와의 관계를 나타낼 필요가 있는경우

② **복합 조작기구와 기기의 관계**
  ㉮ 1방향 조작의 조작기호는 조작하는 기호요소에 인접해서 쓴다.

  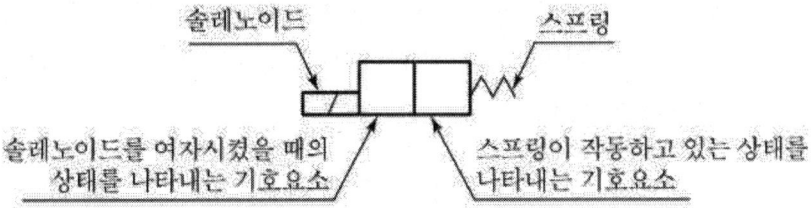

  ㉯ 3개 이상 스풀의 위치를 갖는 밸브의 중립위치의 조작은, 중립위치를 나타내는 직4각형의 경계선을 위 또는 아래로 연장하고, 여기에 적절한 조작기호를 기입함으로써, 명확히 할 수가 있다.

  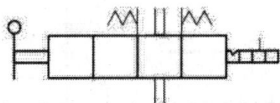

  ㉰ 3위치 밸브의 중앙위치 조작기호는, 외측 직4각형의 양쪽 끝 면에 기입해도 좋다.

  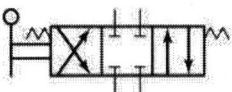

  ㉱ 프레셔센터의 중앙위치의 조작기호는, 기능요소의 정3각형을 사용하여 나타내고, 외측의 직4각형 양쪽 끝 면에 3각형의 정점이 접하도록 그린다.

  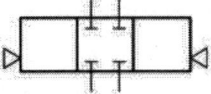

  ㉲ 간접 파일럿 조작기기의 내부 파일럿과 내부 드레인 관로의 표시는, 간략 기호에서 생략한다.

  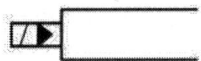

㉕ 간접 파일럿 조작기기에 1개의 외부 파일럿 포트와 1개의 외부 드레인포트가 있는 경우 의 관로 표시는 간략기호에서는 한쪽 끝에만 표시한다. 단, 이외에 다른 외부 파일럿과 외부 드레인포트가 있는 경우에는 이것을 다른 끝에 표시한다. 또한, 기기에 표시하는 기호는 모든 외부 접속구를 표시할 필요가 있다.

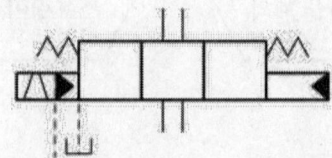

㉖ 선택 조작의 조작기호는 나란히 병렬로 표시하거나, 필요에 따라 직사각형의 경계선을 연장하여 표시하여도 좋다.

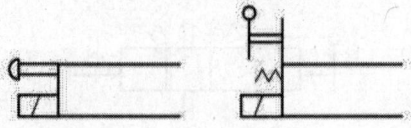

〈조작방식〉

명칭	기호	비고
인력조작		조작방법을 지시하지 않은 경우 또는 조작 방향의 수를 특별히 지정하지 않은 경우의 일반 기호
누름조작		1방향 조작
당김버튼	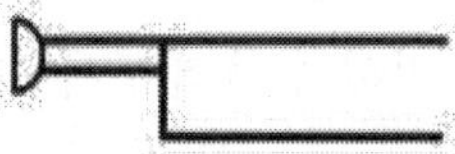	1방향 조작
누름당김버튼	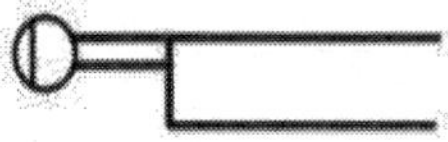	2방향 조작
레버	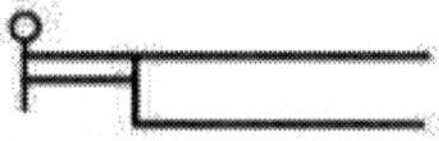	2방향 조작(회전운동을 포함)
페달	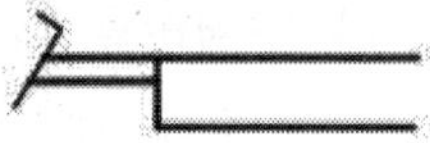	1방향 조작(회전운동을 포함)
2방향 페달	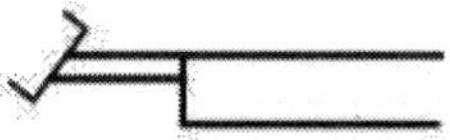	2방향 조작(회전운동을 포함)
기계조작		화살표는 유효조작 방향을 나타낸다. 기입을 생략하여도 좋다.
플런저	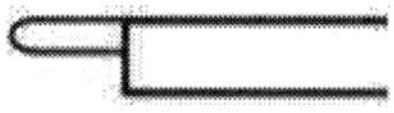	1방향 조작
가변행정 제한기구	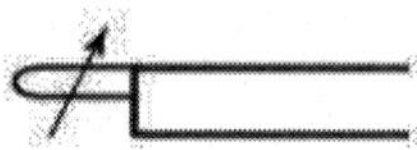	2방향 조작
스프링		1방향 조작
롤러	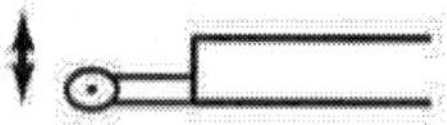	2방향 조작
편측자동 롤러	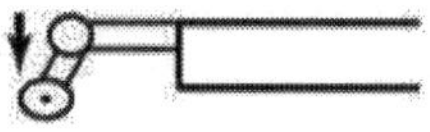	1방향 조작

전기조작 직선형 전기 액추에이터		솔레노이드, 토크모터 등
단동 솔레노이드		1방향 조작 사선은 우측으로 비스듬히 그려도 좋다.
복동 솔레노이드		2방향 조작 사선은 위로 넓어져도 좋다.
단동 가변식 전자 액추에이터		1방향 조작 비례식 솔레노이드, 포스모터 등
복동 가변식 전자 액추에이터		2방향 조작 토크모터
회전형 전기 액추에이터		2방향 조작 전동기
파일럿 조작 압력을 가하여 조작하는 방식		· 수압면적이 상이한 경우 필요에 따라 면적비를 나타내는 숫자를 직4각형 속에 기입한다.
직접 파일럿 조작		
내부 파일럿		· 조작유로는 기기의 내부에 있음
외부 파일럿		
간접 파일럿 조작		· 조작유로는 기기의 외부에 있음

명칭	기호	비고
유압 파일럿		· 외부 파일럿 · 1차 조작 없음
유압2단 파일럿		· 내부 파일럿, 내부 드레인 · 1차 조작 없음
공기압 · 유압 파일럿		· 외부 공기압 파일럿, 내부 유압 파일럿, 외부 드레인 · 1차 조작 없음
전자 · 공기압 파일럿		· 단동 솔레노이드에 의한 1차 조작 붙이 · 내부 파일럿
전자 · 유압 파일럿		· 단동 솔레노이드에 의한 1차 조작 붙이 · 외부 파일럿, 내부 드레인
압력을 빼내어 조작하는 방식		· 내부 파일럿, 내부 드레인 · 1차 조작 없음
유압 파일럿		· 외부 파일럿 · 원격조작용 벤트포트
전자 · 유압 파일럿		· 단동 솔레노이드에 의한 1차 조작 붙이 · 외부 파일럿, 외부 드레인
파일럿 작동형 압력 제어밸브		· 압력조정용 스프링 붙이 · 외부 드레인 · 원격조작용 벤트포트 붙이
파일럿 작동형 비례 전자식 압력제어 밸브		· 단동 비례식 액추에이터
피드백 전기식 피드백		· 일반기호 · 전위차계, 차동 변압기 등의 위치검출기

(5) 유체 조정기기 및 기타 기기

〈유체조정기기〉

명칭	기호	
필터	(1) 일반 기호	
	(2) 자석 붙이	
	(3) 눈막힘 표시기 붙이	
드레인 배출기	(1) 수동 배출	
	(2) 자동 배출	
드레인 배출기 붙이 필터	(1) 수동 배출	
	(2) 자동 배출	
기름분무 분리기	(1) 수동 배출	
	(2) 자동 배출	
에어드라이어		
루브리케이터		
열교환기 냉각기	(1) 냉각액용 관로를 표시하지 않는 경우	
	(2) 냉각액용 관로를 표시하는 경우	
가열기		
온도 조절기	가열 및 냉각	

〈보조기기〉

명칭	기호	비고
압력 계측기 압력 표시기		계측은 되지 않고 단지 지시만 하는 표시기
압력계		
차압계		
유면계	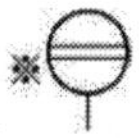	평행선은 수평으로 표시
온도계	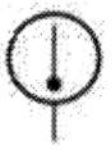	
유량 계측기 검류기		
유량계	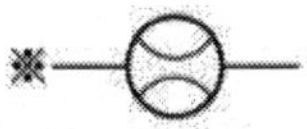	
적산 유량계	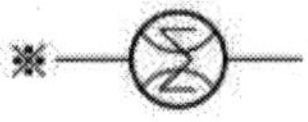	
회전 속도계	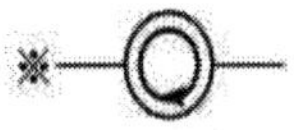	
토크계	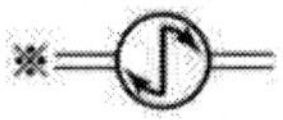	
압력 스위치	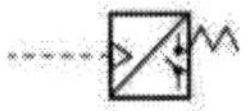 (오해의 염려가 없는 경우에는 다음과 같이 표시하여도 좋다.) 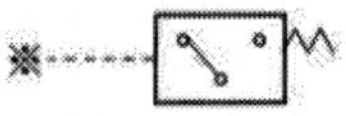	
리밋 스위치	 (오해의 염려가 없는 경우에는 다음과 같이 표시하여도 좋다.) 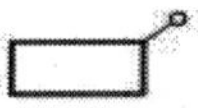	
아날로그 변환기	(· 공기압) 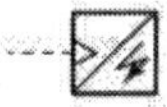	

소음기	(· 공기압) ※	
경음기	(· 공기압용) ※	
마그넷 세퍼레이터	※	

(3) 압력제어 밸브 (Pressure Control Valve)

- 회로 내의 압력을 설정압력 이하로 유지하는 밸브 릴리프 밸브(Relief Valve), 감압 밸브(Reducing Valve)
- 회로 내의 압력이 설정치에 달하면 회로를 전환시키는 밸브 순차작동 밸브 (Sequence Valve), 무부하 밸브(Unloading Valve), 카운터밸런스 밸브 (Counter Balance Valve), 압력스위치(Pressure Switch)

1) 릴리프 밸브(Relief Valve)

유압펌프에서 작동유의 압력이 규정압력보다 높아지는 경우에 유압기기에 무리가 따르는데 이것을 보호하기 위하여 유압회로 내의 압력을 설정된 압력 이하로 제한시켜주는 밸브이다.

① 릴리프 밸브의 구조

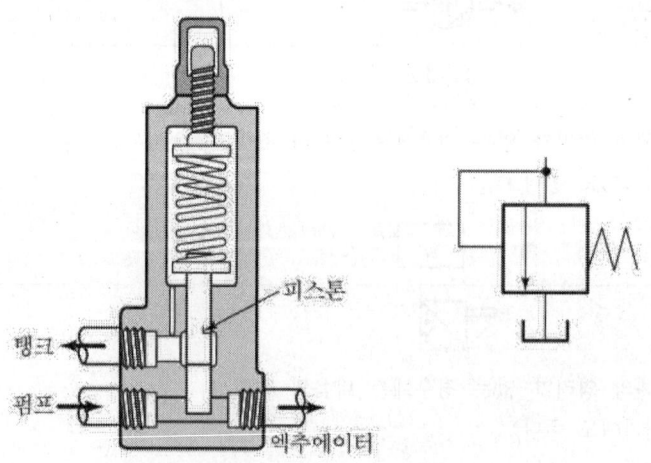

[직동형 릴리프 밸브]

② 채터링 현상(Chattering)

피스톤이 회로압력에 의하여 열리기 시작하면 피스톤 하부의 압력이 갑자기 저하되므로 피스톤은 급속히 스프링의 힘에 의하여 닫히게 된다. 그러면 회로압력이 상승되어 피스톤 은 다시 열리고 또 닫히는 작동이 연속적으로 반복되면서 심한 진동과 소음이 발생하는데, 이러한 현상을 채터링 현상(Chattering)이라 한다.

2) 감압밸브(Pressure Reducing Valve)

유압회로의 일부를 유압시스템의 주릴리프 밸브의 설정압력보다 저압으로 사용하고자 할 때 사용하는 밸브로서 상시 개방되어 있어서 흡입구의 1차 측 주회로에서 토출구의 2차 측 유압 회로에 유압유가 흐른다. 2차 측의 압력이 감압밸브의 설정압력보다 높아지면 밸브는 유압유 의 유로가 닫히도록 작동한다. 감압밸브에서 스풀(Spool)은 흡입구측 압력의 영향을 받지 않고 토출구측 압력만으로 작동하도록 되어 있다.

① 감압밸브의 구조

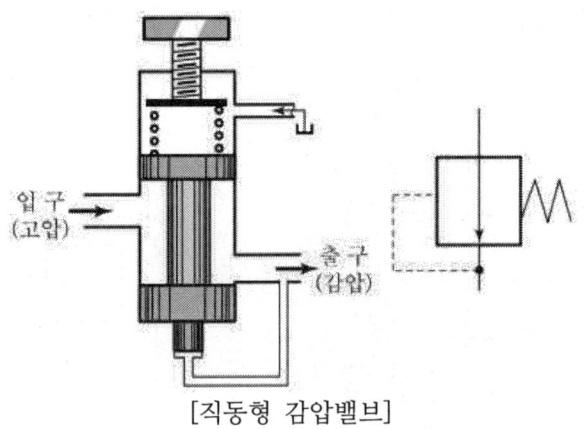

[직동형 감압밸브]

3) 무부하 밸브(Unloading Valve)

유압회로 내에서는 항상 릴리프 밸브에서 설정된 압력이 필요한 것은 아니므로 회로 내의 압 력이 일정한 압력에 달하면 유압유를 유압펌프로부터 직접 오일탱크로 귀환시키면서 펌프를 무부하 상태로 만들고 회로압력이 일정한 압력까지 낮아지면 다시 회로에 압력을 형성시켜주는 것이 바람직하며, 이러한 역할을 하는 밸브가 무부하밸브(Unloading Valve)이다.

① 무부하 밸브의 설치목적

동력의 절감과 유압유의 온도상승을 막기 위한 것이 주목적이다.

② 무부하 밸브의 구조

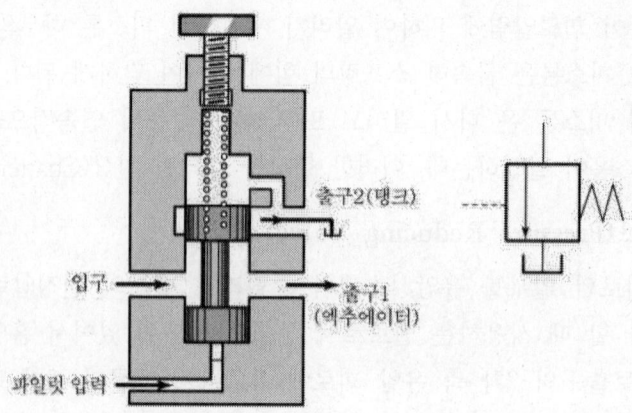

4) 순차작동 밸브(Sequence Valve)

주회로의 압력을 일정하게 유지하면서 분기회로의 압력을 조절하여 2개 이상의 작동기를 순차 적으로 작동시키기 위하여 사용되는 밸브이다.

① 순차작동 밸브의 구조

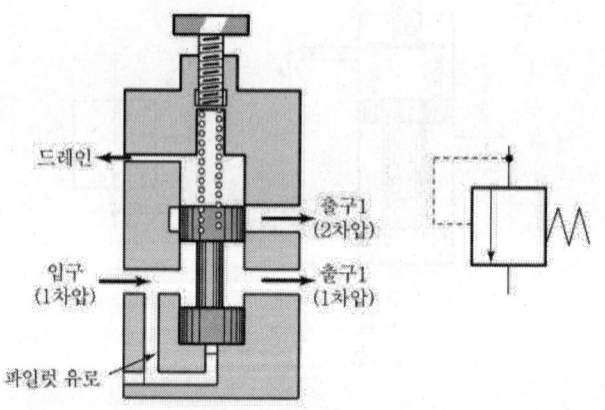

5) 카운터 밸런스 밸브(Counter Balance Valve)

유압회로의 한 방향의 흐름에 대해서는 설정된 배압이 형성되고 다른 방향의 흐름은 체크밸브를 설치하여 만든 밸브이며 유압작동기와 탱크로 가는 귀환 유로 사이에 설치한다. 이 구조와 작동원리는 순차작동밸브와 유사하다. 카운터 밸런스 밸브의 특징은 유압작동기에 걸려 있는 부하가 급격히 제거되었을 때 그 자중이나 관성력으로 인하여 작동기의 제어가 불가능한 상태가 되는 것을 방지하기 위하여 시스템 내에 배압을 형성하여 작동기의 운동속도를 제어하는 역할을 한다.

① 카운터 밸런스 밸브의 구조

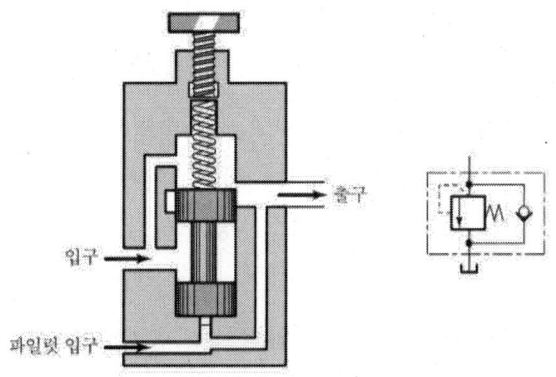

6) 압력스위치(Pressure Switch)

유압시스템의 압력이 설정압력에 도달하였을 때 시스템의 전기회로에 신호를 보내서 전기적 인 신호가 다음 일을 수행하게 하는 역할을 하는 전환 스위치이다.

① 압력스위치를 이용한 회로의 예

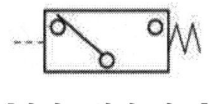

[압력스위치 기호]

7) 압력제어밸브의 고장원인
① 유압유 중의 먼지나 공기로 인하여 밸브의 작동이 불안정하게 된다. 주물의 모래 등이 밸브 시트에 끼이면 밸브의 압력 변동이 발생하며 먼지가 드레인 구멍 및 오리피스를 막으면 밸 브는 작동불량이 된다.
② 스프링의 피로로 작용력이 약해지면 설정압력이 형성되지 않아서 작동이 불량해질 가능성 도 있다.
③ 밸브 내의 포트와 스풀 사이의 틈새가 커지면 누설이 많아져서 밸브의 성능이 저하된다.
④ 밸브의 설정압력보다 너무 높으면 회로의 효율이 나빠지고 사용목적을 달성할 수 없으므로 밸브 용량에 알맞은 설정압력을 선정해야 한다.

〈압력 제어 밸브〉

밸브의 종류	특징	기호
릴리프 밸브	1차압을 일정하게 유지하기 위해 여분의 기름을 빼 돌리는 안전 밸브이다. 직동형과 밸런스 피스톤형이 있다.	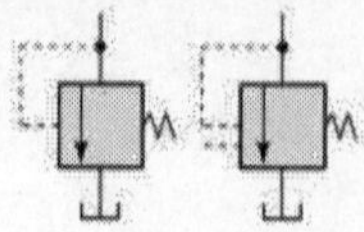
감압 밸브	2차압을 희망하는 압력으로 유지하기 위해 여분의 기름을 통과시키지 않는 밸브이다.	
시퀀스 밸브	1차압이 정해진 압력에 도달하면 밸브를 통해 2차측 회로에 들어가고 다음 동작이 행해지는 순서 제어 밸브이다. 언로드 밸브와 다른 점은 2차측이 접속 되어 있는 점이다.	
카운터 밸런스 밸브	1방향의 흐름에는 정해진 배압을 주고 역방향의 흐름에는 자유 흐름이 되는 밸브로서 반드시 체크 밸브가 부착되고 드레인은 내부 방식이다.	
언로드 밸브	정해진 압력에 도달하면 전유량을 탱크에 되돌리는 밸브이다.	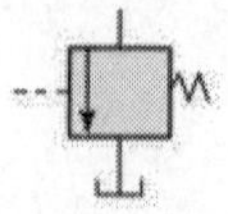

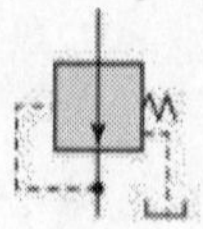

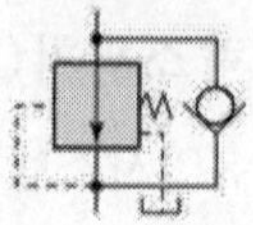

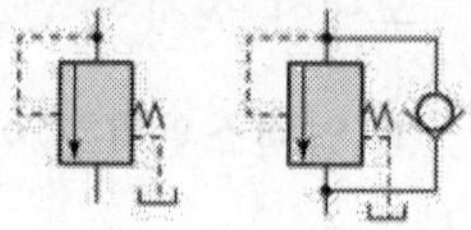

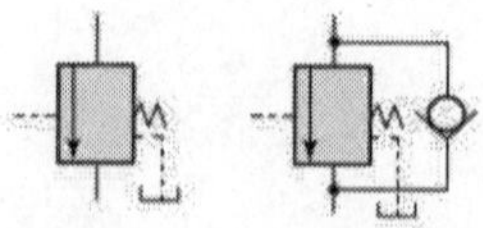

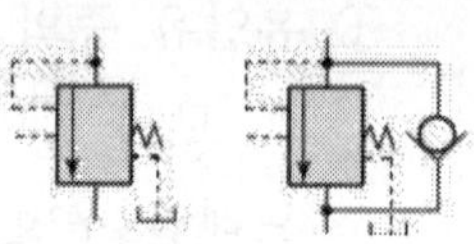

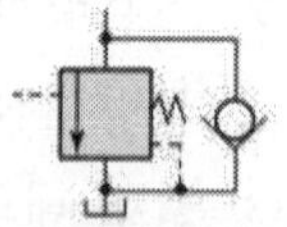

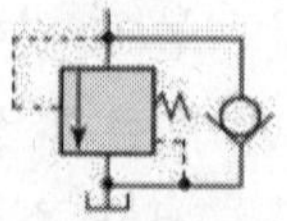

(4) 유량제어 밸브(Flow Control Valve)

유압 작동기의 작동속도를 제어하기 위해서는 유량을 조절해야 하며 유량의 조절을 목적으로 하 는 밸브를 유량제어 밸브(Flow Control Valve)라 한다.

• 유량 조절 방법

① 가변용량 펌프를 이용하는 직접제어 방법

② 유량제어 밸브를 이용한 간접제어 방법

정용량 펌프와 유량제어 밸브 및 릴리프 밸브를 사용하여 회로를 구성한다.

1) 교축 밸브(Throttling Valve)

유동의 유로 단면적을 변화시켜서 유량을 제어하는 밸브로서 구조에 따라서 오리피스 밸브 (Orifice Valve)와 니들밸브(Needle Valve), 볼밸브(Ball Valve)로 나눈다.

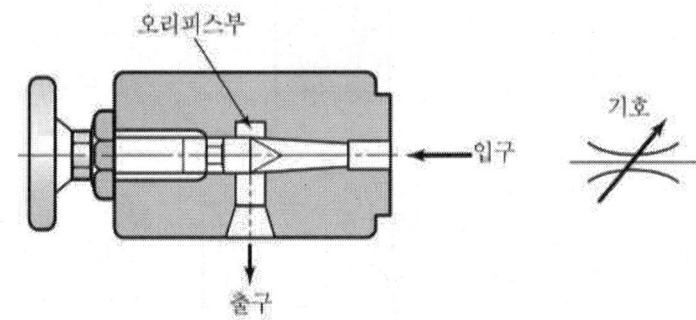

2) 압력보상형 유량조정 밸브(Pressure Compensated Flow Control Valve)

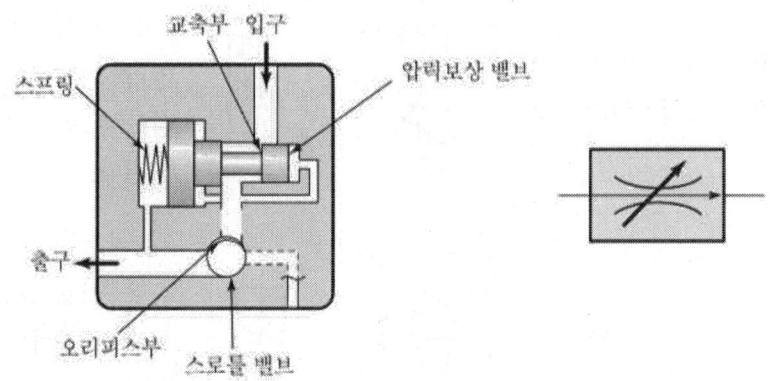

3) 압력 - 온도 보상형 유량조정 밸브
(Pressure - Temperature Compensated Flow Control Valve)

4) 유량분배 밸브(Flow Dividing Valve)

명칭		기호	비고
교축밸브	가변 교축밸브		· 간략 기호에서는 조작방법 및 밸브의 상태가 표시되어 있지 않음 · 통상 완전히 닫혀진 상태는 없음
	스톱 밸브		
	감압밸브 (기계 조작 가변 교축 밸브)		· 롤러에 의한 기계 조작 · 스프링 부하
	1방향 교축 밸브 속도 제어 밸브(공기압)		· 가변 교축 장착 · 1방향으로 자유 유동, 반대 방향으로는 제어 유동
유량조정밸브	직렬형 유량 조정 밸브		· 간략 기호에서 유로의 화살표는 압력의 보상을 나타낸다.
	직렬형 유량조정 밸브 (온도 보상 붙이)		· 온도 보상은 ↓에 표시한다. · 간략 기호에서 유로의 화살표는 압력의 보상을 나타낸다.
	바이패스형 유량 조정 밸브		· 간략 기호에서 유로의 화살표는 압력의 보상을 나타낸다.

명칭	기호	비고
체크 밸브붙이 유량 조정 밸브(직렬형)	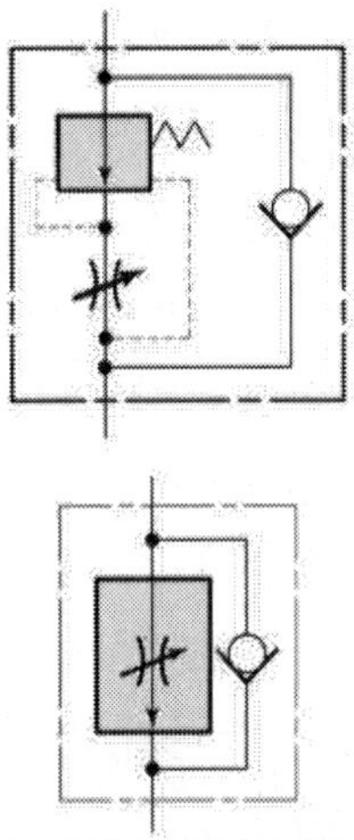	· 간략 기호에서 유로의 화살표는 압력의 보상을 나타낸다.
분류 밸브	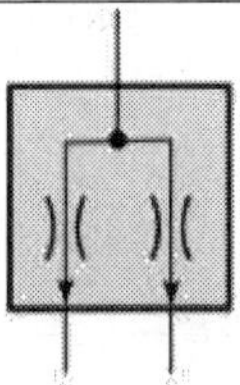	· 화살표는 압력 보상을 나타낸다.
집류 밸브	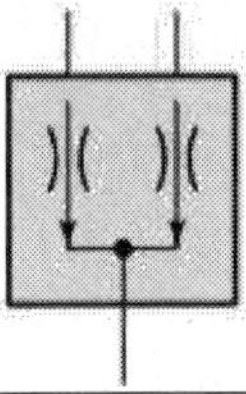	· 화살표는 압력 보상을 나타낸다.

5) 유량제어 밸브의 회로

① 미터인 회로(Meterin Circuit)

유량조정 밸브를 유압실린더와 방향제어밸브 사이에 설치하여 실린더 피스톤의 속도를 제 어하는 회로로서 피스톤의 이동방향과 부하의 작용방향이 서로 반대되는 경우에 사용한다. 유압펌프로부터 항상 유압작동에서 요구되는 유량 이상을 송출하여야 하고 유량의 나머지 는 릴리프 밸브를 통하여 오일탱크로 귀환시킨다. 그러므로 동력손실을 줄이기 위해서는 릴리프 밸브의 설정압력을 실린더의 요구압력보다 유량 밸브의 교축 저항만큼 크게 설정한다. 그리고 미터인 회로는 동작 중 부하가 항상 정부하일 때만 사용되며 구동기기 근처 에 설치해야 한다. (예: 연삭테이블 이송)

$$\eta_{MI} = \frac{(Q-Q_R)p_2}{p_1 Q}$$

η_{MI} : 미터인 회로의 효율

Q : 펌프의 송출량

Q_R : 릴리프를 통한 유출량

p_1 : 펌프의 송출압력

p_2 : 실린더 입구 측의 압력

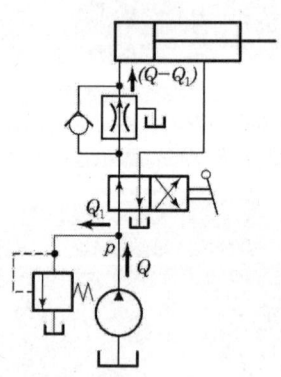

② 미터아웃 회로(Meter-Out Circuit)

유량제어 밸브를 유압유의 귀환 측인, 유압실린더와 유압탱크 사이에 설치하여 실린더로부 터 유출되어 귀환하는 유량을 제어하는 회로로서 실린더는 항상 배압을 받게 된다. 항상 실린더에 배압이 작용하고 있으므로 유압실린더 내의 피스톤이 역부하를 받는 회로에서 사용하여 갑작스런 후진을 막는 역할을 한다 (예: 드릴링 머신, 프레스).

$$\eta_{MO} = \frac{(p_1 - p_2)(Q - Q_R)}{p_1 Q}$$

Q : 펌프의 송출량

Q_R : 릴리프를 통한 유출량

p_1 : 펌프의 송출압력

p_2 : 펌프의 배압

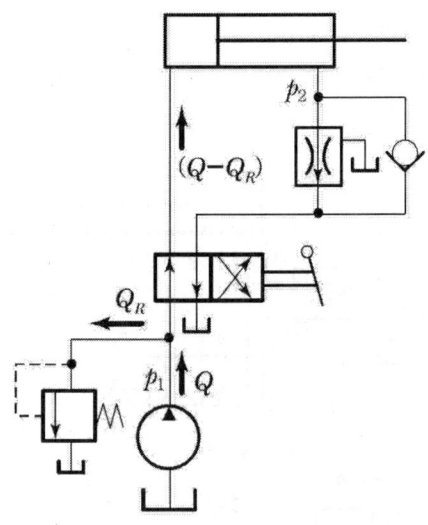

③ 블리드오프 회로(Bleed Off Circuit)

실린더와 병렬로 유량조정밸브를 설치하여 펌프의 송출량의 일부를 기름탱크로 귀환(Bypass)시키고 나머지 유량을 실린더로 유입시켜 유량을 제어함과 동시에 실린더의 속도 를 제어한다. 즉 펌프에서 송출되는 일정유량 중에서 탱크로 일부를 유출시키고 나머지를 실린더에 보냄으로써 유량을 조정하는 것이다. 이 회로는 피스톤의 이동방향과 부하의 작 용 방향이 서로 반대인 경우에 사용이 적합하나 부하변동이 크면 정확한 속도 제어는 곤란하다. 여분의 기름이 릴리프 밸브로 통하지 않고 유량조정 밸브를 통하여 흐르므로 동력손실이 다른 회로보다 적고 효율이 높다. 그러나 펌프의 송출압력이 실린더의 부하압력과 같으므로 실린더의 부하변동이 크면 송출량이 변동된다. 따라서 실린더의 부하변동이 심한 경우 에는 정확한 유량제어가 곤란해진다.
(예: 호닝 머신, 윈치).

$$\eta_{BO} = \frac{(Q - Q_1)}{Q}$$

Q : 펌프의 송출량

Q_1 : 밸브를 통해 탱크로 유출되는 양

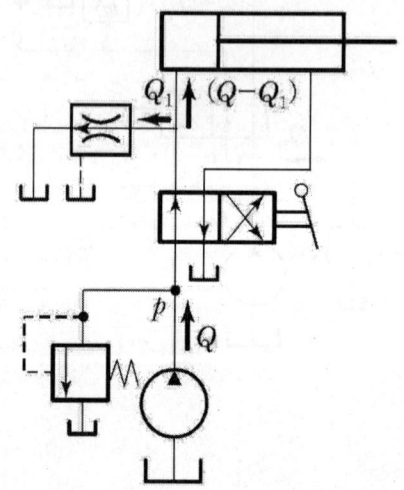

6) 유량제어 밸브의 고장과 사용상의 주의

① 유압유 내에 먼지가 있으면 포핏 작동성능이 떨어지므로 유량제어 능력이 저하된다.
② 유량제어 밸브 내에서 내부누설이 많아지면 오리피스를 조정해도 제어가 곤란해진다.
③ 압력보상형 유량제어 밸브를 사용할 경우 압력차가 $10[kgf/cm^2]$ 이상이 되지 않으면 유량 제어기능을 충분히 발휘하지 못하므로 주의해야 한다.
④ 유량조정범위가 넓은 밸브는 미세한 제어가 곤란하다.
⑤ 유압유의 온도가 현격하게 변화하는 경우는 압력온도보상형 밸브를 사용해야 한다.

(5) 방향제어 밸브(Directional Control Valve)

유압 작동기(Hydraulic Actuator)의 운동방향을 제어하는 밸브로서 유압유의 흐름 방향을 바꾸어서 유압 작동기의 왕복운동과 회전운동 시에 시동, 정지, 방향을 제어하는 밸브이다.

■ 기능상의 분류

① 방향전환 밸브(Directional Control Valve, Selector Valve) : 흐름의 방향을 변화시키거나 흐름을 정지시키는 밸브이다.
② 역지(止) 밸브(Check Valve) : 한 방향의 흐름은 가능하지만 역방향의 흐름은 저지하는 역할을 하는 밸브이다.
③ 감속 밸브(Deceleration Valve) : 작동기의 시동, 정지, 속도변환 시에 움직임을 감속 또는 가속하기 위해 유량제어 밸브와 함께 사용된다.
④ 셔틀 밸브(Shuttle Valve) : 2개의 입구측 포트 중에서 한쪽 포트를 막아서 고압우선형 셔틀 밸브와 저압우선형 셔틀 밸브로 선택적으로 한쪽으로만 유압유를 통과시킨다.

1) 방향전환 밸브(Directional Control Valve)

유압시스템 내에서 유동의 방향을 전환시키거나 유동을 정지시키는 밸브로서 작동기의 운동의 방향을 전환 또는 정지시키는 밸브이다.

① 밸브형식에 의한 분류

㉮ 로터리형 스풀 밸브(Rotary Spool Type)

로터리형 스풀(Rotary Spool, Rotor)이 회전하면서 유로를 개폐하여 유동의 방향을 변 화시키는 밸브이다.

㉯ 슬라이드형 스풀 밸브(Slide Spool Type)

중공원통(Sleeve) 내부에서 슬라이드형 스풀(Slide Spool)이 축방향으로 직선운동을 함 으로써 유로를 개폐하여 유동의 방향을 변화시키는 밸브이다.

② 포트의 수에 의한 분류

㉮ 2포트 밸브(Two Port Valve)

2포트 2위치인 밸브만이 구성되며 유로를 연결하거나 차단하는 단순한 기능만을 수행 하며 밸브 내의 유로가 하나밖에 없기 때문에 한 방향 밸브(One Way Valve)라고도 한 다. 2포트 밸브는 중립상태(Normal Position)에서 열림형과 닫힘형의 형식이 있고 감속 밸브가 그 예이다.

㉯ 3포트 밸브(Three Port Valve)

중립상태(Normal Position)에서는 입력포트(P)가 실린더포트(B)와 연결되고 포트는 막혀 있다가 밸브전환이 되면 P포트와 A포트가 연결되고 B포트가 닫히게 된다. 밸브 내 의 유로가 A포트와 B포트로 2개의 유로가 형성되기 때문에 이러한 밸브를 2방향 밸브 (Two Way Valve)라고도 한다.

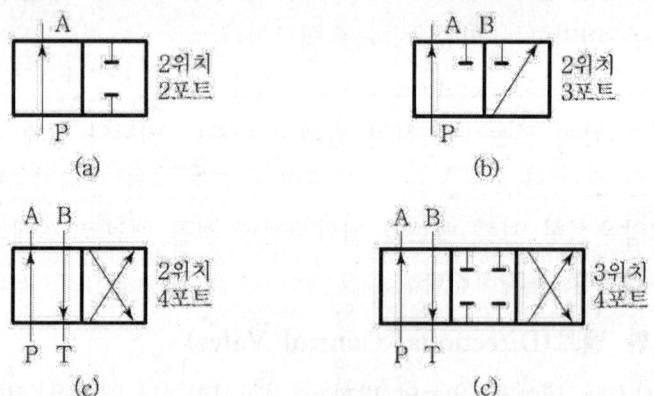

[포트의 수에 따른 밸브의 형식]

㉰ 4포트 밸브(Four Port Valve)

유압시스템의 방향전환밸브에서 유압 작동기를 직접 작동할 때 가장 많이 사용되는 밸브로서 포트는 펌프측(P), 탱크측(T), 유압 작동기측(A), B인 4개의 포트로 구성되어 있으며 밸브 내부에 있는 스풀의 전환에 따라 4가지의 유로를 형성하므로 4방향 밸브 (Four Port Valve)라고도 한다.

③ 위치의 수에 의한 분류

밸브의 작동위치의 변환수에 의하여 포트와 포트를 연결하는 흐름의 수가 변화할 수 있으며, 이 밸브의 작동위치의 변환수를 위치의 수(Number of Position)라 한다. 일반적으로 2 위치 밸브, 3위치 밸브, 다(多)위치 밸브로 분류할 수 있으며 4포트 3위치 밸브가 가장 많이 사용된다. 2위치 밸브는 유압실린더의 전진과 후진을 연속적으로 행할 때 주로 사용하며 우측 위치가 밸브의 중립상태를 나타낸다. 3위치 밸브는 실린더의 전후진을 행할 뿐만 아니라 중립 위치가 있어서 2위치 밸브보다 시스템을 정지시킬 때 유리하다. 3위치 밸브에서는 중앙위치가 밸브의 중립상태를 나타낸다.

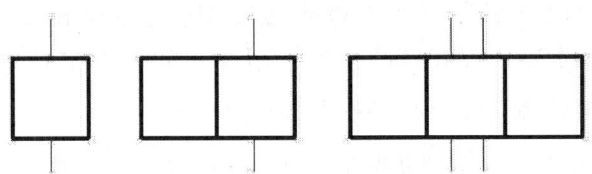

[위치의 수에 의한 밸브의 형식]

④ 밸브의 중립위치의 형상(스풀형식)에 따른 분류

㉮ 열림 센터형(Open Center Type)

중립위치에서 모든 포트가 공통으로 탱크포트와 연결된다. 이 형식에서는 유압탱크에서 나온 유압유가 탱크로 직접 귀환하므로 시스템의 정지 시에 펌프 축동력의 손실은 작지만 시스템운전 시에 설정압력을 유지하기 위한 시간이 지연된다.

㉯ 닫힘 센터형(Closed Center Type)

모든 포트가 각각 분리되어 있으므로 항상 시스템이 설정압력을 유지할 수 있으나 시스템의 정지 시에도 동력의 손실이 크고 유압유의 발생열량이 크다.

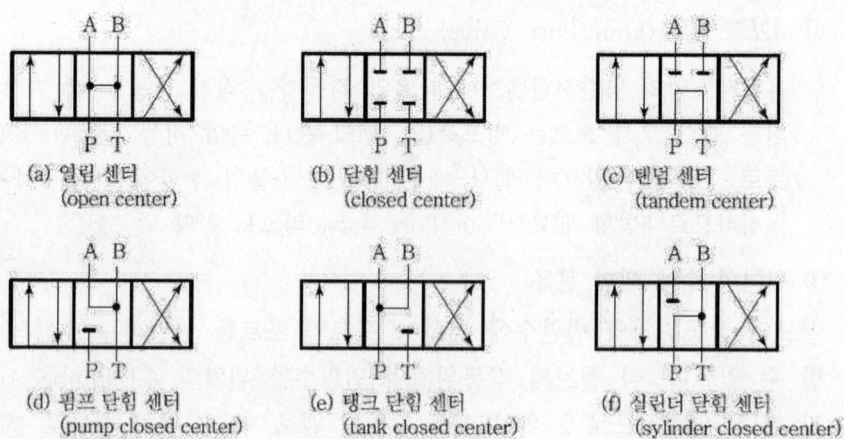

(a) 열림 센터 (open center)
(b) 닫힘 센터 (closed center)
(c) 탠덤 센터 (tandem center)
(d) 펌프 닫힘 센터 (pump closed center)
(e) 탱크 닫힘 센터 (tank closed center)
(f) 실린더 닫힘 센터 (sylinder closed center)

㉰ 탠덤 센터형(Tandem Center Type)

중립위치의 형태가 펌프측 포트와 탱크측 포트는 연결되고 실린더측인 포트는 서로 분리 된 구조이다.

㉱ 펌프 닫힘 센터(Pump Closed Center)

중립위치가 펌프측 포트만 막혀 있고 실린더 A와 B, 그리고 탱크측 포트 T가 연결된 경우로서 ABT접속형 또는 압력 닫힘형이라고도 한다.

㉲ 탱크 닫힘 센터(Tank Closed Center)

중립위치가 실린더 탱크측 T포트만 막혀 있고, 실린더 A, B측과 펌프 측 P포트가 연결 되는 형식이다. 이 형식에서는 실린더 B에서 나온 유압유가 탱크로 귀환하지 않고 펌프 P에서 나온 유압유와 함께 실린더 A측 포트로 흐르므로 실린더의 작동속도를 빠르게 할 수 있다. 그러므로 이 형식을 재생센터(Regenerative Center) 또는 ABP접속형이 라고도 한다.

㉳ 실린더 닫힘 센터(Cylinder Closed Center)

중립위치가 실린더 A측 포트만 막혀 있고, 실린더 B측과 펌프 P측 및 탱크 T측이 연결되어 있는 형식으로 접속형이라고도 한다.

2) 역지(逆止) 밸브(Check Valve)

한 방향의 흐름은 가능하지만 역 방향의 흐름은 저지하는 역할을 하는 밸브이다. 이 밸브의 구조는 포핏이나 볼이 스프링으로 시트에 밀착되어 있으며 밸브의 입구측에서 출구쪽으로 흐를 때는 스프링의 힘에 대항하여 포핏을 밀어서 흐르게 된다. 이때의 압력을 체크밸브의 크래킹 압력(Cracking Pressure)이라 한다. 체크밸브는 유압시스템의 관로의 일부분에 설치하여 시스템의 안정과 효율을 높이는 데 주로 사용한다.

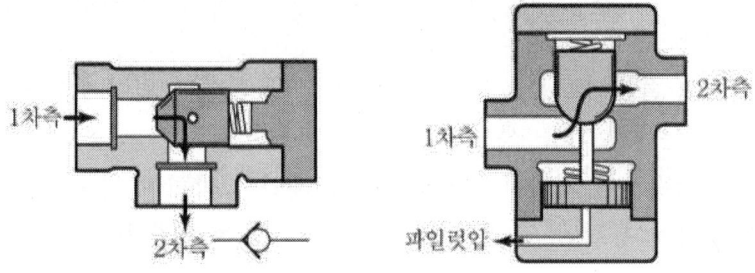

3) 셔틀 밸브(Shuttle Valve)

① **고압 우선형 셔틀 밸브**

2개의 입구측 포트 중에서 저압측 포트를 막아서 항상 고압측의 유압유만을 통과시키는 밸브이다.

② **저압 우선형 셔틀 밸브**

2개의 입구측 포트 중에서 고압측 포트를 막아서 항상 저압측의 유압유만을 통과시키는 밸브이다.

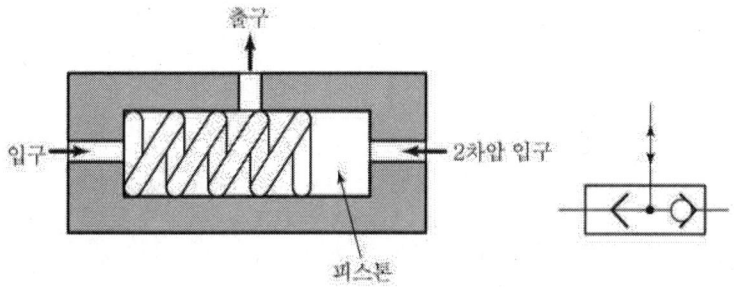

4) 감속 밸브(Deceleration Valve)

유압 작동기의 운동위치에 따라 캠(Cam) 조작으로 회로를 개폐시키는 밸브로서 작동기의 시동, 정지, 속도 변환 시에 움직임을 감속 또는 가속하기 위해 유량제어 밸브와 함께 사용된다.

5) 방향제어 밸브의 고장원인

① 귀환 포트(Return Port)에 규정 이상의 배압이 걸리면 작동불량이 된다.
② 스프링의 힘으로 스풀을 중앙위치로 되돌리는 경우에 스프링의 강도가 약해져서 작동 불량이 발생할 가능성이 있다.
③ 유압유 중의 먼지가 스풀과 본체 사이의 틈새에 끼이면 작동 불량의 원인이 될 수 있다.

④ 유압유의 온도가 너무 높아서 이동부 극단에 열팽창을 일으키면 작동 불량이 된다.
⑤ 서브 플레이트(Sub Plate)가 외부 열에 의하여 변형이 되면 스풀의 움직임이 둔해질 가능 성이 있다.
⑥ 파일럿압이 저하하거나 파일럿 드레인이 막히면 작동 불량이 된다.
⑦ 전자에 통전된 전압이 강화되면 작동이 불량해진다.
⑧ 전자조작 밸브의 푸시로드(Push Rod)에 이물질이 묻으면 움직임이 둔해지고 스풀의 전환이 불량해진다.

명칭	기호	
	상세기호	간략기호
체크 밸브 →한쪽 방향으로만 유체의 흐름을 가능하도록 하고, 반대 방향으로는 흐름을 저지시키는 밸브		
파일럿 조작		
체크 밸브		
고압우선형 셔틀 밸브 →1개의 출구와 2개 이상의 입구가 있고, 출구가 최고 압력쪽 입구를 선택하는 기능을 가진 밸브		
저압우선형 셔틀 밸브		
급속 배기 밸브		
교축 밸브 / 가변 교축 밸브		
교축 밸브 / 스톱 밸브		

교축밸브	감압 밸브 (기계조작가변 교축 밸브)	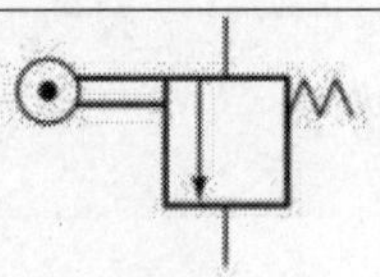	
	1방향 교축 밸브 속도 제어 밸브 (공기압)	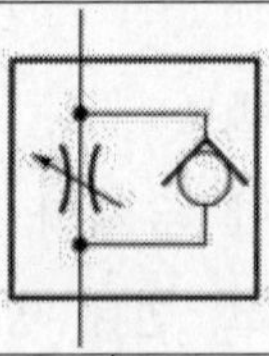	
유량조정밸브	직렬형 유량조정 밸브	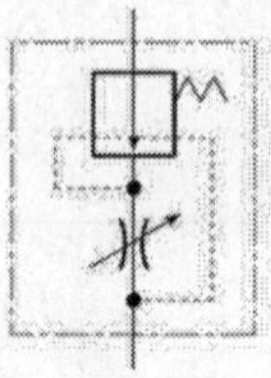	
	직렬형 유량조정 밸브 (온도, 보상 붙이)	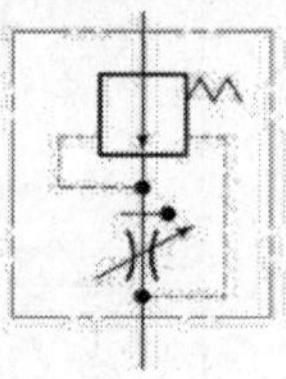	
	바이패스형 유량조정 밸브	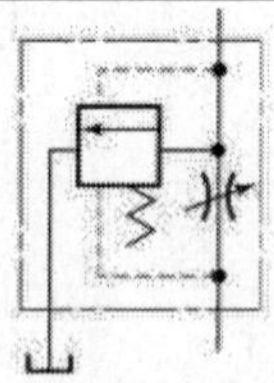	
	체크 밸브 붙이 유량조정 밸브(직렬형)	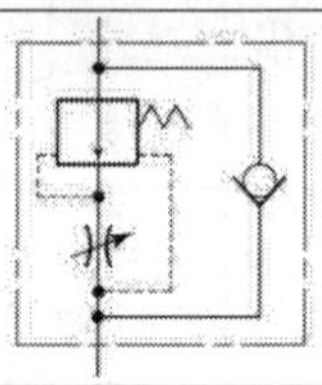	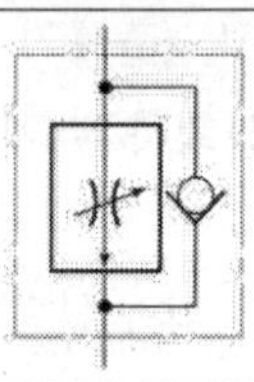
	분류 밸브	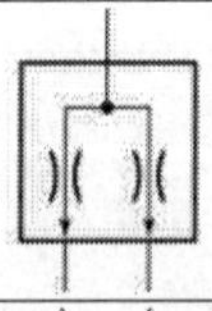	
	집류 밸브		

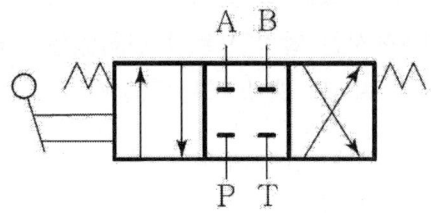

각 포트의 기호는 다음과 같은 사항을 나타낸다.

P = 프레셔 포트(펌프 포트)

T = 탱크 포트(R로 나타내기도 한다.)

A, B = 엑추에이터 포트

〈전환 밸브〉

명칭	기호	비고
2포트 수동 전환 밸브		· 2위치 · 페지 밸브
3포트 전자 전환 밸브		· 2위치 · 1과도 위치 · 전자조작 스프링 리턴
5포트 파일럿 전환 밸브		· 2위치 · 2방향 파일럿 조작
4포트 교축 전환밸브		· 3위치 · 스프링 센터 · 무단계 중간위치
서보 밸브 →전기 그밖의 입력 신호에 따라 유량 또는 압력을 제어하는 밸브		대표 보기

노멀 크로즈드 (정상폐쇄)	노멀 위치에서는 압력 포트가 닫혀있는 형태. 이러한 형태의 밸브를 노멀 클로즈드 밸브 또는 정상폐쇄 밸브라고 한다.
노멀 오픈 (정상열림)	노멀 위치에서는 압력 포트가 출구 포트를 통하여 있는 모양. 이 형태의 밸브를 노멀 오픈 밸브 또는 정상열림 밸브라고 한다.
클로즈드 센터	변환 밸브의 중립 위치에서 모든 포트가 닫혀 있는 흐름의 형태. 이 형태의 밸브를 클로즈드 센터 밸브라고 한다. 4포트 3위치 밸브를 예시하면 P포트(귀환구), A, B포트(실린더구)가 모두 닫혀 있는 상태
오픈센터	변환 밸브의 중립 위치에서 모든 포트가 서로 통하고 있는 흐름의 형태. 이 형태의 밸브를 오픈센터 밸브라고 한다.
BR접속	변환 밸브의 중립 위치에서, 포트는 포트로 통하고, 포트와 포트는 닫혀 있는 흐름의 형태. 이 형태의 밸브를 BR접속 밸브라고 한다.

SECTION 05 구동기기(엑추에이터)

유압유의 압력에너지로 기계적인 일을 하는 기기이다.

(1) 구동기기 분류

1) 구조상의 분류

직선운동으로 변환하는 기기를 유압 실린더, 연속회전 운동을 하는 기기를 유압 모터, 회전운동의 각도가 제한되어 있는 요동 엑추에이터로 분류한다.

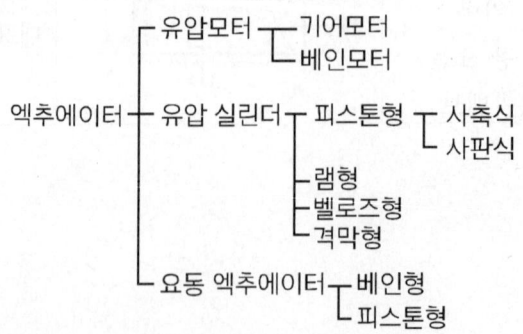

2) 작동기능상의 분류

연속회전형, 요동형, 왕복동형으로 구분한다.

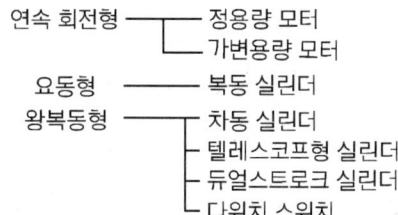

(2) 유압 실린더의 구조(Construction Hydraulic Cylinder)

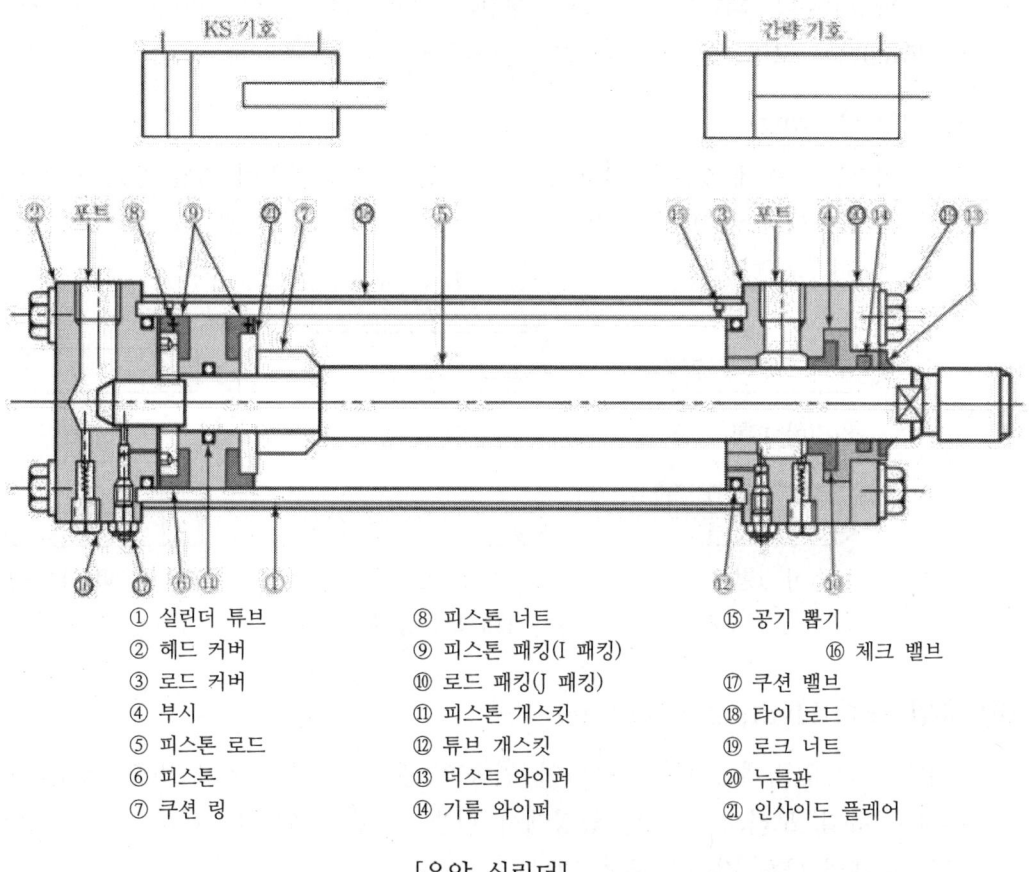

① 실린더 튜브
② 헤드 커버
③ 로드 커버
④ 부시
⑤ 피스톤 로드
⑥ 피스톤
⑦ 쿠션 링
⑧ 피스톤 너트
⑨ 피스톤 패킹(I 패킹)
⑩ 로드 패킹(J 패킹)
⑪ 피스톤 개스킷
⑫ 튜브 개스킷
⑬ 더스트 와이퍼
⑭ 기름 와이퍼
⑮ 공기 뽑기
⑯ 체크 밸브
⑰ 쿠션 밸브
⑱ 타이 로드
⑲ 로크 너트
⑳ 누름판
㉑ 인사이드 플레어

[유압 실린더]

(3) 피스톤에 사용되는 밀봉장치

1) 피스톤 링(Piston Ring)
피스톤링을 사용한 피스톤은 끼워 맞춤을 적절하게 하면 누유를 최소한으로 줄일 수는 있으나 완벽하게 누유를 막을 수 없는 단점이 있다.

2) 컵 패킹(Cup Packing)
피스톤의 양측 면에 합성고무나 피혁으로 만든 L형 패킹을 붙인 구조이다.

3) V 패킹(V Packing)
합성고무나 피혁재질의 V형 패킹을 여러 개 겹쳐서 리테이너링(Retainer Ring)으로 고정시켜 놓은 피스톤 형태이다.

4) O링(O-ring)
피스톤 외주에 설치한 O링 한 개만으로 양면의 압력에 견딜 수 있으므로 피스톤의 두께가 얇아질 수 있다.

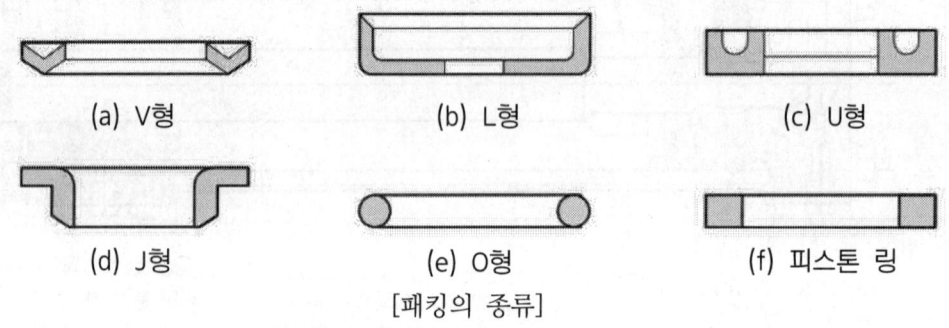

[패킹의 종류]

(4) 유압 모터(Hydraulic Motors)

유압유의 압력에너지를 이용하여 연속회전운동의 기적 일로 변환시키는 작동기로서 유압 모터의 구조는 앞장에서 다룬 유압펌프와 비슷하다. 유압 모터와 유압 펌프의 다른 점은 다음과 같다.

① 내부 포트의 작동시간이 다르며 내부 부품의 배열도 약간의 차이가 있다.
② 펌프는 기계적 에너지를 압력에너지로 변환하는 압력원이므로 드레인(Drain) 포트가 없다. 그러나 모터는 외부의 압력에너지로 부토 기계적 에너지를 생성시키는 것이므로 축의 밀봉장치 를 보호하기 위하여 케이스

드레인(Case Drain)이 필요하다.

③ 유압 모터는 펌프에 비하여 무단계로 회전수를 조정할 수가 있고 역회전 도 가능하다. 그리고 필요한 출력의 크기는 회로상의 압력조절 밸브로 조정한다.

1) 유압 모터의 분류(Types of Hydraulic Motor)

① 유량의 변화에 의한 분류

㉮ 정용량형(Fixed Displacement Type) 유압 모터

유압 모터를 1회전시키기 위한 유량이 일정한 모터로서 압력이 일정하면 출력토크 (Torque)가 일정하여 변동시킬 수 없다. 그러므로 항상 일정한 유량과 출력 토크를 요하 는 곳에 쓰여지며 기어 모터(Gear Motor), 베인 모터(Vane Motor), 피스톤 모터(Piston Motor) 등이 있다.

㉯ 가변용량형(Variable Displacement Type) 유압 모터

유압 모터를 1회전시키기 위한 유량이 변화하는 것으로 일정한 압력에서 토크를 변화 시키는 데 사용되며 피스톤 모터가 여기에 속한다.

② 구조에 의한 분류

㉮ 기어 모터(Gear Motor)

기어 모터는 외접형과 내접형이 있으며 구조는 기어 펌프와 유사하다. 고압의 유압유가 공급되면 두 기어의 맞물림 점을 경계로 하여 입구측 압력 p_1이 출구측 압력 p_2보다 높고, 또 압력은 잇면에 수직방향으로 작용하므로 두 기어를 회전시키면서 토크가 발생 한다. 기어 모터의 특징은 소형 경량에 비하여 발생 토크는 크고 관성력은 작으므로 응답성이 좋다. 또 구조가 간단하고 가격이 저렴하므로 건설기계, 산업차량, 공작기계 등에 많이 이용된다. 그러나 구조상 불균형이 많고 100rpm 이하의 저속에서는 토크축력 및 회전속도의 맥동률이 커져서 사용할 수 없는 것이 단점이다. 기어모터의 전효율은 70~80%이며, 회전속도는 1000~3000rpm이지만 최근에는 3000rpm이 넘는 것도 개발되고 있다.

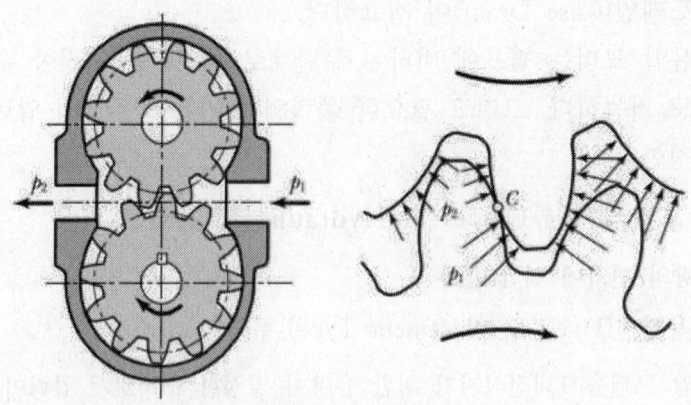

[기어 모터의 구조]

㉯ **베인 모터(Vane Motor)**

베인 모터(Vane Motor)의 구조는 베인 펌프와 유사하다. 항상 캠링 접동면에 압착되어 있으므로 고압의 유압유가 입구에서 베인, 로터, 캠링으로 둘러싼 용적을 채운다. 이때 입구로 유입된 고압의 유압유가 베인면에 작용하여 출구와의 전압력차에 비례한 토크가 발생하여 축이 회전하게 된다. 베인 모터의 전효율은 70~80% 정도이고 150prm 이하의 저속에는 적당하지 않으며 크 기와 출력은 기어 모터와 피스톤 모터의 중간 정도이다. 베인 모터는 선박용 윈치(Winch), 공작기계 등에 사용되고 있다. 베인 모터의 장점은 구조가 비교적 간단하고, 토크변동이 적으며, 로터에 작용하는 압력이 평형을 유지하므로 베어링 하중이 작다. 또한 베인이나 캠링이 마모되더라도 스프링 등에 의하여 베인과 캠링의 접촉이 유지되므로 누설이 증가하지 않는다.

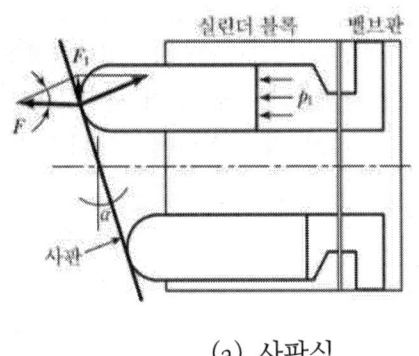 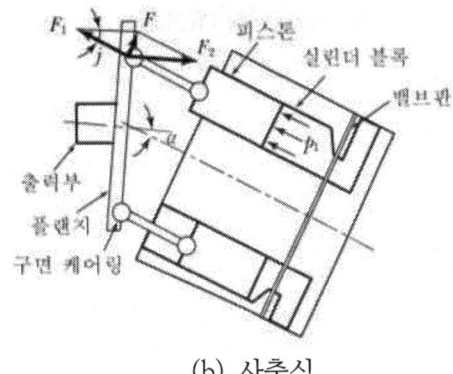

　　　　(a) 사판식　　　　　　　　(b) 사출식

[엑시얼 피스톤 모터]

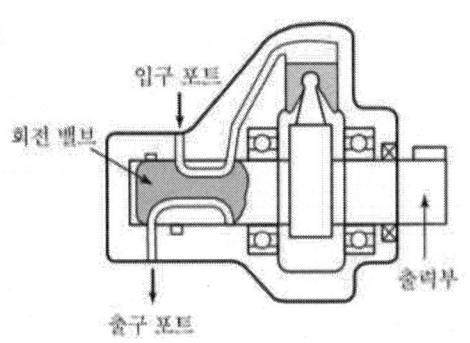 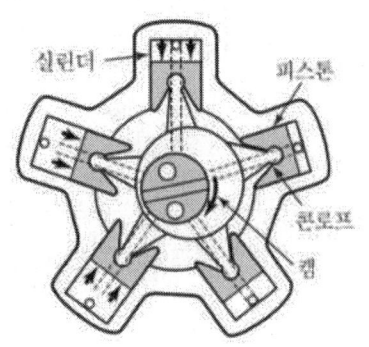

[레이디얼 피스톤 모터]

베인 모터의 단점으로는 가동 시나 저속 시에 토크효율이 낮고 각 부분의 치수, 직각도 등은 상당한 정도(精度)가 요구된다.

⑭ **피스톤 모터(Piston Motor)**

피스톤 펌프와 거의 유사하며 엑시얼형(Axial Type)과 레이디얼형(Radial Type), 그리고 정용량형과 가변용량형으로 분류할 수 있다. 피스톤 모터는 기어 모터나 베인 모터에 비하여 고압작동에 적합하고 회전 실린더형은 가변용량형으로 만들기가 쉬운 특징이 있다.

〈실린더 종류〉

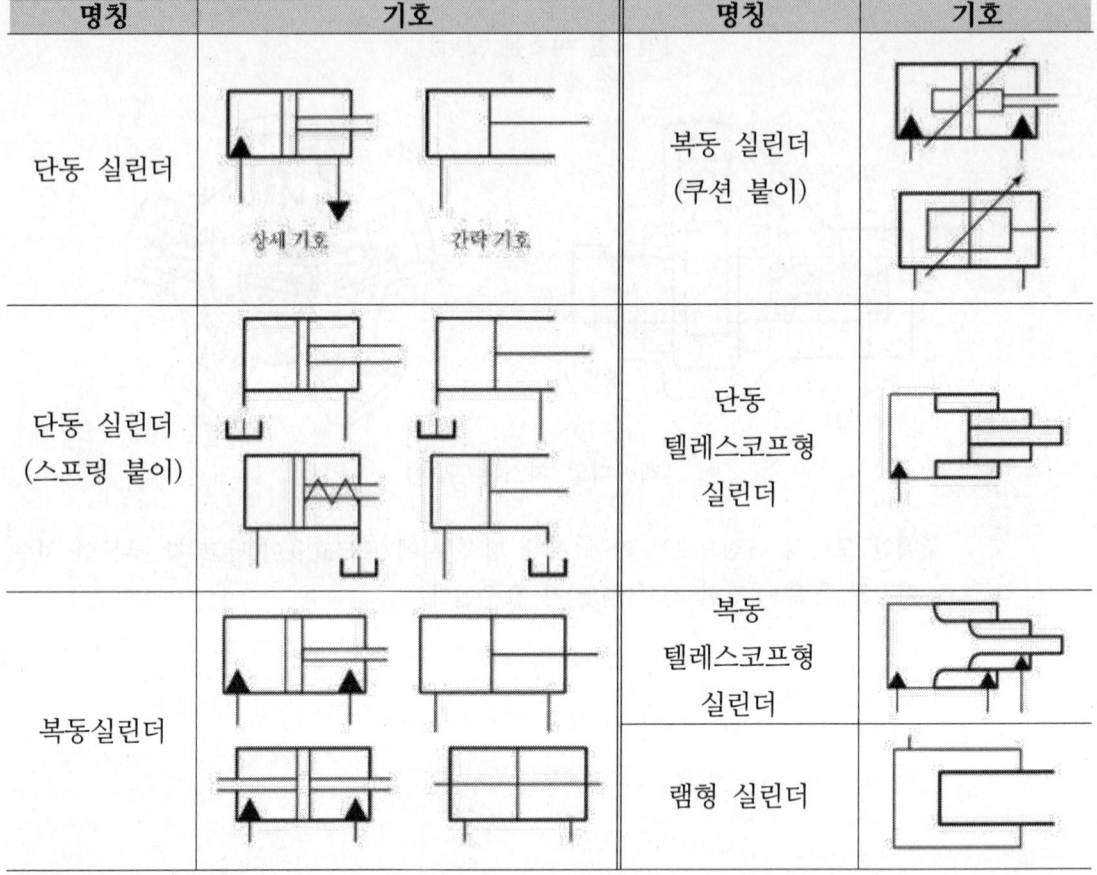

피스톤 모터는 사용조건에 따라 중·고속 저 토크에 사용되는 것과 저 속도 고 토크에 사용되는 것이 있다. 현재 회전 실린더형 엑시얼 피스톤 모터는 중 고속 저 토크용으로 많이 사용되고, 레이디얼 피스톤 모터와 사판식 엑시얼 피스톤 모터는 저속 고 토크용 으로 사용된다.

명칭	기호	비고
펌프 및 모터	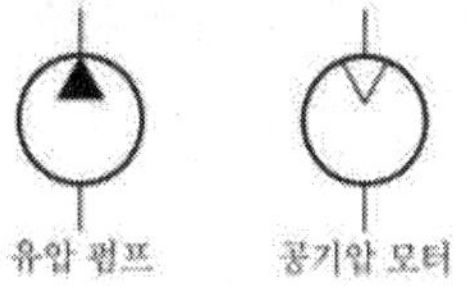 유압 펌프 / 공기압 모터	· 일반기호
유압 펌프	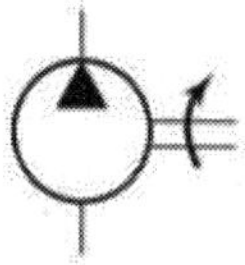	· 1방향 유동 · 정용량형 · 1방향 회전형
유압 모터	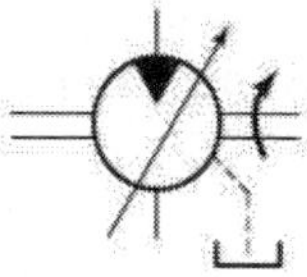	· 1방향 유동 · 가변 용량형 · 조작기구를 특별히 지정하지 않는 경우 · 외부 드레인 · 1방향 회전형 · 양축형
공기압 모터	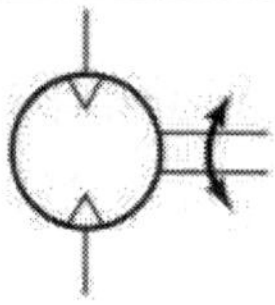	· 2방향 유동 · 정용량형 · 2방향 회전형
정용량형 펌프 · 모터	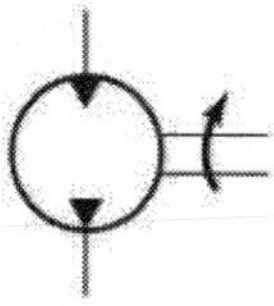	· 1방향 유동 · 정용량형 · 1방향 회전형
가변용량형 펌프 · 모터 (인력조작)	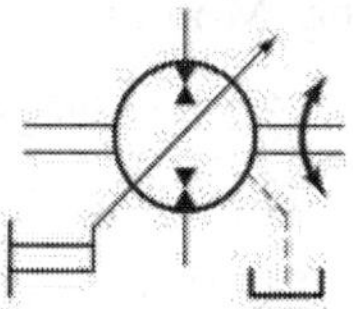	· 2방향 유동 · 가변 용량형 · 외부 드레인 · 2방향 회전형
요동형 엑추에이터 (공압)	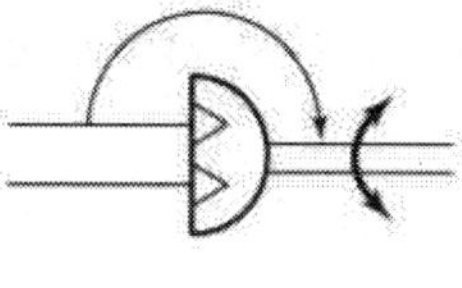	· 공기압 · 정각도 · 2방향 요동형 · 축의 회전방향과 유동방향과의 관계를 나타내는 화살표의 기입은 임의

유압 전도장치		· 1방향 회전형 · 가변용량형 펌프 · 일체형

(5) 유압요동 모터(Hydraulic Oscillating Motor)

360° 이내의 제한된 회전운동을 하는 유압 엑추에이터이다. 유압요동 모터를 사용하면 불필요한 링크(Link)기구가 필요 없게 되고, 감속기구도 필요 없이 비교적 작은 공간 내에서 회전운동을 얻을 수 있다.

1) 유압요동 모터의 종류(Type of Hydraulic Oscillating Motor)

① 베인형 요동 모터(Vane Type Oscillating Motor)

내부누설이 다소있고 부하 상태에서 중립위치 정지를 장시간 유지하기가 어렵다. 그러나 구조가 간단하고 소형이기 때문에 설치공간이 적게 요구되므로 많이 사용한다. 내부 누설은 보통 압력 $70 kg_f/cm^2$ 에서 유량은 $50 \sim 300 cc/\min$ 정도의 누설이 있다.

단일 베일형 요동 모터로서 280°까지 요동각을 취할 수 있으나 내부가 유압평형이 이루어져 있지 않기 때문에 베어링은 불평형력을 받게 된다. 그러나 베어링은 유압유에 의한 레이디얼 하중을 받지 않으므로 기계적 효율이 단일 베인형보다 높다. 이중 베인형 요동 모터로서 요동각이 100° 이하이다. 삼중 베인형은 요동각이 60° 이하이다. 일반적으로 전효율은 단일 베인형이 75~80%이고 이중 베인형이 85~90%이다.

② 피스톤형 요동 모터(Piston Type Oscillating Motor)

베인형에 비해 요동각은 자유로이 얻을 수 있으나 외관형상이 길어지고 설치공간이 많이 요구된다. 구조는 유압 실린더와 같이 유압에 의한 피스톤의 직선운동으로 각종 기구를 사용하여 회전운동으로 변환시키는 구조로 되어있다. 랙과 피니언형 요동 모터로서 구조에 따라 단일형(a)과 이중형(b)으로 나눌 수 있다. 그 작동방법은 랙과 피스톤이 일체가 되어서 피니온기어를 회전시켜서 출력축에 회전력을 전달 시킨다. 요동각은 랙의 길이에 따라서 다르며 360°까지 가능하다.

(6) 유압 모터의 동력과 효율(Power Efficiency of Hydraulic Motor)

1) 동력(Power)

① 유동력(Oil Power)

유압 모터에 공급되는 유압유의 압력은 P, 유량은 Q일 때 유압유의 동력, 즉 유동력 L_p는 다음과 같다.

$$L_p = PQ$$

유압 모터의 구동 시에 누설과 마찰에 의한 손실을 무시하면 유압 모터의 이론(축)동력 L_{th}는 다음과 같다.

$$L_p = PQ = 2\pi N T_{th}$$

$\quad N$: 회전수 $\quad T_{th}$: 이론토크

② 축동력(Shaft Power) : L

실제로는 기계적 마찰손실과 누설손실이 발생하므로 실제 유압 모터의 출력, 즉 축동력 L은 다음 식으로 표시된다.

$$L = 2\pi N T$$

$\quad T$: 실제출력토크

그러므로 토크효율 η_T는 다음과 같다.

$$\eta_T = \frac{T}{T_{th}} = 1 - \frac{\Delta T}{T_{th}}, \quad T_{th} = \frac{P_q}{2\pi}(P[kg/m^2], q[m^3/rev])$$

③ 전효율(Total Efficiency)

유압 모터의 전효율은 다음과 같이 표시할 수 있다.

$$\eta = \frac{L}{L_{th}} = \frac{L}{L_o} = \eta_v \eta_T$$

SECTION 06 부속기기(Accesories)

유압시스템에서 중요한 구성요소는 유압 펌프, 유압제어 밸브, 유압 엑추에이터를 들 수 있지만, 이외에도 여러 가지의 부속기기들이 필요하다. 일반적으로 유압시스템에 필요한 부속기기로는 다음의 것들이 있다.

- 기름탱크(Oil Tank, Reservoir)
- 축압기(Accumulator)
- 증압기(Booster)
- 여과기(Filter and Strainer)
- 열교환기(Heat Exchanger)
- 배관(Piping)

(1) 기름탱크(Oil Tank, Reservoir)

공압시스템에서는 작동기를 거친 공기는 대기로 방출하면 되지만 유압시스템에서 유압유는 장시간 반복적으로 기기와 배관을 순환하게 된다. 유압유를 저장하는 기능을 주로 하지만 기름 속에 포함되는 불순물이나 기포를 분리시키고 마찰과 압력상승에 의하여 발생하는 열을 발산하여 유온을 유지시키는 역할도 하여야 한다.

1) 유압탱크 설계 시 고려사항

① 탱크는 먼지, 수분 등의 이물질이 들어가지 않도록 밀폐형으로 하고 통기구(Air Bleeder)를 설치하여 탱크 내의 압력은 대기압을 유지하도록 한다.

② 탱크의 용적은 충분히 여유있는 크기로 하여야 한다. 일반적으로 탱크 내의 유량은 유압펌프 송출량의 약 3배로 한다. 유면의 높이는 2/3 이상이어야 한다.

③ 탱크 내에는 다음과 같이 격판(Baffle Plate)을 설치하여 흡입 측과 귀환 측을 구분하며 기름은 격판을 돌아 흐르면서 불순물을 침전시키고, 기포의 방출, 유압유의 방역 및 온도의 균일화가 이루어진다.

④ 흡입구와 귀환구 사이의 거리는 가능한 한 멀게 하여 귀환유가 바로 유압펌프로 흡입되지 않도록 한다.

⑤ 펌프 흡입구에는 기름 여과기(Strainer)를 설치하여 이물질을 제거하고 통기구(Air Bleeder)에는 공기 여과기를 설치하여 이물질이 혼입되지 않도록 한다(대기압 유지).

⑥ 유온과 유량을 확인할 수 있도록 유면계와 유온계를 설치하여야 한다.

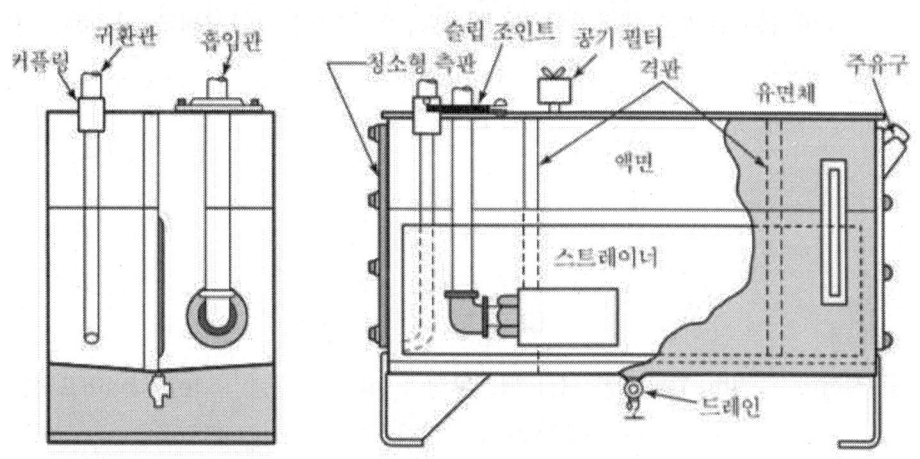

[기름탱크의 구조]

(2) 축압기(Accumulator)
1) 축압기의 사용목적

축압기의 가장 중요한 사용목적은 유압에너지의 보조원으로 사용되는 것이다. 유압 엑추에이터에서 순간적으로 큰 압력이 요구될 때 펌프에서 발생되는 압력으로는 순간적인 압력상승이 어려우므로 축압기의 압력을 이용한다. 또한 작업이 간헐적으로 이루어지는 경우에는 축압기를 사용하여 펌프를 소형화 할 수 있다. 축압기는 유압펌프에서 발생하는 맥동압력을 흡수하여 회로 내의 압력을 일정하게 유지할 수 있다. 부하의 변동이나 밸브의 개폐를 급하게 하면 회로 내 맥동압력이 발생되는데 이 압력은 불필요한 고압으로서 회로상의 기기를 손상시킬 염려가 있다. 이러한 서지압을 흡수하여 배관 등의 기기의 파손을 방지할 수 있다. 펌프가 송출하는 유량보다도 순간적으로 많은 유량이 요구되는 작동기에서는 부족한 유량을 축압기에서 보충해주어야 한다. 그 밖에 누설로 인한 손실유량이나 온도변화에 따른 체적 변화의 보상용으로도 사용된다. 또한 축압기는 정전이나 동력원의 고장으로 인한 비상 동력원이 될 수도 있으며 유압펌프를 정지시킨 채 회로상의 일정한 소정의 압력을 유지시킬 수도 있다.

2) 축압기의 종류

축압기는 유체를 에너지원으로 사용하기 위하여 가압상태로 저축하는 용기이다.

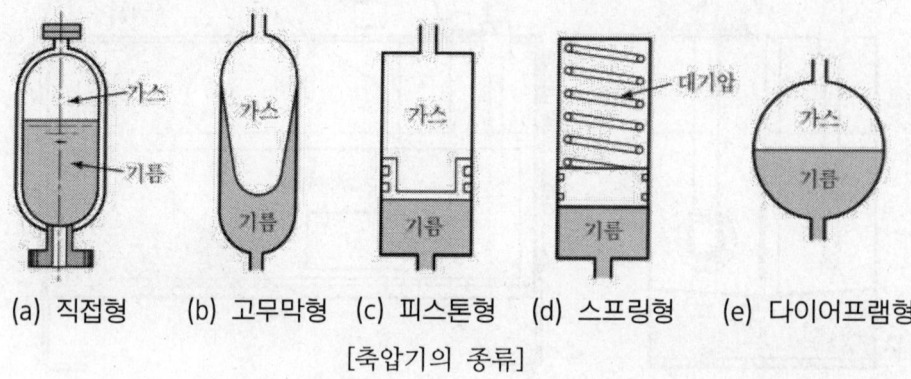

(a) 직접형　(b) 고무막형　(c) 피스톤형　(d) 스프링형　(e) 다이어프램형

[축압기의 종류]

① **비분리형 축압기(Nonseparator Type Accumulator)**

유압유와 압축된 기체가 직접 접하고 있는 형식으로 고압에서는 기체가 유압유에 용해되므로 고압용으로 사용할 수 없으나 저압에서는 용해가 잘 되지 않으므로 펌프 흡입압력을 높여주기 위하여 사용된다.

② **분리형 축압기(Seperator Type Accumulator)**

유압유와 기체를 분리시킨 형식의 축압기라 하며, 그 종류는 고무막형, 피스톤형, 스프링형, 다이어프램형 등이 있다. 축압기의 목적을 정리하면 다음과 같다.

㉠ 유압 에너지의 축적
㉡ 2차 회로의 보상
㉢ 압력 보상(카운터 밸런스)
㉣ 맥동 제어(노이즈 댐퍼)
㉤ 충격 완충(Oil Hammer)
㉥ 액체 수송(트랜스퍼베리어)
㉦ 고장, 정전 등의 긴급 유압원

(3) 증압기(Booster)

압력변환기라고도 하며, 회로 중에 일부의 압력을 고압으로 하고자 할 때 사용한다. 저압대유량의 동력을 고압소유량의 동력으로 변환하는 유압기기이며, 증압기를 고압 펌프 대신 이용하면 경제적인 면에서 유리하다. 증압기는 기능상 한 방향으로 작동할 때만 증압기능을 수행하는 단동 증압기와 왕복행정 시 양방향의 증압기능을 수행하는 복동 증압기로 분류한다. 증압기는 유압실린더의 로드 끝단(Rod End)을 램(Ram)으로 하는 실린더로 되어 있어서 저압과 고압의 압력차는 램의 면적비에 반비례한다.

$$P_1 A_1 = P_2 A_2$$

$$P_2 = P_1 \frac{A_1}{A_2}$$

〈공유압 변환기〉

(4) 여과기(Strainer, Filter)

유압유는 먼지나, 금속편 등의 이물질로 오염될 가능성이 있으며 유압유의 오염은 유압기기의 파손 내지 유압시스템의 작동불량을 일으키는 원인이 된다. 유압시스템에는 이러한 유압유 중의 이 물질을 없애고 청정한 유압유로 만들기 위한 여과기가 필요하다. 여과기 중에서 펌프 흡입측에 설치하여 유압유 중의 이물질을 분리시키는 것을 스트레이너(Strainer), 펌프의 송출측이나 회로의 귀환측에 설치하여 여과작용을 하는 것을 필터(Filter)라 한다. 또한 오일탱크 속에 있는 금속편을 제거하는 목적으로 사용되는 자석봉도 일종의 여과기이다.

1) 유압유의 오염원인
① 제조 중의 조립과정에서 이물질이 들어가는 경우도 있고 단조, 용접, 열처리 과정에서 산화물 찌꺼기와 주물 중의 모래가 끼어드는 것은 완전히 제거하기 힘들다.
② 외부로부터 혼입되는 경우로는 공기 중의 먼지의 침입, 유압유를 급유할 때 통이나 급유장치에 의한 오염, 보수나 수리를 위해 유압장치를 해체해 놓았을 때 외부에서 들어가는 이물 질 등이 있다.
③ 작동 중에 발생되는 경우로는 펌프로부터 마찰에 의하여 금속가루가 생기고 나사나 기계적 연결부의 진동이나 마찰로 역시 금속가루가 생긴다.

2) 필터의 종류
- 탱크용 필터 : 스트레이너
  - 관로용 필터 : 표면식은 여과지와 철망을 사용하며,

적층식은 여과면이 많아 겹쳐 있다.
- 통기용 필터 : 기름 탱크에 연결한다.

3) 필터 성능표시 시 주의사항
① 엘리먼트의 강도
② 압력 강하
③ 반복압에 의한 내구성
④ 입도

4) 오염이 유압시스템에 미치는 영향
① 유압펌프에서는 베인 펌프의 베인, 기어 펌프의 기어, 피스톤 펌프의 피스톤의 접동부 마모를 빠르게 하여 작동을 열화시킨다.
② 제어 밸브에서도 접동부의 마모를 빠르게 하고 시트(Seat)부나 오리피스(Orifice)부의 작동을 불량하게 하거나 채터링(Chattering)을 발생시킨다.
③ 방향제어 밸브에서도 접동부를 마모시키거나 록(Lock)현상을 일으켜 솔레노이드(Sole-noid)를 손상시킨다.
④ 유량제어 밸브에서는 오리피스의 마모를 빠르게 하거나 오리피스를 막아서 작동이 되지 않는다.
⑤ 유압 실린더에서는 O링이나 U링 등의 손상을 주어 누설의 원인이 된다.

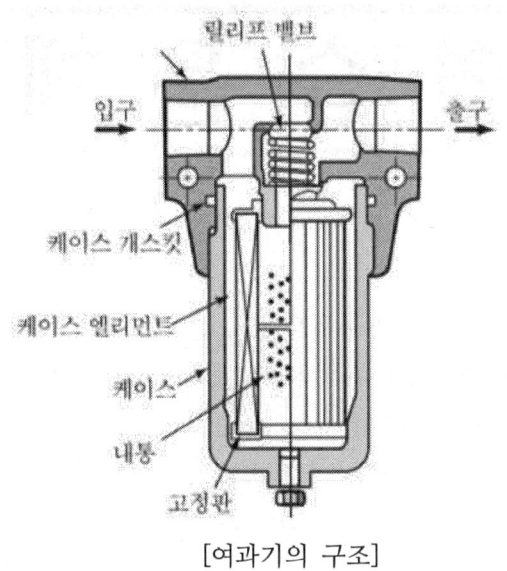
[여과기의 구조]

(5) 냉각기(쿨러)

유압회로에서 유압유의 온도는 일반적으로 30~55[℃]가 적당하나 이 유온의 이상 또는 이하에서는 기능이 저하되므로 열량의 발생 시 냉각기가 필요하다. 일반적으로 릴리프 밸브의 복귀측에 설치하는 것이 보통이다.

(6) 유압 회로도

1) 유압 회로도의 종류

① 단면 회로도
작동유의 흐름이 알기 쉬워 기기의 작동을 설명하기 편리하다. (교육용)
② 기호 회로도
유압기호의 사용 기능 및 조작방법을 정확히 한다. (유압지식이 필요하다.)
③ 조합 회로도
단면 회로도와 기호 회로도를 조합한다.
④ 그림 회로도
그림으로 나타낸 것으로 배관용이나 판매용에 사용한다.

연습문제

01 유압 시스템의 오일 토출량이 매분 49ℓ이고, 실린더 튜브의 내경이 10cm인 유압 실린더의 추력이 2.5kgf라면, 이 유압 실린더의 속도는 몇 cm/sec인가?
① 7.8
② 8.2
③ 9.6
④ 10.4

1. $V = \dfrac{4Q}{\pi d^2}$

$= \dfrac{4 \times 49 \times 1000}{60\pi \times 100}$

$= 10.4\,cm/s$

02 보기 기호의 설명으로 가장 적합한 명칭은?
① 4포트 전자 파일럿 전환밸브
② 4포트 공압 파일럿 전환밸브
③ 5포트 전자 파일럿 전환밸브
④ 5포트 공압 파일럿 전환밸브

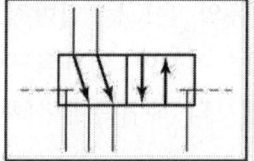

03 모듈러 시스템에 대한 설명으로 틀린 것은?
① 높이로 쌓을 수 있는 밸브의 수가 10개이다.
② 회로의 추가 변경이 용이하다.
③ 신뢰성이 향상된다.
④ 배관시 조립비용이 경감된다.

3. 일반 직분사 디젤엔진은 매번 그리고 모든 분사 사이클마다 압력을 다시 발생시켜야 하는 반면 커먼레일 엔진은 분사순서에 관계없이 항상 일정한 압력을 유지한다. 이를 위해서는 1300bar이상의 분사압력을 유지하기 위해 특수한 연소실을 필요로 한다. 이에 커먼 연료레일이 도입된 것이다. 연료의 분사시기와 양을 조정하는 고속 솔레노이드 밸브의 끝단에 4개의 분사노즐이 연결되어 있다. 전자적으로 각 엔진 실린더별로 분사가 가능하므로 시스템이 모듈화가 가능하며 이를 모듈라 시스템이라 한다.

정답 01 ④ 02 ③ 03 ①

04 피스톤의 넓이의 비가 1:10이 되는 수압기를 사용해서 200 kg_f의 힘을 얻기 위해서는 작은 피스톤에 몇 kg_f의 힘을 가해야 하는가?

① 200　　　　　　　② 9.8
③ 980　　　　　　　④ 20

4.
$F = \dfrac{1}{10} \times 200 = 20$

05 점성계수의 단위로 올바른 것은?

① $kg_f \cdot m/s^2$　　　　② $kg_f \cdot m^2/s^2$
③ $kg_f \cdot s/m^2$　　　　④ $kg_f \cdot s^2/m^2$

06 다음 중 유량 제어 밸브가 아닌 것은?

① 시퀀스 밸브　　　　② 교축 밸브
③ 니들 밸브　　　　　④ 포트 밸브

6.
시퀀스 밸브는 압력제어 밸브이다.

07 실린더의 전진운동속도와 후진운동속도를 동일하게 하는 방법을 설명한 것 중 틀린 것은?

① 4개의 체크밸브와 1개의 압력보상형 유량조절밸브를 사용하는 렉티파이어(Ractifire)회로 이용
② 압력 릴리브 밸브를 사용하는 카운터 밸런스 밸브와 유량조절밸브를 사용하여 속도 조정
③ 차동 실린더와 방향제어 밸브를 사용하는 재생회로 이용
④ 피스톤 양측의 수압면적이 같은 양 로드형 실린더와 방향제어 밸브 사용

정답　　04 ④　05 ③　06 ①　07 ③

08 실린더의 부하 변동에 관계없이 임의의 위치에 고정시킬 수 있는 회로의 명칭은?
① 부스터 회로 ② 언로드 회로
③ 로킹 회로   ④ 시퀀스 회로

09 작동유의 안정성에 대하여 가장 중요한 영향을 갖는 것은?
① 온도
② 금속의 촉매작용
③ 압력
④ 외부로부터의 이물질

9.
압력과 밀접한 관계가 있는 인자는 온도이다.

10 유압, 공기압 도면 기호 요소 중 1점 쇄선의 용도는?
① 전자 신호선   ② 포위선
③ 전기 신호선   ④ 밸브의 과도위치

10.
파선 : 드레인 관로, 파일럿 조작관로, 필터, 밸브의 과도위치
실선 : 주 관로

11 유압장치에서의 설명으로 올바른 것은?
① 힘의 크기를 유량제어 밸브, 속도를 압력제어 밸브, 일의 방향을 방향제어 밸브로 제어한다.
② 힘의 크기를 압력제어 밸브, 속도를 유량제어 밸브, 일의 방향을 방향제어 밸브로 제어한다.
③ 힘의 크기를 유압액추에이터, 속도를 유량제어 밸브, 일의 방향을 방향제어 밸브로 제어한다.
④ 힘의 크기를 유량제어 밸브, 속도를 유압액추에이터, 일의 방향을 방향제어 밸브로 제어한다.

정답 08 ③ 09 ① 10 ② 11 ②

12 유압장치에서 장치의 최대 사용압력을 결정하려고 한다. 다음 중 어느 밸브를 사용하여야 하는가?

① 압력 릴리프 밸브
② 3방향 감압밸브
③ 방향제어밸브
④ 압력보상형밸브

13 다음 그림과 같은 명칭으로 가장 적합한 것은?

① 3포트 2위치 전환밸브
② 2포트 3위치 전환밸브
③ 6포트 2위치 전환밸브
④ 2포트 6위치 전환밸브

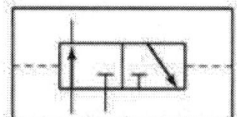

14 유압기본회로에서 폐회로의 특성 설명으로 틀린 것은?

① 동력손실이 적어 열발생이 적다.
② 회로 내의 압력은 부하에 의해 발생한다.
③ 펌프 한 대에 대하여 유압모터 여러 대를 사용하는 것이 원칙이다.
④ 액추에이터의 속도제어는 가변 펌프의 토출량의 변화로 된다.

15 다음 중 작동유의 점도가 너무 낮을 때 나타나는 현상이 아닌 것은?

① 펌프효율 저하
② 기기의 마모 증가
③ 시동저항 증가
④ 누설손실 증가

정답 12 ① 13 ① 14 ③ 15 ③

16 다음의 유압시스템 구성요소 중 유압에너지를 생성하거나 이용하는 것이 아닌 것은?

① 작업요소 ② 최종제어요소
③ 신호처리요소 ④ 동력공급장치

16.
점도가 높을 경우 관내 유동 저항에 의한 압력이 증가되어 시동저항이 증가한다.

17 한쪽 방향의 흐름에는 설정된 배압을 부여하고 반대방향의 흐름에는 자유흐름이 되는 밸브는?

① 릴리프 밸브 ② 시퀀스 밸브
③ 언로드 밸브 ④ 카운터밸런스 밸브

18 직경이 50mm인 유압실린더를 이용하여 1ton으로 장비를 50mm/sec의 속도로 밀어올리려고 할 때, 다음 중 가장 적합한 유압펌프의 펌프동력은 몇 kW인가?

① 0.1 ② 0.5
③ 1 ④ 2

18.
$$H = \frac{FV}{102}$$
$$= \frac{1000 \times 50 \times 10^{-3}}{102}$$
$$= 0.49 \, kW$$

19 유압실린더의 작동이 불확실한 이유로서 적당하지 않은 것은?

① 작동유의 온도 상승이 지나치게 크다.
② 실린더 내의 기름이 충만되어 있다.
③ 작동유에 이물이 혼입되어 있다.
④ 패킹이 손상되어 있다.

정답 16 ③ 17 ④ 18 ② 19 ②

20 그림과 같은 유압 기본 로직회로에서 A와 B의 압력이 만족할 때 출력 C가 되는 회로는?

① AND 회로
② OR 회로
③ NOT 회로
④ NOR 회로

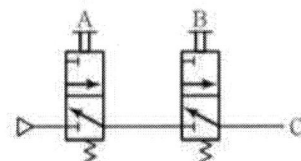

21 보기와 같은 유압도시기호의 명칭으로 가장 적합한 것은?

① 다이어프램형 실린더
② 쿠션 장착 실린더
③ 단동 실린더
④ 복동 실린더

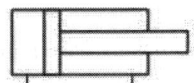

22 다음 중 작동유에 수분이 혼입되었을 때 나타나는 현상이 아닌 것은?

① 윤활능력 저하
② 기기의 작동불량
③ 작동유의 산화촉진
④ 작동유의 흑화현상 발생

23 건설기계에서 사용되고 있는 보기와 같은 유압모터 회로의 명칭으로 가장 적합한 것은?

① 탠덤형 배치 회로
② 직렬 배치 회로
③ 병렬 배치 회로
④ 정출력 구동 회로

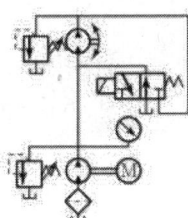

정답 20 ① 21 ④ 22 ④ 23 ④

24 두 개 이상의 분기회로가 있는 곳에 회로의 입력에 의해 개개의 실린더나 모터의 작동순서를 부여하는 자동제어 밸브는?

① 언로딩 밸브(Unloading Valve)
② 시퀀스 밸브(Sequence Valve)
③ 교축 밸브(Restricting Valve)
④ 카운트 밸런스 밸브(Counter Balance Valve)

25 다음 중 유압제어 밸브가 아닌 것은?

① 릴리프 밸브   ② 시퀀스 밸브
③ 스로틀 밸브   ④ 카운트 밸런스 밸브

25.
스로틀(교축) 밸브는 유량제어 밸브이다.

26 그림에서 실린더 B의 반지름은 실린더 A의 반지름 2배이다. 힘 F_1과 F_2 사이의 관계는?

① $F_2 = 4F_1$
② $F_2 = 2F_1$
③ $F_1 = F_2$
④ $F_1 = 4F_2$

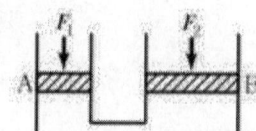

27 40 PS의 전동기를 사용하여 전 효율은 90%일 때, 배출 압력이 $70\,kg_f/cm^2$인 유압펌프의 송출량은 약 몇 $cm^3/\sec$인가?

① 36   ② 360
③ 3600   ④ 642.85

27.
$$Q = \frac{40 \times 75 \times 0.9}{70 \times 10^4} \times 100^3$$
$$= 3600\,cm^3/s$$

정답 24 ② 25 ③ 26 ① 27 ③

28 유압 작동유가 갖추어야 할 성질이 아닌 것은?
① 유동성
② 윤활성
③ 압축성
④ 산화안정성

29 유압회로 중 실린더의 부하 변동에 관계없이 임의의 위치에 고정시킬 수 있는 회로의 명칭은?
① 부스터 회로
② 언로드 회로
③ 로킹 회로
④ 시퀀스 회로

30 유압 액추에이터(Actuator) 중 직선 왕복운동을 하는 것은?
① 유압 모터
② 유압 실린더
③ 요동형 액추에이터
④ 피스톤형 요동 모터

31 밸브의 설정압력을 설명하는 것으로 가장 적합한 것은?
① 기기가 작동하기 위한 최저 압력
② 감압밸브 등으로 조절되는 압력
③ 파일럿 관로에 작용하는 압력
④ 기기 또는 시스템에 있어서 사용되는 압력

28.
비압축성이어야 한다.

정답 28 ③ 29 ③ 30 ② 31 ②

32 다음 유압회로 중 동조회로로 사용하는 회로가 아닌 것은?

① 시퀀스 밸브와 전자 변환밸브를 이용한 회로
② 유량 조절밸브를 이용한 회로
③ 유압 실린더의 직렬 회로
④ 유압 모터를 이용한 회로

33 다음 중 압력제어 밸브에 속하지 않는 것은?

① 체크 밸브
② 카운트 밸런스 밸브
③ 릴리프 밸브
④ 시퀀스 밸브

33.
체크 밸브는
방향제어 밸브이다.

34 다음 그림은 압력제어 밸브의 어떤 상태의 기호인가?

① 상시열림
② 상시작동
③ 상시닫힘
④ 틀린기호

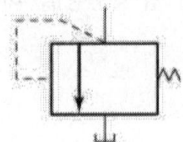

35 실린더에 유입되는 유량을 제어하는 속도 제어 회로로서 연삭기, 밀링의 이송에 적합한 회로는?

① 미터 인 회로
② 미터 아웃 회로
③ 블리드 온 회로
④ 블리드 오프 회로

35.
드릴링머신, 프레스 :
미터 아웃 회로

호닝머신, 윈치 :
블리드 오프 회로

정답 32 ① 33 ① 34 ③ 35 ①

36 유압장치 운동부분에 사용되는 비접촉형 실(밀봉장치)은?

① 그랜드 패킹(Grand Packing)
② 메커니컬 실(Mechanical Seal)
③ 셀프실 패킹(Self Seal Packing)
④ 래버린스 패킹(Labyrinth Packing)

37 다음 중 오일의 점성을 가장 중요하게 이용한 기계는?

① 진동 흡수 댐퍼
② 유체 커플링
③ 토크 컨버터
④ 유압 잭

38 유압 실린더의 구성요소가 아닌 것은?

① 실린더 튜브(Cylinder Tube)
② 피스톤(Piston)
③ 로킹 빔(Rocking Beam)
④ 실린더 커버(Cylinder Cover)

39 어큐레이터의 용량은 $5l$ 기체의 봉입압력이 $25 kg_f/cm^2$일 때, 작동유압이 $P_1 = 70 kg_f/cm^2$에서 $P_1 = 50 kg_f/cm^2$까지 변화하면 방출되는 유량은 몇 l인가?

① 0.25 ② 0.71 ③ 1.79 ④ 6.25

39.
$$\triangle V = P_0 V_0 \left(\frac{1}{P_2} - \frac{1}{P_1} \right)$$
$$= 25 \times 5 \left(\frac{1}{50} - \frac{1}{70} \right)$$
$$= 0.71$$

정답 36 ④ 37 ① 38 ③ 39 ②

40 유압유(油壓油)의 구비해야 할 조건이 아닌 것은?
① 압축성 유체일 것
② 비압축성 유체에 가까울 것
③ 유체의 마찰저항이 적을 것
④ 녹이나 부식발생을 방지할 수 있을 것

41 건설기계 유압펌프의 종류에 속하지 않는 것은?
① 기어 펌프
② 베인 펌프
③ 플런저 펌프
④ 펠톤 펌프

41.
펠톤 펌프는
비용적식 펌프이다.

42 유압 베인 모터의 1회전당 유량이 $40cc$인 경우 기름의 공급 압력이 $70kg_f/cm^2$, 유량이 $30l/min$이면 발생할 수 있는 최대 토크(Torque)는 약 몇 kg_f/m인가?
① 3.675
② 4.675
③ 3.456
④ 4.456

42.
$H_{kW} = \dfrac{PQ}{102}$

$= \dfrac{70 \times 10^4 \times 30 \times 10^{-3}}{102 \times 60}$

$= 3.43\,kW$

$N = \dfrac{Q}{q} = \dfrac{30 \times 1000}{40}$

$= 750\,rpm$

$T = 974\dfrac{H_{kW}}{N}$

$= 974\dfrac{3.43}{750}$

$= 4.45\,kg_f/m$

43 보기와 같은 유압기호는 어느 것을 나타내는 기호인가?
① 가변용량형 펌프
② 감압밸브
③ 언로드 밸브
④ 카운터 밸런스 밸브

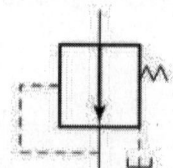

정 답   40 ① 41 ④ 42 ④ 43 ②

44 유압 회로에 사용되는 어큐뮬레이터의 사용상의 주의점 설명으로 틀린 것은?

① 수소를 충전해서는 안 된다.
② 산소를 충전해서는 안 된다.
③ 질소를 충전해서는 안 된다.
④ 규정압 이상으로 충전해서는 안 된다.

45 작동유의 산성을 나타내는 척도인 것은?

① 점도지수   ② 소포성
③ 인화점   ④ 중화수

46 유량 제어 밸브를 액추에이터의 입구 측에 설치한 회로로 공급 쪽 관로 내의 흐름을 제어함으로써 속도를 제어하는 회로는?

① 미터 인 회로
② 미터 아웃 회로
③ 브레이크 회로
④ 인터로크 회로

47 지름이 30cm인 관속에 300kgf/s의 유체가 흐르고 있다면 관 내의 평균 유속은 약 몇 m/s인가?
(단, 유체의 비중량은 $1200\,kg_f/m^3$이다)

① 0.354
② 3.54
③ 41.44
④ 4144

47.
$$V = \frac{4G}{\gamma \pi d^2}$$
$$= \frac{4 \times 300}{1200 \times \pi \times 0.3^2}$$
$$= 3.54\,m/s$$

정답 44 ③ 45 ④ 46 ① 47 ②

48 유압기기 중 불필요한 오일을 탱크로 방출시켜 펌프에 부하가 걸리지 않도록 하는 밸브를 무엇이라 하는가?

① 감압 밸브(Pressure Reducing Valve)
② 교축 밸브(Flow Metering Valve)
③ 카운터 밸런스 밸브(Counter Balance Valve)
④ 무부하 밸브(Unloading Valve)

49 다음은 유압펌프 효율에 대한 설명이다. 틀린 것은?

① 용적효율은 이론적 펌프 토출량에 대한 실제 토출량의 비를 말한다.
② 기계적 효율은 구동장치로부터 받은 동력에 대하여 펌프가 유압유에 작용한 이른 동력의 비이다.
③ 유압 펌프의 용적효율은 사용 압력에 관계없이 항상 일정하다.
④ 전효율을 용적효율과 기계적 효율의 곱으로 표시한다.

50 작동유의 점도가 너무 낮을 경우 설명 중 틀리는 것은?

① 유압 펌프나 유압 모터의 용적효율이 증가한다.
② 내부 오일 누설이 증가한다.
③ 압력 유지가 곤란하다.
④ 마모가 증대한다.

50.
점도가 낮을 경우
체적효율은 감소한다.

정답 48 ④ 49 ③ 50 ①

51 두 개 이상의 분기회로를 갖는 회로 중에서 그 작동순서를 회로의 압력 또는 유압실린더 등의 운동에 의해서 규제하는 자동 밸브는?

① 릴리프 밸브(Relief Valve)
② 시퀀스 밸브(Sequence Valve)
③ 언로딩 밸브(Unloading Valve)
④ 카운터 밸런스 밸브(Counter Valance Valve)

52 유압유의 물리적 성질 중에서 동계 운전 시에 가장 중요하게 고려해야 할 성질은?

① 압축성
② 유동점
③ 인화점
④ 비중과 밀도

52.
동계 운전 시에는 유동점이 낮아서 얼지 않아야 한다.

53 다음은 피스톤 펌프의 특징을 설명한 것이다. 이들 중 틀리는 것은?

① 가변용량형 펌프로 제작이 가능하다.
② 피스톤의 배열에 따라 외접식과 내접식으로 나눈다.
③ 고압에서 누설이 적고 체적효율이 좋다.
④ 고속 운전이 가능하고 설치면적이 작다.

53.
피스톤의 배열에 따른 분류는 액셜 피스톤 펌프와 레이디얼 피스톤 펌프, 직동 왕복펌프(수동펌프)로 구분한다.

정답 51 ② 52 ② 53 ②

54 다음 중 펌프에서 토출된 유량의 액동을 흡수하고, 토출된 압유를 축적하여 간헐적으로 요구되는 부하에 대해서 압유를 방출하여 펌프를 소경량화 할 수 있는 기기는?

① 어큐레이터(Accumulator)
② 스트레이너(Trainer)
③ 오일 냉각기
④ 필터(Filter)

55 베인 펌프의 특성을 설명한 것 중 옳지 않은 것은?

① 평균 효율이 피스톤 펌프보다 높다.
② 토출 압력의 맥동과 소음이 적다.
③ 단위 무게당 용량이 커 형상수치가 적다.
④ 베인의 마모로 인한 압력저하가 적어 수명이 길다.

56 서지압 발생원에 가까이 장착하여 충격 압력을 흡수하여 배관, 밸브, 계기류를 보호하는 기기는?

① 디퓨져
② 액추에이터
③ 스로틀
④ 어큐레이터

정답 54 ① 55 ① 56 ④

57 그림과 같은 유압 회로에 대한 일반적인 설명으로 잘못된 것은?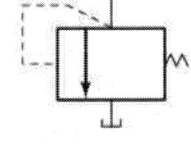

① 동력원 유닛 회로이다.
② 펌프 출구에 릴리프 밸브가 있다.
③ 최소압력을 제한하기 위한 회로이다.
④ 정용량형 펌프의 과부하 방지용으로 사용한 것이다.

57.
최고압력을 제한하기 위한 회로이다.

58 다음 기호와 같은 압력제어 밸브는?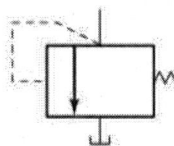

① 감압 밸브
② 릴리프 밸브
③ 언로드 밸브
④ 시퀀스 밸브

59 다음과 같은 유압용어의 설명으로 잘못된 것은?

① 점성계수의 차원은 $[ML^{-1}T]$이다.
② 동점성계수의 단위는 $[St]$를 사용한다.
③ 유압 작동유의 점도는 온도에 따라 변한다.
④ 점도란 액체의 내부 마찰에 기인하는 점성의 정도를 나타낸 것이다.

59.
점성계수의 단위는 $kg_m/m\,s$이다.

60 펌프의 압력이 $80 kg/cm^2$, 토출유량이 $50 l/min$인 레이디얼 피스톤 펌프의 소요동력 PS은?
(단, 펌프 효율은 0.85이다)

① 10.46   ② 104.6
③ 7.69   ④ 14.25

60.
$$PS = \frac{PQ}{75\eta}$$
$$= \frac{80 \times 10^4 \times 50 \times 10^{-3}}{75 \times 0.85 \times 60}$$
$$= 10.458$$

정답   57 ③   58 ②   59 ①   60 ①

61 기어펌프의 특성 설명으로 틀린 것은?

① 흡입 능력이 가장 크다.
② 구조가 간단하고, 취급이 용이하다.
③ 가변 용량형으로 만들기가 곤란하다.
④ 피스톤 펌프에 비교하여 효율이 우수하다.

62 체적 탄성계수가 $2 \times 10^8 kg_f/cm^2$인 유체의 체적을 2% 감축시키려면 몇 kg_f/cm^2의 압력이 필요한가?

① 1×10^9 ② 4×10^9
③ 4×10^6 ④ 8×10^6

62.
$\triangle P = K_e \times V = 2 \times 10^8 \times 0.02$
$\qquad = 4 \times 10^6$

63 다음 중에서 유압 작동유의 첨가제가 아닌 것은?

① 산화촉진제
② 방청제
③ 유성향상제
④ 점도지수 향상제

63.
산화방지제를 첨가한다.

64 토출압이 $40kg/cm^2$, 토출량이 $40l/min$, 회전수가 $1200 rpm$되는 용적형 펌프에 있어서 소요동력이 $3.9kW$이었다면 전체효율은 약 몇 %인가?

① 60   ② 65
③ 67   ④ 70

정답　61 ④　62 ③　63 ①　64 ③

65 유량제어 밸브가 부착된 원격제어 불도저의 속도 제어 회로의 명칭은?

① 미터 인 회로(Meter In Circuit)
② 미터 아웃 회로(Meter Out Circuit)
③ 블리드 오프 회로(Bleed Off Circuit)
④ 감속 회로(Deceleration Circuit)

66 유압 계통의 압력이 설정 값에 도달하게 되면 작동유를 기름 탱크로 귀환시켜 펌프를 무부하로 만들고 계통압력이 설정 값 이하로 되면, 다시 유압 계통에 작동유를 공급하는 밸브는?

① 교축 밸브　　② 언로드 밸브
③ 감압 밸브　　④ 시퀀스 밸브

67 내경 $50mm$의 실린더에서 피스톤 속도가 $4m/min$일 때, 필요한 유압유의 이론 유량 Q는 약 몇 l/min인가?

① 4.89　　② 7.85
③ 3.14　　④ 2.67

67.
$$Q = \frac{\pi 5^2}{4} \times 400 \times 10^{-3}$$
$$= 7.85$$

68 다음 중 유압장치의 특징 설명으로 틀린 것은?

① 힘의 증폭이 용이하다.
② 사용 압력의 한계는 10bar이다.
③ 일정한 힘과 토크를 낼 수 있다.
④ 제어가 비교적 간단하고 정확하다.

정답　65 ①　66 ②　67 ②　68 ②

69 유체의 흐름이 없을 때에도 일정 압력을 유지하는데 사용하는 유압 기기는?

① 오일 탱크   ② 가변용량 탱크
③ 어큐레이터   ④ 스트레이너

70 그림과 같은 장치에서 A 피스톤에 $400kg_f$의 힘을 가하였을 때, B 피스톤의 압력은 약 몇 kg_f/cm^2인가?
(단, A 피스톤의 지름은 $10cm$이고, B 피스톤의 지름은 $20cm$이다)

① 1.3
② 5.1
③ 6.3
④ 7.1

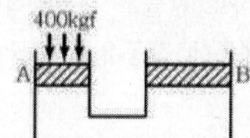

71 오일 탱크의 부속장치에서 오일 탱크로 돌아오는 오일과 펌프로 가는 오일을 분리시키는 역할을 하는 것은?

① 버플   ② 스트레이너
③ 노치 와이어   ④ 드레인 플러그

72 크래킹 압력의 설명으로 다음 중 가장 적합한 것은?

① 과도적을 상승한 압력의 최대값
② 릴리프 또는 체크밸브에서 압력이 상승하여 밸브가 열리기 시작하는 압력
③ 파괴되지 않고 견디어야 하는 시험압력
④ 실제로 파괴되는 압력 체크 밸브 또는 릴리프 밸브 등으로 압력

72.
체크 밸브 또는 릴리프 밸브 등으로 압력이 상승하여 밸브가 열리기 시작하고 어떤 일정한 흐름의 양이 확인되는 압력이 크래킹 압력이다.

정답 69 ③ 70 ② 71 ① 72 ②

73 굴착기에서 송출 압력이 $55kg/cm^2$이고, 송출 유량이 $30l/min$인 펌프의 동력은 약 몇 kW인가?

① 2.1   ② 2.3
③ 2.7   ④ 2.9

73.
$$kW = \frac{55 \times 10^4 \times 30 \times 10^{-3}}{102 \times 60}$$
$$= 2.7$$

74 작동유의 점성에 관계없이 유량을 조절할 수 있으며, 조정 범위가 크고 미세량도 조정 가능한 밸브는?

① 서보 밸브(Servo Valve)
② 체크 밸브(Check Valve)
③ 교축 밸브(Throttle Valve)
④ 안전 밸브(Safety Valve)

75 유압유의 점도지수(Viscosity Index) 설명으로 적합한 것은?

① 압력변화에 대한 점도변화의 율을 나타내는 척도이다.
② 온도변화에 대한 점도변화의 율을 나타내는 척도이다.
③ 공업점도 세이볼트(Saybolt)와 절대 점도 푸아즈(Poise)와의 비이다.
④ 파라핀(Parafin)계 펜실바니아 원유의 함유량을 나타내는 척도이다.

76 유압 실린더와 병렬로 유량제어 밸브를 설치하고 실린더에 유입되는 유량을 제어하는 속도제어 회로의 방식?

① 미터 인 회로   ② 미터 아웃 회로
③ 블리드 온 회로   ④ 블리드 오프 회로

정답 73 ③ 74 ③ 75 ② 76 ④

77 치차 펌프에서 축동력의 증가, 치차의 진동, 공동현상에 의한 기포발생 등의 원인이 되는 가장 큰 이유는?

① 치차의 치선과 케이싱 사이의 간극
② 치차의 이의 두께
③ 치차의 백래시
④ 치차의 표면 가공 불량

78 유압 브레이크 장치의 주요 구성요소가 아닌 것은?

① 마스터 롤러
② 마스터 실린더
③ 브레이크 슈
④ 브레이크 드럼

79 보기와 같은 유압 공기압 도면기호는 무슨 기호인가?

① 정용량형 유압 펌프
② 공기압 모터
③ 가변 용량형 유압 펌프 모터
④ 진공 펌프

80 유체 컨버터의 장점으로 가장 적합한 것은?

① 원동기 시동의 경우 반드시 무부하 상태에서 실시한다.
② 과부하 때문에 기관이 정지하거나 손상되는 일이 없다.
③ 충격력이나 진동을 유체에 의해 완화할 수 없으며, 원동기의 수명 연장에 도움이 된다.
④ 변속을 위하여 클러치가 필요 없다.

80.
유체 클러치와 토크 컨버터 변환기의 날개 형상을 보면 유체 클러치 날개는 각도가 없이 방사선 상으로 되어 있고, 토크 컨버터는 펌프와 터빈의 날개에 각도가 나 있으며, 또 이들 두 개 사이에는 스테이터가 있다. 또, 토크 변환율은 유체 클러치가 1 : 1을 넘지 못하는데 비해 토크 컨버터는 2~3 : 1)의 토크 변환을 할 수 있다.

정답 77 ③ 78 ① 79 ① 80 ②

81 추의 낙하를 방지하기 위해서 배압을 유지시켜 주는 압력 제어 밸브는?

① 릴리프 밸브
② 체크 밸브
③ 시퀀스 밸브
④ 카운터 밸런스 밸브

82 유압 신호를 전기 신호로 전환시키는 일종의 스위치로 전동기의 기동, 솔레노이드 조작밸브의 개폐 등의 목적에 사용되는 유압 기기인 것은?

① 유압 퓨즈(Fluid Fuse)
② 압력스위치(Pressure Switch)
③ 축압기(Accumulator)
④ 배압형 센서(Back Pressure Sensor)

83 입력 축과 출력 축의 회전력을 변화시키기 위하여 펌프와 터빈의 중간에 스테이터를 설치한 유체 구동기구는?

① 쇼크 업 소버
② 토크 컨버터
③ 진동 개폐 밸브
④ 유압 잭

84 유압호스(Hose)의 사용 목적 설명으로 틀린 것은?

① 유압회로의 서지 압력을 흡수한다.
② 결합부의 상대 위치가 변하는 경우 사용한다.
③ 진동을 흡수한다.
④ 고압 회로로 변화하기 위해 사용한다.

정답 81 ④ 82 ② 83 ② 84 ④

85 다음 중 유압 작동유의 점도가 너무 높을 경우 나타나는 현상으로 가장 적합한 것은?
① 내부 누설의 증대
② 동력 손실의 증대
③ 마찰부분의 마모 증대
④ 펌프 효율의 상승

86 압력 오버라이드(Pressure Override)에 대한 설명으로 가장 적합한 것은?
① 커질수록 릴리프 밸브의 특성이 좋아진다.
② 설정압력과 크래킹 압력의 차이다.
③ 밸브의 진동과는 관계없다.
④ 전량압력이다.

87 다음 펌프 중 가장 높은 압력을 생성할 수 있는 펌프는?
① 베인 펌프
② 내접기어 펌프
③ 스크루 펌프
④ 피스톤 펌프

88 소형 리프팅장치에서 유압 실린더의 지름이 $10cm$, 펌프의 이른 송출량이 $40l/min$이면, 추력 $3kg_f$인 유압 실린더의 속도는 몇 cm/s인가?(단, 용적 효율은 93%이다)
① 7.9
② 8.6
③ 9.4
④ 10.7

88.
$$V = \frac{4Q\eta}{\pi d^2}$$
$$= \frac{4 \times 40 \times 1000 \times 0.93}{\pi \times 10^2}$$
$$= 7.9\,cm/s$$

정답 85 ② 86 ② 87 ④ 88 ①

89 유압기기와 관련되는 유체의 동역학에 대한 다음의 설명 중 올바른 설명은?

① 유체의 속도는 단면적이 큰 곳에서는 빠르다.
② 점성이 없는 비압축성의 액체가 수평관을 흐를 때, 압력수두와 위치수두 및 속도수두의 합은 일정하다.
③ 유속이 크고 굵은 관을 통과할 때 층류가 발생한다.
④ 유속이 작고 가는 관을 통과할 때 난류가 발생한다.

90 보기 기호는 어떤 유압 기호인가?

① 서보 밸브
② 교축전환 밸브
③ 파일럿 밸브
④ 셔틀 밸브

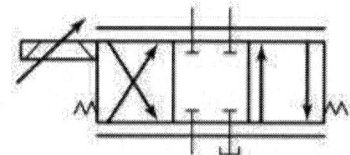

91 윤활유의 성질 개선향상을 위하여 첨가제를 사용하는데 개선향상을 위한 첨가제가 아닌 것은?

① 유동점 향상제
② 전도지수 향상제
③ 산화방지제
④ 청정제

91.
유동점 강하제를 넣는다.

92 출력이 7.5[kW], 회전수 1400[rpm]인 유압 모터의 토크는 몇 [$kg_f \cdot m$]인가?

① 약 2.4
② 약 4.3
③ 약 5.2
④ 약 6.1

정답 89 ② 90 ① 91 ① 92 ③

93 다음 중 유체의 점성계수(μ)에 정비례하는 운동은?
① 층류 운동　　② 마찰 운동
③ 점성 운동　　④ 무차원 운동

93.
층류는 뉴턴유체로서 뉴턴의 점성법칙을 만족하는 흐름이다.

94 감압밸브, 체크밸브, 릴리프밸브 등에서 밸브 시트를 두드려 비교적 높은 음을 내는 일종의 자려 진동 현상은?
① 유격 현상
② 채터링 현상
③ 폐입 현상
④ 캐비테이션 현상

94.
① 유격 현상은 물체의 간격이다.
③ 폐입 현상은 두 개의 치차가 동시에 접촉하는 경우에 두 점 사이의 밀폐공간에 유체가 유입되고 밀폐된 공간은 흡입구나 송출구로 통하지 않으며 폐입 된 유체의 압력이 밀폐용적의 변화에 의하여 변화하는 현상
④ 캐비테이션 현상은 압력이 액체의 증기압 이하로 내려가면 기체가 유리되면서 기포를 발생하는 현상이다.

95 유압 시스템에서 실린더가 불규칙적으로 작동되고 있을 때, 그 주요 원인이 아닌 것은?
① 밸브의 작동 불량　　② 펌프의 성능 불량
③ 과부하 작동　　　　④ 작동유 과다

96 유압펌프 토출압력이 $60 kg_f/cm^2$, 토출유량은 $30 l/min$인 경우 펌프의 동력은 약 몇 kW인가?
① 0.294　　② 2.94
③ 29.4　　　④ 294

97 다음 중 유량조절밸브에 의한 속도 제어회로를 나타낸 것이 아닌 것은?
① 미터 인 회로　　② 블리드 오프 회로
③ 미터 아웃 회로　　④ 최대압력 제한회로

97.
최대압력 제한 회로는 압력제어밸브이다.

정답　93 ①　94 ②　95 ④　96 ②　97 ④

98 미터-인 속도제어 회로로 실린더의 속도를 조정하는 경우 실린더에 인력(Tractive Force)이 작용하면 실린더 속도는 제어할 수 없게 된다. 이때 이를 제어할 수 있는 밸브는?

① 브레이크 밸브
② 카운터 밸런스 밸브
③ 3방향 감압밸브
④ 분류밸브

99 토출압력이 $70 kg_f/cm^2$, 토출량은 $50 l/min$인 유압 펌프용 모터의 1분간 회전수는 얼마인가?
(단, 펌프 1회전당 유량은 $Q_n = 20 cc/rev$이며, 효율은 100%로 가정한다.)

① 1250
② 1750
③ 2250
④ 2500

99.
$N = \dfrac{Q}{q} = \dfrac{50 \times 1000}{20}$
$= 2500 \, rpm$

100 다음 중 유체 토크 컨버터의 구성 요소가 아닌 것은?

① 스테이터
② 펌프
③ 터빈
④ 릴리프밸브

101 유압 잭에서 지름(D)이 $D_2 = 2D_1$일 때 누르는 힘 F_1과 F_2의 관계를 나타낸 식으로 올바른 것은?

① $F_2 = F_1$
② $F_2 = 2F_1$
③ $F_2 = 4F_1$
④ $F_2 = (1/4)F_1$

101.
$\dfrac{4F_1}{\pi D_1^2} = \dfrac{4F_2}{\pi D_2^2}$
$F_2 = 4F_1$

정답 98 ② 99 ④ 100 ④ 101 ③

102 유압 장치에서 조작 사이클의 일부에서 짧은 행정 또는 순간적으로 고압을 필요로 할 경우에 사용하는 회로는?
① 감압 회로
② 로킹 회로
③ 증압 회로
④ 동기 회로

103 다음 중 같은 크기의 실린더를 사용하여 동일압력을 공급하는 동조회로에서 동조하는 데 방해가 되는 요소가 아닌 것은?
① 부하 분포의 균일
② 마찰의 저항의 차이
③ 유압기기의 내부 누설
④ 실린더의 조립상의 공차에 의한 치수 오차

104 베인 펌프의 1회전당 유량이 $40cc$일 때, 1분당 유량이 25리터이면 회전수는 약 rpm인가?
① 62
② 625
③ 125
④ 745

104.
$Q = q \cdot N$

$N = \dfrac{Q}{q} = \dfrac{25 \times 10^3}{40} = 625\, rpm$

105 일정한 유량으로 유체가 흐르고 있는 관의 지름을 5배로 하면 유속은 어떻게 변화하는가?
① 1/5로 준다.
② 25배로 는다.
③ 5배로 는다.
④ 1/25로 준다.

105.
$Q = A_1 V_1 = A_2 V_2$

$\dfrac{V_2}{V_1} = \left(\dfrac{d_1}{d_2}\right)^2 = \dfrac{1}{25}$

정답 102 ③ 103 ① 104 ② 105 ④

106 유압장치에서 플래싱을 하는 목적은?

① 유압장치 내 점검
② 유압장치의 유량증가
③ 유압장치의 고장방지
④ 유압장치의 이물질 제거

106.
Flashing : 유압장치에서 유압유를 교환하는 작업이다.

107 보기와 같은 단동 실린더를 사용하여 힘 $F=250\,kg_f$를 발생시키는 데는 최소 얼마의 유압이 필요한가?
(단, 실린더의 내경은 $40mm$이다.)

① $19.9\,kg_f/cm^2$
② $25.7\,kg_f/cm^2$
③ $32.5\,kg_f/cm^2$
④ $46.4\,kg_f/cm^2$

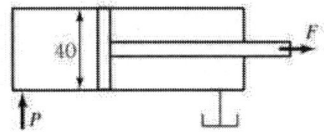

107.
유압 $P_a = \dfrac{F}{A} = \dfrac{250 \times 4}{\pi \times 4^2}$
$= 19.918\,kg_f/cm^2$

108 유압 작동유에 혼입된 수분의 영향으로 볼 수 없는 것은?

① 작동유의 열화를 촉진한다.
② 작동유의 방청성을 저하시킨다.
③ 작동유의 산화를 저하시킨다.
④ 작동유의 윤활성을 저하시킨다.

108.
작동유에 수분이 혼입되면 산화를 촉진시킨다.

정답 106 ④ 107 ① 108 ③

109 유압 시스템은 비압축성 유체를 사용한다. 다음은 비압축성 유체를 사용하기 때문에 얻어지는 유압시스템의 가장 중요한 특성인 것은?

① 과부하 안전장치가 간단하다.
② 운동방향의 전환이 용이하다.
③ 정확한 위치 및 속도 제어에 적당하다.
④ 무단 변속이 가능하다.

109.
비압축성 유체는 압력변화에 대한 밀도의 변화가 없는 유체로서 유압기기에서 위치 및 속도제어를 가능하게 한다.

110 그림과 같이 펌프 출구단 직후에 릴리프밸브를 설치하여 그 최대 압력을 제한하는 회로의 명칭은?

① 감압 회로
② 압력 설정 회로
③ 시퀀스 회로
④ 카운터 밸런스 회로

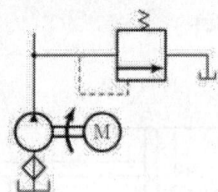

110.
릴리프 밸브는 유압기기 전체의 최고 압력설정밸브이다.

111 유압장치의 운동부분에 사용되는 실의 일반적인 명칭은?

① 패킹   ② 개스킷
③ 심레스   ④ 필터

111.
고정부의 실은 개스킷이다.

112 유압기기에 쓰여지는 베인펌프 특징 설명으로 틀린 것은?

① 작동유의 점도에 제한이 있다.
② 펌프 출력 크기에 비하여 형상치수가 작다.
③ 비교적 고장이 많고 수리 및 관리가 복잡하다.
④ 베인의 마모에 의한 압력저하가 발생되지 않는다.

112.
베인펌프는 비교적 고장이 적고 보수가 용이하다.

정답 109 ③ 110 ② 111 ① 112 ③

113 유압기기에 사용되는 개스킷의 용어설명으로 다음 중에서 가장 적합한 것은?

① 고정부분에 사용되는 실
② 운동부분에 사용되는 실
③ 대기로 개방되어 있는 구멍
④ 흐름의 단면적을 감소시켜 관로 내 저항을 갖게 하는 기구

114 원동기(전기모터나 내연기관 등)로부터 공급받은 동력을 기계적 유압에너지로 변환시켜 작동매체인 작동유(압축유)를 통하여 유압계통에 에너지를 가해주는 기기인 것은?

① 유압펌프　　　　② 유압실린더
③ 유압모터　　　　④ 유압밸브

115 유압펌프 토출압력이 $60 kg_f/cm^2$, 토출유량은 $30 l/\min$인 경우 펌프의 동력은 약 몇 kW인가?

① 0.294　　　　② 2.94
③ 29.4　　　　④ 294

115.
$$kW = \frac{PQ}{102} = \frac{60 \times 10^4 \times 30 \times 10^{-3}}{102 \times 60}$$
$$= 2.94$$

116 유압기기와 관련되는 유체의 동력학에 대한 다음의 설명 중 올바른 것은?

① 유체의 속도는 단면적이 큰 곳에서는 빠르다.
② 점성이 없는 비압축성의 액체가 수평관을 흐를 때, 압력 수두와 위치수두 및 속도 수두의 합은 일정하다.
③ 유속이 크고 굵은 관을 통과할 때 층류가 발생한다.
④ 유속이 작고 가는 관을 통과할 때 난류가 발생한다.

정답　113 ①　114 ①　115 ②　116 ②

117 다음 유압기기 중 오일의 점성을 이용한 기계, 유속을 이용한 기계 및 팽창 수축을 이용한 기계로 분류할 때, 점성을 이용한 기계로 가장 적합한 것은?
① 토크 컨버터   ② 쇼크업소버
③ 압력계   ④ 진공 개폐 밸브

118 유압회로에서 '정규 조작방법에 우선하여 조작할 수 있는 대체 조작수단'으로 정의되는 에너지 제어·조작방식 일반에 관한 용어인 것은?
① 솔레노이드 조작
② 간접 파일럿 조작
③ 오버라이드 조작
④ 직접 파일럿 조작

119 보기와 같은 유압·공기압기호의 명칭은?
① 유압전도장치
② 정용량 펌프
③ 차동실린더
④ 정용량형 펌프·모터

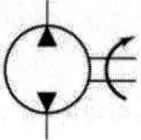

120 1개의 유압실린더에서 전진 및 후진 단에 각각의 리미트 스위치를 부착하는 이유 설명으로 가장 적합한 것은?
① 실린더의 행정거리를 제한하기 위하여
② 실린더내의 온도를 제어하기 위하여
③ 실린더의 속도를 제어하기 위하여
④ 유압장치의 외관을 고려하여

120.
제한스위치 :
행정거리를 제한하기 위한 스위치

정답 117 ② 118 ③ 119 ② 120 ①

121 모듈이 10, 잇수가 30개, 이의 폭이 $50mm$일 때, 회전수가 $600rpm$, 체적 효율은 80%인 기어펌프의 송출 유량은 약 몇 인가?

① 0.46
② 0.27
③ 0.66
④ 0.77

121.
$Q = 2\pi m^2 Zbn\eta_v$
$= 2\pi \times (10 \times 10^{-3})^2 \times 30$
$\times 50 \times 10^{-3} \times 600 \times 0.8 = 0.452$

122 다음 중 밸브 몸체가 밸브 시트 시트면에 직각방향으로 이동하는 형식의 밸브로 정의되는 것은?

① 포핏 밸브
② 스풀 밸브
③ 파일럿 밸브
④ 슬라이드 밸브

123 일반적으로 유압 실린더의 작동속도를 바꾸자면 유압유의 무엇을 변환하여야 하는가?

① 유량
② 점도
③ 압력
④ 방향

123.
압력제어밸브 : 힘의 조절
유량제어밸브 : 속도의 조절
방향제어밸브 : 방향의 조절

124 유체 컨버터의 특징 설명으로 틀린 것은?

① 무단 변속을 할 수 있다.
② 원동기와 종동기 모두 수명이 연장된다.
③ 부하를 건 채로 원동기를 시동할 수 없다.
④ 과부하 때문에 기관이 정지하거나 손상되는 일이 없다.

124.
유체컨버터는 유체를 이용하여 토크를 종동축에 전달하는 장치로서 토크 변동이 가능하며 클러치용으로 사용하므로 부하작동시 원동기를 시동할 수 있다.

정답 121 ① 122 ① 123 ① 124 ③

125. 밸브의 전환 도중에서 과도적으로 생긴 밸브 포트 간의 흐름을 의미하는 유압 용어는?

① 자유 흐름(Free Flow)
② 인터플로(Inter Flow)
③ 제어 흐름(Controlled Flow)
④ 아음속 흐름(Subsonic Flow)

126. 유압회로에서 캐비테이션이 발생하지 않도록 하기 위한 방지대책으로 가장 적합한 것은?

① 흡입관에 급속 차단장치를 설치한다.
② 흡입 유체의 유온을 높게 하여 흡입한다.
③ 과부하시는 패킹부에서 공기가 흡입되도록 한다.
④ 흡입관 내의 평균유속이 $3.5m/s$이하가 되도록 한다.

127. 정용량형 유압펌프를 일정압력, 일정유량 하에서 운전하여 가변용량형 유압모터를 구동시키는 유압모터 회로는?

① 일정 마력 구동 회로
② 일정 토크 구동 회로
③ 유압모터 병렬회로
④ 유압모터 직렬회로

128. 유압 실린더와 유압 모터의 기능을 바르게 설명한 것은?

① 유압 실린더나 유압 모터는 왕복운동을 한다.
② 유압 실린더나 유압 모터는 회전운동을 한다.
③ 유압 실린더는 직선운동, 유압 모터는 회전 운동을 한다.
④ 유압 실린더는 회전운동, 유압 모터는 왕복 운동을 한다.

126.
Cavitation 발생조건
㉠ 펌프와 흡수면의 수직거리 (흡입 높이)가 너무 길 때
㉡ 과속운전으로 인하여 유량이 증가할 때
㉢ 유동액체의 어느 부분이 고온일 때
㉣ 저항이 클 때
 (Strainer, Valve 등)
 → 압력 강하

Cavitation 방지책
㉠ 펌프 설치높이를 될 수 있는 대로 낮춤
㉡ 압축 펌프사용, 회전과 수중에 잠금
㉢ 펌프의 회전수 낮춤
㉣ 양흡입 펌프사용
㉤ 두 대 이상 펌프 사용
㉥ 저항을 작게 하여 손실수두를 줄임
 (밸브 적게,
 흡입관 구경 크게 등)

정답 125 ② 126 ④ 127 ① 128 ③

129 보기와 같은 기호는 어떤 조작 방식 유압기호인가?

① 기계조작방식
② 외부 파일럿 조작방식
③ 솔레노이드 조작방식
④ 내부 파일럿 조작방식

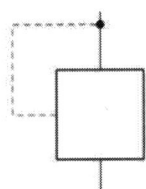

130 다음 중 결합부위 위치가 상대적으로 변하는 경우에 가장 적합한 관은?

① 동관
② 고무 호스
③ 강관
④ 스테인리스 강관

130.
상대위치가 변하는 경우의 배관은 고압용 고무호스가 적합하다.

131 보기와 같은 실린더의 피스톤 단면적(A)이 $8cm^3$이고 행정거리(s)는 10cm일 때, 이 실린더의 전진행정 시간이 1분인 경우 필요한 공급 유량은 몇 cm^3/min인가?

(단, 피스톤 로드의 단면적은 $1cm^2$이다.)

① 60
② 70
③ 80
④ 90

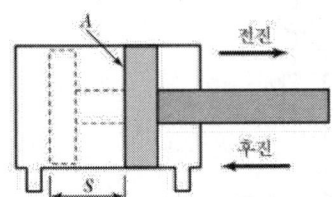

132 보기와 같은 유압·공기압 도면기호의 명칭은?

① 분리기
② 배출기
③ 필터
④ 윤활기

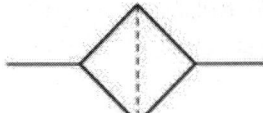

정답 129 ② 130 ② 131 ③ 132 ③

133 유압 브레이크 장치의 주요 구성요소가 아닌 것은?

① 마스터 롤러
② 마스터 실린더
③ 브레이크 슈
④ 브레이크 드럼

134 베인펌프의 일반적인 구성요소가 아닌 것은?

① 캠링　　② 베인
③ 로터　　④ 모터

135 보기 회로도는 크기가 같은 실린더로 동조하는 회로이다. 이동조회로 명칭으로 가장 적합한 것은?

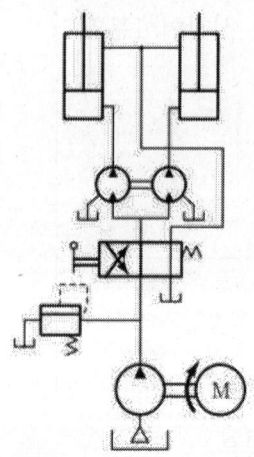

① 2개의 펌프를 사용한 동조회로
② 2개의 유량제어 밸브를 사용한 동조회로
③ 2개의 유압모터를 사용한 동조회로
④ 래크와 피니언을 사용한 동조회로

정답　133 ①　134 ④　135 ③

136 체크밸브, 릴리프밸브 등에서 압력이 상승하고 밸브가 열리기 시작하여 어느 일정한 흐름의 양이 확인되는 압력을 의미하는 용어는?

① 서지 압력
② 게이지 압력
③ 크래킹 압력
④ 리시트 압력

137 유압 베인 모터의 1회전당 유량이 $40cc$인 경우 기름의 공급 압력이 $70kg_f/cm^2$, 유량이 $30l/min$이면 발생할 수 있는 최대 토크(Torque)는 약 몇 $kg_f \cdot m$인가?

① 3.675
② 4.675
③ 3.456
④ 4.456

137.
$T = \dfrac{pq}{2\pi}$

$= \dfrac{70 \times 10^4 \times 40 \times 10^{-6}}{2\pi}$

$= 4.456 kg_f \cdot m$

138 보기와 같은 유압기호는 어느 것을 나타내는 기호인가?

① 가변용량형 펌프
② 감압밸브
③ 안로드 밸브
④ 카운터 밸런스 밸브

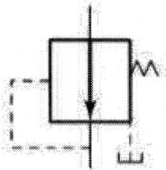

138.
상시개형은 감압밸브이다.

139 유압 회로에 사용되는 어큐레이터의 사용상의 주의점 설명으로 틀린 것은?

① 수소를 충전해서는 안 된다.
② 산소를 충전해서는 안 된다.
③ 질소를 충전해서는 안 된다.
④ 규정압 이상으로 충전해서는 안 된다.

139.
어큐레이터는 축압기로서 일반적으로 기체압축형이며 질소를 충전한다.

140 유압기기 중 불필요한 오일을 탱크로 방출시켜 펌프에 부하가 걸리지 않도록 하는 밸브를 무엇이라 하는가?

① 감압 밸브(Pressure Reducing Valve)
② 교축 밸브(Flow Metering Valve)
③ 카운터 밸런스 밸브(Counter Balance Valve)
④ 무부하 밸브(Unloading Valve)

141 다음은 유압펌프 효율에 대한 설명이다. 틀린 것은?

① 용적효율은 이론적 펌프 토출량에 대한 실제 토출량의 비를 말한다.
② 기계적 효율은 구동장치로 부터 받은 동력에 대하여 펌프가 유압유에 작용한 이론 동력의 비이다.
③ 유압 펌프의 용적효율은 사용 압력에 관계없이 항상 일정하다.
④ 전효율은 용적효율과 기계적 효율의 곱으로 표시한다.

정답 139 ③ 140 ④ 141 ③

142 기어펌프의 특성 설명으로 틀린 것은?

① 흡입 능력이 가장 크다.
② 구조가 간단하고, 취급이 용이하다.
③ 가변 용량형으로 만들기가 곤란하다.
④ 피스톤 펌프에 비교하여 효율이 우수하다.

143 다음 중에서 유압 작동유의 첨가제가 아닌 것은?

① 산화 촉진제
② 방청제
③ 유성 향상제
④ 점도지수 향상제

143.
작동유에는 산화방지제를 첨가해야 한다.

144 유압실린더에서 피스톤 로드가 부하를 미는 힘이 50kN, 피스톤 속도가 5m/min인 경우 실린더 내경이 8cm 이라면 소요동력은 약 몇 kW 인가? (단, 편로드형 실린더이다.)

① 2.5
② 3.17
③ 4.17
④ 5.3

144.
$L = 50 \times \dfrac{5}{60} = 4.17\text{kW}$

145 두 펌프 사이의 압력을 일정한 비율로 조절하는 밸브는?

① 시퀀스 밸브(Sequence Valve)
② 언로딩 밸브(Unloading Valve)
③ 충격억제 밸브(Shock Suppression Valve)
④ 로드-디바이드 밸브(Load-dividing Valve)

145.
영어단어로 찾는 것임

정답   142 ④   143 ①   144 ③   145 ④

146 유압 기계에서 작업장치로 유압 실린더의 압력을 천천히 빼어, 기계 손상의 원인이 되는 회로의 충격을 작게 하는 것을 무엇이라 하는가?
① 디컴프레션(Decompression)
② 점핑(Jumping)
③ 디더(Dither)
④ 컷 오프(Cut-Off)

147 유압 응용장치에서 오일의 팽창 및 수축을 이용한 경우에 해당되는 것은?
① 진동 개폐 밸브
② 쇼크업소버
③ 유압프레스
④ 토크컨버터

148 유압유의 특성에서 물리적인 것과 화학적인 것이 있다. 다음 중 화학적인 특성인 것은?
① 점도지수　　② 밀도
③ 유동점　　　④ 산화안정성

149 유압 펌프의 특징에 대한 설명으로 틀리는 것은?
① 기어 펌프 : 구조가 간단하고 소형이다.
② 베인 펌프 : 장시간 사용해도 성능의 저하가 작다.
③ 나사 펌프 : 운전이 동적이고 내구성이 작다.
④ 피스톤 펌프 : 고압에 적당하고 효율이 좋다.

정답　146 ①　147 ①　148 ④　149 ③

150 다음 중 실린더만으로 전후진 양방향의 힘과 속도가 같은 실린더는?

① 양로드식 복동실린더
② 텔레스코픽 실린더
③ 램형 실린더
④ 디지털 실린더

151 유압 파워 유닛의 주요 구성 요소가 아닌 것은?

① 탱크
② 전동기
③ 필터
④ 매니폴드

152 작동유의 점도가 장치에 대하여 너무 높은 경우 운전성능에 미치는 영향 설명으로 틀린 것은?

① 동력손실의 증대
② 내부 및 외부 누설의 증대
③ 내부 마찰의 증대와 온도상승
④ 장치의 관내(管內)저항에 의한 압력증대

153 베인펌프의 특징 설명으로 틀린 것은?

① 토출 압력의 맥동이 적다.
② 구동 동력에 비해 형상이 소형이다.
③ 다른 펌프에 비해 부품수가 적은 편이다.
④ 작동유의 점도, 청정도 등에 세심한 주의를 요한다.

정 답   150 ①   151 ④   152 ②   153 ③

154 한쪽 방향의 유동에 대해서는 설정된 배압을 부여하지만 반대방향의 유동은 자유유동을 하는 밸브로 반드시 체크 밸브가 내장된 것은?

① 릴리프 밸브(Relief Valve)
② 스로틀 밸브(Throttle Valve)
③ 무부하 밸브(Unloading Valve)
④ 카운터 밸런스 밸브(Counter Balance Valve)

154.
배압부여 밸브는 카운터 밸런스 밸브이다.

155 기어 펌프의 압력측까지 운반된 유압유의 일부가 기어의 두 치형사이의 틈새에 가두어져 회전하면서 압축과 팽창을 반복하며 발생하는 폐입현상에 관한 설명으로 올바른 것은?

① 기어 소음이 감소한다.
② 기어 진동이 소멸된다.
③ 캐비테이션이 발생한다.
④ 펌프의 효율이 높아진다.

155.
폐입현상은 공동현상(Cavit)이 발생해 소음이 일어난다.

156 유압장치의 심장부로 유압을 발생하는 부분은?

① 제어밸브 ② 유압펌프
③ 어큐레이터 ④ 구동축

156.
유압 발생장치는 펌프이다.

157 다음 펌프 중 용적형 펌프인 것은?

① 원심펌프 ② 혼유형펌프
③ 축류펌프 ④ 베인펌프

157.
유압기기에 사용하는 펌프는 용적식이다.

정답 154 ④ 155 ③ 156 ② 157 ④

158 다음의 유압 회로도에서 ④는 무슨 밸브인가?

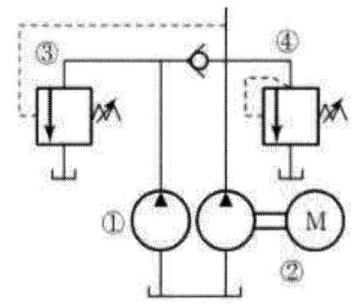

① 감압밸브
③ 시퀀스 밸브
② 릴리프 밸브
④ 감속밸브

158.
릴리프 밸브는 안전밸브이다.

159 회로 내의 압력이 설정압력에 이르렀을 때 이 압력을 떨어뜨리지 않고 펌프 송출량을 그대로 기름 탱크에 되돌리기 위하여 사용하는 밸브는?

① 시퀀스 밸브
② 릴리프 밸브
③ 언로딩 밸브
④ 카운터 밸런스 밸브

159.
언로딩 밸브는
무부하 밸브이다.

PART 06
건설기계일반 및 플랜트 배관

CHAPTER 01 건설기계일반

SECTION 01 건설기계일반

CHAPTER 02 플랜트 배관

SECTION 01 배관재료

　　　　　연습문제

SECTION 02 배관의 이음 및 신축이음

　　　　　연습문제

SECTION 03 밸브 및 배관지지

　　　　　연습문제

CHAPTER 01 건설기계일반

건설기계 일반이란 건축 및 토목공사에 사용되는 기계의 총칭으로 건설기계의 일반적인 사항을 다루는 것으로 세부적인 사항이나 구체적인 지식을 다루기 보다는 주로 기계의 용량과 규격 및 용도를 묻는 문제로 다뤄진다. 그러므로 건설기계 기사와 산업기사를 준비하는 수험생은 주로 이런 관점으로 준비하시기 바랍니다. 건설기계는 공사현장에 따라 항상 이동하게 되므로 이동하기 적합하며 거친현장이나 기상조건이 나쁜 곳에서의 사용경우도 많으므로 고장이 적고 내구성이 우수해야 한다. 건설기계 일반의 분류를 용도에 따라 분류하면 다음과 같다.

(1) 굴착운반용기계
① 도저
② 스크레이퍼
③ 셔블(shovel)
④ 백호(back hoe)
⑤ 크램셸(clam shell)
⑥ 드래그라인(drag line)

(2) 적재기계
① 그레이더
② 지게차

(3) 운반기계
① 덤프트럭
② 벨트컨베이어
③ 덤프트레일러

(4) 운반 및 하역용기계
① 크레인(기중기)
② 엘리베이터
③ 윈치
④ 호이스트

(5) 기초공사용기계
① 파일해머
② 파일드라이브

(6) 노반용기계
① 모터그레이더
② 스태빌라이저
③ 노면재생기

(7) 전압용기계 - 롤러

(8) 골재생성기계

(9) 콘크리트기계

(10) 아스팔트기계

SECTION 01 건설기계일반

01 도우저(Dozer)

(1) 개요

트랙터에 삽을 설치하여 견인하면서 작업을 수행하는 기계를 말하며 크로올러형 트랙터에 삽을 설치하면 크로올러형 도우저가 되고 타이어 트랙터에 설치하면 휠(타이어)형 도우저가 된다.

크로올러형 불도우저

(2) 용도와 종류

1) 휠타입(wheel type)과 크로울러 타입(crawler type)의 구분

휠타입은 일반적인 차량에 장착된 타이어 바퀴 식이며, 크롤러 타입은 일명 무한궤도 식으로 불도저, 굴삭기 등에서 많이 사용되고 있다.

① 크로울러형(Crawler type) : 연약한 지역의 작업이 용이하며, 암석지에서도 마모에 강하고 등판능력과 견인력이 크다. 크로울러식(Crawler type)은 접지압이 $0.5\,kg_f/cm^2$ 정도이며, 접지압이 $0.25\,kg_f/cm^2$인 습지용 불도우저(Bull dozer)도 있다. 등판력과 견인력이 크며, 강력한 굴삭 운반을 할 수 있다. 작업 능률상 10~100 m범위에서 사용한다.

② 타이어형(Tire type : 휠형) : 고무타이어식은 크로울러식에 비하여 기동성과 이동성이 양호하며 평판한 지면이나 포장도로에서 작업하기가 좋다.

③ 불도우저는 약 10 km/h의 속도로 작업, 주행한다.

④ 작업 조건에 따라 피치 조정을 10°씩 할 수 있으나 삽을 변경할 수는 없다.

⑤ 직선 송토작업, 절개, 압토 등에 사용된다.

⑥ 불도우저에 정착하는 블레이드 치수는 나비×높이로 표시한다.

2) 용도

① 토사의 굴착 및 단거리 운반, 깔기, 고르기, 메우기 등에 사용한다.

② 특수 블레이드(Blade)를 부착하고 스크레이퍼의 푸셔(Pusher)로 사용한다.

③ 트랙터로서는 스크레이퍼(Scraper), 로울러(Roller)류, 플라우(Plough), 해로우(Harrow)를 견인한다.

④ 유압 리퍼(Ripper)를 사용 단단한 지면을 파헤친다.

3) 도우저의 종류

① 스트레이트 도우저(Straight dozer) : 불도우저(Bull dozer) 라고도 하며 삽날은 트랙터 앞에 90°로 정착 되어 있어서 삽은 변경할수 없고 상하로 10°씩 경사시켜 직선 으로 절토, 송토 작업에 사용하는 것이 효과적이다.

② 틸트 도우저(tilt dozer) : 틸트 조정은 상하 25~30°까지 기울일 수 있고 수동식과 유압식이 있으며 수동식은 푸시빔(push beam)의 조정너트나 조정핸들로 조정하고, 유압식은 틸트레버나 틸트페달로 조정한다. 유압식은 푸시빔에 유압실린더(Oil hydraulic cylinder)가 있으므로 푸시빔의 조절에 의해 각도를 기울일 수 있다. V형 배수로 작업, 굳은땅 작업에 적합하다. 트랙터 전면에 배토판(앵글판, 스트레

이트형) 또는 기타 부수장치인 레이크(rake) 등을 설치할 수도 있다.
③ 앵글도우저(Angle dozer) : 삽날이 길고 낮으며 삽날은 좌우로 25~30°조절할 수 있고 경사지에서 절토작업, 굳은땅 측면을 자르고 밀기, 제설 작업, 파이프 매설작업에 효과적이며 틸트 도우저와 스트레이트 도우저 역할을 할 수 있어 일반적으로 많이 사용한다.
④ 트리도우저(Tree dozer) : 트랙터의 앞에 V자형의 작업판을 붙여 상하 이동이 가능하다. 개간 정지작업에 적합하다.
⑤ 힌지도우저(Hinge dozer) : 힌지가 있어서 삽날을 밖으로 꺾어 일자로 하면 흙을 옆으로 밀어내면서 전진하므로 제설, 제토, 작업 및 다량의 흙을 전방으로 밀고 가는 데 적합하다.
⑥ 터어나 도우저(Tourna dozer) : 저압의 고무 타이어식 도우저로 크로울러형(무한궤도식)보다 고속이고, 운반 토량의 증가가 가능하다. 또한 도로에 해를 주지 않고 이동이 가능하다.
⑦ 레이크 도우저(rake dozer) : 발근용 (拔根用)이나 지상 청소에 사용한다. 스트레이트 도우저의 블레이드 대신 조립식 레이크(rake)를 부착한 도우저이다.
⑧ U도우저(U-dozer) : 블레이드가 U형으로 제작되어 옆으로 넘치는 것이 적다.

(3) 도우저의 작업과 운전

1) 작업방법
① 홈통작업 : 토질이 연한 지역에서 흙이 옆으로 흐트러지지 않고 송토량을 증가시키는 작업으로 제방작업에 주로 쓰인다(흙손실 방지).
② 지균작업 : 땅을 고르는 작업으로 도우저 보다는 그레이더가 효과적인 기계이다.
③ 배수로 작업 : 도랑파기 작업으로 굴삭기가 적합하지만 틸트 또는 앵글도우저로서도 할 수 있다.
④ 내림받이 굴토작업 : 흙을 언덕에 쌓아두었다가 밑으로 미는 작업으로 송토 작업에 주로 쓰인다.
⑤ 표토정리 작업 : 거친 표면을 한번에 밀어내는 방법

2) 규격 및 운전
① 규격표시
자체중량은 3ton 이상이며 규격은 작업가능상태의 자중(ton)으로 표시

② 도우저의 동력전달순서

엔진 → 토오크변환기 → 유니버셜죠인트 → 자동변속기 → 피니언베벨기어 → 조향클러치 → 최종구동 트랙

4) 불도우저의 작업순서와 작업량 산출

1. 작업순서

① 굴토작업(흙파기)

② 송토작업(흙밀기)

③ 확토작업(넓히기)

④ 지균작업(땅고르기)

2. 효과적인 작업 거리

① 100 m 이내 도우저

② 100~500 m 견인식 스크레이퍼

③ 500~1500 m 자주식 스크레이퍼

④ 1500 m 이상 덤프트럭

3. 작업량 및 용어정리

① 압상 작업 : 1시간당의 작업능력 m³/h

$$W = \frac{60 \cdot E \cdot Q \cdot f}{Cm} \, \text{m}^3/\text{h}$$

$$Cm = \frac{L}{V_1} + \frac{L}{V_2} + t$$

E : 작업효율, Q : 토공판 용량,

f : 토량 환산 계수, Cm : 사이클 시간(cycle time)

② 용어정리

리퍼와 루우터(riper and rooter)

㉠ 대형 불도우저의 뒤에 접지시켜 차체의 중량으로 긁도록 하여 사용한다.

㉡ 지반이 단단하여 굴착이 곤란한 경우에 사용된다.

㉢ 발파가 곤란한 암석의 파쇄, 옥석류의 제거, 노반의 파쇄, 아스팔트 포장 파괴작업 등에 사용된다.

▌▎▎ 트랙슈

링크와 핀으로 연결되어 도우저 중량을 분담하며 지면과 접촉, 바퀴의 역할을 한다.

▌▎▎ 동력제어장치

케이블 제어장치 : pcu(power control unit)

▌▎▎ 접지압

$$접지압 = \frac{작업상태중량}{2 \times 트랙나비 \times 트랙길이}$$

▌▎▎ 전장비 중량

전장비 중량(total working weight) : 완전한 프런트 어태치먼트를 장비하여 작업할 때의 총중량으로 연료 탱크는 충만하며, 윤활유, 냉각수, 작동유 등 규정된 양의 주입 상태와 휴대 공구를 장비하고, 승차 정원(1명당 55 kg)을 포함한 상태를 말한다.

02 스트레이퍼(Scraper)

(1) 용도와 종류

(1) 용도

① 무른 토사나 토괴로 된 평탄한 지표면을 얇게 깎거나 일정한 두께로 흙쌓기를 할 수 있으며 일부는 적재할수 있다.
② 블도우저보다 운반거리가 크며 캐리올(Carry all)이라고 부른다.
③ 스크레이퍼 구동륜은 2륜과 4륜 구동식이 있다. 2륜 구동식은 어떠한 곳에서도 통과성이 좋으며, 4륜 구동식은 안정성이 좋고 장거리, 고속도 건설 작업에 적합하다. 굴착, 성토, 적재, 운반, 하역에 사용한다.

(2) 종류 및 규격

① 견인식 스크레이퍼
  ㉠ 작업거리는 100~500 m가 경제적이며 트랙터의 작업조정장치(P.C.U)로 조정한다.
  ㉡ 주로굴착(채굴), 적재, 운반에 사용한다.
② 자주식(모우터식)스크레이퍼
  ㉠ 작업거리는 500~1500 m가 경제적이다.
  ㉡ 각 구동축마다 독립된 기관 변속기가 있어서 견인력이 강하다.
  ㉢ 고속운전이 가능하여 작업능률이 좋다.
③ 스크레이퍼의 규격은 보올의 용량(m^3)으로 한다.

(3) 스크레이퍼의 작업 방법

① 절토작업

스크레이퍼에 흙을 적재하기 위해 에이프론을 절토 삽날로 부터 15~20 cm들고 보올과 삽날을 원하는 깊이로 내리고 스크레이퍼를 전진시킨다.

② 송토 작업

흙이 보올속에 가득차면 에이프론을 내려 닫고 원하는 속도로 변속하여 운반하되 보올은 지면에서 30~50 cm 떼어서 이동한다.

③ 덤 프

보올은 지면과 적당한 거리를 두고 에젝터를 전진시키면서 스크레이퍼를 서서히 전진하며 흙을 부린다.

(4) 작업장치

① 보올(Bowl)

흙을 굴착하고 토사를 운반하는 용기, 보올메인 앞에 블레이드가 설치되어 흙을 굴착

② 에이프런(Apron)

보올 전면에 설치, 좌우벽을 형성, 상하 이동하여 배출구를 개폐하는 장치.

③ 이젝터(Ejector)

보올 뒷면에 위치하여 이젝터 실린더에 의하여 앞으로 이동 흙을 밀어낸다.

(5) 작업량 및 용어정리

① 작업능력

$$W = \frac{60 \cdot Q \cdot f \cdot E}{Cm} \text{ m}^3/\text{h}$$

Q : 보올 용량(m^3), f : 토량 환산 계수, E : 작업효율, Cm : Cycle time

② 용어정리

㉠ 푸셔(pusher) : 스크레이퍼를 트랙터로 밀어주는 장비

㉡ 푸시블럭(push block) : 트랙터를 밀 때 접촉되는 부분

(6) 스크레이퍼의 동력 전달순서

엔진 - 토크컨버터 - 유니버설조인트 - 트랜스미션 - 피니언벨기어 - 축 - 플라네타리기어 - 휘일

03 셔블계굴착기

(1) 정의와 분류

① 셔블계 굴착기는 가장 오래 전부터 사용한 적재기계로써 굴착기계로 사용하는 외에 프런트 어태치먼트(Front attachment)를 설치하여 많은 작업을 할 수 있는 다목적 기계이다.

② 본체는 하부기구에 대하여 360° 선회할 수 있다.

③ 자체중량은 3 ton 이상이며 규격표시 방법은 자중 (ton)이다.

(2) 전부(Front attachment)장치의 종류

① 백호우(Back hoe shovel) : 작업위치보다 낮은 굴착에 쓰이고 하천, 건축의 기초 굴착에 사용된다 (도랑파기).

② 파워 셔블(Power Shovel) : 원형으로 작업위치보다 높은 굴착에 적합하며, 산, 절벽 굴착에 쓰인다(삽).

③ 드래그 라인(Drag line) : (긁어파기)작업반경이 크며, 수중 굴착에도 용이하다. 지면보다 낮은 곳을 넓게 굴삭하는데 사용

④ 어스 드릴(Earth drill) : 무소음으로 대구경의 깊은 구멍을 굴착하며 도심지에서는 소음방지면에서 건축물의 기초공사에 많이 사용.

⑤ 크레인(Crane) : 중량물의 하역, 고양정의 건축공사에 쓰인다.

⑥ 파일드라이버(Pile driver) : 콘크리이트 말뚝이나 시이트 파일을 박는데 쓰인다 (기둥박기).

⑦ 클램셸(Clam shell) : 수중굴착, 폭발작업 등 일정장소의 굴착에 적합(조개 장치)

(3) 그 밖의 셔블계굴착기

1) 트랜처(trencher)

① 굴착 장치는 벨트 콘베이어로 흙을 옆으로 방출하는 로울러식과 휘일식이 있다.
② 수도관, 배수관 등을 매설하기 위한 도랑파기나 기초 굴착, 매립공사 등에 사용.
③ 규격 표시는 대개 홈의 나비와 깊이로 표시한다.

2) 타워 굴착기

① 구조 및 기능

㉠ 하천 지소(地沼), 운하 등에서 자갈 채취 토사이동 작업에 이용(수중일 때도 싼 공사비로 선박에 대신하여 작업)

㉡ 주탑, 부탑, 원동기, 윈치, 운전실, 버킷 케이블, 조작 케이블 등으로 구성(슬랙크 라인 케이블웨이(Slackline-cableway)굴착기, 혹은 고가식 굴착기 라고도 한다. 제방에 레일을 설치하여 타워를 이동 작업

② 용도

　㉠ 하상 정리용은 공사의 성질상 주탑이 하안 가까이서 주행되는 형식

　㉡ 골재 채취형은 댐공사의 등의 가설기계로서 사용

04 그레이더(grader)

(1) 개요

표면 작업 장비로서 길이 2~4m, 폭 30~50cm의 배토판(blade)을 사용하여 2~4km/h로 지표를 절삭 땅을 고르며 일명 토공대패라고 한다. 대부분이 뒷바퀴 구동이고 하중 분포는 전륜 부분이 30%, 후륜 부분이 70%이다. 지면을 절삭하여 평활하게 다듬는 장비로서 운동장 정비 또는 도로 정비 작업에 효과적으로 견인식과 자주식이 있다.

(2) 구조 및 기능

1) 용도

정지, 제설, 파이프, 매설, 배수로, 제방 등에 사용한다.

2) 블레이드(배로판)의 용량

$$Q = BH^2$$

Q : 블레이드 용량(m^3), B : 블레이드 폭(m), H : 블레이드 높이(m)

3) 규격 표시 방법

규격은 삽날(blade)의 길이 m로 표시한다.

2.5 m(소형), 3.1 m(중형), 3.7 m(대형)

4) 작업방법
① 측구작업 : 배수로 작업에 적합
② 제설작업 : 삽이나 제설기를 설치하여 눈을 제거하는 일
③ 산포작업 : 골재나 아스팔트 등을 깔아주는 방법
③ 경사제방작업 : 경사진 곳을 절토작업
④ 매몰작업 : 삽의 각도를 조절하여 배수로, 송유관 등의 매몰작업을 할 수 있다.

(3) 블레이드의 추진각도와 절삭각도

1) 추진각도

경토의절삭 : 45°   연토의절삭 : 55°

흙치우기 : 60°   다듬질완성 : 90°

2) 절삭각도

정지작업 : 61~70°   삭토작업 : 36~38°

겉흙벗김작업 : 28~32°

(4) 용어정리

① 탠덤장치 : 그레이더는 스프링장치가 전후륜 모두 없으므로 요철지 작업시 상하, 좌우 움직일 경우 수평 작업장치 상하진동을 하며 차체균형을 유지하고 견인력을 증대시켜 주는 역할
② 리이닝장치 : 선회시 회전반경을 작게하는 장치. 즉 앞바퀴경사장치로서 리이닝장치와 워엄기어에 의한 전륜 액슬위에 설치되어 있고 리이닝 바에 의해 좌, 우로 작동한다.
③ auto meter(오토미터) : 그레이더의 운행거리 표시제
④ 토우드(Towed) : 끌어당기는 장치
⑤ 스케리화이어(scarifier) : 티스(teeth)의 절삭속도는 절삭지반의 상태에 따라 변동할 수 있으며 절삭깊이를 증감 할 수 있도록 티스의 장착 위치가 2단으로 되어 있다. 티스는 항상 전수량은 장착하고 작업을 하는 것이 능률적이다.

⑥ 시어핀(shear pin)이 되는 원인 : 급커브를 돌기 위하여 리이닝레버(연결부)를 눕힌채 강하게 누르기 때문이며 시어핀(shear pin)이 된다.

(5) 그레이더의 동력전달순서

동력전달은 엔진 - 플라이 휘일 - 변속기 - 감속기어 - 베벨기어 - 최종구동기어 - 텐덤장치 - 휘일로 구성되었다.

05 크레인(기중기)

(1) 개요

강재의 지주 및 선회장치를 갖는 건설장비로서 화물의 적재, 적하, 굴토 작업에 효과적인 기계이다.

1) 크레인의 기본동작

① 호이스트(hoist) : 짐을 올리고 내리는 운동
② 붐 호이스트(boom hoist) : 붐을 올리고 내리는 운동
③ 스윙(swing) : 상부 회전체를 돌리는 운동
④ 리트랙트(retract) : 크레인 셔블당기기 운동
⑤ 크라우드(crawd) : 흙 파기 운동

⑥ 덤프(dump) : 짐부리기 운동

⑦ 트래블(travel) : 크레인을 추진하는 운동

■ 크레인 구조

① 하부추진체 : 크레인의 셔블전체를 지지하는 부분

② 상부회전체 : 하부 추진체 위에 실려있고 좌우선회가능 부분

③ 전부장치 : 상부 회전체가 앞 부분에 위치하고 작업을 직접 수행하는 부분

2) 붐(boom)

① 크렌 붐 : 격자형으로 되어있으며 전부장치는 hook, clam shell, drag ling, pile driver 등이 있다.

② 쉬브 붐 : 상자형으로 되어 있다. : shovel 부움 : 삽

③ 트렌치호 붐 : 상자형으로 트렌치호 장치에만 쓰인다(좌이프형 : 도랑파기).

④ 보조 붐 : 붐의 깊이가 짧을 때 붙여서 사용되는 것으로써 크렌붐에만 사용 할 수 있다.

⑤ 붐의 각도

㉠ 최대 78°, 최소 20°

㉡ 트렌치호 붐은 최소 제한 각도가 없다.

㉢ 크렘붐은 66°~30°, 쉬브붐 45°~65°가 작업에 용이한 각도이다.

㉣ 붐의 각과 운전 반경과는 반비례하고, 기중능력과는 비례한다.

3) 붐의 교환 방식

① 크레인을 이용하는 방법 : 가장 빠르고 편하며 빠른시간에 교환

② 트레일러 이용

③ 교목 또는 공드럼 이용 방법

(2) 기중기 규격 및 종류

1) 성능 표시

최대 권상하중(부움의 수평면에서 30°때의 최대하중)을 ton으로 또한 마스터의 높이, 부움의 길이로 표시.

2) 크로울러 크레인(crawler crane)
① 크로울러 셔블계 크레인 부속장치를 설치한 것이다.
② 주행장치가 굴삭기용보다 긴 것이나 나비가 넓은 것을 사용하여 안전성이 70%로 다목적이다.
③ 협소한 지역에서 작업이 가능하다.
④ 습지대, 활지대, 사지에서 작업이 가능하다.

(3) 드랙 크레인(Drag crane)
① 크레인 선회부분을 고무 타이어의 트럭새시 위에 장치한 기계(안정도를 높이기 위해 4곳에 아웃 리거(Out rigger)를 설치)
② 엔진은 크레인용, 새시용이 따로 탑재
③ 대용량으로서 긴 아암, 종류는 표준 연장 부움의(Extansion boom)것이 많고 지브 부움(jib boom)을 설치 가능
④ 접지압이 크므로 연약지 작업이 불가능하나 기동성이 크고 또 미세한 인칭(Inching)이 가능

(4) 가이 데릭(Guy derrick)

1) 구조 및 기능
① 마스터(master), 부움(Boom), 블럭(Block), 가이로우프(Guy rope)로 되는 고정식
② 마스터는 마스터의 최상부에 6~8개의 가이로우프로 지지되고 경사진 부움이 설치되어 있다.
③ 부움 끝에 하중권상 블럭 호이스트가 달려있다.
④ 후크, (Hook)부움의 경사, 회전 등은 윈치(Winch)로 조정되며, 360° 선회가능.
⑤ 보통 부움은 마스터 높이의 80 [%]까지 사용.

2) 용도
중량물의 이동, 하역작업, 건축공사의 철골 조립 작업 및 항만 하역설비 등에 사용.

3) 유압 크레인
① 유압으로 하역장치를 조작하는 이동크레인으로, 토목건축공사의 높은 건물, 중량물의 권상작업, 항만 하역작업, 전주작업 등에 사용된다.
② 부움의 기울기는 유압잭에 의하여 행하며, 신축이 가능하다.

4) 타워 크레인(tower crane)
주로 높이를 필요로 하는 건축현장, 이나 고층빌딩에 사용.

5) 천정 크레인
천정에 양기둥을 부착 주행레일을 이용하여 장비나 물건을 이동시 사용.

(5) 용어정리
① 래킹보올 : 강철공으로 낙하시켜 파괴역활하는 장치

06 운반 및 적재기계

(1) 운반기계

1) 지게차(Fork-lift)
지게차는 주로 화물을 운반하거나 다른 차량 및 정비에 적재 또는 하역 작업하기 위한 장비로서 구조 및 성능의 특징상 지반 등이 불량한 지역에서는 작업이 불가능하다. 요즈음은 경제적으로 가솔린 엔진대신 디젤 엔진을 사용할 경우가 많다.

지게차(fork lift)

① 타이어 설치에 의한 분류
  ㉠ 복륜식 : 앞바퀴가 2개 겹쳐서 있는 형식으로 무거운 물건을 들어 올릴때 바퀴에

접하는 하중의 변화에 견디는 구조로 되어 있으며 안쪽 바퀴에 접하는 하중의 변화에 견디는 구조로 되어 있으며 안쪽 바퀴에 브레이크 장치가 설치되어 있다.

　　ⓒ 단륜식 : 앞타이어가 1개 있는 것으로 기동성을 위주로 하는 곳에 사용

② 규격 : 들어올리는 용량(ton)

③ 특징

　㉠ 조정석에 설치되어 있는 틸트레버는 마스터를 앞으로 5 ~6°(전경각) 뒤로 10 ~12° (후경각) 움직일 수 있다. 최고 4,500 mm(최대 양고라함)에서 최소 300 mm 움직일 수 있다.

　㉡ 최소 반경이 매우 적다. (65 ~75°)-안쪽바퀴의 조향각도

　㉢ 유압 피스톤에 압력은 110~130 kg/cm²가 된다.

　㉣ 전륜구동, 후륜 환향식으로 되어 있다.

　㉤ 유압으로 작동하는 마스타 장치가 설치되어 있다(유압 70~130 kg/cm²).

　㉥ 운행시 포오크는 지상으로 부터 150 ~200 mm 정도 올리고 운행한다.

　㉦ 운용거리는 100 m이내가 효율적이다.

　㉧ 앞바퀴는 직접 프레임에 설치되어 스프링이 없으나 대형은 현가 스프링을 사용하는 것도 있다.

2) 덤프트럭

장거리운반용으로 사용되는 장비이다.

덤프트럭

▌▌▌ 종류

리어덤프트럭, 보텀덤프트럭, 사이드덤프트럭, 3방열림덤프트럭

▌▌▌ 규격 : 최대적재량(ton)

3) 트레일러

트렉터의 후미에 트레일러를 장치하여 사용하고, 중량물이나 긴 물체를 운반하는데 이용하는 기계이다.

▌▌▌ 종류

세미 트레일러 : 견인력과 지지력을 모두 갖추고 있으며 트레일러가 트렉터에 직접 지지되어 있다.

폴 트레일러 : 견인력만 갖추고 있으며 트레일러가 트렉터후부의 연결장치에 연결되어 있다.

4) 컨베이어(Conveyor)

자재 및 콘크리이트 등의 수송에 주로 사용한다. 설치가 용이하고 경제적이므로 많이 사용하며, 다음과 같은 종류가 있다.

① 포오터블(portable)컨베이어 : 모래, 자갈의 운반과 채취에 사용한다.
② 스크류(Screw)컨베이어 : 모래, 시멘트, 콘크리이트 운반에 사용한다.
③ 벨트(Belt)컨베이어 : 흙, 쇄석(碎石), 골재 운반에 가장 널리 사용한다.
④ 대형 컨베이어 : 흙, 모래, 자갈, 쇄석 등의 수송에 사용한다.

(2) 적재기계(싣기기계)

1) 로우더(Loader)

작업물을 운반 또는 덤프트럭 차량에 적재하는 장비로 많이 쓰이고, 보수정리 작업에도 사용된다(전경각 45°, 후경각 35°).

종류
① 휘일 로우더(wheel loader) : 타이어식
② 셔블 로우더(shover loaer) : 무한궤도식

로우더(Loader)

용도 및 규격
자갈, 모래, 흙 등을 트럭에 적재할 때 사용하며, 규격은 버킷의 용적(m^3)으로 한다.

07 다짐용기계(roller)

(1) 개요 및 분류

1) 개요
다짐용 기계는 기계의 자중 및 충격과 진동을 이용하여 다지기를 하면서 시공을 하게되므로 다짐 효과가 좋으며 더돋기를 할 필요도 없으며 오랫동안 안정을 유지할 수 있다.

다짐용 기계

2) 분류

① 전압식 다짐기계 : 머캐덤, 타이어, 탠덤

② 충격식 다짐기계 : 래머, 탬퍼

③ 진동식 다짐기계 : 진동컴팩터, 소일 컴팩터

※ 머캐덤과 타이어, 탠덤 다짐기계는 롤러식이고 진동 컴팩터, 소일컴팩터, 탬퍼, 래머는 평판식 다짐기계이다.

(2) 로울러의 종류

1) 타이어 로울러(Tire roller)

① 구조 및 기능

㉠ 공기 타이어의 특성을 이용한 로울링 기계(자주식과 피견인식이 있다.)

㉡ 속도는 1.5~2.5 km/h로 변환되며 밸러스트를 가중한 경우에는 저속운전을 해야 한다.

㉢ 타이어 공기압은 1.5~2.5 kg/cm^2 범위에서 자유로이 조절한다.

㉣ 10~15 cm 정도의 얇은 곳의 다짐에 큰 효과가 있다.

② 용도

지반의 압밀작업에 사용, 광범위한 토질 및 흙과의 접착 계수가 크기 때문에 연약한 지반에도 이용하며, 공기압과 하중에 의해 접지면을 변화시켜 골재의 파괴 없이 요철부분을 다질 수 있다.

2) 탬핑 로울러(Tamping roller)

① 구조 및 기능

　㉠ 강판제의 중공드럼의 외주에 여러개의 100~200개의 돌기를 심은 것으로 단동형과 복동형이 있다.

　㉡ 돌기 모양에 따라 쉬이프 푸트 로울러(Sheep foot roller), 테이퍼 푸트 로울러(Taper foot roller), 터언 푸트 로울러(turn foot roller) 등으로 나눈다.

　㉢ 다리 길이는 18 cm~23 cm 정도가 가장 많이 사용된다.

3) 로우드 로울러(Road roller)

강이나 고급주철제로 구성되며, 평활한 원통형 로울러의 힘으로 압력을 가하는 기계로서 주로 도로공사에 사용.

① 머캐덤 로울러(Macadam roller)

2축 3륜 로울러로서 자갈, 잘게 부순돌의 포장기층, 가열 아스팔트 포장, 얇게 펴깔기한 흙쌓기 등의 다짐 즉 초벌다짐에 주로 사용.

② 탠덤 로울러(Tandem roller)

　㉠ 2축 2륜 탠덤과 3축 3륜 탠덤이 있으며 바퀴 직경은 1 m 정도이다.

　㉡ 주로 아스팔트 포장면의 전압 끝 손질에 사용(마무리 작업).

4) 진동 로울러(Vibration roller)

① 각종의 진동체를 지상에 놓아서 그 진동의 힘으로 다지기 하는것

② 소일 컴펙터(Soil compactor), 바이브로 컴펙터(Vibro compactor), 컴펙터, 바이브레이팅 로울러(Vibrating roller) 등이 있다.

③ 함수비가 큰 점성토의 로울링에는 부적당하며, 다른 기계에 비해 로울링의 두께는 크게 할 수 있다.

소일 컴펙터

진동 로울러

5) 충격식 다짐기계
① 구조 및 기능

중량체를 낙하시키거나 기계적인 충격력에 의해 다지기 하는 것으로 래머(Rammer) 및 탬퍼 등이 있다.

템퍼

② 용도
  ㉠ 다른 기계로 다질 수 없는 곳 등의 다짐에 주로 사용한다.
  ㉡ 템퍼는 뒤채움이나 매설물 위의 다지기에 적합.

6) 그리드 로울러(Grid roller)

오래된 포장의 도로면을 파괴하는 데 사용하거나 고속도로 기초 작업시 석회암이나 나무 등을 부수는데 적합하다.

(3) 작업 능력 및 성능표시

1) 작업능력

선압 : 바퀴의 단위 폭당의 능력이다. (kg/m)

다짐폭 : 1회 통과에 다져지는 최대폭이다.

2) 성능표시 방법

밸러스트, 물 등을 넣지 않은 드럼의 중량과 이것을 최대로 넣은 중량으로 표시(전 중량으로 성능 표시).

예: 8~15 ton : 자중이 8 ton이고 밸러스트를(15 − 8 = 7 ton)까지 적재하는 로울러

08 포장기계

(1) 개요

도로를 포장하는 장비로서 재료의 배합 및 표면포장을 효과적으로 하는 기계를 말한다. 주로 아스팔트포장과 콘크리트 포장을 일컫는다.

(2) 종류

① 아스팔트기계(아스팔트플랜트, 아스팔트피니셔, 아스팔트분배기)
② 골재제조용기계(콘크리트피니셔, 콘크리트믹서, 콘크리트펌프, 콘크리트플랜트, 노상안정기, 골재삽포기)
③ 트랜싱 믹서

1) 포장기계

① 아스팔트 플랜트(Asphalt plant)

재료저장 용기 및 혼합장치 등의 시설물이 이동할수 있게 되어 아스팔트 소요량이 많은 현장에서 아스팔트를 생산 할 수 있게 한 것으로 성능표시방법은 시간당 생산량 (ton/hr)이다.

② 아스팔트 피니셔(Asphalt finisher)

아스팔트 혼합공장에서 자갈모래를 162℃로 끓여 혼합골재를 도로상 일정규격과 두께로 깔아주는 장비로서 포장두께는 양쪽에 있는 2개의 조정나사로서 조정하며, 비행장 활주로, 고속도로의 아스팔트 포장공사용이고 성능은 최대 포장너비(m)와 포장능력(ton/hr)으로 표시한다.

③ 아스팔트 분배(살포)기(Asphalt distributor)

도로공사중 아스팔트계 포장에서 표면처리, 처음바탕칠(Tack coat), 가도장, 시일칠(Seal coat) 공사를 시공하는데 사용하며, 성능표시는 탱크용량과 살포나비로 표시한다.

㉠ 아스팔트를 끓여 최초로 공사표면에 뿌리는 장치 (자주식, 탑재식, 기어펌프식, 용액가압식 등이 있다.)

㉡ 아스팔트 살포혹은 2.9~4.7 m 정도이다.

　　ⓒ 주행속도에 따라 단위면적당 살포농도 조절.
　　ⓔ 원동기, 탱크, 가열장치, 불배장치, 연료 탱크를 탑재
　　ⓓ 살포바(Bar)는 길이를 조정 할 수 있다.
　　ⓑ 가열장치는 증유 또는 경유 버너로 되어 있다.

　　※ batch mixer : 1회분씩 concrete재료를 혼합하는 mixer

2) 콘크리트 포장기계

① 콘크리트 피니셔(Concrete finisher)

표면의 앞뒤고르기, 진동 등을 하면서 포장 표면을 완성하는 기계로 콘크리트 포장기계이며, 구조가 간단하고 기계의 마모 및 소음이 적으며 기계 각부의 부하가 적다. 성능표시방법은 최대나비(표준폭 : m)로 표시한다.

② 콘크리트 믹서(Concrete mixer)

용기 내에서 1회 혼합할 수 있는 콘크리트의 생산량 (m^3) 으로 표시하며, 특징은 다음과 같다.

　　㉠ 자갈, 모래, 시멘트, 물을 혼합하여 건축공사시에 효과적으로 작업하는 기계.
　　㉡ 건식 믹서는 시멘트나 골재를 투입하고 물을 가하여 혼합하면서 목적지에 수송.
　　㉢ 습식 믹서는 완전히 혼합된 생콘크리트 혼합물을 교반하면서 수송.

③ 콘크리트 플랜트(Concrete plant)

콘크리트의 시간 당 생산량(ton/hr)으로 표시한다.

　　㉠ 재료저장통, 개량장치 및 혼합장치가 일체 또는 수조의 유니트로 되어 있고 이동 할 수 있게 된 것이다.
　　㉡ 콘크리트를 구성하는 모든 재료를 공급하는 보급, 부문, 소정의 배합율로 계량하며, 믹서에 보내는 뱃쳐(batcher) 부문소요 성질의 콘크리트를 능률적이고 경제적으로 제조하는 혼합부문으로 되어 있다.

ⓒ 구조는 재료저장반, 재료공급장, 계량장치, 집합호퍼(hopper), 부대설비 콘크리트 믹서, 보급설치 등으로 되어 있다.

④ 콘크리트 펌프(Conrete pump)

성능은 콘크리트의 시간당 배송능력 (m^3/hr)로 표시

㉠ 경량의 수송관을 연결하는 것만으로서 다른 작업에 지장을 주지 않고 어떠한 장소에서도 콘크리트를 칠 수 있는 것이 장점이다.

㉡ 기계의 마모가 적으며 충격이나 진동도 좋다. 터널 속, 교량 또는 건물 속에서와 같이 제한된 공간에서 콘크리트를 운반하는 경우에 편리하다.

⑤ 노상안정기(Road stabilizer : 스태빌라이저)

규격은 유체 탱크의 용량으로 표시

㉠ 기체가 노상을 진행하면서 각종 작업

㉡ 결합체, 물 등을 첨가 혼합하여 표면고르기, 조여굳힘 등 수종의 작업을 동시에 한다.

특징으로서는

- 기동성이 좋다.
- 작업 능률이 좋다.
- 스프레더의 효율이 좋다.
- 땅을 파는 깊이의 조정이 용이하다.

⑥ 트랜싯 믹서(Transit mixer)

트럭의 차체에 드럼을 설치하고 콘크리트를 교반하면서 운반하는 기계(드럼형은 경사형과 위가 열린 형이 있다.)로서 건축, 토목공사 등에서 콘크리트 믹서를 설치할 수 없을 때 공사용 콘크리트를 먼곳까지 변질시키지 않고 운반하는데 사용한다. 성능은 드럼이 교반 가능한 1회당 콘크리트 양 (m^3)으로 표시.

09 쇄석기와 천공 및 기초공사용 건설기계

(1) 쇄석기(Crusher)

1) 특징

도로공사 및 콘크리트 공사에서 골재기층 다짐에 사용하거나 아스콘 생산에 사용하기 위하여 원석을 부수어서 작게 만드는 기계로서 쇄석을 만들어 공급하는 기능을 가지고 있으며, 모든 쇄석 작업에 쓰인다.

2) 용도

골재 생산에 사용한다.

3) 종류

1차 파쇄기는 조쇄기라 하며 죠크러셔와 자이러토리그러셔가 있고 2차 3차 파쇄기는 중쇄기라 하묘 콘, 임팩트, 로울 크러셔가 있다. 해머나 로드밀, 볼밀 크러셔는 분쇄기 또는 제사기라고 한다.

4) 규격 표시 방법

시간당 쇄석 능력(ton)으로 표시한다.

(2) 천공기(Boring eguipment)

1) 특징

굴진 파쇄 작업에 사용하며, 크로울러식과 굴진식이 있으며 천공경은 타격식에서는 30~45(mm)의 것이 많이 사용되고, 회전식 및 타격 회전식의 천공경은 60~100(mm)의 것이 사용된다.

천공기는 동력의 방식에 따라 엔진식, 전동식, 압전식이 있고 굴진은 유압식 동력장치, 배토장치가 있는시이드 굴진식과 커트헤드부와 구동장치가 있는 터널 굴진식이 있다.

2) 종류 및 규격 표시 방법
① 크로울러식 : 착암식 중량 및 매분당 공기의 소모량 (m^3/min)
② 크로울러 잠보식 : 플랜트 로울 단수와 착암기 대수 (0단×0대)
③ 실드 굴진기 : 사용 설비 동력 (kW)
④ 터널식 : 최대 굴착 치수 (mm)

3) 크로울러 드릴(crawler drill)
① 크로울러에 프레임, 가이드 셀, 착암기를 설치하여 긴구멍, 큰구멍 뚫기에 사용되는 기계.
② 탑재 착압기의 종류와 소요공기량으로 그 성능을 표시한다.

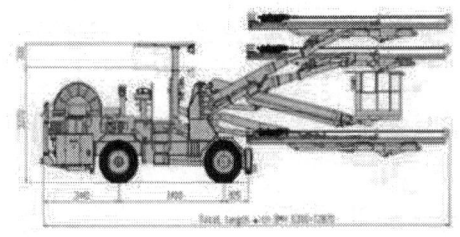 

점보드릴

(3) 파일 드라이버

1) 디젤 파일 해머(diesel pile hammer)
① 폭발력을 이용하여 동일 크기의 진동과 증기 해머의 배의 속도이다.
② 구성은 실린더, 엔빌, 램, 피스톤, 연료 및 오일탱크, 연료펌프, 연료분사 밸브, 윤활장치 등으로 구성된다.
③ 규격표시는 램의 중량으로 표시한다.
④ 콘크리트 파일, 강관파일, 시이드파일, 튜우브등의 박기에 사용된다.
⑤ 타격 회수가 많다.
⑥ 타입력이 크고, 작업 능률이 좋다.
⑦ 구조가 간단하다.
⑧ 타격 회수는 1분에 40회 이상이다.
⑨ 나무, 콘크리이트, 철재 파일 작업 등에 사용한다.

2) 진동파일해머(Vibration pile hammer)
① 진동력에 의하여 항타 또는 인발한다.
② 발진 기구는 등속 역회전하는 불평형추의 회전체이다.
③ 진동기의 진동수는 1분에 500회 이상이다.
④ 인발, 샌드 파일 조성 등의 지반 개량에 사용한다.
⑤ 규격표시는 모우터의 출력 또는 기진력으로 표시한다.

3) 드롭해머(Drop hammer)
설비 규모가 작아 소요 경비가 적게 들고, 운전 및 해머의 조작이 간단하며, 낙하 높이와 조정으로 타격에너지의 증가가 가능하다. 그러나 파일 박은 속도가 느리고 파일을 파손시킬 위험이 있으며, 작업시의 진동으로 다른 건물에 피해를 주기 쉽고 작업이 불가능하다.

▌▌▌ 드롭해머와 진동해머
① 기어에 의하여 등속 역회전하는 불평형 추의 회전체
② 인발 샌드 파일 조성등의 지반 개량에 사용한다.
③ 수중 작업을 할 수 없다.
④ 낙하 높이를 조정하여 타격 에너지를 증가할 수 있다.

4) 증기해머(steam hammer)
① 증기의 팽창에너지를 이용하여 피스톤을 동작시켜 항타하는 기계
② 리이드(lead)에 의해 안내되며 단동식과 복동식이 있다.
③ 작업중 파일의 손상을 적게 할 수 있다.
④ 구조가 복잡하고, 정비와 보수가 어려우며, 유지비가 많이 든다.
⑤ 경량이나 단단하고, 밀도가 높은 흙속을 말뚝을 박을 때 사용한다.
⑥ 피스톤 중량으로 성능을 표시한다.

(4) 착암기
압축공기를 이용하여 채석이나 암석을 제거하기 위해 구멍을 뚫는 기계를 말한다.

1) 특징
① 바위에 구멍을 뚫어 폭파를 도와주는 기계.
② 소모공기량은 95cfm으로 압축하여 실린더가 앞뒤로 왕복운동을 한다.
③ 중량은 10~250kg, 해머 밸브기구, 회전기구, 추진기구로 구성
④ 엔진식 착암식는 소규모의 공사현장에 사용된다.

2) 종류 및 규격
① 레그드릴 : 채광채탄 채석작업 및 갱도의 터널굴진작업에 이용된다.
② 웨곤드릴 : 고무타이어로된 3륜차에 장착한 장비이다.
③ 핸드해머 : 방진방음장치가 붙어 있어 사용하기 편리한 소형해머이다. 좁은 곳의 굴진 작업, 2차파쇄작업 및 가벼운 작업에 적합하다.
④ 크로울러드릴 : 자주식으로 유압조작에 의해서 작동된다.

10 공기압축기(Air compressor)

채석작업, 포장파괴, 리벳전단, 점토굴착, 벌목작업, 콘크리트진동, 페인팅, 타이어 공기주입, 장비세척 등에 사용하며, 그 사용 범위가 점차 확대되고 있다.

(1) 종류

① 왕복형
② 로우터리형
③ 나사형

(2) 규격 및 용어

1) 규격 표시 방법

매분당 공기 토출량(m^3/min)으로 표시

cfm : cubic feet minute (m^3/min) - 분당 공기 생산량.

2) 용어

① 인터쿨러(inter cooler)

공기가 압축되면 열이 발생되므로 이 열로 인하여 공기가 발생하고 다음 단계에서 압축할 때에는 더 많은 동력이 필요하게 되므로 이 열을 압축 단계 사이에서 제거하기 위하여 열교환기를 두어 열을 제거한다. 이것이 인터쿨러이다.

② 아프터쿨러(after cooler)

공기 유입 통로에 물 또는 수분이 흡입되면 윤활유를 제거하여 기계를 마모시킨다. 이러한 것을 방지하기 위하여 압축 공기에서 대기로 열을 전달하는 공기 방열기를 사용한다. 이것이 아프터쿨러이다.

③ 언로더(unloader)

공기의 량을 공기탱크로 보내는 역활을 한다.

11 준설기계

수심을 유지하기위해 수면의 매립과 방파등 바다의 침상이나 해저의 준설 굴착 등에 사용되는 기계이다.

(1) 종류

1) 버킷(Bucket)준설선

① 용도 및 특징

대규모의 항로나 정박지의 준설 작업에 사용한다.
- ㉠ 선박 위에 버킷 굴착기를 장치한 것으로 대형은 대부분 자항식이다.
- ㉡ 단단하지 않은 토질의 비교적 광범위한 준설에 적합하며 깊이가 얕은물의 밑바닥의 흙을 다량으로 퍼 올리는데 쓴다.
- ㉢ 해저의 토사를 일종의 버킷 콘베이어를 사용하여 연속적으로 굴착한다.
- ㉣ 단점 : 굴착한 흙의 처리에는 별도의 토운선이 필요하다.

② 규격 표시 방법

주엔진의 연속 정격 출력으로 표시한다.

2) 그래브(Grab) 준설선

① 용도 및 특징

소규모의 항로나 정박지의 준설 작업에 사용한다.
- ㉠ 선박 위에 크램셀을 장치하고 특수한 기중기에 의해 상하조작을 하여 준설작업을 하는 것.
- ㉡ 소규모 운하의 준설, 구조물의 기초 터파기, 물막이, 흙의 제거등에 사용.
- ㉢ 그래브 버킷으로 해저의 토사를 굴착하여 선회 작동에 따라 토운선에 적

제하여 운반한다.
ㄹ. 자항식은 선체 중앙에 선체 토사를 적재 운반할 수 있는 창이 있으며, 선체가 크고, 기동성이 좋다.
ㅁ. 단점 : 준설능력이 적고 밑바닥을 고르게 할 수 없으며 단단한 지반에는 부적당.

② 규격 표시 방법

그래브 버킷의 평적 용량(m^3)으로 표시한다.

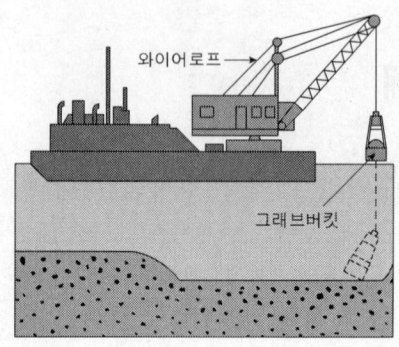

3) 디퍼(Dipper)준설선

① 용도 및 특징

단단한 지반이나 파쇄된 암석 등을 준설하는 데 사용한다.
ㄱ. 대개 비항식 선박 위에 파워 셔블과 같은 굴착기를 장치한 것.
ㄴ. 굴착량이 많은 단단한 토질이나 암석의 준설에 적합.
ㄷ. 선체 전부의 2본, 선미에 1본의 성체이동 멈춤확인 장치인 스팟드를 설치하고, 선미에 디퍼를 가지고 있다.
ㄹ. 굴착력은 준설선중에서 가장 높으나 작업 능률이 좋지 않다.

② 규격 표시 방법

버킷의 용량(m^3)으로 표시한다.

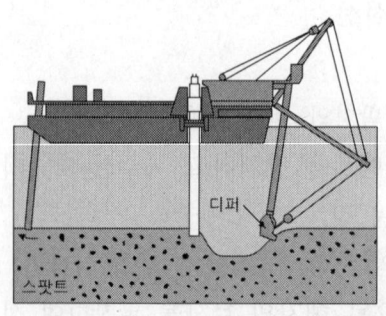

CHAPTER 01 플랜트 배관

SECTION 01 배관재료

> ※ 가스배관 재료의 구비조건
> ① 관 내의 유체 흐름이 원활할 것
> ② 내부의 가스압이나 외부로부터의 하중이나 충격에 견딜 수 있는 충분한 강도가 있을 것
> ③ 토양이나 지하수 등에 대한 내식성이 있을 것
> ④ 관의 접합이 용이하고 가스의 누설방지가 될 수 있을 것
> ⑤ 절단 가공이 용이할 것

01 금속배관

❶ 강관

(1) 강관의 특징

① 연관이나 주철관보다 가볍고 인장강도가 크다.
② 충격에 강하고 굴요성이 풍부하다.
③ 관의 접합이 비교적 쉽다.
④ 주철관보다 내식성이 작고 사용연한이 비교적 짧다.
⑤ 조인트 제작이 곤란하므로 종류는 적은 편이다.

(2) 강관의 종류

① 용도상 분류
  ㉮ 유체 수송용
  ㉯ 열교환용 : 보일러, 냉동기 등의 강관
  ㉰ 구조용 : 기계, 건축 등의 구조
② 재질상 분류
  ㉮ 탄소강 강관 STC
  ㉯ 합금강 강관 STS00
  ㉰ 스테인리스 강관 STS000

③ 제조법상 분류
  ㉮ 이음매 없는 관
    ㉠ 만네스만식 : 저탄소강의 원형단면 빌렛을 가열 천공
    ㉡ 에르하르트식 : 사각의 강편을 가열 후 둥근 형에 넣고 회전축으로 압축

> ※ 보통 열간 가공이나 정밀도가 요구되는 것은 냉간 가공

  ㉯ 용접관
    ㉠ 전기저항 용접관
    ㉡ 단접관 : 소형(ø3~10mm)은 맞대기 단접, ø30~750mm는 겹치기 단접
    ㉢ 아크 용접관 : 서브머지드 아크 용접으로 제조
    ㉣ 가스 용접관 : ø50mm 이하의 가는 관

④ 표시방법
  ㉮ 제조방법 표시기호

-E	전기저항 용접관	-E-C	냉간 완성 전기저항 용접관
-B	단접관	-B-C	냉간 완성 단접관
-A	아크 용접관	-A-C	냉간 완성 아크 용접관
-S-H	열간 가공 이음매 없는 관	-S-C	냉간 완성 이음매 없는 관

  ㉯ 치수표시
    호칭지름(A 또는 B)×두께번호
    A(mm), B(inch)

⑤ 강관의 종류별 특징

강관은 연관이나 주철관에 비해 가볍고 인장강도가 크며 충격에 강하고 굴요성도 풍부하며 관이음도 비교적 쉬우나 내식성이 작고, 사용연한이 비교적 짧으며 또 조인트의 제작이 곤란하므로 종류는 적은 편이다. 강관의 호칭지름은 내경을 밀리미터(mm) 또는 인치(inch)로 나타내며 A, B로 나타낸다.

  ㉮ 배관용 탄소강 강관(기호 : SPP) : 일명 가스관이라 하며 350℃ 이하에서 사용압력이 10kg/cm² 이하의 증기, 공기, 물, 기름, 가스 등의 유체수송 배관용으로 사용된다. 관길이는 KS규격에서 6m 이상으로 규정되어 있으며 제조법은 이음매 없는 관, 단접관, 전기저항 용접관 등이 있다.

종류	기호	구분	비 고	화학성분(%)	특 징
배관용 탄소강관	SPP	흑관 백관	아연 도금을 하지 않는 관 아연 도금한 관	P S 0.04 이하, 0.04 이하	배관에 방청도장만 한 것 내식성 주기 위해 아연 도금한 것

　㉯ 압력 배관용 탄소강 강관(기호 : SPPS) : 350℃ 이하의 온도에서 압력 10kg/cm2 이상, 100kg/cm² 이하의 압력 범위에 있는 보일러 증기관, 수압관, 유압관 등의 각종 압력배관에 사용되며 이음매 없이 제조하거나 전기저항 용접으로 제조한다. 관의 호칭법은 외경 및 호칭 두께(스케줄 번호)로 나타낸다. 스케줄 번호는 SCH 10, 20, 30, 40, 60, 80 등이 있으며 스케줄 번호가 커질수록 외경이 같은 것이라도 관의 두께는 두꺼워지며 중량 및 수압시험 압력도 커진다.

$$\text{스케줄 번호(SCH)} = 10 \times \frac{P}{S}$$

$$\text{관두께}(t) = (10 \times \frac{P}{S} \times \frac{D}{1,750}) + 2.54$$

$\begin{cases} P : 사용압력[kg/cm^2] \\ t : 관두께[mm] \\ S : 허용응력[kg/mm^2] \\ D : 관외경[mm] \end{cases}$

※ 허용응력 = $\frac{\text{인장강도}}{\text{안전율}}$

　㉰ 고압 배관용 탄소강 강관(기호 SPPH) : 350℃ 이하에서 압력 100kg/cm² 이상의 고압에 사용되는 탄소 강관으로 사용압력이 특히 높은 암모니아 합성용 배관, 내연기관의 연료 분사관 및 화학 공업 등에서 고압 유체 수송에 사용한다. 350℃ 이상에서는 크리프 강도가 문제되므로 합금강을 써야 하며, 제조법은 강질이 좋은 킬드 강괴로 이음매 없이 제조하며, 스케줄 번호는 SCH 80, 100, 120, 140, 160 등이 있으며 관의 두께가 다른 강관보다 두껍다.

　　㉠ 크리프(Creep) 현상 : 금속 재료를 고온에서 장시간 외력을 가하면 시간의 경과에 따라 변형이 점차 증가하는 현상

　　㉡ 킬드강 : 노내에서 페로 실리콘(Fe-Si), 알루미늄으로 충분히 탈산시킨 강으로 내부에 기포나 편석이 없는 고급 강괴

　㉱ 고온 배관용 탄소강 강관(기호 : SPHT) : 크리프 강도가 문제되는 350℃ 이상, 450℃ 이하의 고온에 사용되며 과열 증기관 등에 쓰인다. 킬드강을

사용하여 이음매 없이 제조하거나 전기저항 용접관으로 제조하며 2, 3, 4종의 3종류가 있다. 4종은 이음매 없이 제조하고 열간 다듬질 이외의 전기저항 용접관은 풀림처리한다.

종류	기호	화학성분[%]						인장강도 [kg/mm^2]	항복점내력 [kg/mm^2]
		C	Si	Mn	P	S	Cu		
2종	SPHT 38	0.25 이하	0.10~0.35	0.30~0.90	0.035 이하	0.035 이하	0.20 이하	38 이상	22 이상
3종	SPHT 42	0.30 이하	0.10~0.35	0.30~1.00	0.035 이하	0.035 이하	0.20 이하	42 이상	25 이상
4종	SPHT 49	0.33 이하	0.10~0.35	0.30~1.00	0.035 이하	0.035 이하	0.20 이하	49 이상	28 이상

⑭ 저온 배관용 탄소 강관(기호 : SPLT) : 저온에서 일반 탄소 강관은 저온 취성이 있으므로 석유 화학 등의 각종 화학 공업, LPG 탱크용 배관, 냉동기 배관 등의 0℃ 이하의 배관은 저온 배관용 강관을 쓴다.

종류
- 1종(C 0.25%의 킬드강) : -50℃까지 사용
- 2종(3.5%의 Ni강) : -100℃까지 사용
- 3종(P%의 Ni강) : -196℃까지 사용

1종은 이음매없이 제조하거나 또는 전기저항 용접으로 제조하고, 2종 및 3종은 이음매 없이 제조한다.

※ 저온 취성(여림, 메짐)
재료의 온도가 낮아지면 강, 경도는 증가하나 연신율이나 충격에 대한 저항치가 감소하여 저온에서 여리고 약하게 되는 현상으로 저온 취성이 없는 금속은 Cu, Pb, Al, Na 등이 있다.

⑮ 배관용 아크 용접 탄소강 강관(기호 : SPW) : 비교적 압력이 낮은 물, 증기, 기름, 가스, 공기 등의 수송용으로 가스관 및 수도관에 적합하며 -15~350℃ 정도까지 사용한다. 강판 또는 띠강을 프레스, 롤러로 둥글게 가공한 다음 이음매를 자동 서브머지드 아크 용접법에 의한 스파이럴 시임 용접에 의해 제조하며 관 1개 길이는 6m가 원칙이다.

※ 사용조건
① 물, 가스 유체 수송(15kg/cm^2 이하)
② 도시가스(10kg/cm^2 이하)
③ 수도용(15kg/cm^2)

⑯ 배관용 합금강 강관(기호 : SPA) : 고온, 고압하의 배관으로 증기관, 석유 정제시의 고온, 고압의 배관에 사용하며 탄소강보다 고온강도나 내식성이

강하다. 또 Cr의 함유량이 많을수록 내산, 내식성이 강하다.
- ㉠ 배관용 스테인리스 강관(기호 : STS) : 급수, 급탕, 배수, 냉·온수배관 등의 내식용, 내열용, 고온용 배관에 쓰이며 저온용에도 쓸 수 있고 자동 아크 용접 또는 전기저항 용접으로 제조하며, 관 1개의 길이는 4m를 원칙으로 하며 내식성을 필요로 하는 화학공장의 배관에 많이 사용된다.
- ㉡ 수도용 아연도금 강관(기호 : SPPW) : 정수두 100m 이하의 수도 급수관으로 대개 지하에 매설되어 사용하며 배관용 탄소 강관의 배관보다 내식성과 내구성을 높이기 위해서 아연도금 부착량을 배관용 탄소 강관 배관보다 많게 한 것이다. 배관용 탄소 강관을 나사절삭 전에 아연도금하여 방청처리를 한다.
- ㉢ 보일러 열교환기용 스테인리스 강관(기호 : STS×TB) : 보일러의 과열관, 화학, 석유 공업 등의 열교환기, 가열로 등에 사용된다. 관 종류는 15종이 있으며 이음매 없이 제조하거나 자동 아크 용접, 전기저항 용접으로 제조한다.
- ㉣ 특수 강관
  - ⊙ 모르타르 라이닝 강관 : 지하 매설용 등의 강관에 내식성을 주기 위해 강관의 내면에 모르타르를 얇게 바르고 외면에 역청질의 아스팔트를 라이닝하여 방식처리한 것이다. 이 도료는 화학적으로 안정되고 내산, 내알칼리성은 양호하지만 대기중에 노출시에는 빛에 의해서 산화하는 결점이 있다. 크기는 75~300A까지 있다.
  - ⓛ 경질 염화비닐 강관 : 강관의 내·외면에 염화비닐 피막을 입힌 것으로서 염화비닐의 내식, 내약품성과 강관의 강도를 겸비한 내식성이 큰 강관이다. 화학 공업 부식성 유체의 수송용에 적합하나 내압성 및 내열성이 적어 압력, 온도 등의 조건에 제약을 받는다. 크기는 15~350A 정도이다.
  - ⓒ 폴리에틸렌 피복 강관 : 강관 외면에 에틸렌의 중합체인 폴리에틸렌을 고무, 아스팔트 및 수지를 주성분으로 하여 만든 접착제로 피복한 것으로 가스, 기름 등을 수송하는 지중 매설관에 사용한다. 피복의 원관은 주로 호칭지름 15~2,000A의 것은 배관용 탄소 강관이나 압력 배관용 탄소 강관, 배관용 아크 용접 탄소 강관이 쓰인다.
  - ⓔ 알루미늄 도금 강관 : 강관 표면에 알루미늄을 도금시킨 관으로 내열, 내유화성이 좋고 열교환기, 응축기, 미관을 필요로 하는 구조용 관에 쓰인다.

❷ 주 철 관

주철관은 내식성, 내마모성 및 내압성이 강하므로 관용에서는 수도관, 급수 및 배수관과 케이블 매설관에 쓰이며 특히 관재에서는 내식성이 요구되는 곳에 쓰인다.

(1) 주철관의 분류

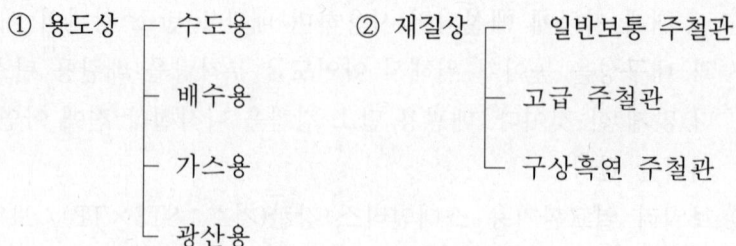

(2) 주철관의 종류별 특징

① 수도용 수직형 주철관 : 수직으로 주조한 것으로 소켓관과 플랜지관의 2종류가 있으며, 보통압관(최대 사용 정수두 75m 이하), 저압관(최대 사용 정수두 45m 이하)이 있고 보통압관은 A, 저압관은 LA가 주출되어 있다.

② 수도용 원심력 사형 주철관 : 원심 주조법으로 제조하여 재질이 균일하고 강도가 커서 수직형 주철관보다 관 두께가 얇다. 관은 고압관(최대 사용 정수두 100m 이하 : B), 보통압관(75m : A), 저압관(45m : LA)이 있다.

③ 수도용 원심력 금형 주철관 : 수냉식 금형을 회전시켜 원심 주조한 것으로 고압관과 보통압관이 있다.

④ 원심력 모르타르 라이닝 주철관 : 관 내면에 4~17mm 정도의 시멘트 모르타르를 원심력으로 밀착·양생시켜 수질에 따른 부식을 방지하기 위한 것으로 취급시 큰 하중과 충격에 유의해야 한다.

⑤ 배수용 주철관 : 대형 건물 내의 오수 배관용으로 내압이 거의 없으므로, 일반 주철관보다 두께가 얇으며, 관두께에 따라 1종과 2종의 2종류가 있고, 직관 1종은 ⊘, 2종은 ⊘, 이형관은 ⊗로 표시한다.

⑥ 덕타일(Ductiole) 주철관 : 용융 주철에 Mg나 Ca, Sr를 첨가하여 흑연을 구상화시킨 것으로 인성과 연성이 크고 내식, 내마멸성이 보통 주철에 비해 크며, 산과 알칼리에 강하고 기계적 성질이 우수하여 관 무게를 경감할 수 있다. 최대 사용 정수두는 100m 이하이다.

02 비철 금속관

❶ 동 관

(1) 특 징

① 내식성이 좋다(상온의 공기에서는 녹슬지 않으나 수분 및 CO_2에 의해 청록색의 녹이 생긴다).
② 알칼리(가성 소다, 가성칼리)에는 내식성이 크나 산성(초산, 황산 등)에는 심하게 부식되며 암모니아류에도 부식된다.
③ 굴곡성, 전기·열전도성이 대단히 양호하다.
④ 납·강관보다 가볍고, 운반 취급이 용이하다.
⑤ 가공이 쉽고 저온시 취성을 갖지 않는다.
⑥ 외부 충격에 약하고, 값이 비싸다.
⑦ 고온시 강도가 떨어지나 저온 취성이 없어 저온 사용이 가능하다.
⑧ $8kg/cm^2$ 이하, 200℃ 이하의 열교환기 등에 좋다.

❷ 연 관

연관은 배관 중 가장 오래 전부터 급수관에 사용되어 왔으며 현재는 수도의 인입분기관, 기구배수관, 급수, 배수, 가스 설비 등에 널리 사용되며 상온에서 압축 제관기로 제조된다.

(1) 특징

① 재질이 연하고 전·연성이 풍부하여 상온 가공이 용이하다.
② 해수 및 천연수에 접촉시 관 표면에 불활성 탄산 피막의 형성으로 납의 용해 및 부식이 방지된다.
③ 내식성이 크다(산에는 강하나 알칼리에는 약하다).
④ 강도가 작고 중량이 무거워(비중 11.37) 가로 배관시에는 휘어지기 쉽다.
⑤ 콘크리트 속에 매설시 시멘트에서 유리된 석회석이 침식되므로 방식 처리 후에 매설한다.

03 비금속관

❶ 경질 염화비닐관(PVC : Poly Vinyl Chloride)

(1) 특징

① 장점
- ㉮ 내산성·내알칼리성이 우수하다.
- ㉯ 관 내·외면이 매끈하여 관 내 마찰손실이 적고 물때의 부착이 없으므로 유량이 크다.
- ㉰ 굴곡, 접합, 용접 등의 배관 가공이 용이하다.
- ㉱ 열에 대한 불량도체이다(철의 1/350).
- ㉲ 무게가 가볍다(비중 1.43, 철의 1/5, 알루미늄의 1/2, 납의 1/8).
- ㉳ 강인하다(인장강도 20℃에서 580kg/cm^2, 납의 3배, 철의 1/3).
- ㉴ 전기 절연성이 크다.

② 단점
- ㉮ 저온 및 고온에서의 강도가 약하다(취화온도 -18℃, 연화온도 70~80℃, 사용온도 -10~60℃).
- ㉯ 충격 강도가 적고 외상을 받으면 강도가 현저히 저하된다(시공시 상처가 생기지 않도록 하고 5℃ 이하에서 특히 취급 주의).
- ㉰ 열 팽창률이 크다(강관의 7~8배). 온도 변화가 심한 곳은 직관 10~20m마다 신축 이음을 설치

(2) 종류

① 수도용 : 정수두 75m 이하에 사용하는 수도용으로 압출 성형기 등으로 제조하며 종류는 직관, TS관, 편수 칼라관의 3종류가 있다.
② 일반관 : 온천, 해수 수송관, 농업 약제 살포 등에서 30℃에서 8kg/cm^2 이하에 사용
③ 얇은 관 : 두께가 얇아 건축물의 배수·통기 전선관에서 30℃에서 4kg/cm^2 이하에 사용

❷ 폴리에틸렌관

(1) 가볍다(비중 0.9~0.93으로 비닐관의 2/3 정도).
(2) 유연성이 풍부하다(적은 지름의 관은 코일 모양으로 감아서 운반 가능).
(3) 내열성과 보온성이 염화비닐관보다 우수하다.
(4) 내충격성과 내한성이 우수하다(-60℃에서도 취화 안 됨).
(5) 시공이 용이하고 경제적이다.
(6) 내약품성이 강하다.
(7) 유연성이 있어 내충격성은 크나 외상을 받기 쉽다.
(8) 인장강도는 비닐관의 1/5 정도로 작다.
(9) 유백색 관은 장기간 햇볕에 쪼이면 노화한다.

❸ 튜브와 호스

튜브의 호칭 치수는 바깥지름(분수)×두께(소수)로 나타내고 상대운동을 하지 않는 두 지점 사이의 배관에 사용된다. 호스의 호칭 치수는 안지름으로 나타내며, 1/16인치 단위의 크기로 나타내고 운동부분이나 진동이 심한 부분에 사용한다.

04 배관 도면

(1) 배관 도면 표시법

1) 관의 도시법

하나의 실선으로 표시하며 동일 도면에서 다른 관을 표시할 때는 같은 굵기로 나타낸다.

2) 유체의 종류 · 상태의 표시 방법

① 표시

표시 항목은 원칙적으로 다음 순서에 따라 필요한 것을 글자, 글자 기호를 사용하여 표시한다. 또한, 추가할 필요가 있는 표시 항목은 그 뒤에 붙이며, 글자 기호의 뜻은 도면상의 보기 쉬운 위치에 명기한다.

㉠ 관의 호칭 지름

　　　　ⓛ 유체의 종류, 상태, 배관계의 식별
　　　　ⓒ 배관계의 시방(관의 종류, 두께, 배관계의 압력 구분 등)
　　　　ⓔ 관의 외면에 실시하는 설비재료

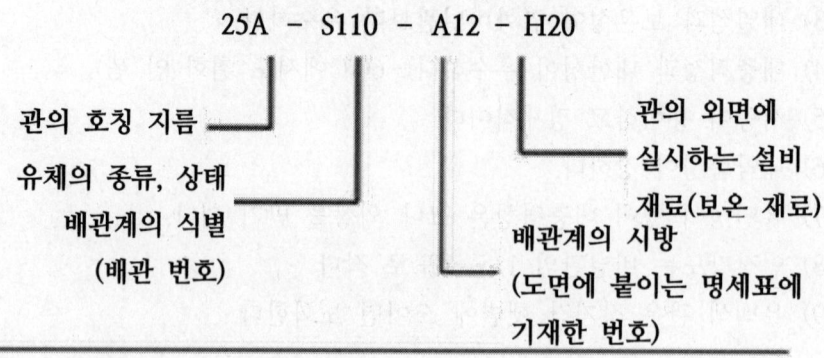

② 표시 내용 표현 방법

표시 내용을 관에 표시하는 경우는 관외 위쪽 또는 왼쪽에 도시하거나 복잡한 경우에는 지시선을 사용하여 인출하여 기입한다.

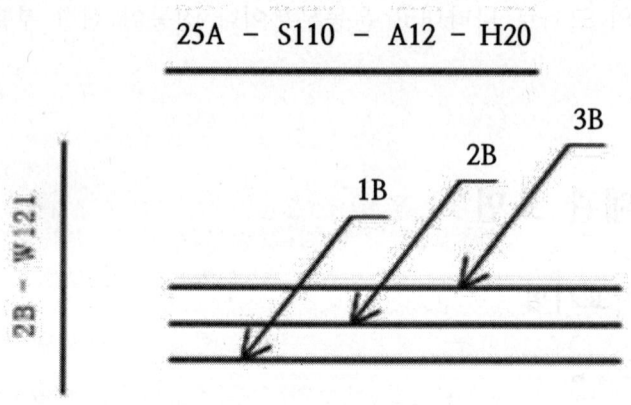

3) 유체 흐름의 표시 방법

① 배관 내 흐름의 방향

배관 내 흐름의 방향은 관을 표시하는 선에 화살표를 붙여 방향을 표시한다.

② 배관도의 부속품 부품 구성품 및 기기 내의 흐름의 방향

배관도의 부속품 기기 내의 흐름의 방향을 특히 표시할 필요가 있는 경우는 그림기호에 따르는 화살표로 표시한다.

4) 관 접속 상태의 표시 방법

관을 표시하는 선이 교차하고 있는 경우에는 아래 표의 표시 방법에 따라 각각의 관이 접속하고 있는지, 접속하고 있지 않은지를 표시한다.

[관의 접속 상태의 표시 방법]

관의 접속 상태		도시방법
접속하고 있지 않을 때		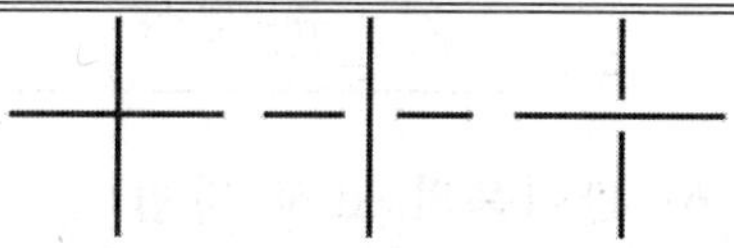
접속하고 있을 때	교차	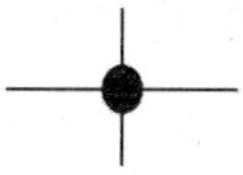
	분기	
관 A가 회전에 직각으로 바로 올라가 있는 경우	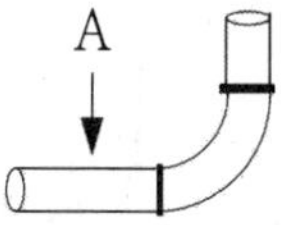	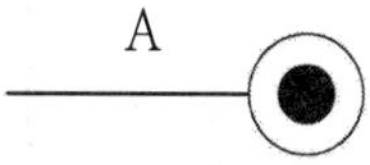
관 B가 회전에 직각으로 뒤쪽으로 내려가 있는 경우	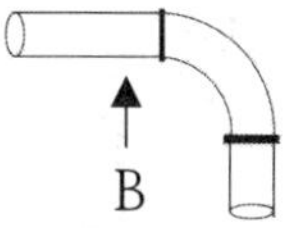	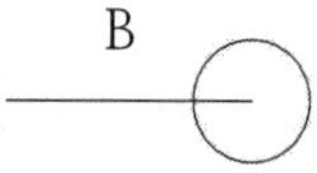
관 C가 회전에 직각으로 바로 양쪽으로 올라가 있고 관 D와 접속한 경우	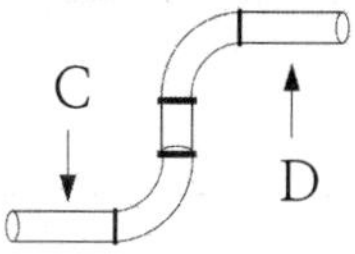	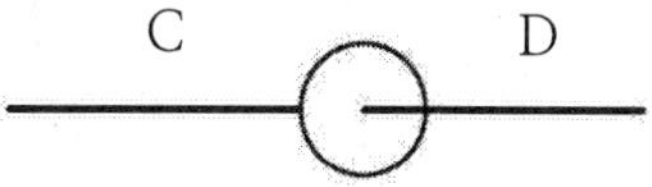

주: 접속하고 있지 않는 것을 표시하는 선의 끊긴 자리, 접속하고 있는 것을 표시하는 검은 동그라미는 도면을 복사 또는 축소할 때에도 명백하도록 그려야 한다.

5) 관 결합 방식의 표시 방법

관의 결합 방식은 아래 표와 같이 일반(나사식), 용접식, 프랜지식, 턱걸이식, 유니온식으로 구분하여 표시할 수 있다.

[관 결합 방식의 표시 방법]

결합 방식의 종류	그림기호
일반(나사식)	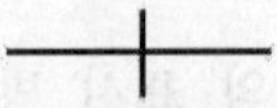 —┼—
용접식	—●—
플랜지식	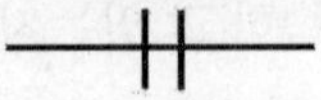 —╫—
턱걸이식(소켓식)	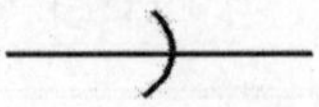 —)—
유니온식	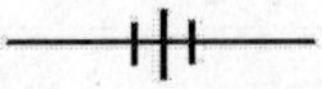 —╫┼—

6) 관이음의 표시 방법

① 고정식 관 이음쇠

고정식 관 이음쇠는 엘보, 벤드, 티, 크로스, 리듀서, 하프커플링 등이 있다.

[고정식 관 이음쇠의 표시 방법]

관 이음쇠의 종류	그림 기호	비고
엘보 및 밴드	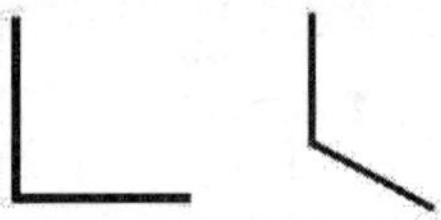 ┗ 또는  ┗	[관 결합 방식의 표시 방법]의 그림 기호와 결합하여 사용한다. 지름이 다르다는 것을 표시할 필요가 있을 때는 그 호칭을 인출선을 사용하여 기입한다.
티	 ┬	
크로스	 ┼	

리듀서	등심	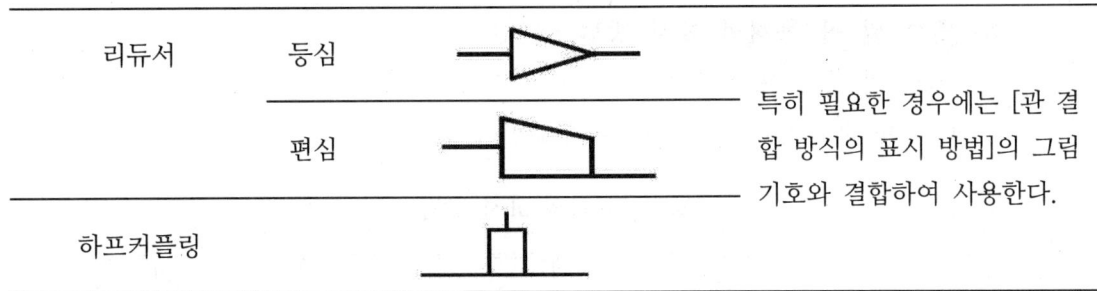	특히 필요한 경우에는 [관 결합 방식의 표시 방법]의 그림 기호와 결합하여 사용한다.
	편심		
하프커플링			

② 기동식 관 이음쇠

기동식 관 이음쇠는 신축 이음쇠 및 플래시블 이음쇠 등이 있다.

[기동식 관 이음쇠의 표시 방법]

관 이음쇠의 종류	그림 기호	비고
신축 이음쇠		특히 필요한 경우에는 [관 결합 방식의 표시 방법]의 그림 기호와 결합하여 사용한다.
플랙시블 이음쇠		

7) 관 끝부분의 표시 방법

관 끝 부분은 [관 끝부분의 표시 방법]의 그림 기호에 같이 표시한다.

끝 부분의 종류	그림 기호
막힌 플랜지	
나사 박음식 캡 및 나사 박음식 플러그	
용접식 캡	

8) 밸브 및 콕 몸체의 표시 방법

① 밸브 및 콕의 표시 방법

밸브 및 콕의 표시 방법은 아래 표와 같이 도시한다.

[밸브 및 콕의 표시 방법]

종류	그림 기호	종류	그림 기호
밸브 일반	▷◁	버터플라이 밸브	▷◁─●─│
게이트 밸브	▷✕◁	앵글 밸브	△
글로브 밸브	▷●◁	3방향 밸브	▷◁▷
체크 밸브	▷◀▷	안전밸브	(스프링식)
볼 밸브	▷○◁	콕 일반	▷○◁

② 밸브 및 콕의 닫혀 있는 상태 표시

밸브 및 콕이 닫혀 있는 경우에는 그림 기호를 까맣게 칠하거나 닫혀 있다는 것을 표시하는 문자 "폐", "C" 등을 첨가하여 표시한다.

9) 밸브 및 콕 조작부의 표시 방법

밸브 및 콕의 개폐 조작부의 동력 조작 또는 수동 조작의 구별을 명시할 필요가 있는 경우에는 [밸브 및 콕 조작부의 표시 방법]과 같은 그림 기호로 표시한다.

[밸브 및 콕 조작부의 표시 방법]

개폐 조작	그림 기호	비고
수동 조작	▷┬◁	수동으로 개폐를 지시할 필요가 없을 때는 조작부의 표시를 생략한다.

동력 조작		상세에 대하여 표시는 KS A3018에 따른다.

10) 계기의 표시 방법

유량계, 압력계 등의 계기를 표시하는 경우에는 관을 표시하는 선에서 분기시킨 가는 선의 끝에 원을 그려서 아래와 같이 표시한다.

계기의 측정하는 변동량 및 기능 등을 표시하는 글자 기호는 KS A 3016에 따른다. 그 보기를 참고도에 표시한다.

참고도		
⊕ P	⊕	⊕ F
압력 지시계	온도 지시계	유량 지시계

11) 기기의 표시 방법

[기기의 그림 기호]

종류	그림 기호
방열기	○━━━○
고압 증기 트랩	⊗
저압 증기 트랩	⊗
기수 분리기	⊢○━○⊣
방열기	4.2 / 2R-1700 / 25X20 4.2: 상당방열면적(m^2) 2R: 2열 1700: 유효길이(mm) 25: 유입관경(mm) 20: 유출관경(mm)

연습문제

01 강관의 표시기호 중 상수도용 도복장 강관은?
① STWW   ② SPPW
③ SPPH   ④ SPHT

1.
상수도용 도복장 강관은 관 외면을 폴리에틸렌 피복하고 관 내면은, Shot 혹은 Sand로 강관 표면의 기름, 녹, 이물질 등을 제거하고, 소정의 배합비로 희석된 도료주제와 경화제를 Airless Spray 방식으로 내면에 에폭시를 도포한 고품질의 수도용 피복강관이며 STWW로 표시한다.

02 압력 배관용 탄소강 강관의 기호는?
① SPP   ② SPPS
③ SPPH   ④ STBH

2.
강관의 명칭과 기호
* 배관용 탄소강 강관 : SPP
* 압력 배관용 탄소강 강관 : SPPS
* 고압 배관용 탄소강 강관 : SPPH
* 보일러 열교환기용 강관 : STBH

03 저온 열 교환기용 강관의 KS기호로 맞는 것은?
① STBH   ② STHA
③ SPLT   ④ STLT

3.
열교환기용 강관은 ST로 나열되므로 저온 열 교환기용 강관은 STLT로 나타내며 SPLT의 경우에는 저온 배관용 탄소강 강관으로 표기된다.

04 암모니아 냉동기의 배관에 사용할 수 없는 관은?
① 배관용 탄소강 강관
② 스테인레스관
③ 저온 배관용 강관
④ 황동관

4.
암모니아는 동 및 동합금을 부식시키므로 주로 강관을 사용한다.

정답   01 ①   02 ②   03 ④   04 ④

05 배관 및 수도용 동관의 표준 치수에서 호칭 지름은 관의 어느 지름을 기준으로 하는가?

① 유효지름
② 안지름
③ 중간지름
④ 바깥지름

5.
배관 및 수도용 동관의 경우 호칭지름은 관의 바깥지름을 기준으로 한다.

06 다음 동관 중 가장 높은 압력에서 사용되는 관은?

① K형
② L형
③ M형
④ N형

6.
동관의 높은 압력에 사용하는 순서 :
K 〉 L 〉 M 〉 N

07 다음 중 열전도율이 가장 큰 관은?

① 강관
② 알루미늄관
③ 동관
④ 연관

7.
동관은 열 전도율이 좋아 주로 열교환기에 이용된다.

08 같은 지름의 관을 직선으로 연결할 때 사용하는 배관 이음쇠가 아닌 것은?

① 소켓(socket)
② 유니언(union)
③ 벤드(bend)
④ 플랜지(flange)

8.
벤드는 유체의 흐름이 완만한 곡선을 이루는 곳에 사용한다.

09 분기관을 만들 때 사용되는 배관 부속품은?

① 유니언(union)
② 엘보(elbow)
③ 티(tee)
④ 플랜지(flange)

9.
분기관에는 타이(T), 와이(Y) 등이 사용된다.

정 답   05 ④   06 ①   07 ③   08 ③   09 ③

10 체크밸브를 나타내는 것은?

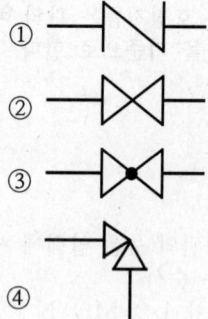

10.
① 체크 밸브,
② 슬로우스밸브,
③ 글로우브밸브,
④ 앵글밸브

11 다음 도시기호의 이음은?

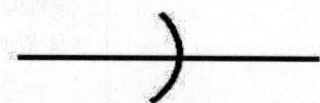

① 나사식 이음
② 용접식 이음
③ 소켓식 이음
④ 플랜지식 이음

11.

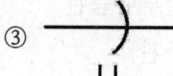

SECTION 02 배관의 이음 및 신축이음

01 신축이음(Expension Joint)

관은 온도변화에 따라 길이가 변화하여 열 응력이 생기므로 배관계에서의 열 팽창을 흡수하여 완충역할을 하기 위한 것이다.

❶ 배관계에서의 응력 발생 요인
  (1) 열 팽창에 의한 응력
  (2) 냉간 가공에 의한 가공 경화에 따른 응력
  (3) 내부 유체 압력에 의한 응력
  (4) 용접에 따른 열 응력
  (5) 배관 및 피복재의 중력에 의한 응력
  (6) 배관 내의 유체 무게에 의한 응력
  (7) 배관 부속물 및 밸브, 플랜지에 의한 응력

❷ 배관계에서의 진동 발생 요인
  (1) 펌프, 압축기의 구동에 의한 진동
  (2) 배관 내 유체의 압력 변동에 따른 유속 변화
  (3) 안전밸브의 분출에 의한 진동
  (4) 파이프 굽힘에 의한 힘의 영향에 의한 진동

❸ 신축량 및 열 응력의 계산

(1) 열 팽창량

$$\delta = \ell \times a \times \Delta t \quad \begin{cases} \delta : \text{신축 길이[mm]} \\ a : \text{열팽창률}[\, l/\text{℃}] \\ \ell : \text{전 길이[mm]} \\ \Delta t : \text{온도차[℃]} \end{cases}$$

(2) 열 팽창이 큰 금속

알루미늄 > 황동 > 연강 > 경강 > 구리

(3) 열 응력

$$\sigma = E \times a \times \Delta t$$

$\begin{cases} \sigma : 응력[kg/mm^2] \\ a : 열팽창률[1/℃] \\ E : 영률(세로\ 탄성계수)[kg/mm^2] \\ \Delta t : 온도차[℃] \end{cases}$

❹ 신축이음의 종류 및 특성

(1) 루프형(Loop type)신축이음 : 신축곡관

  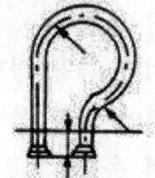 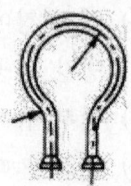

(a) 90° 곡관　　(b) 신축 리턴 밴드　(c) 편심 밴드　(d) 양쪽 굴곡
　　(1/4 밴드)　　　　　　　　　　　　　　　　　　　신축 리턴 밴드

 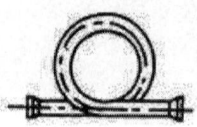  

(e) 편심 밴드　(f) 원형 곡관　(g) 리브식 밴드　(h) 한쪽 편심 U밴드
　　　　　　　　(원밴드)

[루프형 신축이음]

강관 또는 동관을 굽혀서 루프상의 곡관을 만들어 그 휨에 의해서 신축을 흡수하는 방식이다.

① 설치 장소를 많이 차지하고 신축 흡수시에 응력이 생긴다.
② 재료의 피로를 일으켜 고장이 잦다.
③ 고압에 견디므로 고온, 고압 증기의 옥외배관에 많이 쓰인다.
④ 배관 곡률반경은 관지름의 6배 이상이 이상적이다.

⑤ 배관에 주름을 주어 구부릴 경우에는 관경의 2~3배도 가능하다.

> ※ 신축 흡수량 및 강도 순서
> 루프형 > 슬립형 > 벨로스형

(2) 슬립(Slip type) 신축이음

이음 본체와 슬리브 파이프로 구성되며 최고 압력 10kg/cm² 정도의 저압 증기 배관또는 온도 변화가 심한 물, 기름, 증기 등의 배관에 사용하며 과열 증기배관에는 부적합하다.
① 설치장소를 적게 차지한다.
② 신축 흡수시 응력 발생이 없지만 곡관 부분이 있으면 비틀림으로 인한 파손 우려가 있다.
③ 장기간 사용시 패킹의 마모로 유체의 누설 우려가 있다.
④ 단식과 복식이 있다.
⑤ 신축 가능량 : 50~300mm

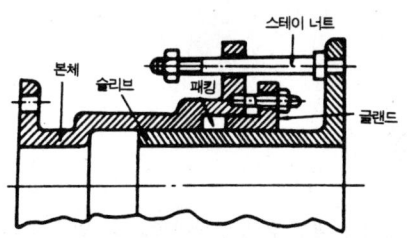

[슬리브형 신축이음쇠의 구조]

(3) 벨로스형(Bellows type) 신축이음

온도 변화에 의한 관의 신축을 벨로스(파형 주름관)의 신축변형에 의해서 흡수시키는 방식으로 팩레스(Pack less) 신축이음이라고도 한다.
① 설치장소가 작고, 신축에 따른 응력발생이 없다.
② 누설이 없다.
③ 부식 및 벨로스의 피로에 따른 파손 우려 때문에 벨로스는 스테인리스강 또는 청동으로 제조된다.

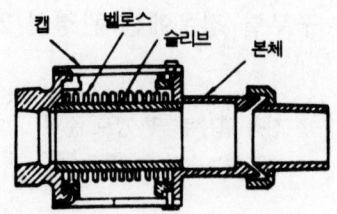

[벨로스형 신축이음쇠의 구조]

(4) 스위블형(Swivel type) 신축이음

스윙 조인트 또는 지불이음이라고도 하며, 온수 또는 저압 증기의 분기점을 2개 이상의 엘보로 연결하여 관의 신축시에 비틀림을 일으켜 신축을 흡수하여 온수 급탕배관에 주로 사용한다.

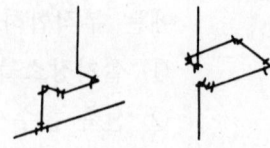

① 이음부의 나사 회전을 이용하므로 큰 신축의 흡수시는 누설 우려가 있다.
② 배관 곡부에서 유체의 압력 손실이 있다.
③ 직관 길이 30m당 만곡부는 1.5m가 필요하다.

02 배관이음

> ※ 관 이음의 설계시 내부 유체의 누설을 막기 위한 조건
> ① 접합부의 접합면은 매끈하게 다듬질하며 깨끗이 한다.
> ② 접합부의 조임은 반드시 순수하게 누르는 힘만 작용하게 한다.
> ③ 접촉면의 면적은 가급적 작게 한다.

❶ 강관의 접합법(Steel pipe connections)

강관의 접합에는 주로 나사 접합이 사용되나 대구경관은 플랜지 접합, 용접 접합 등도 많이 사용된다.

(1) 나사 이음(Screwed Joint)

관 끝부분에 관용 테이퍼 나사(테이퍼 1/16, 나사산 각도 55°)를 내고 나사 이음의 관 이음쇠를 사용하여 접합하는 방식

① 관의 실제 길이 산출

㉮ 90° 엘보 2개 사용시 관 실제 길이 산출
배관 중심간의 길이

$L = l + 2(A-a)$

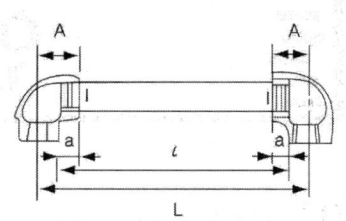

$\begin{cases} l : 관길이 \\ A : 이음쇠의 중심에서 끝면까지의 거리 \\ a : 나사가 물리는 최소 길이 \end{cases}$

㉯ 곡관의 길이 산출

$l = 2\pi R \times \dfrac{\theta}{360} = R \times \theta \times 0.01745$

$L = l + (l_1 - R) + (l_2 - R) - 2(A-a)$

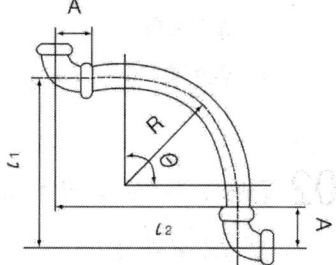

$\begin{cases} l_1, l_2 : 직선 부분의 길이 \\ l : 곡관 부분의 길이 \\ L : 절단할 관 전체의 길이 \\ \theta : 구부림 각도 \end{cases}$

연습문제

01 신축곡관이라고 통용되는 신축이음은?
① 스위블형
② 벨로즈형
③ 슬리브형
④ 루프형

1. 루프이음은 주로 고압배관에 사용하는 것으로 원형벤드, U형벤드의 종류가 있으며 이를 신축곡관이라 한다.

02 급탕배관에서 슬리브(sleeve)를 사용하는 목적은?
① 보온효과 증대
② 배관의 신축 및 보수
③ 배관 부식방지
④ 배관의 고정

2. 슬리브 신축이음
① 설치장소를 적게 차지한다.
② 신축 흡수 시 응력발생이 없지만 곡관부분이 있으면 비틀림으로 인한 파손우려가 있다.

03 두 개의 90° 엘보의 직관길이 l =262mm인 관이 그림처럼 연결되어 있다. L=300mm이고 관 규격이 20A이며 엘보의 중심에서 단면까지의 길이 A=32mm일 때 물린 부분 B의 길이는 몇 mm인가?

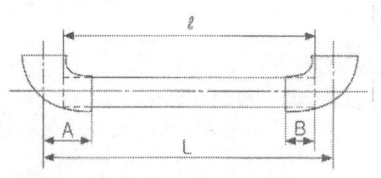

① 12　② 18
③ 14　④ 15

3. L= l +2(A-B)에서
300=262+2(32-B)
B=13mm

정답　01 ④　02 ②　03 ②　04 ③　05 ④

04 배관에서 지름이 다른 관을 연결할 때 사용하는 것은?

① 유니언　　② 니플
③ 부싱　　　④ 소켓

05 증기배관의 수평 환수관에서 관경을 축소할 때 사용하는 이음쇠로 가장 적합한 것은?

① 소켓
② 부싱
③ 동심 리듀서
④ 편심 리듀서

4.
유니언, 니플, 소켓은 동일 관경을 연결하는데, 사용하며 부싱, 레듀셔는 서로 다른 관경을 연결하는데 사용한다.

5.
편심레듀셔는 관경이 축소할 때 압력 손실을 최소화할 수 있는 장점이 있다.

정답　04 ③　05 ④

SECTION 03 밸브 및 배관지지

밸브는 밸브 본체(밸브시트, 벨브판)와 밸브실과 밸브봉 3부분으로 구성되는 것으로서 유체의 유량 조절 및 유체의 단속과 유체의 방향전환 등에 사용된다.

01 밸브의 종류별 특징

(1) 글로브 밸브(Glove valve)

옥형밸브 또는 구형밸브라 하며, 밸브의 형상이 둥글게 되어 있으며, 유체의 흐름이 S자 모형으로 되므로 유체의 흐름 저항은 크나 밸브의 리프트(양정)는 작아 개폐가 용이하므로 유량 조절에 적합하고 소형 경량이며 가격이 싸다.

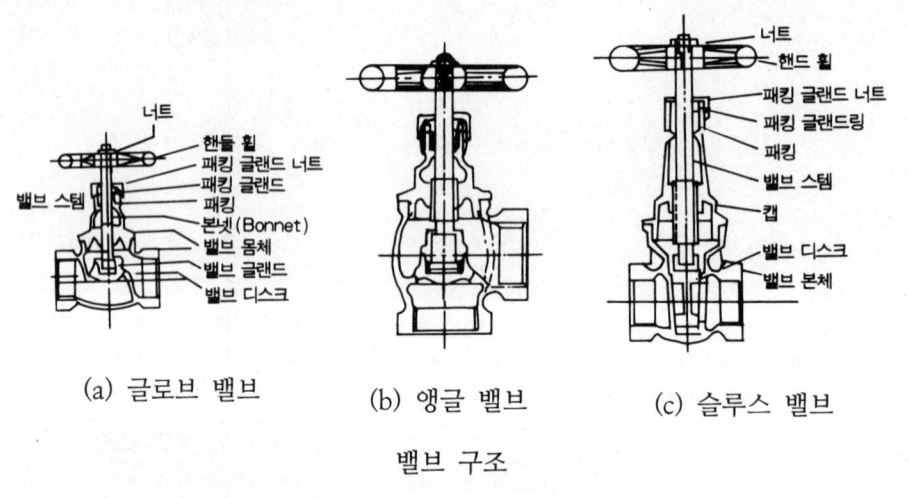

(a) 글로브 밸브   (b) 앵글 밸브   (c) 슬루스 밸브

밸브 구조

밸브 디스크 형상에 따라 ┌ 평면형, 원뿔형
                          └ 반구형, 부분원형이 있다.

- 구경 50A 이하 : 청동(포금)제 나사 이음형
- 구경 65A 이상   밸브, 밸브시트 : 포금
                     본체 : 주철제 플랜지형
- 앵글 밸브 : 유체 흐름을 직각으로 바꿀 때 사용 즉, 입구와 출구가 직각인 것
- y형 글로브 밸브 : 저항을 줄이기 위해 밸브통을 중심선에 45°~60° 경사 시킨 것 즉, 유로가 예각으로 되어 있는 밸브
- 니들 밸브 : 유량제어에 쓰이는 15~16mm의 원뿔 모양의 침으로 극히 유량이 적거나 고압일 때 유량을 조금씩 가감하는데 사용

(2) 슬루스 밸브(Sluice valve, Gate valve)

슬루스 밸브는 현재 많이 사용되는 밸브로 밸브 본체가 밸브 시트 안을 상하함으로써 개폐하는 방식으로서 밸브를 완전히 열면 밸브 본체 속은 지름과 같은 단면적이 되므로 유체 저항이 적어 마찰 손실이 매우 적다. 양정이 커서 개폐에 시간이 걸리며, 밸브를 반정도 열어 사용하면 와류가 생겨 유체의 저항이 커지고 밸브 마모 우려가 크므로 유량 조절에는 부적합하며 가격이 비싸다. 특히, 증기 배관의 횡주관에서 드레인이 고이는 곳은 슬루스 밸브가 적당하다.

① 비상승식 : 밸브 본체를 상하시키기 위한 밸브 스템의 나사가 밸브실 내에 있는 방식의 속나사식으로서 밸브 본체만 상하로 움직이며 밸브 시스템은 회전만 하고 상하로 움직이지 않는다. 65A 이상의 큰 지름에 많이 쓰며 설치 장소를 적게 차지하나 개폐 정도를 알 수 없으므로 개폐지시기가 필요하다.

② 상승식 : 밸브 스템의 나사가 밸브실 외에 있는 바깥 나사식으로 밸브 핸들을 회전시에 밸브 본체와 밸브 스템이 함께 상하로 움직이는 방식으로 50A이하에서 주로 쓰며, 밸브 스템의 상하로 개폐를 쉽게 할 수 있기 때문에 고온 고압용에 널리 쓰나 장소를 많이 차지한다.

> ※ 디스크의 구조에 따라 : 웨지 게이트 밸브, 패러렐 슬라이드 밸브, 더블 디스크 게이트 밸브 등으로 나눈다.

(3) 코크(Cock)

특징 : 구멍이 뚫린 원추를 1/4(90°) 회전함에 따라 유로가 개폐되어 유체의 흐름을 차단 또는 조절하는 밸브로 플러그 밸브라고도 한다.
① 개폐가 빠르다.
② 개폐가 빠르므로 물, 기름, 공기의 급속 개폐에 사용된다.
③ 유로의 면적과 관 단면적이 같고, 일직선이 되므로 유체 저항이 작다.
④ 구조는 간단하나 기밀성이 나쁘고, 고압 대유량에는 부적당하다.
⑤ 2방, 3방, 4방 코크 등이 있다.

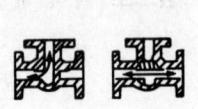  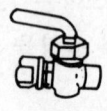 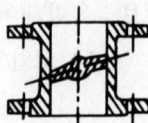

   (a) 삼방 코크   (b) 사방 코크   (c) 핸들 코크

[코크의 종류]

(4) 버터플라이 밸브(Butterfly Valve)

나비형 밸브로 원통형의 몸체 속에서 밸브 스템을 축으로 하여 원판이 회전함으로써 개폐를 행하는 것으로 사용 압력, 온도에 대한 제한이 많고 개폐쇄가 어렵다. 전개시 저항이 적고 유량 조절이 용이하며 저압의 쵬 밸브로 사용된다.

(5) 다이어프램 밸브(Diaphragm Valve)

밸브 몸통의 중앙에 원호 모양의 위어를 가지며, 내열, 내약품성의 다이어프램을 밸브시트에 밀착하여 개폐하는 밸브로 화학 약품의 차단 등에 사용하며, 유체 저항이 작다.

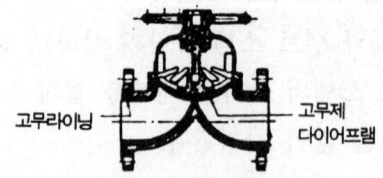

[다이어프램 밸브]

(6) 체크 밸브(Check Valve)

유체의 흐름이 한쪽으로 흐르게 하고, 역류하면 자동적으로 배압에 의하여 밸브체가 닫히며 스윙식(Swing type)과 리프트식(Lift type)이 있다.

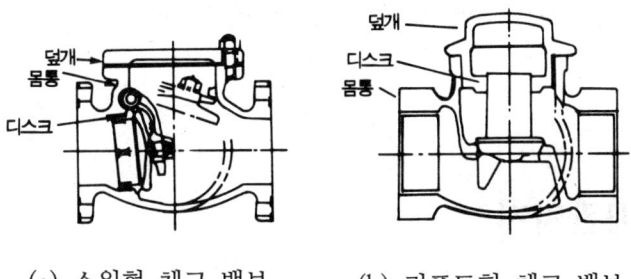

(a) 스윙형 체크 밸브　　(b) 리프트형 체크 밸브

[체크 밸브]

(7) 볼 탭(Ball Tap)

탱크의 액면 상승 또는 저하에 따라 볼(플로트)의 부력에 의해 자동적으로 밸브가 개폐되는 자동 개폐 밸브이다. 소형의 볼은 동판 또는 플라스틱제이며, 대구경은 복식으로 플랜지 달림으로 되어 있다.

(8) 볼 밸브(Ball Valve)

마개가 공모양이고 코크와 유사한 밸브로서 코크의 플러그를 볼로 바꾸고 또한 볼과 테프론링이 항상 긴밀한 접촉을 유지하므로 시트면의 손상이 적다. 고온에는 부적당하므로 주로 화학공장이나 석유공장 등에서 상온의 유체에 많이 사용된다.

(9) 감압 밸브(Reducing Valve)

자동 압력 조정 밸브로서 고압 배관과 저압 배관 사이에 설치하여서 증기 사용량이나 고압측의 압력 변동에 관계없이 밸브의 개폐를 자동으로 조절하여 저압측 압력을 항상 일정하게 유지하는 역할을 한다. 고저압의 압력비는 2:1 이내로 하며 고압이 $7kg/cm^2$ 이상이고, 고저압의 차가 2:1 이상이면 증기 유속이 커 소음이 생기고 고장의 원인이 되므로 감압밸브를 직렬로 연결한 2단 감압법을 사용한다. 밸브 작동 방법에 따라 벨로스형, 다이어프램형, 피스톤형이 있다.

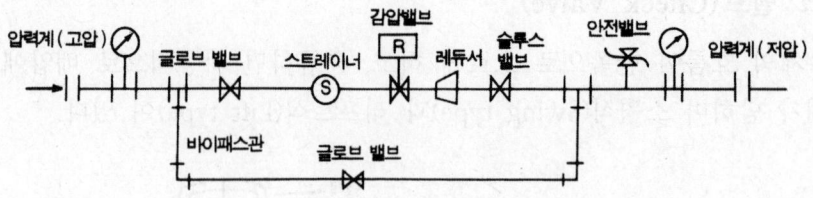

02 배관지지

배관의 길이, 중량, 신축, 유체의 이동에서 발생하는 진동에 따른 관로 중의 기기의 성능 저하 방지를 위해서 앵글, 평강, 연강, 환봉 등을 이용하여 지지한다.

■■ 사용 목적에 따른 분류

행거 및 서포트 : 배관의 중량을 지지하는데 사용한다.

리스트레인트 : 열팽창에 따른 배관의 측면 이동을 제한하는데 사용한다.

브레이스 : 기기의 진동을 억제하는데 사용한다.

(1) 행거(Hanger)

배관의 하중을 위에서 걸어당겨서 받치는 것

① 리지드 행거(Rigid Hanger) : I빔(Beam)에 턴버클을 연결하여 파이프를 달아올리는 것이며, 수직 방향에 변위가 없는 곳에 사용한다.

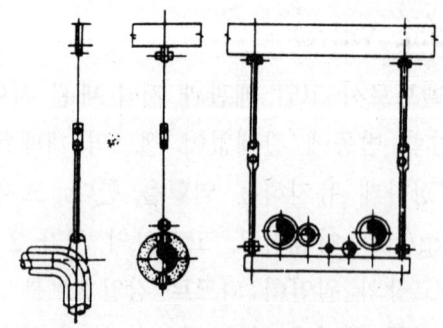

[리지드 행거]

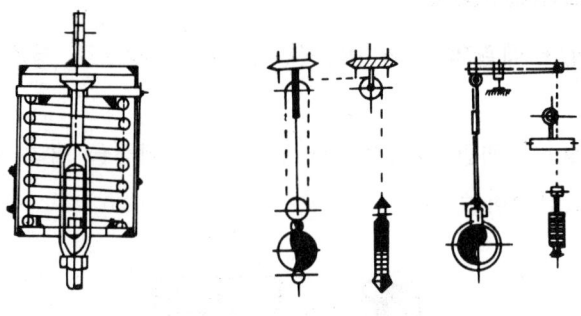

[스프링 행거]   [콘스탄트 행거]

② 스프링 행거(Spring Hanger) : 턴버클 대신에 스프링을 사용한 것이다.
③ 콘스탄트 행거(Constant Hanger) : 배관 상하 이동을 허용하면서 관의 지지력을 일정하게 한 것이다.

(2) 서포트(Support)

아래에서 위로 떠받치는 것

① 파이프 슈(Pipe Shoe) : 파이프로 직접 접속하는 지지대로서 배관의 수평 및 곡관부의 지지에 사용
② 리지드 서포트(Rigid Support) : 큰 빔 등으로 만든 배관 지지대
③ 롤러 서포트 : 관의 축방향 이동을 자유롭게 하기 위해 배관을 롤러로 지지한 것
④ 스프링 서포트 : 스프링 작용으로 파이프의 하중 변화에 따라 상하 이동을 다소 허용한 것이다.

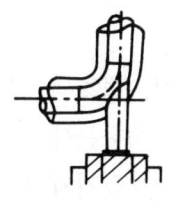
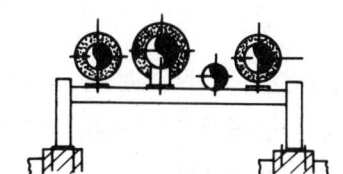
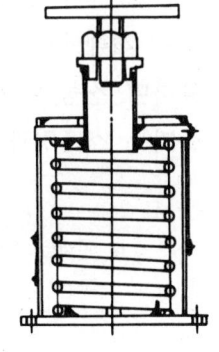

(a) 파이프슈   (b) 리지드 서포트

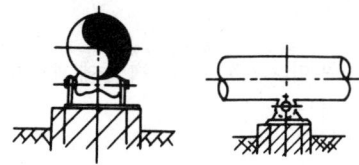

(c) 롤러 서포트   (d) 스프링 서포트

[서포트]

(3) 리스트레인트(Restraint)

열팽창에 의한 배관의 측면 이동을 제한하는 것으로 앵커, 스톱, 가이드 세 종류가 있다.

① 앵커(Anchor) : 배관 지지점에서의 이동 및 회전을 방지하기 위해 지지점 위치에 완전히 고정하는 것

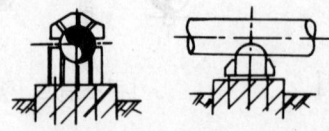

② 스톱(Stop) : 배관의 일정한 방향으로 이동과 회전만 구속하고 다른 방향으로 자유롭게 이동하는 것이다.

③ 가이드(Guide) : 배관의 회전을 제한하기 위해 사용해 왔으나 근래에는 배관계의 축방향의 이동을 허용하는 안내 역할을 하며, 축과 직각 방향으로의 이동을 구속하는데 사용된다.

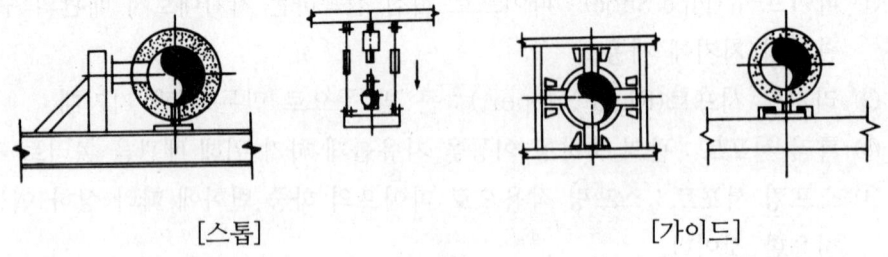

[스톱]　　　　　　　　　　　　　[가이드]

(4) 브레이스(Brace)

펌프, 압축기 등에서 발생하는 기계의 진동, 압축가스에 의한 서징, 밸브의 급격한 개폐에서 발생하는 수격 작용, 지진 등에서 발생하는 진동을 억제하는데 사용하며 진동을 완화하는 방진기와 충격을 완화하는 완충기가 있다. 방진기와 완충기는 스프링과 유압식이 있다.

> ※ 인서트 : 배관지지 금속을 장치하기 위하여 미리 천장, 바닥, 벽 등에 매립하여 두는 것으로 자재 인서트와 고정 인서트가 있다.

03 스트레이너(Strainer)

증기, 물, 기름 등의 배관에 설치되는 밸브, 펌프, 트랩 등의 기기 앞에 설치하여 관 내에 불순물을 제거하기 위해서 사용한다. 형상에 따라 Y형, U형, V형이 있다.

(1) Y형 스트레이너

45° 경사진 Y형의 본체 속에 원통형 금속망을 넣은 것으로 망의 안쪽에서 바깥쪽으로 흐르게 하여 유체의 저항을 작게 하고 아랫부분에 플러그를 설치하여 불순물을 제거하게 되어 있다. 금속망의 개구면적은 호칭 지름 단면적의 3배 정도이고, 망의 교환이 용이하다.

(2) U형 스트레이너

주철제의 본체 안에 여과망을 설치한 둥근 통을 수직으로 넣은 것으로 유체는 망의 안쪽에서 바깥쪽으로 흐른다. 유체의 흐름이 직각방향으로 바뀌므로 Y형에 비해 유체의 저항은 크나 보수 점검이 용이하다. 주로 오일 스트레이너에 사용된다.

(3) V형 스트레이너

주철제의 본체 속에 금속 여과망을 V자형으로 넣은 것으로서 구조상 유체는 본체 속을 직선으로 흐르므로 Y형, U형보다 유체의 저항이 작으며 여과망의 교환, 점검이 용이하다.

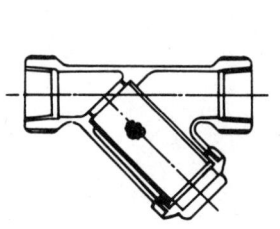 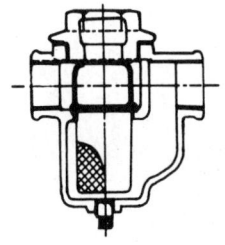 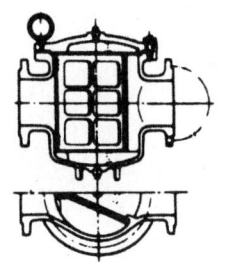

(a) Y형 스트레이너   (b) U형 스트레이너   (c) V형 스트레이너 단면도

[스트레이너 종류]

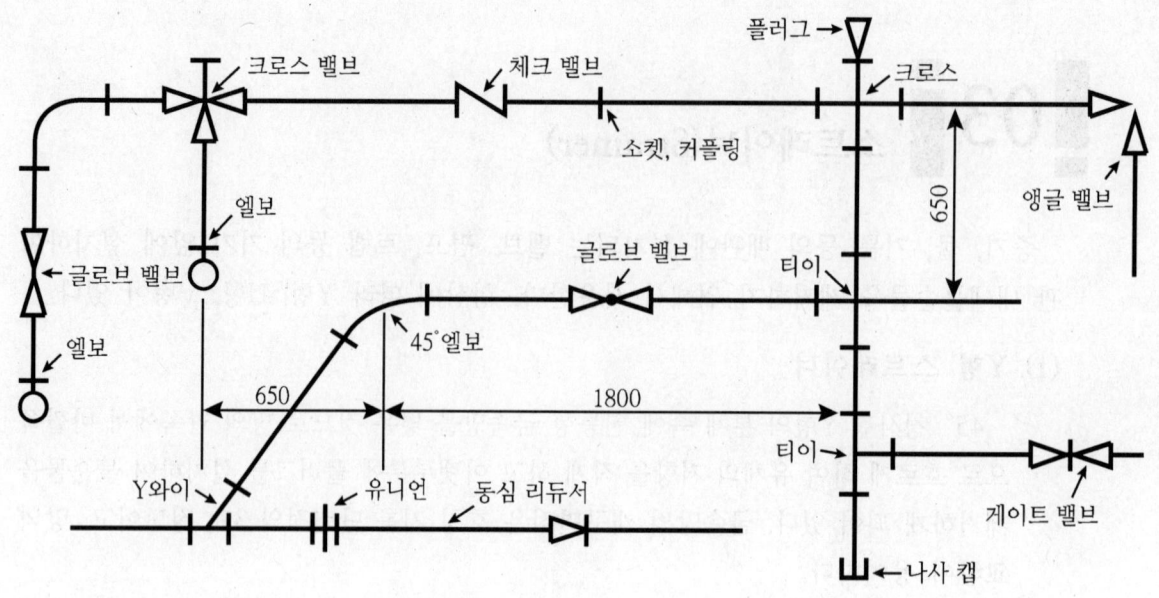

연습문제

01 다음 그림 기호 중 게이트밸브를 표시한 것은?

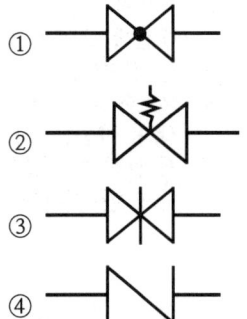

1.
① 글로우브 밸브
② 스프링식 안전밸브
④ 체크밸브

02 유체의 입구와 출구방향이 직각으로 되어 있어 유체의 흐름방향을 90° 변환시키는 밸브는?

① 앵글밸브
② 게이트밸브
③ 첵밸브
④ 볼밸브

2.
90° 변환에는 앵글밸브를 사용한다.

03 역지밸브(check valve)에 대한 기술이다. 틀린 것은?

① 관내유체의 흐름을 일정한 방향으로 유지하기 위하여 사용한다.
② 스윙형, 리프트형, 풋형 등이 있다.
③ 구조에 따라 수평관, 수직관에 사용할 수 있다.
④ 필요할 때 수동으로 개폐하여야 한다.

3.
스윙형은 수평, 수직배관 모두에 사용 가능하며 리프트형은 수평배관에 사용하여야 하며 수동개폐는 하여서는 안된다.

정답   01 ③   02 ①   03 ④

04 배관지지 장치에서 수직방향 변위가 없는 곳에 사용되는 행거는 어느 것인가?

① 리지드 행거
② 콘스턴트 행거
③ 가이드 행거
④ 스프링 행거

4.
행거의 종류
(1) 리지드 행거 : 1빔에 턴버클을 연결하여 파이프를 달아 올리는 것이며, 수직방향에 변위가 없는 곳에 사용한다.
(2) 스프링 행거 : 턴버클 대신에 스프링을 사용한 것이다.
(3) 콘스탄트 행거 : 배관 상하 이동을 허용하면서 관의 지지력을 일정하게 한 것이다.

정답   04 ①

PART 07
기출문제

2017.05.07	건설기계설비기사	2019.03.03	건설기계설비기사
2018.03.04	건설기계설비기사	2020.06.06	건설기계설비기사
2018.04.28	건설기계설비기사	2020.08.22	건설기계설비기사

건설기계 설비기사

2017. 05. 07.

1과목 : 재료역학

01 공칭응력(Nominal Stress : σ_n)과 진응력(True Stress : σ_t) 사이의 관계식으로 옳은 것은?
(단, ε_n은 공칭변형률(Nominal Strain), ε_t는 진변형률(True Strain)이다.)

① $\sigma_t = \sigma_n(1+\varepsilon_t)$
② $\sigma_t = \sigma_n(1+\varepsilon_n)$
③ $\sigma_t = \ln(1+\sigma_n)$
④ $\sigma_t = \ln(\sigma_n+\varepsilon_n)$

1.
$$\varepsilon_t = \int_{l_1}^{l_2}\frac{dl}{l} = \ln l_2 - \ln l_1 = \ln\frac{l_2}{l_1}$$
$$= \ln\frac{l_1+\delta}{l_1} = \ln(1+\varepsilon_n)$$

$A_1 l_1 = A_2 l_2$라 하면
$$\sigma_t = \frac{P}{A_2} = \frac{Pl_2}{l_1 A_1} = \sigma_n\frac{l_2}{l_1} = \sigma_n\left(\frac{l_1+\delta}{l_1}\right)$$
$$= \sigma_n(1+\varepsilon_n)$$

02 그림과 같이 전체 길이가 $3L$인 외팔보에 하중 P가 B점과 C점에 작용할 때 자유단 B에서의 처짐량은?
(단, 보의 굽힘강성 EI는 일정하고, 자중은 무시한다.)

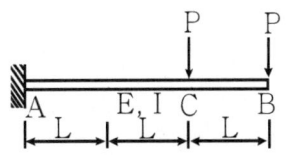

① $\dfrac{35PL^3}{3EI}$
② $\dfrac{37PL^3}{3EI}$
③ $\dfrac{41PL^3}{3EI}$
④ $\dfrac{44PL^3}{3EI}$

2.

$$\delta_1 = \frac{1}{EI}A_M\overline{x}$$
$$= \frac{1}{EI}2PL\times\frac{2L}{2}\times\left(L+\frac{2L2}{3}\right)$$
$$= \frac{1}{2I}2PL^2\times\frac{7L}{3} = \frac{14}{3}\frac{PL^3}{EI}$$

$$\delta_2 = \frac{P(3L)^3}{3EI} = \frac{27PL^3}{3EI}$$

$$\delta_1+\delta_2 = \frac{14PL^3}{3EI}+\frac{27PL^3}{3EI} = \frac{41PL^3}{3EI}$$

정답 01 ② 02 ③

03 그림과 같은 단순보에서 전단력이 0이 되는 위치는 A지점에서 몇 m 거리에 있는가?

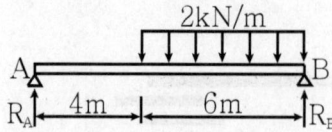

① 4.8
② 5.8
③ 6.8
④ 7.8

3.
$R_A = \dfrac{2 \times 6 \times 3}{10} = 3.6$
$x = \dfrac{3.6}{2} + 4 = 5.8$

04 직경 d, 길이 l인 봉의 양단을 고정하면 단면 $m-n$의 위치에 비틀림모멘트 T를 작용시킬 때 봉의 A부분에 작용하는 비틀림 모멘트는?

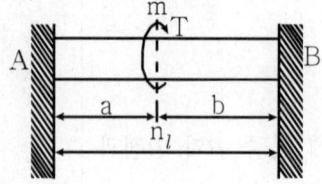

① $T_A = \dfrac{a}{l+a}T$
② $T_A = \dfrac{a}{a+a}T$
③ $T_A = \dfrac{b}{a+b}T$
④ $T_A = \dfrac{a}{l+b}T$

정답   03 ②   04 ③

05 오일러의 좌굴 응력에 대한 설명으로 틀린 것은?

① 단면 회전반경의 제곱에 비례한다.
② 길이의 제곱에 반비례한다.
③ 세장비의 제곱에 비례한다.
④ 탄성계수에 비례한다.

5.
$$\sigma = \frac{n\pi^2 E}{\lambda^2}$$
세장비의 제곱에 반비례한다.

06 그림과 같은 직사각형 단면의 보에 $P=4$kN의 하중이 $10°$ 경사진 방향으로 작용한다. A점에서의 길이 방향의 수직응력을 구하면 약 몇 MPa인가?

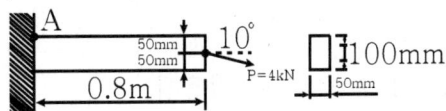

① 3.89
② 5.67
③ 0.79
④ 7.46

6.
$\sigma_1 = \frac{4000\cos 10}{50 \times 100} = 0.788 MPa$

$\sigma_2 = \frac{6 \times P \sin 10 \times 800}{50 \times 100^2}$

$= \frac{6 \times 4000 \times \sin 10 \times 800}{50 \times 100^2}$

$= 6.668 MPa$

$\sigma = \sigma_1 + \sigma_2 = 0.788 + 6.668$

$= 7.456 MPa$

07 세로탄성계수가 210GPa인 재료에 200MPa의 인장응력을 가했을 때 재료 내부에 저장되는 단위 체적당 탄성변형에너지는 약 몇 N·m/m³인가?

① 95.238
② 95238
③ 18.538
④ 185380

7.
$u = \frac{\sigma^2}{2E} = \frac{(200 \times 10^6)^2}{2 \times 210 \times 10^9}$

$= 95238 N \cdot m/m^3$

정답 05 ③ 06 ④ 07 ②

08 그림과 같이 강선이 천장에 매달려 100kN의 무게를 지탱하고 있을 때, AC 강선이 받고 있는 힘은 약 몇 kN인가?

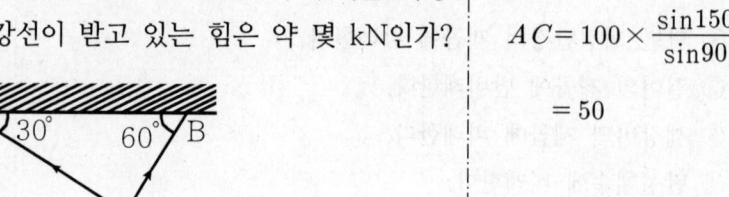

① 30
② 40
③ 50
④ 60

8.
$$AC = 100 \times \frac{\sin 150}{\sin 90}$$
$$= 50$$

09 길이 15m, 봉의 지름 10mm인 강봉에 $P=8$kN을 작용시킬 때 이 봉의 길이방향 변형량은 약 몇 cm인가?
(단, 이 재료의 세로탄성계수는 210GPa이다.)

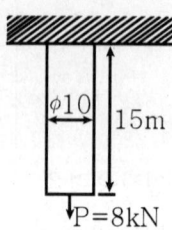

① 0.52
② 0.64
③ 0.73
④ 0.85

9.
$$\delta = \frac{Pl}{AE}$$
$$= \frac{4 \times 8000 \times 15}{\pi 0.01^2 \times 210 \times 10^9} \times 100$$
$$= 0.728 cm$$

정답 08 ③ 09 ③

10 그림과 같은 단순보(단면 8cm×6cm)에 작용하는 최대 전단응력은 몇 kPa인가?

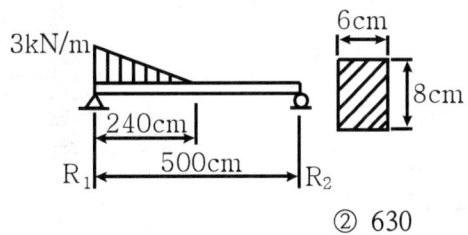

① 315
② 630
③ 945
④ 1260

10.
$$R_A = \frac{3 \times 2.4 \times \frac{1}{2} \times \left(5 - 2.4 \times \frac{1}{3}\right)}{5}$$
$$= 3.024 kN$$
$$\tau = \frac{3V}{2A} = \frac{3}{2}\frac{3.024}{0.06 \times 0.08} = 945 kPa$$

11 다음 막대의 z 방향으로 80kN의 인장력이 작용할 때 x방향의 변형량은 몇 μm인가?
(단, 탄성계수 $E=200$GPa, 포아송 비 $v=0.32$, 막대 크기, $x=100mm$, $y=50mm$, $z=1.5m$이다.)

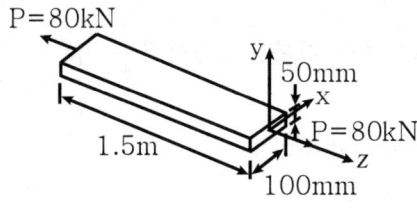

① 2.56
② 25.6
③ -2.56
④ -25.6

11.
$$\delta_z = \frac{l_x}{E}(\sigma_x - \mu\sigma_y)$$
$$= \frac{l_x}{E}(0 - \mu\sigma_y)$$
$$= \frac{0.1}{200 \times 10^9}\left(-0.32 \times \frac{80 \times 10^3}{0.1 \times 0.05}\right) \times 10^6$$
$$= -2.56\mu m$$

12 두께 1cm, 지름 25cm의 원통형 보일러에 내압이 작용하고 있을 때, 면 내 최대 전단응력이 -62.5MPa이었다면 내압 P는 몇 MPa인가?

① 5
② 10
③ 15
④ 20

12.
$$\tau = \frac{\sigma_y - \sigma_x}{2} = \frac{1}{2}\left(\frac{PD}{4t} - \frac{PD}{2t}\right)$$
$$= \frac{-PD}{8t}$$에서
$$P = \frac{8t\tau}{D} = \frac{8 \times 10 \times 62.5}{250} = 20$$

정답 10 ③ 11 ③ 12 ④

13 그림과 같은 일단고정 타단지지보의 중앙에 $P=4800$N의 하중이 작용하면 지지점의 반력(R_B)은 약 몇 kN인가?

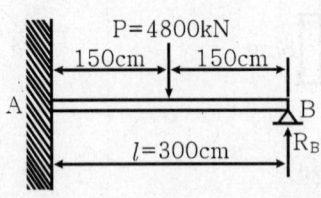

① 3.2
② 2.6
③ 1.5
④ 1.2

13.

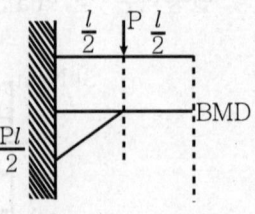

$\delta_1 = \dfrac{1}{EI} A_m \bar{x}$

$= \dfrac{1}{EI} \dfrac{Pl}{2} \times \dfrac{l}{2} \times \left(\dfrac{l}{2} + \dfrac{l}{2}\dfrac{2}{3}\right)$

$= \dfrac{5Pl^3}{48EI}$

$\dfrac{5Pl^3}{48EI} = \dfrac{R_B l^3}{3EI}$ 에서

$R_B = \dfrac{5P}{16} = \dfrac{5 \times 4.8}{16} = 1.5 kN$

14 동일한 전단력이 작용할 때 원형 단면 보의 지름을 d에서 $3d$로 하면 최대 전단응력의 크기는?
(단, τ_{max}는 지름이 d일 때의 최대전단응력이다.)

① $9\tau_{max}$

② $3\tau_{max}$

③ $\dfrac{1}{3}\tau_{max}$

④ $\dfrac{1}{9}\tau_{max}$

14.
$\tau = \dfrac{4}{3} \dfrac{V}{A} = \dfrac{4}{3} \dfrac{4V}{\pi d^2}$

$= \dfrac{4}{3} \dfrac{4V}{\pi (3d)^2}$

$= \dfrac{1}{9} \tau_{max}$

정답 13 ③ 14 ④

15 그림과 같이 단순화한 길이 1m의 차축 중심에 집중하중 100kN이 작용하고, 100rpm으로 400kW의 동력을 전달할 때 필요한 차축의 지름은 최소 몇 cm인가?
(단, 축의 허용 굽힘응력은 85MPa로 한다.)

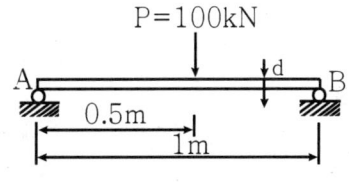

① 4.1
③ 12.3
② 8.1
④ 16.3

15.
$$M = \frac{Pl}{4} = \frac{100 \times 1}{4}$$
$$= 25 kN \cdot m$$
$$T = \frac{60 \cdot kW}{2\pi N} = \frac{60 \times 400}{2\pi \times 100}$$
$$= 38.2 kN \cdot m$$
$$M_e = \frac{1}{2}(M + \sqrt{M^2 + T^2})$$
$$= \frac{1}{2}(25 + \sqrt{25^2 + 38.2^2})$$
$$= 35.327 kN \cdot m$$
$$d = \sqrt[3]{\frac{32 M_e}{\pi \sigma}} = \sqrt[3]{\frac{32 \times 35.327}{\pi \times 85 \times 10^3}} \times 100$$
$$= 16.18 cm$$

16 그림과 같이 한 변의 길이가 d인 정사각형 단면의 Z-Z축에 관한 단면계수는?

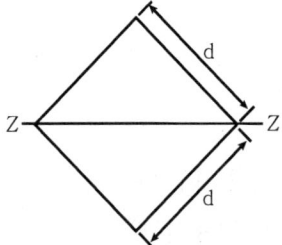

① $\dfrac{\sqrt{2}}{6}d^3$
③ $\dfrac{d^3}{24}$
② $\dfrac{\sqrt{2}}{12}d^3$
④ $\dfrac{\sqrt{2}}{24}d^3$

16.
$$I = \frac{d^4}{12}$$
$$Z = \frac{I}{y} = \frac{d^4}{12 d \cos 45°} = \frac{\sqrt{2}}{12}d^3$$

정답 15 ④   16 ②

17 그림과 같은 부정정보의 전 길이에 균일 분포하중이 작용할 때 전단력이 0이 되고 최대 굽힘모멘트가 작용하는 단면은 B단에서 얼마나 떨어져 있는가?

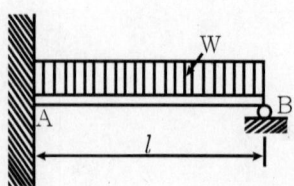

① $\dfrac{2}{3}l$　　② $\dfrac{3}{8}l$

③ $\dfrac{5}{8}l$　　④ $\dfrac{3}{4}l$

18 J를 극단면 2차 모멘트, G를 전단탄성계수, l을 축의 길이, T를 비틀림모멘트라 할 때 비틀림각을 나타내는 식은?

① $\dfrac{l}{GT}$　　② $\dfrac{TJ}{Gl}$

③ $\dfrac{Jl}{GT}$　　④ $\dfrac{Tl}{GJ}$

19 그림과 같은 직사각형 단면을 갖는 단순지지보에 3kN/m의 균일분포하중과 축방향으로 50kN의 인장력이 작용할 때 단면에 발생하는 최대 인장응력은 약 몇 MPa인가?

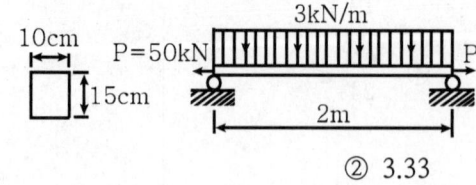

① 0.67　　② 3.33
③ 4　　④ 7.33

20 정사각형의 단면을 가진 기둥에 $P=80$kN의 압축하중이 작용할 때 6MPa의 압축응력이 발생하였다면 단면 한 변의 길이는 몇 cm인가?

① 11.5　　　　② 15.4
③ 20.1　　　　④ 23.1

2과목: 기계열역학

21 출력 10000kW의 터빈 플랜트의 시간당 연료소비량이 5000kg/h이다. 이 플랜트의 열효율은 약 몇 %인가? (단, 연료의 발열량은 3440kJ/kg이다.)

① 25.4%　　　② 21.5%
③ 10.9%　　　④ 40.8%

22 역 Carnot Cycle로 300K와 240K 사이에서 작동하고 있는 냉동기가 있다. 이 냉동기의 성능계수는?

① 3　　　　② 4
③ 5　　　　④ 6

23 보일러 입구의 압력이 9800kN/m²이고, 응축기의 압력이 4900N/m² 일 때 펌프가 수행한 일은 약 몇 kJ/kg인가? (단, 물의 비체적은 0.001m³/kg이다.)

① 9.79　　　　② 15.17
③ 87.25　　　④ 180.52

정답　20 ①　21 ②　22 ②　23 ①

24 다음 온도에 관한 설명 중 틀린 것은?

① 온도는 뜨겁거나 차가운 정도를 나타낸다.
② 열역학 제0법칙은 온도 측정과 관계된 법칙이다.
③ 섭씨온도는 표준 기압하에서 물의 어는 점과 끓는 점을 각각 0과 100으로 부여한 온도 척도이다.
④ 화씨온도 F와 절대온도 K 사이에는 $K = F+273.15$의 관계가 성립한다.

25 10kg의 증기가 온도 50℃, 압력 38kPa, 체적 7.5m³일 때 총 내부 에너지는 6700kJ이다. 이와 같은 상태의 증기가 가지고 있는 엔탈피는 약 몇 kJ인가?

① 606　　② 1794
③ 3305　　④ 6985

25.
$\triangle H = \triangle U + \triangle PV$
$= 6700 + 38 \times 7.5$
$= 6985 kJ$

26 밀폐계에서 기체의 압력이 100kPa으로 일정하게 유지되면서 체적이 1m³에서 2m³로 증가되었을 때 옳은 설명은?

① 밀폐계의 에너지 변화는 없다.
② 외부로 행한 일은 100kJ이다.
③ 기체가 이상기체라면 온도가 일정하다.
④ 기체가 받은 열은 100kJ이다.

26.
$W = P(V_2 - V_1)$
$= 100 \times (2-1)$
$= 100 kJ$

정답　24 ④　25 ④　26 ②

27 열역학 제2법칙과 관련된 설명으로 옳지 않은 것은?

① 열효율이 100%인 열기관은 없다.
② 저온 물체에서 고온 물체로 열은 자연적으로 전달되지 않는다.
③ 폐쇄계와 그 주변계가 열교환이 일어날 경우 폐쇄계와 주변계 각각의 엔트로피는 모두 상승한다.
④ 동일한 온도 범위에서 작동되는 가역 열기관은 비가역 열기관보다 열효율이 높다.

28 오토(Otto) 사이클에 관한 일반적인 설명 중 틀린 것은?

① 불꽃 점화 기관의 공기 표준 사이클이다.
② 연소과정을 정적 가열과정으로 간주한다.
③ 압축비가 클수록 효율이 높다.
④ 효율은 작업기체의 종류와 무관하다.

28.
실제 오토사이클은 작업기체의 종류에 따라 발열열량과 방출열량이 변화한다.

29 다음 중 정확하게 표기된 SI 기본단위(7가지)의 개수가 가장 많은 것은?
(단, SI 유도단위 및 그 외 단위는 제외한다.)

① A, cd, ℃, kg, m, Mol, N, s
② cd, J, K, kg, m, Mol, Pa, s
③ A, J, ℃, kg, km, mol, S, W
④ K, kg, km, mol, N, Pa, S, W

29.
SI 기본단위
kg_m, m, sec, K(온도), mol, cd, A(전류)

정답 27 ③ 28 ④ 29 ②

30 8℃의 이상기체를 가역단열 압축하여 그 체적을 1/5로 하였을 때 기체의 온도는 약 몇 ℃인가?
(단, 이 기체의 비열비는 1.4이다.)

① -125℃
② 294℃
③ 222℃
④ 262℃

30.
$$T_2 = T_1\left(\frac{V_1}{V_2}\right)^{K-1}$$
$$= (8+273)(5)^{1.4-1}$$
$$= 534.9K = 261.9℃$$

31 그림의 랭킨 사이클(온도(T)-엔트로피(s)선도)에서 각각의 지점에서 엔탈피는 표와 같을 때 이 사이클의 효율은 약 몇 %인가?

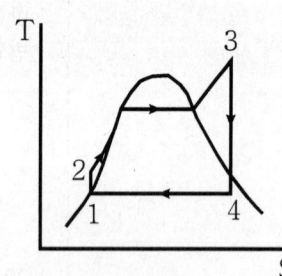

구분	엔탈피(kJ/kg)	구분	엔탈피(kJ/kg)
1지점	185	3지점	3100
2지점	210	4지점	2100

① 33.7% ② 28.4%
③ 25.2% ④ 22.9%

31.
$$\eta = \frac{h_3 - h_4 - (h_2 - h_1)}{h_3 - h_1 - (h_2 - h_1)} \times 100$$
$$= \frac{3100 - 2100 - (210 - 185)}{3100 - 185 - (210 - 185)} \times 100$$
$$= 33.73\%$$

정답 30 ④ 31 ①

32 압력이 10^6N/m^2, 체적이 1m^3인 공기가 압력이 일정한 상태에서 400kJ의 일을 하였다. 변화 후의 체적은 약 몇 m^3인가?

① 1.4
② 1.0
③ 0.6
④ 0.4

32.
$$V_2 = V_1 = \frac{W}{P}$$
$$= 1 + \frac{400}{10^3} = 1.4$$

33 온도 15℃, 압력 100kPa 상태의 체적이 일정한 용기 안에 어떤 이상 기체 5kg이 들어 있다. 이 기체가 50℃가 될 때까지 가열되는 동안의 엔트로피 증가량은 약 몇 kJ/K인가? (단, 이 기체의 정압비열과 정적비열은 각각 1.001kJ/(kg·K), 0.7171kJ/(kg·K)이다.)

① 0.411
② 0.486
③ 0.575
④ 0.732

33.
$$\triangle S = mC_v \ln\frac{T_2}{T_1}$$
$$= 5 \times 0.7171 \ln\frac{50+273}{15+273}$$
$$= 0.411$$

34 저열원 20℃와 고열원 700℃ 사이에서 작용하는 카르노 열기관의 열효율은 약 몇 %인가?

① 30.1%
② 69.9%
③ 52.9%
④ 74.1%

34.
$$\eta = 1 - \frac{20+273}{700+273}$$
$$= 0.699 = 69.9\%$$

정답 32 ① 33 ① 34 ②

35 열교환기를 흐름 배열(Flow Arrangement)에 따라 분류할 때 그림과 같은 형식은?

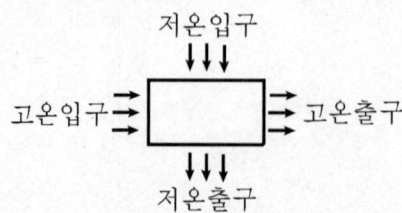

① 평행류
② 대향류
③ 병행류
④ 직교류

36 어느 증기터빈에 0.4kg/s로 증기가 공급되어 260kW의 출력을 낸다. 입구의 증기 엔탈피 및 속도는 각각 3000kJ/kg, 720m/s, 출구의 증기 엔탈피 및 속도는 각각 2500kJ/kg, 120m/s이면, 이 터빈의 열손실은 약 몇 kW가 되는가?

① 15.9
② 40.8
③ 20.0
④ 104

36.
$Q = m(h_2 - h_1) + \dfrac{m(V_2^2 - V_1^2)}{2 \times 1000} + W_t$

$= 0.4(2500 - 3000) + \dfrac{0.4(120^2 - 720^2)}{2 \times 1000} + 260$

$= 40.8 kW$

37 100kPa, 25℃ 상태의 공기가 있다. 이 공기의 엔탈피가 298.612kJ/kg이라면 내부에너지는 약 몇 kJ/kg인가? (단, 공기의 분자량 28.97인 이상기체로 가정한다.)

① 213.05kJ/kg
② 241.07kJ/kg
③ 298.15kJ/kg
④ 383.72kJ/kg

37.
$\triangle U = \triangle H - PV$

$= H - mRT$

$= 298.615 - 1 \times \dfrac{8.312}{28.97} \times (25 + 273)$

$= 213.11$

정답 35 ④ 36 ② 37 ①

38 그림과 같이 상태 1, 2사이에서 계가 1 → A → 2 → B → 1과 같은 사이클을 이루고 있을 때, 열역학 제 1법칙에 가장 적합한 표현은?

(단, 여기서 Q는 열량, W는 계가 하는 일, U는 내부에너지를 나타낸다.)

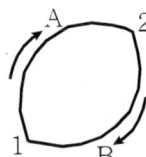

① $dU = \delta Q + \delta W$
② $\triangle U = Q - W$
③ $\oint \delta Q = \oint \delta W$
④ $\oint \delta Q = \oint \delta U$

39.
$$\begin{aligned}Q &= \int m C_p dT \\ &= \int m (1.01 + 0.000079\,T) dT \\ &= m \left[1.01 T + 0.000079 \frac{T^2}{2} \right]_0^{100} \\ &= 5 \left(1.01 \times 100 + 0.000076 \times \frac{100^2}{2} \right) \\ &= 506.98 \end{aligned}$$

39 압력이 일정할 때 공기 5kg을 0℃에서 100℃까지 가열하는 데 필요한 열량은 약 몇 kJ인가?

(단, 비열(C_p)은 온도 T(℃)에 관계한 함수로 C_p(kJ/(kg·℃))=1.01+0.00079×T이다.)

① 368 ② 436
③ 480 ④ 507

40 다음 중 비가역 과정으로 볼 수 없는 것은?
① 마찰 현상
② 낮은 압력으로의 자유 팽창
③ 등온 열전달
④ 상이한 조성물질의 혼합

40.
온도 변화 없는 열전달은 비가역과정에서 불가능하다.

정답   38 ③   39 ④   40 ③

3과목: 기계유체역학

41 압력 용기에 장착된 게이지 압력계의 눈금이 400kPa을 나타내고 있다. 이때 실험실에 놓인 수은 기압계에서 수은의 높이가 750mm이었다면 압력 용기의 절대압력은 약 몇 kPa인가? (단, 수은의 비중은 13.6이다.)

① 300 ② 500
③ 410 ④ 620

41.
$P = 400 + 9.8 \times 13.6 \times \dfrac{750}{1000}$

$= 500 kPa$

42 점성계수의 차원으로 옳은 것은?
(단, F는 힘, L은 길이, T는 시간의 차원이다.)

① FLT^{-2}
② FL^2T
③ $FL^{-1}T^{-1}$
④ $FL^{-2}T$

42.
$\mu = \dfrac{\tau y}{u} = \dfrac{NmS}{m^2 m}$

$= \dfrac{NS}{m^2}[FL^{-2}T]$

43 정상 2차원 속도장 $\vec{V} = 2x\vec{i} - 2y\vec{j}$ 내의 한 점 (2, 3)에서의 유선의 기울기 $\dfrac{dy}{dx}$는?

① $\dfrac{-3}{2}$
② $\dfrac{-2}{3}$
③ $\dfrac{2}{3}$
④ $\dfrac{3}{2}$

43.
유선 방정식
$\dfrac{u}{dx} = \dfrac{v}{dy}$

$\dfrac{dy}{dx} = \dfrac{v}{u} = \dfrac{-2y}{2x}$

$= \dfrac{-2 \times 3}{2 \times 2} = \dfrac{-3}{2}$

정답 41 ② 42 ④ 43 ①

44 스프링클러의 중심축을 통해 공급되는 유량은 총 3L/s이고 네 개의 회전이 가능한 관을 통해 유출된다. 출구 부분은 접선 방향과 30°의 경사를 이루고 있고 회전 반지름은 0.3m이며 각 출구 지름은 1.5cm로 동일하다. 작동 과정에서 스프링클러의 회전에 대한 저항토크가 없을 때 회전 각속도는 약 몇 rad/s인가?
(단, 회전축상의 마찰은 무시한다.)

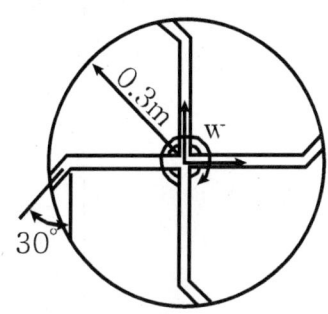

① 1.225
② 42.4
③ 4.24
④ 12.25

45 평판 위의 경계층 내에서의 속도분포(u)가 $\frac{u}{U} = \left(\frac{y}{\delta}\right)^{1/7}$일 때 경계층 배제두께(Boundary Layer Displacement ThickNess)는 얼마인가?
(단, y는 평판에서 수직한 방향으로의 거리이며, U는 자유유동의 속도로, δ는 경계층의 두께이다.)

① $\frac{\delta}{8}$
② $\frac{\delta}{7}$
③ $\frac{6}{7}\delta$
④ $\frac{7}{8}\delta$

정답 44 ④ 45 ①

46 5℃의 물 (밀도 1000kg/m³, 점성계수 1.5×10^{-3} kg/(m·s))이 안지름 3mm, 길이 9m인 수평 파이프 내부를 평균속도 0.9m/s로 흐르게 하는 데 필요한 동력은 약 몇 W인가?

① 0.14 ② 0.28
③ 0.42 ④ 0.58

46.
$Re = \dfrac{\rho Vd}{\mu}$

$= \dfrac{1000 \times 0.9 \times 0.003}{1.5 \times 10^{-3}}$

$= 1800$(층류)

$f = \dfrac{64}{Re} = \dfrac{64}{1800} = 0.036$

$H = f\dfrac{l}{d}\dfrac{V^2}{2g}$

$= 0.036 \times \dfrac{9}{0.003} \times \dfrac{0.9^2}{2 \times 9.8}$

$= 4.46$

$\gamma QH = 9800 \times \dfrac{\pi \times 0.003^2}{4} \times 0.9 \times 4.46$

$= 0.278 W$

47 2m/s의 속도로 물이 흐를 때 피토관 수두 높이 h는?

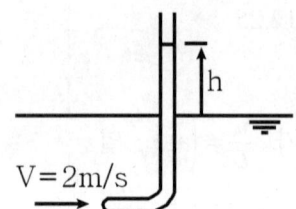

① 0.053m ② 0.102m
③ 0.204m ④ 0.412m

47.
$h = \dfrac{V^2}{2g} = \dfrac{2^2}{2 \times 9.8} = 0.204 m$

48 동점성계수가 $0.1 \times 10^2 m^2/s$인 유체가 안지름 10cm인 원관 내에 1m/s로 흐르고 있다. 관마찰계수가 0.022이며 관의 길이가 200m일 때의 손실수두는 약 몇 m인가?
(단, 유체의 비중량은 9800N/m³이다.)

① 22.2 ② 11.0
③ 6.58 ④ 2.24

48.
$H = f\dfrac{l}{d}\dfrac{V^2}{2g}$

$= 0.022 \times \dfrac{200}{0.1} \times \dfrac{1^2}{2 \times 9.8}$

$= 2.24 m$

정답 46 ② 47 ③ 48 ④

49 그림과 같이 반지름 R인 원추와 평판으로 구성된 점도측정기(Cone And Plate Viscometer)를 사용하여 액체시료의 점성계수를 측정하는 장치가 있다. 위쪽의 원추는 아래쪽 원판과의 각도를 0.5° 미만으로 유지하고 일정한 각속도 ω로 회전하고 있으며 갭 사이를 채운 유체의 점도는 위 평판을 정상적으로 돌리는 데 필요한 토크를 측정하여 계산한다. 여기서 갭 사이의 속도 분포가 반지름 방향 길이에 선형적일 때, 원추의 밑면에 작용하는 전단응력의 크기에 관한 설명으로 옳은 것은?

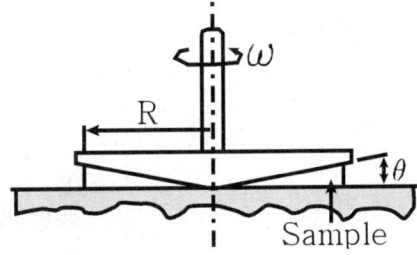

① 전단응력의 크기는 반지름 방향 길이에 관계없이 일정하다.
② 전단응력의 크기는 반지름 방향 길이에 비례하여 증가한다.
③ 전단응력의 크기는 반지름 방향 길이의 제곱에 비례하여 증가한다.
④ 전단응력의 크기는 반지름 방향 길이의 1/2승에 비례하여 증가한다.

정답 49 ①

50 그림과 같이 폭이 2m, 길이가 3m인 평판이 물속에 수직으로 잠겨있다. 이 평판의 한쪽 면에 작용하는 전체 압력에 의한 힘은 약 얼마인가?

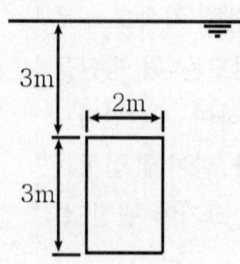

① 88kN
② 176kN
③ 265kN
④ 353kN

50.
$F = rh_c A$
$= 9.8 \times (3+1.5) \times 3 \times 2$
$= 264.6 kN$

51 다음 중 2차원 비압축성 유동이 가능한 유동은 어떤 것인가?
(단, u는 x방향 속도 성분이고, v는 y방향 속도 성분이다.)

① $u = x^2 - y^2, v = -2xy$
② $u = 2x^2 - y^2, v = -4xy$
③ $u = x^2 + y^2, v = 3x^2 - 2y^2$
④ $u = 2x - 3xy, v = -4xy + 3y$

51.
2차원 비압축성 연속방정식
$\dfrac{\partial u}{\partial x} + \dfrac{\partial v}{\partial y} = 0$

① $\dfrac{\partial u}{\partial x} = 2x, \dfrac{\partial v}{\partial y} = -2x$

② $\dfrac{\partial u}{\partial x} = 4x, \dfrac{\partial v}{\partial y} = 4x$

③ $\dfrac{\partial u}{\partial x} = 2x, \dfrac{\partial v}{\partial y} = -4y$

④ $\dfrac{\partial u}{\partial x} = 2 + 3y, \dfrac{\partial v}{\partial y} = -4x + 3$

52 다음 변수 중에서 무차원 수는 어느 것인가?

① 가속도
② 동점성계수
③ 비중
④ 비중량

52.
① 가속도 : m/s²

① 가속도 : m/s^2
② 동점성계수 : m^2/s
④ 비중량 : kg_f/m^3

정답 50 ③ 51 ① 52 ③

53 밀도가 ρ인 액체와 접촉하고 있는 기체 사이의 표면장력이 σ라고 할 때 그림과 같은 지름 d의 원통 모세관에서 액주의 높이 h를 구하는 식은? (단, g는 중력가속도이다.)

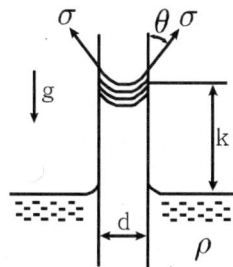

① $\dfrac{\sigma \sin\theta}{\rho g d}$

② $\dfrac{\sigma \cos\theta}{\rho g d}$

③ $\dfrac{4\sigma \sin\theta}{\rho g d}$

④ $\dfrac{4\sigma \cos\theta}{\rho g d}$

54 유량 측정장치 중 관의 단면에 축소 부분이 있어서 유체를 그 단면에 가속시킴으로써 생기는 압력강하를 이용하여 측정하는 것이 있다. 다음 중 이러한 방식을 사용한 측정 장치가 아닌 것은?

① 노즐   ② 오리피스
③ 로터미터   ④ 벤투리미터

54.
로터미터는 면적식 유량계이다.

정답 53 ④ 54 ③

55 그림과 같은 수압기에서 피스톤의 지름이 $d_1=300mm$, 이것과 연결된 램(Ram)의 지름이 $d_2=200mm$이다. 압력 P_1이 1MPa의 압력을 피스톤에 작용시킬 때 주 램의 지름이 $d_3=400mm$이면 주 램에서 발생하는 힘 (W)은 약 몇 kN인가?

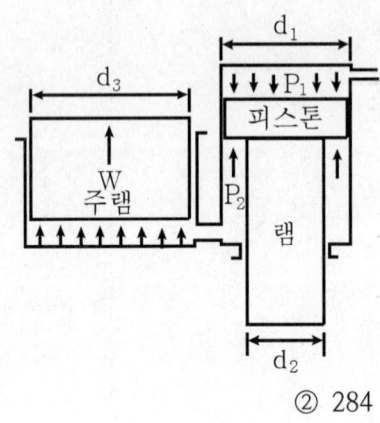

① 226　　　　　　　　② 284
③ 334　　　　　　　　④ 438

56 높이 1.5m의 자동차가 108km/h의 속도로 주행할 때의 공기흐름 상태를 높이 1m의 모형을 사용해서 풍동 실험하여 알아보고자 한다. 여기서 상사법칙을 만족시키기 위한 풍동의 공기 속도는 약 몇 m/s인가?
(단, 그 외 조건은 동일하다고 가정한다.)

① 20　　　　　　　　② 30
③ 45　　　　　　　　④ 67

56.
$Re = \dfrac{Vd}{\nu}$

$V = 108 \times 1.5 = 102 km/h$
$ = 45 m/s$

정답　55 ①　56 ③

57 무게가 1000N인 물체를 지름 5m인 낙하산에 매달아 낙하할 때 종속도는 몇 m/s가 되는가?
(단, 낙하산의 항력계수는 0.8, 공기의 밀도는 1.2kg/m³이다.)

① 5.3   ② 10.3
③ 18.3   ④ 32.2

57.
$$V = \sqrt{\frac{2D}{\rho C_D A}}$$
$$= \sqrt{\frac{2 \times 1000 \times 4}{1.2 \times 0.8 \times \pi 5^2}}$$
$$= 10.3 m/s$$

58 유효 낙차가 100m인 댐의 유량이 10m³/s일 때 효율 90%인 수력터빈의 출력은 약 몇 MW인가?

① 8.83   ② 9.81
③ 10.9   ④ 12.4

58.
$$\eta = 9.8 \times 10 \times 100 \times 0.9 \times 10^{-3}$$
$$= 8.82 MW$$

59 안지름 10cm인 파이프에 물이 평균속도 1.5cm/s로 흐를 때 (경우 ⓐ)와 비중이 0.6이고 점성계수가 물의 1/5인 유체 A가 물과 같은 평균속도로 동일한 관에 흐를 때 (경우 ⓑ) 파이프 중심에서 최고속도는 어느 경우가 더 빠른가?
(단, 물의 점성계수는 0.001kg/(m·s)이다.)

① 경우 ⓐ
② 경우 ⓑ
③ 두 경우 모두 최고속도가 같다.
④ 어느 경우가 더 빠른지 알 수 없다.

정답 57 ② 58 ① 59 ①

60 나란히 놓인 두 개의 무한한 평판 사이의 층류 유동에서 속도 분포는 포물선 형태를 보인다. 이때 유동의 평균 속도(V_{av})와 중심에서의 최대속도(V_{max})의 관계는?

① $V_{av} = \frac{1}{2}V_{max}$

② $V_{av} = \frac{2}{3}V_{max}$

③ $V_{av} = \frac{3}{4}V_{max}$

④ $V_{av} = \frac{\pi}{4}V_{max}$

4과목: 유체기계 및 유압기기

61 절대 진공에 가까운 저압의 기체를 대기압까지 압축하는 펌프는?

① 왕복 펌프　　② 진공 펌프
③ 나사 펌프　　④ 축류 펌프

62 수차 중 물의 송출 방향이 축방향이 아닌 것은?

① 펠턴 수차　　② 프란시스 수차
③ 사류 수차　　④ 프로펠러 수차

62.
펠턴 수차는 충격용 수차로서 물의 송출 방향이 원주 방향이다.

정답　60 ② 61 ② 62 ①

63 다음 중 유체기계의 분류에 대한 설명으로 옳지 않은 것은?

① 유체기계는 취급되는 유체에 따라 수력기계, 공기기계로 구분된다.
② 공기기계는 송풍기, 압축기, 수차 등이 있으며 원심형, 횡류형, 사류형 등으로 구분된다.
③ 수차는 크게 중력수차, 충동수차, 반동수차로 구분할 수 있다.
④ 유체기계는 작동원리에 따라 터보형 기계, 용적형 기계, 그 외 특수형 기계로 분류할 수있다.

63.
공기기계는
저압식(비압축성 취급): 송풍기,풍차
고압식(압축성으로 취급): 압축기, 진공펌프, 압축 공기기계가 있으며

공기의 방향에 따라 원심형, 사류형, 축류형으로 구분된다.

64 펌프에서 발생하는 축추력의 방지책으로 거리가 먼 것은?

① 평형판을 사용
② 밸런스 홀을 설치
③ 단방향 흡입형 회전차를 채용
④ 스러스트 베어링을 사용

64.
축추력의 방지책으로 단방향 흡입형 회전차보다는 양방향 흡입형 회전차를 적용한다.

65 토크컨버터의 기본 구성 요소에 포함되지 않는 것은?

① 임펠러　　② 러너
③ 안내깃　　④ 흡출관

65.
토크컨버터의 기본 구성 요소는 펌프임펠러, 안내깃(스테이터), 터빈러너로 구성된다.

66 압축기의 손실을 기계손실과 유체손실로 구분할 때 다음 중 유체손실에 속하지 않는 것은?

① 흡입구에서 송출구에 이르기까지 유체 전체에 관한 마찰손실
② 곡관이나 단면변화에 의한 손실
③ 베어링, 패킹상자 및 기밀장치 등에 의한 손실
④ 회전차 입구 및 출구에서의 충돌손실

66.
베어링, 패킹상자 및 기밀장치 등에 의한 손실은 기계손실이다.

정답　63 ②　64 ③　65 ④　66 ③

67 수차의 유효낙차는 총낙차에서 여러 가지 손실수두를 제외한 값을 의미하는데 다음 중 이 손실수두에 속하지 않는 것은?

① 도수로에서의 손실수두
② 수압관 속의 마찰손실수두
③ 수차에서의 기계 손실수두
④ 방수로에서의 손실수두

67.
수차에서의 기계 손실수두는 출력에 관계하는 손실이므로 유효낙차에는 포함하지 않는다.

68 펌프에서 공동현상(cavitation)이 주로 일어나는 곳을 옳게 설명한 것은?

① 회전차 날개의 입구를 조금 지나 날개의 표면(front)에서 일어난다.
② 펌프의 흡입구에서 일어난다.
③ 흡입구 바로 앞에 있는 곡관부에서 일어난다.
④ 회전차 날개의 입구를 조금 지나 날개의 이면(back)에서 일어난다.

68.
공동현상은 흡입양정이 높거나, 임펠러 입구의 원주속도가 고속인 경우 등에 임펠러 입구 즉,회전차 날개의 입구를 조금 지나 날개의 이면에 국부적으로 고진공이 생겨 수중에 함유되고 있던 공기가 유리하거나 또는 물이 증발하여 작은 기포가 다수 발생하게 되는 현상이다.

69 970 rpm으로 0.6m³/min의 수량을 방출할 수 있는 펌프가 있는데 이를 1450rpm으로 운전할 때 수량은 약 몇 m³/min인가? (단, 이 펌프는 상사법칙이 적용된다.)

① 0.9   ② 1.5
③ 1.9   ④ 2.5

69.
$Q_2 = Q_1 \times (\frac{N_2}{N_1})$
$= 0.6 \times (\frac{1450}{970})$
$= 0.897$

70 다음 중 반동수차에 속하지 않는 것은?

① 펠턴 수차   ② 카플란 수차
③ 프란시스 수차   ④ 프로펠러 수차

70.
펠턴 수차는 충격용 수차이다.

71 다음 중 일반적으로 가변 용량형 펌프로 사용할 수 없는 것은?

① 내접 기어 펌프
② 축류형 피스톤 펌프
③ 반경류형 피스톤 펌프
④ 압력 불평형형 베인 펌프

71.
기어 펌프는 정용량형 펌프이다.

72 그림과 같이 액추에이터의 공급 쪽 관로 내의 흐름을 제어함으로써 속도를 제어하는 회로는?

① 시퀀스 회로
② 체크 백 회로
③ 미터 인 회로
④ 미터 아웃 회로

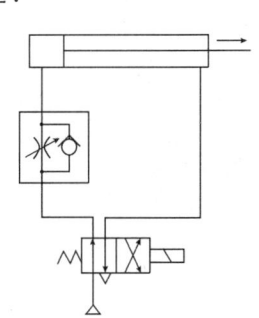

72.
입구에 유량조절밸브가 있으면 미터 인 회로이다.

73 다음 중 드레인 배출기 붙이 필터를 나타내는 공유압 기호는?

① 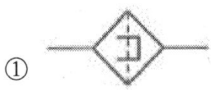   ②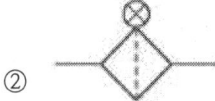

③    ④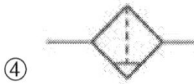

정답 71 ① 72 ③ 73 ④

74 그림의 유압 회로도에서 ㉠의 밸브 명칭으로 옳은 것은?

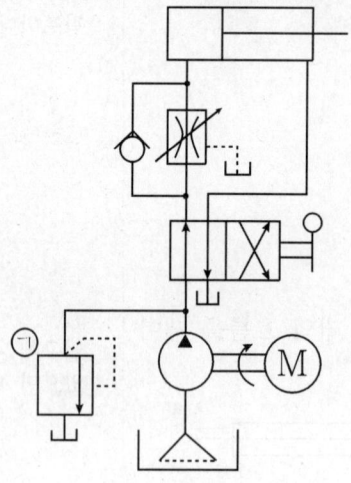

① 스톱 밸브
② 릴리프 밸브
③ 무부하 밸브
④ 카운터 밸런스 밸브

75 그림과 같은 유압기호의 조작방식에 대한 설명으로 옳지 않은 것은?

① 2방향 조작이다.
② 파일럿 조작이다.
③ 솔레노이드 조작이다.
④ 복동으로 조작할 수 있다.

76 기름의 압축률이 $6.8 \times 10^{-5} cm^2/kg_f$일 때 압력을 0에서 $100 kg_f/cm^2$까지 압축하면 체적은 몇 % 감소하는가?

① 0.48
② 0.68
③ 0.89
④ 1.46

76.
$\varepsilon_v = \beta \times \triangle P$
$= 6.8 \times 10^{-5} \times 100$
$= 6.8 \times 10^{-3}$
$= 0.68\%$

77 관(튜브)의 끝을 넓히지 않고 관과 슬리브의 먹힘 또는 마찰에 의하여 관을 유지하는 관 이음쇠는?

① 스위블 이음쇠
② 플랜지 관 이음쇠
③ 플레어드 관 이음쇠
④ 플레어리스 관 이음쇠

78 4포트 3위치 방향밸브에서 일명 센터 바이패스형이라고도 하며, 중립위치에서 A, B포트가 모두 닫히면 실린더는 임의의 위치에서 고정되고,
또 P포트와 T포트가 서로 통하게 되므로 펌프를 무부하시킬 수 있는 형식은?

① 탠덤 센터형
② 오픈 센터형
③ 클로즈드 센터형
④ 펌프 클로즈드 센터형

정답 76 ② 77 ④ 78 ①

79 공기압 장치와 비교하여 유압장치의 일반적인 특징에 대한 설명 중 틀린 것은?

① 인화에 따른 폭발의 위험이 적다.
② 작은 장치로 큰 힘을 얻을 수 있다.
③ 입력에 대한 출력의 응답이 빠르다.
④ 방청과 윤활이 자동적으로 이루어진다.

79.
유압장치는 윤활유를 사용하므로 인화에 따른 폭발의 위험이 크다.

80 비중량(Specific Weight)의 MLT계의 차원은?
(단, M:질량, L:길이, T:시간)

① $ML^{-1}T^{-1}$
② ML^2T^{-3}
③ $ML^{-2}T^{-2}$
④ ML^2T^{-2}

80.
비중량의 단위
$$N/m^3 = \frac{kg_m \cdot m}{s^2 m^3}$$
$$= kg_m/s^2 m^2$$

정답 79 ① 80 ③

5과목: 건설기계일반 및 플랜트 배관

81 다음 중 스크레이퍼의 작업 가능 범위로 거리가 먼 것은?
  ① 굴착
  ② 운반
  ③ 적재
  ④ 파쇄

81.
스크레이퍼의 작업은 절토작업, 송토 작업, 덤프작업이다.

82 아스팔트 피니셔의 규격표시 방법은?
  ① 아스팔트 콘크리트를 포설할 수 있는 표준 포장너비
  ② 아스팔트를 포설할 수 있는 아스팔트의 무게
  ③ 아스팔트 콘크리트를 포설할 수 있는 도로의 너비
  ④ 아스팔트 콘크리트를 포설할 수 있는 타이어의 접지너비

83 버킷계수는 1.15, 토량환산계수는 1.1, 작업효율은 80%이고, 1회 사이클 타임은 30초, 버킷 용량은 1.4m³인 로더의 시간당 작업량은 약 몇 m³/hr인가?
  ① 141
  ② 170
  ③ 192
  ④ 215

83.
작업능력
$$W = \frac{3600 \cdot Q \cdot f \cdot E}{Cm}$$
$$= \frac{3600 \times 1.4 \times 1.15 \times 1.1 \times 0.8}{30}$$
$$= 170.156 \, m^3/h$$
Q : 보올 용량(m^3), f : 토량 환산 계수, E : 작업 효율, Cm : Cycle time

84 굴삭기의 작업 장치 중 유압 셔블(shovel)에 대한 설명으로 틀린 것은?
  ① 장비가 있는 지면보다 낮은 곳을 굴삭하기에 적합하다.
  ② 산악지역에서 토사, 암반 등을 굴삭하여 트럭에 싣기에 적합한 장치이다.
  ③ 페이스 셔블(face shovel)이라고도 한다.
  ④ 백호 버킷을 뒤집어 사용하기도 한다.

84.
유압 파워 셔블은 원형으로 작업위치보다 높은 굴착에 적합하며, 산, 절벽 굴착에 쓰인다

정 답 81 ④ 82 ① 83 ② 84 ①

85 다음 중 모터 스크레이퍼(자주식 스크레이퍼)의 특징에 대한 설명으로 틀린 것은?

① 피견인식에 비해 이동속도가 빠르다.
② 피견인식에 비해 작업범위가 넓다.
③ 볼의 용량이 6~9m³정도이다.
④ 험난지 작업이 곤란하다.

86 무한궤도식 건설기계의 주행장치에서 하부 구동체의 구성품이 아닌 것은?

① 트랙 롤러　　　　② 캐리어 롤러
③ 스프로킷　　　　④ 클러치 요크

86.
클러치 요크는 클러치 조작장치이다.

정답 85 ③ 86 ④

87 로더를 적재방식에 따라 분류한 것으로 틀린 것은?

① 스윙 로더
② 리어 엔드 로더
③ 오버 헤드 로더
④ 사이드 덤프형 로더

87 해설

적재방법에 의한 분류

1) Fronrt end loader
트렉터의 앞쪽에 장착된 버킷에 의해 굴삭 및 적재작업을 하는 가장 일반적인 형식

2) Overhead loader
트렉터의 앞쪽에서 버킷에 취급재료를 담은후 그 버킷을 운전원 머리위로 통과시켜 로더의 뒤쪽에서 운반기계에 적재하는 형식. 터널공사,광산이나 탄광 등의 협소한 장소에 적합

3) Side Dump loader
Front end loader의 변형으로서 버킷을 옆방향으로 경사지게 하여 사토하는 형식으로 운반기계와 병렬로 작업이 가능하므로 협소한 작업장소에 적합

4) Swing loader
운전석은 고정 로더의 전부에 위치한 버킷과 붐만이 좌우로 선회할 수 있는 로더붐과 버킷을 Back-hoe, Crane,Clamshell등의 작업이 가능한 형식

5) Two-way loader
트렉터의 전부에는 적재용 버킷을 후부에는 Back-hoe 또는 shoevel장착하여 굴삭과 적재작업을 할 수 있게 만든 형식 도로부수형, 농수로 개량용으로 많이 사용

정답 87 ②

88 굴착력이 강력하여 견고한 지반이나 깨어진 암석 등을 준설하는데 가장 적합한 준설선은?

① 버킷 준설선(bucket dredger)
② 펌프 준설선(pump dredger)
③ 디퍼 준설선(dipper dredger)
④ 그래브 준설선(grab dredger)

89 플랜트 배관설비에서 열응력이 주요 요인이 되는 경우의 파이프 래크상의 배관 배치에 관한 설명으로 틀린 것은?

① 루프형 신축 곡관을 많이 사용한다.
② 온도가 높은 배관일수록 내측(안쪽)에 배치한다.
③ 관 지름이 큰 것일수록 외측(바깥쪽)에 배치한다.
④ 루프형 신축 곡관은 파이프 래크상의 다른 배관보다 높게 배치한다.

89.
열의 발산을 위해 온도가 높은 배관일수록 바깥쪽에 배치한다.

90 6-4황동이라고도 하는 문즈 메탈의 주요 성분은?

① Cu:40%, Zn:60%
② Cu:40%, Sn:60%
③ Cu:60%, Zn:40%
④ Cu:60%, Sn:40%

91 배관 공사 중 또는 완공 후에 각종 기기와 배관라인 전반의 이상 유무를 확인하기 위한 배관 시험의 종류가 아닌 것은?

① 수압시험　　　　② 기압시험
③ 만수시험　　　　④ 통전시험

91.
통전시험은 전류의 흐름을 시험하는 전기 시험방법이다.

정답　88 ③　89 ②　90 ③　91 ④

92 다음 중 동관용 공구로 가장 거리가 먼 것은?
① 리머
② 사이징 툴
③ 플레어링 툴
④ 링크형 파이프커터

92.
동관용 공구
① 사이징 툴 – 동관의 끝을 정확하게 원형으로 가공하는 공구
② 익스펜더 – 동관의 확장용 공구
③ 플레어링 툴 – 동관 끝을 나팔관 모양으로 확대하여 압축접합용 공구로서 주로 20 mm 이하 관에 사용한다.
④ 파이프 리머(pipe reamer) : 관을 파이프 커터 등으로 절단한 후 단면의 안쪽에 생긴 거스머리(burr)를 제거

93 펌프에서 발생하는 진동 및 밸브의 급격한 폐쇄에서 발생하는 수격작용을 방지하거나 억제시키는 지지 장치는?
① 서포트 ② 행거
③ 브레이스 ④ 레스트레인트

93.
브레이스 : 변위 또는 진동을 억제,
플렉시블 : 배관에서의 진동 억제

94 사용압력 50kgf/cm², 배관의 호칭지름 50A, 관의 인장강도 20kgf/mm²인 압력 배관용 탄소강관의 스케줄 번호는? (단, 안전율은 4이다.)
① 80 ② 100
③ 120 ④ 140

94.
$$SCH = 1000\frac{P}{S}$$
$$= 1000\frac{0.5 \times 4}{20} = 100$$

정답 92 ④ 93 ③ 94 ②

95 가단 주철제 나사식 관 이음재의 부속품과 명칭의 연결로 틀린 것은?

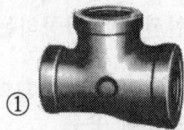 ① : 티(tee)

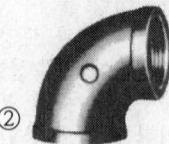 ② : 45도 엘보

 ③ : 캡

 ④ : 90도 엘보

95.
관 부속품
(관이음쇠;pipe fitting)

1. 2개의 관 연결:
플랜지,유니온,커플링,니플,소켓
2. 관의 방향변경:
y형 관이음쇠
3. 관의 직경변경:
리듀셔, 부싱
4. 유로 차단:
플러그, 밸브, 캡
5. 지선 연결:
y형 관이음쇠, 티, 십자

96 배관 유지관리의 효율화 및 안전을 위해 색채로 배관을 표시하고 있다. 배관 내 흐름유체가 가스일 경우 식별색은?

① 파랑색 ② 빨강색
③ 백색   ④ 노랑색

96.
물 : 청색
공기: 백색
증기: 진한적색
유류 : 진한 황적색
가스: 황색 (노랑색)

97 평면상의 변위뿐만 아니라 입체적인 변위까지도 안전하게 흡수하므로 어떠한 형상에 의한 신축에도 배관이 안전하며 설치 공간이 적은 신축이음은?

① 슬리브형 신축이음
② 벨로즈형 신축이음
③ 볼조인트형 신축이음
④ 스위블형 신축이음

정답 95 ③ 96 ④ 97 ③

98 배관의 지지장치 중 행거의 종류가 아닌 것은?
① 리지드 행거　　② 스프링 행거
③ 콘스턴트 행거　④ 스토퍼 행거

98.
다음 중 열팽창에 의한 관의 신축으로 배관의 이동을 구속 또는 제한하는 장치는 앵커(anchor), 스토퍼(stopper), 가이드(guide) 등이 있다.

99 일반적으로 배관용 가스절단기의 절단 조건이 아닌 것은?
① 모재의 성분 중 연소를 방해하는 원소가 적어야 한다.
② 모재의 연소온도가 금속 산화물의 용융온도보다 높아야 한다.
③ 금속 산화물의 용융온도가 모재의 용융온도보다 낮아야 한다.
④ 금속산화물의 유동성이 좋으며, 모재로부터 쉽게 이탈될 수 있어야 한다.

99.
모재는 연소온도가 없다.

100 덕타일 주철관은 구상흑연 주철관이라고도 하며 물 수송에 사용하는 관이다. 이 관의 특징으로 틀린 것은?
① 보통 회주철관보다 관의 수명이 길다.
② 강관과 같은 높은 강도와 인성이 있다.
③ 변형에 대한 높은 가요성과 가공성이 있다.
④ 보통 주철관과 같이 내식성이 풍부하지 않다.

100.
구상흑연 주철관은 인장강도가 크며 내식성도 좋다.

정답　98 ④　99 ②　100 ④

건설기계 설비기사

2018.03.04.

1과목: 재료역학

01 지름 80mm의 원형단면의 중립축에 대한 관성모멘트는 약 몇 mm⁴인가?

① 0.5×106
② 1×106
③ 2×106
④ 4×106

1.
$$I = \frac{\pi d^4}{64}$$
$$= \frac{\pi \times 80^4}{64} = 2.01 \times 10^6 \, mm^4$$

02 다음 금속재료의 거동에 대한 일반적인 설명으로 틀린 것은??

① 재료에 가해지는 응력이 일정하더라도 오랜 시간이 경과하면 변형률이 증가할 수 있다.
② 재료의 거동이 탄성한도로 국한된다고 하더라도 반복하중이 작용하면 재료의 강도가 저하될 수 있다.
③ 응력-변형률 곡선에서 하중을 가할 때와 제거할 때의 경로가 다르게 되는 현상을 히스테리시스라 한다.
④ 일반적으로 크리프는 고온보다 저온상태에서 더 잘 발생한다.

2.
일반적으로 크리프는 고온상태에서 더 잘 발생한다.

정답 01 ② 02 ③

03 비틀림 모멘트 T를 받고 있는 직경이 d인 원형축의 최대전단응력은?

① $\tau = \dfrac{8T}{\pi d^3}$

② $\tau = \dfrac{16T}{\pi d^3}$

③ $\tau = \dfrac{32T}{\pi d^3}$

④ $\tau = \dfrac{64T}{\pi d^3}$

04 그림과 같은 T형 단면을 갖는 돌출보의 끝에 집중하중 P = 4.5kN이 작용한다. 단면 A-A에서의 최대 전단응력은 약 몇 kPa인가?

(단, 보의 단면2차 모멘트는 5313cm⁴이고, 밑면에서 도심까지의 거리는 125mm이다.)

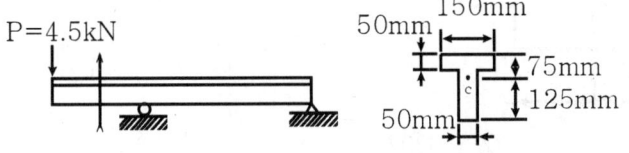

① 421
② 521
③ 662
④ 721

4.
$\tau = \dfrac{VQ}{Ib}$

$= \dfrac{4500 \times 50 \times 125 \times \dfrac{125}{2}}{5313 \times 10^4 \times 50}$

$= 0.6617\,MPa = 661.7\,kPa$

정답 03 ① 04 ③

05 코일스프링의 권수를 n, 코일의 지름 D, 소선의 지름 d인 코일스프링의 전체처짐 δ는?
(단, 이 코일에 작용하는 힘은 P, 가로탄성 계수는 G이다.)

① $\dfrac{8nPD^3}{Gd^4}$

② $\dfrac{8nPD^2}{Gd}$

③ $\dfrac{8nPD^2}{Gd^2}$

④ $\dfrac{8nPD}{Gd^2}$

06 길이가 $l+2a$인 균일 단면 봉의 양단에 인장력 P가 작용하고, 양 단에서의 거리가 a인 단면에 Q의 축 하중이 가하여 인장될 때 봉에 일어나는 변형량은 약 몇 cm인가?
(단, l = 60cm, a = 30cm, P = 10kN, Q = 5kN, 단면적 A = 4cm², 탄성계수는 210GPa이다.)

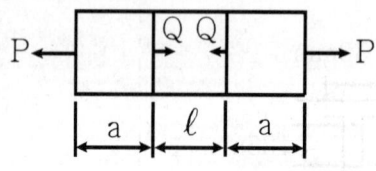

① 0.0107
② 0.0207
③ 0.0307
④ 0.0407

6.
$\delta_1 = \dfrac{P \times a}{AE}$
$= \dfrac{10 \times 10^3 \times 0.3}{4 \times 10^{-4} \times 210 \times 10^9}$
$= 3.57 \times 10^{-5}$

$\delta_2 = \dfrac{(P-Q) \times l}{AE}$
$= \dfrac{(10-5) \times 10^3 \times 0.6}{4 \times 10^{-4} \times 210 \times 10^9}$
$= 3.57 \times 10^{-5}$

$\delta_1 = \delta_3$
$\delta = \delta_1 + \delta_2 + \delta_3 =$
$3 \times 3.57 \times 10^{-5}$
$= 1.07 \times 10^{-2}\ cm$

정답 05 ② 06 ③

07 그림과 같은 외팔보가 있다. 보의 굽힘에 대한 허용응력을 80MPa로 하고, 자유단 B로부터 보의 중앙점 C사이에 등분포하중 ω를 작용시킬 때, ω의 허용 최대값은 몇 kN/m인가? (단, 외팔보의 폭×높이는 5cm×9cm이다.)

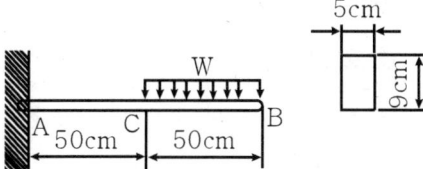

① 12.4
② 13.4
③ 14.4
④ 15.4

7.
$M = 0.5\,W(0.5+0.25) = 0.375\,W$
$\sigma = \dfrac{M}{Z} = \dfrac{6M}{bh^2}$
$= \dfrac{6 \times 0.375\,W}{0.05 \times 0.09^2} = 80 \times 10^6$

$W = \dfrac{80 \times 10^6 \times 0.05 \times 0.09^2}{6 \times 0.375}$
$= 14400\,N/m = 14.4\,kN/m$

08 다음 정사각형 단면(40mm×40mm)을 가진 외팔보가 있다. $a-a$면 에서의 수직응력(σ_n)과 전단응력(τ_s)은 각각 몇 kPa인가?

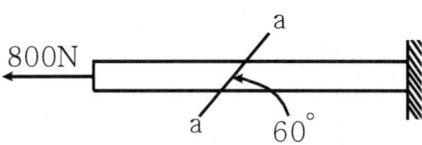

① $\sigma_n = 693$, $\tau_s = 400$
② $\sigma_n = 400$, $\tau_s = 693$
③ $\sigma_n = 375$, $\tau_s = 217$
④ $\sigma_n = 217$, $\tau_s = 375$

8.
$\sigma_n = \sigma_x (\cos\theta)^2$
$= \dfrac{800}{40 \times 40}(\cos 30)^2$
$= 0.375\,MPa = 375\,kPa$

$\tau_n = \dfrac{\sigma_x}{2}\sin 2\theta$
$= \dfrac{1}{2}\dfrac{800}{40 \times 40}\sin(2 \times 30)$
$= 0.216\,MPa = 216\,kPa$

정답 07 ③ 08 ③

09 지름 50mm의 알루미늄 봉에 100kN의 인장하중이 작용할 때 300mm의 표점거리에서 0.219mm의 신장이 측정되고, 지름은 0.01215mm만큼 감소되었다. 이 재료의 전단 탄성계수 G는 약 몇 GPa인가?
(단, 알루미늄 재료는 탄성거동 범위 내에 있다.)

① 21.2　　② 26.2
③ 31.2　　④ 36.2

9.
$$E = \frac{P\,l}{A\,\delta}$$
$$= \frac{4 \times 100 \times 10^3 \times 300}{\pi \times 50^2 \times 0.219}$$
$$= 69767\ N/mm^2 = 69767\ MPa$$

$$\mu = \frac{\varepsilon'}{\varepsilon} = \frac{l\,\delta}{\delta\,d}$$
$$= \frac{300 \times 0.01215}{0.219 \times 50} = 0.3329$$

$$G = \frac{E}{2(1+\mu)}$$
$$= \frac{69767 \times 10^{-3}}{2(1+0.3329)} = 26.17\ GPa$$

10 그림과 같은 정삼각형 트러스의 B점에 수직으로, C점에 수평으로 하중이 작용하고 있을 때, 부재 AB에 작용하는 하중은?

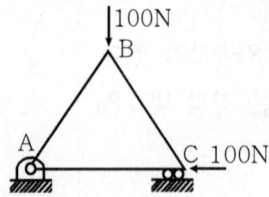

① $\dfrac{100}{\sqrt{3}} N$　　② $\dfrac{100}{3} N$
③ $100\sqrt{3}\,n$　　④ $50 N$

10.
$$AB = \frac{50}{\cos 30}$$
$$= 50 \times \frac{2}{\sqrt{3}} = \frac{100}{\sqrt{3}}$$

11 σ_x = 700MPa, σ_y = -300MPa가 작용하는 평면응력 상태에서 최대 수직응력(σ_{max})과 최대 전단응력(τ_{max})은 각각 몇 MPa인가?

① σ_{max} = 700, τ_{max} = 300
② σ_{max} = 600, τ_{max} = 400
③ σ_{max} = 500, τ_{max} = 700
④ σ_{max} = 700, τ_{max} = 500

11.
Mohr의 원에서
$\sigma_{max} = 700\ MPa$
$$\tau_{max} = \frac{\sigma_x - \sigma_y}{2}$$
$$= \frac{700 + 300}{2} = 500\ MPa$$

정답　09 ④　10 ①　11 ③

12 최대 사용강도(σ_{max}) = 240MPa, 내경 1.5m, 두께 3mm의 강재 원통형 용기가 견딜 수 있는 최대 압력은 몇 kPa인가? (단, 안전계수는 2이다.)

① 240 ② 480
③ 960 ④ 1920

12.
$P = \dfrac{2\sigma t}{DS}$
$= \dfrac{2 \times 240 \times 10^6 \times 0.003}{1.5 \times 2} \times 10^{-3}$
$= 480\, kPa$

13 길이가 L이며, 관성 모멘트가 I_p이고, 전단탄성계수가 G인 부재에 토크 T가 작용될 때 이 부재에 저장된 변형 에너지는?

① $\dfrac{TL}{GI_p}$ ② $\dfrac{T^2L}{2GI_p}$
③ $\dfrac{T^2L}{GI_p}$ ④ $\dfrac{TL}{2GI_p}$

13.
$U = \dfrac{T\theta}{2} = \dfrac{T^2 l}{2GI_p}$

14 그림과 같이 초기온도 20℃, 초기길이 19.95cm, 지름 5cm 인 봉을 간격이 20cm인 두 벽면 사이에 넣고 봉의 온도를 220℃로 가열했을 때 봉에 발생되는 응력은 몇 MPa인가? (단, 탄성계수 E = 210GPa이고, 균일 단면을 갖는 봉의 선 팽창계수 $a = 1.5 \times 10^{-5}$/℃이다.)

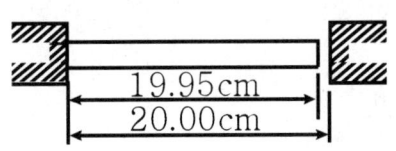

① 0 ② 25.2
③ 257 ④ 504

14.
$20 - 19.95$
$= 19.95 \times 1.5 \times 10^{-5} \times (y - 20)$
$y = \dfrac{20 - 19.95}{19.95 \times 1.5 \times 10^{-5}} + 20$
$= 187.08$

$\sigma = E\alpha\Delta T$
$= 210 \times 10^3 \times 1.5 \times 10^{-5}$
$\quad \times (220 - 187.08)$
$= 103.698\, MPa$

정답 12 ④ 13 ④ 14 ③

15. 그림과 같은 직사각형 단면의 목재 외팔보에 집중하중 P가 C점에 작용하고 있다. 목재의 허용압축응력을 8MPa, 끝단 B점에서의 허용 처짐량을 23.9mm라고 할 때 허용압축응력과 허용 처짐량을 모두 고려하여 이 목재에 가할 수 있는 집중하중 P의 최대값은 약 몇 kN인가?
(단, 목재의 탄성계수는 12GPa, 단면2차모멘트 $1022 \times 10^{-6} m^4$, 단면계수는 $4.601 \times 10^{-3} m^3$이다.)

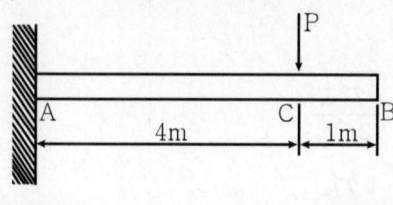

① 7.8
② 8.5
③ 9.2
④ 10.0

15 해설

$$\delta = \frac{1}{EI} A_m \overline{x} = \frac{1}{EI} \frac{4 \times 4P}{2} \times (1 + 4 \times \frac{2}{3}) = \frac{16P}{2EI} \times \frac{11}{3}$$

$$23.9 \times 10^{-3} = \frac{16P}{2 \times 12 \times 10^9 \times 1022 \times 10^{-6}} \times \frac{11}{3}$$

$$P = \frac{3 \times 23.9 \times 10^{-3} \times 2 \times 12 \times 10^9 \times 1022 \times 10^{-6}}{16 \times 11}$$
$$= 9992 N = 9.992 kN$$

$$\sigma = \frac{M}{Z} = \frac{4P}{4.601 \times 10^{-3}} = 8 \times 10^6 \text{ 에서}$$

$$P = \frac{4.601 \times 10^{-3} \times 8 \times 10^6}{4} = 9202 N = 9.2 kN$$

정답 15 ②

16 직사각형 단면(폭×높이 = 12cm×5cm)이고, 길이 1m인 외팔보가 있다. 이 보의 허용 굽힘응력이 500MPa이라면 높이와 폭의 치수를 서로 바꾸면 받을 수 있는 하중의 크기는 어떻게 변화하는가?

① 1.2배 증가
② 2.4배 증가
③ 1.2배 감소
④ 변화없다.

16.
$\sigma = \dfrac{6Pl}{bh^2}$ 에서
$P_1 = \dfrac{\sigma b h^2}{6l}$ $P_2 = \dfrac{\sigma h b^2}{6l}$
$\dfrac{P_2}{P_1} = \dfrac{hb^2}{bh^2} = \dfrac{5 \times 12^2}{12 \times 5^2} = 2.4$

17 양단이 힌지로 지지되어 있고 길이가 1m인 기둥이 있다. 단면이 30mm×30mm인 정사각형이라면 임계하중은 약 몇 kN인가?
(단, 탄성계수는 210GPa이고, Euler의 공식을 적용한다.)

① 133
② 137
③ 140
④ 146

17.
$P_{cr} = \dfrac{n\pi^2 EI}{l^2}$
$= \dfrac{1 \times \pi^2 \times 210 \times 10^9 \times 0.03 \times 0.03^3}{1^2 \times 12} \times 10^{-3}$
$= 139.9 \, kN$

18 아래 그림과 같은 보에 대한 굽힘 모멘트 선도로 옳은 것은?

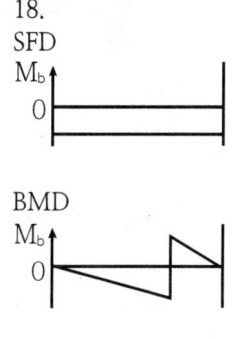

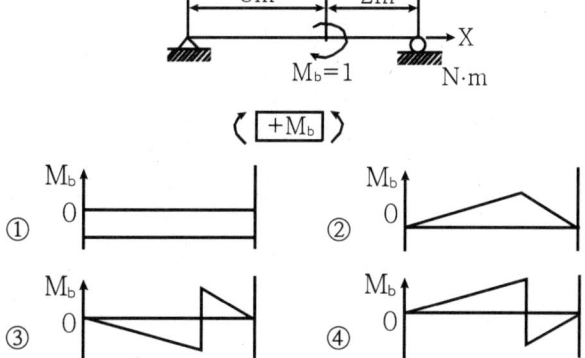

18.
SFD

BMD

정답 16 ② 17 ② 18 ③

19 다음 그림과 같이 집중하중 P를 받고 있는 고정 지지보가 있다. B점에서의 반력의 크기를 구하면 몇 kN인가?

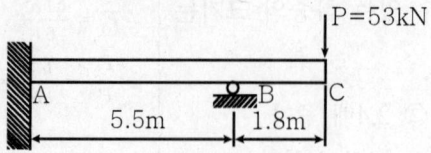

① 54.2
② 62.4
③ 70.3
④ 79.0

19.
$$R_B = \frac{53 \times (5.5 + 1.8)}{5.5}$$
$$= 70.34\,kN$$

20 다음 보의 자유단 A지점에서 발생하는 처짐은 얼마인가? (단, EI는 굽힘강성이다.)

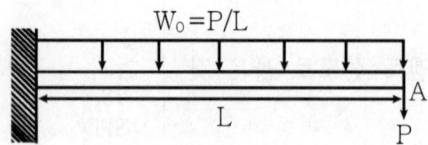

① $\dfrac{5PL^3}{6EI}$

② $\dfrac{7PL^3}{12EI}$

③ $\dfrac{11PL^3}{24EI}$

④ $\dfrac{17PL^3}{48EI}$

20.
$$\delta = \frac{Pl^3}{3EI} + \frac{\omega l^4}{8EI} = \frac{Pl^3}{3EI} + \frac{Pl^3}{8EI}$$
$$= \frac{Pl^3}{EI}\left(\frac{1}{3} + \frac{1}{8}\right) = \frac{11\,Pl^3}{24\,EI}$$

정답 19 ③ 20 ③

2과목: 기계열역학

21 이상적인 오토 사이클에서 단열압축되기 전 공기가 101.3 kPa, 21°C이며, 압축비 7로 운전할 때 이 사이클의 효율은 약 몇 %인가? (단, 공기의 비열비는 1.4이다.)

① 62%
② 54%
③ 46%
④ 42%

21.
$$\eta = 1 - \left(\frac{1}{\varepsilon}\right)^{k-1}$$
$$= 1 - \left(\frac{1}{7}\right)^{1.4-1}$$
$$= 0.54 = 54\%$$

22 다음 중 강성적(강도성, intensive) 상태량이 아닌 것은?

① 압력
② 온도
③ 엔탈피
④ 비체적

22.
엔탈피는 종량성 상태이다.

23 이상기체 공기가 안지름 0.1 m인 관을 통하여 0.2m/s로 흐르고 있다. 공기의 온도는 20°C, 압력은 100kPa, 기체상수는 0.287kJ/(kg·K)라면 질량유량은 약 몇 kg_m/s인가?

① 0.0019
② 0.0099
③ 0.0119
④ 0.0199

23.
$$\rho = \frac{P}{RT}$$
$$= \frac{100}{0.287 \times (20+273)} = 1.189\,kg_m/m^3$$

$$Q = \frac{\pi \times 0.1^2}{4} \times 0.2 = 1.57 \times 10^{-3} m^3/s$$
$$\dot{m} = \rho Q = 1.189 \times 1.57 \times 10^{-3}$$
$$= 1.87 \times 10^{-3} = 0.00187\,kg_m/s$$

정답 21 ② 22 ③ 23 ①

24 이상기체가 정압과정으로 dT 만큼 온도가 변하였을 때 1kg 당 변화된 열량 Q는?
(단, C_v는 정적비열, C_p는 정압비열, k는 비열비를 나타낸다.)

① $Q = C_v dT$
② $Q = \ln C_v dT$
③ $Q = C_p dT$
④ $Q = C_v \dfrac{dT}{T}$

25 열역학적 변화와 관련하여 다음 설명 중 옳지 않은 것은?
① 단위 질량당 물질의 온도를 1°C 올리는데 필요한 열량을 비열이라 한다.
② 정압과정으로 시스템에 전달된 열량은 엔트로피 변화량과 같다.
③ 내부 에너지는 시스템의 질량에 비례하므로 종량적(extensive) 상태량이다.
④ 어떤 고체가 액체로 변화할 때 융해(Melting)라고 하고, 어떤 고체가 기체로 바로 변화할 때 승화(Sublimation)라고 한다.

25.
정압과정으로 시스템에 전달된 열량 $Q = C_p dT$

정압과정으로 시스템에 전달된 엔트로피 변화량
$\Delta S = C_p \ln \dfrac{T_2}{T_1}$

26 저온실로부터 46.4 kW의 열을 흡수할 때 10 kW의 동력을 필요로 하는 냉동기가 있다면, 이 냉동기의 성능계수는?
① 4.64
② 5.65
③ 7.49
④ 8.82

26.
$\varepsilon_R = \dfrac{46.4}{10} = 4.64$

정답 24 ③ 25 ② 26 ①

27 엔트로피(s) 변화 등과 같은 직접 측정할 수 없는 양들을 압력(P), 비체적(v), 온도(T)와 같은 측정 가능한 상태량으로 나타내는 Maxwell 관계식과 관련하여 다음 중 틀린 것은?

① $(\dfrac{\partial T}{\partial P})_s = (\dfrac{\partial v}{\partial s})_P$

② $(\dfrac{\partial T}{\partial v})_s = -(\dfrac{\partial P}{\partial s})_v$

③ $(\dfrac{\partial v}{\partial T})_V = -(\dfrac{\partial s}{\partial P})_T$

④ $(\dfrac{\partial P}{\partial v})_T = (\dfrac{\partial s}{\partial T})_v$

27.
$(\dfrac{\partial S}{\partial V})_T = (\dfrac{\partial p}{\partial T})_v$

28 다음 4가지 경우에서 ( ) 안의 물질이 보유한 엔트로피가 증가한 경우는?

ⓐ 컵에 있는 (물)이 증발하였다.
ⓑ 목욕탕의 (수증기)가 차가운 타일 벽에서 물로 응결되었다.
ⓒ 실린더 안의 (공기)가 가역 단열적으로 팽창되었다.
ⓓ 뜨거운 (커피)가 식어서 주위온도와 같게 되었다.

① ⓐ　　　　② ⓑ
③ ⓒ　　　　④ ⓓ

28.
ⓑ 목욕탕의 (수증기)가 차가운 타일 벽에서 물로 응결되었다.: 수증기의 열방출로 엔트로피감소
ⓒ 실린더 안의 (공기)가 가역 단열적으로 팽창되었다.: 단열과정은 등엔트로피과정
ⓓ 뜨거운 (커피)가 식어서 주위온도와 같게 되었다.: 커피의 열방출로 엔트로피감소

정답 27 ④ 28 ①

29 공기압축기에서 입구 공기의 온도와 압력은 각각 27°C, 100kPa이고, 체적유량은 0.01m³/s이다. 출구에서 압력이 400kPa이고, 이 압축기의 등엔트로피 효율이 0.8일 때, 압축기의 소요 동력은 약 몇 kW인가?
(단, 공기의 정압비열과 기체상수는 각각 $1\,kJ/kgK$, 와 $0.287\,kJ/kgK$, 이고, 비열비는 1.4이다.)
① 0.9　　② 1.7
③ 2.1　　④ 3.8

29.
$$m = \frac{PV}{RT}$$
$$= \frac{100 \times 0.01}{0.287 \times (27+273)} = 0.0116\,kg/s$$
$$T_2 = T_1 \times \left(\frac{P_2}{P_1}\right)^{\frac{k-1}{k}}$$
$$= (27+273) \times \left(\frac{400}{100}\right)^{\frac{1.4-1}{1.4}}$$
$$= 445.8\,K$$
$$W_t = \frac{k(P_2V_2 - P_1V_1)}{k-1}$$
$$= \frac{kmR(T_2 - T_1)}{k-1}$$
$$= \frac{1.4 \times 0.0116 \times 0.287 \times (445.8 - 300)}{1.4 - 1}$$
$$= 2.124\,kW$$

30 초기 압력 100 kPa, 초기 체적 0.1m³인 기체를 버너로 가열하여 기체 체적이 정압과정으로 0.5m³이 되었다면 이 과정 동안 시스템이 외부에 한 일은 몇 kJ인가?
① 10　　② 20
③ 30　　④ 40

30.
$$W = P(V_2 - V_1)$$
$$= 100(0.5 - 0.1) = 40\,kJ$$

31 증기터빈 발전소에서 터빈 입구의 증기 엔탈피는 출구의 엔탈피보다 136kJ/kg 높고, 터빈에서의 열손실은 10kJ/kg이다. 증기속도는 터빈 입구에서 10m/s이고, 출구에서 110m/s일 때 이 터빈에서 발생시킬 수 있는 일은 약 몇 kJ/kg인가?
① 10　　② 90
③ 120　　④ 140

31.
$$W = 136 - 10 - \frac{1 \times (110^2 - 10^2)}{2 \times 1000}$$
$$= 120\,kJ/kg$$

정답　29 ③　30 ④　31 ③

32 그림과 같이 온도(T)-엔트로피(S)로 표시된 이상적인 랭킨 사이클에서 각 상태의 엔탈피(h)가 다음과 같다면, 이 사이클의 효율은 약 몇 %인가?

(단, h_1 = 30 kJ/kg, h_2 = 31 kJ/kg
h_3 = 274 kJ/kg, h_4 = 668 kJ/kg
h_5 = 764 kJ/kg, h_6 = 478 kJ/kg이다.)

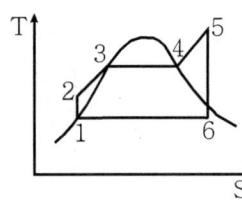

① 39　　　　　　② 42
③ 53　　　　　　④ 58

32.
$$\eta = \frac{h_5 - h_6 - (h_2 - h_1)}{h_5 - h_1 - (h_2 - h_1)}$$
$$= \frac{764 - 478 - (31 - 30)}{764 - 30 - (31 - 30)}$$
$$= 0.388$$

33 이상적인 복합 사이클(사바테 사이클)에서 압축비는 16, 최고압력비(압력상승비)는 2.3, 체절비는 1.6이고, 공기의 비열비는 1.4일 때 이 사이클의 효율은 약 몇 %인가?

① 55.52　　　　　② 58.41
③ 61.54　　　　　④ 64.88

33.
$$\eta = 1 - \left(\frac{1}{\varepsilon}\right)^{k-1} \frac{\rho \sigma^k - 1}{(\rho - 1) + k\rho(\sigma - 1)}$$

$$= 1 - \left(\frac{1}{16}\right)^{1.4-1} \frac{2.3 \times 1.6^{1.4} - 1}{(2.3 - 1) + 1.4 \times 2.3(1.6 - 1)}$$

$$= 0.6489 = 64.89\%$$

정답　32 ①　33 ④

34 단위질량의 이상기체가 정적과정 하에서 온도가 T_1에서 T_2로 변하였고, 압력도 P_1에서 P_2로 변하였다면, 엔트로피 변화량 $\triangle S$는?
(단, C_v와 C_p는 각각 정적비열과 정압비열이다.)

① $\triangle S = C_v \ln \dfrac{P_1}{P_2}$

② $\triangle S = C_v \ln \dfrac{P_1}{P_2}$

③ $\triangle S = C_v \ln \dfrac{P_1}{P_2}$

④ $\triangle S = C_v \ln \dfrac{P_1}{P_2}$

35 온도가 각기 다른 액체 A(50°C), B(25°C), C(10°C)가 있다. A와 B를 동일질량으로 혼합하면 40°C로 되고, A와 C를 동일질량으로 혼합하면 30°C로 된다. B와 C를 동일질량으로 혼합할 때는 몇 °C로 되겠는가?

① 16 ② 58.41
③ 61.54 ④ 64.88

36 어떤 기체가 5kJ의 열을 받고 0.18 kN·m의 일을 외부로 하였다. 이때의 내부에너지의 변화량은?

① 3.24 kJ ② 4.82 kJ
③ 5.18 kJ ④ 6.14 kJ

34.
$\triangle S = C_v \ln \dfrac{P_1}{P_2}$
$= C_v \ln \dfrac{V_2}{V_1}$

35.
$m C_A(50-40) = m C_B(40-25)$
에서
$\dfrac{C_B}{C_A} = \dfrac{50-40}{40-25} = 0.667$

$m C_A(50-30) = m C_C(30-10)$
에서
$\dfrac{C_C}{C_A} = \dfrac{50-30}{30-10} = 1$

$\left(\dfrac{C_B}{C_A}\right) / \left(\dfrac{C_C}{C_A}\right) = \left(\dfrac{C_B}{C_C}\right)$
$= 0.667$

$m C_B(25-y) = m C_C(y-10)$

$\dfrac{C_B}{C_C} = \dfrac{y-10}{25-y} = 0.667$
$y - 10 = 0.667(25-y)$
$y = \dfrac{10 + 25 \times 0.667}{1 + 0.667} = 16℃$

36.
$U = 5 - 0.18 = 4.82\,kJ$

정답 34 ③ 35 ① 36 ②

37 대기압이 100kPa 일 때, 계기 압력이 5.23 MPa 인 증기의 절대 압력은 약 몇 MPa인가?

① 3.02　　② 4.12
③ 5.33　　④ 6.43

37.
절대압력 = 대기압 + 계기압
= 5.23 + 0.1 = 5.33 MPa

38 압력 2 Mpa, 온도 300℃ 의 수증기가 20 m/s 속도로 증기 터빈으로 들어간다. 터빈 출구에서 수증기 압력이 100 kPa, 속도는 증기터빈으로 들어간다. 터빈 출구에서 수증기 압력이 100 kPa, 속도는 100 m/s이다. 가역단열과정으로 가정 시, 터빈을 통과하는 수증기 1kg 당 출력일은 약 몇 kJ/kg 인가?
(단, 수증기표로부터 2MPa, 300℃에서 비엔탈피는 3023.5 kJ/kg, 비엔트로피는 6.7663 kJ/(kg·K)이고, 출구에서의 비엔탈피 및 비엔트로피는 아래 표와 같다.)

출구	포화액	포화증기
비엔트로피[kJ/(kg·K)]	1.3025	7.3593
비엔탈피[kJ/kg]	417.44	2675.46

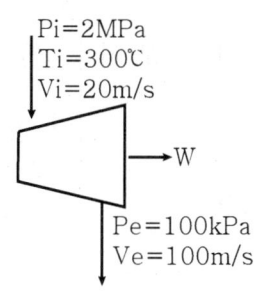

① 1534　　② 564.3
③ 153.4　　④ 764.5

정답　37 ③　38 ②

39 520 K의 고온 열원으로 18.4 kJ 열량을 받고 273 K의 저온 열원에 13 kJ의 열량 방출하는 열기관에 대하여 옳은 설명은?

① Calusius 적분값은 -0.0122 kJ/K이고, 가역과정이다.
② Calusius 적분값은 -0.0122 kJ/K이고, 비가역과정이다.
③ Calusius 적분값은 +0.0122 kJ/K이고, 가역과정이다.
④ Calusius 적분값은 +0.0122 kJ/K이고, 비가역과정이다.

39.
Clausius 적분
$$\oint \frac{\delta Q}{T} = \frac{Q_1}{T_1} - \frac{Q_2}{T_2}$$
$$= \frac{18.4}{520} - \frac{13}{273} = -0.0122 < 0$$

0보다 적으므로 비가역과정이다.

40 랭킨 사이클에서 25℃, 0.01 MPa 압력의 물 1kg을 5 MPa 압력의 보일러로 공급한다. 이때 펌프가 가역단열과정으로 작용한다고 가정할 경우 펌프가 한 일은 약 몇 kJ인가?
(단, 물의 비체적은 0.001 m³/kg이다.)

① 2.58   ② 4.99
③ 20.10   ④ 40.20

40.
$W_t = V(P_2 - P_1)$
$= 0.001 \times (5000 - 10) = 4 kJ$

3과목: 기계유체역학

---

41 지름 0.1 mm, 비중 2.3인 작은 모래알이 호수바닥으로 가라앉을 때, 잔잔한 물 속에서 가라앉는 속도는 약 몇 mm/s인가?
(단, 물의 점성계수는 1.12 x 10⁻³ N·s/m²이다.)

① 6.32   ② 4.96
③ 3.17   ④ 2.24

41.
$W - D = 3\pi \mu d V$ 에서
$$V = \frac{W - D}{3\pi \mu d}$$
$$= \frac{9800 \times (2.3-1) \times \frac{4}{3}\pi (\frac{0.05}{1000})^3}{3\pi \times 1.12 \times 10^{-3} \times \frac{0.1}{1000}}$$
$= 6.315 \times 10^{-3} = 6.315 mm/s$

정답 39 ② 40 ② 41 ①

42 반지름 R인 파이프 내에 점도 μ인 유체가 완전발달 층류유동으로 흐르고 있다. 길이 L을 흐르는데 압력 손실이 $\triangle p$만큼 발생했을 때, 파이프 벽면에서의 평균전단응력은 얼마인가?

① $\mu\dfrac{R}{4}\dfrac{\triangle p}{L}$

② $\mu\dfrac{R}{2}\dfrac{\triangle p}{L}$

③ $\dfrac{R}{4}\dfrac{\triangle p}{L}$

④ $\dfrac{R}{2}\dfrac{\triangle p}{L}$

43 어느 물리법칙이 $F(a, V, \nu, L)=0$과 같은 식으로 주어졌다. 이 식을 무차원수의 함수로 표시하고자 할 때 이에 관계되는 무차원수는 몇 개인가?
(단, a, V, ν, L은 각각 가속도, 속도, 동점성계수, 길이이다.)

① 4 ② 3
③ 2 ④ 1

43.
변수 (4) −기본차원(2) =2

44 평균 반지름이 R인 얇은 막 형태의 작은 비누방울의 내부 압력을 P_i, 외부 압력을 P_o라고 할 경우, 표면 장력(σ)에 의한 압력차 ($|P_i - P_o|$)는?

① $\dfrac{\sigma}{4R}$

② $\dfrac{\sigma}{R}$

③ $\dfrac{4\sigma}{R}$

④ $\dfrac{2\sigma}{R}$

정답 42 ④ 43 ③ 44 ③

45 $\frac{1}{20}$로 축소한 모형 수력 발전 댐과, 역학적으로 상사한 실제 수력 발전 댐이 생성할 수 있는 동력의 비(모형 : 실제)는 약 얼마인가?

① 1 : 1800
② 1 : 8000
③ 1 : 35800
④ 1 : 160000

46 비압축성 유체의 2차원 유동 속도성분이 $u = x^2 t$, $v = x^2 - 2xyt$이다. 시간(t)이 2일 때, $(x,y)=(2,-1)$에서 x방향 가속도(a_x)는 약 얼마인가?
(단, u, v는 각각 x, y방향 속도성분이고, 단위는 모두 표준단위이다.)

① 32
② 34
③ 64
④ 68

47 다음과 같이 유체의 정의를 설명할 때 괄호속에 가장 알맞은 용어는 무엇인가?

> 유체란 아무리 작은 (   )에도 저항할 수 없어 연속적으로 변형하는 물질이다.

① 수직응력
② 중력
③ 압력
④ 전단응력

46.
유체입자의 가속도

$$du = \frac{\partial u}{\partial s}ds + \frac{\partial u}{\partial t}dt$$

$$\frac{du}{dt} = \frac{\partial u}{\partial s}\frac{ds}{dt} + \frac{\partial u}{\partial t}$$

$$\alpha = u\frac{\partial u}{\partial s} + \frac{\partial u}{\partial t}$$

$\frac{\partial u}{\partial t}$: temporal acceleration

$u\frac{\partial u}{\partial s}$: convective acceleration

$\frac{du}{dt}$: substantial or total acceleration

$$a_x = u\frac{\partial u}{\partial x} + v\frac{\partial u}{\partial y} + w\frac{\partial u}{\partial z} + \frac{\partial u}{\partial t}$$

$$a_y = u\frac{\partial v}{\partial x} + v\frac{\partial v}{\partial y} + w\frac{\partial v}{\partial z} + \frac{\partial v}{\partial t}$$

$$a_z = u\frac{\partial w}{\partial x} + v\frac{\partial w}{\partial y} + w\frac{\partial w}{\partial z} + \frac{\partial w}{\partial t}$$

여기서
$\frac{dx}{dt} = u$, $\frac{dy}{dt} = v$, $\frac{dz}{dt} = u$

$u\frac{\partial V}{\partial x} + v\frac{\partial V}{\partial y} + w\frac{\partial V}{\partial z}$: convective acceleration

$\frac{\partial V}{\partial t}$: temporal acceleration

그러므로
$$a_x = u\frac{\partial u}{\partial x} + v\frac{\partial u}{\partial y} + \frac{\partial u}{\partial t}$$
$$= (x^2 t) \times \frac{\partial(x^2 t)}{\partial x}$$
$$+ (x^2 - 2xyt)\frac{\partial(x^2 t)}{\partial y} + \frac{\partial(x^2 t)}{\partial t}$$
$$= (x^2 t) \times (2xy)$$
$$+ (x^2 - 2xyt) \times 0 + 2x$$

시간(t) 2, $(x,y)=(2,-1)$에서
$a_x = 68$

정답 45 ③ 46 ④ 47 ④

48 안지름 100 mm인 파이프 안에 2.3m³/min의 유량으로 물이 흐르고 있다. 관 길이가 15 m라고 할 때 이 사이에서 나타나는 손실수두는 약 몇 m인가?
(단, 관마찰계수는 0.01로 한다.)

① 0.92
② 1.82
③ 2.13
④ 1.22

48.
$$V = \frac{4Q}{\pi d^2}$$
$$= \frac{4 \times 2.3}{\pi \times 0.1^2 \times 60} = 4.88 \, m/s$$

$$H = f \frac{l}{d} \frac{V^2}{2g}$$
$$= 0.01 \times \frac{15}{0.1} \times \frac{4.88^2}{2 \times 9.8} = 1.8225 \, m$$

49 지름 20 cm, 속도 1 m/s인 물 제트가 그림과 같이 넓은 평판에 60° 경사하여 충돌한다. 분류가 평판에 작용하는 수직방향 힘 F_N은 약 몇 N인가?
(단, 중력에 대한 영향은 고려하지 않는다.)

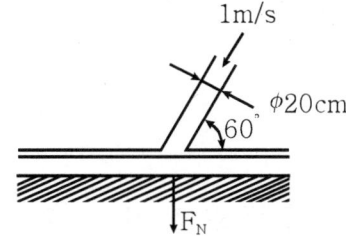

① 27.2
② 31.4
③ 2.72
④ 3.14

49.
$$F_N = \rho Q V \sin\theta$$
$$= 1000 \times \frac{\pi \times 0.2^2}{4} \sin 30$$
$$= 27.2 \, N$$

정답 48 ② 49 ①

50 경계층(boundary layer)에 관한 설명 중 틀린 것은?

① 경계층 바깥의 흐름은 포텐셜 흐름에 가깝다.
② 균일 속도가 크고, 유체의 점섬이 클수록 경계층의 두께는 얇아진다.
③ 경계층 내에서는 점성의 영향이 크다.
④ 경계층은 평판 선단으로부터 하류로 갈수록 두꺼워진다.

50.
층류 경계층 두께
$$\delta = \frac{5x}{\sqrt{Re}} = \frac{5x}{\sqrt{\frac{\rho V x}{\mu}}}$$
$$= 5x \left(\frac{\mu}{\rho V x}\right)^{\frac{1}{2}}$$
유체의 점섬이 클수록 경계층의 두께는 두꺼워진다.

51 안지름이 20 cm, 높이가 60 cm인 수직 원통형 용기에 밀도 850 kg/m³인 액체가 밑면으로부터 50 cm 높이만큼 채워져 있다. 원통형 용기와 용기와 액체가 일정한 각속도로 회전할 때, 액체가 넘치기 시작하는 각속도는 약 몇 rpm인가?

① 134
② 189
③ 276
④ 392

51.
$$H = \frac{V^2}{2g} = \frac{1}{2g} \times \left(\frac{\pi d N}{60}\right)^2$$
$$= (0.6 - 0.5) \times 2$$

$$N = \frac{60\sqrt{2g \times 0.2}}{0.2\pi}$$
$$= 189 \, rpm$$

52 유체 계측과 관련하여 크게 유체의 국소속도를 측정하는 것과 체적유량을 측정하는 것으로 구분할 때 다음 중 유체의 국소속도를 측정하는 계측기는?

① 벤투리미터
② 얇은 판 오리피스
③ 열선 속도계
④ 로터미터

52.
열선 풍속계
[hot wire anemometer]는 전류를 통해서 가열한 가는 백금선 또는 니켈선 등을 기류에 노출시키면 온도가 저하하는 성질에 따라 전기 저항이 감소하는 것을 이용하여 기류의 국소속도를 체적유량으로 측정하는 계기이다.

정답 50 ② 51 ② 52 ③

53 유체(비중량 10 N/m³)가 중량유량 6.28 N/s로 지름 40 cm인 관을 흐르고 있다. 이 관 내부의 평균 유속은 약 몇 m/s인가?

① 50.0
② 5.0
③ 0.2
④ 0.8

53.
$$V = \frac{\dot{G}}{\gamma A}$$
$$= \frac{6.28 \times 4}{10 \times \pi \times 0.4^2} = 4.997\, m/s$$

54 (x, y)좌표계의 비회전 2차원 유동장에서 속도 포텐션(potential) Φ는 $\Phi = 2x^2y$로 주어졌다. 이때 점(3, 2)인 곳에서 속도 벡터는?
(단, 속도포텐셜 Φ는 $\vec{V} \equiv \nabla \Phi = grad\Phi$로 정의된다.)

① $24\vec{i} + 18\vec{j}$
② $-24\vec{i} + 18\vec{j}$
③ $12\vec{i} + 9\vec{j}$
④ $-12\vec{i} + 9\vec{j}$

54.
$(\frac{\partial}{\partial x}\vec{i} + \frac{\partial}{\partial y}\vec{j} + \frac{\partial}{\partial z}\vec{k})$
• $(2x^2y)$
$= (4xy\vec{i} + 2x^2\vec{j})$

at, (3,2),
$(4 \times 3 \times 2\vec{i} + 2 \times 3^2\vec{j})$
$= (24\vec{i} + 18\vec{j})$

정답 53 ② 54 ①

55 수평면과 60° 기울어진 벽에 지름이 4m인 원형창이 있다. 창의 중심으로부터 5m 높이에 물이 차있을 때 창에 작용하는 합력의 작용점과 원형창의 중심(도심)과의 거리(C)는 약 몇 m인가?

(단, 원의 2차 면적 모멘트는 $\dfrac{\pi R^4}{4}$ 이고, 여기서 R은 원의 반지름이다.)

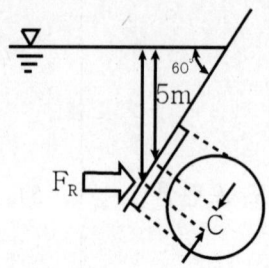

① 0.0866 ② 0.173
③ 0.866   ④ 1.73

55.
$y_p - y_c = \dfrac{I_G}{A\, y_c} = \dfrac{\pi \times 4^4 \times 4}{64 \times \pi \times 4^2}$
$= 0.2$ (사선길이)

수직길이
$0.2 \times \sin 60 = 0.173$

56 연직하방으로 내려가는 물제트에서 높이 10 m인 곳에서 속도는 20 m/s였다. 높이 5m인 곳에서의 물의 속도는 약 몇 m/s 인가?

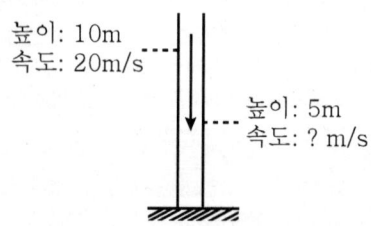

① 29.45 ② 26.34
③ 23.88 ④ 22.32

56.
$10 + \dfrac{20^2}{2g} = 5 + \dfrac{V^2}{2g}$ 에서
$V = 22.316\, m/s$

정답 55 ② 56 ④

64 유체 커플링의 구조에 대한 설명 중 옳지 않은 것은?

① 유체 커플링의 일반적인 구조 요소는 입력축에 펌프, 출력축에 터빈을 설치한다.
② 펌프와 터빈의 회전차는 서로 맞대서 케이싱 내에 다수의 깃이 반지름 방향으로 달려 있다.
③ 입력축을 회전하면 그 축에 달린 펌프의 회전차가 회전하며 액체는 임펠러로부터 유출하여 출력축에 달린 터빈의 러너에 유입하여 출력축을 회전시킨다.
④ 펌프와 터빈으로 두 개의 별도 회로로 구성되어 있으므로 일정시간 작동 후 펌프가 정지하더라도 터빈은 독자적으로 작동할 수 있다.

64.
펌프와 터빈으로 한개의 회로로 구성되어 있으므로 펌프가 정지하면 터빈도 정지한다.

65 반동수차 중 하나로 프로펠러 수차와 비슷하나 유량변화가 심한 곳에 사용할 수 있도록 가동익을 설치하여, 부분부하에 대하여 높은 효율을 얻을 수 있는 수차는?

① 카플란 수차　　② 펠턴 수차
③ 지라르 수차　　④ 프란시스 수차

66 루츠형 진공 펌프가 동일한 압력 사용 범위에서 다른 진공 펌프와 비교하여 가지는 장점이 아닌 것은?

① 고속 회전이 가능하다.
② 넓은 압력 범위에서도 양호한 배기성능이 발휘된다.
③ 고압으로 갈수록 모터 용량의 상승폭이 크지 않아 고압에서의 작동에 유리하다.
④ 실린더 안에 오일을 사용하지 않음으로 소요 동력이 적다.

66.
루츠형 진공 펌프는 넓은 압력 범위에서도 양호한 배기성능이 발휘하나 배기부가 대기압인 경우 배기능력을 상실한다.

정답　64 ④　65 ①　66 ③

67 수차의 수격현상에 대한 설명으로 옳지 않은 것은?

① 기동이나 정지 또는 부하가 갑자기 변화할 경우 유입수량이 급변함에 따라 수격현상이 발생하게 된다.
② 수격현상은 진동의 원인이 되고 경우에 따라서는 수관을 파괴시키기도 한다.
③ 수차 케이싱에 압력조절기를 설치하여 부하가 급변할 경우 방출유량을 조절하여 수격현상을 방지한다.
④ 수차에 서지탱크를 설치하여 관내 압력변화를 크게 하여 수격현상을 방지할 수 있다.

67.
서지탱크는 관내 압력변화를 작게 하여 수격현상을 방지하는 탱크이다.

68 물이 수차의 회전차를 흐르는 사이에 물의 압력에너지와 속도에너지는 감소되고 그 반동으로 회전차를 구동하는 수차는?

① 중력 수차   ② 펠턴 수차
③ 충격 수차   ④ 프란시스 수차

69 다음 중 벌류트 펌프(volute pump)의 구성 요소가 아닌 것은?

① 임펠러   ② 안내깃
③ 와류실   ④ 와실

70 다음 중 원심 펌프에서 축추력의 평형을 이루는 방법으로 거리가 먼 것은?

① 스러스트 베어링의 사용
② 그랜드 패킹 사용
③ 회전차 후면에 이면깃 사용
④ 밸런스 디스크 사용

70.
그랜드 패킹은 축둘레 틈에 패킹 끼우는 밀폐 방법이다.

정답 67 ④ 68 ④ 69 ② 70 ②

71 부하가 급격히 변화하였을 때 그 자중이나 관성력 때문에 소정의 제어를 못하게 된 경우 배압을 걸어주어 자유낙하를 방지하는 역할을 하는 유압제어 밸브로 체크밸브가 내장된 것은?

① 카운터밸런스 밸브
② 릴리프 밸브
③ 스로틀 밸브
④ 감압 밸브

71.
② 릴리프 밸브 : 안전밸브로서 최고압력 이하로 유지 시키는

압력제어 밸브
③ 스로틀 밸브: 교축밸브
④ 감압 밸브: 압력을 낮추는
　　기능의 압력제어 밸브

72 다음 중 유압장치의 운동부분에 사용되는 실(seal)의 일반적인 명칭은?

① 심레스(seamless)
② 개스킷(gasket)
③ 패킹(packing)
④ 필터(filter)

72.
개스킷(gasket) 유압장치의 고정부분에 사용되는 실(seal)의 일반적인 명칭

73 미터-아웃(meter-out) 유량 제어 시스템에 대한 설명으로 옳은 것은?

① 실린더로 유입하는 유량을 제어한다.
② 실린더의 출구 관로에 위치하여 실린더로부터 유출되는 유량을 제어한다.
③ 부하가 급격히 감소되더라도 피스톤이 급진되지 않도록 제어한다.
④ 순간적으로 고압을 필요로 할 때 사용한다.

73.
미터아웃 회로
(Meter-out Circuit)
유량제어 밸브를 유압유의 귀환 측인, 유압실린더와 유압탱크 사이에 설치하여 실린더로부터 유출되어 귀환하는 유량을 제어하는 회로로서 실린더는 항상 배압을 받게 된다.
항상 실린더에 배압이 작용하고 있으므로 유압실린더 내의 피스톤이 역부하를 받는 회로에서 사용하여 갑작스런 후진을 막는 역할을 한다
(예, 드릴링 머신, 프레스).

정답 71 ① 72 ③ 73 ②

74 다음 기호에 대한 명칭은?

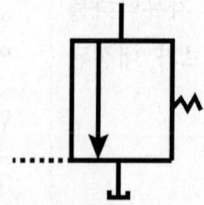

① 비례전자식 릴리프 밸브
② 릴리프 붙이 시퀀스 밸브
③ 파일럿 작동형 감압 밸브
④ 파일럿 작동형 릴리프 밸브

75 다음 중 어큐뮬레이터 용도에 대한 설명으로 틀린 것은?

① 에너지 축적용
② 펌프 맥동 흡수용
③ 충격압력의 완충용
④ 유압유 냉각 및 가열용

76 온도 상승에 의하여 윤활유의 점도가 낮아질 때 나타나는 현상이 아닌 것은?

① 누설이 잘된다.
② 기포의 제거가 어렵다.
③ 마찰 부분의 마모가 증대된다.
④ 펌프의 용적 효율이 저하된다.

75.
축압기(accumulator)의 목적
㉠ 유압 에너지의 축적
㉡ 2차 회로의 보상
㉢ 압력 보상(카운터 밸런스)
㉣ 맥동 제어(노이즈 댐퍼)
㉤ 충격 완충(oil hammer)
㉥ 액체 수송(트랜스퍼베리어)
㉦ 고장, 정전 등의 긴급 유압원

76.
• 점도가 너무 낮은 경우 나타나는 현상
㉠ 유압유의 누설이 증가한다.
㉡ 윤활성능의 저하에 따라 마찰부분의 마모가 심해진다.
㉢ 유압펌프의 용적효율이 저하한다.
㉣ 필요한 압력의 발생이 곤란하므로 정확한 작동과 정밀한 제어가 어려워진다.

77 그림과 같은 유압회로의 명칭으로 옳은 것은?

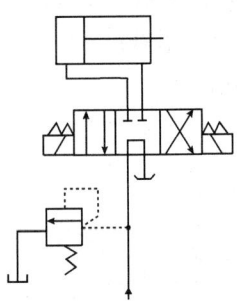

① 브레이크 회로
② 압력 설정 회로
③ 최대압력 제한 회로
④ 임의 위치 로크 회로

78 크래킹 압력(cracking pressure)에 관한 설명으로 가장 적합한 것은?

① 파일런 관로에 작용시키는 압력
② 압력 제어 밸브 등에서 조절되는 압력
③ 체크 밸브, 릴리프 밸브 등에서 압력이 상승하고 밸브가 열리기 시작하여 어느 일정한 흐름의 양이 인정되는 압력
④ 체크 밸브, 릴리프 밸브 등의 입구 쪽 압력이 강하하고, 밸브가 닫히기 시작하여 밸브의 누설량이 어느 규정의 양까지 감소했을 때의 압력

79 다음 중 기어 모터의 특성에 관한 설명으로 가장 거리가 먼 것은?

① 정회전, 역회전이 가능하다.
② 일반적으로 평기어를 사용한다.
③ 비교적 소형이며 구조가 간단하기 때문에 값이 싸다.
④ 누설량이 적고 토크 변동이 작아서 건설기계에 많이 이용된다.

79.
기어모터의 특성

㉠ 장점 : 구조가 간단하고 운전보수가 용이하며 가격이
저렴하다.

㉡ 단점 : 정토출량이며 저압·소토출량이며 누설량이
많다.

80.
$$W = \frac{PQ}{\eta} = \frac{50 \times 40}{0.85 \times 60} = 39.26\,W$$

정답 77 ④ 78 ③ 79 ④

80 펌프의 압력이 50Pa 토출유량은 40m³/min인 레이디얼 피스톤 펌프의 축동력은 약 몇 W 인가?
(단, 펌프의 전효율은 0.85이다.)

① 3921
② 39.1
③ 2352
④ 23.52

5과목: 건설기계일반 및 플랜트 배관

81 다음 중 도로포장을 위한 다짐작업에 주로 쓰이는 건설기계는?

① 롤러　　　　　　② 로더
③ 지게차　　　　　④ 덤프 트럭

82 자주식 로드 롤러(road roller)를 축의 배열과 바퀴의 배열로 구분할 때 머캐덤(Macadam)롤러에 해당되는 것은?

① 1축 1륜　　　　② 2축 2륜
③ 2축 3륜　　　　④ 3축 3륜

83 탄소강과 철강의 5대 원소가 아닌 것은?

① C　　　　　　　② Si
③ Mn　　　　　　④ Mg

81
로더, 지게차, 덤프 트럭: 적재기계(싣기기계)

82.
머캐덤 로울러는 2축 3륜 로울러로서 자갈, 잘게 부순돌의 포장기층, 가열 아스팔트 포장, 얇게 펴깔기한 흙쌓기 등의 다짐 즉 초벌다짐에 주로 사용.
탠덤 로울러는 2축 2륜 탠덤과 3축 3륜 탠덤이 있으며 바퀴 직경은 1m 정도이며 주로 아스팔트 포장면의 전압 끝 손질(마무리 작업)에 사용.

83.
탄소강의 5대 원소는 C, Si, Mn, P, S이다.

정답　80 ②　81 ①　82 ③　83 ④

84 불도저의 시간당 작업량 계산에 필요한 사이클 타임 Cm(min)은 다음 중 어느 것인가?
(단, ℓ=운반거리(m), v_1=전진속도(m/min), v_2=후진속도(m/min), t=기어변속시간(min)이다.)

① $C_m = \dfrac{v_1}{\ell} + \dfrac{v_2}{\ell} - t$

② $C_m = \dfrac{\ell}{v_1} + \dfrac{\ell}{v_2} - t$

③ $C_m = \dfrac{\ell}{v_1} + \dfrac{\ell}{v_2} + t$

④ $C_m = \dfrac{\ell}{v_1} - \dfrac{\ell}{v_2} - t$

85 다음 중 전압식 롤러에 해당하지 않는 것은?
① 머캐덤 롤러(Macadam Roller)
② 타이어 롤러(Tire Roller)
③ 탬핑 롤러(Tamping Roller)
④ 탬퍼(Tamper)

85.
래머 및 탬퍼는 충격식 다짐기계이다.

86 난방과 온수공급에 쓰이는 대규모 보일러설비의 주요 부분 중 포화증기를 과열증기로 가열시키는 장치의 이름은 무엇인가?
① 과열기   ② 절탄기
③ 통풍장치   ④ 공기예열기

정답 84 ③ 85 ④ 86 ①

87 일반적으로 지게차 조향장치는 어떠한 방식을 사용하는가?

① 전륜 조향식에 유압식으로 제어
② 후륜 조향식에 유압식으로 제어
③ 전륜 조향식에 공압식으로 제어
④ 후륜 조향식에 공압식으로 제어

88 굴삭기의 시간당 작업량[Q, m³/h]을 산정하는 식으로 옳은 것은? (단, q는 버킷 용량[m³], f는 체적환산계수, E는 작업효율, k는 버킷 계수, cm은 1회 사이클 시간[초] 이다.

① $Q = \dfrac{3600 \cdot q \cdot k \cdot f}{E \cdot cm}$

② $Q = \dfrac{3600 \cdot q \cdot f \cdot E}{cm}$

③ $Q = \dfrac{3600 \cdot E \cdot k \cdot f}{cm \cdot q}$

④ $Q = \dfrac{E \cdot k \cdot f \cdot q}{3600 \cdot cm}$

89 모터그레이더의 동력전달 순서로 옳은 것은?

① 클러치 - 탠덤드라이브 - 피니언베벨기어 - 감속기어 - 변속기 - 휠
② 기관 - 클러치 - 감속기어 - 변속기 - 탠덤드라이브 - 피니언베벨기어 - 휠
③ 기관 - 클러치 - 변속기 - 감속기어 - 피니언베벨기어 - 탠덤드라이브 - 휠
④ 감속기어 - 클러치 탠덤드라이브 - 피니언베벨기어 - 변속기 휠

정답 87 ② 88 ② 89 ③

90 유압식 크로울러 드릴 작업 시 주의사항으로 옳지 않은 것은?

① 천공 방법을 확인한다.
② 천공작업장의 수평상태를 확인한다.
③ 천공작업 중 암석가루가 밖으로 잘 나오는지 확인한다.
④ 천공작업 시 다른 크로울러 드릴 장비가 이미 천공한 구멍을 다시 천공해도 된다.

90.
천공작업 시 다른 크로울러 드릴 장비가 이미 천공한 구멍은 토질이 균열이 발생할 염려로 다시 천공하지않는다.

91 다음 배관 이음에 관한 설명으로 틀린 것은?

① 유니언은 기계적 강도가 크다.
② 부싱은 이경 소켓에 비해 강도가 약하다.
③ 부싱은 한쪽은 암나사, 다른 쪽은 수나사로 되어 있다.
④ 유니언은 소구경관에 사용하고, 플랜지는 대구경관에 사용한다.

92 증기온도 102℃, 실내온도 21℃로 증기난방을 하고자 할 때 방열면적 $1m^2$ 당 표준방열량은 몇 kcal/h인가?

① 450
② 550
③ 650
④ 750

92.
EDR : 상당 방열 면적
(온수 : $450 kcal/m^2·h$)
(증기 : $650 kcal/m^2·h$)

정답 90 ④ 91 ① 92 ③

93 배관용 탄소강관 또는 아크용접 탄소강관에 콜타르에나멜이나 폴리에틸렌 등으로 피복한 관으로 수도, 하수도 등의 매설 배관에 주로 사용되는 강관은?
① 배관용 합금강 관
② 수도용 아연도금 강관
③ 압력 배관용 탄소강관
④ 상수도용 도복장 강관

94 다음 중 배관의 끝을 막을 때 사용하는 부속은?
① 플러그
② 유니언
③ 부싱
④ 소켓

94.
플러그는 배관의 끝부분을 막는 캡의 일종이다.

95 동력 나사절삭기의 종류가 아닌 것은?
① 호브식
② 로터리식
③ 오스터식
④ 다이헤드식

95.
관의절단, 나사절삭, 거스러미 제거 등의 작업을 연속적으로 할 수 있는 것은 다이헤드형이며 리드형은 관의 나사를 깎는 수동식 공구이며 호브형은 숫돌차 및 가공기어에 주어 연삭하는 것으로, 정밀기어 대량 생산에 적합하다. 오스터는 파이프에 나사를 절삭하는 공구이다.

96 다음중 스트레이너를 방치했을 때 발생하는 현상 중 가장 큰 문제점은?
① 진동이나 발열
② 유체의 흐름장애
③ 불완전 연소나 폭발
④ 보일러부식 및 슬러지 생성

96.
스트레이너는 여과기이며 주로 Y형 여과기를 사용하며 방치했을 때 유체의 흐름장애가 발생한다.

97 방열기의환수구나 증기배관의 말단에 설치하고 응축수와 증기를 분리하여 자동으로 환수관에 배출시키고, 증기를 통과하지 않게 하는 장치는?
① 신축이음
② 증기트랩
③ 감압밸브
④ 스트레이너

정답   93 ④   94 ①   95 ②   96 ②   97 ②

98 일반 배관용 스테인리스강관의 종류로 옳은 것은?
① STS 304 TPD, STS 316 TPD
② STS 304 TPD, STS 415 TPD
③ STS 316 TPD, STS 404 TPD
④ STS 404 TPD, STS 415 TPD

99 배수 직수관, 배수 횡주관 및 기구 배수관의 완료 지점에서 각 층마다 분류하여 배관의 최상부로 물을 넣어 이상여부를 확인하는 시험은?
① 수압시험
② 통수시험
③ 만수시험
④ 기압시험

100 관 접합부의 이음쇠 및 부속류 분해 또는 이음 시 사용되는 공구는?
① 파이프 커터
② 파이프 리머
③ 파이프 바이스
④ 파이프 렌치

정답 98 ① 99 ③ 100 ④

건설기계 설비기사

1과목: 재료역학

01 원형 단면축이 비틀림을 받을 때, 그 속에 저장되는 탄성 변형에너지 U는 얼마인가?
(단, T : 토크, L : 길이, G : 가로탄성계수, I_P : 극관성모멘트, I : 관성모멘트, E : 세로탄성계수이다.)

① $U = \dfrac{T^2 L}{2GI}$ ② $U = \dfrac{T^2 L}{2EI}$

③ $U = \dfrac{T^2 L}{2EI_P}$ ④ $U = \dfrac{T^2 L}{2GI_P}$

1.
$U = \dfrac{T\theta}{2} = \dfrac{T^2 l}{2GI_p}$

02 그림과 같은 전길이에 걸쳐 균일 분포하중 w를 받는 보에서 최대처짐 δ_{max}를 나타내는 식은?
(단, 보의 굽힘 강성계수는 EI 이다.)

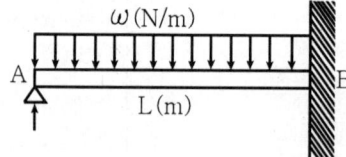

① $\dfrac{wL^4}{64EI}$ ② $\dfrac{wL^4}{128.5EI}$

③ $\dfrac{wL^4}{186.4EI}$ ④ $\dfrac{wL^4}{192EI}$

정답 01 ④ 02 ③

03 그림과 같은 보에서 발생하는 최대굽힘 모멘트는 몇 kN·m 인가?

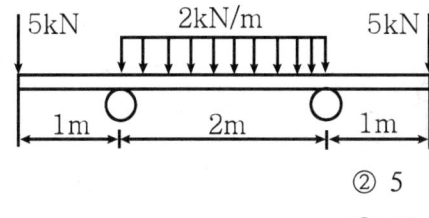

① 2
② 5
③ 7
④ 10

04 그림의 H형 단면의 도심축인 Z축에 관한 회전반경 (radius of gyration)은 얼마인가?

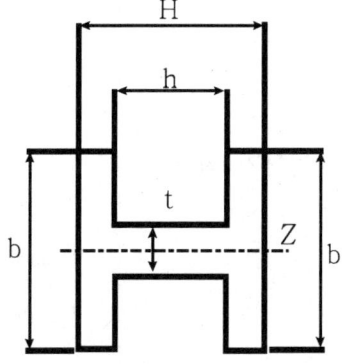

① $K_z = \sqrt{\dfrac{Hb^3 - (b-t)^3 b}{12(bH - bh + th)}}$

② $K_z = \sqrt{\dfrac{12Hb^3 + (b-t)^3 b}{(bH + bh + th)}}$

③ $K_z = \sqrt{\dfrac{ht^3 + Hb^3 - hb^3}{12(bH - bh + th)}}$

④ $K_z = \sqrt{\dfrac{12Hb^3 + (b+t)^3 b}{(bH + bh - th)}}$

3.
$R_A = 5 + 2 \times 1 = 7 kN$
중앙점

$M = 5 \times 2 - 7 \times 1 + 2 \times 0.5 = 4 kNm$

A 점 $M = 5 \times 1 = 5 kNm$

4.
$A = bH - bh + th$
$I = \dfrac{ht^3}{12} + \dfrac{(H-h)b^3}{12}$
$= \dfrac{ht^3}{12} + \dfrac{Hb^3}{12} - \dfrac{hb^3}{12}$

$K_z = \sqrt{\dfrac{I}{A}}$

$= \sqrt{\dfrac{ht^3 + Hb^3 - hb^3}{12(bH - bh + th)}}$

정답 03 ② 04 ③

05 그림에 표시한 단순 지지보에서의 최대 처짐량은?
(단, 보의 굽힘 강성은 EI 이고, 자중은 무시한다.)

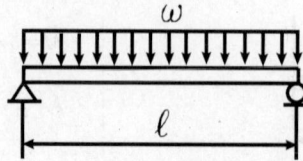

① $\dfrac{wl^3}{48EI}$

② $\dfrac{wl^4}{24EI}$

③ $\dfrac{5wl^3}{253EI}$

④ $\dfrac{5wl^4}{384EI}$

06 그림에서 y축 힘이 1240N이면 평형을 유지하기 위한 힘 F_1과 F_2는 어느것인가?

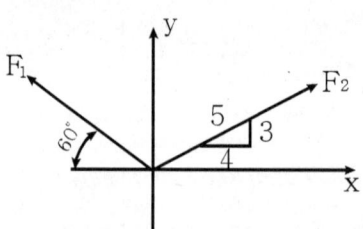

① F_1 = 392.5 N, F_2 = 632 N
② F_1 = 790.4 N, F_2 = 632 N
③ F_1 = 800 N, F_2 = 390 N
④ F_1 = 1000 N, F_2 = 625 N

6.
$F_1 \cos 60 = F_2 \times \dfrac{4}{5}$

$F_1 \sin 60 + F_2 \times \dfrac{3}{5} = 1240 N$

$F_1 \cos 60 + F_1 \cos 60 \times \dfrac{5}{4} \times \dfrac{3}{5}$

$= 1240 N$

$F_1 = \dfrac{1240}{\sin 60 + \cos 60 \times \dfrac{5}{4} \times \dfrac{3}{5}}$

$= 1000 N$

$F_2 = F_1 \cos 60 \times \dfrac{5}{4}$

$= 1000 \times \cos 60 \times \dfrac{5}{4} = 625 N$

정답 05 ④ 06 ④

07 지름이 60mm인 연강축이 있다. 이 축의 허용전단응력은 40MPa이며 단위길이 1m당 허용 회전각도는 1.5°이다. 연강의 전단 탄성계수를 80GPa이라 할 때 이 축의 최대 허용 토크는 약 몇 N•m 인가?

① 696
② 1696
③ 2664
④ 3664

7.
$\theta = \dfrac{32\,Tl\,180}{G\pi d^4 \pi}$ 에서

$T = \dfrac{\theta\,G\pi d^4 \pi}{32\,l\,180}$

$= \dfrac{1.5 \times 80 \times 10^9 \times \pi \times 0.06 \times \pi}{32 \times 1 \times 180}$

$= 2664.79\,N$

08 지름 3cm인 강축이 26.5 rev/s의 각속도로 26.5kW의 동력을 전달하고 있다. 이 축에 발생하는 최대 전단응력은 약 몇 MPa 인가?

① 30
② 40
③ 50
④ 60

8.
$T = \dfrac{60 \times 1000\,kW}{2\pi\,N}$

$= \dfrac{60 \times 1000 \times 26.5}{2\pi \times 26.5 \times 60} = 159.155\,Nm$

$= 159155\,Nmm$

$\tau = \dfrac{16\,T}{\pi d^3} = \dfrac{16 \times 159155}{\pi \times 30^3}$

$= 30.02\,MPa$

09 폭 3cm, 높이 4cm의 직사각형 단면을 갖는 외팔보가 자유단에 그림에서와 같이 집중하중을 받을 때 보 속에 발생하는 최대전단응력은 몇 N/cm² 인가?

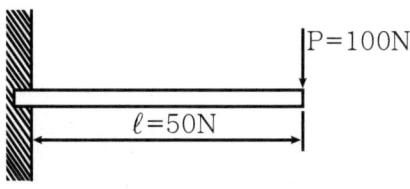

① 12.5
② 13.5
③ 14.5
④ 15.5

9.
$\tau = \dfrac{3\,V}{2\,A}$

$= \dfrac{3 \times 100}{2 \times 3 \times 4} = 12.5\,N/cm^2$

정답 07 ② 08 ① 09 ①

10 평면 응력 상태에서 $\varepsilon_x = -150 \times 10^{-6}$, $\varepsilon_y = -280 \times 10^{-6}$, $\gamma_{xy} = 850 \times 10^{-6}$일 때, 최대주변형률($\varepsilon_1$)과 최소주변형률($\varepsilon_2$)은 각각 약 얼마인가?

① $\varepsilon_1 = 215 \times 10^{-6}$, $\varepsilon_2 = -645 \times 10^{-6}$
② $\varepsilon_1 = 215 \times 10^{-6}$, $\varepsilon_2 = 645 \times 10^{-6}$
③ $\varepsilon_1 = -215 \times 10^{-6}$, $\varepsilon_2 = 645 \times 10^{-6}$
④ $\varepsilon_1 = 215 \times 10^{-6}$, $\varepsilon_2 = 645 \times 10^{-6}$

10.
$$\varepsilon_{1,2} = \frac{\varepsilon_x + \varepsilon_y}{2} \pm \sqrt{\left(\frac{\varepsilon_x - \varepsilon_y}{2}\right)^2 + \left(\frac{\gamma_{xy}}{2}\right)^2}$$

$$= \frac{-150 - 280}{2} \pm \sqrt{\left(\frac{-150 + 280}{2}\right)^2 + \left(\frac{850}{2}\right)^2}$$

$-215 \pm 429.94 = 214.94, -644.94$

11 길이 6m 인 단순 지지보에 등분포하중 q가 작용할 때 단면에 발생하는 최대 굽힘응력이 337.5MPa이라면 등분포하중 q는 약 몇 kN/m인가?
(단, 보의 단면은 폭 x 높이 = 40 mm x 100 mm 이다.)

① 4
② 5
③ 6
④ 7

11.
$\sigma = \dfrac{M}{Z} = \dfrac{6\omega l^2}{bh^2 \, 8}$ 에서

$\omega = \dfrac{\sigma b h^2 \, 8}{6 \, l^2}$

$= \dfrac{337.5 \times 10^3 \times 0.04 \times 0.1^2 \times 8}{6 \times 6^2}$

$= 5 \, kN/m$

정답 10 ① 11 ②

12 보의 자중을 무시할 때 그림과 같이 자유단 C에 집중하중 2P가 작용할 때 B점에서 처짐의 기울기각은 몇 rad 인가?

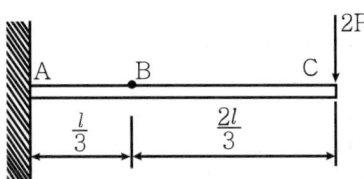

① $\dfrac{5Pl^2}{9EI}$ ② $\dfrac{5Pl^2}{18EI}$

③ $\dfrac{5Pl^2}{27EI}$ ④ $\dfrac{5Pl^2}{36EI}$

13 그림과 같은 외팔보에 대한 전단력 선도로 옳은 것은? (단, 아랫방향을 양(+)으로 본다.)

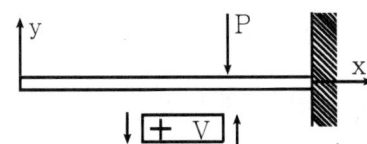

12.
$EIy'' = -M = -2Px$
$EIy' = -2P\dfrac{x^2}{2} + C_1$
$EIy = -P\dfrac{x^3}{3} + C_1x + C_2$

at $x=0$, $y'=0$ $y''=0$ 이므로
$0 = -2P\dfrac{l^2}{2} + C_1$ 에서
$C_1 = Pl^2$
$0 = -P\dfrac{l^3}{3} + Pl^3 + C_2$ 에서
$C_2 = -\dfrac{2Pl^3}{3}$

그러므로
$EI\theta = -Px^2 + Pl^2$ 이며
at $x = \dfrac{2l}{3}$,
$\theta = \dfrac{1}{EI}\left(-P\dfrac{4l^2}{9} - Pl^2\right)$
$= \dfrac{5Pl^2}{9EI}$

정답 12 ① 13 ④

14 그림과 같이 길이가 동일한 2개의 기둥 상단에 중심 압축 하중 2500N이 작용할 경우 전체 수축량은 약 몇 mm인가? (단, 단면적 A_1= 1000mm², A_2= 2000mm², 길이 L= 300mm, 재료의 탄성계수 E= 90GPa 이다.)

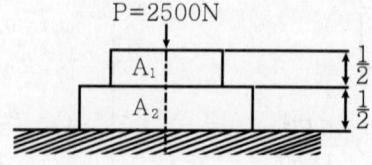

① 0.625
② 0.0625
③ 0.00625
④ 0.000625

14.
$$\delta = \frac{Pl_1}{A_1 E_1} + \frac{Pl_2}{A_2 E_2}$$
$$= \frac{2500 \times 150}{1000 \times 90 \times 10^3} + \frac{2500 \times 150}{2000 \times 90 \times 10^3}$$
$$= 0.00625 mm$$

15 최대 사용강도 400MPa의 연강봉에 30kN의 축방향의 인장 하중이 가해질 경우 강봉의 최소지름은 몇 cm까지 가능한가? (단, 안전율은 5이다.)

① 2.69　　② 2.99
③ 2.19　　④ 3.02

15.
$$d = \sqrt{\frac{4PS}{\pi \sigma}}$$
$$= \sqrt{\frac{4 \times 30 \times 10^3 \times 5}{\pi \times 400}}$$
$$= 21.85mm = 2.185cm$$

정답　14 ③　15 ②

16 그림과 같이 A, B의 원형 단면봉은 길이가 같고, 지름이 다르며, 양단에서 같은 압축하중 P를 받고 있다.
응력은 각 단면에서 균일하게 분포된다고 할 때 저장되는 탄성 변형 에너지의 $\dfrac{U_B}{U_A}$는 얼마가 되겠는가?

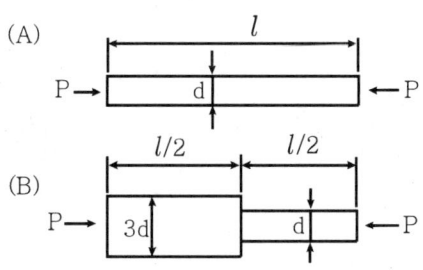

① $\dfrac{1}{3}$
② $\dfrac{5}{9}$
③ 2
④ $\dfrac{9}{5}$

16.
$$U_A = \frac{P^2 l}{2AE} = \frac{4P^2 l}{2\pi d^2 E}$$
$$U_B = \frac{4P^2 \frac{l}{2}}{2\pi (3d)^2 E} + \frac{4P^2 \frac{l}{2}}{2\pi d^2 E}$$
$$= \frac{4P^2 l}{2\pi d^2 E}\left(\frac{1}{18} + \frac{1}{2}\right)$$
$$= \frac{4P^2 l}{2\pi d^2 E}\left(\frac{5}{9}\right)$$
$$\frac{U_B}{U_A} = \frac{5}{9}$$

17 다음과 같이 3개의 링크를 핀을 이용하여 연결하였다. 2000N의 하중 P가 작용할 경우 핀에 작용되는 전단응력은 약 몇 MPa인가? (단, 핀의 직경은 1cm이다.)

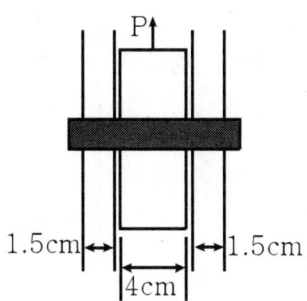

① 12.73
② 13.24
③ 15.63
④ 16.56

17.
$$\tau = \frac{4P}{\pi d^2 \times 2} = \frac{4 \times 2000}{\pi \times 10^2 \times 2}$$
$$= 12.73 \, N/mm^2 = 12.73 \, MPa$$

정답 16 ② 17 ①

18 원통형 압력용기에 내압 P가 작용할 때, 원통부에 발생하는 축 방향의 변형률 ε_x 및 원주 방향 변형률 ε_y는?
(단, 강판의 두께 t는 원통의 지름 D에 비하여 충분히 작고, 강판 재료의 탄성계수 및 포아송 비는 각 E, ν 이다.)

① $\varepsilon_x = \dfrac{PD}{4tE}(1-2\nu), \varepsilon_y = \dfrac{PD}{4tE}(1-\nu)$

② $\varepsilon_x = \dfrac{PD}{4tE}(1-2\nu), \varepsilon_y = \dfrac{PD}{4tE}(2-\nu)$

③ $\varepsilon_x = \dfrac{PD}{4tE}(2-\nu), \varepsilon_y = \dfrac{PD}{4tE}(1-\nu)$

④ $\varepsilon_x = \dfrac{PD}{4tE}(1-\nu), \varepsilon_y = \dfrac{PD}{4tE}(2-\nu)$

18.
$\varepsilon_x = \dfrac{1}{E}(\sigma_y - \nu\sigma_x)$
$= \dfrac{1}{E}\left(\dfrac{PD}{4t} - \nu\dfrac{PD}{2t}\right)$
$= \dfrac{PD}{4tE}(1-2\nu)$

$\varepsilon_y = \dfrac{1}{E}(\sigma_x - \nu\sigma_y)$
$= \dfrac{1}{E}\left(\dfrac{PD}{2t} - \nu\dfrac{PD}{4t}\right)$
$= \dfrac{PD}{4tE}(2-\nu)$

19 지름 20 mm, 길이 1000 mm의 연강봉이 50kN의 인장하중을 받을 때 발생하는 신장량은 약 몇 mm인가?
(단, 탄성계수 E = 210GPa이다.)

① 7.58 ② 0.758
③ 0.0758 ④ 0.00758

19.
$\delta = \dfrac{4Pl}{\pi d^2 E}$
$= \dfrac{4 \times 50 \times 10^3 \times 1000}{\pi \times 20^2 \times 210 \times 10^3}$
$= 0.758 mm$

20 지름이 0.1m이고 길이가 15m인 양단힌지인 원형강 장주의 좌굴임계하중은 약 몇 kN인가?
(단, 장주의 탄성계수는 200GPa이다.)

① 43 ② 55
③ 67 ④ 79

20.
$P_{cr} = \dfrac{n\pi^2 EI}{l^2}$
$= \dfrac{1 \times \pi^2 \times 200 \times 10^9 \times \pi \times 0.1^4}{15^2 \times 64}$
$= 43064 N = 43.064 kN$

정답 18 ② 19 ② 20 ①

2과목: 기계열역학

21 온도 150°C, 압력 0.5MPa의 공기 0.2kg이 압력이 일정한 과정에서 원래 체적의 2배로 늘어난다. 이 과정에서의 일은 약 몇 kJ인가?
(단, 공기는 기체상수가 0.287kJ/(kg·K)인 이상기체로 가정한다.)

① 12.3 kJ
② 16.5 kJ
③ 20.5 kJ
④ 24.3 kJ

22 이상기체 2kg이 마찰이 없는 실린더 내에 온도 500K, 비엔트로피 3kJ/(kg·K)에서 10kJ/(kg k)이 될 때까지 등온과정으로 가열한다면 가열량은 약 몇 kJ인가?

① 1400 kJ
② 2000 kJ
③ 3500 kJ
④ 7000 kJ

22.
$\triangle S = \dfrac{Q}{T}$

$Q = T \triangle S$
$ = 500(10-3) \times 2$
$ = 7000 kJ$

23 랭킨 사이클의 열효율을 높이는 방법으로 틀린 것은?

① 복수기의 압력을 저하시킨다.
② 보일러 압력을 상승시킨다.
③ 재열(reheat) 장치를 사용한다.
④ 터빈 출구 온도를 높인다.

23.
터빈 출구 온도를 높이면 터빈 일이 감소되어 효율이 감소한다.

정답 21 ④ 22 ④ 23 ④

24 유체의 교축과정에서 Joule-Thomson 계수 (μ_J)가 중요하게 고려되는데 이에 대한 설명으로 옳은 것은?

① 등엔탈피 과정에 대한 온도변화와 압력변화와 비를 나타내며 μ_J <0인 경우 온도상승을 의미한다.
② 등엔탈피 과정에 대한 온도변화와 압력변화의 비를 나타내며 μ_J <0인 경우 온도 강하를 의미한다.
③ 정적 과정에 대한 온도변화와 압력변화의 비를 나타내며 μ_J <0인 경우 온도 상승을 의미한다.
④ 정적 과정에 대한 온도변화와 압력변화의 비를 나타내며 μ_J <0인 경우 온도 강하를 의미한다.

25 이상적인 카르노 사이클의 열기관이 252°C인 열원으로부터 500 kJ을 받고, 27°C에 열을 방출한다. 이 사이클의 일(W)과 효율(n_{th})은 얼마인가?

① W =214.5 kJ, n_{th} = 0.429
② W = 207.2 kJ, n_{th} = 0.5748
③ W = 250.3 kJ, n_{th} = 0.8316
④ W = 401.5 kJ, n_{th} = 0.6517

25.
$\eta = 1 - \dfrac{27+273}{252+273} = 0.429$
$W = \eta \times Q_1$
$\quad = 0.429 \times 500$
$\quad = 214.5 kJ$

26 Brayton 사이클에서 압축기 소요일은 106 kJ/kg, 공급열은 600 kJ/kg, 터빈 발생일은 406 kJ/kg로 작동될 때 열효율은 약 얼마인가?

① 0.28　　　　② 0.37
③ 0.42　　　　④ 0.5

26.
$\eta = \dfrac{406-106}{600} = 0.5$

정답　24 ①　25 ①　26 ②

27 그림과 같이 다수의 추를 올려놓은 피스톤이 장착된 실린더가 있는데, 실린더 내의 압력은 300 kPa, 초기 체적은 0.05m³이다. 이 실린더에 열을 가하면서 적절히 추를 제거하여 폴리트로프 지수가 1.3인 폴리트로프 변화가 일어나도록 하여 최종적으로 실린더 내의 체적이 0.2m³이 되었다면 가스가 한 일은 약 몇 kJ인가?

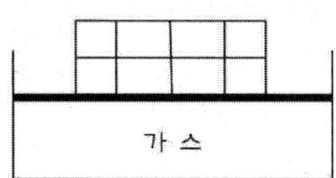

① 17　　　　　　　　② 18
③ 19　　　　　　　　④ 20

27.
$$P_2 = P_1\left(\frac{V_1}{V_2}\right)^n$$
$$= 300 \times \left(\frac{0.05}{0.2}\right)^{1.3} = 49.48\,kPa$$
$$W = \frac{P_1 V_1 - P_2 V_2}{n-1}$$
$$= \frac{300 \times 0.05 - 49.48 \times 0.2}{1.3 - 1} = 17.01\,kJ$$

28 다음의 열역학 상태량 중 종량적 상태량(extensive property)에 속하는 것은?
① 압력　　　　　　　② 체적
③ 온도　　　　　　　④ 밀도

29 피스톤-실린더 장치 내에 공기가 0.2 m³에서 0.1m³으로 압축되었다. 압축되는 동안 압력(P)과 체적(V) 사이에 p=aV⁻²의 관계가 성립하며, 계수 $a = 5\,kPa\,m^6$ 이다. 이 과정 동안 공기가 한 일은얼마인가?
① -53.3 kJ　　　　　② -1.1 kJ
③ 253 kJ　　　　　　④ -25 kJ

29.
$$W = \int_{0.2}^{0.1} P\,dV$$
$$= \int_{0.2}^{0.1} aV^{-2}\,dV$$
$$= 5 \times \left[\frac{V^{-2+1}}{-2+1}\right]_{0.2}^{0.1}$$
$$= 5 \times \left(-\frac{1}{0.1} + \frac{1}{0.2}\right) = -25\,kJ$$

정답　27 ①　28 ②　29 ④

30 매시간 20kg의 연료를 소비하여 60 kW의 동력을 생산하는 가솔린 기관의 열효율은 약 몇 %인가?
(단, 가솔린의 저위발열량은 36000 kJ/kg이다.)
① 18
② 22
③ 30
④ 43

30.
$\eta = \dfrac{60 \times 3600}{20 \times 36000} = 0.3$

31 다음 중 이상적인 증기 터빈의 사이클인 랭킨사이클을 옳게 나타낸 것은?
① 가역등온압축 → 정압가열 → 가역등온팽창 → 정압냉각
② 가역단열압축 → 정압가열 → 가역단열팽창 → 정압냉각
③ 가역등온압축 → 정적가열 → 가역등온팽창 → 정적냉각
④ 가역단열압축 → 정적가열 → 가역단열팽창 → 정적냉각

31.
가역단열압축 (펌프)
→ 정압가열 (보일러)
→ 가역단열팽창 (터빈)
→ 정압냉각 (복수기)

32 내부 에너지가 30kJ인 물체에 열을 가하여 내부 에너지가 50kJ이 되는 동안에 외부에 대하여 10kJ의 일을 하였다. 이 물체에 가해진 열량은?
① 10kJ
② 20kJ
③ 30kJ
④ 60kJ

32.
$Q = (U_2 - U_1) + W$
$= (50 - 30) + 10 = 30\,kJ$

33 폭포의 높이가 $40\,m$이고 폭포수가 낙하한 후 수면에 도달할 때까지 온도 상승은 약 몇 K인가?
(단, 주위와 열교환을 무시하고 폭포수의 비열은 $4kJ/kgK$, 중력가속도는 $10m/s^2$이다.)
① 0.87
② 0.31
③ 0.13
④ 0.68

33.
$mC\Delta T = mgh$ 에서
$\Delta T = \dfrac{gh}{C}$
$= \dfrac{10 \times 40}{4} = 100\,℃ = 100\,K$

정답 30 ③ 31 ② 32 ③ 33 ③

34 어떤 카르노 열기관이 227℃와 27℃ 사이에서 작동되며 100℃의 고온에서 100 kJ의 열을 받아 40kJ의 유용한 일을 한다면 이 열기관에 대하여 가장 옳게 설명한 것은?

① 열역학 제 1법칙에 위배된다.
② 열역학 제 2법칙에 위배된다.
③ 열역학 제1법칙과 제2법칙에 모두 위배되지 않는다.
④ 열역학 제1법칙과 제2법칙에 모두 위배된다.

34.
$\eta = 1 - \dfrac{27+273}{227+273} = 0.4$
$\eta = \dfrac{50}{100} = 0.5$
온도변화의 효율 보다 크면 열역학 제 2법칙에 위배되는
2종영구기관이다.

35 증기 압축 냉동 사이클로 운전하는 냉동기에서 압축기 입구, 응축기 입구, 증발기 입구의 엔탈피가 각각 387.2kJ/kg, 435.1kJ/kg, 241.8kJ/kg일 경우 성능계수는 약 얼마인가?

① 3.0
② 4.0
③ 5.0
④ 6.0

35.
$\varepsilon_R = \dfrac{387.2 - 241.8}{435.1 - 387.2} = 3.03$

36 온도 27℃에서 계기압력 0.1 MPa의 타이어가 고속주행으로 온도 127℃로 상승할 때 압력은 주행 전과 비교하여 약 몇 kPa 상승하는가?
(단, 타이어의 체적은 변하지 않고, 타이어 내의 공기는 이상기체로 가정한다. 그리고 대기압은 100 kPa이다.)

① 37 kPa
② 67 kPa
③ 266 kPa
④ 445 kPa

36.
$P_2 = P_1 \times \left(\dfrac{T_2}{T_1}\right)$
$= (100+100) \times \left(\dfrac{127+273}{27+273}\right)$
$= 266.67 kPa$
$\triangle P = P_2 - P_1 = 266.67 - 200$
$= 66.67 kPa$

정답 34 ② 35 ① 36 ②

37 온도가 T_1인 고열원으로부터 온도가 T_2인 저열원으로 열전도, 대류, 복사 등에 의해 Q만큼 열전달이 이루어졌을 때 전체 엔트로피 변화량을 나타내는 식은?

① $\dfrac{T_1 - T_2}{Q(T_1 \times T_2)}$

② $\dfrac{T_1 + T_2}{Q(T_1 \times T_2)}$

③ $\dfrac{Q(T_1 - T_2)}{T_1 \times T_2}$

④ $\dfrac{T_1 + T_2}{Q(T_1 \times T_2)}$

37.
$\Delta S = S_2 - S_1 = \dfrac{Q}{T_1} - \dfrac{Q}{T_2}$
$= \dfrac{Q(T_1 - T_2)}{T_1 \times T_2}$

38 1 kg의 공기가 27℃를 유지하면서 가역등온팽창하여 외부에 500kJ의 일을 하였다. 이 때 엔트로피의 변화량은 약 몇 kJ/K인가?

① 1.895 ② 1.667
③ 1.467 ④ 1.340

38.
$\Delta S = \dfrac{Q}{T} = \dfrac{500}{27+273} = 1.667$

39 습증기 상태에서 엔탈피 h를 구하는 식은?
(단, h_f는 포화액의 엔탈피, h_g는 포화증기의 엔탈피, x는 건도이다.)

① $h = h_f + (xh_g - h_f)$
② $h = h_f + x(h_g - h_f)$
③ $h = h_g + (xh_f - h_g)$
④ $h = h_g + x(h_g - h_f)$

정답 37 ③ 38 ④ 39 ②

40 이상기체에 대한 관계식 중 옳은 것은?
(단, C_p, C_v는 정압 및 정적 비열, k는 비열비이고, R은 기체 상수이다.)

① $C_p = C_v - R$

② $C_p = \dfrac{k-1}{k}R$

③ $C_p = \dfrac{k}{k-1}R$

④ $R = \dfrac{C_p + C_v}{2}$

3과목: 기계유체역학

41 길이가 100m의 배가 10m/s의 속도로 항해하는 경우를 길이 4m의 모형 배로 실험하고자 할 때 모형 배의 속도는 약 몇 m/s로 해야 하는가?

① 0.1
② 0.5
③ 1.5
④ 2

41.
$Fr = \dfrac{V^2}{lg}$

$Fr = \dfrac{10^2}{100\,g} = \dfrac{V^2}{4\,g}$

$V = \sqrt{\dfrac{4 \times 10^2}{100}} = 2\,m/s$

정답 40 ③ 41 ④

42 그림과 같은 수문(폭×높이 = 3m × 2m)이 있을 경우 수문에 작용하는 힘의 작용점은 수면에서 몇 m 깊이에 있는가?

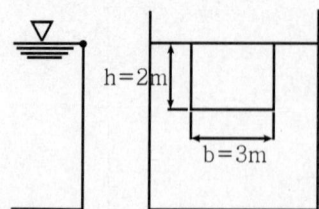

① 약 0.7m
② 약 1.1m
③ 약 1.3m
④ 약 1.5m

42.
$$h_p = h_c + \frac{I_G}{A h_c}$$
$$= 1 + \frac{3 \times 2^3}{2 \times 3 \times 1 \times 12} = 1.33$$

43 흐르는 물의 속도가 4m/s일 때 속도 수두는 약 몇 m인가?

① 0.2
② 10
③ 0.1
④ 0.8

43.
$$H = \frac{V^2}{2g} = \frac{4^2}{2 \times 9.8} = 0.816\,m$$

44 다음의 무차원수 중 개수로와 같은 자유표면 유동과 가장 밀접한 관련이 있는 것은?

① Euler수
② Froude수
③ Mach수
④ Plantl수

정답 42 ③ 43 ③ 44 ②

45 x, y 평면의 2차원 비압축성 유동장에서 유동함수(stream function) ψ는 $\psi = 3xy$로 주어진다. 점 (6, 2)과 점 (4, 2) 사이를 흐르는 유량은?

① 6 ② 12
③ 16 ④ 24

45.
$\psi(6,2) - \psi(4,2) = (3 \times 6 \times 2)$
$- (3 \times 4 \times 2) = 12$

46 원통 속의 물이 중심축에 대하여 w의 각속도로 강체와 같이 등속회전하고 있을 때 가장 압력이 높은 지점은?

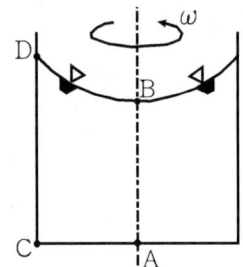

① 바닥면의 중심점 A
② 액체 표면의 중심점 B
③ 바닥면의 가장자리 C
④ 액체 표면의 가장자리 D

46.
강체와 같이 등속회전하고 있을 때는 유체 정역학적으로 해석하므로 수심이 가장 높은 바닥면의 가장자리 C의 압력이 가장높다.

47 개방된 탱크 내에 비중이 0.8인 오일이 가득차 있다. 대기압이 100 kPa라면, 오일탱크 수면으로부터 5m 깊이에서 절대압력은 약 몇 kPa인가?

① 25 ② 249
③ 12.5 ④ 139.2

47.
절대압력
=국지 대기압 + 계기압
$= 100 + 9.8 S h$
$= 100 + 9.8 \times 0.8 \times 5$
$= 139.2 \, kPa$

정답 45 ② 46 ③ 47 ④

48 그림과 같이 물이 고여있는 큰 댐 아래에 터빈이 설치되어 있고, 터빈의 효율이 85%이다. 터빈 이외에서의 다른 모든 손실을 무시할 때 터빈의 출력은 약 몇 kW인가?
(단, 터빈 출구관의 지름은 0.8m, 출구속도 V는 10m/s이고 출구압력은 대기압이다.)

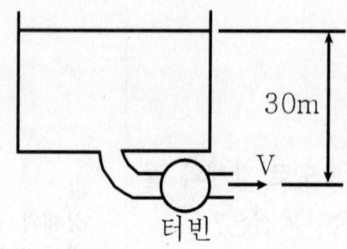

① 1043
② 1256
③ 1470
④ 1732

48.
$kW = \gamma Q H \eta$
$= 9.8 \times \dfrac{\pi D^2}{4} \times V \times (30 - \dfrac{V^2}{2g}) \times \eta$
$= 9.8 \times \dfrac{\pi 0.8^2}{4} \times 10$
$\quad \times (30 - \dfrac{10^2}{2 \times 9.8}) \times 0.85$
$= 1042.5 \, kW$

49 2차원 정상유동의 속도 방정식이 $V = 3(-xi + yj)$라고 할 때, 이 유동의 유선의 방정식은?
(단, C는 상수를 의미한다.)

① $xy = C$
② $y/x = C$
③ $x^2 y = C$
④ $x^3 y = C$

49.
$\dfrac{dx}{u} = \dfrac{dy}{v}$ 에서
$\dfrac{dx}{-3x} = \dfrac{dy}{3y}$

$3y\,dx + 3x\,dy = 0$ 에서
$3yx + 3xy = C$ 에서
$6xy = C$
$xy = \dfrac{C}{6} = C$

정답 48 ① 49 ①

50 지름 2cm의 노즐을 통하여 평균속도 0.32 m/s로 자동차의 연료 탱크에 비중 0.9인 휘발유 20kg 채우는데 걸리는 시간은 약 몇 s 인가?

① 66
② 78
③ 102
④ 141

50.
$\dot{G} = \gamma A V = 1000 \times 0.9 \times \frac{\pi d^2}{4} \times V$
$= 1000 \times 0.9 \times \frac{\pi 0.02^2}{4} \times 0.32$
$= 0.09 \, kg/s$
$\frac{20}{0.09} = 111$

51 체적탄성계수가 2 GPa인 기름의 체적을 1% 감소시키려면 가해야 할 압력은 몇 Pa인가?

① 2 ×10^7
② 2 ×10^4
③ 2 ×10^3
④ 2 ×10^2

51.
$\Delta P = K \varepsilon_v = 2 \times 10^9 \times 0.01$
$= 2 \times 10^7 \, Pa$

52 경계층의 박리(separation)현상이 일어나기 시작하는 위치는?

① 하류방향으로 유속이 증가할 때
② 하류방향으로 유속이 감소할 때
③ 경계층 두께가 0으로 감소될 때
④ 하류방향의 압력기울기가 역으로 될 때

52.
경계층 박리 (유동박리)는 유동장내에 놓여있는 물체의 뒷부분에서 경계층이 떨어져 나가는 현상으로 역압력구배가 필요조건이다.

53 원관 내에 완전발달 층류유동에서 유량에 대한 설명으로 옳은 것은?

① 관의 길이에 비례한다.
② 관 지름의 제곱에 반비례한다.
③ 압력강하에 반비례한다.
④ 점성계수에 반비례한다.

53.
$Q = \frac{\Delta P \pi d^4}{128 \mu l}$ 으로 점성계수에 반비례한다.

정답 50 ④ 51 ① 52 ④ 53 ④

54 표면장력의 차원으로 맞는 것은?
(단, M : 질량, L : 길이, T : 시간)

① MLT^{-2}
② ML^2T^{-1}
③ $ML^{-1}T^{-2}$
④ MT^{-2}

54.
표면장력
$\sigma [N/m = \dfrac{kg_m}{s^2}\dfrac{m}{m} = \dfrac{kg_m}{s^2}]$
$= [MT^{-2}]$

55 수평으로 놓인 안지름 5 cm인 곧은 원관속에서 점성계수 0.4Pa·s의 유체가 흐르고 있다. 관의 길이 1m당 압력강하가 8 kPa이고 흐름 상태가 층류일 때 관 중심부에서의 최대 유속(m/s)은?

① 3.125 ② 5.217
③ 7.312 ④ 9.714

55.
$Q = \dfrac{\Delta P \pi d^4}{128\mu l} = \dfrac{\pi d^2}{4}V$ 에서
$V_{av} = \dfrac{\Delta P d^2}{32\mu l} = \dfrac{8\times 10^3 \times 0.05^2}{32\times 0.4}$
$= 1.56\ m/s$
$V_{max} = 2\times V_{av} = 2\times 1.56$
$= 3.12 m/s$

56 그림과 같이 비중 0.8인 기름이 흐르고 있는 개수로에 단순 피토관을 설치하였다. △h=40mm, h=30mm일 때 속도 V는 약 몇 m/s 인가?

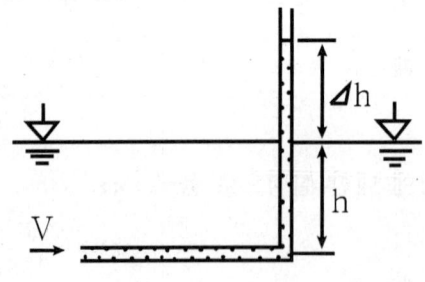

① 0.56 ② 0.63
③ 0.77 ④ 0.89

56.
$V = \sqrt{2g\Delta h} = \sqrt{2\times 9.8\times 0.04}$
$= 0.89 m/s$

정답 54 ④ 55 ① 56 ②

57 유체흐름에서 전단응력을 τ, 점성 계수를 μ, 벽면으로부터의 거리를 y로 표시하면 뉴턴의 점성법칙을 옳게 나타낸 식은?

① $\tau = \mu \dfrac{dy}{du}$ ② $\tau = \mu \dfrac{du}{dy}$

③ $\tau = \dfrac{1}{\mu} \dfrac{du}{dy}$ ④ $\tau = \mu \sqrt{\dfrac{du}{dy}}$

58 여객기가 720 km/h 로 비행하고 있다. 엔진의 노즐에서 연소가스를 500 m/s로 분출하고, 엔진의 흡기량과 배출되는 연소가스의 양은 같다고 가정하면 엔진의 추진력은 약 몇 N인가? (단, 엔진의 흡기량은 30kg/s이다.)

① 3850N ② 5325N
③ 9000N ④ 11250N

58.
$720\,km/h = 720 \times 10^3 / 3600$
$\qquad = 200\,m/s$
$F = \rho\,Q\,(V_2 - V_1)$
$\quad = 30 \times (500 - 200)$
$\quad = 9000\,N$

59 구형 물체 중위의 비압축성 점성 츄에의 흐름에서 유속이 대단히 느릴 때(레이놀즈수가 1보다 작을 경우) 구형 물체에 작용하는 항력 D_r은?
(단, 구의 지름은 d, 유체의 점성계수를 μ, 유체의 평균속도를 V라 한다.)

① $D_r = 3\pi\mu dV$ ② $D_r = 6\pi\mu dV$

③ $D_r = \dfrac{3\pi\mu dV}{g}$ ④ $D_r = \dfrac{3\pi dV}{\mu g}$

정답 57 ② 58 ① 59 ①

60 지름이 10mm의 매끄러운 관을 통해서 유량 0.02L/s의 물이 흐를 때 길이 10m에 대한 압력손실은 약 몇 Pa 인가?

① 1.140 Pa　　　　② 1.819 Pa
③ 1140 Pa　　　　④ 1819 Pa

4과목: 유체기계 및 유압기기

61 펌프의 운전 중 관로에 장치된 밸브를 급폐쇄시키면 관로 내 압력이 변화(상승, 하강반복)되면서 충격파가 발생하는 현상을 무엇이라고 하는가?

① 공동 현상　　　　② 수격 작용
③ 서징 현상　　　　④ 부식 작용

61.
수격작용이란 급수관내의 관로에 장치된 밸브를 급폐쇄시키면 소음, 진동을 유발시키는 현상으로 방지책으로 관경을 크게 하고 유속을 줄이며 공기실 또는 수격방지기를 설치한다.

62 다음 각 수차에 대한 설명 중 틀린 것은?

① 중력수차 : 물이 낙하할 때 중력에 의해 움직이게 되는 수차
② 충동수차 : 물이 갖는 속도 에너지에 의해 물이 충격으로 회전하는 수차
③ 반동수차 : 물이 갖는 압력과 속도에너지를 이용하여 회전하는 수차
④ 프로펠러수차 : 물이 낙하할 때 중력과 속도에너지에 의해 회전하는 수차

62.
물이 낙하할 때 중력과 속도에너지에 의해 회전하는 수차는 충격에너지 수차인 펠톤 수차이다.

정답　60 ③　61 ②　62 ④

63 토마계수 σ를 사용하여 펌프의 캐비테이션이 발생하는 한계를 표시할 때, 캐비테이션이 발생하지 않는 영역을 바르게 표시한 것은? (단, H는 유효낙차, Ha는 대기압 수두, Hv는 포화증기압 수두, Hs는 흡출고를 나타낸다. 또한, 펌프가 흡출하는 수면은 펌프 아래에 있다.)

① $Ha - Hv - Hs > \sigma \times H$
② $Ha + Hv - Hs > \sigma \times H$
③ $Ha - Hv - Hs < \sigma \times H$
④ $Ha + Hv - Hs < \sigma \times H$

64 토크 컨버터에 대한 설명으로 틀린 것은?

① 유체 커플링과는 달리 입력축과 출력축의 토크 차를 발생하게 하는 장치이다.
② 토크 컨버터는 유체 커플링의 설계점 효율에 비하여 다소 낮은 편이다.
③ 러너의 출력축 토크는 회전차의 토크에 스테이터의 토크를 뺀 값으로 나타난다.
④ 토크 컨버터의 동력 손실은 열에너지로 전환되어 작동 유체의 온도 상승에 영향을 미친다.

64.
변속기 입력축이 받는 토크는 펌프를 회전시키는데 필요한 엔진의 토크와 스테이터가 오일로부터 받는 토크의 합이다.

65 터빈 펌프와 비교하여 벌류트 펌프가 일반적으로 가지는 특성에 대한 설명으로 옳지 않은 것은?

① 안내깃이 없다.
② 구조가 간단하고 소형이다.
③ 고양정에 적합하다.
④ 캐비테이션이 일어나기 쉽다.

65.
안내날개 유무에 따른 원심펌프의 분류

볼류트 펌프 :
안내날개 없음, 대유량

터빈 펌프 :
안내날개 있음, 고압력

정답 63 ① 64 ③ 65 ③

66 수차는 펌프와 마찬가지로 동일한 상사법칙이 성립하는데, 다음 중 유량(Q)과 관계된 상사법칙으로 옳은 것은?
(단, D는 수차의 크기를 의미하며, N은 회전수를 나타낸다.)

① $\dfrac{Q_1}{D_1^4 N_1^2} = \dfrac{Q_2}{D_2^4 N_2^2}$

② $\dfrac{Q_1}{D_1^4 N_1} = \dfrac{Q_2}{D_2^4 N_2}$

③ $\dfrac{Q_1}{D_1^3 N_1^2} = \dfrac{Q_2}{D_2^3 N_2^2}$

④ $\dfrac{Q_1}{D_1^3 N_1} = \dfrac{Q_2}{D_2^3 N_2}$

67 펌프는 크게 터보형과 용적형, 특수형으로 구분하는데, 다음 중 터보형 펌프에 속하지 않은 것은?

① 원심식 펌프 ② 사류식 펌프
③ 왕복식 펌프 ④ 축류식 펌프

67.
용적형펌프에는 왕복식 펌프와 회전식 펌프가 있다.

68 유회전 진공펌프(Oil-sealed rotary vacuum pump)의 종류가 아닌 것은?

① 너시(Nush)형 진공펌프
② 게데(Gaede)형 진공펌프
③ 키니(Kinney)형 진공펌프
④ 센코(Senko)형 진공펌프

정답 66 ④ 67 ③ 68 ①

69 송풍기에서 발생하는 공기가 전압 400mmAq, 풍량 30m³/min이고, 송풍기의 전압효율이 70%라면 이 송풍기의 축동력은 약 몇 kW인가?

① 1.7 ② 2.8
③ 17   ④ 28

69.
$$kW = \frac{PQ}{\eta}$$
$$= \frac{400 \times 101.3 \times 30}{10.3 \times 1000 \times 60 \times 0.7}$$
$$= 2.809$$

70 다음 중 캐비테이션 방지법에 대한 설명으로 틀린 것은?

① 펌프의 설치높이를 최대로 높게 설정하여 흡입양정을 길게 한다.
② 펌프의 회전수를 낮추어 흡입 비속도를 작게 한다.
③ 양흡입펌프를 사용한다.
④ 입축펌프를 사용하고, 회전차를 수중에 완전히 잠기게 한다.

70.
캐비테이션 방지법은 펌프의 설치높이를 최대로 낮게 설정하여 흡입양정을 짧게 한다.

71 체크밸브, 릴리프 밸브 등에서 압력이 상승하고 밸브가 열리기 시작하여 어느 일정한 흐름의 양이 인정되는 압력은?

① 토출 압력   ② 서지 압력
③ 크래킹 압력   ④ 오버라이드 압력

72 그림은 KS 유압 도면기호에서 어떤 밸브를 나타낸 것인가?

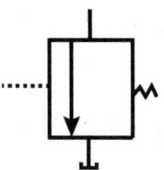

① 릴리프 밸브
② 무부하 밸브
③ 시퀀스 밸브
④ 감압 밸브

정답 69 ② 70 ① 71 ③ 72 ②

73 다음 유압회로는 어떤 회로에 속하는가?

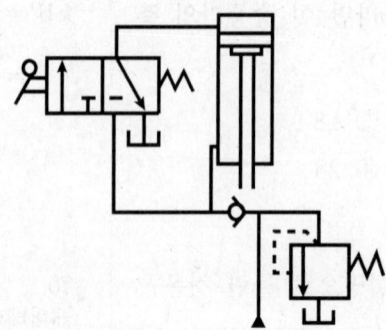

① 로크 회로
② 무부하 회로
③ 블리드 오프 회로
④ 어큐뮬레이터 회로

74 유압모터의 종류가 아닌 것은?
① 회전피스톤 모터
② 베인 모터
③ 기어 모터
④ 나사 모터

74.
유압모터의 종류에 나사모터는 없으며 유압펌프에 나사펌프는 있다.

75 유압 기본회로 중 미터인 회로에 대한 설명으로 옳은 것은?
① 유량제어 밸브는 실린더에서 유압작동유의 출구 측에 설치한다.
② 유량제어 밸브를 탱크로 바이패스 되는 관로 쪽에 설치한다.
③ 유량제어 밸브는 실린더에서 유압작동유의 입구 측에 설치한다.
④ 압력설정 회로로 체크밸브에 의하여 양방향만의 속도가 제어된다.

75.
미터인 회로
(Meterin Circuit)
유량조정 밸브를 유압실린더와 방향제어밸브 사이에 설치하여 실린더 피스톤의 속도를 제어하는 회로로서 피스톤의 이동방향과 부하의 작용방향이 서로 반대되는 경우에 사용한다.

76 그림과 같은 유압 잭에서 지름이 $D_2=2D_1$ 일 때 누르는 힘 F_1과 F_2의 관계를 나타낸 식으로 옳은 것은?

① $F_2=F_1$
② $F_2=2F_1$
③ $F_2=4F_1$
④ $F_2=8F_1$

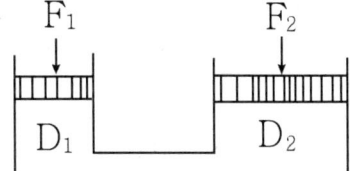

76.
$P = \dfrac{F_1}{A_1} = \dfrac{F_2}{A_2}$ 에서
$F_2 = \dfrac{F_1}{A_1} \times A_2$
$= \dfrac{4 \times F_1}{\pi \times D_1^2} \times \dfrac{\pi \times D_2^2}{4} = 4F_1$

77 다음 어큐뮬레이터의 종류 중 피스톤 형의 특징에 대한 설명으로 가장 적절하지 않는 것은?

① 대형도 제작이 용이하다.
② 축 유량을 크게 잡을 수 있다.
③ 형상이 간단하고 구성품이 적다.
④ 유실에 가스 침입의 염려가 없다.

78 주로 펌프의 흡입구에 설치되어 유압작동유의 이물질을 제거하는 용도로 사용하는 기기는?

① 드레인 플러그
② 스트레이너
③ 블래더
④ 배플

79 카운터 밸런스 밸브에 관한 설명으로 옳은 것은?

① 두 개 이상의 분기 회로를 가질 때 각 유압 실린더를 일정한 순서로 순차 작동시킨다.
② 부하의 낙하를 방지하기 위해서, 배압을 유지하는 압력제어 밸브이다.
③ 회로 내의 최고 압력을 설정해 준다.
④ 펌프를 무부하 운전시켜 동력을 절감시킨다.

정답 76 ① 77 ④ 78 ② 79 ②

80 유압 베인 모터의 1회전 당 유량이 50cc일 때, 공급 압력을 900 N/cm², 유량을 40 L/min 으로 할 경우 베인 모터의 회전수는 약 몇 rpm인가?
(단, 누설량은 무시한다.)
① 600
② 800
③ 2666
④ 5333

5과목: 건설기계일반 및 플랜트 배관

81 굴삭기 상부 프레임 지지 장치의 종류가 아닌 것은?
① 볼 베어링식
② 포스트식
③ 롤러식
④ 링크식

82 중량물을 달아 올려서, 운반하는 건설기계의 명칭은?
① 컨베이어 벨트
② 풀 트레일러
③ 기중기
④ 트랙터

83 아스팔트 피니셔에서 아스팔트 혼합재를 균일한 두께로 다듬질 하는 기구는?
① 스크리드
② 드라이어
③ 호퍼
④ 피더

84 로더에 대한 설명으로 옳지 않은 것은?
① 타이어식 로더는 이동성이 좋아 고속작업이 용이하다.
② 쿠션형 로더는 튜브리스 타이어 대신 강철제 트랙을 사용한다.
③ 무한궤도식 로더는 습지 작업이 용이하다.
④ 무한궤도식 로더는 기동성이 떨어진다.

84.
쿠션형 로더는 튜브리스 타이어를 사용한다.

정답   80 ③   81 ④   82 ③   83 ①   84 ②

85 다음 재료 중 일반 구조용 압연강재는?

① SM490A ② SM45C
③ SS400   ④ HT50

86 셔블계 굴삭기를 이용한 굴착작업에서 아래와 같을 때, 이 굴삭기의 예상작업량(Q)는 약 몇 m³/hr 인가?
(단, 버킷용량(q)=1m³, 1회 사이클시간(Cm)=20s, 버킷개수(K)=0.7, 토량환산계수(f)=0.9, 작업효율(E)=0.8 이다.)

① 61 ② 71
③ 81 ④ 91

86.
작업능력
$$W = \frac{3600 \cdot q \cdot f \cdot EK}{Cm}$$
$$= \frac{3600 \times 1 \times 0.7 \times 0.9 \times 0.8}{20}$$
$$= 90.72 \, m^3/h$$

87 대규모 항로준설 등에 사용하는 것으로 선체에 펌프를 설치하고 항해하면서 동력에 의해 해저의 토사를 흡상하는 방식의 준설선은?

① 버킷 준설선   ② 펌프 준설선
③ 디퍼 준설선   ④ 그랩 준설선

87.
버킷(Bucket)준설선
대규모의 항로나 정박지의 준설 작업에 적합하며 단단하지 않은 토질의 비교적 광범위한 준설에 적합하며 깊이가 얕은물의 밑바닥의 흙을 다량으로 퍼 올리는데 쓴다. 선박 위에 버킷 굴착기를 장치한 것으로 대형은 대부분 자항식이다.

그래브(Grab) 준설선
소규모의 항로나 정박지의 준설 작업에 사용하며 선박 위에 크램셀을 장치하고 특수한 기중기에 의해 상하 조작을 하여 준설작업을 하는 준설선우로 소규모 운하의 준설, 구조물의 기초 터파기, 물막이, 흙의 제거 등에 사용한다.

디퍼(Dipper)준설선
단단한 지반이나 파쇄된 암석 등을 준설하는 데 사용하며대개 비항식 선박 위에 파워 셔블과 같은 굴착기를 장치하여 굴착량이 많은 단단한 토질이나 암석의 준설에 적합한 준설선이다.

88 증기사용설비 중 응축수를 자동적으로 외부로 배출하는 장치로서 응축수에 의한 효율저하를 방지하기 위한 장치는?

① 증발기 ② 탈기기
③ 인젝터 ④ 증기트랩

89 콘크리트 말뚝을 박기 위한 천공작업에 사용되는 작업장치는?

① 파일 드라이버 ② 드래그 라인
③ 백 호우   ④ 클램셀

정답 85 ③ 86 ④ 87 ② 88 ④ 89 ①

90 도저의 트랙 슈(shoe)에 대한 설명으로 틀린 것은?
① 습지용 슈 : 접지면적을 작게 하여 연약지반에서 작업하기 좋다
② 스노 슈 : 눈이나 얼음판의 현장작업에 적합하다.
③ 고무 슈 : 노면보호 및 소음방지를 할 수 있다.
④ 평활 슈 : 도로파손을 방지할 수 있다.

91 다음 중 사용압력에 따른 동관의 종류가 아닌 것은?
① K형　　② L형
③ H형　　④ M형

91.
동관의 높은 압력에 사용하는 순서 :
K > L > M > N

92 일반적으로 배관의 위치를 결정할 때 기능적인 면과 시공적 또는 유지관리의 관점에서 가장 적절하지 않은 것은?
① 급수배관은 항상 아래쪽으로 배관해야 한다.
② 전기배선, 덕트 및 연도 등은 위쪽에 설치한다.
③ 자연중력식 배관은 배관구배를 엄격히 지켜야 하며 굽힘부를 적게 하여야 한다.
④ 파손 등에 의해 누수가 염려되는 배관의 위치는 위쪽으로 하는 것이 유지관리상 편리하다.

92.
파손 등에 의해 누수가 염려되는 배관의 위치는 아래쪽과 아래쪽으로 하는 것이 유지관리상 편리하다

93 호칭지름 40mm(바깥지름 48.6mm)의 관을 곡률반경(R) 120mm로 90° 열간 구부림 할때 중심부의 곡선길이(L)는 약 몇 mm인가?
① 188.5　　② 227.5
③ 234.5　　④ 274.5

93.
$\dfrac{\pi D}{4} = \dfrac{\pi \times 120 \times 2}{4}$
$= 188.5 mm$

정답　90 ①　91 ③　92 ④　93 ①

94 유량조절이 용이하고 유체가 밸브의 아래로부터 유입하여 밸브 시트의 사이를 통해 흐르는 밸브는?

① 콕크
② 체크 밸브
③ 글로브 밸브
④ 게이트 밸브

95 다음 중 냉·난방배관 시험인 기밀시험에 사용하는 가스의 종류가 아닌 것은?

① 탄산가스
② 염소가스
③ 질소가스
④ 건조공기

96 구상흑연 주철관이라고 하며, 땅속 또는 지상에 배관하여 압력 상태 또는 무압력 상태에서 물의 수송 등에 사용하는 주철관은?

① 원심력 사형 주철관
② 원심력 금형 주철관
③ 입형 주철 직관
④ 닥타일 주철관

97 일반적으로 이음매 없는 관이 사용되며 사용온도가 350℃ 이하, 압력이 9.8MPa 까지의 보일러 증기관 또는 유압관에 사용되는 강관은?

① 배관용 탄소강관
② 압력 배관용 탄소강관
③ 일반 배관용 탄소강관
④ 일반 구조용 탄소강관

94.
글로브 밸브(Glove valve) 옥형밸브 또는 구형밸브라 하며, 밸브의 형상이 둥글게 되어 있으며, 유체의 흐름이 S자 모형으로 되므로 유체의 흐름 저항은 크나 밸브의 리프트(양정)는 작아 개폐가 용이하므로 유량 조절에 적합하고 소형 경량이며 가격이 싸다.

정답 94 ③ 95 ② 96 ④ 97 ②

98 옥내 및 옥외소화전의 시험으로 수원으로부터 가장 높은 위치와 가장 먼 거리에 대하여 규정된 호스와 노즐을 접속하여 실시하는 시험은?
① 통기 및 수압시험
② 내압 및 기밀시험
③ 연기 및 박하시험
④ 방수 및 방출시험

99 관 또는 환봉을 절단하는 기계로서 절삭 시는 톱날에 하중이 걸리고 귀환 시는 하중이 걸리지 않는 공작용 기계는?
① 기계톱
② 파이프 벤딩기
③ 휠 고속절단기
④ 동력 나사 절삭기

100 강관용 공구 중 바이스의 종류가 아닌 것은?
① 램 바이스
② 수평 바이스
③ 체인 바이스
④ 파이프 바이스

정답 98 ④ 99 ① 100 ①

건설기계 설비기사

1과목: 재료역학

01 그림과 같이 길이 $l = 4m$의 단순보에 균일 분포하중 ω가 작용하고 있으며 보의 최대 굽힘응력 $\sigma_{max} = 85N/cm^2$ 일 때 최대 전단응력은 약 몇 kPa 인가?
(단, 보의 단면적은 지름이 11cm인 원형단면이다.)

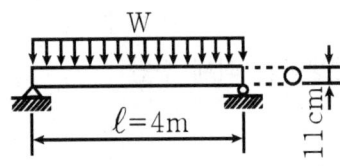

① 1.7
② 15.6
③ 22.9
④ 25.5

02 그림과 같은 균일단면을 갖는 부정정보가 단순 지지단에서 모멘트 M_0를 받는다. 단순 지지단에서의 반력 R_a는?
(단, 굽힘강성 EI는 일정하고, 자중은 무시한다.)

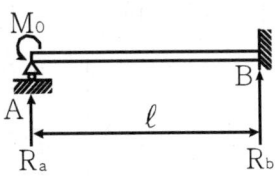

① $\dfrac{3M_0}{2l}$
② $\dfrac{3M_0}{4l}$
③ $\dfrac{2M_0}{3l}$
④ $\dfrac{4M_0}{3l}$

1.
$\sigma_{max} = \dfrac{M}{Z} = \dfrac{32wl^2}{\pi d^3 \times 8}$

$w = \dfrac{8\pi d^3 \sigma}{32 l^2} = \dfrac{8\pi \times 11^3 \times 85}{32 \times 400^2}$
$= 0.55543 \ N/cm$

$\tau_{max} = \dfrac{4}{3} \cdot \dfrac{V}{A} = \dfrac{4 \times 0.5553 \times 400}{3 \times \dfrac{\pi \times 11^2}{4} \times 2}$

$= 1.558 N/cm^2$
$= 15.58 \ kPa$

2.
$\delta_A = 0$

$\dfrac{M_0 \cdot \ell^2}{2E \cdot I} = \dfrac{R_a \cdot \ell^3}{3EI}$ 에서

$R_a = \dfrac{3M_0}{2\ell}$

정답 01 ② 02 ①

03 폭 b=60mm, 길이 L=340mm의 균일강도 외팔보의 자유단에 집중하중 P=3kN이 작용한다. 허용 굽힘응력을 65MPa이라 하면 자유단에서 250mm되는 지점의 두께 h는 약 몇 mm인가?
(단, 보의 단면은 두께는 변하지만 일정한 폭 b를 갖는 직사각형이다.)

① 24 ② 34
③ 44 ④ 54

3.
$\sigma_a = \dfrac{6P \cdot L}{bh^2}$,

$65 = \dfrac{6 \times 3 \times 10^3 \times 250}{60 \times h^2}$

$h = \sqrt{\dfrac{6Pl}{\sigma b}} = \sqrt{\dfrac{6 \times 3 \times 10^3 Pl}{65 \times 60}}$
$= 33.97 mm$

04 평면 응력상태의 한 요소에 $\sigma_x = 100 MPa$, $\sigma_y = -50 MPa$, $\tau_{xy} = 0$ 을 받는 평판에서 평면 내에서 발생하는 최대 전단응력은 몇 MPa 인가?

① 75 ② 50
③ 25 ④ 0

4.
$\tau_{max} = \sqrt{\left(\dfrac{\sigma_x - \sigma_y}{2}\right)^2 + \tau_{xy}^2}$
$= \dfrac{\sigma_x - \sigma_y}{2}$
$= \dfrac{100 + 50}{2} = 75 MPa$

05 그림과 같은 트러스가 점 B에서 그림과 같은 방향으로 5kN의 힘을 받을 때 트러스에 저장되는 탄성에너지는 약 몇 kJ 인가?
(단, 트러스의 단면적은 $1.2 cm^2$, 탄성계수는 10^6 Pa 이다.)

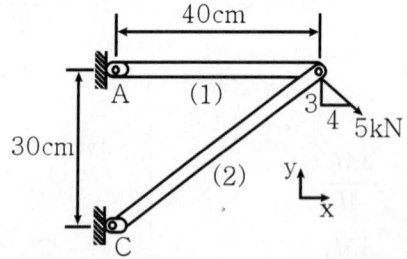

① 52.1 ② 106.7
③ 159.0 ④ 267.7

5.

$\alpha = \tan^{-1} \dfrac{30}{40} = 36.87°$

$F_{BC} \cdot 40 \sin 36.87 = 5 \times \dfrac{3}{5} \times 40$

$F_{Bc} = \dfrac{5 \times \dfrac{3}{5} \times 40}{40 \sin 36.87} = 5 \, kw$

$F_{AB} \times 30 = 5 \times \dfrac{3}{5} \times 40 + 5 \times \dfrac{4}{5} \times 30$

$F_{AB} = \dfrac{5 \times \dfrac{3}{5} \times 40 + 5 \times \dfrac{4}{5} \times 30}{30}$
$= 8 kN$

$\delta_{AB} = \dfrac{F_{AB} \ell_{AB}}{AE} = \dfrac{8 \times 10^3 \times 0.4}{1.2 \times 10^{-4} \times 10^6}$
$= 26.67 m$

$\delta_{BC} = \dfrac{F_{BC} \ell_{BC}}{AE} = \dfrac{5 \times 10^3 \times 0.5}{1.2 \times 10^{-4} \times 10^6}$
$= 20.83 m$

$U = \dfrac{P\delta}{2} = \dfrac{F_{AB} \cdot \delta_{AB}}{2} + F_{BC} \cdot \delta$

정답   03 ②   04 ①   05 ③

06 그림과 같은 단면에서 대칭축 n-n에 대한 단면 2차 모멘트는 약 몇 cm^4 인가?

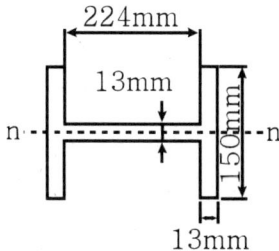

① 535　　　　　　② 635
③ 735　　　　　　④ 835

07 바깥지름 50cm, 안지름 30cm의 속이 빈 축은 동일한 단면적을 가지며 같은 재질의 원형축에 비하여 약 몇 배의 비틀림 모멘트에 견딜 수 있는가?
(단, 중공축과 중실축의 전단응력은 같다.)

① 1.1배　　　　　② 1.2배
③ 1.4배　　　　　④ 1.7배

08 진변형률(ε_T)과 진응력(σ_T)을 공칭 응력(σ_n)과 공칭 변형률(ε_n)로 나타낼 때 옳은 것은?

① $\sigma_T = \ln(1+\sigma_n),\ \varepsilon_T = \ln(1+\varepsilon_n)$
② $\sigma_T = \ln(1+\sigma_n),\ \varepsilon_T = \ln(\dfrac{\sigma_T}{\sigma_n})$
③ $\sigma_T = \sigma_n(1+\varepsilon_n),\ \varepsilon_T = \ln(1+\varepsilon_n)$
④ $\sigma_T = \ln(1+\varepsilon_n),\ \varepsilon_T = \varepsilon_n(1+\sigma_n)$

6.
$I_G = \dfrac{13 \times 150^3}{12} \times 2 + \dfrac{224 \times 13^3}{12}$
$= 735.35 \times 10^4 mm^4$
$= 735.35 cm^4$

7.
$\dfrac{\pi}{4}(50^2 - 30^2) = \dfrac{\pi}{4}d^2$, 에서
$d = 40cm$
$\tau = \dfrac{T}{Z_P}$,
$\dfrac{16 \cdot T_1}{\pi d_2^3 (1-x^4)} = \dfrac{16 \cdot T_2}{\pi d^3}$
$T_1 = \dfrac{d_2^3(1-x^4)}{d^3} T_2$
$= \dfrac{50^3(1-(\dfrac{3}{5})^4)}{40^3} T_2$
$= 1.7 T_2$

8.
$\varepsilon_T = \int_{\ell_0}^{\ell} \dfrac{d\ell}{\ell} = \ell_n \ell]_{\ell_0}^{\ell} = \ell_n \dfrac{\ell}{\ell_0}$
$= \ell_n \dfrac{\ell_0 + \delta}{\ell_0} = \ell_n(1+\varepsilon)$
$A_0 \ell_0 = A \cdot \ell$ 에서
$A = \dfrac{A_0 \ell_0}{\ell}$
$\delta_T = \dfrac{P}{A} = \dfrac{P\ell}{A_0 \ell_0} = \delta_0 \dfrac{\ell_0 + \delta}{\ell_0}$
$= \delta_0(1+\varepsilon)$

정답　06 ③　07 ④　08 ③

09 길이 1m인 외팔보가 아래 그림처럼 q=5kN/m의 균일 분포하중과 P=1kN의 집중하중을 받고 있을 때 B점에서의 회전각은 얼마인가? (단, 보의 굽힘강성은 EI 이다.)

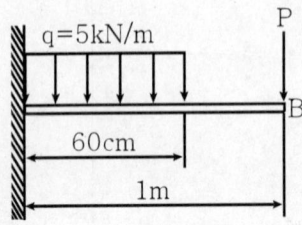

① $\dfrac{120}{EI}$ ② $\dfrac{260}{EI}$

③ $\dfrac{486}{EI}$ ④ $\dfrac{680}{EI}$

9.
$\theta_1 = \dfrac{P\ell^2}{2EI} = \dfrac{1 \times 10^3 \times 1^2}{2EI}$

$= \dfrac{500}{EI}$

$\theta_2 = \dfrac{5 \times 10^3 \times 0.6 \times 0.3 \times 0.6}{3EI}$

$= \dfrac{180}{EI}$

$\theta = \theta_1 + \theta_2 = \dfrac{680}{EI}$

10 탄성 계수(영계수)E, 전단 탄성 계수 G, 체적 탄성 계수 K 사이에 성립되는 관계식은?

① $E = \dfrac{9KG}{2K+G}$

② $E = \dfrac{3K-2G}{6K+2G}$

③ $K = \dfrac{EG}{3(3G-E)}$

④ $K = \dfrac{9EG}{3E+G}$

10.
$G = \dfrac{E}{2(1+\mu)}$,

$\mu = \dfrac{E}{2G} - 1 = \dfrac{E-2G}{2G}$

$K = \dfrac{E}{3(1-2\mu)}$

$= \dfrac{E}{3(1-2 \times \dfrac{E-2G}{2G})}$

$= \dfrac{EG}{3(3G-E)}$

정답 09 ④ 10 ③

11 그림과 같은 막대가 있다. 길이는 4m이고 힘은 지면에 평행하게 200N만큼 주었을 때 o점에 작용하는 힘과 모멘트는?

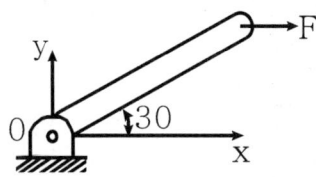

① $F_{ox}=0$, $F_{oy}=200N$, $M_z=200N\cdot m$
② $F_{ox}=200N$, $F_{oy}=0$, $M_z=400N\cdot m$
③ $F_{ox}=200N$, $F_{oy}=200N$, $M_z=200N\cdot m$
④ $F_{ox}=0$, $F_{oy}=0$, $M_z=400N\cdot m$

11.
$M_z = 200\times 4\times \sin30°$
$\quad = 400N\cdot m$
$F_{ox} = 200N$
$F_{oy} = 0$

12 그림과 같은 치차 전동 장치에서 A 치차로부터 D 치차로 동력을 전달한다. B와 C 치차의 피치원의 직경의 비가 $\dfrac{D_B}{D_C}=\dfrac{1}{9}$ 일 때, 두 축의 최대 전단응력들이 같아지게 되는 직경의 비 $\dfrac{d_2}{d_1}$ 은 얼마인가?

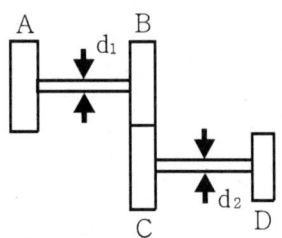

① $\left(\dfrac{1}{9}\right)^{\frac{1}{3}}$
② $\dfrac{1}{9}$
③ $9^{\frac{1}{3}}$
④ $9^{\frac{2}{3}}$

12.
$\dfrac{N_c}{N_B} = \dfrac{D_B}{D_C} = \dfrac{1}{9} = \dfrac{T_B}{T_C}$

$\tau = \dfrac{16\,T_B}{\pi d_1^3} = \dfrac{16\,T_C}{\pi d_2^3}$

$\dfrac{d_1}{d_2} = \sqrt[3]{\dfrac{T_B}{T_C}} = \sqrt[3]{\dfrac{1}{9}}$

$= 9^{\frac{1}{3}}$

정답   11 ②   12 ③

13 그림과 같이 길이 l인 단순 지지된 보 위를 하중 W가 이동하고 있다. 최대 굽힘응력은?

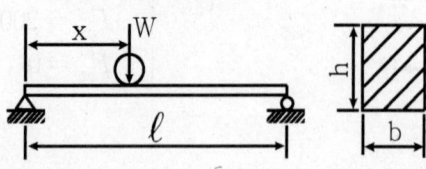

① $\dfrac{Wl}{bh^2}$ ② $\dfrac{9Wl}{4bh^3}$

③ $\dfrac{Wl}{2bh^2}$ ④ $\dfrac{3Wl}{2bh^2}$

13.
$$M_x = \frac{W(l-x) \cdot x}{l}$$
$$x = \frac{l}{2},\ M_{\max} = \frac{W \cdot l}{4}$$
$$\sigma_{b\max} = \frac{M_{\max}}{Z}$$
$$= \frac{6 \times W \cdot l}{bh^2 \times 4}$$
$$= \frac{3W \cdot l}{2bh^2}$$

14 그림과 같은 단순지지보에서 2kN/m의 분포하중이 작용할 경우 중앙의 처짐이 0이 되도록하기 위한 힘 P의 크기는 몇 kN 인가?

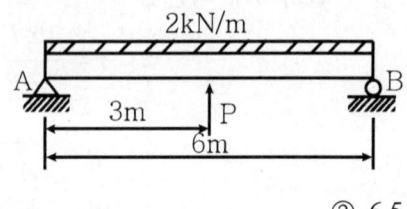

① 6.0   ② 6.5
③ 7.0   ④ 7.5

14.
$$\frac{5wl^4}{384EI} = \frac{P \cdot l^3}{48EI}$$
$$P = \frac{5wl}{8} = \frac{5 \times 2 \times 6}{8}$$
$$= 7.5\,kN$$

정답 13 ④ 14 ④

15 양단이 고정된 직경 30mm, 길이가 10m인 중실축에서 그림과 같이 비틀림 모멘트 1.5kN·m가 작용할 때 모멘트 작용점에서의 비틀림 각은 약 몇 rad인가?
(단, 봉재의 전단탄성계수 G = 100GPa이다.)

① 0.45
② 0.56
③ 0.63
④ 0.77

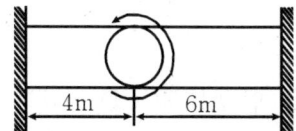

15.
$T_a = \dfrac{Tb}{l} = \dfrac{1.5 \times 10^3 \times 6}{10}$
$= 900 \text{N} \cdot \text{m}$

$\theta = \dfrac{T_a \times a}{GI_p}$
$= \dfrac{900 \times 4}{100 \times 10^9 \times \dfrac{\pi \times 0.03^4}{32}}$
$= 0.453 \text{rad}$

16 부재의 양단이 자유롭게 회전할 수 있도록 되어있고, 길이가 4m인 압축 부재의 좌굴 하중을 오일러 공식으로 구하면 약 몇 kN 인가? (단, 세로탄성계수는 100GPa이고, 단면 b×h = 100mm×50mm이다.)

① 52.4　② 64.4　③ 72.4　④ 84.4

16 해설

$P_{cr} = \dfrac{n\pi^2 EI}{l^2} = \dfrac{1 \times \pi^2 \times 100 \times 10^9 \times 0.1 \times 0.05^3 \times 10^{-3}}{4^2 \times 12} = 64\text{kN}$

17 그림과 같은 외팔보에 균일분포하중 ω가 전길이에 걸쳐 작용할 때 자유단의 처짐 δ는 얼마인가?
(단, E : 탄성계수, I : 단면2차모멘트이다.)

① $\dfrac{\omega l^4}{3EI}$

② $\dfrac{\omega l^4}{6EI}$

③ $\dfrac{\omega l^4}{8EI}$

④ $\dfrac{\omega l^4}{24EI}$

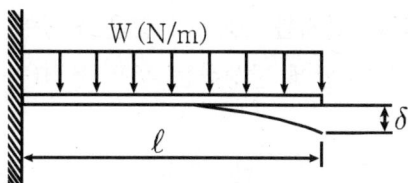

17.
$\delta = \dfrac{1}{EI} A_m \overline{x}$
$= \dfrac{wl^2 \times l}{3EI \times 2} \times \dfrac{3}{4}l$
$= \dfrac{wl^4}{8EI}$

정답　15 ①　16 ②　17 ③

18 단면적이 $2cm^2$이고 길이가 4m인 환봉에 10kN의 축 방향 하중을 가하였다. 이때 환봉에 발생한 응력은 몇 N/m^2인가?

① 5000
② 2500
③ 5×10^5
④ 5×10^7

18.
$\sigma = \dfrac{P}{A} = \dfrac{10 \times 10^3}{2 \times 10^{-4}}$
$= 5 \times 10^7 \text{ N/m}^2$

19 그림과 같이 단면적이 $2\ cm^2$인 AB 및 CD 막대의 B점과 C점이 1cm 만큼 떨어져 있다. 두 막대에 인장력을 가하여 늘인 후 B점과 C점에 핀을 끼워 두 막대를 연결하려고 한다. 연결 후 두 막대에 작용하는 인장력은 약 몇 kN인가? (단, 재료의 세로탄성계수는 200GPa이다.)

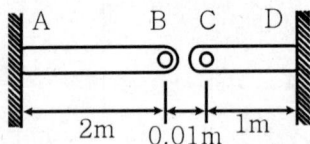

① 33.3
② 66.6
③ 99.9
④ 133.3

19 해설

$\sigma_{AB} = \dfrac{P}{A} = E \cdot \dfrac{\delta_{AB}}{l_{AB}}$ $\sigma_{CD} = \dfrac{P}{A} = E \cdot \dfrac{\delta_{CD}}{l_{CD}}$

$\dfrac{\delta_{AB}}{l_{AB}} = \dfrac{0.01 - \delta_{AB}}{l_{CD}}$ $\delta_{AB} \cdot (l_{AB} + l_{CD}) = 0.01\, l_{AB}$ $\delta_{AB} = \dfrac{0.01 \times 2}{1+2} = 0.0067\text{m}$

$P = \dfrac{2 \times 10^{-4} \times 200 \times 10^9 \times 0.0067}{2} \times 10^{-3} = 134\text{N}$

20 두께 8mm의 강판으로 만든 안지름 40cm의 얇은 원통에 1MPa의 내압이 작용할 때 강판에 발생하는 후프 응력(원주 응력)은 몇 MPa인가?

① 25
② 37.5
③ 12.5
④ 50

20.
$\sigma_t = \dfrac{P \cdot d}{2t} = \dfrac{1 \times 400}{2 \times 8}$
$= 25\text{MPa}$

정답 18 ④ 19 ④ 20 ①

2과목: 기계열역학

21 어떤 기체 동력장치가 이상적인 브레이턴 사이클로 다음과 같이 작동할 때 이 사이클의 열효율은 약 몇 % 인가?
(단, 온도(T)-엔트로피(s) 선도에서 $T_1 = 30℃$, $T_2 = 200℃$, $T_3 = 1060℃$, $T_4 = 160℃$이다.)

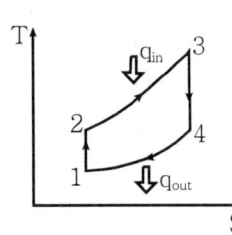

① 81%   ② 85%
③ 89%   ④ 92%

21.
$$\eta_B = 1 - \left(\frac{T_4 - T_1}{T_3 - T_2}\right)$$
$$= 1 - \left(\frac{160 - 30}{1060 - 200}\right) = 0.85$$

22 체적이 일정하고 단열된 용기 내에 80℃, 320kPa의 헬륨 2kg이 들어 있다. 용기 내에 있는 회전날개가 20W의 동력으로 30분 동안 회전한다고 할 때 용기 내의 최종 온도는 약 몇 ℃인가?
(단, 헬륨의 정적비열은 3.12kJ/(kg·K)이다.)

① 81.9℃   ② 83.3℃
③ 84.9℃   ④ 85.8℃

22.
$Q = 20 \times 30 \times 60$
$= 36000 J$
$= 36 kJ$
$Q = mC(t_2 - t_1)$에서
$T_2 = \dfrac{Q}{mc} + T_1$
$= \dfrac{36}{2 \times 3.12} + 80$
$= 85.77 ℃$

23 유리창을 통해 실내에서 실외로 열전달이 일어난다. 이때 열전달량은 약 몇 W인가?
(단, 대류열전달계수는 50 W/m^2K, 유리창 표면온도는 25℃, 외기온도는 10℃, 유리창면적은 $2m^2$이다.)

① 150   ② 500
③ 1500   ④ 5000

23.
$\dot{Q} = hA\Delta T$
$= 50 \times 2 \times (25 - 10)$
$= 1500 W$

정답 21 ② 22 ④ 23 ③

24 밀폐계가 가역정압 변화를 할 때 계가 받은 열량은?

① 계의 엔탈피 변화량과 같다.
② 계의 내부에너지 변화량과 같다.
③ 계의 엔트로피 변화량과 같다.
④ 계가 주위에 대해 한 일과 같다.

24.
$Q = \Delta H$
$\quad = mC_p(T_2 - T_1)$

25 실린더에 밀폐된 8kg의 공기가 그림과 같이 $P_1 = 800kPa$, 체적 $V_1 = 0.27m^3$ 에서 $P_2 = 350kPa$, 체적 $V_2 = 0.80m^3$으로 직선 변화하였다. 이 과정에서 공기가 한 일은 약 몇 kJ인가?

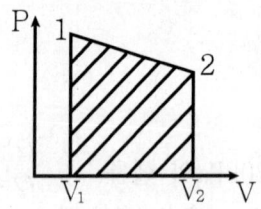

① 305
② 334
③ 362
④ 390

25.
$_1W_2 = \frac{1}{2} \times (800-350)$
$\quad \times (0.8-0.27)$
$\quad + 350 \times (0.8-0.27)$
$\quad = 304.75 kJ$

26 이상기체에 대한 다음 관계식 중 잘못된 것은?
(단, Cv는 정적비열, Cp는 정압비열, u는 내부에너지, T는 온도, V는 부피, h는 엔탈피, R은 기체상수, k는 비열비이다.)

① $Cv = (\frac{\partial u}{\partial T})_V$
② $Cp = (\frac{\partial h}{\partial T})_V$
③ $Cp - Cv = R$
④ $Cp = \frac{kR}{k-1}$

26.
$Cp = (\frac{\partial h}{\partial T})_P$ 이다

정답 24 ① 25 ① 26 ②

27 터빈, 압축기, 노즐과 같은 정상 유동장치의 해석에 유용한 몰리에(Mollier) 선도를 옳게 설명한 것은?

① 가로축에 엔트로피, 세로축에 엔탈피를 나타내는 선도이다.
② 가로축에 엔탈피, 세로축에 온도를 나타내는 선도이다.
③ 가로축에 엔트로피, 세로축에 밀도를 나타내는 선도이다.
④ 가로축에 비체적, 세로축에 압력을 나타내는 선도이다.

28 다음 중 강도성 상태량(Intensive property)이 아닌 것은?

① 온도   ② 압력
③ 체적   ④ 밀도

29 600kPa, 300K 상태의 이상기체 1kmol이 등온과정을 거쳐 압력이 200kPa로 변했다. 이 과정동안의 엔트로피 변화량은 약 몇 kJ/K 인가?
(단, 일반기체상수($\overline{R}$)은 8.31451kJ/(kmol·K)이다.)

① 0.782   ② 6.31
③ 9.13   ④ 18.6

30 공기 1kg이 압력 50kPa, 부피 $3m^3$인 상태에서 압력 900 kPa, 부피 $0.5m^3$인 상태로 변화할 때 내부 에너지가 160kJ 증가하였다. 이 때 엔탈피는 약 몇 kJ이 증가하였는가?

① 30   ② 185
③ 235   ④ 460

27.
체적은 질량에 비례하는 종량성 상태량이다.

29.
$$\Delta s = mR\ln\left(\frac{P_1}{P_2}\right)$$
$$= n\overline{R}\ln\left(\frac{P_1}{P_2}\right)$$
$$= 1 \times 8.31451 \times \ln\left(\frac{600}{200}\right)$$
$$= 9.13 \text{kJ/K}$$

30.
$$\Delta H = \Delta U + (P_2V_2 - P_1V_1)$$
$$= 160 + (900 \times 0.5 - 50 \times 3)$$
$$= 460 \text{kJ}$$

정 답 27 ① 28 ③ 29 ③ 30 ④

31 그림과 같은 Rankine 사이클로 작동하는 터빈에서 발생하는 일은 약 몇 kJ/kg인가?
(단, h는 엔탈피, s는 엔트로피를 나타내며,
$h_1 = 191.8 kJ/kg$, $h_2 = 193.8 kJ/kg$, $h_3 = 2799.5 kJ/kg$, $h_4 = 2007.5 kJ/kg$이다.)

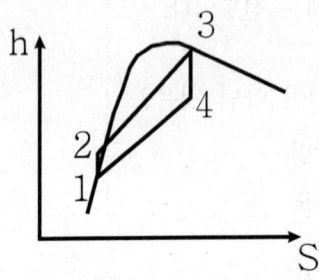

① 2.0kJ/kg
② 792.0kJ/kg
③ 2605.7kJ/kg
④ 1815.7kJ/kg

31.
$w = (h_3 - h_4)$
$= (2799.5 - 2007.5)$
$= 792 kJ/kg$

32 열역학 제2법칙에 관해서는 여러 가지 표현으로 나타낼 수 있는데, 다음 중 열역학 제2법칙과 관계되는 설명으로 볼 수 없는 것은?

① 열을 일로 변환하는 것은 불가능하다.
② 열효율이 100%인 열기관을 만들 수 없다.
③ 열은 저온 물체로부터 고온 물체로 자연적으로 전달되지 않는다.
④ 입력되는 일 없이 작동하는 냉동기를 만들 수 없다.

32.
열을 일로 변환하는 것은 불가능하다는 열역학 제1법칙 이다.

정답 31 ② 32 ①

33 시간당 380000kg의 물을 공급하여 수증기를 생산하는 보일러가 있다. 이 보일러에 공급하는 물의 엔탈피는 830kJ/kg이고, 생산되는 수증기의 엔탈피는 3230kJ/kg이라고 할 때, 발열량이 32000kJ/kg인 석탄을 시간당 34000kg씩 보일러에 공급한다면 이 보일러의 효율은 약 몇 %인가?

① 66.9% ② 71.5%
③ 77.3% ④ 83.8%

33.
$$\eta = \frac{38000 \times (3230 - 830)}{34000 \times 32000}$$
$$= 0.838$$

34 그림과 같은 단열된 용기 안에 25℃의 물이 $0.8m^3$ 들어 있다. 이 용기 안에 100℃, 50kg의 쇳덩어리를 넣은 후 열적평형이 이루어 졌을 때 최종 온도는 약 몇 ℃인가?(단, 물의 비열은 4.18kJ/(kg·K), 철의 비열은 0.45kJ/(kg·K)이다.)

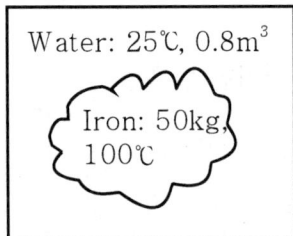

① 25.5 ② 27.4
③ 29.2 ④ 31.4

34.
$$50 \times 0.45 \times (100 - T_m)$$
$$= 1000 \times 0.8 \times 4.18 \times (T_m - 25)$$
$$T_m = 25.5℃$$

정답 33 ④ 34 ①

35 어느 내연기관에서 피스톤의 흡기과정으로 실린더 속에 0.2kg의 기체가 들어왔다. 이것을 압축할 때 15kJ의 일이 필요하였고, 10kJ의 열을 방출하였다고 한다면, 이 기체 1kg당 내부에너지의 증가량은?

① 10kJ/kg ② 25kJ/kg
③ 35kJ/kg ④ 50kJ/kg

35.
$_1Q_2 = \Delta U + {_1W_2}$ 에서
$\Delta U = Q - W$
$= -10 + 15 = 5kJ$
$\Delta h = \dfrac{\Delta U}{m} = \dfrac{5}{0.2}$
$= 25kJ/kg$

36 압력 2MPa, 300℃의 공기 0.3kg이 폴리트로픽 과정으로 팽창하여, 압력이 0.5MPa로 변화하였다. 이때 공기가 한 일은 약 몇 kJ 인가?
(단, 공기는 기체상수가 0.287kJ/(kg·K)인 이상기체이고, 폴리트로픽 지수는 1.3이다.)

① 416 ② 157
③ 573 ④ 45

36.
$\dfrac{T_2}{T_1} = \left(\dfrac{P_2}{P_1}\right)^{\frac{n-1}{n}}$ 에서
$T_2 = T_1 \left(\dfrac{P_2}{P_1}\right)^{\frac{n-1}{n}}$
$= (300+273) \times \left(\dfrac{0.5}{2}\right)^{\frac{0.3}{1.3}}$
$= 416.12K = 143.12℃$
$_1W_2 = \dfrac{mR(T_1 - T_2)}{n-1}$
$= \dfrac{0.3 \times 0.287 \times (300 - 143.12)}{0.3}$
$= 45 \ kJ$

37 이상적인 오토사이클에서 열효율을 55%로 하려면 압축비를 약 얼마로 하면 되겠는가?
(단, 기체의 비열비는 1.4이다.)

① 5.9 ② 6.8
③ 7.4 ④ 8.5

37.
$n_0 = 1 - \left(\dfrac{1}{\varepsilon}\right)^{k-1}$ 에서
$\varepsilon = 7.36$

38 이상기체 1kg이 초기에 압력 2kPa, 부피 $0.1m^3$를 차지하고 있다. 가역등온과정에 따라 부피가 $0.3m^3$로 변화했을 때 기체가 한 일은 약 몇 J 인가?

① 9540 ② 2200
③ 954 ④ 220

38.
$_1W_2 = P_1 \cdot V_1 \cdot \ln\left(\dfrac{V_2}{V_1}\right)$
$= 2 \times 0.1 \times \ln\left(\dfrac{0.3}{0.1}\right)$
$= 0.22kJ = 220J$

정답 35 ② 36 ④ 37 ③ 38 ④

39 다음 중 기체상수(gas constant, R[kJ/(kg·K)]) 값이 가장 큰 기체는?

① 산소(O_2) ② 수소(H_2)
③ 일산화탄소(CO) ④ 이산화탄소(CO_2)

39.
$R = \dfrac{8.312}{M}$ 에서 분자량 (M)이 작을수록 분자량이 크다.

40 계의 엔트로피 변화에 대한 열역학적 관계식 중 옳은 것은? (단, T는 온도, S는 엔트로피, U는 내부 에너지, V는 체적, P는 압력, H는 엔탈피를 나타낸다.)

① $TdS = dU - PdV$
② $TdS = dH - PdV$
③ $TdS = dU - VdP$
④ $TdS = dH - VdP$

40.
$dH = dU + \Delta PV$
$\quad = dU + PdV + VdP$

$\delta Q = dU + PdV$
$\quad = dH - VdP = TdS$

3과목: 기계유체역학

41 유속 3m/s로 흐르는 물 속에 흐름방향의 직각으로 피토관을 세웠을 때, 유속에 의해 올라가는 수주의 높이는 약 몇 m인가?

① 0.46 ② 0.92
③ 4.6   ④ 9.2

41.
$V = \sqrt{2gH}$ 에서
$H = \dfrac{3^2}{2 \times 9.8} = 0.46$m

정답 39 ② 40 ④ 41 ①

42 온도 27℃, 절대압력 380kPa인 기체가 6m/s로 지름 5cm인 매끈한 원관 속을 흐르고 있을 때 유동상태는?
(단, 기체상수는 187.8N·m/(kg·K), 점성계수는 1.77×10^{-5} kg/(m·s), 상, 하 임계 레이놀즈수는 각각 4000, 2100 이라 한다.)

① 층류영역　　② 천이영역
③ 난류영역　　④ 포텐셜영역

42.
$$\rho = \frac{P}{RT}$$
$$= \frac{380 \times 10^3}{187.8 \times (27+273)}$$
$$= 6.74 \text{kg/m}^3$$

$$Re = \frac{\rho V d}{\mu}$$
$$= \frac{6.74 \times 6 \times 0.05}{1.77 \times 10^{-5}}$$
$$= 114,237.288$$

4000이상이므로 난류영역

43 일정 간격의 두 평판 사이에 흐르는 완전 발달된 비압축성 정상유동에서 x는 유동방향 y는 평판 중심을 0으로 하여 x방향에 직교하는 방향의 좌표를 나타낼 때 압력강하와 마찰손실의 관계로 옳은 것은?
(단, P는 압력, τ는 전단응력, μ는 점성계수(상수)이다.)

① $\dfrac{dP}{dy} = \mu \dfrac{d\tau}{dx}$　　② $\dfrac{dP}{dy} = \dfrac{d\tau}{dx}$

③ $\dfrac{dP}{dx} = \dfrac{d\tau}{dy}$　　④ $\dfrac{dP}{dx} = \dfrac{1}{\mu}\dfrac{d\tau}{dy}$

43.
$$\left(P + \frac{\partial P}{2x}\Delta x\right)dA - P\Delta x dA$$
$$-\tau \times 2\pi R \times \Delta x = 0$$

$$\frac{\partial P}{\partial x}\Delta x \cdot dA = \tau 2\pi R \times \Delta x$$

$$\frac{d\tau}{dy} = \frac{dP}{dx}, \frac{\partial P}{\partial x}\Delta x \pi R^2 = \tau 2\pi R \Delta x$$

$$\frac{\partial P}{\partial x} = \frac{\tau 2\pi R}{\pi R^2} = \frac{\tau}{\frac{R}{2}} = \frac{d\tau}{dy}$$

44 2m×2m×2m의 정육면체로 된 탱크 안의 비중이 0.8인 기름이 가득 차 있고, 위 뚜껑이 없을 때 탱크의 한 옆면에 작용하는 전체 압력에 의한 힘은 약 몇 kN인가?

① 7.6　　② 15.7
③ 31.4　　④ 62.8

44.
$$F = \gamma \bar{h} \cdot A$$
$$= 0.8 \times 9800 \times 1 \times (2 \times 2) \times 10^{-3}$$
$$= 31.36 \text{kN}$$

45 그림과 같은 원형관에 비압축성 유체가 흐를 때 A 단면의 평균속도가 V_1 일 때 B 단면에서의 평균속도 V는?

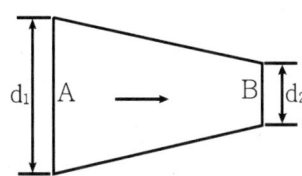

① $V = (\dfrac{d_1}{d_2})^2 V_1$ ② $V = \dfrac{d_1}{d_2} V_1$

③ $V = (\dfrac{d_2}{d_1})^2 V_1$ ④ $V = \dfrac{d_2}{d_1} V_1$

45.
$A_1 V_1 = A_2 V_2$
$V_2 = \dfrac{d_1^2}{d_2^2} V_1$

46 그림과 같이 유속 10m/s인 물 분류에 대하여 평판을 3m/s의 속도로 접근하기 위하여 필요한 힘은 약 몇 N인가? (단, 분류의 단면적은 $0.01 m^2$ 이다.)

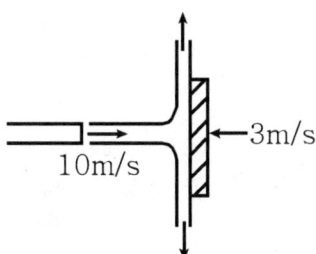

① 130 ② 490
③ 1350 ④ 1690

46.
$F = \rho A (V+u)^2$
$\quad = 1000 \times 0.01 \times (10+3)^2$
$\quad = 1690 N$

정답 45 ① 46 ④

47 정상, 2차원, 비압축성 유동장의 속도성분이 아래와 같이 주어질 때 가장 간단한 유동함수(Ψ)의 형태는?
(단, u는 x방향, v는 y방향의 속도성분이다.)

$$u = 2y, \ v = 4x$$

① $\Psi = -2x^2 + y^2$
② $\Psi = -x^2 + y^2$
③ $\Psi = -x^2 + 2y^2$
④ $\Psi = -4x^2 + 4y^2$

47.
$u = \dfrac{\partial \psi}{\partial y} \quad \partial \psi = u \partial y = 2y \partial y$
$\psi = y^2 + C_1$
$v = -\dfrac{\partial \psi}{\partial x}$
$\partial \psi = v \partial x = 4x \partial x$
$\psi = -2x^2 + C_2$

두 식에서 $C_1 = -2x^2$, $C_2 = y^2$
$\psi = -2x^2 + y^2$

48 중력은 무시할 수 있으나 관성력과 점성력 및 표면장력이 중요한 역할을 하는 미세구조물 중 마이크로 채널 내부의 유동을 해석하는 데 중요한 역할을 하는 무차원 수만으로 짝지어진 것은?

① Reynolds 수, Froude 수
② Reynolds 수, Mach 수
③ Reynolds 수, Weber 수
④ Reynolds 수, Cauchy 수

48.
$Re = \dfrac{\text{관성력}}{\text{점성력}}$
$We(\text{웨버수}) = \dfrac{\text{관성력}}{\text{표면장력}}$

49 다음과 같은 베르누이 방정식을 적용하기 위해 필요한 가정과 관계가 먼 것은?
(단, 식에서 P는 압력, ρ는 밀도, V는 유속, γ는 비중량, Z는 유체의 높이를 나타낸다.)

$$P_1 + \dfrac{1}{2}\rho V_1^2 + \gamma Z_1 = P_2 + \dfrac{1}{2}\rho V_2^2 + \gamma Z_2$$

① 정상 유동
② 압축성 유체
③ 비점성 유체
④ 동일한 유선

49.
베르누이 방정식을 적용하기 위해 필요한 가정은 동일한 유선, 정상 유동, 비점성 유체, 비압축성 유체 이다.

정답 47 ① 48 ③ 49 ②

50 물을 사용하는 원심 펌프의 설계점에서의 전양정이 30m이고 유량은 $1.2m^3/\text{min}$이다. 이 펌프를 설계점에서 운전할 때 필요한 축동력이 7.35 kW라면 이 펌프의 효율은 약 얼마인가?

① 75% ② 80%
③ 85% ④ 90%

50.
$$\eta = \frac{9.8 \times 1.2 \times 30}{7.35 \times 60} \times 100$$
$$= 80\%$$

51 골프공 표면의 딤플(dimple, 표면 굴곡)이 항력에 미치는 영향에 대한 설명으로 잘못된 것은?

① 딤플은 경계층의 박리를 지연시킨다.
② 딤플이 층류경계층을 난류경계층으로 천이시키는 역할을 한다.
③ 딤플이 골프공의 전체적인 항력을 감소시킨다.
④ 딤플은 압력저항보다 점성저항을 줄이는데 효과적이다.

52 점성계수가 0.3 N·s / m^2 이고, 비중이 0.9인 뉴턴유체가 지름 30mm인 파이프를 통해 3m/s의 속도로 흐를 때 Reynolds 수는?

① 24.3 ② 270
③ 2700 ④ 26460

52.
$$Re = \frac{\rho V d}{\mu}$$
$$= \frac{0.9 \times 10^3 \times 3 \times 0.03}{0.3}$$
$$= 270$$

53 비중 0.85인 기름의 자유표면으로부터 10m 아래에서의 계기압력은 약 몇 kPa인가?

① 83   ② 830
③ 98   ④ 980

53.
$$P = \gamma h$$
$$= 0.85 \times 9.8 \times 10$$
$$= 83.3 \text{kPa}$$

정답 50 ② 51 ④ 52 ② 53 ①

54 2차원 유동장이 $\vec{V}(x,y) = cx\vec{i} - cy\vec{j}$로 주어질 때, 가속도장 $\vec{a}(x,y)$는 어떻게 표시되는가?
(단, 유동장에서 c는 상수를 나타낸다.)

① $\vec{a}(x,y) = cx^2\vec{i} - cy^2\vec{j}$
② $\vec{a}(x,y) == cx^2\vec{i} + cy^2\vec{j}$
③ $\vec{a}(x,y) = c^2x\vec{i} - c^2y\vec{j}$
④ $\vec{a}(x,y) = c^2x\vec{i} + c^2y\vec{j}$

54.
가속도
$a = u\dfrac{\partial \vec{V}}{\partial x} + v\dfrac{\partial \vec{V}}{\partial y}$
$= cx \times c\hat{i} + (-cy) \times (-c)\hat{j}$
$= c^2 x\hat{i} + c^2 y\hat{j}$

55 물(비중량 9800N/m^3) 위를 3m/s의 속도로 항진하는 길이 2m인 모형선에 작용하는 조파저항이 54N이다. 길이 50m인 실선을 이것과 상사한 조파상태인 해상에서 항진시킬 때 조파 저항은 약 얼마인가?
(단, 해수의 비중량은 10075 N/m^3 이다.)

① 43kN   ② 433kN
③ 87kN   ④ 867kN

55.
$F = C_D \dfrac{\rho V^2}{2} \cdot L^2$

$\dfrac{F}{\rho V^2 L^2} = \dfrac{F}{\rho V^2 L^2}$

$\dfrac{V_1^2}{\ell_1 g} = \dfrac{V_2^2}{\ell_2 g}$ $\dfrac{3^2}{2} = \dfrac{V^2}{50}$ $V = 15\,m/s$

$\dfrac{54}{\dfrac{9800}{9.8} \times 3^2 \times 2^2} = \dfrac{F}{\dfrac{10075}{3.8} \times 15^2 \times 50^2}$

$F = 867,426.7N = 867,426\,kN$

56 동점성계수가 10cm^2/s이고 비중이 1.2인 유체의 점성계수는 몇 Pa·s인가?

① 0.12   ② 0.24
③ 1.2   ④ 2.4

56.
$\mu = \rho \cdot \nu = 1000\,SV$
$= 1.2 \times 10^3 \times 10 \times 10^{-4}$
$= 1.2\,Pas$

57 어떤 액체의 밀도는 890kg/m^3, 체적 탄성계수는 2200MPa 이다. 이 액체 속에서 전파되는 소리의 속도는 약 몇 m/s 인가?

① 1572   ② 1483
③ 981   ④ 345

57.
$C = \sqrt{\dfrac{K}{\rho}}$
$= \sqrt{\dfrac{2200 \times 10^6}{890}}$
$= 1572.23\,m/s$

정답 54 ④ 55 ④ 56 ③ 57 ①

58 펌프로 물을 양수할 때 흡입측에서의 압력이 진공 압력계로 75mmHg(부압)이다. 이 압력은 절대 압력으로 약 몇 kPa인가?
(단, 수은의 비중은 13.6이고, 대기압은 760mmHg이다.)
① 91.3　　　　② 10.4
③ 84.5　　　　④ 23.6

59 평판 위를 어떤 유체가 층류로 흐를 때, 선단으로부터 10cm 지점에서 경계층두께 1mm일 때, 20cm 지점에서의 경계층두께는 얼마인가?
① 1mm　　　　② $\sqrt{2}$ mm
③ $\sqrt{3}$ mm　　　④ 2mm

60 원관에서 난류로 흐르는 어떤 유체의 속도가 2배로 변하였을 때, 마찰계수가 변경 전 마찰계수의 $\frac{1}{\sqrt{2}}$로 줄었다. 이 때 압력손실은 몇 배로 변하는가?
① $\sqrt{2}$ 배　　　② $2\sqrt{2}$ 배
③ 2배　　　　④ 4배

58.
$$P = (760 - 75)\frac{101.3}{760}$$
$$= 91.3 \, kPa$$

59.
$$\delta = \frac{5x}{\sqrt{Re}}$$
$$= 5xRe^{-\frac{1}{2}}$$
$$= 5x\left(\frac{Vx}{\nu}\right)^{-\frac{1}{2}}$$
$$= \left(\frac{V}{\nu}\right)^{-\frac{1}{2}} \times 5x^{\frac{1}{2}}$$
$$\left(\frac{V}{\nu}\right)^{-\frac{1}{2}} = \frac{\delta}{5.0 \times \sqrt{x}}$$
$$= \frac{1}{5.0 \times \sqrt{100}}$$
$$= 0.02$$
$$\delta = 0.02 \times 5 \times \sqrt{0.2}$$
$$= \sqrt{2} \, mm$$

60.
$$h_\ell = f \cdot \frac{\ell}{d} \cdot \frac{V^2}{2g}$$
$$h_\ell' = \frac{f}{\sqrt{2}} \cdot \frac{\ell}{d} \cdot \frac{(2V)^2}{2g}$$
$$= \frac{4}{\sqrt{2}} h_\ell = 2\sqrt{2} \, h_\ell$$

정답　58 ①　59 ②　60 ②　61 ②

4과목: 유체기계 및 유압기기

61 유체기계의 일종인 공기기계에 관한 설명으로 옳지 않은 것은?

① 기체의 단위체적당 중량이 물의 약 1/830(20℃기준)로서 작은 편이다.
② 기체는 압축성이므로 압축, 팽창을 할 때 거의 온도변화가 발생하지 않는다.
③ 각 유로나 관로에서의 유속은 물인 경우보다 수배 이상으로 높일 수 있다.
④ 공기기계의 일종인 압축기는 보통 압력 상승이 1 kgf/cm² 이상인 것을 말한다.

61.
기체는 압축성이므로 일반적으로 압축시 온도증가, 팽창을 할 때 온도 감소가 발생한다.

62 다음 중 프로펠러 수차에 관한 설명으로 옳지 않은 것은?

① 일반적으로 3~90 m의 저낙차로서 유량이 큰 곳에 사용한다.
② 반동 수차에 속하며, 물이 미치는 형식은 축류 형식에 속한다.
③ 회전차의 형식에서 고정익의 형태를 가지면 카플란 수차, 가동익의 형태를 가지면 지라르 수차라고 한다.
④ 프로펠러 수차의 형식은 축류 펌프와 같고, 다만 에너지의 주고 받는 방향이 반대일 뿐이다.

62.
지라르 수차는 충동터빈이며 카플란 수차는 가동익의 반동수차이다.

63 토크 컨버터의 주요 구성요소들을 나타낸 것은?

① 구동기어, 종동기어, 버킷
② 피스톤, 실린더, 체크밸브
③ 밸런스디스크, 베어링, 프로펠러
④ 펌프회전차, 터빈회전차, 안내깃(스테이터)

정답   61 ②   62 ③   63 ④

64 진공펌프는 기체를 대기압 이하의 저압에서 대기압까지 압축하는 압축기의 일종이다. 다음 중 일반 압축기와 다른 점을 설명한 것으로 옳지 않은 것은?

① 흡입압력을 진공으로 함에 따라 압력비는 상당히 커지므로 격간용적, 기체누설을 가급적 줄여야 한다.
② 진공화에 따라서 외부의 액체, 증기, 기체를 빨아들이기 쉬워서 진공도를 저하시킬 수 있으므로 이에 주의를 요한다.
③ 기체의 밀도가 낮으므로 실린더 체적은 축동력에 비해 크다.
④ 송출압력과 흡입압력의 차이가 작으므로 기체의 유로 저항이 커져도 손실동력이 비교적 적게 발생한다.

64.
진공펌프는 송출압력과 흡입압력의 차이가 크므로 기체의 유로 저항이 커지면 손실동력이 비교적 크게 발생한다.

65 다음 각 수차들에 관한 설명 중 옳지 않은 것은?
① 펠턴 수차는 비속도가 가장 높은 형식의 수차이다.
② 프란시스 수차는 반동형 수차에 속한다.
③ 프로펠러 수차는 저낙차 대유량인 곳에 주로 사용된다.
④ 카플란 수차는 축류 수차에 해당한다.

65.
비속도(m-kW)
펠턴 수차 (10~25)
프란시스 수차 (50~430)
카플란 수차 (250~800)

66 다음 중 일반적으로 유체기계에 속하지 않는 것은?
① 유압 기계   ② 공기 기계
③ 공작 기계   ④ 유체 전송 장치

67 공동현상(Cavitation)이 발생했을 때 일어나는 현상이 아닌 것은?
① 압력의 급변화로 소음과 진동이 발생한다.
② 펌프 흡입관의 손실수두나 부차적 손실이 큰 경우 공동현상이 발생되기 쉽다.
③ 양정, 효율 및 축동력이 동시에 급격히 상승한다.
④ 깃의 벽면에 부식(Pitting)이 일어나 사고로 이어질 수 있다.

67.
공동현상(Cavitation)이 발생했을 때 진동 및 소음 발생 펌프 효율 저하 현상이 발생한다.

정답 64 ④ 65 ① 66 ③ 67 ③

68 다음 왕복펌프의 효율에 관한 설명 중 옳지 않은 것은?

① 피스톤 1회 왕복중의 실제 흡입량 V와 행정체적 V0의 비를 체적효율(ηv)이라고 하며, $\eta_v = \dfrac{V}{V_0}$ 로 나타낸다.

② 피스톤이 유체에 주는 도시동력 L과 펌프의 축동력 L1과의 비를 기계효율(ηm)이라고 하며, $\eta_m = \dfrac{L_1}{L}$ 로 나타낸다.

③ 펌프에 의하여 최종적으로 얻어지는 압력증가량 p와 흡입 행정 중에 피스톤 작동면에 작용하는 평균유효압력 pm의 비를 수력효율(ηh)이라고 하며, $\eta_h = \dfrac{P}{P_m}$ 으로 나타낸다.

④ 펌프의 전효율 η는 체적효율, 기계효율, 수력효율의 전체 곱으로 나타낸다.

68.
기계효율은
$\eta_m = \dfrac{L}{L_1}$ 이다.

69 수차에 직결되는 교류 발전기에 대해서 주파수를 f(Hz), 발전기의 극수를 p라고 할 때 회전수 n(rpm)을 구하는 식은?

① $n = 60\dfrac{p}{f}$ ② $n = 60\dfrac{f}{p}$

③ $n = 120\dfrac{p}{f}$ ④ $n = 120\dfrac{f}{p}$

70 양정 20 m, 송출량 0.3 m³/min, 효율 70 %인 물펌프의 축동력은 약 얼마인가?

① 1.4 kW   ② 4.2 kW
③ 1.4 MW   ④ 4.2 MW

70.
$kW = \dfrac{\gamma Q H}{\eta}$
$= \dfrac{9.8 \times 0.3 \times 20}{60 \times 0.7}$
$= 1.4\ kW$

정답 68 ② 69 ④ 70 ①

71 저 압력을 어떤 정해진 높은 출력으로 증폭하는 회로의 명칭은?

① 부스터 회로 ② 플립플롭 회로
③ 온오프제어 회로 ④ 레지스터 회로

72 점성계수(coefficient of viscosity)는 기름의 중요 성질이다. 점도가 너무 낮을 경우 유압기기에 나타나는 현상은?

① 유동저항이 지나치게 커진다.
② 마찰에 의한 동력손실이 증대된다.
③ 각 부품 사이에서 누출 손실이 커진다.
④ 밸브나 파이프를 통과할 때 압력손실이 커진다.

73 베인펌프의 일반적인 구성 요소가 아닌 것은?

① 캠링 ② 베인
③ 로터 ④ 모터

74 지름이 2cm인 관속을 흐르는 물의 속도가 1m/s이면 유량은 약 몇 cm^3/s인가?

① 3.14 ② 31.4
③ 314 ④ 3140

71.
부스터(booster)는 증압기 또는 승압기라고도 하며 유체 흐름의 중간에 설치하여 압력을 증가시킬 것을 목적으로 한 장치

72.
점도가 너무 낮은 경우
㉠ 유압유의 누설이 증가한다.
㉡ 윤활성능의 저하에 따라 마찰부분의 마모가 심해진다.
㉢ 유압펌프의 체적효율이 저하한다.
㉣ 필요한 압력의 발생이 곤란하므로 정확한 작동과 정밀한 제어가 어려워진다.

73.
유압모터는 유압펌프와 반대 원리로 유체에너지를 기계적 에너지로 변환시키는 장치이다.

74.
$$Q = \frac{\pi \times 2^2}{4} = (1 \times 10^2)$$
$$= 314.16 \text{cm}^3/\text{sec}$$

정답 71 ① 72 ③ 73 ④ 74 ③

75 감압밸브, 체크밸브, 릴리프밸브 등에서 밸브 시트를 두드려 비교적 높은 음을 내는 일종의 자려 진동 현상은?

① 유격 현상 ② 채터링 현상
③ 폐입 현상 ④ 캐비테이션 현상

76 한 쪽 방향으로 흐름은 자유로우나 역방향의 흐름을 허용하지 않는 밸브는?

① 체크 밸브 ② 셔틀 밸브
③ 스로틀 밸브 ④ 릴리프 밸브

77 유압 파워유닛의 펌프에서 이상 소음 발생의 원인이 아닌 것은?

① 흡입관의 막힘
② 유압유에 공기 혼입
③ 스트레이너가 너무 큼
④ 펌프의 회전이 너무 빠름

78 다음 중 유량제어밸브에 의한 속도 제어회로를 나타낸 것이 아닌 것은?

① 미터 인 회로
② 블리드 오프 회로
③ 미터 아웃 회로
④ 카운터 회로

79 유공압 실린더의 미끄러짐 면의 운동이 간헐적으로 되는 현상은?

① 모노 피딩(Mono - feeding)
② 스틱 슬립(Stick - slip)
③ 컷 인 다운(Cut in - down)
④ 듀얼 액팅(Dual acting)

75.
① 유격 현상은 물체의 간격이다.

③ 폐입 현상은 두 개의 치차가 동시에 접촉하는 경우에 두 점 사이의 밀폐공간에 유체가 유입되고 밀폐된 공간은 흡입구나 송출구로 통하지 않으며 폐입 된 유체의 압력이 밀폐용적의 변화에 의하여 변화하는 현상

④ 캐비테이션 현상은 압력이 액체의 증기압 이하로 내려가면 기체가 유리되면서 기포를 발생하는 현상이다.

정답 75 ② 76 ① 77 ③ 78 ④ 79 ②

80 유체를 에너지원 등으로 사용하기 위하여 가압 상태로 저장하는 용기는?

① 디퓨져
② 액추에이터
③ 스로틀
④ 어큐뮬레이터

5과목: 건설기계일반 및 플랜트 배관

81 타이어식과 비교한 무한궤도식 불도저의 특징으로 틀린 것은?

① 접지압이 작다.
② 견인력이 강하다.
③ 기동성이 빠르다.
④ 습지, 사지에서 작업이 용이하다.

81.
무한궤도식은 타이어식과 비교해 기동성이 느리다.

82 버킷 용량은 1.34 m³, 버킷 계수는 1.2, 작업효율은 0.8, 체적환산계수는 1, 1회 사이클 시간은 40초라고 할 때 이 로더의 운전시간당 작업량은 약 몇 m³/h인가?

① 24 ② 53
③ 84 ④ 116

82.
$$W = \frac{3600 \cdot E\ Q\ f}{Cm}$$
$$= \frac{3600 \times 1.2 \times 1.34 \times 0.8}{40}$$
$$= 115.776\ m^3/h$$

83 쇼벨계 굴삭기계의 작업구동방식에서 기계 로프식과 유압식을 비교한 것 중 틀린것은?

① 기계 로프식은 굴삭력이 크다.
② 유압식은 구조가 복잡하여 고장이 많다.
③ 유압식은 운전조작이 용이하다.
④ 기계 로프식은 작업성이 나쁘다.

83.
유압식은 구조가 간단하여 고장이 적다.

정답 80 ④ 81 ③ 82 ④ 83 ②

84 짐칸을 옆으로 기울게 하여 짐을 부리는 트럭은?
   ① 사이드(side)덤프트럭
   ② 리어(rear)덤프트럭
   ③ 다운(down)덤프트럭
   ④ 버텀(bottom)덤프트럭

85 콘크리트를 구성하는 재료를 저장하고 소정의 배합 비율대로 계량하고 MIXER에 투입하여 요구되는 품질의 콘크리트를 생산하는 설비는?
   ① ASPHALT PLANT
   ② BATCHER PLANT
   ③ CRUSHING PLANT
   ④ CHEMICAL PLANT

86 건설기계의 내연기관에서 연소실의 체적이 30 cc이고 행정체적이 240cc인 경우, 압축비는 얼마인가?
   ① 6 : 1   ② 7 : 1
   ③ 8 : 1   ④ 9 : 1

86.
$$\varepsilon = \frac{30+240}{30} = 9$$

87 다음 중 1차 쇄석기(crusher)는?
   ① 조(jaw) 쇄석기
   ② 콘(cone) 쇄석기
   ③ 로드 밀(rod mill) 쇄석기
   ④ 해머 밀(hammer mill) 쇄석기

87.
1차 파쇄기는 조쇄기라 하며 죠크러셔와 자이러토리 크러셔가 있고 2차 3차 파쇄기는 중쇄기라 하며 콘, 임팩트, 로울 크러셔가 있다. 해머나 로드밀, 볼밀 크러셔는 분쇄기 또는 제사기라고 한다.

정답 84 ① 85 ② 86 ④ 87 ①

88 버킷 준설선에 관한 설명으로 옳지 않은 것은?
① 토질에 영향이 적다.
② 암반 준설에는 부적합하다.
③ 준선 능력이 크며 대용량 공사에 적합하다.
④ 협소한 장소에서도 작업이 용이하다.

89 기계부품에서 예리한 모서리가 있으면 국부적인 집중응력이 생겨 파괴되기 쉬워지는 것으로 강도가 감소하는 것은?
① 잔류응력
② 노치효과
③ 질량효과
④ 단류선

90 기중기의 작업장치(전부장치)에 대한 설명으로 옳지 않은 것은?
① 드래그라인 : 수중굴착에 용이
② 백호 : 지면보다 아래 굴착에 용이
③ 셔블 : 지면보다 낮은 곳의 굴착에 용이
④ 크램셸 : 수중굴착 및 깊은 구멍 굴착에 용이

91 슬루스 밸브라고 하며, 유체의 흐름을 단속하려고 할 때 사용하는 밸브는?
① 글로브밸브
② 게이트밸브
③ 볼 밸브
④ 버터플라이밸브

92 동관용 공작용 공구가 아닌 것은?
① 링크형 파이프커터
② 플레어링 툴 세트
③ 사이징 툴
④ 익스팬더

88.
버킷 준설선은 해저의 토사를 일종의 버킷 콘베이어를 사용하여 연속적으로 굴착하는 배이므로 협소한 장소에서는 작업이 불가능하다.

90.
파워 셔블
(Power Shovel) :
작업위치보다 높은 굴착에 적합하며, 산, 절벽 굴착에 쓰인다.

92.
동관용 공구
① 사이징 툴 - 동관의 끝을 정확하게 원형으로 가공하는 공구
② 익스펜더 - 동관의 확장용 공구
③ 플레어링 툴 - 동관 끝을 나팔관 모양으로 확대하여 압축접합용 공구로서 주로 20 mm 이하 관에 사용한다.

정답 88 ④ 89 ② 90 ③ 91 ② 92 ①

93 관 또는 환봉을 동력에 의해 톱날이 상하 또는 좌우 왕복을 하며 공작물을 한쪽 방향으로 절단하는 기계는?
① 동력 나사 절삭기　　② 파이프 가스 절단기
③ 숫돌 절단기　　　　 ④ 핵 소잉 머신

94 최고사용 압력이 5MPa인 배관에서 압력 배관용 탄소강관의 인장강도가 38 kg/mm²인 것을 사용할 때 스케줄 번호(sch No.)는?
(단, 안전율 5이며, SPPS-38의 sch No. 10, 20, 40, 60, 80이다.)
① 20　　　　　　　　 ② 40
③ 60　　　　　　　　 ④ 80

94.
$$SCH = 1000 \times \frac{P}{S}$$
$$= 1000 \times \frac{5 \times 5}{9.8 \times 38}$$
$$= 67.132 ≒ 80$$

95 나사 내는 탭(tap)의 재질은 탄소공구강, 합금공구강, 고속도강이 있는데 표준경도로 적당한 것은?
① Hrc 40　　　　　　 ② Hrc 50
③ Hrc 60　　　　　　 ④ Hrc 70

96 배관 용접부의 비파괴 검사방법 중에서 널리 사용하고 있는 방법으로 물질을 통과하기 쉬운 X선 등을 사용하며 균열, 융합 불량, 용입 불량, 기공, 슬래그 섞임, 언더 컷 등의 결함을 검출할 때 가장 적절한 방법은?
① 누설검사　　　　　 ② 육안검사
③ 초음파검사　　　　 ④ 방사선투과검사

97 강관의 표시 방법 중 냉간가공 아크용접 강관은?
① -S-H　　　　　　 ② -A-C
③ -E-C　　　　　　 ④ -S-C

정답　93 ④　94 ④　95 ③　96 ④　97 ②

98 글로브 밸브(globe valve)에 관한 설명으로 틀린 것은?

① 유체의 흐름에 따른 관내 마찰 저항 손실이 작다.
② 개폐가 쉽고 유량 조절용으로 적합하다.
③ 평면형, 원뿔형, 반구형, 반원형 디스크가 있다.
④ 50 mm 이하는 나사형, 65 mm 이상은 플랜지형 이음을 사용한다.

98.
글로브 밸브 는 유체의 흐름이 S자 모형으로 되므로 유체의 흐름 저항은 크나 밸브의 리프트(양정)는 작아 개폐가 용이하므로 유량 조절에 적합하고 소형 경량이며 가격이 싸다.

99 유류배관설비의 기밀시험을 할 때 사용해서는 안 되는 가스는?

① 질소가스
② 수소
③ 탄산가스
④ 아르곤

100 스테인리스 강관의 용접 시 열 영향 방지 대책으로 옳은 것은?

① 용접봉은 가능한 한 직경이 작은 것을 사용하여 모재에 입열을 적게 하는 것이 좋다.
② 티타늄(Ti) 등의 안정화 원소를 첨가하여 니켈 탄화물의 형성을 방지한다.
③ 탄소(C)가 0.1 % 이상 함유된 오스테나이트 스테인리스강에는 일반적으로 304 L, 316 L 등의 용접봉이 사용된다.
④ 탄화물 석출의 억제를 위해 모재 및 용착금속의 탄화물 석출온도 범위를 가능한 장시간에 걸쳐 냉각시킨다.

정답 98 ① 99 ② 100 ①

건설기계 설비기사

1과목: 재료역학

01 원형단면 축에 147 kW의 동력을 회전수 2000 rpm으로 전달시키고자 한다. 축 지름은 약 몇 cm로 해야 하는가?
(단, 허용전단응력은 $\tau_w = 50 MPa$이다.)

① 4.2
② 4.6
③ 8.5
④ 9.9

1.
$T = \dfrac{L}{\omega} = \dfrac{60 \times 1000\, kw}{2\pi N}$

$= \dfrac{60 \times 1000 \times 147}{2\pi \times 2000}$

$= 701.87\, N\cdot m$

$d = \sqrt[3]{\dfrac{16T}{\pi\tau}} = \sqrt[3]{\dfrac{16 \times 701.87}{\pi \times 50 \times 10^6}}$

$= 0.0415\, m = 4.15\, cm$

02 그림과 같이 외팔보의 중앙에 집중하중 P가 작용하는 경우 집중하중 P가 작용하는 지점에서의 처짐은?
(단, 보의 굽힘강성 EI는 일정하고, L은 보의 전체의 길이이다.)

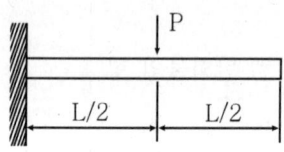

① $\dfrac{PL^3}{3EI}$
② $\dfrac{PL^3}{24EI}$
③ $\dfrac{PL^3}{8EI}$
④ $\dfrac{5PL^3}{48EI}$

2.
$\delta = \dfrac{P(\frac{L}{2})^3}{3EI} = \dfrac{PL^3}{24EI}$

정답 01 ① 02 ②

03 직사각형 단면의 단주에 150 kN 하중이 중심에서 1 m만큼 편심되어 작용할 때 이 부재 BD에서 생기는 최대 압축응력은 약 몇 kPa인가?

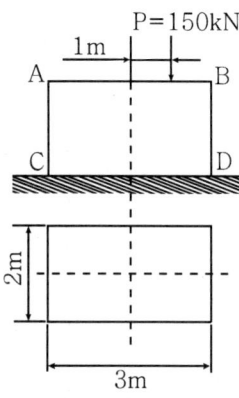

① 25   ② 50
③ 75   ④ 100

3.
$$\sigma = \frac{P}{A} + \frac{M}{Z} = \frac{150}{3 \times 2} + \frac{6 \times 150 \times 1}{2 \times 3^2}$$
$$= 25 + 50 = 75$$

04 그림과 같은 균일 단면의 돌출보에서 반력 R_A는? (단, 보의 자중은 무시한다.)

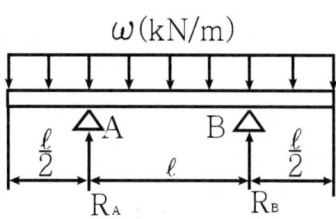

① wl ② $\dfrac{wl}{4}$
③ $\dfrac{wl}{3}$ ④ $\dfrac{wl}{2}$

4.
$$R_A = \frac{wl \cdot \dfrac{l}{2} + \dfrac{wl}{2} \cdot \dfrac{5l}{4} - \dfrac{wl}{2} \cdot \dfrac{l}{4}}{l} = wl$$

정답 03 ③ 04 ①

05 양단이 고정된 축을 그림과 같이 m-n단면에서 T만큼 비틀면 고정단 AB에서 생기는 저항 비틀림 모멘트의 비 T_A/T_B는?

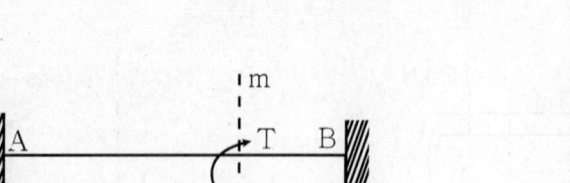

① $\dfrac{b^2}{a^2}$ ② $\dfrac{b}{a}$

③ $\dfrac{a}{b}$ ④ $\dfrac{a^2}{b^2}$

5.
$$\dfrac{T_A}{T_B} = \dfrac{\dfrac{T \cdot b}{a+b}}{\dfrac{Ta}{a+b}} = \dfrac{b}{a}$$

06 그림의 평면응력상태에서 최대 주응력은 약 몇 MPa인가? (단, $\sigma_x = 175\,MPa$, $\sigma_y = 35\,MPa$, $\tau_{xy} = 60\,MPa$이다.)

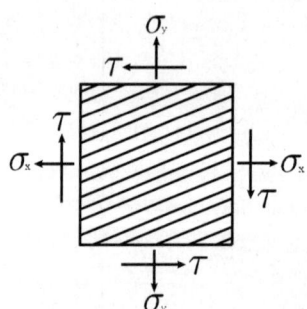

① 92 ② 105
③ 163 ④ 197

6.
$$\sigma = \dfrac{\sigma_x + \sigma_y}{2} + \sqrt{\left(\dfrac{\sigma_x - \sigma_y}{2}\right)^2 + \tau_{xy}^2}$$
$$= \dfrac{175+35}{2} + \sqrt{\left(\dfrac{175-35}{2}\right)^2 + 60^2}$$
$$= 197.2\,MPa$$

정답 05 ② 06 ④

07 동일한 길이와 재질로 만들어진 두 개의 원형단면 축이 있다. 각각의 지름이 d_1, d_2일 때 각 축에 저장되는 변형에너지 u_1, u_2의 비는?
(단, 두 축은 모두 비틀림 모멘트 T를 받고 있다.)

① $\dfrac{u_1}{u_2} = \left(\dfrac{d_2}{d_1}\right)^4$ ② $\dfrac{u_2}{u_1} = \left(\dfrac{d_2}{d_1}\right)^3$

③ $\dfrac{u_1}{u_2} = \left(\dfrac{d_2}{d_1}\right)^3$ ④ $\dfrac{u_2}{u_1} = \left(\dfrac{d_2}{d_1}\right)^4$

7.
$U = \dfrac{T\theta}{2} = \dfrac{T^2 l}{2GI_P} = \dfrac{32T^2 l}{2G\pi d^4}$
$u_1 d_1^4 = u_2 d_2^4$
$\dfrac{u_1}{u_2} = \left(\dfrac{d_2}{d_1}\right)^4$

08 철도 레일의 온도가 50℃에서 15℃로 떨어졌을 때 레일에 생기는 열응력은 약 몇 MPa인가?
(단, 선팽창계수는 0.000012/℃, 세로탄성계수는 210 GPa이다.)

① 4.41 ② 8.82
③ 44.1 ④ 88.2

8.
$\sigma = E \alpha \Delta T$
$= 210 \times 10^3 \times 0.000012 \times (50-15)$
$= 88.2 \, MPa$

09 그림과 같이 양단에서 모멘트가 작용할 경우 A지점의 처짐각 θ_A는?
(단, 보의 굽힘 강성 EI는 일정하고, 자중은 무시한다.)

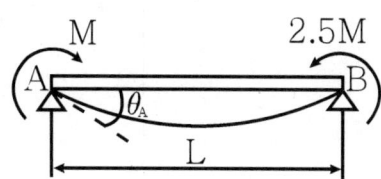

① $\dfrac{ML}{2EI}$ ② $\dfrac{2ML}{5EI}$

③ $\dfrac{ML}{6EI}$ ④ $\dfrac{3ML}{4EI}$

정답 07 ① 08 ④ 09 ④

10 그림과 같은 트러스 구조물에서 B점에서 10kN의 수직 하중을 받으면 BC에 작용하는 힘은 몇 kN인가?

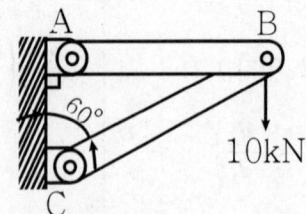

① 20
② 17.32
③ 10
④ 8.66

10.
$$\frac{10}{\sin 30} = \frac{F}{\sin 270}$$
$$F = 10 \times \frac{\sin 270}{\sin 30} = -20\,kN$$

11 그림과 같이 길고 얇은 평판이 평면 변형률 상태로 σ_x를 받고 있을 때, ε_x는?

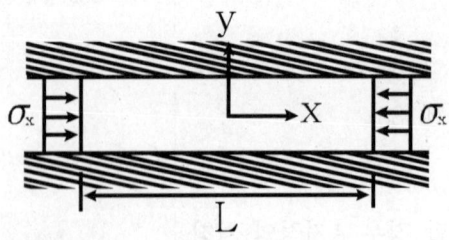

① $\varepsilon_x = \dfrac{1-\nu}{E}\sigma_x$

② $\varepsilon_x = \dfrac{1+\nu}{E}\sigma_x$

③ $\varepsilon_x = \left(\dfrac{1-\nu^2}{E}\right)\sigma_x$

④ $\varepsilon_x = \left(\dfrac{1+\nu^2}{E}\right)\sigma_x$

11.
조건에서
$\varepsilon_y = 0$
$\varepsilon_x = \dfrac{1}{E}(\sigma_x - \mu\sigma_y)$
$\varepsilon_y = \dfrac{1}{E}(\sigma_y - \mu\sigma_x)$
$\sigma_y = E\varepsilon_y + \mu\sigma_x$ 에서
$\varepsilon_x = \dfrac{1}{E}(\sigma_x - \mu(E\varepsilon_y + \mu\varepsilon_y))$
$\sigma_x = \dfrac{E}{1-\mu^2}(\varepsilon_x + \mu\varepsilon_y)$
$\varepsilon_y = 0$ 이므로
$\varepsilon_x = \dfrac{(1-\mu^2)}{E}\sigma_x$

정답 10 ① 11 ③

12 그림과 같은 빗금 친 단면을 갖는 중공축이 있다. 이 단면의 O점에 관한 극단면 2차모멘트는?

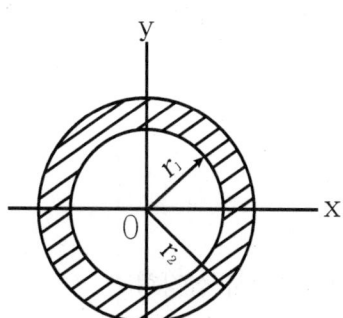

① $\pi(r_2^4 - r_1^4)$
② $\dfrac{\pi}{2}(r_2^4 - r_1^4)$
③ $\dfrac{\pi}{4}(r_2^4 - r_1^4)$
④ $\dfrac{\pi}{16}(r_2^4 - r_1^4)$

12.
$I_P = \dfrac{\pi(d_2^4 - d_1^4)}{32} = \dfrac{\pi(r_2^4 - r_1^4)}{2}$

13 외팔보의 자유단에 연직 방향으로 10kN의 집중 하중이 작용하면 고정단에 생기는 굽힘응력은 약 몇 MPa인가?
(단, 단면(폭 x 높이) b x h=10 cm x 15 cm, 길이 1.5 m 이다.)

① 0.9
② 5.3
③ 40
④ 100

13.
$\sigma = \dfrac{M}{Z} = \dfrac{6Pl}{bh^2} = \dfrac{6 \times 10 \times 10^3 \times 1500}{100 \times 150^2}$
$= 40 \text{N/mm}^2 [\text{MPa}]$

14 지름 300 mm의 단면을 가진 속이 찬 원형보가 굽힘을 받아 최대 굽힘 응력이 100 MPa이 되었다. 이 단면에 작용한 굽힘 모멘트는 약 몇 kN·m인가?

① 265
② 315
③ 360
④ 425

14.
$M = \sigma \cdot Z = \sigma \cdot \dfrac{\pi d^3}{32}$
$= 100 \times \dfrac{\pi \times 300^3}{32} \times 10^{-6}$
$= 265.07 \, kN \cdot m$

정답 12 ② 13 ③ 14 ①

15 원형 봉에 축방향 인장하중 P=88 kN이 작용할 때 직경의 감소량은 약 몇 mm인가?
(단, 봉의 길이 L=2 m, 직경 d=40 mm, 세로탄성계수는 70 GPa, 포아송비 μ=0.3이다.)

① 0.006 ② 0.012
③ 0.018 ④ 0.036

15.
$\delta' = \dfrac{\mu d \sigma}{E} = \dfrac{\mu d 4P}{E\pi d^2}$
$= \dfrac{4\mu P}{E\pi d}$
$= \dfrac{4 \times 0.3 \times 88 \times 10^3}{70 \times 10^9 \times \pi \times 0.04} \times 10^3$
$= 0.012\,\text{mm}$

16 전체 길이가 L이고, 일단 지지 및 타단 고정보에서 삼각형 분포 하중이 작용할 때, 지지점 A에서의 반력은? (단, 보의 굽힘강성 EI는 일정하다.)

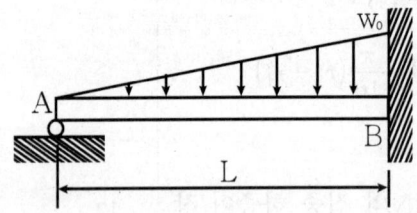

① $\dfrac{1}{2}w_0 L$ ② $\dfrac{1}{3}w_0 L$
③ $\dfrac{1}{5}w_0 L$ ④ $\dfrac{1}{10}w_0 L$

17 지름 D인 두께가 얇은 링(ring)을 수평면 내에서 회전 시킬 때, 링에 생기는 인장응력을 나타내는 식은?
(단, 링의 단위 길이에 대한 무게를 W, 링의 원주속도를 V, 링의 단면적을 A, 중력가속도를 g로 한다.)

① $\dfrac{WV^2}{DAg}$ ② $\dfrac{WDV^2}{Ag}$
③ $\dfrac{WV^2}{Ag}$ ④ $\dfrac{WV^2}{Dg}$

17.
$\sigma = \dfrac{rV^2}{g} = \dfrac{WV^2}{Ag}$

정답 15 ② 16 ④ 17 ③

18 단면적이 4 cm^2인 강봉에 그림과 같은 하중이 작용하고 있다. W=60 kN, P=25 kN, ℓ=20 cm일 때 BC 부분의 변형률 ε은 약 얼마인가?
(단, 세로탄성계수는 200 GPa이다.)

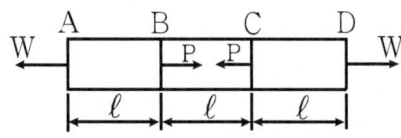

① 0.00043　　② 0.0043
③ 0.043　　　④ 0.43

18.
$\varepsilon_{BC} = \dfrac{(W-P)}{AE}$
$= \dfrac{(60-25)\times 10^3}{4\times 10^{-4}\times 200\times 10^9}$
$= 4.375\times 10^{-4}$

19 오일러 공식이 세장비 $\dfrac{l}{k} > 100$에 대해 성립한다고 할 때, 양단이 힌지인 원형단면 기둥에서 오일러 공식이 성립하기 위한 길이 "l"과 지름 "d"와의 관계가 옳은 것은?
(단, 단면의 회전반경을 k라 한다.)

① $l > 4d$　　② $l > 25d$
③ $l > 50d$　　④ $l > 100d$

19.
$\dfrac{l}{k} = \dfrac{l}{\sqrt{\dfrac{I}{A}}} = \dfrac{4l}{d} > 100$
$l > 25d$

20 그림과 같은 단면을 가진 외팔보가 있다. 그 단면의 자유단에 전단력 V=40 kN이 발생한다면 단면 a-b 위에 발생하는 전단응력은 약 몇 MPa인가

① 4.57
② 4.88
③ 3.87
④ 3.14

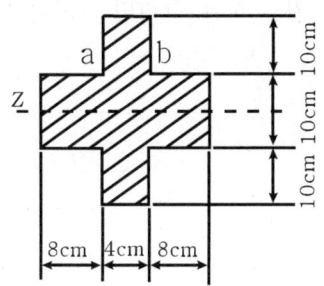

20.
$I = \dfrac{4\times 30^3}{12} + \dfrac{8\times 10^3}{12}\times 2 = 10333\,\text{cm}^4$
$Q = 4\times 10\times 10 = 400$

$\tau = \dfrac{VQ}{Ib} = \dfrac{40\times 10^3\times 400}{10333\times 4}$

$= 387.1\,\text{N/cm}^2$
$= 3.871\,\text{N/mm}^2\,[\text{MPa}]$

정답　18 ①　19 ②　20 ③

2과목: 기계열역학

21 압력 1000 kPa, 온도 300℃ 상태의 수증기 (엔탈피 3051.15 kJ/kg, 엔트로피 7.1228 kJ/kg·K)가 증기터빈으로 들어가서 100 kPa 상태로 나온다. 터빈의 출력 일이 370 kJ/kg 일 때 터빈의 효율(%)은?

수증기의 포화 상태표			
(압력 100 kPa / 온도 99.62℃)			
엔탈피(kJ/kg)		엔트로피(kJ/kg·K)	
포화 액체	포화 증기	포화 액체	포화 증기
417.44	2675.46	1.3025	7.3593

① 15.6
② 33.2
③ 66.8
④ 79.8

21.
7.1228
=1.3025+y(7.3593−1.3025)
y = 0.961

h
=417.44+0.961 (2675.46−417.44)
=2587.4

$\eta = \dfrac{370}{3051.15 - 2587.4} = 0.7978$

22 열역학 제 2 법칙에 대한 설명으로 틀린 것은?

① 효율이 100%인 열기관은 얻을 수 없다.
② 제 2종의 영구 기관은 작동 물질의 종류에 따라 가능하다.
③ 열은 스스로 저온의 물질에서 고온의 물질로 이동하지 않는다.
④ 열기관에서 작동 물질이 일을 하게 하려면 그보다 더 저온인 물질이 필요하다.

22.
열역학 제2법칙을 위배하는 기관을 제2종영구기관으로 하며 존재하지 않는다.

정답 21 ④ 22 ②

23 300 L 체적의 진공인 탱크가 25 ℃, 6 MPa의 공기를 공급하는 관에 연결된다. 밸브를 열어 탱크 안의 공기 압력이 5 MPa이 될 때까지 공기를 채우고 밸브를 닫았다. 이 과정이 단열이고 운동에너지와 위치에너지의 변화를 무시한다면 탱크 안의 공기의 온도(℃)는 얼마가 되는가?
(단, 공기의 비열비는 1.4이다.)

① 1.5 ② 25.0
③ 84.4 ④ 144.2

23.
$T_2 = kT_1 = 1.4 \times (25 + 273)$
$= 417.2 K = 144.2 ℃$

24 단열된 가스터빈의 입구 측에서 압력 2 MPa, 온도 1200 K인 가스가 유입되어 출구 측에서 압력 100 kPa, 온도 600 K로 유출된다. 5 MW의 출력을 얻기 위해 가스의 질량유량(kg/s)은 얼마이어야 하는가?
(단, 터빈의 효율은 100%이고, 가스의 정압비열은 1.12kJ/(kg·K)이다.)

① 6.44 ② 7.44
③ 8.44 ④ 9.44

24.
$m = \dfrac{W}{C_P(T_2 - T_1)}$
$= \dfrac{5 \times 10^3}{1.12 \times (1200 - 600)}$
$= 7.44 \, kg/s$

25 공기 10 kg이 압력 200 kPa, 체적 5 m³인 상태에서 압력 400 kPa, 온도 300 ℃인 상태로 변한 경우 최종 체적(m³)은 얼마인가?
(단, 공기의 기체상수는 0.287 kJ/kg·K이다.)

① 10.7 ② 8.3
③ 6.8 ④ 4.1

25.
$T_1 = \dfrac{P_1 V_1}{mR} = 348.43 k$
$V_2 = \dfrac{P_1 V_1 T_2}{T_1 P_2}$
$= \dfrac{200 \times 5 \times (300 + 273)}{348.43 \times 400}$
$= 4.11$

정답 23 ④ 24 ② 25 ④

26 이상적인 냉동사이클에서 응축기 온도가 30 ℃, 증발기 온도가 -10 ℃일 때 성적 계수는?

① 4.6
② 5.2
③ 6.6
④ 7.5

26.
$(COP)_R = \dfrac{-10+273}{30+10} = 6.575$

27 초기 압력 100 kPa, 초기 체적 0.1 m³인 기체를 버너로 가열하여 기체 체적이 정압과정으로 0.5 m³이 되었다면 이 과정 동안 시스템이 외부에 한 일(kJ)은?

① 10
② 20
③ 30
④ 40

27.
$W = P(V_2 - V_1)$
$= 100 \times (0.5 - 0.1)$
$= 40\,kJ$

28 랭킨사이클에서 보일러 입구 엔탈피 192.5 kJ/kg, 터빈 입구 엔탈피 3002.5 kJ/kg, 응축기 입구 엔탈피 2361.8 kJ/kg일 때 열효율(%)은? (단. 펌프의 동력은 무시한다.)

① 20.3
② 22.8
③ 25.7
④ 29.5

28.
$\eta = \dfrac{3002.5 - 2361.8}{3002.5 - 192.5} \times 100 = 22.8\%$

29 준평형 정적과정을 거치는 시스템에 대한 열 전달량은? (단. 운동에너지와 위치에너지의 변화는 무시한다.)

① 0 이다.
② 이루어진 일량과 같다.
③ 엔탈피 변화량과 같다.
④ 내부에너지 변화량과 같다.

29.
$Q_V = \triangle U = mC_V(T_2 - T_1)$

정답 26 ③ 27 ④ 28 ② 29 ④

30 1 kW의 전기히터를 이용하여 101 kPa, 15 ℃의 공기로 차 있는 100m³의 공간을 난방하려고 한다. 이 공간은 견고하고 밀폐되어 있으며 단열되어 있다. 히터를 10분 동안 작동시킨 경우, 이 공간의 최종온도(℃)는?
(단, 공기의 정적비열은 0.718 kJ/kg·K이고, 기체상수는 0.287 kJ/kg·K이다.)

① 18.1   ② 21.8
③ 25.3   ④ 29.4

30.
$$m = \frac{PV}{RT} = \frac{101 \times 100}{0.287 \times (15+273)}$$
$$= 122.193$$
$$T_2 = \frac{Q}{mc} = T_1$$
$$= \frac{1 \times 10 \times 60}{122.193 \times 0.718} + (15+273)$$
$$= 294.84 \text{K} = 21.8 \text{℃}$$

31 펌프를 사용하여 150 kPa, 26 ℃의 물을 가역단열과정으로 650 kPa까지 변화시킨 경우, 펌프의 일(kJ/kg)은?
(단, 26 ℃의 포화액의 비체적은 0.001 m³/kg이다.)

① 0.4   ② 0.5
③ 0.6   ④ 0.7

31.
$$W = V(P_2 - P_1)$$
$$= 0.001 \times (650-150)$$
$$= 0.5 \text{kJ/kg}$$

32 열역학적 관점에서 다음 장치들에 대한 설명으로 옳은 것은?

① 노즐은 유체를 서서히 낮은 압력으로 팽창하여 속도를 감속시키는 기구이다.
② 디퓨저는 저속의 유체를 가속하는 기구이며 그 결과 유체의 압력이 증가한다.
③ 터빈은 작동유체의 압력을 이용하여 열을 생성하는 회전식 기계이다.
④ 압축기의 목적은 외부에서 유입된 동력을 이용하여 유체의 압력을 높이는 것이다.

정답 30 ② 31 ② 32 ④

33 피스톤-실린더 장치에 들어있는 100 kPa, 27℃의 공기가 600 kPa까지 가역단열과정으로 압축된다. 비열비가 1.4로 일정하다면 이 과정 동안에 공기가 받은 일(kJ/kg)은?
(단, 공기의 기체상수는 0.287 kJ/(kg·K)이다.)

① 263.6
② 171.8
③ 143.5
④ 116.9

34 다음 중 가장 큰 에너지는?

① 100kW 출력의 엔진이 이 10시간 동안 한 일
② 발열량 10000 kJ/kg의 연료를 100 kg 연소시켜 나오는 열량
③ 대기압 하에서 10℃ 물 10 m³를 90 ℃로 가열하는데 필요한 열량 (단, 물의 비열은 4.2 kJ/(kg·K)이다.)
④ 시속 100 km로 주행하는 총 질량 2000 kg인 자동차의 운동에너지

34.
① $100 \times 3600 \times 10 = 3,600.000 \, kJ$
② $10000 \times 100 = 1,000,000 \, kJ$
③ $10 \times 1000 \times 4.2 \times (90-10)$
$= 3360.000 \, kJ$
④ $\dfrac{mV^2}{2}$
$= \dfrac{2000}{2 \times 1000} \times \left(\dfrac{100 \times 1000}{3600}\right)^2$
$= 771.6 \, kJ$

35 이상기체 1 kg을 300 K, 100 kPa에서 500 K까지 "PVⁿ = 일정"의 과정(n=1.2)을 따라 변화시켰다. 이 기체의 엔트로피 변화량(kJ/K)은?
(단, 기체의 비열비는 1.3, 기체상수는 0.287 kJ/(kg·K)이다.)

① -0.244
② -0.287
③ -0.344
④ -0.373

35.
$C_V = \dfrac{R}{n-1} = \dfrac{0.287}{1.3-1} = 0.957$
$\Delta S = mC_V \dfrac{n-K}{n-1} \ln \dfrac{T_2}{T_1}$
$= 1 \times 0.957 \dfrac{1.2-1.3}{1.2-1} \ln \dfrac{500}{300}$
$= -0.244 \, kJ/k$

정답 33 ③ 34 ① 35 ①

36 실린더 내의 공기가 100 kPa, 20 ℃ 상태에서 300 kPa이 될 때까지 가역단열 과정으로 압축된다. 이 과정에서 실린더 내의 계에서 엔트로피의 변화(kJ/(kg·K))는?
(단, 공기의 비열비(k)는 1.4이다.)

① -1.35
② 0
③ 1.35
④ 13.5

36.
가역단열과정은 등엔트로피과정으로 엔트로피 변화는 0이다.

37 다음은 시스템(계)과 경계에 대한 설명이다. 옳은 내용을 모두 고른 것은?

가. 검사하기 위하여 선택한 물질의 양이나 공간 내의 영역을 시스템(계)이라 한다.
나. 밀폐계는 일정한 양의 체적으로 구성된다.
다. 고립계의 경계를 통한 에너지 출입은 불가능하다.
라. 경계는 두께가 없으므로 체적을 차지하지 않는다.

① 가, 다
② 나, 라
③ 가, 다, 라
④ 가, 나, 다, 라

37.
밀폐계는 계내의 물질(작동물질)이 계 밖으로 나가지 못하는 계이다.

38 용기 안에 있는 유체의 초기 내부에너지는 700 kJ이다. 냉각과정 동안 250 kJ의 열을 잃고, 용기 내에 설치된 회전날개로 유체에 100 kJ의 일을 한다. 최종상태의 유체의 내부에너지(kJ)는 얼마인가?

① 350
② 450
③ 550
④ 650

38.
$U_2 - 700 = Q - W$
$U_2 = Q - W + 700$
$\quad = -250 + 100 + 700$
$\quad = 550$

정답 36 ② 37 ③ 38 ③

39 보일러에 온도 40℃ . 엔탈피 167 kJ/kg인 물이 공급되어 온도 350 ℃, 엔탈피 3115 kJ/kg인 수증기가 발생한다. 입구와 출구에서의 유속은 각각 5 m/s, 50 m/s이고, 공급되는 물의 양 2000 kg/h일 때, 보일러에 공급해야 할 열량(kW)은?
(단, 위치에너지 변화는 무시한다.)

① 631 ② 832
③ 1237 ④ 1638

39.
$$Q = m(h_2 - h_1) + \frac{m(V_2^2 - V_1^2)}{2 \times 1000}$$
$$= \frac{2000}{36000}(3115 - 167)$$
$$+ \frac{2000}{3000} \frac{(50^2 - 5^2)}{2 \times 1000}$$
$$= 1638.47 \, kW$$

40 그림과 같은 공기표준 브레이튼(Brayton) 사이클에서 작동유체 1 kg당 터빈 일(kJ/kg)은?
(단, T_1=300 K, T_2=475.1 K, T_3=1100 K, T_4=694.5 K이고, 공기의 정압비열과 정적비열은 각각 1.0035 kJ/(kg·K), 0.7165kJ/(kg·K)이다.)

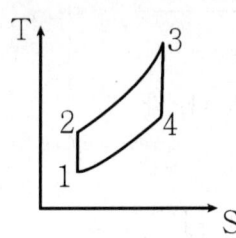

① 290 ② 407
③ 448 ④ 627

■■ **40 해설**

$$K = \frac{1.0035}{0.7165} = 1.4$$
$$W = \frac{KmR(T_3 - T_4)}{K-1} = \frac{1.4 \times 1 \times (1.0035 - 0.7165)(1100 - 694.5)}{1.4 - 1} = 407.32$$

정답 39 ④ 40 ②

3과목: 기계유체역학

41 모세관을 이용한 점도계에서 원형관 내의 유동은 비압축성 뉴턴 유체의 층류유동으로 가정할 수 있다. 원형관의 입구 측과 출구 측의 압력차를 2배로 늘렸을 때, 동일한 유체의 유량은 몇 배가 되는가?

① 2배　　　② 4배
③ 8배　　　④ 16배

41.
모세관식 점도계는 하겐포아제식을 이용한다.
$Q = \dfrac{\Delta P \pi d^4}{128 \mu l}$ 이므로
압력차가 2배이면 유량도 2배이다.

42 지름이 10 cm인 원통에 물이 담겨져 있다. 수직인 중심축에 대하여 300 rpm의 속도로 원통을 회전시킬 때 수면의 최고점과 최저점의 수직 높이차는 약 몇 cm인가?

① 0.126　　② 4.2
③ 8.4　　　④ 12.6

42.
$H = \dfrac{V^2}{2g}$
$= \dfrac{1}{2 \times 9.8}\left(\dfrac{\pi \times 10 \times 300}{60 \times 100}\right)^2 \times 100$
$= 12.59\,cm$

43 그림과 같이 비중이 1.3인 유체 위에 깊이 1.1m로 물이 채워져 있을 때, 직경 5cm의 탱크 출구로 나오는 유체의 평균 속도는 약 몇 m/s인가?
(단, 탱크의 크기는 충분히 크고 마찰손실은 무시한다.)

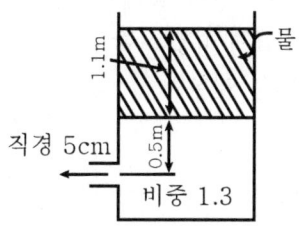

① 3.9　　　② 5.1
③ 7.2　　　④ 7.7

43.
$V = \sqrt{2g \Delta h}$
$= \sqrt{2 \times 9.8 \times (1.1 + 1.3 \times 0.5)}$
$= 5.857\,m/s$

정답　41 ①　42 ④　43 ②

44 다음 유체역학적 양 중 질량차원을 포함하지 않는 양은 어느 것인가? (단, MLT 기본차원을 기준으로 한다.)

① 압력 ② 동점성계수
③ 모멘트 ④ 점성계수

44.
동점성 계수의 단위는 m^2/s이다.

45 그림과 같이 오일이 흐르는 수평관 사이로 두 지점의 압력차 $p_1 - p_2$를 측정하기 위하여 오리피스와 수은을 넣어 U자관을 설치하였다. $p_1 - p_2$로 옳은 것은?
(단, 오일의 비중량은 γ_{oil}이며, 수은의 비중량은 γ_{Hg}이다.)

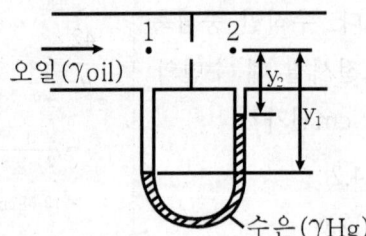

① $(y_1 - y_2)(\gamma_{Hg} - \gamma_{oil})$
② $y_2(\gamma_{Hg} - \gamma_{oil})$
③ $y_1(\gamma_{Hg} - \gamma_{oil})$
④ $(y_1 - y_2)(\gamma_{oil} - \gamma_{Hg})$

45.
$P_1 + r_{oil}y_1 = P_2 + r_{oil}y_2 + r_{Hg}(y_1 - y_2)$
$P_1 - P_2 = r_{oil}(y_2 - y_1) + r_{Hg}(y_1 - y_2)$
$P_1 - P_2 = -r_{oil}(y_1 - y_2) + r_{Hg}(y_1 - y_2)$
$= (y_1 - y_2)(r_{Hg} - r_{oil})$

46 속도 포텐셜 $\phi = K\theta$인 와류 유동이 있다. 중심에서 반지름 r인 원주에 따른 순환(circulation) 식으로 옳은 것은?
(단, K는 상수이다.)

① 0 ② K
③ πK ④ $2\pi K$

정답 44 ② 45 ① 46 ④

47 그림과 같이 평행한 두 원판 사이에 점성계수 μ=0.2 N·s/m² 인 유체가 채워져 있다. 아래 판은 정지되어 있고 윗 판은 1800 rpm으로 회전할 때 작용하는 돌림힘은 몇 N·m인가?

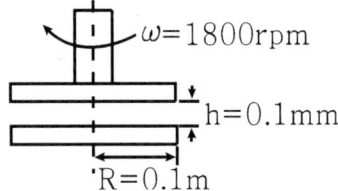

① 9.4
② 38.3
③ 46.3
④ 59.2

48 피에조미터관에 대한 설명으로 틀린 것은?
① 계기유체가 필요 없다.
② U자관에 비해 구조가 단순하다
③ 기체의 압력 측정에 사용할 수 있다.
④ 대기압 이상의 압력 측정에 사용할 수 있다.

48.
피에조미터(Piezometer)는 흐르는 물의 정수압을 재는 기구로 측벽과 같은 측정지점에 작은 구멍을 만들고 파이프를 연결하여 수은주나 수주 압력계 또는 다른 압력을 재는 기구에 연결하여 측정하는 것이다. 기체의 압력은 주로 유자관을 사용하여 측정한다.

49 밀도가 0.84 kg/m³이고 압력이 87.6 kPa인 이상기체가 있다. 이 이상기체의 절대온도를 2배 증가 시킬 때, 이 기체에서의 음속은 약 몇 m/s인가? (단, 비열비는 1.4이다.)
① 380
② 340
③ 540
④ 720

49.
$\frac{p}{\rho}=RT$에서 $T=\frac{P}{R\rho}$ 절대온도가 2배 증가시 밀도는 $\frac{1}{2}$이다.
$c=\sqrt{KRT}=\sqrt{K\frac{2P}{\rho T}\cdot T}=\sqrt{K\frac{2P}{\rho}}$
$=\sqrt{1.4\times\frac{2\times 87.6\times 10^3}{0.84}}$
$=540.37\,\text{m/s}$

정답 47 ④ 48 ③ 49 ③

50 평판 위에 점성, 비압축성 유체가 흐르고 있다. 경계층 두께 δ에 대하여 유체의 속도 v의 분포는 아래와 같다. 이때, 경계층 운동량 두께에 대한 식으로 옳은 것은?
(단, U는 상류속도, y는 판판가의 수직거리이다.)

$$0 \leq y \leq \delta \ : \ \frac{v}{U} = \frac{2y}{\delta} - \left(\frac{y}{\delta}\right)^2$$
$$y > \delta \ : \ v = U$$

① 0.1δ ② 0.125δ
③ 0.133δ ④ 0.166δ

50 해설

$$\delta = \int_0^\delta \frac{u}{U}\left(1 - \frac{u}{U}\right) dy = \int_0^\delta \left(\frac{2y}{\delta} - \left(\frac{y}{\delta}\right)^2\right)\left(1 - \left[\frac{2y}{\delta} - \left(\frac{y}{\delta}\right)^2\right]\right) dy$$
$$= 0.133\,\delta$$

51 그림과 같이 폭이 2m인 수문 ABC가 A점에서 힌지로 연결되어 있다. 그림과 같이 수문이 고정될 때 수평인 케이블 CD에 걸리는 장력은 약 몇 kN인가?
(단, 수문의 무게는 무시한다.)

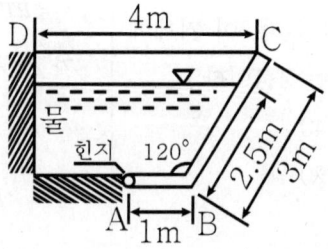

① 38.3   ② 35.4
③ 25.2   ④ 22.9

51.
$F_1 = \gamma hcA$
$\quad = 9.8 \times 2.5 \sin 60 \times 1 \times 2$
$\quad = 42.435\,kN$
$F_2 = 9.8 \times \dfrac{2.5}{2} sin60 \times 2 \times 2.5 = 53$
$y_P = y_c + \dfrac{I_G}{Ay_c}$

$\quad = \dfrac{2.5}{2} + \dfrac{2 \times 2.5^3}{2.5 \times 2 \times \dfrac{2.5}{2} \times 12}$

$\quad = 1.667$
$2.5 - 1.667 = 0.833$
$M = 42.435 \times \dfrac{1}{2}$
$\quad + 53\cos60 \times (1 + 0.833\cos60)$
$\quad + 53\sin60 \times 0.833\sin60 = 91.8665$

$F_{CD} = \dfrac{91.8665}{3 \times \sin60} = 35.359$

정답 50 ③ 51 ②

52 지름 100 mm 관에 글리세린이 9.42 L/min의 유량으로 흐른다. 이 유동은?

(단, 글리세린의 비중은 1.26, 점성계수는 μ=2.9x10⁻⁴ kg/m·s이다.)

① 난류유동　　② 층류유동
③ 천이유동　　④ 경계층유동

52.
$V = \dfrac{4Q}{\pi d^2} = \dfrac{4 \times 9.42 \times 10^{-3}}{\pi \times 0.1^2 \times 60} = 0.02 \, \text{m/s}$

$Re = \dfrac{\rho v d}{\mu}$
$= \dfrac{1000 \times 1.26 \times 0.02 \times 0.1}{2.9 \times 10^{-4}}$
$= 8689.66$

Re가 4000이상이므로 난류유동이다.

53 그림과 같이 날카로운 사각 모서리 입출구를 갖는 관로에서 전수두 H는?

(단, 관의 길이를 l, 지름은 d, 관 마찰계수는 f, 속도수두는 $\dfrac{V^2}{2g}$이고, 입구 손실계수는 0.5, 출구 손실계수는 1.0이다.)

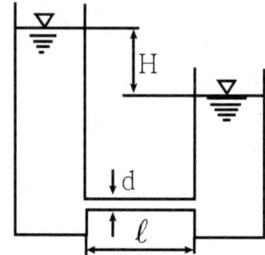

① $H = \left(1.5 + f\dfrac{l}{d}\right)\dfrac{V^2}{2g}$

② $H = \left(1 + f\dfrac{l}{d}\right)\dfrac{V^2}{2g}$

③ $H = \left(0.5 + f\dfrac{l}{d}\right)\dfrac{V^2}{2g}$

④ $H = f\dfrac{l}{d}\dfrac{V^2}{2g}$

53.
$H = (1+0.5) \cdot \dfrac{V^2}{2g} + f\dfrac{l}{d}\dfrac{V^2}{2g}$
$= \left(1.5 + f\dfrac{l}{d}\right)\dfrac{V^2}{2g}$

정답　52 ①　53 ①

54 현의 길이가 7m인 날개의 속력이 500 km/h로 비행할 때 이 날개가 받는 양력이 4200 kN이라고 하면 날개의 폭은 약 몇 m인가?
(단, 양력계수 C_L=1, 항력계수 C_D=0.02, 밀도 ρ=1.2 kg/m³이다.)

① 51.84　　② 63.17
③ 70.99　　④ 82.36

54.
$V = \dfrac{500 \times 10^3}{3600} = 138.9 \, \text{m/s}$

$b = \dfrac{2L}{C_L \rho v^2 l}$

$= \dfrac{2 \times 4200 \times 10^3}{1 \times 1.2 \times 138.9^2 \times 7}$

$= 51.83 \, \text{m}$

55 그림과 같이 물이 유량 Q로 저수조로 들어가고, 속도 $V = \sqrt{2gh}$로 저수조 바닥에 있는 면적 A_2의 구멍을 통하여 나간다. 저수조 수면 높이가 변화하는 속도 $\dfrac{dh}{dt}$는?

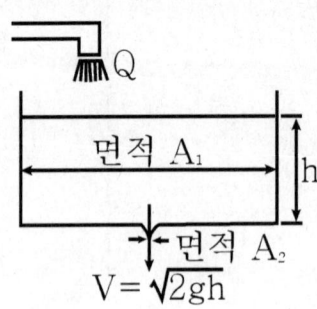

① $\dfrac{Q}{A_2}$　　② $\dfrac{A_2\sqrt{2gh}}{A_1}$

③ $\dfrac{Q - A_2\sqrt{2gh}}{A_2}$　　④ $\dfrac{Q - A_2\sqrt{2gh}}{A_1}$

55.
분출유량 = $A_2\sqrt{2gh}$

정 답　54 ①　55 ④

56 그림과 같이 속도가 V인 유체가 속도 U로 움직이는 곡면에 부딪혀 90°의 각도로 유동방향이 바뀐다. 다음 중 유체가 곡면에 가하는 힘의 수평방향 성분의 크기가 가장 큰 것은? (단, 유체의 유동단면적은 일정하다.)

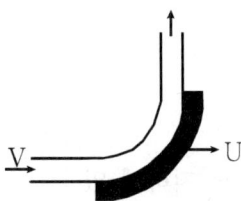

① V=10 m/s, U=5 m/s
② V=20 m/s, U=15 m/s
③ V=10 m/s, U=4 m/s
④ V=25 m/s, U=20 m/s

56.
$F_x = \rho A(v-u)^2(1-\cos 90°)$
$\quad = \rho A(v-u)^2$
$v-u$가 가장 큰 값이 F_x가 가장 크다.

57 담배연기가 비정상 유동으로 흐를 때 순간적으로 눈에 보이는 담배연기는 다음 중 어떤것에 해당하는가?

① 유맥선
② 유적선
③ 유선
④ 유선, 유적선, 유맥선 모두에 해당됨

57.
순간적인 흐름은 유맥선이다.

58 중력가속도 g, 체적유량 Q, 길이 L로 얻을 수 있는 무차원 수는?

① $\dfrac{Q}{\sqrt{gL}}$ ② $\dfrac{Q}{\sqrt{gL^3}}$

③ $\dfrac{Q}{\sqrt{gL^5}}$ ④ $Q\sqrt{gL^3}$

58.
$Q=\sqrt{gL^5}$과 차원이 같다.

정답 56 ③ 57 ① 58 ③

59 길이 150 m인 배를 길이 10m 모형으로 조파 저항에 관한 실험을 하고자 한다. 실형의 배가 70 km/h로 움직인다면, 실형과 모형 사이의 역학적 상사를 만족하기 위한 모형의 속도는 몇 km/h인가?

① 271　　　　② 56
③ 18　　　　　④ 10

59.
$$V = \sqrt{\frac{70^2 \times 10}{150}} = 18$$

60 관로의 전 손실수두가 10 m인 펌프로부터 21 m 지하에 있는 물을 지상 25 m의 송출액면에 10 m³/min의 유량으로 수송할 때 축동력이 124.5 kW이다. 이 펌프의 효율은 약 얼마인가?

① 0.70　　　　② 0.73
③ 0.76　　　　④ 0.80

60.
$$\frac{\gamma QH}{124.5} = \frac{9.8 \times 10 \times (21+25+10)}{124.5 \times 60}$$
$$= 0.735$$

4과목: 유체기계 및 유압기기

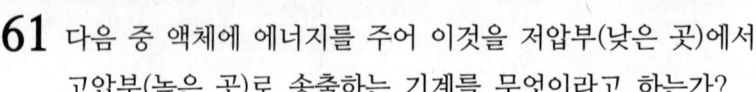

61 다음 중 액체에 에너지를 주어 이것을 저압부(낮은 곳)에서 고압부(높은 곳)로 송출하는 기계를 무엇이라고 하는가?

① 수차　　　　② 펌프
③ 송풍기　　　④ 컨데이어

62 원심펌프의 송출유량이 0.7m³/min이고, 관로의 손실수두가 7m이었다. 이 펌프로 펌프중심에서 1m 아래에 있는 저수조에서 물을 흡입하여 26m의 높이에 있는 송출 탱크 면으로 양수하려고 할 때 이 펌프의 수동력(kW)은?

① 3.9　　　　② 5.1
③ 7.4　　　　④ 9.6

62.
$$kW = \gamma QH$$
$$= 9.8 \times \frac{0.7}{60} \times (26+1+7)$$
$$= 3.89$$

정답　59 ③　60 ②　61 ②　62 ①

63 풍차에 관한 설명으로 틀린 것은?

① 후단의 방향날개로서 풍차축의 방향조정을 하는 형식을 미국형 풍차라고 한다.
② 보조풍차가 회전하기 시작하여 터빈축의 방향을 바람의 방향에 맞추는 형식을 유럽형 풍차라고 한다.
③ 바람의 방향이 바뀌어도 회전수를 일정하게 유지하기 위해서는 깃 각도를 조절하는 방식이 유용하다.
④ 풍속을 일정하게 하여 회전수를 줄이면 바람에 대한 영각이 감소하여 흡수동력이 감소한다.

63.
풍속을 일정하게 하여 바람에 대한 영각이 감소시키면 회전수가 감소되며 흡수동력이 증가한다.

64 터보형 유체 전동장치의 장점으로 틀린 것은?

① 구조가 비교적 간단하다.
② 기계를 시동할 때 원동기에 무리가 생기지 않는다.
③ 부하토크의 변동에 따라 자동적으로 변속이 이루어진다.
④ 출력축의 양방향 회전이 가능하다.

64.
터보형 유체 전동장치는 대동력용 으로 회전하는 깃(vane)에 의하여 연속적으로 에너지의 전환이 이루어지는 유체전동장치로서 원심식, 사류식, 축류식으로 구분하며 역전은 불가능하다.

65 유효 낙차를 H(m), 유량을 Q(m³/s), 물의 비중량을 γ (kg/m³)라고 할 때 수차의 이론출력 Lth(kW)을 나타내는 식으로 옳은 것은?

① $L_{th} = \dfrac{\gamma QH}{75}$ ② $L_{th} = \dfrac{\gamma QH}{102}$

③ $L_{th} = \gamma QH$ ④ $L_{th} = 102\gamma QH$

66 펌프계에서 발생할 수 있는 수격작용(water hammer)의 방지대책으로 틀린 것은?

① 토출배관은 가능한 적은 구경을 사용한다.
② 펌프에 플라이휠을 설치한다.
③ 펌프가 급정지 하지 않도록 한다.
④ 토출 관로에 서지탱크 또는 서지밸브를 설치한다.

66.
토출배관은 가능한 큰 구경을 사용하여 유체의 속도를 감소시킨다.

정답 63 ④ 64 ④ 65 ② 66 ①

67 펠톤 수차의 니들밸브가 주로 조절하는 것은 무엇인가?
① 노즐에서의 분류 속도 ② 분류의 방향
③ 유량 ④ 버킷의 각도

67.
니들밸브는 유량 조절 밸브이다.

68 베인 펌프의 장점으로 틀린 것은?
① 송출 압력의 맥동이 거의 없다.
② 깃의 마모에 의한 압력 저하가 일어나지 않는다.
③ 펌프의 유동력에 비하여 형상치수가 크다.
④ 구성 부품 수가 적고 단순한 형상을 하고 있으므로 고장이 적다.

68.
답이 2개입니다.

69 펌프를 회전차의 형상에 따라 분류할 때, 다음 펌프의 분류가 다른 하나는?
① 피스톤 펌프 ② 플런저 펌프
③ 베인 펌프 ④ 사류 펌프

69.
사류펌프는 터보형 유체 전동장치의종류로서 비용적형 펌프이다.

70 프란시스 수차에서 스파이럴(spiral)형에 속하지 않는 것은?
① 횡축 단륜 단사 수차
② 횡축 단륜 복사 수차
③ 입축 단륜 단사 수차
④ 압축 이륜 단류 수차

71 유체 토크 컨버터의 주요 구성 요소가 아닌 것은?
① 펌프 ② 터빈
③ 스테이터 ④ 릴리프 밸브

71.
릴리프 밸브는 안전밸브로서 유압펌프에서 작동유의 압력이 규정압력보다 높아지는 경우에 유압기기에 무리가 따르는데 이것을 보호하기 위하여 유압회로 내의 압력을 설정된 압력 이하로 제한시켜주는 밸브이다.

정답 67 ③ 68 ③ 69 ④ 70 ④ 71 ④

72 미터 아웃 회로에 대한 설명으로 틀린 것은?

① 피스톤 속도를 제어하는 회로이다.
② 유량 제어 밸브를 실린더의 입구측에 설치한 회로이다.
③ 기본형은 부하변동이 심한 공작기계의 이송에 사용된다.
④ 실린더에 배압이 걸리므로 끌어당기는 하중이 작용해도 작동 할 염려가 없다.

73 압력 제어 밸브의 종류가 아닌 것은?

① 체크 밸브
② 감압 밸브
③ 릴리프 밸브
④ 카운터 밸런스 밸브

74 유압유의 구비조건으로 적절하지 않은 것은?

① 압축성이어야 한다.
② 점도 지수가 커야한다.
③ 열을 방출시킬 수 있어야 한다.
④ 기름중의 공기를 분리시킬 수 있어야 한다.

75 유압 장치의 특징으로 적절하지 않은 것은?

① 원격 제어가 가능하다.
② 소형 장치로 큰 출력을 얻을 수 있다.
③ 먼지나 이물질에 의한 고장의 우려가 없다.
④ 오일에 기포가 섞여 작동이 불량할 수 있다.

72.
미터아웃 회로는 유량제어 밸브를 유압유의 귀환 측인, 유압실린더와 유압탱크 사이에 설치하여 실린더로부터 유출되어 귀환하는 유량을 제어하는 회로로서 실린더는 항상 배압을 받게 된다.

73.
압력제어 밸브
1. 회로내의 압력을 설정압력 이하로 유지하는 밸브, 릴리프 밸브, 감압 밸브
2. 회로내의 압력이 설정치에 달하면 회로를 전환시키는 밸브 순차작동 밸브, 무부하 밸브, 카운터 밸런스 밸브 압력스위치

74.
유압유는 비압축성이어야 한다.

75.
유압 장치는 먼지나 이물질에 의한 고장의 우려가 있으므로 필터를 점검하여야 한다.

정답   72 ②   73 ①   74 ①   75 ③

76 유압 실린더 취급 및 설계 시 주의사항으로 적절하지 않은 것은?

① 적당한 위치에 공기구멍을 장치한다.
② 쿠션 장치인 쿠션 밸브는 감속범위의 조정용으로 사용한다.
③ 쿠션장치인 쿠션링은 헤드 엔드축에 흐르는 오일을 촉진한다.
④ 원칙적으로 더스트 와이퍼를 연결해야 한다.

77 그림의 유압 회로도에서 ㉠의 밸브 명칭으로 옳은 것은?

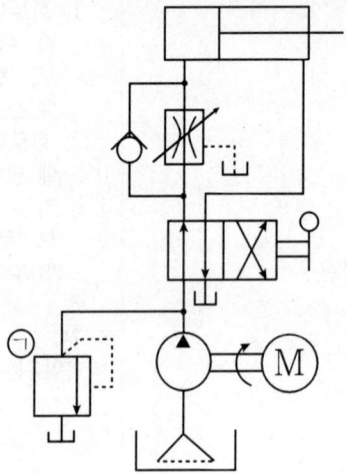

① 스톱 밸브
② 릴리프 밸브
③ 무부하 밸브
④ 카운터 밸런스 밸브

76.
쿠션링의 기능은 피스톤이 헤드 커버나 로드 커버에 닿기 전에 쿠션링이 공기의 배출 통로를 차단하여 공기는 교축된 좁은 통로를 통해 빠져나가므로 배압이 형성되어 실린더의 속도가 끝단에서 감소하게 된다.

정답 76 ③ 77 ②

78 펌프에 대한 설명으로 틀린 것은?

① 피스톤 펌프는 피스톤을 경사판, 캠, 크랭크 등에 의해서 왕복 운동시켜, 액체를 흡입 쪽에서 토출 쪽으로 밀어내는 형식의 펌프이다.
② 레이디얼 피스톤 펌프는 피스톤의 왕복 운동 방향이 구동축에 거의 직각인 피스톤 펌프이다.
③ 기어 펌프는 케이싱 내에 물리는 2개 이상의 기어에 의해 액체를 흡입 쪽에서 토출 쪽으로 밀어내는 형식의 펌프이다.
④ 터보 펌프는 덮개차를 케이싱 외에 회전시켜, 액체로부터 운동 에너지를 뺏어 액체를 토출하는 형식의 펌프이다.

78.
터빈펌프는 원심력을 이용하는 펌프로 안내날개를 이용해서 유체에 원심력을 주고 이를 압력으로 교환하여 펌핑을 하는 구조이므로 수두가 높거나 정해진 분출압력이 필요한 설비에 사용한다.

79 채터링 현상에 대한 설명으로 적절하지 않은 것은?

① 소음을 수반한다.
② 일종의 자려 진동현상이다.
③ 감압 밸브, 릴리프 밸브 등에서 발생한다.
④ 압력, 속도 변화에 의한 것이 아닌 스프링의 강성에 의한 것이다.

79.
채터링 현상은 엔진이 고속으로 회전할 때 접점의 개폐 속도가 대단히 빨라 닫힐 때의 충격으로 인해 불규칙한 진동이 발생하는 현상

80 그림과 같은 유압 기호의 명칭은?

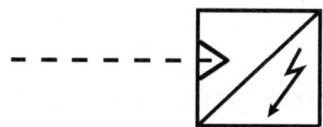

① 경음기
② 소음기
③ 리밋 스위치
④ 아날로그 변환기

정답 78 ④ 79 ④ 80 ④

5과목: 건설기계일반 및 플랜트 배관

81 오스테나이트계 스테인리스강의 설명으로 틀린 것은?
① 18-8 스테인리스강으로 통용된다.
② 비자성체이며 열처리하여도 경화되지 않는다.
③ 저온에서는 취성이 크며 크리프강도가 낮다.
④ 인장강도에 비하여 낮은 내력을 가지며, 가공 경화성이 높다.

81.
저온에서 인성이 크며 취성이 작다. 크리프강도가 크다.

82 굴삭기의 3대 주요 구성요소가 아닌 것은?
① 작업장치　　　② 상부 회전체
③ 중간 선회체　　④ 하부 구동체

83 타이어식 굴삭기와 무한궤도식 굴삭기를 비교할 때, 타이어식 굴삭기의 특징으로 틀린 것은?
① 기동성이 나쁘다.
② 견인력이 약하다.
③ 습지, 사지, 활지의 운행이 곤란하다.
④ 암석지에서 작업 시 타이어가 손상되기 쉽다.

83.
타이어식 굴삭기가 기동성이 좋다.

84 덤프트럭의 축간거리가 1.2 m인 차를 왼쪽으로 완전히 꺾을 때 오른쪽 바퀴의 각도가 45°이고, 왼쪽바퀴의 각도가 30°일 때, 이 덤프트럭의 최소 회전 반경은 약 몇 m인가? (단, 킹핀과 타이어 중심간의 거리는 무시한다.)
① 1.7　　　　　② 3.4
③ 5.4　　　　　④ 7.8

84.
$R = \dfrac{1.2}{\sin 45} = 1.697\,m$

정답　81 ③　82 ③　83 ①　84 ①

85 수중의 토사, 암반 등을 파내는 건설기계로 항만, 항로, 선착장 등의 축항 및 기초공사에 사용되는 것은?
① 준설선　　　　　　② 소새석기
③ 노상 안정기　　　　④ 스크레이퍼

86 조향장치에서 조향력을 바퀴에 전달하는 부품 중에 바퀴의 토(toe) 값을 조정할 수 있는 것은?
① 피트먼 암　　　　　② 너클 암
③ 드래그 링크　　　　④ 스크레이퍼

87 표준 버킷용량(m^3)으로 규격을 나타내는 건설기계는?
① 모터 그레이더　　　② 기중기
③ 지게차　　　　　　④ 로더

87.
모터 그레이더 : 삽날(blade)의 길이 m로 표시한다.
기중기 : 최대 권상하중(부움의 수평면에서 30°때의 최대하중)을 ton으로 또한 마스터의 높이, 부움의 길이로 표시.
지게차 : 들어올리는 용량(ton)

88 쇄석기의 종류 중 임팩트 크러셔의 규격은?
① 시간당 쇄석능력 (ton/h)
② 시간당 이동거리(km/h)
③ 롤의 지름(mm)×길이(mm)
④ 쇄석 판의 폭(mm)×길이(mm)

89 아스팔트 피니셔의 각 부속장치에 대한 설명으로 틀린 것은?
① 리시빙 호퍼 : 운반된 혼합재(아스팔트)를 저장하는 용기이다.
② 피더 : 노면에 살포된 혼합재를 매끈하게 다듬는 판이다.
③ 스프레이팅 스쿠루 : 스크리드에 설치되어 혼합재를 균일하게 살포하는 장치이다.
④ 댐퍼 : 스크리드 앞쪽에 설치되어 노면에 살포된 혼합재를 요구되는 두께로 다져주는 장치이다.

89.
피더는 스크류 방식으로 혼합재를 앞으로 전달하는 장치이다.

정답　85 ①　86 ④　87 ④　88 ①　89 ②

90 플랜트 배관설비에서 열응력이 주요 요인이 되는 경우의 파이프 래크상의 배관 배치에 관한 설명으로 틀린 것은?

① 루프형 신축 곡관을 많이 사용한다.
② 온도가 높은 배관일수록 내측(안쪽)에 배치한다.
③ 관 지름이 큰 것일수록 외측(바깥쪽)에 배치한다.
④ 루프형 신축 곡관은 파이프 래크상의 다른 배관보다 높게 배치한다.

90.
일반적으로 온도가 높은 배관은 외측(바깥쪽)에 배치하여 온도 상승을 적게한다.

91 배관 지지장치인 브레이스에 대한 설명으로 적절하지 않은 것은?

① 방진 효과를 높이려면 스프링 정수를 낮춰야 한다.
② 진동을 억제하는데 사용되는 지지장치이다.
③ 완충기는 수격작용, 안전밸브의 반력 등의 충격을 완화하여 준다.
④ 유압식은 구조상 배관의 이동에 대하여 저항이 없고 방진 효과도 크므로 규모가 큰 배관에 많이 사용한다.

91.
스프링 정수(C)는 전단응력을 낮추는 방법이다.

92 감압밸브 설치 시 주의사항으로 적절하지 않은 것은?

① 감압밸브는 수평배관에 수평으로 설치하여야 한다.
② 배관의 열응력이 직접 감압 밸브에 가해지지 않도록 전후 배관에 고정이나 지지를 한다.
③ 감압밸브에 드레인이 들어오지 않는 배관 또는 드레인 빼기를 행하여 설치해야 한다.
④ 감압밸브의 전후에 압력계를 설치하고 입구측에는 글로브 밸브를 설치한다.

정 답 90 ② 91 ① 92 ①

93 물의 비중량이 9810N/m³이며, 500kPa의 압력이 작용할 때 압력수두는 약 몇 m인가?

① 1.962　　　　　　② 19.62
③ 5.097　　　　　　④ 50.97

93.
$$H = \frac{P}{\gamma}$$
$$= \frac{500 \times 10^3}{9810}$$
$$= 50.97\,m$$

94 빙점(0℃) 이하의 낮은 온도에 사용하며 저온에서도 인성이 감소되지 않아 각종 화학공업, LPG, LNG 탱크 배관에 적합한 배관용 강관은?

① 배관용 탄소강관　　② 저온 배관용 강관
③ 압력배관용 강관　　④ 고온배관용 강관

95 KS 규격에 따른 고압 배관용 탄소강관의 기호로 옳은 것은?

① SPHL　　　　　　② SPHT
③ SPPH　　　　　　④ SPPS

95.
SPPH : 고압 배관용 탄소강 강관
SPHT : 고온 배관용 탄소강 강관

96 호브 식 나사절삭기에 대한 설명으로 적절하지 않은 것은?

① 나사절삭 전용 기계로서 호브를 저속으로 회전시키면서 나사절삭을 한다.
② 관은 어미나사와 척의 연결에 의해 1회전 할 때 마다 1피치만큼 이동하여 나사가 절삭된다.
③ 이 기계에 호브와 파이프 커터를 함께 장착하면 관의 나살 절삭과 절단을 동시에 할 수 있다.
④ 관의 절단, 나사절삭, 거스러미제거 등의 일을 연속적으로 할 수 있기 때문에 현장에서 가장 많이 사용한다.

96.
호브 식 나사절삭기는 나사절삭 전용기계이다.

정답　93 ④　94 ②　95 ③　96 ④

97 일반적으로 배관의 위치를 결정할 때 기능, 시공, 유지관리의 관점에서 적절하지 않은 것은?

① 급수배관은 아래쪽으로 배관해야 한다.
② 전기배선, 덕트 및 연도 등은 위쪽에 설치한다.
③ 자연중력식 배관은 배관구배를 엄격히 지켜야 하며 굽힘부를 적게 하여야 한다.
④ 파손 등에 의해 누수가 염려되는 배관에 위치는 위쪽으로 하는 것이 유지관리상 편리하다.

97.
파손 등에 의해 누수가 염려되는 배관에 위치는 아래쪽으로 하는 것이 유지관리상 편리하다.

98 관 절단 후 관 단면의 안쪽에 생기는 거스러미(쇳밥)를 제거하는 공구는?

① 파이프 커터 ② 파이프 리머
③ 파이프 렌치 ④ 바이스

99 배관의 부식 및 마모 등으로 작은 구멍이 생겨 유체가 누설될 경우에 다른 방법으로는 누설을 막기가 곤란할 때 사용하는 응급 조치법은?

① 하트태핑법 ② 인젝션법
③ 박스 설치법 ④ 스토핑 박스법

100 평면상의 변위 뿐 아니라 입체적인 변위까지 안전하게 흡수하므로 어떠한 형상에 의한 신축에도 배관이 안전하며 설치공간이 적은 신축이음의 형태는?

① 슬리브형 ② 벨로즈형
③ 스위블형 ④ 볼조인트형

정답 97 ④ 98 ② 99 ② 100 ④

건설기계 설비기사

1과목: 재료역학

01 다음 구조물에 하중 P = 1kN이 작용할 때 연결핀에 걸리는 전단응력은 얼마인가?
(단, 연결핀의 지름은 5mm이다.)

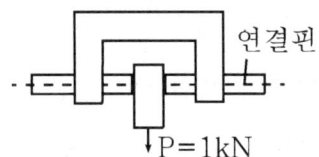

① 25.46 kPa
② 50.92 kPa
③ 25.46 MPa
④ 50.92 MPa

1.
$$\tau = \frac{4P}{\pi d^2 \times 2} = \frac{4 \times 1000}{\pi \times 5^2 \times 2}$$
$$= 25.465\ N/mm^2 [MPa]$$

02 100rpm으로 30kW를 전달시키는 길이 1m, 지름 7cm인 둥근 축단의 비틀림각은 약 몇 rad인가?
(단, 전단탄성계수는 83GPa이다.)

① 0.26
② 0.30
③ 0.015
④ 0.009

2.
$$T = \frac{60 \times 1000\,kW}{2\pi N}$$
$$= \frac{60 \times 1000 \times 30}{2\pi \times 100} = 2864.79\,N \cdot m$$
$$\theta = \frac{T\ell}{G\,I_P} = \frac{32T\ell}{G\pi d^4}$$
$$= \frac{32 \times 2864.79 \times 1}{83 \times 10^9 \times \pi \times 0.07^4}$$
$$= 0.0146\,rad$$

정답 01 ③ 02 ③

03 길이가 5m이고 직경이 0.1m인 양단고정보 중앙에 200N의 집중하중이 작용할 경우 보의 중앙에서의 처짐은 약 몇 m인가?
(단, 보의 세로탄성계수는 200GPa이다.)

① 2.36×10^{-5}
② 1.33×10^{-4}
③ 4.58×10^{-4}
④ 1.06×10^{-3}

3.
$$\delta = \frac{Pl^3}{192EI}$$
$$= \frac{200 \times 5^3}{192 \times 200 \times 10^9 \times \frac{\pi \times 0.1^4}{64}}$$
$$= 1.326 \times 10^{-4} m$$

04 그림과 같이 800N의 힘이 브래킷의 A에 작용하고 있다. 이 힘의 점 B에 대한 모멘트는 약 몇 N·m인가?

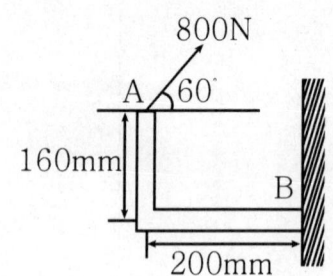

① 160.6
② 202.6
③ 238.6
④ 253.6

4.
$M = 800 \sin 60 \times 0.2$
$\quad + 800 \cos 60 \times 0.16$
$= 202.56 \, N \cdot m$

정답   03 ②   04 ②

05 길이 10m, 단면적 $2cm^2$인 철봉을 100℃에서 그림과 같이 양단을 고정했다. 이 봉의 온도가 20℃로 되었을 때 인장력은 약 몇 kN인가?
(단, 세로탄성계수는 200GPa, 선팽창계수 a=0.000012/℃ 이다.)

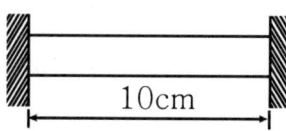

① 19.2
② 25.5
③ 38.4
④ 48.5

5.
$P = \sigma \cdot A = E \propto \triangle TA$
$= 200 \times 10^6 \times 0.000012$
$\quad \times (100-20) \times 2 \times 10^{-4}$
$= 38.4 \text{kN}$

06 그림과 같이 외팔보의 끝에 집중하중 P가 작용할 때 자유단에서의 처짐각 θ는?
(단, 보의 굽힘강성 EI는 일정하다.)

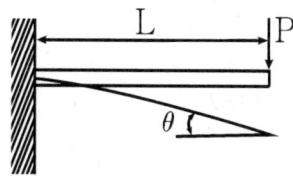

① $\dfrac{PL^2}{2EI}$
② $\dfrac{PL^3}{6EI}$
③ $\dfrac{PL^2}{8EI}$
④ $\dfrac{PL^2}{12EI}$

6.
$\delta = \theta \overline{X}$ 에서
$\theta = \dfrac{\delta}{\overline{X}} = \dfrac{PL^3}{3EI} \dfrac{3}{2L} = \dfrac{PL^2}{2EI}$

정답 05 ③ 06 ①

07 비틀림모멘트 2kN·m가 지름 50mm인 축에 작용하고 있다. 축의 길이가 2m일 때 축의 비틀림각은 약 몇 rad인가?
(단, 축의 전단탄성계수는 85GPa이다.)

① 0.019
② 0.028
③ 0.054
④ 0.077

7.
$\theta = \dfrac{32TL}{G\pi d^4} = \dfrac{32 \times 2 \times 10^3 \times 2}{85 \times 10^9 \times \pi \times 0.05^4}$
$= 0.0769$

08 다음 외팔보가 균일분포 하중을 받을 때, 굽힘에 의한 탄성변형 에너지는?
(단, 굽힘강성 EI는 일정하다.)

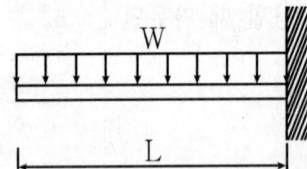

① $U = \dfrac{w^2 L^5}{20EI}$
② $U = \dfrac{w^2 L^5}{30EI}$
③ $U = \dfrac{w^2 L^5}{40EI}$
④ $U = \dfrac{w^2 L^5}{50EI}$

8.
$M = \dfrac{wx^2}{2}$
$U = \displaystyle\int_0^\ell \dfrac{M^2}{2EI} dx$
$= \dfrac{1}{2EI} \displaystyle\int_0^\ell \left(\dfrac{wx^2}{2}\right)^2 dx$
$= \dfrac{w^3 L^5}{40EI}$

정답 07 ④ 08 ③

09 판 두께 3mm를 사용하여 내압 $20kN/cm^2$을 받을 수 있는 구형(spherical) 내압용기를 만들려고 할 때, 이 용기의 최대 안전내경 d를 구하면 몇 cm인가?
(단, 이 재료의 허용 인장응력을 $\sigma_w = 800kN/cm^2$으로 한다.)

① 24　　　　　　　② 48
③ 72　　　　　　　④ 96

9.
$D = \dfrac{4t\sigma}{P} = \dfrac{4 \times 0.3 \times 800}{20} = 48\,cm$

10 다음과 같은 평면응력 상태에서 최대 주응력 σ_1은?

$$\sigma_x = \tau,\ \sigma_y = 0,\ \sigma_{xy} = -\tau$$

① 1.414τ　　　　② 1.80τ
③ 1.618τ　　　　④ 2.828τ

10.
$\sigma_1 = \dfrac{\sigma_x + \sigma_y}{2} + \sqrt{\left(\dfrac{\sigma_x - \sigma_y}{2}\right)^2 + \tau^2}$
$= \dfrac{\tau}{2} + \sqrt{\left(\dfrac{\tau}{2}\right)^2 + \tau^2}$
$= 1.618\tau$

11 그림과 같은 돌출보에서 ω=120kN/m의 등분포 하중이 작용할 때, 중앙 부분에서의 최대 굽힘응력은 약 몇 MPa인가?
(단, 단면은 표준 I형 보로 높이 h=60cm이고, 단면 2차 모멘트 $I = 98200\,cm^4$이다.)

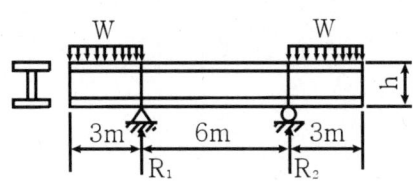

① 125　　　　　　　② 165
③ 185　　　　　　　④ 195

11.
$M = 120 \times 3 \times 1.5 \times 10^3 = 540 \times 10^3\,N\cdot m$
$\sigma = \dfrac{M}{Z} = \dfrac{yM}{I}$
$= \dfrac{0.6 \times 540 \times 10^3}{2 \times 98200 \times 10^{-8}} \times 10^{-6}$
$= 164.97\,MPa$

정답　09 ②　10 ③　11 ②

12 다음 그림과 같은 부채꼴의 도심(centroid)의 위치 $\bar{x}$는?

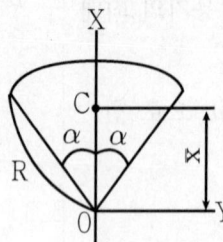

① $\bar{x} = \dfrac{2}{3}R$ ② $\bar{x} = \dfrac{3}{4}R$

③ $\bar{x} = \dfrac{2}{3}R\sin\alpha$ ④ $\bar{x} = \dfrac{2R}{3\alpha}\sin\alpha$

12.
$$\bar{x} = \dfrac{\int_A x' dA}{A}$$
$$= \dfrac{\int_0^R \int_{-\alpha}^{\alpha} r\cos\theta\, r\, d\theta\, dr}{\alpha R^2}$$
$$= \dfrac{\int_0^R r^2 dr \int_{-\alpha}^{\alpha} \cos\theta\, d\theta}{\alpha R^2}$$
$$= \dfrac{R^3 \cdot \sin\theta\,|_{-\alpha}^{\alpha}}{3\alpha R^2} = \dfrac{2R\sin\alpha}{3\alpha}$$

13 그림과 같은 단주에서 편심거리 e에 압축하중 P=80kN이 작용할 때 단면에 인장응력이 생기지 않기 위한 e의 한계는 몇 cm인가?
(단, G는 편심 하중이 작용하는 단주 끝단의 평면상 위치를 의미한다.)

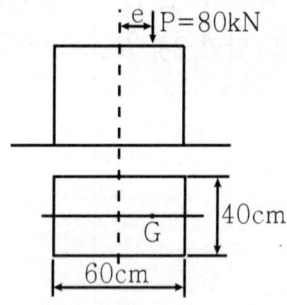

① 8 ② 10
③ 12 ④ 14

13.
$\dfrac{-h}{\sigma} < e < \dfrac{h}{e}$ 이므로
$\dfrac{60}{6} = 10$

정답 12 ④ 13 ②

14 그림과 같이 균일단면을 가진 단순보에 균일하중 ω kN/m 이 작용할 때, 이 보의 탄성곡선식은?
(단, 보의 굽힘 강성 EI는 일정하고, 자중은 무시한다.)

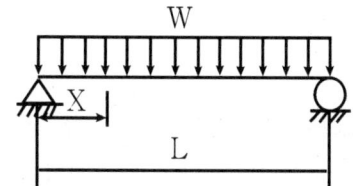

① $y = \dfrac{\omega x}{24EI}(L^3 - 2Lx^2 + x^3)$

② $y = \dfrac{\omega}{24EI}(L^3 - Lx^2 + x^3)$

③ $y = \dfrac{\omega}{24EI}(L^3 x - Lx^2 + x^3)$

④ $y = \dfrac{\omega x}{24EI}(L^3 - 2x^2 + x^3)$

15 길이 3m, 단면의 지름이 3cm인 균일 단면의 알루미늄 봉이 있다. 이 봉에 인장하중 20kN이 걸리면 봉은 약 몇 cm 늘어나는가?
(단, 세로탄성계수는 72GPa이다.)

① 0.118
② 0.239
③ 1.18
④ 2.39

14.
왼쪽지점에서 x의 거리에 있는 단면의 굽힘모멘트는
$M = \dfrac{wlx}{2} - \dfrac{wx^2}{2}$ 이므로
$EI\dfrac{d^2y}{dx^2} = -\dfrac{wlx}{2} + \dfrac{wx^2}{2}$
위 식을 x에 관해 두 번 적분하면
$EI\dfrac{dy}{dx} = -\dfrac{wlx^2}{4} + \dfrac{wx^3}{6} + C_1$
$EI = -\dfrac{wlx^2}{12} + \dfrac{wx^4}{24} + C_1 x + C_2$
$x = \dfrac{1}{2}$에서 $\dfrac{dy}{dx} = 0$이므로
$C_2 = \dfrac{wl^3}{24}$
$x = 0$에서 $y = 0$이므로
$C_2 = 0$
적분상수 C_1, C_2를 위 식에
대입하여 정리하면
$\dfrac{dy}{dx} = \dfrac{w}{24EI}(4x^3 - 6lx^2 + l^3)$
$y = \dfrac{wx}{24EI}(x^3 - 2lx^2 + l^3)$

15.
$\delta = \dfrac{Pl}{AE} = \dfrac{4Pl}{\pi d^2 E}$
$= \dfrac{4 \times 20 \times 10^3 \times 3}{\pi \times 0.03^2 \times 72 \times 10^9} \times 100$
$= 0.1178$

정답   14 ①   15 ①

16 지름 70mm인 환봉에 20MPa의 최대전단응력이 생겼을 때 비틀림모멘트는 약 몇 kN·m인가?

① 4.50   ② 3.60
③ 2.70   ④ 1.35

16.
$$T = \tau \frac{\pi d^3}{16} = 20 \times 10^3 \times \frac{\pi 0.07^3}{16}$$
$$= 1.347$$

17 다음과 같이 스팬(span) 중앙에 힌지(hinge)를 가진 보의 최대 굽힘모멘트는 얼마인가?

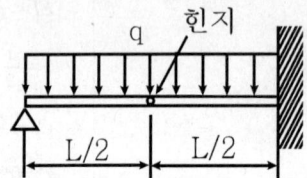

① $\frac{qL^2}{4}$ ② $\frac{qL^2}{6}$

③ $\frac{qL^2}{8}$ ④ $\frac{qL^2}{12}$

17.
힌지의 반력 $\frac{qL}{4}$
$$M_B = -\frac{qL}{4} \times \frac{L}{2} - \frac{qL}{2} \times \frac{L}{4}$$
$$= \frac{qL^2}{4}$$

18 그림과 같이 원형단면을 가진 보가 인장하중 P=90kN을 받는다. 이 보는 강(steel)으로 이루어져 있고, 세로탄성계수는 210GPa이며 포와송비 $\mu = 1/3$이다. 이 보의 체적변화 △V는 약 몇 mm^3인가?
(단, 보의 직경 d=30mm, 길이 L=5m이다.)

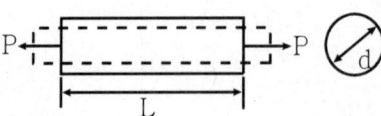

① 114.28   ② 314.28
③ 514.28   ④ 714.28

18.
$$\triangle V = V\varepsilon(1-2\mu) = A \cdot l \frac{P}{AE}(1-2\mu)$$
$$= \frac{Pl}{E}(1-2\mu)$$
$$= \frac{90 \times 10^3 \times 5}{210 \times 10^9}(1-2 \times \frac{1}{3}) \times 1000^3$$

19 그림과 같은 단순 지지보에 모멘트(M)와 균일분포하중(ω)이 작용할 때, A점의 반력은?

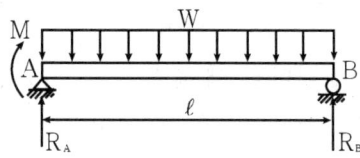

① $\dfrac{\omega l}{2} - \dfrac{M}{l}$
② $\dfrac{\omega l}{2} - M$
③ $\dfrac{\omega l}{2} + M$
④ $\dfrac{\omega l}{2} + \dfrac{M}{l}$

19.
$R_A \cdot l = \dfrac{wl^2}{2} - M$
$R_A = \dfrac{wl^2}{2l} - \dfrac{M}{l} = \dfrac{wl}{2} - \dfrac{M}{l}$

20 0.4m×0.4m인 정사각형 ABCD를 아래 그림에 나타내었다. 하중을 가한 후의 변형상태는 점선으로 나타내었다. 이때 A 지점에서 전단 변형률 성분의 평균값(γ_{xy})는?

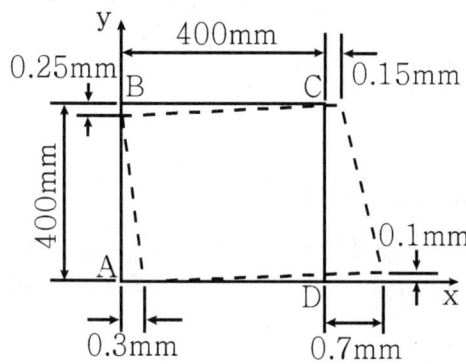

① 0.001
② 0.000625
③ -0.005
④ -0.000625

정답 19 ① 20 ③

2과목: 기계열역학

21 다음은 오토(Otto) 사이클의 온도-엔트로피(T-S) 선도이다. 이 사이클의 열효율을 온도를 이용하여 나타낼 때 옳은 것은?
(단, 공기의 비열은 일정한 것으로 본다.)

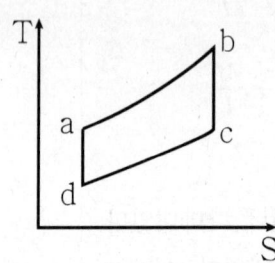

① $1 - \dfrac{T_c - T_d}{T_b - T_a}$ ② $1 - \dfrac{T_b - T_a}{T_c - T_d}$

③ $1 - \dfrac{T_a - T_d}{T_b - T_c}$ ④ $1 - \dfrac{T_b - T_c}{T_a - T_d}$

21.
$\eta = 1 - \dfrac{Q_R}{Q_A} = 1 - \dfrac{mC_V(T_c - T_d)}{mC_V(T_b - T_a)}$

22 다음 중 강도성 상태량(intensive property)이 아닌 것은?
① 온도 ② 내부에너지
③ 밀도 ④ 압력

22.
내부에너지는 종량성 상태량이다.

정답 21 ① 22 ②

23 고온열원(T_1)과 저온열원(T_2) 사이에서 작동하는 역카르노 사이클에 의한 열펌프(heat pump)의 성능계수는?

① $\dfrac{T_1 - T_2}{T_1}$ ② $\dfrac{T_2}{T_1 - T_2}$

③ $\dfrac{T_1}{T_1 - T_2}$ ④ $\dfrac{T_1 - T_2}{T_2}$

24 냉매가 갖추어야 할 요건으로 틀린 것은?
① 증발온도에서 높은 잠열을 가져야 한다.
② 열전도율이 커야 한다.
③ 표면장력이 커야 한다.
④ 불활성이고 안전하며 비가연성이어야 한다.

24.
점도가 적고 표면 장력이 작아야 냉매의 전열이 양호하다.

25 100℃의 구리 10kg을 20℃의 물 2kg이 들어있는 단열 용기에 넣었다. 물과 구리 사이의 열전달을 통한 평형 온도는 약 몇 ℃인가?
(단, 구리 비열은 0.45kJ/(kg·K), 물 비열은 4.2kJ/(kg·K)이다.)
① 48   ② 54
③ 60   ④ 68

25.
$10 \times 0.45 \times (100 - y) = 2 \times 4.2 \times (y - 20)$
$y = 47.9$℃

26 이상기체 2kg이 압력 98kPa, 온도 25℃ 상태에서 체적이 $0.5m^3$였다면 이 이상기체의 기체상수는 약 몇 J/(kg·K)인가?
① 79   ② 82
③ 97   ④ 102

26.
$R = \dfrac{PV}{mT} = \dfrac{98 \times 10^3 \times 0.5}{2 \times (25 + 273)}$
$= 82.215 \, J/kgk$

정답   23 ③   24 ③   25 ①   26 ②

27 다음 중 스테판-볼츠만의 법칙과 관련이 있는 열전달은?

① 대류　　　　　② 복사
③ 전도　　　　　④ 응축

28 어떤 습증기의 엔트로피가 6.78kJ/(kg·K)라고 할 때 이 습증기의 엔탈피는 약 몇 kJ/kg인가?
(단, 이 기체의 포화액 및 포화증기의 엔탈피와 엔트로피는 다음과 같다.)

	포화액	포화증기
엔탈피(kJ/kg)	384	2666
엔트로피(kJ/(kg·K))	1.25	7.62

① 2365　　　　　② 2402
③ 2473　　　　　④ 2511

28.
$x = \dfrac{s-s'}{s''-s'} = 0.868$
$h = h' + x(h''-h')$
　$= 384 + 0.868(2666-384)$
　$= 2364.8\,kJ/kg$

29 단열된 노즐에 유체가 10m/s의 속도로 들어와서 200m/s의 속도로 가속되어 나간다. 출구에서의 엔탈피가 2770kJ/kg일 때 입구에서의 엔탈피는 약 몇 kJ/kg인가?

① 4370
② 4210
③ 2850
④ 2790

29.
$h_1 = h_2 + \dfrac{V_2^2 - V_1^2}{2}$
　$= 2770 \times 10^3 + \dfrac{200^2 - 10^2}{2}$
　$= 2789950\,J/kg$
　$= 2789.95\,kJ/kg$

정답　27 ②　28 ①　29 ④

30 압력(P) - 부피(V) 선도에서 이상기체가 그림과 같은 사이클로 작동한다고 할 때 한 사이클 동안 행한 일은 어떻게 나타내는가?

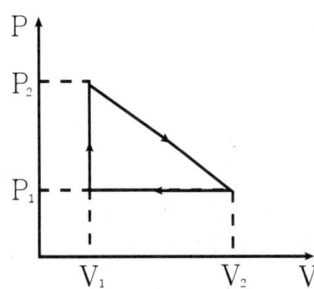

① $\dfrac{(P_2+P_1)(V_2+V_1)}{2}$

② $\dfrac{(P_2-P_1)(V_2+V_1)}{2}$

③ $\dfrac{(P_2+P_1)(V_2-V_1)}{2}$

④ $\dfrac{(P_2-P_1)(V_2-V_1)}{2}$

31 클라우지우스(Clausius)의 부등식을 옳게 나타낸 것은?
(단, T는 절대온도, Q는 시스템으로 공급된 전체 열량을 나타낸다.)

① $\oint T\delta Q \leq 0$ ② $\oint T\delta Q \geq 0$

③ $\oint \dfrac{\delta Q}{T} \leq 0$ ④ $\oint \dfrac{\delta Q}{T} \geq 0$

정답 30 ④ 31 ③

32 어떤 유체의 밀도가 741kg/m^3이다. 이 유체의 비체적은 약 몇 m^3/kg인가?

① 0.78×10^{-3}
② 1.35×10^{-3}
③ 2.35×10^{-3}
④ 2.98×10^{-3}

32.
$$v = \frac{1}{\rho} = \frac{1}{741}$$
$$= 1.35 \times 10^{-3} m^3/kg$$

33 어떤 물질에서 기체상수(R)가 0.189kJ/(kg·K), 임계온도가 305K, 임계압력이 7380kPa이다. 이 기체의 압축성 인자(compressibility factor, Z)가 다음과 같은 관계식을 나타낸다고 할 때 이 물질의 20℃, 1000kPa 상태에서의 비체적(v)은 약 몇 m^3/kg인가?
(단, P는 압력, T는 절대온도, P_r은 환산압력, T_r은 환산온도를 나타낸다.)

$$Z = \frac{Pv}{RT} = 1 - 0.8\frac{P_r}{T_r}$$

① 0.0111
② 0.0303
③ 0.0491
④ 0.0554

34 전류 25A, 전압 13V를 가하여 축전지를 충전하고 있다. 충전하는 동안 축전지로부터 15W의 열손실이 있다. 축전지의 내부에너지 변화율은 약 몇 W인가?

① 310
② 340
③ 370
④ 420

34.
$P = IV = 25 \times 13 = 325 W$
$\triangle U = 325 - 15 = 310 W$

정답 32 ② 33 ③ 34 ①

35 카르노사이클로 작동하는 열기관이 1000℃의 열원과 300K 의 대기 사이에서 작동한다. 이 열기관이 사이클 당 100kJ 의 일을 할 경우 사이클 당 1000℃의 열원으로부터 받은 열량은 약 몇 kJ인가?

① 70.0　　　　　　② 76.4
③ 130.8　　　　　　④ 142.9

35.
$$Q = \frac{W}{1 - \frac{T_2}{T_1}}$$

$$= \frac{100}{1 - \frac{300}{1000+273}}$$

$$= 130.83$$

36 이상적인 랭킨사이클에서 터빈 입구 온도가 350℃이고, 75kPa과 3MPa의 압력범위에서 작동한다. 펌프 입구와 출구, 터빈 입구와 출구에서 엔탈피는 각각 384.4kJ/kg, 387.5kJ/kg, 3116kJ/kg, 2403kJ/kg이다. 펌프일을 고려한 사이클의 열효율과 펌프일을 무시한 사이클의 열효율 차이는 약 몇 %인가?

① 0.0011　　　　　② 0.092
③ 0.11　　　　　　④ 0.18

36.
펌프일 무시
$$\eta = \frac{3116 - 2403}{3116 - 384.4} \times 100$$

$$= 26.1\%$$

펌프일 고려
$$W_P = 387.5 - 384.4 = 3.1$$
$$\eta = \frac{3116 - 2403 - 3.1}{3116 - 384.4 - 3.1} \times 100$$

$$= 26\%$$

37 기체가 0.3MPa로 일정한 압력 하에 $8m^3$에서 $4m^3$까지 마찰 없이 압축되면서 동시에 500kJ의 열을 외부로 방출하였다면, 내부에너지의 변화는 약 몇 kJ인가?

① 700　　　　　　② 1700
③ 1200　　　　　　④ 1400

37.
$$\Delta U = Q - W$$
$$= -500 - 0.3 \times 10^3 \times (4-8)$$
$$= 700\,kJ$$

정답　35 ③　36 ③　37 ①

38 이상적인 교축과정(throttling process)을 해석하는데 있어서 다음 설명 중 옳지 않은 것은?

① 엔트로피는 증가한다.
② 엔탈피의 변화가 없다고 본다.
③ 정압과정으로 간주한다.
④ 냉동기의 팽창밸브의 이론적인 해석에 적용될 수 있다.

38.
교축과정은
비가역과정으로 해석한다.

39 이상기체로 작동하는 어떤 기관의 압축비가 17이다. 압축 전의 압력 및 온도는 112kPa, 25℃이고 압축 후의 압력은 4350kPa이었다. 압축 후의 온도는 약 몇 ℃인가?

① 53.7
② 180.2
③ 236.4
④ 407.8

39.
$$T_2 = T_1 \frac{P_2 V_2}{P_1 V_1}$$
$$= (25+273)\frac{4350}{110} \times \frac{1}{17}$$
$$= 680.8\,K$$
$$= 407.8\,℃$$

40 압력이 0.2MPa, 온도가 20℃의 공기를 압력이 2MPa로 될 때까지 가역단열 압축했을 때 온도는 약 몇 ℃인가?
(단, 공기는 비열비가 1.4인 이상기체로 간주한다.)

① 225.7
② 273.7
③ 292.7
④ 358.7

40.
$$T_2 = T_1\left(\frac{P_2}{P_1}\right)^{\frac{k-1}{k}}$$
$$= (20+273)\left(\frac{2}{0.2}\right)^{\frac{0.4}{1.4}}$$
$$= 565.7\,k$$
$$= 262.7\,℃$$

정답 38 ③ 39 ④ 40 ③

3과목: 기계유체역학

41 낙차가 100m인 수력발전소에서 유량이 $5m^3/s$이면 수력터빈에서 발생하는 동력(MW)은 얼마인가?
(단, 유도관의 마찰손실은 10m이고, 터빈의 효율은 80%이다.)

① 3.53
② 3.92
③ 4.41
④ 5.52

41.
$L = rQH\eta$
$= 9.8 \times 5 \times (100-10) \times 0.8$
$= 352.8 kW$
$= 3.528 MW$

42 어떤 물리량 사이의 함수관계가 다음과 같이 주어졌을 때, 독립 무차원수 Pi항은 몇 개인가?
(단, α는 가속도, V는 속도, t는 시간, ν는 동점성계수, L은 길이이다.)

$$F(\alpha, V, t, \nu, L) = 0$$

① 1
② 2
③ 3
④ 4

42.
α는 가속도 (m/s^2),
V는 속도 (m/s),
t는 시간 (s),
ν는 동점성계수 (m^2/s),
L은 길이 (m)이므로
차원은 (L, T)이다.
그러므로 무차원수는
5-2= 3 이다.

정답 41 ① 42 ③

43 그림과 같은 노즐을 통하여 유량 Q만큼의 유체가 대기로 분출될 때, 노즐에 미치는 유체의 힘 F는?
(단, A_1, A_2는 노즐의 단면 1, 2에서의 단면적이고 ρ는 유체의 밀도이다.)

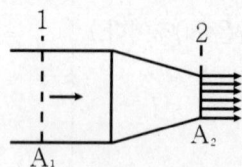

① $F = \dfrac{\rho A_2 Q^2}{2}\left(\dfrac{A_2 - A_1}{A_1 A_2}\right)^2$

② $F = \dfrac{\rho A_2 Q^2}{2}\left(\dfrac{A_2 + A_1}{A_1 A_2}\right)^2$

③ $F = \dfrac{\rho A_1 Q^2}{2}\left(\dfrac{A_2 + A_1}{A_1 A_2}\right)^2$

④ $F = \dfrac{\rho A_1 Q^2}{2}\left(\dfrac{A_2 - A_1}{A_1 A_2}\right)^2$

43.
$\dfrac{P_1}{\gamma} + \dfrac{V_1^2}{2g} = \dfrac{V_2^2}{2g}$

$P_1 = \dfrac{\rho}{2}(V_2^2 - V_1^2)$

$P_1 A_1 + \rho Q V_1 + F = \rho Q V_2$

$\dfrac{\rho}{2}(V_2^2 - V_1^2)A_1 + \rho Q(V_1 - V_2) = -F$

$\dfrac{\rho A_1}{2}\left(\left(\dfrac{Q}{A_2}\right)^2 - \left(\dfrac{Q}{A_1}\right)^2\right) + \rho Q\left(\dfrac{Q}{A_1} - \dfrac{Q}{A_2}\right) = -F$

$\dfrac{\rho A_1 Q^2}{2}\left[\dfrac{1}{A_2^2} - \dfrac{1}{A_1^2} + \dfrac{2}{A_1}\left(\dfrac{1}{A_1} - \dfrac{1}{A_2}\right)\right] = -F$

$F = \dfrac{\rho A_1 Q^2}{2}\left(\dfrac{1}{A_2^2} - \dfrac{1}{A_1^2} + \dfrac{2}{A_1 A_2} - \dfrac{2}{A_1^2}\right)$

$= \dfrac{\rho A_1 Q^2}{2}\left(\dfrac{-1}{A_1^2} - \dfrac{1}{A_2^2} + \dfrac{2}{A_1 A_2}\right)$

$= \dfrac{-\rho A_1 Q^2}{2}\left(\dfrac{1}{A_2^2} - \dfrac{2}{A_1 A_2} + \dfrac{1}{A_1^2}\right)$

$= -\dfrac{\rho A_1 Q^2}{2}\left(\dfrac{A_2 - A_1}{A_1 A_2}\right)^2$

44 그림과 같이 원판 수문이 물속에 설치되어 있다. 그림 중 C는 압력의 중심이고, G는 원판의 도심이다. 원판의 지름을 d라 하면 작용점의 위치 η는?

① $\eta = \bar{y} + \dfrac{d^2}{8\bar{y}}$

② $\eta = \bar{y} + \dfrac{d^2}{16\bar{y}}$

③ $\eta = \bar{y} + \dfrac{d^2}{32\bar{y}}$

④ $\eta = \bar{y} + \dfrac{d^2}{64\bar{y}}$

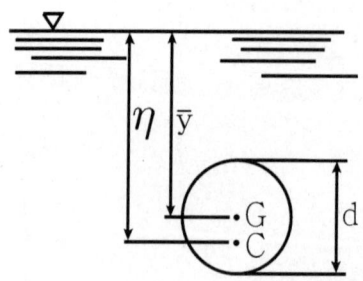

정답 43 ④ 44 ②

49 (x,y)평면에서의 유동함수(정상, 비압축성 유동)가 다음과 같이 정의된다면 x=4m, y=6m의 위치에서의 속도(m/s)는 얼마인가?

$$\psi = 3x^2y - y^3$$

① 156　　　　　　　　② 92
③ 52　　　　　　　　　④ 38

49.
$$\left(\frac{\partial}{\partial x}\vec{i} + \frac{\partial}{\partial y}\vec{j} + \frac{\partial}{\partial z}\vec{k}\right) \cdot (3x^2y - y^3)$$
$$= 4xy\vec{i} + (x^2 - 3y^2)\vec{j}$$
$x = 4, y = 6$에서
$V = 144\vec{i} - 60\vec{j}$
속도는 $\sqrt{144^2 + 60^2} = 156$

50 유체의 정의를 가장 올바르게 나타낸 것은?

① 아무리 작은 전단응력에도 저항할 수 없어 연속적으로 변형하는 물질
② 탄성계수가 0을 초과하는 물질
③ 수직응력을 가해도 물체가 변하지 않는 물질
④ 전단응력이 가해질 때 일정한 양의 변형이 유지되는 물질

51 밀도 $1.6 kg/m^3$인 기체가 흐르는 관에 설치한 피토 정압관(Pitot-static tube)의 두 단자 간 압력차가 $4cm H_2O$이었다면 기체의 속도(m/s)는 얼마인가?

① 7　　　　　　　　② 14
③ 22　　　　　　　　④ 28

51.
$$V = \sqrt{2gh\left(\frac{\rho_x}{\rho} - 1\right)}$$
$$= \sqrt{2 \times 9.8 \times 0.04 \times \left(\frac{1000}{1.6} - 1\right)}$$
$$= 22.12 \, m/s$$

52 $3.6 m^3/min$을 양수하는 펌프의 송출구의 안지름이 23cm일 때 평균 유속(m/s)은 얼마인가?

① 0.96　　　　　　　② 1.20
③ 1.32　　　　　　　④ 1.44

52.
$$V = \frac{4Q}{\pi d^2}$$
$$= \frac{4 \times 3.6}{\pi \times 0.23^2 \times 60}$$
$$= 1.44 \, m/s$$

정답　49 ①　50 ①　51 ③　52 ④

53 국소 대기압이 1atm이라고 할 때, 다음 중 가장 높은 압력은?

① 0.13atm(gage pressure)
② 115kPa(absolute pressure)
③ 1.1atm(absolute pressure)
④ 11 mH_2O(absolute pressure)

53.
① $(0.13+1)\dfrac{101.3\,kPa}{1\,atm}$
　$= 114.47\,kPa$
③ $1.1 \times \dfrac{101.3}{1\,atm} = 111.43\,kPa$
④ $11 \times \dfrac{101.3}{10.3} = 108.18\,kPa$

54 수평원관 속에 정상류의 층류흐름이 있을 때 전단응력에 대한 설명으로 옳은 것은?

① 단면 전체에서 일정하다.
② 벽면에서 0이고 관 중심까지 선형적으로 증가한다.
③ 관 중심에서 0이고 반지름 방향으로 선형적으로 증가한다.
④ 관 중심에서 0이고 반지름 방향으로 중심으로부터 거리의 제곱에 비례하여 증가한다.

55 그림과 같은 두 개의 고정된 평판 사이에 얇은 판이 있다. 얇은 판 상부에는 점성계수가 0.05N·s/m^2인 유체가 있고 하부에는 점성계수가 0.1N·s/m^2인 유체가 있다. 이 판을 일정속도 0.5m/s로 끌 때, 끄는 힘이 최소가 되는 거리 y는?
(단, 고정 평판사이의 폭은 h(m), 평판들 사이의 속도분포는 선형이라고 가정한다.)

① 0.293h
② 0.482h
③ 0.586h
④ 0.879h

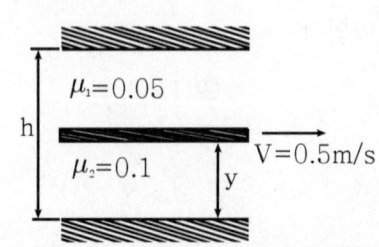

정답　53 ② 54 ③ 55 ③

56 직경 1cm인 원형관 내의 물의 유동에 대한 천이 레이놀즈 수는 2300이다. 천이가 일어날 때 물의 평균유속(m/s)은 얼마인가?

(단, 물의 동점성계수는 $10^{-6} m^2/s$이다.)

① 0.23 ② 0.46
③ 2.3   ④ 4.6

56.
$$V = \frac{Re \cdot V}{d} = \frac{2300 \times 0^{-16}}{0.01} = 0.23$$

57 프란틀의 혼합거리(mixing length)에 대한 설명으로 옳은 것은?

① 전단응력과 무관하다.
② 벽에서 0이다.
③ 항상 일정하다.
④ 층류 유동문제를 계산하는데 유용하다.

57.
프란틀(Prandtl)의 혼합 거리 이론은 불규칙적으로 혼합되는 와류의 유속 분포를 알기 위한 식이다. 혼합 거리에 관한 프란틀(Prandtl)의 가정에 의하면 벽 근방에서의 전단응력은 벽면 전단 응력과 동일한 값(영)을 갖는다.

58 그림과 같이 유리관 A, B 부분의 안지름은 각각 30cm, 10cm이다. 이 관에 물을 흐르게 하였더니 A에 세운 관에는 물이 60cm, B에 세운 관에는 물이 30cm 올라갔다. A와 B 각 부분에서 물의 속도(m/s)는?

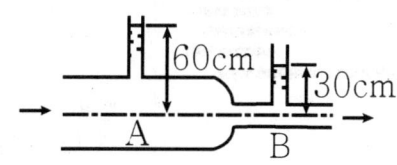

① $V_A = 2.73$, $V_B = 24.5$
② $V_A = 2.44$, $V_B = 22.0$
③ $V_A = 0.542$, $V_B = 4.88$
④ $V_A = 0.271$, $V_B = 2.44$

58.
$$V_B = \frac{d_A^2}{D_B^2} V_A = \frac{0.3^2}{0.1^2} V_A = 9 V_A$$
$$0.6 + \frac{V_A^2}{2g} = 0.3 + \frac{V_B^2}{2g}$$
$$0.6 + \frac{V_A^2}{2g} = 0.3 + \frac{81 V_A^2}{2g}$$
$$\frac{80 V_A^2}{2g} = 0.6 - 0.3$$
$$V_A = \sqrt{\frac{2g(0.6-0.3)}{80}}$$
$$= 0.271$$

정답 56 ① 57 ② 58 ④

59 해수의 비중은 1.025이다. 바닷물 속 10m 깊이에서 작업하는 해녀가 받는 계기압력(kPa)은 약 얼마인가?

① 94.4
② 100.5
③ 105.6
④ 112.7

59.
$P = 9.8 \times 1.025 \times 10$
$\quad = 100.45\ kPa$

60 어떤 물리적인 계(system)에서 물리량 F가 물리량 A, B, C, D의 함수 관계가 있다고 할 때, 차원해석을 한 결과 두 개의 무차원수, $\dfrac{F}{AB^2}$와 $\dfrac{B}{CD^2}$를 구할 수 있었다. 그리고 모형실험을 하여 A=1, B=1, C=1, D=1일 때 $F=F_1$을 구할 수 있었다. 여기서 A=2, B=4, C=1, D=2인 원형의 F는 어떤 값을 가지는가?
(단, 모든 값들은 SI단위를 가진다.)

① F_1
② $16F_1$
③ $32F_1$
④ 위의 자료만으로는 예측할 수 없다.

4과목: 유체기계 및 유압기기

61 다음 수력기기 중 반동 수차에 해당하는 것은?

① 펠톤 수차, 프란시스 수차
② 프란시스 수차, 프로펠러 수차
③ 카플란 수차, 펠톤 수차
④ 펠톤 수차, 프로펠러 수차

61.
반동 수차는 물의 중력에 관계없이 물이 회전차를 지나는 사이에 물이 가지는 압력과 속도의 에너지를 수차에 주어서 수차를 회전시키는 수차로서 프란시스 수차, 프로펠러 수차, 카플란 수차 가 있다.

정답 59 ② 60 ③ 61 ②

62 프란시스 수차에서 사용하는 흡출관에 관한 설명으로 틀린 것은?

① 흡출관은 회전차에서 나온 물이 가진 속도수두와 방수면 사이의 낙차를 유효하게 이용하기 위해 사용한다.
② 커비테이션을 일으키지 않기 위해서 흡출관의 높이는 일반적으로 7m 이하로 한다.
③ 흡출관 입구의 속도가 빠를수록 흡출관의 효율은 커진다.
④ 흡출관은 일반적으로 원심형, 무디형, 엘보형이 있고, 이 중 엘보형이 효율이 제일 높다.

62.
흡출관의 종류는 원추 직관형(소용량 대낙차) 과 엘보형(저낙차 대유량) 이 있다.

63 수차 중 물의 송출 방향이 축방향이 아닌 것은?
① 펠톤 수차　　② 프란시스 수차
③ 사류 수차　　④ 프로펠러 수차

63.
충격 수차는 노즐로부터 분출된 분류를 반지름 방향의 버킷(bucket)에 충돌시켜 회전력을 발생시키는 수차로서 대표적인 수차는 펠톤(Pelton) 수차이다.

64 송풍기를 특성곡선의 꼭짓점 이하 닫힘 상태점 근방에서 풍량을 조정할 때 풍압이 진동하고 풍량에 맥동이 일어나며, 격렬한 소음과 운전불능에 빠질 수 있게 되는 현상은?
① 서징 현상　　② 선회 실속 현상
③ 수격 현상　　④ 쵸킹 현상

65 수차의 에너지 변화과정으로 옳은 것은?
① 위치 에너지 → 기계 에너지
② 기계 에너지 → 위치 에너지
③ 열 에너지 → 기계 에너지
④ 기계 에너지 → 열 에너지

정답　62 ④　63 ①　64 ①　65 ①

66 다음 중 기어펌프는 어느 형식의 펌프에 해당하는가?
① 축류펌프　　② 원심펌프
③ 왕복식펌프　④ 회전펌프

66.
회전식 펌프는 기어 펌프, 베인 펌프, 나사 펌프이다.

67 토크컨버터에서 임펠러가 작동유에 준 토크를 Tp, 스테이터가 작동유에 준 토크를 Ts, 런너가 받는 토크를 Tt라고 할 때 이들의 관계를 바르게 표현한 것은?
① Tp = Ts + Tt　② Ts = Tp + Tt
③ Tt = Tp + Ts　④ Tt = Tp − Ts

68 원심펌프 회전차 출구의 직경 450mm, 회전수 1200rpm, 유체의 유입각도(α_1) 90°, 유체의 유출각도(α_2) 25°, 유속은 12m/s일 때, 이론양정(m)은 얼마인가?
① 31.4　② 41.7
③ 48.6　④ 50.3

68.
$$V = \frac{\pi D N}{60 \times 1000}$$
$$= \frac{\pi \times 450 \times 1200}{60 \times 1000}$$
$$= 28.274 \, m/s$$
$$H = \frac{1}{g}(u_2 v_2 \cos \alpha_2)$$
$$= \frac{1}{9.8}(28.274 \times 12 \cos 25)$$
$$= 31.38 \, m$$

69 진공펌프의 설치 목적에 대한 설명으로 옳은 것은?
① 용기에 있는 공기 분자를 펌프를 통해 배기시키는 것. 즉, 용기내의 기체 밀도를 감소시키는 것이 펌프의 목적이다.
② 용기에 있는 물을 펌프를 통해 배기시키는 것. 즉, 용기내 유체의 체적을 감소시키는 것이 펌프의 목적이다.
③ 용기에 있는 공기 분자를 펌프를 통해 흡입시키는 것. 즉, 용기내의 기체 밀도를 증가시키는 것이 펌프의 목적이고, 기체 밀도가 클수록 좋은 진공이라 할 수 있다.
④ 용기에 있는 물을 펌프를 통해 배기시키는 것. 즉, 용기내 유체의 체적을 증가시키는 것이 펌프의 목적이다.

정답　66 ④　67 ③　68 ④　69 ①

70 원심펌프의 원리와 구조에 관한 설명으로 틀린 것은?

① 변곡된 다수의 깃(blade)이 달린 회전차가 밀폐된 케이싱 내에서 회전함으로써 발생하는 원심력의 작용에 따라 송수된다.
② 액체(주로 물)는 회전차의 중심에서 흡입되어 반지름 방향으로 흐른다.
③ 와류실은 와실에서 나온 물을 모아서 송출관쪽으로 보내는 스파이럴형의 동체이다.
④ 와실은 송출되는 물의 압력에너지를 되도록 손실을 적게 하여 속도에너지를 변화하는 역할을 한다.

70.
안내깃은 임펠러에서 송출되는 물을 와류실로 유도하여 속도 에너지의 손실을 적게 하면서 압력에너지로 바꾸는 역할을 한다. 와류실은 와실에서 나와 안내깃을 통과한 물을 모아 송출관으로 보내는 동체이다.

71 일반적인 베인 펌프의 특징으로 적절하지 않은 것은?

① 부품수가 많다.
② 비교적 고장이 적고 보수가 용이하다.
③ 펌프의 구동 동력에 비해 형상이 소형이다.
④ 기어 펌프나 피스톤 펌프에 비해 토출압력의 맥동이 크다.

72 그림과 같은 유압기호가 나타내는 것은?
(단, 그림의 기호는 간략 기호이며, 간략 기호에서 유로의 화살표는 압력의 보상을 나타낸다.)

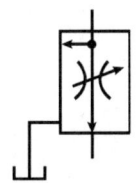

① 가변 교축 밸브
② 무부하 릴리프 밸브
③ 직렬형 유량조정 밸브
④ 바이패스형 유량조정 밸브

정답 70 ④ 71 ④ 72 ④

73 유압 회로에서 속도 제어 회로의 정류가 아닌 것은?

① 미터 인 회로
② 미터 아웃 회로
③ 블리드 오프 회로
④ 최대 압력 제한 회로

74 그림과 같은 단동실린더에서 피스톤에 F = 500N의 힘이 발생하면, 압력 P는 약 몇kPa이 필요한가?
(단, 실린더의 직경은 40mm이다.)

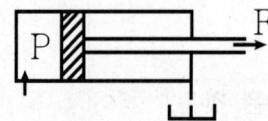

① 39.8
② 398
③ 79.6
④ 796

74.
$$P = \frac{F}{A} = \frac{0.5 \times 4}{\pi \times 0.04^2}$$
$$= 397.9 \, kPa$$

75 감압 밸브, 체크 밸브, 릴리프 밸브 등에서 밸브시트를 두드려 비교적 높은 음을 내는 일종의 자려진동 현상은?

① 컷인
② 점핑
③ 채터링
④ 디컴프레션

75.
채터링현상은 밸브를 열고 닫을 때 10ms 이내에 열림과 닫힘이 반복되어 밸브시트를 두드려 비교적 높은 음을 내는 일종의 자려진동 현상이다.

정답 73 ④ 74 ② 75 ③

76 어큐뮬레이터의 용도와 취급에 대한 설명으로 틀린 것은?

① 누설유량을 보충해 주는 펌프 대용 역할을 한다.
② 어큐뮬레이터에 부속쇠 등을 용접하거나 가공, 구멍 뚫기 등을 해서는 안된다.
③ 어큐뮬레이터를 운반, 결합, 분리 등을 할 때는 봉입가스를 유지하여야 한다.
④ 유압 펌프에 발생하는 맥동을 흡수하여 이상 압력을 억제하여 진동이나 소음을 방지한다.

76.
어큐뮬레이터를 운반, 결합, 분리 등을 할 때는 봉입가스를 배출하여 초기화 한다.

77 유압유의 점도가 낮을 때 유압 장치에 미치는 영향으로 적절하지 않은 것은?

① 배관 저항 증대
② 유압유의 누설 증가
③ 펌프의 용적 효율 저하
④ 정확한 작동과 정밀한 제어의 곤란

77.
유압유의 점도가 낮으면 마찰 저항이 감소하여 배관저항은 감소한다.

78 상시 개방형 밸브로 옳은 것은?

① 감압 밸브
② 무부하 밸브
③ 릴리프 밸브
④ 카운터 밸런스 밸브

정답 76 ③ 77 ① 78 ①

79 기어펌프의 폐입 현상에 관한 설명으로 적절하지 않은 것은?

① 진동, 소음의 원인이 된다.
② 한 쌍의 이가 맞물려 회전할 경우 발생한다.
③ 폐입 부분에서 팽창 시 고압이, 압출 시 진공이 형성된다.
④ 방지책으로 릴리프 홈에 의한 방법이 있다.

79.
기어펌프에서는 폐입 부분에서 압출 시 고압이, 팽창 시 진공이 형성된다.

80 실린더 입구의 분기 회로에 유량 제어 밸브를 설치하여 실린더 입구측의 불필요한 압유를 배출시켜 작동 효율을 증진시키는 회로는?

① 로킹 회로
② 증강 회로
③ 동조 회로
④ 블리드 오프 회로

5과목: 건설기계일반 및 플랜트 배관

81 타이어식 기중기에서 전후, 좌우 방향에 안전성을 주어 기중 작업 시 전도되는 것을 방지해 주는 안전장치는?

① 아우트리거
② 종감속 장치
③ 과권 경보장치
④ 과부하 방지장치

82 일반적으로 지게차에서 사용하는 조향방식은?

① 전륜 조향방식
② 포크 조향방식
③ 후륜 조향방식
④ 마스트 조향방식

정답 79 ③ 80 ④ 81 ① 82 ③

83 스크레이퍼의 흙 운반량(m³/h)에 대한 설명으로 틀린 것은?

① 볼의 용량에 비례한다.
② 사이클 시간에 반비례한다.
③ 흙(토량) 환산계수에 반비례한다.
④ 스크레이퍼 작업 효율에 비례한다.

83.
작업능력
$$W = \frac{60 \cdot Q \cdot f \cdot E}{Cm} \text{ m}^3/\text{h}$$
Q : 보울 용량(m³),
f : 토량 환산 계수,
E : 작업효율,
Cm : Cycle time

84 도로포장을 위한 다짐작업에 사용되는 건설기계는?
① 롤러   ② 로더
③ 지게차   ④ 덤프트럭

84.
지게차: 운반기계
싣기기계: 덤프트럭, 로더

85 아스팔트 피니셔에 대한 설명으로 적절하지 않은 것은?

① 혼합재료를 균일한 두께로 포장폭만큼 노면 위에 깔고 다듬는 건설기계이다.
② 주행방식에 따라 타이어식과 무한궤도식으로 분류할 수 있다.
③ 피더는 혼합재료를 이동시키는 역할을 한다.
④ 스크리드는 운반된 혼합재료(아스팔트)를 저장하는 용기이다.

85.
스프레더(Spreader): 피더에서 보내온 아스팔트를 스크류(오거)의 회전 운동을 통해 스크리드 앞쪽에 균일하게 분포시키는 장치다. 기계식 리미트스위치 또는 초음파 센서를 통해 아스팔트 공급량을 자동으로 조절한다. 스크리드는 스프레더에 의해 균일하게 분포된 아스팔트에 열 및 진동을 이용하여 표면을 고르게 만드는 장치로서 포장 두께와 폭을 조정할 수 있다.

86 트랙터의 앞에 블레이드(배토판)을 설치한 것으로 송토, 굴토, 확토 작업을 하는 건설기계는?
① 굴삭기   ② 지게차
③ 도저   ④ 컨베이어

정답 83 ③ 84 ① 85 ④ 86 ③

87 굴삭기를 주행 장치에 따라 구분하여 설명한 내용으로 적절하지 않은 것은?

① 주행 장치에 따라 무한궤도식과 타이어식으로 분류할 수 있다.
② 타이어식은 이동거리가 긴 작업장에서 작업능률이 좋다.
③ 타이어식은 주행저항이 적으며 기동성이 좋다.
④ 무한궤도식은 습지나 경사지에서의 작업이 곤란하다.

87.
주행 장치에 따라 무한궤도식과 타이어식으로 분류하며 습지나 경사지에서의 작업이 곤란한 방식은 타이어식이다.

88 강재의 크기에 따라 담금질 효과가 달라지는 현상을 의미하는 용어는?

① 단류선　　　　　② 질량효과
③ 잔류응력　　　　④ 노치효과

88.
강을 급냉시키면 냉각액이 접촉하는 면은 냉각 속도가 커서 마텐자이트 조직이 되나 내부는 갈수록 냉각속도가 늦어져 트루스타이트 또는 소르바이트 조직이 된다. 이와 같이 냉각속도에 따라 경도의 차이가 생기는 현상을 질량효과라 한다.

89 모터 그레이더에서 사용하는 리닝 장치에 대한 설명으로 옳은 것은?

① 블레이드를 올리고 내리는 장치이다.
② 앞바퀴를 좌우로 경사시키는 장치이다.
③ 기관의 가동시간을 기록하는 장치이다.
④ 큰 견인력을 얻기 위해 저압 타이어를 사용하는 장치이다.

90 열팽창에 의한 배관의 이동을 제한하는 레스트레인트의 종류가 아닌 것은?

① 앵커　　　　　② 스토퍼
③ 가이드　　　　④ 파이프슈

90.
리스트레인트(Restraint)는 열팽창에 의한 배관의 측면 이동을 제한하는 것으로 앵커, 스톱, 가이드 세 종류가 있다.
서포트는 아래에서 위로 떠받치는 것으로 파이프 슈, 리지드 서프트, 롤러 서포트, 스프링 서포트 가있다.

정답　87 ④　88 ②　89 ②　90 ④

91 동력을 이용하여 나사를 절삭하는 동력나사 절삭기의 종류가 아닌 것은?
① 호브식
② 램식
③ 오스터식
④ 다이헤드식

92 15℃인 강관 25m가 있다. 이 강관에 온수 60℃의 온수를 공급할 때 강관의 신축량은 몇 mm인가?
(단, 강관의 열팽창 계수는 0.012 mm/m·℃ 이다.)
① 5.5
② 8.5
③ 13.5
④ 16.5

92.
$\delta = l\alpha(T_2 - T_1)$
$= 25 \times 0.012(60-15)$
$= 13.5\,mm$

93 관 공작용 기계가 아닌 것은?
① 로터리식 파이프 벤딩기
② 동력 나사 절삭기
③ 파이프 렌치
④ 기계톱

93.
파이프 렌치는 고정식 또는 가변식 개구부가 있는 손 공구를 주로 의미한다. 스패너라고 칭하는 경우도 많다. 너트나 볼트 따위를 죄고 풀며 물체를 조립하고 분해할 때 사용한다.

94 주철관의 인장강도가 낮기 때문에 피해야 하는 관 이음방법은?
① 용접 이음
② 소켓 이음
③ 플랜지 이음
④ 기계식 이음

94.
주철관은 탄소함유량이 많아 용접이음은 곤란하다.

정답   91 ②   92 ③   93 ③   94 ①

95 배수배관의 구배에 대한 설명으로 틀린 것은?

① 물 포켓이나 에어포켓이 만들어지는 요철배관의 시공은 하지 않도록 한다.
② 배수배관과 중력식 증기배관의 환수관은 일정한 구배로 관 말단까지 상향구배로 한다.
③ 배수배관은 구배의 경사가 완만하면 유속이 떨어져 밀어내는 힘이 감소하여 고형물이 남게 된다.
④ 배수배관은 구배를 급경사지게하면 물이 관 바닥을 급속히 흐르게 되므로 고형물을 부유시키지 않는다.

95.
배수배관과 중력식 증기배관의 환수관은 일정한 구배로 관 말단까지 하향구배로 한다.

96 부식의 외관상 분류 중 국부부식의 종류가 아닌 것은?

① 전면부식   ② 입계부식
③ 선택부식   ④ 극간부식

97 밸브를 나사봉에 의하여 파이프의 횡단면과 평행하게 개폐하는 것으로 슬루스 밸브라고 불리는 밸브는?

① 게이트 밸브   ② 앵글 밸브
③ 체크 밸브   ④ 콕

97.
게이트밸브는 슬루우스밸브라고도 하며 흐르는 방향에 대하여 직각으로 이동하여 유로를 개폐하므로 밸브의 압력손실이 적어 주로 펌프의 흡입측에 설치하여 공동현상을 방지하는 역할을 한다.

98 배수관 시공완료 후 각 기구의 접속부 기타 개구부를 밀폐하고, 배관의 최고부에서 물을 가득 넣어 누수 유무를 판정하는 시험은?

① 응력시험   ② 통수시험
③ 연기시험   ④ 만수시험

정답 95 ② 96 ① 97 ① 98 ④

99 탄소강관의 내면 또는 외면을 폴리에틸렌이나 경질 염화비닐로 피복하여 내구성과 내식성이 우수한 관은?

① 주철관 ② 탄소강관
③ 라이닝 강관 ④ 스테인리스강관

100 배관용 탄소강관의 설명으로 틀린 것은?

① 종류에는 흑관과 백관이 있다.
② 고압 배관용으로 주로 사용된다.
③ 호칭지름은 6~600A까지가 있다.
④ KS 규격 기호는 SPP이다.

100.
배관용 탄소강관은 비교적 사용압력이 낮은 배관에 사용하는 강관이다.

정답 99 ③ 100 ②

> 저자와
> 동의하에
> 인지 생략

건설기계설비 기사
필기

발행일　　2021년 07월 09일　　초판 발행

저 자	한홍걸
발행처	도서출판 한필
PH	0507-1308-8101
E-mail	hanpil7304@gmail.com
Youtube	도서출판 한필
주소	경기도 부천시 중동로 166 복사골건영 1701-1502

- 이 책의 어느 부분도 저작권자나 발행인의 승인 없이 무단 복제하여 이용할 수 없습니다.
- 파본 및 낙장은 구입하신 서점에서 교환하여 드립니다.
- 도서출판 한필 홈페이지: www.hanpil.co.kr

이 도서의 국립중앙도서관 출판예정도서목록(CIP)은 서지정보유통지원시스템 홈페이지(http://seoji.nl.go.kr)와 국가자료 공동목록시스템(http://www.nl.go.kr/kolisnet)에서 이용하실 수 있습니다.

정가: 40,000 원
ISBN: 979-11-89374-51-8